EMIL ARTIN
COLLECTED PAPERS

Hamburg, 1935

Emil Artin
Collected Papers

Edited
by

Serge Lang, Yale University
John T. Tate, Harvard University

Springer-Verlag
New York Heidelberg Berlin

Editors

Serge Lang
Yale University
Department of Mathematics
Box 2155 Yale Station
New Haven, CT 06520
U.S.A.

John T. Tate
Harvard University
Department of Mathematics
2 Divinity Avenue
Cambridge, MA 02138
U.S.A.

AMS Classification: 01A75

This is an unaltered reprint of the edition originally released in 1965 by Addison-Wesley Publishing Company, Inc.

Library of Congress Cataloging in Publication Data

Artin, Emil, 1898–1962.
The collected papers of Emil Artin.

English and German
Reprint. Originally published: Reading, Mass.: Addison-Wesley Pub. Co., 1965.
Bibliography: p.
Includes index.
1. Mathematics—Addresses, essays, lectures.
I. Lang, Serge, 1927– . II. Tate, John Torrence, 1925– . III. Title.
[QA7.A68 1982] 510 82-701

Printed in the United States of America

9 8 7 6 5 4 3 2 1

ISBN 0-387-90686-x Springer-Verlag New York Heidelberg Berlin
ISBN 3-540-90686-x Springer-Verlag Berlin Heidelberg New York

This watercolor was made by Stegemann in Hamburg in 1934. Besides playing the flute Artin also played various keyboard instruments.

The Orders of the Classical Simple Groups.

by Emil Artin.

We shall extend here the result of the previous paper „The Orders of the Linear Groups„ (quoted by L) to all finite classical groups. The notion of classical groups is taken in such a wide sense as to embrace all finite simple groups which are known up to now.

The situation is the following: in his book „Linear Groups„ L. Dickson studied the finite simple groups known up to 1901, gave proofs of their simplicity and investigated isomorphisms among them. In the last chapter he summarizes his results and gives a list of the numerical grouporders below a billion. In two subsequent papers he adds another system of simple groups, the analogues of the exceptional Lie group E_2 with 14 parameters. These investigations were taken up again by J. Dieudonné who greatly improved on Dicksons methods, simplified and extended his proofs and finally brought order into the discussion of the orthogonal groups where confusion was supreme. No new simple finite groups was found until quite recently when C. Chevalley succeeded in defining the analogues of the remaining exceptional Lie groups E_m and in proving their simplicity. I am greatly indebted to him for communicating to me the formulas for the orders of these new simple groups. In short we mean by classical the systems of alternating, linear, unitary, symplectic and orthogonal groups, the E_m and – for good measure – the 5 Mathieu groups.

First page of Artin's manuscript on simple groups.

Preface

Emil Artin was born on March 3, 1898 in Vienna. His father was an art dealer, and his mother was an opera singer. After his father died, his mother married again, and lived in Reichenberg, Bohemia, where Artin obtained his "Reifeprüfung" in 1916. After studying one semester at the University in Vienna, he was drafted and served in an infantry regiment until the end of the war. In January 1919 he continued his studies at the University of Leipzig. He studied there with Herglotz, towards whom he kept a heartfelt appreciation throughout his life. Herglotz was the only person whom Artin recognized as having been his "teacher." Artin got his PhD in 1921, spent one year at the University of Göttingen, and then went to Hamburg University. He became Privatdozent in 1923, Ausserordentlicher Professor in 1925, and Ordentlicher Professor in 1926 at the age of 28.

He married Natalie Jasny in 1929. They had three children, Karin, Michael, both born in Hamburg, and Thomas, born later in America, to which he emigrated in 1937. He spent one year at the University of Notre Dame, then was at Indiana University in Bloomington from 1938 to 1946, at which time he moved to Princeton, where he stayed from 1946 to 1958. He returned to Hamburg in 1958, and remained there until his death, of a heart attack, on December 20, 1962.

This volume includes all of Artin's papers.

It is not our intention to discuss Artin's mathematical works, but we thought it might be worth while to mention briefly some of his conjectures, not all of which were published.

The first one was, in effect, the Riemann hypothesis in function fields. In his thesis, Artin discussed hyperelliptic fields over finite constant fields as analogues of quadratic number fields, and pointed out that the analogue of the classical Riemann hypothesis seemed to be true for them. The proof was eventually given by Hasse for fields of genus 1 (Int. Congress, Oslo, 1936) and by Weil in the general case (*Comptes Rendus*, 1941).

A little later, he defined the non-abelian L-series, and conjectured their integrality, as well as a Riemann hypothesis for them. Both of these conjectures are still unproved, but it is interesting to note that Weil's methods allowed him to prove them in the function field case, and showed the close connection between the two (exhibiting them as two aspects of a more general phenomenon, the positive definiteness of the trace in the ring of correspondences).

Artin's guess that the L-series were meromorphic, and that this property should follow from a theorem on group characters was proved correct by Brauer (*Annals of Math.* 1947).

To prove that his general L-series coincided with the classical L-series in the case of abelian extensions, Artin was led to conjecture the reciprocity law. He succeeded in proving it four years later. Furthermore, he observed that, by means of the reciprocity law, Hilbert's famous conjecture that ideals become principal in the maximal unramified abelian extension could be reduced to a purely group theoretical statement involving the transfer. This statement, now known as the principal ideal theorem, was proved by Furtwangler, and a new way of looking at the transfer, suggested by Artin, enabled Iyanaga to give a much shorter proof soon after.

Artin's concern with the decomposition laws for primes in algebraic number fields led him to a conjecture in elementary number theory, as follows. Let a be a fixed integer $\neq 0, \pm 1$. In order that a be a primitive root for a prime p not dividing a, it is obviously necessary and sufficient that for no prime q the conditions

$$(*) \qquad p \equiv 1 \pmod{q} \qquad \text{and} \qquad a^{(p-1)/q} \equiv 1 \pmod{p}$$

be simultaneously satisfied. For given q, let M_q be the set of primes p satisfying the conditions $(*)$. Then M_q is just the set of primes p which split completely in the splitting field K_q of the polynomial $x^q - a$, and consequently has density $1/k_q$, where k_q is the degree of K_q over the field of rational numbers. Thinking the conditions $(*)$ for different q's to be independent, Artin conjectured that the set of primes p for which a is primitive root has density

$$\prod_q \left(1 - \frac{1}{k_q}\right).$$

In case a is square free, we have $k_q = q(q - 1)$ for all q. Computations by Lehmer a few years ago showed a discrepancy in some cases. When Artin learned of this, he realized that the conditions $(*)$ are not independent. For example, if $a = \left(\frac{-1}{q_0}\right) q_0$ for some odd prime q_0, then $K_2 \subset K_{q_0}$ (omitting the index a for simplicity). Hence $M_2 \supset M_{q_0}$ and the factor $\left(1 - \frac{1}{k_{q_0}}\right)$ should be deleted from the above product to get the correct density.

In the course of a conversation, he mentioned to us that one has to make the "obvious" modification of the above product by a rational factor to take into account the dependence of the fields K_q. Unfortunately we did not go into this matter in detail with him, but it seems to us that the necessary modification is the following. For each square-free integer $m > 0$, let

$$K_m = \prod_{q|m} K_q$$

be the compositum of the fields K_q for primes q dividing m, and let k_m be the absolute degree of K_m. Then the set of primes p such that the conditions $(*)$ are satisfied for no q dividing m has density

$$\rho(m) = \sum_{d|m} \frac{\mu(d)}{k_d},$$

where μ is the Moebius function, and the sum runs over the positive divisors d of m. Hence the conjecture should be that the set of primes p for which a is a primitive root has density

$$\rho = \lim_m \left(\sum_{d|m} \frac{\mu(d)}{k_d} \right)$$

where the limit is taken over all square-free m, ordered by divisibility.

To get a more explicit expression for ρ, one proves that if m is odd the fields K_q for $q|m$ are completely linearly disjoint. Consequently, for odd m, we have

$$k_m = \prod_{q|m} k_q,$$

and k_{2m} is equal to k_m or to $2k_m$, according as $\sqrt{a}$ is or is not contained in the field of m-th roots of unity. Let $a = a_0 b^2$ with a_0 square free. Then the condition for $\sqrt{a}$ to be contained in the field of m-th roots of unity for odd square-free m is that a_0 divide m and be congruent to 1 (mod 4). Putting all this together one finds that the conjectured density ρ of the set of primes p for which a is a primitive root is

$$\rho = A \cdot \prod_q \left(1 - \frac{1}{k_q}\right),$$

with

$$A = \begin{cases} 1 & \text{if } a_0 \not\equiv 1 \pmod 4, \\ 1 - \dfrac{\mu(a_0)}{\prod_{q|a_0} (k_q - 1)} & \text{if } a_0 \equiv 1 \pmod 4, \end{cases}$$

where a_0 is the square-free part of a. Here k_q is the absolute degree of the splitting field of the polynomial $x^q - a$, and consequently $k_q = q(q-1)$ unless a is of the form $\pm c^n$ for some integer c and some integer $n > 1$.

It is interesting to note that the analogue of Artin's conjecture on primitive roots in function fields over finite fields has been proved by students of Hasse, using the Riemann hypothesis in function fields (cf. Hasse's discussion, *Annales Academiae Scientiarum Fennicae*, Helsinki 1952).

We now pass to an entirely different kind of question. In 1935, Tsen proved that there do not exist non-trivial division algebras of finite rank over a function field in one variable, over an algebraically closed constant field. Analysing Tsen's proof, Artin was led to make the following definition. A field K is quasi-algebraically closed (QAC) if every form (homogeneous polynomial) of degree d in n variables with coefficients in K has a non-trivial zero in K provided $n > d$. He then observed that the method used by Tsen could be used to prove that a function field as above is QAC. In view of Wedderburn's theorem, he then conjectured that finite fields are QAC. This was proved almost immediately by Chevalley (*Hamburg Abh.* 1936). (It seems that Dickson had made the same conjecture a number of years earlier.) By class field theory, it was known that the field Ω obtained from the rational numbers by adjoining all roots of unity has no non-trivial division algebra over it. In view of this, and by analogy with function fields over finite fields, Artin also conjectured that the field Ω is QAC. Concerning number fields themselves, he suggested that an analogous statement should be true provided $n > d^2$, and provided the number field is totally imaginary. He also made the corresponding local conjectures. None of the global conjectures is proved, and the fact that p-adic fields satisfy the "$n > d^2$" property is also unproved.

Finally, let us mention that Artin was always interested in "geometric algebra", and in the theory of finite groups. In this field, he conjectured that a simple group of order g divisible by a prime number $p > g^{1/3}$ is of known type. This was proved by Brauer and Reynolds (*Annals* 1958).

Artin loved teaching at all levels. Even though occupying research professorships, he never failed to give, regularly, courses in elementary Calculus. His lectures and seminars were reknowned for their perfection and excitement. They contributed much towards spreading his point of view in algebra, for which van der Waerden's text, derived from lectures by Artin and Emmy Noether, has been the fundamental reference for the past 30 years.

They also inspired his students, towards whom his generosity and affection were unsurpassed.

S. Lang

February 1965 J. Tate

The editors and publisher wish to thank the following for permission to reprint the papers in this volume as listed below:

American Journal of Mathematics, Johns Hopkins Press
(Nos. 27, 28)

American Mathematical Society
(Nos. 12, 13, 45, 46)

American Scientist
(No. 39)

Annals of Mathematics
(Nos. 16, 26, 36, 37, 38)

Centre National des Recherches Scientifiques
(Nos. 14, 30)

Communications on Pure and Applied Mathematics
(Nos. 32, 33)

Walter de Gruyter & Co.
(Nos. 4, 9, 10, 11)

Interscience (John Wiley and Sons)
(No. 29)

Jahrbuch der Akademie der Wissenschaften, Göttingen
(No. 48)

Mathematical Society of Japan
(Nos. 17, 31)

Mathematisches Seminar, Universität Hamburg
(Nos. 3, 5, 6, 7, 8, 18, 19, 20, 21, 23, 24, 25, 34, 35, 40)

Nachrichten der Gesellschaft der Wissenschaften zu Göttingen
(No. 22)

National Academy of Science, U.S.A.
(Nos. 15, 42)

Notre Dame University Press
(Nos. 41, 43)

Springer-Verlag
(Nos. 1, 2)

Tata Institute of Fundamental Research
(No. 47)

University of Indiana Press
(No. 44)

Contents

This table of contents is also a bibliography of the collected papers. It is ordered according to topics, and is chronological within each division.

THESIS

CLASS FIELD THEORY

ALGEBRAIC NUMBER THEORY

REAL FIELDS

ALGEBRA AND NUMBER THEORY

GENERAL

The following is a list of books and lecture notes not reproduced in this volume.

Einführung in die Theorie der Gammafunktion,
Hamburger mathematische Einzelschriften 1 Heft (1931)

Galois Theory,
Notre Dame Lectures (1942)

Galoische Theorie,
Leipzig (1959) (a translation and expansion of the preceding item)

Modern Higher Algebra, Galois Theory,
(Notes by A. Blank) Lectures, New York University (1947)

Rings with Minimum Condition (with C. J. Nesbitt and R. M. Thrall),
Michigan (1948)

Algebraic Numbers and Algebraic Functions (Notes by I. Adamson),
Princeton-New York University (1950)

Modern Developments in Algebra (Notes by R. Stoll),
Boulder summer conference (1953)

Selected Topics in Modern Algebra,
Summer conference at University of North Carolina (1954)

Elements of Algebraic Geometry (Notes by G. Bachman),
New York University (1955)

Calculus and Analytic Geometry (Notes by G. B. Seligman),
Princeton (1957)

Algebraic Number Theory (Notes by G. Wurges),
Göttingen (1956)

Geometric Algebra,
Interscience, New York (1957)

Class Field Theory (with J. T. Tate),
Harvard (1961)

Quadratische Körper im Gebiete der höheren Kongruenzen. I.

(Arithmetischer Teil.)

Von

E. Artin in Hamburg.

§ 1.
Einleitung.

Die Dedekindschen Untersuchungen über höhere Kongruenzen[1]) legen folgende Erweiterung der Theorie nahe.

Es werde dem Körper K der rationalen Funktionen modulo p die Funktion $\sqrt{D(t)}$ adjungiert, wo $D(t)$ eine ganze im Sinne Dedekinds quadratfreie Funktion des Parameters t ist. Der entstehende quadratische Körper $K(\sqrt{D(t)})$ weist dann ähnliche Eigenschaften auf wie ein quadratischer Zahlkörper.

So gilt zum Beispiel der Satz über eindeutige Zerlegbarkeit der Ideale in Primideale, der Satz von der Endlichkeit der Klassenzahl, die Sätze über die Einheiten.

Zur Klassenzahlformel gelangt man durch Einführung der Zetafunktionen. Hier läßt sich die Frage nach der Richtigkeit der Riemannschen Vermutung in jedem speziellen Fall entscheiden. Eine Durchrechnung der ersten Fälle — es handelt sich um zirka vierzig Körper — ergab stets die Richtigkeit der Riemannschen Vermutung. Einem allgemeinen Beweis ihrer Richtigkeit scheinen sich aber noch Schwierigkeiten ähnlicher Art wie beim Riemannschen $\zeta(s)$ entgegenzustellen, doch liegen die Verhältnisse hier insofern klarer und durchsichtiger, als es sich (im wesentlichen) um ganze rationale Funktionen handelt. Auf Fragen, die damit im Zusammenhang stehen, werde ich noch zurückkommen.

Von den sonstigen Eigenschaften unserer Zetafunktionen sei noch hervorgehoben: Sie besitzen eine einfache Funktionalgleichung, welche als

[1]) Journ. für die r. u. a. Math. **54** (1857), S, 1–26.

Folge merkwürdige Reziprozitätsbeziehungen gewisser Charaktersummen nach sich zieht. Ihre Nullstellen stehen in einfachem Zusammenhang mit den Wurzeln einer algebraischen Gleichung, wodurch eben die Entscheidung über die Riemannsche Vermutung gefällt werden kann.

Setzt man die Richtigkeit der Riemannschen Vermutung für alle Körper voraus, so läßt sich für alle p der Nachweis erbringen, daß es nur endlich viele imaginäre Körper mit einklassigen Geschlechtern gibt.

Endlich sei auch noch auf den Zusammenhang mit einer Arbeit von Kornblum[2]), der am Schlusse des zweiten Teils dieser Arbeit hergestellt wird, hingewiesen. Es gelingt dabei, das Kornblumsche Resultat über die Existenz unendlich vieler Primfunktionen in arithmetischen Progressionen wesentlich zu verschärfen.

Bemerkt sei noch, daß ich der kürzeren Bezeichnung halber einige im Gebiete der Zahlen verwendete Symbole sinngemäß auf die Funktionen (mod p) übertragen habe. Dies rechtfertigt sich auch schon dadurch, daß dann die Analogie unserer Resultate mit denen in Zahlkörpern deutlicher zutage tritt. Eine Verwechslung ist dabei wohl nicht zu befürchten, da die Symbole nur gemäß unserer Definition verwendet werden.

§ 2.

Erste Erweiterung des Rechengebietes.

Nach Dedekind heißen zwei Funktionen $F_1(t) = \sum_{\nu=0}^{n} a_\nu t^\nu$ und $F_2(t) = \sum_{\nu=0}^{n} b_\nu t^\nu$ kongruent modulo p, in Zeichen

$$F_1(t) \equiv F_2(t) \pmod{p},$$

wenn für alle ν gilt

$$a_\nu \equiv b_\nu \pmod{p}.$$

Dabei bedeutet p eine in den ganzen Entwicklungen festgehaltene Primzahl.

Wir wollen in diesem Falle die Funktionen und Zahlen direkt „gleich" nennen und also einfach schreiben

$$F_1(t) = F_2(t), \quad \text{wenn} \quad a_\nu = b_\nu.$$

Von Vielfachen von p ist hierbei eben abgesehen.

Ferner verstehen wir, wenn $a \neq 0$ (d. h. nach der vorigen Festsetzung $a \not\equiv 0 \pmod{p}$), unter $\frac{b}{a}$ eine Zahl x, für welche $ax = b$ ist (d. h. wieder $ax \equiv b \pmod{p}$). Zum Beispiel ist, wenn p ungerade, unter der häufig auftretenden Zahl $\frac{1}{2}$ die ganze Zahl $\frac{p+1}{2}$ zu verstehen.

---

[2]) Mathem. Zeitschr. **5** (1919), S. 100.

Nun lassen wir — und darin besteht unsere Erweiterung — auch negative Potenzen von t in endlicher oder unendlicher Anzahl zu. Wir betrachten also Funktionen der Form

$$F(t) = \sum_{\nu=-\infty}^{n} a_\nu t^\nu = a_n t^n + a_{n-1} t^{n-1} + \dots \qquad (n \gtreqless 0),$$

wobei wieder zwei Funktionen „gleich" sein sollen, wenn die Koeffizienten entsprechender t-Potenzen „gleich" sind.

Man beachte, daß dem Buchstaben t keinerlei numerische Bedeutung zukommt, und er lediglich als Rechensymbol zu betrachten ist, so daß im Falle unendlich vieler negativer Potenzen von t der Konvergenzfrage keinerlei Bedeutung zukommt. Da er ferner im allgemeinen derselbe bleibt, unterdrücken wir künftighin seine Bezeichnung, schreiben also kurz

$$F \quad \text{statt} \quad F(t).$$

Zahlen mögen stets mit kleinen lateinischen Buchstaben und den allgemein üblichen Summationsbuchstaben μ, ν bezeichnet werden, alle übrigen Buchstaben seien den Funktionen vorbehalten.

Sei nun $F = \sum_{\nu=-\infty}^{n} a_\nu t^\nu$, wobei $a_n \neq 0$ vorausgesetzt sei.

F heiße ganz, wenn die Koeffizienten aller negativen Potenzen von t verschwinden, wenn es also eine Funktion im Dedekindschen Sinne ist.

Ferner heiße für ganzes und nicht ganzes F:

1. Wie bei Dedekind, n der Grad von F.

2. Die Zahl p^n der „Betrag" $|F| = p^n$ von F. Diese Bezeichnung wird sich in der Folge rechtfertigen. Für jetzt sei nur bemerkt, daß im Falle eines ganzen F die Zahl $p^n = |F|$ die Anzahl der Restklassen der ganzen Funktionen modulo F ist. In der Dedekindschen Bezeichnung (modd $p, F(t)$). Für von Null verschiedene Zahlen a gilt dann $|a| = 1$. Ferner werde $|0| = 0$ gesetzt.

3. Der Koeffizient a_n der höchsten Potenz von t, der schon bei Dedekind die Rolle des „Vorzeichens" von F spielt, werde mit

$$a_n = \operatorname{sgn} F$$

bezeichnet. Diese Definition hat natürlich nur einen Sinn, wenn $F \neq 0$ ist, d. h. wenn es nichtverschwindende Koeffizienten überhaupt gibt. Dann ist $\operatorname{sgn} F \neq 0$.

4. Mit Dedekind nennen wir die von Null verschiedenen Zahlen $1, 2, \dots, (p-1)$ die rationalen Einheiten, da sie in *unserem* Sinne *Teiler* der Eins sind.

5. Wenn $\operatorname{sgn} F = 1$ ist, heiße F primär. (Es entspricht dies ungefähr den positiven Zahlen.)

Für unsere Symbole gelten nun ersichtlich die gewöhnlichen Rechenregeln:

$$|FG| = |F| \cdot |G|,$$

$\operatorname{sgn}(FG) = \operatorname{sgn} F \cdot \operatorname{sgn} G$.

Wir erwähnen noch die folgenden häufig zur Verwendung gelangenden Regeln:

1. Wenn $|F| < |G|$, so ist

$$|F + G| = |G|.$$

Hier hat ja F auf den Grad des Resultats keinen Einfluß. Ebenso gilt unter der gleichen Voraussetzung

$$\operatorname{sgn}(F + G) = \operatorname{sgn} G.$$

2. Wenn $|F| = |G|$ und $\operatorname{sgn} F + \operatorname{sgn} G \neq 0$ ist, gilt

$$|F + G| = |F| = |G|$$

und

$$\operatorname{sgn}(F + G) = \operatorname{sgn} F + \operatorname{sgn} G.$$

3. Wenn $|F| = |G|$ und $\operatorname{sgn} F + \operatorname{sgn} G = 0$ ist, haben wir

$$|F + G| < |F| = |G|.$$

Der Beweis dieser Sätze folgt unmittelbar aus Gradbetrachtungen.

Das Rechnen mit Grenzwerten erhalten wir durch folgende *Definition*: Eine Folge von Funktionen $F_1, F_2, F_3, \ldots$ konvergiert gegen einen Grenzwert, in Zeichen $F = \lim_{\nu=\infty} F_\nu$, wenn sich nach Vorgabe eines beliebig kleinen positiven ε ein n so finden läßt, daß für alle $\nu \geqq n$ gilt

$$|F_\nu - F| \leqq \varepsilon.$$

Das heißt ein beliebig gegebener Abschnitt von F kommt von einer Stelle n ab in allen F_ν vor.

Ersichtlich ist hierfür notwendig und hinreichend, wenn eine Stelle n existiert, so daß für $\mu, \nu \geqq n$ gilt

$$|F_\nu - F_\mu| \leqq \varepsilon.$$

Aus dem Grenzwertbegriff folgt unmittelbar der Begriff der Konvergenz und der Summe einer unendlichen Reihe

$$\sum_{\nu=0}^{\infty} F_\nu.$$

Sie konvergiert und hat die Summe S, wenn $S = \lim_{n=\infty} S_n$ existiert, wo

$$S_n = \sum_{\nu=0}^{n} F_\nu.$$

Für die Konvergenz ist notwendig und hinreichend, daß für alle genügend großen μ und $\nu \geqq \mu$ die Beträge der Ausschnitte $F_\mu + F_{\mu+1} + \ldots + F_\nu$ beliebig klein werden.

Da nun einerseits die Beträge dieser Ausschnitte nach unseren Rechenregeln die der einzelnen Glieder nie überschreiten können und andererseits als Ausschnitte für $\mu = \nu$ die einzelnen Glieder selbst auftreten, erhalten wir das einfache Konvergenzkriterium:

Für die Konvergenz der unendlichen Reihe (1) ist notwendig und hinreichend, daß

$$\lim_{\nu=\infty} |F_\nu| = 0.$$

Insbesondere erhalten wir für „Potenzreihen"

$$\sum_{\nu=0}^{\infty} a_\nu F^\nu,$$

deren Koeffizienten Zahlen sind, daß sie sicher konvergieren für

$$|F| \leqq p^{-1}.$$

Denn dann ist:

$$|a_\nu F^\nu| \leqq p^{-\nu}, \quad \text{also} \quad \lim_{\nu=\infty} |a_\nu F^\nu| = 0.$$

Ebenso leicht erhalten wir die Resultate:

Jede konvergente Reihe konvergiert unbedingt, d. h. ihre Glieder können beliebig vertauscht werden.

Für das Produkt zweier konvergenter Reihen gilt die Cauchysche Produktregel.

Definition. Wenn $G \neq 0$ ist, verstehen wir unter $H = \frac{F}{G}$ eine Funktion, für welche $HG = F$ ist.

Um die Existenz einer solchen Funktion nachzuweisen, sei

$$G = a_n t^n + a_{n-1} t^{n-1} + \ldots = a_n t^n (1 - \Phi),$$

wobei $a_n \neq 0$ vorausgesetzt wird. Hier ist

$$\Phi = -\frac{a_{n-1}}{a_n} t^{-1} - \frac{a_{n-2}}{a_n} t^{-2} - \ldots, \quad \text{also} \quad |\Phi| \leqq p^{-1}.$$

Demnach konvergiert

$$\sum_{\nu=0}^{\infty} \Phi^\nu,$$

und es ist

$$(1-\Phi) \sum_{\nu=0}^{\infty} \Phi^\nu = \sum_{\nu=0}^{\infty} \Phi^\nu - \sum_{\nu=1}^{\infty} \Phi^\nu = 1.$$

Setzen wir also

$$H = a_n^{-1} t^{-n} \cdot F \cdot \sum_{\nu=0}^{\infty} \Phi^\nu,$$

so gilt $HG = F$. Also ist H eine Funktion der gesuchten Art. Aus $AB = 0$ und $A \neq 0$ folgt aber durch Betrachtung der Beträge $B = 0$.

Wäre also H_1 eine zweite Funktion, für die $H_1 G = F$ ist, so wäre $(H - H_1)G = 0$. Wegen $G \neq 0$ folgt $H = H_1$. Also ist $H = \frac{F}{G}$ eindeutig bestimmt.

Aus

$$|F| = |HG| = |H| \cdot |G|$$

folgt die Rechenregel

$$\left|\frac{F}{G}\right| = \frac{|F|}{|G|}$$

und analog ist

$$\operatorname{sgn}\frac{F}{G} = \frac{\operatorname{sgn} F}{\operatorname{sgn} G}.$$

Endlich definieren wir:

Definition. Alle Funktionen, die sich als Quotient zweier ganzer Funktionen darstellen lassen, heißen rational, alle übrigen irrational.

§ 3.

Quadratische Gleichungen und Imaginäre.

Für das Weitere beschränken wir uns auf ungerade Primzahlmoduln p. Wir untersuchen nun die quadratische Gleichung

$$X^2 = \Delta.$$

Wir erkennen leicht, daß diese Gleichung keine unserem bisherigen Rechengebiete angehörige Lösung haben kann, wenn

1. Δ ungeraden Grad hat, oder
2. $\operatorname{sgn}\Delta$ quadratischer Nichtrest modulo p ist.

Wenn dagegen Δ von geradem Grade und $\operatorname{sgn}\Delta = a^2$ ein quadratischer Rest ist, hat unsere Gleichung stets genau zwei nur durch das Vorzeichen verschiedene Lösungen. Denn dann hat Δ die Form

$$\Delta = a^2 t^{2n} + a_{2n-1} t^{2n-1} + \ldots = a^2 t^{2n}(1 + \Phi),$$

wobei

$$\Phi = \frac{a_{2n-1}}{a^2} t^{-1} + \frac{a_{2n-2}}{a^2} t^{-2} + \ldots, \quad \text{also} \quad |\Phi| \leqq p^{-1}.$$

Nun ist

$$\binom{\frac{1}{2}}{\nu} = \frac{\frac{1}{2}\cdot(-\frac{1}{2})\ldots(\frac{1}{2} - \nu + 1)}{\nu!} = \frac{(-1)^{\nu-1}}{2^\nu} \frac{1\cdot 3\cdot 5\ldots(2\nu-3)}{\nu!}$$

oder

$$\binom{\frac{1}{2}}{\nu} = \frac{(-1)^{\nu-1}}{2^{2\nu-1}(\nu-1)}\cdot\binom{2\nu-2}{\nu} = \frac{(-1)^{\nu-1}}{2^{2\nu-1}\nu}\cdot\binom{2\nu-2}{\nu-1}.$$

Aus der letzten Gleichheit geht, da $(\nu-1)$ und ν zueinander prim sind, hervor, daß im Nenner von $\binom{\frac{1}{2}}{\nu}$ nur Potenzen von 2 auftreten können. Da wir die Primzahl p als ungerade voraussetzen (der Grund dafür ist das soeben festgestellte Verhalten), können wir $\frac{1}{2}$ durch die ganze Zahl $\frac{p+1}{2}$ ersetzen. Die so entstehende ganze Zahl $\binom{\frac{1}{2}}{\nu}$ gehorcht dann denselben Gesetzen wie das gewöhnliche Symbol, falls nur die Gleichheitszeichen in unserem Sinne als Kongruenzen gelesen werden.

Demnach ist das Quadrat der nach dem Früheren wegen $|\Phi| \leqq p^{-1}$ konvergenten Potenzreihe

$$\sum_{\nu=0}^{\infty} \binom{\frac{1}{2}}{\nu} \Phi^{\nu}$$

(nach der Cauchyschen Regel berechnet) gleich $1+\Phi$, da dies im gewöhnlichen Zahlgebiet der Fall ist.

Die Funktion

$$X = a t^{n} \sum_{\nu=0}^{\infty} \binom{\frac{1}{2}}{\nu} \Phi^{\nu}$$

ist also eine Lösung von $X^2 = \Delta$. Wäre noch $X_1^2 = \Delta$, so hätten wir $X^2 - X_1^2 = 0$ oder $(X+X_1)(X-X_1) = 0$, somit entweder $X = X_1$ oder $X = -X_1$.

Wir schreiben $\sqrt{\Delta} = X$, wo das Vorzeichen noch beliebig wählbar ist, und nennen $\sqrt{\Delta}$ in diesem Falle reell.

Um das Symbol $\sqrt{\Delta}$ auch in den ausgeschlossenen, „imaginären" Fällen zu definieren, gehen wir so vor:

Sei g eine primitive Kongruenzwurzel modulo p, die im weiteren Verlaufe festgehalten werde.

Wir führen nun die beiden „Imaginären" $\sqrt{g}$ und $\sqrt{t}$ ein und betrachten Funktionen der Art:

1. $A + B\sqrt{g}$,
2. $A + B\sqrt{t}$,
3. $A + B\sqrt{gt}$.

Unter Aufrechterhaltung der formalen Rechenregeln für Addition und Multiplikation setzen wir fest, daß $A + B\sqrt{t} = C + D\sqrt{t}$ dann und nur dann zutrifft, wenn $A = C$ und $B = D$ ist. Analog in den übrigen Fällen. Mit den drei Arten werde aber nicht simultan gerechnet. Man überzeugt sich leicht, daß die Aufrechterhaltung der Rechenregeln auf keinen Widerspruch führt, und daß aus dem Verschwinden eines Produktes auf das Verschwinden eines der Faktoren geschlossen werden darf. In der Tat, wird die Imaginäre mit i bezeichnet, so folgt aus

$$(A + iB)(C + iD) = 0 \quad \text{auch} \quad (A - iB)(C - iD) = 0,$$

also

$$(A^2 - i^2B^2)(C^2 - i^2D^2) = 0.$$

Ist nun $A + iB \neq 0$, das heißt verschwinden A und B nicht gleichzeitig, so sind für $i = \sqrt{t}$ oder $i = \sqrt{gt}$ die Grade von A^2 und i^2B^2 sicher verschieden (gerade und ungerade), für $i = \sqrt{g}$ sicher die „Signa". Also ist auch $A^2 - i^2B^2 \neq 0$. Somit $C^2 - i^2D^2 = 0$. Nach dem eben Gezeigten geht dies nur, wenn $C = D = 0$, also $C + iD = 0$ ist.

Von der Möglichkeit und Eindeutigkeit der Division überzeugt man sich ebenfalls sofort durch „Rationalmachen" des Nenners.

Für die beiden ausgeschlossenen Fälle ergibt nun eine einfache Betrachtung folgende Möglichkeiten:

1. $\sqrt{\frac{\Delta}{g}}$ ist reell $= \sqrt{\Delta_1}$,

2. $\sqrt{\frac{\Delta}{t}}$ ist reell $= \sqrt{\Delta_1}$,

3. $\sqrt{\frac{\Delta}{gt}}$ ist reell $= \sqrt{\Delta_1}$.

Es ist hier der Ort darauf hinzuweisen, daß es oft zweckmäßig ist, den Parameter t einer linearen Transformation der Form $t_1 = at + b$ zu unterwerfen. Durch diese wird offenbar keine zahlentheoretische Eigenschaft unserer Funktionen geändert und doch manche Vereinfachung erzielt. So läßt sich zum Beispiel durch $t_1 = gt$ Fall 3 auf Fall 2 zurückführen, so daß es genügte, die Diskussionen für die ersten beiden Fälle durchzuführen. Wir werden gelegentlich von diesen Lineartransformationen Gebrauch zu machen haben.

Die Lösungen von $X^2 = \Delta$ lassen sich also in vier Klassen teilen ($\sqrt{\Delta_1}$ bedeute eine reelle Wurzel):

1. $\sqrt{\Delta}$ reell, 3. $\sqrt{\Delta} = \sqrt{t}\cdot\sqrt{\Delta_1}$,

2. $\sqrt{\Delta} = \sqrt{g}\cdot\sqrt{\Delta_1}$, 4. $\sqrt{\Delta} = \sqrt{gt}\cdot\sqrt{\Delta_1}$,

wobei Fall 3 und 4 nicht wesentlich verschieden sind.

Für die Lösung der quadratischen Gleichung

$$AX^2 + BX + C = 0 \qquad (A \neq 0)$$

ergibt sich nun in bekannter Weise

$$X = \frac{-B \pm \sqrt{B^2 - 4AC}}{2A} = \frac{-B \pm \sqrt{\Delta}}{2A}.$$

§ 4.

Quadratische Körper.

In der zuletzt aufgestellten quadratischen Gleichung mögen nun A, B, C ganze Funktionen sein. Zerlegen wir $\Delta = B^2 - 4AC$ in seine Primfaktoren, so können wir Δ in die Form setzen

$$\Delta = M^2 \cdot D,$$

wo D quadratfrei ist und überdies entweder $\operatorname{sgn} D = 1$ oder $\operatorname{sgn} D = g$. (Indem nämlich ein quadratischer Rest zu M gezogen wird.)

Dann ist $\sqrt{\Delta} = M \cdot \sqrt{D}$. Man erkennt leicht, daß $\sqrt{D}$ nur im Falle $D = 1$, den wir weiterhin als trivial ausschließen, reell und rational ist.

Die Lösung unserer Gleichung hat dann die Form

$$X = \frac{-B \pm M\sqrt{D}}{2A}.$$

Funktionen dieser Form nennen wir quadratische Irrationalitäten und zwar reell oder imaginär, je nachdem $\sqrt{D}$ reell oder imaginär ist.

Die Gesamtheit aller rationalen Funktionen modulo p bildet nun offenbar einen Körper K.

Wir untersuchen nun den Körper Ω, der durch Adjunktion einer quadratischen Irrationalität zu K entsteht. Diese Adjunktion kann offenbar ersetzt werden durch Adjunktion von $\sqrt{D}$. Wir definieren also (Vorzeichen von $\sqrt{D}$ beliebig fest gewählt):

Ist $D \neq 1$ eine ganze quadratfreie Funktion mod p und $\operatorname{sgn} D = 1$ oder g, so entsteht der „quadratische Körper" $\Omega = K(\sqrt{D})$ durch Adjunktion von $\sqrt{D}$ zum Körper K. Der Körper heißt reell oder imaginär, je nachdem ob $\sqrt{D}$ reell oder imaginär ist.

Die Funktionen des Körpers $K(\sqrt{D})$ lassen sich darstellen in der Form

$$\alpha = A + B\sqrt{D},$$

wo A und B rational sind.

Sie lassen sich auch nur auf eine Weise so darstellen, denn aus $A + B\sqrt{D} = C + E\sqrt{D}$ würde im Falle $B \neq E$ folgen $\sqrt{D} = \frac{A-C}{E-B}$, so daß $\sqrt{D}$ reell rational wäre. Aus $B = E$ folgt aber wieder $A = C$.

α genügt der Gleichung

$$\alpha^2 - 2A\alpha + (A^2 - DB^2) = 0.$$

Die zweite Wurzel dieser Gleichung

$$\alpha' = A - B\sqrt{D}$$

heißt die zu α konjugierte Funktion. Endlich heißt $\alpha\alpha'$ die Norm von α:

$$N(\alpha) = \alpha\alpha' = A^2 - B^2 D.$$

Definition. Eine Funktion α des Körpers $\Omega = K(\sqrt{D})$ heißt „ganz“, wenn sie einer Gleichung

$$\alpha^2 + A_1\alpha + A_2 = 0$$

mit ganz rationalem A_1 und A_2 genügt.

Es gilt der Satz:

Wenn α ganz und rational ist, so ist es ganz rational. Denn aus $\alpha = \frac{F}{G}$, wo F und G prim sind, folgt

$$F^2 + A_1 G F + A_2 G^2 = 0.$$

Also muß F^2 durch G teilbar sein, was nur geht, wenn G eine rationale Einheit ist. Dann ist aber α ganz rational.

Wenn aber α ganz und nicht rational ist, kann es nur einer quadratischen Gleichung der Form

$$\alpha^2 + A_1\alpha + A_2 = 0$$

genügen. Denn aus

$$\alpha^2 + B_1\alpha + B_2 = 0$$

folgte

$$(A_1 - B_1)\alpha + (A_2 - B_2) = 0,$$

was nur für $A_1 = B_1$ richtig sein kann, da sonst α doch rational wäre. Aus $A_1 = B_1$ folgt aber $A_2 = B_2$.

Gehen wir nun auf die Darstellung $\alpha = A + B\sqrt{D}$ und die zugehörige Gleichung

$$\alpha^2 - 2A\alpha + (A^2 - DB^2) = 0$$

zurück, so finden wir, wenn α rational ist, $B = 0$, also A ganz.

Wenn aber α nicht rational ist, muß die hingeschriebene Gleichung, da es dann nur eine dieser Form gibt, ganze rationale Koeffizienten haben. Es ist also $2A$ und demnach A ganz. Ferner ist $A^2 - DB^2$, also auch DB^2 ganz.

Wäre nun B nicht ganz, so bestünde sein Nenner aus mindestens einem Primfaktor, der im Nenner von B^2 quadratisch vorkäme und sich gegen D nicht heben könnte, da D nur einfache Primfaktoren besitzt. Also wäre DB^2 auch nicht ganz.

Ist umgekehrt A und B ganz, so ist ersichtlich $\alpha = A + B\sqrt{D}$ ganz.

Wir haben also:

Satz. Alle ganzen Funktionen des Körpers lassen sich in der Form $\alpha = X + Y\sqrt{D}$ darstellen, wo X und Y ganz sind.

Definition. Jedes Paar ω_1, ω_2 von ganzen Funktionen des Körpers heißt eine Basis, wenn sich alle ganzen Funktionen von Ω in der Form $X\omega_1 + Y\omega_2$ darstellen lassen.

Dann können wir also sagen:

Das Funktionspaar $1, \sqrt{D}$ bildet eine Basis.

Durch ein gleiches Verfahren wie in Zahlkörpern beweist man:

Jede Basis des Körpers hat die Form:

$$\left.\begin{aligned}\omega_1 &= A_1 + A_2\sqrt{D}\\ \omega_2 &= B_1 + B_2\sqrt{D}\end{aligned}\right\}, \quad \text{wo} \quad \begin{vmatrix} A_1 & A_2 \\ B_1 & B_2 \end{vmatrix} = a \text{ ist.}$$

Dabei ist A_1, A_2, B_1, B_2 ganz rational und a eine rationale Einheit.

Aus dem Multiplikationstheorem für Determinanten folgt sofort, wenn ω_1', ω_2' die Konjugierten der Basis ω_1, ω_2 sind:

$$\begin{vmatrix} \omega_1 & \omega_2 \\ \omega_1' & \omega_2' \end{vmatrix}^2 = a_1^2 D_1, \quad \text{wo } a_1 \text{ eine Einheit ist.}$$

Man kann ersichtlich die Basis so wählen, daß a_1^2 ein beliebiger Rest, zum Beispiel 1 wird.

Aus diesem Grunde heißt D die Diskriminante des Körpers $K(\sqrt{D})$.

Aus der Basisdarstellung ergibt sich sofort, das Summe, Differenz und Produkt ganzer Funktionen aus Ω wieder ganz sind, daß mit α auch α' ganz ist, und daß $N(\alpha)$ ganz rational ist.

Definition. Eine ganze Funktion α heißt teilbar durch die ganze Funktion β, wenn sich ein γ (ganz) finden läßt, so daß $\alpha = \beta\gamma$ ist. β heißt auch Teiler von α.

Definition. Jeder Teiler der 1 heißt Einheit des Körpers.

Zu den Einheiten gehören also z. B. die rationalen Einheiten $1.2, 3, \ldots, (p-1)$, die wir auch triviale Einheiten nennen wollen.

Es gilt der Satz:

Eine ganze Funktion ε ist dann und nur dann Einheit, wenn $N(\varepsilon)$ eine triviale Einheit ist.

Beweis. Aus $N(\varepsilon) = a = \varepsilon\varepsilon'$ folgt $\varepsilon' = \frac{a}{\varepsilon}$. Es ist also $\frac{a}{\varepsilon}$ und somit $\frac{1}{\varepsilon}$ ganz, d. h. ε eine Einheit.

Sei umgekehrt ε eine Einheit und $\varepsilon_1 = \frac{1}{\varepsilon}$, also $\varepsilon\varepsilon_1 = 1$. Dann ist auch $\varepsilon'\varepsilon_1' = 1$, also $N(\varepsilon)\cdot N(\varepsilon_1) = 1$. Die einzigen ganzen rationalen Teiler von 1 sind aber die trivialen Einheiten, so daß $N(\varepsilon) = a$ ist.

Ferner gilt ersichtlich:

Mit ε ist auch $\frac{1}{\varepsilon}$, ε' und $\frac{1}{\varepsilon'}$ eine Einheit.

Das Produkt zweier Einheiten ist selbst eine Einheit.

Definition. Zwei wechselseitig durcheinander teilbare ganze Funktionen α und β heißen assoziiert.

Dann sind also die beiden Quotienten $\frac{\alpha}{\beta}$ und $\frac{\beta}{\alpha}$ ganz, sind also Einheiten. Alle zu α assoziierten Funktionen sind also $\beta = \varepsilon\alpha$, wo ε irgendeine Körpereinheit ist.

Insbesondere sind alle Einheiten untereinander und mit 1 assoziiert.

§ 5.

Die Ideale.

Definition. Ein System ganzer Funktionen von $K(\sqrt{D})$ heißt ein Ideal, wenn mit den Funktionen α_1 und α_2 auch $\gamma_1\alpha_1 + \gamma_2\alpha_2$ zum Ideal gehört, wobei γ_1, γ_2 beliebige Funktionen des Körpers sind.

Satz. In jedem Ideal $\mathfrak{a}$ gibt es eine Basis. Darunter ist ein Funktionspaar ω_1, ω_2 zu verstehen, so daß man durch $X\omega_1 + Y\omega_2$ alle Funktionen des Ideals und nur diese erhält, falls X und Y alle ganzen rationalen Funktionen durchlaufen.

Beweis. Ist α eine Funktion aus $\mathfrak{a}$, so ist auch $\alpha' \cdot \alpha = N(\alpha)$ eine Funktion des Ideals. Im Ideal gibt es also ganze rationale Funktionen. T sei der größte gemeinsame Teiler aller ganz rationalen Funktionen aus $\mathfrak{a}$. Da dieser durch passende lineare Zusammensetzung erhalten werden kann, gehört er selbst dem Ideale an. Ebenso sei $R + S\sqrt{D}$ jene Idealfunktion, für die S der größte gemeinsame Teiler der Koeffizienten von $\sqrt{D}$ in den Idealfunktionen ist. Dann ist

$$\omega_1 = T, \qquad \omega_2 = R + S\sqrt{D}$$

eine Basis des Ideals.

Denn wenn $\alpha = A + B\sqrt{D}$ zu $\mathfrak{a}$ gehört, ist jedenfalls B durch S teilbar: $B = YS$. Mit α gehört auch $\alpha - Y\omega_2 = A - YR$ dem Ideale an. Als ganze rationale Funktion von $\mathfrak{a}$ ist sie durch T teilbar: $\alpha - Y\omega_2 = XT$. Demnach ist

$$\alpha = X\omega_1 + Y\omega_2.$$

Es ist also ω_1, ω_2 eine Basis.

Gleichzeitig haben wir erkannt, daß die Basis stets in der speziellen Form

$$\omega_1 = T, \qquad \omega_2 = R + S\sqrt{D}$$

wählbar ist.

Man erkennt auch leicht, daß $|R| < |T|$ angenommen werden darf. Diese Form der Basis nennen wir die *adaptierte*. T und S sind in ihr bis auf triviale Einheiten als Faktor eindeutig bestimmt. Nimmt man die Bedingung $|R| < |T|$ hinzu, so ist mit der Wahl von S auch R eindeutig festgelegt. Denn wenn $R + S\sqrt{D}$ und $R_1 + S\sqrt{D}$ dem Ideal angehören mit $|R| < |T|$ und $|R_1| < |T|$, so gehört auch $R - R_1$ dem Ideal an und ist durch T teilbar. Da $|R - R_1| < |T|$ ist, muß $R = R_1$ sein.

Wir beweisen nun den

Satz. Die notwendige und hinreichende Bedingung dafür, daß $\omega = T$, $\omega_2 = R + S\sqrt{D}$ die Basis eines Ideals bildet, lautet: Es muß gelten

$$T = 2CS, \quad R = BS, \quad \frac{B^2 - D}{2C} = 2A,$$

wo A, B, C ganze rationale Funktionen sind. Die Basis hat also die Form

$$\omega_1 = 2CS, \quad \omega_2 = S(B + \sqrt{D}), \quad \text{wo} \quad D = B^2 - 4AC,$$

und umgekehrt ist dann ω_1, ω_2 Basis eines Ideals.

Beweis: 1. Mit $\omega_1 = T$ gehört auch $\omega_1\sqrt{D} = T\sqrt{D}$ zum Ideal, muß sich also durch die Basis darstellen lassen:

$$T\sqrt{D} = \omega_1 X + \omega_2 Y = TX + RY + SY\sqrt{D}.$$

Also:

$$T = SY \quad \text{oder,} \quad Y = 2C \text{ gesetzt,} \quad T = 2CS.$$

Nun muß sein

$$TX + RY = 0,$$

oder nach dem eben gezeigten

$$SYX + RY = 0.$$

Da $T \neq 0$, also $Y \neq 0$ ist, muß sein

$$R = -SX \quad \text{oder,} \quad X = -B \text{ gesetzt,} \quad R = BS.$$

Mit $\omega_2 = S(B + \sqrt{D})$ gehört auch $\omega_2(B - \sqrt{D}) = S(B^2 - D)$ zum Ideal. Es muß durch $T = 2CS$ teilbar sein, also ist $\frac{B^2 - D}{2C}$ ganz. Unsere Bedingungen sind also notwendig.

2. Daß die Bedingungen hinreichen, zeigen wir so. Sei

$$\omega_1 = 2CS, \quad \omega_2 = S(B + \sqrt{D}) \quad \text{und} \quad B^2 - D = 4AC.$$

Die Menge der Funktionen $\gamma_1\omega_1 + \gamma_2\omega_2$, wo γ_1 und γ_2 irgendwelche ganze Funktionen aus $K(\sqrt{D})$ sind, bilden offenbar ein Ideal $\mathfrak{a}$. Jede Zahl α aus $\mathfrak{a}$ hat die Form

$$\begin{aligned}\alpha &= (X + Y\sqrt{D})\,\omega_1 + (X_1 + Y_1\sqrt{D})\,\omega_2 \\ &= S(2CX + BX_1 + Y_1 D) + S(2CY + BY_1 + X_1)\sqrt{D} \\ &= S(2CX + BX_1 + Y_1 D - 2CBY - B^2 Y_1 - BX_1) \\ &\qquad + S(2CY + BY_1 + X_1)\cdot(B + \sqrt{D}) \\ &= 2CS(X - 2AY_1 - BY) + (2CY + BY_1 + X_1)\cdot S(B + \sqrt{D}) \\ &= X_2\,\omega_1 + Y_2\,\omega_2,\end{aligned}$$

wo X_2 und Y_2 ganz rational sind. ω_1, ω_2 sind also eine Basis von $\mathfrak{a}$.

Die Basis eines jeden Ideals hat also (wenn sie adaptiert ist) die Form $\omega_1 = 2CS$, $\omega_2 = S\cdot(B + \sqrt{D})$, wo $D = B^2 - 4AC$ ist. C und S sind dabei bis auf triviale Einheitsfaktoren bestimmt. Nimmt man noch $|B| < |C|$ hinzu, so ist auch B vollkommen eindeutig festgelegt.

Satz. Die ganzen rationalen Funktionen A, B, C haben keinen gemeinsamen Teiler.

Es folgt dies aus $D = B^2 - 4AC$ und daraus, daß D keinen quadratischen Teiler hat. Denn einen solchen müßte es geben, wenn ein gemeinsamer Primfaktor von A und C auch in B aufginge.

Wenn ein Ideal $\mathfrak{a}$ aus den Funktionen $\alpha_1, \alpha_2, \ldots, \alpha_n$ so gebildet ist, daß jede Funktion α aus $\mathfrak{a}$ die Form

$$\alpha = \lambda_1\alpha_1 + \lambda_2\alpha_2 + \ldots + \lambda_n\alpha_n \quad (\lambda_\nu \text{ ganze Körperfunktionen})$$

hat, und umgekehrt jede Funktion dieser Form zu $\mathfrak{a}$ gehört, so schreiben wir:

$$\mathfrak{a} = (\alpha_1, \alpha_2, \ldots, \alpha_n).$$

Ersichtlich gilt, wenn ω_1, ω_2 eine Basis ist,

$$\mathfrak{a} = (\omega_1, \omega_2).$$

Jedes Ideal läßt sich also durch höchstens zwei Funktionen aufbauen.

Aus jeder ganzen Funktion α bilden wir das Ideal (α), bestehend aus der Gesamtheit aller durch α teilbaren Funktionen von $K(\sqrt{D})$. Diese Ideale heißen Hauptideale.

Insbesondere ist das System aller ganzen Funktionen des Körpers ein Hauptideal, das Hauptideal (1).

Wir erkennen wieder, daß assoziierte Funktionen und nur diese dasselbe Hauptideal erzeugen. Aus diesem Grunde lassen wir oft bei Hauptidealen die Klammern weg und schreiben kurz α statt (α).

Von den Basen eines Ideals zeigt man leicht:

Satz. Sind ω_1, ω_2 und ω_1^*, ω_2^* zwei Basen des Ideals $\mathfrak{a}$, so ist

$$\left.\begin{aligned}\omega_1^* &= A_1\omega_1 + A_2\omega_2 \\ \omega_2^* &= B_1\omega_1 + B_2\omega_2\end{aligned}\right\} \text{ mit } \begin{vmatrix} A_1 & A_2 \\ B_1 & B_2 \end{vmatrix} = a,$$

wo a eine Einheit ist.

Dies hat zur Folge, daß $\begin{vmatrix} \omega_1 & \omega_2 \\ \omega_1' & \omega_2' \end{vmatrix}^2$ bis auf einen quadratischen Rest als Faktor von der Wahl der Basis unabhängig ist und nur vom Ideal abhängt. Die adaptierte Basis ergibt dafür den Wert $(4CS^2)^2 D$. Wir können also setzen

$$\begin{vmatrix} \omega_1 & \omega_2 \\ \omega_1' & \omega_2' \end{vmatrix}^2 = a^2 (N\mathfrak{a})^2 \cdot D,$$

wo a^2 ein quadratischer Rest und $N\mathfrak{a}$ ganz rational primär ist.

$N\mathfrak{a}$ heißt die Norm des Ideals $\mathfrak{a}$, ihr Betrag $|N\mathfrak{a}|$ die absolute Norm.

Für $N\mathfrak{a}$ ergibt die adaptierte Basis den Wert

$$N\mathfrak{a} = a_1 \cdot CS^2,$$

wo a_1 eine passende rationale Einheit ist; und zwar wird, da $\operatorname{sgn} N\mathfrak{a} = 1$ ist,

$$N\mathfrak{a} = \frac{CS^2}{\operatorname{sgn} CS^2}.$$

Definition. Sind $\mathfrak{a}$ und $\mathfrak{b}$ zwei Ideale, so ist die Menge der Funktionen $\Sigma \gamma \cdot \alpha\beta$, wo α und β Funktionen von $\mathfrak{a}$ bzw. $\mathfrak{b}$, γ aber beliebige Körperfunktionen sind, ein Ideal $\mathfrak{c}$, welches das Produkt von $\mathfrak{a}$ und $\mathfrak{b}$ genannt werde:

$$\mathfrak{c} = \mathfrak{a}\mathfrak{b}.$$

Es gilt, wie man leicht erkennt,

$$\mathfrak{a}\mathfrak{b} = \mathfrak{b}\mathfrak{a} \quad \text{und} \quad (\mathfrak{a}\mathfrak{b})\mathfrak{c} = \mathfrak{a}(\mathfrak{b}\mathfrak{c}).$$

Für Hauptideale findet man

$$(\alpha) \cdot (\beta) = (\alpha\beta)$$

und

$$(\alpha) \cdot (\beta_1, \beta_2, \ldots, \beta_n) = (\alpha\beta_1, \alpha\beta_2, \ldots, \alpha\beta_n).$$

Also ist

$$\mathfrak{a} \cdot (1) = \mathfrak{a}.$$

Endlich gilt, wenn $\mathfrak{a} = (\alpha_1, \alpha_2)$ und $\mathfrak{b} = (\beta_1, \beta_2)$ ist,

$$\mathfrak{a} \cdot \mathfrak{b} = (\alpha_1\beta_1, \alpha_1\beta_2, \alpha_2\beta_1, \alpha_2\beta_2);$$

Definition. Ersetzt man in einem Ideal $\mathfrak{a}$ alle Funktionen durch ihre Konjugierten, so entsteht wieder ein Ideal $\mathfrak{a}'$, welches das zu $\mathfrak{a}$ konjugierte Ideal genannt werde.

Ist ω_1, ω_2 eine Basis von $\mathfrak{a}$, so ist ω_1', ω_2' eine Basis von $\mathfrak{a}'$.

Das konjugierte Ideal zu $\mathfrak{a}\mathfrak{b}$ ist $\mathfrak{a}'\mathfrak{b}'$.

Endlich: Ist $\mathfrak{a} = (\alpha, \beta)$, so ist $\mathfrak{a}' = (\alpha', \beta')$.

Definition. Ein mit seinem konjugierten identisches Ideal, für welches also $\mathfrak{a} = \mathfrak{a}'$ ist, heißt ambiges Ideal.

Satz. Es ist $\mathfrak{a}\cdot\mathfrak{a}' = (N\mathfrak{a})$ also ein Hauptideal.

Beweis. Sei

$$\omega_1 = 2CS, \quad \omega_2 = S(B+\sqrt{D}), \quad D = B^2 - 4AC$$

die adaptierte Basis von $\mathfrak{a}$. Dann ist:

$$\begin{aligned}\mathfrak{a}\cdot\mathfrak{a}' &= (2CS,\ S(B+\sqrt{D}))\cdot(2CS,\ S(B-\sqrt{D}))\\ &= (S^2)(2C, B+\sqrt{D})(2C, B-\sqrt{D})\\ &= (S^2)(4C^2, 2CB+2C\sqrt{D}, 2CB-2C\sqrt{D}, B^2-D)\\ &= (S^2)(C^2, CB, AC, C\sqrt{D})\\ &= (C\cdot S^2)\cdot(A, B, C, \sqrt{D}).\end{aligned}$$

Da nun A, B, C keinen gemeinsamen Teiler haben, kommt im letzten Ideal (1) vor. Es ist also

$$\mathfrak{a}\cdot\mathfrak{a}' = (C\cdot S^2)\cdot(1) = (N\mathfrak{a}).$$

Hieraus folgern wir:

Satz. Die Norm des Produktes zweier Ideale ist gleich dem Produkt ihrer Normen. Denn es ist

$$(N(\mathfrak{a}\mathfrak{b})) = (\mathfrak{a}\mathfrak{b})\cdot(\mathfrak{a}\mathfrak{b})' = \mathfrak{a}\mathfrak{a}'\cdot\mathfrak{b}\mathfrak{b}' = (N(\mathfrak{a})\cdot N(\mathfrak{b})).$$

Daher ist $N(\mathfrak{a}\mathfrak{b})$ assoziiert mit $N\mathfrak{a}\cdot N\mathfrak{b}$. Da beide rational und primär sind, gilt also

$$N(\mathfrak{a}\mathfrak{b}) = N\mathfrak{a}\cdot N\mathfrak{b}.$$

Ebenso erhält man:

Satz. Die Norm eines Hauptideals ist, bis auf eine triviale Einheit als Faktor, gleich der Norm der zugehörigen Funktion.

Wie man sieht, laufen die Schlüsse denen im Zahlkörper vollkommen parallel. Es wird also genügen, die weiteren Definitionen und Sätze anzuführen.

Definition. Ist α eine Funktion des Ideals $\mathfrak{a}$, so schreiben wir

$$\alpha \equiv 0 \pmod{\mathfrak{a}}.$$

Ebenso besagt

$$\alpha \equiv \beta \pmod{\mathfrak{a}},$$

daß $\alpha - \beta$ eine Funktion aus $\mathfrak{a}$ ist.

Satz I. Aus $(\gamma)\cdot\mathfrak{a} = (\gamma)\cdot\mathfrak{b}$ folgt $\mathfrak{a} = \mathfrak{b}$.

Satz II. Aus $\mathfrak{a}\cdot\mathfrak{c} = \mathfrak{b}\cdot\mathfrak{c}$ folgt $\mathfrak{a} = \mathfrak{b}$.

Definitionen. 1. Ist $\mathfrak{a} = \mathfrak{b}\mathfrak{c}$, so heißt $\mathfrak{a}$ teilbar durch $\mathfrak{b}$ und $\mathfrak{b}$ ein Teiler von $\mathfrak{a}$.

2. Ein Ideal, welches nur durch (1) und sich selbst teilbar ist, heißt Primideal. (Dabei soll es von (1) verschieden sein.)

Weiter haben wir die Sätze:

III. Ist $\mathfrak{b}$ Teiler von $\mathfrak{a}$ und $\alpha \equiv 0 \pmod{\mathfrak{a}}$, so gilt auch $\alpha \equiv 0 \pmod{\mathfrak{b}}$.

IV. Ein Ideal $\mathfrak{a}$ hat nur endlich viele Teiler.

V. Wenn für jede Funktion β des Ideals $\mathfrak{b}$ gilt $\beta \equiv 0 \pmod{\mathfrak{a}}$, so ist $\mathfrak{b}$ durch $\mathfrak{a}$ teilbar, und umgekehrt. Insbesondere heißt also $\alpha \equiv 0 \pmod{\mathfrak{a}}$: Das Hauptideal (α) ist durch $\mathfrak{a}$ teilbar.

VI. Sind $\mathfrak{a}$ und $\mathfrak{b}$ zwei Ideale, so hat das Ideal $\mathfrak{d}$, welches durch Vereinigung der Funktionen von $\mathfrak{a}$ und $\mathfrak{b}$ gebildet ist, alle Eigenschaften des größten gemeinsamen Teilers von $\mathfrak{a}$ und $\mathfrak{b}$ und ist durch diese eindeutig bestimmt. Es heißt deshalb auch der größte gemeinsame Teiler von $\mathfrak{a}$ und $\mathfrak{b}$: $\mathfrak{d} = (\mathfrak{a}, \mathfrak{b})$.

Wenn $(\mathfrak{a}, \mathfrak{b}) = (1)$ ist, heißen die Ideale $\mathfrak{a}$ und $\mathfrak{b}$ relativ prim. Dann gibt es also aus $\mathfrak{a}$ und $\mathfrak{b}$ je eine Funktion α und β so, daß $\alpha + \beta = 1$ ist.

VII. Wenn das Produkt $\mathfrak{a}\mathfrak{b}$ zweier Ideale durch das Primideal $\mathfrak{p}$ teilbar ist, muß einer der Faktoren durch $\mathfrak{p}$ teilbar sein.

Nunmehr kann der Hauptsatz über die Eindeutigkeit der Zerlegung in Primideale leicht erschlossen werden.

Satz. Jedes Ideal $\mathfrak{a}$ läßt sich auf eine, und bis auf die Anordnung auch nur auf eine Weise in Primideale zerlegen.

Beweis. Wenn $\mathfrak{a}$ nicht selbst Primideal ist, läßt es sich als Produkt zweier Ideale darstellen. Auf diese werde die Betrachtung erneut angewendet. Nach IV muß dies einmal abbrechen, wodurch man die gewünschte Zerlegung erhält:

$$\mathfrak{a} = \mathfrak{p}_1 \mathfrak{p}_2 \ldots \mathfrak{p}_n.$$

Aus VII erschließt man die Identität zweier gegebener Zerlegungen.

§ 6.

Primideale.

Satz. Jedes Primideal $\mathfrak{p}$ geht in einer und nur einer rationalen Primfunktion P auf. (Gemeint ist natürlich das Hauptideal (P).)

Beweis. Da $\mathfrak{p}\mathfrak{p}' = N\mathfrak{p}$ ist, erkennen wir, wenn $N\mathfrak{p} = P_1 P_2 \ldots P_r$ die Zerlegung von $N\mathfrak{p}$ in Primfunktionen ist, aus $\mathfrak{p}\mathfrak{p}' = P_1 P_2 \ldots P_r$, daß $\mathfrak{p}$ in wenigstens einer der Primfunktionen rechterhand aufgeht.

Ist andrerseits $P \equiv 0 \pmod{\mathfrak{p}}$ und $Q \equiv 0 \pmod{\mathfrak{p}}$, wo P und Q verschiedene Primfunktionen sind, so ist auch 1 Funktion von $\mathfrak{p}$, da ja P und Q relativ prim sind. Das geht nicht.

Um alle Primideale zu erhalten, genügt es also alle primären Primfunktionen P zu zerlegen.

Es gehe $\mathfrak{p}$ auf in P:

$$P = \mathfrak{p}\cdot\mathfrak{a},$$

also

$$N(P) = P^2 = N\mathfrak{p}\cdot N\mathfrak{a}.$$

Es kann also nur entweder $N\mathfrak{p} = P$ oder $N\mathfrak{p} = P^2$ sein.

Sei nun $\omega_1 = 2CS$, $\omega_2 = S(B+\sqrt{D})$ eine Basis von $\mathfrak{p}$, wobei C und S primär sind. Dann gilt

$$N\mathfrak{p} = CS^2.$$

1. Die Kongruenz $X^2 \equiv D \pmod{P}$ sei unlösbar. Dann kann C nicht den Wert P haben, da ja für alle B: $(B^2 - D)$ durch P nicht teilbar ist. Wegen $CS^2 = P$ oder P^2 muß also $C = 1$ und $S = P$ sein, also $N\mathfrak{p} = P^2$. Da man $|B| < |C|$ annehmen kann, ist $B = 0$, also

$$\mathfrak{p} = (2P, P\sqrt{D}) = (P)\cdot(1, \sqrt{D}) = (P).$$

P ist also unzerlegbar, somit selbst Primideal.

2. Es sei die Kongruenz $X^2 \equiv D \pmod{P}$ lösbar.

a) P sei prim zu D; B eine Lösung der Kongruenz. Dann ist auch B prim zu P. Wir bilden das Ideal $\mathfrak{p}$ mit der Basis $\omega_1 = P$, $\omega_2 = B + \sqrt{D}$, wo also $S = 1$, $2C = P$ ist. Das geht, da $\frac{B^2-D}{2C} = \frac{B^2-D}{P}$ ganz ist. Es ist dann

$$\mathfrak{p} = (P, B+\sqrt{D}), \qquad \mathfrak{p}' = (P, B-\sqrt{D}), \qquad N\mathfrak{p} = P.$$

Wegen $N\mathfrak{p} = P$ ist $\mathfrak{p}$ sicher ein Primideal, und zwar ist $N\mathfrak{p} = \mathfrak{p}\mathfrak{p}' = P$. Ferner ist $\mathfrak{p}$ und $\mathfrak{p}'$ verschieden, denn ihr größter gemeinsamer Teiler ist

$$(P, B+\sqrt{D}, B-\sqrt{D}) = (P, B, \sqrt{D}) = (1).$$

P ist dann also das Produkt zweier verschiedener Primideale $\mathfrak{p}$ und $\mathfrak{p}'$, deren Norm P ist.

b) P sei ein Teiler von D, also $D = PD'$, wo D' prim zu P ist, da D keine quadratischen Teiler enthält. Wir bilden das Ideal $\mathfrak{p}$ mit der Basis $\omega_1 = P$, $\omega_2 = \sqrt{D}$, so daß also $S = 1$, $2C = P$, $B = 0$ ist. Dann ist $\frac{B^2-D}{2C} = -\frac{D}{P} = D'$ ganz. Wir haben

$$\mathfrak{p} = (P, \sqrt{D}) = \mathfrak{p}', \qquad N\mathfrak{p} = P = \mathfrak{p}\mathfrak{p}' = \mathfrak{p}^2.$$

Es ist also $\mathfrak{p}$ ein Primideal und sein Quadrat gleich P.

Führen wir mit Dedekind das Symbol $\left[\frac{D}{P}\right]$ ein (analog zum Legendreschen, welches $\left(\frac{a}{p}\right)$ geschrieben werde), welches ± 1 sei, je nachdem die Kongruenz $X^2 \equiv D \pmod{P}$ lösbar oder unlösbar ist, und wo D und P relativ prim seien, so haben wir bewiesen:

Satz. 1. Ist P Teiler der Diskriminante D, so ist P das Quadrat eines Primideals

$$P = \mathfrak{p}^2, \quad \text{wo} \quad \mathfrak{p} = (P, \sqrt{D})$$

die Basisdarstellung von $\mathfrak{p}$ ist.

2. Ist P prim zu D und $\left[\frac{D}{P}\right] = +1$, so zerfällt P in das Produkt zweier verschiedener konjugierter Primideale

$$P = \mathfrak{p} \cdot \mathfrak{p}', \quad \text{wo} \quad \mathfrak{p} = (P, B + \sqrt{D}), \quad \mathfrak{p}' = (P, B - \sqrt{D})$$

ihre Basisdarstellung ist, und B eine Wurzel der Kongruenz

$$X^2 \equiv D \pmod{P}.$$

3. Ist P prim zu D und $\left[\frac{D}{P}\right] = -1$, so ist P selbst Primideal und

$$P = (P, P\sqrt{D})$$

seine Basisdarstellung.

Als ambig erkennt man also nur die Primideale der Fälle 1 und 3. Sei nun $\mathfrak{a}$ ein ambiges Ideal $\mathfrak{a} = \mathfrak{a}'$. Mit jedem Primideal $\mathfrak{p}$ geht also auch $\mathfrak{p}'$ in $\mathfrak{a}$ auf. Entweder also geht $\mathfrak{p} \cdot \mathfrak{p}'$ in $\mathfrak{a}$ auf (rationaler Teiler), oder aber $\mathfrak{p}$ ist selbst ambig $\mathfrak{p} = \mathfrak{p}'$. Ziehen wir alle rationalen Teiler zusammen, so erhalten wir also

$$\mathfrak{a} = (A) \cdot \mathfrak{p}_1 \mathfrak{p}_2 \mathfrak{p}_3 \ldots \mathfrak{p}_r,$$

wo A ganz rational ist, und $\mathfrak{p}_1, \mathfrak{p}_2, \ldots, \mathfrak{p}_r$ verschiedene Primideale des Falles 1 sind. Denn Fall 3 liefert ja rationale Faktoren.

Wir erwähnen noch eine Reihe von Sätzen, deren Beweis man an der Hand der üblichen Beweise leicht konstruieren kann.

Werden nämlich die Funktionen des Körpers in Klassen geteilt, so daß in eine Restklasse alle modulo $\mathfrak{a}$ einander kongruenten Funktionen zu liegen kommen, so gilt:

Satz. Die Anzahl der Restklassen modulo $\mathfrak{a}$, also die Anzahl der einander inkongruenten Funktionen des Körpers, ist gleich der absoluten Norm von $\mathfrak{a}$, also gleich $|N\mathfrak{a}|$.

Faßt man nur die primen Restklassen ins Auge (welche eine Gruppe bilden), so gilt, wenn ihre Anzahl mit $\Phi_D(\mathfrak{a})$ bezeichnet wird:

I. Ist $\mathfrak{a}$ prim zu $\mathfrak{b}$, so ist $\Phi_D(\mathfrak{a}\mathfrak{b}) = \Phi_D(\mathfrak{a}) \cdot \Phi_D(\mathfrak{b})$.

II. Ist $\mathfrak{a} = \mathfrak{p}_1^{n_1} \mathfrak{p}_2^{n_2} \ldots \mathfrak{p}_r^{n_r}$ die Zerlegung von $\mathfrak{a}$ in Primideale, so gilt

$$\Phi_D(\mathfrak{a}) = |N\mathfrak{a}| \cdot \left(1 - \frac{1}{|N\mathfrak{p}_1|}\right)\left(1 - \frac{1}{|N\mathfrak{p}_2|}\right) \ldots \left(1 - \frac{1}{|N\mathfrak{p}_r|}\right),$$

für Primideale also speziell:

$$\Phi_D(\mathfrak{p}) = |N\mathfrak{p}| - 1.$$

Aus der Gruppeneigenschaft der primen Restklassen folgt der Fermatsche Satz:

III. Ist α prim zu $\mathfrak{a}$, so gilt

$$\alpha^{\Phi_D(\mathfrak{a})} \equiv 1 \pmod{\mathfrak{a}}.$$

Ist also $\mathfrak{a} = \mathfrak{p}$ ein Primideal, so gilt für jede nicht durch $\mathfrak{p}$ teilbare Funktion α

$$\alpha^{|N\mathfrak{p}|-1} \equiv 1 \pmod{\mathfrak{p}}.$$

IV. Eine Kongruenz nach einem Primideal als Modul kann nicht mehr inkongruente Wurzeln haben, als ihr Grad beträgt.

V. Die Anzahl der zum Teiler d von $(|N\mathfrak{p}|-1)$ als Exponent gehörigen primen Restklassen mod $\mathfrak{p}$ ist $\varphi(d)$, wo $\varphi(d)$ die elementare Eulersche Funktion ist.

VI. Die Anzahl der Primitivfunktionen nach einem Primideal $\mathfrak{p}$ beträgt

$$\varphi(|N\mathfrak{p}|-1).$$

§ 7.

Die Idealklassen des Körpers.

Definition. Zwei Ideale $\mathfrak{a}$ und $\mathfrak{b}$ heißen äquivalent, wenn es zwei ganze Funktionen des Körpers, α und β, gibt, so daß

$$(\beta)\cdot\mathfrak{a} = (\alpha)\cdot\mathfrak{b}$$

ist. Wir schreiben:

$$\mathfrak{a} \sim \mathfrak{b}.$$

Die Äquivalenzbeziehung können wir symbolisch auch so ausdrücken:

$$\frac{\mathfrak{a}}{\mathfrak{b}} = \frac{\alpha}{\beta} = \varrho,$$

wo ϱ eine, bis auf eine willkürliche Körpereinheit feste (nicht notwendig ganze) Funktion des Körpers ist. Denn aus $(\beta_1)\mathfrak{a} = (\alpha_1)\mathfrak{b}$ folgt durch Multiplikation mit (β), daß $(\beta_1)(\alpha) = (\alpha_1)(\beta)$ oder $\alpha\beta_1 = \alpha_1\beta\varepsilon$, wo ε eine Einheit ist. Also:

$$\frac{\alpha}{\beta} = \frac{\alpha_1}{\beta_1}\varepsilon.$$

Sofort erkennen wir die Richtigkeit folgender Behauptungen:

1. Aus $\mathfrak{a} \sim \mathfrak{b}$ und $\mathfrak{b} \sim \mathfrak{c}$ folgt $\mathfrak{a} \sim \mathfrak{c}$.
2. Aus $\mathfrak{a} \sim \mathfrak{b}$ und $\mathfrak{c} \sim \mathfrak{d}$ folgt $\mathfrak{a}\mathfrak{c} \sim \mathfrak{b}\mathfrak{d}$.
3. Aus $\mathfrak{a}\mathfrak{c} \sim \mathfrak{b}\mathfrak{d}$ und $\mathfrak{a} \sim \mathfrak{b}$ folgt $\mathfrak{c} \sim \mathfrak{d}$.
4. Aus $\mathfrak{a} \sim \mathfrak{b}$ folgt $\mathfrak{a}' \sim \mathfrak{b}'$.

5. Mit (1) sind die Hauptideale und nur diese äquivalent.

6. Wenn $\frac{\mathfrak{a}}{\mathfrak{b}} = \varrho$ und ω_1, ω_2 eine Basis von $\mathfrak{b}$ ist, so ist $\varrho\omega_1, \varrho\omega_2$ eine Basis von $\mathfrak{a}$.

Beweis. Sei $(\beta)\mathfrak{a} = (\alpha)\mathfrak{b}$ und $\varrho = \frac{\alpha}{\beta}$. β_1 sei eine Funktion aus $\mathfrak{b}$, also $\alpha\beta_1$ eine Funktion aus $(\beta)\mathfrak{a}$. Es ist also $\frac{\alpha\beta_1}{\beta}$ ganz, so daß $\varrho\beta_1$ ganz ist und zwar zu $\mathfrak{a}$ gehört. Also sind $\varrho\omega_1$ und $\varrho\omega_2$ ganz und Funktionen von $\mathfrak{a}$. Also auch jedes $X\cdot(\varrho\omega_1) + Y(\varrho\omega_2)$. Wenn nun α zu $\mathfrak{a}$ gehört, ist $\frac{\alpha}{\varrho}$ ganz und zu $\mathfrak{b}$ gehörig. Also gilt

$$\frac{\alpha}{\varrho} = X\omega_1 + Y\omega_2,$$

somit

$$\alpha = X\cdot\varrho\omega_1 + Y\cdot\varrho\omega_2.$$

Auf Grund von 1 können wir sagen:

Alle untereinander äquivalenten Ideale liegen in einer Klasse, einer Idealklasse $\mathfrak{K}$ des Körpers.

Nach 5 bilden insbesondere die Hauptideale eine Klasse, die Hauptklasse $\mathfrak{K}_0$. In ihr liegt das Ideal (1).

Wegen 2 können wir definieren:

Das Produkt $\mathfrak{K}_1\mathfrak{K}_2$ der beiden Idealklassen $\mathfrak{K}_1$ und $\mathfrak{K}_2$ ist jene Klasse, welche die Produkte der Ideale aus $\mathfrak{K}_1$ mit jener aus $\mathfrak{K}_2$ enthält: $\mathfrak{K}_3 = \mathfrak{K}_1\mathfrak{K}_2$.

Die Multiplikation der Idealklassen ist ersichtlich kommutativ und assoziativ. Für die Hauptklasse $\mathfrak{K}_0$ gilt $\mathfrak{K}\mathfrak{K}_0 = \mathfrak{K}$, wenn $\mathfrak{K}$ irgendeine Klasse ist.

Aus 4 folgt, daß die Ideale, welche zu jenen einer Idealklasse $\mathfrak{K}$ konjugiert sind, auch eine Idealklasse bilden, welche durch einen Akzent gekennzeichnet werde: $\mathfrak{K}'$.

Dann ergibt sich aus $\mathfrak{a}\mathfrak{a}' = (N\mathfrak{a})$, daß $\mathfrak{K}\mathfrak{K}' = \mathfrak{K}_0$, wo $\mathfrak{K}_0$ die Hauptklasse ist.

Punkt 3 kann so geschrieben werden: Aus $\mathfrak{K}_1\mathfrak{K}_2 = \mathfrak{K}_1\mathfrak{K}_3$ folgt $\mathfrak{K}_2 = \mathfrak{K}_3$.

Endlich können wir in der Gleichung $\mathfrak{K}_1\mathfrak{K}_2 = \mathfrak{K}_3$ irgend zwei Klassen beliebig vorschreiben, wodurch dann die dritte eindeutig bestimmt ist.

In der Tat folgt, wenn etwa $\mathfrak{K}_1$ und $\mathfrak{K}_3$ gegeben sind, aus $\mathfrak{K}_1\mathfrak{K}_2 = \mathfrak{K}_3$ durch Multiplikation mit $\mathfrak{K}_1'$:

$$\mathfrak{K}_2 = \mathfrak{K}_1'\mathfrak{K}_3,$$

und umgekehrt ist dann auch

$$\mathfrak{K}_1\mathfrak{K}_2 = \mathfrak{K}_3.$$

Aus dem Bisherigen folgt, daß die Idealklassen eine Abelsche Gruppe bilden.

Dabei ist $\mathfrak{K}_0$ das Einheitselement und $\mathfrak{K}'$ das zu $\mathfrak{K}$ inverse: $\mathfrak{K}^{-1} = \mathfrak{K}'$.

Eine Idealklasse heißt ambig, wenn $\mathfrak{K} = \mathfrak{K}'$ ist (oder $\mathfrak{K} = \mathfrak{K}^{-1}$ oder $\mathfrak{K}^2 = \mathfrak{K}_0$).

Unser nächstes Ziel ist nun, die Endlichkeit der Anzahl der Idealklassen, die wir mit h bezeichnen, nachzuweisen.

§ 8.

Äquivalente Funktionen.

Es sei $\omega = X + Y\sqrt{\Delta}$ (X, Y rational, Δ quadratfrei und $\operatorname{sgn}\Delta = 1$ oder g) eine quadratische Irrationalität. Dann genügen ω und seine Konjugierte $\omega' = X - Y\sqrt{\Delta}$ der Gleichung

$$\omega^2 - 2X\omega + (X^2 - \Delta Y^2) = 0.$$

Setzen wir

$$X^2 - \Delta Y^2 = \frac{A}{C}, \qquad 2X = \frac{B}{C},$$

wo A, B, C ganz und ohne gemeinsamen Teiler seien. Die drei Funktionen sind dann bis auf einen rationalen Einheitsfaktor eindeutig bestimmt. Die Gleichung für ω lautet:

$$C\omega^2 + A = B\omega.$$

Die Diskriminante $B^2 - 4AC$ dieser Gleichung werde nun mit D bezeichnet (D braucht also hier nicht gerade quadratfrei zu sein). D ist dann bis auf einen quadratischen Rest als Faktor festgelegt.

Um nun die Einheitsfaktoren zu normieren, sei zunächst das Vorzeichen von $\sqrt{\Delta}$ so gewählt, daß entweder $\sqrt{\Delta}$ selbst, oder $\frac{1}{\sqrt{g}}\sqrt{\Delta}$, $\frac{1}{\sqrt{t}}\sqrt{\Delta}$, bzw. $\frac{1}{\sqrt{gt}}\sqrt{\Delta}$ primär ist.

Nun findet man leicht $D = 4C^2Y^2\Delta$.

Da Δ quadratfrei ist, muß wieder, wie schon früher einmal, $4C^2Y^2$, also $2CY$ ganz sein.

Der A, B, C gemeinsame willkürliche Einheitsfaktor werde nun so gewählt, daß $\operatorname{sgn}(2CY) = +1$ ist. Dann ist

$$\operatorname{sgn} D = \operatorname{sgn} \Delta.$$

Nun setzen wir noch fest:

$$\sqrt{D} = 2CY \cdot \sqrt{\Delta}, \quad \text{also} \quad Y\sqrt{\Delta} = \frac{\sqrt{D}}{2C}.$$

Auf diese Art sind ω und die Funktionen A, B, C eindeutig aufeinander bezogen. Wir schreiben:

$$\omega = \{A, B, C\} = \frac{B + \sqrt{D}}{2C},$$

wobei zum Beispiel:

$$\omega' = \{-A, -B, -C\} = \frac{B - \sqrt{D}}{2C}.$$

Und zwar ist die Beziehung umkehrbar eindeutig.

Definition. Zwei Funktionen $\omega = \{A, B, C\}$ und $\omega_1 = \{A_1 B_1 C_1\}$ heißen äquivalent, wenn sie miteinander durch eine Beziehung der Form verknüpft sind,

$$\omega_1 = \frac{\alpha\omega + \beta}{\gamma\omega + \delta} \quad \text{mit} \quad \begin{vmatrix} \alpha & \beta \\ \gamma & \delta \end{vmatrix} = a,$$

wo α, β, γ, δ ganz rational sind, und a eine triviale Einheit ist.

Ohne weiteres zeigt man:

Aus $\omega \sim \omega_1$ und $\omega_1 \sim \omega_2$ folgt $\omega \sim \omega_2$.
Aus $\omega \sim \omega_1$ folgt $\omega_1 \sim \omega$.

Durch die Äquivalenzdefinition zerfallen also die Funktionen in Klassen.

Wir haben nun die Transformation der Funktionen A, B, C herzuleiten. Sei

$$\omega = X + Y\sqrt{\Delta}, \qquad \omega_1 = X_1 + Y_1\sqrt{\Delta}.$$

Dann ist

$$X_1 + Y_1\sqrt{\Delta} = \frac{\alpha X + \beta + \alpha Y\sqrt{\Delta}}{\gamma X + \delta + \gamma Y\sqrt{\Delta}},$$

also

$$Y_1 = \frac{-(\alpha X + \beta)\gamma Y + (\gamma X + \delta)\alpha Y}{(\gamma X + \delta)^2 - \gamma^2 Y^2 \Delta} = \frac{aY}{\gamma^2(X^2 - Y^2\Delta) + 2X\gamma\delta + \delta^2}.$$

Nach Einführung von A, B, C wird daraus

$$\text{(I)} \qquad aYC = (A\gamma^2 + B\gamma\delta + C\delta^2)\cdot Y_1.$$

Aus $C\omega^2 + A = B\omega$ erhält man für ω_1 wegen $\omega = \frac{\delta\omega_1 - \beta}{-\gamma\omega_1 + \alpha}$ die Beziehung

$$C(\delta\omega_1 - \beta)^2 + A(-\gamma\omega_1 + \alpha)^2 = B(\delta\omega_1 - \beta)(-\gamma\omega_1 + \alpha)$$

oder

$$(A\gamma^2 + B\gamma\delta + C\delta^2)\omega_1^2 + (A\alpha^2 + B\alpha\beta + C\beta^2)$$
$$= (2A\alpha\gamma + B(\alpha\delta + \beta\gamma) + 2C\beta\delta)\omega_1.$$

Vergleicht man dies mit $C_1\omega_1^2 + A_1 = B_1\omega_1$, so erhellt, daß sich die Koeffizienten der beiden Gleichungen nur um einen Faktor unterscheiden können. Ich behaupte, daß dieser Faktor a ist, daß also

$$\left.\begin{array}{lll}(1) & aA_1 = A\alpha^2 + B\alpha\beta + C\beta^2, \\ (2) & aB_1 = 2A\alpha\gamma + B(\alpha\delta + \gamma\beta) + 2C\beta\delta, \\ (3) & aC_1 = A\gamma^2 + B\gamma\delta + C\delta^2,\end{array}\right\} \alpha\delta - \beta\gamma = a.$$

Denn jedenfalls bestehen Gleichungen der Form (1), (2), (3), wo a eine Funktion ist. Setzt man andererseits $\omega_1 = \frac{\alpha\omega + \beta}{\gamma\omega + \delta}$ in $C_1\omega_1^2 + A_1 - B_1\omega_1$ ein, so erhält man Formeln, die aus (1), (2), (3) jedenfalls hervorgehen, indem A, B, C mit A_1, B_1, C_1 vertauscht werden, α durch δ, δ durch α ersetzt werden, und β, γ das Vorzeichen wechseln. Etwa:

$$\left.\begin{array}{l} bA = A_1\delta^2 - B_1\beta\delta + C_1\beta^2, \\ bB = -2A_1\gamma\delta + B_1(\alpha\delta + \beta\gamma) - 2C_1\alpha\beta, \\ bC = A_1\gamma^2 - B_1\alpha\gamma + C_1\alpha^2, \end{array}\right\} \text{wo } b \text{ wieder eine ganze Funktion ist.}$$

Das Einsetzen in (1) ergibt nach Multiplikation mit b

$$abA_1 = A_1(\alpha\delta - \beta\gamma)^2, \quad \text{also} \quad ab = (\alpha\delta - \beta\gamma)^2,$$

so daß also a und b Einheiten sein müssen. (I) ergibt, wenn wir vorübergehend $\alpha\delta - \beta\gamma$ mit a' bezeichnen:

$$a'YC = aY_1C_1.$$

Da $\operatorname{sgn}(2YC) = \operatorname{sgn}(2Y_1C_1) = 1$ ist, haben wir $a' = a$, also auch $b = a$. Außer (1), (2), (3) gelten also die Formeln:

$$\left.\begin{array}{ll}(4) & 2YC = 2Y_1C_1, \\ (5) & aA = A_1\delta^2 - B_1\delta\beta + C_1\beta^2, \\ (6) & aB = -2A_1\gamma\delta + B_1(\alpha\delta + \beta\gamma) - 2C_1\alpha\beta, \\ (7) & aC = A_1\gamma^2 - B_1\alpha\gamma + C_1\alpha^2,\end{array}\right\} \alpha\delta - \beta\gamma = a.$$

Sei nun D_1 die Diskriminante von $\omega_1 = X_1 + Y_1\sqrt{\Delta}$. Dann ist

$$D_1 = (2C_1Y_1)^2\Delta.$$

Also wegen (4)

$$D_1 = (2CY)^2\Delta = D = B^2 - 4AC = B_1^2 - 4A_1C_1,$$

somit:

Satz. Äquivalente Funktionen haben die gleiche Diskriminante.

§ 9.

Beziehung zwischen Funktionsklassen und Idealklassen — Identität der Klassenzahlen.

Wir betrachten jetzt nur Funktionen ω mit quadratfreier Diskriminante D und fassen zugleich den Körper $K(\sqrt{D})$ ins Auge.

Sei $\mathfrak{a}$ ein Ideal des Körpers mit der Basis

$$\omega_1 = 2CS, \quad \omega_2 = S(B + \sqrt{D}), \quad D = B^2 - 4AC.$$

Wir setzen

$$\omega = \frac{\omega_2}{\omega_1} = \frac{B + \sqrt{D}}{2C}.$$

Dann ist ω wegen $D = B^2 - 4AC$, da ja A, B, C keinen gemeinsamen Teiler haben, eine quadratische Irrationalität mit der Diskriminante D.

Jede andere Basis von $\mathfrak{a}$ hat die Form

$$\left.\begin{aligned} \omega_1^* &= \delta\omega_1 + \gamma\omega_2 \\ \omega_1^* &= \beta\omega_1 + \alpha\omega_2 \end{aligned}\right\} \quad \text{mit} \quad \begin{vmatrix} \alpha & \beta \\ \gamma & \delta \end{vmatrix} = a,$$

wo α, β, γ, δ ganz rational sind, und umgekehrt ist jedes Funktionspaar dieser Form eine Basis von $\mathfrak{a}$. Wir bilden

$$\omega^* = \frac{\omega_2^*}{\omega_1^*} = \frac{\alpha\omega + \beta}{\gamma\omega + \delta},$$

so daß also $\omega^* \sim \omega$.

Ordnen wir also jedem Ideal seine Basisquotienten zu, so ist ersichtlich jedem Ideal genau eine Klasse äquivalenter Funktionen zugeordnet.

Sei nun $\mathfrak{b}$ ein mit $\mathfrak{a}$ äquivalentes Ideal: $\mathfrak{b} = \varrho\mathfrak{a}$. Wenn ω_1^*, ω_2^* eine Basis von $\mathfrak{a}$ ist, ist $\varrho\omega_1^*$, $\varrho\omega_2^*$ eine Basis von $\mathfrak{b}$, und umgekehrt.

Dem Ideal $\mathfrak{b}$ sind also zuzuordnen seine Basisquotienten $\frac{\varrho\omega_2^*}{\varrho\omega_1^*} = \frac{\omega_2^*}{\omega_1^*} \sim \omega$. Dem Ideal $\mathfrak{b}$ ist also genau die gleiche Funktionsklasse zugeordnet. Es kann ferner die Basis stets so gewählt werden, daß eine beliebige Funktion der Funktionsklasse entsteht.

Es möge nun umgekehrt $\mathfrak{a}$ und $\mathfrak{b}$ der gleichen Funktionsklasse zugeordnet sein. Wir wählen in $\mathfrak{a}$ und $\mathfrak{b}$ je eine Basis ω_1, ω_2 bzw. ω_1^*, ω_2^* derart, daß durch die Basisquotienten die gleiche Funktion entsteht; dies geht nach dem eben Gesagten. Es ist also $\frac{\omega_2}{\omega_1} = \frac{\omega_2^*}{\omega_1^*}$. Also gilt

$$\omega_1^* = \varrho\omega_1, \qquad \omega_2^* = \varrho\omega_2.$$

Dann ist ersichtlich $\mathfrak{b} = \varrho\mathfrak{a}$, da ϱ eine Funktion des Körpers ist.

Es ist also jeder Idealklasse genau eine Funktionsklasse zugeordnet und verschiedenen Idealklassen verschiedene Funktionsklassen.

Es entsteht aber auch jede Funktionsklasse der Diskriminante D. Denn gehört ihr etwa $\omega = \frac{B + \sqrt{D}}{2C}$ mit $D = B^2 - 4AC$ an, so ist $\omega_2 = B + \sqrt{D}$, $\omega_1 = 2C$ die Basis eines Ideals $\mathfrak{a}$, dem der Basisquotient $\frac{\omega_2}{\omega_1}$ zuzuordnen ist.

Es ist also eine ein-eindeutige Zuordnung zwischen den Idealklassen des Körpers $K(\sqrt{D})$ und den Funktionsklassen der Diskriminante D erreicht.

Ist also die Klassenzahl der Funktionsklassen der Diskriminante D endlich, so ist es auch die der Idealklassen, und ihre Anzahl stimmt überein.

Im weiteren Verlaufe wollen wir jedoch die Voraussetzung, daß D quadratfrei ist, wieder fallen lassen, da dadurch keine Vereinfachung erreicht wird.

Die Theorie der Einheiten werden wir auf dieser Grundlage gleichzeitig miterledigen.

Wir beginnen mit dem einfacheren Fall des imaginären Körpers.

§ 10.

Die Endlichkeit der Klassenzahl für imaginäre Funktionen.

Wir führen folgende Bezeichnung ein. Sei

$$X = a_n t^n + a_{n-1} t^{n-1} + \dots + a_1 t + a_0 + a_{-1} t^{-1} + a_{-2} t^{-2} + \dots$$

und $n \geqq 0$. Dann schreiben wir

$$E(X) = a_n t^n + a_{n-1} t^{n-1} + \dots + a_0.$$

Im Falle $n < 0$ dagegen sei

$$E(X) = 0.$$

Das Symbol $E(X)$ steht in Analogie zum Symbol „nächst kleinere ganze Zahl".

Definition. Die imaginäre quadratische Irrationalität $\omega = X + Y\sqrt{\Delta}$ heißt reduziert, wenn sie folgenden Bedingungen genügt:

$$(1) \qquad |X| < 1,$$

$$(2) \qquad |\omega\omega'| \geqq 1,$$

$$(3) \qquad \operatorname{sgn} 2Y = 1.$$

Bedingung (2) ist wegen (1) vollkommen gleichbedeutend mit

$$(4) \qquad |Y^2 \Delta| \geqq 1.$$

Satz. Jede imaginäre quadratische Irrationalität $\omega = X + Y\sqrt{\Delta}$ ist äquivalent mit einer Reduzierten.

Beweis. Die Funktion $\bar{\omega} = \omega - E(X)$ genügt ersichtlich der Bedingung (1). Genügt sie der Bedingung (2) nicht, so setzen wir $\omega_1 = -\frac{1}{\bar{\omega}} = X_1 + Y_1\sqrt{\Delta}$, wo $\bar{\omega} \sim \omega$, $\omega_1 \sim \omega$ ist, und bilden $\bar{\omega}_1 = \omega_1 - E(X_1)$. $\bar{\omega}_1$ genügt wieder (1). Genügt es (2) nicht, so sei wieder $\omega_2 = -\frac{1}{\bar{\omega}} = X_2 + Y_2\sqrt{\Delta}$ und $\bar{\omega}_2 = \omega_2 - E(X_2)$. So fahren wir fort.

Ich behaupte: Die Funktionen $\bar{\omega}_\nu = \omega_\nu - E(X_\nu)$, wobei $\omega_\nu = -\frac{1}{\bar{\omega}_{\nu-1}}$ ist, welche alle der Bedingung (1) genügen und mit ω äquivalent sind, genügen schließlich der Bedingung (2).

Beweis. Wir setzen $R_\nu = \overline{\omega}\cdot\overline{\omega}_\nu'$ (R_ν ist also als Norm rational!). Dann ist

$$R_\nu = \left(-\frac{1}{\omega_{\nu+1}}\right)\left(-\frac{1}{\omega_{\nu+1}'}\right) = \frac{1}{\omega_{\nu+1}\,\omega_{\nu+1}'}, \quad \text{da ja} \quad \omega_{\nu+1} = -\frac{1}{\overline{\omega}_\nu}.$$

Also:

$$R_\nu = \frac{1}{X_{\nu+1}^2 - Y_{\nu+1}^2 \Delta} = \frac{1}{\omega_{\nu+1}\,\omega_{\nu+1}'}.$$

Aus $\overline{\omega}_\nu = -\dfrac{1}{\omega_{\nu+1}}$ folgt $\omega_\nu = E(X_\nu) - \dfrac{1}{\omega_{\nu+1}}$, also

$$X_\nu + Y_\nu\sqrt{\Delta} = E(X_\nu) - \frac{\omega_{\nu+1}'}{\omega_{\nu+1}\,\omega_{\nu+1}'} = E(X_\nu) - R_\nu\cdot\omega_{\nu+1}'.$$

Somit:

$$Y_\nu\sqrt{\Delta} = R_\nu\, Y_{\nu+1}\sqrt{\Delta}.$$

Wegen

$$Y_\nu\sqrt{\Delta} = \frac{\sqrt{D}}{2\,C_\nu},$$

falls $\omega_\nu = \{A_\nu, B_\nu, C_\nu\}$ gesetzt wird, und wobei $D = B_\nu^2 - 4\,A_\nu C_\nu$ ist (da ja äquivalente Funktionen gleiche Diskriminante haben), finden wir:

$$C_{\nu+1} = R_\nu C_\nu.$$

Solange nun $|R_\nu| < 1$ ist, finden wir

$$|C_{\nu+1}| < |C_\nu|.$$

Da es aber nur endlich viele ganze rationale Funktionen abnehmenden Grades geben kann, und $C_\nu \neq 0$ ist, muß schließlich einmal $|R_\nu| \geqq 1$ sein. Wegen $R_\nu = \overline{\omega}_\nu\overline{\omega}_\nu'$ bedeutet dies: $\overline{\omega}_\nu$ genügt der Bedingung (2). Setzt man nun

$$\overline{\omega}_\nu = \overline{X}_\nu + \overline{Y}_\nu\sqrt{\Delta},$$

so genügt die Funktion

$$\omega^* = \frac{\overline{\omega}_\nu}{2\operatorname{sgn}\overline{Y}_\nu}$$

allen drei Bedingungen, und es ist $\omega^* \sim \omega$.

Die Reduziertenbedingung für die Funktion A, B, C finden wir, wenn wir in (1), (2), (4) einsetzen $X = \dfrac{B}{2\,C}$, $Y\sqrt{\Delta} = \dfrac{\sqrt{D}}{2\,C}$. Sie lauten:

$$|B| < |C| \leqq \sqrt{|D|} \quad \text{und} \quad \operatorname{sgn} C = 1.$$

Gleichzeitig muß $D = B^2 - 4AC$ sein, wegen $|B^2| < |D|$ also $|AC| = |D|$ gelten.

Daraus folgt unmittelbar, daß es zu gegebener Diskriminante nur endlich viele reduzierte Funktionen geben kann, daß also die Klassenzahl von Funktionen gegebener Diskriminante endlich ist.

Für quadratische Körper, also quadratfreie Diskriminanten folgt speziell:

Satz. Die Anzahl der Idealklassen im imaginären Körper $K(\sqrt{D})$ ist endlich.

Wir fragen nun, wann zwei reduzierte Funktionen einander äquivalent sind.

Seien $\omega = \{A, B, C\}$ und $\omega_1 = \{A_1, B_1, C_1\}$ zwei äquivalente reduzierte Funktionen:

$$\omega_1 = \frac{\alpha\omega + \beta}{\gamma\omega + \delta}, \quad \text{wo} \quad \begin{vmatrix} \alpha & \beta \\ \gamma & \delta \end{vmatrix} = a.$$

Dann folgt aus § 8, (3):

$$4aCC_1 = (2C\delta + B\gamma)^2 - D\gamma^2.$$

Wenn nun der Betrag wenigstens einer der Funktionen C und C_1 kleiner ist als $\sqrt{|D|}$, also $|CC_1| < |D|$ ist, so folgt:

$$|(2C\delta + B\gamma)^2 - D\gamma^2| < |D|.$$

Wäre nun $\gamma \neq 0$, so könnten sich, da $\sqrt{D}$ imaginär ist, also D entweder ungeraden Grad hat oder $\operatorname{sgn} D = g$ ist, die höchsten Potenzen linker Hand nie heben, so daß der Betrag der linken Seite $\geqq |D|$ wäre. Also ist $\gamma = 0$. Dies hat $a = \alpha\delta$ zur Folge, so daß also α und δ triviale Einheiten sind. Aus § 8, (2), (3) folgt dann

$$aC_1 = C\delta^2, \qquad aB_1 = B\alpha\delta + 2C\beta\delta,$$

somit wegen $\operatorname{sgn} C = \operatorname{sgn} C_1 = 1$:

$$a = \alpha\delta = \delta^2, \quad \text{also} \quad \alpha = \delta.$$

Wäre nun $\beta \neq 0$, so erhielte man wegen $|B| < |C|$, da aus der ersten Gleichung $|C| = |C_1|$ folgt, $|B_1| \geqq |C| = |C_1|$, was nicht geht. Es ist also $\beta = \gamma = 0$; $\alpha = \delta$. Somit:

$$\omega_1 = \omega.$$

Ist nun der Grad von D ungerade, so ist stets $|C| < |\sqrt{|D|}|$. Dann sind also alle reduzierten Funktionen untereinander nicht äquivalent und ihre Anzahl die Klassenzahl.

Falls aber der Grad von D gerade ist, kann es reduzierte Funktionen mit $|C| = \sqrt{|D|}$ geben. Die Funktionen mit $|C| < \sqrt{|D|}$ sind dann sicher untereinander und zu denen mit $|C| = \sqrt{|D|}$ nicht äquivalent.

Es bleibt also nur noch der Fall

$$|C| = |C_1| = \sqrt{|D|}$$

zu erledigen. Wegen $|AC| = |D|$ ist dann

$$|A| = |A_1| = \sqrt{|D|}.$$

Nun leitet man aus § 8, (1), (3) folgende vier Formeln ab;

$$4aAA_1 = (2A\alpha + B\beta)^2 - D\beta^2,$$
$$4aCA_1 = (2C\beta + B\alpha)^2 - D\alpha^2,$$
$$4aAC_1 = (2A\gamma + B\delta)^2 - D\delta^2,$$
$$4aCC_1 = (2C\delta + B\gamma)^2 - D\gamma^2.$$

Die Beträge der linken Seiten sind genau $|D|$. Wenn nun eine einzige der Funktionen $\alpha, \beta, \gamma, \delta$ keine Zahl wäre, so würde dies in mindestens einer Formel auf einen Widerspruch führen. Wäre z. B. $|\beta| \geqq p$, so würden sich rechterhand in der ersten Formel die höchsten Potenzen nicht wegheben können, da ja $\sqrt{D}$ imaginär ist. Der Betrag der rechten Seite wäre also mindestens $|D\beta^2|$, entgegen dem Betrag der linken Seite.

Die Funktionen $\alpha, \beta, \gamma, \delta$ müssen also Zahlen sein.

Nun gehen wir aus von den Relationen § 8, (1), (2), (3), (6). Wir beachten:

$$|C| = |C_1| = |A| = |A_1| = \sqrt{|D|}, \qquad |B| < \sqrt{|D|},$$
$$|B_1| < \sqrt{|D|}, \quad \operatorname{sgn} C = \operatorname{sgn} C_1 = 1,$$

sowie:

$$\operatorname{sgn} D = g = \operatorname{sgn}(B^2 - 4AC) = \operatorname{sgn}(-4AC) = -4 \operatorname{sgn} A,$$

so daß also:

$$\operatorname{sgn} A = \operatorname{sgn} A_1 = -\frac{g}{4}$$

ist. Wir vergleichen nun die höchsten Koeffizienten rechts und links. In (2) und (6) müssen sich wegen $|B| < |C|$ die höchsten Koeffizienten rechts heben.

Wir erhalten so die Formeln

$$\left.\begin{aligned} -\frac{g}{4}a &= -\frac{g}{4}\alpha^2 + \beta^2 \\ 0 &= -\frac{g}{4}\alpha\gamma + \beta\delta \\ a &= -\frac{g}{4}\gamma^2 + \delta^2 \\ 0 &= -\frac{g}{4}\gamma\delta + \alpha\beta \end{aligned}\right\} \alpha\delta - \beta\gamma = a \neq 0.$$

Wenn umgekehrt

$$|A| = |C| = \sqrt{|D|}, \qquad |B| < |C|, \qquad \operatorname{sgn} C = 1$$

und

$$\operatorname{sgn} A = -\frac{g}{4} \quad \text{mit} \quad D = B^2 - 4AC$$

ist, und die angeschriebenen Relationen erfüllt sind, so folgt aus (1), (2), (3), daß dann

$$|A_1| = |C_1| = \sqrt{|D|}, \quad |B_1| < \sqrt{|D|}, \quad \operatorname{sgn} C_1 = 1 \text{ und } \operatorname{sgn} A_1 = -\frac{g}{4}$$

ist. Daß also auch das transformierte ω_1 reduziert ist. Unsere Relationen sind also sowohl notwendig wie hinreichend.

1. $\alpha = 0$, also $-\beta\gamma = a$: $\beta \neq 0$, $\gamma \neq 0$; $\beta\delta = 0$, also $\delta = 0$. Ferner $a = -\beta\gamma = -\frac{g}{4}\gamma^2$; $\beta = \frac{g}{4}\gamma$. Also $\alpha = \delta = 0$, $\beta = \frac{g}{4}\gamma$, somit $\omega_1 = \frac{g}{4}\cdot\frac{1}{\omega}$.

2. $\delta = 0$, also $-\beta\gamma = a \neq 0$; $\alpha\beta = 0$, also $\alpha = 0$, d. h. Fall 1.

3. $\gamma = 0$, also $\alpha\delta = a \neq 0$; $\beta\delta = 0$; $\delta = 0$, $\alpha\delta = \delta^2$, somit $\alpha = \delta$, somit $\omega_1 = \omega$.

4. $\beta = 0$; $\alpha\delta = a \neq 0$; $\alpha\gamma = 0$, also $\gamma = 0$, also Fall 3.

Wenn also eine unserer Zahlen verschwindet, kann es sich nur entweder um die triviale Äquivalenzbeziehung $\omega = \omega_1$, oder um

$$\omega_1 = \frac{g}{4}\cdot\frac{1}{\omega}$$

handeln.

Unsere vier Zahlen seien also alle von Null verschieden. Aus $\frac{g}{4}\alpha\gamma = \beta\delta$ und $\frac{g}{4}\gamma\delta = \alpha\beta$ folgt durch Division $\alpha^2 = \delta^2$.

Wäre nun $\alpha = -\delta$, so hätte man $-\frac{g}{4}\gamma = \beta$. Also

$$a = \alpha\delta - \beta\gamma = -\delta^2 + \frac{g}{4}\gamma^2.$$

Da aber $a = \delta^2 - \frac{g}{4}\gamma^2$ ist, würde $a = -a$, also $a = 0$ folgen, was nicht geht.

Es ist also $\alpha = \delta$ und $\frac{g}{4}\gamma = \beta$. Dann sind aber auch alle unsere Relationen befriedigt und die zugehörige, mit ω äquivalente Funktion ω_1, da wie bereits gesagt, die Relationen notwendig und hinreichend sind, auch reduziert. Da noch eine unserer Zahlen beliebig wählbar ist, wählen wir $\gamma = 4$, so daß $\beta = g$ wird. Die Äquivalenzbeziehung lautet dann:

$$\omega_1 = \frac{\alpha\omega + g}{4\omega + \alpha} \quad (\alpha = 1, 2, 3, \ldots, (p-1)).$$

Lassen wir auch noch $\alpha = 0$ zu, so kommen wir zur bereits gefundenen Äquivalenzbeziehung $\omega_1 = \frac{g}{4}\cdot\frac{1}{\omega}$.

Sei nun $|D| > 1$. (Der Fall $D = g$ soll gleich erledigt werden.)

Dann sind unsere äquivalenten Funktionen auch wirklich voneinander verschieden. Denn

$$\frac{\alpha\,\omega + g}{4\,\omega + \alpha} = \frac{\alpha_1\omega + g}{4\,\omega + \alpha_1}$$

hat zur Folge $(\alpha - \alpha_1)(4\omega^2 - g) = 0$.

Somit, wenn $\alpha \neq \alpha_1$ ist, $\omega = \frac{1}{2}\sqrt{g}$. Also der ausgeschlossene Fall $D = g$. Aus

$$\omega = \frac{a\,\omega + g}{4\,\omega + a}$$

folgt auch $4\,\omega^2 = g$, also $D = g$.

Zusammenfassung. Für imaginäre quadratische Irrationalitäten sind die reduzierten Funktionen:

1. Im Falle ungeraden Grades von D nie untereinander äquivalent. Die Klassenzahl ist also gleich der Anzahl der reduzierten Funktionen.

2. Im Falle geraden Grades von D und $D \neq g$ sind die Funktionen mit $|C| < \sqrt{|D|}$ weder untereinander noch zu denen mit $|C| = \sqrt{|D|}$ äquivalent. Ihre Anzahl sei $\mathfrak{r}$.

Die Funktionen mit $|C| = \sqrt{|D|}$ zerfallen in Gruppen von je $(p + 1)$ untereinander äquivalenten Funktionen. Ist ω eine Funktion dieser Gruppe, so sind die p übrigen gegeben durch

$$\omega_a = \frac{a\,\omega + g}{4\,\omega + a} \qquad (\alpha = 0, 1, 2, \ldots, p - 1).$$

Funktionen aus verschiedenen Gruppen sind miteinander nicht äquivalent.

Ist s die Anzahl der reduzierten Funktionen mit $|C| = \sqrt{|D|}$, so ist s stets durch $p + 1$ teilbar, und die Klassenzahl ist

$$h = \mathfrak{r} + \frac{s}{p+1}.$$

3. Im Falle $D = g$ muß $|C| \leqq 1$, also $C = 1$ sein. Ferner $|B| < |C|$, also $B = 0$. Dies liefert die einzige reduzierte Funktion $\omega = \frac{1}{2}\sqrt{g}$. Die Klassenzahl ist also eins.

Wenn D quadratfrei ist, ordnen wir den reduzierten Funktionen $\omega = \frac{B + \sqrt{D}}{2C}$ das Ideal $\mathfrak{a}$ von $K(\sqrt{D})$ mit der Basisdarstellung $\mathfrak{a} = (2C, B + \sqrt{D})$ zu. Dieses Ideal nennen wir ein „reduziertes Ideal". Dann gibt es in jeder Idealklasse reduzierte Ideale. Für sie gilt, da $N\mathfrak{a} = C$ ist, $|N\mathfrak{a}| \leqq \sqrt{|D|}$.

Da die adaptierte Basis, wenn $\operatorname{sgn} C = 1$ vorgeschrieben ist, durch das Ideal eindeutig bestimmt ist, sind verschiedenen reduzierten Funktionen verschiedene reduzierte Ideale zugeordnet. Nach dem Früheren entsprechen ferner äquivalenten Idealen äquivalente Funktionen und umgekehrt.

Beispiele. 1. $D = g$. Hier haben wir nur das reduzierte Ideal. $\mathfrak{a} = (2, \sqrt{g}) = (1)$. Die Klassenzahl ist also $h = 1$.

2. $D = t + a$. (Der Fall $D = gt + a$ ist nicht wesentlich verschieden.) Es muß $|C| \leqq 1$, also $C = 1$, $B = 0$ sein. Es gibt also nur die reduzierte Funktion $\omega = \frac{1}{2}\sqrt{t+a}$, im Körper nur das reduzierte Ideal $\mathfrak{a} = (2, \sqrt{D}) = (1)$. Wieder ist $h = 1$.

3. D sei quadratisch, $\operatorname{sgn} D = g$; also $|D| = p^2$, so daß $|C| \leqq p$ sein muß. Für $C = 1$, $B = 0$ liefert dies wieder $\omega = \frac{1}{2}\sqrt{D}$.

Hier haben wir aber noch das Vorkommen linearer C zu berücksichtigen. Zu diesem Zwecke denken wir uns in D durch passende Lineartransformation des Adjunktionsbuchstabens t (dies führt auf einen isomorphen Körper) den Koeffizienten von t zum Verschwinden gebracht. Dann kann über die Transformation noch so verfügt werden, daß nach Hinzufügung passend gewählter quadratischer Reste als Faktoren D eine der Formen

$$D = gt^2 - g, \qquad D = gt^2 - 1, \qquad D = gt^2$$

annimmt.

a) $D = g(t^2 - 1)$. Hier wähle man $C = t + 1$, $B = 0$ und erhält die reduzierte Funktion $\omega_1 = \frac{\sqrt{D}}{2(t+1)}$.

b) $D = g(t^2 - g^{-1})$. Es gibt nun sicher eine Zahl b so, daß $b^2 + 1$ Nichtrest wird. (Denn andernfalls gäbe es ja nur Reste.) Für dieses b ist $g^{-1}(b^2 + 1)$ sicher Rest, also $b^2 - D = -g[t^2 - g^{-1}(1 + b^2)]$ sicher keine Primfunktion. $b^2 - D$ hat also sicher einen Linearteiler $t + a$. Nun setzen wir $C = t + a$, $B = b$ und erhalten die reduzierte Funktion $\omega = \frac{b + \sqrt{D}}{2(t+a)}$.

c) $D = gt^2$. Hier ist $D - b^2 = g(t^2 - g^{-1}b^2)$ stets Primfunktion, wenn $b \neq 0$ ist. Nun muß aber, wenn C linear ist, B eine Zahl sein. Soll $D - b^2$ einen Linearteiler C haben, so muß also $B = b = 0$ sein und $C = t$, $A = -\frac{g}{4}t$. Dann ist aber A, B, C nicht teilerfremd. Also gibt es hier keine Reduzierten mit $|C| = p$. Doch kommt dieser Fall für Körper nicht in Betracht, da ja D durch ein Quadrat teilbar ist.

Wenn C linear ist, gibt es für B nur die Möglichkeiten $B = 0, 1, 2, \ldots, p - 1$. Zu jedem B kann es nun höchstens zwei reduzierte Funktionen geben, nämlich die eventuell linearen Teiler von $B^2 - D$. Im ganzen gibt es also höchstens $2p$ Funktionen unserer Art, somit, da ihre Anzahl durch $p + 1$ teilbar sein soll, entweder gar keine oder genau $p + 1$ äquivalente. In den beiden uns allein interessierenden Fällen a) b) tritt, da wir die Existenz einer Reduzierten unserer Art festgestellt haben, das letztere ein.

Wir haben also:

Ist D quadratfrei und quadratisch, so ist die Klassenzahl des imaginären Körpers $K(\sqrt{D})$ stets $h = 2$.

Dann gibt es zwei Arten reduzierter Ideale:

I. Das Hauptideal $\mathfrak{a} = (2, \sqrt{D}) = (1)$.

II. Nichthauptideale der Form $\mathfrak{a} = (t + a, b + \sqrt{D})$, wo $t + a$ ein Teiler von $b^2 - D$ ist (a, b Zahlen). Und zwar gibt es genau $p + 1$ verschiedene miteinander äquivalente.

§ 11.

Die Anzahl der ambigen Klassen.

Satz. Enthält eine ambige Klasse ein ambiges Ideal, so enthält sie auch ein ambiges reduziertes Ideal.

Beweis. Die Klasse $\mathfrak{K}$ enthalte das ambige Ideal $\mathfrak{a}$ mit der Basisdarstellung $\mathfrak{a} = (2CS, (B + \sqrt{D})S) = (S) \cdot (2C, B + \sqrt{D})$. Da $\mathfrak{a}' = (S)(2C, B - \sqrt{D})$ ist, muß $(2C, B + \sqrt{D}) = (2C, B - \sqrt{D})$ sein (da ja $\mathfrak{a} = \mathfrak{a}'$ ist). Nun ist $\mathfrak{a} \sim (2C, B + \sqrt{D})$, so daß wir vom ambigen Ideal $\mathfrak{a} = (2C, B + \sqrt{D})$ ausgehen. In ihm können wir annehmen, es sei $\operatorname{sgn} C = 1$. Dann ist die adaptierte Basis eindeutig bestimmt. Da $\mathfrak{a}' = (2C, B - \sqrt{D}) = (2C, -B + \sqrt{D}) = \mathfrak{a}$ ist, muß also $B = -B$, also $B = 0$ sein. Wegen $D = -4AC$ ist also C ein Teiler von D. (Es wurde natürlich stillschweigend $|B| < |C|$ vorausgesetzt, was wir annehmen dürfen. Denn nur dann ist die adaptierte Basis eindeutig.) Es ist also $\mathfrak{a} = (2C, \sqrt{D})$. Setzen wir $D = CC' \operatorname{sgn} D$, so ist $\operatorname{sgn} C' = 1$ und C und C' relativ prim. Demnach, wenn $\mathfrak{b} = (2C', \sqrt{D})$ gesetzt wird:

$$\mathfrak{a} \cdot \mathfrak{b} = (2C, \sqrt{D})(2C', \sqrt{D}) = (4CC', 2C'\sqrt{D}, 2C\sqrt{D}, D)$$
$$= (D, \sqrt{D}) = (\sqrt{D}).$$

Also ist $\mathfrak{a}\mathfrak{b} = (\sqrt{D})$, somit, wegen $\mathfrak{a} = \mathfrak{a}'$:

$$(N\mathfrak{a}) \cdot \mathfrak{b} = (\sqrt{D})\mathfrak{a} \quad \text{oder} \quad \mathfrak{b} \sim \mathfrak{a}.$$

Ist also $|C| \geqq \sqrt{|D|}$ so ist $|C'| \leqq \sqrt{|D|}$. Eines der Ideale $\mathfrak{a}$ und $\mathfrak{b}$ ist also reduziert. Da $\mathfrak{a} \sim b$ ist, gibt es also in $\mathfrak{K}$ ein ambiges reduziertes Ideal, dessen Basisdarstellung dann lautet:

$$\mathfrak{a} = (2C, \sqrt{D}) \quad \text{mit} \quad |C| \leqq \sqrt{|D|}, \quad \text{wo } C \text{ ein Teiler von } D.$$

Durchläuft C diese Teiler, so erhält man alle ambigen reduzierten Ideale. Die mit $|C| < \sqrt{|D|}$ sind nach unseren Ergebnissen sicher untereinander und mit denen mit $|C| = \sqrt{|D|}$ nicht äquivalent. Zwei verschiedene Ideale $\mathfrak{a} = (2C, \sqrt{D})$, $\mathfrak{b} = (2C', \sqrt{D})$, wo C und C' zwei

Funktionen des Betrags $\sqrt{|D|}$ sind und zu den Teilern von D gehören, sind nach dem Früheren dann und nur dann äquivalent, wenn die zugeordneten Funktionen $\omega = \frac{\sqrt{D}}{2C}$, $\omega_1 = \frac{\sqrt{D}}{2C'}$ es sind. Ferner muß die Äquivalenzbeziehung die Form haben

$$\omega_1 = \frac{a\omega + g}{4\omega + a} \qquad (\alpha = 0, 1, 2, \ldots, p-1).$$

Dies liefert

$$\frac{D}{CC'} + \alpha\frac{\sqrt{D}}{2C'} = \alpha\frac{\sqrt{D}}{2C} + g.$$

Somit

$$D = gCC', \qquad \alpha = 0.$$

Es sind also genau zwei reduzierte Ideale einander äquivalent.

Die Anzahl der einander nicht äquivalenten reduzierten Ideale ist also genau die halbe Teilerzahl von D. Denn ist C ein Teiler, und setzen wir $D = CC' \operatorname{sgn} D$, so ist jedem Teiler C mit $|C| < \sqrt{|D|}$ ein anderer mit $|C| > \sqrt{|D|}$ zugeordnet. Die Teiler mit $|C| = \sqrt{|D|}$ liefern aber nur halb so viel Klassen, wie eben gezeigt wurde.

Wenn also:

$D = g^\nu P_1 P_2 \ldots P_s$ die Zerlegung von D in Primfunktionen ist, so ist die Anzahl der ambigen Idealklassen, welche ambige Ideale enthalten, genau 2^{s-1}.

Sei nun $\mathfrak{K}$ eine ambige Idealklasse ohne ambiges Ideal und $\mathfrak{a}$ ein reduziertes Ideal der Basisdarstellung $\mathfrak{a} = (2C, B + \sqrt{D})$. Dann ist $B \neq 0$, da sonst $\mathfrak{a}$ ambig wäre. Es ist also, da die Basisdarstellung eindeutig ist, $\mathfrak{a}' = (2C, -B + \sqrt{D})$ ein von $\mathfrak{a}$ verschiedenes und zwar ersichtlich gleichfalls reduziertes Ideal. Nun soll $\mathfrak{a} \sim \mathfrak{a}'$ sein. Dies geht nur, wenn $|C| = \sqrt{|D|}$ (nach dem vorigen Paragraphen) und somit der Grad von D gerade ist. Ist der Grad von D ungerade, so gibt es also keine ambigen Klassen ohne ambiges Ideal.

Wenn nun D geraden Grad hat, seien $\omega = \frac{B + \sqrt{D}}{2C}$, $\omega_1 = \frac{-B + \sqrt{D}}{2C}$ die beiden $\mathfrak{a}$ und $\mathfrak{a}'$ zugeordneten Funktionen.

Damit die Klasse $\mathfrak{K}$ ambig ohne ambiges Ideal sei, ist folgendes notwendig und hinreichend:

1. Es muß sein $\mathfrak{a} \sim \mathfrak{a}'$, also $\omega \sim \omega_1$, somit

$$\omega_1 = \frac{\alpha\omega + g}{4\omega + \alpha} \qquad (\alpha = 0, 1, 2, \ldots, p-1),$$

was

$$4\omega\omega_1 + \alpha(\omega_1 - \omega) = g$$

liefert, und schließlich

$$4A + \alpha B + gC = 0,$$

wo $|A| = |C| = \sqrt{|D|}$ und $|B| < |C|$.

2. Es darf die Idealklasse kein ambiges Ideal, also, da jede Klasse mit ambigem Ideal ein ambiges reduziertes enthält, kein ambiges reduziertes Ideal enthalten, dessen Basis $(2C_1, \sqrt{D})$ lautet. Mit ω sind aber äquivalent nur die Reduzierten

$$\frac{\beta\omega + g}{4\omega + \beta} \qquad (\beta = 0, 1, 2, \ldots, p-1),$$

wo sich dann die Funktionen A, B, C nach § 8, (1), (2), (3) transformieren. Dafür ist notwendig und hinreichend, daß in § 8, (2) das transformierte B_1 für alle β von 0 verschieden ist, daß also

$$aB_1 = 8A\beta + B(\beta^2 + 4g) + 2Cg\beta \neq 0.$$

3. Muß $D = B^2 - 4AC$ sein.

Gibt es andrerseits drei Funktionen A, B, C mit $\operatorname{sgn} C = 1$, welche 1. 2. 3. befriedigen, so bilden sie ein Ideal, welches einer ambigen Idealklasse ohne ambiges Ideal angehört. In

$$8A\beta + B(\beta^2 + 4g) + 2Cg\beta \neq 0 \quad \text{für alle } \beta$$

setzen wir nun ein $4A = -\alpha B - gC$ und erhalten

$$B(\beta^2 - 2\alpha\beta + 4g) \neq 0$$

oder, da $B \neq 0$ ist,

$$\beta^2 - 2\alpha\beta + 4g \neq 0$$

oder endlich

$$(\beta - \alpha)^2 \neq \alpha^2 - 4g.$$

Dies muß für jedes β gelten. Dann kann also links jeder Rest stehen, wie auch α gewählt sei. Damit die Relation befriedigt wird, muß also $\alpha^2 - 4g$ Nichtrest werden.

Für wenigstens eines dieser α soll also

$$4A = -\alpha B - gC$$

zugleich mit

$$D = B^2 - 4AC$$

bestehen. Also muß

$$D = B^2 + \alpha BC + gC^2$$

sein oder

$$4gD = (2gC + \alpha B)^2 - (\alpha^2 - 4g)\cdot B^2.$$

Setzt man $D = gD_1$, so wird also die notwendige und hinreichende Bedingung dafür, daß es eine ambige Idealklasse ohne ambiges Ideal gibt, an die Existenz einer Zahl α geknüpft, für die $(\alpha^2 - 4g)$ Nichtrest wird und

$$D_1 = \left(C + \frac{\alpha}{2g}B\right)^2 - (\alpha^2 - 4g)\left(\frac{B}{2g}\right)^2$$

wird.

Wegen $|C| > |B|$ zeigt eine leichte Überlegung, daß dazu notwendig und hinreichend ist, daß D_1 eine Darstellung in der Form

$$D_1 = X^2 - g\,Y^2 \quad \text{mit} \quad |X| > |Y|$$

gestattet. α kann dabei sogar beliebig gewählt werden, nur muß $\alpha^2 - 4g$ Nichtrest werden, was stets geht.

Diese letzte Bedingung ist aber vollständig äquivalent mit der, daß es überhaupt eine Darstellung der Form

$$D_1 = c\,(X^2 - g\,Y^2)$$

gibt, wo c irgendeine rationale Einheit ist. Denn aus ihr erhalten wir sofort die neuen Darstellungen

$$D_1 = \frac{c}{a^2 - b^2 g}(a^2 - b^2 g)(X^2 - g\,Y^2) = \frac{c}{a^2 - b^2 g}(X_1^2 - g\,Y_1^2),$$

wo

$$X_1 = a\,X + b\,g\,Y, \qquad Y_1 = a\,Y + b\,X$$

ist und a, b irgendwelche nicht gleichzeitig verschwindende Zahlen sind.

Wenn nun $|X| \neq |Y|$ ist, so wird, wenn $a \neq 0$, $b \neq 0$ gewählt wird, eine Darstellung mit $|X_1| = |Y_1|$ erhalten. Wir können also voraussetzen, es sei $|X| = |Y|$.

Da sich dann des Faktors g wegen die höchsten Potenzen sicher nicht wegheben, muß $|D| = |X^2| = |Y^2|$ sein, was wegen $\operatorname{sgn} D_1 = 1$ zu der Relation führt

$$1 = c\,((\operatorname{sgn} X)^2 - g\,(\operatorname{sgn} Y)^2).$$

Nun setzen wir $a = c \operatorname{sgn} X$, $b = -c \operatorname{sgn} Y$. Dann heben sich sicher in Y_1 rechterhand die höchsten Potenzen, in X_1 aber nicht, so daß $|X_1| > |Y_1|$ wird. Ferner ist

$$a^2 - b^2 g = c^2\,((\operatorname{sgn} X)^2 - g\,(\operatorname{sgn} Y)^2) = c.$$

Wir haben also wirklich eine Darstellung

$$D_1 = X_1^2 - g\,Y_1^2 \quad \text{mit} \quad |X_1| > |Y_1|$$

erhalten.

Da wir nun in § 15 sehen werden, daß D_1 dann und nur dann eine Darstellung der Form $D_1 = c\,(X^2 - g\,Y^2)$ gestattet, wenn es durch keine Primfunktion ungeraden Gerades teilbar ist, so können wir, wenn wir dies hier vorwegnehmen wollen, unser Ergebnis so aussprechen (ist D von ungeradem Grade, so ist es ja sicher durch eine Primfunktion ungeraden Grades teilbar):

Im imaginären Körper $K(\sqrt{D})$ existiert dann und nur dann eine ambige Idealklasse, welche kein ambiges Ideal enthält, wenn D durch keine Primfunktion ungeraden Grades teilbar ist.

Unsere Entwicklungen gestatten auch die Repräsentanten dieser Klassen zu berechnen.

Hilfssatz. Sei $K(\sqrt{D})$ ein beliebiger Körper (imaginär oder reell), α eine ganze oder gebrochnene Funktion des Körpers, für welche $N(\alpha) = +1$ ist. Dann gibt es eine ganze Funktion β des Körpers, so daß

$$\alpha = \frac{\beta}{\beta'}$$

wird.

Beweis. Sei $N(\alpha) = \alpha\alpha' = +1$. Wir wählen A ganz rational so, daß $\beta = A(1+\alpha)$ ganz wird. Dann ist $\beta' = A(1+\alpha')$ und somit

$$\frac{\beta}{\beta'} = \frac{1+\alpha}{1+\alpha'} = \frac{\alpha(1+\alpha)}{\alpha+\alpha\alpha'} = \frac{\alpha(1+\alpha)}{\alpha+1} = \alpha.$$

Sei jetzt $\mathfrak{K}$ eine beliebige ambige Idealklasse ohne ambiges Ideal und $\mathfrak{a}$ ein Ideal aus $\mathfrak{K}$. Da $\mathfrak{a} \sim \mathfrak{a}'$ ist, können wir setzen $\frac{\mathfrak{a}}{\mathfrak{a}'} = \alpha$, wo α eine bis auf eine Körpereinheit feste, ganze oder gebrochene Funktion ist. Durch Normenbildung geht hervor, daß $N(\alpha) = a$ ist, wo a eine rationale Einheit ist. Durch Hinzufügung einer passenden rationalen Einheit zu α kann erreicht werden, daß $N(\alpha) = 1$ oder $N(\alpha) = g$ wird. Aus $N(\alpha) = 1$ würde folgen, daß ein ganzes β existiert, so daß $\alpha = \frac{\beta'}{\beta}$ ist. Dann wäre $(\beta\mathfrak{a}) = (\beta\mathfrak{a})'$, also $\beta\mathfrak{a}$ ein ambiges Ideal. Da aber nun $\mathfrak{a} \sim \beta\mathfrak{a}$ ist, kann dies nicht zutreffen, da $\mathfrak{K}$ kein ambiges Ideal enthält. Es ist also $N(\alpha) = g$.

Sei jetzt $\mathfrak{K}_1$ eine zweite ambige Klasse ohne ambiges Ideal, der das Ideal $\mathfrak{a}_1$ angehört. Wieder ist:

$$\frac{\mathfrak{a}_1}{\mathfrak{a}_1'} = \alpha_1 \quad \text{mit} \quad N(\alpha_1) = g$$

und somit

$$\frac{\mathfrak{a}\,\mathfrak{a}_1'}{\mathfrak{a}'\,\mathfrak{a}_1} = \frac{(\mathfrak{a}\,\mathfrak{a}_1')}{(\mathfrak{a}\,\mathfrak{a}_1')'} = \frac{\alpha}{\alpha_1}, \quad \text{wo jetzt} \quad N\left(\frac{\alpha}{\alpha_1}\right) = 1$$

ist. Es gibt also eine ganze Funktion β, so daß $\frac{\alpha}{\alpha_1} = \frac{\beta}{\beta'}$ ist. Also ist

$$\frac{\mathfrak{a}\,\mathfrak{a}_1'}{(\mathfrak{a}\,\mathfrak{a}_1')'} = \frac{\beta}{\beta'} \quad \text{oder} \quad \mathfrak{a}\,\mathfrak{a}_1'\beta' = (\mathfrak{a}\,\mathfrak{a}_1'\beta')'.$$

Da nun $\mathfrak{a}_1' \sim \mathfrak{a}_1$ also $\mathfrak{a}\,\mathfrak{a}_1'\beta' \sim \mathfrak{a}\,\mathfrak{a}_1$ und somit $\mathfrak{a}\,\mathfrak{a}_1'\beta'$ ein Ideal aus $\mathfrak{K}\mathfrak{K}_1$ ist, enthält die Klasse $\mathfrak{K}\mathfrak{K}_1$ ein ambiges Ideal und ist also eine Klasse $\mathfrak{K}_2$ mit ambigen Idealen.

Aus $\mathfrak{K}\mathfrak{K}_1 = \mathfrak{K}_2$ folgt aber wegen $\mathfrak{K}^2 = \mathfrak{K}_0 =$ Hauptklasse: $\mathfrak{K}_1 = \mathfrak{K}\mathfrak{K}_2$, wo $\mathfrak{K}_2$ ambig und mit ambigem Ideal ist.

Ist andrerseits $\mathfrak{K}$ ambig ohne ambiges Ideal, $\mathfrak{K}_2$ ambig mit ambigem Ideal, so wegen $\mathfrak{K}' = \mathfrak{K}$, $\mathfrak{K}_2' = \mathfrak{K}_2$ auch $(\mathfrak{K}\mathfrak{K}_2)' = \mathfrak{K}\mathfrak{K}_2$, also $\mathfrak{K}\mathfrak{K}_2$ ambig.

Enthielte $\mathfrak{K}\mathfrak{K}_2$ ein ambiges Ideal $\mathfrak{a}_1$, so wäre, $\mathfrak{K}\mathfrak{K}_2 = \mathfrak{K}_1$ gesetzt, $\mathfrak{K} = \mathfrak{K}_1\mathfrak{K}_2$. Ist nun $\mathfrak{a}_2$ ein ambiges Ideal von $\mathfrak{K}_2$, so ist $\mathfrak{a}_1\mathfrak{a}_2$ ein ambiges Ideal aus $\mathfrak{K}$. Es muß also $\mathfrak{K}_1 = \mathfrak{K}\mathfrak{K}_2$ ambig ohne ambiges Ideal sein. Aus der Gruppeneigenschaft erhellt noch, daß lauter verschiedene Klassen erhalten werden, wenn in $\mathfrak{K}\mathfrak{K}_2$ der zweite Faktor alle ambigen Klassen mit ambigem Ideal durchläuft.

Alle ambigen Klassen ohne ambiges Ideal erhält man also aus einer von ihnen etwa $\mathfrak{K}$ durch Bildung von $\mathfrak{K}\mathfrak{K}_2$, wo $\mathfrak{K}_2$ alle ambigen Klassen mit ambigem Ideal durchläuft.

Entweder gibt es also überhaupt keine ambigen Klassen ohne ambiges Ideal, oder ihre Anzahl ist genau so groß wie die der Klassen, welche ambige Ideale enthalten.

Daraus folgt:

Satz. Wenn $D = a \cdot P_1 P_2 P_3 \ldots P_s$ die Zerlegung von D in Primfunktionen ist, so ist die Anzahl der ambigen Klassen des imaginären Körpers $K(\sqrt{D})$ gleich

$$2^{s-1} \quad \text{oder} \quad 2^s,$$

je nachdem D durch eine Primfunktion ungeraden Grades teilbar ist oder nicht.

Dies ist dann für die Gruppe der Idealklassen die Anzahl der Geschlechter. Für die Klassenzahl gilt in den beiden Fällen die Zerlegung

$$h = 2^{s-1} \cdot f \quad \text{bzw.} \quad h = 2^s \cdot f,$$

wo f ganz ist.

Ungerade kann also die Klassenzahl nur sein, wenn D eine Primfunktion ungeraden Grades ist.

§ 12.

Kettenbrüche.

Sei F eine reelle Funktion, $E(F)$ das in § 10 definierte Symbol.

Definition. Unter der Kettenbruchentwicklung einer Funktion F verstehen wir folgenden Algorithmus:

Wir setzen sukzessive

$$F = E(F) + \frac{1}{F_1}$$

$$F_1 = E(F_1) + \frac{1}{F_2}$$

$$F_2 = E(F_2) + \frac{1}{F_3}$$

$$\cdots\cdots\cdots$$

Dabei soll der Prozeß abbrechen, wenn einmal F_ν ganz ist, also

$$F_\nu = E(F_\nu)$$

wird. Anderenfalls werde er beliebig weit fortgesetzt.

Aus

$$F_{\nu-1} = E(F_{\nu-1}) + \frac{1}{F_\nu}$$

folgt für $\nu \geqq 1$ wegen der Bedeutung des Symbols $E(F)$, daß

$$\left|\frac{1}{F_\nu}\right| \leqq p^{-1}, \quad \text{also} \quad |F_\nu| \geqq p,$$

und demnach auch

$$|E(F_\nu)| \geqq p.$$

Bricht die Entwicklung mit F_n ab, ist also $F_n = E(F_n)$, so erkennen wir sukzessive: F_n ist rational, also auch F_{n-1}, usw. Es ist also F rational.

Sei umgekehrt F rational: $F = \frac{R}{R_0}$, wo R und R_0 ganz rational sind. Der Algorithmus ergibt:

$$\begin{aligned} F &= E\left(\frac{R}{R_0}\right) + \frac{R_1}{R_0}, && |R_1| < |R_0|, \\ \frac{R_0}{R_1} &= E\left(\frac{R_0}{R_1}\right) + \frac{R_2}{R_1}, && |R_2| < |R_1|, \\ &\dots\dots\dots\dots \\ \frac{R_{\nu-1}}{R_\nu} &= E\left(\frac{R_{\nu-1}}{R_\nu}\right) + \frac{R_{\nu+1}}{R_\nu}, && |R_{\nu+1}| < |R_\nu|. \end{aligned}$$

Da die Grade stets abnehmen, und unsere Funktionen ganz rational sind, muß schließlich einmal $R_{\nu+1} = 0$ sein, also unser Prozeß abbrechen.

Die Kettenbruchentwicklung bricht also dann und nur dann nie ab, wenn F irrational ist.

Wir wollen nun weiterhin F als irrational voraussetzen. Im Algorithmus $F_\nu = E(F_\nu) + \frac{1}{F_{\nu+1}}$ setzen wir zur Abkürzung $E(F_\nu) = A_\nu$. Dann ist also

$$|A_\nu| \geqq p \quad \text{für} \quad \nu \geqq 1,$$

und es ist

$$F = A_0 + \frac{1}{A_1} + \frac{1}{A_2} + \dots + \frac{1}{A_{n-1}} + \frac{1}{F_n}.$$

Die Funktion F_n werde Schlußfunktion genannt. Wie beim gewöhnlichen Kettenbruch gilt die Formel

$$F = \frac{P_n F_n + P_{n-1}}{Q_n F_n + Q_{n-1}},$$

wobei P_n und Q_n ganz rational sind und nach den Rekursionen

$$\left.\begin{aligned} P_{n+1} &= P_n A_n + P_{n-1} \\ Q_{n+1} &= Q_n A_n + Q_{n-1} \end{aligned}\right\} \text{ mit } \left\{\begin{aligned} P_0 &= 1; \quad P_1 = A_0 \\ Q_0 &= 0; \quad Q_1 = 1 \end{aligned}\right.$$

berechnet werden. Es ist daher

$$\begin{aligned} Q_2 &= A_1, & &\text{also } |Q_2| = |Q_1 A_1| \geqq p, \\ Q_3 &= Q_2 A_2 + 1, & &\text{also } |Q_3| = |Q_2 A_2| > |Q_2|, \\ Q_4 &= Q_3 A_3 + Q_2, & &\text{also } |Q_4| = |Q_3 A_3| > |Q_2|. \end{aligned}$$

somit durch Induktion:

$$|Q_\nu| = |Q_{\nu-1} A_{\nu-1}|, \quad \text{also} \quad |Q_\nu| = |A_{\nu-1} A_{\nu-2} \ldots A_1|.$$

Wegen $|A_\nu| \geqq p$ für $\nu \geqq 1$ finden wir

$$|Q_\nu| \geqq p^{\nu-1} \quad \text{für} \quad \nu \geqq 1.$$

Ferner liefert das Rekursionssystem:

$$P_n Q_{n-1} - Q_n P_{n-1} = (-1)^n.$$

Dies zeigt, daß P_n und Q_n prim sind.

Satz. Bei einem unendlichen Kettenbruch ist die Folge der Näherungsbrüche: $\frac{P_0}{Q_0}, \frac{P_1}{Q_1}, \ldots$ konvergent und es ist:

$$\lim_{\nu=\infty} \frac{P_\nu}{Q_\nu} = F.$$

Beweis. Aus

$$F = \frac{P_\nu F_\nu + P_{\nu-1}}{Q_\nu F_\nu + Q_{\nu-1}}$$

folgt

$$F - \frac{P_\nu}{Q_\nu} = \frac{P_{\nu-1} Q_\nu - P_\nu Q_{\nu-1}}{Q_\nu (Q_\nu F_\nu + Q_{\nu-1})} = \frac{(-1)^{\nu-1}}{Q_\nu (Q_\nu F_\nu + Q_{\nu-1})}.$$

Für $\nu \geqq 1$ ist aber $F_\nu = A_\nu + R_\nu$, also, da $|R_\nu| \leqq p^{-1}$ ist,

$$|Q_\nu F_\nu + Q_{\nu-1}| = |Q_\nu A_\nu| = |Q_{\nu+1}|.$$

Also

$$\left| F - \frac{P_\nu}{Q_\nu} \right| = \frac{1}{|Q_\nu Q_{\nu+1}|} \leqq p^{-(2\nu-1)}.$$

Daraus geht unsere Behauptung unmittelbar hervor.

§ 13.

Kettenbruchentwicklung quadratischer Irrationalitäten — Endlichkeit der Klassenzahl.

Definition. Eine reelle quadratische Irrationalität ω heißt reduziert, wenn ihr Betrag größer als eins, der ihrer Konjugierten aber kleiner als eins ist:

$$|\omega'| < 1 < |\omega|.$$

Satz. Jede reelle quadratische Irrationalität ω ist äquivalent mit einer Reduzierten.

Beweis. Wir entwickeln ω in einen Kettenbruch, dessen Schlußzahlen ω_ν seien. Da ω_ν Schlußfunktion ist, gilt

$$|\omega_\nu| > 1.$$

Ferner ist

$$\omega = \frac{P_\nu \omega_\nu + P_{\nu-1}}{Q_\nu \omega_\nu + Q_{\nu-1}} \quad \text{mit} \quad \begin{vmatrix} P_\nu & P_{\nu-1} \\ Q_\nu & Q_{\nu-1} \end{vmatrix} = (-1)^\nu,$$

so daß $\omega \sim \omega_\nu$.

Durch Auflösung erhält man

$$\omega_\nu = -\frac{Q_{\nu-1}\omega - P_{\nu-1}}{Q_\nu \omega - P_\nu},$$

also

$$(1) \qquad \omega'_\nu = -\frac{Q_{\nu-1}\omega' - P_{\nu-1}}{Q_\nu \omega' - P_\nu} = -\frac{Q_{\nu-1}}{Q_\nu} \cdot \frac{(\omega' - \omega) + \left(\omega - \frac{P_{\nu-1}}{Q_{\nu-1}}\right)}{(\omega' - \omega) + \left(\omega - \frac{P_\nu}{Q_\nu}\right)}.$$

Setzen wir nun $|\omega' - \omega| = p^r$, so gilt sicher für $\nu \geqq |r| + 2$

$$\left|\omega - \frac{P_{\nu-1}}{Q_{\nu-1}}\right| \leqq p^{-(2\nu-3)} \leqq p^{-(2|r|+1)},$$

$$\left|\omega - \frac{P_\nu}{Q_\nu}\right| \leqq p^{-(2\nu-1)} \leqq p^{-(2|r|+3)},$$

so daß im zweiten Bruch rechternand (1) Zähler und Nenner den gleichen Betrag haben. Für $\nu \geqq |r| + 2$ gilt also

$$|\omega'_\nu| = \left|\frac{Q_{\nu-1}}{Q_\nu}\right| = \frac{1}{|A_{\nu-1}|} \leqq p^{-1} < 1,$$

was mit $|\omega_\nu| > 1$ zusammen die Reduziertenbedingung ausmacht.

Satz. Ist ω reduziert, und setzen wir $\omega = E(\omega) + \frac{1}{\omega_1}$, so ist auch ω_1 reduziert. Wegen $\omega_1 \sim \omega$ hat ω_1 die gleiche Diskriminante wie ω.

Beweis. Wegen $|\omega - E(\omega)| < 1$ gilt $|\omega_1| > 1$. Da nun $|\omega| > 1$ ist, ist auch $|E(\omega)| > 1$. Wegen $|\omega'| < 1$ ist also

$$|\omega' - E(\omega)| = |E(\omega)| > 1,$$

somit

$$|\omega'_1| = \frac{1}{|\omega' - E(\omega)|} < 1.$$

Also ist ω_1 auch reduziert.

Satz. In der Beziehung $\omega = E(\omega) + \frac{1}{\omega_1}$ seien ω und ω_1 reduziert. Dann ist nach Vorgabe von ω_1 bereits ω eindeutig bestimmt.

Beweis. Wir haben $\omega' = E(\omega) + \frac{1}{\omega'_1}$, wo $|\omega'| < 1$ und $\left|\frac{1}{\omega'_1}\right| > 1$ ist.

Also ist

$$E(\omega) = -E\left(\frac{1}{\omega_1'}\right),$$

somit

$$\omega = -E\left(\frac{1}{\omega_1'}\right) + \frac{1}{\omega_1},$$

womit ω bestimmt ist.

Daraus folgt: Die Schlußfunktionen ω_ν in der Kettenbruchentwicklung einer reellen quadratischen Irrationalität ω sind schließlich reduziert, und mit einer von ihnen sind es auch alle folgenden.

Ist speziell ω reduziert, so sind alle Schlußfunktionen reduziert, und mit einer von ihnen sind nicht nur alle folgenden, sondern auch alle vorhergehenden eindeutig bestimmt.

Für die Funktionen A, B, C lautet wegen

$$\omega = \frac{B+\sqrt{D}}{2C}, \quad \omega' = \frac{B-\sqrt{D}}{2C}$$

die Reduziertenbedingung

$$|B - \sqrt{D}| < |C| < |B + \sqrt{D}|.$$

Wäre nun $|B| \neq |\sqrt{D}|$, so wäre $|B + \sqrt{D}| = |B - \sqrt{D}|$, so daß die Ungleichheitszeichen nicht stehen könnten. Es ist also $|B| = |\sqrt{D}|$. Ferner müssen, da ja beide Ungleichheitszeichen gelten sollen, die Grade von $B - \sqrt{D}$ und $B + \sqrt{D}$ sich also um mindestens zwei Einheiten unterscheiden müssen, die beiden höchsten Potenzen von B und $\sqrt{D}$ übereinstimmen. Dies gibt nur endlich viel Möglichkeiten für B, falls D vorgegeben ist, und unserer Ungleichung halber zu jedem B nur endlich viele C, die noch durch die Bedingung $D = B^2 - 4AC$ eingeschränkt werden.

Es gibt also zu gegebener Diskriminante D nur endlich viele Reduzierte, also ist die Klassenanzahl der Funktionen der Diskriminante D endlich.

Wenn D quadratfrei ist, folgt speziell:

Satz. Im reellen quadratischen Körper $K(\sqrt{D})$ ist die Anzahl der Idealklassen endlich.

Ferner allgemein:

Die Kettenbruchentwicklung einer reduzierten quadratischen Irrationalität und nur einer solchen, ist rein periodisch. Die der übrigen (quadratischen) Irrationalitäten gemischt periodisch.

Beispiel. Der einfachste reelle Körper ist $K(\sqrt{t^2 + a_1 t + a_2})$, wo $a_2 - \frac{1}{4}a_1^2 \neq 0$ sein muß, da sonst D ein volles Quadrat ist. Wir haben $\sqrt{D} = t + \frac{1}{2}a_1 + \dots$. Da die beiden ersten Potenzen von B und $\sqrt{D}$

übereinstimmen, ist $B = t + \frac{1}{2}a_1$, also $D - B^2 = a_2 - \frac{1}{4}a_1^2 \neq 0$. Also muß C eine Einheit b sein. Die reduzierten Funktionen sind also: $c(t + \frac{1}{2}a_1 + \sqrt{D})$. Sie sind miteinander äquivalent, also ist die Klassenzahl unseres Körpers $h = 1$.

Die Kettenbruchentwicklung der Reduzierten finden wir nach leichter Rechnung ($E(\sqrt{D}) = t + \frac{1}{2}a_1$) zu:

$$\omega = c(2t + a_1) + c\left(-t - \frac{1}{2}a_1 + \sqrt{D}\right) = c(2t + a_1) + \frac{1}{\dfrac{t + \frac{1}{2}a_1 + \sqrt{D}}{c\left(a_2 - \frac{1}{4}a_1^2\right)}},$$

$$\frac{t + \frac{1}{2}a_1 + \sqrt{D}}{c\left(a_2 - \frac{1}{4}a_1^2\right)} = \frac{2t + a_1}{c\left(a_2 - \frac{1}{4}a_1^2\right)} + \frac{1}{c\left(t + \frac{1}{2}a_1 + \sqrt{D}\right)} = \frac{2t + a_1}{c\left(a_2 - \frac{1}{4}a_1^2\right)} + \frac{1}{\omega}.$$

Also haben wir

$$c\left(t + \frac{1}{2}a_1 + \sqrt{D}\right) = c(2t + a_1) + \cfrac{1}{\cfrac{2t + a_1}{c\left(a_2 - \frac{1}{4}a_1^2\right)} + \cfrac{1}{c(2t + a_1) + \cfrac{1}{\cfrac{2t + a_1}{c\left(a_2 - \frac{1}{4}a_1^2\right)} + \cdots}}}$$

Eine eingliedrige Periode gibt es unter den reduzierten Funktionen also nur, wenn $c = \dfrac{1}{c\left(a_2 - \frac{1}{4}a_1^2\right)}$ oder $a_2 - \frac{1}{4}a_1^2 = \frac{1}{c^2}$ ist. Wenn also $a_2 - \frac{1}{4}a_1^2$ quadratischer Rest ist.

Im Körper $K(\sqrt{D})$ ordnen wir nun wieder den reduzierten Funktionen $\omega = \dfrac{B + \sqrt{D}}{2C}$ das „reduzierte Ideal“

$$\mathfrak{a} = (2C, B + \sqrt{D})$$

zu. Dann gibt es in jeder Klasse reduzierte Ideale. Es gilt wieder $|N\mathfrak{a}| < |\sqrt{D}|$.

§ 14.

Die Einheiten des quadratischen Körpers.

Die ganze Funktion $\varepsilon = U + V\sqrt{D}$ ist dann und nur dann eine Einheit, wenn $N(\varepsilon) = c$ ist, wo c eine triviale Einheit ist.

Die Bestimmung aller Einheiten ist also äquivalent mit der Auflösung der „Pellschen Gleichung“

$$U^2 - V^2 D = c.$$

I. Der Körper $K(\sqrt{D})$ sei imaginär.

(1) $$D = g, \qquad U^2 - V^2 g = c.$$

Da sich, wenn $|V| > 1$ ist, die höchsten Potenzen nicht wegheben können, muß v eine Zahl b und demnach auch U eine Zahl a sein.

Alle Einheiten haben also die Form

$$\varepsilon = a + b\sqrt{g},$$

wo a und b zwei nicht gleichzeitig verschwindende Zahlen sind.

Ihre Anzahl ist also $w = p^2 - 1$.

Ferner ist $N(\varepsilon) = a^2 - b^2 g$ und kann ersichtlich jede triviale Einheit sein. Die Anzahl der Einheiten gegebene Norm ist $p + 1$.

(2) $$|D| \geqq p, \quad U^2 - V^2 D = c.$$

Wäre $V \neq 0$, so könnten sich wieder die höchsten Potenzen nicht heben. Aus $V = 0$ folgt aber, daß U eine triviale Einheit ist. Die trivialen Einheiten sind also hier die einzigen. Ihre Norm muß quadratischer Rest sein, und zu gegebener Norm gibt es zwei nur durch das Vorzeichen verschiedene Einheiten. Die Anzahl der Einheiten ist hier $w = p - 1$.

II. Der Körper $K(\sqrt{D})$ sei reell.

Sei ω eine zur Diskriminante D gehörige reduzierte Funktion. Wir entwickeln ω in einen Kettenbruch mit den Schlußfunktionen $\omega_1, \omega_2, \omega_3, \ldots$. Da er rein periodisch ist, muß unter ihnen schließlich einmal ω wieder auftreten. Sei etwa $\omega_n = \omega$. Dann ist

$$\omega = \frac{P_n \omega + P_{n-1}}{Q_n \omega + Q_{n-1}}$$

oder

$$Q_n \omega^2 - P_{n-1} = (P_n - Q_{n-1})\omega.$$

Vergleichen wir dies mit

$$C\omega^2 + A = B\omega,$$

so erhellt, da A, B, C ohne gemeinsamen Teiler sind, und ω irrational ist, daß die erste Gleichung aus der zweiten durch Multiplikation mit einer ganzen Funktion $2V$ hervorgeht. Da $n \geqq 1$, ist $Q_n \neq 0$, also auch $V \neq 0$. Wir haben also:

$$Q_n = 2VC, \qquad P_{n-1} = -2VA, \qquad P_n - Q_{n-1} = 2VB.$$

Setzen wir noch $P_n = VB + U$, so haben wir:

$$P_n = VB + U, \quad Q_n = 2VC, \quad P_{n-1} = -2VA, \quad Q_{n-1} = -VB + U.$$

Der Identität

$$P_n Q_{n-1} - Q_n P_{n-1} = (-1)^n$$

entnehmen wir:

$$U^2 - V^2 B^2 + 4 V^2 A C = (-1)^n, \text{ d. h. } U^2 - V^2 D = (-1)^n.$$

Es ist also

$$\varepsilon = U + V \sqrt{D}$$

eine Einheit, und zwar wegen $V \neq 0$ sicher keine triviale. Die Existenz nicht trivialer Einheiten im reellen Körper $K(\sqrt{D})$ ist also erwiesen.

Wir fragen nun nach Einheiten ε, deren Betrag $= 1$ ist. Aus $|\varepsilon| = 1$ und $|N(\varepsilon)| = |\varepsilon \varepsilon'| = 1$ folgt $|\varepsilon'| = 1$. Nun kann, wenn $V \neq 0$ ist, ersichtlich nicht gleichzeitig $|U + V\sqrt{D}| = 1$ und $|U - V\sqrt{D}| = 1$ sein. Denn sonst können sich die höchsten Potenzen nicht wegheben. Es ist also $V = 0$ und demnach ε eine triviale Einheit.

Die nicht trivialen Einheiten haben also stets einen Betrag $\neq 1$. Zwei Einheiten $\varepsilon_1, \varepsilon_2$ von gleichem Betrage $|\varepsilon_1| = |\varepsilon_2|$ sind durch eine Relation $\varepsilon_1 = a \varepsilon_2$ verbunden, wo a eine triviale Einheit ist. In der Tat ist $\frac{\varepsilon_1}{\varepsilon_2}$ auch eine Einheit und $\left|\frac{\varepsilon_1}{\varepsilon_2}\right| = 1$, so daß $\frac{\varepsilon_1}{\varepsilon_2} = a$ ist.

Da mit ε auch $\frac{1}{\varepsilon}$ eine Einheit ist, gibt es sicher Einheiten, deren Betrag > 1 ist. Von diesen seien die Einheiten $a \varepsilon_0$ jene mit dem kleinsten Betrag > 1. Die triviale Einheit a werde so gewählt, daß

$$N(a \varepsilon_0) = a^2 N(\varepsilon_0) = 1 \text{ oder } g$$

wird. Das Vorzeichen von a ist dabei noch beliebig und werde irgendwie fest gewählt. Die so normierte Einheit nennen wir die Grundeinheit des Körpers. Sie werde künftighin mit ε_0 bezeichnet. Es ist also $N(\varepsilon_0) = 1$ oder g.

Mit ε_0 sind auch alle Funktionen $\varepsilon = a \cdot \varepsilon_0^k$ (a eine Einheit, k irgendeine positive oder negative Zahl) Einheiten.

Satz. Jede Einheit von $K(\sqrt{D})$ hat die Form

$$\varepsilon = a \cdot \varepsilon_0^k.$$

Beweis. Wäre ε nicht in dieser Form enthalten, so müßte sich wegen $|\varepsilon_0| > 1$ eine Zahl ν so finden lassen, daß

$$|\varepsilon_0^\nu| < |\varepsilon| < |\varepsilon_0^{\nu+1}|.$$

Gleichheitszeichen könnten nicht stehen, da sich Einheiten gleichen Betrages nur um triviale Einheiten als Faktor unterscheiden, und somit ε doch in die Form $\varepsilon = a \varepsilon_0^k$ zu setzen wäre.

Aus unserer Ungleichung folgt

$$1 < |\varepsilon_0^{-\nu} \cdot \varepsilon| < |\varepsilon_0|.$$

Nun ist aber $\varepsilon_0^{-\nu}\varepsilon$ auch eine Einheit. Es gäbe also, entgegen der Definition der Grundeinheit, doch eine Einheit, deren Betrag zwischen 1 und $|\varepsilon_0|$ liegt. Widerspruch.

Für die Normen der Einheiten finden wir

$$N(\varepsilon) = a^2 (N(\varepsilon))^k = \begin{cases} a^2, & \text{wenn } N(\varepsilon_0) = 1, \\ a^2 g^k, & \text{wenn } N(\varepsilon_0) = g. \end{cases}$$

Wenn also $N(\varepsilon_0) = 1$ ist, sind die Normen quadratische Reste; für $N(\varepsilon_0) = g$ können sie jede rationale Einheiten sein.

Satz. Ist $K(\sqrt{D})$ ein reeller quadratischer Körper, wo D eine Primfunktion ist, und ist ε_0 seine Grundeinheit, so haben wir

$$N(\varepsilon_0) = g.$$

Beweis. Wäre $N(\varepsilon_0) = 1$, so könnten wir nach dem Hilfssatz des § 11 eine ganze Funktion β des Körpers finden, so daß $\varepsilon_0 = \frac{\beta'}{\beta}$ ist. Dann wäre $\beta' = \varepsilon_0 \beta$, also β und β' assoziiert. Es wäre also $(\beta) = (\beta')$, und somit (β) ein ambiges Hauptideal. Nach § 6 hat also (β) die Gestalt

$$\beta = (A)\mathfrak{p}_1 \mathfrak{p}_2 \ldots \mathfrak{p}_r,$$

wo die $\mathfrak{p}_\nu$ voneinander verschiedene Primideale sind, welche in der Diskriminante aufgehen. Da D Primfunktion ist, gibt es nur ein Primideal dieser Art:

$$\mathfrak{p} = (D, \sqrt{D}) = (\sqrt{D}).$$

A ist rational ganz. Also hat (β) eine der Formen

$$(\beta) = (A) \quad \text{oder} \quad \beta = A(\sqrt{D}).$$

Es ist also

$$\beta = A\varepsilon \quad \text{oder} \quad (\beta) = A\sqrt{D}\varepsilon,$$

wo ε eine Einheit ist, somit entweder

$$\varepsilon_0 = \frac{A\varepsilon'}{A\varepsilon} = \frac{\varepsilon'}{\varepsilon} = a \cdot \varepsilon'^2 \quad \text{oder} \quad \varepsilon_0 = \frac{-A\sqrt{D}\varepsilon'}{A\sqrt{D}\varepsilon} = -a\varepsilon'^2,$$

so daß ε_0 nicht die Grundeinheit wäre. Also ist $N(\varepsilon_0) = g$.

Nehmen wir ein Resultat des nächsten Paragraphen zu Hilfe, so gilt der

Satz. Wenn im reellen Körper $K(\sqrt{D})$ die Diskriminante D durch eine Primfunktion ungeraden Grades teilbar ist, gilt $N(\varepsilon_0) = 1$.

Beweis. Aus der Lösbarkeit der Pellschen Gleichung

$$U^2 - V^2 D = g$$

würde, wenn P unser Primteiler ungeraden Grades ist, die Lösbarkeit der Kongruenz

$$U^2 \equiv g \pmod{P}$$

folgen. Unabhängig von diesem Satz werden wir aber in § 15 zeigen, daß sie nicht lösbar ist. Also ist $N(\varepsilon_0) = 1$.

Nun beweisen wir (unabhängig von dem eben abgeleiteten Resultat) den

Satz. Die Klassenzahl des Körpers $K(\sqrt{D})$, wo D eine Primfunktion ist, ist ungerade, es sei denn, daß D einen geraden Grad hat, und der Körper imaginär ist (dann ist sie bekanntlich gerade).

Beweis. Wäre nämlich die Klassenzahl gerade, so müßte es mindestens eine von der Hauptklasse verschiedene ambige Klasse $\mathfrak{K}$ geben (deren Quadrat eben die Hauptklasse ist).

Dann gäbe es also ein Nichthauptideal $\mathfrak{a}$, für welches $\mathfrak{a} \sim \mathfrak{a}'$ ist, also $\frac{\mathfrak{a}'}{\mathfrak{a}} = \alpha$, wo α eine ganze oder gebrochene Funktion ist, deren Norm, wie man sich durch Normenbildung überzeugt, eine triviale Einheit a ist. Dabei ist α bis auf eine Körpereinheit festgelegt.

1. Grad von D ungerade. Wir setzen $\alpha = \mathfrak{X} + Y\sqrt{D}$. Dann soll $X^2 - Y^2 D = a$ sein, wo a eine triviale Einheit und X, Y rational ist. Da nun $Y^2 D$ auch ungeraden Grad hat, könnten sich, wenn $|Y^2 D| \geqq p$ wäre, die höchsten Potenzen von X^2 und $Y^2 D$ nicht heben. Es ist also $|Y^2 D| \leqq p^{-1}$, und somit $|X| = 1$. Daraus folgt

$$a = \operatorname{sgn}(X^2 - Y^2 D) = (\operatorname{sgn} X)^2 = b^2.$$

a ist also quadratischer Rest. Ersetzt man α durch das gleichwertige $\frac{\alpha}{b} = \alpha_1$, so hat man

$$\frac{\mathfrak{a}'}{\mathfrak{a}} = \alpha_1 \quad \text{mit} \quad N(\alpha_1) = 1.$$

2. Grad von D gerade, Körper reell, also $\operatorname{sgn} D = 1$. Sei ε_0 die Grundeinheit. Dann ist $N(\varepsilon_0) = g$. Wäre $N(\alpha)$ Nichtrest, so könnten wir α durch das gleichwertige $\varepsilon_0 \alpha$ ersetzen, dessen Norm dann ein Rest ist. Wir können also voraussetzen, es sei $N(\alpha) = b^2$. Ersetzen wir α durch das gleichwertige $\alpha_1 = \frac{\alpha}{b}$, so haben wir

$$\frac{\mathfrak{a}'}{\mathfrak{a}} = \alpha_1 \quad \text{mit} \quad N(\alpha_1) = 1.$$

Es gilt also in beiden Fällen

$$\frac{\mathfrak{a}'}{\mathfrak{a}} = \alpha_1 \quad \text{mit} \quad N(\alpha_1) = 1.$$

Dann gibt es ein ganzes β, so daß $\alpha_1 = \frac{\beta}{\beta'}$ ist, also

$$\mathfrak{a}\beta = (\mathfrak{a}\beta)'.$$

Das Ideal $\mathfrak{a}\beta$ wäre also ambig. Da D eine Primfunktion ist, hat also, wie schon einmal ausgeführt wurde, $\mathfrak{a}\beta$ entweder die Form (A) oder

$(A\sqrt{D})$. Es ist also auf jeden Fall $\mathfrak{a}\beta$ ein Hauptideal, also wegen $\mathfrak{a} \sim \mathfrak{a}\beta$ unsere Klasse $\mathfrak{K}$ die Hauptklasse, entgegen unserer Annahme.

Beispiel. Der reelle Körper $K(\sqrt{D})$ $(D = t^2 + a_1 t + a_2)$ hat die Grundeinheit

$$\varepsilon_0 = c\left(t + \frac{1}{2}a_1 + \sqrt{D}\right),$$

wo c passend gewählt ist. Seine Norm ist

$$N(\varepsilon_0) = c^2\left(\frac{1}{4}a_1^2 - a_2\right).$$

Da nun

$$D = \left(t + \frac{1}{2}a_1\right)^2 - \left(\frac{1}{4}a_1^2 - a_2\right)$$

ist, ist also $N(\varepsilon_0) = g$ oder 1, je nachdem ob D Primfunktion ist oder nicht. Wir bestätigen also unsere Sätze.

§ 15.

Das Reziprozitätsgesetz.

Wir wollen nun das von Dedekind ohne ausgeführten Beweis angegebene Reziprozitätsgesetz herleiten.

I. Der Ergänzungssatz.

Sei P eine primäre Primfunktion geraden Grades. Dann hat der reelle Körper $K(\sqrt{D})$ die Grundeinheit ε_0 mit der Norm $N(\varepsilon_0) = g$.

Die Pellsche Gleichung

$$X^2 - PY^2 = g$$

ist also lösbar und demnach erst recht die Kongruenz

$$X^2 \equiv g \pmod{P}.$$

Es ist also $\left[\frac{g}{P}\right] = +1$.

Im Körper $K(\sqrt{g})$ ist also die Primfunktion P zerlegbar in zwei (konjugierte) Primideale. Dieser Körper hat aber die Klassenzahl 1, so daß jedes Ideal ein Hauptideal ist. Demnach besteht eine Zerlegung der Form

$$P = (\alpha)\cdot(\alpha'),$$

wo $\alpha = X + Y\sqrt{g}$ eine ganze Funktion des Körpers $K(\sqrt{g})$ ist. Demnach ist

$$P = c(X^2 - gY^2),$$

wo X, Y ganz rational sind, und c eine triviale Einheit ist. P ist also darstellbar in dieser Form.

Sei nun P primär von ungeradem Grade. Wäre $\left[\frac{g}{P}\right] = +1$, so müßte sich P darstellen lassen in der Form

$$P = c(X^2 - gY^2).$$

Da sich die höchsten Potenzen der rechten Seite nicht heben können, ist der Grad der rechten Seite gerade. P kann sich also nicht durch diese Form darstellen lassen.

Es muß also, wenn P ungeraden Grad hat, $\left[\frac{g}{P}\right] = -1$ sein; die Kongruenz

$$X^2 \equiv g \pmod{P}$$

ist also unlösbar. Dies ist die im vorigen Paragraphen verwendete Behauptung.

Sei nun D_1 irgendeine ganze Funktion, Q einer ihrer Primteiler von ungeradem Grade. Sei D_1 darstellbar in der Form

$$D_1 = c(X^2 - gY^2).$$

Setzen wir $\alpha = X + Y\sqrt{g}$, so hat dies die Zerlegung

$$(D_1) = (\alpha)\cdot(\alpha')$$

zur Folge.

Im Körper $K(\sqrt{g})$ ist nun wegen $\left[\frac{g}{Q}\right] = -1$ der Primteiler Q selbst Primideal und geht demnach in einem der Faktoren rechter Hand auf. Da er ein ambiges Primideal ist, geht er in jedem der konjugierten Ideale (α) und (α') gleich oft auf. In D_1 muß er demnach in gerader Potenz aufgehen. Soll sich also D_1 durch unsere Form darstellen lassen, so darf D_1 Primfunktionen ungeraden Grades nur in gerader Potenz enthalten. Ist dies aber der Fall, so können wir D_1 in die Form setzen

$$D_1 = a P_1 P_2 \dots P_n \cdot A^2,$$

wo a eine Einheit, P_ν Primfunktionen geraden Gerades und A eine ganze rationale Funktion sind.

Sei nun

$$P_\nu = c_\nu (X_\nu + Y_\nu\sqrt{g})(X_\nu - Y_\nu\sqrt{g}).$$

Setzen wir

$$A(X_1 + Y_1\sqrt{g})(X_2 + Y_2\sqrt{g})\dots(X_n + Y_n\sqrt{g}) = X + Y\sqrt{g}$$

und $c = a c_1 c_2 \dots c_n$, so ist

$$D_1 = c(X^2 - Y^2 g).$$

Eine Funktion D_1 ist also dann und nur dann in unserer Form darstellbar, wenn D_1 Primfaktoren ungeraden Grades nur in gerader Potenz enthält.

Ist D_1 speziell quadratfrei, so haben wir den in § 11 verwendeten Satz über die Darstellbarkeit quadratfreier Funktionen durch unsere Form bewiesen.

Sei P eine beliebige primäre Primfunktion. Da stets $\left[\frac{b^2}{P}\right] = +1$ ist, erhält man den Ergänzungssatz:

$$\left[\frac{a}{P}\right] = \left(\frac{a}{p}\right)^\nu$$

wo $\left(\frac{a}{p}\right)$ das Legendresche Symbol ist.

II. Das Reziprozitätsgesetz für primäre Primfunktionen P und Q.

1. Wenigstens eine der beiden Primfunktionen hat geraden Grad.

Sei $\left[\frac{P}{Q}\right] = +1$. Wir betrachten den Körper $K(\sqrt{P})$. Da $\operatorname{sgn} P = 1$ ist, ist seine Klassenzahl sicher ungerade: $h = 2k+1$. Q ist wegen $\left[\frac{P}{Q}\right] = +1$ im Körper zerlegbar in zwei konjugierte Primideale: $Q = \mathfrak{q}\,\mathfrak{q}'$. Sei $\mathfrak{K}$ die Klasse, der $\mathfrak{q}$ angehört. Nach dem Fermatschen Satze der Gruppentheorie ist $\mathfrak{K}^h$ die Hauptklasse, also $\mathfrak{q}^{2k+1}$ ein Hauptideal (α), wo $\alpha = X + Y\sqrt{P}$ ganz ist. Somit $\mathfrak{q}'^{2k+1} = (\alpha')$. Dies liefert

$$Q^{2k+1} = (\alpha\cdot\alpha') = (X^2 - Y^2 P),$$

also

$$Q^{2k+1} = c\cdot(X^2 - Y^2\cdot P),$$

wo c eine triviale Einheit.

a) Grad von P ungerade. Dann ist Q von geradem Grade, also auch Q^{2k+1}. Da nun rechter Hand $Y^2 P$ ungeraden, X^2 aber geraden Grad hat, ist $|X^2| > |Y^2 P|$, und wegen

$$\operatorname{sgn} Q = 1 \quad \text{muß sein} \quad 1 = c\,(\operatorname{sgn} X)^2,$$

also c quadratischer Rest: $c = a^2$. Schreiben wir $\frac{X}{a}, \frac{Y}{a}$ an Stelle von X und Y, so wird also

$$Q^{2k+1} = X^2 - Y^2\cdot P.$$

b) Grad von P gerade. Sei $\varepsilon_0 = U + V\sqrt{P}$ die Grundeinheit von $K(\sqrt{P})$. Dann ist $N(\varepsilon_0) = g$. Setzen wir

$$\varepsilon_0(X + Y\sqrt{P}) = X_1 + Y_1\sqrt{P},$$

so haben wir

$$Q^{2k+1} = c\,(X^2 - Y^2 P) = \frac{c}{N(\varepsilon_0)}(X_1^2 - Y_1^2 P) = \frac{c}{g}\cdot(X_1^2 - Y_1^2 P).$$

Nun ist eine der beiden Zahlen c und $\frac{c}{g}$ sicher Rest. Wir können also annehmen, c sei quadratischer Rest: $c = a^2$. Ersetzen wir wieder X und Y durch $\frac{X}{a}, \frac{Y}{a}$, so wird

$$Q^{2k+1} = X^2 - Y^2 P.$$

In beiden Fällen erkennen wir, wenn wir die Gleichungen als Kongruenzen schreiben, daß die Kongruenz

$$X^2 \equiv Q^{2k+1} \pmod{P}$$

lösbar ist. Es ist also $\left[\frac{Q^{2k+1}}{P}\right] = +1$ und nach den Multiplikationsregeln, die bei Dedekind angegeben sind,

$$\left[\frac{Q}{P}\right]^{2k+1} = \left[\frac{Q}{P}\right] = +1.$$

Daraus folgt, daß mit $\left[\frac{P}{Q}\right] = -1$ auch $\left[\frac{Q}{P}\right] = -1$ sein muß, da sonst rückschließend ein Widerspruch entstünde. Es ist also $\left[\frac{P}{Q}\right] = \left[\frac{Q}{P}\right]$, wenn wenigstens eine der Primfunktionen geraden Grad hat.

2. P und Q haben ungeraden Grad.

Wenn hier $\left[\frac{P}{Q}\right] = (-1)^n$ ist ($n = 0$ oder 1), so ist nach dem Ergänzungssatz und den Multiplikationsregeln

$$\left[\frac{g^n P}{Q}\right] = \left[\frac{g}{Q}\right]^n \cdot \left[\frac{P}{Q}\right] = (-1)^n \cdot (-1)^n = +1.$$

Es ist also Q im Körper $K(\sqrt{g^n P})$, dessen Klassenzahl des ungeraden Grades von P wegen sicher ungerade $= 2k+1$ ist, zerlegbar: $Q = \mathfrak{q}\,\mathfrak{q}'$. Wieder ist $\mathfrak{q}^{2k+1}$ ein Hauptideal (α), wo $\alpha = X + Y\sqrt{g^n P}$ eine ganze Funktion von $K(\sqrt{g^n P})$ ist. Man erhält wieder

$$Q^{2k+1} = c\,(X^2 - Y^2 g^n P).$$

Q^{2k+1} hat ungeraden, X^2 geraden Grad. Diesmal rührt also der höchste Koeffizient rechter Hand von $Y^2 g^n P$ her. Wegen

$$\operatorname{sgn} P = \operatorname{sgn} Q = 1 \quad \text{ist also} \quad 1 = -c\,g^n (\operatorname{sgn} Y)^2.$$

c hat also die Form $c = -g^{-n} a^2$.

Ersetzt man wieder X und Y durch $\frac{X}{a}$ und $\frac{Y}{a}$, so wird

$$Q^{2k+1} = -g^{-n}(X^2 - Y^2 g^n P).$$

Dies zeigt also die Lösbarkeit der Kongruenz

$$X^2 \equiv -g^n Q^{2k+1} \pmod{P},$$

so daß

$$\left[\frac{-g^n Q^{2k+1}}{P}\right] = +1, \quad \text{also} \quad \left[\frac{Q}{P}\right]^{2k+1} = \left[\frac{-1}{P}\right] \cdot \left[\frac{g^n}{P}\right].$$

Wir haben also

$$\left[\frac{Q}{P}\right] = \left[\frac{Q}{P}\right]^{2k+1} = \left(\frac{-1}{p}\right) \cdot (-1)^n = \left(\frac{-1}{p}\right) \cdot \left[\frac{P}{Q}\right].$$

Im ganzen ist also

$$\left[\frac{P}{Q}\right]\cdot\left[\frac{Q}{P}\right]=1 \quad\text{oder}\quad \left(\frac{-1}{p}\right),$$

je nachdem wenigstens eine der Primfunktionen geraden Grad hat oder beide ungeraden Grades sind.

Nennen wir also die Grade μ und ν, so ist damit das Reziprozitätsgesetz bewiesen:

$$\left[\frac{P}{Q}\right]\cdot\left[\frac{Q}{P}\right]=\left(\frac{-1}{p}\right)^{\mu\nu}.$$

§ 16.

Verallgemeinerung.

Seien nun M und N zwei beliebige teilerfremde Funktionen, davon N primär. $N = Q_1 Q_2 \ldots$ sei die Zerlegung von N in Primfunktionen.

Wir führen nun das dem Jacobischen entsprechende Symbol ein:

$$\left[\frac{M}{N}\right]=\prod_i \left[\frac{M}{Q_i}\right].$$

Das Symbol hat folgende Eigenschaften, die unmittelbar aus denen von $\left[\frac{M}{Q}\right]$ folgen:

1. $\left[\frac{M_1}{N}\right]\cdot\left[\frac{M_2}{N}\right]=\left[\frac{M_1 M_2}{N}\right]$, weil $\left[\frac{M_1}{Q_i}\right]\cdot\left[\frac{M_2}{Q_i}\right]=\left[\frac{M_1 M_2}{Q_i}\right]$.

2. Sei

$$M_1 \equiv M_2 \pmod{N}.$$

Dann ist erst recht

$$M_1 \equiv M_2 \pmod{Q_i}, \quad\text{also}\quad \left[\frac{M_1}{Q_i}\right]=\left[\frac{M_2}{Q_i}\right].$$

Es ist also

$$\left[\frac{M_1}{N}\right]=\left[\frac{M_2}{N}\right].$$

3. Es sei auch $M = P_1 P_2 \ldots$ primär. $\mu_1, \mu_2, \ldots$ seien die Grade von $P_1, P_2, \ldots,$ $\nu_1, \nu_2, \ldots$ die von $Q_1, Q_2, \ldots,$ μ sei der von M und ν der von N. Dann ist:

$$\mu=\sum_i \mu_i, \qquad \nu=\sum_k \nu_k, \qquad\text{also}\quad \mu\nu=\sum_{i,k}\mu_i\nu_k.$$

Wegen

$$\left[\frac{N}{M}\right]=\prod_{i,k}\left[\frac{Q_k}{P_i}\right], \qquad \left[\frac{M}{N}\right]=\prod_{i,k}\left[\frac{P_i}{Q_k}\right]$$

gilt

$$\left[\frac{N}{M}\right]\left[\frac{M}{N}\right]=\prod_{i,k}\left(\frac{-1}{p}\right)^{\mu_i\nu_k}=\left(\frac{-1}{p}\right)^{\sum_{i,k}\mu_i\nu_k}=\left(\frac{-1}{p}\right)^{\mu\nu}.$$

Ferner ist

$$\left[\frac{a}{M}\right] = \prod \left[\frac{a}{P_i}\right] = \prod_i \left(\frac{a}{p}\right)^{\mu_i} = \left(\frac{a}{p}\right)^{\mu}.$$

Ist also M und N primär und teilerfremd, so gilt das Reziprozitätsgesetz (wenn μ und ν die Grade sind)

$$\left[\frac{M}{N}\right]\left[\frac{N}{M}\right] = \left(\frac{-1}{p}\right)^{\mu\nu}$$

und der Ergänzungssatz

$$\left[\frac{a}{M}\right] = \left(\frac{a}{p}\right)^{\mu}.$$

Die Symbole $\left[\frac{M}{N}\right]$ und $\left[\frac{N}{M}\right]$ sind also dann und nur dann verschieden, wenn gleichzeitig M und N ungeraden Grad haben und $p \equiv 3 \pmod 4$ ist.

Beachten wir

$$\frac{|M|-1}{p-1} = \frac{p^{\mu}-1}{p-1} = 1 + p + p^2 + \dots + p^{\mu-1} \equiv \mu \pmod 2$$

und analog

$$\frac{|N|-1}{p-1} \equiv \nu \pmod 2,$$

sowie

$$\left(\frac{-1}{p}\right) = (-1)^{\frac{p-1}{2}} = (-1)^{\left(\frac{p-1}{2}\right)^2} \quad \text{und} \quad \left(\frac{a}{p}\right) = a^{\frac{p-1}{2}}$$

(Eulersches Kriterium), so können wir dem Gesetz die Form geben:

$$\left[\frac{M}{N}\right]\left[\frac{N}{M}\right] = (-1)^{\frac{|M|-1}{2}\cdot\frac{|N|-1}{2}}, \qquad \left[\frac{a}{M}\right] = a^{\frac{|M|-1}{2}},$$

in der die Analogie mit dem gewöhnlichen Reziprozitätsgesetze am deutlichsten ist.

Sei nun Δ eine primäre Funktion, die nicht gerade ein volles Quadrat ist. Dann enthält Δ mindestens eine Primfunktion P in ungerader Potenz. Wir setzen $\Delta = P^{2k+1}\Delta_1$, wo Δ_1 prim zu P ist. Nach Dedekind besitzt P mindestens einen Nichtrest B. Wir bestimmen nun die zu Δ prime Funktion F durch die Kongruenzen

$$F \equiv B \pmod P, \qquad F \equiv 1 \pmod{\Delta_1},$$

was immer geht. Dann ist

$$\left[\frac{F}{\Delta}\right] = \left[\frac{F}{P}\right]^{2k+1}\cdot\left[\frac{F}{\Delta_1}\right] = \left[\frac{B}{P}\right]^{2k+1} = -1.$$

Nun betrachten wir die Summe

$$S = \sum_{(G,\Delta)=1} \left[\frac{G}{\Delta}\right],$$

erstreckt über ein Repräsentantensystem der primen Restklassen modulo Δ.

Mit G durchläuft dann auch FG ein solches Repräsentantensystem. Es ist also

$$S = \sum_{(G,\Delta)=1} \left[\frac{FG}{\Delta}\right] = \left[\frac{F}{\Delta}\right] \cdot \sum_{(G,\Delta)=1} \left[\frac{G}{\Delta}\right] = -S.$$

Daraus folgt

$$S = 0.$$

Wenn also Δ kein volles Quadrat ist, verschwindet $\sum \left[\frac{G}{\Delta}\right]$ erstreckt über ein Repräsentantensystem primer Restklassen.

Es sei nun $K(\sqrt{D})$ irgendein Körper. Dann führen wir die Größen ein:

$$\sigma_\nu = \sum_{|F|=p^\nu} \left[\frac{D}{F}\right],$$

wo die Summe über alle primären, zu D primen Funktionen F vom ν-ten Grad zu erstrecken ist.

Satz. Ist $D \neq g$ und D vom n-ten Grade, so gilt

$$\sigma_\nu = 0 \quad \text{für} \quad \nu \geqq n.$$

Beweis. Wir setzen $D = a\Delta$, wo $a = \operatorname{sgn} D$ ist. Dann ist Δ wegen $D \neq g$ quadratfrei und primär, also sicher kein volles Quadrat.

Nach dem Reziprozitätsgesetze ist nun (ν Grad von F)

$$\left[\frac{D}{F}\right] = \left[\frac{a}{F}\right]\left[\frac{\Delta}{F}\right] = \left(\frac{a}{p}\right)^\nu \cdot \left(\frac{-1}{p}\right)^{\nu n} \cdot \left[\frac{F}{\Delta}\right].$$

Setzen wir also $b = a \cdot (-1)^n$, so wird

$$\left[\frac{D}{F}\right] = \left(\frac{b}{p}\right)^\nu \cdot \left[\frac{F}{\Delta}\right].$$

Sei nun $\nu \geqq n$. Dann hat F die Form $F = K \cdot \Delta + A$, wo $|A| < |\Delta|$ und K ganz, primär und von Null verschieden ist. F durchläuft nun alle primären zu Δ primen Funktionen des Grades ν, wenn A alle zu Δ primen (nicht nur primären) Funktionen niedrigeren Grades als Δ (also ein Repräsentantensystem primer Restklassen) durchläuft, und gleichzeitig unabhängig K alle ganzen primären Funktionen $(\nu - n)$-ten Grades. Für $\nu \geqq n$ ist also

$$\sigma_\nu = \sum_{|F|=p^\nu} \left[\frac{D}{F}\right] = \left(\frac{b}{p}\right)^\nu \sum_{|K|=p^{\nu-n}} \sum_{\substack{(A,\Delta)=1 \\ |A|<\Delta}} \left[\frac{K\Delta + A}{\Delta}\right] = \left(\frac{b}{p}\right)^\nu \cdot \sum_A \left[\frac{A}{\Delta}\right] \cdot \sum_K 1.$$

Nach dem vorhin Gezeigten gilt also die Behauptung.

(Eingegangen am 14. Oktober 1921.)

Quadratische Körper im Gebiete der höheren Kongruenzen. II.

(Analytischer Teil.)*)

Von

E. Artin in Hamburg.

---

§ 17.

Die Zetafunktionen.

Analog zur Funktion $\zeta(s)$ in Zahlkörpern führen wir ein

$$Z(s) = \sum_{\mathfrak{a}} \frac{1}{|N\mathfrak{a}|^s},$$

die Summe erstreckt über alle Ideale von $K(\sqrt{D})$. Wollen wir dabei die Abhängigkeit vom Körper zum Ausdruck bringen, so schreiben wir $Z_D(s)$.

Um die Konvergenz dieser Reihe zu untersuchen, betrachten wir das Produkt

$$\prod_{\mathfrak{p}} \frac{1}{1 - \frac{1}{|N\mathfrak{p}|^s}},$$

erstreckt über alle Primideale von $K(\sqrt{D})$.

Dieses Produkt ist für $\Re(s) \geqq 1 + \delta$ absolut und gleichmäßig konvergent. Denn wenn $\mathfrak{p}$ ein Teiler der primären Primfunktion P ist, ist $|N\mathfrak{p}| \geqq |P|$, und zu jedem P gehören höchstens zwei Primideale. Also ist für $\Re(s) \geqq 1 + \delta$

$$\sum_{\mathfrak{p}} \left| \frac{1}{|N\mathfrak{p}|^s} \right| \leqq \sum_{P} \frac{2}{|P|^{\Re(s)}} < 2 \sum_{F} \frac{1}{|F|^{1+\delta}} \qquad (\operatorname{sgn} F = 1),$$

*) Vgl. E. Artin, Quadratische Körper im Gebiete der höheren Kongruenzen. I. (Arithmetischer Teil.) Math. Zeitschr. **19** (1924), S. 153–206.

wo die letzte Summe über alle Funktionen erstreckt ist. Also

$$\sum_{\mathfrak{p}} \left| \frac{1}{|N\mathfrak{p}|^s} \right| < 2 \sum_{\nu} \frac{p^\nu}{p^{\nu(1+\delta)}} = 2 \sum_{\nu} p^{-\nu\delta}.$$

Die letzte Summe ist aber eine konvergente geometrische Reihe.

Wie in Zahlkörpern weist man nun die Identität

$$\prod_{\mathfrak{p}} \frac{1}{1 - \frac{1}{|N\mathfrak{p}|^s}} = \sum_{\mathfrak{a}} \frac{1}{|N\mathfrak{a}|^s}$$

nach, und daß auch die Reihe für $\Re(s) \geqq 1 + \delta$ absolut und gleichmäßig konvergiert.

Für $\Re(s) > 1$ ist also $Z(s)$ regulär, und es gilt

$$Z(s) = \sum_{\mathfrak{a}} \frac{1}{|N\mathfrak{a}|^s} = \prod_{\mathfrak{p}} \frac{1}{1 - \frac{1}{|N\mathfrak{p}|^s}}. \tag{1}$$

Nunmehr unterscheiden wir unsere drei Arten von Primidealen:

1. $\mathfrak{p}\mathfrak{p}' = P$, $\mathfrak{p} \neq \mathfrak{p}'$. Dann ist P prim zu D und $\left[\frac{D}{P}\right] = +1$ (P primär). Die zu P gehörigen Primideale liefern im Produkt den Beitrag

$$\frac{1}{1 - \frac{1}{|N\mathfrak{p}|^s}} \cdot \frac{1}{1 - \frac{1}{|N\mathfrak{p}'|^s}} = \frac{1}{1 - \frac{1}{|P|^s}} \cdot \frac{1}{1 - \frac{1}{|P|^s}} = \frac{1}{1 - \frac{1}{|P|^s}} \cdot \frac{1}{1 - \frac{\left[\frac{D}{P}\right]}{|P|^s}}.$$

2. $\mathfrak{p} = \mathfrak{p}' = P$, also die primäre Primfunktion P selbst Primideal. Dann ist $\left[\frac{D}{P}\right] = -1$ und $N\mathfrak{p} = P^2$. Als Beitrag kommt

$$\frac{1}{1 - \frac{1}{|N\mathfrak{p}|^s}} = \frac{1}{1 - \frac{1}{|P|^{2s}}} = \frac{1}{1 - \frac{1}{|P|^s}} \cdot \frac{1}{1 + \frac{1}{|P|^s}} = \frac{1}{1 - \frac{1}{|P|^s}} \cdot \frac{1}{1 - \frac{\left[\frac{D}{P}\right]}{|P|^s}}.$$

3. P ein Teiler von D. Dann ist $P = \mathfrak{p}^2$ und $N\mathfrak{p} = P$. Also erhalten wir als Beitrag

$$\frac{1}{1 - \frac{1}{|N\mathfrak{p}|^s}} = \frac{1}{1 - \frac{1}{|P|^s}}.$$

Bilden wir das Produkt über alle primären Primfunktionen, so können wir das erste Glied der Beiträge 1 und 2 mit dem dritten Beitrag zu $\prod_P \frac{1}{1 - \frac{1}{|P|^s}}$ vereinigen, wo das Produkt über alle primären Primfunktionen zu erstrecken ist. Es erhält aber nun nach einfacher Umformung den

Wert $\sum_F \frac{1}{|F|^s}$, erstreckt über alle primären ganzen Funktionen. Vereinigen wir die Glieder gleichen Grades, so erhalten wir

$$\sum \frac{1}{|F|^s} = \sum_{\nu=0}^{\infty} \frac{p^\nu}{p^{\nu s}} = \frac{1}{1-p^{-(s-1)}}.$$

Demnach ergibt sich

$$(2) \qquad Z(s) = \frac{1}{1-p^{-(s-1)}} \cdot \prod_{(P,D)=1} \frac{1}{1-\left[\frac{D}{P}\right]\frac{1}{|P|^s}},$$

wo das letzte Produkt über alle zu D primen primären Primfunktionen zu erstrecken ist.

Die Eulersche Umformung des Produktes ergibt

$$(3) \qquad Z(s) = \frac{1}{1-p^{-(s-1)}} \cdot \sum_F \left[\frac{D}{F}\right] \frac{1}{|F|^s} \quad \text{für} \quad \Re(s) > 1,$$

wo die letzte Summe über alle zu D primen primären Funktionen zu erstrecken ist.

Vereinigen wir alle Funktionen gleichen Grades, so wird

$$Z(s) = \frac{1}{1-p^{-(s-1)}} \cdot \sum_{\nu=0}^{\infty} \frac{\sigma_\nu}{p^{\nu s}},$$

wo σ_ν die im vorigen Paragraphen eingeführten Größen sind:

$$(4) \qquad \sigma_\nu = \sum_{|F|=p^\nu} \left[\frac{D}{F}\right] \quad \text{mit } \operatorname{sgn} F = 1,\ D, F \text{ relativ prim.}$$

1. $D \neq g$. Dann hatten wir $\sigma_\nu = 0$ für $\nu \geqq n$ gezeigt. Es kommen also nur die Größen $\sigma_0, \sigma_1, \sigma_2, \ldots, \sigma_{n-1}$ in Betracht. Dabei ist n der Grad von D, der nun immer so bezeichnet werde. Unter σ_ν wollen wir weiterhin nur diese Zahlen verstehen. Dabei ist $\sigma_0 = 1$. Es wird also

$$(5) \qquad Z(s) = \frac{1}{1-p^{-(s-1)}} \cdot \sum_{\nu=0}^{n-1} \frac{\sigma_\nu}{p^{\nu s}}.$$

Die Zetafunktion ist also in der ganzen Ebene mit eventueller Ausnahme der Stellen $s = 1 + \frac{2k\pi i}{\log p}$ (k ganz), welche Pole sein können, regulär.

Ferner ist ersichtlich $Z(s)$ periodisch mit der Periode $\frac{2\pi i}{\log p}$, eine Eigenschaft, die später sehr nützlich sein wird.

Die Zahlen σ_ν zeichnen sich, wie bald gezeigt werden soll, durch höchst merkwürdige Reziprozitätsbeziehungen aus. Wir werden überhaupt sehen, daß sie eine wichtige Stellung in der Theorie einnehmen.

Für jetzt seien noch einige elementare Eigenschaften der Zahlen σ_ν hergeleitet. Wollen wir ihre Abhängigkeit vom Körper kennzeichnen, so schreiben wir $\sigma_\nu(D)$.

Aus dem Ergänzungssatz des Reziprozitätsgesetzes folgt leicht

$$\sigma_\nu(gD) = (-1)^\nu \sigma_\nu(D). \tag{6}$$

Ist ferner $K(\sqrt{D})$ reell, so ist $\operatorname{sgn} D = 1$, also

$$\sum_{(A,D)=1} \left[\frac{A}{D}\right] = 0.$$

wenn A ein Repräsentantensystem der primen Restklassen, etwa alle Funktionen niedrigeren Grades als D, welche zu D relativ prim sind, durchläuft. Dies ist der Fall, wenn in $A = aF$, F alle zu D primen Funktionen mit $|F| < |D|$ und a alle trivialen Einheiten durchläuft.

Dann ist aber, weil D geraden Grad hat,

$$\left[\frac{A}{D}\right] = \left[\frac{a}{D}\right]\left[\frac{F}{D}\right] = \left[\frac{D}{F}\right].$$

Also

$$\sum \left[\frac{A}{D}\right] = \sum_{a=1}^{p-1} \sum_F \left[\frac{D}{F}\right] = (p-1) \sum_F \left[\frac{D}{F}\right].$$

Somit ist

$$\sum_{\substack{|F| < |D| \\ \operatorname{sgn} F = 1}} \left[\frac{D}{F}\right] = 0.$$

Ordnen wir nach Graden, so erhalten wir den

Satz. Wenn $K(\sqrt{D})$ reell ist, gilt:

$$\sigma_0 + \sigma_1 + \sigma_2 + \cdots + \sigma_{n-1} = 0. \tag{7}$$

Wir werden bald sehen, daß dies auch nur in diesem Falle gilt, denn in jedem anderen wird sich die Summe als die Klassenzahl herausstellen und ist also wesentlich positiv.

Für $Z(s)$ ergeben sich daraus zwei elementare Eigenschaften. Zunächst ist nämlich

$$Z_D\left(s + \frac{\pi i}{\log p}\right) = \frac{1}{1 + p^{-(s-1)}} \left(1 - \frac{\sigma_1(D)}{p^s} + \frac{\sigma_2(D)}{p^{2s}} - + \cdots + (-1)^{n-1} \frac{\sigma_{n-1}(D)}{p^{(n-1)s}}\right).$$

Aus (6) aber folgt

$$Z_{D}(s) = \frac{1}{1 - p^{-(s-1)}} \left(1 - \frac{\sigma_1(D)}{p^s} + \frac{\sigma_2(D)}{p^{2s}} - + \cdots + (-1)^{n-1} \frac{\sigma_{n-1}(D)}{p^{(n-1)s}}\right).$$

Wir erhalten also durch Division die Funktionalgleichung

$$Z_D\left(s + \frac{\pi i}{\log p}\right) = \frac{1 - p^{-(s-1)}}{1 + p^{-(s-1)}} \cdot Z_{gD}(s). \tag{8}$$

Aus (7) folgt ferner, daß $Z_D(s)$ für reelle Körper $K(\sqrt{D})$ in $s=0$ eine Nullstelle besitzt. Aus (8) folgt dann weiter, daß $Z_D(s)$ für imaginäre Körper, deren Diskriminante geraden Grad hat, in $s=\frac{\pi i}{\log p}$ eine Nullstelle hat.

Der Periodizität wegen sind natürlich auch die um $\frac{2k\pi i}{\log p}$ vermehrten Stellen Nullstellen.

Endlich finden wir allgemein

$$Z(0) = -\frac{1}{p-1}\cdot\sum_{\nu=0}^{n-1}\sigma_\nu, \tag{9}$$

$$\lim_{s=1}(s-1)Z(s) = \frac{1}{\log p}\cdot\sum_{\nu=0}^{n-1}\frac{\sigma_\nu}{p^\nu}. \tag{10}$$

2. Für $D=g$ ist $\sigma_\nu = p^\nu\cdot(-1)^\nu$, also finden wir

$$Z_g(s) = \frac{1}{1-p^{-(s-1)}}\cdot\frac{1}{1+p^{-(s-1)}}, \tag{11}$$

sowie

$$Z(0) = -\frac{1}{p^2-1}, \qquad \lim_{s=1}(s-1)Z(s) = \frac{1}{2\log p}.$$

Außer der Funktion $Z(s)$ führen wir noch ein die „Zetafunktion der Klasse $\mathfrak{K}$": $Z(s,\mathfrak{K})$.

Sei nämlich $\mathfrak{K}$ eine Idealklasse von $K(\sqrt{D})$, dann setzen wir ($\mathfrak{a}$ durchlaufe alle Ideale aus $\mathfrak{K}$):

$$Z(s,\mathfrak{K}) = \sum_{\mathfrak{a}\text{ aus }\mathfrak{K}}\frac{1}{|N\mathfrak{a}|^s}. \tag{12}$$

Die Reihe konvergiert, da sie einen Teil der Reihe von $Z(s)$ darstellt, absolut und gleichmäßig für $\Re(s)\geqq 1+\delta$.

Ferner ist klar, daß

$$Z(s) = \sum_{\mathfrak{K}} Z(s,\mathfrak{K}), \tag{13}$$

erstreckt über alle Idealklassen.

Nun sei $\mathfrak{a}$ ein Ideal der Klasse $\mathfrak{K}^{-1}=\mathfrak{K}'$. Wenn dann $\mathfrak{b}$ ein Ideal aus $\mathfrak{K}$ ist, ist $\mathfrak{a}\mathfrak{b}$ ein Hauptideal (α). Und umgekehrt, wenn das Hauptideal (α) durch $\mathfrak{a}$ teilbar ist, ist $(\alpha)=\mathfrak{a}\mathfrak{b}$ und $\mathfrak{b}$ ein Ideal aus $\mathfrak{K}$. $\mathfrak{a}\mathfrak{b}$ durchläuft also alle durch $\mathfrak{a}$ teilbaren Hauptideale, wenn $\mathfrak{b}$ die Ideale aus $\mathfrak{K}$ durchläuft. Es ist daher

$$Z(s,\mathfrak{K}) = |N\mathfrak{a}|^s\cdot\sum_{\mathfrak{b}\text{ aus }\mathfrak{K}}\frac{1}{|N\mathfrak{a}\mathfrak{b}|^s} = |N\mathfrak{a}|^s\sum_{\alpha\equiv 0\,(\mathrm{mod}\,\mathfrak{a})}{}'\frac{1}{|N\alpha|^s},$$

wo der Akzent anzeigt, daß über alle nicht assoziierten Funktionen des Ideals $\mathfrak{a}$ summiert wird. Da nun aber ersichtlich $Z(s,\mathfrak{K}) = Z(s,\mathfrak{K}')$ ist, kann $\mathfrak{a}$ auch als in $\mathfrak{K}$ gelegen angenommen werden.

Satz. Ist $\mathfrak{a}$ ein beliebiges Ideal aus $\mathfrak{K}$, so gilt

$$Z(s, \mathfrak{K}) = |N\mathfrak{a}|^s \sum_{\alpha \equiv 0 \pmod{\mathfrak{a}}}' \frac{1}{|N\alpha|^s}, \tag{14}$$

die Summe erstreckt über alle nicht assoziierten Funktionen des Ideals $\mathfrak{a}$ $(\alpha \neq 0)$.

§ 18.

Die Anzahl der Idealklassen im imaginären Körper.

Im imaginären Körper $K(\sqrt{D})$ gibt es nur endlich viele Einheiten. Nennen wir ihre Anzahl w (es ist $w = p^2 - 1$ für $D = g$, sonst $w = p - 1$), so finden wir aus (14), da assoziierte Funktionen die gleiche absolute Norm besitzen,

$$Z(s, \mathfrak{K}) = \frac{|N\mathfrak{a}|^s}{w} \cdot \sum_{\alpha \equiv 0 \pmod{\mathfrak{a}}} \frac{1}{|N\alpha|^s}, \tag{1}$$

wo jetzt die Summationsbeschränkung bis auf $\alpha \neq 0$ aufgehoben ist.

Es werde nun $\mathfrak{a}$ als reduziertes Ideal der Klasse $\mathfrak{K}$ gewählt. Dies geht; denn in jeder Klasse gibt es reduzierte Ideale.
Dann hat $\mathfrak{a}$ eine Basisdarstellung

$$\mathfrak{a} = (2C, B + \sqrt{D}), \qquad D = B^2 - 4AC,$$

wo

$$|B| < |C| \leqq \sqrt{|D|}. \tag{2}$$

Ferner folgt aus (2)

$$|D| = |AC| \qquad \text{und} \qquad |N\mathfrak{a}| = |C|. \tag{3}$$

Es ist nun

$$\alpha = 2CX + (B + \sqrt{D})Y,$$
$$\alpha' = 2CX + (B - \sqrt{D})Y,$$

also

$$N\alpha = (2CX + BY)^2 - DY^2,$$

wo X, Y ganze, nicht gleichzeitig verschwindende Funktionen sind.

Dann ist

$$Z(s, \mathfrak{K}) = \frac{|C|^s}{w} \cdot \sum_{X, Y} \frac{1}{|(2CX + BY)^2 - DY^2|^s}. \tag{4}$$

Es bestehen nun zwei Möglichkeiten:

1. $$|2BX + BY|^2 > |DY^2|,$$

so daß

$$|(2CX + BY)^2 - DY^2| = |2CX + BY|^2.$$

Dann ist für $Y \neq 0$

$$\left|2C\frac{X}{Y}+B\right| > \sqrt{|D|}\,;$$

wegen $|B| < \sqrt{|D|}$ muß also

$$\left|2C\frac{X}{Y}\right| > \sqrt{|D|}$$

sein. Ist umgekehrt dies der Fall, so gelangen wir zur Ausgangsrelation. Wegen $|B| < \sqrt{|D|}$ ist dann

$$|CX| > |BY|,$$

so daß

$$|2CX+BY|^2 = |CX|^2, \quad \text{also} \quad |N\alpha| = |CX|^2$$

ist. Im Falle $Y=0$ ist dies ohne weiteres klar. Wir haben also: Für

(5) $$|CX^2| > |AY^2| \quad \text{gilt} \quad |N\alpha| = |CX|^2$$

und nur dann. Es folgt dies nämlich leicht aus $|D| = |AC|$.

2. $$|2CX^2+BY|^2 \leqq |DY^2| = |ACY^2|,$$

so daß

$$|(2CX+BY)^2 - DY^2| = |ACY^2|.$$

Dies ist, da $\sqrt{|D|}$ imaginär ist, auch im Falle des Gleichheitszeichens richtig. Hier kann Y nur mit X verschwinden, was nicht geht. Es ist also $Y \neq 0$, also

$$\left|2C\frac{X}{Y}+B\right| \leqq \sqrt{|D|}.$$

Wegen $|B| < \sqrt{|D|}$ muß also auch

$$\left|2C\frac{X}{Y}\right| \leqq \sqrt{|D|} \quad \text{oder} \quad |C^2X^2| \leqq |ACY^2|$$

sein, oder

$$|CX^2| \leqq |AY^2|.$$

Wir haben also: Für

(6) $$|CX^2| \leqq |AY^2| \quad \text{gilt} \quad |N\alpha| = |(2CX+BY)^2 - DY^2| = |ACY^2|.$$

Die Gleichungen (5), (6) ergeben für $Z(s, \mathfrak{R})$ (nach (4)):

(7) $$Z(s,\mathfrak{R}) = \frac{1}{w\cdot|C|^s}\cdot\sum_{\substack{|CX^2|\\>|AY^2|}}\frac{1}{|X|^{2s}} + \frac{1}{w|A|^s}\cdot\sum_{\substack{|CX^2|\\\leqq|AY^2|}}\frac{1}{|Y|^{2s}}.$$

Diese beiden Summen können nun jede für sich summiert werden. Wir setzen

$$|A| = p^a, \qquad |C| = p^b.$$

Dann ist wegen $|AC| = |D|$ und $|C| \leqq \sqrt{|D|}$, $a - b \geqq 0$. Wir setzen weiter: $r = \left[\frac{a-b}{2}\right]$, wo [ ] die nächstkleinere ganze Zahl bedeutet.

I. In der ersten Summe halten wir zunächst Y fest.

Für $Y = 0$ ist einfach über alle $X \neq 0$ zu summieren. Dies gibt als Beitrag (vom Grade ν gibt es $(p-1)p^\nu$ Funktionen):

$$\frac{1}{w\,|C|^s} \cdot \sum_{\nu=0}^{\infty} \frac{(p-1)\,p^\nu}{p^{2\nu s}} = \frac{p-1}{w\,|C|^s} \cdot \frac{1}{1-p^{-(2s-1)}}.$$

Für $|Y| = p^\mu$ ist über jene Werte von X zu summieren, für die $|X| > p^{\frac{a-b}{2}+\mu}$ ist, also, $|X| = p^\nu$ gesetzt, für die $\nu > \frac{a-b}{2} + \mu$, oder schließlich $\nu > r + \mu$ ist. Dies gibt als Beitrag:

$$\frac{1}{w\,|C|^s} \cdot \sum_{\nu=r+\mu+1}^{\infty} \frac{(p-1)\,p^\nu}{p^{2\nu s}} = \frac{p-1}{w\,|C|^s} \cdot \frac{p^{-(r+\mu+1)(2s-1)}}{1-p^{-(2s-1)}}.$$

Wird nun über alle $Y \neq 0$, d. h. über alle μ (wobei jedes μ genau $(p-1)p^\mu$-mal zu berücksichtigen ist) summiert, so erhält man:

$$\frac{p-1}{w\,|C|^s} \cdot \frac{p^{-(r+1)(2s-1)}}{1-p^{-(2s-1)}} \cdot \sum_{\mu=0}^{\infty} (p-1)\,p^\mu \cdot p^{-\mu(2s-1)}$$

$$= \frac{(p-1)^2}{w\,|C|^s}\,\frac{p^{-(r+1)(2s-1)}}{(1-p^{-(2s-1)})} \cdot \sum_{\mu=0}^{\infty} p^{-2\mu(s-1)} = \frac{(p-1)^2}{w\,|C|^s} \cdot \frac{p^{-(r+1)(2s-1)}}{1-p^{-(2s-1)}} \cdot \frac{1}{1-p^{-2(s-1)}}.$$

Die erste Summe hat also den Wert

$$\frac{p-1}{w\,|C|^s} \cdot \frac{1}{1-p^{-(2s-1)}} + \frac{(p-1)^2}{w\,|C|^s} \cdot \frac{p^{-(r+1)(2s-1)}}{(1-p^{-(2s-1)})\,(1-p^{-2(s-1)})}.$$

II. In der zweiten Summe werde X festgehalten. Für $X = 0$ ist über alle $Y \neq 0$ zu summieren, was liefert:

$$\frac{1}{w\,|A|^s} \cdot \sum_{\nu=0}^{\infty} \frac{(p-1)\,p^\nu}{p^{2\nu s}} = \frac{p-1}{w\,|A|^s} \cdot \frac{1}{1-p^{-(2s-1)}}.$$

Für $|X| = p^\mu$ soll nun $|Y| = p^\nu \geqq p^{\frac{b-a}{2}+\mu}$ sein oder $\nu \geqq \frac{b-a}{2} + \mu$, also $\nu \geqq \mu - r$. Außerdem soll natürlich, da Y ganz ist, ν nicht negativ sein. Solange nun $\mu < r$ ist, ist einfach über alle $Y \neq 0$ zu summieren. Dies liefert für jedes X:

$$\frac{p-1}{w\,|A|^s} \cdot \sum_{\nu=0}^{\infty} \frac{p^\nu}{p^{2\nu s}} = \frac{p-1}{w\,|A|^s} \cdot \frac{1}{1-p^{-(2s-1)}}.$$

Im ganzen also, wenn über alle in Betracht kommenden X, das ist für $\mu < r$, summiert wird:

$$\frac{p-1}{w\,|A|^s}\,\frac{1}{1-p^{-(2s-1)}}\cdot\sum_{\mu=0}^{r-1}(p-1)\,p^{\mu}=\frac{(p-1)^2}{w\,|A|^s}\,\frac{p^r-1}{p-1}\,\frac{1}{1-p^{-(2s-1)}}.$$

Die beiden bis jetzt behandelten Beiträge geben zusammen

$$\frac{p-1}{w\,|A|^s}\cdot\frac{p^r}{1-p^{-(2s-1)}}.$$

Für $\mu \geqq r$ ist aber $\nu \geqq \mu - r$, also ν nicht negativ. Dies gibt

$$\frac{1}{w\,|A|^s}\sum_{\nu=\mu-r}^{\infty}\frac{(p-1)\,p^{\nu}}{p^{2\nu s}}=\frac{p-1}{w\,|A|^s}\cdot\frac{p^{-(\mu-r)(2s-1)}}{1-p^{-(2s-1)}}.$$

Wird dies über alle in Betracht kommenden X, also über $\mu \geqq r$ summiert, so erhalten wir:

$$\frac{p-1}{w\,|A|^s}\cdot\frac{p^{r(2s-1)}}{1-p^{-(2s-1)}}\cdot\sum_{\mu=r}^{\infty}p^{-\mu(2s-1)}\cdot(p-1)\,p^{\mu}$$

$$=\frac{(p-1)^2}{w\,|A|^s}\cdot\frac{p^{r(2s-1)}}{1-p^{-(2s-1)}}\cdot\frac{p^{-2r(s-1)}}{1-p^{-2(s-1)}}=\frac{(p-1)^2}{w\,|A|^s}\cdot\frac{p^r}{(1-p^{-(2s-1)})\,(1-p^{-2(s-1)})}.$$

Der Wert der zweiten Summe ist also:

$$\frac{p-1}{w\,|A|^s}\cdot\frac{p^r}{1-p^{-(2s-1)}}+\frac{(p-1)^2}{w\,|A|^s}\cdot\frac{p^r}{(1-p^{-(2s-1)})\,(1-p^{-2(s-1)})}.$$

Dies gibt für $Z(s,\mathfrak{K})$:

$$Z(s,\mathfrak{K})=\left(\frac{p^r}{|A|^s}+\frac{1}{|C|^s}\right)\frac{p-1}{w\,(1-p^{-(2s-1)})}$$
$$+\left(\frac{p^{-(r+1)(2s-1)}}{|C|^s}+\frac{p^r}{|A|^s}\right)\frac{(p-1)^2}{w\,(1-p^{-(2s-1)})\,(1-p^{-2(s-1)})}. \tag{8}$$

Aus (8) folgt für $s=0$

$$Z(0,\mathfrak{K})=(p^r+1)\cdot\frac{p-1}{w\,(1-p)}+\frac{(p-1)^2}{w\,(1-p)\,(1-p^2)}\,(p^{r+1}+p^r)$$
$$=-\frac{p^r+1}{w}+\frac{p^r}{w},$$

also

$$Z(0,\mathfrak{K})=-\frac{1}{w}. \tag{9}$$

Aus § 17, (13) folgt also

$$Z(0)=\sum_{\mathfrak{K}}Z(0,\mathfrak{K})=-\frac{h}{w},\quad \text{wo } h \text{ die Klassenzahl ist,}$$

also

$$h=-w\,Z(0).$$

Für $D = g$ ist $w = p^2 - 1$, so daß § 17, (11) den bekannten Wert $h = 1$ wiedergibt. Der triviale Fall $D = g$ werde nun künftighin stets ausgeschlossen. Dann ist $w = p - 1$, und § 17, (9) gibt

$$h = \sum_{\nu=0}^{n-1} \sigma_\nu = \sigma_0 + \sigma_1 + \sigma_2 + \ldots + \sigma_{n-1}. \tag{10}$$

Dies ist, da h der Bedeutung nach stets positiv ist, die Ergänzung zu § 17, (7).

Einen anderen, weniger einfachen Ausdruck für h erhalten wir aus den Residuen für $s = 1$. Es ist nämlich

$$\lim_{s=1} (s-1) Z(s, \mathfrak{K}) = \frac{(p-1)^2}{w\left(1 - \frac{1}{p}\right) 2 \log p} \cdot \left(\frac{p^{-r-1}}{|C|} + \frac{p^r}{|A|}\right).$$

1. Nochmals $D = g$: Hier ist also $|C| = 1$ und $|A| = 1$, $r = 0$, $w = p^2 - 1$, somit

$$\lim_{s=1} (s-1) Z(s, \mathfrak{K}) = \frac{p}{2(p+1)\log p} \cdot (p^{-1} + 1) = \frac{1}{2 \log p}.$$

Also gibt § 17 (11) wieder $h = 1$.

2. Grad von D ungerade: Aus $|AC| = |D|$ folgt, daß $a + b$, also auch $a - b$ ungerade und demnach $r = \frac{a-b}{2} - \frac{1}{2}$ ist. Also:

$$p^r = p^{\frac{a-b}{2} - \frac{1}{2}} = \frac{1}{\sqrt{p}} \sqrt{\left|\frac{A}{C}\right|}.$$

Somit

$$\lim_{s=1} (s-1) Z(s, \mathfrak{K}) = \frac{p}{2 \log p} \cdot \left(\frac{1}{\sqrt{p}} \cdot \frac{1}{\sqrt{|AC|}} + \frac{1}{\sqrt{p}} \frac{1}{\sqrt{|AC|}}\right) = \frac{\sqrt{p}}{\sqrt{|D|} \log p}.$$

Das Residuum ist also von der Klasse unabhängig und somit

$$\lim_{s=1} (s-1) Z(s) = \frac{\sqrt{p} \cdot h}{\sqrt{|D|} \cdot \log p}.$$

Wegen § 17, (10) ist

$$h = \sqrt{\frac{|D|}{p}} \cdot \sum_{\nu=0}^{n-1} \frac{\sigma_\nu}{p^\nu}. \tag{11}$$

3. **Grad von D gerade:** Dann ist $r = \frac{a-b}{2}$, also $p^r = \sqrt{\left|\frac{A}{C}\right|}$;

$$\lim_{s=1} (s-1) Z(s, \mathfrak{K}) = \frac{p}{2 \log p} \left(\frac{1}{p} \frac{1}{\sqrt{|AC|}} + \frac{1}{\sqrt{|AC|}}\right) = \frac{(p+1)}{2\sqrt{|D|} \cdot \log p},$$

also

$$\lim_{s=1} Z(s) = \frac{(p+1) h}{2\sqrt{|D|} \cdot \log p}$$

und

(11a) $$h = \frac{2\sqrt{|D|}}{p+1} \cdot \sum_{\nu=0}^{n-1} \frac{\sigma_\nu}{p^\nu}.$$

Die Beziehung zwischen (10) und (11), (11a) werden wir später erkennen. Für die Zetafunktion hat unsere Residuenbildung die Erkenntnis zur Folge, daß die Stellen $s = 1 + \frac{2k\pi i}{\log p}$ wirklich Pole erster Ordnung sind.

§ 13.

Die Anzahl der Idealklassen im reellen Körper.

Es sei $K(\sqrt{D})$ ein reeller Körper, $\varepsilon_0 = U + V\sqrt{D}$ seine Grundeinheit. Dann ist $V \neq 0$ und $|\varepsilon_0| > 1$, sowie $|\varepsilon_0'| = |U - V\sqrt{D}| < 1$. In ε_0' müssen sich also die höchsten Potenzen heben, so daß sie sich in ε_0 nicht heben können. Es ist also

$$|\varepsilon_0| = |V\sqrt{D}| \geqq |\sqrt{D}|.$$

Sei nun α eine ganze Funktion des Körpers. Wir betrachten die Lage von $|\alpha|$ in der Intervallfolge

$$\ldots, \quad |\varepsilon_0|^{-2}, \quad |\varepsilon_0|^{-1}, \quad 1, \quad |\varepsilon_0|, \quad |\varepsilon_0|^2, \quad \ldots$$

Dann muß es ein und nur ein ν geben, so daß

$$|\varepsilon_0^{\nu+1}| \leqq |\alpha| < |\varepsilon_0^{\nu+2}|, \qquad \text{also} \qquad |\varepsilon_0| \leqq |\alpha\varepsilon_0^{-\nu}| < |\varepsilon_0|^2.$$

Da nun α mit $\alpha\varepsilon_0^{-\nu}$ assoziiert ist, gibt es zu jeder Funktion eine mit ihr assoziierte, die jetzt mit α bezeichnet werde, für die $|\varepsilon_0| \leqq |\alpha| < |\varepsilon_0|^2$, und zwar gibt es zu jeder Funktion genau $p - 1$ assoziierte, welche diese Bedingung befriedigen, nämlich die Funktionen $a\alpha$ $(a = 1, 2, 3, \ldots, p-1)$. Die Beträge der Normen dieser $p - 1$ Funktionen sind alle dieselben. Aus § 17, (14) folgt also

(1) $$Z(s, \mathfrak{K}) = \frac{|N\mathfrak{a}|^s}{p-1} \cdot \sum_{\alpha \equiv 0 \,(\mathrm{mod}\, \mathfrak{a})} \frac{1}{|N\alpha|^s},$$

mit der Nebenbedingung

(2) $$|\varepsilon_0| \leqq |\alpha| < |\varepsilon_0|^2.$$

Für das Ideal $\mathfrak{a}$ wählen wir nun wieder ein reduziertes Ideal aus $\mathfrak{K}$ mit der Basis $\mathfrak{a} = (2C, B + \sqrt{D})$. Dann ist bekanntlich

(3) $$|B - \sqrt{D}| < |C| < |B + \sqrt{D}| = |B| = |\sqrt{D}| \quad \text{und} \quad |N\mathfrak{a}| = |C|.$$

In (1) ist also zu setzen $\alpha = 2CX + (B + \sqrt{D})Y$ und unter Beachtung von (2) über alle X, Y zu summieren.

Für unsere Zwecke genügt es nun, $\lim\limits_{s=1}(s-1)Z(s,\mathfrak{K})$ zu bilden. Dabei kommt es ersichtlich nicht auf endlich viele Glieder der Summe an.

Diskussion von (2) und (3):

I. Sei

$$|2CX| > |B+\sqrt{D}|\cdot|Y|.$$

Dann ist $|\alpha| = |CX|$, und (2) ergibt

$$|\varepsilon_0| \leqq |CX| < |\varepsilon_0|^2.$$

Dies kann nur für endlich viele X eintreten. Zu jedem solchen X soll nun $|B+\sqrt{D}|\cdot|Y| < |2C\mathfrak{X}|$ sein. Dies liefert auch nur endlich viele Y. Unsere Annahme gibt also nur endlich viele Glieder der Summe.

II. Sei

$$|2CX| < |B+\sqrt{D}|\cdot|Y|.$$

Dann ist $|\alpha| = |(B+\sqrt{D})Y|$ und nach (2)

$$|\varepsilon_0| \leqq |(B+\sqrt{D})Y| < |\varepsilon_0|^2.$$

Auch dieser Fall kann nur für endlich viele Y und endlich viele X zutreffen, liefert also auch nur endlich viele Glieder.

III. Sei

$$|2CX| = |(B+\sqrt{D})Y|.$$

Dann ist also wegen (3) sicher

$$|2CX| > |(B-\sqrt{D})Y|,$$

also

$$|\alpha'| = |2CX+(B-\sqrt{D})Y| = |CX|. \tag{4}$$

Aus

$$|\varepsilon_0| \leqq |2CX+(B+\sqrt{D})Y| < |\varepsilon_0|^2$$

folgt wegen $|B+\sqrt{D}| = |\sqrt{D}|$

$$\frac{|\varepsilon_0|}{|\sqrt{D}|} \leqq \left|\frac{2CX}{B+\sqrt{D}}+Y\right| < \frac{|\varepsilon_0|^2}{|\sqrt{D}|}. \tag{5}$$

Wegen III. gibt es nun zu jedem X nur endlich viele Y. Es gibt also nur endlich viele Glieder der Summe, für die $\left|\frac{2CX}{B+\sqrt{D}}\right| \leqq \frac{|\varepsilon_0|^2}{|\sqrt{D}|}$ ist. Wir können also annehmen, es sei

$$\left|\frac{2CX}{B+\sqrt{D}}\right| > \frac{|\varepsilon_0|^2}{|\sqrt{D}|}. \tag{6}$$

Am Anfang dieses Paragraphen zeigten wir nun $\frac{|\varepsilon_0|}{|\sqrt{D}|} \geqq 1$. Der mittlere Teil von (5) hat also sicher keinen negativen Grad. Wir können also alle negativen Potenzen weglassen, so daß (5) gleichbedeutend ist mit

$$\frac{|\varepsilon_0|}{|\sqrt{D}|} \leqq \left| E\left(\frac{2CX}{B+\sqrt{D}}\right) + Y \right| < \frac{|\varepsilon_0|^2}{|\sqrt{D}|}.$$

(Über E siehe § 10.) Setzen wir also

$$Y = -E\left(\frac{2CX}{B+\sqrt{D}}\right) + F \qquad (F \text{ ganz}), \tag{7}$$

so muß gelten

$$\frac{|\varepsilon_0|}{|\sqrt{D}|} \leqq |F| < \frac{|\varepsilon_0|^2}{|\sqrt{D}|}. \tag{8}$$

Sei umgekehrt (8) erfüllt und Y durch (7) bestimmt. Wegen (6) gilt erst recht

$$\left|\frac{2CX}{B+\sqrt{D}}\right| > |F|, \quad \text{also} \quad |Y| = \left|\frac{2CX}{B+\sqrt{D}}\right|,$$

somit

$$|2CX| = |(B+\sqrt{D})\cdot Y|.$$

Dies ist also Bedingung III. Daß (5) erfüllt ist, folgt aus (7) und (8) unmittelbar.

Wir haben also für alle (6) genügenden X für Y (7) zu setzen, wo F der Bedingung (8) genügt, und über alle in Betracht kommenden X und F zu summieren. Nun ist aber wegen (7) und (8)

$$|\alpha| = |2CX + (B+\sqrt{D})Y| = |\sqrt{D}|\cdot\left|\frac{2CX}{B+\sqrt{D}} + Y\right| = |\sqrt{D}|\cdot|F|,$$

und nach (4)

$$|\alpha'| = |CX|.$$

Also ist

$$|N\alpha| = |\alpha\alpha'| = |C\sqrt{D}|\cdot|XF|.$$

Statt nun über alle X, welche (6) genügen, zu summieren, können wir über alle X überhaupt summieren, wenn nur erneut das Resultat um endlich viele Glieder korrigiert wird.

Wegen (1) ist also

$$Z(s, \mathfrak{K}) = \frac{|C|^s}{p-1}\cdot\sum_X\sum_F{}' \frac{1}{|C\sqrt{D}XF|^s} + G,$$

wo über alle X und über alle (8) genügenden F zu summieren ist, und G eine endliche Anzahl Glieder bedeutet.

Somit ist

$$Z(s, \mathfrak{K}) = \frac{1}{(p-1)|\sqrt{D}|^s}\cdot\left(\sum_X \frac{1}{|X|^s}\right)\cdot\left(\sum_F{}' \frac{1}{|F|^s}\right) + G.$$

15*

Setzen wir nun

$$(9) \qquad |\varepsilon_0| = p^R, \quad \text{also} \quad R = \frac{\log|\varepsilon_0|}{\log p},$$

so daß R die Rolle des „Regulators" übernimmt und jedenfalls positiv ganz ist, ferner

$$|\sqrt{D}| = p^{\frac{n}{2}}, \quad \text{wo } \frac{n}{2} \text{ ganz ist,}$$

da ein reeller Körper vorliegt, so wird

$$(10) \quad Z(s, \mathfrak{K}) = \frac{1}{(p-1)|\sqrt{D}|^s} \cdot \sum_{\nu=0}^{\infty} \frac{(p-1)p^\nu}{p^{\nu s}} \cdot \sum_{\mu=(R-\frac{n}{2})}^{(2R-\frac{n}{2}-1)} \frac{(p-1)p^\mu}{p^{\mu s}} + G$$

$$= \frac{p-1}{|\sqrt{D}|^s(1-p^{-(s-1)})} \cdot \frac{1-p^{-R(s-1)}}{1-p^{-(s-1)}} \cdot p^{-(R-\frac{n}{2})(s-1)} + G.$$

Da G nur aus endlich viel Gliedern besteht, ist $\lim\limits_{s=1}(s-1)G = 0$. Demnach finden wir

$$(11) \qquad \lim_{s=1}(s-1)Z(s, \mathfrak{K}) = \frac{(p-1)R}{|\sqrt{D}|\cdot\log p},$$

also ein von der Klasse unabhängiges Residuum. Es ergibt also § 17, (13), (10):

$$(12) \qquad \lim_{s=1}(s-1)Z(s) = \frac{(p-1)Rh}{|\sqrt{D}|\log p},$$

$$(13) \qquad h = \frac{|\sqrt{D}|}{(p-1)R} \cdot \sum_{\nu=0}^{n-1} \frac{\sigma_\nu}{p^\nu}.$$

Die Zetafunktion hat also auch hier in $s = 1 + \frac{2k\pi i}{\log p}$ Pole erster Ordnung.

§ 20.

Das Nichtverschwinden von $Z(s)$ auf der Geraden $\Re(s) = 1$.

Setzen wir

$$(1) \qquad \varkappa = \begin{cases} \left.\begin{array}{l} \dfrac{2\sqrt{|D|}}{p+1}, \text{ falls Grad von } D \text{ gerade} \\ \sqrt{\dfrac{|D|}{p}}, \text{ falls Grad von } D \text{ ungerade} \end{array}\right\} \text{Körper imaginär,} \\ \dfrac{|\sqrt{D}|}{(p-1)R}, \text{ falls Grad von } D \text{ gerade, Körper reell,} \end{cases}$$

so ist

$$(2) \qquad \lim_{s=1}(s-1)Z(s) = \frac{h}{\varkappa \log p} \neq 0.$$

Die Pole erster Ordnung sind die Stellen $s = 1 + \frac{2k\pi i}{\log p}$. Sonst ist $Z(s)$ überall regulär. Die Produktdarstellung § 17, (1) lehrt, daß $Z(s)$ in der Halbebene $\Re(s) > 1$ keine Nullstellen besitzt. Wir wollen zeigen, daß auch auf $\Re(s) = 1$ keine Nullstelle liegt.

Satz. Die Stellen $s = 1 + \frac{(2k+1)\pi i}{\log p}$ sind keine Nullstellen von $Z(s)$.

Beweis. Da $Z(s)$ periodisch mit der Periode $\frac{2\pi i}{\log p}$ ist, genügt der Nachweis für $s = 1 + \frac{\pi i}{\log p}$. Aus § 17, (8) folgt nun

$$\lim_{s=1} Z_D\left(s + \frac{\pi i}{\log p}\right) = \frac{1}{2} \lim_{s=1} \frac{1 - p^{-(s-1)}}{s-1} \cdot \lim_{s=1} (s - 1) Z_{gD}(s).$$

Bezeichnet man also mit h' und $\varkappa'$ die Größen des Körpers $K(\sqrt{gD})$, so ist

$$Z_D\left(1 + \frac{\pi i}{\log p}\right) = \frac{h'}{2\varkappa'} \neq 0,$$

q. e. d.

Satz. $Z(s)$ hat auf der Geraden $\Re(s) = 1$ keine Nullstelle.

Beweis. Nach dem soeben Gezeigten dürfen wir die Stellen $s = 1 + \frac{k\pi i}{\log p}$ ausschließen.

Wir setzen $s = \sigma + it$. (Der Buchstabe t hat natürlich nichts mit unserem Adjunktionsbuchstaben t zu tun; ich wähle diese Bezeichnung nur, um den Anschluß an die üblichen Beweise zu haben.)

Nach § 17 ist dann

$$Z(s) = \prod_{\mathfrak{p}} \frac{1}{1 - \frac{1}{|N\mathfrak{p}|^s}} \quad \text{für} \quad \Re(s) > 1.$$

Daraus folgt wie bekannt

$$-\frac{Z'(s)}{Z(s)} = \sum_{\mathfrak{p}, m} \frac{\log |N\mathfrak{p}|}{|N\mathfrak{p}|^{ms}}.$$

Sei nun $1 + t_0 i$ eine Nullstelle k-ter Ordnung $(k \geqq 1)$, wobei $t_0 \neq \frac{\nu\pi}{\log p}$. Dann ist $1 + 2t_0 i$ sicher kein Pol. Es ist also eine Nullstelle l-ter Ordnung mit $l \geqq 0$.

Der weitere Beweis verläuft so vollständig analog dem gewöhnlichen, daß seine weitere Ausführung unterdrückt werden darf. Ich verweise etwa auf Landau, Theorie der algebraischen Zahlen und Ideale, Seite 101. Wie dort findet man

$$k \leqq \frac{3-l}{4}, \quad \text{also wegen } l \geqq 0, \quad k \leqq \frac{3}{4} \quad \text{entgegen} \quad k \geqq 1.$$

Satz. Die obere Grenze θ der reellen Teile der Nullstelle von $Z(s)$ ist kleiner als eins $\theta < 1$.

Beweis. Für $\mathfrak{R}(s) \geqq 1$ besitzt $Z(s)$ keine Nullstelle. Da $Z(s)$ aber die rein imaginäre Periode $\frac{2\pi i}{\log p}$ hat, können wir schließen, daß die obere Grenze der reellen Teile der Nullstellen von $Z(s)$ kleiner als eins ist.

§ 21.

Die Funktionalgleichung von $Z(s)$ und die Relationen zwischen den σ_ν.

Wir kehren zur Formel (8) des § 18 zurück und diskutieren die verschiedenen, für imaginäre Körper sich ergebenden Fälle.

1. $|D| = p^{2m+1}$. Wir setzen $|A| = p^\nu$. Wegen $|D| = |AC|$ wird

$$|C| = p^{2m-\nu+1}, \quad \text{also} \quad r = \left[\frac{\nu-(2m-\nu+1)}{2}\right] = \nu - m - 1, \quad w = p - 1.$$

Wir haben dann

$$Z(s, \mathfrak{K}) = \left(\frac{p^{\nu-m-1}}{p^{\nu s}} + \frac{1}{p^{(2m-\nu+1)s}}\right)\frac{1}{1-p^{-(2s-1)}}$$

$$+ \frac{p-1}{(1-p^{-(2s-1)})(1-p^{-2(s-1)})} \cdot \left(\frac{p^{-(\nu-m)(2s-1)}}{p^{(2m-\nu+1)s}} + \frac{p^{\nu-m-1}}{p^{\nu s}}\right) = \frac{p^{\nu-m-1}+p^{(2\nu-2m-1)s}}{p^{\nu s}(1-p^{-(2s-1)})}$$

$$+ \frac{(p-1)\cdot p^{\nu-m-1}}{(1-p^{-(2s-1)})(1-p^{-(s-1)})(1+p^{-(s-1)})} \cdot \frac{1}{p^{\nu s}}(p^{-(s-1)}+1).$$

$$Z(s, \mathfrak{K}) = \frac{p^{\nu-m-1}+p^{(2\nu-2m-1)s}}{p^{\nu s}(1-p^{-(2s-1)})} + \frac{(p-1)p^{\nu-m-1}}{p^{\nu s}(1-p^{-(2s-1)})(1-p^{-(s-1)})}$$

$$= \frac{p^{\nu-m-1}+p^{(2\nu-2m-1)s}-p^{\nu-m-1}p^{-(s-1)}-p\cdot p^{2(\nu-m-1)s}+p^{\nu-m}-p^{\nu-m-1}}{p^{\nu s}(1-p^{-(2s-1)})(1-p^{-(s-1)})}.$$

$$Z(s, \mathfrak{K}) = \frac{p^{(2\nu-2m-1)s}-p^{\nu-m}\cdot p^{-s}-p\cdot p^{2(\nu-m-1)s}+p^{\nu-m}}{p^{\nu s}(1-p^{-(2s-1)})(1-p^{-(s-1)})}.$$

Daraus ersieht man unmittelbar, daß $Z(s, \mathfrak{K})$ in $s = \frac{1}{2}$ keinen Pol hat. Es ist also überall bis auf die Pole $s = 1 + \frac{2k\pi i}{\log p}$ regulär.

Ferner ist

$$Z(1-s, \mathfrak{K}) = \frac{p^{(2\nu-2m-1)(1-s)}-p^{\nu-m-1}\cdot p^{s}-p\cdot p^{2(\nu-m-1)(1-s)}+p^{\nu-m}}{p^{\nu(1-s)}(1-p^{2s-1})(1-p^{s})}.$$

Erweitern wir den Bruch mit $p^{(\nu-m-1)(2s-1)}$, so wird

$$Z(1-s, \mathfrak{K}) = \frac{p^{\nu-m}\cdot p^{-s}-p^{(2\nu-2m-1)s}-p^{\nu-m}+p\cdot p^{2(\nu-m-1)s}}{p^{\nu s}\cdot p^{-m(2s-1)}(p^{-(2s-1)}-1)(1-p^{s})}$$

$$= p^{m(2s-1)} \cdot \frac{1-p^{-(s-1)}}{1-p^{s}} \cdot Z(s, \mathfrak{K}).$$

Demnach haben wir die Funktionalgleichung

$$(1)\qquad Z(1-s,\mathfrak{K})=\frac{1-p^{-(s-1)}}{1-p^{s}}\cdot\left(\sqrt{\frac{|D|}{p}}\right)^{2s-1}Z(s,\mathfrak{K}).$$

2. $|D|=p^{2m}$. $|A|=p^{\nu}$ also $|C|=p^{2m-\nu}$; $r=\nu-m$.

$$Z(s,\mathfrak{K})=\left(\frac{p^{\nu-m}}{p^{\nu s}}+\frac{1}{p^{(2m-\nu)s}}\right)\cdot\frac{1}{1-p^{-(2s-1)}}$$

$$+\frac{(p-1)}{(1-p^{-(2s-1)})(1-p^{-2(s-1)})}\cdot\left(\frac{p^{-(\nu-m+1)(2s-1)}}{p^{(2m-\nu)s}}+\frac{p^{\nu-m}}{p^{\nu s}}\right)$$

$$=\frac{p^{\nu-m}+p^{2(\nu-m)s}}{p^{\nu s}(1-p^{-(2s-1)})}+\frac{(p-1)p^{\nu-m}(1+p^{(2s-1)})}{p^{\nu s}(1-p^{-(2s-1)})(1-p^{-2(s-1)})}$$

$$=\frac{p^{\nu-m}+p^{2(\nu-m)s}-p^{\nu-m}\cdot p^{-2(s-1)}-p^{2}p^{2(\nu-m-1)s}+p^{\nu-m-1}+p^{\nu-m+1}\cdot p^{-(2s-1)}-p^{\nu-m}-p^{\nu-m}\cdot p^{-(2s-1)}}{p^{\nu s}(1-p^{-(2s-1)})(1-p^{-2(s-1)})}$$

$$=\frac{p^{2(\nu-m)s}-p^{2}p^{2(\nu-m-1)s}+p^{\nu-m+1}-p^{\nu-m+1}\cdot p^{-2s}}{p^{\nu s}(1-p^{-(2s-1)})(1-p^{-2(s-1)})}.$$

Daraus ersieht man wieder die Regularität für $s=\frac{1}{2}$. $Z(s,\mathfrak{K})$ ist überall regulär bis auf die Pole $s=1+\frac{k\pi i}{\log p}$. Ferner ist

$$Z(1-s,\mathfrak{K})=\frac{p^{2(\nu-m)}\cdot p^{-2(\nu-m)s}-p^{2(\nu-m)}\cdot p^{-2(\nu-m-1)s}+p^{\nu-m+1}-p^{\nu-m-1}\cdot p^{2s}}{p^{\nu(1-s)}(1-p^{2s-1})(1-p^{2s})}.$$

Erweitern wir mit $p^{-(\nu-m-1)}\cdot p^{2(\nu-m-1)s}$, so wird

$$Z(1-s,\mathfrak{K})=\frac{p^{\nu-m+1}\cdot p^{-2s}-p^{\nu-m+1}+p^{2}p^{2(\nu-m-1)s}-p^{2(\nu-m)s}}{p^{\nu s}\cdot p^{-m(2s-1)}(p^{-(2s-1)}-1)(1-p^{2s})}$$

$$=p^{m(2s-1)}\cdot\frac{1-p^{-2(s-1)}}{1-p^{2s}}\cdot Z(s,\mathfrak{K}).$$

Demnach lautet die Funktionalgleichung

$$(2)\qquad Z(1-s,\mathfrak{K})=\frac{1-p^{-2(s-1)}}{1-p^{2s}}(\sqrt{|D|})^{2s-1}Z(s,\mathfrak{K}).$$

Summation über alle Klassen liefert die gesuchte Funktionalgleichung für die Zetafunktion:

$$(3)\qquad Z(1-s)=\frac{1-p^{-(s-1)}}{1-p^{s}}\left(\sqrt{\frac{|D|}{p}}\right)^{2s-1}Z(s),$$

falls Grad von D ungerade,

$$(4)\qquad Z(1-s)=\frac{1-p^{-2(s-1)}}{1-p^{2s}}(\sqrt{|D|})^{2s-1}Z(s),$$

falls Grad von D gerade, Körper imaginär.

Um auch für reelle Körper die Funktionalgleichung zu gewinnen, gehen wir aus von § 17, (8):

$$(5) \qquad Z_D\left(s+\frac{\pi i}{\log p}\right)=\frac{1-p^{-(s-1)}}{1+p^{-(s-1)}}Z_{gD}(s).$$

Wenn nun $K(\sqrt{gD})$ reell ist, steht links der Zetafunktion des imaginären Körpers $K(\sqrt{D})$, welche die Funktionalgleichung (4) hat. Ersetzt man also in (4) s durch $s+\frac{\pi i}{\log p}$ und berücksichtigt (5) und die Periodizität von $Z(s)$ und p^s, so erhält man, wenn $Z(s)$ jetzt die Zetafunktion des reellen Körpers ist:

$$\frac{1-p^s}{1+p^s}Z(1-s)=\frac{1-p^{-2(s-1)}}{1-p^{2s}}\cdot\frac{1-p^{-(s-1)}}{1+p^{-(s-1)}}\cdot(\sqrt{|D|})^{2s-1}\cdot Z(s).$$

Demnach, falls Körper reell, das Resultat

$$(6) \qquad Z(1-s)=\left(\frac{1-p^{-(s-1)}}{1-p^s}\right)^2(\sqrt{|D|})^{2s-1}Z(s).$$

Aus der Funktionalgleichung folgt, da $Z(s)$ für $\Re(s)\geqq 1$ keine Nullstelle besitzt und die Pole erster Ordnung $1+\frac{2k\pi i}{\log p}$ hat, nach einfacher Diskussion:

In der Halbebene $\Re(s)<0$ liegt keine Nullstelle von $Z(s)$.

1. Grad von D ungerade. $Z(s)$ hat auch auf der Geraden $\Re(s)=0$ keine Nullstelle.

2. Grad von D gerade, Körper imaginär. Auf $\Re(s)=0$ liegen nur die Nullstellen erster Ordnung: $s=\frac{(2k+1)\pi i}{\log p}$.

3. Grad von D gerade, Körper reell. Auf $\Re(s)=0$ liegen nur die Nullstellen erster Ordnung: $s=\frac{2k\pi i}{\log p}$.

Alle übrigen „nicht trivialen" Nullstellen gehören dem Streifen $0<1-\theta\leqq\Re(s)\leqq\theta<1$ an, wo θ die obere Grenze ihrer reellen Teile ist. Sie liegen symmetrisch zur Geraden $\Re(s)=\frac{1}{2}$ und zur reellen Achse.

Beim reellen Körper ist also $s=0$ Nullstelle erster Ordnung. Wir verwenden die Funktionalgleichung (6) dazu, eine elegantere Formel für die Klassenzahl des reellen Körpers zu gewinnen. Es folgt nämlich aus (6), da $Z(0)=0$ ist, nach § 20, (1), (2):

$$\begin{aligned}Z'(0)&=\lim_{s=0}\frac{Z(s)}{s}=\lim_{s=0}\left[\left(\frac{1-p^s}{s}\right)^2\cdot\frac{(\sqrt{|D|})^{1-2s}}{(1-p^{-(s-1)})^2}\right]\cdot\lim s\cdot Z(1-s)\\&=\frac{(\log p)^2}{(p-1)^2}\cdot\sqrt{|D|}\cdot\lim_{s_1=1}-(s_1-1)Z(s_1)=-\frac{(\log p)^2}{(p-1)^2}\sqrt{|D|}\cdot\frac{h}{\varkappa\log p}\\&=-\frac{hR}{p-1}\cdot\log p.\end{aligned}$$

Also

$$h = -\frac{p-1}{R\log p}\cdot Z'(0).$$

Setzt man nun

$$L(s) = (1 - p^{-(s-1)})\, Z(s) = \sum_{\nu=0}^{n-1} \frac{\sigma_\nu}{p^{\nu s}},$$

so folgt aus $Z(0) = 0$:

$$L'(0) = (1-p)\, Z'(0) = -\sum_{\nu=0}^{n-1} \nu\sigma_\nu \log p.$$

Also ist

$$h = \frac{1}{R\log p} L'(0) = -\frac{1}{R}\sum_{\nu=1}^{n-1} \nu\sigma_\nu.$$

Für reelle Körper haben wir also die Formel

$$(7)\quad h = -\frac{1}{R}\sum_{\nu=1}^{n-1} \nu\sigma_\nu = -\frac{1}{R}(\sigma_1 + 2\sigma_2 + 3\sigma_3 + \ldots + (n-1)\sigma_{n-1}),$$

wo $R = \frac{\log|\varepsilon_0|}{\log p}$ der Regulator von $K(\sqrt{D})$ ist.

Die Funktionalgleichung hat nun merkwürdige Relationen zwischen den Zahlen σ_ν zur Folge, welche zum Beispiel die Berechnung der Klassenzahl sehr vereinfachen und die Beziehung zwischen unseren beiden Arten von Klassenzahlformeln aufdecken:

1. Grad von D ungerade: $|D| = p^{2m+1}$. Aus (3) folgt, daß die Funktion

$$(8)\qquad \Xi(s) = (1 - p^{-(s-1)})\left(\sqrt{\frac{|D|}{p}}\right)^{s-\frac{1}{2}} Z(s) = p^{m(s-\frac{1}{2})}\sum_{\nu=0}^{2m}\frac{\sigma_\nu}{p^{\nu s}}$$

$$= \sum_{\nu=0}^{2m} \sigma_\nu \cdot p^{-\frac{m}{2}} \cdot p^{(m-\nu)s}$$

der Funktionalgleichung genügt:

$$(9)\qquad \Xi(1-s) = \Xi(s).$$

Nun ist

$$\Xi(1-s) = \sum_{\nu=0}^{2m} \sigma_\nu p^{-\frac{m}{2}} \cdot p^{m-\nu} \cdot p^{(\nu-m)s}$$

$$= \sum_{\nu=0}^{2m} \sigma_{2m-\nu} p^{-\frac{m}{2}} \cdot p^{\nu-m} \cdot p^{(m-\nu)s}.$$

Vergleicht man gleiche Potenzen von p^s, so resultiert

$$\sigma_\nu p^{-\frac{m}{2}} = \sigma_{2m-\nu} p^{-\frac{m}{2}} p^{\nu-m}.$$

Daraus ergibt sich sofort unsere Reziprozitätsbeziehung:

$$\sigma_{2m-\nu} = p^{m-\nu}\sigma_\nu; \tag{10}$$

speziell für $\nu = 0$ wegen $\sigma_0 = 1$,

$$\sigma_{2m} = p^m. \tag{11}$$

Aus § 18, (10) folgt also

$$h = (1+p^m) + (1+p^{m-1})\sigma_1 + (1+p^{m-2})\sigma_2 + \dots + (1+p)\sigma_{m-1} + \sigma_m. \tag{12}$$

Dies erleichtert sehr die Berechnung der Klassenzahl, da die Berechnung von σ_ν für höhere Werte von ν recht mühselig ist.

2. Grad von D gerade: $|D| = p^{2m}$. Körper imaginär. Hier ist nach (4)

$$\begin{aligned} \Xi(s) &= (1 - p^{-2(s-1)})(\sqrt{|D|})^{s-\frac{1}{2}} Z(s) \\ &= (1 + p^{-(s-1)}) p^{m(s-\frac{1}{2})} \cdot \sum_{\nu=0}^{2m-1} \frac{\sigma_\nu}{p^{\nu s}} \\ &= p^{-\frac{m}{2}}\left(1 + \frac{p}{p^s}\right) \cdot \sum_{\nu=0}^{2m-1} \sigma_\nu p^{(m-\nu)s} \\ &= p^{-\frac{m}{2}}\left(\sum_{\nu=0}^{2m-1} \sigma_\nu p^{(m-\nu)s} + \sum_{\nu=0}^{2m-1} p\,\sigma_\nu p^{(m-\nu-1)s}\right) \\ &= p^{-\frac{m}{2}}\left(p^{ms} + \frac{p\sigma_{2m-1}}{p^{ms}} + \sum_{\nu=1}^{2m-1} (\sigma_\nu + p\sigma_{\nu-1}) p^{(m-\nu)s}\right) \end{aligned} \tag{13}$$

eine Funktion mit der Funktionalgleichung (9). Wegen

$$\begin{aligned} \Xi(1-s) &= p^{-\frac{m}{2}}\left(\frac{p^m}{p^{ms}} + \frac{\sigma_{2m-1}}{p^{m-1}} p^{ms} + \sum_{\nu=1}^{2m-1} (\sigma_\nu + p\sigma_{\nu-1}) p^{m-\nu} p^{(\nu-m)s}\right) \\ &= p^{-\frac{m}{2}}\left(\frac{p^m}{p^{ms}} + \frac{\sigma_{2m-1}}{p^{m-1}} p^{ms} + \sum_{\nu=1}^{2m-1} (\sigma_{2m-\nu} + p\sigma_{2m-\nu-1}) p^{\nu-m} p^{(m-\nu)s}\right) \end{aligned}$$

erhält man hier

$$\sigma_{2m-\nu} + p\sigma_{2m-\nu-1} = p^{m-\nu}(\sigma_\nu + p\sigma_{\nu-1}), \qquad 1 \leqq \nu \leqq 2m-1; \tag{14}$$

und

$$\sigma_{2m-1} = p^{m-1}. \tag{15}$$

Durch einfache Rechnung erhält man daraus

$$\sigma_{2m-\nu} = p^{m-\nu}\left[\sigma_{\nu-1} + (p-1)(\sigma_{\nu-2} - \sigma_{\nu-3} + \sigma_{\nu-4} - + \dots + (-1)^{\nu-2}\sigma_0)\right], \tag{16}$$

gültig für $2 \leqq \nu \leqq 2m$.

Die Beziehungen (15) und (16) ergeben nun aus $\sigma_0, \sigma_1, \sigma_2, \ldots, \sigma_{m-1}$ die m übrigen Größen, indem (16) für $2 \leqq \nu \leqq m$ verwendet wird. Aus

$$h = \sum_{\nu=0}^{2m-1} \sigma_\nu$$

berechnet sich dann die Klassenzahl. Wir wollen den Ausdruck, der nichts Bemerkenswertes bietet, nicht erst hinschreiben.

Mit Hilfe von § 17, (6) finden wir aus (14), (15), (16) sofort die entsprechenden Formeln für reelle Körper:

(17) $\sigma_{2m-\nu} - p\,\sigma_{2m-\nu-1} = p^{m-\nu}(\sigma_\nu - p\,\sigma_{\nu-1}), \qquad 1 \leqq \nu \leqq 2m-1;$

(18) $$\sigma_{2m-1} = -\,p^{m-1};$$

(19) $\sigma_{2m-\nu} = p^{m-\nu}[-\,\sigma_{\nu-1} + (p-1)(\sigma_{\nu-2} + \sigma_{\nu-3} + \sigma_{\nu-4} + \cdots + \sigma_1 + \sigma_0)],$

gültig für $2 \leqq \nu \leqq 2m$.

Aus ihnen und

$$h = -\frac{1}{R} \sum_{\nu=1}^{2m-1} \nu\,\sigma_\nu$$

ergibt sich die Klassenzahl.

§ 22.

Die Anzahl der Ideale und Primideale gegebener Absolutnorm.

Es ist

$$Z(s) = \frac{1}{1 - p^{-(s-1)}} \cdot \sum_{\nu=0}^{n-1} \frac{\sigma_\nu}{p^{\nu s}} = \sum_{\mu=0}^{\infty} \frac{p^\mu}{p^{\mu s}} \cdot \sum_{\nu=0}^{n-1} \frac{\sigma_\nu}{p^{\nu s}}.$$

Daraus folgt

$$Z(s) = 1 + \frac{p\,\sigma_0 + \sigma_1}{p^s} + \frac{p^2\sigma_0 + p\,\sigma_1 + \sigma_2}{p^{2s}} + \cdots + \frac{p^{n-2}\sigma_0 + p^{n-3}\sigma_1 + \cdots + \sigma_{n-2}}{p^{(n-2)s}}$$
$$+ \sum_{\nu=n-1}^{\infty} \frac{p^\nu \sigma_0 + p^{\nu-1}\sigma_1 + \cdots + p^{\nu-(n-1)}\sigma_{n-1}}{p^{\nu s}}.$$

Bezeichnet man nun mit $H(x)$ die Anzahl der Ideale mit $|N\mathfrak{a}| = x$, so ist andererseits

$$Z(s) = \sum_{\mathfrak{a}} \frac{1}{|N\mathfrak{a}|^s} = \sum_{\nu=0}^{\infty} \frac{H(p^\nu)}{p^{\nu s}}.$$

Es ist also für $\nu \geqq n-1$

$$H(p^\nu) = p^\nu \sigma_0 + p^{\nu-1}\sigma_1 + \cdots + p^{\nu-(n-1)}\sigma_{n-1} = p^\nu \sum_{\mu=0}^{n-1} \frac{\sigma_\mu}{p^\mu} = \frac{h}{\varkappa}\,p^\nu,$$

wo $\varkappa$ durch § 20, (1) gegeben ist. $H(x)$ hat natürlich nur einen Sinn, wenn x von der Form p^ν ist, und dies wollen wir voraussetzen. Dann ist aber

$$(1)\qquad H(x) = \frac{h}{\varkappa}x \quad \text{für} \quad x \geqq \frac{|D|}{p}.$$

Für $x < \frac{|D|}{p}$ ist der Ausdruck anders, doch kommt dies für unsere asymptotischen Überlegungen nicht in Betracht. Aus

$$Z(s) = \frac{1}{1-p^{-(s-1)}}\left(\sigma_0 + \frac{\sigma_1}{p^s} + \frac{\sigma_2}{p^{2s}} + \ldots + \frac{\sigma_{n-1}}{p^{(n-1)s}}\right)$$

erkennen wir, daß alle Nullstellen ϱ von $Z(s)$ durch den zweiten Term geliefert werden. Setzt man $p^s = z$, so erhält man zur Bestimmung der Nullstellen die algebraische Gleichung

$$(2)\qquad z^{n-1} + \sigma_1 z^{n-2} + \sigma_2 z^{n-3} + \ldots + \sigma_{n-1} = 0.$$

Nennen wir ihre Wurzeln $\beta_1, \beta_2, \ldots, \beta_{n-1}$ (diese Bezeichnung werde auch weiterhin festgehalten), so finden wir die Nullstellen ϱ der Zetafunktion durch die Gleichung

$$(3)\qquad \beta_\nu = p^\varrho.$$

Dadurch werden aber auch die trivialen Nullstellen auf $\Re(s) = 0$ gegeben.

Wenn also der Grad von D gerade ist, hat (2) die einfache Wurzel $+1$ oder -1, je nachdem der Körper reell oder imaginär ist. Wenn D ungeraden Grad hat, gibt es keine „triviale" Wurzel von (2).

Ist $D = at + b$ linear, so ist (2) von nulltem Grade, $Z(s)$ hat also überhaupt keine Wurzeln.

Ist D quadratisch, so ist (2) vom ersten Grade, $Z(s)$ hat also nur triviale Wurzeln.

Nicht triviale Wurzeln sind also erst von kubischem D an vorhanden.

Sei nun θ die obere Grenze der reellen Teile der Nullstellen von $Z(s)$. Von den beiden besprochenen Ausnahmefällen, wo überhaupt keine Wurzel vorhanden oder $\theta = 0$ ist, abgesehen, ist dann stets

$$\frac{1}{2} \leqq \theta < 1.$$

Aus (3) folgt dann

$$(4)\qquad |\beta_\nu| \leqq p^\theta \qquad (\tfrac{1}{2} \leqq \theta < 1),$$

und (4) ist jedenfalls auch in den Ausnahmefällen richtig. Θ hängt dabei nur vom Körper ab.

Für $Z(s)$ erhält man nun die Produktdarstellung

$$(5)\qquad Z(s) = \frac{1}{1-p^{-(s-1)}} \cdot \prod_{\nu=1}^{n-1}(1 - \beta_\nu p^{-s}).$$

Einerseits ist also

$$\text{(6)}\qquad \log Z(s) = -\log\left(1 - p^{-(s-1)}\right) + \sum_{\mu=1}^{n-1} \log\left(1 - \beta_\mu p^{-s}\right)$$

$$= \sum_{\nu=1}^{\infty} \frac{p^\nu - \beta_1^\nu - \beta_2^\nu - \dots - \beta_{n-1}^\nu}{\nu \cdot p^{\nu s}} \quad \text{für} \quad \Re(s) > 1.$$

Andererseits aber ist, wenn $\pi(x)$ die Anzahl der Primideale $\mathfrak{p}$ mit der Absolutnorm $|N\mathfrak{p}| = x$ bedeutet (wo x wieder nur die Werte p^ν annehmen soll):

$$\text{(7)}\qquad \log Z(s) = -\sum_{\mathfrak{p}} \log\left(1 - |N\mathfrak{p}|^{-s}\right) = \sum_{\mathfrak{p},\, \nu \geqq 1} \frac{1}{\nu\, |N\mathfrak{p}|^{\nu s}}$$

$$= \sum_{\nu=1}^{\infty} \frac{\displaystyle\sum_{d \mid \nu} \frac{\pi(p^d)}{\frac{\nu}{d}}}{p^{\nu s}} = \sum_{\nu=1}^{\infty} \frac{\displaystyle\sum_{d \mid \nu} d\, \pi(p^d)}{\nu\, p^{\nu s}} \quad \text{für} \quad \Re(s) > 1.$$

Aus (6) und (7) folgt aber

$$\text{(8)}\qquad \sum_{d \mid \nu} d\, \pi(p^d) = p^\nu - \beta_1^\nu - \beta_2^\nu - \dots - \beta_{n-1}^\nu.$$

Es ist dies die genaue Formel für $\pi(x)$ und etwa die Analogie zu der Riemann-Mangoldtschen Formel.

Nach unseren Resultaten über die Norm von Primidealen ist nun $\pi(p^d)$ höchstens gleich der doppelten Anzahl der Primfunktionen des Grades d plus der Anzahl der Primfunktionen vom Grade $\frac{d}{2}$. Es gibt also eine absolute Konstante C, so daß

$$\pi(p^d) \leqq C \cdot \frac{p^d}{d}.$$

Spaltet man also in (8) den Teiler $d = \nu$ ab, so ist der Rest sicher kleiner als

$$\frac{\nu}{2}\pi\left(p^{\frac{\nu}{2}}\right) + \frac{\nu}{3}\pi\left(p^{\frac{\nu}{3}}\right) + \dots + \frac{\nu}{\nu}\pi\left(p^{\frac{\nu}{\nu}}\right)$$

$$\leqq C\left(p^{\frac{\nu}{2}} + p^{\frac{\nu}{3}} + p^{\frac{\nu}{4}} + \dots + p^{\frac{\nu}{\nu}}\right)$$

$$\leqq C\left(p^{\frac{\nu}{2}} + \nu\, p^{\frac{\nu}{3}}\right) = O\left(p^{\frac{\nu}{2}}\right).$$

Also wird

$$\nu \cdot \pi(p^\nu) + O\left(p^{\frac{\nu}{2}}\right) = p^\nu - \beta_1^\nu - \beta_2^\nu - \dots - \beta_{n-1}^\nu.$$

Wegen (4) ist

$$|\beta_\varkappa^\nu| \leqq p^{\theta \nu};$$

also ist:

$$\nu \cdot \pi(p^\nu) = p^\nu + O(p^{\frac{\nu}{2}}) + O(p^{\theta\nu}) = p^\nu + O(p^{\theta\nu}),$$

$$\pi(p^\nu) = \frac{p^\nu}{\nu} + O\left(\frac{p^{\theta\nu}}{\nu}\right).$$

Da nun, wenn $x = p^\nu$ gesetzt wird, $\nu = \frac{\log x}{\log p}$ ist, erhalten wir:

$$\pi(p^\nu) = \frac{x}{\log x} \cdot \log p + O\left(\frac{x^\theta}{\log x}\right), \tag{9}$$

wo $\frac{1}{2} \leqq \theta < 1$.

§ 23.

Tafeln der Klassenzahl.

Im folgenden soll eine kleine Tafel für die Klassenzahlen wiedergegeben werden. Zunächst wollen wir aber die bereits gefundenen Resultate für quadratisches D bestätigen.

1. $\sqrt{D}$ imaginär; $|D| = p^2$; $m = 1$; $h = \sigma_0 + \sigma_1 = 1 + \sigma_1$. Nach § 21, (15) ist $\sigma_1 = 1$, also $h = 2$.

2. $\sqrt{D}$ reell. Nach § 21, (18) ist $\sigma_1 = -1$, so daß § 21, (7) ergibt $h = \frac{1}{R}$. Also muß $R = 1$; $h = 1$ sein.

Für kubische Diskriminanten ist $m = 1$ und § 21, (12) ergibt

$$h = p + 1 + \sigma_1. \tag{1}$$

Bei der Herstellung einer Tafel beachte man weiter, daß t einer geeigneten linearen Transformation $t' = at + b$ unterworfen werden kann, ohne die Klassenzahl zu ändern. Da ferner $\sigma_1(gD) = -\sigma_1(D)$ ist, findet man aus (1)

$$h_D + h_{gD} = 2(p+1). \tag{2}$$

Aus der Klassenzahl von $K(\sqrt{D})$ findet man also, wenn D kubisch ist, ohne weiteres die Klassenzahl von $K(\sqrt{gD})$.

Durch lineare Transformation von t können wir uns (nachdem ein eventueller quadratischer Rest abgestoßen ist) D in die Form gesetzt denken:

$$D = t^3 + at + b.$$

Nur im Falle $p = 3$ geht dies nicht. Die Berechnung von σ_1 ist nun sehr einfach:

$$\sigma_1 = \sum_{c=1}^{p-1} \left[\frac{t^3 + at + b}{t - c}\right]$$

(wobei eventuelle Linearteiler von D wegzulassen sind). Nun ist

$$\left[\frac{t^3 + at + b}{t - c}\right] = \left[\frac{c^3 + ac + b}{t - c}\right] = \left(\frac{c^3 + ac + b}{p}\right),$$

also

$$\sigma_1 = \sum_{c=0}^{p-1} \left(\frac{c^3 + ac + b}{p}\right).$$

Es ist also σ_1 in einfachster Weise durch Legendresymbole ausgedrückt.

Beispiel. $p = 7$, $D = t^3 + 3t + 2$ (Primfunktion).

$$\begin{aligned}\sigma_1 &= \left(\frac{2}{7}\right) + \left(\frac{6}{7}\right) + \left(\frac{2}{7}\right) + \left(\frac{3}{7}\right) + \left(\frac{1}{7}\right) + \left(\frac{2}{7}\right) + \left(\frac{5}{7}\right) \\ &= 1 - 1 + 1 - 1 + 1 + 1 - 1 = 1.\end{aligned}$$

Somit $h = 9$. Dies ist auch die Klassenzahl für die durch Lineartransformation hervorgehenden Diskriminanten $t^3 - 3t + 2$, $t^3 - t + 2$. Dagegen haben die Diskriminanten gD, das sind (nach Lineartransformation) $t^3 + 3t - 2$, $t^3 - 2t - 2$, $t^3 - t - 2$, die Klassenzahl $h = 7$ (nach (2)).

Auf diese Art wurde Tabelle I berechnet, welche die Klassenzahlen für $p = 3$, $p = 5$, $p = 7$ gibt.

Die zugehörige Gleichung für die Nullstellen von $Z(s)$ lautet

$$z^2 + \sigma_1 z + p = 0.$$

Ihre Wurzeln sind

$$\beta = -\frac{\sigma_1}{2} \pm \frac{1}{2}\sqrt{\sigma_1^2 - 4p}.$$

Sind sie komplex, so ist $|\beta| = \sqrt{p}$, also wenn ϱ die Nullstellen von $Z(s)$ sind, $\Re(\varrho) = \frac{1}{2}$. Dies erfordert

$$-2\sqrt{p} < \sigma_1 < 2\sqrt{p},$$

oder

$$\begin{aligned}&\text{für } p = 3: \quad && -3 \leqq \sigma_1 \leqq +3, \\ &\text{für } p = 5: && -4 \leqq \sigma_2 \leqq +4, \\ &\text{für } p = 7: && -5 \leqq \sigma_1 \leqq +5.\end{aligned}$$

Die Tabelle lehrt, daß diese Relationen wirklich erfüllt sind.

Also liegen die Nullstellen alle auf $\Re(s) = \frac{1}{2}$.

Für biquadratische D ergibt sich im imaginären Falle: $\sigma_3 = p$, $\sigma_2 = p - 1 + \sigma_1$. Also ist

$$h = 2p + 2\sigma_1.$$

Auch hier genügt die Berechnung von σ_1. Für $p = 3$ ist $g = -1$. Dies liefert Tabelle II.

Für reelle Körper ist $\sigma_3 = -p$, $\sigma_2 = p - 1 - \sigma_1$, also

$$h = -\frac{1}{R}(\sigma_1 + 2\sigma_2 + 3\sigma_3) = \frac{1}{R}(p + 2 + \sigma_1).$$

I.

$p = 3$

D	Zerlegung	σ_1	h	D	Zerlegung	σ_1	h
t^3+t^2+t+1	$(t+1)(t^2+1)$			t^3-t^2+t+1			
t^3+t^2+1	$(t-1)(t^2-t-1)$	$+2$	6	t^3-t^2+1		$+1$	5
t^3+t^2-t	$t(t^2+t-1)$			t^3-t^2-t-1	Primfunktion		
t^3-t^2+t-1	$(t-1)(t^2+1)$			t^3-t+1		$+3$	7
t^3-t^2-1	$(t+1)(t^2+t-1)$	-2	2	t^3-t-1		-3	1
t^3-t^2-t	$t(t^2-t-1)$			t^3+t+1	$(t-1)(t^2+t-1)$		
t^3+t^2+t-1				t^3+t-1	$(t+1)(t^2-t-1)$	0	4
t^3+t^2-1	Primfunktion	-1	3	t^3+t	$t(t^2+1)$		
t^3+t^2-t+1				t^3-t	$t(t-1)(t+1)$		

$p = 5$

D	Zerlegung	σ_1	h	D	Zerlegung	σ_1	h
t^3+1	$(t+1)(t^2-t+1)$			t^3+2t	$t(t^2+2)$	-4	2
t^3-1	$(t-1)(t^2+t+1)$	0	6	t^3-2t	$t(t^2-2)$	$+4$	10
t^3+2	$(t-2)(t^2+2t-1)$			t^3+t+1			
t^3-2	$(t+2)(t^2-2t-1)$			t^3+t-1		$+3$	9
t^3-t+1	$(t+2)(t^2-2t-2)$			t^3-t+2			
t^3-t-1	$(t-2)(t^2+2t-2)$	$+2$	8	t^3-t-2	Primfunktion	-3	3
t^3-t	$t(t-1)(t+1)$			t^3+2t+1			
t^3+t+2	$(t+1)(t^2-t+2)$			t^3+2t-1		$+1$	7
t^3+t-2	$(t-1)(t^2+t+2)$	-2	4	t^3-2t+2			
t^3+t	$t(t+2)(t-2)$			t^3-2t-2		-1	5

$p = 7$

D	Zerlegung	σ_1	h	D	Zerlegung	σ_1	h
t^3+1	$(t+1)(t-3)(t+2)$			t^3-1	$(t-1)(t+3)(t-2)$		
t^3-t+1	$(t-2)(t^2+2t+3)$	$+4$	12	t^3-t-1	$(t+2)(t^2-2t+3)$	-4	4
t^3-2t+1	$(t-1)(t^2+t-1)$			t^3-2t-1	$(t+1)(t^2-t-1)$		
t^3+3t+1	$(t+3)(t^2-3t-2)$			t^3+3t-1	$(t-3)(t^2+3t-2)$		
t^3+t+3	$(t+2)(t^2-2t-2)$			t^3+t-3	$(t-2)(t^2+2t-2)$		
t^3+2t+3	$(t+1)(t^2-t+3)$			t^3+2t-3	$(t-1)(t^2+t+3)$		
t^3-3t+3	$(t-3)(t^2+3t-1)$	-2	6	t^3-3t-3	$(t+3)(t^2-3t-1)$	$+2$	10
t^3-t+3	$(t+3)(t^2-3t+1)$			t^3-t-3	$(t-3)(t^2+3t+1)$		
t^3-2t+3	$(t-2)(t^2+2t+2)$			t^3-2t-3	$(t+2)(t^2-2t+2)$		
t^3+3t+3	$(t-1)(t^2+t-3)$			t^3+3t-3	$(t+1)(t^2-t-3)$		
t^3+t	$t(t^2+1)$			t^3-t	$t(t+1)(t-1)$		
t^3+2t	$t(t^2+2)$	0	8	t^3-2t	$t(t+3)(t-3)$	0	8
t^3-3t	$t(t^2-3)$			t^3+3t	$t(t+2)(t-2)$		

$p = 7$, Primfunktionen

D	σ_1	h	D	σ_1	h	D	σ_1	h	D	σ_1	h
t^3-t-2	-1	7	t^3+3	$+5$	13	t^3-3	-5	3	t^3-t+2	$+1$	9
t^3-2t-2			t^3+t+1	-3	5	t^3+t-1	$+3$	11	t^3-2t+2		
t^3+3t-2			t^3+2t+1			t^3+2t-1			t^3+3t+2		
t^3-2			t^3-3t+1			t^3-3t-1			t^3+2		

II.

$p = 3$

D	Zerlegung	σ_1	h
$-(t^4+1)$	$-(t^2+t-1)(t^2-t-1)$	$+1$	8
$-(t^4-1)$	$-(t-1)(t+1)(t^2+1)$		
$-(t^4+t-1)$	Primfunktion		
$-(t^4-t-1)$			
$-(t^4+t^2-1)$		-1	4
$-(t^4+t^2+t+1)$			
$-(t^4+t^2-t+1)$			
$-(t^4+t^2+t)$	$-t(t-1)(t^2+t-1)$		
$-(t^4+t^2-t)$	$-t(t+1)(t^2-t-1)$		

D	Zerlegung	σ_1	h
$-(t^4+t^2+t-1)$	$-(t+1)(t^3-t^2-t-1)$	$+2$	10
$-(t^4+t^2-t-1)$	$-(t-1)(t^3+t^2-t+1)$		
$-(t^4+t+1)$	$-(t-1)(t^3+t^2+t-1)$	-2	2
$-(t^4-t+1)$	$-(t+1)(t^3-t^2+t+1)$		
$-(t^4-t^2+t)$	$-t(t^3-t+1)$	0	6
$-(t^4-t^2-t)$	$-t(t^3-t-1)$		
$-(t^4-t^2+t+1)$	$-(t+1)(t^3-t^2+1)$		
$-(t^4-t^2-t+1)$	$-(t-1)(t^3+t^2-1)$		
$-(t^4-t^2-1)$	Primfunktion	$+3$	12

III.

$p = 3$ reelle Körper.

D	ε_0	R	σ_1	h
t^4+t+1	$(t^7-t^6-t^5+t^4+t^3-t^2+1)+(t^5-t^4-t^3-t^2+t)\sqrt{D}$	7	$+2$	1
t^4-t+1	$(t^7+t^6-t^5-t^4+t^3+t^2-1)+(t^5+t^4-t^3+t^2+t)\sqrt{D}$	7	$+2$	
t^4+t^2+t+1	$(t^6-t^5-t^4+t^3-t^2+t)+(t^4-t^3+t+1)\sqrt{D}$	6	$+1$	
t^4+t^2-t+1	$(t^6+t^5-t^4-t^3-t^2-t)+(t^4+t^3-t+1)\sqrt{D}$	6	$+1$	
t^4-t^2+t	$(t^5-t^4-t^2+t-1)+(t^3-t^2-t+1)\sqrt{D}$	5	0	
t^4-t^2-t	$(t^5+t^4+t^2+t+1)+(t^3+t^2-t-1)\sqrt{D}$	5	0	
t^4-t^2+t+1	$(t^5-t^4+t^2-1)+(t^3-t^2-t)\sqrt{D}$	5	0	
t^4-t^2-t+1	$(t^5+t^4-t^2+1)+(t^3+t^2-t)\sqrt{D}$	5	0	
t^4+t-1	$(t^4-t^3-t^2-t-1)+(t^2-t-1)\sqrt{D}$	4	-1	
t^4-t-1	$(t^4+t^3-t^2+t-1)+(t^2+t-1)\sqrt{D}$	4	-1	
t^4+t^2+t-1	$(t^3-t^2-t)+(t-1)\sqrt{D}$	3	-2	
t^4+t^2-t-1	$(t^3+t^2-t)+(t+1)\sqrt{D}$	3	-2	
t^4-t^2-1	$(t^2+1)+\sqrt{D}$	2	-3	
t^4+t^2+t	$(t^3+t^2-t+1)+(t+1)\sqrt{D}$	3	$+1$	2
t^4+t^2-t	$(t^3-t^2-t-1)+(t-1)\sqrt{D}$	3	$+1$	
t^4+1	$t^2+\sqrt{D}$	2	-1	
t^4-1	$t^2+\sqrt{D}$	2	-1	
t^4+t^2-1	$(t^2-1)+\sqrt{D}$	2	$+1$	3

Sei nun σ_1' die σ-Summe des imaginären Körpers $K(\sqrt{D})$. Dann ist $\sigma_1' = -\sigma_1$. Also

$$h = \frac{1}{R}(p + 2 - \sigma_1').$$

Aus der Tabelle II lesen wir für die verschiedenen Gruppen die Klassenzahlen $\frac{4}{R}, \frac{6}{R}, \frac{3}{R}, \frac{7}{R}, \frac{5}{R}, \frac{2}{R}$ ab. Da sowohl h wie R ganzzahlig und wegen $|\varepsilon_0| \geqq \sqrt{|D|} = p^2$, $R \geqq 2$ ist, ergeben sich für die vier letzten Fälle: $R = 3, 7, 5, 2$, also $h = 1$. Eine einfache Diskussion liefert auch die Entscheidung in den übrigen Fällen.

In Tabelle III ist dies im Falle $p = 3$ zusammengestellt. Wir geben auch die expliziten Werte der Grundeinheiten, aus denen wir die Richtigkeit der vorigen Diskussion bestätigen.

Was nun die Nullstellen von $Z(s)$ anbetrifft, so haben wir die Gleichung

$$z^3 + \sigma_1 z^2 + \sigma_2 z + p$$

(wobei es genügt, den imaginären Fall zu betrachten). Nach Abspaltung des trivialen Faktors $z + 1$ unter Berücksichtigung der Relation $\sigma_2 = p - 1 + \sigma_1$ erhält man

$$z^2 + (\sigma_1 - 1)z + p = 0.$$

Sind die Wurzeln komplex, so liegen wieder die Nullstellen auf $\Re(\varrho) = \frac{1}{2}$. Dies ist dann und nur dann der Fall, wenn

$$-2\sqrt{p} < \sigma_1 - 1 < 2\sqrt{p},$$

also für $p = 3$:

$$-2 \leqq \sigma_1 \leqq 4.$$

Dies ist aber der Fall.

Für $p = 5$ müßte $-3 \leqq \sigma_1 \leqq 5$ sein. Wir zeigen noch, daß dies zutrifft. Trivial ist zunächst $-5 \leqq \sigma_1 \leqq 5$. Nun ist aber $\sigma_1 = -5$ unmöglich, da sonst $h = 0$ wäre. Es ist also noch $\sigma_1 = -4$ in Betracht zu ziehen. Dann muß σ_1 die Summe von genau vier Symbolen $\left[\frac{D}{t-c}\right]$ sein (da bei fünf Symbolen σ_1 ungerade ist), deren jedes den Wert -1 hat. D muß also einen und nur einen Linearfaktor enthalten, den wir nach passender Lineartransformation als t selbst nehmen können. Also, da $g = 2$ ist: $D = 2tD_1$ ($\operatorname{sgn} D_1 = 1$, D_1 Primfunktion). Nun ist

$$\left[\frac{D}{t-1}\right] = -\left[\frac{D_1}{t-1}\right], \quad \left[\frac{D}{t-2}\right] = \left[\frac{D_1}{t-2}\right], \quad \left[\frac{D}{t-3}\right] = \left[\frac{D_1}{t-3}\right], \quad \left[\frac{D}{t-4}\right] = -\left[\frac{D_1}{t-4}\right].$$

Also ist

$$\left[\frac{D_1}{t-1}\right] = 1, \quad \left[\frac{D_1}{t-2}\right] = -1, \quad \left[\frac{D_1}{t-3}\right] = -1, \quad \left[\frac{D_1}{t-4}\right] = 1.$$

Nennen wir σ_1' die σ-Summe in $K(\sqrt{D_1})$, so ist, da D_1 Primfunktion ist, nach dem eben Gezeigten $\sigma_1 = \left[\frac{D_1}{t}\right] = \pm 1$. Nach Tabelle I hat also D_1 die Form $(t+a)^3 + 2(t+a) + 1$ oder $(t+a)^3 - 2(t+a) + 2$. Eine Durchrechnung der fünf sich schließlich ergebenden Fälle ergibt $\sigma_1 \neq -4$, so daß wieder $\Re(\varrho) = \frac{1}{2}$ ist.

Endlich wurde im Falle $p = 3$ durch ähnliche Diskussion gezeigt, daß auch im Falle $n = 5$ alle Nullstellen auf der Geraden $\Re(\varrho) = \frac{1}{2}$ liegen. Der Diskussion entziehen sich nur die Primfunktionen, für die also die Rechnung darüber zu entscheiden hat.

§ 24.

Der Zusammenhang zwischen der Klassenzahl und den Nullstellen von $Z(s)$. — Die Anzahl der Klassen in den Geschlechtern imaginärer Körper.

Wir kehren nun zur Formel § 22, (5) zurück:

$$Z(s) = \frac{1}{1 - p^{-(s-1)}} \cdot \prod_{\nu=1}^{n-1} (1 - \beta_\nu p^{-s}). \tag{1}$$

Nach § 18 gilt nun für imaginäre Körper ($n \geqq 2$):

$$h = -w Z(0) = \prod_{\nu=1}^{n-1} (1 - \beta_\nu), \tag{2}$$

wo β_ν die Wurzeln von $z^{n-1} + \sigma_1 z^{n-2} + \dots + \sigma_{n-1} = 0$ sind, und $\beta_\nu = p^\varrho$, wo ϱ die Nullstellen von $Z(s)$ durchläuft.

In (1) möge β_{n-1} die triviale Wurzel sein (falls eine vorkommt).

Für reelle Körper ist $\beta_{n-1} = +1$, und aus § 21 folgt

$$h = -\frac{p-1}{R \log p} \lim_{s=0} \frac{Z(s)}{s} = \frac{1}{R} \prod_{\nu=1}^{n-2} (1 - \beta_\nu).$$

Demnach haben wir, wenn β_ν nur die nicht trivialen Wurzeln bedeutet:

$$h = \prod_{\nu=1}^{n-1} (\beta_\nu - 1), \quad \text{falls } n \text{ ungerade,} \tag{3}$$

$$h = 2 \cdot \prod_{\nu=1}^{n-1} (\beta_\nu - 1), \quad \text{falls } n \text{ gerade, Körper imaginär,} \tag{4}$$

$$h = \frac{1}{R} \cdot \prod_{\nu=1}^{n-2} (\beta_\nu - 1), \quad \text{falls } n \text{ gerade, Körper reell.} \tag{5}$$

16*

Ist nun β_ν die Wurzel in $K(\sqrt{D})$, so ist $-\beta_\nu$ wegen $\sigma_\nu(D) = (-1)^\nu \sigma_\nu(gD)$ die Wurzel in $K(\sqrt{D})$. Nennt man also h' die Klassenzahl im letzteren Körper, so erhält man aus (3), (4), (5):

(6) $$hh' = \prod_{\nu=1}^{n-1} (\beta_\nu^2 - 1), \quad \text{falls } n \text{ ungerade.}$$

(7) $$hh' = \frac{2}{R} \prod_{\nu=1}^{n-2} (\beta_\nu^2 - 1), \quad \text{falls } n \text{ gerade.}$$

Nun brauchen wir noch eine einfache Abschätzung von h. Es ist, der Bedeutung von σ_ν nach, $|\sigma_\nu| \leqq p^\nu$.

1. n ungerade. $\sigma_{2m-\nu} = p^{m-\nu} \cdot \sigma_\nu$. Also $|\sigma_{2m-\nu}| \leqq p^m$, somit $|\sigma_\nu| \leqq p^m$. Wegen

$$h = \prod_{\nu=0}^{n-1} \sigma_\nu$$

ist also

(8) $$h \leqq n \cdot p^m = n(\sqrt{p})^{n-1}.$$

2. n gerade, Körper reell. Aus § 21, (19) folgt

$$|\sigma_{2m-\nu}| \leqq p^{m-\nu}(p^{\nu-1} + (p-1)(p^{\nu-2} + p^{\nu-3} + \ldots + p + 1)$$
$$= p^{m-\nu}(2p^{\nu-1} - 1) < 2p^{m-1}.$$

Aus § 21 (7) also

(9) $$h \leqq \frac{2}{R} \cdot (n-1)^2 p^{m-1} = \frac{2}{R}(n-1)^2 (\sqrt{p})^{n-2}.$$

Es werde nun die Richtigkeit der Riemannschen Vermutung vorausgesetzt. Dann ist $|\beta_\nu| = \sqrt{p}$. Es sei nun $K(\sqrt{D})$ ein imaginärer Körper. Die Fälle $n = 1$, $n = 2$ lassen wir als genau bekannt beiseite. Es sei also $n \geqq 3$. Dann folgt aus (3) und (4)

(10) $$(\sqrt{p} - 1)^{n-1} \leqq h \leqq (\sqrt{p} + 1)^{n-1}, \quad \text{falls } n \text{ ungerade,}$$

(11) $$2(\sqrt{p} - 1)^{n-2} \leqq h \leqq 2(\sqrt{p} + 1)^{n-2}, \quad \text{falls } n \text{ gerade,}$$

Die unteren Grenzen sind aber für $p = 3$ trivial. Deshalb haben wir noch andere Formeln abzuleiten. Aus (6) und (7) folgt nämlich

(12) $$hh' \geqq (p-1)^{n-1}, \quad \text{falls } n \text{ ungerade,}$$

(13) $$hh' \geqq \frac{2}{R}(p-1)^{n-2}, \quad \text{falls } n \text{ gerade.}$$

Wenden wir nun auf h' die Formeln (8) und (9) an, so resultiert

(14) $$h \geqq \frac{1}{n}\left(\frac{p-1}{\sqrt{p}}\right)^{n-1}, \quad \text{falls } n \text{ ungerade,}$$

(15) $$h \geqq \frac{1}{(n-1)^2}\left(\frac{p-1}{\sqrt{p}}\right)^{n-2}, \quad \text{falls } n \text{ gerade.}$$

Für $p=3$ folgt daraus

$$h > \frac{1}{n}(1{,}15)^{n-1} \quad \text{bzw.} \quad h \geqq \frac{1}{(n-1)^2}(1{,}15)^{n-2}.$$

Daraus und aus (10) und (11) folgt nun, daß es nur endlich viele Körper gegebener Klassenzahl gibt, sogar wenn p und $n \geqq 3$ gleichzeitig variieren. Aus (10) und (11) folgt insbesondere, daß es für $p \geqq 5$, $n \geqq 3$ keine Körper mit der Klassenzahl 1 gibt. Für $p=3$ gibt es noch endlich viele. Wahrscheinlich ist aber $K(\sqrt{t^3-t-1})$ der einzige Körper mit der Klassenzahl 1.

Nennen wir nun f die Anzahl der Klassen eines Geschlechtes und s die Anzahl der Primfaktoren von D, so ist nach § 11

$$f \geqq \frac{h}{2^{s-1}}.$$

Also haben wir

$$f \geqq \frac{(\sqrt{p}-1)^{n-1}}{2^{s-1}} \quad (n \text{ ungerade}),$$

$$f \geqq \frac{(\sqrt{p}-1)^{n-2}}{2^{s-2}} \quad (n \text{ gerade}).$$

Nun ist sicher $s \leqq n$. Es ist nämlich nur dann $s=n$, wenn alle Primfaktoren linear sind. Also haben wir

$$f \geqq \left(\frac{\sqrt{p}-1}{2}\right)^{n-1} \quad (n \text{ ungerade}),$$

$$f \geqq \left(\frac{\sqrt{p}-1}{2}\right)^{n-2} \quad (n \text{ gerade}).$$

Dies ergibt für $p \geqq 11$, $n \geqq 3$ stets $f>1$, so daß es also für $p \geqq 11$, $n \geqq 3$ keine Körper mit einklassigen Geschlechtern gibt. Es zeigt sich sogar, daß dann f mit n und p (jedes auch einzeln) über alle Grenzen wächst, so daß es nur endlich viele Körper gibt mit vorgeschriebener Anzahl von Klassen in jedem Geschlecht. Dies haben wir noch für $p=7, 5, 3$ zu zeigen.

Für $p=7$ folgt aus (14), (15)

$$f \geqq \frac{1}{n}\left(\frac{6}{2\sqrt{7}}\right)^{n-1} \quad (n \text{ ungerade}),$$

$$f \geqq \frac{1}{2(n-1)^2}\left(\frac{6}{2\sqrt{7}}\right)^{n-2} \quad (n \text{ gerade}).$$

Dies liefert unmittelbar das Gewünschte.

Für $p=5$ liefert (14), (15):

$$h \geqq \frac{1}{n}(1{,}78)^{n-1} \quad \text{bzw.} \quad h \geqq \frac{1}{(n-1)^2}(1{,}78)^{n-2}.$$

Hier kann D, da es quadratfrei ist, höchstens fünf lineare Primteiler haben. Schlimmstenfalls sind also die übrigen quadratisch. Also für $n \geqq 5$:

$$s \leqq 5 + \frac{n-5}{2} \quad \text{oder} \quad 2^{s-1} \leqq 2^4 \cdot 2^{\frac{n-5}{2}} = 2^4 (\sqrt{2})^{n-5}.$$

Also ist

$$f \geqq \frac{1}{n} \cdot \frac{1}{2^4} \cdot (1{,}78)^4 \cdot \left(\frac{1{,}78}{1{,}42}\right)^{n-5} \quad \text{bzw.} \quad h \geqq \frac{1}{(n-1)^2} \cdot \frac{1}{2^4} (1{,}78)^3 \left(\frac{1{,}78}{1{,}42}\right)^{n-5}$$

Wegen $\frac{1{,}78}{1{,}42} > 1$ haben wir wieder unser Resultat.

Für $p = 3$ hatten wir

$$h \geqq \frac{1}{n} (1{,}15)^{n-1} \quad \text{bzw.} \quad h \geqq \frac{1}{(n-1)^2} (1{,}15)^{n-2}.$$

D hat höchstens 3 lineare, 3 quadratische, 8 kubische und 18 biquadratische Primfaktoren. Also gilt für $n \geqq 105$

$$s \leqq 32 + \frac{n-105}{5}, \qquad 2^{s-1} \leqq 2^{31} \cdot (\sqrt[5]{2})^{n-105} = 2^{31} \cdot (1{,}149)^{n-105}.$$

Also ist

$$f \geqq \frac{1}{n} \cdot \frac{1}{2^{31}} \cdot (1{,}15)^{104} \cdot \left(\frac{1{,}15}{1{,}149}\right)^{n-105} \quad \text{bzw.} \quad f \geqq \frac{1}{n} \cdot \frac{1}{2^{31}} (1{,}15)^{103} \left(\frac{1{,}15}{1{,}149}\right)^{n-105}$$

woraus wegen $\left(\frac{1{,}15}{1{,}149}\right) > 1$ unsere Behauptung folgt.

Satz. Die Richtigkeit der Riemannschen Vermutung vorausgesetzt, gilt für die Klassenzahl in imaginären Körpern, von linearen und quadratischen Diskriminanten abgesehen:

1. Für alle p und n gibt es nur endlich viele Körper vorgegebener Klassenzahl. Insbesondere kann es nur für $p = 3$ Körper mit der Klassenzahl 1 geben. (Wahrscheinlich nur einen.)

2. Für alle p und n gibt es nur endlich viele Körper, bei denen die Anzahl der Klassen im einzelnen Geschlecht einen vorgeschriebenen Wert hat. Insbesondere gibt es nur endlich viele Körper mit einklassigen Geschlechtern, und zwar nur für die Primzahlen $p = 3$, $p = 5$ und $p = 7$. Beispiele sind: $K(\sqrt{t^3 - t})$, $K(\sqrt{t^3 + t})$, $K(\sqrt{t^3 - 1})$.

§ 25.

Die reellen Charaktere.

Hilfssatz. Ist P eine Primfunktion und n ein beliebig vorgegebener Exponent, so existiert stets eine primitive Kongruenzwurzel $G \pmod{P}$ im Sinne Dedekinds, für welche

$$G^{|P|-1} \equiv 1 \pmod{P^n}.$$

Beweis. Der Satz ist für $n=1$ nach Dedekind richtig. Er sei bis zum Exponenten n bewiesen. Dann gibt es also eine primitive Kongruenzwurzel G, für welche

$$G^{|P|-1} \equiv (1+HP^n)$$

ist. Dasselbe leistet dann jedes

$$G+XP^n.$$

Es ist nun:

$$\begin{aligned}(G+XP^n)^{|P|-1} &\equiv G^{|P|-1} + (|P|-1)XP^n \cdot G^{|P|-2} \pmod{P^{n+1}}\\ &\equiv G^{|P|-1} - XP^n G^{|P|-2} \pmod{P^{n-1}}\\ &\equiv 1+(H-X\cdot G^{|P|-2})P^n \pmod{P^{n+1}}.\end{aligned}$$

Bestimmen wir nun X aus der Kongruenz

$$X\cdot G^{|P|-2} \equiv H \pmod{P},$$

so gilt für die primitive Kongruenzwurzel $G+XP^n$:

$$(G+XP^n)^{|P|-1} \equiv 1 \pmod{P^{n+1}}.$$

Nun sei K irgendeine primäre Funktion und $K = P_1^{n_1} P_2^{n_2} \dots P_r^{n_r}$ ihre Zerlegung in Primfunktionen. Wir setzen

$$M = P_1 P_2 \dots P_r.$$

Wenn nun $\Phi(K)$ die Anzahl der primen Restklassen modulo K bedeutet, ist nach Dedekind

$$\begin{aligned}\Phi(K) &= |P_1|^{n_1-1}|P_2|^{n_2-1}\dots|P_r|^{n_r-1}(|P_1|-1)(|P_2|-1)\dots(|P_r|-1)\\ &= p^l\Phi(M),\end{aligned}$$

wo p^l eine gewisse Potenz von p, $\Phi(M)$ dagegen, da M nur einfache Primfaktoren enthält, zu p prim ist.

Wir betrachten nun die Gruppe $\mathfrak{G}$ der primen Restklassen modulo K vom Grade $p^l\Phi(M)$.

Es seien $G_1, G_2, \dots, G_r$ primitive Kongruenzwurzeln modulo bzw. $P_1, P_2, \dots, P_r$, für welche

$$G_\nu^{|P_\nu|-1} \equiv 1 \pmod{P_\nu^{n_\nu}}.$$

Sind dann $a_1, a_2, \dots, a_r$ irgendwelche Zahlen (nicht im Sinne modulo p), so ist das System der Kongruenzen

$$(1)\qquad \begin{cases} X \equiv G_1^{a_1} \pmod{P_1^{n_1}}\\ X \equiv G_2^{a_2} \pmod{P_2^{n_2}}\\ \dots\dots\dots\\ X \equiv G_r^{a_r} \pmod{P_r^{n_r}}\end{cases}$$

stets lösbar, und zwar liegen ersichtlich alle Lösungen in einer und nur einer Restklasse S modulo K. Ferner ändert sich, wegen $G^{|P_\nu|-1} \equiv 1 \pmod{P_\nu^{n_\nu}}$, S nicht, wenn die Zahlen a_ν um Vielfache von $|P_\nu| - 1$ vermehrt werden. Ebenso folgt aus $G_\nu^{a_\nu} \equiv G_\nu^{b_\nu} \pmod{P_\nu^{n_\nu}}$, da ja G_ν primitive Kongruenzwurzel ist, daß sich a_ν und b_ν nur um ein Vielfaches von $|P_\nu| - 1$ unterscheiden.

Lassen wir also die Zahlen a_ν das System der Werte $0 \leqq a_\nu \leqq |P_\nu| - 2$ durchlaufen, so erhalten wir lauter verschiedene Restklassen S in der Anzahl

$$(|P_1| - 1) \ldots (|P_r| - 1) = \Phi(M).$$

Diese Restklassen bilden nun ersichtlich eine Gruppe $\mathfrak{G}_1$ vom Grade $\Phi(M)$, welche Untergruppe von $\mathfrak{G}$ ist.

Nennen wir nun S_ν jene Restklasse von $\mathfrak{G}_1$, deren Repräsentant X den Kongruenzen (1) genügt, wo $a_\mu = 0$ für $\mu \neq \nu$, dagegen $a_\mu = 1$ für $\mu = \nu$ ist, so bilden die Restklassen $S_1, S_2, \ldots, S_r$, wie man leicht erkennt, eine Basis von $\mathfrak{G}_1$. Wir erhalten dann alle Restklassen von $\mathfrak{G}_1$ in der Form

$$S = S_1^{a_1} S_2^{a_2} \ldots S_r^{a_r}, \qquad \text{wo} \qquad 0 \leqq a_\nu \leqq |P_\nu| - 2.$$

Da nun der Grad von $\mathfrak{G}$ den Wert $p^l \Phi(M)$ hat, und $\Phi(M)$ (das ist der Grad von $\mathfrak{G}_1$) prim ist zu p^l, läßt sich nach bekannten Sätzen $\mathfrak{G}$ darstellen als direktes Produkt:

$$\mathfrak{G} = \mathfrak{G}_1 \mathfrak{G}_2,$$

wo $\mathfrak{G}_2$ eine weitere Untergruppe von $\mathfrak{G}$ ist, und zwar den Grad p^l hat.

Jede Restklasse S aus $\mathfrak{G}$, d. h. jede prime Restklasse modulo K läßt sich also darstellen in der Form

$$S = S_1^{a_1} S_2^{a_2} \ldots S_r^{a_r} \cdot T, \tag{2}$$

wo T eine Restklasse aus $\mathfrak{G}_2$ ist.

Jeder Charakter von $\mathfrak{G}$ hat also die Form

$$\chi(S) = \chi_1(S_1^{a_1} S_2^{a_2} \ldots S_r^{a_r}) \cdot \chi_2(T).$$

Dabei ist χ_1 ein Charakter der Untergruppe $\mathfrak{G}_1$, χ_2 ein solcher von $\mathfrak{G}_2$. Nun hat $\mathfrak{G}_2$ den ungeraden Grad p^l, also ist der Hauptcharakter von $\mathfrak{G}_2$ ihr einziger reeller Charakter.

Soll also χ ein reeller Charakter von $\mathfrak{G}$ sein, so muß χ_2 der Hauptcharakter von $\mathfrak{G}_2$, χ_1 aber ein reeller Charakter von $\mathfrak{G}_1$ sein. Für reelle Charaktere ist also

$$\chi(S) = (\pm 1)^{a_1} (\pm 1)^{a_2} (\pm 1)^{a_3} \ldots (\pm 1)^{a_r}, \tag{3}$$

wo also, wenn χ ein fester Charakter ist, jeder Primfunktion P_ν ein bestimmtes Vorzeichen ± 1 zugeordnet ist.

Sei nun Q das Produkt jener P_ν, denen in (3) ein negatives Zeichen, R das Produkt jener P_ν, denen ein positives Zeichen zukommt. Ferner sei A ein Repräsentant von S, B ein Repräsentant der Klasse T in (2). Dann ist

(3a) $$A \equiv G_\nu^{a_\nu} B \pmod{P_\nu^{n_\nu}}.$$

Nun ist T eine Restklasse aus $\mathfrak{G}_2$ vom Grade p^l, also $T^{p^s} \equiv 1$, wenn p^s der Exponent von T ist, der ja in p^l aufgehen muß. Also ist

(4) $$\begin{cases} B^{p^s} \equiv 1 \pmod{K} \\ \text{und um so mehr} \\ B^{p^s} \equiv 1 \pmod{P_\nu}. \end{cases}$$

Wir betrachten nun den Exponenten von B modulo P_ν (also nur erste Potenz!). Einerseits muß er im Grade der Gruppe der primen Restklassen mod P_ν, also in $(|P_\nu| - 1)$ aufgehen, andererseits aber nach (4) in dem dazu primen p^s. Dieser Exponent muß also 1 sein. Demnach

(5) $$B \equiv 1 \pmod{P_\nu}.$$

Aus (3a) und (5) folgt also

$$A \equiv G_\nu^{a_\nu} \pmod{P_\nu};$$

von nun an sei A primär.

Wegen $\left[\frac{G_\nu}{P_\nu}\right] = -1$ (dies folgt unmittelbar aus der Definition der primitiven Kongruenzwurzel) ist also

$$\left[\frac{A}{P_\nu}\right] = (-1)^{a_\nu}.$$

Also folgt

$$\chi(A) = \left[\frac{A}{Q}\right]$$

(Q Produkt aller P_ν, denen ein Minuszeichen entspricht).

Sei nun n der Grad von Q, μ der von A. Dann ist

$$\chi(A) = \left[\frac{A}{Q}\right] = \left(\frac{-1}{p}\right)^{n\mu} \left[\frac{Q}{A}\right] = \left(\left(\frac{-1}{p}\right)^n\right)^\mu \left[\frac{QR^2}{A}\right].$$

Setzen wir also

$$D = \left(\frac{-1}{p}\right)^n \cdot Q \cdot R^2,$$

so ist nach dem Ergänzungssatz $\chi(A) = \left[\frac{D}{A}\right]$.

Wenn nun A prim zu $K = QRN$ ist, ist es auch prim zu D und umgekehrt. Für die reellen L-Reihen finden wir also

$$L(s, \chi) = \sum_{\substack{\operatorname{sgn} A = 1 \\ (A, K) = 1}} \frac{\chi(A)}{|A|^s} = \sum_{\substack{\operatorname{sgn} A = 1 \\ (A, D) = 1}} \left[\frac{D}{A}\right] \frac{1}{|A|^s} = \prod_{\substack{\operatorname{sgn} P = 1 \\ (P, D) = 1}} \frac{1}{1 - \left[\frac{D}{P}\right] \cdot |P|^{-s}}$$

1. χ der Hauptcharakter. Dann ist $Q=1$, $n=0$, also $D=R^2$, und wir haben

$$(6)\qquad L(s,\chi)=\prod_{(P,D)=1}\frac{1}{1-|P|^{-s}}=\prod_{\nu=1}^{r}\left(1-\frac{1}{|P_\nu|^s}\right)\cdot\prod_P\frac{1}{1-|P|^{-s}}$$

$$=\frac{1}{1-p^{-(s-1)}}\cdot\prod_{\nu=1}^{r}\left(1-\frac{1}{|P_\nu|^s}\right).$$

2. χ ein vom Hauptcharakter verschiedener reeller Charakter. Wir setzen $D=D_1R^2$, wo also $D_1=\left(\frac{-1}{p}\right)^n Q$ und $|Q|>1$ quadratfrei ist. Dann ist D_1 Diskriminante eines quadratischen Körpers. Wegen $M=QR$ ist endlich D_1 prim zu R. Die in R aufgehenden verschiedenen Primfunktionen mögen $R_1, R_2, \ldots, R_\varkappa$ heißen. Dann ist

$$L(s,\chi)=\prod_{(P,D)=1}\frac{1}{1-\left[\frac{D}{P}\right]|P|^{-s}}=\prod_{\nu=1}^{\varkappa}\left(1-\left[\frac{D_1}{R_\nu}\right]|R_\nu|^{-s}\right)\cdot\prod_{(P,D_1)=1}\frac{1}{1-\left[\frac{D_1}{P}\right]|P|^{-s}}$$

$$=\prod_{\nu=1}^{\varkappa}\left(1-\left[\frac{D_1}{R_\nu}\right]\cdot|R_\nu|^{-s}\right)\cdot\sum_{\substack{\operatorname{sgn}A=1\\(A,D_1)=1}}\left[\frac{D_1}{A}\right]\frac{1}{|A|^s}.$$

Also

$$(7)\qquad L(s,\chi)=\prod_{\nu=1}^{\varkappa}\left(1-\left[\frac{D_1}{R_\nu}\right]\cdot|R_\nu|^{-s}\right)(1-p^{-(s-1)})\cdot Z_{D_1}(s).$$

§ 26.

Die Anzahl der Primfunktionen gegebenen Grades in arithmetischen Progressionen.

Satz. Sei χ irgendein Charakter mod K. Dann besitzt $L(s,\chi)$ auf der Geraden $\Re(s)=1$ keine Nullstelle.

Beweis. 1. χ sei ein reeller Charakter. In (6) und (7) haben die Faktoren der Form $(1\pm|P|^{-s})$ nur Nullstellen auf $\Re(s)=0$. (6) hat keine Nullstelle. In (7) kürzen sich die Nullstellen des mittleren Faktors gegen die Pole von $Z(s)$. Ferner hat auch $Z_{D_1}(s)$ keine Nullstelle auf $\Re(s)=1$. Also hat $L(s,\chi)$ keine Nullstelle auf $\Re(s)=1$.

2. χ sei ein komplexer Charakter. Wir wenden das Beweisverfahren aus Landau, Handbuch der Lehre von der Verteilung der Primzahlen, S. 460, an.

Es ist

$$L(s,\chi)=L(s)=e^{\log L(s)}=e^{\sum'_{m,P}\frac{\chi(P^m)}{m|P|^{ms}}},$$

wo der Akzent am Summenzeichen bedeutet, daß über die zu K primen Primfunktionen P zu summieren ist.

Setzt man mit Landau $\chi(P^m) = e^{i\omega(P^m)}$, so ergibt sich wie dort, wenn $s = \sigma + it$ gesetzt ist (wo natürlich $\sigma > 1$),

$$|L(s, \chi)| = e^{\sum\limits_{m,P}' \frac{\cos(\omega(P^m) - mt\log|P|)}{m|P|^{m\sigma}}}$$

Aus der Ungleichung $\cos\varphi \geqq -\frac{3}{4} - \frac{1}{4}\cos 2\varphi$ findet man

$$|L(s)| \geqq e^{-\frac{3}{4}\sum\limits_{m,P}' \frac{1}{m|P|^{ms}} - \frac{1}{4}\sum\limits_{m,P}' \frac{\cos 2(\omega(P^m) - 2mt\log|P|)}{m|P|^{m\sigma}}}$$

Hier ist

$$\sum_{m,P}' \frac{1}{m|P|^{m\sigma}} \leqq \sum_{m,P} \frac{1}{m|P|^{m\sigma}} = \log \prod_P \frac{1}{1 - \frac{1}{|P|^s}} = -\log(1 - p^{-(\sigma-1)}),$$

also

$$e^{-\frac{3}{4}\sum\limits_{m,P}' \frac{1}{m|P|^{m\sigma}}} \geqq (1 - p^{-(\sigma-1)})^{3/4},$$

und wie bei Landau

$$(1) \qquad e^{-\frac{1}{4}\sum\limits_{m,P}' \frac{\cos(2\omega(P^m) - 2mt\log|P|)}{m|P|^{m\sigma}}} = \left| e^{-\frac{1}{4}\sum\limits_{m,P}' \frac{(\chi(P^m))^2}{m|P|^{m(\sigma+2ti)}}} \right|.$$

Nun ist $(\chi(A))^2$ auch ein Charakter modulo K, und zwar sicher nicht der Hauptcharakter, da sonst $\chi(A)$ reell wäre, entgegen der Voraussetzung.

Im Exponenten rechts in (1) steht also auch der Logarithmus einer L-Reihe, wir nennen sie $L_1(s)$. Sie ist sicher nicht die des Hauptcharakters. Es wird

$$|L(s)| \geqq (1 - p^{-(\sigma-1)})^{3/4} \cdot \frac{1}{(L_1(\sigma + 2ti))^{1/4}}.$$

Also ist

$$\left|\frac{L(s)}{\sigma - 1}\right| \geqq \left(\frac{1 - p^{-(\sigma-1)}}{\sigma - 1}\right)^{3/4} \frac{1}{((\sigma - 1)L_1(\sigma + 2ti))^{1/4}}.$$

Der in der Einleitung (I, § 1) genannten Arbeit von Kornblum entnehmen wir nun, daß $L(s)$ überall regulär ist, falls χ nicht der Hauptcharakter ist. Also hat $L_1(s)$ nirgends einen Pol.

Wir machen nun den Grenzübergang $\sigma \to 1$. Wegen

$$\lim_{\sigma=1} \frac{1 - p^{-(\sigma-1)}}{\sigma - 1} = \log p \neq 0$$

strebt die rechte Seite über alle Grenzen und somit auch die linke. $L(s)$ kann also in $1 + it$ keine Nullstelle haben.

Nun ist wieder $L(s, \chi)$ periodisch mit der Periode $\frac{2\pi i}{\log p}$. Da die Gerade $\Re(s) = 1$ und ersichtlich auch die Halbebene $\Re(s) \geqq 1$ frei von

Nullstellen sind, schließen wir wieder, daß die obere Grenze θ der reellen Teile der Nullstellen aller zum Modul K gehörigen L-Reihen kleiner als 1 ist:

$$(2) \qquad \theta < 1.$$

Nun gilt aber für Nichthauptcharaktere (nach Kornblum, S. 102), wenn m der Grad von K ist,

$$L(s,\chi) = \sum_{|A|<|K|} \frac{\chi(A)}{|A|^s} = \sum_{\nu=0}^{m-1} \frac{1}{p^{\nu s}} \Big(\sum_{|A|=p^\nu} \chi(A) \Big),$$

wo natürlich A primär und prim zu D ist. Setzen wir

$$\sigma_\nu(\chi) = \sum_{|A|=p^\nu} \chi(A) \quad \text{und} \quad p^s = z,$$

so wird für die Nullstellen von $L(s,\chi)$ die Gleichung gefunden

$$z^{m-1} + \sigma_1(\chi) z^{m-2} + \ldots + \sigma_{m-1}(\chi) = 0.$$

Ihre Wurzeln seien $\beta_1(\chi), \beta_2(\chi), \ldots, \beta_{m-1}(\chi)$. Dann ist wieder

$$L(s,\chi) = \prod_{\nu=1}^{m-1} (1 - \beta_\nu(\chi) \cdot p^{-s}).$$

Für den Hauptcharakter aber folgt aus dem vorigen Paragraphen

$$L(s,\chi_0) = \frac{1}{1-p^{-(s-1)}} \cdot \prod_{\nu=1}^{n} (1 - \beta_\nu(\chi_0) p^{-s}),$$

wo n eine gewisse ganze Zahl ist.

Wir numerieren nun die Charaktere: $\chi_0, \chi_1, \ldots, \chi_{\Phi(K)-1}$. χ_0 sei der Hauptcharakter. Dann ist

$$(3) \qquad \log L(s,\chi) = \sum_{\nu=1}^{\infty} \frac{-\beta_1^\nu(\chi) - \beta_2^\nu(\chi) - \ldots - \beta_{m-1}^\nu(\chi)}{\nu \cdot p^{\nu s}} \quad \text{für } \chi \neq \chi_0,$$

$$(4) \qquad \log L(s,\chi_0) = \sum_{\nu=1}^{\infty} \frac{p^\nu - \beta_1^\nu(\chi_0) - \ldots - \beta_n^\nu(\chi_0)}{\nu \cdot p^{\nu s}},$$

und allgemein

$$(5) \qquad \log L(s,\chi) = \sum_{m,P}{}' \frac{\chi(P^m)}{m\,|P|^{ms}}.$$

Sei nun L Repräsentant irgendeiner zu K primen Restklasse. Wir bestimmen L_1 aus der Kongruenz

$$L L_1 \equiv 1 \pmod{K}$$

und bilden

$$(6)\qquad \sum_{\mu=1}^{\Phi(K)-1} \chi_\mu(L_1)\log L(s,\chi_\mu) = \sum_{m,P}{}' \frac{\sum_{\mu=0}^{\Phi(K)-1}\chi_\mu(L_1 P^m)}{m\,|P|^{ms}}.$$

Da nun

$$\sum_{\mu=0}^{\Phi(K)-1} \chi_\mu(F) = \begin{cases} \Phi(K), & \text{wenn } F\equiv 1 \pmod K, \\ 0\quad, & \text{wenn } F\not\equiv 1 \pmod K, \end{cases}$$

ergibt sich

$$(7)\qquad \sum_{\mu=0}^{\Phi(K)-1} \chi_\mu(L_1)\log L(s,\chi_\mu) = \Phi(K) \sum_{\substack{P^m\equiv L\\ (\mathrm{mod}\, K)}} \frac{1}{m\cdot|P|^{ms}} = K_L(s).$$

Nennen wir nun $\pi_L(x,n)$ die Anzahl der Primfunktionen P, für welche $|P^n| = x$ und $P^n\equiv L \pmod K$ ist, so wird

$$(8)\qquad K_L(s) = \Phi(K)\cdot \sum_{\nu=1}^{\infty} \frac{\sum_{d\mid\nu}\frac{1}{d}\pi(p^\nu,d)}{p^{\nu s}}.$$

Andererseits ist nach (3) und (4)

$$(9)\qquad K_L(s) = \sum_{\nu=1}^{\infty} \frac{p^\nu - \Sigma\chi\beta^\nu}{\nu\, p^{\nu s}},$$

wo $\Sigma\chi\beta^\nu$ eine Summe über Charaktere und die ν-ten Potenzen der Wurzeln ist. Wegen (2) ist

$$|\beta^\nu| \leqq p^{\nu\theta}$$

und, da es nur endlich viele β und χ gibt,

$$(10)\qquad \Sigma\chi\beta^\nu = O(p^{\nu\theta}),\quad \text{wo } \theta < 1.$$

Aus (8) und (9) folgt aber

$$(11)\qquad \Phi(K)\sum_{d\mid\nu}\frac{\nu}{d}\pi_L(p^\nu,d) = p^\nu - \sum\chi\beta^\nu = p^\nu + O(p^{\theta\nu}).$$

Nun ist $\pi(p^\nu, d)$ höchstens gleich der Anzahl der Primfunktionen vom Grade $\frac{\nu}{d}$, also

$$\pi_L(p^\nu,d) < \frac{p^{\frac{\nu}{d}}}{\frac{\nu}{d}} = \frac{d}{\nu}\cdot p^{\frac{\nu}{d}}.$$

Somit ist

$$\sum_{\substack{d\mid\nu\\ d\geqq 2}} \frac{\nu}{d}\pi_L(p^\nu,d) \leqq \sum_{d=2}^{\nu} p^{\frac{\nu}{d}} = p^{\frac{\nu}{2}} + \sum_{d=3}^{\nu} p^{\frac{\nu}{d}} < p^{\frac{\nu}{2}} + \nu p^{\frac{\nu}{3}} = O(p^{\frac{\nu}{2}}).$$

Somit gilt, wenn wir $d=1$ abspalten und $\pi_L(x,1)=\pi_L(x)$ setzen, so daß also $\pi_L(x)$ gleich der Anzahl der Primfunktionen P mit $|P|=x$ und $P\equiv L \pmod K$ ist,

$$\Phi(K)\,\pi_L(p^\nu)=\frac{p^\nu}{\nu}+O\left(\frac{p^{\frac{\nu}{2}}}{\nu}\right)+O\left(\frac{p^{\theta\nu}}{\nu}\right).$$

Setzen wir nun also, und dies können wir tun, $\theta\geqq\frac{1}{2}$ voraus, so gilt

$$\pi_L(p^\nu)=\frac{p^\nu}{\nu\cdot\Phi(K)}+O\left(\frac{p^{\theta\nu}}{\nu}\right).$$

Also, wenn wieder x nur Werte p^ν annimmt,

$$\pi_L(x)=\frac{\log p}{\Phi(K)}\cdot\frac{x}{\log x}+O\left(\frac{x^\theta}{\log x}\right),\quad \text{wo } \tfrac{1}{2}\leqq\theta<1. \tag{12}$$

Es gibt also von einem gewissen Grade an Primfunktionen jeden Grades in der arithmetischen Progression, und die Primfunktionen gegebenen Grades (primär) verteilen sich asymptotisch gleichmäßig auf die verschiedenen Progressionen gleichen Moduls. Dies ist eine wesentliche Verschärfung der von Kornblum und Landau gewonnenen Resultate.

(Eingegangen am 14. Oktober 1921.)

Über die Zetafunktionen gewisser algebraischer Zahlkörper.

Von

E. Artin in Hamburg.

1.

Über die Frage, ob die Zetafunktion eines algebraischen Zahlkörpers K teilbar ist durch die Zetafunktion eines Unterkörpers k von K, das heißt, ob die Funktion $\frac{\zeta_K(s)}{\zeta_k(s)}$ eine ganze Funktion ist, liegen bis jetzt nur in speziellen Fällen Resultate vor, da wir von den Zerlegungsgesetzen der Primideale eines Unterkörpers im Oberkörper noch recht wenig wissen. Für rein kubische Körper hat bereits Dedekind[1]) die Frage in bejahendem Sinne beantwortet.

Aus dem Satze von Takagi[2]), daß jeder relativ Abelsche Körper K Klassenkörper in bezug auf den Grundkörper k ist, folgt für die Funktion $\zeta_K(s)$ unmittelbar die Zerlegung[3]):

$$(1) \qquad \zeta_K(s) = \zeta_k(s) \cdot \prod_{\chi} L(s, \chi),$$

wo χ alle vom Hauptcharakter verschiedenen eigentlichen Charaktere der zugehörigen Klassengruppe durchläuft.

Damit ist die Frage bejahend beantwortet für alle jene relativ metazyklischen Zahlkörper, die sich aus übereinandergetürmten relativ Abelschen Körpern aufbauen lassen, unter anderem also für alle metazyklisch-Galoisschen Körper; gleichzeitig deckt (1) die einfache Natur des Quotienten

---

[1]) Dedekind: Über die Anzahl der Idealklassen in reinen kubischen Körpern, J. f. Math. **121**, S. 40 f.

[2]) Takagi, T.: Über eine Theorie des relativ Abelschen Zahlkörpers, Journal of the College of Science, Tokyo 1920, § 23, 24.

[3]) Weber, H.: Lehrbuch der Algebra, **3**, § 163 f.

der beiden Zetafunktionen auf. Wir werden von diesem Resultat noch Gebrauch zu machen haben.

Im folgenden soll nun die Frage für eine weitere allgemeine Klasse relativ metazyklischer Körper erledigt werden, insbesondere für alle jene mit quadratfreiem Relativgrade.

Daß die dabei verwendete Methode sich nicht auf metazyklische Fälle beschränkt, wird am Beispiel des „Ikosaederkörpers“ gezeigt, für den Fall also, wo der Körper relativ Galoissch und seine Gruppe die Ikosaedergruppe ist. Hier wissen wir bekanntlich nichts über die Zerlegungsgesetze der Primideale.

2.

Zur leichteren Handhabung der noch auseinanderzusetzenden Methode erweist sich folgender Hilfssatz als bequem, der, wie sein Beweis zeigt, im wesentlichen schon in den Dedekind-Hilbertschen Sätzen über relativ Galoissche Körper steckt:

Hilfssatz. K sei ein beliebiger Körper über dem Grundkörper k, Ω der zu K gehörige in bezug auf k relativ Galoissche Körper. $\mathfrak{p}$ sei ein nicht in der Relativdiskriminante von K, also auch nicht in der von Ω aufgehendes Primideal in k, $\mathfrak{P}$ ein Primteiler von $\mathfrak{p}$ in Ω, f der Relativgrad von $\mathfrak{P}$.

$\mathfrak{G}$ sei die Galoissche Gruppe von K, $\mathfrak{g}$ die Zerlegungsgruppe von $\mathfrak{P}$, die dann zyklisch vom Grade f ist. π sei eine erzeugende Substitution von $\mathfrak{g}$.

Wenn dann π in e Zyklen von je $f_1, f_2, \ldots, f_e$ Elementen zerfällt, so zerfällt $\mathfrak{p}$ im Körper K in genau e Primideale der Relativgrade $f_1, f_2, \ldots, f_e$.

Beweis. Der Körper K gehört zur Gruppe $\mathfrak{G}_0$ aller Permutationen von $\mathfrak{G}$, welche die Ziffer 0 fest lassen.

Auf die Primidealteiler von $\mathfrak{p}$ in Ω wenden wir nun die Permutationen von $\mathfrak{G}_0$ an, wodurch sie in e Gruppen:

$$\mathfrak{P}_{i1}, \mathfrak{P}_{i2}, \ldots, \mathfrak{P}_{ir_i} \qquad (i = 1, 2, \ldots, e)$$

zerfallen mögen von der Art, daß durch die Permutationen von $\mathfrak{G}_0$ immer nur die Primideale einer Gruppe ineinander übergehen. Unser Primideal $\mathfrak{P}$ sei etwa $\mathfrak{P}_{11}$.

Die Ideale $\mathfrak{q}_i = \mathfrak{P}_{i1}, \mathfrak{P}_{i2}, \ldots, \mathfrak{P}_{ir_i}$ sind dann bekanntlich Primideale in K und es gilt:

$$\mathfrak{p} = \mathfrak{q}_1, \mathfrak{q}_2, \mathfrak{q}_3, \ldots, \mathfrak{q}_e.$$

f_i sei der Relativgrad von $\mathfrak{q}_i$ in bezug auf den Grundkörper k.

Endlich bestimmen wir eine Permutation S_{ik} aus $\mathfrak{G}$ so, daß

$$S_{ik}(\mathfrak{P}) = \mathfrak{P}_{ik}$$

ist.

Die Permutation $\pi_{ik} = S_{ik}\pi S_{ik}^{-1}$ ist dann erzeugendes Element der Zerlegungsgruppe $\mathfrak{g}_{ik}$ von $\mathfrak{P}_{ik}$.

Die Zerlegungsgruppe von $\mathfrak{P}_{ik}$ in bezug auf K als Grundkörper ist der Durchschnitt von $\mathfrak{g}_{ik}$ von $\mathfrak{G}_0$. Ihr Grad f_i' ist gleich dem Relativgrade von $\mathfrak{P}_{ik}$ in bezug auf K, so daß $f = f_i f_i'$ ist. Erzeugt wird sie also durch die Permutation $\pi_{ik}^{f_i}$.

$\pi_{ik}^{f_i}$ ist somit die niedrigste Potenz von π_{ik}, welche zu $\mathfrak{G}_0$ gehört, die Ziffer 0 also fest läßt. In π_{ik} liegt also 0 in einem Zyklus von f_i Elementen.

Dieser Zyklus führt uns wegen $\pi = S_{ik}^{-1}\pi_{ik}S_{ik}$ auf einen Zyklus von π, der aus f_i Elementen besteht.

Würden nun π_{ik} und π_{jh} auf denselben Zyklus in π führen, so müßte zunächst $f_i = f_j$ sein. Sei etwa, wenn wir unser Augenmerk nur auf die Elemente der fraglichen Zyklen lenken und die Indizes dieser Elemente modulo f_i schreiben:

$$\pi_{ik} = (0, a_1, a_2, \ldots, a_{f_i-1}), \ldots; \qquad \pi_{jh} = (0, b_1, \ldots, b_{f_i-1}), \ldots$$

$$S_{ik} = \begin{pmatrix} c_0, c_1, c_2, \ldots, c_{f_i-1}, \ldots \\ 0, a_1, a_2, \ldots, a_{f_i-1}, \ldots \end{pmatrix}$$

also:

$$\pi = (c_0, c_1, c_2, \ldots, c_{f_i-1}), \ldots .$$

Dann wäre also für gewisses ν, wenn noch $a_0 = b_0 = 0$ gesetzt wird:

$$S_{jh} = \begin{pmatrix} c_\nu, c_{\nu+1}, \ldots, c_{\nu+f_i-1}, \ldots \\ b_0, b_1, \quad \ldots, b_{f_i-1}, \quad \ldots \end{pmatrix}$$

also:

$$\pi_{jh}^{\nu} S_{jh} S_{ik}^{-1}(a_r) = \pi_{jh}^{\nu} S_{jh}(c_r) = \pi_{jh}^{\nu}(b_{r-\nu}) = b_r .$$

Die Permutation $S = \pi_{jh}^{\nu} S_{jh} S_{ik}^{-1}$ würde also die Ziffer 0 in Ruhe lassen und somit zu $\mathfrak{G}_0$ gehören. Da aber:

$$S(\mathfrak{P}_{ik}) = \pi_{jh}^{\nu}(\mathfrak{P}_{jh}) = \mathfrak{P}_{jh}$$

ist, gehören $\mathfrak{P}_{ik}$ und $\mathfrak{P}_{jh}$ zur gleichen Gruppe, es ist also $i = j$.

In π gibt es also sicher e Zyklen von $f_1, f_2, \ldots, f_e$ Elementen. Da $\Sigma f_i = n$ ist und n die Zahl der Ziffern ist, sind dies alle Zyklen von π und unser Hilfssatz ist bewiesen.

3.

Nun sei K relativ metazyklisch vom Primzahlpotenzgrade l^n in bezug auf k. Die Galoissche Gruppe $\mathfrak{G}$ sei primitiv und überdies folgendermaßen beschaffen:

Wir ordnen den l^n Ziffern der Permutationsgruppe $\mathfrak{G}$ die Elemente eines Galoisschen Feldes mit l^n Elementen zu. $\mathfrak{G}$ soll dann eine „lineare Gruppe" sein in dem Sinne, daß sich die Permutationen π von $\mathfrak{G}$ darstellen lassen in der Form:

$$\pi = (z, az + b).$$

Für den Fall $n = 1$ lassen sich bekanntlich alle metazyklischen Gruppen in dieser Form darstellen, für $n > 1$ zeigt bereits die symmetrische Gruppe von vier Elementen, daß dies nicht mehr der Fall ist.

Aus der vorausgesetzten Transitivität und Primitivität erkennt man leicht, daß die genauere Struktur von $\mathfrak{G}$ die folgende ist:

g sei eine Primitivzahl des Galoisschen Feldes, m ein Teiler von $l^n - 1$:

$$l^n - 1 = m \cdot r. \tag{2}$$

$\mathfrak{G}$ besteht dann aus den $m \cdot l^n$ Permutationen:

$$\pi = (z, g^{ir} z + b) \qquad (i = 0, 1, \ldots, (m-1)),$$

wo b alle Elemente des Feldes durchläuft.

Was den Grad und die Zyklen von π betrifft, so stellt man leicht folgendes fest:

1. $i = 0$. Grad von π ist dann l; π zerfällt in l^{n-1} Zyklen von je l Elementen.

2. $i \neq 0$; $e = (i, m)$; $m = ef$. π ist dann vom f-ten Grade und besteht aus einem eingliedrigen und $e \cdot r$ f-gliedrigen Zyklen.

Sei nun Ω der zu K gehörige relativ Galoissche Körper. Unter Ω_0 verstehen wir den Unterkörper von Ω, der zur Gruppe $\mathfrak{G}_0$ der Permutationen der Form $(z, z + b)$ gehört. Er ist vom m-ten Grad in bezug auf den Körper k.

$\mathfrak{p}$ sei nun ein nicht in der Relativdiskriminante von K aufgehendes Primideal von k, $\mathfrak{P}$ ein Primteiler f-ten Relativgrades von $\mathfrak{p}$ in Ω. Da die Zerlegungsgruppe zyklisch vom f-ten Grade sein muß, können nur folgende Möglichkeiten für die Zerlegung von $\mathfrak{p}$ eintreten:

1. In Ω ist $\mathfrak{p} = \prod_{i=1}^{l^{n-1} \cdot m} \mathfrak{P}_i$, wo die $\mathfrak{P}_i$ vom l-ten Relativgrade sind. Die Zerlegungsgruppe besteht dann aus den Potenzen von $\pi = (z, z + b)$ mit $b \neq 0$.

Auf Grund unseres Hilfssatzes zerfällt also $\mathfrak{p}$ in K in das Produkt von l^{n-1} Primidealen l-ten Grades.

Da ferner die Zerlegungsgruppe Untergruppe von $\mathfrak{G}_0$ ist, ist sie auch Zerlegungsgruppe von $\mathfrak{P}$ in bezug auf Ω_0, die $\mathfrak{P}_i$ haben also auch in bezug auf Ω_0 den Relativgrad l: In Ω_0 zerfällt also $\mathfrak{p}$ in m Primideale ersten Grades.

2. Ist e ein Teiler von m: $m = ef$, so gilt in Ω: $\mathfrak{p} = \prod_{i=1}^{l^n \cdot e} \mathfrak{P}_i$, wo die $\mathfrak{P}_i$ vom f-ten Relativgrade sind. Die Zerlegungsgruppe ist dann im Falle $e = m$ die Einheit, sonst besteht sie aus den Potenzen einer Permutation π der Form: $\pi = (z, g^{re} z + b)$.

In K zerfällt also $\mathfrak{p}$ in ein Primideal ersten Grades und $r \cdot e$ Primideale f-ten Grades.

Der Durchschnitt der Zerlegungsgruppe mit $\mathfrak{G}_0$ ist 1. Die $\mathfrak{P}_i$ haben also in bezug auf Ω_0 den Relativgrad 1. In Ω_0 ist demnach $\mathfrak{p}$ das Produkt von e Primidealen f-ten Grades.

Der Beitrag zur Produktdarstellung der Zetafunktionen unserer vier Körper, der vom Primideal $\mathfrak{p}$ herrührt, ist somit:

Ω	K	Ω	k
$\left(\frac{1}{1-N\mathfrak{p}^{-ls}}\right)^{l^{n-1} m}$	$\left(\frac{1}{1-N\mathfrak{p}^{-ls}}\right)^{l^{n-1}}$	$\left(\frac{1}{1-N\mathfrak{p}^{-s}}\right)^{m}$	$\frac{1}{1-N\mathfrak{p}^{-s}}$
$\left(\frac{1}{1-N\mathfrak{p}^{-fs}}\right)^{l^n e}$	$\left(\frac{1}{1-N\mathfrak{p}^{-fs}}\right)^{re} \frac{1}{1-N\mathfrak{p}^{-s}}$	$\left(\frac{1}{1-N\mathfrak{p}^{-fs}}\right)$	$\frac{1}{1-N\mathfrak{p}^{-s}}$.

Wegen (2) erkennt man unmittelbar, daß in der Produktentwicklung von:

$$\zeta_\Omega \zeta_K^{-m} \zeta_{\Omega_0}^{-1} \zeta_k^m$$

höchstens die endlich vielen Faktoren aus der Relativdiskriminante stehen bleiben können, wobei $\zeta_\Omega, \zeta_K, \zeta_{\Omega_0}, \zeta_k$ die Zetafunktionen unserer Körper bedeuten.

Unter Benutzung der Funktionalgleichung erkennt man also auf Grund einer zuerst von Herrn Hecke[4]) angewendeten Schlußweise das Bestehen der Relation:

$$\zeta_\Omega \zeta_K^{-m} \zeta_{\Omega_0}^{-1} \zeta_k^m = 1$$

oder:

$$\zeta_K^m \zeta_{\Omega_0} = \zeta_\Omega \zeta_k^m. \tag{3}$$

Nun ist die Gruppe $\mathfrak{G}_0$ von Ω in bezug auf Ω_0 Abelsch. Wegen (1) ist also:

$$\zeta_\Omega = \zeta_{\Omega_0} \cdot L_1, L_2, \ldots, L_{l^n-1},$$

[4]) Hecke, E.: Über eine neue Anwendung der Zetafunktion auf die Arithmetik der Zahlkörper. Göttinger Nachrichten 1917.

wo die L_i L-Reihen im Körper Ω_0 sind. Setzt man dies in (3) ein, so ergibt sich die gewünschte Formel:

$$(4) \qquad \zeta_K = \zeta_k \cdot \sqrt[m]{L_1, L_2, \ldots, L_{l^n-1}}.$$

Die Teilbarkeit ist also erwiesen für alle metazyklischen Körper, die sich aus unseren Körpern aufbauen.

Da nun für zusammengesetzten Grad die Gruppe imprimitiv ist, also auf ein Problem mit Primzahlpotenzgrad zurückführt und da für Primzahlgrad die Gruppe sicher linear ist, ist die Teilbarkeit für alle quadratfreien Grade sicher gestellt.

Der Quotient der beiden Zetafunktionen ist stets ein Produkt aus Radikalen von L-Reihen in gewissen Körpern.

Als Beispiel nehmen wir einen beliebigen relativ kubischen Körper K über k, der nicht relativ zyklisch ist, da sonst bereits (1) zur Anwendung gelangt. d sei die Diskriminante der Gleichung einer ihn erzeugenden Zahl. Dann ist Ω_0 der relativ quadratische Körper $k(\sqrt{d})$.

Nach (4) ist dann, wenn L_1, L_2 zwei (überdies konjugierte) L-Reihen aus $k(\sqrt{d})$ bedeuten:

$$(5) \qquad \zeta_K = \zeta_k \sqrt{L_1 L_2}.$$

Im Falle eines rein kubischen Relativkörpers (Kubikwurzel) ist speziell $\Omega_0 = k(\sqrt{-3})$.

4.

Die soeben auseinandergesetzte Methode besteht im wesentlichen darin, passende Relationen zwischen den Zetafunktionen verschiedener Unterkörper aufzustellen, aus denen sich dann die gewünschte Teilbarkeit ablesen läßt.

Im allgemeinen metazyklischen Fall scheitert dies an unserer Unkenntnis der Konstitution der Gruppe für Primzahlpotenzgrade. Die Körper verhalten sich dann auch wesentlich anders, und man muß andere Relationen zu Hilfe nehmen, um zum Ziel zu gelangen.

Für relativ biquadratische Körper ist durch das Vorige noch der Fall der symmetrischen Gruppe unerledigt geblieben.

Hier kann man zwischen den Zetafunktionen der Unterkörper von Ω sechs wesentlich verschiedene Relationen aufstellen, von denen aber nur eine zum Ziel führt. Diese wollen wir aufstellen, die Rechnung aber nur skizzieren.

Wir wählen zwei Unterkörper Ω_3 und Ω_6 von Ω vom 3. bzw. 6. Grade. Sie gehören bezüglich zu den Untergruppen $\mathfrak{G}_8$, $\mathfrak{G}_4$:

$\mathfrak{G}_8$: 1, (12)(34), (13)(24), (1423), (12), (34), (1324), (1423),

$\mathfrak{G}_4$: 1, (12), (34), (12)(34).

Für die verschiedenen Möglichkeiten für die Zerlegungsgruppe $\mathfrak{g}$ in Ω lauten dann — die Rechnung ist analog der vorigen — die Beiträge zu den Zetafunktionen der vier Körper k, Ω_3, K, Ω_6 (von $\mathfrak{g}$ ist immer nur der Typus der erzeugenden Permutation angegeben):

$\mathfrak{g}$	Ω_6	K	Ω_3
1	$\left(\frac{1}{1-N\mathfrak{p}^{-s}}\right)^6$,	$\left(\frac{1}{1-N\mathfrak{p}^{-s}}\right)^4$,	$\left(\frac{1}{1-N\mathfrak{p}^{-s}}\right)^3$,
(12)	$\left(\frac{1}{1-N\mathfrak{p}^{-2s}}\right)^2\left(\frac{1}{1-N\mathfrak{p}^{-s}}\right)^2$,	$\frac{1}{1-N\mathfrak{p}^{-2s}}\cdot\left(\frac{1}{1-N\mathfrak{p}^{-s}}\right)^2$,	$\frac{1}{1-N\mathfrak{p}^{-2s}}\cdot\frac{1}{1-N\mathfrak{p}^{-s}}$,
(12)(34)	$\left(\frac{1}{1-N\mathfrak{p}^{-2s}}\right)^2\left(\frac{1}{1-N\mathfrak{p}^{-s}}\right)^2$,	$\left(\frac{1}{1-N\mathfrak{p}^{-2s}}\right)^2$,	$\left(\frac{1}{1-N\mathfrak{p}^{-s}}\right)^3$,
(123)	$\left(\frac{1}{1-N\mathfrak{p}^{-3s}}\right)^2$,	$\frac{1}{1-N\mathfrak{p}^{-3s}}\cdot\frac{1}{1-N\mathfrak{p}^{-s}}$,	$\frac{1}{1-N\mathfrak{p}^{-3s}}$,
(1234)	$\frac{1}{1-N\mathfrak{p}^{-4s}}\cdot\frac{1}{1-N\mathfrak{p}^{-2s}}$,	$\frac{1}{1-N\mathfrak{p}^{-4s}}$,	$\frac{1}{1-N\mathfrak{p}^{-2s}}\cdot\frac{1}{1-N\mathfrak{p}^{-s}}$.

Der Beitrag zu k ist natürlich stets $\frac{1}{1-N\mathfrak{p}^{-s}}$. Nennen wir unsere ζ-Funktionen ζ, $\zeta_3\,\zeta_4\,\zeta_6$, so findet man unmittelbar die Relation:

$$\zeta_4\,\zeta_3 = \zeta_6\,\zeta. \tag{6}$$

Da $\mathfrak{G}_4$ Untergruppe von $\mathfrak{G}_8$ ist, ist Ω_3 Unterkörper von Ω_6, Ω_6 ist also relativ quadratisch zu Ω_3.

Ist also L eine L-Reihe im kubischen Körper Ω_3, so folgt aus (1):

$$\zeta_6 = \zeta_3\,L.$$

Eingesetzt in (6) liefert dies:

$$\zeta_4 = \zeta\cdot L. \tag{7}$$

Der Vollständigkeit halber setzen wir noch die Formel für einen biquadratischen Körper mit alternierender Gruppe her. Für ihn folgt aus (4):

$$\zeta_4 = \zeta\cdot\sqrt[3]{L_1 L_2 L_3}, \tag{8}$$

wobei es sich wieder um L-Reihen eines kubischen Körpers handelt.

Der Fall eines biquadratischen Körpers mit Gruppe 8. Grades läßt sich, da die Gruppe imprimitiv ist, bereits durch (1) erledigen.

5.

Endlich behandeln wir noch den Fall eines Ikosaederkörpers als Beispiel eines nicht-metazyklischen Körpers.

Wir wählen in unserem Körper — er werde Ω_{60} genannt — einen Unterkörper Ω_5 vom 5. Grade und stellen die Gruppe dar als die zugehörige Permutationsgruppe von fünf Elementen. Ferner bestimmen wir zwei weitere Unterkörper Ω_6 und Ω_{15} von Ω_{60} vom 6. bzw. 15. Grade, welche resp. zu den Gruppen $\mathfrak{G}_{10}$ und $\mathfrak{G}_4$ gehören mögen:

$\mathfrak{G}_{10}$: $(12345)^\nu$, $(25)(34)$, $(12)(35)$, $(13)(45)$, $(14)(23)$, $(15)(24)$,

$\mathfrak{G}_4$: 1, $(23)(45)$, $(24)(35)$, $(25)(34)$,

wo in $\mathfrak{G}_{10}$ $\nu = 0, 1, 2, 3, 4$ sein kann.

Für die Erzeugende π der Zerlegungsgruppe in Ω_{60} ergeben sich folgende Typen als Möglichkeiten:

1. $\pi = 1$. In Ω_{15}, Ω_6, Ω_5 ist dann $\mathfrak{p}$ ein Produkt von bzw. 15, 6, 5 Primidealen 1. Grades.

2. $\pi = (12)(34)$. In Ω_{60} ist $\mathfrak{p}$ ein Produkt von 30 Primidealen 2. Grades. Ihre Zerlegungsgruppen sind die Konjugierten zu π, deren Anzahl 15 ist. Je zwei dieser Primideale haben also die gleiche Zerlegungsgruppe. Bei zehn dieser Primideale besteht also der Durchschnitt mit $\mathfrak{G}_{10}$ aus zwei Elementen, sie sind also vom 2. Relativgrad in bezug auf Ω_6, bei den übrigen 20 ist er 1. In Ω_6 zerfällt also $\mathfrak{p}$ in zwei Primideale vom 1. und zwei Primideale vom 2. Relativgrade.

Bei sechs Primidealen besteht ferner der Durchschnitt mit $\mathfrak{G}_4$ aus zwei Elementen, sie sind also vom 2. Grade in bezug auf Ω_{15}, bei den übrigen ist er 1. In Ω_{15} ist somit $\mathfrak{p}$ das Produkt aus drei Primidealen 1. und sechs Primidealen 2. Relativgrades.

In Ω_5 zerfällt nach unserem Hilfssatz $\mathfrak{p}$ in zwei Primideale 2. und ein Primideal 1. Relativgrades.

3. $\pi = (123)$. In Ω_{60} zerfällt $\mathfrak{p}$ in 20 Primideale 3. Grades. Ihre Zerlegungsgruppen sind teilerfremd zu $\mathfrak{G}_{10}$ und $\mathfrak{G}_4$, sie sind also vom 1. Relativgrad in bezug auf Ω_6 und Ω_{15}. In Ω_6 und Ω_{15} ist also $\mathfrak{p}$ in zwei bzw. fünf Primideale 3. Grades zerlegbar. In Ω_5 zerfällt es in zwei Primideale 1. und ein Primideal 3. Relativgrades.

4. $\pi = (12345)$. In Ω_{60} ist $\mathfrak{p}$ durch zwölf Primideale 5. Grades teilbar, deren Zerlegungsgruppen die sechs konjugierten zu π^ν sind, so daß je zwei Primideale die gleiche Zerlegungsgruppe haben. Bei zwei Primidealen ist also der Durchschnitt mit $\mathfrak{G}_{10}$ aus fünf Elementen bestehend, so daß auch in bezug auf Ω_6 ihr Relativgrad 5 ist, bei den zehn übrigen Primidealen ist er 1. In Ω_6 besteht also $\mathfrak{p}$ aus einem Primteiler 5. und einem vom 1. Grade.

Der Durchschnitt mit $\mathfrak{G}_4$ ist stets 1, die Primideale sind also in bezug auf Ω_{15} vom 1. Grade. In Ω_{15} zerfällt somit $\mathfrak{p}$ in drei Primideale 5. Grades.

In Ω_5 ist $\mathfrak{p}$ selbst Primideal 5. Relativgrades.

Andere Möglichkeiten für die Zerlegungsgruppe gibt es in der Ikosaedergruppe nicht. Die Beiträge zu den vier Funktionen ζ_{15}, ζ_6, ζ_5, ζ lauten dann in den vier Fällen:

Ω_{15}	Ω_6	Ω_5	Ω
$\left(\frac{1}{1-N\mathfrak{p}^{-s}}\right)^{15}$,	$\left(\frac{1}{1-N\mathfrak{p}^{-s}}\right)^{6}$,	$\left(\frac{1}{1-N\mathfrak{p}^{-s}}\right)^{5}$,	$\frac{1}{1-N\mathfrak{p}^{-s}}$,
$\left(\frac{1}{1-N\mathfrak{p}^{-2s}}\right)^{6}\left(\frac{1}{1-N\mathfrak{p}^{-s}}\right)^{3}$,	$\left(\frac{1}{1-N\mathfrak{p}^{-2s}}\right)^{2}\left(\frac{1}{1-N\mathfrak{p}^{-s}}\right)^{2}$,	$\left(\frac{1}{1-N\mathfrak{p}^{-2s}}\right)^{2}\frac{1}{1-N\mathfrak{p}^{-s}}$,	$\frac{1}{1-N\mathfrak{p}^{-s}}$,
$\left(\frac{1}{1-N\mathfrak{p}^{-3s}}\right)^{5}$,	$\left(\frac{1}{1-N\mathfrak{p}^{-3s}}\right)^{2}$,	$\frac{1}{1-N\mathfrak{p}^{-3s}}\cdot\left(\frac{1}{1-N\mathfrak{p}^{-s}}\right)^{2}$,	$\frac{1}{1-N\mathfrak{p}^{-s}}$,
$\left(\frac{1}{1-N\mathfrak{p}^{-5s}}\right)^{3}$,	$\frac{1}{1-N\mathfrak{p}^{-5s}}\cdot\frac{1}{1-N\mathfrak{p}^{-s}}$,	$\frac{1}{1-N\mathfrak{p}^{-5s}}$,	$\frac{1}{1-N\mathfrak{p}^{-s}}$.

Unmittelbar erkennt man wieder die Relation:

$$\zeta_5\,\zeta_6^2 = \zeta^2\,\zeta_{15}. \tag{9}$$

Ω_5 gehört nun zur Gruppe aller Permutationen der Ikosaedergruppe, welche die Ziffer 1 fest lassen. $\mathfrak{G}_4$ ist eine ausgezeichnete Untergruppe davon. Ω_5 ist also Unterkörper von Ω_{15}, und zwar ist Ω_{15} relativ zyklisch vom 3. Grad in bezug auf Ω_5. Wegen (1) gilt also:

$$\zeta_{15} = \zeta_5\, L_1^{(5)} L_2^{(5)},$$

wobei $L_i^{(5)}$ L-Reihen im Körper Ω_5 bedeuten. Analog schreiben wir weiter $L_i^{(6)}$ usw.

Eingesetzt ergibt sich

$$\zeta_6 = \zeta\cdot\sqrt{L_1^{(5)} L_2^{(5)}}. \tag{10}$$

ζ_6 ist somit teilbar durch ζ.

Sei nun Ω_{12} der Unterkörper 12. Grades, der zur Gruppe $(12345)^{\nu}$ gehört. Er ist relativ quadratischer Oberkörper von Ω_6, so daß $\zeta_{12} = \zeta_6\cdot L^{(6)}$ ist. Der Ikosaederkörper Ω_{60} seinerseits ist relativ zyklisch vom 5. Grad in bezug auf Ω_{12}. Es ist also:

$$\zeta_{60} = \zeta_6\, L^{(6)}\cdot L_1^{(12)} L_2^{(12)} L_3^{(12)} L_4^{(12)}.$$

Aus (10) ergibt sich also endlich:

$$\zeta_{60} = \zeta\cdot\sqrt{L_1^{(5)} L_2^{(5)}}\cdot L^{(6)}\cdot L_1^{(12)} L_2^{(12)} L_3^{(12)} L_4^{(12)}, \tag{11}$$

ζ_{60} ist also auch teilbar durch ζ.

Im ganzen gibt es fünf unabhängige Relationen zwischen den ζ-Funktionen der Unterkörper von Ω_{60}. Wir begnügen uns damit, sie aufzuzählen. Zu (9) kommt noch hinzu:

$$\zeta_{10}\,\zeta = \zeta_5\,\zeta_6, \tag{12}$$

$$\zeta_{20}\,\zeta^2 = \zeta_5^2\,\zeta_{12}, \tag{13}$$

$$\zeta_{30}\,\zeta^2 = \zeta_6^2\,\zeta_{20}, \tag{14}$$

$$\zeta_{60}\,\zeta_6^2 = \zeta_{12}\,\zeta_{30}^2. \tag{15}$$

Aus (14) folgt mit Hilfe von (10):

$$\zeta_{30} = \zeta_{20} \cdot L_1^{(5)} L_2^{(5)}. \tag{16}$$

ζ_{30} ist also teilbar durch ζ_{20}. Dies ist ein Beispiel dafür, daß die Teilbarkeit auch eintreten kann, ohne daß der eine Körper oder einer seiner Konjugierten Unterkörper des anderen ist, ja sogar ohne daß nur die Grade durch einander teilbar wären.

Diese sowie die früheren Resultate sind auch eine Quelle von Relationen zwischen den auftretenden L-Reihen, doch wollen wir nicht weiter darauf eingehen. Ebenso liegt die Bestimmung der Klassenzahl mit Hilfe der Heckeschen Verallgemeinerung der Kroneckerschen Grenzformel auf der Hand.

(Eingegangen am 4. 9. 1922.)

Über eine neue Art von L-Reihen.

Von E. ARTIN in Hamburg.

1.

Für die Untersuchung beliebiger, auch nicht Abelscher algebraischer Zahlkörper benötigt man eine Reihe neuer analytischer Funktionen, die mit FROBENIUSschen Gruppencharakteren gebildet sind und im Abelschen Falle mit den gewöhnlichen L-Reihen zusammenfallen. Ihrer Untersuchung sind die folgenden Zeilen gewidmet.

Zur Bequemlichkeit für den Leser stelle ich zunächst kurz die von uns zu verwendenden Formeln und Bezeichnungen aus der Theorie der Gruppencharaktere zusammen[1]).

Es sei $\mathfrak{G}$ eine endliche Gruppe der Ordnung n. $\mathfrak{G}$ zerfalle in $\varkappa$ Klassen $\mathfrak{C}_i$ $(i = 1 \cdots \varkappa)$ äquivalenter Elemente und h_i sei die Anzahl der Elemente aus $\mathfrak{C}_i$.

Ferner sei Γ eine Darstellung der Gruppe $\mathfrak{G}$ durch Matrizen nicht verschwindender Determinante. Jeder solchen Darstellung Γ entspringt ein Charakter $\chi(\sigma)$, die Spur der dem Element σ von $\mathfrak{G}$ zugeordneten Matrix von Γ. Die den $\varkappa$ irreduziblen Darstellungen Γ_i $(i = 1, \ldots \varkappa)$ zugeordneten Charaktere $\chi^i(\sigma)$ heißen die einfachen Charaktere von $\mathfrak{G}$. Jeder Charakter χ läßt sich linear aus den einfachen Charakteren zusammensetzen:

$$\chi(\sigma) = \sum_1^{\varkappa}{}^i\, r_i\, \chi^i(\sigma), \tag{1}$$

wobei die ganzen nicht negativen Zahlen r_i die Indizes der zu χ gehörigen Darstellung Γ sind.

Für die einfachen Charaktere gelten die Formeln:

$$\sum_\sigma \chi^i(\sigma)\, \chi^k(\sigma^{-1}) = n\, \delta_{ik}, \tag{2}$$

$$\sum_1^{\varkappa}{}^i\, \chi^i(\sigma)\, \chi^i(\tau^{-1}) = \begin{cases} 0 \text{ wenn } \sigma \text{ und } \tau \text{ zu verschiedenen Klassen gehören,} \\ \dfrac{n}{h_r} \text{ wenn } \sigma \text{ und } \tau \text{ zu } \mathfrak{C}_r \text{ gehören.} \end{cases} \tag{3}$$

---

[1]) Vgl. etwa J. SCHUR: Neue Begründung der Theorie der Gruppencharaktere, Sitzungsberichte Berlin 1905, S. 406. — Ferner A. SPEISER: Theorie der Gruppen von endlicher Ordnung, 10.—12. Kapitel.

Es sei nun $\mathfrak{g}$ eine Untergruppe und

$$(4) \qquad \mathfrak{G} = \sum_{1}^{s}{}^{i} \, \mathfrak{g} S_i$$

die Zerlegung von $\mathfrak{G}$ in Nebengruppen.

$\varDelta$ sei eine Darstellung von $\mathfrak{g}$. Verstehen wir nun allgemein unter A_σ die dem Element σ zugeordnete Matrix von $\varDelta$, falls σ zu $\mathfrak{g}$ gehört, dagegen $A_\sigma = 0$, wenn σ nicht zu $\mathfrak{g}$ gehört, so bilden die Matrizen:

$$(5) \qquad B_\sigma = \left(A_{S_i \sigma S_k^{-1}}\right)$$

eine Darstellung von $\mathfrak{G}$, die durch die Darstellung $\varDelta$ von $\mathfrak{g}$ erzeugte imprimitive Darstellung von $\mathfrak{G}$.[2])

Ist ψ der Charakter der Darstellung $\varDelta$, so nennen wir den Charakter der Darstellung (5) den durch ψ erzeugten Charakter χ_ψ.

Sind nun $\psi_i(\sigma)$ $(i = 1 \cdots \lambda)$ die einfachen Charaktere der Gruppe $\mathfrak{g}$ und setzt man für jedes τ aus $\mathfrak{g}$:

$$(6) \qquad \chi^i(\tau) = \sum_{1}^{\lambda}{}^{\nu} \, r_{\nu i} \, \psi_\nu(\tau) \qquad (i = 1 \cdots \varkappa),$$

so gilt umgekehrt für alle Elemente aus $\mathfrak{G}$:

$$(7) \qquad \chi_{\psi_i}(\tau) = \sum_{1}^{\varkappa}{}^{\nu} \, r_{i\nu} \, \chi^\nu(\tau) \qquad (i = 1 \cdots \lambda).$$

2.

Nunmehr sei k ein beliebiger algebraischer Zahlkörper, K ein relativ Galoisscher Körper über k und $\mathfrak{G}$ die Gruppe von K/k.

$\mathfrak{p}$ sei ein Primideal aus k, das nicht in der Relativdiskriminante von K/k aufgeht, $\mathfrak{P}$ ein Primteiler von $\mathfrak{p}$ in K.

Wir bestimmen jetzt eine Substitution σ aus $\mathfrak{G}$ derart, daß für alle Zahlen A aus K gilt:

$$(8) \qquad \sigma A \equiv A^{N\mathfrak{p}} \pmod{\mathfrak{P}},$$

unter $N\mathfrak{p}$ die Norm von $\mathfrak{p}$ in k verstanden. Die Existenz einer solchen Substitution kann man etwa bei WEBER, Algebra II, zweite Auflage, § 178 nachlesen.

---

[2]) SPEISER: Gruppentheorie § 52, aus dem man die Formel (5) leicht ableitet. — FROBENIUS: Über Relationen zwischen den Charakteren einer Gruppe und denen ihrer Untergruppen, Sitzungsberichte Berlin 1898.

σ ist durch $\mathfrak{P}$ eindeutig bestimmt. Denn hat σ_1 die gleiche Eigenschaft wie σ, so ist

$$\sigma^{-1}\,\sigma_1\,A \equiv A \pmod{\mathfrak{P}},$$

$\sigma^{-1}\,\sigma_1$ gehört also zur Trägheitsgruppe von $\mathfrak{P}$ und diese ist nach unserer Voraussetzung über $\mathfrak{p}$ die Einheit von $\mathfrak{G}$.

Wählt man an Stelle von $\mathfrak{P}$ einen anderen Primteiler $\mathfrak{P}'$ von $\mathfrak{p}$ und ist etwa $\tau\,\mathfrak{P} = \mathfrak{P}'$, so erscheint die Substitution $\tau\,\sigma\,\tau^{-1}$, wie man unschwer erkennt.

Jedem unserer Primideale $\mathfrak{p}$ ist auf diese Art eine Klasse $\mathfrak{C}$ von Substitutionen eindeutig zugeordnet. Die Substitutionen von $\mathfrak{C}$ sind bekanntlich Erzeugende der Zerlegungsgruppen der Primteiler von $\mathfrak{p}$. Durch diese Eigenschaft ist aber die Klasse $\mathfrak{C}$ im allgemeinen noch nicht völlig bestimmt, da außer äquivalenten Substitutionen dann noch gewisse Potenzen in Frage kommen.[3]) Wir wollen sagen, das Primideal $\mathfrak{p}$ gehöre zur Klasse $\mathfrak{C}$ und wollen diese selbst mit $\mathfrak{C}_\mathfrak{p}$ bezeichnen.

Nunmehr sei Γ irgendeine Darstellung von $\mathfrak{G}$ durch Matrizen und $A_\mathfrak{p}$ irgendeine Matrix aus $\mathfrak{C}_\mathfrak{p}$. Die „charakteristische Funktion"

$$|E - t A_\mathfrak{p}| \qquad (E = \text{Einheitsmatrix}),$$

wo die Querstriche wie gewöhnlich die Determinante bezeichnen, geht in sich über, wenn $A_\mathfrak{p}$ durch eine äquivalente Matrix ersetzt wird. Sie hängt deshalb nicht ab von der Wahl von $A_\mathfrak{p}$ aus $\mathfrak{C}_\mathfrak{p}$ und ist auch für äquivalente Darstellungen dieselbe.

Bedeutet nun χ den zu Γ gehörigen Charakter, so definieren wir die zu χ gehörige L-Reihe des Körpers k durch die Formel

$$L(s, \chi; k) = \prod_\mathfrak{p} \frac{1}{|E - N\mathfrak{p}^{-s} A_\mathfrak{p}|}, \tag{9}$$

wo das Produkt über alle nicht in der Relativdiskriminante aufgehenden Primideale zu erstrecken ist. Die absolute und gleichmäßige Konvergenz unseres Produktes in jedem beschränkten und abgeschlossenen Gebiet der Halbebene $\Re(s) > 1$ leuchtet ein, wenn man bedenkt, daß die Wurzeln der charakteristischen Gleichung Einheitswurzeln sind und im Nenner von (9) ein Produkt über solche Wurzelfaktoren steht.

Man könnte nun (9) in eine Dirichletsche Reihe entwickeln und ihre Koeffizienten durch den Charakter χ ausdrücken. Die Formeln

[3]) Die hier betrachtete Zuordnung von Primidealen und Substitutionsklassen hat schon FROBENIUS in gleicher Weise vorgenommen. Vgl. FROBENIUS: Über Beziehungen zwischen Primidealen eines algebraischen Körpers und den Substitutionen seiner Gruppe. Sitzungsberichte Berlin 1896.

werden aber wenig übersichtlich. Zu einer einfachen Formel gelangen wir dagegen für den Logarithmus von (9).

Zunächst erweitern wir nämlich unsere Zuordnung von Primidealen und Klassen auf die Primidealpotenzen. Dem Ideal $\mathfrak{p}^\nu$ ordnen wir nämlich zu die Klasse $\mathfrak{C}_{\mathfrak{p}^\nu}$, die aus den ν-ten Potenzen der Elemente von $\mathfrak{C}_\mathfrak{p}$ besteht. Daß diese eine Klasse bilden, ist leicht zu sehen. Ist ferner σ irgendeine Substitution aus $\mathfrak{C}_{\mathfrak{p}^\nu}$, so schreiben wir:

$$\chi(\mathfrak{p}^\nu) = \chi(\sigma). \tag{10}$$

Sind nun $\varepsilon_1\ \varepsilon_2 \cdots\cdots \varepsilon_f$ die Wurzeln der Gleichung $|Et - A_\mathfrak{p}| = 0$, so gilt

$$\chi(\mathfrak{p}^\nu) = \varepsilon_1^\nu + \varepsilon_2^\nu + \cdots \varepsilon_f^\nu. \tag{11}$$

So erhalten wir für $|t| < 1$

$$-\log|E - tA_\mathfrak{p}| = -\sum_1^f{}_i \log(1 - t\varepsilon_i) = \sum_1^f{}_i \sum_1^\infty{}_\nu \frac{\varepsilon_i^\nu}{\nu} t^\nu$$
$$= \sum_1^\infty{}_\nu \frac{\chi(\mathfrak{p}^\nu)}{\nu} t^\nu.$$

Dies führt zur gewünschten Formel:

$$+\log L(s, \chi; k) = \sum_{\mathfrak{p}^\nu} \frac{\chi(\mathfrak{p}^\nu)}{\nu N\mathfrak{p}^{\nu s}}, \tag{12}$$

die Summe erstreckt über alle zur Relativdiskriminante teilerfremden Primidealpotenzen von k.

Entweder aus (9) für die Darstellungen oder noch besser aus (12) erkennt man die Richtigkeit der Gleichung:

$$L(s, \chi + \chi') = L(s, \chi)\, L(s, \chi'), \tag{13}$$

für irgend zwei Charaktere χ und χ'.

Die zu einfachen Charakteren gehörigen L-Reihen wollen wir die primitiven L-Reihen nennen. Durch die $\varkappa$ primitiven L-Reihen läßt sich jede L-Reihe ausdrücken. Gilt nämlich für χ die Formel (1), so folgt aus (13)

$$L(s, \chi) = \prod_1^\varkappa{}_i (L(s, \chi^i))^{r_i}. \tag{14}$$

Noch eine kurze Bemerkung über die Abhängigkeit vom Körper K. Ist Ω ein K enthaltender in bezug auf k relativ Galoisscher Körper, $\mathfrak{H}$

seine Gruppe, $\mathfrak{g}$ die zu K gehörige Untergruppe, so ist $\mathfrak{G}$ isomorph mit der Faktorgruppe $\mathfrak{H}/\mathfrak{g}$.

Gilt nun (8) für alle Zahlen aus Ω, so gilt dies erst recht für alle Zahlen aus K. Da nun aber die Substitutionen von $\mathfrak{g}$ die Zahlen aus K ungeändert lassen, gilt (8) auch für alle Elemente der Nebengruppe $\sigma\mathfrak{g}$, wenn nur A eine Zahl aus K ist. Beachtet man also nur noch, daß jeder Charakter von $\mathfrak{H}/\mathfrak{g}$ auch Charakter von $\mathfrak{H}$ ist und daß ein einfacher Charakter von $\mathfrak{H}/\mathfrak{g}$ einfacher Charakter von $\mathfrak{H}$ ist, so erhellt, daß sich unsere L-Reihen für K auch unter den für Ω gebildeten vorfinden, und zwar primitive L-Reihen wieder als primitive. Allerdings werden dann in (9) noch weitere in der Relativdiskriminante von Ω/k aufgehende Primideale von der Produktbildung ausgeschlossen. Doch wollen wir L-Reihen, die sich nur um endlich viele Faktoren unterscheiden, als nicht wesentlich voneinander verschieden betrachten. Übrigens werden wir die L-Reihen später invariant normieren können.

3.

Nunmehr sei $\mathfrak{g}$ irgendeine Untergruppe von $\mathfrak{G}$, Ω der zu $\mathfrak{g}$ gehörige Unterkörper von K. $\mathfrak{g}$ ist dann die Gruppe von K/Ω.

Δ sei eine Darstellung von $\mathfrak{g}$, Γ_Δ die von Δ erzeugte imprimitive Darstellung von $\mathfrak{G}$, ψ und χ_ψ die Charaktere von Δ und Γ_Δ. Beziehen sich nun alle auftretenden L-Reihen (also auch solche mit anderem Grundkörper) auf Produkte, von denen alle Primteiler der Relativdiskriminante von K/k ausgeschlossen sind, so gilt der grundlegende Satz:

Satz 1. *Mit den eben erläuterten Bezeichnungen gilt*

$$L(s, \psi; \Omega) = L(s, \chi_\psi; k). \tag{15}$$

Beweis: In Ω sei $\mathfrak{p} = \mathfrak{q}_1 \mathfrak{q}_2 \cdots \mathfrak{q}_r$, wo $\mathfrak{p}$ nicht in der Relativdiskriminante von K/k aufgehe. $\mathfrak{q}_i$ habe den Relativgrad l_i in bezug auf k. $\mathfrak{P}_i$ sei ein Primteiler von $\mathfrak{q}_i$ in Ω und sei etwa $\mathfrak{P}_i = \tau_i \mathfrak{P}_1$. Für jedes A aus K gelte endlich

$$\sigma A \equiv A^{N\mathfrak{p}} \pmod{\mathfrak{P}_1}.$$

Setzen wir

$$\sigma_i = \tau_i \sigma \tau_i^{-1},$$

so gilt für jedes A aus K die Gleichung

$$\sigma_i A \equiv A^{N\mathfrak{p}} \pmod{\mathfrak{P}_i}. \tag{16}$$

Bedeutet also $\mathbf{N}$ die Norm in Ω, so finden wir:

$$\sigma_i^{l_i} A \equiv A^{N\mathfrak{p}^{l_i}} \equiv A^{\mathbf{N}\mathfrak{q}_i} \pmod{\mathfrak{P}_i}. \tag{17}$$

Die Substitution $\sigma_i^{l_i}$ ist die niedrigste Potenz von σ_i, die zu $\mathfrak{g}$ gehört. Einerseits liefert nämlich (17), angewendet auf eine Zahl $A = \alpha$ aus Ω nach dem Fermatschen Lehrsatz:

$$\sigma_i^{l_i}\,\alpha \equiv \alpha \pmod{\mathfrak{P}_i},$$

nach unserer Annahme über $\mathfrak{p}$ somit $\sigma_i^{l_i}\,\alpha = \alpha$. Ist andrerseits für jedes α aus Ω : $\sigma_i^{\nu}\,\alpha = \alpha$, so folgt aus (16)

$$\sigma_i^{\nu}\,\alpha = \alpha \equiv \alpha^{N\mathfrak{p}^{\nu}} \pmod{\mathfrak{P}_i},$$

es muß also $N\mathfrak{p}^{\nu} \geqq \mathrm{N}\mathfrak{q}_i$, $\nu \geqq l_i$ sein.

In Ω ist also dem Primideal $\mathfrak{q}_i$ die Substitution $\sigma_i^{l_i}$ zugeordnet.

Wir behaupten nun:

Zwei Nebengruppen $\mathfrak{g}\,\sigma_{\nu}^{a}\,\tau_{\nu}$ und $\mathfrak{g}\,\sigma_{\mu}^{b}\,\tau_{\mu}$ sind nur dann einander gleich, wenn $\nu = \mu$ und $a \equiv b \pmod{l_{\nu}}$ ist.

In der Tat hätte dann $\sigma_{\nu}^{a}\,\tau_{\nu}$ die Form:

$$\sigma_{\nu}^{a}\,\tau_{\nu} = \tau_0\,\sigma_{\mu}^{b}\,\tau_{\mu},$$

wo τ_0 zu $\mathfrak{g}$ gehört. Aus der Bedeutung von σ_{ν} und σ_{μ} errechnet man sich τ_0 zu:

$$\tau_0 = \sigma_{\nu}^{a}\,\tau_{\nu}\,\tau_{\mu}^{-1}\,\sigma_{\mu}^{-b} = \tau_{\nu}\,\sigma^{a-b}\,\tau_{\mu}^{-1}.$$

Wegen $\tau_{\mu}\,\mathfrak{P}_1 = \mathfrak{P}_{\mu}$ findet man. da $\sigma\,\mathfrak{P}_1 = \mathfrak{P}_1$ ist[4]):

$$\tau_0\,\mathfrak{P}_{\mu} = \tau_{\nu}\,\mathfrak{P}_1 = \mathfrak{P}_{\nu}.$$

Die Substitution τ_0 führt also den Primteiler $\mathfrak{P}_{\mu}$ von $\mathfrak{q}_{\mu}$ über in den Primteiler $\mathfrak{P}_{\nu}$ von $\mathfrak{q}_{\nu}$. Da aber τ_0 zu $\mathfrak{g}$ gehört, also $\tau_0\,\mathfrak{q}_{\nu} = \mathfrak{q}_{\nu}$ ist, muß $\mathfrak{P}_{\nu}$ auch Primteiler von $\mathfrak{q}_{\mu}$ sein. Dies geht nur für $\mu = \nu$. Dann aber ist $\mathfrak{g}\,\sigma_{\nu}^{a} = \mathfrak{g}\,\sigma_{\nu}^{b}$, also $a \equiv b \pmod{l_{\nu}}$.

Die Nebengruppe $\mathfrak{g}\,\sigma_{\nu}^{a}\,\tau_{\nu}$ kann man auch schreiben $\mathfrak{g}\,\tau_{\nu}\,\sigma^{a}$. Man erhält auf diese Art $l_1 + l_2 \cdots\cdots + l_r$ verschiedene Nebengruppen. Die Summe der Relativgrade der $\mathfrak{q}_i$ ist aber gerade gleich dem Grade von Ω/k, also gleich dem Index von $\mathfrak{g}$ nach $\mathfrak{G}$. Man kann also die Zerlegung von $\mathfrak{G}$ in Nebengruppen nach $\mathfrak{g}$ nach Formel (4) ansetzen. wenn man S_i der Reihe nach setzt:

$$\tau_1,\ \tau_1\,\sigma,\ \cdots\cdots\ \tau_1\,\sigma^{l_1-1},\ \tau_2,\ \tau_2\,\sigma,\ \cdots\cdots\cdots\ \tau_r,\ \tau_r\,\sigma\ \cdots\cdots\ \tau_r\,\sigma^{l_r-1}.$$

Die dem Element σ zugeordnete Matrix B_{σ} der durch Δ erzeugten imprimitiven Darstellung kann man also nach (5) annehmen in der Form

$$B_{\sigma} = \left(A_{S_i\sigma S_k^{-1}}\right) = \left(A_{\tau_{\nu}\sigma^{a-b+1}\tau_{\mu}^{-1}}\right).$$

---

[4]) σ gehört ja zur Zerlegungsgruppe von $\mathfrak{P}_1$.

Gehört nun $\tau_\nu\,\sigma^{a-b+1}\,\tau_\mu^{-1}$ zu $\mathfrak{g}$, so gehört $\tau_\nu\,\sigma^{a-b+1}$ zu $\mathfrak{g}\tau_\mu$, es ist also $\nu = \mu$, $a-b+1 \equiv 0 \pmod{l_\nu}$.

Denkt man sich die Matrix B_σ angeschrieben, so erkennt man, daß sie zerfällt in:

$$B_\sigma = \begin{pmatrix} C_1 & 0 & \cdots\cdots\cdots & 0 \\ 0 & C_2 & \cdots\cdots\cdots & 0 \\ \cdots & \cdots & \cdots\cdots\cdots & \cdots \\ 0 & 0 & & C_r \end{pmatrix},$$

wo C_ν die Form $(A_{\tau_\nu\,\sigma^{a-b+1}\,\tau_\nu^{-1}})$ hat. Es kommen nur die Glieder mit $a-b+1 \equiv 0$ (mod. l_ν) in Frage. Also für $a = 0, 1, \cdots\, l_\nu - 2$, $b = a+1$, für $a = l_\nu - 1$, $b = 0$. C_ν hat demnach, unter E die entsprechende Einheitsmatrix verstanden, die Form:

$$C_\nu = \begin{pmatrix} 0 & E & 0 & \cdots & 0 \\ 0 & 0 & E & \cdots & 0 \\ \cdots & \cdots & \cdots & \cdots & \cdots \\ 0 & 0 & 0 & \cdots & E \\ A_{\sigma_\nu}{}^{l_\nu} & 0 & 0 & \cdots & 0 \end{pmatrix}.$$

Für die charakteristische Funktion finden wir also:

$$|E - tB_\sigma| = \prod_1^r |E - tC_\nu| = \prod_1^r \begin{vmatrix} E & -tE & 0 & \cdots & 0 \\ 0 & E & -tE & \cdots & 0 \\ 0 & 0 & 0 & \cdots & -tE \\ -tA_{\sigma_\nu}{}^{l_\nu} & 0 & 0 & \cdots & E \end{vmatrix}$$

$$= \prod_1^r |E - t^{l_\nu} A_{\sigma_\nu}{}^{l_\nu}|.$$

Diese letzte Formel erhält man so: Man multipliziert die erste Kolonne mit t und addiert sie zur zweiten. Dann addiert man die mit t multiplizierte zweite Kolonne zur dritten etc.

In unserer Formel haben wir zwar die Art der Zerlegung von $\mathfrak{G}$ in Nebengruppen abhängig gemacht von σ. (5) geht aber bei anderer Zerlegung in Nebengruppen in eine äquivalente Matrix über, die charakteristische Funktion, auf die es uns ja allein ankommt, ist demnach davon unabhängig.

Als Beitrag des Primideals $\mathfrak{p}$ zu $L(s, \chi_\psi; k)$ finden wir also:

$$\frac{1}{|E - N\mathfrak{p}^{-s} B_\sigma|} = \prod_1^r \frac{1}{|E - N\mathfrak{p}^{-l_\nu s} A_{\sigma_\nu}{}^{l_\nu}|} = \prod_1^r \frac{1}{|E - \mathrm{N}\mathfrak{q}_\nu^{-s} A_{\sigma_\nu}{}^{l_\nu}|}.$$

Nun sahen wir schon, daß $\sigma_\nu^{l_\nu}$ dem Primideal $\mathfrak{q}_\nu$ zugeordnet ist. Die rechte Seite ist also gerade der Beitrag, den die Primteiler von $\mathfrak{p}$ zur Funktion $L(s, \psi; \Omega)$ liefern. Damit ist der Satz 1 bewiesen.

4.

Der soeben aufgestellte Satz liefert uns zunächst die Aufspaltung aller Zetafunktionen der Unterkörper von K in primitive L-Reihen.

Für den Hauptcharakter $\chi = 1$, also die identische Darstellung durch die Matrix (1), ist die zugehörige L-Reihe $L(s, \chi_1; k)$ einfach gleich der Zetafunktion des Grundkörpers k (bis auf endlich viele Faktoren).

Ist nun Ω ein zur Gruppe $\mathfrak{g}$ gehöriger Unterkörper und ψ_1 der Hauptcharakter von $\mathfrak{g}$, so ist also $L(s, \psi_1; \Omega) = \zeta_\Omega(s)$. Die durch ψ_1 erzeugte imprimitive Darstellung Π_Ω ist dann einfach die Darstellung von $\mathfrak{G}$ als Permutationsgruppe der Nebengruppen von $\mathfrak{g}$ (wenn also der zu Ω gehörige Galoissche Körper mit K zusammenfällt, die Galoissche Gruppe von Ω). Der zugehörige Charakter $\chi_\Omega(\sigma)$ ist die Anzahl der Ziffern, die bei der zu σ gehörigen Permutation von Π_Ω ungeändert bleiben, bestimmt sich also in einfachster Weise. Setzt man:

$$\chi_\Omega(\sigma) = \sum_1^{x} {}^i\, g_i\, \chi^i(\sigma),$$

wobei wegen (2)

$$g_i = \frac{1}{n} \sum_\sigma \chi_\Omega(\sigma)\, \chi^i(\sigma^{-1}) \tag{18}$$

ist (n = Ordnung von $\mathfrak{G}$, also Relativgrad von K), so liefert Satz 1 in Verbindung mit (14):

$$\zeta_\Omega(s) = \prod_1^{x} {}^i\, (L(s, \chi^i))^{g_i}, \tag{19}$$

also die gewünschte Aufspaltung (bis auf endlich viele Faktoren).

Für den Körper K insbesondere, der zur regulären Darstellung gehört, erhält man die einfache Formel:

$$\zeta_K(s) = \prod_1^{x} {}^i\, (L(s, \chi^i))^{f_i}. \tag{20}$$

In Formel (19) sind nun alle Relationen, die zwischen den Zetafunktionen der Unterkörper bestehen, enthalten. Man eliminiere in der Tat die $L(s, \chi^i)$ aus den für alle Ω aufgestellten Gleichungen (19) und erhält so alle Relationen zwischen den $\zeta_\Omega(s)$. Die Gleichungen (19) sind in diesem Sinne etwa als „Parameterdarstellung" der Relationen zu betrachten. Daß man auf diese Art auch wirklich alle erhält (wenn wir nur in der Aufspaltung bis zum Körper der rationalen Zahlen herabsteigen), werden wir später zeigen[5]). Damit ist das Problem aller Relationen im wesentlichen gelöst.

Wir können unserem Resultat noch eine andere Formulierung geben. Wie man sieht, läuft die Aufspaltung (19) von $\zeta_\Omega(s)$ der Aufspaltung der zur Permutationsgruppe Π_Ω gehörigen Gruppendeterminante in irreduzible Funktionen parallel. Wir können also auch sagen:

Man erhält alle Relationen zwischen den Zetafunktionen der Unterkörper, indem man alle Relationen zwischen den Gruppendeterminanten der Darstellungen von $\mathfrak{G}$ als transitive Permutationsgruppe aufstellt und in ihnen die Gruppendeterminanten durch die entsprechenden Zetafunktionen ersetzt.

Die so gewonnenen Relationen gelten zunächst nur bis auf endlich viele Faktoren. Wegen der Funktionalgleichung gelten sie somit auf Grund einer bekannten Schlußweise von Herrn HECKE genau[6]).

Natürlich gelten dieselben Überlegungen auch für die Relationen zwischen L-Reihen der Unterkörper.

5.

Wir haben nun zu untersuchen, ob im ABELschen Falle die primitiven L-Reihen mit den gewöhnlich so genannten Funktionen zusammenfallen.

Wenn K/k relativ Abelsch ist, besteht jede Klasse von Substitutionen aus einem einzigen Element σ, dem Primideal $\mathfrak{p}$ ist also genau eine Substitution σ zugeordnet und (8) besteht bei festem σ für jeden Primteiler $\mathfrak{P}$ von $\mathfrak{p}$.

Hier kann man also (8) ersetzen durch die Bedingung

$$\sigma A \equiv A^{N\mathfrak{p}} \pmod{\mathfrak{p}}. \tag{21}$$

Die irreduziblen Darstellungen der Gruppe $\mathfrak{G}$ sind ferner alle vom ersten Grade, sie sind also einfach die gewöhnlichen Abelschen Gruppencharaktere $\chi^i(\sigma)$ von $\mathfrak{G}$. Demnach wird:

$$L(s, \chi^i) = \prod_{\mathfrak{p}} \frac{1}{1 - \dfrac{\chi^i(\sigma)}{N\mathfrak{p}^s}}, \tag{22}$$

wo σ die dem Ideal $\mathfrak{p}$ zugeordnete Substitution bedeutet.

[5]) Vgl. E. ARTIN: Über die Zetafunktionen gewisser algebraischer Zahlkörper, Math. Ann. Bd. 89, wo die Relationen in speziellen Fällen gewonnen werden.

[6]) E. HECKE: Über eine neue Anwendung der Zetafunktion auf die Arithmetik der Zahlkörper. Göttinger Nachrichten 1917.

Nun sei K der Klassenkörper[7]) für die Gruppe der Idealklassen $C_1\ C_2 \cdots\cdot C_n$ nach dem Modul $\mathfrak{m}$ von k, die Primideale aus der Hauptklasse C_1 und nur diese mögen also in K in lauter Primideale ersten Grades zerfallen.

Die Identität unserer L-Reihen mit den gewöhnlichen wird bewiesen sein, wenn es uns gelingt, zu zeigen:

Satz 2.

a) *Die Substitution σ hängt nur ab von der Idealklasse C_i, in der $\mathfrak{p}$ liegt.*

b) *Die Zuordnung zwischen Idealklassen und Substitutionen ist eineindeutig und vermittelt den Isomorphismus zwischen $\mathfrak{G}$ und der Gruppe der Idealklassen. Es soll also das Produkt zweier Substitutionen dem Produkte der entsprechenden Idealklassen zugeordnet sein.*

In der Tat ist dann ein Charakter von $\mathfrak{G}$ auch Charakter der Gruppe der Idealklassen und umgekehrt. Jede L-Reihe in unserem Sinn also eine gewöhnliche L-Reihe. Ist umgekehrt eine gewöhnliche L-Reihe für eine gegebene Klasseneinteilung vorgelegt, so findet sie sich dann vor unter den L-Reihen für den zugehörigen Klassenkörper. Wir werden damit gezeigt haben, daß unsere neue Definition wirklich auf eine Verallgemeinerung der alten hinausläuft.

Satz 2 ist auch an sich von Interesse. In der Tat vermittelt er ja eine explizite Darstellung des Isomorphismus zwischen $\mathfrak{G}$ und der Gruppe der Idealklassen. Im relativ zyklischen Falle ist ferner unser Satz vollkommen identisch mit dem allgemeinen Reziprozitätsgesetz (falls in k die zugehörige Einheitswurzel liegt), und zwar ist die Übereinstimmung eine so offensichtliche, daß wir Satz 2 als die Formulierung des allgemeinen Reziprozitätsgesetzes in beliebigen Körpern (auch ohne Einheitswurzel) auffassen müssen, wenn uns auch der Wortlaut auf den ersten Blick etwas fremdartig anmutet.

Nach dem bereits Gesagten liegt es in der Natur der Sache, daß uns der Beweis von Satz 2 vorläufig nur in jenen Fällen gelingen wird, in denen uns das allgemeine Reziprozitätsgesetz zugänglich ist, also für Körper K von Primzahlgrad und die daraus komponierten Körper. Für beliebige Körper aber müssen wir bis auf weiteres Satz 2 postulieren. Dies dürfen wir um so eher tun, als wir in dieser beliebige Körper betreffenden Untersuchung alle rein Abelschen Angelegenheiten als erledigt betrachten dürfen. In den weiteren Abschnitten setzen wir denn auch die Richtigkeit unseres Satzes voraus.

In den uns zugänglichen Fällen gehen wir schrittweise vor. Ich führe aber gleich den Beweis so allgemein wie möglich, um die Verhältnisse klarer hervortreten zu lassen.

---

[7]) Vergleiche TEIJI TAKAGI: Über eine Theorie des relativ Abelschen Zahlkörpers, Journal of the College of Science, Tokyo 1920. Im folgenden mit Takagi zitiert.

1. Der Hauptklasse C_1 und nur dieser entspricht die Einheitssubstitution.

Beweis: Gilt für jedes A aus $K: A \equiv A^{N\mathfrak{p}}$ (mod $\mathfrak{p}$), also auch (mod $\mathfrak{P}$), wo $\mathfrak{P}$ ein Primteiler von $\mathfrak{p}$ ist, so ist also $\mathfrak{P}$ vom ersten Relativgrad. Nach Takagi Satz 31 liegt also $\mathfrak{p}$ in der Hauptklasse. Liegt umgekehrt $\mathfrak{p}$ in der Hauptklasse, so zerfällt $\mathfrak{p}$ in lauter Primideale ersten Relativgrades, und unsere Ausgangskongruenz gilt für $\sigma = 1$.

2. Gilt Satz 2 für den Körper K/k, so gilt er auch für jeden Unterkörper Ω/k von K.

Beweis: Ω gehöre zur Untergruppe $\mathfrak{g}$ von $\mathfrak{G}$ der Ordnung r und des Index s. $\mathfrak{G} = \sum_1^s{}^i\, \mathfrak{g}\, S_i$ sei die Zerlegung in Nebengruppen. Ferner sei Ω Klassenkörper für die Einteilung $H_1\ H_2 \cdots\cdots H_s$, wobei

$$H_1 = C_1 + C_2 + \cdots\cdots + C_r$$

die Hauptklasse sei (Addition bedeute die Vereinigungsmenge). Nach 1. ist $\mathfrak{g}$ (das Hauptelement der Faktorgruppe) der Klasse H_1 zugeordnet (für Ω/k).

Es sei etwa $H_i = C_i' H_1$. Ist nun C_ν eine Klasse aus H_1, der in K die Substitution τ entspricht, so muß also τ zu $\mathfrak{g}$ gehören. Gehört demnach in K die Klasse C_i' zu τ_i, so gehört $C_i' C_\nu$ zu $\sigma_i \tau$, H_i also zu $\sigma_i \mathfrak{g}$. Da umgekehrt jede Substitution aus $\mathfrak{G}$ einer Klasse C_i zugeordnet ist, muß also auch jeder Nebenkomplex $\sigma_i \mathfrak{g}$ einem H_i zugeordnet sein. Daß nun zu $H_i\ H_k$ der Nebenkomplex $\sigma_i\ \sigma_k\ \mathfrak{g}$ gehört, leuchtet ein, da Entsprechendes für die C_ν vorausgesetzt war.

3. Ist unser Satz für die beiden teilerfremden Körper (ihr Durchschnitt soll k sein) bewiesen, so ist er auch für den komponierten Körper $K = K_1 K_2$ richtig.

Beweis: $C_1 C_2 \cdots\cdots C_n$; $\mathfrak{K}_1 \mathfrak{K}_2 \cdots \mathfrak{K}_m$ seien nach einem gemeinsamen Modul die Klasseneinteilungen für K_1 bzw. K_2. $\mathfrak{g}_1$ sei die Gruppe von K_1, $\mathfrak{g}_2$ die von K_2. Der Klasse C_i sei σ_i von $\mathfrak{g}_1$, der Klasse $\mathfrak{K}_i$ sei τ_i aus $\mathfrak{g}_2$ zugeordnet. Die Gruppe von $K = K_1 K_2$ ist dann das direkte Produkt von $\mathfrak{g}_1$ und $\mathfrak{g}_2$, wenn noch festgesetzt wird, daß σ_i die Zahlen aus K_2, τ_i die Zahlen aus K_1 ungeändert läßt. Bezeichnet man mit $(C_r, \mathfrak{K}_s)$ den Durchschnitt, so ist dies gerade die Klasseneinteilung, welche K zum Klassenkörper hat, und es ist:

$$(C_r, \mathfrak{K}_s)\ (C_u, \mathfrak{K}_v) = (C_r C_u, \mathfrak{K}_s \mathfrak{K}_v).$$

Sind nun A_1, A_2 Erzeugende von K_1 und K_2 und $A = \varphi\ (A_1, A_2)$ eine Zahl aus K, gehört endlich $\mathfrak{p}$ zu $(C_r, \mathfrak{K}_s)$, so gilt:

$$A^{N\mathfrak{p}} \equiv \varphi\ (A_1^{N\mathfrak{p}}, A_2^{N\mathfrak{p}}) \equiv \varphi\ (\sigma_r A_1, \tau_s A_2) \equiv \sigma_r \tau_s A \text{ (mod. } \mathfrak{p}).$$

Der Klasse $(C_r, \mathfrak{K}_s)$ ist also $\sigma_r \tau_s$ zugeordnet, womit schon alles gezeigt ist.

Es genügt also, unseren Satz für alle zyklischen Körper von Primzahlpotenzgrad zu beweisen. Vollständig wird uns der Beweis allerdings nur im Falle des Primzahlgrades gelingen.

4. Ist $\zeta = e^{\frac{2\pi i}{m}}$ eine $m$te Einheitswurzel, so ist unser Satz richtig für $K = k(\zeta)$.[8])

Beweis: Zerfällt $\mathfrak{p}$ im Körper K in Primideale ersten Relativgrades, so muß gelten: $\zeta^{N\mathfrak{p}} \equiv \zeta \pmod{\mathfrak{p}}$ also, wenn $\mathfrak{p}$ nicht in m aufgeht, $N\mathfrak{p} \equiv 1 \pmod{m}$. Ist dies umgekehrt der Fall, so gilt auch für jede Zahl $A = \alpha_0 + \alpha_1 \zeta + \cdots\cdots (\alpha_0 \alpha_1 \cdots\cdots$ aus $k)$:

$$A^{N\mathfrak{p}} \equiv A \pmod{\mathfrak{p}}.$$

$\mathfrak{p}$ zerfällt dann also auch in lauter Primideale ersten Relativgrades. Die Primideale $\mathfrak{p}$ der Hauptklasse, in bezug auf die K Klassenkörper ist, sind also durch die Kongruenz $N\mathfrak{p} \equiv 1$ gekennzeichnet. Ist $\mathfrak{a}$ ein Ideal, das nach dem Modul m in der gleichen Klasse wie $\mathfrak{p}$ liegt, ist also: $\mathfrak{a} = \alpha\mathfrak{p}$ mit $\alpha \equiv 1 \pmod{m}$ und α total positiv, so ist auch $N\alpha \equiv 1 \pmod{m}$ folglich $N\mathfrak{a} \equiv 1 \pmod{m}$.

Die durch K erzeugte Klasseneinteilung von k hat also in der Hauptklasse alle Ideale mit $N\mathfrak{a} \equiv 1 \pmod{m}$. Damit somit zwei Ideale in derselben Klasse liegen, ist notwendig und hinreichend, daß ihre Normen kongruent sind mod m.

Ist nun $A = \alpha_0 + \alpha_1 \zeta + \cdots\cdots$ eine Zahl aus K, so ist

$$A^{N\mathfrak{p}} \equiv \alpha_0 + \alpha_1 \zeta^{N\mathfrak{p}} + \cdots\cdots \pmod{\mathfrak{p}}.$$

Die zu $\mathfrak{p}$ gehörige Substitution σ ist also der Automorphismus: $\sigma = (\zeta, \zeta^{N\mathfrak{p}})$. Nach dem eben Gesagten hängt also σ nur ab von der Klasse, der $\mathfrak{p}$ angehört. Da endlich die Klassenbedingung (Kongruenz der Normen) multiplikativ ist, gehört zum Produkt der Klassen das Produkt der Substitutionen. Haben also zwei Klassen die gleiche Substitution, so ist ihr Quotient, dem die Einheit entspricht, die Hauptklasse (nach 1.). Da es endlich ebensoviel Klassen wie Substitutionen gibt, ist die Zuordnung ein-eindeutig.

5. Enthält k die Einheitswurzel $\zeta = e^{\frac{2\pi i}{l^n}}$, so ist unser Satz richtig für jeden relativ zyklischen Körper K vom Grade l^n

Beweis: Sei $K = k\left(\sqrt[l^n]{\mu}\right)$. Jedes zu l prime Primideal $\mathfrak{p}$ aus k genügt, da ζ in k liegt der Kongruenz: $N\mathfrak{p} \equiv 1 \pmod{l^n}$.

[8]) Analog läßt sich der Beweis für die Klassenkörper der komplexen Multiplikation erbringen. Dies zeigt, wie sich die Reziprozitätsgesetze durch transzendente Erzeugung der Klassenkörper gewinnen lassen.

Also ist

$$\left(\sqrt[l^n]{\mu}\right)^{N\mathfrak{p}} \equiv \mu^{\frac{N\mathfrak{p}-1}{l^n}} \sqrt[l^n]{\mu} \equiv \left(\frac{\mu}{\mathfrak{p}}\right) \sqrt[l^n]{\mu} \pmod{\mathfrak{p}},$$

wo $\left(\frac{\mu}{\mathfrak{p}}\right)$ der l^n-te Potenzcharakter ist. Dem Primideal $\mathfrak{p}$ entspricht also der Automorphismus:

$$\sigma = \left(\sqrt[l^n]{\mu}\,;\quad \left(\frac{\mu}{\mathfrak{p}}\right) \sqrt[l^n]{\mu}\right).$$

Die wesentliche Aussage des allgemeinen Reziprozitätsgesetzes[9]) ist es aber gerade, daß $\left(\frac{\mu}{\mathfrak{p}}\right)$ nur abhängt von der Klasse, in der $\mathfrak{p}$ liegt (allgemeiner ein beliebiges zu μ primes Nennerideal $\mathfrak{a}$). Da umgekehrt $\mathfrak{p}$ so bestimmt werden kann, daß $\left(\frac{\mu}{\mathfrak{p}}\right)$ einen vorgegebenen Wert hat, gehört auch zu jedem σ genau eine Idealklasse. Wegen der multiplikativen Eigenschaft von $\left(\frac{\mu}{\mathfrak{p}}\right)$ endlich ist auch dem Produkt zweier Klassen das Produkt der Substitutionen zugeordnet.

6. $K = k\,(A)$ sei zyklisch vom Grade l^n, $\zeta = e^{\frac{2\pi i}{l}}$ eine l-te Einheitswurzel und $\Omega = k\,(\zeta)$ vom Grade m, wo also m als Teiler von $l-1$ prim ist zu l. Ist dann unser Satz im Körper Ω in bezug auf $\Omega\,(A)$ richtig, so gilt er auch in k für den Körper K.

Beweis: σ und τ seien Erzeugende der Gruppen von K/k und Ω/k. K sei Klassenkörper für die Klasseneinteilung C^ν ($\sigma^{l^n} = 1$, $C^{l^n} = C_0 =$ Hauptklasse), Ω Klassenkörper für die Klasseneinteilung $\mathfrak{K}^\nu$ ($\tau^m = 1$, $\mathfrak{K}^m = \mathfrak{K}_0$).

Da m und l teilerfremd sind, gilt ein gleiches von K und Ω. Der aus ihnen komponierte Körper K^* ist Klassenkörper für die Klasseneinteilung $(C^\nu, \mathfrak{K}^\mu)$, wo wieder der Durchschnitt gemeint ist.

Nun teilen wir die Ideale aus Ω nach dem gleichen Modul wie in k ein und nennen $\mathfrak{C}_0$ den Inbegriff der Klassen, deren Relativnorm in C_0 fällt. Dieses $\mathfrak{C}_0$ wählen wir als Hauptklasse. Ist $\mathfrak{C}'$ irgendeine so definierte Klasse und ihre Norm C^e (die Norm von $\mathfrak{a}\,\mathfrak{C}_0$ liegt in $\mathrm{N}\,\mathfrak{a} \cdot C_0$, also wirklich in einer unserer Klassen C^ν) so wählen wir s so, daß $m\,s \equiv e \pmod{l^n}$ wird und setzen $\mathfrak{C}' = C^s \cdot \mathfrak{C}'_0$. Die Norm von $\mathfrak{C}'_0$ fällt dann in C_0, es ist also $\mathfrak{C}'_0 = \mathfrak{C}_0$. Die Klasse $\mathfrak{C} = C\,\mathfrak{C}_0$ erzeugt also die Klassengruppe von Ω und es ist erst $\mathfrak{C}^{l^n} = \mathfrak{C}_0$. Sei K_1 der Klassenkörper für diese Einteilung. Die Relativnormen seiner Ideale

[9]) TEIJI TAKAGI, Über das Reziprozitätsgesetz in beliebigen algebraischen Zahlkörpern. Journal of the College of Science, Tokyo 1922.

in bezug auf Ω fallen dann in $\mathfrak{C}_0$, die in bezug auf k also in C_0. Als Relativnormen gewisser Ideale aus Ω fallen sie aber auch in $\mathfrak{K}_0$, sie liegen also in $(C_0, \mathfrak{K}_0)$. K_1 ist demnach Klassenkörper für die gleiche Einteilung wie K^*, nach TAKAGI ist also $K_0 = K^*$.

Die Gruppe von K^* ist offenbar $\sigma^\nu \tau^\mu$ und Ω gehört zur Untergruppe σ^ν. Da unser Satz 2 für K^*/Ω richtig sein soll, sei die Bezeichnung so gewählt, daß σ zur Klasse $\mathfrak{C}$, σ^ν also zu $\mathfrak{C}^\nu$ gehört.

$\mathfrak{p}$ sei ein Primideal aus $(C^r, \mathfrak{K}^s)$. Ist g_s der größte gemeinsame Teiler von m und s und $m = g_s e_s$, so zerfällt nach dem Zerlegungssatz $\mathfrak{p}$ in Ω in e_s Primideale $\mathfrak{q}_i$ g_s-ten Grades. Ist nun etwa:

$$\sigma^\nu A \equiv A^{N\mathfrak{p}} \pmod{\mathfrak{p}},$$

so gehört $\sigma^{\nu g_s}$ in Ω zu den $\mathfrak{q}_i$. Die $\mathfrak{q}_i$ müssen also alle in der Klasse $\mathfrak{C}^{\nu g_s}$, ihre Norm $\mathfrak{p}^{g_s}$ also in $C^{m\nu g_s}$ liegen. Als Teiler von m ist g_s prim zu l, $\mathfrak{p}$ liegt also in der Klasse $C^{m\nu}$ die demnach nur von σ^ν abhängt. Da m prim ist zu l, durchläuft $C^{m\nu}$ mit ν alle Klassen und $C^{m(\nu+\mu)}$ gehört zu $\sigma^{\nu+\mu} = \sigma^\nu \sigma^\mu$.

Wegen 5. ist somit unser Satz 2 für Primzahlgrad, also auch für daraus komponierte Körper (nach 3.) bewiesen.

6.

Nun kehren wir wieder (unter der gemachten Voraussetzung) zu einem beliebigen Körper K zurück. Es sei σ irgendein Element aus $\mathfrak{G}$ der Ordnung $m(\sigma)$, $\mathfrak{g}^\sigma$ die Gruppe der Potenzen von σ, Ω der zu $\mathfrak{g}^\sigma$ gehörige Unterkörper von K.

Ist $\psi_i^{(\sigma)}(\tau)$ ein Charakter (also gewöhnlicher Abelscher Gruppencharakter) von $\mathfrak{g}^\sigma (i = 1, 2 \cdots m(\sigma)$, wo $i = 1$ der Hauptcharakter sei), so bilden wir in Ω die L-Reihe in bezug auf K:

$$L(s, \psi_i^{(\sigma)}).$$

Wegen (15) und (7) gilt, wenn wir noch den Index σ zur Unterscheidung anbringen:

$$L(s, \psi_i^{(\sigma)}) = \prod_{\nu=1}^{x} (L(s, \chi^\nu))^{r_{i\nu}^{(\sigma)}} \qquad (i = 1, 2, \ldots m(\sigma)). \tag{23}$$

Nach der gemachten Voraussetzung steht links eine gewöhnliche Abelsche L-Reihe. Deshalb gestattet (23) die Fortsetzbarkeit unserer Funktionen zu beweisen. Zunächst ist $L(s, \chi^1) = \zeta_k(s)$. Für sie ist also die Fortsetzbarkeit bewiesen.

Für $\nu > 1$ wollen wir zeigen, daß sich die $L(s, \chi^\nu)$ ausdrücken lassen durch Produkte rationalzahliger Potenzen der $L(s, \psi_i^{(\sigma)})$ für alle σ, ohne den Hauptcharakter $\psi_1^{(\sigma)}$ zu verwenden.

Wegen (23) genügt es, zu zeigen, daß die $\varkappa$ Gleichungen

(24) $$\sum_{\sigma \neq 1} \sum_{2}^{m(\sigma)}{}^{i}\, r_{i\nu}^{(\sigma)}\, x_i^{\sigma} = \delta_{k\nu} \qquad \nu = 1, 2 \cdots \varkappa$$

sich für jedes feste k der Reihe $2, 3 \cdots \varkappa$ lösen lassen.

Nun ist für $i > 1$ stets $r_{i1} = 0$, die Gleichung (24) bei $\nu = 1$ ist also eine Identität, so daß man in (24) nur $\nu \geqq 2$ vorauszusetzen braucht. Damit also (24) lösbar ist, muß in der Matrix

$$(r_{i\nu}^{(\sigma)}) \qquad \sigma \neq 1, \qquad i = 2 \cdots m(\sigma); \qquad \nu = 2, \cdots \varkappa$$

(wo σ und i die Nummern der Kolonnen, ν die Nummer der Zeile angibt) eine nicht verschwindende $(\varkappa - 1)$-reihige Unterdeterminante vorhanden sein. Dies läuft darauf hinaus, daß die Gleichungen

(25) $$\sum_{2}^{\varkappa}{}^{\nu}\, r_{i\nu}^{(\sigma)}\, y_\nu = 0,$$

wenn sie für jedes $\sigma \neq 1$, $i \geqq 2$ bestehen, die einzige Lösung $y_\nu = 0$ haben.

Um dies zu zeigen, multiplizieren wir (25) mit $\psi_i^{(\sigma)}(\tau)$ (unter τ irgendein Element aus $\mathfrak{g}^{\sigma}$ verstanden — auch $\tau = 1$ ist zulässig) und summieren über i von 2 bis $m(\sigma)$. Nach (6) gibt dies

$$\sum_{2}^{\varkappa}{}^{\nu}\, (\chi^{\nu}(\tau) - r_{1\nu}^{(\sigma)})\, y_\nu = 0 \quad \text{oder}$$

$$\sum_{2}^{\varkappa}{}^{\nu}\, \chi^{\nu}(\tau)\, y_\nu = \sum_{2}^{\varkappa}{}^{\nu}\, r_{1\nu}^{(\sigma)}\, y_\nu.$$

Die linke Seite hat also für alle τ aus $\mathfrak{g}^{\sigma}$ denselben Wert, da die rechte Seite nicht von τ abhängt. Nun ist $\tau = 1$ gemeinsames Element aller $\mathfrak{g}^{\sigma}$, die linke Seite hat also für alle τ aus $\mathfrak{G}$ überhaupt den gleichen Wert, nennen wir ihn $-y_1 = -y_1\, \chi^1(\tau)$. Unsere Gleichungen schreiben sich dann:

$$\sum_{1}^{\varkappa}{}^{\nu}\, \chi^{\nu}(\tau)\, y_\nu = 0$$

für alle τ. Multiplizieren wir mit $\chi^{i}(\tau^{-1})$ und summieren über τ, so wird wegen (2):

$$n\, y_i = 0,$$

womit alles gezeigt ist.

Da sich also die $L(s, \chi^{\nu})$ durch Abelsche L-Reihen ausdrücken lassen, sind sie in die ganze Ebene fortsetzbar und haben höchstens

Verzweigungsstellen beschränkter Ordnung. Für $\nu > 1$ sind sie nach unserer Herleitung im Punkte $s = 1$ regulär und von Null verschieden und besitzen alle sonstigen Eigenschaften der gewöhnlichen L-Reihen.

Nun ändern wir die Ausgangsdefinition unserer L-Reihen ab. Wir denken uns in dem Ausdruck durch Abelsche L-Reihen für die einzelne L-Funktion, die mit dem zugehörigen eigentlichen Charakter einsetzt. Durch diese Abänderung werden nur endlich viele Faktoren betroffen, so daß alle bisher abgeleiteten Relationen auch in den neuen L-Reihen bis auf endlich viele Faktoren Gültigkeit behalten, wenn wir die allgemeinsten L-Reihen jetzt durch Formel (14) definieren. Diese neuen L-Reihen genügen aber in einem passenden Zweig einer einfachen Funktionalgleichung, da die eigentlichen Abelschen L-Reihen einer solchen genügen. Nach der Schlußweise von Herrn HECKE gelten also alle bisher abgeleiteten Formeln genau, wenn wir unsere neue Definition der L-Reihen zugrunde legen. Bei Umkreisung einer eventuellen Verzweigungsstelle multiplizieren sich die L-Funktionen mit einer Einheitswurzel. Endlich erkennen wir, daß unsere neue Definition unabhängig davon ist, welchen Ausdruck durch Abelsche L-Reihen wir verwendet haben (wieder wegen der Funktionalgleichung).

Die Funktionalgleichung selbst hat die Gestalt[10])

$$L(1-s, \bar{\chi}^i) = a_i A^s (\Gamma(s))^{l_i^{(1)}} \left(\cos \frac{s\pi}{2}\right)^{l_i^{(2)}} \left(\sin \frac{s\pi}{2}\right)^{l_i^{(3)}} L(s, \chi^i).$$

wo $\bar{\chi}^i$ der zu χ^i inverse Charakter ist und a_i nur noch abhängt vom betrachteten Zweig, also eventuell in einem anderen Zweig von $L(s, \chi^i)$ eine Einheitswurzel als Faktor annimmt.

Zur Bestimmung von $l_i^{(1)}$ setzen wir die Funktionalgleichung ein in (23). Rechter Hand ist dann die Potenz des Γ-Faktors $\sum_1^{x}{}_\nu\, r_{i\nu}^{(\sigma)}\, l_\nu^{(1)}$, linker Hand ist sie[10]) $m \cdot \dfrac{n}{m(\sigma)}$ (Grad des Körpers Ω), wenn m der Grad von k ist. Es muß also sein:

$$\sum_1^{x}{}_\nu\, r_{i\nu}^{(\sigma)}\, l_\nu^{(1)} = m \frac{n}{m(\sigma)}$$

für jedes i und jedes σ. Multipliziert mit $\psi_i^{(\sigma)}(r)$ und summiert über i gibt dies nach (6):

---

[10]) E. LANDAU, Über Ideale und Primideale in Idealklassen. Math. Zeitschrift Bd. 2, Seite 104, Satz LXVI.

$$\sum_{1}^{\varkappa}{}' \chi^{\nu}(\tau)\, l_{\nu}^{(1)} = m\, n \cdot \varepsilon_{\tau},$$

wobei $\varepsilon_\tau = 1$ oder 0 ist, je nachdem $\tau = 1$ oder $\tau \neq 1$ ist.

Multipliziert man dies mit $\chi^i(\tau^{-1})$ und summiert über τ, so erhält man nach (2): $n\, l_i^{(1)} = m\, n\, f_i$ oder: $l_i^{(1)} = m\, f_i$.

Analog kann man noch einige der vorkommenden Konstanten näher bestimmen. Alles in allem erhalten wir den

Satz 3. *Die primitiven L-Reihen $L(s, \chi^i)$ sind in die ganze Ebene fortsetzbar und können höchstens multiplikative Verzweigungsstellen beschränkter Ordnung aufweisen. Für $i > 1$ sind sie im Punkte $s = 1$ regulär und von Null verschieden. Auf der Geraden $\Re(s) = 1$ und in einem wie $(\log T)^{-1}$ nach oben abnehmendem Gebiet links von $\Re(s) = 1$ sind sie frei von Nullstellen. Sie genügen einer Funktionalgleichung der Form:*

$$\frac{L(1-s, \bar\chi^i)}{L(s, \chi^i)} = \varepsilon_i \left(\frac{2}{(2\pi)^s}\right)^{m f_i} (\alpha_i\, |\Delta|^{f_i})^{s-\frac{1}{2}} \left(\cos\frac{s\pi}{2}\right)^{l_i^{(2)}} \left(\sin\frac{s\pi}{2}\right)^{l_i^{(3)}} (\Gamma(s))^{m f_i}. \tag{26}$$

Darin bedeutet Δ die Diskriminante von k, α_i ein Produkt rationalzahliger Potenzen ganzer rationaler Zahlen und ε_i eine höchstens vom betrachteten Zweig abhängige Zahl mit $|\varepsilon_i| = 1$.

Ferner sind $l_i^{(2)}$ und $l_i^{(3)}$ rationale Zahlen.

Auf demselben Wege dürfte sich auch noch die Eindeutigkeit unserer Funktionen feststellen lassen, von der man sich in speziellen Fällen leicht überzeugt; ohne Mühe kann man wenigstens ableiten, daß in den Verzweigungsordnungen nur Primfaktoren aus n aufgehen können.

Völlig neue Methoden aber wird wohl der Nachweis verlangen, daß es sich bei unseren L-Reihen um ganze Funktionen (abgesehen vom Hauptcharakter) handelt.

7.

Mit dem eben hergeleiteten Resultat bestätigt man leicht wegen Formel (12) eine Vermutung von FROBENIUS[11]).

Man kann sie aber auch mühelos verschärfen. Aus (12) folgt nämlich nach bekannten Methoden:

$$\sum_{N\mathfrak{p} \leq x} \chi^i(\mathfrak{p}) = \delta_{1i}\, Li(x) + O(x e^{-a\sqrt{\log x}}), \tag{27}$$

wo $\delta_{11} = 1$ sonst $\delta_{1i} = 0$ ist.

---

[11]) Vgl. die in Fußnote [3]) zitierte Arbeit, § 5 Formel (16) und (18).

Nun sei $\mathfrak{C}_r$ eine feste Klasse von Substitutionen, σ eine Substitution aus $\mathfrak{C}_r$ und $\pi(x, \mathfrak{C}_r)$ die Anzahl der zu $\mathfrak{C}_r$ gehörigen Primideale aus k mit $N\mathfrak{p} \leq x$.

Multiplizieren wir (27) mit $\chi^i(\sigma^{-1})$ und summieren über i, so folgt aus (3):

$$\frac{n}{h_r}\pi(x, \mathfrak{C}_r) = Li(x) + O(x \cdot e^{-a\sqrt{\log x}}).$$

Satz 4. *Ist $\pi(x, \mathfrak{C}_i)$ die Anzahl der Primideale mit $N\mathfrak{p} \leq x$, welche zur Klasse $\mathfrak{C}_i$ gehören, so gilt:*

$$\pi(x, \mathfrak{C}_r) = \frac{h_r}{n} Li(x) + O(x \cdot e^{-a\sqrt{\log x}}). \tag{28}$$

Die Dichtigkeit dieser Primideale ist also gleich der Dichtigkeit der Substitutionen von $\mathfrak{G}$ aus $\mathfrak{C}_i$. Insbesondere gibt es also zu jeder Klasse $\mathfrak{C}_i$ unendlich viele Primideale.

Dieser Satz ist eine Verallgemeinerung des Satzes von der arithmetischen Progression, den er (unter Zuhilfenahme unseres allgemeinen Reziprozitätsgesetzes) als speziellen Fall enthält. Seine wahre Bedeutung harrt noch der Aufklärung.

8.

Satz 5. *Im Grundkörper R der rationalen Zahlen besteht zwischen den primitiven L-Reihen keine multiplikative Relation.*

Beweis: Es sei $\prod_{1}^{x}{}_{i}\, (L(s, \chi^i))^{x_i} = 1.$

Wegen (12) ergibt sich daraus:

$$\sum_{p^\nu}\left(\sum_{1}^{x}{}_{i}\, x_i\, \chi^i(p^\nu)\right)\frac{1}{\nu\, p^{\nu s}} = 0.$$

Nach Satz 4 gibt es nun zu jeder Klasse $\mathfrak{C}$ unendlich viele Primzahlen. Es muß also für jedes τ aus $\mathfrak{G}$ gelten:

$$\sum_{1}^{x}{}_{i}\, x_i\, \chi^i(\tau) = 0.$$

Daraus erschließt man aber in bekannter Weise:

$$x_i = 0.$$

Der eben hergeleitete Satz gilt nicht allgemein für einen beliebigen Grundkörper, da dann die konjugierten Primideale alles zerstören können. In der Tat kann man sich leicht Beispiele (schon quadratische

Körper) konstruieren, in denen etwa konjugierten Charakteren gleiche L-Reihen zugeordnet sind.

Wir erkennen auf Grund von Satz 5, wie wir alle Relationen zwischen irgendwelchen ζ-Funktionen oder L-Reihen ermitteln. Wir suchen den absolut Galoisschen Körper auf, der alle Körper enthält, in denen die fraglichen Funktionen definiert sind, und spalten diese auf in primitive L-Reihen von K. Durch Elimination erhalten wir dann alle Relationen, da jede weitere auf eine Relation zwischen den primitiven L-Reihen hinauslaufen würde, die es nach Satz 5 nicht geben kann. Nach einer Bemerkung am Schluß von 2 können wir uns schließlich den Übergang zu einem gemeinsamen Galoisschen Körper ersparen, den wir nur zum Einzigkeitsnachweis verwendeten, da eine Aufspaltung in primitive L-Reihen in einem höheren Körper die gleiche ist Damit haben wir für die Bestimmung aller multiplikativen Relationen einen gewissen Abschluß erreicht.

9.

Zum Schluß mögen die gewonnenen Ergebnisse noch auf den einfachsten Körper angewendet werden, der nicht durch eine Folge Abelscher Körper zu realisieren ist, den Ikosaederkörper. Wir bemerken zunächst, daß in diesem Falle die in Frage kommenden Reziprozitätsgesetze wirklich bewiesen sind. Abgesehen von 4 gehen in der Tat in 60 nur die einfachen Primfaktoren 3 und 5 auf und auch 4 führt nur auf eine Vierergruppe, da die Ikosaedergruppe kein Element 4. Ordnung, sondern nur Elemente 2. Ordnung enthält.

Wir haben 5 Klassen $\mathfrak{C}_1$, $\mathfrak{C}_2$, $\mathfrak{C}_3$, $\mathfrak{C}_4$, $\mathfrak{C}_5$ respektive mit der Anzahl der Elemente 1, 15, 20, 12, 12. Die Dichtigkeiten der Primideale des Grundkörpers, die zu diesen Klassen gehören, sind also $\frac{1}{60}, \frac{1}{4}, \frac{1}{3}, \frac{1}{5}, \frac{1}{5}$.

Ferner haben wir 5 einfache Charaktere der Grade 1, 3, 3, 4, 5 und demgemäß wollen wir die zugehörigen L-Reihen (zum Hauptcharakter gehört ja die Zetafunktion ζ des Grundkörpers k) $L_3^{(1)}$, $L_3^{(2)}$, L_4, L_5 nennen.

Für die ζ-Funktionen der Unterkörper (der angehängte Index bedeute den Relativgrad des Körpers) finden wir nach unseren Methoden leicht:

$$(29a)\qquad \begin{aligned} \zeta_5 &= \zeta\, L_4 \\ \zeta_6 &= \zeta\, L_5 \\ \zeta_{10} &= \zeta\, L_4\, L_5 \\ \zeta_{12} &= \zeta\, L_3^{(1)}\, L_3^{(2)}\, L_5 \end{aligned}$$

$$
\begin{aligned}
\zeta_{15} &= \zeta\, L_4\, (L_5)^2 \\
\zeta_{20} &= \zeta\, L_3^{(1)}\, L_3^{(2)}\, (L_4)^2\, L_5 \\
\zeta_{30} &= \zeta\, L_3^{(1)}\, L_3^{(2)}\, (L_4)^2\, (L_5)^3 \\
\zeta_{60} &= \zeta\, (L_3^{(1)}\, L_3^{(2)})^3\, (L_4)^4\, (L_5)^5
\end{aligned} \tag{29b}
$$

Im Falle des Ikosaederkörpers sind alle L-Reihen eindeutige Funktionen. Aus den ersten beiden Formeln folgt in der Tat die Eindeutigkeit von L_4 und L_5. Der Ikosaederkörper ist ferner zyklisch vom fünften Grad in bezug auf seinen Unterkörper Ω_{12} vom zwölften Grad. In diesem müssen also vier L-Reihen liegen, die sich durch unsere primitiven L-Reihen ausdrücken lassen. Vergleicht man die Formel für ζ_{60} mit der Formel für ζ_{12}, so sieht man, daß das Produkt dieser vier L-Reihen den Wert hat:

$$(L_3^{(1)}\, L_3^{(2)})^2\, (L_4)^4\, (L_5)^4.$$

Die Zahl 12 muß sich nun additiv aus 3, 4, 5 so zusammensetzen lassen (für jede der L-Reihen), daß das angegebene Produkt entsteht. Man erkennt leicht, daß nur die Aufteilungen $L_3^{(1)}\, L_4\, L_5$ und $L_3^{(2)}\, L_4\, L_5$ möglich sind. Je zwei der L-Reihen (konjugierte) sind also identisch (hier haben wir nebenbei ein Beispiel eines Körpers mit identischen primitiven L-Reihen), die beiden verschiedenen besitzen die angegebene Zerlegung. Aus ihr erkennen wir die Eindeutigkeit auch von $L_3^{(1)}$ und $L_3^{(2)}$.

Die Funktion L_5 ist ferner ganz. In der Tat ist der Körper Ω_{15} zyklisch in bezug auf Ω_5, so daß in Ω_5 zwei L-Reihen liegen. Hier ist aber ersichtlich nur die Darstellung L_5 selbst möglich. Die beiden L-Reihen aus Ω_5 fallen also zusammen und sind mit L_5 identisch.

Ω_{12} ist relativ quadratisch in bezug auf Ω_6, so daß in Ω_6 eine L-Reihe liegt, die nur mit $L_3^{(1)} \cdot L_3^{(2)}$ zusammenfallen kann (wegen (29.)) Ebenso ist Ω_{20} relativ quadratisch in bezug auf Ω_{10}, die dort liegende L-Reihe ist also $L_3^{(1)}\, L_3^{(2)}\, L_4$. Die anderen Körper liefern nichts wesentlich Neues. Es sind also L_5 und die Verbindungen $L_3^{(1)}\, L_4\, L_5$, $L_3^{(2)}\, L_4\, L_5$, $L_3^{(1)}\, L_3^{(2)}$, $L_3^{(1)}\, L_3^{(2)}\, L_4$ als ganze Funktionen erkannt.

Aus den Formeln (29) liest man auch unmittelbar die Relationen ab, die ich in der in Fußnote 5 zitierten Arbeit aufgestellt habe. Ebenso erkennt man die Teilbarkeit von ζ_6, ζ_{12}, ζ_{30} und ζ_{60} durch die Zetafunktion ζ des Grundkörpers.

Hamburg, Mathematisches Seminar, Juli 1923.

Über den zweiten Ergänzungssatz zum Reziprozitätsgesetz der l-ten Potenzreste im Körper k_ζ der l-ten Einheitswurzeln und in Oberkörpern von k_ζ.

Von *E. Artin* in Hamburg und *H. Hasse* in Kiel [1]).

In dieser Arbeit werden für den zweiten Ergänzungssatz zum allgemeinen Reziprozitätsgesetz für die l-ten Potenzreste im Körper k_ζ der l-ten Einheitswurzeln analoge Überlegungen durchgeführt, wie in einer vorangehenden Arbeit von *H. Hasse* [2]) für das allgemeine Reziprozitätsgesetz selbst. Die Ergebnisse werden alsdann auf beliebige Oberkörper von k_ζ übertragen.

Sei l eine ungerade Primzahl, ζ eine primitive l-te Einheitswurzel, k_ζ der durch ζ bestimmte Kreiskörper, $\lambda = 1 - \zeta$ und $\mathfrak{l} = (\lambda)$ der Primteiler von l in k_ζ. Der zweite Ergänzungssatz zum Reziprozitätsgesetz der l-ten Potenzreste in k_ζ hat dann die Potenzrestsymbole $\left(\frac{\lambda}{\alpha}\right)$ und $\left(\frac{l}{\alpha}\right)$ zu bestimmen, wo α irgendeine zu l prime Zahl aus k_ζ ist. Wegen

$$\left(\frac{\lambda}{\alpha^{l-1}}\right) = \left(\frac{\lambda}{\alpha}\right)^{-1}; \quad \left(\frac{l}{\alpha^{l-1}}\right) = \left(\frac{l}{\alpha}\right)^{-1}; \quad \alpha^{l-1} \equiv 1 \bmod. \mathfrak{l}$$

darf ohne Beschränkung $\alpha \equiv 1 \bmod. \mathfrak{l}$ vorausgesetzt werden. Ist dann

$$\alpha = (1-\lambda)^{c_1} \ldots (1-\lambda^l)^{c_l} \alpha_0^{\,l} \ (\mathfrak{l}); \quad (c_i \bmod. l)$$

die Darstellung von α durch das Fundamentalsystem $1 - \lambda^i$; $(i = 1, 2, \ldots, l)$ für die multiplikative Darstellung in $k_\zeta(\mathfrak{l})$, so gilt bekanntlich für das Potenzrestsymbol $\left(\frac{\lambda}{\alpha}\right)$ die Formel [3])

$$(1.) \qquad \left(\frac{\lambda}{\alpha}\right) = \zeta^{c_l}.$$

Hierin ist der Exponent c_l als explizite Funktion von α darzustellen. Diese Aufgabe läßt sich ähnlich wie in der vorstehenden Arbeit durch Einführung der Logarithmen für den Bereich von $\mathfrak{l}$ lösen und führt zu folgendem Ergebnis:

---

[1]) Die Ergebnisse dieser Arbeit sind im Sommer 1923 in einem Briefwechsel und mündlichen Besprechungen zwischen den beiden Verfassern entstanden. Ausarbeitung und Darstellung übernahm der jüngere von ihnen.

[2]) „Über das allgemeine Reziprozitätsgesetz der l-ten Potenzreste im Körper k_ζ der l-ten Einheitswurzeln und in Oberkörpern von k_ζ“, ds. Journ. Bd. 154, S. 96ff., im folgenden zitiert mit *R.*

[3]) Siehe schon bei *Eisenstein*, ds. Journ. Bd. 39, S. 357, (10.), außerdem *Takagi*, On the Law of Reciprocity in the Cyclotomic Corpus, S. 178, Proc. Phys.-math. Soc. Jap., Ser. 3, Vol. 4, 1922. (Vergl. *R.*, S. 97, Anm. 4.)

Satz 1. *Für beliebige zu $\mathfrak{l}$ prime α aus k_ζ gilt*:

$$\left(\frac{\lambda}{\alpha}\right) = \zeta^{S\left(\frac{\zeta \log \alpha^{l-1}}{l\lambda}\right)},$$

speziell für $\alpha \equiv 1$ mod. $\mathfrak{l}$:

$$\left(\frac{\lambda}{\alpha}\right) = \zeta^{-S\left(\frac{\zeta \log \alpha}{l\lambda}\right)}.$$[1]

In ähnlicher Weise soll auch die Formel für $\left(\frac{l}{\alpha}\right)$ entwickelt werden. Der Wert dieses Symbols ist, wenn $\alpha \equiv 1$ mod. $\mathfrak{l}$ durch die *Takagi*sche Basis[2]) $\varkappa_1, \ldots, \varkappa_l$ in der Form

$$\alpha = \varkappa_1^{e_1} \ldots \varkappa_l^{e_l} \alpha_0^l \quad (\mathfrak{l}); \qquad (e_i \text{ mod. } l)$$

dargestellt ist:

$$\left(\frac{l}{\alpha}\right) = \zeta^{-e_l} \text{ [3]}. \tag{2}$$

Hier wird sich ergeben:

Satz 2. *Für beliebige zu $\mathfrak{l}$ prime α aus k_ζ gilt*:

$$\left(\frac{l}{\alpha}\right) = \zeta^{S\left(\frac{\log \alpha^{l-1}}{\lambda^l}\right)},$$

speziell für $\alpha \equiv 1$ mod. $\mathfrak{l}$:

$$\left(\frac{l}{\alpha}\right) = \zeta^{-S\left(\frac{\log \alpha}{\lambda^l}\right)}.$$

Beide Sätze lassen sich dann in folgender Form auf beliebige Oberkörper k von k_ζ übertragen:

Satz 3. *Für beliebige $A \equiv$ zu l primer, rationaler Zahl mod. $\mathfrak{l}$*[4]) *aus K gilt*:

$$\left(\frac{\lambda}{A}\right) = \zeta^{S\left(\frac{\zeta \log A^{l-1}}{l\lambda}\right)}; \qquad \left(\frac{l}{A}\right) = \zeta^{S\left(\frac{\log A^{l-1}}{\lambda^l}\right)},$$

speziell für $A \equiv 1$ mod. $\mathfrak{l}$:

$$\left(\frac{\lambda}{A}\right) = \zeta^{-S\left(\frac{\zeta \log A}{l\lambda}\right)}; \qquad \left(\frac{l}{A}\right) = \zeta^{-S\left(\frac{\log A}{\lambda^l}\right)}.$$

Es sei hervorgehoben, daß Satz 1 und 2 zwar die feinstmögliche Formulierung des zweiten Ergänzungssatzes in k_ζ darstellen, Satz 3 hingegen noch nicht der allgemeinste Ergänzungssatz in K ist, weil ja in K der Primteiler $\mathfrak{l}$ von k_ζ noch weiter zerfallen kann, und dann noch die Potenzrestsymbole auszudrücken bleiben, deren Zähler einen Primfaktor von $\mathfrak{l}$ nur einmal enthält. Auch muß dann die Kongruenzbedingung mod. $\mathfrak{l}$ für A noch durch eine weniger einschränkende ersetzt werden.

Für die Beweise von Satz 1 — 3 genügt es auf Grund obiger Bemerkung natürlich, sich auf die speziellen Fälle α bzw. $A \equiv 1$ mod. $\mathfrak{l}$ zu beschränken.

---

[1]) Siehe Anm. 1 S. 105 in *R*.

[2]) Siehe *Takagi*, a. a. O., S. 174, außerdem *R*., S. 97 u.

[3]) Siehe *Takagi*, a. a. O., S. 179.

[4]) $\mathfrak{l}$ bezeichnet nach wie vor den Primteiler $\mathfrak{l} = (\lambda) = (1 - \zeta)$ von k_ζ, dagegen S jetzt die Spur in K.

Beweis von Satz 1.

Sei irgendein $\alpha \equiv 1 \bmod. \mathfrak{l}$ aus k_ζ gegeben und

$$\alpha = (1-\lambda)^{c_1} \cdots (1-\lambda^l)^{c_l}\, \alpha_0{}^l \quad (\mathfrak{l});\quad (c_i \bmod. l)$$

seine Darstellung durch das Fundamentalsystem $(1-\lambda^i)$; $(i = 1, 2, \ldots, l)$ von $k_\zeta(\mathfrak{l})$. Um c_l durch α auszudrücken, bilden wir

$$\log \alpha = \sum_{n=1}^{l} c_n \log(1-\lambda^n) + l \log \alpha_0 \equiv \sum_{n=1}^{l-1} c_n \log(1-\lambda^n) \bmod. \mathfrak{l}^{l+1},$$

weil $\log \alpha_0$, wie jeder Logarithmus einer Einseinheit von $k_\zeta(\mathfrak{l})$, durch $\mathfrak{l}^2$ teilbar ist. Durch Entwicklung der Logarithmen rechts folgt unter Anwendung des Hilfssatzes 1 aus *R.*:

$$\log \alpha \equiv -\sum_{n=1}^{l} c_n \sum_{\nu=1}^{l-1} \frac{\lambda^{n\nu}}{\nu} - c_1 \frac{\lambda^l}{l} \bmod. \mathfrak{l}^{l+1}.$$

Um eine Entwicklung nach Potenzen von λ mit für den Bereich von l *ganzen* rationalen Koeffizienten zu erhalten, führen wir für das einzige noch nicht so beschaffene Glied $\frac{\lambda^l}{l}$ die Entwicklung

$$-\frac{\lambda^l}{l} \equiv \frac{\lambda}{1} + \frac{\lambda^2}{2} + \cdots + \frac{\lambda^{l-1}}{l-1} \bmod. \mathfrak{l}^{l+1}$$

ein, die sich mittels des angegebenen Hilfssatzes unmittelbar aus der Relation

$$0 = \log \zeta = \log(1-\lambda) = -\sum_{\nu=1}^{\infty} \frac{\lambda^\nu}{\nu} \quad (\mathfrak{l})$$

ergibt. Dann wird

$$\log \alpha \equiv -\sum_{n=1}^{l} c_n \sum_{\nu=1}^{l-1} \frac{\lambda^{n\nu}}{\nu} + c_1 \sum_{\nu=1}^{l-1} \frac{\lambda^\nu}{\nu} \equiv -\sum_{n=2}^{l} c_n \sum_{\nu=1}^{l-1} \frac{\lambda^{n\nu}}{\nu} \bmod. \mathfrak{l}^{l+1},$$

und das liefert eine Entwicklung der Form:

$$\log \alpha \equiv b_2 \lambda^2 + \cdots + b_l \lambda^l \bmod. \mathfrak{l}^{l+1}$$

mit für den Bereich von l ganzen rationalen b_i, in der speziell

$$b_l = -c_l$$

ist. Der Koeffizient $b_l = -c_l$ dieser Entwicklung läßt sich nun durch Spurbildung bestimmen. Aus den Gleichungen

$$S(\lambda^i) = \sum_{\nu=0}^{l-1} (1-\zeta^\nu)^i = \sum_{\nu=0}^{l-1} \sum_{\mu=0}^{i} (-1)^\mu \binom{i}{\mu} \zeta^{\nu\mu} = \sum_{\mu=0}^{i} (-1)^\mu \binom{i}{\mu} \sum_{\nu=0}^{l-1} \zeta^{\nu\mu} = l; \quad (1 \leq i \leq l-1)$$

$$S(\lambda^l) = \sum_{\mu=0}^{l} (-1)^\mu \binom{l}{\mu} \sum_{\nu=0}^{l-1} \zeta^{\nu\mu} = l - l = 0$$

folgt nämlich:

$$S(\log \alpha) \equiv l(b_2 + \cdots + b_{l-1}) \bmod. \mathfrak{l}^{l+1}, \text{ also mod. } l^2$$

$$S\left(\frac{\log \alpha}{\lambda}\right) \equiv l(b_2 + \cdots + b_{l-1} + b_l) \bmod. \mathfrak{l}^l, \text{ also mod. } l^2$$

und somit durch Subtraktion und Division durch l:

$$\frac{1}{l} S\left(\frac{\log \alpha}{\lambda} - \log \alpha\right) = \frac{1}{l} S\left(\frac{\zeta \log \alpha}{\lambda}\right) \equiv b_l \equiv -c_l \bmod. l.$$

Damit ist nach (1.) Satz 1 bewiesen.

Beweis von Satz 2.

Um $\left(\frac{l}{\alpha}\right)$ auszudrücken, gehen wir nicht von dem *Takagi*schen Ergebnis (2.) aus, sondern transformieren unser in Satz 1 erhaltenes Resultat für $\left(\frac{\lambda}{\alpha}\right)$. Hierzu zerlegen wir

$$l = (1-\zeta)(1-\zeta^2)\ldots(1-\zeta^{l-1}) = \lambda_1\lambda_2\ldots\lambda_{l-1};\ (\lambda_1=\lambda).$$

Dann wird für $\alpha \equiv 1 \bmod. \mathfrak{l}$

$$\left(\frac{l}{\alpha}\right) = \prod_{\mu=1}^{l-1}\left(\frac{\lambda_\mu}{\alpha}\right) = \zeta^{-\mu\sum\limits_{\mu=1}^{l-1} S\left(\frac{\zeta^\mu \log \alpha}{l\lambda_\mu}\right)} = \zeta^{-\frac{S\left(\log\alpha\cdot\sum\limits_{\mu=1}^{l-1}\frac{\mu\zeta^\mu}{1-\zeta^\mu}\right)}{l}},$$

weil natürlich Satz 1 auch gilt, wenn ζ durch ζ^μ und λ durch λ_μ ersetzt wird. Wegen $\log\alpha \equiv 0 \bmod. \mathfrak{l}^2$ ist also nur noch

$$z = \sum_{\mu=1}^{l-1}\frac{\mu\zeta^\mu}{1-\zeta^\mu}$$

nach dem Modul $\mathfrak{l}^{l-2}$ auszurechnen, da hierdurch die Spur mod. $\mathfrak{l}^l$, also mod. l^2 bestimmt ist, und um Satz 2 zu beweisen, muß

$$z \equiv \frac{l}{\lambda^l} \bmod. \mathfrak{l}^{l-2}$$

nachgewiesen werden.

Nun ist

$$z = -\zeta\frac{d}{dx}\left[\log\prod_{\mu=1}^{l-1}(1-x^\mu)\right]_{x=\zeta} = \zeta\frac{d}{dx}\left[\log\frac{(1-x)^{l-1}}{\prod\limits_{\mu=1}^{l-1}(1-x^\mu)} - (l-1)\log(1-x)\right]_{x=\zeta}$$

$$= \zeta\frac{d}{dx}\Big[\log\varepsilon(x)\Big]_{x=\zeta} + (l-1)\frac{\zeta}{1-\zeta}$$

$$\equiv \zeta\frac{d}{dx}\Big[\log\varepsilon(x)\Big]_{x=\zeta} - \frac{\zeta}{\lambda} \bmod. \mathfrak{l}^{l-2},$$

wobei die rationale Funktion $\varepsilon(x)$ aus der Einheit

$$\varepsilon = \frac{(1-\zeta)^{l-1}}{(1-\zeta)\ldots(1-\zeta^{l-1})} = \frac{\lambda^{l-1}}{\lambda_1\ldots\lambda_{l-1}} = \frac{\lambda^{l-1}}{l}$$

von k_ζ entsteht, wenn in der ersten Darstellung ζ durch die Variable x ersetzt wird.

Die Funktion

$$\frac{1}{\varepsilon(x)} = \frac{\prod\limits_{\mu=1}^{l-1}(1-x^\mu)}{(1-x)^{l-1}} = g(x)$$

ist eine ganze rationale Funktion von x, deren Koeffizienten ganze rationale Zahlen sind, in denen keine Potenz von l als gemeinsamer Teiler aufgeht, da ja $\frac{1}{\varepsilon(\zeta)} = g(\zeta)$ eine Einheit von k_ζ ist. $g(x)$ ist ferner prim zu der irreduziblen Funktion

$$f(x) = x^{l-1} + \cdots + x + 1 = \frac{x^l-1}{x-1},$$

weil sonst $g(\zeta) = 0$ wäre. Ist nun $\varepsilon_1(x)$ irgendeine *ganze* rationale Funktion von x

mit für den Bereich von l ganzen Koeffizienten, für die

$$\varepsilon_1(\zeta) = \varepsilon(\zeta) = \varepsilon$$

ist, so ist bekanntlich

$$\varepsilon_1(x) = \varepsilon(x) + \varphi(x)\, f(x) = \frac{1}{g(x)} + \varphi(x)\, f(x)$$

mit einer rationalen, mod. $f(x)$ ganzen Funktion $\varphi(x)$, die wegen der Ganzheit von $\varepsilon_1(x)$ in der Form

$$\varphi(x) = \frac{h(x)}{g(x)}$$

mit ganz-rationalem $h(x)$ geschrieben werden kann. Es ist also dann

$$\varepsilon_1(x)\, g(x) = 1 + h(x)\, f(x),$$

und da $\varepsilon_1(x)\, g(x)$ nach Annahme für den Bereich von l ganze Koeffizienten hat, muß dasselbe nach dem *Gauß*schen Satze auch für $h(x)$ gelten, so daß $h(\zeta)$ eine für den Bereich von $\mathfrak{l}$ ganze Zahl von k_ζ wird.

Durch Differentiation folgt dann aus

$$\varepsilon_1(x) = \varepsilon(x) + \frac{h(x)}{g(x)} f(x):$$

$$\varepsilon_1'(x) = \varepsilon'(x) + \frac{h(x)}{g(x)} f'(x) + \frac{h'(x)\, g(x) - h(x)\, g'(x)}{g^2(x)} f(x),$$

also

$$\varepsilon_1'(\zeta) = \varepsilon'(\zeta) + \frac{h(\zeta)}{g(\zeta)} f'(\zeta) = \varepsilon'(\zeta) + \gamma \cdot \frac{l\zeta^{-1}}{\zeta - 1},$$

wo $\gamma = \dfrac{h(\zeta)}{g(\zeta)} = \varepsilon h(\zeta)$ eine für den Bereich von $\mathfrak{l}$ ganze Zahl von k_ζ ist. Somit wird

$$\varepsilon_1'(\zeta) \equiv \varepsilon'(\zeta) \text{ mod. } \mathfrak{l}^{l-2},$$

und daher

$$\frac{d}{dx}\Big[\log \varepsilon_1(x)\Big]_{x=\zeta} = \frac{\varepsilon_1'(\zeta)}{\varepsilon} \equiv \frac{\varepsilon'(\zeta)}{\varepsilon} = \frac{d}{dx}\Big[\log \varepsilon(x)\Big]_{x=\zeta} \text{ mod. } \mathfrak{l}^{l-2}.$$

Zur Bestimmung der rechten Seite dieser Kongruenz mod. $\mathfrak{l}^{l-2}$ dürfen wir also die Darstellung $\varepsilon = \varepsilon(\zeta)$ durch irgendeine andere $\varepsilon = \varepsilon_1(\zeta)$ mit den oben genannten Eigenschaften ersetzen. Eine solche entspringt nun aus der a. S. 145 benutzten Kongruenz

$$\varepsilon = \frac{\lambda^{l-1}}{l} \equiv -1 - \frac{\lambda}{2} - \cdots - \frac{\lambda^{l-2}}{l-1} \text{ mod. } \mathfrak{l}^{l}.$$

Denn hiernach ist

$$\varepsilon = -1 - \frac{\lambda}{2} - \cdots - \frac{\lambda^{l-2}}{l-1} + l\gamma,$$

wo $\gamma = \gamma(\zeta) = a_0 + a_1\zeta + \cdots + a_{l-2}\zeta^{l-2}$ eine für den Bereich von $\mathfrak{l}$ ganze Zahl von k_ζ ist, also $a_0, \ldots, a_{l-2}$ für den Bereich von l ganze rationale Zahlen sind, sodaß

$$\varepsilon_1(x) = -1 - \frac{1-x}{2} - \cdots - \frac{(1-x)^{l-2}}{l-1} + l\gamma(x)$$

eine ganze rationale Funktion von x mit für den Bereich von l ganzen rationalen Koeffizienten ist, für die $\varepsilon_1(\zeta) = \varepsilon$ ist. Daher folgt nach obigem

$$\frac{d}{dx}\Big[\log \varepsilon(x)\Big]_{x=\zeta} \equiv \frac{\varepsilon_1'(\zeta)}{\varepsilon} \equiv \frac{1}{\varepsilon}\Big(\frac{1}{2}+\frac{2\lambda}{3}+\cdots+\frac{(l-2)\lambda^{l-3}}{l-1}+l\gamma'(\zeta)\Big) \text{ mod. } \mathfrak{l}^{l-2}$$
$$\equiv \frac{1}{\varepsilon}\Big(\frac{1}{2}+\frac{2\lambda}{3}+\cdots+\frac{(l-2)\lambda^{l-3}}{l-1}\Big) \text{ mod. } \mathfrak{l}^{l-2}.$$

Damit wird

$$z \equiv \frac{\zeta}{\varepsilon}\Big(\frac{1}{2}+\frac{2\lambda}{3}+\cdots+\frac{(l-2)\lambda^{l-3}}{l-1}\Big)-\frac{\zeta}{\lambda} \text{ mod. } \mathfrak{l}^{l-2}$$
$$\equiv \frac{\zeta}{\varepsilon}\Big(-\frac{1}{2}-\frac{\lambda}{3}-\cdots-\frac{\lambda^{l-3}}{l-1}+1+\lambda+\cdots+\lambda^{l-3}\Big)-\frac{\zeta}{\lambda} \text{ mod. } \mathfrak{l}^{l-2}$$
$$\equiv \frac{\zeta}{\varepsilon}\Big(\frac{\varepsilon+1}{\lambda}+\frac{1-\lambda^{l-2}}{\zeta}\Big)-\frac{\zeta}{\lambda} \equiv \frac{\zeta}{\varepsilon\lambda}+\frac{1}{\varepsilon} \equiv \frac{1}{\varepsilon\lambda} \equiv \frac{l}{\lambda^l} \text{ mod. } \mathfrak{l}^{l-2}, \text{ w. z. b. w.}$$

Beweis von Satz 3.

Dieser Beweis ergibt sich unmittelbar aus dem Teile a) des Hilfssatzes 2 aus R. Bezeichne

S die Spur in k_ζ
$\bar{S}$,, ,, ,, K
s ,, Relativspur von K nach k_ζ
n ,, Relativnorm ,, ,, ,, ,,

und wie bisher $\mathfrak{l} = (\lambda) = (1-\zeta)$ den Primteiler von l in k_ζ. Dann ist für ein $A \equiv 1$ mod. $\mathfrak{l}$ aus K stets $n(A) \equiv 1$ mod. $\mathfrak{l}$ und nach jenem Hilfssatz

$$\Big(\frac{\lambda}{A}\Big)_K = \Big(\frac{\lambda}{n(A)}\Big)_{k_\zeta} = \zeta^{-S\left(\frac{\zeta \log n(A)}{l\lambda}\right)} = \zeta^{-S\left(\frac{\zeta s(\log A)}{l\lambda}\right)} = \zeta^{-Ss\left(\frac{\zeta \log A}{l\lambda}\right)} = \zeta^{-\bar{S}\left(\frac{\zeta \log A}{l\lambda}\right)}$$

und ebenso

$$\Big(\frac{l}{A}\Big)_K = \Big(\frac{l}{n(A)}\Big)_{k_\zeta} = \zeta^{-S\left(\frac{\log n(A)}{\lambda^l}\right)} = \zeta^{-\bar{S}\left(\frac{\log A}{\lambda^l}\right)},$$

weil, wie in R. a. S. 109 gezeigt wurde,

$$\log n(A) = s(\log A) \quad (\mathfrak{l})$$

gilt.

Beweis des allgemeinen Reziprozitätsgesetzes.

Von EMIL ARTIN in Hamburg.

In meiner Arbeit[1]) „Über eine neue Art von L-Reihen" hatte ich eine Formulierung des allgemeinen Reziprozitätsgesetzes aufgestellt und dieses für spezielle Fälle bewiesen. In dieser Fassung enthält es als spezielle Fälle die Reziprozitätsgesetze für m-te Potenzreste (bei beliebigem m), während man von diesen speziellen Fällen noch nicht ohne weiteres auf das allgemeine Reziprozitätsgesetz zurückkommen kann. Die dort gegebene Formulierung scheint mir auch (abgesehen davon, daß über irgendwelche Einheitswurzeln des Grundkörpers keine Voraussetzung gemacht zu werden braucht) genau diejenige Form zu sein, in der man es bei arithmetischen Untersuchungen benötigt.

Es soll nun dafür ein allgemein gültiger Beweis gegeben werden. Einen der Grundgedanken des Beweises, die Verwendung von Kreiskörpererweiterungen, verdanke ich der wichtigen Arbeit von Herrn TSCHEBOTAREFF[2]). Als Vorkenntnisse werden die üblichen Sätze der Idealtheorie, der Satz von der Existenz von Primidealen in Idealklassen und die Ergebnisse der Theorie von Herrn TAKAGI[3]) über relativ Abelsche Körper vorausgesetzt. Dagegen wird kein Gebrauch von den bereits vorliegenden Reziprozitätsgesetzen, auch nicht vom EISENSTEINschen gemacht. Auch die Kenntnis der erwähnten Arbeit über die L-Reihen wird nicht vorausgesetzt.

Im letzten Teil wird dann noch gezeigt, daß aus dem allgemeinen Reziprozitätsgesetz das Reziprozitätsgesetz für m-te Potenzreste folgt. In der einen Fassung ist das Gesetz fast unmittelbar zu gewinnen. Aus ihr kann man dann in wenigen Zeilen mit Hilfe einer bekannten einfachen Methode von Herrn FURTWÄNGLER[4]) die übliche Formulierung herleiten.

[1]) Vgl. Bd. 3 dieser Abhandlungen S. 89.

[2]) N. TSCHEBOTAREFF, Die Bestimmung der Dichtigkeit einer Menge von Primzahlen, welche zu einer gegebenen Substitutionsklasse gehören. Math. Ann. 95 (1925), S. 191. Vgl. auch O. SCHREIER, Über eine Arbeit von Herrn TSCHEBOTAREFF, diese Abh., Bd. V, S. 1.

[3]) T. TAKAGI, Über eine Theorie des relativ Abelschen Zahlkörpers, Journal of the College of Science, Tokyo 1920.

[4]) PH. FURTWÄNGLER, Die Reziprozitätsgesetze für Potenzreste mit Primzahlexponenten in algebraischen Zahlkörpern, Math. Ann. 67 (1909), insbesondere S. 27. Vgl. auch PH. FURTWÄNGLER, Über die Reziprozitätsgesetze für Primzahlpotenzexponenten, Crelle, Bd. 157 (1927), S. 15.

Es sei noch gestattet, darauf hinzuweisen, daß nunmehr alle Ergebnisse meiner Arbeit über L-Reihen gesichert sind, da die dort als Satz 2 bezeichnete Behauptung hier bewiesen wird.

1.

Um unseren späteren Beweis nicht zu unterbrechen, schicken wir unserem eigentlichen Gegenstand einen einfachen Hilfssatz voraus, der von der Existenz gewisser Primzahlen handelt.

Hilfssatz 1: *Es seien f eine vorgegebene natürliche Zahl, p_1 und p_2 zwei gegebene, gleiche oder verschiedene rationale Primzahlen. Dann gibt es unendlich viele Primzahlen q, bei denen die Gruppe $\mathfrak{R}$ der primen Restklassen mod q im Körper R der rationalen Zahlen die folgende Beschaffenheit aufweist: Es gibt eine Untergruppe $\mathfrak{R}_0$ von $\mathfrak{R}$, so daß p_1 und p_2 in derselben Nebengruppe $\mathfrak{R}_1$ der Faktorgruppe $\mathfrak{R}/\mathfrak{R}_0$ liegen, und daß diese Nebengruppe $\mathfrak{R}_1$ die Ordnung f hat.*

Beweis: 1. Für $f = 1$ kann q eine beliebige, von p_1 und p_2 verschiedene Primzahl sein. Man wähle $\mathfrak{R}_0 = \mathfrak{R}$.

2. Für $f > 1$ wird q noch näher bestimmt werden. Im allgemeinen wird $\mathfrak{R}_0$ die Untergruppe der f-ten Potenzreste sein; wenn aber f gerade ist und außerdem eine der Zahlen p_1 und p_2 ein Teiler von f ist, soll $\mathfrak{R}_0$ die Untergruppe der $2f$-ten Potenzreste sein. Das Wort „bzw." bezieht sich immer auf diesen Ausnahmefall.

Es bedeute ζ eine f-te bzw. $2f$-te primitive Einheitswurzel. Wir setzen $k_0 = R(\zeta)$ und $k_1 = k_0\left(\sqrt[f]{\frac{p_1}{p_2}}\right)$ bzw. $k_1 = k_0\left(\sqrt[2f]{\frac{p_1}{p_2}}\right)$. Bedeutet d einen Primteiler von f, so ist $\sqrt[d]{p_1}$ nur dann in k_1 enthalten, wenn $p_1 = \left(\frac{p_1}{p_2}\right)^{\nu} \cdot \lambda_0^d$ ist, wo λ_0 eine Zahl aus k_0 bedeutet[5]). Also muß die Zahl $\sqrt[d]{\frac{p_2^{\nu}}{p_1^{\nu-1}}}$ in k_0 enthalten sein; adjungiert man sie zu R, so muß ein Galoisscher Körper entstehen, da k_0 Abelsch ist. Das geht nur für $d = 2$ und auch nur dann, wenn p_1 oder p_2 ein Teiler von f ist. In diesem Ausnahmefall liegt aber auch wirklich eine der Zahlen $\sqrt{p_1}$ oder $\sqrt{p_2}$ in k_0, da dann $i = \sqrt{-1}$ in k_0 liegt; folglich gehört dann $\sqrt{p_1}$ tatsächlich zu k_1. In dem Ausnahmefall liegt aber wenigstens $\sqrt[4]{p_1}$ nicht in k_1, was man genau so feststellt. Auf jeden Fall ist somit $k_2 = k_1(\sqrt[f]{p_1})$ bzw. $k_2 = k_1(\sqrt[2f]{p_1})$ ein relativ zyklischer Ober-

[5]) Es muß nämlich $\sqrt[d]{p_1}$, zu k_0 adjungiert, einen Unterkörper von k_1 erzeugen. Der Exponent ν kann unter Umständen selbst gebrochen sein.

körper f-ten Grades von k_1. Als solcher ist er Klassenkörper für eine Einteilung der Ideale von k_1 in Klassen, die eine zyklische Gruppe f-ter Ordnung bilden. Ist $\mathfrak{K}$ eine erzeugende Klasse dieser Gruppe, so bleiben die Primideale von $\mathfrak{K}$ unzerlegt in k_2. In $\mathfrak{K}$ gibt es unendlich viele Primideale von erstem Grad in bezug auf R. Unter $\mathfrak{q}$ verstehen wir irgendein solches Primideal, das überdies prim sei zu p_1, p_2, f; es gehe $\mathfrak{q}$ auf in der rationalen Primzahl q. Wir wollen zeigen, daß q die geforderten Eigenschaften besitzt.

Da nämlich $\mathfrak{q}$ ein Primideal ersten Grades ist, ist jede Zahl von k_1, insbesondere also $\sqrt[f]{\frac{p_1}{p_2}}$ bzw. $\sqrt[2f]{\frac{p_1}{p_2}}$ einer rationalen Zahl modulo $\mathfrak{q}$ kongruent. Sei etwa: $x \equiv \sqrt[f]{\frac{p_1}{p_2}} \pmod{\mathfrak{q}}$ bzw. $x \equiv \sqrt[2f]{\frac{p_1}{p_2}} \pmod{\mathfrak{q}}$. Daraus folgt: $x^f \equiv \frac{p_1}{p_2} \pmod{\mathfrak{q}}$ bzw. $x^{2f} \equiv \frac{p_1}{p_2} \pmod{\mathfrak{q}}$. Diese Kongruenzen müssen, da es sich um rationale Zahlen handelt, sogar nach dem Modul q bestehen, womit bewiesen ist, daß $\frac{p_1}{p_2}$ in der Untergruppe $\mathfrak{R}_0$, also p_1 und p_2 in derselben Nebengruppe $\mathfrak{R}_1$ liegen. Im allgemeinen ist p_1^f natürlich in $\mathfrak{R}_0$ enthalten. Im Ausnahmefall aber liegt $\sqrt{p_1}$ in k_1, so daß es eine rationale Zahl y gibt, für die: $y \equiv \sqrt{p_1} \pmod{\mathfrak{q}}$. Daraus folgt $y^{2f} \equiv p_1^f \pmod{q}$, so daß p_1^f ein $2f$-ter Potenzrest ist, die Nebengruppe $\mathfrak{R}_1$ also höchstens die Ordnung f hat. Um zu zeigen, daß sie genau die Ordnung f hat, muß man nachweisen, daß für keinen Teiler d von f die Zahl p_1^d ein f-ter bzw. $2f$-ter Potenzrest ist. Sei etwa $f = df_1$.

$\mathfrak{q}$ bleibt unzerlegt in k_2, also auch im Zwischenkörper $k' = k_1\left(\sqrt[f_1]{p_1}\right)$ bzw. $k' = k_1\left(\sqrt[f_1]{\sqrt{p_1}}\right)$. Folglich ist p_1 bzw. $\sqrt{p_1}$ kein f_1-ter Potenzrest mod $\mathfrak{q}$ im Körper k_1. Wäre nun $p_1^d \equiv x^f \pmod{q}$ bzw. $p_1^d \equiv x^{2f}$ (mod. q), so würde daraus folgen:

$$(p_1 - x^{f_1})\,(p_1 - (\zeta x)^{f_1}) \cdots (p_1 - (\zeta^{d-1} x)^{f_1}) \equiv 0 \pmod{\mathfrak{q}} \text{ bzw.}$$
$$(\sqrt{p_1} - x^{f_1})\,(\sqrt{p_1} - (\zeta x)^{f_1}) \cdots (\sqrt{p_1} - (\zeta^{2d-1} x)^{f_1}) \equiv 0 \pmod{\mathfrak{q}} \text{ in } k_1.$$

Einer der Faktoren müßte also $\equiv 0$ sein, und es wäre p_1 bzw. $\sqrt{p_1}$ doch ein f_1-ter Potenzrest mod $\mathfrak{q}$. Unser Hilfsatz ist damit bewiesen.

2.

Wir beginnen jetzt mit den allgemeinen Untersuchungen:

Es sei k ein beliebiger algebraischer Zahlkörper, der „Grundkörper", K irgendein relativ Abelscher Oberkörper von k mit der Gruppe $\mathfrak{G}$.

Ist $\mathfrak{p}$ ein Primideal aus k, das nicht in der Relativdiskriminante von K/k aufgeht und $\mathfrak{P}$ ein Primteiler von $\mathfrak{p}$ in K, so gibt es genau eine Substitution[6]) σ aus $\mathfrak{G}$ von der Art, daß für alle ganzen Zahlen A aus K gilt:

(1) $$A^{N\mathfrak{p}} \equiv \sigma(A) \pmod{\mathfrak{P}}.$$

Dabei bedeute $N\mathfrak{p}$ hier und im folgenden die absolute Norm in k in bezug auf R. Ersetzt man den Primteiler $\mathfrak{P}$ durch den konjugierten $\tau(\mathfrak{P})$, so wird σ ersetzt durch $\tau\sigma\tau^{-1}$. Da aber $\mathfrak{G}$ eine Abelsche Gruppe ist, gilt (1) auch für alle konjugierten Primteiler von $\mathfrak{P}$. Man erschließt daraus, daß sogar für alle ganzen A aus K gilt:

(2) $$A^{N\mathfrak{p}} \equiv \sigma(A) \pmod{\mathfrak{p}}.$$

Die Substitution σ und das Primideal $\mathfrak{p}$ mögen als einander zugeordnet bezeichnet werden. Bekanntlich ist σ erzeugende Substitution der Zerlegungsgruppe von $\mathfrak{p}$; dadurch ist aber σ nicht umgekehrt gekennzeichnet, da man ja als Erzeugende der Zerlegungsgruppe noch Potenzen von σ verwenden kann. Man entnimmt dieser Tatsache aber dies: Ist f die Ordnung von σ, so zerfällt $\mathfrak{p}$ in K in lauter Primideale f-ten Relativgrades. Insbesondere ist $\sigma = 1$ nur für diejenigen Primideale $\mathfrak{p}$, die in K in lauter Primideale ersten Relativgrades zerfallen.

Es sei jetzt $\mathfrak{g}$ eine Untergruppe von $\mathfrak{G}$ und K_0 der zu $\mathfrak{g}$ gehörige Unterkörper von K. Die Gruppe von K_0/k ist dann die Faktorgruppe $\mathfrak{G}/\mathfrak{g}$. Gehört nun $\mathfrak{p}$ in K zur Substitution σ, so gilt (2) insbesondere für alle Zahlen A_0 aus K_0. Da diese Zahlen aber bei Anwendung von Substitutionen aus $\mathfrak{g}$ fest bleiben, kann eine beliebige Substitution von $\sigma\mathfrak{g}$ an Stelle von σ genommen werden. Damit ist gezeigt, daß $\mathfrak{p}$ in K_0 zur Nebengruppe $\sigma\mathfrak{g}$ gehört. Insbesondere zerfällt $\mathfrak{p}$ in K_0 genau dann in lauter Primideale ersten Relativgrades, wenn $\mathfrak{p}$ in K_0 zur Einheit der Faktorgruppe $\mathfrak{G}/\mathfrak{g}$ gehört, wenn also σ eine Substitution aus $\mathfrak{g}$ ist.

Sei ferner K' ein zu K (in bezug auf k) fremder, ebenfalls relativ Abelscher Oberkörper von k, dessen Gruppe $\mathfrak{G}'$ genannt werde; die Substitutionen von $\mathfrak{G}'$ nennen wir σ' .... Gibt man nun den Substitutionen σ von $\mathfrak{G}$ neben der ursprünglichen Bedeutung noch die, daß sie alle Zahlen von K' festlassen, während die Substitutionen σ' von $\mathfrak{G}'$ die Zahlen aus K festlassen sollen, so ist die Galoissche Gruppe des komponierten Körpers KK' bekanntlich das direkte Produkt $\mathfrak{G}\mathfrak{G}'$ der beiden Gruppen. Gehört nun $\mathfrak{p}$ in KK' zur Substitution $\sigma\sigma'$, so gilt (2) für die Substitution $\sigma\sigma'$ und alle Zahlen von KK'. Wendet man

[6]) Vgl. etwa Weber, Algebra II, zweite Auflage, § 178. Siehe auch Frobenius: Über Beziehungen zwischen Primidealen eines algebraischen Körpers und den Substitutionen seiner Gruppe. Sitzungsberichte Berlin 1896.

dies insbesondere auf die Zahlen von K an und beachtet, daß σ' diese Zahlen ungeändert läßt, so erkennt man, daß $\mathfrak{p}$ in K zu σ und analog in K' zu σ' gehört. Man kann also sagen: Gehört $\mathfrak{p}$ in K zu σ und in K' zu σ', so gehört $\mathfrak{p}$ in KK' zu $\sigma\sigma'$ und umgekehrt.

Diese Sätze mögen zunächst auf speziellere Körper angewendet werden. Es sei ζ eine primitive m-te Einheitswurzel; wir setzen $K = k(\zeta)$. Gehört $\mathfrak{p}$ in K zur Substitution σ, und ist $\mathfrak{p}$ teilerfremd zu m, so gilt (2) für alle Zahlen aus K, insbesondere also für $A = \zeta$. Man hat also:

$$\zeta^{N\mathfrak{p}} \equiv \sigma(\zeta) \pmod{\mathfrak{p}}.$$

Daraus folgt aber $\sigma(\zeta) = \zeta^{N\mathfrak{p}}$. Da nun ζ den Körper K erzeugt, ist durch $\sigma = (\zeta \to \zeta^{N\mathfrak{p}})$ die Substitution σ eindeutig beschrieben, wobei $\to$ das Zeichen für „geht über in" bedeuten möge. Als relativ Abelscher Körper ist K Klassenkörper für eine passende Einteilung der Ideale aus k in Klassen. In der Hauptklasse liegen alle Primideale, die in K in Primideale ersten Relativgrades zerfallen, bei denen also $\sigma = 1$ ist. Folglich sind dies diejenigen Primideale $\mathfrak{p}$ aus k, für die gilt: $N\mathfrak{p} \equiv 1 \pmod{m}$. In der Hauptklasse liegen also alle zu m primen Ideale $\mathfrak{a}$ aus k, für die $N\mathfrak{a} \equiv 1 \pmod{m}$ ist. Dies zeigt uns, daß in einer Idealklasse immer diejenigen Ideale aus k vereinigt sind, deren Normen kongruent nach dem Modul m ausfallen.

Jetzt zeigt sich, daß $\sigma = (\zeta \to \zeta^{N\mathfrak{p}})$ nur abhängt von der Idealklasse, in der $\mathfrak{p}$ liegt. Folglich ist einer ganzen Idealklasse immer genau eine Substitution zugeordnet und umgekehrt. Ist $\mathfrak{a}$ ein Ideal, so ist der Klasse von $\mathfrak{a}$ gerade die Substitution $\sigma = (\zeta \to \zeta^{N\mathfrak{a}})$ zugeordnet. Daraus erkennt man nun sofort weiter, daß dem Produkt zweier Klassen das Produkt der entsprechenden Substitutionen zugeordnet ist.

Gehen wir jetzt zu einem Unterkörper K_0 von K über. Er ist Klassenkörper für diejenige Einteilung der Ideale aus k in Klassen, die man erhält, wenn man die Faktorgruppe nach einer Untergruppe $\mathfrak{g}$ der Gruppe der alten Idealklassen bildet. Die Primideale $\mathfrak{p}$ aus $\mathfrak{g}$ und nur diese zerfallen in K_0 in lauter Primideale ersten Relativgrades. Die den Klassen von $\mathfrak{g}$ zugeordneten Substitutionen bilden eine mit $\mathfrak{g}$ isomorphe Gruppe $\mathfrak{g}$. Folglich ist $\mathfrak{g}$ gerade die Untergruppe der Galoisschen Gruppe von K/k, zu der K_0 gehört. Die Gruppe von K_0/k besteht aus den Nebengruppen von $\mathfrak{g}$. Da den Primidealen in K_0 gerade die zugehörigen Nebengruppen zugeordnet werden, erkennt man, daß auch hier wieder eine ein-eindeutige Beziehung zwischen den neuen Idealklassen in k und den Substitutionen der Galoisgruppe von K_0/k besteht, und daß dem Produkt zweier Klassen das Produkt der Substitutionen zugeordnet ist.

Diese speziellen Oberkörper K_0 von k wollen wir relative Kreiskörper nennen. Ihre Galoissche Gruppe ist vermöge der Zuordnung von Primidealen und Substitutionen isomorph auf diejenige Gruppe von Idealklassen aus k bezogen, in bezug auf die der Körper K_0 Klassenkörper ist; diese Klasseneinteilung läuft nur auf eine Klasseneinteilung der Idealnormen von k im Körper der rationalen Zahlen nach einem passenden Modul m hinaus. Da die Zuordnung zwischen Klassen und Substitutionen isomorph ist, da ferner die einem Primideal zugeordnete Substitution die der Klasse ist, in der $\mathfrak{p}$ liegt, so sollen bei relativen Kreiskörpern, aber natürlich nur bei diesen, Idealklassen und Substitutionen mit dem gleichen Buchstaben versehen werden. Es ist also dann das gleiche, wenn man sagt, $\mathfrak{p}$ liege in der Klasse σ, oder $\mathfrak{p}$ sei der Substitution σ zugeordnet.

3.

Jetzt sei K wieder ein beliebiger relativ Abelscher Oberkörper von k und $\mathfrak{G}$ die Gruppe von K/k. K ist Klassenkörper für eine gewisse Idealklassenteilung von k, deren Klassen wir kurz die Idealklassen nach K nennen. Wir wollen zeigen, daß allen Primidealen ein und derselben Klasse nach K dieselbe Substitution σ zugeordnet ist und beweisen zunächst den folgenden Hilfssatz:

Hilfssatz 2: $\mathfrak{p}_1$ *und* $\mathfrak{p}_2$ *seien zwei Primideale derselben Idealklasse nach* K. *Dem Primideal* $\mathfrak{p}_1$ *sei die Substitution* σ *der Ordnung* f *zugeordnet. Ferner gebe es einen zu* K *fremden, relativen Kreiskörper* K', *so daß die Idealklassen von* k *nach* K' *erklärt seien nach einem zu* $\mathfrak{p}_1$ *und* $\mathfrak{p}_2$ *teilerfremden, rationalen Modul* m *mit folgender Eigenschaft:* $\mathfrak{p}_1$ *und* $\mathfrak{p}_2$ *liegen auch in derselben Klasse* σ' *nach* K', *und* σ' *hat auch die Ordnung* f. *Dann ist dem Primideal* $\mathfrak{p}_2$ *auch die Substitution* σ *zugeordnet.*

Beweis: Wir bilden den komponierten Körper KK'. Er ist Klassenkörper für eine Idealklassenteilung in k, deren Hauptklasse der Durchschnitt der Hauptklassen für die Einteilung nach K und die nach K' ist. Da $\mathfrak{p}_1$ und $\mathfrak{p}_2$ sowohl in derselben Klasse nach K als auch in derselben Klasse nach K' liegen, liegen sie auch in derselben Klasse nach KK'. Geht man zu einem Unterkörper K_0 von KK' über, so ist die Klassenteilung nach K_0 durch Faktorgruppenbildung zu erhalten. Erst recht liegen also $\mathfrak{p}_1$ und $\mathfrak{p}_2$ in derselben Idealklasse nach K_0. Nun hängen aber die Zerlegungsgesetze der Primideale von k in K_0 nur von der Idealklasse nach K_0 ab, in der die Primideale liegen. Sollte also $\mathfrak{p}_1$ in K_0 in lauter Primideale ersten Grades zerfallen, so ist ein Gleiches bei $\mathfrak{p}_2$ der Fall.

Es sei nun K_0 der Unterkörper von KK', der zu derjenigen zyklischen Untergruppe $\mathfrak{g}$ von $\mathfrak{G}\mathfrak{G}'$ gehört, die vom Element $\sigma\sigma'$ erzeugt wird. $\mathfrak{g}$ besteht also aus den Substitutionen $(\sigma\sigma')^\nu = \sigma^\nu \cdot \sigma'^\nu$. Nun gehört $\mathfrak{p}_1$ in K zu σ, in K' zu σ', also in KK' zu $\sigma\sigma'$. Folglich zerfällt $\mathfrak{p}_1$ in K_0 in lauter Primideale ersten Relativgrades, da $\sigma\sigma'$ zu $\mathfrak{g}$ gehört. Somit zerfällt $\mathfrak{p}_2$ in K_0 in lauter Primideale ersten Relativgrades, gehört also in KK' zu einer Substitution von $\mathfrak{g}$, etwa zu $\sigma^\nu \sigma'^\nu$. Folglich gehört $\mathfrak{p}_2$ in K' zur Substitution σ'^ν. Nach Annahme gehört $\mathfrak{p}_2$ aber in K' zu σ', so daß $\nu \equiv 1 \pmod{f}$ sein muß, da f die Ordnung von σ' ist. Weil aber f auch die Ordnung von σ ist, gehört $\mathfrak{p}_2$ in KK', zu $\sigma\sigma'$ und somit in K zu σ. Unser Beweis ist damit erbracht.

Den relativen Kreiskörper kann man bei der Anwendung dieses Satzes entbehren. Seine Existenz ist ja sichergestellt (durch passende Wahl eines vollen Kreiskörpers), wenn man die Idealnormen von k im Körper R derart in Klassen nach einem passenden Modul m teilen kann, daß $N\mathfrak{p}_1$ und $N\mathfrak{p}_2$ in derselben Klasse der Ordnung f liegen.

Sind nun $\mathfrak{p}_1$ und $\mathfrak{p}_2$ zwei Primideale ersten Absolutgrades von k, und setzt man $N\mathfrak{p}_1 = p_1$, $N\mathfrak{p}_2 = p_2$, so stellt Hilfssatz 1 unmittelbar die Existenz der gewünschten Klasseneinteilung sicher; als Modul m können sogar Primzahlen genommen werden. Allen Primidealen ersten Absolutgrades ein und derselben Idealklasse nach K ist also dieselbe Substitution zugeordnet.

Ist jetzt $\mathfrak{p}$ ein Primideal von a-tem Absolutgrad irgendeiner Klasse $\mathfrak{K}$ nach K und etwa $N\mathfrak{p} = p^a$, wo p eine Primzahl ist, so werde Hilfssatz 1 angewendet auf $p_1 = p_2 = p$, dagegen mit af an Stelle von f (wenn f die Ordnung der dem Primideal $\mathfrak{p}$ zugeordneten Substitution σ bedeutet). Die Primzahl p liegt dann bei der entspringenden Klasseneinteilung der rationalen Zahlen in einer Klasse der Ordnung af und somit $N\mathfrak{p}$ in einer Klasse der Ordnung f. Damit ist eine gewisse Klasseneinteilung in k gegeben. Liegt $\mathfrak{p}$ nach dieser neuen Teilung etwa in $\mathfrak{K}'$, so hat $\mathfrak{K}'$ die Ordnung f. Der Durchschnitt von $\mathfrak{K}$ und $\mathfrak{K}'$, in dem ja $\mathfrak{p}$ liegt, ist wieder eine Idealklasse nach passender Klassenteilung für k. Folglich liegen in diesem Durchschnitt Primideale $\mathfrak{p}'$ vom ersten Absolutgrad. Dann liegen $\mathfrak{p}$ und $\mathfrak{p}'$ sowohl in $\mathfrak{K}$ als auch in $\mathfrak{K}'$, also gehört $\mathfrak{p}$ zur gleichen Substitution wie $\mathfrak{p}'$, d. h. zur gleichen Substitution wie alle Primideale ersten Absolutgrades aus $\mathfrak{K}$.

Der Bedingung, daß K' fremd ist zu K, kann immer entsprochen werden, da unendlich viele Moduln q zur Verfügung stehen.

Jetzt ist bewiesen, daß allen Primidealen derselben Klasse nach K die gleiche Substitution zugeordnet ist. Es ist also jeder Idealklasse nach K genau eine Substitution σ der Galoisschen Gruppe von K/k zugeordnet. Nun soll noch gezeigt werden, daß dem Produkt zweier Klassen das Produkt der entsprechenden Substitutionen zugeordnet ist, und daß verschiedenen Klassen wirklich verschiedene Substitutionen entsprechen.

4.

Es seien jetzt $\mathfrak{K}_1$ und $\mathfrak{K}_2$ zwei Idealklassen von k nach K, denen die Substitutionen σ_1 und σ_2 zugeordnet seien. Die Ordnungen von σ_1 und σ_2 seien f_1 und f_2. Da es in den arithmetischen Progressionen $q_1 \equiv 1 \pmod{f_1}$ und $q_2 \equiv 1 \pmod{f_2}$ unendlich viele Primzahlen gibt, können wir $m = q_1 q_2$ so wählen, daß der Körper $\mathfrak{C}$ der m-ten Einheitswurzeln über R mit K nur den Durchschnitt R hat. Adjungieren wir $\mathfrak{C}$ zu k, so entsteht ein in bezug auf k zu K fremder Kreiskörper K' mit dem Relativgrad $\varphi(m) = (q_1 - 1)(q_2 - 1)$ in bezug auf k. Er ist Klassenkörper für k nach einer Idealklassenteilung, die aus zwei unabhängigen Basisklassen σ_1' und σ_2' der Ordnungen $q_1 - 1$ und $q_2 - 1$ gewonnen wird. Da K fremd zu K' ist (in bezug auf k), ist der komponierte Körper KK' Klassenkörper für eine Klassenteilung von der Art, daß jede Klasse nach K in $\varphi(m)$ neue Klassen nach KK' zerfällt. Folglich besitzt jede Klasse nach K mit jeder Klasse nach K' einen nicht leeren Durchschnitt.

Es sei jetzt $\mathfrak{p}_1$ ein Primideal, das im Durchschnitt von $\mathfrak{K}_1$ mit σ_1' liegt, $\mathfrak{p}_2$ eines aus $\mathfrak{K}_2$ und σ_2' und endlich $\mathfrak{p}_3$ ein Primideal des Durchschnitts von $\mathfrak{K}_1 \mathfrak{K}_2$ mit $\sigma_1' \sigma_2'$. Wir bilden den Unterkörper K_0 von KK', der zur Untergruppe $\mathfrak{g}$ aller Substitutionen der Form $(\sigma_1 \sigma_1')^{\nu} (\sigma_2 \sigma_2')^{\mu}$ gehört. Da $\mathfrak{p}_1$ und $\mathfrak{p}_2$ in KK' zu $\sigma_1 \sigma_1'$ bzw. $\sigma_2 \sigma_2'$ gehören, zerfallen sie in K_0 in lauter Primideale ersten Relativgrades. In der Hauptklasse der Klassenteilung von k nach K_0 liegen also $\mathfrak{p}_1$ und $\mathfrak{p}_2$, folglich auch $\mathfrak{p}_1 \mathfrak{p}_2$. Nun ist $\mathfrak{p}_1 \mathfrak{p}_2$ ein Ideal aus $\mathfrak{K}_1 \mathfrak{K}_2$ und $\sigma_1' \sigma_2'$. Die Hauptklasse nach K_0 enthält also Ideale des Durchschnitts von $\mathfrak{K}_1 \mathfrak{K}_2$ und $\sigma_1' \sigma_2'$, folglich den ganzen Durchschnitt. Es liegt also $\mathfrak{p}_3$ in dieser Hauptklasse und zerfällt somit in K_0 in lauter Primideale ersten Relativgrades. Das Primideal $\mathfrak{p}_3$ muß also in KK' zu einer Substitution der Gruppe $\mathfrak{g}$ gehören, etwa zu $(\sigma_1 \sigma_1')^{\nu} \cdot (\sigma_2 \sigma_2')^{\mu} = (\sigma_1^{\nu} \sigma_2^{\mu}) \cdot (\sigma_1'^{\nu} \sigma_2'^{\mu})$. Folglich gehört $\mathfrak{p}_3$ in K' zu $\sigma_1'^{\nu} \sigma_2'^{\mu}$. Nach Konstruktion gehört $\mathfrak{p}_3$ in K' aber zu $\sigma_1' \sigma_2'$. Folglich muß gelten: $\nu \equiv 1 \pmod{(q_1 - 1)}$, $\mu \equiv 1 \pmod{(q_2 - 1)}$. In K gehört $\mathfrak{p}_3$ zu $\sigma_1^{\nu} \sigma_2^{\mu}$; nun sind aber $q_1 - 1$ und $q_2 - 1$ teilbar durch f_1 bzw. f_2; also ist $\sigma_1^{\nu} \sigma_2^{\mu} = \sigma_1 \sigma_2$. Das Primideal $\mathfrak{p}_3$ und folglich seine ganze Klasse $\mathfrak{K}_1 \mathfrak{K}_2$ gehört demnach zu $\sigma_1 \sigma_2$. Dem Produkt zweier Klassen ist also das Produkt entsprechender Substitutionen zugeordnet.

Unsere Beziehung zwischen der Gruppe der Idealklassen nach K und der Galoisschen Gruppe von K/k ist also jedenfalls eine homomorphe (d. h. eventuell mehrstufig isomorphe). Kann man also noch zeigen, daß die Einheitselemente der beiden Gruppen einander eineindeutig entsprechen, so hat man erkannt, daß die Beziehung sogar eine isomorphe ist, d. h. daß verschiedenen Klassen verschiedene Substitutionen entsprechen. Das ist aber klar; denn die Primideale der Hauptklasse nach K und nur diese zerfallen in K in lauter Primideale ersten Relativgrades, sind also der Substitution $\sigma = 1$ zugeordnet.

Stellen wir unsere Ergebnisse zusammen, so haben wir:

Allgemeines Reziprozitätsgesetz: *Ordnet man den Primidealen von k durch (2) je eine Substitution σ der Galoisschen Gruppe von K/k zu, und bedeutet Idealklasse diejenige Teilung in k, für die K Klassenkörper ist, so ist allen Primidealen derselben Klasse die gleiche Substitution zugeordnet. Die so gewonnene Zuordnung von Idealklassen und Substitutionen ist eine eineindeutige. Die Gruppe der Idealklassen ist dadurch isomorph auf die Gruppe der Substitutionen von K/k abgebildet, d. h. dem Produkt zweier Klassen ist das Produkt der Substitutionen zugeordnet.*

5.

Wir wollen noch vom allgemeinen Reziprozitätsgesetz eine spezielle Anwendung auf den Beweis des Reziprozitätsgesetzes der m-ten Potenzreste machen, wobei m eine beliebige natürliche Zahl (nicht notwendig Primzahl) ist.

Es enthalte k die m-ten Einheitswurzeln. Wir setzen, wenn μ irgendeine Zahl aus k ist, $K = k(\sqrt[m]{\mu})$. Ist $\mathfrak{p}$ ein zur Relativdiskriminante und zu μ teilerfremdes Primideal, dem im Sinne von (2) die Substitution σ zugeordnet ist, so muß (2) insbesondere für die Zahl $A = \sqrt[m]{\mu}$ gelten. Dann ist $\sigma(\sqrt[m]{\mu}) = \zeta^\nu \cdot \sqrt[m]{\mu}$, wobei ζ^ν eine gewisse m-te Einheitswurzel ist. Aus (2) folgt nach Division durch $\sqrt[m]{\mu}$, daß:

$$\mu^{\frac{N\mathfrak{p}-1}{m}} \equiv \zeta^\nu \pmod{\mathfrak{p}}$$

ist. Dies ist aber gerade die Definitionskongruenz für das Symbol $\left(\frac{\mu}{\mathfrak{p}}\right)$ der m-ten Potenzreste. Folglich ist $\sigma = \left(\sqrt[m]{\mu} \to \left(\frac{\mu}{\mathfrak{p}}\right)\sqrt[m]{\mu}\right)$. Das allgemeine Reziprozitätsgesetz vermittelt uns also die Erkenntnis, daß $\left(\frac{\mu}{\mathfrak{p}}\right)$ nur abhängt von der Idealklasse nach K, in der $\mathfrak{p}$ liegt. Da nun dem Produkt von Idealklassen das Produkt der zugeordneten Substitutionen entspricht, so hängt sogar das Jacobische Symbol $\left(\frac{\mu}{\mathfrak{a}}\right)$ nur von der Idealklasse nach K ab, in der $\mathfrak{a}$ liegt. Damit ist gezeigt:

Reziprozitätsgesetz der m-ten Potenzreste (erste Form): *Das Symbol $\left(\frac{\mu}{\mathfrak{a}}\right)$ hängt nur ab davon, in welcher Idealklasse $\mathfrak{a}$ nach derjenigen Klassenteilung liegt, für die $k(\sqrt[m]{\mu})$ der Klassenkörper ist.*

Für den Fall, daß m eine Primzahl ist, hat schon Herr TAKAGI[7]) dies als die wichtigste Aussage des Reziprozitätsgesetzes erkannt. Herr FURTWÄNGLER hat für den Fall, daß m eine Primzahl oder das Quadrat einer Primzahl ist, eine Methode ersonnen[8]), die es gestattet, in wenigen Zeilen vom bewiesenen Satz zu der üblichen Formulierung zu gelangen. Herrn HASSE verdanke ich die Mitteilung, daß dies bei beliebigem Exponenten m geht. Es sei noch gestattet, diese Methode kurz anzugeben, da erst durch sie die Bedeutung des allgemeinen Reziprozitätsgesetzes in helles Licht gerückt wird.

Eine total positive Zahl α aus k heiße primär für m, wenn die Relativdiskriminante von $k(\sqrt[m]{\alpha})$ teilerfremd zu m ist. Es leuchtet ein, daß eine Zahl α aus k, die primär für m ist, es auch in jedem Oberkörper von k ist. Eine Zahl α aus k heißt singulär primär, wenn α primär ist und α in k eine m-te Idealpotenz ist. Dann ist der Körper $k(\sqrt[m]{\alpha})$ unverzweigt über k, wie aus den bekannten Sätzen über Kummersche Körper folgt. Folglich ist die Klasseneinteilung für $k(\sqrt[m]{\alpha})$, da α total positiv ist, durch Faktorgruppenbildung aus der Gruppe der absoluten Idealklassen zu erhalten. Sind also $\mathfrak{a}$ und $\mathfrak{b}$ äquivalente Ideale (im absoluten Sinn), so liegen sie erst recht in derselben Idealklasse nach $k(\sqrt[m]{\alpha})$, so daß $\left(\frac{\alpha}{\mathfrak{a}}\right) = \left(\frac{\alpha}{\mathfrak{b}}\right)$ ist.

Man benötigt nur noch zwei einfache Hilfssätze.

Hilfssatz 3: *Ist K ein Oberkörper von k, α eine Zahl aus k, $\mathfrak{A}$ ein Ideal aus K, ist ferner $\mathfrak{N}$ das Zeichen für Relativnorm, und bedeutet der angehängte Index K, daß das Symbol $\left(\frac{\alpha}{\mathfrak{A}}\right)_K$ im Körper K zu verstehen ist, während $\left(\frac{\alpha}{\mathfrak{a}}\right)$ ohne Index nach wie vor in k zu bilden ist, so gilt:*

$$\left(\frac{\alpha}{\mathfrak{A}}\right)_K = \left(\frac{\alpha}{\mathfrak{N}\mathfrak{A}}\right).$$

Der Beweis ist wörtlich so zu führen wie im Falle, daß m eine Primzahl ist und ergibt sich, wenn $\mathfrak{A}$ Primideal ist (dieser Fall genügt ja) unmittelbar aus der Definition der Symbole.

Hilfssatz 4: *Sei α Zahl aus k, $\mathfrak{p}$ ein Primfaktor von α, der in α genau n mal aufgeht. Dann ist $\mathfrak{p}^n$ im Körper $k(\sqrt[m]{\alpha})$ eine m-te Idealpotenz.*

---

[7]) T. TAKAGI, Über das Reziprozitätsgesetz in beliebigen algebraischen Zahlkörpern. Journal of the College of Science, Tokyo 1922, S. 2.

[8]) Siehe die unter [4]) zitierten Arbeiten.

Beweis: Wir setzen $\mathfrak{A} = (\mathfrak{p}^n, \sqrt[m]{\alpha})$. Dann ist $\mathfrak{A}^m = (\mathfrak{p}^{nm}, \alpha)$, also $\mathfrak{A}^m = \mathfrak{p}^n$. Nun zeigen wir:

Reziprozitätsgesetz der m-ten Potenzreste (zweite Form): *Sind α und β zwei untereinander und zu m prime Zahlen, und ist eine von ihnen primär, so gilt:*

$$\left(\frac{\alpha}{\beta}\right) = \left(\frac{\beta}{\alpha}\right).$$

Beweis: Wir verwenden als Hilfskörper den Körper $K = k\left(\sqrt[m]{\frac{\alpha}{\beta}}\right)$ und setzen zur Abkürzung $\Delta = \sqrt[m]{\frac{\alpha}{\beta}}$. Es sei etwa α in k primär. Da α und β teilerfremd sind, folgt aus Hilfssatz 4, daß α und β in K m-te Idealpotenzen werden: $\alpha = \mathfrak{A}^m$, $\beta = \mathfrak{B}^m$. Ferner gilt: $\frac{\mathfrak{A}}{\mathfrak{B}} = \Delta$ und $\alpha = \beta \cdot \Delta^m$. Folglich ist α in K singulär primär, also auch β. Ist nun $\mathfrak{C}$ ein zu $\mathfrak{A}$ und $\mathfrak{B}$ äquivalentes, zu diesen Idealen und zu m teilerfremdes Ideal, so gilt demnach:

$$\left(\frac{\alpha}{\mathfrak{B}}\right)_K = \left(\frac{\alpha}{\mathfrak{C}}\right)_K = \left(\frac{\beta \cdot \Delta^m}{\mathfrak{C}}\right)_K = \left(\frac{\beta}{\mathfrak{C}}\right)_K = \left(\frac{\beta}{\mathfrak{A}}\right)_K.$$

Hilfssatz 1 ergibt, wenn r der Relativgrad von K/k ist, also $\mathfrak{N}(\mathfrak{A}) = \mathfrak{A}^r$, $\mathfrak{N}(\mathfrak{B}) = \mathfrak{B}^r$:

$$\left(\frac{\alpha}{\mathfrak{B}^r}\right) = \left(\frac{\beta}{\mathfrak{A}^r}\right).$$

Da r ein Teiler von m ist, gilt erst recht $\left(\frac{\alpha}{\mathfrak{B}^m}\right) = \left(\frac{\beta}{\mathfrak{A}^m}\right)$, und das ist die behauptete Beziehung.

Ebenso einfach können die Ergänzungssätze gewonnen werden. Wie mir Herr Hasse mitteilt, ist es ihm gelungen, auch die Hilbertsche Formulierung des Reziprozitätsgesetzes aus unserer Fassung zu gewinnen.

Hamburg, Mathematisches Seminar, Juli 1927.

Die beiden Ergänzungssätze zum Reziprozitätsgesetz der l^n-ten Potenzreste im Körper der l^n-ten Einheitswurzeln.

Von E. ARTIN in Hamburg und H. HASSE in Halle (Saale).

Es sei l^n eine beliebige Primzahlpotenz, ζ_n eine primitive l^n-te Einheitswurzel und $\lambda_n = 1 - \zeta_n$ der Primteiler von l im Körper k_n der l^n-ten Einheitswurzeln.

1. In früheren Arbeiten[1]) haben wir im Falle $n = 1$, $l \neq 2$ die beiden Ergänzungssätze für das l-te Potenzrestsymbol in k_1 in der Form

$$\left.\begin{aligned} \left(\frac{\zeta_1}{\alpha}\right) &= \zeta_1^{\frac{1}{l} S_1(\log \alpha)} \\ \left(\frac{\lambda_1}{\alpha}\right) &= \zeta_1^{\frac{1}{l} S_1\left(-\frac{\zeta_1}{\lambda_1}\log \alpha\right)} \end{aligned}\right\} \text{ für } \alpha \equiv 1 \bmod. \lambda_1 \text{ aus } k_1$$

hergeleitet. Dabei bedeutet S_1 die Spur in k_1, und

$$\log \alpha = -\sum_{\varkappa=1}^{\infty} \frac{(1-\alpha)^{\varkappa}}{\varkappa}$$

ist im l-adischen Sinne verstanden. Für $n = 1$, $l = 2$, d. h. für das quadratische Restsymbol im rationalen Körper, wird die erste Formel unrichtig, während die zweite auch dann gilt[2]).

2. Wir zeigen im folgenden, daß sich im Falle eines beliebigen n die beiden Ergänzungssätze für das l^n-te Potenzrestsymbol in k_n in der ganz analogen Form

---

[1]) H. Hasse, „Über das allgemeine Reziprzoitätsgesetz der l-ten Potenzreste im Körper k_ζ der l-ten Einheitswurzeln und in Oberkörpern von k_ζ", Journ. f. d. r. u. a. Math. **154** (1925), S. 105. E. Artin und H. Hasse, „Über den zweiten Ergänzungssatz zum Reziprozitätsgesetz der l-ten Potenzreste im Körper k_ζ der l-ten Einheitswurzeln und in Oberkörpern von k_ζ", ebenda, S. 144. — Die Kenntnis dieser Resultate wird im folgenden nicht vorausgesetzt.

[2]) H. Hasse, „Der zweite Ergänzungssatz zum Reziprozitätsgesetz der l-ten Potenzreste für beliebige zu l prime Zahlen in gewissen Oberkörpern des Körpers der l-ten Einheitswurzeln", ebenda, S. 218.

$$\left\{\begin{aligned} \left(\frac{\zeta_n}{\alpha}\right) &= \left((-1)^{l-1}\zeta_n\right)^{\frac{1}{l^n}S_n(\log\alpha)} = \begin{cases} \zeta_n^{\frac{1}{l^n}S_n(\log\alpha)} & \text{für } l \neq 2 \\ \zeta_n^{(1+2^{n-1})\frac{1}{2^n}S_n(\log\alpha)} & \text{für } l = 2 \end{cases} \\ \left(\frac{\lambda_n}{\alpha}\right) &= \zeta_n^{\frac{1}{l^n}S_n\left(-\frac{\zeta_n}{\lambda_n}\log\alpha\right)} \end{aligned}\right\}$$

$$\text{für } \alpha \equiv 1 \bmod. \lambda_n \text{ aus } k_n$$

ausdrücken. Dabei bedeutet S_n die Spur in k_n. In der ersten Formel ist $n \geqq 2$ für $l = 2$ vorausgesetzt.

Aus diesen Formeln ergeben sich nach der Übergangsregel für das l^n-te Potenzrestsymbol zu einem Oberkörper K von k_n, genau wie in unserer oben zitierten gemeinsamen Arbeit, die entsprechenden Formeln

$$\left.\begin{aligned} \left(\frac{\zeta_n}{\mathsf{A}}\right) &= \left((-1)^{l-1}\zeta_n\right)^{\frac{1}{l^n}S_K(\log \mathsf{A})} \\ \left(\frac{\lambda_n}{\mathsf{A}}\right) &= \zeta_n^{\frac{1}{l^n}S_K\left(-\frac{\zeta_n}{\lambda_n}\log \mathsf{A}\right)} \end{aligned}\right\} \text{ für } \mathsf{A} \equiv 1 \bmod. \lambda_n \text{ aus } K.$$

Beweis des ersten Ergänzungssatzes.

3. Unmittelbar aus der Definition des l^n-ten Potenzrestsymbols folgt

$$\left(\frac{\zeta_n}{\mathfrak{a}}\right) = \zeta_n^{\frac{N_n(\mathfrak{a})-1}{l^n}}$$

für zu l prime Ideale $\mathfrak{a}$ aus k_n, wo N_n die Norm in k_n bedeutet. Da $n \geqq 2$ für $l = 2$ vorausgesetzt wird, ist k_n total-imaginär, also $N_n((\alpha)) = N_n(\alpha)$ für Hauptideale (α), und somit

$$\left(\frac{\zeta_n}{\alpha}\right) = \zeta_n^{\frac{N_n(\alpha)-1}{l^n}}$$

für zu l prime Zahlen α aus k_n.

Wir haben daher zu beweisen:

$$\frac{N_n(\alpha)-1}{l^n} \equiv \frac{S_n(\log\alpha)}{l^n} \bmod. l^n \text{ für } l \neq 2,$$

$$\frac{N_n(\alpha)-1}{2^n} \equiv (1+2^{n-1})\frac{S_n(\log\alpha)}{2^n} \bmod. 2^n \text{ für } l = 2$$

für $\alpha \equiv 1 \bmod. \lambda_n$ aus k_n, oder — was nicht allgemeiner — aus der HENSELschen Erweiterung $k_n(\lambda_n)$ von k_n. Im folgenden bedeute α durchweg Zahlen dieser letzteren Art.

10*

4. Es sei an den folgenden Satz über l-adische Logarithmen erinnert[3]):

Im Bereich der algebraischen Zahlen über dem Körper der rationalen l-adischen Zahlen ist die logarithmische Reihe

$$\eta = \log \xi = -\sum_{\varkappa=1}^{\infty} \frac{(1-\xi)^{\varkappa}}{\varkappa}$$

zwar für alle ξ, für die $\xi - 1$ von positiver Ordnungszahl in l ist, definiert.

Sie ist aber eindeutig umkehrbar, nämlich durch die Exponentialreihe

$$\xi = e^{\eta} = \sum_{\nu=0}^{\infty} \frac{\eta^{\nu}}{\nu!},$$

für alle und nur die ξ, für die $\xi - 1$ von höherer Ordnungszahl in l ist, als $\lambda_1 \sim l^{\frac{1}{l-1}}$. Diesen entsprechen dann alle und nur die η von höherer Ordnungszahl in l als $\lambda_1 \sim l^{\frac{1}{l-1}}$, und dabei sind $\xi - 1$ und η von gleicher Ordnungszahl in l, d. h. die Kongruenzen

$$\xi \equiv 1 \bmod. l^r \quad \text{und} \quad \eta \equiv 0 \bmod. l^r$$

bedingen sich für jedes rationale $r > \frac{1}{l-1}$ gegenseitig.

Insbesondere ist für rationale l-adische ξ

$$\xi \equiv 1 \bmod. l \text{ für } l \neq 2,$$
$$\xi \equiv 1 \bmod. 2^2 \text{ für } l = 2$$

notwendig und hinreichend für die eindeutige Umkehrbarkeit.

Nach der Definition von Norm und Spur als Produkt und Summe der Konjugierten und nach der Funktionalgleichung des Logarithmus gilt nun

$$\log N_n(\alpha) = S_n(\log \alpha).$$

Hieraus folgt nach dem angeführten Satz zunächst, weil bekanntlich stets

$$N_n(\alpha) \equiv 1 \bmod. l^n$$

ist, daß stets

$$S_n(\log \alpha) \equiv 0 \bmod. l^n$$

---

[3]) K. Hensel, „Untersuchung der Zahlen eines algebraischen Körpers für den Bereich eines beliebigen Primteilers", Journ. f. d. r. u. a. Math. **145** (1915), S. 9 4.

ist, so daß wie $\frac{N_n(\alpha)-1}{l^n}$ so auch $\frac{S_n(\log\alpha)}{l^n}$ stets eine ganzzahlige Restklasse mod. l^n repräsentiert. Ferner, daß sich die Kongruenzen

$$\frac{N_n(\alpha_0)-1}{l^n} \equiv 0 \text{ mod. } l^n, \qquad \text{d. h. } N_n(\alpha_0) \equiv 0 \text{ mod. } l^{2n},$$

und

$$\frac{S_n(\log\alpha_0)}{l^n} \equiv 0 \text{ mod. } l^n, \qquad \text{d. h. } S_n(\log\alpha_0) \equiv 0 \text{ mod. } l^{2n},$$

gegenseitig bedingen. Durch beide wird also ein- und dieselbe Untergruppe $\mathfrak{A}_0$ der Gruppe $\mathfrak{A}$ aller $\alpha \equiv 1$ mod. λ_n definiert. Die Faktorgruppe $\mathfrak{A}/\mathfrak{A}_0$ wird dann durch die ganzzahligen Restklassen von $\frac{N_n(\alpha)-1}{l^n}$ oder von $\frac{S_n(\log\alpha)}{l^n}$ mod. l^n repräsentiert, ist also zyklisch. Daher gilt

$$\frac{N_n(\alpha)-1}{l^n} \equiv c_{l^n}\frac{S_n(\log\alpha)}{l^n} \text{ mod. } l^n$$

mit einem nur von l^n, nicht von α abhängigen zu l primen Faktor c_{l^n}.

5. Dieser Faktor c_{l^n} kann durch Einsetzung eines geeigneten speziellen α bestimmt werden.

Für $l \neq 2$ wählen wir $\alpha = e^{\frac{l}{l-1}}$. Dafür wird einerseits $\log\alpha = \frac{l}{l-1}$, $S_n(\log\alpha) = l^n$, also

$$\frac{S_n(\log\alpha)}{l^n} = 1.$$

Andererseits ist $N_n(\alpha) = e^{l^n}$, also

$$\frac{N_n(\alpha)-1}{l^n} = \frac{e^{l^n}-1}{l^n} = \sum_{\nu=1}^{\infty}\frac{l^{(\nu-1)n}}{\nu!} = 1 + \sum_{\nu=2}^{\infty}\frac{l^{(\nu-1)n}}{\nu!}.$$

Nun hat $\nu!$ die Ordnungszahl $\frac{\nu-s_\nu}{l-1}$ in l, wo s_ν die l-adische Ziffernsumme von ν bedeutet[4]). Die Ordnungszahl in l eines Gliedes der letzten Summe ist daher

$$\begin{aligned}(\nu-1)n - \frac{\nu-s_\nu}{l-1} &\geqq (\nu-1)n - \frac{\nu-1}{l-1} \\ &> (\nu-1)n - (\nu-1) = (\nu-1)(n-1) \geqq n-1, \\ \text{also } &\geqq n.\end{aligned}$$

Daraus folgt

$$N_n(\alpha) \equiv 1 \text{ mod. } l^n,$$

[4]) K. Hensel, „Zahlentheorie" (Berlin 1913), S. 111.

was $c_{l^n} \equiv 1 \bmod. l^n$ und somit nach **3.** und **4.** die zu beweisende Behauptung für $l \neq 2$ ergibt.

Für $l = 2$, wo $n \geqq 2$ vorausgesetzt wird, wählen wir $\alpha = e^{2\lambda_2} = e^{2(1-i)}$. Dafür wird einerseits $\log \alpha = 2(1-i)$, $S_n(\log \alpha) = 2^n$, also

$$\frac{S_n(\log \alpha)}{2^n} = 1,$$

andererseits $N_n(\alpha) = e^{2^n}$, also

$$\frac{N_n(\alpha) - 1}{2^n} = \frac{e^{2^n} - 1}{2^n} = \sum_{\nu=1}^{\infty} \frac{2^{(\nu-1)n}}{\nu!} = 1 + 2^{n-1} + \sum_{\nu=3}^{\infty} \frac{2^{(\nu-1)n}}{\nu!}.$$

Ähnlich wie vorher ist die Ordnungszahl in 2 eines Gliedes der letzten Summe wegen $n \geqq 2$

$$(\nu-1)n - (\nu - s_\nu) \geqq (\nu-1)n - (\nu-1) = (\nu-1)(n-1) \geqq 2(n-1) \geqq n.$$

Daraus folgt

$$\frac{N_n(\alpha) - 1}{2^n} \equiv 1 + 2^{n-1} \bmod. 2^n,$$

was $c_{2^n} \equiv 1 + 2^{n-1} \bmod. 2^n$ und somit nach **3.** und **4.** die zu beweisende Behauptung für $l = 2$ ergibt.

Damit ist die behauptete Formel für den ersten Ergänzungssatz bewiesen.

Beweis des zweiten Ergänzungssatzes.

Um den ersten Ergänzungssatz in der hergeleiteten Form anwenden zu können, setzen wir auch weiterhin $n \geqq 2$ für $l = 2$ voraus. Im Falle $l^n = 2$ ist ja die Behauptung bekannt[5]).

6. Die behauptete Formel stimmt trivialerweise für

$$\alpha_0 \equiv 1 \bmod. l^n \lambda_1 \lambda_n \text{ aus } k_n.$$

Einerseits ist dann nämlich α_0 l^n-hyperprimär, also nach dem allgemeinen Reziprozitätsgesetz der l^n-ten Potenzreste

$$\left(\frac{\lambda_n}{\alpha_0}\right) = \left(\frac{\alpha_0}{\lambda_n}\right) = 1$$ [6]).

Andererseits ist dann nach dem in **4.** angeführten Henselschen Satz

$$\log \alpha_0 \equiv 0 \bmod. l^n \lambda_1 \lambda_n,$$

[5]) Siehe Anm. [2]), S. 146.

[6]) H. Hasse, „Über das Reziprozitätsgesetz der m-ten Potenzreste", Journ. f. d. r. u. a. Math. **158** (1927), S. 230 und 236 f.

also

$$\frac{1}{l^n}\left(-\frac{\zeta_n}{\lambda_n}\log\alpha_0\right) = \lambda_1\gamma$$

mit ganzem γ aus $k_n(\lambda_n)$. Weil nun für die Relativspur $S_{n,1}$ von k_n nach k_1 gilt[7]):

$$S_{n,1}(\zeta_n^i) = \begin{Bmatrix} 0 & \text{für } i \not\equiv 0 \text{ mod. } l^{n-1} \\ l^{n-1}\zeta_1^{i_0} & \text{für } i = i_0 l^{n-1} \end{Bmatrix},$$

ist stets $S_{n,1}(\gamma) \equiv 0$ mod. l^{n-1}, also

$$\frac{1}{l^n} S_{n,1}\left(-\frac{\zeta_n}{\lambda_n}\log\alpha_0\right) = l^{n-1}\lambda_1\gamma_1$$

mit ganzem γ_1 aus $k_1(\lambda_1)$. Somit gilt für die volle Spur

$$\frac{1}{l^n} S_n\left(-\frac{\zeta_n}{\lambda_n}\log\alpha_0\right) \equiv 0 \text{ mod. } l^n.$$

Es ist also wirklich

$$\left(\frac{\lambda_n}{\alpha_0}\right) = \zeta_n^{\frac{1}{l^n} S_n\left(-\frac{\zeta_n}{\lambda_n}\log\alpha_0\right)} (=1) \text{ für } \alpha_0 \equiv 1 \text{ mod. } l^n\lambda_1\lambda_n \text{ aus } k_n.$$

Daher genügt es ersichtlich, die behauptete Formel für die Zahlen einer Basis der Gruppe aller Restklassen mod. $l^n\lambda_1\lambda_n$, die $\equiv 1$ mod. λ_n sind, zu beweisen.

7. Eine solche Basis wird bekanntlich durch die $\varphi(l^n)+1 = l^{n-1}(l-1)+1$ Zahlen

$$1-\lambda_n^a, \text{ wo } 1 \leqq a \leqq l^n, \qquad (a, l) = 1 \text{ oder } a = l^n,$$

gegeben[8]). Diese Basis ist aber für unseren Zweck weniger geeignet. Ihre Logarithmen

$$\log(1-\lambda_n^a) = -\sum_{\varkappa=1}^{\infty}\frac{\lambda_n^{a\varkappa}}{\varkappa}$$

enthalten nämlich neben den „reinen" Gliedern $\dfrac{\lambda_n^{al^\nu}}{l^\nu}$, in denen die Schwierigkeiten des Beweises in reinster Form konzentriert auftreten, noch die „gemischten" Glieder $\dfrac{\lambda_n^{aml^\nu}}{ml^\nu}$ mit $(m, l) = 1$, $m > 1$, deren

---

[7]) Alle hier und im folgenden gebrauchten Spuren und Relativspuren von ζ_n-Potenzen bestimmt man leicht durch Aufstellung der betr. irreduziblen Gleichung.

[8]) K. Hensel, „Die multiplikative Darstellung der algebraischen Zahlen für den Bereich eines Primteilers", Journ. f. d. r. u. a. Math. **146** (1916), S. 213.

Mitführung den Beweis formal komplizieren und seinen Kern verschleiern würde. Wir konstruieren uns daher eine Basis τ_a mit den „reinen" Logarithmen

$$\log \tau_a = -\sum_{\nu=0}^{\infty} \frac{\lambda_n^{a l^\nu}}{l^\nu} = g(\lambda_n^a),$$

wo

$$g(x) = -\sum_{\nu=0}^{\infty} \frac{x^{l^\nu}}{l^\nu}.$$

Dazu kehren wir die ersichtlich bestehende Potenzreihen-Identität

$$\log(1-x) = \sum_{(m,l)=1}^{1\ldots\infty} \frac{1}{m}\, g(x^m)$$

mittels der Möbiusschen μ-Funktion um:

$$g(x) = \sum_{(m,l)=1}^{1\ldots\infty} \frac{\mu(m)}{m} \log(1-x^m).$$

Demgemäß setzen wir

$$\tau_a = \prod_{(m,l)=1}^{1\ldots\infty} (1-\lambda_n^{am})^{\frac{\mu(m)}{m}},$$

ein unendliches Produkt, das im l-adischen Sinne konvergiert. Dann ist in der Tat

$$\log \tau_a = \sum_{(m,l)=1}^{1\ldots\infty} \frac{\mu(m)}{m} \log(1-\lambda_n^{am}) = g(\lambda_n^a).$$

Ferner ist

$$\tau_a \equiv 1 - \lambda_n^a \bmod. \lambda_n^{a+1}.$$

Daher bilden die speziellen τ_a mit $1 \leqq a \leqq l^n$, $(a, l) = 1$ oder $a = l^n$ — oder, wenn man k_n nicht verlassen will, zu ihnen mod. $l^n \lambda_1 \lambda_n$ kongruente Zahlen aus k_n — ebenso wie die entsprechenden $1-\lambda_n^a$ eine Basis für die genannte Restklassengruppe mod. $l^n \lambda_1 \lambda_n$. Schließlich sei noch die ebenfalls l-adisch konvergente Umkehrformel

$$1-\lambda_n^a = \prod_{(m,l)=1}^{1\ldots\infty} \tau_{am}^{\frac{1}{m}}$$

hervorgehoben.

Wir beweisen nunmehr die behauptete Formel für die Basiszahlen τ_a dadurch, daß wir zunächst die Exponenten c_a in $\left(\frac{\lambda_n}{\tau_a}\right) = \zeta_n^{c_a}$ numerisch bestimmen und dann nachweisen, daß $\frac{1}{l^n} S_n\left(-\frac{\zeta_n}{\lambda_n} \log \tau_a\right) \equiv c_a \bmod. l^n$ ist.

8. Weil $\lambda_n^a \equiv 1 \bmod.(1 - \lambda_n^a)$ ist, gilt

$$\left(\frac{\lambda_n}{1-\lambda_n^a}\right)^a = \left(\frac{\lambda_n^a}{1-\lambda_n^a}\right) = 1.$$

Daraus folgt

$$\left(\frac{\lambda_n}{1-\lambda_n^a}\right) = 1 \text{ für } (a, l) = 1.$$

Nach **7.** und dem in **6.** Bewiesenen ergibt sich also auch

$$\left(\frac{\lambda_n}{\tau_a}\right) = \prod_{(m,l)=1}^{1\cdots\infty} \left(\frac{\lambda_n}{1-\lambda_n^{am}}\right)^{\frac{\mu(m)}{m}} = 1 \text{ für } (a, l) = 1,$$

sogar für beliebige zu l prime $a \geqq 1$, nicht nur für solche im Intervall $1 \leqq a \leqq l^n$.

9. Ähnlich wie eben ist wegen $\lambda_n^m \equiv \zeta_n^{-i} \bmod.(1 - \zeta_n^i \lambda_n^m)$ nach **7.** und dem in **6.** Bewiesenen

$$\left(\frac{\lambda_n}{\tau_{l^n}}\right) = \prod_{(m,l)=1}^{1\cdots\infty} \left(\frac{\lambda_n}{1-\lambda_n^{ml^n}}\right)^{\frac{\mu(m)}{m}} = \prod_{(m,l)=1}^{1\cdots\infty} \prod_{i=0}^{l^n-1} \left(\frac{\lambda_n}{1-\zeta_n^i \lambda_n^m}\right)^{\frac{\mu(m)}{m}}$$

$$= \prod_{(m,l)=1}^{1\cdots\infty} \prod_{i=0}^{l^n-1} \left(\frac{\zeta_n^{-i}}{1-\zeta_n^i \lambda_n^m}\right)^{\frac{1}{m}\frac{\mu(m)}{m}} = \prod_{(m,l)=1}^{1\cdots\infty} \prod_{i=0}^{l^n-1} \left(\frac{\zeta_n}{1-\zeta_n^i \lambda_n^m}\right)^{-\frac{i}{m}\frac{\mu(m)}{m}}$$

$$= \prod_{(m,l)=1}^{1\cdots\infty} \prod_{j=0}^{l^n-1} \left(\frac{\zeta_n}{1-\zeta_n^{jm} \lambda_n^m}\right)^{-j\frac{\mu(m)}{m}},$$

letzteres, weil der Ausdruck unter dem Produkt über $i = 0, \cdots, l^n - 1$ nur von der Restklasse $i \bmod. l^n$ abhängt, wegen $(m, l) = 1$ also $i = jm$ mit $j = 0, \cdots, l^n - 1$ gesetzt werden darf.

Unter Verwendung des ersten Ergänzungssatzes in der hergeleiteten Form folgt jetzt weiter

$$\left(\frac{\lambda_n}{\tau_{l^n}}\right) = \prod_{j=0}^{l^n-1} \prod_{(m,l)=1}^{1\cdots\infty} ((-1)^{l-1} \zeta_n)^{-j\frac{\mu(m)}{m}\cdot\frac{1}{l^n} S_n(\log(1-\zeta_n^{jm}\lambda_n^m))},$$

also kurz

$$\left(\frac{\lambda_n}{\tau_{l^n}}\right) = ((-1)^{l-1} \zeta_n)^A = \begin{Bmatrix} \zeta_n^A & \text{für } l \neq 2 \\ \zeta_n^{(1+2^{n-1})A} & \text{für } l = 2 \end{Bmatrix},$$

wo der Exponent

$$A = -\sum_{j=0}^{l^n-1} j \cdot \frac{1}{l^n} S_n\left(\sum_{(m,l)=1}^{1\cdots\infty} \frac{\mu(m)}{m} \log(1 - \zeta_n^{jm} \lambda_n^m)\right)$$

nach **7.** folgende Umformungen zuläßt:

$$A = -\sum_{j=0}^{l^n-1} j \cdot \frac{1}{l^n} S_n\left(g(\zeta_n^j \lambda_n)\right) = \sum_{j=0}^{l^n-1} j \cdot \frac{1}{l^n} S_n\left(\sum_{\nu=0}^{\infty} \frac{\zeta_n^{jl^\nu} \lambda_n^{l^\nu}}{l^\nu}\right),$$

also schließlich

$$A = \sum_{\nu=0}^{\infty} \frac{1}{l^\nu} S_n\left(\lambda_n^{l^\nu} \cdot \frac{1}{l^n} \sum_{j=0}^{l^n-1} j\, \zeta_n^{jl^\nu}\right).$$

Die weitere Ausrechnung von A wird uns noch länger in Anspruch nehmen.

10. Setzt man

$$f(x) = \sum_{j=0}^{l^n-1} x^j = \frac{x^{l^n}-1}{x-1},$$

so drückt sich die in der letzten Formel für A auftretende Summe über j so aus:

$$\sum_{j=0}^{l^n-1} j\, \zeta_n^{jl^\nu} = \left[x f'(x)\right]_{x=\zeta_n^{l^\nu}}.$$

Nun ist

$$x f'(x) = l^n \frac{x^{l^n}}{x-1} - x \frac{x^{l^n}-1}{(x-1)^2},$$

und somit

$$\sum_{j=0}^{l^n-1} j\, \zeta_n^{jl^\nu} = \left\{\begin{array}{ll} l^n \dfrac{1}{\zeta_n^{l^\nu}-1} & \text{für } 0 \leqq \nu \leqq n-1 \\ l^n \dfrac{l^n-1}{2} & \text{für } \nu \geqq n \end{array}\right\}.$$

Das gibt nach **9.**

$$A = \sum_{\nu=0}^{n-1} \frac{1}{l^\nu} S_n\left(\frac{\lambda_n^{l^\nu}}{\zeta_n^{l^\nu}-1}\right) + \frac{l^n-1}{2} \sum_{\nu=n}^{\infty} \frac{1}{l^\nu} S_n(\lambda_n^{l^\nu}),$$

kurz

$$A = B + C,$$

wo B und C die beiden Summanden rechts sind.

11. Zur Berechnung von

$$B = \sum_{\nu=0}^{n-1} \frac{1}{l^\nu} S_n\left(\frac{\lambda_n^{l^\nu}}{\zeta_n^{l^\nu}-1}\right)$$

beachten wir, daß $\zeta_n^{l^\nu} - 1 = \zeta_{n-\nu} - 1$ dem Unterkörper $k_{n-\nu}$ angehört. Wir bilden demgemäß zunächst nur die Relativspur $S_{n,n-\nu}$:

$$\frac{1}{l^\nu} S_{n,n-\nu}\left(\frac{\lambda_n^{l^\nu}}{\zeta_n^{l^\nu}-1}\right) = \frac{1}{\zeta_n^{l^\nu}-1} \cdot \frac{1}{l^\nu} S_{n,n-\nu}\left((1-\zeta_n)^{l^\nu}\right)$$

$$= \frac{1}{\zeta_n^{l^\nu}-1} \cdot \frac{1}{l^\nu} \sum_{\mu=0}^{l^\nu} (-1)^\mu \binom{l^\nu}{\mu} S_{n,n-\nu}(\zeta_n^\mu)$$

$$= \frac{1}{\zeta_n^{l^\nu}-1} \left(1+(-1)^{l^\nu} \zeta_n^{l^\nu}\right)^{9)}.$$

Für $l \neq 2$ ist das gleich -1, und folglich die volle Spur

$$\frac{1}{l^\nu} S_n\left(\frac{\lambda_n^{l^\nu}}{\zeta_n^{l^\nu}-1}\right) = -l^{n-\nu-1}(l-1).$$

Damit ergibt sich

$$B = -\sum_{\nu=0}^{n-1} l^{n-\nu-1}(l-1) = -(l^n-1),$$

also

$$B \equiv +1 \bmod. l^n \text{ für } l \neq 2.$$

Für $l = 2$ und $0 < \nu \leqq n-1$ wird dagegen

$$\frac{1}{2^\nu} S_{n,n-\nu}\left(\frac{\lambda_n^{2^\nu}}{\zeta_n^{2^\nu}-1}\right) = -\frac{1+\zeta_n^{l^\nu}}{1-\zeta_n^{l^\nu}} = -\frac{1+\zeta_{n-\nu}}{1-\zeta_{n-\nu}}$$

$$= -\frac{(1+\zeta_{n-\nu})^2}{1-\zeta_{n-\nu}^2} = -\frac{1}{1-\zeta_{n-\nu-1}}(1+2\zeta_{n-\nu}+\zeta_{n-\nu-1}).$$

Die Relativspurbildung $S_{n-\nu,n-\nu-1}$ ergibt jetzt, sofern noch $\nu < n-1$ ist,

$$\frac{1}{2^\nu} S_{n,n-\nu-1}\left(\frac{\lambda_n^{2^\nu}}{\zeta_n^{2^\nu}-1}\right) = -\frac{1}{1-\zeta_{n-\nu-1}}(2+2\cdot 0+2\cdot\zeta_{n-\nu-1})$$

$$= -2\,\frac{1+\zeta_{n-\nu-1}}{1-\zeta_{n-\nu-1}}.$$

So fortfahrend folgt unter Berücksichtigung der Tatsache, daß für $l = 2$ schon k_1 der rationale Körper ist,

$$\frac{1}{2^\nu} S_n\left(\frac{\lambda_n^{2^\nu}}{\zeta_n^{2^\nu}-1}\right) = \frac{1}{2^\nu} S_{n,1}\left(\frac{\lambda_n^{2^\nu}}{\zeta_n^{2^\nu}-1}\right) = -2^{n-\nu-1}\frac{1+\zeta_1}{1-\zeta_1}$$

$$= -2^{n-\nu-1}\frac{1+(-1)}{1-(-1)} = 0 \text{ für } 0 < \nu \leqq n-1.$$

---

9) Siehe Anm. 7), S. 151.

Für $l = 2$ und $\nu = 0$ wird schließlich

$$\frac{1}{2^\nu} S_n\left(\frac{\lambda_n^{2^\nu}}{\zeta_n^{2^\nu} - 1}\right) = S_n(-1) = -2^{n-1}.$$

Damit ergibt sich

$$B = -2^{n-1} \text{ für } l = 2.$$

12. Zur Berechnung von

$$C = \frac{l^n - 1}{2} \sum_{\nu=n}^{\infty} \frac{1}{l^\nu} S_n(\lambda_n^{l^\nu})$$

entwickeln wir ähnlich wie in **11.**

$$S_n(\lambda_n^{l^\nu}) = S_n((1 - \zeta_n)^{l^\nu}) = \sum_{\mu=0}^{l^\nu} (-1)^\mu \binom{l^\nu}{\mu} S_n(\zeta_n^\mu)$$

und benutzen die Formeln[10])

$$S_n(\zeta_n^\mu) = \left\{\begin{matrix} 0 & \text{für } \mu \not\equiv 0\,(l^{n-1}), \\ -l^{n-1} & \text{für } \mu \equiv 0\,(l^{n-1}),\ \mu \not\equiv 0\,(l^n), \\ l^{n-1}(l-1) & \text{für } \mu \equiv 0\,(l^n) \end{matrix}\right\}.$$

Damit ergibt sich

$$S_n(\lambda_n^{l^\nu}) = l^{n-1}(l-1) \sum_{\mu \equiv 0\,(l^n)}^{0 \ldots l^\nu} (-1)^\mu \binom{l^\nu}{\mu} - l^{n-1} \sum_{\substack{\mu \equiv 0\,(l^n) \\ \mu \not\equiv 0\,(l^{n-1})}}^{0 \ldots l^\nu} (-1)^\mu \binom{l^\nu}{\mu}$$

$$= l^n \sum_{\mu \equiv 0\,(l^n)}^{0 \ldots l^\nu} (-1)^\mu \binom{l^\nu}{\mu} - l^{n-1} \sum_{\mu \equiv 0\,(l^{n-1})}^{0 \ldots l^\nu} (-1)^\mu \binom{l^\nu}{\mu}.$$

Für $l \neq 2$ heben sich wegen $\nu \geqq n$ und $(-1)^{l^\nu - \mu} = -(-1)^\mu$ in jeder der beiden Summen rechts je zwei komplementäre Binomialkoeffizienten $\binom{l^\nu}{\mu}$, $\binom{l^\nu}{l^\nu - \mu}$ heraus. Daher sind alle in der Formel für C auftretenden $S_n(\lambda_n^{l^\nu}) = 0$, und somit

$$C = 0 \text{ für } l \neq 2.$$

Für $l = 2$ formen wir, unter Berücksichtigung der Voraussetzung $n \geqq 2$, derzufolge alle $(-1)^\mu = +1$ werden, den Ausdruck für C weiter so um:

---

[10]) Siehe Anm. [7]), S. 151.

$$C = \frac{2^n-1}{2}\sum_{\nu=n}^{\infty}\frac{1}{2^\nu}\left\{2^n \sum_{\mu\equiv 0(2^n)}^{0\ldots 2^\nu}\binom{2^\nu}{\mu} - 2^{n-1}\sum_{\mu\equiv 0(2^{n-1})}^{0\ldots 2^\nu}\binom{2^\nu}{\mu}\right\}$$

$$= \frac{2^n-1}{2}\left\{\left[\binom{2^n}{0}+\binom{2^n}{2^n}\right]\right.$$

$$\left.+ 2^n\left[\sum_{\nu=n+1}^{\infty}\frac{1}{2^\nu}\sum_{\mu\equiv 0(2^n)}^{0\ldots 2^\nu}\binom{2^\nu}{\mu} - \sum_{\nu=n}^{\infty}\frac{1}{2^{\nu+1}}\sum_{\mu\equiv 0(2^{n-1})}^{0\ldots 2^\nu}\binom{2^\nu}{\mu}\right]\right\}$$

$$= \frac{2^n-1}{2}\left\{2+2^n\left[\sum_{\nu=n+1}^{\infty}\frac{1}{2^\nu}\sum_{\mu\equiv 0(2^{n-1})}^{0\ldots 2^{\nu-1}}\binom{2^\nu}{\mu 2} - \sum_{\nu=n+1}^{\infty}\frac{1}{2^\nu}\sum_{\mu\equiv 0(2^{n-1})}^{0\ldots 2^{\nu-1}}\binom{2^{\nu-1}}{\mu}\right]\right\}$$

$$= (2^n-1)\left\{1+2^n\sum_{\nu=n+1}^{\infty}\frac{1}{2^{\nu+1}}\sum_{\mu\equiv 0(2^{n-1})}^{0\ldots 2^{\nu-1}}\left[\binom{2^\nu}{\mu 2}-\binom{2^{\nu-1}}{\mu}\right]\right\}.$$

Nach dem am Schluß der Arbeit angefügten Hilfssatz 2, der wegen $n \geqq 2$ anwendbar ist, sind alle hierin auftretenden Binomialkoeffizienten-Differenzen durch $2^{2\nu}$, also sicher durch $2^{\nu+1}$ teilbar. Daher folgt

$$C \equiv -1 \bmod. 2^n \quad \text{für } l = 2\,[11]).$$

13. Durch Eintragen der in **11.** und **12.** gefundenen Ergebnisse über B und C in die Schlußformel von **10.** ergibt sich jetzt

$$A \equiv \begin{cases} +1 & \bmod. l^n \quad \text{für } l \neq 2 \\ -(1+2^{n-1}) & \bmod. 2^n \quad \text{für } l = 2 \end{cases},$$

und damit nach **9.**

$$\left(\frac{\lambda_n}{\tau_{l^n}}\right) = \begin{cases} \zeta_n^{+1} & \text{für } l \neq 2 \\ \zeta_n^{-1} & \text{für } l = 2 \end{cases},$$

während in **8.**

$$\left(\frac{\lambda_n}{\tau_a}\right) = 1 \quad \text{für } (a, l) = 1$$

bewiesen wurde. Um unseren Beweis zu erbringen, haben wir also nach dem am Schluß von **7.** Gesagten jetzt nur noch zu zeigen:

$$\frac{1}{l^n} S_n\left(-\frac{\zeta_n}{\lambda_n}\log\tau_{l^n}\right) \equiv \begin{cases} +1 \bmod. l^n & \text{für } l \neq 2 \\ -1 \bmod. 2^n & \text{für } l = 2 \end{cases}$$

$$\frac{1}{l^n} S_n\left(-\frac{\zeta_n}{\lambda_n}\log\tau_a\right) \equiv 0 \bmod. l^n \quad \text{für } 1 \leqq a \leqq l^n, (a, l) = 1.$$

14. Wir berechnen dazu $\frac{1}{l^n} S_n\left(-\frac{\zeta_n}{\lambda_n}\log\tau_a\right) \bmod. l^n$ gleich für beliebiges $a \geqq 1$. Nach **7.** ist

[11]) Man könnte auch den zuvor einfacher erledigten Fall $l \neq 2$ nach diesem Muster behandeln. -- Siehe die ähnliche Rechnung unten in **14.**, wo sich der Fall $l \neq 2$ nicht in gleich einfacher Weise erledigt.

$$\frac{1}{l^n} S_n\left(-\frac{\zeta_n}{\lambda_n}\log \tau_a\right) = \frac{1}{l^n} S_n\left(-\frac{\zeta_n}{\lambda_n} g(\lambda_n^a)\right) = \frac{1}{l^n} S_n\left(\frac{\zeta_n}{\lambda_n}\sum_{\nu=0}^{\infty}\frac{\lambda_n^{al^\nu}}{l^\nu}\right)$$
$$= \sum_{\nu=0}^{\infty}\frac{1}{l^\nu}\cdot\frac{1}{l^n} S_n(\zeta_n\lambda_n^{al^\nu-1}).$$

Ähnlich wie in **12.** erhält man nun

$$S_n(\zeta_n\lambda_n^{al^\nu-1})$$
$$= \sum_{\mu=0}^{al^\nu-1}(-1)^\mu\binom{a\,l^\nu-1}{\mu} S_n(\zeta_n^{\mu+1}) = -\sum_{\mu=1}^{al^\nu}(-1)^\mu\binom{a\,l^\nu-1}{\mu-1} S_n(\zeta_n^\mu)$$
$$= -\sum_{\mu=0}^{al^\nu}(-1)^\mu\frac{\mu}{a\,l^\nu}\binom{a\,l^\nu}{\mu} S_n(\zeta_n^\mu)$$
$$= -\left\{l^n\sum_{\mu\equiv 0(l^n)}^{0\ldots al^\nu}(-1)^\mu\frac{\mu}{a\,l^\nu}\binom{a\,l^\nu}{\mu} - l^{n-1}\sum_{\mu\equiv 0(l^{n-1})}^{0\ldots al^\nu}(-1)^\mu\frac{\mu}{a\,l^\nu}\binom{a\,l^\nu}{\mu}\right\},$$

und damit

$$\frac{1}{l^n} S_n\left(-\frac{\zeta_n}{\lambda_n}\log \tau_a\right)$$
$$= -\sum_{\nu=0}^{\infty}\frac{1}{l^\nu}\left\{\sum_{\mu\equiv 0(l^n)}^{0\ldots al^\nu}(-1)^\mu\frac{\mu}{a\,l^\nu}\binom{a\,l^\nu}{\mu} - \frac{1}{l}\sum_{\mu\equiv 0(l^{n-1})}^{0\ldots al^\nu}(-1)^\mu\frac{\mu}{a\,l^\nu}\binom{a\,l^\nu}{\mu}\right\}$$
$$= -\left\{\sum_{\mu\equiv 0(l^n)}^{0\ldots a}(-1)^\mu\frac{\mu}{a}\binom{a}{\mu} + \left[\sum_{\nu=1}^{\infty}\frac{1}{l^\nu}\sum_{\mu\equiv 0(l^n)}^{0\ldots al^\nu}(-1)^\mu\frac{\mu}{a\,l^\nu}\binom{a\,l^\nu}{\mu}\right.\right.$$
$$\left.\left. - \sum_{\nu=0}^{\infty}\frac{1}{l^{\nu+1}}\sum_{\mu\equiv 0(l^{n-1})}^{0\ldots al^\nu}(-1)^\mu\frac{\mu}{a\,l^\nu}\binom{a\,l^\nu}{\mu}\right]\right\}$$
$$= -\left\{\sum_{\mu\equiv 0(l^n)}^{0\ldots a}(-1)^\mu\frac{\mu}{a}\binom{a}{\mu} + \left[\sum_{\nu=1}^{\infty}\frac{1}{l^\nu}\sum_{\mu\equiv 0(l^{n-1})}^{0\ldots al^{\nu-1}}(-1)^{\mu l}\frac{\mu\,l}{a\,l^\nu}\binom{a\,l^\nu}{\mu\,l}\right.\right.$$
$$\left.\left. - \sum_{\nu=1}^{\infty}\frac{1}{l^\nu}\sum_{\mu\equiv 0(l^{n-1})}^{0\ldots al^{\nu-1}}(-1)^\mu\frac{\mu\,l}{a\,l^\nu}\binom{a\,l^{\nu-1}}{\mu}\right]\right\}$$
$$= -\left\{\sum_{\mu\equiv 0(l^n)}^{0\ldots a}(-1)^\mu\frac{\mu}{a}\binom{a}{\mu}\right.$$
$$\left. + \sum_{\nu=1}^{\infty}\frac{1}{l^\nu}\sum_{\mu\equiv 0(l^{n-1})}^{0\ldots al^{\nu-1}}(-1)^\mu\frac{\mu\,l}{a\,l^\nu}\left[\binom{a\,l^\nu}{\mu\,l} - \binom{a\,l^{\nu-1}}{\mu}\right]\right\},$$

letzteres, weil, wegen $n \geqq 2$ für $l = 2$, stets $(-1)^{\mu l} = (-1)^\mu$ ist. Nach dem am Schluß der Arbeit angefügten Hilfssatz 2 sind alle hierin auftretenden Binomialkoeffizienten-Differenzen durch $l^{2\nu+2\nu_0}$ teilbar, wenn a genau durch l^{ν_0} teilbar ist. Unter Berücksichtigung der Faktoren $\frac{\mu\,l}{a\,l^\nu}$ und $\frac{1}{l^\nu}$ sind somit alle Glieder der Summe über ν durch

$$l^{(2\nu+2\nu_0)+(n-(\nu+\nu_0))-\nu} = l^{n+\nu_0},$$

also sicher durch l^n teilbar. Daher folgt

$$\frac{1}{l^n} S_n\left(-\frac{\zeta_n}{\lambda_n}\log\tau_a\right) \equiv -\sum_{\mu\equiv 0\,(l^n)}^{0\ldots a} (-1)^\mu \frac{\mu}{a}\binom{a}{\mu} \bmod. l^n$$

für beliebiges $a \geqq 1$.

Hieraus erhält man ohne weiteres

$$\frac{1}{l^n} S_n\left(-\frac{\zeta_n}{\lambda_n}\log\tau_{l^n}\right) \equiv -(-1)^{l^n} = \begin{cases} +1 \bmod. l^n & \text{für } l \neq 2 \\ -1 \bmod. 2^n & \text{für } l = 2 \end{cases}$$

$$\frac{1}{l^n} S_n\left(-\frac{\zeta_n}{\lambda_n}\log\tau_a\right) \equiv 0 \bmod. l^n \text{ für } 1 \leqq a < l^n,$$

also speziell die am Schluß von **13.** hingestellten Tatsachen.

Damit ist die behauptete Formel für den zweiten Ergänzungssatz bewiesen.

Weitere spezielle Formeln zum zweiten Ergänzungssatz[12]).

15. Da die in **14.** gefundene Formel für $\frac{1}{l^n} S_n\left(-\frac{\zeta_n}{\lambda_n}\log\tau_a\right) \bmod. l^n$ für beliebiges $a \geqq 1$ gilt, liefert der zweite Ergänzungssatz in der hergeleiteten Form jetzt:

$$\left(\frac{\lambda_n}{\tau_a}\right) = \zeta_n^{-\sum\limits_{\mu\equiv 0\,(l^n)}^{0\ldots a} (-1)^\mu \frac{\mu}{a}\binom{a}{\mu}} \quad \text{für jedes } a \geqq 1.$$

Auch hieraus liest man sofort die in **8.** bewiesene Tatsache ab, daß $\left(\frac{\lambda_n}{\tau_a}\right) = 1$ ist für jedes zu l prime $a \geqq 1$, dagegen nicht ohne weiteres die in **6.** hervorgehobene Folge aus dem allgemeinen Reziprozitätsgesetz, daß $\left(\frac{\lambda_n}{\tau_a}\right) = 1$ ist für $\tau_a \equiv 1 \bmod. l^n\, \lambda_1\, \lambda_n$, d. h. für $a \geqq n\,(l^n - l^{n-1}) + l^{n-1} + 1$. Nimmt man noch die schon in der letzten Formel von **14.** gemachte Feststellung hinzu, so hat man das Resultat:

$\left(\frac{\lambda_n}{\tau_a}\right) \neq 1$ höchstens, wenn a ein Multiplum von l im Intervall

$$l^n \leqq a \leqq n\,l^n - (n-1)\,l^{n-1}.$$

Auch die Symbole $\left(\frac{\lambda_n}{1-\lambda_n^a}\right)$ können wir jetzt in ähnlicher Weise ausdrücken. Nach **7.** ist nämlich

[12]) Wir setzen auch hier $n \geqq 2$ für $l = 2$ voraus.

$$\left(\frac{\lambda_n}{1-\lambda_n^a}\right) = \prod_{(m,l)=1} \left(\frac{\lambda_n}{\tau_{am}}\right)^{\frac{1}{m}},$$

wo das Produkt nach dem eben Festgestellten nur über solche m erstreckt zu werden braucht, für die

$$l^n \leqq am \leqq n l^n - (n-1) l^{n-1}.$$

Mittels obiger Formel folgt daraus:

$$\left(\frac{\lambda_n}{1-\lambda_n^a}\right) = \zeta_n^{-\sum\limits_{(m,l)=1} \frac{1}{m} \sum\limits_{\mu\equiv 0 (l^n)}^{0\ldots am} (-1)^{\mu} \frac{\mu}{am} \binom{am}{\mu}} \quad \text{für jedes } a \geqq 1.$$

Da nach **8.** oder hiernach $\left(\frac{\lambda_n}{1-\lambda_n^a}\right) = 1$ ist für jedes zu l prime $a \geqq 1$, hat diese Formel natürlich nur für durch l teilbares a Interesse. Sie macht dann die schwerfällige Berechnung von $\frac{1}{l^n} S_n\left(-\frac{\zeta_n}{\lambda_n}\log(1-\lambda_n^a)\right)$ entbehrlich.

Insbesondere ergibt sich nach leichter Umformung:

$$\left(\frac{\lambda_n}{1-\lambda_n^{l^n}}\right) = \zeta_n^{-\sum\limits_{(m,l)=1} \frac{1}{m} \sum\limits_{\mu=0}^{m} (-1)^{\mu l} \frac{\mu}{m} \binom{ml^n}{\mu l^n}},$$

wo die Summe über m nur über das Intervall

$$1 \leqq m \leqq n - \left\{\frac{n-1}{l}\right\}$$

erstreckt zu werden braucht ($\{r\}$ bedeutet die kleinste ganze Zahl $\geqq r$). Nach dem am Schluß der Arbeit angefügten Hilfssatz 2 läßt sich diese Formel noch vereinfachen:

$$\binom{m\,l^n}{\mu\,l^n} \equiv \binom{m\,l^{n-1}}{\mu\,l^{n-1}} \text{ mod. } l^{2n}, \quad \binom{m\,l^{n-1}}{\mu\,l^{n-1}} \equiv \binom{m\,l^{n-2}}{\mu\,l^{n-2}} \text{ mod. } l^{2(n-1)}, \cdots$$

also so weit reduziert, wie mod. l^n möglich:

$$\binom{m\,l^n}{\mu\,l^n} \equiv \binom{m\,l^{\left\{\frac{n}{2}\right\}-1}}{\mu\,l^{\left\{\frac{n}{2}\right\}-1}} \text{ mod. } l^n.$$

Werden dann noch, um möglichst niedrige Binomialkoeffizienten zu erhalten, die Faktoren $\frac{\mu}{m}$ in die Binomialkoeffizienten gezogen, so ergibt sich:

$$\left(\frac{\lambda_n}{1-\lambda_n^{l^n}}\right) = \zeta_n^{L_n}$$

mit

$$L_n \equiv \sum_{(m,l)=1}^{1\cdots n-\left\{\frac{n-1}{l}\right\}} \frac{1}{m} \sum_{\mu=1}^{m} (-1)^{\mu l-1} \left(\frac{m\, l^{\left\{\frac{n}{2}\right\}-1}-1}{\mu\, l^{\left\{\frac{n}{2}\right\}-1}-1}\right) \bmod. l^n.$$

Beispielsweise erhalten wir so für $n = 2, 3$:

$$L_2 \equiv \begin{Bmatrix} +1 \bmod. l^2 \text{ für } l \neq 2 \\ -1 \bmod. 2^2 \text{ für } l = 2 \end{Bmatrix},$$

$$L_3 \equiv \begin{Bmatrix} \frac{1}{2}\left[1+\binom{2l-1}{l-1}\right] \bmod. l^3 \text{ für } l \neq 2 \\ -1 \qquad \bmod. 2^3 \text{ für } l = 2 \end{Bmatrix}.$$

Zwei Hilfssätze über Binomialkoeffizienten.

Hilfssatz 1. *Es seien a und b ganze Zahlen, $a > 0$, $0 \leqq b \leqq a$, und a genau durch l^α, b genau durch l^β teilbar. Dann gilt*

$$\binom{a}{b} \equiv 0 \bmod. l^{\mathrm{Max}(0,\alpha-\beta)}.$$

Beweis: Für $\alpha \leqq \beta$, worin auch der Grenzfall $b = 0$, $\beta = \infty$ eingeschlossen ist, ist die Behauptung trivial.

Für $\alpha > \beta$ ist $b > 0$, und die Behauptung folgt aus

$$\binom{a}{b} = \binom{a-1}{b-1}\frac{a}{b}.$$

Hilfssatz 2. *Es seien a_0 und b ganze Zahlen,*

$$a_0 \text{ prim zu } l, \quad 0 \leqq b \leqq a_0 l^\alpha, \quad \alpha \geqq 1,$$

ferner speziell

$$b \equiv 0 \bmod. 2 \text{ für } l = 2.$$

Dann gilt

$$\binom{a_0 l^\alpha}{b l} \equiv \binom{a_0 l^{\alpha-1}}{b} \bmod. l^{2\alpha}.$$

Beweis: Für $b = 0$ ist die Behauptung trivial.

Für $b \neq 0$ folgt aus

$$\binom{a_0 l^\alpha}{b l} = \frac{a_0 l^\alpha \cdot (a_0 l^\alpha - 1) \cdots (a_0 l^\alpha - (b l - 1))}{1 \cdot 2 \cdots b l}$$

durch Vorziehen aller Multipla von l aus Zähler und Nenner:

$$\binom{a_0 l^\alpha}{bl} = \frac{a_0 l^\alpha \cdot (a_0 l^\alpha - l) \cdots (a_0 l^\alpha - (bl - l))}{1l \cdot 2l \cdots bl} \cdot \prod_{(i,l)=1}^{1\ldots bl} \frac{a_0 l^\alpha - i}{i}$$

$$= \binom{a_0 l^{\alpha-1}}{b} \cdot (-1)^{bl-b} \cdot \prod_{(i,l)=1}^{1\ldots bl} \left(1 - \frac{1}{i} a_0 l^\alpha\right)$$

$$= \binom{a_0 l^{\alpha-1}}{b_0 l^{\beta-1}} \cdot (-1)^{b_0 l^{\beta-1}(l-1)} \cdot \prod_{(i,l)=1}^{1\ldots b_0 l^\beta} \left(1 - \frac{1}{i} a_0 l^\alpha\right),$$

wenn

$$b = b_0 l^{\beta-1}, \quad b_0 \text{ prim zu } l, \quad \beta \geqq 1.$$

Erstens ist nun nach Hilfssatz 1

$$\binom{a_0 l^{\alpha-1}}{b_0 l^{\beta-1}} \equiv 0 \bmod. l^{\mathrm{Max}(0,\alpha-\beta)}, \quad \text{d. h. } \bmod. l^{\mathrm{Max}(\alpha,\beta)-\beta}.$$

Zweitens ist der Vorzeichenfaktor

$$(-1)^{b_0 l^{\beta-1}(l-1)} = 1,$$

weil nach der speziellen Voraussetzung über b sogar $\beta \geqq 2$ für $l = 2$ ist.

Drittens ist zunächst

$$\prod_{(i,l)=1}^{1\ldots b_0 l^\beta} \left(1 - \frac{1}{i} a_0 l^\alpha\right) \equiv 1 - a_0 l^\alpha \sum_{(i,l)=1}^{1\ldots b_0 l^\beta} \frac{1}{i} \bmod. l^{\alpha+\alpha}.$$

Dabei durchläuft i, also auch $\frac{1}{i}$, b_0-mal ein primes Restsystem mod. l^β. Da $\varphi(l^\beta) = l^{\beta-1}(l-1)$, wieder nach der speziellen Voraussetzung über b, gerade ist, können immer zwei entgegengesetzte Restklassen mod. l^β zusammengefaßt werden. Daher ist

$$\sum_{(i,l)=1}^{1\ldots b_0 l^\beta} \frac{1}{i} \equiv 0 \bmod. l^\beta,$$

also

$$\prod_{(i,l)=1}^{1\ldots b_0 l^\beta} \left(1 - \frac{1}{i} a_0 l^\alpha\right) \equiv 1 \bmod. l^{\alpha+\mathrm{Min}(\alpha,\beta)}.$$

Zusammengenommen ergibt sich daraus

$$\binom{a_0 l^\alpha}{bl} \equiv \binom{a_0 l^{\alpha-1}}{b} \bmod. l^{\mathrm{Max}(\alpha,\beta)-\beta+\alpha+\mathrm{Min}(\alpha,\beta)},$$

und das ist wegen $\mathrm{Max}(\alpha, \beta) + \mathrm{Min}(\alpha, \beta) = \alpha + \beta$ die Behauptung.

Idealklassen in Oberkörpern und allgemeines Reziprozitätsgesetz.

Von EMIL ARTIN in Hamburg.

Die HILBERTsche Theorie der GALOISschen Körper gestattet es, die Frage nach dem Verhalten der Primideale eines gegebenen Körpers in Unterkörpern von relativ GALOISschen Erweiterungen, was ihre Zerlegungsgesetze angeht, auf rein gruppentheoretische Untersuchungen zurückzuführen, diese Frage also in die GALOISsche Theorie einzuordnen.

Durch das Hinzutreten des allgemeinen Reziprozitätsgesetzes ist aber jetzt die Möglichkeit gegeben, eine weitere, sehr allgemeine Klasse von Fragestellungen einer gruppentheoretischen Behandlung zugänglich zu machen. Man ist nämlich in der Lage, zu entscheiden, wie die Idealklassen verschiedener Körper miteinander verknüpft sind. Es stellt sich heraus, daß dies bereits auf Fragestellungen über endliche nicht-abelsche Gruppen führt, daß sich also gewissermaßen die Idealklassen eines Oberkörpers im Grundkörper in nicht-abelscher Weise bemerkbar machen.

In diesen Untersuchungen erblicke ich eine der wichtigsten Anwendungen des allgemeinen Reziprozitätsgesetzes, ja vielleicht sogar den eigentlichen Sinn desselben.

In § 1 wird ein kurzer Abriß der von uns benötigten Teile der HILBERTschen Theorie gegeben; dann werden die Verfeinerungen besprochen, die sich aus dem allgemeinen Reziprozitätsgesetz ergeben. In § 3 wird dann das allgemeine Problem behandelt und die Ergebnisse auf die Frage nach dem Verhalten der Ideale eines Körpers in seinem absoluten Klassenkörper angewendet werden. Es zeigt sich hier, daß der sogenannte Hauptidealsatz, also die letzte Vermutung HILBERTS über den Klassenkörper, auf ein rein gruppentheoretisches Problem über gewisse endliche Gruppen zurückgeführt werden kann. Dieses Theorem kann in jedem einzelnen Fall verifiziert werden, ist aber in der vorangehenden Arbeit von Herrn FURTWÄNGLER auf äußerst kunstvolle Art allgemein bewiesen worden. Mit denselben Mitteln können auch Fragen nach dem Verhalten der Ideale des Grundkörpers in Unterkörpern des Klassenkörpers in Angriff genommen werden.

1.

Es sei k ein beliebiger Körper, K ein relativ GALOISscher Oberkörper von k und $\mathfrak{G}$ seine Gruppe; $\mathfrak{p}$ sei ein zu der Relativdiskriminante von K/k teilerfremdes Primideal und $\mathfrak{P}$ ein Primteiler von $\mathfrak{p}$ in K. Es gibt dann genau eine, dem Primideal zugeordnete Substitution σ von der Art, daß für jede ganze Zahl A aus K die Kongruenz gilt:

$$A^{N\mathfrak{p}} \equiv \sigma(A) \pmod{\mathfrak{P}}.$$

Diese Substitution σ hängt aber noch von der Wahl des Primteilers $\mathfrak{P}$ ab. Wählt man einen konjugierten Primteiler $\tau(\mathfrak{P})$ an Stelle von $\mathfrak{P}$, so erhält man die Substitution $\tau\sigma\tau^{-1}$ anstatt σ. Eigentlich ist also jedem Primideal $\mathfrak{p}$ eine ganze Klasse äquivalenter Substitutionen zugeordnet. Da aber eine solche Klasse durch Angabe eines Repräsentanten bestimmt ist, kann man sich mit der einen Substitution σ begnügen.

Nun gehe man zu einem Zwischenkörper k_1 über. Die Gruppe von K/k_1 ist eine Untergruppe $\mathfrak{G}_1$ von $\mathfrak{G}$. Nach der HILBERTschen Theorie der GALOISschen Körper läßt sich die Frage nach der Art der Zerlegung von $\mathfrak{p}$ im Körper k_1 durch eine gruppentheoretische Rechnung entscheiden. Es sei gestattet, daran noch einmal kurz zu erinnern[1]).

Was zunächst die Primteiler von $\mathfrak{p}$ in K angeht, so erhält man diese aus $\mathfrak{P}$, wenn man auf $\mathfrak{P}$ alle Substitutionen von $\mathfrak{G}$ anwendet. Allerdings wird man dabei ein und denselben Primteiler öfter erhalten. Das Primideal $\mathfrak{P}$ bleibt fest gegenüber den Substitutionen seiner Zerlegungsgruppe $\mathfrak{Z}$. Diese Zerlegungsgruppe besteht bekanntlich aus den Potenzen von σ. Um also lauter verschiedene Primteiler zu erhalten, hat man so vorzugehen: Man zerlege die Gruppe $\mathfrak{G}$ in Linksnebengruppen nach $\mathfrak{Z}$, etwa:

$$\mathfrak{G} = \varrho_1\mathfrak{Z} + \varrho_2\mathfrak{Z} + \cdots + \varrho_k\mathfrak{Z}.$$

Alle Substitutionen ein und derselben Nebengruppe führen das Primideal $\mathfrak{P}$ jeweils in denselben Primteiler über. Ein bestimmter Primteiler von $\mathfrak{p}$ in K ist also durch Angabe der Nebengruppe bestimmt, deren Substitutionen das Primideal $\mathfrak{P}$ in ihn überführen. Dazu genügt es wieder, eine einzige Substitution der Nebengruppe zu geben. Jetzt hat man die Anzahl der Primteiler von $\mathfrak{p}$ bestimmt, also auch deren Grad, der übrigens gleich der Ordnung der Zerlegungsgruppe $\mathfrak{Z}$ ist.

Um nun die Zerlegung von $\mathfrak{p}$ in einem Zwischenkörper k_1 aufzufinden, wird man von einem beliebigen Primideal $\tau(\mathfrak{P})$ in K ausgehen und auf dieses alle Substitutionen der Gruppe $\mathfrak{G}_1$ von K/k_1 anwenden. Man erhält auf diese Art alle Primideale von K, welche in ein und demselben Primideal $\mathfrak{q}$ aus k_1 aufgehen. Das Primideal $\mathfrak{P}$ wird somit diese Primideale liefern, wenn man darauf alle Substitutionen der Rechtsnebengruppe $\mathfrak{G}_1\tau$ anwendet. Da aber $\mathfrak{P}$ festbleibt, wenn man auf $\mathfrak{P}$ die Substitutionen der Zerlegungsgruppe anwendet, so sind in einem Komplex der Form $\mathfrak{G}_1\tau\mathfrak{Z}$ genau diejenigen Substitutionen vereinigt,

---

[1]) Vgl. auch R. DEDEKIND, Zur Theorie der Ideale, Göttinger Nachrichten, 1894.

welche $\mathfrak{P}$ in Teiler ein und desselben Primideals $\mathfrak{q}$ aus k_1 überführen. Es wird demnach zweckmäßig die Gruppe $\mathfrak{G}$ in Komplexe nach den beiden Untergruppen $\mathfrak{G}_1$ und $\mathfrak{Z}$ zerlegt:

$$\mathfrak{G} = \mathfrak{G}_1 \tau_1 \mathfrak{Z} + \mathfrak{G}_1 \tau_2 \mathfrak{Z} + \cdots + \mathfrak{G}_1 \tau_r \mathfrak{Z}.$$

Die Anzahl r dieser Komplexe gibt uns bereits die Anzahl der Primteiler $\mathfrak{q}$ von $\mathfrak{p}$ in k_1. Fassen wir nun einen bestimmten Komplex $\mathfrak{G}_1 \tau_i \mathfrak{Z}$ ins Auge. Er mag zum Primideal $\mathfrak{q}_i$ gehören. Da $\mathfrak{P}$ bei den Substitutionen aus $\mathfrak{Z}$ fest bleibt, wird man ihn in Linksnebengruppen nach $\mathfrak{Z}$ zerlegen:

$$\mathfrak{G}_1 \tau_i \mathfrak{Z} = \gamma_1 \tau_i \mathfrak{Z} + \gamma_2 \tau_i \mathfrak{Z} + \cdots + \gamma_s \tau_i \mathfrak{Z}.$$

Die Substitutionen einer solchen Nebengruppe führen $\mathfrak{P}$ immer in denselben Primteiler von $\mathfrak{q}_i$ in K über. Es zerfällt also $\mathfrak{q}_i$ in K in genau s Primideale und diese sind im früher verabredeten Sinn durch die Nebengruppen gekennzeichnet. Ein solcher Primteiler von $\mathfrak{q}_i$ ist zum Beispiel $\mathfrak{P}_i = \tau_i(\mathfrak{P})$. Setzt man $\sigma_i = \tau_i \sigma \tau_i^{-1}$, so gilt für alle ganzen Zahlen A von K die Kongruenz:

$$\sigma_i(A) \equiv A^{N\mathfrak{p}} \pmod{\mathfrak{P}_i}.$$

Daraus folgt für jede natürliche Zahl h_i die Kongruenz: $\sigma_i^{h_i}(A) \equiv A^{N\mathfrak{p}^{h_i}} \pmod{\mathfrak{P}_i}$. Wenn man nun für h_i speziell den Grad von $\mathfrak{q}_i$ in bezug auf k nimmt und für A nur Zahlen aus k_1, so ist die rechte Seite dieser Kongruenz der Zahl A kongruent. Da $\mathfrak{p}$ nicht in der Relativdiskriminante von K/k aufgeht, muß jetzt sogar das Gleichheitszeichen gelten, woraus folgt, daß $\sigma_i^{h_i}$ zur Gruppe $\mathfrak{G}_1$ gehört. Eine niedrigere Potenz von σ_i kann nicht zu $\mathfrak{G}_1$ gehören, da sonst die linke Seite unserer Kongruenz gleich A wäre, was der Existenz von primitiven Kongruenzwurzeln widerspräche. Der Grad von $\mathfrak{q}_i$ in bezug auf k ist also die niedrigste Potenz $\sigma_i^{h_i}$, die zur Gruppe $\mathfrak{G}_1$ gehört. Endlich sieht man noch, daß $\mathfrak{q}_i$ in K/k_1 zur Substitution $\sigma_i^{h_i}$ gehört.

2.

Wir führen nun einen für das Folgende wichtigen Begriff ein. Es sei k' der größte in K enthaltene, in bezug auf k relativ abelsche Körper. Er gehört zum größten Normalteiler von $\mathfrak{G}$ mit abelscher Faktorgruppe, also zur Kommutatorgruppe $\mathfrak{G}'$ von $\mathfrak{G}$. Der Körper k' ist im Sinn von Takagi Klassenkörper nach einer geeigneten Einteilung der Ideale von k in Klassen. Diese mit dem Oberkörper K in invarianter Weise verknüpfte Klasseneinteilung der Ideale von k wollen wir die zu K gehörige Klasseneinteilung von k nennen. Da in diesem Abschnitt andere Idealklassen überhaupt nicht vorkommen werden, wollen wir meistens den Zusatz „zu K gehörig" weglassen. Natürlich ist jetzt auch in jedem Zwischenkörper k_1 eine bestimmte Klasseneinteilung definiert; denn K ist auch in bezug auf k_1 relativ GALOISsch. Der entsprechende relativ abelsche Oberkörper von k_1 ist hier der zur Kommutatorgruppe $\mathfrak{G}_1'$ von $\mathfrak{G}_1$ gehörige Körper k_1'.

Die Gruppe von k'/k ist die Faktorgruppe $\mathfrak{G}/\mathfrak{G}'$ der Kommutatorgruppe von $\mathfrak{G}$. Ihre Elemente sind die Nebengruppen von $\mathfrak{G}'$. Gehört nun das Primideal $\mathfrak{p}$ in K zu σ, so gehört es in k' zur Nebengruppe $\sigma\mathfrak{G}'$. Nach dem allgemeinen Reziprozitätsgesetz hängt nun diese Nebengruppe nur von der Idealklasse in k ab, zu der $\mathfrak{p}$ gehört. Man kann also die Idealklassen in k mit demselben Buchstaben bezeichnen wie die Nebengruppen, also von der Idealklasse $\sigma\mathfrak{G}'$ sprechen. Ebenso kann man den in einer Idealklasse enthaltenen Idealen die Substitution der Klasse zuordnen, auch wenn sie keine Primideale sind. Auch bei Produkten von Klassen und Idealen kann man wie mit den Nebengruppen rechnen; denn nach dem allgemeinen Reziprozitätsgesetz ist dem Produkt zweier Klassen das Produkt der Nebengruppen zugeordnet[2]).

Wir werfen nun die Frage auf, wie sich ein vorgegebenes Primideal $\mathfrak{p}$ aus k in den Zwischenkörpern verhält, was die Idealklassen dieses Zwischenkörpers angeht. Wir fragen also, in welchen Idealklassen des Zwischenkörpers die Teiler von $\mathfrak{p}$ und $\mathfrak{p}$ selbst liegen. Wir nehmen dabei an, daß man die Substitution σ kennt, zu der $\mathfrak{p}$ in K gehört. Verwenden wir die Bezeichnungen des vorigen Abschnittes, so gehören die Primteiler $\mathfrak{q}_i$ von $\mathfrak{p}$ in k_1 zu den Substitutionen $\sigma_i^{h_i}$; sie fallen also in die mit $\sigma_i^{h_i}\mathfrak{G}_1'$ zu bezeichnenden Klassen von k_1. Das Primideal $\mathfrak{p}$ selbst ist das Produkt aller $\mathfrak{q}_i$, liegt also in der Klasse $\sigma_1^{h_1}\sigma_2^{h_2}\cdots\sigma_r^{h_r}\mathfrak{G}_1'$. Zum Beispiel ist also die notwendige und hinreichende Bedingung dafür, daß $\mathfrak{p}$ in k_1 zur Hauptklasse gehört, die, daß $\sigma_1^{h_1}\sigma_2^{h_2}\cdots\sigma_r^{h_r}\mathfrak{G}_1' = \mathfrak{G}_1'$ ist.

Gehen wir nun von einer bestimmten Idealklasse $\sigma\mathfrak{G}'$ in k aus, und fragen wir, wie sich die in dieser Idealklasse enthaltenen Primideale im Zwischenkörper verhalten. Die Primideale von $\sigma\mathfrak{G}'$ werden zu einer Substitution dieser Nebengruppe gehören, und zu jeder solchen Substitution gibt es auch wirklich Primideale in der Klasse[3]). Man hat also nur für jede dieser Substitutionen die eben angestellte Rechnung durchzuführen; man erkennt, daß die Primideale unserer Klasse in mehrere Typen zerfallen, die sich im allgemeinen verschieden verhalten werden. Zu jedem dieser Typen gibt es aber auch wirklich Primideale der Klasse.

[2]) E. ARTIN, Beweis des allgemeinen Reziprozitätsgesetzes, diese Abhandl., Bd. V.

[3]) N. TSCHEBOTAREFF, Die Bestimmung der Dichtigkeit einer Menge von Primzahlen, welche zu einer gegebenen Substitutionsklasse gehören. Math. Ann. 95 (1925), S. 191. Vgl. auch O. SCHREIER, Über eine Arbeit von Herrn TSCHEBOTAREFF, diese Abhandl., Bd. V, S. 1. Oder E. ARTIN. Über eine neue Art von L-Reihen, diese Abhandl., Bd. III, S. 106, Satz 4.

Spezialisieren wir unseren Körper K zu einem relativ metabelschen Körper. Wir wollen also jetzt annehmen, daß die Kommutatorgruppe $\mathfrak{G}'$ von $\mathfrak{G}$ eine abelsche Gruppe ist.

Die Faktorgruppe $\mathfrak{G}/\mathfrak{G}'$ werde als abelsche Gruppe durch eine Basis dargestellt. Die Elemente $\varrho_1, \varrho_2, \cdots, \varrho_n$ seien irgendwie aus den Nebengruppen dieser Basis ausgewählt, so daß $\mathfrak{G}'\varrho_1, \mathfrak{G}'\varrho_2, \cdots, \mathfrak{G}'\varrho_n$ die Basis von $\mathfrak{G}/\mathfrak{G}'$ ist. Es sei f_i die Ordnung von $\mathfrak{G}'\varrho_i$. Dann lauten die Nebengruppen von $\mathfrak{G}$ nach $\mathfrak{G}'$ allgemein $\mathfrak{G}'\varrho_1^{\nu_1}\varrho_2^{\nu_2}\cdots\varrho_n^{\nu_n}$, wo $0 \leqq \nu_i \leqq f_i - 1$ ist.

Wir wollen nun speziell untersuchen, wie sich die Primideale der Klasse $\mathfrak{G}'\varrho_n$ im Körper k' verhalten. Ein solches Primideal gehört zu einer Substitution der Form $\gamma'\varrho_n$, wo γ' ein Element von $\mathfrak{G}'$ ist; da aber ϱ_n ohnedies beliebig aus der Nebengruppe $\mathfrak{G}'\varrho_n$ ausgewählt war, können wir annehmen, daß $\mathfrak{p}$ zur Substitution ϱ_n gehört. Die Zerlegungsgruppe $\mathfrak{Z}$ besteht aus den Potenzen von ϱ_n. Zerlegt man $\mathfrak{G}$ in Komplexe nach den beiden Gruppen $\mathfrak{G}'$ und $\mathfrak{Z}$, so erhält man $f_1 f_2 \cdots f_{n-1}$ Komplexe der Form $\mathfrak{G}'\varrho_1^{\nu_1}\varrho_2^{\nu_2}\cdots\varrho_{n-1}^{\nu_{n-1}}\mathfrak{Z}$, wo $0 \leqq \nu_i \leqq f_i - 1$ sein muß. Die τ_i des allgemeinen Falls haben also die Form $\tau_i = \varrho_1^{\nu_1}\varrho_2^{\nu_2}\cdots\varrho_{n-1}^{\nu_{n-1}}$. Für die σ_i findet man:

$$\sigma_i = \varrho_1^{\nu_1}\varrho_2^{\nu_2}\cdots\varrho_{n-1}^{\nu_{n-1}}\cdot\varrho_n\cdot\varrho_{n-1}^{-\nu_{n-1}}\cdots\varrho_2^{-\nu_2}\varrho_1^{-\nu_1}.$$

Es zerfällt also $\mathfrak{p}$ im Körper k' in $f_1 f_2 \cdots f_{n-1}$ Primideale, welche in den Klassen $\sigma_i^{f_n} = \varrho_1^{\nu_1}\varrho_2^{\nu_2}\cdots\varrho_{n-1}^{\nu_{n-1}}\cdot\varrho_n^{f_n}\cdot\varrho_{n-1}^{-\nu_{n-1}}\cdots\varrho_2^{-\nu_2}\varrho_1^{-\nu_1}$ von k' liegen. Will man bestimmen, in welcher Klasse von k' das Primideal $\mathfrak{p}$ selbst liegt, so hat man das Produkt

$$\prod_{0 \leqq \nu_i \leqq f_i - 1} \varrho_1^{\nu_1}\varrho_2^{\nu_2}\cdots\varrho_{n-1}^{\nu_{n-1}}\cdot\varrho_n^{f_n}\cdot\varrho_{n-1}^{-\nu_{n-1}}\cdots\varrho_2^{-\nu_2}\varrho_1^{-\nu_1}$$

zu bilden. In der vorhergehenden Arbeit hat nun Herr Furtwängler gezeigt, daß dieses Produkt den Wert 1 hat. Damit ist nachgewiesen, daß alle Primideale der Klasse ϱ_n in k' in die Hauptklasse fallen. Dies gilt natürlich auch für die anderen Basisklassen, also für alle Idealklassen von k. Es ist damit gezeigt:

Ist K ein relativ zu k metabelscher Körper und k' der zur Kommutatorgruppe gehörige Unterkörper, so liegen in k' alle Ideale aus k in der Hauptklasse.

Dieses Resultat kann natürlich sofort für beliebige, auch nichtmetabelsche Körper ausgesprochen werden. Ist K nämlich ein beliebiger Körper und $\mathfrak{G}$ seine Gruppe, ferner $\mathfrak{G}'$ die Kommutatorgruppe von $\mathfrak{G}$ und $\mathfrak{G}''$ die von $\mathfrak{G}'$, so ist der zu $\mathfrak{G}''$ gehörige Unterkörper von K stets metabelsch, und der Satz überträgt sich unmittelbar:

Ist K ein beliebiger relativ GALOIS*scher Körper mit der Gruppe $\mathfrak{G}$ und k' der zur Kommutatorgruppe von $\mathfrak{G}$ gehörige Unterkörper, so fallen in k' alle Ideale des Grundkörpers k in die Hauptklasse.*

3.

Am interessantesten aber wird jetzt folgende allgemeine Frage sein: Es sei k ein beliebiger Grundkörper und k_1 eine beliebige Erweiterung von k. Die Ideale von k_1 seien irgendwie in Idealklassen eingeteilt. Wie verhalten sich die Ideale aus k und ihre Primteiler aus k_1, was ihre Verteilung auf die Idealklassen von k_1 angeht?

Dieses Problem kann sofort auf die vorige Untersuchung zurückgeführt werden. Man bilde nämlich den zur gegebenen Klasseneinteilung von k_1 gehörigen Klassenkörper und bette diesen in einen zu k relativ GALOISschen Körper ein. Ist K dieser Körper, so liefert die vorangehende Untersuchung die Antwort auf unsere Frage. Denn die zu K gehörige Klasseneinteilung von k_1 ist ja eine noch feinere als die gegebene.

Am wichtigsten ist der Spezialfall, daß die in k_1 gegebene Klasseneinteilung die in absolute Klassen ist. Dann gehen wir besser so vor: Wir betten den gegebenen Körper in einen relativ GALOISschen Körper k_2 ein und konstruieren über diesen den absoluten Klassenkörper K. Dann ist K ein GALOISscher Körper über k. Bilden wir nun die zu K gehörige Klasseneinteilung von k_1, so ist dies eine Verfeinerung der ursprünglichen.

Nehmen wir nun auch noch an, der Körper k_1 sei unverzweigt über k. Dann ist auch der Körper K unverzweigt über k, enthält sicher den absoluten Klassenkörper von k_1, da k_1 ein Unterkörper von k_2 ist, und es muß somit der Körper k_1' der absolute Klassenkörper über k_1 sein. Die Idealklassenteilung in k_1 nach K ist also die nach absoluten Klassen.

Wenn man sich also das Problem vorlegt, das Verhalten der Ideale eines Körpers k in seinem absoluten Klassenkörper und den Unterkörpern dieses Klassenkörpers zu studieren, so wird man den Klassenkörper k' und über diesem noch einmal den Klassenkörper K errichten. Die zu K gehörige Klasseneinteilung von k' und seinen Unterkörpern ist dann die absolute, und man hat durch die vorangehende Untersuchung die Mittel in die Hand bekommen, alle Fragen über Idealklassen, die sich zwischen k und dem Klassenkörper k' abspielen, auf gruppentheoretische Probleme zu reduzieren. Beachtet man, daß der Körper K relativ metabelsch ist, so folgt aus dem FURTWÄNGLERschen Ergebnis unmittelbar der Hauptidealsatz:

Jedes Ideal des Grundkörpers k wird im Klassenkörper Hauptideal.

Hamburg, Mathematisches Seminar, November 1928.

Zur Theorie der L-Reihen mit allgemeinen Gruppencharakteren.

Von E. ARTIN in Hamburg.

Die bisherige Begründung der Theorie der L-Reihen[1]) mit Frobeniusschen Gruppencharakteren weist in zwei Punkten Mängel auf. Erstens ist die Definition dieser Funktionen eine indirekte. Sie bestand nämlich darin, daß von der Produktentwicklung unserer Funktionen nur die Beiträge der nicht verzweigten Primideale vollständig angegeben wurden, die Beiträge der Diskriminantenteiler dagegen erst nachträglich auf Grund der Verknüpfung mit abelschen L-Reihen eingeführt wurden, und zwar auch nicht explizit. Zweitens wurde zwar die Existenz einer Funktionalgleichung bestimmter Bauart bewiesen und eine Methode ihrer Berechnung angegeben, genau bekannt war sie dagegen im allgemeinen nicht.

Im folgenden soll daher eine Begründung dieser Theorie angegeben werden, die von diesen Mängeln frei ist. Die Definition ist von vornherein vollständig, und die Funktionalgleichung wird bis auf einen konstanten Faktor explizit bestimmt. Bei dieser Gelegenheit habe ich auch noch gezeigt, welcher Teil der Theorie sich noch ohne Klassenkörpertheorie beherrschen läßt. Das kann für die analytische Zahlentheorie von Bedeutung sein. Außerdem werden wir noch die genaue Anzahl der Relationen zwischen den Zetafunktionen der Unterkörper eines galoisschen Körpers bestimmen können. Offen bleiben nach wie vor die Fragen nach Eindeutigkeit und nach Ganzheit unserer Funktionen.

Die Lektüre dieser Arbeit setzt die Kenntnis meiner Arbeit: „Die gruppentheoretische Struktur der Diskriminanten algebraischer Zahlkörper“[2]) voraus. Die dort eingeführten Führer bilden nämlich gerade den wesentlichen Teil des Exponentialfaktors der Funktionalgleichung.

1. Hilfssätze.

1. Es sollen einige Ergänzungen der in D. unter der gleichen Nummer gebrachten Überlegungen gegeben werden. Zunächst läßt sich das dortige Endergebnis noch in folgender Weise verschärfen:

---

[1]) E. ARTIN, Über eine neue Art von L-Reihen, diese Abhandlungen, Bd. 3, sowie H. HASSE, Bericht über neuere Untersuchungen und Probleme aus der Theorie der algebraischen Zahlkörper, Jahresbericht der Deutschen Mathematikervereinigung, Erg. Bd. 6, S. 146. Die auf die L-Reihen bezüglichen Probleme auf Seite 193 dieses Berichts gaben den Anstoß zu diesen Untersuchungen.

[2]) E. ARTIN, Die gruppentheoretische Struktur der Diskriminanten algebraischer Zahlkörper, Crelle Bd. 146. Hier immer zitiert mit D.

Setzt man in D. (7) $i = 1$, betrachtet man also den Hauptcharakter, so ergibt sich wegen $p_1 = 1$, daß $R_1^\varrho = 1$ ist. Schafft man also in (6) das Glied mit dem Hauptcharakter nach links, so erhält man die Gleichungen:

$$(1) \qquad \chi_{\psi_1^\varrho}(\sigma) - \chi_1(\sigma) = \sum_{i=2}^{h'} R_i^\varrho \, \Xi_i(\sigma).$$

Auch von diesen Gleichungen läßt sich behaupten, daß sie sich lösen lassen. Man hat nur wörtlich die in D. gegebene Vorschrift zu wiederholen. Man hat also:

Jeder rationale, vom Hauptcharakter verschiedene Charakter ist rationalzahlige Linearkombination von Ausdrücken der Form $\chi_{\psi_1^\varrho}(\sigma) - \chi_1(\sigma)$. *Dabei ist* $\chi_{\psi_1^\varrho}$ *der vom Hauptcharakter der Untergruppe* $\{\varrho\}$ *induzierte Charakter und* $\chi_1(\sigma)$ *der Hauptcharakter der ganzen Gruppe.*

Wir wollen noch die Anzahl der rationalen Charaktere bestimmen[3]). Es ist uns bereits bekannt, daß ein rationaler Charakter nur eine Funktion der Abteilungen der Gruppe ist. Wir behaupten nun umgekehrt:

Jede Funktion $f(\sigma)$, die nur von der Abteilung abhängt, der σ angehört, ist eine Linearkombination der rationalen Charaktere.

Zunächst hängt nämlich $f(\sigma)$ nur von der Klasse von σ ab, läßt sich also aus den einfachen Charakteren der Gruppe linear kombinieren:

$$(2) \qquad f(\sigma) = \sum_{\nu=1}^{h} c(\chi_\nu) \cdot \chi_\nu(\sigma).$$

Dabei sind die $c(\chi_\nu)$ gewisse Zahlen. Ersetzen wir jetzt σ durch σ^i, wo $(i, n) = 1$ ist, so ändert sich $f(\sigma)$ nicht; jeder Charakter geht aber dabei in einen konjugiert algebraischen über. Bei passender Wahl von i kann man erreichen, daß $\chi_\nu(\sigma)$ in irgendeinen vorgegebenen konjugierten Charakter übergeht. Da aber die Koeffizienten in (2) eindeutig bestimmt sind, erkennen wir, daß die Zahlen $c(\chi_\nu)$ für konjugiert algebraische Charaktere die gleichen Werte haben. Wir können also in (2) alle konjugierten Charaktere zu einem rationalen zusammenfassen, womit unser Satz bewiesen ist.

Da eine solche Darstellung durch die rationalen Charaktere ersichtlich eindeutig ist, folgt:

Die Anzahl der rationalen (linear unabhängigen) Charaktere ist gleich der Anzahl der Abteilungen.

---

[3]) Die Bestimmung dieser Anzahl findet man auf einem etwas anderen Wege schon in: G. Frobenius und I. Schur, Über die Äquivalenz der Gruppen linearer Substitutionen, Berliner Berichte, 1906, S. 18.

Wir benötigen noch die folgende Erkenntnis:

Jeder Charakter der Gruppe $\mathfrak{G}$ ist Linearkombination von Charakteren, die von Charakteren abelscher Untergruppen induziert sind. Die Koeffizienten sind rationale Zahlen, deren Nenner höchstens Primfaktoren aus der Gruppenordnung enthält. Steckt im Charakter nicht der Hauptcharakter der Gruppe, so benötigt man zur Darstellung auch nicht die vom Hauptcharakter induzierten Charaktere.

Ein Beweis dieses Satzes ist schon zweimal dargestellt worden[4]. Wir verzichten daher auf eine erneute Wiedergabe.

2. Auch dieser Abschnitt ist als Ergänzung zum entsprechenden in D. zu betrachten. Zu jedem Charakter χ von $\mathfrak{G}$ und jeder Primidealpotenz $\mathfrak{p}^h$ aus k definieren wir nämlich den Wert:

$$\chi(\mathfrak{p}^h) = \frac{1}{e}\chi(\sigma^h \mathfrak{T}). \tag{3}$$

Dabei ist σ das σ_1 aus D.; Formel (12) aus D. zeigt jetzt sofort:

$$\chi_\psi(\mathfrak{p}^h) = \sum_{f_i \mid h} f_i\, \psi(\mathfrak{q}_i^{h/f_i}). \tag{4}$$

Wir wollen nun den Aufbau der Zahl $\chi(\mathfrak{p}^h)$ etwas näher studieren. Sie ist die Spur der Matrix $A_{\sigma^h}\cdot\frac{1}{e}A_{\mathfrak{T}}$, wenn A_τ eine zum Charakter $\chi(\tau)$ gehörige Darstellung ist und unter $A_{\mathfrak{T}}$ sinngemäß die Summe über die entsprechenden Matrizen verstanden wird. Es gilt:

$$\left(\frac{1}{e}A_{\mathfrak{T}}\right)\cdot\left(\frac{1}{e}A_{\mathfrak{T}}\right) = \frac{1}{e^2}A_{\mathfrak{T}\mathfrak{T}} = \frac{1}{e^2}A_{e\mathfrak{T}} = \frac{1}{e}A_{\mathfrak{T}}.$$

Daraus folgt, daß sich die Matrix $\frac{1}{e}A_{\mathfrak{T}}$ auf die Gestalt

$$\begin{pmatrix} E & 0 \\ 0 & 0 \end{pmatrix}$$

transformieren lassen muß, wo 0 natürlich eine Abkürzung für Nullmatrizen und E eine gewisse Einheitsmatrix bedeutet. Wir denken uns die Darstellung gleich in dieser Weise transformiert. Nun zerlegen wir uns die Matrix A_σ in entsprechender Weise:

$$A_\sigma = \begin{pmatrix} B_\sigma & C_\sigma \\ D_\sigma & F_\sigma \end{pmatrix}.$$

Da nun $\mathfrak{T}$ ein Normalteiler von $\mathfrak{Z}$ ist, folgt die Vertauschbarkeit von A_σ mit $\frac{1}{e}A_{\mathfrak{T}}$. Sie zieht die Gleichungen $C_\sigma = 0$ und $D_\sigma = 0$ nach sich. Man hat jetzt:

[4]) Vergleiche die in [1]) angeführten Arbeiten.

$$A_\sigma = \begin{pmatrix} B_\sigma & 0 \\ 0 & F_\sigma \end{pmatrix}, \quad \text{also} \quad A_{\sigma^h} \cdot \frac{1}{e} A_{\mathfrak{T}} = \begin{pmatrix} B_\sigma^h & 0 \\ 0 & 0 \end{pmatrix}.$$

Daraus folgt, daß B_σ^h uns die Faktorgruppe $\mathfrak{Z}/\mathfrak{T}$ darstellt.

Wir wollen jetzt noch jeder Primidealpotenz eine Matrix $A_{\mathfrak{p}^h}$ zuordnen, und zwar definieren wir:

$$A_{\mathfrak{p}^h} = \begin{pmatrix} B_\sigma^h & 0 \\ 0 & 0 \end{pmatrix} = A_{\mathfrak{p}}^h. \tag{5}$$

Es ist dann $\chi(\mathfrak{p}^h)$ gerade die Spur dieser Matrix.

Geht das Primideal nicht in der Relativdiskriminante von K/k auf, so ist einfach

$$\chi(\mathfrak{p}^h) = \chi(\sigma^h) \quad \text{und} \quad A_{\mathfrak{p}^h} = A_{\sigma^h}.$$

Das sind die Definitionen, die ich in der früheren Arbeit zugrunde gelegt habe, die aber nur dann gelten, wenn $\mathfrak{p}$ nicht in der Relativdiskriminante aufgeht.

Im allgemeinen ist die FROBENIUS-Substitution nur bis auf einen Faktor der Trägheitsgruppe bestimmt. Eine solche Änderung läßt aber den Wert von $\chi(\mathfrak{p}^h)$ fest.

Es sei nun K'/k ein galoisscher Körper, der K umfaßt und $\overline{\mathfrak{G}}$ seine Gruppe. $\overline{\mathfrak{H}}$ sei die Gruppe, zu der K gehört. Dann deuten wir die Elemente der alten Gruppe gleich als Nebengruppen in der Faktorgruppe $\overline{\mathfrak{G}}/\overline{\mathfrak{H}}$. Die Elemente aus $\overline{\mathfrak{G}}$ mögen mit $\overline{\sigma}, \overline{\tau}, \cdots$ bezeichnet werden; mit $\sigma, \tau, \cdots$ dagegen bezeichnen wir die Elemente von $\mathfrak{G}$, also von $\overline{\mathfrak{G}}/\overline{\mathfrak{H}}$. $\mathfrak{P}_1'$ sei ein Primteiler von $\mathfrak{P}_1$ aus K'. $\overline{\mathfrak{Z}}, \overline{\mathfrak{T}}, \overline{\sigma}$ seien Zerlegungsgruppe, Trägheitsgruppe und FROBENIUS-Substitution von $\mathfrak{P}_1'$ in bezug auf k. Gehört $\overline{\tau}$ zu $\overline{\mathfrak{Z}}$, so ist $\overline{\tau}\mathfrak{P}_1' = \mathfrak{P}_1'$, erst recht also $\overline{\tau}\mathfrak{P}_1 = \mathfrak{P}_1$. Folglich ist $\tau = \overline{\tau}\overline{\mathfrak{H}}$ ein Element von $\mathfrak{Z}$. Gehört umgekehrt τ zu $\mathfrak{Z}$ und ist $\overline{\tau}$ irgendeine Substitution aus τ, so ist zunächst $\overline{\tau}\mathfrak{P}_1 = \mathfrak{P}_1$. Wenn nun $\overline{\tau}\mathfrak{P}_1' \neq \mathfrak{P}_1'$ ist, so muß doch $\overline{\tau}\mathfrak{P}_1'$ ein Teiler von $\mathfrak{P}_1$ sein. Bei passender Wahl eines Elements $\overline{\varkappa}$ aus $\overline{\mathfrak{H}}$ ist dann $\overline{\varkappa}\,\overline{\tau}\mathfrak{P}_1' = \mathfrak{P}_1'$. Nun ist aber $\overline{\varkappa}\,\overline{\tau}$ auch Element von τ, so daß wir gleich von $\overline{\tau}$ annehmen können, daß $\overline{\tau}\mathfrak{P}_1' = \mathfrak{P}_1'$ ist. Wir erkennen also $\mathfrak{Z} = \overline{\mathfrak{Z}}\,\overline{\mathfrak{H}}/\overline{\mathfrak{H}}$. Gehört $\overline{\tau}$ zu $\overline{\mathfrak{T}}$, so sieht man sofort, daß $\tau = \overline{\tau}\overline{\mathfrak{H}}$ zu $\mathfrak{T}$ gehört. Ist umgekehrt τ Element von $\mathfrak{T}$ und $\overline{\tau}$ Element von τ, so gehört es nach dem eben Festgestellten bei passender Auswahl jedenfalls zu $\overline{\mathfrak{Z}}$. Es gilt also für alle Zahlen A' aus K' die Kongruenz:

$$\overline{\tau} A' \equiv A'^{N\mathfrak{p}^\nu} \pmod{\mathfrak{P}_1'},$$

bei passendem, von A' unabhängigem ν. Wählt man für A' speziell Zahlen aus K, so kann der Modul auf $\mathfrak{P}_1$ erweitert werden, und die

Wirkung muß die eines Elements aus $\mathfrak{T}$ sein. Wählt man jetzt A' als Primitivwurzel modulo $\mathfrak{P}_1$ aus K, so erkennt man, daß der Exponent eine Potenz von $N\mathfrak{P}_1$ sein muß. Die gleiche Wirkung auf alle Zahlen aus K' hat aber eine passende Substitution $\bar{\varkappa}$ der Zerlegungsgruppe von $\mathfrak{P}_1'$ in bezug auf K. $\bar{\varkappa}$ gehört dann jedenfalls zu $\mathfrak{H}$. Ersetzt man nun $\bar{\tau}$ durch $\bar{\tau}\,\bar{\varkappa}^{-1}$, so gehört dieses neue $\bar{\tau}$ zu $\mathfrak{T}$. Das zeigt $\mathfrak{T} = \overline{\mathfrak{T}}\,\mathfrak{H}/\mathfrak{H}$.

Ist endlich $\bar{\sigma}$ eine Frobenius-Substitution von $\mathfrak{P}_1'$ in bezug auf k, so zeigt die Definitionskongruenz von $\bar{\sigma}$, daß $\sigma = \bar{\sigma}\,\mathfrak{H}$ eine Frobenius-Substitution von $\mathfrak{P}_1$ in bezug auf k ist.

Wenn nun χ ein Charakter von $\mathfrak{G}$ ist und jetzt als Charakter von $\overline{\mathfrak{G}}$ betrachtet wird, so ergeben unsere Überlegungen unmittelbar, daß $\chi(\mathfrak{p}^h)$ denselben Wert wie im alten Sinne hat:

Ist K' ein K umfassender Körper und χ ein Charakter nach K, so hängt der Wert von $\chi(\mathfrak{p}^h)$ nicht davon ab, ob man ihn in K oder in K' bildet.

2. Definition der L-Reihen.

3. *Wir definieren jetzt den Logarithmus der zum Charakter χ gehörigen L-Reihe des Körpers K/k durch die Reihenentwicklung:*

$$\log L(s, \chi, K/k) = \sum_{\mathfrak{p}^h} \frac{\chi(\mathfrak{p}^h)}{h \cdot N\mathfrak{p}^{hs}}, \tag{6}$$

wo die Summe über alle Primidealpotenzen aus k zu erstrecken ist.

Die Konvergenz unserer Reihe in der Halbebene $\Re(s) > 1$ leuchtet ein. In jedem abgeschlossenen und beschränkten Teil dieser Halbebene konvergiert die Reihe absolut und gleichmäßig.

Betrachten wir nun den von einem Primideal $\mathfrak{p}$ herrührenden Beitrag zur Reihe. Es ist dies die Spur der Matrizenreihe:

$$\sum_{h=1}^{\infty} \frac{A_{\mathfrak{p}}^h}{h \cdot N\mathfrak{p}^{hs}},$$

wo (5) die Definition von $A_{\mathfrak{p}}^h$ ist. Geht man auf die Wurzeln der charakteristischen Gleichung der Matrix $A_{\mathfrak{p}}$ zurück, so erkennt man, daß diese Reihe auch geschrieben werden kann:

$$\operatorname{Spur}\left(\sum_{h=1}^{\infty} \frac{A_{\mathfrak{p}}^h}{h \cdot N\mathfrak{p}^{hs}}\right) = -\log\left|E - N\mathfrak{p}^{-s} A_{\mathfrak{p}}\right|.$$

Dabei bedeutet E die Einheitsmatrix des betreffenden Grades und die senkrechten Striche Determinanten[5]). So findet man die Produktentwicklung:

[5]) Siehe den analogen Beweis der Produktformel bei [1]).

$$(7) \qquad L(s, \chi, K/k) = \prod_{\mathfrak{p}} \frac{1}{|E - N\mathfrak{p}^{-s} A_{\mathfrak{p}}|}.$$

Auch sie gilt in der Halbebene $\Re(s) > 1$.

4. Der letzte Satz in 2. zeigt:

Ist K' ein K umfassender galoisscher Körper, so gilt:

$$(8) \qquad L(s, \chi, K'/k) = L(s, \chi, K/k).$$

Es sei nun Ω ein Zwischenkörper und ψ ein Charakter von K/Ω. Wir wollen die beiden L-Reihen $L(s, \chi_\psi, K/k)$ und $L(s, \psi, \Omega)$ miteinander vergleichen, wenn χ_ψ der von ψ induzierte Charakter ist. Dazu verhilft uns (4); wir setzen die Reihe (6) mit dem induzierten Charakter an und berücksichtigen (4). Wir erhalten so:

$$\log L(s, \chi_\psi, K/k) = \sum_{\mathfrak{p}} \sum_{h} \sum_{f_i | h} \frac{f_i \, \psi(\mathfrak{q}_i^{h/f_i})}{h \, N\mathfrak{p}^{hs}}$$
$$= \sum_{\mathfrak{p}} \sum_{\mathfrak{q}_i | \mathfrak{p}} \sum_{\nu} \frac{\psi(\mathfrak{q}_i^{\nu})}{\nu \, N\mathfrak{q}_i^{\nu s}} = \sum_{\mathfrak{q}^{\nu}} \frac{\psi(\mathfrak{q}^{\nu})}{\nu \, N\mathfrak{q}^{\nu s}}.$$

Da aber rechts gerade die L-Reihe $\log L(s, \psi, K/\Omega)$ steht, erhalten wir die wichtige Formel:

$$(9) \qquad L(s, \psi, K/\Omega) = L(s, \chi_\psi, K/k).$$

Beinahe trivial ist die Beziehung

$$(10) \qquad L(s, \chi_1 + \chi_2, K/k) = L(s, \chi_1, K/k) \, L(s, \chi_2, K/k).$$

Ist χ_1 der Hauptcharakter, so wird für alle $\mathfrak{p}^h$ stets $\chi_1(\mathfrak{p}^h) = 1$. Man hat also:

$$L(s, \chi_1, K/k) = \zeta_k(s).$$

Setzen wir insbesondere in (9) für ψ den Hauptcharakter ein, so folgt:

$$(11) \qquad \zeta_\Omega(s) = L(s, \chi_{\psi_1}, K/k),$$

wo $\zeta_\Omega(s)$ die Zetafunktion des Zwischenkörpers Ω bedeutet.

Sei endlich K/k abelsch. Ist χ ein einfacher Charakter, so kann man wegen (8) den Körper K/k als zyklisch voraussetzen. K ist Klassenkörper über k nach einem geeigneten Modul $\mathfrak{f}$ als Führer. Der Charakter χ kann wegen (8) gleich als erzeugender Charakter der Gruppe vorausgesetzt werden. Geht das Primideal $\mathfrak{p}$ in der Diskriminante von K/k, also im Führer auf, so ist die Trägheitsgruppe von der Einheitsgruppe verschieden. Es ist also:

$$\chi(\mathfrak{p}^h) = \frac{1}{e}\chi(\sigma^h \mathfrak{T}) = \frac{1}{e}\chi(\sigma^h)\cdot \sum_{\tau \text{ aus } \mathfrak{T}} \chi(\tau) = 0,$$

denn χ ist dann auch ein vom Hauptcharakter verschiedener Charakter der Gruppe $\mathfrak{T}$. In der Reihe (6) braucht also die Summation nur über die zu $\mathfrak{f}$ teilerfremden Primideale erstreckt zu werden. Für jedes solche Primideal ist $\mathfrak{T} = 1$, so daß $\chi(\mathfrak{p}^h) = \chi(\sigma^h)$ ist. Aus dem allgemeinen Reziprozitätsgesetz folgt jetzt sofort, daß $\chi(\mathfrak{p}^h)$ ein eigentlicher Charakter derjenigen Klasseneinteilung in k nach dem Modul $\mathfrak{f}$ ist, in bezug auf die K der Klassenkörper ist.

Ist K/k abelsch, so ist jede L-Reihe des Körpers auch eine abelsche L-Reihe im gewöhnlichen Sinn, und zwar gehört sie zu einem eigentlichen Charakter. Umgekehrt ist auch jede gewöhnliche L-Reihe eine solche in unserem Sinn, wenn der Körper passend gewählt wird.

3. Die Gammafaktoren.

5. In diesem Abschnitt werde K als abstrakte endliche Erweiterung des Körpers der rationalen Zahlen betrachtet. Jeder solche Körper kann bewertet werden, d. h., man kann seine Abbildungen auf gewöhnliche Zahlkörper betrachten. Aus den Untersuchungen der Herren HENSEL und HASSE[6]) geht hervor, daß man sich dabei auch zweckmäßig der idealtheoretischen Sprache bedient, indem man jede Bewertung als einen unendlichen Primteiler des Körpers betrachtet. Dabei sollen aber konjugiert komplexe Abbildungen als nicht wesentlich verschieden betrachtet werden, indem man sie als die gleichen Primteiler ansieht.

In diesem Sinne gibt es in jedem Körper $r_1 + r_2$ Bewertungen $\mathfrak{p}_1, \mathfrak{p}_2, \cdots, \mathfrak{p}_{r_1+r_2}$, entsprechend der Anzahl der konjugierten Körper, wo r_1 und r_2 die übliche Bedeutung haben. Die Bewertungen teilen wir ein in reelle und komplexe, je nachdem der Bildkörper reell oder komplex ist. Eine Bewertung eines Oberkörpers, die für den Grundkörper ja auch schon eine bestimmte Bewertung darstellt, nennt man einen Teiler der Bewertung des Grundkörpers. Es leuchtet ein, daß man zu jeder Bewertung des Grundkörpers auch mindestens eine fortsetzende Bewertung des Oberkörpers finden kann. Ideale im gewöhn-

---

[6]) Publiziert nur für den rationalen Körper bei HENSEL, Zahlentheorie, Berlin 1913, S. 292 ff. Allgemein bei H. HASSE, Darstellbarkeit von Zahlen durch quadratische Formen in einem beliebigen algebraischen Zahlkörper, Crelle 153, S. 115, sowie „Bericht“, Teil Ia, § 2.

Unter Bewertung hat man eigentlich die Zuordnung eines absoluten Betrages zu verstehen. Jede Abbildung auf einen Zahlkörper liefert dann eine solche, wobei konjugiert komplexe Abbildungen jetzt die gleiche Bewertung ergeben.

lichen Sinn kommen in diesem Abschnitt nicht vor. Alle deutschen Buchstaben beziehen sich auf unendliche Primstellen.

Wir übertragen jetzt den Begriff der Zerlegungsgruppe und des Zerlegungskörpers auf die unendlichen Primstellen[7]).

Es sei k wieder der Grundkörper, K/k relativ galoissch, $\mathfrak{p}$ eine Bewertung von k und $\mathfrak{P}$ ein Primteiler von $\mathfrak{p}$ in K.

Unter der Bewertung $\mathfrak{P}\tau$ werde die folgende verstanden: Man wende auf eine Zahl aus K erst den Automorphismus τ an, sehe nach auf welche Zahl dieses Bild bei der Bewertung $\mathfrak{P}$ bezogen wird und ordne das Ergebnis der Ausgangszahl zu. Wir fragen uns jetzt, für welche Automorphismen $\mathfrak{P}\tau = \mathfrak{P}$ sein kann. Nach unserer Verabredung über die Bedeutung der Primteiler kann dann der Unterschied zwischen der Abbildung $\mathfrak{P}$ und der Abbildung $\mathfrak{P}\tau$ höchstens darin bestehen, daß die zweite das konjugiert Komplexe der ersten ist. Das kann nicht vorkommen, wenn schon $\mathfrak{p}$ komplex ist, da ja dann der Grundkörper nicht festbliebe. Ist $\mathfrak{p}$ reell, so hat der Unterschied jedenfalls dann keine Bedeutung, wenn auch $\mathfrak{P}$ reell ist. In diesen Fällen tut das also nur der identische Automorphismus. Ist aber $\mathfrak{p}$ reell und $\mathfrak{P}$ komplex, so gibt es genau eine solche Substitution, die also die Abbildung aufs konjugiert Komplexe bewirkt und demnach die Ordnung 2 haben muß. Bei diesem Automorphismus bleiben dann genau diejenigen Zahlen von K fest, denen der Übergang zum konjugiert Komplexen nichts ausmacht, d. h. diejenigen Zahlen, die bei der Bewertung $\mathfrak{P}$ auf reelle Zahlen abgebildet werden. Wir nennen jetzt die Substitutionen, die $\mathfrak{P}$ festlassen, die Zerlegungsgruppe von $\mathfrak{P}$ in bezug auf k und den Körper, der zu dieser Gruppe gehört, den Zerlegungskörper Z. Wenn $\mathfrak{p}$ reell ist, ist Z der maximal reelle Unterkörper von K bei der Bewertung $\mathfrak{P}$.

Aus $\mathfrak{P}$ erhält man in der Form $\mathfrak{P}\tau$ alle Primteiler von $\mathfrak{p}$. Dabei geht der Zerlegungskörper in $\tau^{-1}Z$ über, die Zerlegungsgruppe $\mathfrak{Z}$ wird dann $\tau^{-1}\mathfrak{Z}\tau$.

Die Erzeugende von $\mathfrak{Z}$ nennen wir die Frobeniussubstitution von $\mathfrak{P}$ in bezug auf k und bezeichnen sie mit σ. Die von $\mathfrak{P}\tau$ lautet dann $\tau^{-1}\sigma\tau$.

6. Wir definieren jetzt die folgende Funktion:

$$(12)\quad \gamma(s, \chi, \mathfrak{p}, K/k) = \begin{cases} \left(\Gamma\left(\frac{s}{2}\right)\Gamma\left(\frac{s+1}{2}\right)\right)^{\chi(1)}, & \text{wenn } \mathfrak{p} \text{ komplex ist,} \\ \left(\Gamma\left(\frac{s}{2}\right)\right)^{\frac{\chi(1)+\chi(\sigma)}{2}} \left(\Gamma\left(\frac{s+1}{2}\right)\right)^{\frac{\chi(1)-\chi(\sigma)}{2}}, & \text{wenn } \mathfrak{p} \text{ reell.} \end{cases}$$

---

[7]) Man findet diese Begriffe schon bei Hasse, Bericht II, S. 30, Fußnote.

Diese Funktion hängt ersichtlich nicht davon ab, welchen Primteiler $\mathfrak{P}$ von $\mathfrak{p}$ man bei ihrer Definition verwendet.

Wir beweisen jetzt analoge Sätze wie früher bei den L-Reihen.

Es sei K'/k ein K umfassender galoisscher Körper. $\mathfrak{P}'$ sei ein Primteiler von $\mathfrak{P}$ aus K'. Im übrigen behalten wir die Bezeichnungen von den früheren Fällen bei. Wir behaupten:

$$\gamma(s, \chi, \mathfrak{p}, K/k) = \gamma(s, \chi, \mathfrak{p}, K'/k). \tag{13}$$

Beweis:

a) $\mathfrak{p}$ sei komplex; dann ist die Behauptung trivial.

b) $\mathfrak{p}$ und $\mathfrak{P}$ seien reell. Dann ist $\sigma = 1$. Der maximal reelle Unterkörper von K' muß dann K umfassen, $\bar{\sigma}$ liegt daher in der Untergruppe $\bar{\mathfrak{H}}$. Daraus folgt die Behauptung

c) $\mathfrak{p}$ sei reell, $\mathfrak{P}$ komplex. Dann ist auch $\mathfrak{P}'$ komplex. Z ist Unterkörper von Z', K aber ist es nicht. Folglich ist $\bar{\sigma}$ nicht in der Gruppe $\bar{\mathfrak{H}}$ enthalten, wohl aber in der Nebengruppe σ. Es ist also $\sigma = \bar{\sigma}\bar{\mathfrak{H}}$, woraus alles folgt.

Ferner sei Ω ein Zwischenkörper vom Relativgrad m. Wir behaupten:

$$\gamma(s, \chi_\psi, \mathfrak{p}, K/k) = \prod_{\mathfrak{q}|\mathfrak{p}} \gamma(s, \psi, \mathfrak{q}, K/\Omega), \tag{14}$$

wobei $\mathfrak{q}$ die Primteiler von $\mathfrak{p}$ im Körper Ω durchläuft.

Beweis:

a) $\mathfrak{p}$ sei komplex. Dann hat $\mathfrak{p}$ in Ω genau m Primteiler, da keine konjugiert komplexen Abbildungen vorkommen können. Die Primteiler sind auch komplex, und es folgt die Behauptung wegen $\chi_\psi(1) = m\psi(1)$.

b) $\mathfrak{p}$ sei reell. Ausgehend von $\mathfrak{P}$, bilden wir die Primteiler $\mathfrak{P}\tau^{-1}$ und fragen uns, wann zwei solche Primteiler in der gleichen Primstelle von Ω aufgehen. Dann müssen die Substitutionen τ_1^{-1} und τ_2^{-1} im Körper Ω beinahe die gleiche Wirkung haben, sie dürfen sich bei der Bewertung $\mathfrak{P}$ höchstens ums konjugiert Komplexe unterscheiden. Abgesehen von einem rechten Faktor aus $\mathfrak{Z}$, können sich also τ_1 und τ_2 nur um einen linken Faktor aus $\mathfrak{U}$ unterscheiden. Es ist folglich: $\mathfrak{U}\tau_1\mathfrak{Z} = \mathfrak{U}\tau_2\mathfrak{Z}$. Um demnach die verschiedenen Primteiler von $\mathfrak{p}$ in Ω zu bestimmen, setze man die Zerlegung: $\mathfrak{G} = \sum \mathfrak{U}\tau_i\mathfrak{Z}$ an. Die Primteiler $\mathfrak{P}\tau_i^{-1}$ aus K gehen dann in lauter verschiedenen. und zwar gerade in allen Primteilern $\mathfrak{q}_i$ von $\mathfrak{p}$ aus Ω auf. Schreiben wir den Komplex $\mathfrak{U}\tau_i\mathfrak{Z}$ in der Form $\mathfrak{U}\cdot\tau_i\mathfrak{Z}\tau_i^{-1}\cdot\tau_i$, so liefert er genau eine Nebengruppe von $\mathfrak{U}$, wenn $\tau_i\mathfrak{Z}\tau_i^{-1}$ Untergruppe von $\mathfrak{U}$ ist. Das bedeutet, daß der Zerlegungskörper Z_i von $\mathfrak{P}\tau_i^{-1}$ Oberkörper von Ω ist, daß also die zugehörige

Bewertung $\mathfrak{q}_i$ von Ω reell ausfällt. Die τ_i der letzten Art sind diejenigen, für die $\tau_i \sigma \tau_i^{-1}$ in $\mathfrak{U}$ liegt. Diese τ_i braucht man aber gerade, wenn man den induzierten Charakter bildet, da man in der Formel

$$\chi_\psi(\sigma) = \sum_{\tau_i} \psi(\tau_i \sigma \tau_i^{-1})$$

nur über solche τ_i zu summieren braucht.

Man sieht jetzt, daß:

$$\chi_\psi(\sigma) = \sum_{\mathfrak{q}\text{ reell}} \psi(\sigma_\mathfrak{q})$$

gilt. Dagegen ist:

$$\chi_\psi(1) = m\psi(1) = \sum_{\mathfrak{q}\text{ komplex}} 2\,\psi(1) + \sum_{\mathfrak{q}\text{ reell}} \psi(1).$$

Also folgt:

$$\gamma(s, \chi_\psi, \mathfrak{p}, K/k) = \prod_{\mathfrak{q}\text{ komplex}} \left(\Gamma\left(\frac{s}{2}\right)\Gamma\left(\frac{s+1}{2}\right)\right)^{\psi(1)} \cdot \prod_{\mathfrak{q}\text{ reell}} \left(\Gamma\left(\frac{s}{2}\right)\right)^{\frac{\psi(1)+\psi(\sigma_\mathfrak{q})}{2}}$$
$$\times \prod_{\mathfrak{q}\text{ reell}} \left(\Gamma\left(\frac{s+1}{2}\right)\right)^{\frac{\psi(1)-\psi(\sigma_\mathfrak{q})}{2}}$$
$$= \prod_{\mathfrak{q}} \gamma(s, \psi, \mathfrak{q}, K/\Omega).$$

Setzt man endlich:

(15) $$\Gamma(s, \chi, K/k) = \prod_{\mathfrak{q}} \gamma(s, \chi, \mathfrak{p}, K/k)$$

($\mathfrak{p}$ durchlaufe alle unendlichen Primstellen),

so leitet man unmittelbar die folgenden Gleichungen ab:

(16) $$\Gamma(s, \chi_1 + \chi_2, K/k) = \Gamma(s, \chi_1, K/k)\,\Gamma(s, \chi_2, K/k),$$

(17) $$\Gamma(s, \chi, K'/k) = \Gamma(s, \chi, K/k),$$

(18) $$\Gamma(s, \chi_\psi, K/k) = \Gamma(s, \psi, K/\Omega).$$

Wir wollen noch nachweisen, daß die Exponenten der Gammafunktionen in der Funktion $\gamma(s, \chi, \mathfrak{p}, K/k)$ nicht negative ganze rationale Zahlen sind. Fraglich ist dies nur, wenn $\sigma \neq 1$ ist. Da der Wert des Charakters eines Elements immer dem Absolutwert nach höchstens $\chi(1)$ ist und σ die Ordnung 2 hat, stimmt die Behauptung über das Vorzeichen. Der Zähler von $\frac{\chi(1) + \chi(\sigma)}{2}$ ist die Summe der Charakterwerte einer Untergruppe, also durch die Ordnung der Gruppe teilbar. Der andere Exponent aber kann in der Form $\chi(1) - \frac{\chi(1)+\chi(\sigma)}{2}$ geschrieben werden.

7. Wir ordnen noch jedem Charakter χ die folgende Zahl zu:

$$(19)\qquad A(\chi, K/k) = \frac{|d|^{\chi(1)} N_k(\mathfrak{f}(\chi, K/k))}{\pi^{n\chi(1)}}.$$

Dabei ist n der Grad des Körpers k, d die Diskriminante von k und $\mathfrak{f}(\chi, K/k)$ der Führer des Charakters χ.

Man bestätigt jetzt beinahe ohne Rechnung, daß diese Zahl den folgenden Gleichungen genügt[8]):

$$(20)\qquad A(\chi_1 + \chi_2, K/k) = A(\chi_1, K/k) A(\chi_2, K/k),$$

$$(21)\qquad A(\chi, K'/k) = A(\chi, K/k),$$

$$(22)\qquad A(\chi_\psi, K/k) = A(\psi, K/\Omega).$$

Nun definieren wir endgültig:

$$(23)\qquad \xi(s, \chi, K/k) = (A(\chi, K/k))^{\frac{s}{2}} \cdot \Gamma(s, \chi, K/k) L(s, \chi, K/k)$$

oder ausführlich:

$$(24)\quad \xi(s, \chi, K/k) = \left(\frac{|d|^{\chi(1)} N_k(\mathfrak{f}(\chi, K/k))}{\pi^{n}\chi(1)}\right)^{\frac{s}{2}} \cdot \prod_{\mathfrak{p}} \gamma(s, \chi, \mathfrak{p}, K/k) \cdot L(s, \chi, K/k).$$

Wieder gelten für unsere Funktionen auf Grund der gewonnenen Ergebnisse:

$$(25)\qquad \xi(s, \chi_1 + \chi_2, K/k) = \xi(s, \chi_1, K/k)\, \xi(s, \chi_2, K/k),$$

$$(26)\qquad \xi(s, \chi, K'/k) = \xi(s, \chi, K/k),$$

$$(27)\qquad \xi(s, \chi_\psi, K/k) = \xi(s, \psi, K/\Omega).$$

Der Vollständigkeit halber sei noch die Definition des Führers angegeben:

$$(28)\qquad \mathfrak{f}(\chi, K/k) = \prod_{\mathfrak{p}} \mathfrak{p}^{\frac{1}{e}(e\chi(1) - \chi(\mathfrak{T}) + p^{R_1}\chi(1) - \chi(\mathfrak{V}_1) + p^{R_2}\chi(1) - \chi(\mathfrak{V}_2) + \cdots)}.$$

Er ist ein ganzes Ideal aus k.

4. L-Reihen mit rationalen Charakteren.

8. Setzen wir in (24) für χ den Hauptcharakter ein und beachten (12) sowie die Tatsache, daß dann $L(s, \chi_1 K/k) = \zeta_k(s)$ ist, so folgt:

$$\xi(s, \chi, K/k) = \left(\frac{|d|}{\pi^n}\right)^{s/2} \cdot \left(\Gamma\left(\frac{s}{2}\right) \Gamma\left(\frac{s+1}{2}\right)\right)^{r_2} \cdot \left(\Gamma\left(\frac{s}{2}\right)\right)^{r_1} \zeta_k(s)$$

$$= 2^{r_2} \pi^{r_2/2} \cdot (2^{-r_2} \pi^{-n/2} \cdot \sqrt{|d|})^s \left(\Gamma\left(\frac{s}{2}\right)\right)^{r_1} (\Gamma(s))^{r_2} \zeta_k(s).$$

---

[8]) Die benötigten Eigenschaften des Führers findet man in D.

Bis auf einen konstanten Faktor ist nun die rechte Seite der bekannte Ausdruck aus der Theorie der Zetafunktion, der sich nicht ändert, wenn man s durch $1-s$ ersetzt. Wir setzen daher:

$$\xi(s, \chi_1, K/k) = \xi_k(s)$$

und haben wegen (27):

$$\xi(s, \chi_{\psi_1}, K/k) = \xi_\Omega(s).$$

Aus (1) folgen die Gleichungen:

$$\frac{\xi_{\Omega^\varrho}(s)}{\xi_k(s)} = \prod_{i=2}^{h'} (\xi(s, \Xi_i, K/k))^{R_i^\varrho} \quad \text{und} \quad \frac{\zeta_{\Omega^\varrho}(s)}{\zeta_k(s)} = \prod_{i=2}^{h'} (L(s, \Xi_i, K/k))^{R_i^\varrho}.$$

Die Lösbarkeit der Gleichungen (1) besagt jetzt, daß sich jede L-Reihe mit einem rationalen Charakter Ξ_i als Produkt von Potenzen von Ausdrücken der Form $\frac{\zeta_\Omega(s)}{\zeta_k(s)}$ schreiben läßt. Ähnliches gilt für die Funktionen $\xi(s, \Xi_i, K/k)$.

Es sind also die Funktionen $L(s, \Xi, K/k)$ und $\xi(s, \Xi, K/k)$ für jeden rationalen Charakter fortsetzbar, und zwar ist eine Potenz dieser Funktionen meromorph. Es gilt die Funktionalgleichung

$$\xi(1-s, \Xi, K/k) = \varepsilon \cdot \xi(s, \Xi, K/k). \tag{29}$$

Dabei ist ε eine Einheitswurzel.

Die Halbebene $\Re(s) \leq 0$ ist wegen (29) frei von Singularitäten. Endlich ist die Funktion $L(s, \Xi_i, K/k)$ im Punkte $s = 1$ regulär und von Null verschieden, wenn Ξ_i nicht der Hauptcharakter ist.

Mit Hilfe der Funktionen $L(s, \Xi_i, K/k)$ beherrscht man offenbar die Theorie der Verteilung der Primideale auf Abteilungen der Gruppe. Wir übergehen die Durchführung solcher Untersuchungen, da sie nichts prinzipiell Neues darbieten[9]).

Wählt man als Grundkörper den Körper der rationalen Zahlen, so geben uns die Formeln

$$\zeta_\Omega(s) = \prod_{i=1}^{h'} (L(s, \Xi_i, K/k))^{R_{i,\Omega}} \tag{30}$$

eine, und zwar die denkbar einfachste Parameterdarstellung aller Relationen zwischen den Zetafunktionen der Unterkörper von K. Man

[9]) Die wesentlichen asymptotischen Abschätzungen stammen schon von Frobenius: Über Beziehungen zwischen den Primidealen eines algebraischen Körpers und den Substitutionen seiner Gruppe, Berliner Berichte, 1896.

kann nämlich beweisen, daß zwischen den Funktionen $L(s, \Xi_i, K/k)$ keine Relationen bestehen können. Eine Relation der Form:

$$\prod_{i=1}^{h'} (L(s, \Xi_i, K/k))^{x_i} = 1,$$

führt nämlich logarithmiert auf die Gleichung:

$$\sum_{p,h} \sum_{i=1}^{h'} \frac{x_i \Xi_i(p^h)}{h \cdot p^{hs}} = 0.$$

Nun gibt es aber nach FROBENIUS zu jeder Abteilung Primzahlen, so daß für jedes Element τ der Gruppe gelten muß:

$$\sum_{i=1}^{h'} x_i \Xi_i(\tau) = 0.$$

Die lineare Unabhängigkeit der Charaktere zieht jetzt $x_i = 0$ nach sich. Die Elimination der $L(s)$ aus den Formeln (30) führt also auf alle Relationen, die zwischen den Zetafunktionen bestehen können. Daß das die denkbar einfachste Parameterdarstellung ist, ergibt sich aus dem Umstand, daß man die Funktionen $L(s, \Xi_i, K/k)$, also die Parameter selbst, auch wieder durch die Zetafunktionen ausdrücken kann. Wir gewinnen demnach auch einen Einblick in die Anzahl der bestehenden Relationen, den wir so formulieren können:

Die Anzahl der unabhängigen Zetafunktionen von Unterkörpern ist gleich der Anzahl der Funktionen $L(s, \Xi_i, K/k)$, also gleich der Anzahl der Abteilungen der Gruppe.

Ich möchte noch einmal ausdrücklich bemerken, daß bisher die Klassenkörpertheorie noch an keiner Stelle wesentlich gebraucht wurde. Man kann ja in der Tat auf den Nachweis verzichten, daß die L-Reihen mit abelschen Charakteren mit den üblichen Funktionen zusammenfallen, da von dieser Einsicht bisher weiter kein Gebrauch gemacht wurde. Im nächsten Kapitel wird diese Tatsache allerdings von fundamentaler Bedeutung sein. Für die meisten Zwecke der analytischen Zahlentheorie werden aber die L-Reihen mit rationalen Charakteren genügen. Für solche Zwecke braucht man also auch nicht die Klassenkörpertheorie heranzuziehen[10]).

5. Beliebige Charaktere.

9. Die L-Reihen mit rationalen Charakteren lassen sich noch weiter aufspalten in die L-Reihen mit einfachen Charakteren. Will man die

[10]) Allerdings muß man beim Führer auf den Nachweis verzichten, daß der Führer ein Ideal des Grundkörpers k ist, da man sonst an dieser Stelle die Klassenkörpertheorie benötigt.

Fortsetzbarkeit dieser Funktionen beweisen und ihre Funktionalgleichung aufstellen, so hat man sich der Klassenkörpertheorie, und zwar des allgemeinen Reziprozitätsgesetzes zu bedienen. Man muß nämlich nachweisen, daß die L-Reihen in abelschen Körpern mit den gewöhnlichen L-Reihen zusammenfallen. Dieser Nachweis ist schon geführt worden, und zwar mit Hilfe der Klassenkörpertheorie.

Es soll nun noch gezeigt werden, daß im abelschen Fall auch die Funktionen $\xi(s, \chi, K/k)$ mit den bekannten Funktionen der Theorie der Funktionalgleichung übereinstimmen. Es sei also K/k abelsch und χ ein erzeugender einfacher Charakter. Dann ist:

$$\gamma(s, \chi, \mathfrak{p}) = \begin{cases} \Gamma\left(\frac{s}{2}\right) \Gamma\left(\frac{s+1}{2}\right), & \text{wenn } \mathfrak{p} \text{ komplex,} \\ \Gamma\left(\frac{s}{2}\right), & \text{wenn } \mathfrak{p} \text{ reell und } \mathfrak{P} \text{ reell ist,} \\ \Gamma\left(\frac{s+1}{2}\right), & \text{wenn } \mathfrak{p} \text{ reell und } \mathfrak{P} \text{ komplex ist.} \end{cases}$$

Ein Vergleich mit der Funktionalgleichung der L-Reihen lehrt dann, daß $\Gamma(s, \chi, K/k)$ gerade der Gammafaktor ist, den wir brauchen. Was die Zahl $A(\chi, K/k)$ betrifft, so ist

$$A(\chi, K/k) = \frac{|d|\, N_k(\mathfrak{f}(\chi, K/k))}{\pi^n}.$$

Da nun nach D. das Ideal $\mathfrak{f}(\chi, K/k)$ wirklich der Führer des Charakters im gewöhnlichen Sinn ist, genügt unsere Funktion $\xi(s, \chi, K/k)$ tatsächlich der Funktionalgleichung

$$\xi(1-s, \chi, K/k) = \xi(s, \bar{\chi}, K/k) \cdot W(\chi).$$

Dabei ist $W(\chi)$ eine Zahl vom Absolutbetrag 1 und $\bar{\chi}$ konjugiert komplex zu χ.

Wir ziehen jetzt den Satz am Schluß von 1 heran und beweisen mit seiner Hilfe ganz ähnlich wie bei den rationalen Charakteren, daß sich allgemein $L(s, \chi, K/k)$ und $\xi(s, \chi, K/k)$ durch die entsprechenden abelschen Funktionen ausdrücken lassen. Man beweist jetzt für die allgemeinen Funktionen $L(s, \chi, K/k)$ genau dieselben Sätze wie für die Funktionen mit rationalen Charakteren. Nur die Funktionalgleichung lautet jetzt anders, nämlich:

$$\xi(1-s, \chi, K/k) = \xi(s, \bar{\chi}, K/k) \cdot W(\chi), \tag{31}$$

wobei $W(\chi)$ eine Zahl vom Absolutbetrag 1 ist und $\bar{\chi}$ der konjugiert komplexe Charakter von χ.

Der Funktionalgleichung kann man noch eine andere Gestalt geben. die man aus (31) leicht herleitet:

$$
(32)\quad \begin{aligned} L(1-s,\chi) = W(\chi)\left(\frac{2}{(2\pi)^s}\right)^{n\chi(1)} & \left(d^{\chi(1)}\,N\mathfrak{f}(\chi, K/k)\right)^{s-\frac{1}{2}} \\ \times\left(\cos\frac{s\pi}{2}\right)^{\frac{n}{2}\chi(1)+\sum\limits_{\nu=1}^{r_1}\frac{1}{2}\chi(\sigma_\nu)} & \left(\sin\frac{s\pi}{2}\right)^{\frac{n}{2}\chi(1)-\sum\limits_{\nu=1}^{r_1}\frac{1}{2}\chi(\sigma_\nu)}(\Gamma(s))^{n\chi(1)}\,L(s,\bar{\chi}). \end{aligned}
$$

Was die Nullstellen in der Halbebene $\Re(s) \leqq 0$ betrifft, so hat die Funktion $L(s, \chi, K/k)$ (wenn χ nicht der Hauptcharakter ist) die folgenden:

in $s = \quad 0, -2, -4, \cdots$ Nullstellen der Ordnung $\frac{n}{2}\chi(1)+\sum\limits_{\nu=1}^{r_1}\frac{1}{2}\chi(\sigma_\nu)$,

in $s = -1, -3, -5, \cdots$ Nullstellen der Ordnung $\frac{n}{2}\chi(1)-\sum\limits_{\nu=1}^{r_1}\frac{1}{2}\chi(\sigma_\nu)$.

Betreffend sonstiger Anwendungen der L-Reihen, verweise ich auf die zitierten Abhandlungen.

Natürlich läßt sich die ganze Theorie auf L-Reihen mit Größencharakteren übertragen. Die Durchführung bereitet keine wesentlichen Schwierigkeiten, so daß wir uns ein genaueres Eingehen auf diesen Punkt ersparen können.

Hamburg, Oktober 1930.

Die gruppentheoretische Struktur der Diskriminanten algebraischer Zahlkörper.

Von *E. Artin* in Hamburg.

Zwischen der Relativdiskriminante eines relativ abelschen Körpers und den Führern der Klassenkörpertheorie besteht eine enge Beziehung. Die Kenntnis der Relativdiskriminanten aller Zwischenkörper zieht die Kenntnis der Führer dieser Körper nach sich und umgekehrt. Vermittelt wird dieser Zusammenhang durch die Führer-Diskriminanten-Formel, deren Beweis entweder analytisch mit Hilfe der Funktionalgleichung der L-Reihen geführt wird oder, wie Herr Hasse kürzlich gezeigt hat, der Normenresttheorie entnommen werden kann [1]). Man wird nun erwarten, daß sich Struktursätze dieser Art auch im allgemeinen galoisschen Fall beweisen lassen. Da wir bis heute über die Zerlegungsgesetze in nicht-abelschen Körpern nichts wissen, kann ein solcher Einblick nur in formaler Weise erfolgen.

Wir werden zeigen, daß sich jedem Charakter der Gruppe eines galoisschen Körpers ein Ideal des Grundkörpers zuordnen läßt und daß dann die Diskriminante eines jeden Zwischenkörpers sich aus diesen „Führern" in ähnlicher Weise aufbaut, wie im abelschen Fall. Ist die Gruppe abelsch, so stimmen diese Ideale mit den Führern der Charaktere im gewöhnlichen Sinn überein. Im allgemeinen Fall spielen sie in der Funktionalgleichung der L-Reihen mit Frobenius-Charakteren die gleiche Rolle, wie die Führer im

---

[1]) Vgl. H. Hasse, Bericht über neuere Untersuchungen und Probleme aus der Theorie der algebraischen Zahlkörper, Teil I, Jahresbericht der deutschen Mathematikervereinigung **35** (1926), Satz 16. Teil Ia dieses Berichts in Bd. **36** (1927) gibt auch in § 8 eine Begründung der in dieser Arbeit verwendeten Begriffe aus der Theorie der galoisschen Körper. Ferner: H. Hasse, Führer, Diskriminante und Verzweigungskörper relativ-Abelscher Zahlkörper, ds. Journal **162** (1930).

abelschen Fall [2]). Man wird daher mit Recht erwarten, daß auch im Fall nicht-abelscher Gruppen unsere Ideale eine ausgezeichnete Rolle bei den Zerlegungsgesetzen spielen werden. Doch vermag ich über diese Frage nichts auszusagen.

Immerhin scheinen mir diese Erwägungen die Wichtigkeit der neuen Begriffe für die künftige Entwicklung der algebraischen Zahlentheorie zu zeigen. Man wird vielleicht hinter das Geheimnis der Zerlegungsgesetze kommen, wenn man die Ergebnisse dieser Arbeit direkt zu begründen sucht. Der Sachverhalt ist nämlich dieser:

Sieht man ab von der Tatsache, daß unsere Ideale im abelschen Fall die „wirklichen" Führer sind (hier braucht man natürlich die Klassenkörpertheorie), so lassen sich alle übrigen Sätze elementar beweisen, bis auf die Tatsache, daß unsere Führer ganze Ideale des Grundkörpers sind; dieser letzte Einblick läßt sich vorläufig nur mit Hilfe der Klassenkörpertheorie gewinnen. Ich kann aber nicht daran glauben, daß diese dazu wirklich erforderlich ist. Ein Beweis könnte zum Beispiel dadurch erbracht werden, daß man die Kongruenzen (15) entsprechend verallgemeinert. Mehr noch verspricht allerdings die folgende Erwägung:

Die Diskriminante eines Zwischenkörpers gestattet eine Zerlegung in Faktoren, die so aussieht, wie wenn die Diskriminante als Gruppendeterminante geschrieben werden könnte. Vielleicht kann sie in der Tat so geschrieben werden und vielleicht kann man das direkt einsehen. Aus einer solchen Schreibweise würde man alle Sätze dieser Arbeit ablesen können. Ich bin aber auch davon überzeugt, daß man aus einer solchen Schreibweise die unbekannten Zerlegungsgesetze erraten könnte. Doch muß das alles der künftigen Entwicklung vorbehalten bleiben.

Es sei noch gestattet darauf hinzuweisen, daß die explizite Formel für die Führer der Charaktere auch eine neue Ergänzung zur Klassenkörpertheorie darstellt.

§ 1. Hilfsätze.

1. Zwischen den einfachen Charakteren $\chi_i(\sigma)$ einer Gruppe $\mathfrak{G}$ und den einfachen Charakteren $\psi_k(\sigma)$ einer Untergruppe $\mathfrak{U}$ bestehen bekanntlich Relationen, die von Frobenius [3]) herrühren:

Setzt man fest, daß unter $\psi_k(\sigma)$ der Wert 0 zu verstehen ist, wenn σ nicht in der Untergruppe $\mathfrak{U}$ liegt, durchläuft ferner τ_i ein volles Repräsentanten-

---

[2]) E. Artin, Zur Theorie der *L*-Reihen mit allgemeinen Gruppencharakteren, Hamburger Abhandlungen **8** (1931). Die in Teil II des in Anm. 1 zitierten Berichts von Herrn Hasse, Ergänzungsband **6** (1930), Seite 193, aufgeführten Probleme über *L*-Reihen haben zu der vorliegenden Untersuchung den Anstoß gegeben.

[3]) G. Frobenius, Über Relationen zwischen den Charakteren einer Gruppe und denen ihrer Untergruppen, Sitzungsberichte Berlin 1898. Ferner: A. Speiser, Gruppentheorie, 1. Aufl. (1923) § 52 oder 2. Aufl. (1927) § 62.

system der rechtsseitigen Nebengruppen von $\mathfrak{U}$ nach $\mathfrak{G}$, so ist die Funktion

$$\chi_{\psi_k}(\sigma) = \sum_i \psi_k(\tau_i \sigma \tau_i^{-1}) \tag{1}$$

ein (im allgemeinen nicht einfacher) Charakter der Gruppe $\mathfrak{G}$. Ist

$$\chi_{\psi_k}(\sigma) = \sum_{i=1}^{h} r_{ik}\chi_i(\sigma), \qquad k = 1, 2, \ldots, l \tag{2}$$

seine Darstellung durch die $\chi_i(\sigma)$, so gilt umgekehrt für die $\chi_i(\sigma)$ innerhalb der Untergruppe $\mathfrak{U}$ die Darstellung:

$$\chi_i(\sigma) = \sum_{k=1} r_{ik}\psi_k(\sigma), \qquad \sigma \text{ aus } \mathfrak{U}, \qquad i = 1, 2, \ldots, h. \tag{3}$$

Für die Zahlen r_{ik} findet man:

$$r_{ik} = \frac{1}{q} \sum_{\tau \text{ aus } \mathfrak{U}} \chi_i(\tau)\psi_k(\tau^{-1}). \tag{4}$$

In diesen Formeln bedeuten n, q die Ordnungen, h, l die Anzahl der Charaktere von $\mathfrak{G}$ und $\mathfrak{U}$. $\chi_{\psi_k}(\sigma)$ heißt der von $\psi_k(\sigma)$ induzierte Charakter.

Ist $\chi(\sigma)$ ein Charakter von $\mathfrak{G}$, so ist jede konjugiert algebraische Funktion auch ein Charakter. Die Summe eines Systems konjugiert algebraischer Charaktere ist ein Charakter, der nur ganz rationaler Werte fähig ist und rationaler Charakter genannt werde. Ist i eine zu n teilerfremde Zahl, so ist die Funktion $\chi(\sigma^i)$ aus der Funktion $\chi(\sigma)$ zu erhalten, indem man in dem Ausdruck von $\chi(\sigma)$ als Spur die n-te Einheitswurzel durch ihre i-te Potenz ersetzt, also zu einem konjugiert algebraischen Charakter übergeht. Daraus folgt, daß die rationalen Charaktere $\Xi_k(\sigma)$ der Gleichung genügen:

$$\Xi_k(\sigma^i) = \Xi_k(\sigma), \qquad (i, n) = 1. \tag{5}$$

Sie sind also lediglich Funktionen der sogenannten Abteilungen der Gruppe.

Die von einem Element ρ aus $\mathfrak{G}$ erzeugte Untergruppe werde mit $\mathfrak{U}^\rho$ bezeichnet. Um diese verschiedenen Untergruppen zu unterscheiden, denken wir uns in den vorigen Formeln, soweit erforderlich, noch einen oberen Index ρ angebracht. Ferner verabreden wir, daß dem Hauptcharakter einer Gruppe immer die Nummer 1 entsprechen soll. Insbesondere setzen wir in Formel (2) für k den Wert 1 ein. Dann steht links ein rationaler Charakter. Die Darstellungen durch die einfachen Charaktere sind eindeutig, so daß also auf der rechten Seite konjugiert algebraische Charaktere die gleichen Koeffizienten r_{ik}^ρ erhalten. Faßt man also konjugiert algebraische Charaktere immer zusammen, so erhält man eine Formel der Gestalt:

$$\chi_{\psi_1^\rho}(\sigma) = \sum_{i=1}^{h'} R_i^\rho \Xi_i(\sigma). \tag{6}$$

Dabei sind die $\Xi_i(\sigma)$ die aus den einfachen Charakteren gewonnenen rationalen Charaktere, h' ihre Anzahl und R_i^ρ einer der alten Koeffizienten r_{i1}^ρ in neuer Nummerierung. Summiert man in (4) über ein System konjugiert algebraischer Charaktere $\chi_i(\tau)$ so findet man, wenn p_i angibt, wieviel einfache Charaktere in $\Xi_i(\sigma)$ stecken, für R_i^ρ den Ausdruck:

$$(7) \qquad R_i^\rho = \frac{1}{q^\rho p_i} \sum_{\nu=1}^{q^\rho} \Xi_i(\rho^\nu).$$

Wir lassen nun in (6) das Element ρ die ganze Gruppe $\mathfrak{G}$ durchlaufen und erhalten so ein System linearer Gleichungen für die als unbekannt zu betrachtenden rationalen Charaktere. Behauptet wird, daß es lösbar ist. Die Matrix des Gleichungssystems lautet (R_i^ρ), wo i etwa die Nummer der Zeile, ρ die Nummer der Spalte angibt. Die Lösbarkeit des Systems ist garantiert, wenn sich darunter h' linear unabhängige Gleichungen, d. h. in der Matrix h' linear unabhängige Spalten vorfinden. Dies ist sicher der Fall, wenn die h' Zeilen der Matrix linear unabhängig sind. Sei also

$$(8) \qquad \sum_{i=1}^{h'} R_i^\rho x_i = 0, \quad \rho \text{ aus } \mathfrak{G},$$

eine lineare Relation zwischen den Zeilen der Matrix. Wir setzen (7) darin ein, lassen den unwesentlichen Faktor q^ρ fort und ersetzen x_i durch das gleichwertige Produkt $x_i p_i$. So erhält man die Relation:

$$(9) \qquad \sum_{\nu=1}^{q^\rho} \sum_{i=1}^{h'} \Xi_i(\rho^\nu) x_i = 0 \quad \text{für alle } \rho \text{ aus } \mathfrak{G}.$$

Es gilt aber sogar:

$$(10) \qquad \sum_{i=1}^{h'} \Xi_i(\rho) x_i = 0 \qquad \text{für alle } \rho \text{ aus } \mathfrak{G}.$$

Für das Einheitselement von $\mathfrak{G}$ folgt dies direkt aus (9). Nimmt man an, daß (10) bewiesen ist für alle Elemente kleinerer Ordnung als q^ρ, so bleiben in (9) nur solche Summanden stehen, bei denen ν teilerfremd zu q^ρ ist. Diese liegen aber alle in derselben Abteilung wie ρ, die rationalen Charaktere haben für diese Potenzen also denselben Wert wie für ρ, so daß jetzt (10) für ρ folgt.

(10) würde besagen, daß die Ξ_i linear abhängig sind, falls auch nur ein $x_i \neq 0$ ist. Das geht nicht, denn die Ξ_i sind aus lauter verschiedenen einfachen Charakteren zusammengesetzt. Damit ist die Lösbarkeit des Systems (16) bewiesen. Wir benötigen aber nur das folgende, etwas schwächere Resultat:

Jeder rationale Charakter ist rationalzahlige Linearkombination von Charakteren, die ihrerseits von Hauptcharakteren von Untergruppen induziert sind.

2. Wir gehen jetzt zu arithmetischen Betrachtungen über. Als Grundkörper k werde irgendein algebraischer Zahlkörper genommen. K sei galoissch über k, $\mathfrak{G}$ seine Gruppe, Ω sei ein Zwischenkörper und $\mathfrak{U}$ die zugehörige Untergruppe. $\mathfrak{p}$ sei ein Primideal aus k. Wir verwenden die folgenden Bezeichnungen: $\mathfrak{p} = \mathfrak{q}_1^{e_1}\mathfrak{q}_2^{e_2}\cdots\mathfrak{q}_s^{e_s}$ sei die Zerlegung von $\mathfrak{p}$ in Ω. $\mathfrak{P}_i$ sei ein Primteiler von $\mathfrak{q}_i$ in K und zwar sei $\mathfrak{P}_i = \kappa_i\mathfrak{P}_1$, wobei κ_i Element von $\mathfrak{G}$ sei. $\mathfrak{P}_i^{e'_i}$ sei die höchste Potenz von $\mathfrak{P}_i$ die in $\mathfrak{q}_i$ aufgeht, es werde $e = e_ie'_i$ gesetzt, so daß e die höchste Potenz von $\mathfrak{P}_i$ ist, die in $\mathfrak{p}$ aufgeht. f_i und f seien die Relativgrade von $\mathfrak{q}_i$ und $\mathfrak{P}_i$ in bezug auf k, f_i' derjenige von $\mathfrak{P}_i$ in bezug auf Ω. $\mathfrak{Z}$ und $\mathfrak{T}$ seien Zerlegungs- bzw. Trägheitsgruppe von $\mathfrak{P}_1$ in bezug auf k, so daß $\mathfrak{Z}_i = \kappa_i\mathfrak{Z}\kappa_i^{-1}$ und $\mathfrak{T}_i = \kappa_i\mathfrak{T}\kappa_i^{-1}$ die entsprechenden Gruppen von $\mathfrak{P}_i$ sind. Der Durchschnitt irgendeiner Gruppe mit $\mathfrak{U}$ werde durch Überstreichen gekennzeichnet. Dann sind also $\overline{\mathfrak{Z}}_i$ und $\overline{\mathfrak{T}}_i$ die entsprechenden Gruppen von $\mathfrak{P}_i$ in bezug auf Ω. σ_i sei eine dem Primteiler $\mathfrak{P}_i$ zugeordnete Frobenius-Substitution in bezug auf k und ρ_i eine Frobenius-Substitution dieses Primteilers in bezug auf Ω. Diese Substitutionen erzeugen die zugehörigen Zerlegungsgruppen $\mathfrak{Z}_i$ bezw. $\overline{\mathfrak{Z}}_i$.

Die absolute Norm irgendeines Primideals in irgendeinem Körper möge einheitlich immer mit N bezeichnet werden, da Mißverständnisse nicht zu befürchten sind. Aus der Bedeutung der Frobenius-Substitutionen σ_i und ρ_i folgen dann die Kongruenzen:

$$\sigma_i^{f_i}\mathsf{A} \equiv \mathsf{A}^{N\mathfrak{q}_i} (\text{mod } \mathfrak{P}_i) \text{ und } \rho_i^{-1}\mathsf{A}^{N\mathfrak{q}_i} \equiv \mathsf{A} \,(\text{mod } \mathfrak{P}_i), \text{ also } \rho_i^{-1}\sigma_i^{f_i}\mathsf{A} \equiv \mathsf{A} \,(\text{mod } \mathfrak{P}_i)$$

für jedes ganze A aus K. Die letzte Kongruenz besagt, daß $\rho_i^{-1}\sigma_i^{f_i}$ in $\mathfrak{T}_i$ liegt, daß also $\sigma_i^{f_i}\mathfrak{T}_i = \rho_i\mathfrak{T}_i$ ist. Nun ist $\mathfrak{T}_i$ ein Normalteiler von $\mathfrak{Z}_i$ und σ_i und ρ_i gehören zu dieser letzteren Gruppe. Also folgt auch: $\sigma_i^{\nu f_i}\mathfrak{T}_i = \rho_i^{\nu}\mathfrak{T}_i$. Daraus schließen wir, daß in der Nebengruppe $\sigma_i^{\nu f_i}\mathfrak{T}_i$ ein Element aus $\mathfrak{U}$ liegt, nämlich ρ_i^{ν}.

Wir wollen uns nun umgekehrt fragen, wann in der Nebengruppe $\sigma_i^{\mu}\mathfrak{T}_i$ ein Element $\gamma = \sigma_i^{\mu}\tau_i$ aus $\mathfrak{U}$ liegt. Dann gilt für alle ganzen A von K die Kongruenz:

$$\gamma\mathsf{A} \equiv \mathsf{A}^{N\mathfrak{p}^{\mu}} (\text{mod } \mathfrak{P}_i).$$

Wählen wir für A insbesondere ein Element aus Ω, für das ja $\gamma\mathsf{A} = \mathsf{A}$ ist, so folgt:

$$\mathsf{A} \equiv \mathsf{A}^{N\mathfrak{p}^{\mu}} (\text{mod } \mathfrak{q}_i).$$

Die Existenz einer Primitivwurzel mod $\mathfrak{q}_i$ zeigt dann, daß μ durch f_i teilbar sein muß, womit wir auf den vorhin behandelten Fall zurückgekommen sind. Es gilt dann: $\sigma_i^{\mu}\mathfrak{T}_i = \rho_i^{\frac{\mu}{f_i}}\mathfrak{T}_i$. Damit nun $\rho_i^{\frac{\mu}{f_i}}\tau_i$ in $\mathfrak{U}$ liegt, muß τ_i in $\mathfrak{U}$ also in $\overline{\mathfrak{T}}_i$ liegen. Zusammengefaßt hat sich ergeben:

Der Durchschnitt von $\sigma_i^{\mu}\mathfrak{T}_i$ mit $\mathfrak{U}$ ist leer, wenn μ nicht durch f_i teilbar ist; er besteht aus $\rho_i^{\frac{\mu}{f_i}}\overline{\mathfrak{T}}_i$, wenn μ durch f_i teilbar ist.

Betrachten wir zwei Nebengruppen der Form $\mathfrak{U}\zeta_i\kappa_i$ und $\mathfrak{U}\zeta'_k\kappa_k$, wo ζ_i aus $\mathfrak{Z}_i$ und ζ'_k aus $\mathfrak{Z}_k$ stammt. Wann sind sie gleich? Das Element $\gamma = \zeta'_k\kappa_k\kappa_i^{-1}\zeta_i^{-1}$ muß zu $\mathfrak{U}$ gehören. Nun sieht man aber sofort, daß es das Primideal $\mathfrak{P}_i$ in $\mathfrak{P}_k$ überführt. Da nun ein Element aus einen Primteiler von $\mathfrak{q}_i$ nur wieder in einen Primteiler von $\mathfrak{q}_i$ überführen kann, folgt zunächst $i = k$. Jetzt ist $\gamma = \zeta'_i\zeta_i^{-1}$. Der Form nach liegt dieses Element in $\mathfrak{Z}_i$; da es zu $\mathfrak{U}$ gehören soll, muß es in $\overline{\mathfrak{Z}}_i$ liegen. Will man also lauter verschiedene Nebengruppen erhalten, so hat man ζ_i ein volles Restsystem von $\mathfrak{Z}_i$ modulo $\overline{\mathfrak{Z}}_i$ durchlaufen zu lassen. Die Ordnung von $\mathfrak{Z}_i$ ist ef, die von $\overline{\mathfrak{Z}}_i$ ist $e'_if'_i$, der Index von $\mathfrak{Z}_i$ nach $\overline{\mathfrak{Z}}_i$ demnach e_if_i. Bezeichnet man also mit $\zeta_{i\nu}$ dieses volle Restsystem, so sind die Nebengruppen

$$\mathfrak{U}\zeta_{i\nu}\kappa_i, \qquad i = 1, 2, \ldots, s; \quad \nu = 1, 2, \ldots, e_if_i,$$

voneinander verschieden. Ihre Anzahl beträgt $\sum_{i=1}^{s} e_if_i$, ist also der Köpergrad von Ω in bezug auf k, d. h. der Inder von $\mathfrak{G}$ nach $\mathfrak{U}$. Folglich sind dies gerade alle Nebengruppen, und wir können das System $\zeta_{i\nu}\kappa_\nu$ dazu benützen, den induzierten Charakter mit Hilfe von Formel (1) zu bilden. Sei also ψ irgendein Charakter von $\mathfrak{U}$. Dann gilt:

$$\chi_\psi(\lambda) = \sum_{i=1}^{s}\sum_{\nu=1}^{e_if_i} \psi(\zeta_{i\nu}\kappa_i\lambda\kappa_i^{-1}\zeta_{i\nu}^{-1}). \tag{11}$$

Wir wollen im Argument eines Charakters auch Komplexe von Gruppenelementen einsetzen und verstehen darunter in naheliegender Weise die Summe der einzelnen Charakterwerte. Dann gilt die Formel (11) auch dann, wenn λ ein Komplex ist. Aus ihr leiten wir jetzt mehrere Formeln ab:

Zunächst werde unter λ der Komplex $\sigma_1^g\mathfrak{T}$ verstanden. Im Argument der rechten Seite wird er mit κ_i und mit $\zeta_{i\nu}$ transformiert. Die erste Transformation führt ihn in $\sigma_i^g\mathfrak{T}_i$ über, die zweite verändert dieses Resultat nicht mehr, da $\mathfrak{T}_i$ Normalteiler von $\mathfrak{Z}_i$ mit zyklischer Faktorgruppe ist und $\zeta_{i\nu}$ zu $\mathfrak{Z}_i$ gehört. Man erhält somit:

$$\chi_\psi(\sigma_1^g\mathfrak{T}) = \sum_{i=1}^{s}\sum_{\nu=1}^{e_if_i} \psi(\sigma_i^g\mathfrak{T}_i) = \sum_{i=1}^{s} e_if_i\psi(\sigma_i^g\mathfrak{T}_i).$$

Nun ist aber der Wert der Funktion ψ gleich 0, wenn das Argument nicht zu $\mathfrak{U}$ gehört. Wir dürfen also noch auf der rechten Seite die Durchschnitte der Argumente mit $\mathfrak{U}$ bilden. Aus den oben bestimmten Durchschnitten folgt jetzt:

$$\chi_\psi(\sigma_i^g\mathfrak{T}) = \sum_{f_i|g} e_if_i\psi(\rho_i^{\frac{g}{f_i}}\overline{\mathfrak{T}}_i). \tag{12}$$

Zweitens sei $\mathfrak{V}$ irgendein Normalteiler von $\mathfrak{Z}$. Für λ werde in Formel (11) $\mathfrak{V}$ eingesetzt. Bezeichnen wir die Gruppe $\kappa_i \mathfrak{V} \kappa_i^{-1}$ mit $\mathfrak{V}_i$ und beachten, daß auch sie Normalteiler von $\mathfrak{Z}_i$ wird, so folgt, daß die Argumente auf der rechten Seite die Werte $\mathfrak{V}_i$ haben. Die Durchschnittbildung führt analog wie früher auf die Formel:

$$\chi_\psi(\mathfrak{V}) = \sum_{i=1}^{s} e_i f_i \psi(\overline{\mathfrak{V}}_i). \tag{13}$$

Setzen wir endlich in Formel (1) $\sigma = 1$ und verstehen unter m den Index von $\mathfrak{G}$ nach $\mathfrak{U}$ also den Grad des Körpers Ω in bezug auf k, so folgt:

$$\chi_\psi(1) = m\,\psi(1). \tag{14}$$

Die Formel (12) wird in dieser Arbeit keine Verwendung finden. Wir haben sie hier gleich mit hergeleitet, da sie gut in diesen Zusammenhang paßt. In einer weiteren Arbeit werde ich ihren Nutzen zeigen [4]).

Noch einige Worte über die Bedeutung der Werte $\chi(\mathfrak{V})$. Es sei $\mathfrak{V}$ irgendeine Untergruppe von $\mathfrak{G}$ und v ihre Ordnung. Der Charakter χ von $\mathfrak{G}$ ist auch Charakter von $\mathfrak{V}$. Zerlegt man ihn in einfache Charaktere von $\mathfrak{V}$ und beachtet die Relationen für die Charaktere, so zeigt sich, daß $\frac{1}{v}\chi(\mathfrak{V})$ eine ganze rationale, nicht negative Zahl ist, die angibt, wie oft im Charakter χ der Hauptcharakter von $\mathfrak{V}$ steckt. Insbesondere ist der Wert von $\chi(\mathfrak{V})$ stets höchstens $v\chi(1)$ und dann und nur dann gleich dieser Zahl, wenn die zu χ gehörige Darstellung der Gruppe $\mathfrak{G}$ für jedes Element von $\mathfrak{V}$ die Einheitsmatrix liefert.

3. Als letzten Hilfssatz brauchen wir noch Beziehungen zwischen der Trägheitsgruppe und den Verzweigungsgruppen. Ein Teil dieses Hilfssatzes ist schon von Herrn Speiser gewonnen worden [5]).

Die i-te Verzweigungsgruppe des Primideals $\mathfrak{P}_1$ werde mit $\mathfrak{V}_i$ bezeichnet. Π sei eine genau durch die erste Potenz von $\mathfrak{P}_1$ teilbare Zahl von K. τ sei ein beliebiges Element der Trägheitsgruppe, und es führe Π über in $\mathsf{A}\Pi$, wo A teilerfremd zu $\mathfrak{P}_1$ ausfällt. τ_i sei ein Element der i-ten Verzweigungsgruppe, lasse also Π modulo $\mathfrak{P}_1^{i+1}$ fest. Seine Wirkung nach dem Modul $\mathfrak{P}_1^{i+2}$ sei durch die Kongruenz

$$\tau_i \Pi \equiv \Pi + \Pi^{i+1}\mathsf{B} \pmod{\mathfrak{P}_1^{i+2}}$$

beschrieben. Wegen

$$\tau_i \mathsf{A} \equiv \mathsf{A} \pmod{\mathfrak{P}_1^{i+1}}$$

---

4) Siehe Anm. 2.

5) A. Speiser, Die Zerlegungsgruppe, ds. Journal **149** (1919).

folgt

$$\tau_i(\mathsf{A}\Pi) \equiv \mathsf{A}\tau_i\Pi \equiv \mathsf{A}\Pi + (\mathsf{A}\Pi)^{i+1} \frac{\mathsf{B}}{\mathsf{A}^i} \pmod{\mathfrak{P}_1^{i+2}}.$$

Wegen

$$\tau^{-1}(\mathsf{A}\Pi) = \Pi \quad \text{und} \quad \tau^{-1}\left(\frac{\mathsf{B}}{\mathsf{A}^i}\right) \equiv \frac{\mathsf{B}}{\mathsf{A}^i} \pmod{\mathfrak{P}_1}$$

ist

$$\tau^{-1}\tau_i\tau\Pi \equiv \Pi + \Pi^{i+1} \frac{\mathsf{B}}{\mathsf{A}^i} \pmod{\mathfrak{P}_1^{i+2}}.$$

Daraus folgt endlich:

$$\tau_i^{-1}\tau^{-1}\tau_i\tau\Pi \equiv \Pi + \Pi^{i+1}\mathsf{B}\left(\frac{1}{\mathsf{A}^i} - 1\right) \pmod{\mathfrak{P}_1^{i+2}}.$$

Das Element $\tau_i^{-1}\tau^{-1}\tau_i\tau$ liegt also dann und nur dann in $\mathfrak{V}_{i+1}$, wenn entweder $\mathsf{B} \equiv 0 \pmod{\mathfrak{P}_1}$ oder $\mathsf{A}^i \equiv 1 \pmod{\mathfrak{P}_1}$ ist. Nehmen wir an, daß τ_i nicht zu $\mathfrak{V}_{i+1}$ gehört, daß also $\mathsf{B} \not\equiv 0 \pmod{\mathfrak{P}_1}$ und somit $\mathsf{A}^i \equiv 1 \pmod{\mathfrak{P}_1}$ ist, so muß demnach $\tau^i\Pi \equiv \mathsf{A}^i\Pi \equiv \Pi \pmod{\mathfrak{P}_1^2}$ sein, also τ^i in $\mathfrak{V}_1$ liegen. Wir haben also:

Das Element $\tau_i^{-1}\tau^{-1}\tau_i\tau$ liegt dann und nur dann in $\mathfrak{V}_{i+1}$, wenn entweder τ_i zu $\mathfrak{V}_{i+1}$ oder τ^i zu $\mathfrak{V}_1$ gehört.

Als Nebenresultat erhalten wir sofort den Satz von Speiser:

Die Gruppe $\mathfrak{V}_i/\mathfrak{V}_{i+1}$ liegt im Zentrum der Gruppe $\mathfrak{V}_1/\mathfrak{V}_{i+1}$.

Wir benutzen aber unser Resultat dazu, Kongruenzen zwischen den Zahlen $\chi(\mathfrak{V}_i)$ herzuleiten. Die Trägheitsgruppe hat die Ordnung e. Zerlegen wir e in die Faktoren $e_0 p^{R_1}$, wo e_0 zu p teilerfremd und p die zum Primideal $\mathfrak{p}$ gehörige rationale Primzahl ist, so ist bekanntlich die Faktorgruppe $\mathfrak{T}/\mathfrak{V}_1$ zyklisch vor der Ordnung e_0. Unter τ werde jetzt ein Vertreter der erzeugenden Restklasse modulo $\mathfrak{V}_1$ verstanden.

Die Elemente τ_i aus $\mathfrak{V}_i$, die *nicht* in $\mathfrak{V}_{i+1}$ liegen, teilen wir jetzt in Klassen ein, indem wir alle Elemente der Form $\tau^{-v}\tau_i\tau^v$ in ein- und dieselbe Klasse legen. Die so gewonnenen Klassen sind fremd, und die Anzahl der Elemente einer Klasse ist jedesmal die kleinste Zahl k, so daß $\tau^{-k}\tau_i\tau^k = \tau_i$ ist. Erst recht ist dann $\tau_i^{-1}\tau^{-k}\tau_i\tau^k$ in $\mathfrak{V}_{i+1}$ enthalten, so daß τ^{ik} zu $\mathfrak{V}_1$ gehören muß. Die Zahl ik muß also durch e_0 teilbar sein. Ist nun χ ein Charakter, so haben alle Elemente derselben Klasse denselben Charakterwert, die Summe der Charakterwerte ist also eine durch k teilbare, ganze algebraische Zahl. Summieren wir jetzt über alle Klassen und multiplizieren noch mit i, so erhalten wir die Zahl $i(\chi(\mathfrak{V}_i) - \chi(\mathfrak{V}_{i+1}))$, deren Teilbarkeit durch e_0 somit feststeht. Es gilt also die Kongruenz:

$$i\chi(\mathfrak{V}_i) \equiv i\chi(\mathfrak{V}_{i+1}) \pmod{e_0}. \tag{15}$$

Wählen wir für χ den Hauptcharakter und bezeichnen wir die Ordnung von $\mathfrak{V}_i$ mit p^{R_i}, so ergibt sich der Spezialfall:

$$ip^{R_i} \equiv ip^{R_{i+1}} \pmod{e_0}. \tag{16}$$

Endlich werde $\mathfrak{G}$ als abelsch vorausgesetzt. Dann findet man:

Ist $\mathfrak{V}_{i+1}$ von $\mathfrak{V}_i$ verschieden, so ist i durch e_0 teilbar.

Dieses Resultat ist auf anderem Wege von Herrn Hasse gewonnen worden[6]).

§ 2. Der Führer eines Charakters.

4. Wir geben jetzt die Definition des Führers eines Charakters im Relativkörper K/k:

$$\mathfrak{f}(\chi, K/k) = \prod \mathfrak{p}^{\frac{1}{e}[e\chi(1)-\chi(\mathfrak{T})+p^{R_1}\chi(1)-\chi(\mathfrak{V}_1)+p^{R_2}\chi(1)-\chi(\mathfrak{V}_2)+\cdots]} \tag{17}$$

Dabei ist das Produkt über alle Primideale des Körpers k zu erstrecken [7]). Die auftretenden Zahlen und Gruppen sind schon erklärt worden. Da für genügend große Indizes die Verzweigungsgruppe nur aus dem Einheitselement besteht, bricht die Summe im Exponenten ab. Geht ferner das Primideal nicht in der Diskriminante auf, so besteht schon die Trägheitsgruppe nur aus dem Einheitselement, und das betreffende Primideal liefert keinen Beitrag zum Führer. (17) definiert uns also in der Tat ein Ideal. Aus der Bemerkung am Schlusse von 2 geht hervor, daß der Exponent eine nicht negative rationale Zahl ist und daß wenigstens der erste Bestandteil $\chi(1) - \frac{1}{e}\chi(\mathfrak{T})$ ganz rational ausfällt. Wir werden zeigen, daß der volle Exponent ganz rational ist, daß also $\mathfrak{f}(\chi, K/k)$ ein ganzes Ideal des Körpers k ist. Doch liegt diese Tatsache sehr tief. Vorläufig lassen wir es zu, daß der Führer möglicherweise nicht im Körper liegt und rechnen mit ihm in rein formaler Weise. Was dabei unter Norm zu verstehen ist, ist klar, möglicherweise ist aber die Norm auch kein Ideal des Körpers, in bezug auf den sie genommen wird.

Wir bestätigen sofort die Rechenregel:

$$\mathfrak{f}(\chi_1 + \chi_2, K/k) = \mathfrak{f}(\chi_1, K/k)\,\mathfrak{f}(\chi_2, K/k). \tag{18}$$

Zur Untergruppe $\mathfrak{U}$ gehöre wie bisher der Zwischenkörper Ω. Wir wollen die Beziehung zwischen den beiden Führern $\mathfrak{f}(\chi_\psi, K/k)$ und $\mathfrak{f}(\psi, K/\Omega)$ untersuchen.

---

[6]) Vgl. die zweite der in Anm. 1 zitierten Arbeiten.

[7]) Damit die Formel überhaupt Sinn hat, muß man sich im Exponenten immer je zwei Glieder durch eine Klammer zusammengefaßt denken. Der Übersichtlichkeit halber wurden diese Klammern weggelassen.

Die Gruppe $\kappa_\nu \mathfrak{V}_i \kappa_\nu^{-1} = \mathfrak{V}_\nu^i$ ist die i-te Verzweigungsgruppe des Primideals $\mathfrak{P}_\nu$ in bezug auf k. Ihr Durchschnitt mit $\mathfrak{U}$ ist die i-te Verzweigungsgruppe in bezug auf Ω. Die Ordnung von $\overline{\mathfrak{V}}_\nu^i$ werde mit $p^{R_\nu^i}$ bezeichnet. Formel (13) liefert:

$$\chi_\psi(\mathfrak{V}_i) = \sum_{\nu=1}^{s} e_\nu f_\nu \psi(\overline{\mathfrak{V}}_\nu^i).$$

Das ergibt mit (14) und der Gleichung $m = \sum_{\nu=1}^{s} e_\nu f_\nu$ zusammen nach leichten Rechnungen die Umformung:

$$\mathfrak{p}^{\frac{1}{e}(p^{R_i}\chi_\psi(1)-\chi_\psi(\mathfrak{V}_i))}$$

$$= \mathfrak{p}^{\frac{m}{e}(p^{R_i}-1)\psi(1)} \, \mathfrak{p}^{-\frac{1}{e}\sum_{\nu=1}^{s} e_\nu f_\nu (p^{R_\nu^i}-1)\psi(1)} \cdot \mathfrak{p}^{\frac{1}{e}\sum_{\nu=1}^{s} e_\nu f_\nu (p^{R_\nu^i}\psi(1)-\psi(\overline{\mathfrak{V}}_\nu^i))}$$

$$= N_{\Omega/k}\left(\mathfrak{p}^{\frac{1}{e}(p^{R_i}-1)\psi(1)} \cdot \prod_{\nu=1}^{s} \mathfrak{q}_\nu^{-\frac{1}{e'_\nu}(p^{R_\nu^i}-1)\psi(1)} \cdot \mathfrak{q}_\nu^{\frac{1}{e'_\nu}(p^{R_\nu^i}\psi(1)-\psi(\overline{\mathfrak{V}}_\nu^i))}\right).$$

In ähnlicher Weise läßt sich auch der Beitrag der Trägheitsgruppe umformen. Nun haben die Relativdifferenten $\mathfrak{d}_{K/k}$ und $\mathfrak{d}_{K/\Omega}$ die Werte:

$$\mathfrak{d}_{K/k} = \prod_{\mathfrak{p}} \mathfrak{p}^{\frac{1}{e}(e-1+p^{R_1}-1+\cdots)}; \qquad \mathfrak{d}_{K/\Omega} = \prod_{\mathfrak{p}} \prod_{\nu=1}^{s} \mathfrak{q}_\nu^{\frac{1}{e'_\nu}(e'_\nu-1+p^{R_\nu^1}-1+p^{R_\nu^2}-1+\cdots)}.$$

Daraus folgt:

$$\mathfrak{f}(\chi_\psi, K/k) = N_{\Omega/k}\left(\left(\frac{\mathfrak{d}_{K/k}}{\mathfrak{d}_{K/\Omega}}\right)^{\psi(1)} \cdot \prod_{\mathfrak{p}} \prod_{\nu=1}^{s} \mathfrak{q}_\nu^{\frac{1}{e'_\nu}(e'_\nu\psi(1)-\psi(\overline{\mathfrak{T}}_\nu)+p^{R_\nu^1}\psi(1)-\psi(\overline{\mathfrak{V}}_\nu^1)+\cdots)}\right).$$

Der letzte Teil in dieser Formel ist aber gerade der Führer $\mathfrak{f}(\psi, K/\Omega)$. Wir erhalten somit die folgende grundlegende Formel:

$$\text{(19)} \qquad \mathfrak{f}(\chi_\psi, K/k) = \mathfrak{D}_{\Omega/k}^{\psi(1)} \cdot N_{\Omega/k}(\mathfrak{f}(\psi, K/\Omega)),$$

wo die Relativdiskriminante von Ω nach k mit $\mathfrak{D}_{\Omega/k}$ bezeichnet ist.

Ist χ der Hauptcharakter, so wird $\mathfrak{f}(\chi, K/k) = 1$. Dies benutzen wir, um einen besonders wichtigen Spezialfall von (19) aufzustellen. Wir setzen nämlich in (19) für ψ den Hauptcharakter ψ_1 ein und erhalten die folgende Formel:

$$\text{(20)} \qquad \mathfrak{D}_{\Omega/k} = \mathfrak{f}(\chi_{\psi_1}, K/k).$$

Diese Formel liefert uns die gewünschte Zerfällung der Diskriminanten aller Unterkörper von K. Man kann ja in der Tat den induzierten Charakter durch die einfachen Charaktere der Gruppe ausdrücken und erhält so wegen (18) eine Darstellung der Diskriminante durch die Führer der einfachen Charaktere. Die Führer lassen sich also als eine Verfeinerung der Diskriminantentheorie betrachten.

Eine weitere, fast triviale Eigenschaft der Führer besteht darin, daß sie für konjugiert algebraische Charaktere die gleichen Werte annehmen.

Es ist nun sehr bemerkenswert, daß sich die Führer durch diese letzte Eigenschaft sowie durch die Formeln (18) und (20) kennzeichnen lassen:

Ist jedem Charakter χ *der Gruppe* $\mathfrak{G}$ *ein Ideal* $\mathfrak{F}(\chi)$ *zugeordnet für das die Formeln* (18) *und* (20) *gelten, und entsprechen konjugiert algebraischen Charakteren die gleichen Ideale, so ist das Ideal* $\mathfrak{F}(\chi)$ *gleich dem Führer* $\mathfrak{f}(\chi, K/k)$.

Setzen wir nämlich

$$\mathfrak{F}_1(\chi) = \frac{\mathfrak{F}(\chi)}{\mathfrak{f}(\chi, K/k)},$$

so gilt noch immer (18), während an Stelle von (20) die einfachere Gleichung

$$\mathfrak{F}_1(\chi_{\psi_1}) = 1$$

tritt. Auf Grund des in 1 bewiesenen Hilfssatzes, folgt jetzt auch für jeden rationalen Charakter Ξ die Gleichung $\mathfrak{F}_1(\Xi) = 1$. Nun entsteht aber aus dem Ideal $\mathfrak{F}_1(\chi)$ bereits durch Potenzieren ein Ideal der Form $\mathfrak{F}_1(\Xi)$, so daß jetzt für jeden Charakter gilt: $\mathfrak{F}_1(\chi) = 1$. Damit ist unser Satz bewiesen.

Von diesem Ergebnis werden wir zweimal Gebrauch machen.

Erstens denken wir uns den Körper K zu einem umfassenderen galoisschen Körper K' erweitert. Ist $\mathfrak{G}'$ die Gruppe von K'/k und gehört K zur Untergruppe $\mathfrak{H}$, so ist $\mathfrak{G}$ mit der Faktorgruppe $\mathfrak{G}'/\mathfrak{H}$ isomorph und kann gleich mit ihr identifiziert werden. Dabei müssen wir also die bisherigen Gruppenelemente als Nebengruppen betrachten. Jeder Charakter der Gruppe $\mathfrak{G}$ ist dann auch Charakter in der Gruppe $\mathfrak{G}'$ und soll im folgenden immer mit dem gleichen Buchstaben bezeichnet werden. Dies geht umso eher, als alle Charakterrelationen in $\mathfrak{G}'$ erhalten bleiben, auch die für den induzierten Charakter. Setzen wir nun für jeden Charakter von $\mathfrak{G}$:

$$\mathfrak{F}(\chi) = \mathfrak{f}(\chi, K'/k),$$

so gilt für dieses Ideal wieder (18) und (20), und es hat für konjugiert algebraische Charaktere den gleichen Wert. Es folgt somit:

$$\mathfrak{f}(\chi, K'/k) = \mathfrak{f}(\chi, K/k). \tag{21}$$

Die Bedeutung der Formel ist die, daß sich die Führer in einem tieferen Sinn als bisher als Invarianten des Körpers K erweisen.

Zweitens wollen wir annehmen, daß die Gruppe $\mathfrak{G}$ abelsch ist. Ist χ ein einfacher Charakter von $\mathfrak{G}$, so setzen wir $\mathfrak{F}(\chi)$ gleich dem Führer der Klassenkörpertheorie. Für zusammengesetzte Charaktere werde dann $\mathfrak{F}(\chi)$ so definiert, daß (18) gilt. Dann bedeutet (20) für unsere Funktion nichts anderes, als die Führer-Diskriminanten-Formel der Klassenkörpertheorie [8]). Daß $\mathfrak{F}(\chi)$ für konjugiert algebraische Charaktere den gleichen Wert hat, ist selbstverständlich. Also hat sich ergeben:

Ist K/k abelsch, ist der Führer $\mathfrak{f}(\chi, K/k)$ der bekannte Führer der Klassenkörpertheorie.

Auf Grund dieser fundamentalen Tatsache hege ich die Hoffnung, daß $\mathfrak{f}(\chi, K/k)$ auch im nicht-abelschen Fall zu den noch unbekannten Zerlegungsgesetzen in einer analogen Beziehung stehen wird. Doch können wir heute über diese Dinge noch nichts aussagen.

5. Wir wenden uns jetzt der Frage zu, ob $\mathfrak{f}(\chi, K/k)$ ein ganzes Ideal von k ist. Da der Exponent schon als nicht negativ erkannt ist, hat man nur noch seine Ganzheit nachzuweisen. Wir müssen also zeigen, daß der Klammerausdruck durch e teilbar ist. Entsprechend der Zerlegung von e in $e_0 p^{R_1}$ gliedert sich dieser Nachweis in den der Teilbarkeit durch e_0 und den der Teilbarkeit durch p^{R_1}.

Wir beginnen mit der Teilbarkeit durch e_0 und ersetzen im Exponenten den Ausdruck $p^{R_i}\chi(1) - \chi(\mathfrak{V}_i)$ durch $i(p^{R_i}\chi(1) - \chi(\mathfrak{V}_i)) - (i-1)(p^{R_i}\chi(1) - \chi(\mathfrak{V}_i))$. Fassen wir die Glieder des Klammerausdrucks anders zusammen, so entstehen lauter Glieder der Form $i(p^{R_i} - p^{R_{i+1}})$ und $i(\chi(\mathfrak{V}_i) - \chi(\mathfrak{V}_{i+1}))$. Wegen (15) und (16) sind diese Glieder durch e_0 teilbar, also auch der ganze Klammerausdruck.

Die Teilbarkeit durch p^{R_1} liegt anscheinend wesentlich tiefer. Der Nachweis zerfällt in drei Schritte:

a) Reduktion auf Gruppen von Primzahlpotenzordnung.

Es sei V der erste Verzweigungskörper, also der zur Untergruppe $\mathfrak{V}_1$ gehörige Unterkörper von K. $\mathfrak{q}$ sei dasjenige Primideal aus V, das durch $\mathfrak{P}_1$ teilbar ist. Um die Trägheitsgruppe sowie die Verzweigungsgruppen von K/V zu bilden, hat man den Durchschnitt von $\mathfrak{T}$, $\mathfrak{V}_1$, $\mathfrak{V}_2, \ldots$ mit $\mathfrak{V}_1$ zu suchen. Es ist also die neue Trägheitsgruppe $\mathfrak{V}_1$, wogegen sich an den Verzweigungsgruppen nichts ändert. Die Ordnung der neuen Trägheitsgruppe ist gerade p^{R_1}. Nun ist χ auch Charakter der Untergruppe $\mathfrak{V}_1$. Wir bilden jetzt den Führer $\mathfrak{f}(\chi, K/V)$ und vergleichen den Beitrag des Primideals $\mathfrak{q}$ mit dem Beitrag von $\mathfrak{p}$ zu $\mathfrak{f}(\chi, K/k)$. Der Beitrag von $\mathfrak{q}$ lautet:

$$\frac{1}{p^{R_1}}\,(p^{R_1}\chi(1) - \chi(\mathfrak{V}_1) + p^{R_1}\chi(1) - \chi(\mathfrak{V}_1) + p^{R_2}\chi(1) - \chi(\mathfrak{V}_2) + \cdots).$$

Die ersten beiden Summanden sind dabei belanglos, da sie ohnehin ganz sind. Wenn wir zeigen könnten, daß $\mathfrak{f}(\chi, K/V)$ ein ganzes Ideal von V ist, so würde auch die Teilbarkeit des alten Klammerausdrucks durch p^{R_1} folgen, da ja die Exponenten in den wesentlichen Punkten übereinstimmen. $\mathfrak{V}_1$ aber ist eine Gruppe der Ordnung p^{R_1}.

---

[8]) Siehe Anm. 1. χ_{ψ_1} gehört zur regulären Darstellung von $\mathfrak{G}/\mathfrak{U}$, enthält also jeden einfachen Charakter von $\mathfrak{G}/\mathfrak{U}$ genau einmal.

b) Wir können also annehmen, daß $\mathfrak{G}$ eine Gruppe von Primzahlpotenzordnung ist. Nach einem Satz von Blichfeldt [9]) ist dann jede Darstellung der Gruppe eine monomiale, es ist also jeder Charakter induziert von einem Charakter ersten Grades einer geeigneten Untergruppe. Sei ψ der Charakter der Untergruppe und Ω der zur Untergruppe gehörige Zwischenkörper. Wir können jetzt Formel (19) anwenden und sehen: Wenn $\mathfrak{f}(\psi, K/\Omega)$ ein ganzes Ideal des Körpers Ω ist, so ist auch $\mathfrak{f}(\chi, K/k)$ ein Ideal aus k.

c) Es ist also die weitere Annahme erlaubt, daß es sich bei χ um einen Charakter ersten Grades handelt. Jeder solche Charakter aber ist schon Charakter einer zyklischen Faktorgruppe und Formel (21) lehrt, daß wir die Gruppe $\mathfrak{G}$ als zyklische Gruppe annehmen dürfen. Wir stützen uns nun auf die Klassenkörpertheorie. Wir wissen nämlich, daß dann $\mathfrak{f}(\chi, K/k)$ mit dem Führer der Klassenkörpertheorie übereinstimmt. Also ist unser Ideal selbstverständlich ein Ideal des Körpers.

Damit ist gezeigt:

Das Ideal $\mathfrak{f}(\chi, K/k)$ *ist ein ganzes Ideal aus* k.

Durch diesen Satz gewinnen die vorigen Resultate überhaupt erst Bedeutung, da man jetzt erst erkennt, daß es sich in der Tat um Aufspaltungen der Diskriminanten im Körper selbst handelt.

Wir führen noch die folgende Redeweise ein:

Ist der Charakter χ für keinen echten galoisschen Unterkörper Charakter, so wollen wir sagen, daß der Führer $\mathfrak{f}(\chi, K/k)$ *genau* zu K gehört.

Im Führer $\mathfrak{f}(\chi, K/k)$ können nur die Teiler der Diskriminante von K/k aufgehen. Gehört $\mathfrak{f}(\chi, K/k)$ aber genau zu K, so gehen alle Diskriminantenteiler auch wirklich auf. Da nämlich keiner der Beiträge $\frac{1}{e}(p^{R_i}\chi(1) - \chi(\mathfrak{V}^i))$ negativ ist, kann $\mathfrak{p}$ nur dann nicht in $\mathfrak{f}(\chi, K/k)$ aufgehen, wenn insbesondere $e\chi(1) - \chi(\mathfrak{T}) = 0$ ist. Aus der Bemerkung am Schlusse von 2 folgt jetzt, daß die zu χ gehörige Darstellung sich für jedes Element von $\mathfrak{T}$ auf eine Einheitsmatrix reduzieren muß. Nun bilden aber die Elemente von $\mathfrak{G}$, für die das eintritt, einen Normalteiler von $\mathfrak{G}$ und χ ist Charakter für die Faktorgruppe dieses Normalteilers. Nach unserer Voraussetzung muß sich also diese Gruppe auf das Einheitselement reduzieren, und ein gleiches gilt für die Gruppe $\mathfrak{T}$. Also geht $\mathfrak{p}$ nicht in der Diskriminante von K/k auf. Es sei gestattet, die bisher gefundenen Eigenschaften noch einmal übersichtlich zusammenzustellen:

Das Ideal

$$(17) \qquad \mathfrak{f}(\chi, K/k) = \prod_{\mathfrak{p}} \mathfrak{p}^{\frac{1}{e}[e\chi(1)-\chi(\mathfrak{T})+p^{R_1}\chi(1)-\chi(\mathfrak{V}_1)+p^{R_2}\chi(1)-\chi(\mathfrak{V}_2)+\cdots]}$$

[9]) A. Speiser, Gruppentheorie, 1. Aufl. Satz 130 oder 2. Aufl. Satz 169. Eine ähnliche Anwendung dieses Satzes hat Herr Hasse im zweiten Teil seines in Anm. 1 zitierten Berichts, Ergänzungsband **6** (1930), Seite 160, gegeben.

ist ein ganzes Ideal aus k. Ist K/k abelsch, so ist es der Führer der Klassenkörpertheorie. Gehört es genau zu K/k, so ist es durch alle Diskriminantenteiler und nur durch diese teilbar. Es gelten die Formeln:

$$\mathfrak{f}(\chi_1 + \chi_2, K/k) = \mathfrak{f}(\chi_1, K/k)\mathfrak{f}(\chi_2, K/k), \tag{18}$$

$$\mathfrak{f}(\chi_\psi, K/k) = \mathfrak{D}_{\Omega/K}^{\psi(1)} \cdot N_{\Omega/k}(\mathfrak{f}(\psi, K/\Omega)), \tag{19}$$

$$\mathfrak{f}(\chi, K/k) = \mathfrak{f}(\chi, K'/k), \quad \textit{wenn } K' \textit{ Oberkörper von } K \textit{ ist.} \tag{21}$$

Die Diskriminante eines Zwischenkörpers gewinnt man mit Hilfe der Formel:

$$\mathfrak{D}_{\Omega/k} = \mathfrak{f}(\chi_{\psi_1}, K/k) \tag{20}$$

oder, wenn $\chi_{\psi_1} = \sum_{\nu=1}^{h} g_\nu \chi_\nu$ *die Zerlegung von* χ_{ψ_1} *in einfache Charaktere bedeutet,*

$$\mathfrak{D}_{\Omega/k} = \prod_{\nu=1}^{h} (\mathfrak{f}(\chi_\nu, K/k))^{g_1} \tag{20a}$$

(χ_{ψ_1} ist einfach der Charakter der Permutationsgruppe zu der Ω gehört). Speziell:

$$\mathfrak{D}_{K/k} = \prod_{\nu=1}^{h} (\mathfrak{f}(\chi_\nu, K/k))^{Z\nu(1)}. \tag{20b}$$

Wir können jetzt auch leicht einige Minkowskische Sätze über Diskriminanten auf die Führer übertragen.

6. Wählen wir als Grundkörper den Körper der rationalen Zahlen, so geht im Führer sicher mindestens eine Primzahl auf, wenn χ nicht der Hauptcharakter ist. Denn ist K' der Körper zu dem $\mathfrak{f}(\chi)$ genau gehört, so geht in der Diskriminante von K' mindestens eine Primzahl auf.

Ist der Grundkörper k beliebig, bedeutet $\mathfrak{f}$ ein gegebenes Ideal und n eine gegebene ganze rationale Zahl, so kann man nach allen Körpern K/k fragen, zu denen $\mathfrak{f}$ als Führer genau gehört, wobei wir den Grad von K auf n festlegen. Da wir die Diskriminantenteiler von K/k als die Teiler von $\mathfrak{f}$ kennen gelernt haben, können wir nun mit Hilfe von Satz 80 des Hilbertschen Zahlberichtes schließen, daß für die Diskriminante nur endlich viele Möglichkeiten in Frage kommen. Zu gegebener Relativdiskriminante und gegebenem Grade gibt es aber nach Minkowski nur endlich viele Körper. Damit ist bewiesen:

Ist $\mathfrak{f}$ ein gegebenes Ideal aus k, so gibt es nur endlich viele relativ galoissche Oberkörper festen Grades, zu denen $\mathfrak{f}$ als Charakter genau gehören kann. Ist der Grundkörper insbesondere der Körper der rationalen Zahlen, so kann die Zahl 1 *nur als Führer für den Hauptcharakter auftreten, gehört also genau nur zum Grundkörper selbst.*

Ohne Beweis sei wenigstens noch der Umstand erwähnt, daß der eben ausgesprochene Satz noch richtig bleibt, wenn man statt dem Körpergrade nur dem Grade des Charakters die Einschränkung auferlegt. Der Nachweis dieser Tatsache ist etwas umständlich.

Endlich weise ich noch darauf hin, daß ich in einer weiteren Arbeit zeigen werde, daß die Führer in der Theorie der L-Reihen mit allgemeinen Gruppencharakteren dieselbe Rolle spielen, wie bei L-Reihen mit abelschen Charakteren [10]).

Eingegangen 9. November 1930.

---

[10]) Siehe Anm. 2.

Über Einheiten relativ galoisscher Zahlkörper.

Von *E. Artin* in Hamburg.

Minkowski [1]) hat bewiesen, daß es in jedem absolut galoisschen Körper ein System unabhängiger Einheiten gibt, das aus konjugierten einer Einheit besteht. Neuerdings hat Herbrand [2]) dieses Ergebnis auf relativ galoissche Körper verallgemeinert. Er macht dabei Gebrauch von der Darstellungstheorie endlicher Gruppen. Nun hat sich auf Grund von Untersuchungen der Herren Chevalley und Herbrand herausgestellt, daß dieser Sachverhalt von fundamentaler Bedeutung für die Begründung der Klassenkörpertheorie ist, daß er nämlich die eigentliche Quelle der Sätze über Einheiten relativ zyklischer Körper ist. Es wird daher wünschenswert sein, einfachere, von der Darstellungstheorie unabhängige Beweise zur Verfügung zu haben. Das ist nun in der Tat möglich, und zwar läßt sich die Minkowskische Methode auch auf den relativ galoisschen Fall ausdehnen. Dieser Weg hat noch den weiteren Vorteil, daß er nur solche Begriffe heranzieht, die man beim Beweis des gewöhnlichen Existenzsatzes über Einheiten ohnedies benötigt.

Minkowski stützt sich auf den folgenden Determinantensatz:

Genügen die Elemente a_{ik} der n-reihigen Determinante $|a_{ik}|$ den Bedingungen

$$(1) \qquad a_{ii} > 0, \quad a_{ik} < 0 \textit{ sonst},$$

$$(2) \qquad \sum_{\nu=1}^{n} a_{i\nu} > 0,$$

so ist die Determinante von Null verschieden.

Gegen eine Anwendung dieses Determinantensatzes wird häufig der Einwand vorgebracht, sein Beweis sei zu kompliziert. Das ist aber keineswegs der Fall.

Verschwände nämlich die Determinante, so wäre das lineare Gleichungssystem

$$\sum_{\nu=1}^{n} a_{i\nu} x_\nu = 0, \qquad i = 1, 2, \ldots, n$$

in nicht sämtlich verschwindenden x_ν lösbar. Ist etwa x_i das absolut größte der x_ν, so enthält die i-te Gleichung

$$a_{i1}x_1 + \cdots + a_{i,i-1}x_{i-1} + a_{ii}x_i + \cdots + a_{in}x_n = 0$$

einen Widerspruch, da zufolge von (1) und (2) sich das Glied $a_{ii}x_i$ unmöglich gegen die übrigen Glieder wegheben kann.

Minkowski weist bereits darauf hin, daß die Anwendung dieses Determinantensatzes auf bequemste Art und Weise den Existenzsatz für Einheiten ergibt. Sind nämlich $\beta_1(A), \beta_2(A), \ldots, \beta_{r+1}(A)$ die $r+1$ Bewertungen der Zahlen A eines Körpers k

[1]) H. Minkowski, Zur Theorie der Einheiten in den algebraischen Zahlkörpern, Göttinger Nachrichten 1900, S. 90.

[2]) J. Herbrand, Nouvelle démonstration et généralisation d'un théorème de Minkowski, Comptes rendus **191** (1930), S. 1282.

durch „Absolutbeträge" (d. h. die Absolutbeträge der konjugierten von A), so hat man eine Einheit ε_i zu bestimmen, für die $\beta_i(\varepsilon_i) > 1$ ist, wogegen $\beta_k(\varepsilon_i) < 1$ für $k \neq i$ ausfällt. So erhält man $r + 1$ Einheiten $\varepsilon_1, \varepsilon_2, \ldots, \varepsilon_{r+1}$, von denen je r, etwa $\varepsilon_1, \varepsilon_2, \ldots, \varepsilon_r$ unabhängig sind. Ihr Regulator ist nämlich auf Grund unseres Determinantensatzes $\neq 0$.

Hat man nun auf diesem Wege den Existenzsatz begründet, so kann man anschließend leicht zum Satz von Minkowski und Herbrand gelangen. Die Methode ist die folgende:

Es sei k der Grundkörper, K ein relativ galoisscher Oberkörper vom Grad n mit der Gruppe $\mathfrak{G}$. Die Elemente von $\mathfrak{G}$ mögen $\sigma, \tau, \ldots$ genannt werden.

$\beta_1, \beta_2, \ldots, \beta_{r+1}$ seien die Bewertungen von k. Jede dieser Bewertungen kann zu einer Bewertung von K fortgesetzt werden, und zwar auf mehrfache Art. Entspringt nämlich β_i der Abbildung von k auf den konjugierten Körper k_i und ist K_i ein mit K isomorpher Oberkörper von k_i, so ist der Absolutbetrag der Zahlen von K_i eine solche Fortsetzung. Die Abbildung von K auf K_i ist auf n-fache Art möglich, und zwar unterscheiden sich die verschiedenen Möglichkeiten nur um Automorphismen von K/k, da dieser Körper relativ galoissch ist.

Bezeichnen wir also eine Fortsetzung von β_i auf K selbst mit β_i, so bilden die Funktionen $\beta_i\sigma^{-1}(A)$ alle Fortsetzungen der Bewertung β_i von k, wenn σ alle Elemente von $\mathfrak{G}$ durchläuft. Daß wir $\beta_i\sigma^{-1}(A)$ und nicht $\beta_i\sigma(A)$ schreiben, hat einen rein formalen Grund, der sofort klar werden wird. Allerdings werden unter diesen Bewertungen gleiche vorkommen, nämlich dann, wenn der Körper k_i reell, der Körper K_i aber komplex ist. Es sei in diesem Fall σ_i diejenige Abbildung von K auf sich, die beim Körper K_i dem Übergang zum konjugiert komplexen entspricht. σ_i hat die Ordnung 2, und der zur Untergruppe $1, \sigma_i$ gehörige Unterkörper Ω_i von K hat den Grad $\frac{n}{2}$. Er besteht aus denjenigen Zahlen von K, die beim Übergang zu K_i reell ausfallen. Ist dann $\tau = \sigma\sigma_i$, so ist $\tau^{-1} = \sigma_i\sigma^{-1}$, τ^{-1} unterscheidet sich beim Körper K_i also von σ^{-1} nur ums konjugiert komplexe, so daß $\beta_i\tau^{-1} = \beta_i\sigma^{-1}$ ist.

Der Einheitlichkeit wegen setzen wir in den übrigen Fällen (wenn also k_i komplex oder k_i und K_i reell sind) $\sigma_i = 1$ und demgemäß $\Omega_i = K$. Der Grad von Ω_i in bezug auf k werde mit n_i bezeichnet und hat den Wert $\frac{n}{2}$ oder n.

Die sämtlichen voneinander verschiedenen Bewertungen von K sind dann alle $\beta_i\sigma^{-1}(A)$, wobei σ nur modulo der Untergruppe $1, \sigma_i$ zu nehmen ist, σ also mit $\sigma\sigma_i$ als gleichwertig zu betrachten ist.

Es sei jetzt E_i eine Einheit von K, die bei der Bewertung β_i größer als 1 ausfällt, $\beta_i(E_i) > 1$, für die aber alle übrigen Bewertungen von K (auch die Bewertungen $\beta_i\sigma^{-1}(E_i)$ mit $\sigma \neq 1, \sigma_i$) Werte < 1 liefern. Sollte $\sigma_i \neq 1$ sein, so ersetze man E_i durch $E_i^{1+\sigma_i}$. Es bleibt dann

$$\beta_i(E_i^{1+\sigma_i}) = \beta_i(E_i^2) > 1,$$

wogegen sowohl

$$\beta_k(E_i^{1+\sigma_i}) < 1 \text{ für } k \neq i$$

als auch

$$\beta_i\sigma^{-1}(E_i^{1+\sigma_i}) = \beta_i\sigma^{-1}(E_i) \cdot \beta_i\sigma^{-1}\sigma_i(E_i) < 1$$

ausfällt für $\sigma \neq 1, \sigma_i$. Denn dann ist auch $\sigma^{-1}\sigma_i \neq 1, \sigma_i$. Diese neue Einheit bietet den Vorteil, bei Anwendung von σ_i fest zu bleiben.

Die Einheit σE_i liefert bei der Bewertung $\beta_i \sigma^{-1}$ den Wert $\beta_i(E_i) > 1$, wogegen $\beta_i \tau^{-1} \sigma(E_i) > 1$ ist nur für $\tau^{-1}\sigma = 1$ oder σ_i d. h. für $\tau = \sigma$ oder $\sigma\sigma_i$. Es liefert also jede von $\beta_i \sigma^{-1}$ verschiedene Bewertung einen Wert < 1. Ersetzt man σ durch $\sigma\sigma_i$, so ändert sich σE_i nicht und $\beta_i \sigma^{-1}$ bleibt auch die gleiche Bewertung.

Die Einheiten σE_i für $i = 1, 2, \ldots, r+1$ bilden also, wenn σ alle modulo 1, σ_i verschiedenen Elemente von $\mathfrak{G}$ durchläuft, für K ein System von Einheiten, wie es in der Einleitung gefordert wurde. Ihre Anzahl ist $\sum_{i=1}^{r+1} n_i = R + 1$, wo R die Anzahl der Grundeinheiten von K ist. Läßt man irgendeine dieser Einheiten weg, so bilden die übrigbleibenden R Einheiten ein System unabhängiger Einheiten von K.

Zwischen den $R + 1$ Einheiten σE_i kann also nur noch eine Relation bestehen, mit deren Hilfe jede dieser Einheiten durch die übrigen ausgedrückt werden kann. Dabei sind Relationen als gleichwertig zu betrachten, die aus einander durch Potenzieren mit rationalen Exponenten hervorgehen.

Die Gestalt dieser Relation

$$\prod_{i,\sigma} (\sigma E_i)^{m_i(\sigma)} = 1$$

kann auch noch genauer festgelegt werden. Wendet man auf sie nämlich irgendeinen Automorphismus τ von $\mathfrak{G}$ an, so muß sie, ihrer Einzigkeit wegen, in sich übergehen. Man folgert so, daß $m_i(\sigma)$ nicht von σ abhängt. Sie hat also die Gestalt:

$$\prod_{i,\sigma} (\sigma E_i)^{m_i} = 1 .$$

Da in ihr alle σE_i wirklich vorkommen müssen, ist $m_i \neq 0$. Wir können nun E_i durch das gleichwertige $E_i^{m_i}$ ersetzen und erhalten so den Satz:

Es gibt $r + 1$ Einheiten $E_1, E_2, \ldots, E_{r+1}$ von der Art, daß die konjugierten σE_i (wenn σ nur modulo 1, σ_i genommen wird) ein System unabhängiger Einheiten enthalten. Zwischen den $R + 1$ Einheiten σE_i besteht außer den Relationen $\sigma_i E_i = E_i$ nur noch die weitere:

$$\prod_{i,\sigma} \sigma E_i = 1 . \tag{3}$$

Dies ist der Satz von Herbrand, der als Spezialfall den Satz von Minkowski enthält.

Dieser Satz kann noch in eine andere Gestalt gebracht werden, die für manche Zwecke handlicher ist.

Es sei N_i das Zeichen für Relativnorm von Zahlen aus Ω_i in bezug auf k. Setzen wir

$$N_i E_i = \eta_i , \tag{4}$$

so sind $\eta_1, \eta_2, \ldots, \eta_{r+1}$ Einheiten von k. Die Relation (3) schreibt sich dann

$$\eta_1 \eta_2 \cdots \eta_{r+1} = 1 . \tag{5}$$

Da jede Relation zwischen den η_i als Relation zwischen den E_i aufgefaßt werden kann, ist (4) die einzige Relation zwischen den η_i, und es ist insbesondere $\eta_1, \eta_2, \ldots, \eta_r$ ein unabhängiges System von Einheiten aus k.

Setzen wir noch

$$H_i = \frac{E_i^{n_i}}{\eta_i} , \tag{6}$$

so ist (4) gleichwertig mit

$$N_i H_i = 1 . \tag{7}$$

Die Relation (5) bedeutet nur, daß η_{r+1} durch $\eta_1, \eta_2, \ldots, \eta_r$ ausgedrückt werden kann.

Ist E eine beliebige Einheit von K, so läßt sich eine Potenz von E durch die σE_i ausdrücken. Wegen (6) kann also eine geeignete Potenz von E auch durch $\eta_1, \eta_2, \ldots, \eta_r$ und die σH_i ausgedrückt werden. Zwischen den $\eta_1, \eta_2, \ldots, \eta_r$ und den σH_i bestehen dann nur die Relationen (7) und $\sigma_i H_i = H_i$. An Stelle von $\eta_1, \eta_2, \ldots, \eta_r$ kann jetzt irgendein System $\varepsilon_1, \varepsilon_2, \ldots, \varepsilon_r$ von unabhängigen Einheiten aus k genommen werden. Wir sehen also:

Es gibt $r + 1$ Einheiten H_i aus K, so daß die von r unabhängigen Einheiten ε_i aus k und den Einheiten σH_i erzeugte Gruppe von endlichem Index in der Gruppe aller Einheiten von K ist. Die einzigen Relationen sind:

$$N_i H_i = 1; \qquad \sigma_i H_i = H_i. \tag{8}$$

Herbrand[3]) hat noch die Darstellung von $\mathfrak{G}$ bestimmt, die man erhält, wenn man $\mathfrak{G}$ auf die Einheiten von K anwendet. Sein Ergebnis ist unmittelbar einem der beiden Sätze zu entnehmen.

---

[3]) J. Herbrand, Sur les unités d'un corps algébrique, Comptes rendus **192** (1931), S. 24.

Eingegangen am 25. August 1931.

Über die Bewertungen algebraischer Zahlkörper.

Von *E. Artin* in Hamburg.

Herr Ostrowski[1]) hat in seiner Arbeit „Über einige Lösungen der Funktionalgleichung $\varphi(x)\ \varphi(y) = \varphi(xy)$" die folgende Aufgabe gelöst:

Es sind alle reellwertigen Funktionen $\varphi(x)$ zu bestimmen, die für alle Zahlen eines algebraischen Zahlkörpers k definiert sind und den Bedingungen für absolute Beträge:

$$\varphi(0) = 0, \quad \varphi(x) > 0 \quad \text{sonst} \tag{1}$$

$$\varphi(xy) = \varphi(x)\,\varphi(y) \tag{2}$$

$$\varphi(x+y) \leqq \varphi(x) + \varphi(y) \tag{3}$$

genügen.

Seine Ergebnisse sollen auf etwas einfacherem Wege gewonnen werden.

Zunächst folgt aus (1) und (2), daß $\varphi(\pm 1) = 1$ ist. (3) zieht für ganze rationale Zahlen a die Abschätzung

$$\varphi(a) \leqq |a| \tag{4}$$

nach sich.

Es seien jetzt p und q zwei beliebige natürliche Zahlen > 1. Die Zahl p werde im q-adischen Ziffernsystem dargestellt:

$$p = a_0 + a_1 q + a_2 q^2 + \cdots + a_n q^n, \tag{5}$$

wobei

$$0 \leqq a_\nu < q \tag{6}$$

und

$$q^n \leqq p, \quad \text{also} \quad n \leqq \frac{\log p}{\log q} \tag{7}$$

ist.

Wegen (4), (5) und (6) ist:

$$\begin{aligned}\varphi(p) &\leqq \varphi(a_0) + \varphi(a_1)\,\varphi(q) + \cdots + \varphi(a_n)\,\varphi(q)^n \\ &\leqq q \cdot (1 + \varphi(q) + \cdots + \varphi(q)^n).\end{aligned}$$

Je nachdem nun $\varphi(q) \leqq 1$ oder > 1 ist, ersetze man hierin alle Glieder der Klammer durch das erste bzw. letzte Glied:

$$\varphi(p) \leqq q \cdot (n+1) \cdot \operatorname{Max}\,(1, \varphi(q)^n).$$

Also, wegen (7):

$$\varphi(p) \leqq q \cdot \left(\frac{\log p}{\log q} + 1\right) \cdot \operatorname{Max}\,\left(1, \varphi(q)^{\frac{\log p}{\log q}}\right).$$

---

[1]) A. Ostrowski, Über einige Lösungen der Funktionalgleichung $\varphi(x) \cdot \varphi(y) = \varphi(xy)$, Acta mathematica **41** (1918), S. 271.

Diese Abschätzung gilt für alle p, also auch für die Potenzen von p. Ersetzt man p durch p^ν und zieht die ν-te Wurzel, so folgt:

$$\varphi(p) \leqq \sqrt[\nu]{q \cdot \left(\frac{\nu \log p}{\log q} + 1\right)} \cdot \operatorname{Max}\,(1, \varphi(q)^{\frac{\log p}{\log q}})\,.$$

Hierin lassen wir ν über alle Grenzen wachsen und gewinnen so die Abschätzung:

$$\varphi(p) \leqq \operatorname{Max}\,(1, \varphi(q)^{\frac{\log p}{\log q}})\,. \tag{8}$$

Wir unterscheiden jetzt zwei Fälle:

a) $\varphi(q) \leqq 1$. Dann gilt für alle natürlichen Zahlen p:

$$\varphi(p) \leqq 1\,.$$

Es sei $\omega_1, \omega_2, \ldots, \omega_n$ eine Minimalbasis von k,

$$\alpha = x_1\omega_1 + x_2\omega_2 + \cdots + x_n\omega_n$$

eine ganze algebraische Zahl aus k. Da die x_i ganz rational sind, also $\varphi(x_i) \leqq 1$ ist, folgt:

$$\varphi(\alpha) \leqq \varphi(\omega_1) + \varphi(\omega_2) + \cdots + \varphi(\omega_n) = C\,.$$

Das gilt auch für die Potenzen von α. Ersetzt man α durch α^ν und zieht die ν-te Wurzel, so folgt:

$$\varphi(\alpha) \leqq \sqrt[\nu]{C}\,.$$

Der Grenzübergang $\nu \to \infty$ lehrt jetzt:

$$\varphi(\alpha) \leqq 1 \tag{9}$$

für alle ganzen α aus k.

Wie bei Ostrowski werde jetzt $\varphi((\alpha + \beta)^\nu)$ abgeschätzt, indem man den binomischen Satz anwendet und beachtet, daß die Binomialkoeffizienten ganz sind, daß also $\varphi\left(\binom{\nu}{\mu}\right) \leqq 1$ ist. Man findet

$$\begin{aligned}\varphi((\alpha + \beta))^\nu &\leqq \varphi(\alpha)^\nu + \varphi(\alpha)^{\nu-1}\varphi(\beta) + \cdots + \varphi(\beta)^\nu \\ &\leqq (\nu + 1) \cdot \operatorname{Max}\,(\varphi(\alpha)^\nu, \varphi(\beta)^\nu)\,.\end{aligned}$$

Zieht man wieder die ν-te Wurzel und läßt $\nu \to \infty$ gehen, so ergibt sich die folgende Verschärfung der Bedingung (3):

$$\varphi(\alpha + \beta) \leqq \operatorname{Max}\,(\varphi(\alpha), \varphi(\beta))\,. \tag{10}$$

Es sei jetzt $\mathfrak{p}$ die Menge aller ganzen α aus k mit $\varphi(\alpha) < 1$. Wegen (10) ist $\mathfrak{p}$ ein Zahlmodul; ist γ ganz, also $\varphi(\gamma) \leqq 1$, so ist $\varphi(\alpha\gamma) = \varphi(\alpha)\varphi(\gamma) < 1$. Folglich ist $\mathfrak{p}$ Ideal. Da nun aus $\varphi(\alpha\beta) = \varphi(\alpha)\varphi(\beta) < 1$ folgt, daß entweder $\varphi(\alpha)$ oder $\varphi(\beta)$ kleiner als 1 ist, so ist $\mathfrak{p}$ sogar Primideal.

Der Fall $\mathfrak{p} = (1)$ ist unmöglich, da $\varphi(1) = 1$ ist. Der Fall $\mathfrak{p} = (0)$ besagt, daß $\varphi(\alpha) = 1$ für alle ganzen $\alpha \neq 0$ und folglich auch für alle $\alpha \neq 0$ aus k ist. Dieser triviale Fall werde beiseite gelassen.

Es ist dann $\varphi(\alpha) = 1$ für diejenigen ganzen α, die nicht durch $\mathfrak{p}$ teilbar sind. Ist α eine ganze oder gebrochene Zahl aus k, die zu $\mathfrak{p}$ teilerfremd ist, so ist sie Quotient zweier ganzer, zu $\mathfrak{p}$ primer Zahlen, es ist also auch für solche α $\varphi(\alpha) = 1$.

Es sei π eine genau durch $\mathfrak{p}$ teilbare ganze Zahl und $\varphi(\pi) = c < 1$. Ist $\mathfrak{p}^\nu$ der genaue Beitrag von $\mathfrak{p}$ zur Primidealzerlegung von α, so ist $\frac{\alpha}{\pi^\nu}$ prim zu $\mathfrak{p}$, und demnach:

$$\varphi(\alpha) = \varphi(\pi^\nu)\,\varphi\left(\frac{\alpha}{\pi^\nu}\right) = c^\nu.$$

Ist umgekehrt $\mathfrak{p}$ ein Primideal und $c < 1$, und setzt man $\varphi(\alpha) = c^\nu$, wenn $\mathfrak{p}^\nu$ der Beitrag von $\mathfrak{p}$ zur Primidealzerlegung von α ist, so genügt die Funktion $\varphi(x)$ den drei Bedingungen, wie fast unmittelbar zu sehen ist.

Wir wenden uns jetzt zum zweiten Fall.

b) Es ist $\varphi(q) > 1$. Wegen (8) gilt jetzt:

$$\varphi(p) \leqq \varphi(q)^{\frac{\log p}{\log q}} \quad \text{oder}$$

$$\varphi(p)^{\frac{1}{\log p}} \leqq \varphi(q)^{\frac{1}{\log q}}. \tag{11}$$

Nun muß aber auch $\varphi(p) > 1$ sein, da andernfalls ja nach a) auch $\varphi(q) \leqq 1$ wäre. Es darf also in unseren Überlegungen p mit q vertauscht werden. Aus (11) ergibt sich dann:

$$\varphi(p)^{\frac{1}{\log p}} = \varphi(q)^{\frac{1}{\log q}}. \tag{12}$$

Setzt man $\varphi(q) = q^\varrho = e^{\varrho \log q}$, so folgt aus (12):

$$\varphi(p) = e^{\varrho \log p} = p^\varrho.$$

Also gilt für alle rationalen Zahlen x:

$$\varphi(x) = |x|^\varrho, \quad 0 < \varrho \leqq 1. \tag{13}$$

Die Ungleichung für ϱ in (13) folgt aus

$$1 < \varphi(2) = 2^\varrho \leqq 2.$$

In wohlbekannter Weise kann jetzt durch Übergang zum perfekten bewerteten Körper gezeigt werden, daß $\varphi(x)$ eine zu einer unendlichen Primstelle von k gehörige Bewertung ist. Da dieser Nachweis wegen (13) auf keine Schwierigkeiten stößt, kann er hier übergangen werden.

Eingegangen 25. August 1931.

AXIOMATIC CHARACTERIZATION OF FIELDS BY THE PRODUCT FORMULA FOR VALUATIONS

EMIL ARTIN AND GEORGE WHAPLES

Introduction. The theorems of class field theory are known to hold for two kinds of fields: algebraic extensions of the rational field and algebraic extensions of a field of functions of one variable over a field of constants. We shall refer to these fields as number fields and function fields, respectively. For class field theory, the function fields must indeed be restricted to those with a Galois field as field of constants; however, we make this restriction only in §5, and until then consider fields with an arbitrary field of constants.

In proving these theorems, the product formula for valuations plays an important rôle. This formula states that, for a suitable set of inequivalent valuations $|\ |_{\mathfrak{p}}$,

$$\prod_{\mathfrak{p}} |\alpha|_{\mathfrak{p}} = 1$$

for all numbers $\alpha \neq 0$ of the field. For fields of the types mentioned, this product formula is easy to prove. After reviewing this proof (§1), we shall show (§2) that, conversely, the number fields and function fields are characterized by their possession of a product formula. Namely, we prove that if a field has a product formula for valuations, and if one of its valuations is of suitable type, then it is either a function field or a number field.

This shows that the theorems of class field theory are consequences of two simple axioms concerning the valuations, and suggests the possibility of deriving these theorems directly from our axioms. We do this in the later sections of this paper for the generalized Dirichlet unit theorem, the theorem that the class number is finite, and certain others fundamental to class field theory. This axiomatic method has the decided advantage of uniting the two cases; also, it simplifies the proofs. For example, we avoid the use of either ideal theory or the Minkowski theory of lattice points. Thus these two theories are unnecessary to class field theory, since they are needed only to prove the unit theorem.

1. Preliminaries on valuations. If k is any field, then a function $|\alpha|$, defined for all $\alpha \in k$, is called a valuation of K if:

An address delivered by Professor Artin before the Chicago meeting of the Society on April 23, 1943, by invitation of the Program Committee; received by the editors February 3, 1945.

(1) $|\alpha|$ *is a real number not less than* 0, *and* $|\alpha|=0$ *only if* $\alpha=0$,

(2) $$|\alpha\beta| = |\alpha||\beta|,$$

(3) $$|\alpha+\beta| \leqq |\alpha| + |\beta|.$$

We call a valuation nonarchimedean if in addition to (3) it satisfies

(3′) $$|\alpha+\beta| \leqq \max(|\alpha|, |\beta|).$$

Note that the assumption that $|\alpha|$ is a real number eliminates the possibility of certain valuations discussed in various recent papers.

The theory of a field with respect to one given valuation is supposed to be known by the reader and shall be called the local theory. We review the most important facts. The valuation $|\alpha|=1$ for all $\alpha\neq 0$ is called the trivial valuation. Two nontrivial valuations $|\alpha|_1$ and $|\alpha|_2$ are called equivalent when $|\alpha|_1<1$ implies $|\alpha|_2<1$, and it is easy to show[1] that there is a positive real number ρ such that $|\alpha|_1^\rho=|\alpha|_2$ for all $\alpha\in k$. If $|\alpha|$ is a nonarchimedean valuation, then $|\alpha|^\rho$ is an equivalent valuation for any $\rho>0$. If $|\alpha|$ is archimedean and ρ positive, then $|\alpha|^\rho$ will be a valuation only for sufficiently small values of ρ. However, we shall in the remainder of this paper use the word "valuation" to mean any function $|\alpha|^\rho$ where ρ is any positive number and $|\alpha|$ is a true valuation.

A set of equivalent and nontrivial valuations of a field k is called a prime divisor of that field, and denoted by letters like p, $\mathfrak{p}$, $\mathfrak{P}$, q, $\mathfrak{q}$, $\mathfrak{Q}$, $\cdots$. If $\mathfrak{p}$ is a prime divisor, $|\alpha|_\mathfrak{p}$ stands for a particular, fixed valuation chosen from this set. The sign $\|\alpha\|_\mathfrak{p}$ will later be used to stand for another valuation of the same set.

If R is a subfield of k then each set $\mathfrak{p}$ of equivalent valuations of k is also a set of equivalent valuations of R. If these valuations are nontrivial on R then they define a prime divisor p of R, and $\mathfrak{p}$ is said to divide p: $\mathfrak{p}|p$. One p may be divisible by several $\mathfrak{p}$ of k. By well known methods,[2] the field k can be extended to the field $k_\mathfrak{p}$ which is completed with respect to the valuations of $\mathfrak{p}$. If R_p is the corresponding completion of R then R_p is a subfield of k and the degree $n(\mathfrak{p})=(k_\mathfrak{p}/R_p)$ is called the local degree. If k itself is a finite extension of R of degree n it is easy to prove[3] the inequality

---

[1] See van der Waerden [7, pp. 254–255], or Artin [1]. Numbers in brackets refer to the references cited at the end of the paper.

[2] van der Waerden [7, p. 250].

[3] To prove this, assume first that $k=R(\alpha)$, where α is a root of a polynomial $f(x)$, irreducible in R of degree n. Let $P(x)$ be the polynomial, irreducible in R_p of degree $n_\mathfrak{p}$, with root α. Since (van der Waerden [7, p. 264]) an extension field of R_p can be evaluated in only one way by a divisor $\mathfrak{p}$ of p, it follows that different divisors

$$\sum_{\mathfrak{p}|p} n(\mathfrak{p}) \leqq n \tag{4}$$

for each p of R.

In case $\mathfrak{p}$ is a discrete valuation, $n(\mathfrak{p})=e(\mathfrak{p})f(\mathfrak{p})$ where $e(\mathfrak{p})$ is the ramification number and $f(\mathfrak{p})$ the degree of the residue class field of k over that of R.

We proceed now to study a finite set of nontrivial inequivalent valuations $|\ |_1, |\ |_2, \cdots, |\ |_n$.

LEMMA 1. *If $|\ |_1$ and $|\ |_2$ are two nontrivial, inequivalent valuations of k, then there is a $\gamma\in k$ with $|\gamma|_1<1$ and $|\gamma|_2>1$.*

PROOF. Since the valuations are inequivalent there is an α with $|\alpha|_1<1$ and $|\alpha|_2\geqq 1$ and a β with $|\beta|_1\geqq 1$ and $|\beta|_2<1$. Take $\gamma=\alpha/\beta$.

LEMMA 2. *If $|\ |_1, |\ |_2, \cdots, |\ |_n$ are nontrivial and inequivalent there is an $\alpha\in k$ such that $|\alpha|_1>1$ and $|\alpha|_\nu<1$ for $\nu=2, \cdots, n$.*

PROOF. The lemma is true for $n=2$ by Lemma 1. We use induction, assuming that we have found a β such that $|\beta|_1>1$ and $|\beta|_\nu<1$ for $\nu=2, \cdots, n-1$. Choose γ so that $|\gamma|_1>1$ and $|\gamma|_n<1$. There are two cases:

Case 1. If $|\beta|_n\leqq 1$ let $\alpha=\beta^r\gamma$. Then $|\alpha|_1>1$ and, for r sufficiently large, $|\alpha|_2, |\alpha|_3, \cdots, |\alpha|_n$ are all less than 1.

Case 2. If $|\beta|_n>1$ let

$$\alpha = \frac{\beta^r}{\beta^r+1}\gamma$$

so that

$$|\alpha|_\nu = \frac{|\beta|_\nu^r|\gamma|_\nu}{|\beta^r+1|_\nu} \leqq \frac{|\beta|_\nu^r}{1-|\beta|_\nu^r}|\gamma|_\nu, \qquad \nu = 2, \cdots, n-1,$$

$$|\alpha|_n \leqq \frac{|\beta|_n^r}{|\beta|_n^r-1}|\gamma|_n.$$

Now $|\alpha|_\nu<1$ for r large; namely $\lim_{r\to\infty}|\beta|_\nu^r=0$ and $|\alpha|_n<1$ since

---

$\mathfrak{p}_1, \mathfrak{p}_2, \cdots$ of p will lead to different irreducible polynomials $P(x)$. Since $f(x)$ is divisible by the product of the polynomials $P(x)$, this proves the inequality for this case. If several elements have to be adjoined to R in order to get k, we prove the theorem by repeated application of the simple case.

This proof shows also that in case of an inseparable extension k one can not expect to replace the inequality by an equality. If this can be done in a special case, it is a noteworthy property of the particular field. In §3 we shall find a class of fields with this property.

$$\lim_{r\to\infty} \frac{|\beta|_n^r}{|\beta|_n^r - 1} = 1.$$

For $\nu=1$ we find

$$|\alpha|_1 \geqq \frac{|\beta|_1^r}{1 + |\beta|_1^r} |\gamma|_1,$$

so for large r, $|\alpha|_1 > 1$.

LEMMA 3. *If any n nontrivial inequivalent valuations of k are given, then for any positive ϵ there is an α such that*

$$|\alpha - 1|_1 \leqq \epsilon, \quad |\alpha|_\nu \leqq \epsilon \quad \textit{for} \quad \nu > 1.$$

PROOF. Choose β, by Lemma 2, so that $|\beta|_1 > 1$ and $|\beta|_\nu < 1$ for $\nu > 1$ and take

$$\alpha = \frac{\beta^r}{1 + \beta^r}.$$

Then

$$|\alpha - 1|_1 = \frac{1}{|1 + \beta^r|_1} \leqq \frac{1}{|\beta|^r - 1} \leqq \epsilon$$

for r sufficiently large. For $\nu > 1$,

$$|\alpha|_\nu = \frac{|\beta|_\nu^r}{|1 + \beta|_\nu^r} \leqq \frac{|\beta|_\nu^r}{1 - |\beta|_\nu^r} \leqq \epsilon$$

for r sufficiently large.

THEOREM 1 (APPROXIMATION THEOREM). *If we are given any n nontrivial inequivalent valuations $|\ |_\nu$ of k, an element α_ν of k for each valuation, and an $\epsilon > 0$, then we can find an element α of k such that*

$$|\alpha - \alpha_\nu|_\nu \leqq \epsilon \quad \textit{for each} \quad \nu = 1, 2, \cdots, n.$$

PROOF. Let M be the maximum of the numbers $|\alpha_i|_j$ for all combinations of i and j and choose β_i $(i = 1, 2, \cdots, n)$ such that

$$|1 - \beta_i|_i < \frac{\epsilon}{nM}, \qquad |\beta_i|_\nu < \frac{\epsilon}{nM} \quad \text{for} \quad \nu \neq i.$$

Let

$\alpha = \beta_1\alpha_1 + \beta_2\alpha_2 + \cdots + \beta_n\alpha_n$; then $|\alpha - \alpha_i|_i < \epsilon$ for each i.

COROLLARY. *If* $|\ |_1, |\ |_2, \cdots, |\ |_n$ *are nontrivial and inequivalent then a relation*

$$|x|_1^{\nu_1} |x|_2^{\nu_2} \cdots |x|_n^{\nu_n} = 1$$

is true for all $x \in k$, $x \neq 0$, *if and only if all* $\nu_i = 0$.

PROOF. If any $\nu_i \neq 0$, an x for which $|x|_i$ is sufficiently large and the other $|x|_\nu$ for $\nu \neq i$ are sufficiently near 1 gives a contradiction.

2. **The product formula.** Our corollary precludes the possibility that a finite number of valuations can be interrelated in a field. Such an interrelation may nevertheless happen for an infinite number of valuations. In case of the ordinary function fields and number fields that is not only the case but this fact may even be used to derive all the properties of these fields on a common basis.

We shall assume for our field k:

AXIOM 1. *There is a set* $\mathfrak{M}$ *of prime divisors* $\mathfrak{p}$ *and a fixed set of valuations* $|\ |_\mathfrak{p}$, *one for each* $\mathfrak{p} \in \mathfrak{M}$, *such that, for every* $\alpha \neq 0$ *of* k, $|\alpha|_\mathfrak{p} = 1$ *for all but a finite number of* $\mathfrak{p} \in \mathfrak{M}$ *and*

$$\prod_\mathfrak{p} |\alpha|_\mathfrak{p} = 1,$$

where this product is extended over all $\mathfrak{p} \in \mathfrak{M}$.

If this axiom is satisfied, $\mathfrak{M}$ can contain only a finite number of archimedean divisors: for $|1+1|_\mathfrak{p} > 1$ at all archimedean $\mathfrak{p}$. Suppose that Axiom 1 is satisfied and that $\mathfrak{M}$ contains no archimedean divisors at all; consider the set k_0 of all α for which $|\alpha|_\mathfrak{p} \leqq 1$ at all $\mathfrak{p} \in \mathfrak{M}$. Let α and β be two elements of k_0. It follows at once that $-\alpha$, $\alpha\beta$, and $\alpha+\beta$ are also in the set. If $\alpha \in k_0$ and $\alpha \neq 0$, the product formula gives at once $|\alpha|_\mathfrak{p} = 1$ for all $\mathfrak{p}$. It now follows that α^{-1} is in k_0. Thus k_0 forms a subfield of k, called the field of constants. It consists of 0 and those elements of k which satisfy $|\alpha|_\mathfrak{p} = 1$ for all $\mathfrak{p}$. It may also be defined as the largest subfield of k for which all $\mathfrak{p}$ reduce to the trivial valuation. If $\mathfrak{M}$ contains archimedean divisors, then there is no field of constants.

We associate with our set $\mathfrak{M}$ of valuations $\mathfrak{p}$ a certain space of vectors $\mathfrak{a}$ with one component $\alpha_\mathfrak{p}$ for each divisor $\mathfrak{p}$. The component $\alpha_\mathfrak{p}$ may range freely over the $\mathfrak{p}$-adic completion $k_\mathfrak{p}$ of k. If $\mathfrak{a}$ is such a vector we shall for brevity write $|\mathfrak{a}|_\mathfrak{p}$ instead of $|\alpha_\mathfrak{p}|_\mathfrak{p}$. The idèles of Chevalley[4] are special cases of these vectors; for an idèle we must have $\alpha_\mathfrak{p} \neq 0$ for all $\mathfrak{p}$ and $|\mathfrak{a}|_\mathfrak{p} = 1$ for all but a finite number of $\mathfrak{p}$.

[4] See Chevalley [3, 4].

Our field k may be considered a subset of this space inasmuch as $\alpha\in k$ may also be considered as the vector whose $\mathfrak{p}$-coordinate is the element α of $k_\mathfrak{p}$.

With each idèle $\mathfrak{a}$ we associate the product

$$V(\mathfrak{a}) = \prod_\mathfrak{p} |\mathfrak{a}|_\mathfrak{p}$$

and think of it as something measuring the size of $\mathfrak{a}$. In a moment we shall see that it may be interpreted as a "volume."

For elements α of k the product formula yields

$$V(\alpha) = 1$$

so that for all idèles $\mathfrak{a}$ we get

$$V(\alpha\mathfrak{a}) = V(\mathfrak{a}).$$

If we select real numbers $x_\mathfrak{p} > 0$ for each $\mathfrak{p}$ and take care that $x_\mathfrak{p} \neq 1$ for a finite number of $\mathfrak{p}$ only, then we call the set of vectors $\mathfrak{c}$ satisfying

$$|\mathfrak{c}|_\mathfrak{p} \leqq x_\mathfrak{p} \quad \text{for all } \mathfrak{p}$$

a parallelotope of dimensions $x_\mathfrak{p}$.

We shall find later that every valuation is either archimedean or discrete. If this is true then there is an element $\alpha_\mathfrak{p}$ in $k_\mathfrak{p}$ whose value is maximal and not greater than $x_\mathfrak{p}$ so that it is no restriction of generality to start with a given idèle $\mathfrak{a}$ and to construct all vectors $\mathfrak{c}$ satisfying

$$|\mathfrak{c}|_\mathfrak{p} \leqq |\mathfrak{a}|_\mathfrak{p}.$$

We talk in this case of a parallelotope of size $\mathfrak{a}$. The product $V(\mathfrak{a})$ may then be interpreted as its volume.

Next we introduce the "order" of a given set of elements. It is a notion that shall unite different types of fields. If k has an archimedean valuation we mean by order the number of elements. Otherwise k has a field k_0 of constants: we let q stand for an arbitrarily selected but fixed number greater than 1 when the number of elements of k_0 is infinite, and for the number of elements of k_0 when this number is finite. By order of a set we mean in this case the number q^s where s is the number of elements in our set that are linearly independent with respect to k_0. Should k_0 contain q elements and our set be closed under addition and under multiplication by elements of k_0 then q^s is the number of elements in the set.

In the next section we shall be interested in the order of the set of elements α of k that are contained in a given parallelotope of size $\mathfrak{a}$. We denote this order by $M(\mathfrak{a})$. If $\theta\neq 0$ is in k than $M(\theta\mathfrak{a}) = M(\mathfrak{a})$.

Indeed multiplication by θ transforms the parallelotope of size $\mathfrak{a}$ into the parallelotope of size $\theta\mathfrak{a}$ and does not change the order.

In the next section it will be shown that $V(\mathfrak{a})$ and $M(\mathfrak{a})$ are related; namely that they are of the same order of magnitude.

If $\mathfrak{p}$ is a nonarchimedean prime divisor, the elements $\alpha \in k$ for which $|\alpha|_{\mathfrak{p}} \leqq 1$ form a ring $\mathfrak{o}_{\mathfrak{p}}$, called the ring of $\mathfrak{p}$-integers (or local integers). The elements α for which $|\alpha|_{\mathfrak{p}} < 1$ form a prime ideal in this ring and we denote this ideal by the same symbol $\mathfrak{p}$ as the prime divisor. If the residue class field $\mathfrak{o}_{\mathfrak{p}}/\mathfrak{p}$ is of finite order then we call this order the norm of $\mathfrak{p}$ and denote it by $N\mathfrak{p}$. We can talk of the order also in case of a constant field k_0 since k_0 may be considered as subfield of the field $\mathfrak{o}_{\mathfrak{p}}/\mathfrak{p}$. Thus, if f is the degree of $\mathfrak{o}_{\mathfrak{p}}/\mathfrak{p}$ over k_0, and if f is finite, we put $N\mathfrak{p} = q^f$.

AXIOM 2. *The set $\mathfrak{M}$ of Axiom 1 contains at least one prime $\mathfrak{q}$, which is of one of the following two types:*

1. *Discrete, with a residue class field of finite order $N\mathfrak{q}$.*
2. *Archimedean, with a completed field $k_{\mathfrak{q}}$ which is either the real or the complex field.*[5]

As mentioned before, there are an infinity of equivalent valuations belonging to one prime divisor $\mathfrak{p}$. One of them, $|\alpha|_{\mathfrak{p}}$, is singled out by our Axiom 1. For primes $\mathfrak{p}$ satisfying Axiom 2 we shall define another one that is singled out by inner properties. In case 1 of Axiom 2 we put (for $\alpha \neq 0$)

$$\|\alpha\|_{\mathfrak{p}} = \frac{1}{N\mathfrak{p}^{\nu}}$$

where ν is the ordinal number of α at $\mathfrak{p}$. In case 2 we take $\|\alpha\|_{\mathfrak{p}}$ to be ordinary absolute value when $k_{\mathfrak{p}}$ is the real field and the square of ordinary absolute value when $k_{\mathfrak{p}}$ is the complex field. Note that in the latter case $\|\alpha\|_{\mathfrak{p}}$ is not a true valuation. We call $\|\alpha\|_{\mathfrak{p}}$ the normed valuation at $\mathfrak{p}$.

THEOREM 2. *In case of the following special fields k we can construct a set $\mathfrak{M}$ of valuations such that our axioms hold, and the second one even holds for all $\mathfrak{p}$ of $\mathfrak{M}$:*

1. *Any finite algebraic number field (that is, a finite extension of the field of rational numbers).*
2. *Any field of algebraic functions over any given field k_1 (that is, a finite extension of the field $k_1(z)$ where z is transcendental with respect to k_1).*

[5] It is well known (Ostrowski [5]) that we could drop this condition on the completed field.

In case 2, the constant field k_0 of k with respect to $\mathfrak{M}$ consists of all elements of k that are algebraic with respect to k_1.

The proof is contained in the following chain of statements:

LEMMA 4. *Let k be a field for which Axiom 1 holds and R a subfield consisting not exclusively of constants of k. Let $\mathfrak{N}$ be the set of those nontrivial divisors p of R that are divisible by some $\mathfrak{p}$ of $\mathfrak{M}$. Then Axiom 1 holds in R for this set $\mathfrak{N}$.*

PROOF. Let p be any divisor of $\mathfrak{N}$ and a an element of R such that $|a|_p>1$. Then $|a|_{\mathfrak{p}}>1$ for all $\mathfrak{p}$ that divide p. Because of Axiom 1 there can be only a finite number of $\mathfrak{p}|p$. Let us now define

$$|b|_p = \prod_{\mathfrak{p}|p} |b|_{\mathfrak{p}} \quad \text{for all} \quad b \in R$$

and we have a set of valuations $|\ |_p$ for which Axiom 1 holds.

LEMMA 5. *Let k be a field for which Axiom 1 holds and K a finite algebraic extension of k. Let $\mathfrak{N}$ be the set of all divisors $\mathfrak{P}$ of K that divide some $\mathfrak{p}$ of $\mathfrak{M}$. Then Axiom 1 holds in K for some subset $\mathfrak{N}'$ of $\mathfrak{N}$.*

(It would not be difficult to show now that $\mathfrak{N}'=\mathfrak{N}$, but it is better to postpone this and other details until the next section.)

PROOF. 1. Let $A\neq 0$ be an element of K and $f(x)=0$ the equation for A with coefficients in k and with highest coefficient 1. If $\mathfrak{p}$ is a nonarchimedean valuation for which all coefficients in $f(x)$ have a value not greater than 1 and $\mathfrak{P}$ a divisor of $\mathfrak{p}$, then $|A|_{\mathfrak{P}}\leqq 1$ or else no cancellation could take place between the highest term in $f(A)=0$ and the others. So $|A|_{\mathfrak{P}}\leqq 1$ for all but a finite number of $\mathfrak{P}$. For the same reason $|1/A|_{\mathfrak{P}}\leqq 1$ for all but a finite number of $\mathfrak{P}$. Therefore $|A|_{\mathfrak{P}}\neq 1$ for only a finite number of $\mathfrak{P}$.

2. Let $F(x)$ be a polynomial in k that has the generators of K among its roots ($F(x)$ need not be irreducible). If K' is the splitting field of $F(x)$ we may first prove Lemma 5 for K' instead of K and then descend to the subfield K by use of Lemma 4. This shows that we may already assume that K is the splitting field of a polynomial $F(x)$ in k.

The algebraic structure of such a field is well known. If $\mathfrak{G}$ is the group of all its automorphisms σ and if we construct for any $A\in K$ the product

$$\prod_{\sigma} A^{\sigma} = \alpha$$

then α is invariant under $\mathfrak{G}$. Since we have to consider also the inseparable case we do not know that α is in k. But there is always a positive integer m such that

$$\prod_{\sigma} (\mathrm{A}^{\sigma})^m = a$$

is in k whatever A may be. Because of the product formula in k we get

$$\prod_{\mathfrak{p}} |a|_{\mathfrak{p}} = 1.$$

Now select, for each $\mathfrak{p}$, one divisor $\mathfrak{P}$ of K which divides $\mathfrak{p}$ and define $|\ |_{\mathfrak{P}}$ in such a way that $|b|_{\mathfrak{P}} = |b|_{\mathfrak{p}}$ for all b in k. Then

$$|a|_{\mathfrak{p}} = \prod_{\sigma} |\mathrm{A}^{\sigma}|_{\mathfrak{P}}^{m}.$$

If we consider the expression $|\mathrm{A}^{\sigma}|_{\mathfrak{P}}$ as function of A, it is clearly a valuation of K that belongs to a divisor $\mathfrak{P}'$ which divides $\mathfrak{p}$ and may be equal to or different from $\mathfrak{P}$. If we change our notation slightly we obviously get

$$|a|_{\mathfrak{p}} = \prod_{\mathfrak{P}'} |\mathrm{A}|'_{\mathfrak{P}'},$$

where $\mathfrak{P}'$ runs through some divisors of $\mathfrak{p}$ and where $|\ |'_{\mathfrak{P}'}$ is a certain valuation belonging to $\mathfrak{P}'$.

If we substitute this in our product-formula we get

$$\prod_{\mathfrak{p}} \prod_{\mathfrak{P}'} |\mathrm{A}|'_{\mathfrak{P}'} = 1$$

and this proves Lemma 5.

Before we proceed with our next lemma let us consider the special field $R = k_1(z)$ of Theorem 2. If p is a nontrivial valuation of R that reduces to the trivial one on k_1 then p is nonarchimedean and we distinguish two cases:

1. If $|z|_p \leq 1$ then $|f(z)|_p \leq 1$ for every polynomial in z. Let $p(z)$ be a polynomial of lowest degree such that $|p(z)|_p < 1$. If $g(z)$ is another polynomial with $|g(z)|_p < 1$ then we divide:

$$g(z) = p(z)h(z) + r(z),$$

where the degree of $r(z)$ is lower than that of $p(z)$. From

$$r(z) = g(z) - p(z)h(z)$$

we get $|r(z)|_p < 1$; hence $r(z) = 0$.

Now let $\phi(z)$ be any element of R and put

$$\phi(z) = p(z)^{\nu} \cdot \psi(z),$$

where neither numerator nor denominator of $\psi(z)$ is divisible by $p(z)$. Then $|\psi(z)|_p = 1$ so

$$|\phi(z)|_p = |p(z)|_p^\nu = c^\nu, \quad \text{where} \quad c = |p(z)|_p < 1.$$

$p(z)$ is obviously irreducible.

In order to find the normed valuation $\| \ \|_p$ in this case we have to determine the degree of the residue class field (mod $p(z)$). It is the degree f of $p(z)$ so that $Np = q^f$ and

$$\|\phi(z)\|_p = q^{-\nu f}.$$

2. If $|z|_p > 1$ we replace z by $y = 1/z$. Then $|y|_p < 1$ and we have our previous case. The polynomial in y of lowest degree is y itself, so that there is only one prime divisor p of this kind. We denote it by p_∞.

Let $\phi(z) = g(z)/h(z)$ where $g(z)$ and $h(z)$ are polynomials of degrees m and n. Then

$$\phi(z) = y^{n-m} \cdot \frac{g_1(y)}{h_1(y)}$$

where $g_1(y)$ and $h_1(y)$ are polynomials not divisible by y. Hence

$$\|\phi(z)\|_{p_\infty} = q^{m-n}.$$

A product formula connecting all these valuations or a subset of them can be written in the form

$$\prod_p \|\phi(z)\|_p^{\lambda(p)} = 1,$$

where $\lambda(p)$ are constants not less than 0. If we substitute for $\phi(z)$ the irreducible polynomials $p(z)$, then only two factors can possibly be different from 1: the valuations at the p belonging to $p(z)$ and at p_∞. This gives

$$q^{-f\lambda(p_\infty)} \cdot q^{f\lambda(p)} = 1$$

or $\lambda(p) = \lambda(p_\infty)$. So all $\lambda(p)$ are equal and may therefore be assumed to be equal to 1. In order to show that this product formula holds we put

$$V(\phi(z)) = \prod_p \|\phi(z)\|_p.$$

It is obvious that $V(\phi(z) \cdot \psi(z)) = V(\phi(z)) \cdot V(\psi(z))$ and that a similar rule holds for quotients.

We have just seen that $V(p(z)) = 1$ for any irreducible polynomial; it follows that $V(\phi(z)) = 1$ for any element $\phi(z) \neq 0$ of R.

In the same fashion we can discuss the field R of rational numbers.

It is well known that all valuations are either the single archimedean p_∞ for which $\|a\|_{p_\infty}$ is the ordinary absolute value or the p-adic valuations of R where p is a prime number. The normed valuation $|a|_p$ in this latter case is given by $1/p^\nu$, if ν is the ordinal number of a. Just as before we consider a hypothetical product formula

$$\prod_p \|a\|_p^{\lambda(p)} = 1.$$

Substituting for a a prime number p we get

$$\left(\frac{1}{p}\right)^{\lambda(p)} \cdot p^{\lambda(p_\infty)} = 1$$

or $\lambda(p)=\lambda(p_\infty)$. The numbers $\lambda(p)$ are therefore equal and may be considered equal to 1. The same method as before shows that the product formula really holds.

LEMMA 6. *Axiom* 1 *holds in the case of the field R of rational numbers and that of $R=k_1(z)$. If R is the rational field, $\mathfrak{M}$ is the set of all valuations; if $R=k_1(z)$, it is the set of all valuations that are trivial on k_1. The product formula itself takes on the form*

$$\prod_p \|a\|_p = 1$$

or a power of it and there is no other relation between these valuations.

Lemmas 5 and 6 already show that Axiom 1 holds for the fields mentioned in Theorem 2. That all valuations of $\mathfrak{M}$ satisfy Axiom 2 follows from the fact that this is true in R and consequently in a finite extension k.

It remains to prove the statement about the field k_0 of constants. If $\mathfrak{p}$ is trivial on k_1 it is also trivial on an algebraic extension of k_1. Hence we need only show that any constant c of k_0 is algebraic with respect to k_1. If on the contrary c were transcendental with respect to k_1 then from the equation c satisfied with respect to $k_1(z)$ it follows that z would be algebraic with respect to $k_1(c)$. Since $k_1(c)$ is in k_0, this would mean that z is in k_0. So all of k would be in k_0, contradicting the fact that no $\mathfrak{p}$ of $\mathfrak{M}$ is trivial on k.

More detailed information about the fields of Theorem 2 will follow from the next section.

3. **Characterization of fields by the product formula.** In this section we assume k to be any field for which the Axioms 1 and 2 hold and are going to prove that k is of the type described in Theorem 2.

For any prime $\mathfrak{p}$ that satisfies Axiom 2 we shall have to distinguish the valuation $|\alpha|_{\mathfrak{p}}$ of Axiom 1 and the equivalent normed valuation $\|\alpha\|_{\mathfrak{p}}$. We define the real number $\rho(\mathfrak{p})>0$ by

$$|\alpha|_{\mathfrak{p}} = \|\alpha\|_{\mathfrak{p}}^{\rho(\mathfrak{p})}.$$

By R we mean the following subfield of k:

1. If $\mathfrak{M}$ has archimedean valuations, R is the rational field. By $\|a\|_{p_\infty}$ we mean the ordinary absolute value in R.

2. In the other case k has a field k_0 of constants and cannot contain any algebraic extension of k_0 since our valuations are trivial on k_0 and would be trivial on that extension. Let z be any element of k not in k_0; then $R=k_0(z)$ is a transcendental extension of k_0. By integers we mean in this case the polynomials in z. By $\|a\|_{p_\infty}$ we mean the one valuation we found in proving Lemma 6 that has $\|z\|_{p_\infty}>1$.

In both cases we mean by $\mathfrak{p}_\infty$ any divisor of $\mathfrak{M}$ that divides p_∞. Since the product formula, when applied to elements of R, must reduce to the formula of Theorem 2, our set $\mathfrak{M}$ always contains at least one $\mathfrak{p}_\infty$. The other primes of $\mathfrak{M}$ shall be called finite. For elements a of R the valuations $|a|_{\mathfrak{p}_\infty}$ and $\|a\|_{p_\infty}$ are equivalent. We define the real numbers $\lambda(\mathfrak{p}_\infty)>0$ by

$$|a|_{\mathfrak{p}_\infty} = \|a\|_{p_\infty}^{\lambda(\mathfrak{p}_\infty)} \text{ for all } a \in R.$$

LEMMA 7. *Let $\mathfrak{q}$ be one of the primes satisfying Axiom 2 and $\mathfrak{S}$ be a set of elements of k of an order $M>1$. Let x be an upper bound for $|\alpha|_{\mathfrak{q}}$ for all α of $\mathfrak{S}$: $|\alpha|_{\mathfrak{q}}\leqq x$. Then there is an element θ of k with the following properties:*

(1) θ is either a difference of two elements of $\mathfrak{S}$ or, in case there is a field of constants, a linear combination of elements of $\mathfrak{S}$ with coefficients in k_0.

(2) $\theta\neq 0$.

(3) $|\theta|_{\mathfrak{q}}\leqq A_{\mathfrak{q}}x/M^{\rho(\mathfrak{q})}$ where $A_{\mathfrak{q}}$ is a constant depending only on $\mathfrak{q}$.

PROOF. 1. $\mathfrak{q}$ archimedean, $k_{\mathfrak{q}}$ real. In this case we may treat k as a subfield of the real field. We have

$$\|\alpha\|_{\mathfrak{q}} \leqq x^{1/\rho(\mathfrak{q})}$$

for each of the M elements α of $\mathfrak{S}$. Divide the interval from $-x^{1/\rho(\mathfrak{q})}$ to $x^{1/\rho(\mathfrak{q})}$ into $M-1$ equal parts. Two of the α's must be in the same compartment so their difference θ satisfies

$$\|\theta\|_{\mathfrak{q}} \leqq \frac{2x^{1/\rho(\mathfrak{q})}}{M-1} \leqq \frac{4x^{1/\rho(\mathfrak{q})}}{M},$$

hence

$$|\theta|_{\mathfrak{q}} \leqq \frac{4^{\rho(\mathfrak{q})}x}{M^{\rho(\mathfrak{q})}}.$$

2. $\mathfrak{q}$ archimedean, $k_{\mathfrak{q}}$ complex. Treating k as a subfield of the complex field, $\|\alpha\|_{\mathfrak{q}}^{1/2}=|\alpha|_{\mathfrak{q}}^{1/2\rho(\mathfrak{q})}$ is the ordinary distance from the origin to the point α and is less than $x^{1/2\rho(\mathfrak{q})}$. Writing $\alpha=\xi+i\eta$ for each $\alpha\in\mathfrak{S}$ we know that $\mathfrak{S}$ is in the square $|\xi|\leqq x^{1/2\rho(\mathfrak{q})}$ $|\eta|\leqq x^{1/2\rho(\mathfrak{q})}$. Divide this square into N^2 small squares by dividing each side into N equal parts, where $N<M^{1/2}\leqq N+1$. Then some two α's are in the same subdivision so their difference θ satisfies:

$$\|\theta\|_{\mathfrak{q}}^{1/2} \leqq \frac{2^{3/2}x^{1/2\rho(\mathfrak{q})}}{N} \leqq \frac{2^{5/2}x^{1/2\rho(\mathfrak{q})}}{M^{1/2}}$$

so

$$|\theta|_{\mathfrak{q}} \leqq \frac{(2^{5/2})^{2\rho(\mathfrak{q})}x}{M^{\rho(\mathfrak{q})}}.$$

3. $\mathfrak{q}$ discrete. Let α_1 be an α for which $|\alpha|_{\mathfrak{q}}$ is maximum. This exists since $\mathfrak{q}$ is discrete and $|\alpha|_{\mathfrak{q}}\leqq x$. Then for each $\alpha\in\mathfrak{S}$, $|\alpha/\alpha_1|_{\mathfrak{q}}\leqq 1$.

Choose r so that $N\mathfrak{q}^r<M\leqq N\mathfrak{q}^{r+1}$. If the number of elements in the residue class field is finite then the local theory shows easily that $\mathfrak{o}_{\mathfrak{q}}$ contains at most $N\mathfrak{q}^r$ residue classes mod $\mathfrak{q}^r$. Hence two of the $M>N\mathfrak{q}^r$ elements of $(1/\alpha_1)\mathfrak{S}$ are in the same residue class and their difference θ/α_1 has at least the ordinal number r. Should there be a field k_0, let f be the degree of $\mathfrak{o}_{\mathfrak{q}}/\mathfrak{q}$ over k_0, so that $N\mathfrak{q}=q^f$. Then there are at most rf elements of $\mathfrak{o}_{\mathfrak{q}}$ that are linearly independent mod $\mathfrak{q}^r$. Taking more than rf of our elements α/α_1 that are independent considered as elements of k (possible since $M>N\mathfrak{q}^r$) we can find a linear combination $\theta/\alpha_1\neq 0$ of them that is congruent to 0 (mod $\mathfrak{q}^r$) and hence has at least the ordinal number r. In both cases we get

$$\left\|\frac{\theta}{\alpha_1}\right\|_{\mathfrak{q}} \leqq \frac{1}{N\mathfrak{q}^r} = \frac{N\mathfrak{q}}{N\mathfrak{q}^{r+1}} \leqq \frac{N\mathfrak{q}}{M}, \qquad \|\theta\|_{\mathfrak{q}} \leqq \frac{N\mathfrak{q}\cdot\|\alpha_1\|_{\mathfrak{q}}}{M},$$

or

$$|\theta|_{\mathfrak{q}} \leqq \frac{N\mathfrak{q}^{\rho(\mathfrak{q})}|\alpha_1|_{\mathfrak{q}}}{M^{\rho(\mathfrak{q})}} \leqq \frac{N\mathfrak{q}^{\rho(\mathfrak{q})}\cdot x}{M^{\rho(\mathfrak{q})}}.$$

LEMMA 8. *Let M be the order of the set of elements $\alpha\in k$ that is contained in a parallelotope of dimensions $x_{\mathfrak{p}}$. If $\mathfrak{q}$ is a prime satisfying Axiom 2 we can find a constant $B_{\mathfrak{q}}$ depending only on $\mathfrak{q}$ such that either $M=1$ (if our set contains only $\alpha=0$) or*

$$M \leqq B_{\mathfrak{q}}\left(\prod_{\mathfrak{p}} x_{\mathfrak{p}}\right)^{1/\rho(\mathfrak{q})}.$$

PROOF. Assume $M>1$. By Lemma 7 there is a $\theta\neq 0$ satisfying

$$|\theta|_{\mathfrak{q}} \leqq \frac{A_{\mathfrak{q}} x_{\mathfrak{q}}}{M^{\rho(\mathfrak{q})}}.$$

For the other $\mathfrak{p}$ of $\mathfrak{M}$ we estimate θ directly and get

$$|\theta|_{\mathfrak{p}} \leqq \begin{cases} x_{\mathfrak{p}} \text{ at any nonarchimedean } \mathfrak{p}, \\ 4^{\rho(\mathfrak{p})} \cdot x_{\mathfrak{p}} \text{ at any archimedean } \mathfrak{p}. \end{cases}$$

Substituting in the product formula $\prod_{\mathfrak{p}}|\theta|_{\mathfrak{p}}=1$ we get (if $D_{\mathfrak{q}}$ is a certain constant):

$$1 \leqq \frac{D_{\mathfrak{q}} \cdot \prod_{\mathfrak{p}} x_{\mathfrak{p}}}{M^{\rho(\mathfrak{q})}},$$

hence the lemma.

LEMMA 9. *If $\alpha_1, \alpha_2, \cdots, \alpha_l$ are linearly independent with respect to the subfield R and if y is a given nonzero integer of R, we can construct a certain set $\mathfrak{S}$ of elements α with the following properties:*

1. $|\alpha|_{\mathfrak{p}} \leqq a_{\mathfrak{p}} = \max_{i=1,\cdots,l}(|\alpha_i|_{\mathfrak{p}})$ *for every finite* $\mathfrak{p}$.
2. $|\alpha|_{\mathfrak{p}_\infty} \leqq B \cdot |y|_{\mathfrak{p}_\infty}$ *with a certain constant B that can be easily estimated.*
3. *If there is a field of constants k_0 then $\mathfrak{S}$ is closed under addition and under multiplication by elements of k_0, so $\mathfrak{S}$ may be considered as a vector space over k_0.*
4. *The order of $\mathfrak{S}$ is greater than $\|y\|_{p_\infty}^{l}$.*

PROOF. Let $\mathfrak{S}$ consist of all α of the form

$$\alpha = \nu_1\alpha_1 + \nu_2\alpha_2 + \cdots + \nu_l\alpha_l$$

where the ν_i range over all integers of R that satisfy

$$\|\nu_i\|_{p_\infty} \leqq \|y\|_{p_\infty}.$$

This settles at once property 3 and implies $|\nu_i|_{\mathfrak{p}_\infty} \leqq |y|_{\mathfrak{p}_\infty}$ for each $\mathfrak{p}_\infty$ and consequently property 2. Property 1 holds since $|\nu_i|_{\mathfrak{p}} \leqq 1$ for all finite $\mathfrak{p}$. Property 4 is clear if p_∞ is archimedean; if not then assume $\|y\|_{p_\infty}=q^d$ so that y is a polynomial of degree d. Each ν_i ranges over all polynomials of degree not greater than d. This gives for $\mathfrak{S}$ a vector space of $(d+1)l$ dimensions and our statement is obvious.

LEMMA 10. *The degree n of k over R is finite; every $\mathfrak{p}$ of M satisfies Axiom 2; and the inequality*

$$n \leqq \frac{1}{\rho(\mathfrak{p})} \cdot \sum_{\mathfrak{p}_\infty} \lambda(\mathfrak{p}_\infty)$$

holds for each $\mathfrak{p}$.

PROOF. Apply Lemma 8 to the set of Lemma 9. We get the inequality

$$\|y\|_{p_\infty}^{l} \leqq E \cdot \prod_{\mathfrak{p}_\infty} |y|_{\mathfrak{p}_\infty}^{1/\rho(\mathfrak{q})} = E \cdot \|y\|_{p_\infty}^{(1/\rho(\mathfrak{q}))\Sigma_{\mathfrak{p}_\infty}\lambda(\mathfrak{p}_\infty)},$$

where E is a certain constant that depends on the constants in the previous lemmas. Since $\|y\|_{p_\infty}$ takes on arbitrarily large values we get

$$l \leqq \frac{1}{\rho(\mathfrak{q})} \sum_{\mathfrak{p}_\infty} \lambda(\mathfrak{p}_\infty).$$

This proves that n is finite. None of our valuations $\mathfrak{p}$ is trivial on R or else it would be trivial on the finite extension k. Let p be the divisor of R that is divisible by $\mathfrak{p}$. The local theory shows now (since p is nontrivial) that $\mathfrak{p}$ satisfies Axiom 2. In our previous inequality we can therefore assume $l=n$ and take for $\mathfrak{q}$ each prime $\mathfrak{p}$ of $\mathfrak{M}$.

Let r be a positive real number and let us replace each valuation $|\alpha|_{\mathfrak{p}}$ by its rth power $|\alpha|_{\mathfrak{p}}^{r}$. This would be a new set of valuations for which Axioms 1 and 2 would hold again. The numbers $\lambda(\mathfrak{p}_\infty)$ would then be replaced by $r\lambda(\mathfrak{p}_\infty)$. This shows that it is no restriction of generality to assume that

$$\sum_{\mathfrak{p}_\infty} \lambda(\mathfrak{p}_\infty) = n.$$

Then Lemma 10 gives

$$\rho(\mathfrak{p}) \leqq 1$$

for every $\mathfrak{p}$.

Assume now that $\mathfrak{p} | p$, where p is a nonarchimedean divisor of R, and let us compare $\|a\|_{\mathfrak{p}}$ and $\|a\|_{p}$ for elements a of R. The ordinal number of a in k is $e(\mathfrak{p})$ times the ordinal number of a measured in R; we also have $N\mathfrak{p} = (Np)^{f(\mathfrak{p})}$. $e(\mathfrak{p})$ is the ramification number and $f(\mathfrak{p})$ the degree of the residue class fields. So

$$\|a\|_{\mathfrak{p}} = \|a\|_{p}^{e(\mathfrak{p})f(\mathfrak{p})} = \|a\|_{p}^{n(\mathfrak{p})}.$$

For an archimedean $\mathfrak{p}$ this equality follows directly from the definitions. Hence we have

$$|a|_{\mathfrak{p}} = \|a\|_p^{n(\mathfrak{p})\rho(\mathfrak{p})} \text{for all } \mathfrak{p} \text{ and all } a \in R.$$

We note in particular $\lambda(\mathfrak{p}_\infty) = n(\mathfrak{p}_\infty)\rho(\mathfrak{p}_\infty)$ so that

$$\sum_{\mathfrak{p}_\infty} n(\mathfrak{p}_\infty)\rho(\mathfrak{p}_\infty) = n.$$

Now we apply the product formula to an $a \in R$:

$$1 = \prod_{\mathfrak{p}} |a|_{\mathfrak{p}} = \prod_p \Big(\prod_{\mathfrak{p}|p,\, \mathfrak{p}\in\mathfrak{M}} \|a\|_p^{n(\mathfrak{p})\rho(\mathfrak{p})} \Big) = \prod_p \|a\|_p^{\nu(p)},$$

where

$$\nu(p) = \sum_{\mathfrak{p}|p,\, \mathfrak{p}\in\mathfrak{M}} n(\mathfrak{p})\rho(\mathfrak{p}).$$

But Lemma 6 shows that all $\nu(p)$ are equal and the special case $p = p_\infty$ shows finally

$$n = \sum_{\mathfrak{p}|p,\, \mathfrak{p}\in\mathfrak{M}} n(\mathfrak{p})\rho(\mathfrak{p}).$$

If we compare this with $\rho(\mathfrak{p}) \leqq 1$ and $\sum_{\mathfrak{p}|p} n(\mathfrak{p}) \leqq n$ we find:
(1) all $\mathfrak{p}|p$ are in $\mathfrak{M}$,
(2) all $\rho(\mathfrak{p}) = 1$,
(3) $\sum_{\mathfrak{p}|p} n(\mathfrak{p}) = n$.
Thus we have proved:

THEOREM 3. *If k is a field that satisfies the Axioms* 1 *and* 2 *it is an extension of a finite degree n either of the rational field R or of the field $R = k_0(z)$ of rational functions over its field of constants k_0. All valuations satisfy Axiom 2. $\mathfrak{M}$ consists of all extensions of the well known valuations of R. Replacing if necessary all valuations in the product formula by the same power we can assume that they are all normed (that is, $|\alpha|_{\mathfrak{p}} = \|\alpha\|_{\mathfrak{p}}$). We have $\sum_{\mathfrak{p}|p} n_{\mathfrak{p}} = n$ for all p of R.*

Let now α be an element of k and $\mathfrak{p}_1, \mathfrak{p}_2, \cdots, \mathfrak{p}_r$ those among the finite primes for which $\|\alpha\|_{\mathfrak{p}_i} > 1$. Let $p_1, p_2, \cdots, p_l$ be the primes of R that have the $\mathfrak{p}_\nu$ as divisors. Construct an integer in R whose absolute value at each p_i is sufficiently small and $a\alpha$ will now be less than or equal to 1 at all finite primes. This shows that any set $\alpha_1, \alpha_2, \cdots, \alpha_l$ of elements that are linearly independent with respect to R can be replaced by a set of elements which are integral at all finite primes. This will be useful in the next section.

4. Parallelotopes. We still make the same assumptions as in the previous chapter so that we can assume Theorem 3. Thus we will take $|\alpha|_{\mathfrak{p}} = \|\alpha\|_{\mathfrak{p}}$ and $\rho(\mathfrak{p}) = 1$. In Lemma 9 we may assume $l = n$.

THEOREM 4. *There are two positive constants C and D such that for all idèles $\mathfrak{a}$ we have*

$$CV(\mathfrak{a}) < M(\mathfrak{a}) \leqq \max(1, DV(\mathfrak{a})).$$

PROOF. If we apply Lemma 8 for one particular $\mathfrak{q}$ we get the right half of the inequality.

If we replace $\mathfrak{a}$ by $\alpha\mathfrak{a}$ then $V(\mathfrak{a})$ and $M(\mathfrak{a})$ remain unchanged. Select $\alpha=\alpha_1 y$ where α_1 and y are selected as follows:

Theorem 1 shows that there is an α_1 such that

$$4B \leqq \|\alpha_1\mathfrak{a}\|_{\mathfrak{p}_\infty} \leqq 5B \quad \text{for all} \quad \mathfrak{p}_\infty,$$

where B is the constant of Lemma 9. We choose such an α_1 and then select an integer y of R in such a way that $\|\alpha_1 y\mathfrak{a}\|_{\mathfrak{p}} \leqq 1$ at all finite $\mathfrak{p}$. This shows that it is sufficient to prove our theorem for all idèles $\mathfrak{a}$ satisfying

$$4B\|y\|_{\mathfrak{p}_\infty} \leqq \|\mathfrak{a}\|_{\mathfrak{p}_\infty} \leqq 5B\|y\|_{\mathfrak{p}_\infty} \quad \text{for all} \quad \mathfrak{p}_\infty$$

and $\|\mathfrak{a}\|_{\mathfrak{p}} \leqq 1$ at all finite $\mathfrak{p}$, where y is an integer of R. Using this integer y, we now apply Lemma 9, taking $a_{\mathfrak{p}}=1$ at each finite $\mathfrak{p}$ and constructing a set $\mathfrak{S}$ of elements α of k with the following properties:

1. $\|\alpha\|_{\mathfrak{p}} \leqq 1$ for all finite $\mathfrak{p}$.
2. $\|\alpha\|_{\mathfrak{p}_\infty} \leqq B\|y\|_{\mathfrak{p}_\infty}$.
3. In case there is a field k_0, $\mathfrak{S}$ is a vectorspace over k_0.
4. The order of $\mathfrak{S}$ is greater than $\|y\|^n_{p_\infty}$ and we have

$$\|y\|^n_{p_\infty} = \|y\|^{\Sigma_{\mathfrak{p}_\infty}\lambda(\mathfrak{p}_\infty)}_{p_\infty} = \prod_{\mathfrak{p}_\infty} \|y\|_{\mathfrak{p}_\infty} \geqq \prod_{\mathfrak{p}_\infty} \frac{1}{5B}\|\mathfrak{a}\|_{\mathfrak{p}_\infty}.$$

So the order is greater than $C\prod_{\mathfrak{p}_\infty}\|\mathfrak{a}\|_{\mathfrak{p}_\infty}$ where C is a certain constant not equal to 0.

We distinguish two cases:

1. Order of a set means number. Consider the set $\mathfrak{o}$ of all integers of k (that is, all elements that are integers for every finite $\mathfrak{p}$) and the subset $\{\mathfrak{a}\}$ of all integers β satisfying $\|\beta\|_{\mathfrak{p}} \leqq \|\mathfrak{a}\|_{\mathfrak{p}}$ for all finite $\mathfrak{p}$. This subset $\{\mathfrak{a}\}$ forms an additive group which is the intersection of all the groups $\{\mathfrak{a}\}_{\mathfrak{p}}$ of integers satisfying $\|\beta\|_{\mathfrak{p}} \leqq \|\mathfrak{a}\|_{\mathfrak{p}}$ for only this particular $\mathfrak{p}$. The local theory shows that the index of $\mathfrak{o}$ mod $\{\mathfrak{a}\}_{\mathfrak{p}}$ is at most $1/\|\mathfrak{a}\|_{\mathfrak{p}}$. So the index of $\{\mathfrak{a}\}$ in the group of all integers is at most $N=\prod_{\mathfrak{p}\text{ fin}}(1/\|\mathfrak{a}\|_{\mathfrak{p}})$. If we consider now our set $\mathfrak{S}$ modulo $\{\mathfrak{a}\}$ we get at most N residue classes. So one residue class contains more than

$$\frac{C\cdot\prod\|\mathfrak{a}\|_{\mathfrak{p}_\infty}}{N} = CV(\mathfrak{a})$$

elements. If we select one special element of this residue class and subtract it from each of the others, we get more than $CV(\mathfrak{a})$ elements γ of $\{\mathfrak{a}\}$. As such they satisfy $\|\gamma\|_\mathfrak{p} \leqq \|\mathfrak{a}\|_\mathfrak{p}$ for all finite p. At a $\mathfrak{p}_\infty$ we get $\|\gamma\|_{\mathfrak{p}_\infty} \leqq 4B\|y\|_{\mathfrak{p}_\infty} \leqq \|\mathfrak{a}\|_{\mathfrak{p}_\infty}$. (The factor 4 instead of the expected 2 must be used since one of the valuations may be the square of a true valuation.) So we have found more than $CV(\mathfrak{a})$ elements in our parallelotope of size $\mathfrak{a}$.

2. There is a constant field k_0. We define $\{\mathfrak{a}\}$ and $\{\mathfrak{a}\}_\mathfrak{p}$ as before. Assume that m is the dimension of the vector space $\mathfrak{S}$ over k_0. The residue classes of the integers mod $\{\mathfrak{a}\}_\mathfrak{p}$ also form a vector space over k_0; let $d(\mathfrak{p})$ denote its dimension. Then $q^{d(\mathfrak{p})} \leqq 1/\|\mathfrak{a}\|_\mathfrak{p}$. Let $\mathfrak{S}_1$ be the intersection of $\mathfrak{S}$ and $\{\mathfrak{a}\}_{\mathfrak{p}_1}$. Starting with a basis for the space $\mathfrak{S}_1$, we need at most $d(\mathfrak{p}_1)$ vectors to complete it to a basis of $\mathfrak{S}$. So the dimension of $\mathfrak{S}_1$ is at least $m-d(\mathfrak{p}_1)$. Repeating this process for all finite $\mathfrak{p}$ and calling $\mathfrak{T}$ the intersection of $\mathfrak{S}$ and $\{\mathfrak{a}\}$, we see that its dimension is at least $m-\sum_{\mathfrak{p}\text{ fin}} d(\mathfrak{p})$. So the order of $\mathfrak{T}$ is at least

$$q^m \cdot \prod_{\mathfrak{p}\text{ fin}} \frac{1}{q^{d(\mathfrak{p})}} \geqq q^m \cdot \prod_{\mathfrak{p}\text{ fin}} \|\mathfrak{a}\|_\mathfrak{p}.$$

Since the order q^m of $\mathfrak{S}$ is $C\prod_{\mathfrak{p}_\infty}\|\mathfrak{a}\|_{\mathfrak{p}_\infty}$ we find that the order of $\mathfrak{T}$ is greater than $CV(\mathfrak{a})$. That the elements γ of $\mathfrak{T}$ satisfy $\|\gamma\|_\mathfrak{p} \leqq \|\mathfrak{a}\|_\mathfrak{p}$ follows for a finite $\mathfrak{p}$ from the fact that they are in $\{\mathfrak{a}\}$. For $\mathfrak{p}_\infty$, since they are in $\mathfrak{S}$,

$$\|\gamma\|_{\mathfrak{p}_\infty} \leqq B\|y\|_{\mathfrak{p}_\infty} \leqq \|\mathfrak{a}\|_{\mathfrak{p}_\infty}.$$

COROLLARY. *If $V(\mathfrak{a}) \geqq 1/C$ then there is a β in k such that*

$$1 \leqq \|\beta\mathfrak{a}\|_\mathfrak{p} \leqq V(\mathfrak{a}) \quad \textit{for all} \quad \mathfrak{p}.$$

PROOF. The field elements in the parallelotope of size $\mathfrak{a}$ form a set of order greater than 1 so there is an $\alpha \neq 0$ such that $\|\alpha\|_\mathfrak{p} \leqq \|\mathfrak{a}\|_\mathfrak{p}$ for all $\mathfrak{p}$. Put $\beta = 1/\alpha$; then $1 \leqq \|\beta\mathfrak{a}\|_\mathfrak{p}$. Now for each $\mathfrak{q}$

$$\|\beta\mathfrak{a}\|_\mathfrak{q} = \frac{V(\beta\mathfrak{a})}{\prod_{\mathfrak{p}\neq\mathfrak{q}}\|\beta\mathfrak{a}\|_\mathfrak{p}} \leqq V(\beta\mathfrak{a}) = V(\mathfrak{a}).$$

LEMMA 11. *Let $\mathfrak{a}$ be any idèle and $\mathfrak{q}$ a fixed prime; then there is a β in k such that*

$$1 \leqq \|\beta\mathfrak{a}\|_\mathfrak{p} \leqq N\mathfrak{q}/C \quad \textit{for} \quad \mathfrak{p} \neq \mathfrak{q};$$
$$(C/N\mathfrak{q})V(\mathfrak{a}) \leqq \|\beta\mathfrak{a}\|_\mathfrak{q} \leqq V(\mathfrak{a}).$$

For an archimedean prime $\mathfrak{q}$ we mean by $N\mathfrak{q}$ the number 1. C is the constant of the preceding corollary.

PROOF. If we replace in $\mathfrak{a}$ the component $\alpha_{\mathfrak{q}}$ by a suitable $\alpha'_{\mathfrak{q}}$ and leave all other components unchanged we can achieve that the new idèle $\mathfrak{a}'$ satisfies

$$1/C \leqq V(\mathfrak{a}') \leqq N\mathfrak{q}/C.$$

Then we determine the β of our corollary and get

$$1 \leqq \|\beta\mathfrak{a}\|_{\mathfrak{p}} \leqq V(\mathfrak{a}') \leqq N\mathfrak{q}/C \quad \text{for} \quad \mathfrak{p} \neq \mathfrak{q}$$

and

$$1 \leqq \|\beta\mathfrak{a}'\|_{\mathfrak{q}} \leqq V(\mathfrak{a}').$$

Now

$$\|\beta\mathfrak{a}\|_{\mathfrak{q}} = \frac{V(\beta\mathfrak{a})}{V(\beta\mathfrak{a}')}\cdot\|\beta\mathfrak{a}'\|_{\mathfrak{q}} = \frac{V(\mathfrak{a})}{V(\mathfrak{a}')}\|\beta\mathfrak{a}'\|_{\mathfrak{q}}.$$

Hence

$$(C/N\mathfrak{q})V(\mathfrak{a}) \leqq V(\mathfrak{a})/V(\mathfrak{a}') \leqq \|\beta\mathfrak{a}\|_{\mathfrak{q}} \leqq V(\mathfrak{a}).$$

Let now U be the multiplicative group of all absolute units, that is, the set of all ζ of k satisfying $\|\zeta\|_{\mathfrak{p}}=1$ for all $\mathfrak{p}$. In case there is a constant field k_0, our group consists of the elements not equal to 0 of k_0. In case order means number of elements, U must be a finite group since it is contained in the parallelotope of size 1; so U consists in this case of all roots of unity of k and is a finite cyclic group.

We select a finite non-empty set S of primes $\mathfrak{p}$ that contains at least all archimedean primes. By $\mathfrak{a}_S$ we mean the idèles satisfying $\|\mathfrak{a}_S\|_{\mathfrak{p}}=1$ for all $\mathfrak{p}$ not in S. An element ϵ_S of k that belongs to $\mathfrak{a}_S$ is called an S-unit.

Let $\mathfrak{p}_1, \mathfrak{p}_2, \cdots, \mathfrak{p}_s$ be the primes of S. If ϵ_S is an S-unit and we know the s positive numbers $\|\epsilon_S\|_{\mathfrak{p}_1}, \|\epsilon_S\|_{\mathfrak{p}_2}, \cdots, \|\epsilon_S\|_{\mathfrak{p}_s}$, then we know $\|\epsilon_S\|_{\mathfrak{p}}$ for all $\mathfrak{p}$, so $\|\epsilon_S\|$ is known except for a factor in U. Let us call two S-units equivalent if they differ only by a factor in U. The product formula gives

$$\prod_{\nu=1}^{s} \|\epsilon_S\|_{\mathfrak{p}_\nu} = 1$$

and shows that it suffices to know the $s-1$ numbers $\|\epsilon_S\|_{\mathfrak{p}_1}, \|\epsilon_S\|_{\mathfrak{p}_2}, \cdots, \|\epsilon_S\|_{\mathfrak{p}_{s-1}}$. (Should $s=1$ then ϵ_S is already in U as the product formula shows.)

It is more convenient to take the logarithms of our numbers so we map the unit ϵ_S onto the following vector $v(\epsilon_S)$ of an ordinary space R_{s-1} of $s-1$ dimensions:

$$v(\epsilon_S) = (\log \|\epsilon_S\|_{\mathfrak{p}_1}, \log \|\epsilon_S\|_{\mathfrak{p}_2}, \cdots, \log \|\epsilon_S\|_{\mathfrak{p}_{s-1}}).$$

We have then for two units ϵ_S and η_S the relation

$$v(\epsilon_S\eta_S) = v(\epsilon_S) + v(\eta_S).$$

So the maps $v(\epsilon_S)$ form an additive group of vectors in R_{s-1}.
The product formula gives

$$\log \|\epsilon_S\|_{\mathfrak{p}_s} = -\sum_{\nu=1}^{s-1} \log \|\epsilon_S\|_{\mathfrak{p}_\nu}.$$

Let us consider a bounded region in R_{s-1} that gives bounds for $\log \|\epsilon_S\|_{\mathfrak{p}_\nu}$ $(\nu=1, 2, \cdots, s-1)$, say

$$-K \leqq \log \|\epsilon_S\|_{\mathfrak{p}_\nu} \leqq K \quad (\nu = 1, 2, \cdots, s-1).$$

Then we get for $\log \|\epsilon_S\|_{\mathfrak{p}_s}$ the bounds $-(s-1)K \leqq \log \|\epsilon_S\|_{\mathfrak{p}_s} \leqq (s-1)K$.

In case all the $\mathfrak{p}_\nu$ of S are discrete this gives only a finite number of possibilities for the ordinal number at each $\mathfrak{p}_\nu$; hence only a finite number of units inequivalent mod U. If there are archimedean primes in S then all ϵ_S of our region are contained in a parallelotope, so their order is finite. But order means number in this case. So we have proved:

Lemma 12. *There are only a finite number of vectors $v(\epsilon_S)$ in a bounded region of R_{s-1}.*

The following lemma is well known; we repeat its proof here for the convenience of the reader.

Lemma 13. *Let G be an additive group of vectors in an ordinary euclidean n-space R_n, such that no bounded region of R_n contains an infinite number of vectors of G. Assume that we can find m but not more vectors of G that are linearly independent with respect to real numbers. Then these m vectors may be selected in such a fashion that any vector of G is a linear combination of them with integral coefficients. In other words: G is a lattice of dimension m.*

Proof. The proof is by induction according to m.

Let $v_1, v_2, \cdots, v_m$ be a maximal set of independent vectors and G_0 be the subgroup of G contained in the subspace spanned by the vectors $v_1, v_2, \cdots, v_{m-1}$. Because of induction we may already assume that any vector in G_0 is a linear integral combination of $v_1, v_2, \cdots, v_{m-1}$.

Consider the subset $\mathfrak{S}$ of all v of G of the form

$$v = x_1v_1 + x_2v_2 + \cdots + x_{m-1}v_{m-1} + x_mv_m$$

with real coefficients $x_1, x_2, \cdots, x_m$ that satisfy

$$0 \leqq x_i < 1 \qquad \text{for } i = 1, 2, \cdots, m-1$$

and

$$0 \leqq x_m \leqq 1.$$

It is a bounded set. Let v_m' be a vector of S with the smallest possible $x_m \neq 0$, say

$$v_m' = \xi_1 v_1 + \xi_2 v_2 + \cdots + \xi_m v_m.$$

Starting now with any vector v of G we can select integral coefficients $y_1, y_2, \cdots, y_m$ in such a way that

$$v' = v - y_m v_m' - y_1 v_1 - y_2 v_2 - \cdots - y_{m-1} v_{m-1}$$

is in $\mathfrak{S}$ and the coefficient of v_m is even less than ξ_m. So this coefficient of v_m is 0, that is, v' is in G_0. So v' is an integral linear combination of $v_1, v_2, \cdots, v_{m-1}$ and therefore v is an integral linear combination of $v_1, v_2, \cdots, v_{m-1}$ and v_m'.

THEOREM 5. *The vectors $v(\epsilon_S)$ form a lattice of at most $s-1$ dimensions. The ϵ_S themselves form* mod U *a free abelian group with at most $s-1$ generators.*

5. **A more restrictive axiom.** If we wish to derive stronger theorems as for instance that of the existence of enough units, we must replace Axiom 2 by a stronger axiom. So we assume from now on that we have in k besides Axiom 1 also

AXIOM 2a. *There is at least one prime in $\mathfrak{M}$ that is either archimedean, with the real field or the complex field as its completed field, or else discrete with residue class field having only a finite number of elements.*

Since Axiom 2 is a consequence of Axiom 2a we can assume all the results we derived thus far and thus we see that k is either a number field or else a function-field where k_0 has only a finite number of elements. We see immediately that Axiom 2a holds for all primes of $\mathfrak{M}$.

LEMMA 14. *To any integer M there are only a finite number of primes $\mathfrak{p}$ with $N\mathfrak{p} \leqq M$.*

PROOF. Since there are only a finite number of archimedean primes we are concerned only with the nonarchimedean ones. Consider $M+1$ integers α_ν of R and let $\mathfrak{p}$ be a prime with $N\mathfrak{p} \leqq M$. Two α_i are in the same residue class, say α_1 and α_2; hence $|\alpha_1 - \alpha_2|_p < 1$. So our $\mathfrak{p}$'s are contained among the primes for which one of the differences $\alpha_i - \alpha_k$ $(i \neq k)$ has an absolute value $|\alpha_i - \alpha_k|_\mathfrak{p} < 1$. Because of Axiom 1 our lemma holds.

Now let S be again a finite and non-empty set of primes.

LEMMA 15. *There is a constant E such that to any idèle $\mathfrak{a}_S$ and any prime $\mathfrak{q}$ of S we can find an S-unit ϵ_S such that*

$$\|\epsilon_S \mathfrak{a}_S\|_{\mathfrak{p}} \leqq E \quad \textit{for all } \mathfrak{p} \neq \mathfrak{q} \textit{ of } S.$$

PROOF. Select β according to Lemma 11. Then $1 \leqq \|\beta\mathfrak{a}_S\|_{\mathfrak{p}} \leqq N\mathfrak{q}/C$ for $\mathfrak{p} \neq \mathfrak{q}$. So

$$1 \leqq \|\beta\|_{\mathfrak{p}} \leqq N\mathfrak{q}/C \quad \text{for all } \mathfrak{p} \text{ not in } S.$$

If $\|\beta\|_{\mathfrak{p}} \neq 1$, then $\|\beta\|_{\mathfrak{p}} \geqq N\mathfrak{p}$. Since there are only a finite number $\mathfrak{p}_1, \mathfrak{p}_2, \cdots, \mathfrak{p}_l$ of primes with $N\mathfrak{p}_i \leqq N\mathfrak{q}/C$ we get $\|\beta\|_{\mathfrak{p}} = 1$ for all $\mathfrak{p} \neq \mathfrak{p}_1, \mathfrak{p}_2, \mathfrak{p}_l$ and $\mathfrak{p}$ not in S. Since $\mathfrak{p}_1, \mathfrak{p}_2, \cdots, \mathfrak{p}_l$ are discrete we get only a finite number of possibilities for each $\|\beta\|_{\mathfrak{p}_i}$.

Assume that $\beta_1, \beta_2, \cdots, \beta_r$ already realize any possible distribution of values for $\|\beta\|_{\mathfrak{p}_i}$. Then to any of our β there is a β_k with $\|\beta\|_{\mathfrak{p}} = \|\beta_k\|_{\mathfrak{p}}$ for all $\mathfrak{p}$ not in S, or $\beta = \beta_k \epsilon_S$. Substituting back we get

$$\|\beta_k \epsilon_S \mathfrak{a}_S\|_{\mathfrak{p}} \leqq N\mathfrak{q}/C \quad \text{for} \quad \mathfrak{p} \neq \mathfrak{q}.$$

So $\|\epsilon_S \mathfrak{a}_S\|_{\mathfrak{p}} \leqq E$ for all $\mathfrak{p} \neq \mathfrak{q}$ of S where

$$E = \max_{\nu=1,2,\cdots,r;\ \mathfrak{p}\in S} \left(\frac{N\mathfrak{q}}{C\|\beta_\nu\|_{\mathfrak{p}}} \right).$$

Now select an $\mathfrak{a}_S$ so that $\|\mathfrak{a}_S\|_{\mathfrak{p}} > E$ for all $\mathfrak{p}$ of S. If ϵ_S is the corresponding unit then $\|\epsilon_S\|_{\mathfrak{p}} < 1$ for all $\mathfrak{p} \neq \mathfrak{q}$ of S.

Assume now that $\mathfrak{p}_1, \mathfrak{p}_2, \cdots, \mathfrak{p}_s$ are all the primes in S. Then $\mathfrak{q}$ could be any of the primes $\mathfrak{p}_i$. We get in this fashion s S-units $\epsilon_1, \epsilon_2, \cdots, \epsilon_s$, where ϵ_i satisfies $\|\epsilon_i\|_{\mathfrak{p}_k} < 1$ for $k \neq i$. Because of the product formula we also get

$$\|\epsilon_i\|_{\mathfrak{p}_i} > 1.$$

The first $s-1$ of these S-units are mapped onto vectors

$$v_i = (a_{i1}, a_{i2}, \cdots, a_{i,s-1}), \qquad i = 1, 2, \cdots, s-1,$$

where $a_{ik} = \log \|\epsilon_i\|_{\mathfrak{p}_k}$. Then $a_{ii} > 0$ and $a_{ik} < 0$ for $i \neq k$, but $\sum_{\nu=1}^{s-1} a_{i\nu} = \sum_{\nu=1}^{s-1} \log \|\epsilon_i\|_{\mathfrak{p}_\nu} = -\log \|\epsilon_i\|_{\mathfrak{p}_s} > 0$.

We prove now that the vectors v_i are linearly independent, that is, that the homogeneous equations

$$\sum_{\nu=1}^{s-1} x_\nu a_{\nu k} = 0, \qquad k = 1, 2, \cdots, s-1,$$

have only the trivial solution. To that effect it suffices to show that the homogeneous equations

$$\sum_{\nu=1}^{s-1} a_{i\nu}y_\nu = 0, \qquad i = 1, 2, \cdots, s-1,$$

have only the trivial solution.

Assume indeed that $y_1, y_2, \cdots, y_{s-1}$ is a non-trivial solution and that y_i has the greatest absolute value. It is no restriction to assume $y_i>0$ so that $y_i \geqq y_j$ for all $j\neq i$. Since $a_{ij}<0$ we get $a_{ij}y_i \leqq a_{ij}y_j$. Now

$$\begin{aligned} a_{i1}y_1 + a_{i2}y_2 + \cdots + a_{in}y_n &\geqq a_{i1}y_i + a_{i2}y_i + \cdots + a_{in}y_i \\ &\geqq (a_{i1} + a_{i2} + \cdots + a_{in})y_i. \end{aligned}$$

The left side of the inequality should be 0 but on the right side both factors are positive.

This proves:

THEOREM 6 (UNIT THEOREM).[6] *If Axioms* 1 *and* 2a *hold then the dimension mentioned in Theorem* 5 *is precisely* $s-1$, *so the S-units form* mod U *a free abelian group with* $s-1$ *generators.*

Another consequence of Axiom 2a is the following: If we go back to Lemma 11 and select in it for $\mathfrak{q}$ one of the primes of S then the inequalities show just as in the proof of Lemma 15 that $\|\beta\mathfrak{a}\|_\mathfrak{p}=1$ for all $\mathfrak{p}$ with $N\mathfrak{p}>N\mathfrak{q}/C$ and that outside of S there are only a finite number of possibilities for the value distribution of $\|\beta\mathfrak{a}\|_\mathfrak{p}$. Assume that the idèles $\mathfrak{a}_1, \mathfrak{a}_2, \cdots, \mathfrak{a}_m$ realize any possible case; then there is always an i such that $\|\beta\mathfrak{a}\|_\mathfrak{p}=\|\mathfrak{a}_i\|_\mathfrak{p}$ for all p not in S or $\beta\mathfrak{a}=\mathfrak{a}_i\cdot\mathfrak{a}_S$. This proves:

THEOREM 7 (FINITENESS OF CLASS NUMBER). *There is a finite set of idèles* $\mathfrak{a}_1, \mathfrak{a}_2, \cdots, \mathfrak{a}_m$ *such that any idèle* $\mathfrak{a}$ *is of the form*

$$\mathfrak{a} = \alpha\mathfrak{a}_i\mathfrak{a}_S$$

for a suitable i, $\alpha\in k$ *and* $\mathfrak{a}_S$.

We mention the special case, important for class field theory:

THEOREM 8. *If the set S is big enough then* $\mathfrak{a}=\alpha\mathfrak{a}_S$ *for all idèles* $\mathfrak{a}$.

PROOF. Add to the previous set S also the primes $\mathfrak{p}$ where any $\|\mathfrak{a}_i\|_\mathfrak{p}\neq 1$.

---

[6] The unit theorem in this form is due to Hasse. It is proved by Chevalley in [4].

REFERENCES

1. E. Artin, *Über die Bewertungen algebraischer Zahlkörper*, Journal für Mathematik vol. 167 (1932) pp. 157–159.

2. C. Chevalley, *Sur la théorie du corps de classes dans les corps finis et les corps locaux*, Journal of College of Sciences, Tokyo, 1933, II, part 9.

3. ———, *Généralization de la théorie de corps de classes pour les extensions infinies*, Journal de mathématiques pures et appliquées (9) vol. 15 (1936) pp. 359–371.

4. ———, *La théorie du corps de classes*, Ann. of Math. vol. 41 (1940) pp. 394–418.

5. A. Ostrowski, *Über einige Lösungen der Funktionalgleichung* $\phi(x)\phi(y)=\phi(xy)$, Acta Math. vol. 41 (1918) pp. 271–284.

6. ———, *Untersuchung in der arithmetische Theorie der Körper*, Parts I, II, and III, Math. Zeit. 39 (1935) pp. 269–321.

7. B. L. van der Waerden, *Moderne Algebra*, vol. 1, 2d ed., Berlin, 1937.

8. G. Whaples, *Non-analytic class field theory and Grunwald's theorem*, Duke Math. J. vol. 9 (1942) pp. 455–473.

INDIANA UNIVERSITY AND
UNIVERSITY OF PENNSYLVANIA

A NOTE ON AXIOMATIC CHARACTERIZATION OF FIELDS

E. ARTIN AND G. WHAPLES

Since publication of our paper, *Axiomatic characterization of fields by the product formula for valuations*,[1] we have found that the fields of class field theory can be characterized by somewhat weaker axioms; we can drop the assumption, in Axiom 1, that $|\alpha|_{\mathfrak{p}}=1$ for all but a finite number of $\mathfrak{p}$, replacing it by the assumption that the product of all valuations converges absolutely to the limit 1 for all α.

Our original proof can be adapted to the new axiom with a few modifications, which we shall describe here. In §2, we keep Axiom 1 for reference and introduce:

AXIOM 1*. *There is a set $\mathfrak{M}$ of prime divisors $\mathfrak{p}$ and a fixed set of valuations $|\ |_{\mathfrak{p}}$, one for each $\mathfrak{p}\in\mathfrak{M}$, such that, for every $\alpha\neq 0$ of k, the product $\prod_{\mathfrak{p}}|\alpha|_{\mathfrak{p}}$ converges absolutely to the limit* 1. (*That is, the series* $\sum_{\mathfrak{p}}\log|\alpha|_{\mathfrak{p}}$ *converges absolutely to* 0.)

We must then omit the statement that there are only a finite number of archimedean primes, since this does not follow immediately from 1*; instead of it, we use the fact that $\sum_{\mathfrak{p}_\infty}\rho(\mathfrak{p}_\infty)$ and $\sum_{\mathfrak{p}_\infty}\lambda(\mathfrak{p}_\infty)$ converge absolutely. These quantities are defined on p. 480; the convergence follows from the fact that the product over all $\mathfrak{p}_\infty$ of $|1+1|_{\mathfrak{p}_\infty}$ must converge absolutely. Also, we must temporarily broaden the definition of "parallelotope" so as to permit a parallelotope to be defined by any valuation vector $\mathfrak{a}$ for which $\prod_{\mathfrak{p}}|\mathfrak{a}|_{\mathfrak{p}}$ converges absolutely (rather than restricting $\mathfrak{a}$ to be an idèle). In the statement of Axiom 2 we must replace "Axiom 1" by "Axiom 1*," Theorem 2, however, is left unchanged, together with Lemmas 4, 5, and 6, which are needed only to prove it; this theorem shows that the fields of class field theory really satisfy Axiom 1, so that at the end of the whole proof we shall find that Axiom 1 is a consequence of Axioms 1* and 2.

In §3, k is assumed to be any field for which Axioms 1* and 2 hold. Lemma 8 holds under assumption of Axiom 1*, for our slightly more general parallelotopes; in its proof we have only to note, in case of archimedean primes, that the product $\prod_{\mathfrak{p}_\infty}4^{\rho(\mathfrak{p}_\infty)}$ converges absolutely. In Lemma 9, property 2 must be replaced by:

2*. $|\alpha|_{\mathfrak{p}_\infty}\leqq B_{\mathfrak{p}_\infty}|y|_{\mathfrak{p}_\infty}$, *with a set of constants $B_{\mathfrak{p}_\infty}$ for which $\prod_{\mathfrak{p}_\infty}B_{\mathfrak{p}_\infty}$ converges absolutely.*

Received by the editors December 9, 1945.

[1] Bull. Amer. Math. Soc. vol. 51 (1945) pp. 469–492.

To prove existence of these constants, let, at each $\mathfrak{p}_\infty$, $M_{\mathfrak{p}_\infty}$ be the maximum of $|\alpha_i|_{\mathfrak{p}_\infty}$ for $i=1 \cdots l$; then $\prod_{\mathfrak{p}_\infty} M_{\mathfrak{p}_\infty}$ converges to a finite limit. Take $B_{\mathfrak{p}_\infty}=M_{\mathfrak{p}_\infty} l^{\lambda(\mathfrak{p}_\infty)}$; since $\sum_{\mathfrak{p}_\infty}\lambda(\mathfrak{p}_\infty)$ was absolutely convergent, our conclusion follows.

Lemma 10 holds as stated, although the set of $\mathfrak{p}_\infty$ is not now known to be finite. But as soon as we have proved that n is finite, it follows from Theorem 2 that our original Axiom 1 holds, so no further changes are necessary. (The theorems about parallelotopes in §4 hold only for parallelotopes defined by ideal elements.)

It is easy to construct an example of a field which satisfies Axiom 1* but does not satisfy Axiom 1 (nor, of course, Axiom 2). Let $k=R(x, z)$ be the set of all rational functions of x and z over the rational field. Let $k_0=R(x)$, consider k as the set $k_0(z)$ of all rational functions of z with k_0 as constant field, and denote by $\mathfrak{M}_0$ the set of all divisors which are trivial on k_0. We construct $\mathfrak{M}_0$, and define the set of normed valuations, exactly as in the proof of Lemma 6 of our original paper (pp. 477–479). Let $V_0(A)=\prod\|A\|_{p_0}$ where the product is taken over all $p_0\in\mathfrak{M}_0$; by Lemma 6, $V_0(A)=1$ for all $A\in k$.

Now let $x_1=x+z$, $x_2=x+2z, \cdots, x_i=x+iz, \cdots$; let $k_i=R(x_i)$ and for each i construct the sets $\mathfrak{M}_i$ of divisors p_i by repeating exactly the above process with k_0 replaced by k_i. The products $V_i(A)$ are all equal to 1. These sets $\mathfrak{M}_i$ are by no means disjoint; for example one can easily see that the irreducible polynomial z defines the same valuation in each $\mathfrak{M}_i$. However, it is unnecessary to explore these duplications in detail; we shall need only the facts that the valuations $p_{i\infty}$ and $p_{j\infty}$ are inequivalent for $i\neq j$, and are not equivalent to any of the finite p_ν. Namely, $x_i=x+iz=x_j+(i-j)z$ has value 1 at $p_{i\infty}$, but value $q>1$ at all $p_{j\infty}$ with $j\neq i$. And z has value $q>1$ at all $p_{i\infty}$, but has value $\leqq 1$ at all finite p_ν.

To construct our example, let ϵ_ν $(\nu=0, 1, 2, \cdots)$ be an infinite sequence of positive numbers whose sum is finite. Form the product

$$\prod \|A\|_{p_i}^{\epsilon_i}$$

over all $p_i\in\mathfrak{M}_i$, all i, and in this product unite each set of equivalent valuations into a single valuation. The exponents insure the convergence of the infinite products involved in this step. To show that the whole product is absolutely convergent for each $A\in k$, write A in the form $A=g(x, z)/h(x, z)$ where g and h are polynomials with rational coefficients. If N and M are the maximum degrees in x and z, respectively, for both numerator and denominator, then A can be written in the form $g_i(z)/h_i(z)$, where numerator and denominator are polynomials in z with coefficients in k_i, and are of degree at most $N+M$ in z. It follows from this that, for fixed A, the number of factors of $V_i(A)$ which are greater than 1 (or which are less than 1) is bounded, and their size is bounded; and this bound is uniform for all i. Hence the exponents ϵ_i insure absolute convergence. Finally, we note that our product, applied to z, contains an infinity of factors different from 1.

Taking the product over sets $\mathfrak{M}_0$ and $\mathfrak{M}_1$ only gives an example in which Axiom 1 is satisfied but Axiom 2 is not; for the field of constants with respect to $\mathfrak{M}_0 \cup \mathfrak{M}_1$ is the rational field $k_0 \cap k_1$.

To get an example of a field possessing a valuation satisfying Axiom 2, but such that this valuation cannot be contained in any set $\mathfrak{M}$ satisfying Axiom 1, take the p-adic closure of either the rational field or any of the fields $k_0(z)$ of our original paper, with p any of the divisors of Lemma 6. Because of Theorem 3, such an $\mathfrak{M}$ cannot exist.

INDIANA UNIVERSITY AND
UNIVERSITY OF PENNSYLVANIA

Questions de base minimale dans la théorie des nombres algébriques

Soit $\mathfrak{o}$ un anneau de Dedekind, c'est-à-dire un anneau où la théorie classique des idéaux est vraie, et F son corps des quotients. Soient E une extension finie de F et $\mathfrak{O}$ l'anneau de tous les éléments de E entiers sur $\mathfrak{o}$; il est bien connu que $\mathfrak{O}$ est un anneau de Dedekind (et en particulier un anneau noethérien).

F. K. Schmidt a montré par des exemples que $\mathfrak{O}$ n'est pas toujours un $\mathfrak{o}$-module de type fini. En voici un exemple plus simple (M. O. Zariski a fait remarquer qu'il l'avait aussi étudié dans son travail sur les points simples). Soit k un corps de caractéristique 2, supposé parfait; dans le corps des séries formelles à une variable X sur k, considérons une série Y transcendante sur $k(\mathrm{X})$ et n'ayant que des termes carrés; soit $\mathrm{F} = k(X, \mathrm{Y})$. F sera valué par la valuation ordinaire des séries formelles; l'anneau de valuation $\mathfrak{a}$ de F est un anneau de Dedekind. Posons $\mathrm{E} = \mathrm{F}(\sqrt{\mathrm{Y}})$; tout élément de E est de la forme $\alpha = a + b\sqrt{\mathrm{Y}}$ $(a, b \in \mathrm{F})$; comme la trace de α est nulle, "$\alpha \in \mathfrak{O}$" équivaut à "$a^2\text{-}b^2\mathrm{Y} \in \mathfrak{o}$". Pour tout entier (positif ou négatif) n, posons $\mathrm{Y} = \mathrm{P}^2 + \mathrm{X}^{2n}\mathrm{Y}_n$ où $\mathrm{Y}_n \in \mathfrak{o}$; et supposons que $b = \mathrm{X}^{-n}d$ où $d \in \mathfrak{o}$; alors "$a^2 - b^2\mathrm{Y} \in \mathfrak{o}$" équivaut à "$a^2 - b^2\mathrm{P}^2{}_n \in \mathfrak{o}$ c'est-à-dire à "$a - b\mathrm{P}_n \in \mathfrak{o}$". Posant $a = b\mathrm{P}_n + c$ $(c \in \mathfrak{o})$, il vient $\alpha = c + d\mathrm{X}^{-n}(\mathrm{P}_n + \sqrt{\mathrm{Y}})$. Ainsi $\mathfrak{O} = \mathfrak{o} + \bigcup_{n=1}^{\infty} \mathrm{X}^{-n}(\mathrm{P}_n + \sqrt{\mathrm{Y}})\mathfrak{o}$; ceci montre que $\mathfrak{O}$ ne peut être un $\mathfrak{o}$-module de type fini.

Revenons au cas général. Si l'extension F est séparable, on sait que $\mathfrak{O}$ est un $\mathfrak{o}$-module de type fini. Soit n le degré de F; si $\mathfrak{O}$ est de la forme $\mathfrak{O} = \omega_1\mathfrak{o} + \omega_2\mathfrak{o} + \cdots + \omega_n\mathfrak{o}$, on dit que $(\omega_1, \ldots, \omega_n)$ est une *base minimale* de $\mathfrak{o}$. Nous allons chercher des conditions nécessaires et suffisantes pour l'existence d'une base minimale. Pour cela on doit faire usage de la théorie, développée par Steinitz et Chevalley, des diviseurs élémentaires dans les anneaux de Dedekind. Nous allons d'abord rappeler les points essentiels de la théorie de Chevalley.

Soit V un espace vectoriel sur F de base $(\zeta_1, \ldots, \zeta_n)$; un sous $\mathfrak{o}$-module L de V est dit un *réseau* s'il existe un entier $a \neq 0$ de $\mathfrak{o}$ tel que $a\mathrm{L} \subset \mathfrak{o}\zeta_1 + \mathfrak{o}\zeta_2 + \cdots + \mathfrak{o}\zeta_n$; on voit aisément que cette définition ne dépend pas de la base choisie. Soit M un sous-réseau de L; on a $M \subset FM \cap L$; nous dirons que M est *complet* dans L si $M = FM \cap L$. On démontre d'abord le lemme suivant:

Lemme. — Si M est complet dans L et $M \neq L$, on peut trouver un vecteur ξ de V, indépendant de FM et un idéal fractionnaire $\mathfrak{a}$ de $\mathfrak{o}$ tels que $M' = M + \mathfrak{a}\xi$ soit un sous-module de L, complet dans L.

Démonstration. — Comme $FM \neq FL$, prenons $\eta \in L$ mais non dans FM; considérons l'ensemble des vecteurs de L de la forme de $\mu + a\eta$ ($\mu \in M$, $a \in F$), et soit $\mathfrak{a}$ l'ensemble de tous les a correspondants; on voit aussitôt que $\mathfrak{a}$ est un idéal fractionnaire $\neq (0)$. De $\mathfrak{a}\,\mathfrak{a}^{-1} = \mathfrak{o}$, on déduit l'existence d'éléments $a_1, \ldots, a_r$ de $\mathfrak{a}$ et $b_1, \ldots, b_r$ de a^{-1} tels que $\sum_i a_i b_i = 1$. Pour tout i, on peut trouver un vecteur $\mu_i + a_i\eta$ de L; soit $\xi = \sum_{i=1}^{r} b_i\,(\mu_i + a_i\eta) = \eta + \sum_i b_i\mu_i$; on a évidemment $\mathfrak{a}\xi \subset L$. Si, réciproquement, on a $\mu + c\xi \in L$ (avec $\mu \in FM$), on en tire $\mu + c\xi = \mu' + c\eta$ où $\mu' \in FM$, ce qui implique $c \in \mathfrak{a}$ et $\mu \in L$, donc

$$\mu \in FM \cap L = M.$$

On a donc

$$(FM + F\xi) \cap L = M + \mathfrak{a}\xi. \quad \text{C.Q.F.D.}$$

Par applications successives du lemme on démontre:

Théorème. — Si FL est de dimension r, on peut trouver r vecteurs $(\xi_1, \ldots, \ldots, \xi_r)$ de FL et r idéaux $(\mathfrak{a}_1, \ldots, \mathfrak{a}_r)$ tels que $L = \mathfrak{a}_1\xi_1 + \cdots + \mathfrak{a}_r\xi_r$. Le premier vecteur ξ_1 peut être choisi arbitrairement, on a $\mathfrak{a}_i = (L : \xi_i)$.

Si $r = 2$, un changement du premier vecteur change $\mathfrak{a}_1$ en l'idéal $b_1\mathfrak{a}_1 \cap b_2\mathfrak{a}_2$, où b_1 et b_2 sont des éléments arbitraires de F; des théorèmes bien connus montrent que cet idéal peut être choisi arbitrairement. Dans le cas général, en opérant successivement dans $\mathfrak{a}_1\xi_1 + \mathfrak{a}_2\xi_2$, $\mathfrak{a}_2\xi_2 + \mathfrak{a}_3\xi_3, \ldots$, on voit qu'on peut choisir arbitrairement les r-1 premiers idéaux $\mathfrak{a}_i$. Quant à $\mathfrak{a}_r$ la multiplication de ξ_r par un scalaire le fait varier dans sa classe d'idéaux. Si M est un sous-réseau de L de même dimension r, et si $M = \mathfrak{b}_1\eta_1 + \cdots + \mathfrak{b}_r\eta_r$, avec $\xi_i = \sum a_{ij}\eta_j$ et $\eta_i = \sum b_{ij}\xi_j$, on a $b_{ij} \subset \mathfrak{a}_j\mathfrak{b}_i^{-1}$, d'où $|b_{ij}|\mathfrak{b}_1, \ldots \mathfrak{b}_r \subset \mathfrak{a}_1, \ldots \mathfrak{a}_r$; si $M = L$ cette inclusion devient évidemment une égalité. Ceci montre que, à part la dimension r, la classe d'idéaux du produit $\mathfrak{a}_1 \ldots \mathfrak{a}_r$ est le *seul invariant* du réseau L.

Revenons à l'étude d'une extension E de F. Un idéal $\mathfrak{A}$ de E est évidemment un $\mathfrak{o}$-résau de dimension n, dont il s'agit de déterminer l'autre invariant que nous appelerons la *figure* de $\mathfrak{A}$. Si $\mathfrak{A} = \mathfrak{a}_1 \xi_1 + \cdots + \mathfrak{a}_n \xi_n$ et si les $(\xi_i^{(j)})$ sont les conjugués de ξ_i sur F, on définit le discriminant de $\mathfrak{A}$ par la formule indépendante de la base choisie:

$$D(\mathfrak{A}) = \mathfrak{a}_1{}^2 \cdots \mathfrak{a}_r{}^2 \, |\xi_i{}^{(j)}|^2.$$

On montre (par des considérations locales notamment) que l'on a:

$$D(\mathfrak{A}) = N(\mathfrak{A})^2 D(\mathfrak{O}).$$

D'où $\mathfrak{a}_1 \ldots \mathfrak{a}_r = N(\mathfrak{A}) \sqrt{D(\mathfrak{O}) \cdot |\xi_i^{(j)}|^{-2}}$. Si l'on veut calculer la figure de $\mathfrak{A}$, on peut remplacer les (ξ_i) par une base quelconque (η_i) de E sur F puisque cela ne change pas la classe d'idéaux.

Quant à la question de la base minimale, on voit que la condition nécessaire et suffisante pour l'existence d'une base minimale est que l'idéal $\sqrt{D(\mathfrak{O})/\Delta}$ du corps F soit *principal*, $D(\mathfrak{O})$ désignant le discriminant de E sur F et Δ le discriminant de l'équation définissant l'extension E.

Notons que la question des bases minimales présente surtout un intérêt historique, la représentation de l'idéal $\mathfrak{A}$ donnée par le théorème présentant autant d'avantages techniques.

The Class-Number of Real Quadratic Fields

BY N. C. ANKENEY, E. ARTIN, AND S. CHOWLA

Communicated by Marston Morse, June 4, 1951

Let $h = h(d)$ denote the class-number of the real quadratic field $F = R(\sqrt{d})$ of fundamental discriminant d; let $\epsilon = \dfrac{t + u\sqrt{d}}{2} > 1$ be its fundamental unit. Further let $\chi(\nu)$ denote the character belonging to F, and $d = pm$ where p is an odd prime, and m is an integer. Further $[x]$ denotes the greatest integer contained in x, and $\left(\dfrac{n}{p}\right)$ is Legendre's symbol of quadratic residuacity.
Then we have the following results.

THEOREM 1. *If $p > 3$, $m > 1$,*

$$-2h\frac{u}{t} \equiv \sum_{0<\nu<d} \frac{\chi(\nu)}{m\nu}\left[\frac{\nu}{p}\right] \qquad (\text{mod } p).$$

In the case $p = 3$ there is an additional factor $(1 + m)$ on the left side of this equation.

A special case of Theorem 4 is

THEOREM 2. *If $d = p \equiv 5(8)$, we have*

$$+4\frac{u}{t}h \equiv -\sum_{1}^{p/4}\frac{1}{n}\left(\frac{n}{p}\right) \qquad (\text{mod } p).$$

Write

$$\chi(\nu) = \left(\frac{\nu}{p}\right) X(\nu),$$

so that $X(\nu)$ is a real primitive character (mod m). Then we have

THEOREM 3. *If*

$$\sum_{-1}^{\infty}\frac{C_n x^n}{n!} = \frac{\sum_{t=1}^{m} X(t)e^{tx}}{e^{mx} - 1}.$$

Then if $p > m$, $p \neq 3$,

$$-2h\frac{u}{t} \equiv C_{(p-3)/2} \pmod{p}.$$

Finally let A denote the product of all the quadratic residues of p lying between 0 and p, B the product of the quadratic non-residues of p lying between 0 and p. Then

THEOREM 4. *If $d = p \equiv 1(4)$, then*

$$2h\frac{u}{t} \equiv \frac{A+B}{p} \pmod{p}.$$

THE CLASS-NUMBER OF REAL QUADRATIC NUMBER FIELDS

N. C. Ankeny*, E. Artin, S. Chowla†

(Received September 21, 1951)

1. Let d be a positive rational integer $h = h(d)$ denote the class number of the real quadratic field $R(\sqrt{d})$ of discriminant d where R denotes the rational numbers. Denote by

$$\varepsilon = \frac{t + u\sqrt{d}}{2} > 1$$

the fundamental unit of $R(\sqrt{d})$, and $x(\nu) = (d/\nu)$, (d/ν) being the Kronecker symbol. For a real quantity w, $[w]$ denotes the greatest integer in w. Finally let $d = pm$ where p is an odd prime factor of d.

In this paper we shall prove the following results:

Theorem I. *If $m > 1$ and $p > 3$, then*

$$-2h\frac{u}{t} \equiv \sum_{0<\nu<d} \frac{x(\nu)}{m\nu}\left[\frac{\nu}{p}\right] \pmod{p}$$

and if $m > 1$ and $p = 3$, then

$$-2h\frac{u}{t}(1+m) \equiv \sum_{0<\nu<d} \frac{x(\nu)}{m\nu}\left[\frac{\nu}{3}\right] \pmod{3}.$$

A consequence of Theorem I is a rather remarkable congruence relationship relating two class numbers of quadratic number fields. The formulation of this relationship is

Theorem II. *Let $d = 3q$, where q is square free and $q \equiv 1 \pmod 3$. Let H denote the class number of the field $R(\sqrt{-q})$. Then*

$$H \equiv -\frac{u}{t}h \pmod{3}.$$

A special case of Theorem II coincides with a theorem communicated by Heilbronn at the Mathematical International Congress at Boston (Sept., 1950).

Theorem III treats the case for $m = 1$.

Theorem III. *If $d = p$, then*

$$4\frac{u}{t}h \equiv -\sum_{1\le\nu<p} \frac{1}{g\nu}\left(\frac{\nu}{p}\right)\left[\frac{g\nu}{p}\right] \pmod{p}$$

where g is any quadratic non-residue $\pmod p$.*If $d = p \equiv 5 \pmod 8$, then*

$$4\frac{u}{t}h \equiv -\sum_{1\le\nu<(\frac{1}{4})p} \frac{1}{\nu}\left(\frac{\nu}{p}\right) \pmod{p}.$$

* This paper was done under the auspices of the Office of Naval Research.

† Under a grant from the Watumull Foundation.

A question arises in relation to the work in this paper which the authors were unable to solve. Is $u \not\equiv 0 \pmod{p}$ if $d = p$, $\varepsilon = \dfrac{t + u\sqrt{p}}{2}$?

For all primes $p \equiv 5 \pmod{8}$, and $p < 2{,}000$, we verified that $u \not\equiv 0 \pmod{p}$. The question whether this is always true seems quite difficult.

Theorem IV treats congruence relationships between class numbers and a generalization of Bernoulli Numbers.

Theorem IV. *Let* $d = pm$, $p > 3$, *and*

$$x(n) = \left(\frac{n}{p}\right) X(n)$$

so that $X(n)$ *is a real primitive character* (mod m). *If*

$$\sum_{n=1}^{\infty} \frac{C_n \mu^n}{n!} = \frac{1}{(e^{m\mu} - 1)} \cdot \sum_{t=1}^{m} X(t) e^{t\mu}$$

we have for $p > m$,

$$-2h \frac{u}{t} \equiv C_{\frac{1}{2}(p-3)} \pmod{p}.$$

In the proofs we shall prove the Theorems in the above order.

2. Let k be a $\mathfrak{P}$-adic field,

$$\mathfrak{P}/p$$

and measure the ordinals with the norming

$$\operatorname{ord}_{\mathfrak{P}} p = 1.$$

Then supposing $\operatorname{ord}_{\mathfrak{P}} x \geqq 1/(p - 1)$, we have

$$\operatorname{ord}_{\mathfrak{P}} \left(\frac{x^{rp^\nu}}{p^\nu}\right) \geqq \frac{rp^\nu - \nu(p - 1)}{p - 1} = \frac{r\{(p - 1) + 1\}^\nu - \nu(p - 1)}{p - 1}.$$

Therefore

$$\operatorname{ord}_{\mathfrak{P}} \left(\frac{x^{rp^\nu}}{p^\nu}\right) \geqq \frac{r\left\{\binom{\nu}{2}(p - 1)^2 + \binom{\nu}{1}(p - 1) + 1\right\} - \nu(p - 1)}{p - 1}.$$

Hence we have

$$\operatorname{ord}_{\mathfrak{P}} \left(\frac{x^{rp^\nu}}{p^\nu}\right) \geqq 1$$

if either $\nu \geqq 2$, $r \geqq 1$, $\nu = 1$, $r \geqq 2$, or $\nu = 0$, $r \geqq p - 1$. Therefore, in the series for $\log(1 - x)$ the first p terms give an approximation (mod p),

$$\log(1 - x) \equiv -\frac{x^1}{1} - \frac{x^1}{2} - \cdots - \frac{x^{p-1}}{p - 1} - \frac{x^p}{p} \pmod{p},$$

Now for $1 \leqq \nu \leqq p - 1$,

$$\frac{1}{p}\binom{p}{\nu} = \frac{(p-1)\cdots(p-\overline{\nu-1})}{\nu!} \equiv \frac{(-1)^{\nu-1}}{\nu} \pmod{p},$$

$$\log(1-x) \equiv \sum_{\nu=1}^{p-1} \frac{1}{p}\binom{p}{\nu}(-1)^{\nu}x^{\nu} + \frac{1}{p}(-1)^{p}\binom{p}{p}x^{p} \pmod{p}$$

$$\equiv \frac{1}{p}\{(1-x)^{p} - 1\} \pmod{p}. \tag{1}$$

So we have proved: if

$$\operatorname{ord}_{\mathfrak{P}}(x-1) \geqq \frac{1}{p-1} \tag{2}$$

then

$$\log x \equiv \frac{x^{p}-1}{p} \pmod{p}. \tag{3}$$

3. Let d be the discriminant of a real quadratic field F, $E = R(\zeta)$ the field of the dth roots of unity ζ, $x(\nu)$ the character belonging to F,

$$\sigma_{\nu}(\zeta) = \zeta^{\nu},$$

and S the trace from E to F. Call G the operator

$$G = \textstyle\sum_{0<\nu<d} x(\nu)\sigma_{\nu}$$

where $x(\nu) = 0$ if ν is not prime to d. Then

$$G = (1 - \sigma_c)S$$

where $x(c) = -1$. Now F is not contained in a field of lower roots of unity. If α is an element of such a field then $S(\alpha)$ is in it and in F, so $S(\alpha)$ is in R. Hence,

$$G(\alpha) = S(\alpha) - \sigma_c S(\alpha) = S(\alpha) - S(\alpha) = 0.$$

Similarly

$$\alpha^{G} = 1.$$

If ζ is a primitive root of unity, then $G(\zeta^{\nu}) = x(\nu)G(\zeta)$ and

$$(G(\zeta))^{2} = d.$$

Define $\sqrt{d}$ by

$$\sqrt{d} = G(\zeta).$$

Then

$$G(\zeta^{\nu}) = x(\nu)\sqrt{d}.$$

If $\zeta = e^{2\pi i/d}$, then $\sqrt{d} > 0$. We have

$$A = \sum_{\nu=1}^{d} \nu x(\nu) = \sum_{\nu=1}^{d} (d-\nu)x(d-\nu) = \sum_{\nu=1}^{d} (d-\nu)x(\nu) = -\sum_{\nu=1}^{d} \nu x(\nu)$$

since $x(-1) = 1$. Therefore

$$A = -A,$$

$$A = 0.$$

If $\varepsilon > 1$ is the fundamental unit

$$\varepsilon = \tfrac{1}{2}(t + u\sqrt{d})$$

of F, then

$$\varepsilon^{-2h} = \prod_{\nu=1}^{d-1} (e^{\pi i\nu/d} - e^{-\pi i\nu/}{}_{p})^{x(\nu)}$$

$$= \prod_{\nu=1}^{d-1}\{e^{2\pi i\nu/d} - 1\}^{x(\nu)} e^{-\pi i A/d} = \prod_{\nu=1}^{d-1} \{e^{2\pi i\nu/d} - 1\}^{x(\nu)}$$

or

$$\varepsilon^{-2h} = (\zeta - 1)^{G} \tag{4}$$

where $\zeta = e^{2\pi i/d}$ and $\sqrt{d} > 0$ in $\varepsilon = \frac{1}{2}(t + u\sqrt{d})$. Formula (4) holds, therefore, with any ζ (primitive) if t, u are the fundamental solutions > 0 of

$$t^2 - du^2 = \pm 4$$

and

$$\sqrt{d} = G(\zeta).$$

4. Let d be not a prime, p and odd prime divisor of d,

$$d = pm, \qquad \zeta = \zeta_p \zeta_m$$

where ζ_p and ζ_m are certain primitive p^{th} resp. m^{th} roots of unity. We remark

$$\zeta^{p} = \zeta_m^{p}$$

and

$$\zeta \equiv \zeta_m (\operatorname{mod} 1 - \zeta_p).$$

Since ζ_m is a lower root of unity,

$$(\zeta_m - 1)^{G} = 1.$$

Therefore

$$\varepsilon^{-2h} = \left(\frac{\zeta_1 - 1}{\zeta_m - 1}\right)^{G} = \prod_{\substack{(a,d)=1 \\ o<a<d}} \left(\frac{\zeta^{a} - 1}{\zeta_m^{a} - 1}\right)^{x(a)}.$$

Each term on the right side is $\equiv 1 \pmod{1 - \zeta_p}$. Let now $\mathfrak{P}$ be a prime divisor in E dividing $1 - \zeta_p$, hence p. Taking the $\mathfrak{P}$-adic log we obtain in the $\mathfrak{P}$-adic field $E_{\mathfrak{P}}$ using (2), (3):

$$\log \varepsilon^{-2h} = \sum_{\substack{(a,d)=1 \\ 0<a<d}} x(a) \log \left\{ \frac{\zeta^a - 1}{\zeta_m^a - 1} \right\}$$

$$\equiv \sum x(a) \frac{1}{p} \left\{ \left(\frac{\zeta^a - 1}{\zeta_m^a - 1} \right)^p - 1 \right\} \pmod{p},$$

$$\log \varepsilon^{-2h} \equiv \sum x(a) \cdot \frac{(\zeta^a - 1)^p - (\zeta_m^a - 1)^p}{p} \cdot \frac{1}{(\zeta_m^a - 1)^p} \pmod{p}.$$

If we expand the numerator and use

$$\frac{(-1)^{\nu-1}}{\nu} \equiv \frac{1}{p} \binom{p}{\nu} \pmod{p}$$

we get

$$\log \varepsilon^{-2h} \equiv G \left\{ \frac{-(1 - \zeta)^p + (1 - \zeta_m)^p}{p} \cdot \frac{1}{(\zeta_m - 1)^p} \right\}$$

$$\equiv G \left\{ \sum_{\nu=1}^{p-1} \frac{1}{\nu} (\zeta_d^\nu - \zeta_m^\nu) \frac{1}{(\zeta_m - 1)^p} \right\}$$

$$\equiv G \left\{ \sum_{\nu=1}^{p-1} \frac{1}{\nu} (\zeta_d^\nu - \zeta_m^\nu) \frac{1}{(\zeta_m^p - 1)} \right\} \pmod{p}.$$

Since $G(\alpha) = 0$ if α is in a field of lower roots of unity, this can be written as (use also $\zeta_m^p = \zeta^p$)

$$\log \varepsilon^{-2h} \equiv G \left\{ \frac{\sum_{\nu=1}^{p-1} \frac{1}{\nu} \zeta^\nu}{\zeta^p - 1} \right\} \pmod{p}. \tag{5}$$

We have

$$\frac{x^m - 1}{x - 1} = 1 + x + x^2 + \cdots + x^{m-1}.$$

Applying $x(d/dx)$ we get

$$\frac{mx^m}{x - 1} - \frac{x(x^m - 1)}{(x - 1)^2} = \sum_{\mu=0}^{m-1} \mu x^\mu.$$

Put

$$x = \zeta_m^p = \zeta^p;$$

then

$$\frac{m}{\zeta^p - 1} = \sum_{\mu=0}^{m-1} \mu \zeta^{p\mu}$$

or

(6) $$\frac{1}{\zeta^p - 1} = \sum_{\mu=0}^{m-1} \frac{\mu}{m} \zeta^{p\mu}$$

(5) and (6) give

(7) $$\begin{aligned} \log \varepsilon^{-4h} &\equiv 2G\left\{\sum_{\nu=1}^{p-1} \sum_{\mu=0}^{m-1} \frac{\mu}{m\nu} \zeta^{\nu+p\mu}\right\} && \pmod p \\ &\equiv 2\sqrt{d} \sum_{\nu=1}^{p-1} \sum_{\mu=0}^{m-1} \frac{\mu}{m\nu} x(\nu + p\mu) && \pmod p. \end{aligned}$$

We have

$$\left(\frac{t}{2}\right)^4 \equiv 1 \pmod p.$$

Hence,

(8) $$\log \varepsilon^{-4h} = -h \log \left(\frac{t}{2}\right)^4 - 4\,h \log \left(1 + \frac{u}{t}\sqrt{d}\right),$$

(9) $$\log \left(\frac{t}{2}\right)^4 \equiv 0 \pmod p.$$

In

$$\log\left\{1 + \frac{u}{t}\sqrt{d}\right\}$$

only the first and the pth terms matter. The pth term is $\equiv 0 \pmod p$ if $(p/2) - 1 \geqq 1$ or $p \geqq 4$. So we have from (8), (9),

(10) $$\log \varepsilon^{-4h} \equiv -\,4h\frac{u}{t}\sqrt{d} \pmod p \qquad [p \neq 3].$$

For $p = 3$ we get

$$\log\left(1 + \frac{u}{t}\sqrt{d}\right) = \frac{u}{t}\sqrt{d} + \frac{u^3}{t^2}\frac{d\sqrt{d}}{3} \pmod 3.$$

Here

(11) $$\frac{u^3}{t^3} \equiv \frac{u}{t} \pmod 3, \qquad \frac{d}{3} = m \qquad [p = 3].$$

So

(12) $$\log \varepsilon^{-4h} \equiv 4h\frac{u}{t}(1 + m)\sqrt{d} \qquad [p = 3].$$

In our sum (7), $\nu + p\mu$ runs through all numbers prime to p from 1 to $d - 1$ and

(13) $$\mu = \left[\frac{\nu + p\mu}{p}\right].$$

Thus from (7), (10), (13),

(14) $$\sum_{0<\nu<d} \frac{x(\nu)}{m\nu}\left[\frac{\nu}{p}\right] \equiv -2\frac{u}{t}h \qquad [p \neq 3]$$

(15) $$\sum_{0<\nu<d} \frac{x(\nu)}{m\nu}\left[\frac{\nu}{3}\right] \equiv -2\frac{u}{t}h(1+m) \qquad [p = 3].$$

This proves Theorem I.

5. In this section Theorem II will be deduced from Theorem I. Let $d = 3q$, where $q \equiv 1 \pmod 3$ and square free. Apply Theorem I with $p = 3$, $q = m$. In this case

$$x(\nu) = \left(\frac{\nu}{3}\right)\left(\frac{\nu}{q}\right).$$

Hence, from Theorem I,

$$-2h\frac{u}{t}(1+q) \equiv \sum_{0<\nu<3q} \frac{1}{q\nu}\left[\frac{\nu}{3}\right]\left(\frac{\nu}{3}\right)\left(\frac{\nu}{q}\right) \qquad (\text{mod } 3).$$

Since, $q \equiv 1 \pmod 3$

(16) $$-\frac{u}{t}h \equiv \sum_{0\leqq\nu<q} \nu\left\{\left(\frac{3\nu}{q}\right) + \left(\frac{3\nu+1}{q}\right) + \left(\frac{3\nu+2}{q}\right)\right\} - \sum_{0\leqq\nu<q} \nu\left(\frac{3\nu}{q}\right) \qquad (\text{mod } 3).$$

Now

$$\sum_{0\leqq\nu<q} \nu\left(\frac{3\nu+1}{q}\right) = \frac{1}{3}\left\{\sum_{0\leqq\nu<q}(3\nu+1)\left(\frac{3\nu+1}{q}\right) - \sum_{0\leqq\nu<q}\left(\frac{3\nu+1}{p}\right)\right\}$$
$$= \frac{1}{3}\sum_{0\leqq\nu<q}(3\nu+1)\left(\frac{3\nu+1}{q}\right).$$

Similarly

$$\sum_{0\leqq\nu<q} \nu\left(\frac{3\nu+2}{q}\right) = \frac{1}{3}\sum_{0\leqq\nu<q}(3\nu+2)\left(\frac{3\nu+2}{q}\right)$$
$$\sum_{0\leqq\nu<q} \nu\left(\frac{3\nu}{q}\right) = \frac{1}{3}\sum_{0\leqq\nu<q} 3\nu\left(\frac{3\nu}{q}\right).$$

Adding the last free equations we obtain

(17) $$\sum_{0\leqq\nu<q} \nu\left\{\left(\frac{3\nu}{q}\right) + \left(\frac{3\nu+1}{q}\right) + \left(\frac{3\nu+2}{q}\right)\right\} = \frac{1}{3}\left\{\sum a - \sum b\right\}$$

where a runs over all numbers from 0 to $3q$ (both excluded) with $(a/q) = +1$ while b runs over all numbers frm 0 to $3q$ (both excluded) with $(b/q) = -1$. It is easy to see that the right side of (17) is equal to

$$\sum\nolimits_{0<a<q} a - \sum\nolimits_{0<b<q} b$$

where a, b are subject as before to

$$\left(\frac{a}{q}\right) = +1, \qquad \left(\frac{b}{q}\right) = -1.$$

Hence (16) becomes, in view of (17),

$$-\frac{u}{t}h \equiv 2 \sum_{0<a.b<q} (a - b) \tag{18}$$

$$-\frac{u}{t}h \equiv -\frac{1}{q} \sum_{0<n<q} \left(\frac{n}{q}\right) n \qquad (\text{mod } 3). \tag{19}$$

Since, as is well known,

$$H \equiv -\frac{1}{q} \sum_{0<n<q} \left(\frac{n}{q}\right) n \tag{20}$$

(19) becomes

$$-\frac{u}{t}h \equiv H \qquad (\text{mod } 3), \tag{21}$$

which is Theorem II.

6. *Proof of Theorem III*. In the following p is a prime $\equiv 1 \pmod 4$, g denotes a typical quadratic non-residue of the prime p; $h = h(p)$ denotes the class-number of the field $R(\sqrt{p})$,

$$\varepsilon = \tfrac{1}{2}(t + u\sqrt{p})$$

is its fundamental unit;

$$\zeta = e^{2\pi i/p};$$

$$\sigma_\nu(\zeta) = \zeta^\nu;$$

G is the operator defined by

$$G = \textstyle\sum_{0<\nu<p} x(\nu)\sigma_\nu$$

where

$$x(\nu) = \left(\frac{\nu}{p}\right)$$

is the Legendre symbol of quadratic residuacity. Then

$$\varepsilon^{2h} = (\zeta - 1)^{-G}, \qquad \varepsilon^{2h} = (\zeta^g - 1)^G.$$

Hence

$$\epsilon^{4h} = \left(\frac{\zeta^g - 1}{\zeta - 1}\right)^G = \left(\frac{\zeta^g - 1}{g(\zeta - 1)}\right)^G \tag{22}$$

since $g^G = 1$. Here

$$\frac{\zeta^g - 1}{g(\zeta - 1)} = \frac{1 + \zeta + \zeta^2 + \cdots + \zeta^{g-1}}{g} \equiv 1 \qquad (\text{mod } \overline{1 - \zeta}). \tag{23}$$

From (22) and (23), and (2), (3) follows

$$\log \varepsilon^{4h} \equiv \frac{1}{p} G\left\{\left(\frac{\zeta^g - 1}{g(\zeta - 1)}\right)^p - 1\right\} \pmod{p}$$

or

$$4h\,\frac{u}{t} \equiv G\left\{\frac{1}{pg^p}\left(\left(\frac{\zeta^g - 1}{\zeta - 1}\right)^p - g^p\right)\right\} \pmod{p}$$

$$\equiv G\left\{\left(\left(\frac{\zeta^g - 1}{\zeta - 1}\right)^p - g\right)\frac{1}{pg^p}\right\} - G\left(\frac{g^p - g}{pg^p}\right). \tag{24}$$

Now

$$\frac{g^p - g}{pg^p} = a$$

is rational. Hence

$$G(a) = 0.$$

Thus (24) becomes

$$4h\,\frac{u}{t} \equiv \frac{1}{g^p} G\left\{\frac{\left(\frac{\zeta^g - 1}{\zeta - 1}\right)^p - g}{p}\right\} \pmod{p} \tag{25}$$

or

$$4h\,\frac{u}{t} \equiv \frac{1}{g^p} G(f(\zeta)) \pmod{p} \tag{26}$$

where $f(x)$ is the following polynomial:

$$f(x) = \frac{1}{p}\left\{\left(\frac{x^g - 1}{x - 1}\right)^p - \left(\frac{x^{pg} - 1}{x^p - 1}\right)\right\}$$

$$= \frac{1}{p}\{(1 + x + \cdots + x^{g-1})^p - (1 + x^p + x^{2p} + \cdots + x^{(g-1)p})\}.$$

We see that $f(x)$ is a polynomial in x and that

$$f(\zeta) = \frac{1}{p}\left\{\left(\frac{\zeta^g - 1}{\zeta - 1}\right)^p - g\right\}.$$

We wish to compute $f(x) \pmod{p}$. We have

$$f(x) = \frac{(x^g - 1)^p(x^p - 1) - (x^{pg} - 1)(x - 1)^p}{p} \cdot \frac{1}{(x - 1)^p(x^p - 1)}. \tag{27}$$

Since

$$\frac{1}{p}\binom{p}{\nu} \equiv \frac{(-1)^{\nu-1}}{\nu} \pmod{p} \qquad [1 \leqq \nu \leqq p - 1]$$

the first factor on the right hand side of (27) is

$$\sum_{\nu=1}^{p-1} \frac{1}{\nu} x^{g\nu}(x^p - 1) - \sum_{\nu=1}^{p-1} \frac{1}{\nu} x^{\nu}(x^{pg} - 1).$$

So the second factor on the right hand side of (27) may be computed (mod p); it is

$$\frac{1}{(x^p - 1)^2}.$$

Therefore,

$$\begin{aligned} f(x) &\equiv -\sum_{\nu=1}^{p-1} \frac{1}{\nu} x^{g\nu} \cdot \frac{1}{(1 - x^p)} + \sum_{\nu=1}^{p-1} \frac{1}{\nu} x^{\nu} \cdot \frac{1 - x^{pg}}{(1 - x^p)^2} \\ &\equiv -\sum_{\nu=1}^{p-1} \frac{1}{\nu} x^{g\nu} \sum_{\mu=0}^{\infty} x^{p\mu} + \sum_{\nu=1}^{p-1} \frac{1}{\nu} x^{\nu}(1 - x^{pg}) \sum_{\mu=0}^{\infty} (\mu + 1) x^{p\mu} \\ &\equiv -\sum_{\nu=1}^{p-1} \sum_{\mu=0}^{\infty} \frac{1}{\nu} x^{p\mu + g\nu} + \sum_{\nu=1}^{p-1} \sum_{\mu=0}^{\infty} \frac{\mu + 1}{\nu} x^{\nu + p\mu} - \sum_{\nu=1}^{p-1} \sum_{\mu=g}^{\infty} \frac{\mu - g + 1}{\nu} \cdot x^{\nu + p\mu} \\ &\equiv -\sum_{\nu=1}^{p-1} \sum_{\mu=0}^{\infty} \frac{1}{\nu} x^{g\nu + p\mu} + \sum_{\nu=1}^{p-1} \sum_{\mu=0}^{g-1} \frac{\mu + 1}{\nu} x^{\nu + p\mu} + \sum_{\nu=1}^{p-1} \sum_{\mu=g}^{\infty} \frac{g}{\nu} x^{\nu + p\mu} \end{aligned}$$

The exponent in the last sum runs over all numbers $>gp$ which are prime to p. If l is such a number $>gp$, let $l \equiv g\nu \pmod p$ with $0 < \nu < p$; putting

$$l = g\nu + p\mu$$

we have

$$p\mu > -g\nu + pg = g(p - \nu) > 0$$

so that l occurs also as exponent in the first sum (which does not contain the same exponent twice). The coefficient of that l in the last sum is $\equiv g/l$, in the first sum $-(g/g\nu) \equiv -(g/l)$, so that the whole last sum cancels. So we have

$$f(x) \equiv -\sum_{\substack{\nu=1 \\ g\nu + p\mu < pg}}^{p-1} \sum_{\mu=0}^{\infty} \frac{1}{\nu} x^{g\nu + p\mu} + \sum_{\nu=1}^{p-1} \sum_{\mu=0}^{g-1} \frac{\mu + 1}{\nu} \cdot x^{\nu + p\mu}.$$

For $x = \zeta$ this gives

$$f(\zeta) \equiv -\sum_{\nu=1}^{p-1} \sum_{\mu=0}^{\infty} \frac{1}{\nu} \zeta^{g\nu} + \sum_{\nu=1}^{p-1} \sum_{\mu=0}^{g-1} \frac{\mu + 1}{\nu} \zeta^{\nu} \qquad \pmod p.$$

Now $g\nu + p\mu < pg$ means

$$\mu < \frac{g(p - \nu)}{p}$$

so that there are (in the first term)

$$1 + \left[\frac{g(p - \nu)}{p}\right]$$

such μ. Replacing ν by $p - \nu$ (in the first term) we get

$$f(\zeta) \equiv \sum_{\nu=1}^{p-1} \frac{1 + \left[\frac{g\nu}{p}\right]}{\nu} \cdot \zeta^{-g\nu} + \frac{g(g+1)}{2} \cdot \sum_{\nu=1}^{p-1} \frac{1}{\nu} \zeta^{\nu}.$$

Hence

$$G(f(\zeta)) \equiv \sum_{\nu=1}^{p-1} \frac{1}{\nu} \left[\frac{g\nu}{p}\right] x(-g\nu)\sqrt{p} \pmod{p} \tag{28}$$

since

$$\sum_{1}^{p-1} \frac{x(-g\nu)}{\nu} \equiv 0 \pmod{p} \tag{29}$$

and

$$\sum_{1}^{p-1} \frac{x(\nu)}{\nu} \equiv 0 \pmod{p}.$$

From (28), (26) and

$$\frac{1}{g^p} \equiv \frac{1}{g} \pmod{p}$$

we obtain

$$4\frac{u}{t} h \equiv -\sum_{\nu=1}^{p-1} \frac{1}{g\nu} \left[\frac{g\nu}{p}\right] x(\nu). \tag{30}$$

Since

$$x(\nu) = \left(\frac{\nu}{p}\right)$$

we finally have

$$4\frac{u}{t} h \equiv \sum_{\nu=1}^{p-1} \frac{1}{g\nu} \left[\frac{g\nu}{p}\right] \left(\frac{g\nu}{p}\right) \pmod{p} \tag{31}$$

which is the first part of Theorem III of the Introduction since $(g/p) = -1$.

7. If $p \equiv 5 \pmod 8$, we may take g in the last section to be 2. Hence, the formula (3) becomes

$$\begin{aligned} 4\frac{u}{t} h &\equiv \sum_{\nu=1}^{p-1} \frac{1}{2\nu} \left[\frac{2\nu}{p}\right] \left(\frac{2\nu}{p}\right) \\ &\equiv -\tfrac{1}{2} \sum_{\frac{1}{2}p < \nu < p} \frac{1}{\nu} \left(\frac{\nu}{p}\right) \\ &\equiv \tfrac{1}{2} \sum_{0 < \nu < \frac{1}{2}p} \frac{1}{\nu} \left(\frac{\nu}{p}\right) \pmod{p}. \end{aligned} \tag{32}$$

Let

$$A = \sum_{0<\nu<\frac{1}{2}p} \frac{1}{\nu}\left(\frac{\nu}{p}\right) = \sum_{\substack{0<\nu<\frac{1}{2}p \\ \nu\equiv 0 \pmod 2}} \frac{1}{\nu}\left(\frac{\nu}{p}\right) + \sum_{\substack{0<\nu<\frac{1}{2}p \\ \nu\equiv 1 \pmod 2}} \frac{1}{\nu}\left(\frac{\nu}{p}\right)$$

$$= B + C.$$

Since

$$\left(\frac{2}{p}\right) = -1$$

we have

(33) $$B \equiv -\tfrac{1}{2} \sum_{0<\nu<\frac{1}{4}p} \frac{1}{\nu}\left(\frac{\nu}{p}\right).$$

Since

$$\left(\frac{-1}{p}\right) = 1$$

we have

(34) $$C \equiv -\sum_{\substack{\frac{1}{2}p<\nu<p \\ \nu\equiv 0 \pmod 2}} \frac{1}{\nu}\left(\frac{\nu}{p}\right) \equiv \tfrac{1}{2} \sum_{\frac{1}{4}p<\nu<\frac{1}{2}p} \frac{1}{\nu}\left(\frac{\nu}{p}\right) \qquad (\text{mod } p).$$

Putting (32) and (34) gives

$$A \equiv -2B + 2C.$$

By definition

$$A = B + C$$

we have

(35) $$A \equiv 4B \pmod p.$$

Substituting (35) and (33) into (32), yields

$$4\frac{u}{t}h \equiv -\sum_{0<\nu<\frac{1}{4}p} \frac{1}{\nu}\left(\frac{\nu}{p}\right) \qquad (\text{mod } p)$$

which is the second statement of Theorem III.

8. In this section we shall prove Theorem IV proving it first for $m > 1$. Write for $d = pm$, $m > 1$, p an odd prime,

$$x(\nu) = \left(\frac{d}{\nu}\right) = \left(\frac{\nu}{p}\right) X(\nu)$$

so that $X(\nu)$ is a real primitive character (mod m). When d is odd

$$\left(\frac{d}{\nu}\right) = \left(\frac{\nu}{d}\right)$$

so

$$X(\nu) = \left(\frac{\nu}{m}\right).$$

In this case we define

$$\sum_{n=0}^{\infty} \frac{C_n x^n}{n!} = (e^{mx} - 1)^{-1} \cdot \left\{\sum_{t=1}^{m} X(t)e^{tx}\right\}$$

and we shall prove that when $p > m$,

$$\text{(36)} \qquad \sum_{0<\nu<d} \frac{x(\nu)}{m\nu}\left[\frac{\nu}{p}\right] \equiv C_{\frac{1}{2}p-3} \pmod{p}.$$

On account of Euler's Criterion

$$n^{\frac{1}{2}p-1} \equiv \left(\frac{n}{p}\right) \pmod{p}$$

it is clear from (16) that

$$\sum_{0<\nu<d} \frac{x(\nu)}{\nu}\left[\frac{\nu}{p}\right]$$

is congruent (mod p) to $\frac{1}{2}(p-3)!$ times the coefficient of $X^{\frac{1}{2}(p-3)}$ in

$$\sum_{0<\nu<d} X(\nu)e^{\nu x}\left[\frac{\nu}{p}\right] = \sum_{r=1}^{m-1} r\left\{\sum_{rp<\nu<(r+1)p} X(\nu)e^{\nu x}\right\}.$$

Write

$$\text{(37)} \qquad p \equiv c \pmod{m} \qquad [m < c < 2m].$$

The sum in curly brackets above is congruent (mod p) to

$$\text{(38)} \qquad \begin{aligned} S_r &= \textstyle\sum_{0<t<p} X(rc+t)e^{tx} \\ &= \textstyle\sum_{t=1}^{m} X(rc+t)\{e^{tx} + e^{(t+m)x} + \cdots + e^{(t+sm)x}\} \end{aligned}$$

where s is the greatest integer with

$$t + sm \leqq p.$$

Clearly $s \geqq 0$ since $p > m$. In fact

$$\text{(39)} \qquad S = \left[\frac{p-t}{m}\right] = \frac{p-t}{m} - f\left(\frac{p-t}{m}\right)$$

where $f(x) = x - [x]$, is the fractional part of x. From (20) we have

$$\text{(40)} \qquad S_r = \sum_{t=1}^{m} \frac{X(rc+t)e^{tx}}{(1-e^{mx})}\{1 - e^{(sm+m)x}\}$$

and from (21)

$$(41)\qquad Sm + t + m = p + m - mf\left(\frac{c - t}{m}\right).$$

From (22) and (23) follows

$$(42)\qquad S_r \equiv \sum_{t=1}^{m} \frac{X(rc + t)}{(1 - e^{mx})} \{e^{tx} - e^{(m-R(c-t))x}\}$$

where

$$(43)\qquad R(u) = \text{least non-negative residue of } u \pmod{m}.$$

So we have proved: for $m > 1$,

$$\sum_{0<\nu<d} \frac{x(\nu)}{\nu} \left[\frac{\nu}{p}\right]$$

is congruent (mod p) to $(\frac{1}{2}(p - 3))!$ times the coefficient of $x^{\frac{1}{2}(p-3)}$ in the expansion of

$$(44)\qquad \sum_{r=1}^{m-1} r \sum_{t=1}^{m} \frac{X(rc + t)}{(1 - e^{mx})} \{e^{ex} - e^{(m-R(c-t))x}\} = (1 - e^{mx})^{-1} W(x).$$

We re-write $W(x)$ as follows:

$$(45)\qquad \begin{aligned} W(x) = \sum_{r=1}^{m-1} rX(rc + c)\{e^{(c-m)x} - e^{mx}\} \\ + \sum_{r=1}^{m-1} r \sum_{\substack{t=1 \\ t\neq c-m}}^{m} X(rc + t)\{e^{tx} - e^{(m-R(c-t))x}\} \end{aligned}$$

The coefficient of e^{mx} in $W(x)$ is

$$(46)\qquad \begin{aligned} &-\textstyle\sum_{r=1}^{m-1} rX(rc + c) + \sum_1^{m-1} rX(rc) \\ &= -\textstyle\sum_{r=1}^{m-1} rX(rc + c) + \sum_1^{m-1} (r - 1)X(rc) + \sum_1^{m-1} X(rc) \\ &= -\textstyle\sum_{r=1}^{m-1} rX(rc + c) + \sum_2^{m} (r - 1)X(rc) + \sum_1^{m-1} X(rc) = 0. \end{aligned}$$

Next we collect the coefficient of $e^{tx}(t \neq c - m)$ in $W(x)$; it is equal to

$$(47)\qquad \begin{aligned} &\textstyle\sum_1^{m-1} rX(rc + t) - \sum_1^{m-1} rX(rc + c - m + t) \\ &= \textstyle\sum_1^{m-1} rX(rc + t) - \sum_1^{m-1} rX(rc + c + t) \\ &= \textstyle\sum_1^{m-1} rX(rc + t) - \sum_1^{m-1} (r + 1)X(rc + c + t) + \sum_1^{m-1} X(rc + c + t) \\ &= \textstyle\sum_1^{m-1} rX(rc + t) - \sum_2^{m} X(rc + t) + \sum_{r=1}^{m} X(rc + c + t) - X(c + t) \\ &= X(c + t) - mX(cm + t) - X(c + t) = -mX(t) \end{aligned}$$

since $(c, m) = 1$ implies that the third sum in (47) is 0. Finally we collect the coefficient of $e^{(c-m)x}$ in W; it is equal to

$$\begin{aligned}
&\textstyle\sum_{r=1}^{m-1} rX(rc + c) - \sum_1^{m-1} rX(rc + 2c + 2m) \\
&\quad= \textstyle\sum_1^{m-1} rX(rc + c) - \sum_1^{m-1} (r + 1)\, X(rc + 2c) + \sum_1^{m-1} X(rc + 2c) \\
&\quad= \textstyle\sum_1^{m-1} rX(rc + c) - \sum_2^{m} rX(rc + c) + \sum_1^{m} X(rc + 2c) - X(2c) \qquad (48)\\
&\qquad\qquad\qquad\qquad\qquad\qquad\qquad\qquad\qquad = X(2c) - mX(c) - X(2c)
\end{aligned}$$

$$= -mX(c - m) \tag{49}$$

because the third sum in (48) is zero since $(c, m) = 1$. From (43), (44), (45), (47), (49) it follows that for $p > m > 1$,

$$\sum_{0<\nu<d} \frac{x(\nu)}{m\nu}\left[\frac{\nu}{p}\right]$$

is congruent (mod p) to $(\frac{1}{2}(p - 3))!$ times the coefficient of $x^{\frac{1}{2}(p-3)}$ in the expansion of

$$\frac{1}{(e^{mx} - 1)} \cdot \sum_{t=1}^{m} X(t)e^{tx}.$$

Writing

$$\sum_1^{\infty} \frac{C_n\ x^n}{n!} = \frac{1}{(e^{mx} - 1)} \cdot \sum_{t=1}^{m} X(t)e^{tx} \tag{50}$$

we have from Theorem I that for $p > m > 1$,

$$-\ 2h\,\frac{u}{t} \equiv C_{\frac{1}{2}(p-3)} \pmod{p}. \tag{51}$$

This is Theorem IV for $m > 1$. When $m = 1$, Theorem IV is easily deduced from the first part of Theorem III.

PRINCETON UNIVERSITY and INSTITUTE FOR ADVANCED STUDY.

Representatives of the Connected Component of the Idèle Class Group

Emil ARTIN

André Weil has determined the structure of the connected component of the group of idèle classes of a number field, by describing the structure of the dual of this group. In view of the importance of the connected component it is maybe not without interest to give a direct description by exhibiting a system of representing idèles.

We shall use the following notations:

Let k be an algebraic number field which has r_1 real infinite primes and r_2 complex infinite primes. As usual we put $r=r_1+r_2-1$.

Let $\varepsilon_1, \varepsilon_2, \cdots, \varepsilon_r$ be a given system of independent totally positive units, not necessarily a system of fundamental units. By (ε) we denote the group of units generated by the ε_i and by d the index of the group (ε) in the group of all units.

An idèle shall be denoted by $\mathfrak{a}$, its components by $\mathfrak{a}_{\mathfrak{p}}$ and we set: $P(\mathfrak{a})=\prod_{\mathfrak{p}} |\mathfrak{a}_{\mathfrak{p}}|_{\mathfrak{p}}$. Let J be the group of all idèles, C the group of idèle classes and $P(a)=P(\mathfrak{a})$, if the idèle class is represented by the idèle $\mathfrak{a}$.

By J_0 resp C_0 we mean the kernels of the maps P.

Let U be the subgroup of those idèles of J_0 which have local units as components for every finite prime, and have a positive component at every real infinite prime.

$\bar{U}$ is the group of those idèles of U which have component 1 at every infinite prime.

$\tilde{U}$ is the group of all idèles of U which have component 1 at all finite primes. It is the connected component of the group J_0.

If $\mathfrak{a} \in U$, then $\mathfrak{a}=\tilde{\mathfrak{a}}\bar{\mathfrak{a}}$ denotes the unique decomposition: $\tilde{\mathfrak{a}} \in \tilde{U}$, $\bar{\mathfrak{a}} \in \bar{U}$. For the principal idèle ε_i we have therefore $\varepsilon_i=\tilde{\varepsilon}_i\bar{\varepsilon}_i$.

R denotes the additive reals and Z the additive group of ordinary integers, endowed with the topology where the ideals of Z form a fundamental system of neighborhoods of 0.

$\bar{Z}$ is the completion of Z. $\bar{Z}$ is isomorphic to the direct product of all Z_p, where Z_p is the group of all p-adic integers.

Set $V=R\oplus\bar{Z}$ and imbed the integers m by the diagonal map. Thus an element $\lambda\in V$ is a pair $\lambda=(s,x)$ with $s\in R$, $x\in\bar{Z}$ and the integer m is identified with the pair (m,m).

The group $\bar{U}$ has a fundamental system of neighborhoods of 1 consisting of subgroups of finite index. This allows us to extend the exponentiation $\bar{\alpha}^m$ of an element $\bar{\alpha}\in\bar{U}$ by an integer m to an exponentiation $\bar{\alpha}^x$ where $x\in\bar{Z}$.

If s is a real number we mean by $\tilde{\varepsilon}_i^s$ the idèle in $\tilde{U}$ which is obtained from $\tilde{\varepsilon}_i$ by raising each infinite component into the power s (defining it in some fixed way but taking care that we obtain a real number for a real infinite prime).

For any $\lambda=(s,x)\in V$ we define $\varepsilon_i^\lambda=\tilde{\varepsilon}_i^s\bar{\varepsilon}_i^x$ and notice that for an integer this exponentiation has the usual meaning.

Our first contention is the following: If

$$\bar{\varepsilon}_1^{x_1}\bar{\varepsilon}_2^{x_2}\cdots\bar{\varepsilon}_r^{x_r}=1,\qquad x_i\in\bar{Z}$$

then $x_1=x_2=\cdots=x_r=0$. Since $\bar{Z}$ is Hausdorff it suffices to show that the x_i are arbitrarily close to 0 and this means in the topology of $\bar{Z}$ that they are divisible by any given integer m. To prove this let y_i be an integer, approximating x_i with the accuracy $2dm$

$$y_i\equiv x_i \pmod{2dm}.$$

$\eta=\varepsilon_1^{y_1}\varepsilon_2^{y_2}\cdots\varepsilon_r^{y_r}$ is a unit and we have

$$\bar{\eta}=\bar{\varepsilon}_1^{y_1}\bar{\varepsilon}_2^{y_2}\cdots\bar{\varepsilon}_r^{y_r}=\bar{\varepsilon}_1^{y_1-x_1}\cdots\bar{\varepsilon}_r^{y_r-x_r}.$$

This shows that η is a $2dm$-th power of an element of the local field $k_\mathfrak{p}$ for every finite prime $\mathfrak{p}$. It is well known that this guarantees that η is a dm-th power of an element $\alpha\in k$. This α is a local unit at every finite prime, hence of a unit of k. The element α^d lies in the group (ε):

$$\alpha^d=\varepsilon_1^{\nu_1}\varepsilon_2^{\nu_2}\cdots\varepsilon_r^{\nu_r}$$

and from $\eta=\alpha^{dm}$ we deduce that y_i is divisible by m. Hence $x_i\equiv y_i\equiv 0 \pmod{m}$ and this is what we wanted to prove.

Let $\phi_j(t)$ be the idèle which has component $e^{2\pi it}$ at the j-th complex prime and all other components equal to 1. We contend next that a product

$$(1)\qquad \varepsilon_1^{\lambda_1}\varepsilon_2^{\lambda_2}\cdots\varepsilon_r^{\lambda_r}\phi_1(t_1)\phi_2(t_2)\cdots\phi_{r_2}(t_{r_2})$$

with $\lambda_i\in V$, $t_j\in R$ is a principal idèle α if and only if all λ_i and all t_j are ordinary integers.

Indeed, if $\alpha \in k$ then we find:

$$\bar{\alpha}=\bar{\varepsilon}_1^{x_1}\bar{\varepsilon}_2^{x_2}\cdots\bar{\varepsilon}_r^{x_r}, \qquad x_i \in \bar{Z}, \qquad \lambda_i=(s_i, x_i).$$

α is a unit at all finite primes hence a unit of k. Its d-th power α^d lies in (ε) and we can write

$$\alpha^d=\varepsilon_1^{y_1}\varepsilon_2^{y_2}\cdots\varepsilon_r^{y_r}, \qquad y_i \in Z.$$

We obtain $\bar{\varepsilon}_1^{dx_1-y_1}\cdots\bar{\varepsilon}_r^{dx_r-y_r}=1$ and consequently $dx_i=y_i$. This implies that the integer y_i is divisible by d and proves that each x_i is an ordinary integer. Set $\eta=\varepsilon_1^{x_1}\varepsilon_2^{x_2}\cdots\varepsilon_r^{x_r}$, we have $\bar{\alpha}=\bar{\eta}$ so that in each local field α and η are equal; even if we knew this only in one local field we would already deduce $\alpha=\eta$. Substituting this in (1) and cancelling the terms $\bar{\varepsilon}_i^{x_i}$ we get

$$\tilde{\varepsilon}_1^{s_1}\tilde{\varepsilon}_2^{s_2}\cdots\tilde{\varepsilon}_r^{s_r}\phi_1(t_1)\cdots\phi_{r_2}(t_{r_2})=\tilde{\varepsilon}_1^{x_1}\tilde{\varepsilon}_2^{x_2}\cdots\tilde{\varepsilon}_r^{x_r}.$$

The independence of the absolute values of the ε_i at the infinite primes allows us to conclude that $s_i=x_i$, that each λ_i is an integer. We are left with

$$\phi_1(t_1)\cdots\phi_{r_2}(t_{r_2})=1$$

which is only possible if each t_j is an integer.

We take now a direct sum $rV+r_2Z$ of r terms V and r_2 terms Z and map this group by (1) into J_0. We follow this map by the canonical map $J_0\to C_0$ and have a continuous map of the group $rV+r_2Z$ into C_0. We have seen that the kernel of this map is $rZ+r_2Z$. Factoring out this kernel we obtain a continuous isomorphism into:

$$r\cdot V/Z+r_2\cdot R/Z\to C_0. \tag{2}$$

It is well known that the group V/Z is compact, connected and infinitely and uniquely divisible. This group is called the solenoid. Each circle R/Z is compact, connected and infinitely (but not uniquely) divisible. The left side of (2) is compact, our map is bicontinuous. The image D_0 is compact connected and infinitely divisible.

We contend now that every infinitely divisible idèle class a of C_0 belongs to D_0. Since D_0 is closed it will be enough to show that a lies in the closure of D_0. Let h be the class number of k and m any integer. Since a is divisible we may write $a=b^{2hm}$. The class b^h can be represented be an idèle which has unit components at all finite primes, the class b^{2h} therefore by an idèle $\mathfrak{c}$ of U. The class a is represented by $\mathfrak{c}^m=\tilde{\mathfrak{c}}^m\cdot\bar{\mathfrak{c}}^m$. By suitable (highly divisible) choice of m we can bring $\tilde{\mathfrak{c}}^m$ as close to 1 as we like. If we can prove that the class of $\mathfrak{c}^m=\mathfrak{b}$ belongs to D_0 we will have shown the contention.

This amounts to prove that every idèle $\tilde{\mathfrak{d}} \in \tilde{U}$ has the form (1). Since $P(\tilde{\mathfrak{d}})=1$ and since the absolute values of the ε_i at the infinite primes are independent we can find real numbers $s_1, s_2, \cdots, s_r$ such that the idèle

$$\tilde{\varepsilon}_1^{s_1}\tilde{\varepsilon}_2^{s_2}\cdots\tilde{\varepsilon}_r^{s_r}=\varepsilon_1^{\lambda_1}\varepsilon_2^{\lambda_2}\cdots\varepsilon_r^{\lambda_r}, \qquad \lambda_i=(s_i, 0)$$

has at each prime the same absolute value as $\tilde{\mathfrak{d}}$. At a real infinite prime the components are positive, no adjustment is necessary. At a complex prime we can use the idèle $\phi_j(t_j)$ to adjust the argument of the complex number. Thus

$$\tilde{\mathfrak{d}}=\varepsilon_1^{\lambda_1}\varepsilon_2^{\lambda_2}\cdots\varepsilon_r^{\lambda_r}\phi_1(t_1)\phi_2(t_2)\cdots\phi_{r_2}(t_{r_2})$$

and this completes the proof.

We have also seen that the compact set D_0 contains the image of the connected component $\tilde{U}$ of the group J_0. The group D_0 contains therefore the connected component of C_0; since D_0 is connected, it is itself the connected component of C_0. The map (1) gives the desired explicit representation.

The connected component of C differs from D_0 merely by a line. Its topological structure is therefore that of a direct product of r solenoids, r_2 circles and one real line.

PRINCETON UNIVERSITY

Kennzeichnung des Körpers der reellen algebraischen Zahlen.

Von EMIL ARTIN in Hamburg.

Im folgenden bedeute R den Körper der rationalen Zahlen, P den Körper aller reellen algebraischen Zahlen und Ω den Körper aller algebraischen Zahlen. Dann gilt:

$$\Omega = P(i) \qquad (i = \sqrt{-1}). \tag{1}$$

An Stelle von i hätte man auch irgendeine komplexe Zahl nehmen können.

Wir fragen nun nach allen Unterkörpern K von Ω, in bezug auf die Ω endlich ist, für die es also, analog zu (1) eine Zahl α gibt, so daß:

$$\Omega = K(\alpha) \tag{2}$$

ist. Wir behaupten nun:

SATZ. Ist Ω endlich in bezug auf den Unterkörper K, so hat Ω in bezug auf K den Relativgrad 2 und es ist genauer:

$$\Omega = K(i). \tag{3}$$

Ferner ist K einfach ein zu P konjugierter Körper, d. h. es gibt in Ω einen Automorphismus σ, der K in den Körper P aller reellen algebraischen Zahlen überführt.

Da sich nun eine algebraische Kennzeichnung eines Körpers naturgemäß nur bis auf isomorphe durchführen läßt, so ist also Ω im wesentlichen nur in bezug auf P endlich, womit der Typus von P gekennzeichnet ist.

Ist nun K ein Körper, für den (2) gilt, so ist Ω galois'sch in bezug auf K, da ja Ω algebraisch abgeschlossen ist. Wir gehen nun schrittweise vor:

1. Ω sei vom Primzahlgrad p in bezug auf K, also zyklisch. Da Ω algebraisch abgeschlossen ist, gibt es dann in K nur irreduzible Funktionen vom ersten und vom p^{ten} Grade. Insbesondere muß also in K jede Funktion $(p-1)^{\text{ten}}$ Grades in Linearfaktoren zerfallen.

Da die p^{ten} Einheitswurzeln einer solchen Gleichung genügen, liegen sie somit in K. Da Ω zyklisch ist, bedeutet dies, daß man in (2) die Zahl α von der Form $\alpha = \sqrt[p]{a}$ annehmen kann, wo a zu K gehört.

Die p^2-ten Einheitswurzeln aber können nicht zu K gehören. Denn wäre dies der Fall, so betrachten wir die Funktion $x^{p^2} - a$. Ihre Linearfaktoren $x - \varepsilon_\nu \sqrt[p^2]{a}$, wo ε_ν eine gewisse p^2-te Einheitswurzel ist, können nicht in K liegen, da sonst $\sqrt[p^2]{a}$ also auch $\sqrt[p]{a}$ in K läge, entgegen der Annahme über $\alpha = \sqrt[p]{a}$. Bei einem Faktor p^{ten} Grades aber hätte das Absolutglied die Form $\varepsilon \cdot \sqrt[p]{a}$, wo ε eine gewisse p^2-te Einheitswurzel ist. Man erkennt dies unmittelbar aus den zugehörigen Linearfaktoren. Da ε zu K gehört, gehörte somit auch $\sqrt[p]{a}$ zu K, was nicht geht.

Sei nun ε eine primitive p^2-te Einheitswurzel, ζ eine solche der Ordnung p^3. Da ε nicht in K liegt und Ω/K den Grad p hat, erzeugt ε den Körper Ω, so daß also gilt:

$$(4) \qquad \Omega = K(\varepsilon)$$

ζ genügt in K einer irreduziblen Gleichung p^{ten} Grades, die ein Faktor von $x^{p^3} - 1$ ist, deren Koeffizienten also im Körper $R(\zeta)$ liegen. Diese Gleichung p^{ten} Grades ist dann erst recht irreduzibel im Durchschnitt k von K und $R(\zeta)$. ζ ist Nullstelle dieser Gleichung, so daß also $R(\zeta)$ den Grad p in bezug auf k hat. Der Körper k hat also den absoluten Grad $p(p-1)$. Nun ist sofort zu sehen, daß $p = 2$ sein muß. Denn für ungerades p ist $R(\zeta)$ zyklisch, hat also nur einen Unterkörper k vom Grade $p(p-1)$, nämlich den Körper der p^2-ten Einheitswurzeln. Das hieße aber, daß die p^2-ten Einheitswurzeln doch zu K gehören, entgegen dem vorhin festgestellten.

Es ist also $p = 2$ und somit wegen (4) $\Omega = K(i)$.

2. Der Grad von Ω in bezug auf K sei beliebig. Wir setzen $K_1 = K(i)$ und behaupten $K_1 = \Omega$. Wäre dies nämlich nicht der Fall, so hätte Ω in bezug auf K_1 einen von 1 verschiedenen Grad n. Sei nun $\mathfrak{g}$ eine Untergruppe von Primzahlordnung p der Galois'schen Gruppe von Ω/K_1. Zu $\mathfrak{g}$ gehört ein Körper K_2 über K_1, in bezug auf den Ω den Grad p hat. Nach 1. ist also $\Omega = K_2(i)$. Da aber K_2 den Körper K_1 also auch i enthält, ist $\Omega = K_2$ entgegen der Gradbestimmung p. Damit ist der erste Teil unseres Satzes, insbesondere (2) bewiesen.

3. In K ist die Zahl -1 nicht Summe zweier Quadrate. Wäre nämlich $-1 = a^2 + b^2$, wo a und b zu K gehören, so ist zunächst

$a \neq 0$ und $b \neq 0$, da sonst i zu K gehörte, entgegen (2). Nun betrachte man die Gleichung:

$$(5) \qquad (x^2 - a)^2 + b^2 = 0.$$

Keine ihrer vier Wurzeln $\pm\sqrt{a \pm ib}$ gehört zu K, da sonst $a \pm ib$, also auch i zu K gehörte. (5) zerfällt somit in zwei quadratische Faktoren. Als Absolutglieder findet man in den verschiedenen Fällen $\pm a \pm ib$ oder $\pm\sqrt{a^2 + b^2} = \pm i$. Dies ist unmöglich, da jedesmal i in K läge.

4. Jede Zahl a aus K ist entweder Quadrat oder negatives Quadrat in K.

Die Zahl $\sqrt{a}$ liegt nämlich jedenfalls in $\Omega = K(i)$, läßt sich also darstellen in der Form: $\sqrt{a} = b + ci$, wo b und c zu K gehören. Quadriert man und vergleicht die beiden Seiten, so erhält man $bc = 0$. Nun bedeutet $c = 0$, daß $a = b^2$ ist, während $b = 0$ auf $a = -c^2$ führt.

5. Jede Summe von beliebig vielen Quadraten aus K ist selbst Quadrat.

Für zwei Quadrate folgt nämlich aus 4. $a_1^2 + a_2^2 = \pm b^2$. Für $b = 0$ ist alles bewiesen. Für $b \neq 0$ aber zeigt $\left(\frac{a_1}{b}\right)^2 + \left(\frac{a_2}{b}\right)^2 = \pm 1$, daß wegen 3. das $+$ Zeichen gelten muß. Nun führt die vollständige Induktion unmittelbar zum gewünschten allgemeinen Resultat.

6. In K ist -1 überhaupt nicht Summe von beliebig vielen Quadraten. Nach 5. wäre sonst nämlich -1 selbst Quadrat, so daß i in K läge.

7. Ist K^* ein in bezug auf R endlicher Unterkörper von K, so ist mindestens einer der zu K^* konjugierten Körper reell. Denn andernfalls wäre K^* total imaginär und -1 in K^* total positiv. Entgegen zu 6. ließe sich dann -1 in K^*, also auch in K als Summe von Quadraten darstellen[1]).

8. Nun ist die Menge aller Zahlen aus K abzählbar, etwa $\alpha_1, \alpha_2, \alpha_3 \cdots$. Setzt man $K_1 = R(\alpha_1)$; $K_2 = K_1(\alpha_2) \ldots, K_\nu = K_{\nu-1}(\alpha_\nu) \cdots$, so erhält man eine Folge übereinandergetürmter endlicher Körper $K_1, K_2 \cdots$, deren Vereinigungsmenge unser Körper K ist.

Nach 7. gibt es zu jedem dieser Körper K_ν mindestens einen reellen Konjugierten K_ν'. Der Körper K_ν ist dann isomorph mit K_ν', und zwar wird der Isomorphismus vermittelt vermöge einer gewissen Zuordnung σ_ν,

---

[1]) Vgl. etwa E. Landau, Über die Zerlegung total positiver Zahlen in Quadrate. Göttinger Nachrichten 1919 und C. Siegel, Darstellung total positiver Zahlen durch Quadrate, Mathematische Zeitschrift Bd. 11.

die K_ν auf K'_ν abbildet. In der Wahl von K'_ν und von σ_ν bestehen möglicherweise noch Freiheiten. Da σ_ν aber zur Galois'schen Gruppe von Permutationen des Körpers K_ν gehört, gibt es bei festem ν nur endlich viele Möglichkeiten für σ_ν und K'_ν.

Wir geben nun folgende rekurrente Vorschrift:

Der zu K_1 reell konjugierte Körper K'_1 und der zugehörige Isomorphismus σ_1 werde irgendwie gewählt.

Sind nun $\sigma_1, \sigma_2, \ldots \sigma_{\nu-1}$ bestimmt, so wähle man bei K_ν den Isomorphismus σ_ν und den Körper K'_ν nach Möglichkeit als Fortsetzung von $\sigma_{\nu-1}$; d. h. σ_ν soll auf den in K_ν liegenden Unterkörper $K_{\nu-1}$ die Wirkung von $\sigma_{\nu-1}$ haben. Erst wenn dies bei reellem K'_ν unmöglich ist, wähle man K'_ν irgendwie unter den reellen Konjugierten von K_ν und dazu irgendeine isomorphe Abbildung σ_ν von K_ν auf K'_ν. Man ändere aber jetzt die ganze Reihe der vorangegangenen Körper K'_1, $K'_2, \cdots K'_{\nu-1}$ und Isomorphismen $\sigma_1, \sigma_2, \cdots \sigma_{\nu-1}$ ab, indem man jetzt unter K'_i das durch σ_ν vermittelte Bild von K_i und unter σ_i die durch σ_ν bewirkte Abbildung von K_i auf K'_i versteht. Die neuen Isomorphismen $\sigma_1, \sigma_2, \ldots \sigma_{\nu-1}, \sigma_\nu$ sind dann nach Konstruktion Fortsetzungen voneinander.

Betrachten wir nun bei festem r den Körper K_r und die zugehörige Abbildung σ_r auf den reellen Körper K'_r. Es hat zunächst den Anschein, als würde σ_r bei jedem neuen Schritt geändert. Dies ist aber nicht der Fall, es bleibt vielmehr σ_r schließlich fest. Denn wird bei einem gewissen Schritt σ_r geändert, so kann bei keinem späteren Schritt die ursprüngliche Zuordnuñg wieder erreicht werden. Eine Rückkehr zum ursprünglichen Isomorphismus würde nämlich eine Möglichkeit bedeuten, ihn schon bei jenem ersten Schritt beizubehalten entgegen unserer Vorschrift. Da nun bei festem r für σ_r überhaupt nur endlich viele Möglichkeiten bestehen, so muß also σ_r schließlich einmal fest bleiben.

Wir erhalten so schließlich eine Folge $K'_1\, K'_2 \cdots$ von übereinandergetürmten reellen Körpern, die vermöge der Zuordnungen $\sigma_1, \sigma_2, \cdots$ der Folge $K_1, K_2, \cdots$ zugeordnet sind. Dabei hat σ_ν in $K_{\nu-1}$ die gleiche Wirkung wie $\sigma_{\nu-1}$.

Ist nun K' die Vereinigungsmenge der Folge $K'_1, K'_2 \cdots$, so ist K' ein reeller Körper, auf den der Körper K vermöge einer Zuordnung σ isomorph abgebildet ist. Dabei bedeutet $\sigma(\alpha) = \sigma_r(\alpha)$, wenn die Zahl α in K_r liegt. Daß σ einen Isomorphismus zwischen K und K' vermittelt, ist unmittelbar zu sehen.

Sind nun a und b Zahlen aus K, so setze man $\sigma(a+ib) = \sigma(a) + i\,\sigma(b)$. Man rechnet nun leicht nach, daß für zwei Zahlen α und β aus $\Omega = K(i)$ gilt: $\sigma(\alpha+\beta) = \sigma(\alpha) + \sigma(\beta)$ und $\sigma(\alpha\beta) = \sigma(\alpha)\,\sigma(\beta)$. Aus $\alpha = a + ib$

und $\sigma(\alpha) = \sigma(a) + i\sigma(b) = 0$ muß $\alpha = 0$ folgen, da $\sigma(a)$ und $\sigma(b)$ reell sind, also $\sigma(a) = 0$ und $\sigma(b) = 0$ sein muß. Somit folgt aus $\sigma(\alpha) = \sigma(\beta)$, daß $\alpha = \beta$ ist.

Die so erweiterte Abbildung σ ist also eine isomorphe Zuordnung zwischen den Körpern $\Omega = K(i)$ und $K'(i)$. Da Ω algebraisch abgeschlossen ist, ist sein isomorphes Bild $K'(i)$ ein Unterkörper. Bei algebraischen Zahlkörpern besagt aber dieser Sachverhalt, daß $\Omega = K'(i)$ ist. σ ist also sogar ein Automorphismus von Ω.

Da nun K' reell und $K'(i) = \Omega$ ist, besteht K' aus allen reell algebraischen Zahlen, und es ist $K' = P$. Wir haben also einen Automorphismus σ von Ω gefunden, (wie man überdies leicht sieht, gibt es im wesentlichen nur diesen einen) der K in P überführt, womit unser Satz in allen Teilen bewiesen ist.

Man überlegt sich nun leicht, welche Aussage über die Automorphismen von Ω unser Satz nach sich zieht, da die Galois'sche Theorie für die vorliegenden einfachen Fälle gültig bleibt. Man findet so:

SATZ. Jede endliche Untergruppe der Gruppe $\mathfrak{G}$ aller Automorphismen des Körpers aller algebraischen Zahlen hat die Ordnung 2. *Die Elemente der Ordnung* 2 *bilden in $\mathfrak{G}$ eine Klasse konjugierter Elemente. Ein Element τ dieser Klasse ist nur mit den Elementen* 1 *und τ vertauschbar.*

Hamburg, Mathematisches Seminar, Juni 1924.

Algebraische Konstruktion reeller Körper.

Von EMIL ARTIN und OTTO SCHREIER in Hamburg.

E. STEINITZ hat durch seine „Algebraische Theorie der Körper"[1]) weite Gebiete der Algebra einer abstrakten Behandlungsweise erschlossen; seiner bahnbrechenden Untersuchung ist zum großen Teil die starke Entwicklung zu danken, die seither die moderne Algebra genommen hat. Noch immer aber gibt es viele Zweige der Algebra, die sich den abstrakten Methoden bisher entzogen haben, wie etwa die reelle Algebra und gewisse Teile der algebraischen Zahlentheorie. Wir erwähnen z. B. den Lehrsatz von STURM über die Anzahl der reellen Wurzeln einer Gleichung, die Theorien der Einheiten in Zahlkörpern, der Klassenkörper und der Reziprozitätsgesetze.

Um die reelle Algebra abstrakt behandeln zu können, muß man sich notwendig zunächst die Frage vorlegen, durch welche Eigenschaften sich die reellen Körper, insbesondere die Körper aller reellen oder aller reellen algebraischen Zahlen vor anderen Körpern auszeichnen. Man wird versuchen, diese Eigenschaften durch einfache Axiome zu beschreiben. Ein solches Axiomensystem wird verschiedenen Forderungen genügen müssen. Zunächst muß es mit dem Begriff „reell" im gewöhnlichen Sinn im Einklang stehen. Ein absolut algebraischer Körper z. B. wird nur dann reell heißen dürfen, wenn es einen mit ihm isomorphen, im gewöhnlichen Sinne reellen algebraischen Zahlkörper gibt. Sodann muß das Axiomensystem es ermöglichen, rein algebraisch den Existenzbeweis für eine möglichst ausgedehnte Klasse von reellen Körpern zu führen, die natürlich als spezielle Fälle die reellen algebraischen Zahlkörper umfassen muß. Von diesen, im abstrakten Sinn reellen Körpern ist dann nachzuweisen, daß in ihnen die Sätze der reellen Algebra gelten.

Eine solche Kennzeichnung der reellen Körper ist in der Tat möglich. Es wäre naheliegend, vom Begriff des geordneten Körpers auszugehen. Vom Standpunkt der abstrakten Algebra, die doch mit vorgegebenen Körpern arbeitet, wird aber eine Definition vorzuziehen sein, die allein die Operationen der Addition und Multiplikation verwendet und die Möglichkeit nach sich zieht, den Körper zu ordnen. Man wird von einer solchen Definition auch erwarten dürfen, daß sie leichter zu einem algebraischen Existenzbeweis für reelle Körper führt.

Die gesuchte Grundeigenschaft der reellen Körper ist nun folgende: Es soll erlaubt sein, aus dem Verschwinden einer Summe von

[1]) Crelle, Bd. 137 (1910), S. 167—309.

Quadraten stets auf das Verschwinden der einzelnen Quadrate zu schließen. Oder, was damit gleichbedeutend ist: -1 darf nicht als Quadratsumme darstellbar sein. Diese Bedingung wird besonders durch eine Untersuchung[2]) des einen von uns nahegelegt, in der der Körper der reellen algebraischen Zahlen durch algebraische Eigenschaften gekennzeichnet wird. Daß man nunmehr die reelle Algebra vollkommen abstrakt aufbauen kann, soll im folgenden gezeigt werden.

In der anschließenden Arbeit[3]) wird sich die Fruchtbarkeit dieser Begriffsbildungen herausstellen: Es lassen sich mit ihrer Hilfe die Fragen nach der Darstellbarkeit eines Körperelements als Quadratsumme beantworten und HILBERTS Problem der definiten Funktionen findet so seine Lösung.

I. Definition und Haupteigenschaften der reellen Körper.

Ein Körper heiße „reell", wenn in ihm -1 nicht als Quadratsumme darstellbar ist.

Ein reeller Körper hat stets die Charakteristik Null, denn in einem Körper der Charakteristik p ist -1 Summe von $(p-1)$ Summanden 1^2.

Ein Körper K heiße „geordnet", wenn für seine Elemente die Eigenschaft, positiv (>0) zu sein, gemäß den folgenden Forderungen definiert ist:

1. *Für jedes Element a aus K gilt genau eine der Beziehungen*

$$a = 0, \qquad a > 0, \qquad -a > 0.$$

2. *Ist $a > 0$ und $b > 0$, so ist $a + b > 0$ und $ab > 0$.*

Ist $-a > 0$, so sagen wir: a ist negativ.

Definieren wir in einem geordneten Körper allgemein eine Größenbeziehung durch die Festsetzung

$$a > b \text{ (oder } b < a\text{)}, \quad \text{wenn} \quad a - b > 0,$$

so zeigt man mühelos, daß die Anordnungsaxiome erfüllt sind.

Verstehen wir ferner unter dem Betrag $|a|$ eines Elements das nicht-negative unter den Elementen $a, -a$, so gelten für das Rechnen mit Beträgen die Regeln

$$|ab| = |a| \cdot |b|; \qquad |a+b| \leqq |a| + |b|.$$

Ebenso erkennt man die Richtigkeit von $|a|^2 = a^2$. Also ist ein Quadrat stets nicht-negativ. Insbesondere ist $1 = 1^2 > 0$, folglich

---

[2]) E. ARTIN, Kennzeichnung des Körpers der reellen algebraischen Zahlen. Hamb. Abh. Bd. 3 (1924), S. 319—323.

[3]) E. ARTIN, Über die Zerlegung definiter Funktionen in Quadrate.

$-1 < 0$ und daher -1 in K nicht als Quadratsumme darstellbar. D. h.: Jeder geordnete Körper ist reell.

Ein Körper P heiße „reell abgeschlossen"[4]*, wenn zwar P reell, dagegen keine algebraische Erweiterung von P reell ist.*

Satz 1. *Jeder reell abgeschlossene Körper kann auf eine und nur eine Weise geordnet werden.*

Sei P reell abgeschlossen. Dann wollen wir zeigen:

Jedes von 0 verschiedene Element a aus P ist entweder selbst Quadrat oder aber ist $-a$ Quadrat, wobei diese Fälle einander ausschließen. Quadratsummen von Elementen aus P sind selbst Quadrate.

Hieraus wird Satz 1 unmittelbar folgen; denn durch die Festsetzung $a > 0$, wenn a Quadrat und von 0 verschieden ist, wird dann offenbar eine Ordnung des Körpers P definiert sein und sie ist die einzig mögliche, da ja Quadrate in jeder Ordnung $\geqq 0$ ausfallen müssen.

Ist γ nicht Quadrat eines Elements aus P, so ist $P(\sqrt{\gamma})$ eine algebraische Erweiterung von P, also nicht reell. Demnach gilt eine Gleichung

$$-1 = \sum_{\nu=1}^{n} (\alpha_\nu \sqrt{\gamma} + \beta_\nu)^2$$

oder

$$-1 = \gamma \sum_{\nu=1}^{n} \alpha_\nu^2 + \sum_{\nu=1}^{n} \beta_\nu^2 + 2\sqrt{\gamma} \sum_{\nu=1}^{n} \alpha_\nu \beta_\nu,$$

wobei die α_ν, β_ν zu P gehören. Hierin muß der letzte Term verschwinden, da sonst $\sqrt{\gamma}$ entgegen der Annahme in P läge. Dagegen kann das erste Glied nicht verschwinden, da andernfalls P nicht reell wäre. Daraus schließen wir zunächst, daß γ in P nicht als Quadratsumme darstellbar ist; denn sonst erhielten wir auch für -1 eine Darstellung als Quadratsumme. D. h.: Ist γ nicht Quadrat, so auch nicht Quadratsumme. Oder positiv gewendet: Jede Quadratsumme in P ist auch Quadrat in P.

Nunmehr erhalten wir

$$-\gamma = \frac{1 + \sum_{\nu=1}^{n} \beta_\nu^2}{\sum_{\nu=1}^{n} \alpha_\nu^2}.$$

Zähler und Nenner dieses Ausdrucks sind Quadratsummen, also selbst Quadrate, daher ist $-\gamma = c^2$, wo c in P liegt. Demnach gilt für jedes Element aus P mindestens eine der Gleichungen $\gamma = b^2$,

[4]) Wir haben die kurze Bezeichnung „reell abgeschlossen" der präziseren „reell-algebraisch abgeschlossen" vorgezogen.

$-\gamma = c^2$; ist aber $\gamma \neq 0$, so können nicht beide bestehen, da sonst $-1 = \left(\frac{b}{c}\right)^2$ wäre, was nicht geht.

Auf Grund von Satz 1 nehmen wir im folgenden reell abgeschlossene Körper stets als geordnet an.

Satz 2. *In einem reell abgeschlossenen Körper besitzt jedes Polynom ungeraden Grades mindestens eine Nullstelle.*

Der Satz ist für den Grad 1 trivial. Wir nehmen an, er sei bereits für alle ungeraden Grade $< n$ bewiesen; $f(x)$ sei ein Polynom des ungeraden Grades $n\,(>1)$. Ist $f(x)$ reduzibel in dem reell abgeschlossenen Körper P, so besitzt mindestens ein irreduzibler Faktor einen ungeraden Grad $< n$, also auch eine Nullstelle in P. Die Annahme, $f(x)$ wäre irreduzibel, soll jetzt ad absurdum geführt werden. Es sei nämlich α eine symbolisch adjungierte Nullstelle von $f(x)$. $P(\alpha)$ wäre dann nicht-reell, also hätten wir eine Gleichung

$$(1) \qquad -1 = \sum_{\nu=1}^{r} (\varphi_\nu(\alpha))^2,$$

wobei die $\varphi_\nu(x)$ Polynome höchstens $(n-1)$-ten Grades mit Koeffizienten aus P sind. Aus (1) erhalten wir eine Identität

$$(2) \qquad -1 = \sum_{\nu=1}^{r} (\varphi_\nu(x))^2 + f(x)\, g(x).$$

Die Summe der φ_ν^2 hat geraden Grad, da die höchsten Koeffizienten Quadrate sind und sich also beim Addieren nicht wegheben können. Ferner ist der Grad positiv, da sonst schon (1) einen Widerspruch enthielte. Demnach hat $g(x)$ einen ungeraden Grad $\leqq n-2$, also besitzt $g(x)$ jedenfalls eine Nullstelle a in P. Setzen wir aber a in (2) ein, so haben wir

$$-1 = \sum_{\nu=1}^{r} (\varphi_\nu(a))^2,$$

womit wir bei einem Widerspruch angelangt sind, da die $\varphi_\nu(a)$ in P liegen.

Satz 3. *Ein reell abgeschlossener Körper ist nicht algebraisch abgeschlossen. Dagegen ist der durch Adjunktion von i*[5]) *entstehende Körper algebraisch abgeschlossen.*

Die erste Hälfte ist trivial. Denn die Gleichung $x^2+1=0$ ist in jedem reellen Körper unlösbar.

---

[5]) i bedeutet hier und im folgenden stets eine Nullstelle von x^2+1.

Die zweite Hälfte folgt unmittelbar aus

Satz 3a. *Besitzt in einem geordneten Körper K jedes positive Element eine Quadratwurzel und jedes Polynom ungeraden Grades mindestens eine Nullstelle, so ist der durch Adjunktion von i entstehende Körper algebraisch abgeschlossen.*

Zunächst bemerken wir, daß in $K(i)$ jedes Element eine Quadratwurzel besitzt und daher jede quadratische Gleichung lösbar ist. Sei nämlich $a+bi$ ein Element aus $K(i)$ (a und b in K). Dann liegt auch $\sqrt{a^2+b^2}$ in K, ferner ist $|\sqrt{a^2+b^2}| \geqq |a|$. Also gehören

$$c_1 = \left|\sqrt{\frac{a+|\sqrt{a^2+b^2}|}{2}}\right| \quad \text{und} \quad c_2 = \left|\sqrt{\frac{-a+|\sqrt{a^2+b^2}|}{2}}\right|$$

zu K und es ist $(c_1 + i c_2 \operatorname{sign} b)^2 = a + bi$.

Um nun nachzuweisen, daß in $K(i)$ jedes irreduzible Polynom aus K eine Nullstelle besitzt, kann man nach GAUSS folgendermaßen verfahren. Es sei bewiesen, daß jedes doppelwurzelfreie Polynom mit Koeffizienten aus K, dessen Grad durch 2^{m-1}, aber nicht durch 2^m teilbar ist, in $K(i)$ eine Wurzel besitzt. (Dies trifft für $m = 1$ nach Voraussetzung zu.) $f(x)$ sei ein doppelwurzelfreies Polynom n-ten Grades, wo $n = 2^m q$, q ungerade. $\alpha_1, \alpha_2, \cdots, \alpha_n$ seien die Wurzeln von $f(x)$ in einer Erweiterung von K. Wir wählen c aus K so, daß die $\frac{n(n-1)}{2}$ Ausdrücke $\alpha_j\alpha_k + c(\alpha_j + \alpha_k)$ für $1 \leqq j < k \leqq n$ lauter verschiedene Werte haben[6]). Da diese Ausdrücke ersichtlich einer Gleichung vom Grade $\frac{n(n-1)}{2}$ in K genügen, so liegt nach Annahme mindestens einer von ihnen in $K(i)$, etwa $\alpha_1\alpha_2 + c(\alpha_1 + \alpha_2)$. Zufolge der Bedingung, der c unterworfen war, ist aber $K(\alpha_1\alpha_2, \alpha_1 + \alpha_2) = K(\alpha_1\alpha_2 + c(\alpha_1 + \alpha_2))$; also finden wir α_1 und α_2 durch Auflösung einer quadratischen Gleichung in $K(i)$.

Mit Hilfe der GALOISschen Theorie kann der Beweis auch folgendermaßen geführt werden: Da in K jedes Polynom ungeraden Grades (>1) reduzibel ist, besitzt K bloß algebraische Erweiterungen von geradem Grad. Es sei nun G eine GALOISsche Erweiterung vom Grade $n = 2^m q$ (q ungerade) des Körpers K und $\mathfrak{G}$ die GALOISsche Gruppe von G in bezug auf K. $\mathfrak{H}$ sei eine Untergruppe von $\mathfrak{G}$ der Ordnung 2^m (eine solche ist nach dem Satz von SYLOW vorhanden) und H der zu $\mathfrak{H}$ gehörige Körper; dann hat H den Grad q in bezug auf K, also muß $q = 1$ sein und H stimmt mit K überein. D. h. G hat den Grad 2^m in bezug auf K und kann also aus K durch wiederholte Adjunktion von Quadratwurzeln erzeugt werden. Nach dem oben Gesagten liegt demnach G in $K(i)$. W. z. b. w.

[6]) Dies ist möglich, weil $f(x)$ doppelwurzelfrei sein sollte.

Satz 4. *Es sei Ω ein algebraisch abgeschlossener Körper der Charakteristik Null, P ein Unterkörper von Ω, aus dem Ω durch eine einfache Erweiterung hervorgeht. Dann ist P reell abgeschlossen.*

Es sei $\Omega = P(\xi)$. Dann kann ξ nicht transzendent in bezug auf P sein, sonst wäre ja $x^2 - \xi = 0$ in Ω unlösbar, also Ω nicht algebraisch abgeschlossen. Demnach ist Ω eine endliche Erweiterung von P. Von hier an verläuft der Beweis genau so wie a. a. O.[2]) 1—6.

Die reell abgeschlossenen Körper sind demnach identisch mit denjenigen Körpern der Charakteristik Null[7]), die durch einfache Erweiterung algebraisch abgeschlossen werden können.

Satz 5. *Es sei $f(x)$ ein Polynom mit Koeffizienten aus dem reell abgeschlossenen Körper P und a, b Elemente aus P, für die $f(a) < 0$, $f(b) > 0$. Dann gibt es mindestens ein Element c in P zwischen a und b, für das $f(c) = 0$.*

Da $P(i)$ algebraisch abgeschlossen ist, zerfällt $f(x)$ in P in lineare und in irreduzible quadratische Faktoren. Ein irreduzibles quadratisches Polynom $x^2 + px + q$ ist in P beständig positiv, denn es kann in der Form geschrieben werden: $\left(x + \frac{p}{2}\right)^2 + \left(q - \frac{p^2}{4}\right)$; hierin ist der erste Term stets ≥ 0 und der zweite wegen der vorausgesetzten Irreduzibilität positiv. Daher kann ein Vorzeichenwechsel von $f(x)$ nur durch Vorzeichenwechsel eines Linearfaktors, also durch eine Nullstelle im Intervall $a < x < b$ bewirkt werden.

Satz 6. *In einem reell abgeschlossenen Körper gelten die Sätze der reellen Algebra. Z. B.: Gleichmäßige Stetigkeit eines Polynoms in jedem Intervall $a \leq x \leq b$. Das Theorem von Rolle. Der Mittelwertsatz der Differentialrechnung. Der Satz von Sturm über die Anzahl der Nullstellen eines Polynoms in einem Intervall.*

Jede rationale Funktion, deren Nenner für $a \leq x \leq b$ nicht verschwindet, nimmt in diesem Intervall einen größten und einen kleinsten Wert an, und zwar finden sich diese Extremwerte unter den Werten für $x = a, b, \xi_j$, wo ξ_j die Nullstellen der Ableitung unserer Funktion im betrachteten Intervall durchläuft.

Sämtliche Nullstellen des Polynoms $x^n + a_1 x^{n-1} + \cdots + a_n$ sind ihrem Betrage nach kleiner als $1 + |a_1| + |a_2| + \cdots + |a_n|$.

Die Beweise sind auf Grund von Satz 5 wörtlich so zu führen, wie sonst üblich. Man vergleiche etwa die betreffenden Abschnitte von H. Webers Lehrbuch der Algebra I (insbesondere die §§ 35, 91, 112, 114 der 2. Aufl.).

---

[7]) Diese Voraussetzung ist entbehrlich, worauf wir noch zurückkommen.

II. Existenz- und Eindeutigkeitssätze.

Wir wenden uns jetzt zum Nachweis der Existenz gewisser reell abgeschlossener Erweiterungen von reellen Körpern sowie reell abgeschlossener Unterkörper von algebraisch abgeschlossenen Körpern.

Satz 7. *Es sei K ein reeller Körper, Ω ein algebraisch abgeschlossener Körper über K. Dann gibt es (mindestens) einen reell abgeschlossenen Körper P zwischen K und Ω, für den $\Omega = P(i)$.*

Zum Beweis denken wir uns die Elemente von Ω wohlgeordnet: $1 = a_0, a_1, a_2, \cdots, a_\omega \cdots$ und definieren für jede bei dieser Wohlordnung verwendete Ordinalzahl ν die Körper K_ν, K_ν^* folgendermaßen: $K_0 = K_0^* = K$. Sind nun K_μ, K_μ^* für $\mu < \nu$ definiert, so sei K_ν^* die Vereinigung der K_μ $(\mu < \nu)$ und

$$K_\nu = K_\nu^*(a_\nu), \text{ wenn dieser Körper reell,}$$
$$K_\nu = K_\nu^* \text{ sonst.}$$

Daß K_ν^* stets ein Körper ist, folgt unmittelbar aus STEINITZ a. a. O.[1]) § 2, Satz 2 und dieselbe Schlußweise zeigt auch, daß alle Körper K_ν reell sind; ebenso ist ihre Vereinigung P ein reeller Körper. Wir behaupten, daß P den Bedingungen des Satzes genügt. Denn ist $a = a_\nu$ ein Element aus Ω, das nicht zu P gehört, so gehört a auch nicht zu K_ν, d. h. $K_\nu^*(a)$ ist nicht reell und a fortiori $P(a)$ nicht reell. Daher ist P reell abgeschlossen. Da aber eine einfache transzendente Erweiterung eines reellen Körpers offenbar reell ist, folgt weiter, daß Ω algebraisch in bezug auf P ist. Da nach Satz 3 auch $P(i)$ algebraisch abgeschlossen ist, muß wegen der Eindeutigkeit der algebraischen. algebraisch-abgeschlossenen Erweiterung von P der Körper Ω mit $P(i)$ identisch sein.

Einige Sonderfälle bzw. unmittelbare Folgerungen von Satz 7 mögen noch besonders formuliert werden.

Satz 7a. *Zu jedem reellen Körper K gibt es (mindestens) eine reell abgeschlossene, algebraische Erweiterung.*

Wir brauchen zum Beweis bloß für Ω in Satz 7 die algebraisch abgeschlossene, algebraische Erweiterung von K zu wählen.

Satz 7b. *Jeder reelle Körper kann auf (mindestens) eine Weise geordnet werden.*

Dies folgt ohne weiteres aus Satz 1 und 7a.

Ist ferner Ω irgendein algebraisch abgeschlossener Körper der Charakteristik Null und setzen wir in Satz 7 für K den Körper der rationalen Zahlen, so haben wir

Satz 7c. *Jeder algebraisch abgeschlossene Körper Ω der Charakteristik Null enthält (mindestens) einen reell abgeschlossenen Unterkörper P, für den $\Omega = P(i)$.*

Für geordnete Körper läßt Satz 7a sich wesentlich verschärfen:

Satz 8. *Ist K ein geordneter Körper, so gibt es eine und — von äquivalenten Erweiterungen abgesehen — nur eine algebraische, reell abgeschlossene Erweiterung P von K, deren Ordnung eine Fortsetzung der Ordnung von K ist. P besitzt außer dem identischen keinen Automorphismus, der die Elemente aus K fest läßt.*

Wir beweisen zunächst den

Hilfssatz. *Sei K ein geordneter Körper, $\bar{K}$ der Körper, der aus K durch Adjunktion der Quadratwurzeln aus allen positiven Elementen von K hervorgeht. Dann ist $\bar{K}$ reell.*

Es genügt offenbar zu zeigen, daß keine Gleichung der Form

$$-1 = \sum_{\nu=1}^{n} c_\nu \xi_\nu^2 \tag{3}$$

besteht, wo die c_ν positive Elemente aus K, die ξ_ν aber Elemente aus $\bar{K}$ sind. Angenommen, es gäbe eine solche Gleichung. In den ξ_ν könnten natürlich nur endlich viele der zu K adjungierten Quadratwurzeln wirklich auftreten, etwa $\sqrt{a_1}, \sqrt{a_2}, \cdots, \sqrt{a_r}$. Wir denken uns unter allen Gleichungen (3) eine solche gewählt, für die r möglichst klein ausfällt. (Sicher ist $r \geqq 1$, da in K keine Gleichung der Form (3) existiert.) ξ_ν läßt sich in der Gestalt $\xi_\nu = \eta_\nu + \zeta_\nu \sqrt{a_r}$ darstellen, wo η_ν, ζ_ν in $K(\sqrt{a_1}, \sqrt{a_2}, \cdots, \sqrt{a_{r-1}})$ liegen. Also hätten wir

$$-1 = \sum_{\nu=1}^{n} c_\nu \eta_\nu^2 + \sum_{\nu=1}^{n} c_\nu a_r \zeta_\nu^2 + 2\sqrt{a_r} \sum_{\nu=1}^{n} c_\nu \eta_\nu \zeta_\nu. \tag{4}$$

Verschwindet in (4) der letzte Summand, so wäre (4) eine Gleichung der selben Gestalt wie (3), enthielte aber weniger als r Quadratwurzeln. Verschwindet er aber nicht, so läge $\sqrt{a_r}$ in $K(\sqrt{a_1}, \cdots, \sqrt{a_{r-1}})$ und (3) könnte wieder mit weniger als r Quadratwurzeln geschrieben werden. Unsere Annahme führt daher zu einem Widerspruch.

Nach dieser Vorbereitung können wir nun Satz 8 beweisen. Sei P eine algebraische, reell abgeschlossene Erweiterung von $\bar{K}$. Eine solche gibt es nach Satz 7a, da $\bar{K}$ bereits als reell erkannt ist. P ist auch algebraisch in bezug auf K und die Ordnung von P ist eine Fortsetzung derer von K, da doch jedes positive Element aus K in $\bar{K}$ Quadrat ist, also erst recht in P.

Es sei jetzt P^* eine zweite algebraische, reell abgeschlossene Erweiterung von K, deren Ordnung die von K nicht ändert. $f(x)$ sei ein, nicht notwendig irreduzibles Polynom mit Koeffizienten aus K. Der Sturmsche Satz gestattet uns, bereits in K zu entscheiden, wieviele Wurzeln $f(x)$ in P besitzt. Wir brauchen bloß eine Sturmsche

Kette für $f(x) = x^n + a_1 x^{n-1} + \cdots + a_n$ etwa an den Stellen $\pm(1 + |a_1| + |a_2| + \cdots + |a_n|)$ zu untersuchen (Satz 6). Daher hat $f(x)$ in P ebensoviele Wurzeln wie in P^*. Insbesondere besitzt jede Gleichung in K, die in P mindestens eine Wurzel besitzt, auch in P^* mindestens eine Wurzel und umgekehrt. Seien nun $\alpha_1, \alpha_2, \cdots, \alpha_r$ die Wurzeln von $f(x)$ in P, $\beta_1^*, \beta_2^*, \cdots, \beta_r^*$ die Wurzeln von $f(x)$ in P^*. Ferner sei ξ in P so gewählt, daß $K(\xi) = K(\alpha_1, \cdots, \alpha_r)$, und $F(x) = 0$ die irreduzible Gleichung für ξ in K. $F(x)$ besitzt also in P die Wurzel ξ, daher auch in P^* mindestens eine Wurzel η^*; $K(\xi)$ und $K(\eta^*)$ sind äquivalente Erweiterungen von K. Da $K(\xi)$ durch die r Nullstellen $\alpha_1, \cdots, \alpha_r$ von $f(x)$ erzeugt wird, muß auch $K(\eta^*)$ durch r Wurzeln von $f(x)$ erzeugt werden; nun ist $K(\eta^*)$ ein Unterkörper von P^*, also gilt $K(\eta^*) = K(\beta_1^*, \cdots, \beta_r^*)$. Demnach sind $K(\alpha_1, \cdots, \alpha_r)$ und $K(\beta_1^*, \cdots, \beta_r^*)$ äquivalente Erweiterungen von K. Um nun zu zeigen, daß P und P^* äquivalente Erweiterungen von K sind, bemerken wir, daß eine isomorphe Abbildung von P auf P^* notwendig die Ordnung erhalten muß, da diese ja durch die Eigenschaft, Quadrat zu sein oder nicht zu sein, erklärt ist. Wir definieren daher folgende Abbildung σ von P auf P^*. Sei α ein Element aus P, $p(x)$ das irreduzible Polynom in K, dessen Nullstelle α ist, und $\alpha_1 < \alpha_2 < \cdots < \alpha_r$ die sämtlichen Wurzeln von $p(x)$ in P; speziell sei $\alpha = \alpha_k$. Sind dann $\alpha_1^* < \alpha_2^* < \cdots < \alpha_r^*$ die Wurzeln von $p(x)$ in P^*, so sei $\sigma(\alpha) = \alpha_k^*$. Offenbar ist σ eineindeutig und läßt die Elemente aus K fest. Es ist nachzuweisen, daß σ eine isomorphe Abbildung ist. Sei zu diesem Zweck $f(x)$ wieder irgendein Polynom in K, $\gamma_1, \gamma_2, \cdots, \gamma_s$ seine Wurzeln in P, $\gamma_1^*, \gamma_2^*, \cdots, \gamma_s^*$ die in P^*. Ferner sei $g(x)$ das Polynom in K, dessen Nullstellen die Quadratwurzeln aus den Wurzeldifferenzen von $f(x)$ sind. $\delta_1, \delta_2, \cdots, \delta_t$ seien die Nullstellen von $g(x)$ in P, $\delta_1^*, \delta_2^*, \cdots, \delta_t^*$ die in P^*. Nach dem oben Bewiesenen sind $G = K(\gamma_1, \cdots, \gamma_s, \delta_1, \cdots, \delta_t)$ und $G^* = K(\gamma_1^*, \cdots, \gamma_s^*, \delta_1^*, \cdots, \delta_t^*)$ äquivalente Erweiterungen von K. Es gibt also eine isomorphe Abbildung τ von G auf G^*, die K elementweise fest läßt. Durch τ wird jedem γ ein γ^*, jedem δ ein δ^* zugeordnet. Die Bezeichnung sei so gewählt, daß $\tau(\gamma_k) = \gamma_k^*$, $\tau(\delta_h) = \delta_h^*$ ist. Ist nun $\gamma_k < \gamma_l$ (in P), so ist $\gamma_l - \gamma_k = \delta_h^2$ für einen gewissen Index h, also auch $\gamma_l^* - \gamma_k^* = \delta_h^{*2}$, demnach $\gamma_k^* < \gamma_l^*$ (in P^*). τ ordnet also die Wurzeln von $f(x)$ in P und P^* einander der Größe nach zu. Da dies folglich auch für die Nullstellen der in K irreduziblen Faktoren von $f(x)$ gilt, haben wir $\tau(\gamma_k) = \sigma(\gamma_k)$ $(k = 1, 2, \cdots, s)$. Indem wir also dafür sorgen, daß zwei beliebig vorgegebene Elemente α, β aus P sowie $\alpha + \beta$ und $\alpha \cdot \beta$ unter den Wurzeln von $f(x)$ vorkommen, erkennen wir, daß σ eine isomorphe Abbildung von P auf P^* ist, und zwar die einzige, die K elementweise fest läßt. Wählen wir

$P^* = P$, so ergibt sich die Richtigkeit unserer Behauptung über die Automorphismen von P.

Wir wollen jetzt geordnete Körper untersuchen, deren Ordnung dem Axiom des ARCHIMEDES bzw. einer gewissen Verallgemeinerung davon genügt.

Sei G ein geordneter Körper, K ein Unterkörper von K. Ein Element α aus G heißt „in bezug auf K unendlich groß“, wenn $|\alpha| > c$ für jedes Element c aus K, dagegen „in bezug auf K unendlich klein“, wenn $0 < |\alpha| < c$ für jedes positive Element c aus K.

Ist α in bezug auf K unendlich groß, so ist $\frac{1}{\alpha}$ in bezug auf K unendlich klein und umgekehrt.

Wir nennen nun einen geordneten Körper über K „in bezug auf K Archimedisch“, wenn er keine in bezug auf K unendlich großen (oder kleinen) Elemente enthält.

Für den Fall, daß K der Körper der rationalen Zahlen ist, lassen wir den Zusatz „in bezug auf K“ weg.

Ist K_1 in bezug auf K_2 Archimedisch und K_2 in bezug auf K_3 Archimedisch, so ist auch K_1 in bezug auf K_3 Archimedisch.

Ein Körper A zwischen G und K heißt insbesondere „in bezug auf K maximal-Archimedisch“, wenn A in bezug auf K Archimedisch ist, aber keine in G enthaltene Erweiterung von A in bezug auf K Archimedisch ist.

Daß es stets (mindestens) einen solchen in bezug auf K maximal-Archimedischen Körper A in G gibt, ist durch Wohlordnung mühelos zu zeigen. (Vgl. den Beweis von Satz 7.) Desgleichen, daß A so gewählt werden kann, daß ein gegebener, in bezug auf K Archimedischer Unterkörper von G zu A gehört.

Für reell abgeschlossene Körper beweisen wir weitergehend

Satz 9. *Sei P reell abgeschlossen und K ein Unterkörper von P. Dann sind alle in bezug auf K maximal-Archimedischen Unterkörper von P äquivalente Erweiterungen von K und reell abgeschlossen.*

Sei A ein in bezug auf K maximal-Archimedischer Unterkörper von P. Wir beweisen zuerst: Jedes in bezug auf A algebraische Element ϱ aus P gehört zu A. Denn jedes Element aus $A(\varrho)$ ist algebraisch in bezug auf A und ist daher nach Satz 6 seinem Betrag nach kleiner als ein gewisses Element aus A. Daher enthält $A(\varrho)$ kein in bezug auf A unendlich großes Element, ist also in bezug auf A Archimedisch, folglich auch in bezug auf K, d. h. $A(\varrho) = A$.

Nun besitzt jedes Polynom ungeraden Grades mit Koeffizienten aus A in P eine Nullstelle. Nach dem soeben Bewiesenen gehört diese Nullstelle bereits zu A. Ebenso gehört die Quadratwurzel aus einem positiven

Element von A zu A. Nach Satz 3a ist somit $A(i)$ algebraisch abgeschlossen und daher keine algebraische Erweiterung von A reell, also A reell abgeschlossen.

Jetzt sei Γ die Menge der Elemente aus P, die in bezug auf K nicht unendlich groß sind. Offenbar ist Γ ein Ring. Sei ferner $\mathfrak{u}$ die Menge, bestehend aus 0 und den in bezug auf K unendlich kleinen Elementen aus P. $\mathfrak{u}$ ist ein Teil von Γ, und zwar ist $\mathfrak{u}$ ein Primideal. Denn die Differenz zweier in bezug auf K unendlich kleinen Elemente ist selbst unendlich klein und das Produkt zweier Elemente ist stets und nur dann in bezug auf K unendlich klein, wenn mindestens einer der Faktoren es ist. Sei $\mathfrak{A}$ der Bereich der Restklassen mod $\mathfrak{u}$. $\mathfrak{A}$ ist ein Körper. Denn ist $\gamma \not\equiv 0(\mathfrak{u})$, so ist γ nicht unendlich klein, also $\frac{1}{\gamma}$ nicht unendlich groß in bezug auf K; d. h. $\frac{1}{\gamma}$ gehört zu Γ. Eine von 0 verschiedene Restklasse mod $\mathfrak{u}$ enthält entweder nur positive oder nur negative Elemente; wir nennen daher eine von 0 verschiedene Restklasse positiv, wenn sie aus positiven Elementen besteht. $\mathfrak{A}$ ist durch diese Festsetzung geordnet, da alle an die Eigenschaft „positiv" gestellten Forderungen erfüllt sind. In jeder Restklasse mod $\mathfrak{u}$ liegt höchstens ein Element aus K[8]). Die durch K repräsentierten Restklassen bilden daher einen mit K isomorphen Unterkörper $\mathfrak{K}$ von $\mathfrak{A}$. $\mathfrak{A}$ ist in bezug auf $\mathfrak{K}$ Archimedisch, denn Γ enthält kein in bezug auf K unendlich großes Element, also $\mathfrak{A}$ keine in bezug auf $\mathfrak{K}$ unendlich große Restklassen.

Wir behaupten nunmehr: Jeder in bezug auf K maximal-Archimedische Unterkörper A von P besteht aus einem vollen Repräsentantensystem der Restklassen mod $\mathfrak{u}$, läßt sich also auf $\mathfrak{A}$ in der Weise isomorph beziehen, daß jedem Element aus A die von ihm repräsentierte Restklasse mod $\mathfrak{u}$ entspricht. (Damit wird Satz 9 vollständig bewiesen sein.) Eine Restklasse mod $\mathfrak{u}$ enthält zunächst höchstens ein Element aus A und umgekehrt gehört jedes Element von A zu Γ, also zu einer Restklasse mod $\mathfrak{u}$. Aber jede Restklasse enthält auch mindestens ein Element aus A. Nehmen wir nämlich an, die Restklasse R enthielte kein Element aus A! Nach dem bereits Bewiesenen wären alle Elemente aus R transzendent in bezug auf A. Sei t ein Element aus R. Wir wollen zeigen: $A(t)$ ist in bezug auf A, also auch in bezug auf K Archimedisch. (Damit wird ein Widerspruch hergestellt sein.) Da jedes Element aus $A(t)$ sich auf die Form $\frac{f(t)}{g(t)}$ bringen läßt, wo f und g Polynome mit Koeffizienten aus A sind,

[8]) Aus $a \equiv b(\mathfrak{u})$ folgt $a-b$ in $\mathfrak{u}$, d. h. entweder 0 oder in bezug auf K unendlich klein, also $a = b$, wenn a und b zu K gehören.

da ferner $f(t)$ zu Γ gehört und demnach nicht unendlich groß in bezug auf K ist, so genügt es nachzuweisen: $g(t)$ ist nicht unendlich klein in bezug auf A. Wir bestimmen zu diesem Zweck zwei Elemente a, b aus A, so daß $a < t < b$ und $g(x)$ im Intervall $a \leqq x \leqq b$ keine Nullstelle (in P) besitzt. Dies ist stets möglich. Besitzt nämlich $g(x)$ überhaupt keine Nullstelle (in P), die größer als t ist, dann sei b irgendein Element aus A, das t übertrifft. Andernfalls sei b' die kleinste Nullstelle von $g(x)$, die größer ist als t. b' ist algebraisch in bezug auf A, gehört also zu A und es ist $b' \neq t(\mathfrak{u})$. Also ist $b' - t$ nicht unendlich klein in bezug auf K, es gibt folglich ein $c > 0$ in K, so daß $b' - t > c$. Setzen wir jetzt $b = b' - c$, so haben wir $t < b < b'$ und $g(x)$ verschwindet nicht für $t \leqq x \leqq b$. Analog wird a bestimmt. $|g(x)|$ besitzt nun für $a \leqq x \leqq b$ ein positives Minimum μ. Und zwar ist $\mu = |g(\xi)|$, wo ξ nach Satz 6 entweder eine Nullstelle von $g'(x)$ im betrachteten Intervall oder eines der Elemente a, b ist. Unter allen Umständen gehört daher ξ zu A, also auch μ. Es ist demnach $|g(t)|$ mindestens so groß wie das positive Element μ aus A, also ist $|g(t)|$ nicht unendlich klein in bezug auf A.

III. Beispiele und Anwendungen.

Wir wollen in diesem letzten Abschnitt einige Anwendungen auf die algebraischen Zahlkörper machen sowie Beispiele von reellen Körpern geben, die in mancher Hinsicht neues Licht auf die gewonnenen Ergebnisse werfen.

Wir schicken einen für die Konstruktion von Beispielen sehr bequemen Hilfssatz voraus:

Hilfssatz. *Ist K der Quotientenkörper des Ringes R und ist R geordnet, so kann K auf eine und nur eine Weise so geordnet werden, daß die Ordnung von R erhalten bleibt.*

Es sei nämlich K in der gewünschten Weise geordnet. Ist nun $a = \dfrac{b}{c}$ ein beliebiges Element aus K, wobei b und c Ringelemente sind und $c \neq 0$, so folgt aus $a > 0$, $a = 0$, $-a > 0$ bzw.: $bc > 0$, $bc = 0$, $-bc > 0$. Also ist die Ordnung durch die von R eindeutig bestimmt. Umgekehrt erkennt man sofort, daß durch die Festsetzung $a > 0$, wenn $bc > 0$, tatsächlich eine Ordnung der verlangten Art gegeben ist.

Insbesondere läßt sich also der Körper der rationalen Zahlen nur auf eine Weise ordnen, da der Ring der ganzen rationalen Zahlen offenbar nur der natürlichen Ordnung fähig ist. Aus Satz 8 gewinnen wir daher:

Satz 8a. *Es gibt — von isomorphen Körpern abgesehen — einen und nur einen reell abgeschlossenen, absolut algebraischen Körper, den Körper der — im gewöhnlichen Sinn — „reellen“* [9]) *algebraischen Zahlen* [10]).

Ferner beweisen wir

Satz 10. *Ein reeller, absolut algebraischer Körper K ist stets mit einem* reellen *Zahlkörper isomorph. Jeder Anordnung von K entspricht umkehrbar eindeutig eine isomorphe Abbildung von K auf einen* reellen *Zahlkörper, bei der die Anordnung von K in die natürliche Ordnung des* reellen *Zahlkörpers übergeht. Verschiedene Anordnungen von K führen dann und nur dann auf denselben* reellen *Zahlkörper, wenn sie durch einen Automorphismus von K auseinander hervorgehen.*

Sei nämlich K reell und absolut algebraisch. K werde in irgendeiner Weise geordnet (Satz 7b); P sei die reell abgeschlossene, absolut algebraische Erweiterung von K, welche die gewählte Ordnung von K nicht zerstört (Satz 8). Dann ist P mit dem Körper P^* aller reellen algebraischen Zahlen isomorph, demnach K mit einem Unterkörper K^* von P^*. Da die isomorphe Beziehung zwischen P und P^* die Ordnung erhält, entspricht der Anordnung von K die natürliche Ordnung von K^*. Umgekehrt gibt jede isomorphe Abbildung von K auf einen reellen Zahlkörper K^* zu einer Ordnung von K Anlaß, indem man die natürliche Ordnung von K^* vermöge der gegebenen Abbildung auf K überträgt. Die behauptete Eineindeutigkeit folgt nun aus der Bemerkung, daß ein reeller Zahlkörper keinen Automorphismus außer dem identischen besitzt, der die natürliche Ordnung erhält, und daß zwei verschiedene reelle Zahlkörper niemals unter Aufrechterhaltung der natürlichen Ordnung isomorph aufeinander bezogen werden können.

Als Spezialfall haben wir den

Satz 10a. *Die Anzahl der* reellen *unter den konjugierten eines endlichen algebraischen Zahlkörpers K ist gleich der Anzahl der verschiedenen Anordnungen, deren K fähig ist, also insbesondere Null, wenn K nicht reell ist.*

Im Gegensatz zu Satz 8a gilt für transzendente Körper der

Satz 11. *Ist Ω ein algebraisch abgeschlossener, aber nicht absolut algebraischer Körper der Charakteristik Null, so gibt es zwei* [11]) *reell abgeschlossene, nicht isomorphe Unterkörper P_1, P_2 von Ω, so daß $P_1(i) = P_2(i) = \Omega$. Hat Ω einen Transzendenzgrad $\leqq \mathfrak{c}$ ($\mathfrak{c}$ = Mächtigkeit des Kontinuums), so können P_1 und P_2 beide Archimedisch gewählt werden.*

---

[9]) „Reell“ im gewöhnlichen Sinn ist hier und im folgenden durch Frakturbuchstaben hervorgehoben.

[10]) Dieser Satz ist bereits a. a. O.[2]) bewiesen, allerdings nicht rein algebraisch.

[11]) Sogar unendlich viele.

Sei zum Beweis R der Körper der rationalen, $\mathfrak{R}$ der Körper aller reellen Zahlen. Wir denken uns in $\mathfrak{R}$ eine Basis $\mathfrak{B}$ der transzendenten Zahlen gewählt, also eine Menge von den Eigenschaften: 1. Jede Zahl aus $\mathfrak{B}$ ist transzendent in bezug auf den aus R durch Adjunktion der übrigen Zahlen von $\mathfrak{B}$ hervorgehenden Körper. 2. $\mathfrak{R}$ ist algebraisch in bezug auf $R(\mathfrak{B})$. (Die Existenz einer solchen Menge wird in der üblichen Weise gezeigt.)

Es sei nun Ω algebraisch abgeschlossen, von der Charakteristik Null, vom Transzendenzgrad $\mathfrak{t}\,(>0)$ und zunächst $\mathfrak{t} \leqq \mathfrak{c}$. Dann wählen wir aus $\mathfrak{B}$ zwei nicht identische Teilmengen $\mathfrak{B}_1, \mathfrak{B}_2$ der Mächtigkeit $\mathfrak{t}$, die Zahl a sei etwa in $\mathfrak{B}_1$ nicht aber in $\mathfrak{B}_2$ enthalten. Ω_1 und Ω_2 seien die Körper der in bezug auf $R(\mathfrak{B}_1)$ bzw. $R(\mathfrak{B}_2)$ algebraischen (komplexen) Zahlen. Ω ist mit Ω_1 und Ω_2 isomorph. P_1 und P_2 seien die Körper der in Ω_1 bzw. Ω_2 enthaltenen reellen Zahlen. P_1 und P_2 sind reell abgeschlossen, da offenbar $P_1(i) = \Omega_1$, $P_2(i) = \Omega_2$, aber sicher nicht isomorph. Gäbe es nämlich eine isomorphe Abbildung zwischen P_1 und P_2, so müßte sie einerseits die rationalen Zahlen fest lassen, andrerseits die Ordnung erhalten (Satz 1). Dies aber ist unmöglich, denn in P_2 gibt es keine Zahl, die den gleichen Schnitt in R erzeugt wie die zu P_1 gehörige Zahl a. Wegen des Isomorphismus zwischen Ω, Ω_1 und Ω_2 enthält daher Ω zwei Unterkörper, die mit P_1 bzw. P_2 isomorph sind und aus deren jedem Ω durch Adjunktion von i entsteht. Damit ist unsere Behauptung für $\mathfrak{t} \leqq \mathfrak{c}$ bewiesen.

Für beliebiges $\mathfrak{t}\,(>0)$ verfahren wir so. Es sei $\mathfrak{X}$ eine Basis der Transzendenten von Ω. $\mathfrak{X}$ werde in irgendeiner Weise geordnet[12]). Wir ordnen jetzt die Potenzprodukte der Elemente von $\mathfrak{X}$: Sind $x_1, \cdots, x_n$ endlich viele Elemente von $\mathfrak{X}$, deren Numerierung gemäß der Ordnung von $\mathfrak{X}$ gewählt sei, so gehe das Produkt $x_1^{a_1} \cdots x_n^{a_n}$ dem Produkt $x_1^{b_1} \cdots x_n^{b_n}$ voran, wenn die erste nichtverschwindende Differenz $b_j - a_j$ positiv ausfällt. Sei nunmehr $f(x)$ ein Element des Polynombereichs $R[\mathfrak{X}]$. Dann setzen wir fest: $f(x)$ ist positiv, wenn der Koeffizient des ersten in $f(x)$ wirklich auftretenden Potenzprodukts der x positiv ist[13]). Damit ist der Ring $R[\mathfrak{X}]$ und nach unserem Hilfssatz auch der Körper $R(\mathfrak{X})$ geordnet. P_1 sei nun die reell abgeschlossene, in Ω enthaltene Erweiterung von $R(\mathfrak{X})$, die die eben definierte Anordnung von $R(\mathfrak{X})$ erhält. Offenbar ist jetzt $\Omega = P_1(i)$ und der maximale Archimedische Unterkörper von P_1 hat den Typus des Körpers aller reellen algebraischen Zahlen.

---

[12]) „Geordnet" ist hier im Sinne der allgemeinen Mengenlehre, nicht im Sinne der Ordnung eines Körpers gemeint.

[13]) Diese Anordnung bedeutet: Jedes Element x von $\mathfrak{X}$ ist positiv und unendlich klein in bezug auf die Polynome in den auf x folgenden Elementen von $\mathfrak{X}$.

Nun ordnen wir $R[\mathfrak{X}]$ und damit $R(\mathfrak{X})$ in anderer Weise: y sei ein festgewähltes Element aus $\mathfrak{X}$, die übrigbleibende Menge sei $\mathfrak{X}'$. Die Potenzprodukte der Elemente von $\mathfrak{X}'$ ordnen wir wie zuvor. Ist $f(y, x')$ wieder ein Element des Polynombereichs $R[\mathfrak{X}]$ und $g(y)$ der Koeffizient des ersten in $f(y, x')$ wirklich auftretenden Potenzprodukts der x', so heiße bei der neuen Ordnung $f(y, x')$ positiv, wenn $g(e)$ eine positive reelle Zahl ist; dabei bedeutet e die Basis der natürlichen Logarithmen. Bestimmen wir jetzt einen reell abgeschlossenen Körper P_2 zwischen $R(\mathfrak{X})$ und Ω, der die neue Anordnung von $R(\mathfrak{X})$ nicht zerstört, so ist wieder $P_2(i) = \Omega$. Aber P_2 enthält einen Archimedischen Unterkörper vom Transzendenzgrad 1, nämlich $R(y)$. Folglich kann P_2 nicht mit P_1 isomorph sein (Satz 9).

In einem reell abgeschlossenen Körper können die Nullstellen eines Polynoms mit Koeffizienten aus dem Körper stets getrennt werden. Das folgende einfache Beispiel zeigt, daß dies in einem geordneten, nicht reell abgeschlossenen Körper nicht notwendig zutrifft: Sei $R(x)$ der Körper der rationalen Funktionen der Unbestimmten x mit rationalen Koeffizienten. Wir ordnen $R(x)$ durch die Vorschrift: x soll positiv und unendlich klein sein, d. h. in einem Polynom gibt die niedrigste auftretende Potenz den Ausschlag. In dem zugehörigen reell abgeschlossenen, relativ algebraischen Körper besitzt die Gleichung $(y^2-x)^2-x^3=0$ zwei positive Nullstellen $\sqrt{x(1\pm\sqrt{x})}$. Diese beiden Nullstellen können in $R(x)$ nicht getrennt werden. Dieses Beispiel läßt erkennen, daß der Eindeutigkeitsbeweis in Satz 8 ohne Trennung der Wurzeln geführt werden muß.

Schließlich soll noch gezeigt werden, daß ein geordneter Körper, der nicht reell abgeschlossen ist, sehr wohl nicht-isomorphe maximal-Archimedische Unterkörper besitzen kann. Zu diesem Zweck sei A der Körper aller reellen algebraischen Zahlen, in natürlicher Weise geordnet; $A(e)$ entstehe aus A durch Adjunktion der Basis der natürlichen Logarithmen; P sei der (reell abgeschlossene) Körper der reellen, in bezug auf $A(e)$ algebraischen Zahlen. Wir betrachten nun den geordneten Körper $G = P(x)$, der aus P durch Adjunktion der unendlich kleinen Unbestimmten x hervorgeht. P und $A(e+x)$ sind dann zwei Archimedische Unterkörper von G. Von beiden läßt sich zeigen, daß sie sogar maximal-Archimedisch sind. Trotzdem sind sie ersichtlich nicht isomorph, denn P ist reell abgeschlossen, $A(e+x)$ ist es nicht.

Hamburg, Mathematisches Seminar, im Juni 1926.

Über die Zerlegung definiter Funktionen in Quadrate.

Von EMIL ARTIN in Hamburg.

In seinem Pariser Vortrag über Mathematische Probleme[1]) hat Herr HILBERT die folgende Frage aufgeworfen:

Eine rationale Funktion $F(x_1, x_2, \cdots, x_n)$ von n Veränderlichen heiße definit, wenn sie für kein reelles Wertsystem der x_i negative Werte annimmt.

Es sei nun $F(x_1, x_2, \cdots, x_n)$ eine definite Funktion mit rationalen Koeffizienten. Läßt sie sich zerlegen in eine Summe von Quadraten von rationalen Funktionen mit rationalen Koeffizienten?

Auch im Kapitel VII seiner Grundlagen der Geometrie[2]), das von den Konstruktionen mit Lineal und Eichmaß handelt, weist er auf dieses Problem hin. Der Beweis von Satz 45 in diesem Abschnitt, hängt insbesondere von der Beantwortung dieser Frage ab.

Herr HILBERT hat selbst in der ersten Auflage der Grundlagen der Geometrie gezeigt, daß dies für $n = 1$ zutrifft.

Für den Fall $n = 2$ aber hat er folgendes bewiesen[3]):

Eine definite Funktion zweier Veränderlicher ist stets Quadratsumme von rationalen Funktionen mit reellen Koeffizienten.

Später hat Herr LANDAU den Fall $n = 1$ wieder aufgenommen und gezeigt, daß eine ganze rationale definite Funktion einer Variablen mit rationalen Koeffizienten sich zerlegen läßt in eine Summe von Quadraten ganzer rationaler Funktionen mit rationalen Koeffizienten[4]). Dieses Ergebnis konnte er dann noch dahin verschärfen, daß zur Darstellung jedenfalls 8 Quadrate ausreichen[5]).

Es soll nunmehr gezeigt werden, daß sich die HILBERTsche Frage sowie einige analoge damit in Zusammenhang stehende Probleme im bejahenden Sinn beantworten lassen.

Dabei werden wir ausgiebigen Gebrauch von den Bezeichnungen und Resultaten der vorangehenden Arbeit[6]) zu machen haben. Wir zitieren sie immer kurz durch A. S.

---

[1]) D. HILBERT, Mathematische Probleme. Göttinger Nachr. 1900, S. 284, Nr. 17.

[2]) D. HILBERT, Grundlagen der Geometrie. Leipzig 1922, S. 106, 107.

[3]) D. HILBERT, Über ternäre definite Formen. Acta Math. Bd. 17, S. 169.

[4]) E. LANDAU, Über die Darstellung definiter binärer Formen durch Quadrate. Math. Ann. Bd. 57, S. 53.

[5]) E. LANDAU, Über die Darstellung definiter Funktionen durch Quadrate. Math. Ann. Bd. 62, S. 272.

[6]) E. ARTIN und O. SCHREIER, Algebraische Konstruktion reeller Körper.

Im ersten Teil suchen wir diejenigen Elemente eines abstrakten Körpers zu kennzeichnen, die sich als Summe von Quadraten schreiben lassen. Es gelingt dies leicht nach naturgemäßer Verallgemeinerung des Begriffs total positiv. Als speziellen Fall erhält man dabei mühelos den Satz von HILBERT und LANDAU über die Zerlegbarkeit total positiver algebraischer Zahlen in Quadrate[7]).

Diese Resultate lassen sich noch nicht unmittelbar auf das HILBERTsche Problem anwenden. Seinem Beweis und einigen Verallgemeinerungen ist der zweite Teil gewidmet.

Der dritte Teil bringt einige Aussagen zum Fall ganzer definiter Funktionen. Es wird gezeigt, daß man dann die Basen der Quadrate wenigstens in einer willkürlich vorgegebenen der Variablen ganz rational wählen kann. Viel mehr wird man hier überhaupt nicht erwarten dürfen.

Zuletzt werden noch die analogen Fragen für algebraische Funktionen mehrerer Veränderlicher gestreift.

1. Allgemeine Kriterien.

Bei der Frage, welche Elemente α eines abstrakten Körpers K sich als Summe von Quadraten von Elementen aus K darstellen lassen, kann man sich auf reelle Körper beschränken.

Ist nämlich K nicht reell, so ist -1 Quadratsumme, etwa:

$$(1) \qquad -1 = \xi_1^2 + \xi_2^2 + \cdots + \xi_n^2.$$

Wenn nun K eine von 2 verschiedene Charakteristik hat, so folgt daraus für ein beliebiges Element α von K die Zerlegung in $n+1$ Quadrate:

$$(2) \qquad \alpha = \left(\frac{1+\alpha}{2}\right)^2 + (\xi_1^2 + \xi_2^2 + \cdots + \xi_n^2)\left(\frac{1-\alpha}{2}\right)^2.$$

Übrigens kann in (1) für Körper mit einer Charakteristik $p > 2$ sicher $n = 2$ gewählt werden.

Hat aber K die Charakteristik 2, so erledigt sich die Frage durch die Bemerkung, daß jede Quadratsumme selbst Quadrat ist.

Daß Summe und Produkt von Quadratsummen wieder Quadratsumme ist, leuchtet ein. Aber auch ein Quotient $\frac{a}{b}$ von Quadratsummen: $a = \sum \alpha_\nu^2$; $b = \sum \beta_\mu^2$ ist wieder Quadratsumme, denn:

$$\frac{a}{b} = \frac{a}{b^2} \cdot b = \sum \left(\frac{\alpha_\nu}{b}\right)^2 \cdot \sum \beta_\mu^2.$$

---

7) E. LANDAU, Über die Zerlegung total positiver Zahlen in Quadrate. Göttinger Nachr. 1919, S. 392.

Es sei nunmehr K ein reeller Körper, in dem ein gewisses Element α nicht Summe von Quadraten ist. Ω sei eine algebraische, algebraisch abgeschlossene Erweiterung von K. Dann zeigen Überlegungen wie die beim Beweis vom Satz 7 in A. S. die Existenz eines Körpers P zwischen K und Ω mit folgender Eigenschaft:

In P ist α nicht Summe von Quadraten, wohl aber ist dies in jeder echten algebraischen Erweiterung von P der Fall.

Nach dem bereits Gesagten muß somit P reell sein. Ferner ist in P das Element $-\alpha$ Quadrat. Andernfalls wäre nämlich $P(\sqrt{-\alpha})$ eine algebraische Erweiterung von P und in ihr müßte demnach α Quadratsumme sein. Sei etwa:

$$\alpha = \sum(\xi_\nu\sqrt{-\alpha}+\eta_\nu)^2 = -\alpha\sum\xi_\nu^2+\sum\eta_\nu^2+2\sqrt{-\alpha}\sum\xi_\nu\eta_\nu,$$

wo die ξ_ν und η_ν zu P gehören. Der dritte Term rechterhand muß verschwinden, da sonst $\sqrt{-\alpha}$ zu P gehörte. Nunmehr folgt:

$$\alpha(1+\sum\xi_\nu^2) = \sum\eta_\nu^2.$$

Wegen der Realität von P ist aber $1+\sum\xi_\nu^2 \neq 0$, so daß

$$\alpha = \frac{\sum\eta_\nu^2}{1^2+\sum\xi_\nu^2}$$

wäre. Also wäre α ein Quotient von Quadratsummen, was nicht geht.

In einer algebraischen Erweiterung von P ist nun α Quadratsumme, also auch $\frac{\alpha}{-\alpha} = -1$. Keine algebraische Erweiterung von P ist demnach reell, womit P als reell abgeschlossen erkannt ist.

Nach A. S. Satz 1 läßt sich P ordnen. Dabei fällt $-\alpha$ als Quadrat positiv aus, also α negativ. Diese Ordnung von P bewirkt demnach eine solche Ordnung von K, daß dabei α negativ ausfällt. Auf die Existenz einer solchen Ordnung von K aber kommt es uns nunmehr allein an.

Man definiere nämlich:

Ein Element α eines Körpers K heiße total positiv, wenn es in keiner der verschiedenen möglichen Ordnungen von K negativ ausfällt. In einem nicht reellen Körper mit einer Charakteristik $\neq 2$ (dies werde nunmehr stets vorausgesetzt), wird man zweckmäßig jedes Element total positiv nennen.

Daß Quadratsummen total positiv sind, ist auf der Hand liegend. Unsere Überlegungen haben aber auch die Umkehrung ergeben, mit anderen Worten:

Satz 1: *Die total positiven Elemente eines Körpers K, und nur diese, sind Summen von Quadraten von Elementen aus K.*

Beachtet man A. S. Satz 10 so folgt, daß im Falle eines algebraischen Zahlkörpers unsere Definition von total positiven Zahlen mit der üblichen zusammenfällt, so daß Satz 1 unmittelbar den Satz von HILBERT-LANDAU[8]) ergibt.

In Anlehnung an ein Resultat von Herrn LANDAU[9]) wollen wir nun unser Ergebnis etwas verallgemeinern.

Es sei R ein fest gegebener reeller Körper, mit fest gegebener Ordnung, K ein Körper über R.

Wir fragen nach denjenigen Elementen α aus K, die sich in der Form

$$\alpha = \sum e_\nu \xi_\nu^2 \tag{3}$$

darstellen lassen, wo die $e_\nu \geqq 0$ Elemente von R, die ξ_ν aber Elemente aus K bedeuten.

Es sei α ein Element aus K, das sich nicht in der Form (3) darstellen läßt. Dann verschafft man sich leicht wieder einen Körper P über K, in dem es auch noch nicht eine Darstellung der Form (3) gibt (wo wieder $e_\nu \geqq 0$ aus R, die ξ_ν aber aus P entnommen werden dürfen), während dies in jeder algebraischen Erweiterung möglich ist.

Die Annahme nun, irgendein $e > 0$ aus R wäre in P nicht Quadrat, führte auf eine Gleichung der Form:

$$\alpha = \sum e_\nu (\xi_\nu \sqrt{e} + \eta_\nu)^2 = \sum e e_\nu \cdot \xi_\nu^2 + \sum e_\nu \eta_\nu^2 + 2\sqrt{e} \sum e_\nu \xi_\nu \eta_\nu .$$

Der letzte Term müßte verschwinden. Dann aber ist der Widerspruch schon da, denn man hätte ja nunmehr wegen $e e_\nu \geqq 0$ doch eine Darstellung von α in der Form (3) im Körper P.

Da nunmehr alle $e_\nu \geqq 0$ als Quadrate in P erkannt sind, kann man sich in P die Koeffizienten von (3) überhaupt schenken und sagen: in P ist α nicht Summe von Quadraten, wohl aber in jeder algebraischen Erweiterung von P.

Damit sind wir aber auf den schon in Satz 1 behandelten Fall zurückgekommen. P ist reell abgeschlossen und α ist in der natürlichen Ordnung von P negativ. Da aber jedes in R positive Element in P Quadrat ist, also auch positiv ausfällt, ist die Ordnung von P eine Fortsetzung der Ordnung von R.

Es gibt also eine Ordnung von K, welche Fortsetzung der Ordnung von R ist, in der α negativ ausfällt.

[8]) Siehe Anm. [7]).

[9]) Siehe Anm. [4]), insbesondere § 3.

Man wird demnach nunmehr definieren:

Ein Element α eines Körpers K heiße total positiv in bezug auf den geordneten Unterkörper R, wenn in keiner Ordnung von K, die die Ordnung von R fortsetzt, das Element α negativ ausfällt.

Dann folgt unmittelbar:

Satz 2: *Die in bezug auf R total positiven Elemente α aus K, und nur diese, gestatten eine Darstellung der Form*

$$\alpha = \sum e_\nu \xi_\nu^2,$$

wo die $e_\nu \geqq 0$ Elemente aus R, die ξ_ν Elemente aus K sind.

Wieder unter Zuhilfenahme von A. S. Satz 10 erkennt man mühelos, welche Aussage dies für algebraische Zahlkörper bedeutet.

2. Zerlegung definiter Funktionen.

Wir sehen, daß nunmehr alles darauf ankommt, definite Funktionen als total positiv nachzuweisen.

Dieser Nachweis kann erbracht werden, indem man den allgemeinen Satz beweist:

Satz 3: *Es sei R ein gegebener, im gewöhnlichen Sinn reeller Zahlkörper und K der Körper der rationalen Funktionen von n Variablen $x_1, x_2, \cdots, x_n$ mit Koeffizienten aus R. Für K liege eine beliebige aber feste Ordnung vor, welche die natürliche Ordnung von R fortsetzt.*

Ist dann irgendein System von endlich vielen Funktionen $\varphi_1(x)$, $\varphi_2(x), \cdots, \varphi_m(x)$ aus K (m beliebig) der Variablen $x_1, x_2, \cdots, x_n$ (das Symbol x bedeute hier und im folgenden stets alle Variablen) vorgelegt, so gibt es n solche rationale Zahlen $a_1, a_2, \cdots, a_n$, daß die Funktionen $\varphi_\nu(x)$ an der Stelle $x_i = a_i$ sinnvoll bleiben und der Funktionswert $\varphi_\nu(a)$ dasselbe Vorzeichen hat wie $\varphi_\nu(x)$.

Diese Vorzeichenforderung besagt genauer: Wenn in der vorgelegten Ordnung von K $\varphi_\nu(x) > 0$ ist, so ist $\varphi_\nu(a) > 0$, wenn $\varphi_\nu(x) = 0$ dann natürlich auch $\varphi_\nu(a) = 0$ und wenn $\varphi_\nu(x) < 0$ ist, muß auch $\varphi_\nu(a) < 0$ werden.

Unser Satz ist trivial für $n = 0$, da sich dann schon die Funktionen $\varphi_\nu(x)$ auf Konstante reduzieren. Wir setzen ihn also für n Variable als bewiesen voraus und werden nunmehr seine Richtigkeit für $n+1$ Variable folgern. Die Durchführung des Beweises wird zeigen, daß man die Induktion bei $n = 0$ beginnen lassen durfte.

Zunächst haben wir Folgerungen aus seiner Richtigkeit für n Variable zu ziehen. Es sei P der nach A. S. Satz 8 existierende algebraische, reell abgeschlossene Körper über K, dessen Ordnung Fortsetzung der Ordnung von K ist.

Wir betrachten nun Funktionen $f(t, x)$ einer neuen Variablen t mit Koeffizienten aus K, die in t ganz rational sind und verabreden folgende Sprechweise:

Eine Eigenschaft E eines Systems von Funktionen $f_1(t, x)$, $f_2(t, x), \cdots, f_k(t, x)$ soll spezialisierbar heißen, wenn es ein System $\varphi_1(x)$, $\varphi_2(x), \cdots, \varphi_m(x)$ von rationalen Funktionen der x allein gibt, mit folgender Beschaffenheit. Sind $a_1, a_2, \cdots, a_n$ rationale Zahlen, von der Art, daß alle Funktionen $\varphi_\nu(x)$ an der Stelle $x_i = a_i$ sinnvoll bleiben und dasselbe Vorzeichen wie ihre Werte $\varphi_\nu(a)$ haben, so sind auch alle Funktionen $f_\nu(t, x)$ an der Stelle $x_i = a_i$ sinnvoll und das System $f_1(t, a), f_2(t, a), \cdots, f_k(t, a)$ hat auch die Eigenschaft E.

Ersichtlich ist eine aus spezialisierbaren Eigenschaften zusammengesetzte Eigenschaft wieder spezialisierbar. Ferner gibt es nach Induktionsvoraussetzung stets wirklich rationale Zahlen a_i, die die Spezialisation bewirken.

Wir beweisen nun zwei Hilfssätze:

Hilfssatz 1: *Die Eigenschaft einer Funktion $f(t, x)$, als Funktion von t im Körper P genau r reelle Wurzeln zu haben, ist spezialisierbar.*

Beweis: Sei

$$f(t, x) = \psi_0(x)\, t^s + \psi_1(x)\, t^{s-1} + \cdots + \psi_s(x)$$

und

$$F(t) = A_0\, t^s + A_1\, t^{s-1} + \cdots + A_s$$

die allgemeine Gleichung s-ten Grades. Da nach A. S. Satz 6 im Körper P alle Sätze der reellen Algebra gelten, gibt es bekanntlich eine Kette von endlich vielen ganzen Funktionen $\Phi_\nu(A)$ der A_i mit rationalen Koeffizienten von der Art, daß für spezielle A_i aus P die Vorzeichenverteilung in der Kette $\Phi_\nu(A)$ Aufschluß gibt über die Anzahl der reellen Wurzeln der für diese A spezialisierten Funktion $F(t)$. Die Existenz einer solchen Kette folgt mühelos aus dem Sturmschen Satz oder auch aus den hier ebenfalls gültigen Sätzen über die Bezoutiante.

Nunmehr nehme man in die zu bildende Menge von Funktionen $\varphi(x)$ auf:

1. Alle Koeffizienten $\psi_i(x)$ von $f(t, x)$, damit man beim Einsetzen von rationalen Zahlen etwas sinnvolles erhält.
2. Die endlich vielen Ausdrücke $\Phi_\nu(\psi(x))$.

Ist nunmehr a_i so gewählt, daß in der so bestimmten Menge $\varphi_\nu(x)$ alle $\varphi_\nu(a)$ dasselbe Zeichen haben, so ist $f(t, a)$ sinnvoll und hat ebensoviel reelle Wurzeln wie $f(t, x)$, da sich an den Vorzeichen der zugehörigen Kette $\Phi_\nu(\psi(a))$ eben nichts geändert hat.

Hilfssatz 2: *Eine endliche Folge $f_1(t, x), f_2(t, x), \cdots, f_k(t, x)$ von Funktionen habe die Eigenschaft, daß $f_\nu(t, x)$ eine gewisse reelle Wurzel α_ν in P hat und daß*

$$\alpha_1 < \alpha_2 < \cdots < \alpha_k$$

ist. Diese Eigenschaft der Folge ist spezialisierbar.

Beweis: Man adjungiere zu K alle α_i, sowie für jedes Zahlenpaar $i > j$ die Quadratwurzel $\sqrt{\alpha_i - \alpha_j}$. Der so entstehende Körper ist reell und gehe aus K durch Adjunktion der einen reellen Größe ξ hervor. Diese Größe ξ genüge der in K irreduziblen Gleichung $F(t, x) = 0$. α_i und $\sqrt{\alpha_i - \alpha_j}$ müssen sich durch ξ ausdrücken lassen, und zwar ganz rational in ξ, etwa:

$$\alpha_i = g_i(\xi, x); \qquad \sqrt{\alpha_i - \alpha_j} = h_{ij}(\xi, x) \qquad (i > j).$$

Nun gilt $f_i(g_i(\xi, x), x) = 0$, so daß die Funktion $f_i(g_i(t, x), x)$ durch $F(t, x)$ teilbar sein muß, etwa:

$$f_i(g_i(t, x), x) = F(t, x) G_i(t, x). \tag{4}$$

Analog zeigt die Identität:

$$g_i(\xi, x) - g_j(\xi, x) - (h_{ij}(\xi, x))^2 = 0 \quad \text{für } i > j,$$

daß man setzen darf:

$$g_i(t, x) - g_j(t, x) - (h_{ij}(t, x))^2 = F(t, x)\, \Phi_{ij}(t, x) \quad \text{für } i > j. \tag{5}$$

Endlich ist $h_{ij}(\xi, x) \neq 0$. Sein Inverses kann wieder ganz rational durch ξ ausgedrückt werden, etwa:

$$\frac{1}{h_{ij}(\xi, x)} = H_{ij}(\xi, x).$$

Dies führt auf eine Gleichung der Form:

$$h_{ij}(t, x) H_{ij}(t, x) - 1 = F(t, x)\, \Psi_{ij}(t, x) \quad \text{für } i > j. \tag{6}$$

In die für die Spezialisierung zu bildende Menge von Funktionen $\varphi_\nu(x)$ nehme man zunächst ein System von solchen Funktionen auf, die uns nur die Sicherheit geben sollen, daß beim Einsetzen in die eben gebildeten Identitäten alles sinnvoll bleibt. Man nehme nämlich alle Koeffizienten der in t ganzen Funktionen $f_i(t, x)$, $F(t, x)$, $g_i(t, x)$, $h_{ij}(t, x)$, $G_i(t, x)$, $\Phi_{ij}(t, x)$, $H_{ij}(t, x)$, und $\Psi_{ij}(t, x)$ auf.

Sodann diejenige nach Hilfssatz 1 existierende Menge von Funktionen $\varphi(x)$ die bewirkt, daß $F(t, x)$ auch nach der Spezialisierung eine reelle Wurzel hat. Dies genügt.

Denn ist $x_i = a_i$ ein unseren Vorzeichenbedingungen genügendes System rationaler Zahlen, so hat die Gleichung $F(t, a) = 0$ eine reelle Wurzel ξ.

Man setze nun $\overline{\alpha}_i = g_i(\overline{\xi}, a)$. Setzt man nun $t = \overline{\xi}$ und $x = a$ in (4) ein, so folgt $f_i(\overline{\alpha}_i, a) = 0$. (6) ergibt:

$$h_{ij}(\overline{\xi}, a)\; H_{ij}(\overline{\xi}, a) = 1 \text{ für } i > j,$$

also insbesondere $h_{ij}(\overline{\xi}, a) \neq 0$, so daß (5) uns zeigt:

$$\overline{\alpha}_i - \overline{\alpha}_j = (h_{ij}(\overline{\xi}, a))^2 > 0.$$

Dies war aber zu zeigen.

Nach diesen Vorbereitungen kann der Beweis von Satz 3 mühelos zu Ende geführt werden.

Wir benennen die $(n+1)$-te Variable, um sie hervorzuheben, mit τ und nennen den Körper der rationalen Funktionen der n übrigen Variablen x_i wieder K. Es liege also eine feste Ordnung des Körpers $K(\tau)$ vor, welche die Ordnung von R festläßt. Es sei P' der algebraische reelle Abschluß von $K(\tau)$ der diese Ordnung festläßt und P der in P' enthaltene reelle Abschluß von K.

Sind nun $f_1(\tau, x), f_2(\tau, x), \cdots, f_k(\tau, x)$ rationale Funktionen von τ und den x, so kann man ohne Beschränkung der Allgemeinheit annehmen, daß keine von ihnen identisch verschwindet. Es ist zu zeigen, daß man für τ und die x solche rationale Zahlen einsetzen kann, daß die Funktionswerte das gleiche Vorzeichen haben wie die Funktionen.

Zu dem Zweck zerlegen wir uns die $f_i(\tau, x)$ in irreduzible Funktionen nach τ. Es seien etwa:

$$P_1(\tau, x),\; P_2(\tau, x),\; \cdots,\; P_m(\tau, x)$$

die sämtlichen voneinander verschiedenen irreduziblen ganzen Funktionen von τ (mit höchsten Koeffizienten 1), die in Zähler und Nenner von den $f_i(\tau, x)$ aufgehen und

$$\psi_1(x),\; \psi_2(x),\; \cdots,\; \psi_s(x)$$

die von τ unabhängigen Faktoren, die man braucht, um aus den $P_i(\tau, x)$ die $f_i(\tau, x)$ zu bilden.

Offenbar genügt es, unseren Satz für das System

$$P_1(\tau, x), \cdots, P_m(\tau, x), \quad \psi_1(x), \cdots, \psi_s(x)$$

zu beweisen. Denn wenn man so spezialisieren kann, daß in diesem System alles sein Vorzeichen behält, so gilt dies gewöhnlicher a fortiori vom Ausgangssystem.

Um nun dies zu erreichen, betrachte man die Funktionen

$$P_1(t, x),\ P_2(t, x), \cdots, P_m(t, x)$$

in K und P. Die etwaigen reellen Nullstellen aller dieser Funktionen von t seien der Größe nach geordnet

$$\alpha_1 < \alpha_2 < \cdots < \alpha_l,$$

und es sei etwa α_i Wurzel von $P_{\lambda_i}(t, x)$.

Wir spezialisieren nun folgendermaßen:

In die zu bildende Funktionenmenge $\varphi(x)$ nehmen wir auf:

1. Die Funktionen $\psi_1(x), \psi_2(x), \cdots, \psi_s(x)$.
2. Die nach Hilfssatz 1 existierende Menge von Funktionen $\varphi(x)$, die verbürgt, daß $P_i(t, x)$ genau so viele reelle Wurzeln hat wie $P_i(t, a)$.
3. Die nach Hilfssatz 2 für die Folge $P_{\lambda_1}(t, x), \cdots, P_{\lambda_l}(t, x)$ existierende Menge von Funktionen $\varphi(x)$, die dafür Sorge trägt, daß $P_{\lambda_i}(t, a)$ eine reelle Nullstelle $\bar{\alpha}_i$ hat so daß:

$$\bar{\alpha}_1 < \bar{\alpha}_2 \cdots < \bar{\alpha}_l.$$

Daß es solche rationale Zahlen a_i gibt, besagt die Induktionsvoraussetzung. Da wir die $\psi_\nu(x)$ aufgenommen haben, ist für die Erhaltung des Vorzeichens bei diesen Funktionen bereits gesorgt. Es genügt also, sich mit den $P_\nu(t, a)$ zu beschäftigen.

Da $P_\nu(t, a)$ genau so viele reelle Nullstellen hat wie $P_\nu(t, x)$, ist die Gesamtanzahl der reellen Nullstellen aller Polynome $P_\nu(t, a)$ wieder l, so daß $\bar{\alpha}_1, \bar{\alpha}_2, \cdots, \bar{\alpha}_l$ alle reellen Nullstellen unserer Polynome sind. Die Anordnung dieser Nullstellen ist aber nun wegen der dritten Forderung die gleiche wie die der α_i.

Im Körper P' zerfallen die Funktionen $P_\nu(t, x)$ in lineare und in quadratische Faktoren, wobei die letzteren von den komplexen Nullstellen herrühren. Ein Gleiches gilt für die $P_\nu(t, a)$. Setzt man nun für t irgendeinen Wert aus P' ein, so ergeben die quadratischen Faktoren stets positive Beiträge zum Produkt, so daß das Vorzeichen von $P_\nu(t, x)$ nur von den Linearfaktoren anhängt, also nur davon, in welchem Wurzelintervall der Wert von t liegt.

Das Element τ liege nun etwa im Intervall $\alpha_i < \tau < \alpha_{i+1}$. Da die Nullstellen von $P_\nu(t, a)$ genau so angeordnet sind, werden alle $P_\nu(t, a)$ sicher dasselbe Vorzeichen wie die $P_\nu(t, x)$ bekommen, wenn man für t einen Wert zwischen $\bar{\alpha}_i$ und $\bar{\alpha}_{i+1}$ einsetzt. Nun sind aber die $\bar{\alpha}_i$ algebraisch in bezug auf R, da sie die Wurzeln von Gleichungen $P_\nu(t, a) = 0$ sind. Eine algebraische Erweiterung eines Archimedischen

Körpers R die seine Ordnung aufrechterhält, ist aber selbst Archimedisch, da man nach A. S. Satz 6 die Wurzeln von Gleichungen abschätzen kann. Zwischen $\overline{\alpha}_i$ und $\overline{\alpha}_{i+1}$ liegt also sicher eine rationale Zahl b. Setzt man $t = b$, so haben die $P_\nu(b, a)$ dasselbe Zeichen wie die $P_\nu(\tau, x)$ und alles ist somit bewiesen. Sollte $\tau < \alpha_1$ oder $\tau > \alpha_l$ ausfallen, so wähle man die rationale Zahl $b < \overline{\alpha}_1$ bzw. $b > \overline{\alpha}_l$.

An diesem letzten Teil erkennt man nunmehr, warum man bei der Induktion gleich bis znm Körper R herabsteigen muß. Man braucht eben zum Beweis Sätze über die Trennbarkeit der Wurzeln, und diese gelten nur in Archimedischen und in reell abgeschlossenen Körpern.

Es sei nun R ein reeller Zahlkörper, der sich nur auf eine einzige Art ordnen läßt. Dann ist jede Ordnung von K eine Fortsetzung der Ordnung von R. Ferner sei $F(x_i)$ eine definite rationale Funktion aus K, d. h. eine solche, die für alle rationalen Zahlwerte a_i, bei denen $F(x_i)$ an der Stelle $x_i = a_i$ überhaupt sinnvoll ist, stets nicht negative Funktionswerte besitzt: $F(a_i) \geqq 0$. Nach Satz 3 kann dann $F(x_i)$ bei keiner Ordnung von K negativ ausfallen, da es sonst für passende rationale Zahlwerte negativ wird. Es ist also $F(x_i)$ in K total positiv.

Wegen Satz 1 ist damit gezeigt:

Satz 4: *Es sei R ein reeller Zahlkörper, der sich nur auf eine Weise ordnen läßt, wie zum Beispiel der Körper der rationalen Zahlen, oder der aller reellen algebraischen Zahlen oder der aller reellen Zahlen.*

Dann ist jede rationale definite Funktion von $x_1, x_2, \cdots, x_n$ mit Koeffizienten aus R Summe von Quadraten von rationalen Funktionen der x_i mit Koeffizienten aus R.

Es sei ferner R ein beliebiger algebraischer Zahlkörper. Nennt man eine rationale Funktion mit Koeffizienten aus R total definit, wenn sie an rationalen Stellen, an denen sie sinnvoll ist, nur total positive Zahlwerte aus R annimmt, so erkennt man wieder mühelos:

Satz 5: *Ist R ein algebraischer Zahlkörper, so ist jede total definite rationale Funktion mit Koeffizienten aus R Summe von Quadraten von rationalen Funktionen mit Koeffizienten aus R.*

Für beliebige reelle Zahlkörper ergibt endlich Satz 3 in Verbindung mit Satz 2:

Satz 6: *Ist R ein beliebiger reeller Zahlkörper und $F(x_1, x_2, \cdots, x_n)$ eine definite rationale Funktion mit Koeffizienten aus R, so läßt sich $F(x_i)$ darstellen in der Form:*

$$F(x_i) = \sum_\nu e_\nu \cdot (\varphi_\nu(x_i))^2,$$

wo die e_ν nicht negative Zahlen aus R sind und die $\varphi_\nu(x_i)$ rationale Funktionen mit Koeffizienten aus R.

Beim Beweis unserer Sätze haben wir wiederholt von Wohlordnung Gebrauch gemacht. Dies ist aber unwesentlich.

Man beachte nämlich, daß man R stets als abzählbar voraussetzen kann, indem es nämlich genügt, unter R denjenigen Körper zu verstehen, der aus dem der rationalen Zahlen durch Adjunktion aller Zahlkoeffizienten der betrachteten definiten Funktion hervorgeht. Folglich ist auch $K = R(x_1, x_2, \cdots, x_n)$ explizit abzählbar, also auch der Körper der algebraischen Funktionen über K.

Der Wohlordnungssatz ist demnach entbehrlich, wenn man es nur auf Satz 4, 5, 6 abgesehen hat.

Dagegen sind unsere Beweise indirekt und liefern keine explizite Vorschrift für die Zerfällung. Man darf aber wohl erwarten, daß sich die Beweise nach dieser Richtung hin vervollständigen lassen.

3. Die Zerlegung ganzer definiter Funktionen.

Eine naheliegende Frage ist es nun, ob sich unsere Ergebnisse für ganze rationale definite Funktionen irgendwie verschärfen lassen. Wie Herr HILBERT[10]) zuerst an einem überaus kunstvoll gebildeten Beispiel gezeigt hat, darf man schon für Funktionen zweier Veränderlicher nicht mehr erwarten, daß man die Basen der Quadrate ganz rational wählen kann; selbst dann nicht, wenn als Koeffizientenbereich der Körper aller reellen Zahlen zugelassen wird.

Herr LANDAU[11]) hat als Erster gezeigt, daß dies wenigstens für Funktionen einer Variablen zutrifft und daß man bei Funktionen zweier Variablen stets dann die Quadratbasen in einer beliebig vorgegebenen der beiden Variablen ganz wählen kann, wenn als Koeffizientenkörper der Körper aller reellen Zahlen zugrunde gelegt wird.

Nach leichter Abänderung des LANDAUschen Beweisansatzes gelingt aber der Nachweis dieser Tatsache für beliebig viele Veränderliche und beliebige Koeffizientenkörper.

Wir wollen zeigen:

Satz 7: *Es sei K ein beliebiger reeller Körper und $K(x)$ der Körper der rationalen Funktionen einer Veränderlichen x, mit Koeffizienten aus K. Wenn sich dann die ganze rationale Funktion $F(x)$ im Körper $K(x)$ als Summe von Quadraten schreiben läßt, so gibt es auch eine Zerlegung von $F(x)$ in eine Summe von Quadraten von ganzen rationalen Funktionen aus K.*

Beweis: Der in Rede stehende Satz ist trivial für Konstanten, da man in einer Darstellung einer Konstanten als Quadratsumme rationaler

[10]) D. HILBERT, Über die Darstellung definiter Formen als Summe von Formenquadraten. Math. Ann. Bd. 32, S. 342.

[11]) Vgl. vor allem die in Anm. 5 zitierte Arbeit.

Funktionen für x einen solchen Wert aus K einsetzen kann, daß keiner der auftretenden Nenner verschwindet und so eine Darstellung unserer Konstanten als Quadratsumme von Konstanten erhält.

Unser Satz sei also für alle Funktionen niedrigeren als n-ten Grades bewiesen. Es sei nun $F(x)$ eine Funktion n-ten Grades, die Summe von Quadraten rationaler Funktionen ist.

Man darf annehmen, daß $F(x)$ durch kein Quadrat einer ganzen rationalen Funktion $\Phi(x)$ von positivem Grad teilbar ist, da anderenfalls

$$F(x) = (\Phi(x))^2 G(x)$$

gesetzt, die Funktion $G(x)$ niedrigeren Grad hat und auch Quadratsumme ist. Also gäbe es für $G(x)$ eine Darstellung als Summe ganz rationaler Quadrate, die sofort zu einer Darstellung von $F(x)$ führte.

Es sei nunmehr $\varphi(x)$ der Generalnenner der Basen der Quadrate in der Zerlegung von $F(x)$. Dann hat man eine Identität der Form:

$$(\varphi(x))^2 F(x) = \sum_{\nu=1}^{N} (g_\nu(x))^2 \qquad \varphi(x) \neq 0,\ g_\nu(x) \text{ ganz.} \tag{7}$$

Unter allen Identitäten der Form (7) sei diese so gewählt, daß der Grad von $\varphi(x)$ möglichst klein ausfällt.

Dann können nicht alle $g_\nu(x)$ durch $F(x)$ teilbar sein. Denn wäre stets $g_\nu(x) = F(x) q_\nu(x)$, so hätte man:

$$(\varphi(x))^2 = F(x) \sum_{\nu=1}^{N} (q_\nu(x))^2.$$

Da $F(x)$ quadratfrei ist, muß $\varphi(x)$ teilbar sein durch $F(x)$. Dividiert man demnach (7) durch $(F(x))^2$, so wird:

$$\left(\frac{\varphi(x)}{F(x)}\right)^2 \cdot F(x) = \sum_{\nu=1}^{N} (q_\nu(x))^2,$$

was deshalb nicht geht, weil $\dfrac{\varphi(x)}{F(x)}$ niedrigeren Grad hat als $\varphi(x)$.

Setzt man also $g_\nu(x) = q_\nu(x) F(x) + h_\nu(x)$, wo der Grad von $h_\nu(x)$ höchstens $n-1$ ist, so verschwinden nicht alle $h_\nu(x)$. Setzt man dies in (7) ein, quadriert aus und schafft alle durch $F(x)$ teilbaren Terme auf die linke Seite, so erhält man eine Gleichung der Form:

$$f(x)\, F(x) = \sum_{\nu=1}^{N} (h_\nu(x))^2 \neq 0. \tag{8}$$

Der Grad der rechten Seite ist höchstens $2n-2$, der von $f(x)$ also höchstens $n-2$.

Unter allen Identitäten der Form (8) sei nun (8) so gewählt, daß der Grad von $f(x)$ möglichst klein ausfällt. Wir wissen dann, daß er sicher kleiner als n sein wird, daß sich also $f(x)$ (da es als Quotient von Quadratsummen selbst Quadratsumme ist) als Summe ganzer rationaler Quadrate schreiben läßt. Wenn $f(x)$ konstant ist, ist ein Gleiches bei $\frac{1}{f(x)}$ der Fall und man erhält unmittelbar die gesuchte Zerlegung von $F(x)$.

Es sei also $f(x)$ nicht konstant und vom m-ten Grade. Dann bestehen zwei Möglichkeiten:

1. Alle $h_\nu(x)$ sind teilbar durch $f(x)$, etwa $h_\nu(x) = f(x)\, q_\nu(x)$. Dann folgt aus (9) daß
$$F(x) = f(x) \cdot \sum_{\nu=1}^{N} (q_\nu(x))^2.$$
Da aber $f(x)$ ganz rational zerlegbar ist, erhält man die gesuchte Zerlegung für $F(x)$.
2. Wird $h_\nu(x) = q_\nu(x) f(x) + r_\nu(x)$ gesetzt, wo die $r_\nu(x)$ höchstens den Grad $m-1$ haben, so sind nicht alle $r_\nu(x) = 0$.

Wegen $r_\nu(x) \equiv h_\nu(x) \pmod{f(x)}$ ist dann:
$$\sum_{\nu=1}^{N} (r_\nu(x))^2 \equiv \sum_{\nu=1}^{N} (h_\nu(x))^2 = f(x)\, F(x) \equiv 0 \pmod{f(x)},$$
so daß man
$$(9) \qquad \sum_{\nu=1}^{N} (r_\nu(x))^2 = f(x) f_1(x) \neq 0$$
setzen kann, wo $f_1(x) \neq 0$ und niedrigeren Grad hat als $f(x)$, nämlich höchstens $m-2$.

Man benutze nun die von der SCHWARZschen Ungleichung her bekannte Identität:
$$(10) \qquad \begin{aligned} &\sum_{\nu=1}^{N} (h_\nu(x))^2 \cdot \sum_{\nu=1}^{N} (r_\nu(x))^2 \\ &= \left(\sum_{\nu=1}^{N} h_\nu(x)\, r_\nu(x)\right)^2 + \sum_{1 \leq \nu < \mu \leq N} (h_\nu(x)\, r_\mu(x) - h_\mu(x)\, r_\nu(x))^2. \end{aligned}$$

Links steht wegen (8) und (9) die Funktion $F(x)\,(f(x))^2 f_1(x) \neq 0$. Rechterhand steht eine Summe von Quadraten.

Wegen
$$\sum_{\nu=1}^{N} h_\nu(x)\, r_\nu(x) \equiv \sum_{\nu=1}^{N} (h_\nu(x))^2 = f(x)\, F(x) \equiv 0 \pmod{f(x)}$$

und

$$h_\nu(x)\, r_\mu(x) - h_\mu(x)\, r_\nu(x) \equiv h_\nu(x)\, h_\mu(x) - h_\mu(x)\, h_\nu(x) \equiv 0 \pmod{f(x)}$$

sind aber die Basen aller Quadrate der rechten Seite von (10) teilbar durch $f(x)$, haben also die Form $f(x) \cdot \Phi_i(x)$.

Aus (10) erhält man somit:

$$F(x)\,(f(x))^2 f_1(x) = \sum (f(x)\,\Phi_i(x))^2 \neq 0 \text{ oder}$$
$$F(x) f_1(x) = \sum (\Phi_i(x))^2 \neq 0.$$

Nun ist aber ein Widerspruch da, denn dies ist eine Identität der Form (8) und $f_1(x)$ hat niedrigeren Grad als $f(x)$.

Wiederum gilt auch der allgemeinere Satz:

Satz 8. *Es sei R ein reeller fest geordneter Unterkörper von K. Wenn sich eine ganze rationale Funktion $F(x)$ aus $K(x)$ darstellen läßt in der Form:*

$$F(x) = \sum e_\nu (\varphi_\nu(x))^2,$$

wo die $e_\nu \geqq 0$ aus R stammen und die $\varphi_\nu(x)$ rational sind, so gibt es auch eine Darstellung in dieser Form mit ganzen rationalen $\varphi_\nu(x)$.

Da der Beweis wörtlich wie für Satz 7 zu führen geht, überlassen wir ihn dem Leser. An Stelle der Identität (10) benutze man hier:

$$\sum_{\nu=1}^{N} e_\nu (h_\nu(x))^2 \cdot \sum_{\nu=1}^{N} e_\nu (r_\nu(x))^2$$
$$= \left(\sum_{\nu=1}^{N} e_\nu\, h_\nu(x)\, r_\nu(x)\right)^2 + \sum_{1 \leq \nu < \mu \leq N} e_\nu e_\mu (h_\nu(x)\, r_\mu(x) - h_\mu(x)\, r_\nu(x))^2.$$

Aus diesen beiden Sätzen folgt:

Satz 9: *Die in den Sätzen 4, 5 und 6 behaupteten Zerlegungen können im Falle ganzer rationaler Funktionen so eingerichtet werden, daß die Basen aller auftretenden Quadrate ganze rationale Funktionen in einer willkürlich vorgegebenen von den Variablen sind.*

4. Die Zerlegung algebraischer Funktionen.

Es möge noch kurz die Zerlegbarkeit algebraischer Funktionen mehrerer Veränderlicher in Quadrate untersucht werden.

Es sei R der Körper aller reellen Zahlen (man könnte auch hier wieder einen beliebigen Koeffizientenbereich zugrunde legen) und K der Körper der rationalen reellen Funktionen von n Veränderlichen x_i.

8

Der Körper $K(\xi)$ sei eine reelle algebraische Erweiterung von K. Was bedeutet diese Realität? Ist $F(t,x) = 0$ die in K irreduzible Gleichung für ξ, so hat diese bei passender Ordnung von K das Element ξ als reelle Nullstelle. Nach Hilfssatz 1 kann man dann für x solche rationale Zahlwerte finden, daß für $x = a$ unsere Gleichung $F(t, a) = 0$ eine im gewöhnlichen Sinn reelle Nullstelle hat. Nach der im Hilfssatz 1 ausgeführten Bestimmung muß dies auch noch in einer genügend kleinen Umgebung der Stelle a der Fall sein, da in einer genügend kleinen Umgebung sicher noch keine Vorzeichenänderung bei der fraglichen Funktionsmenge $\varphi(x)$ erfolgt.

Es hat also ξ in der Umgebung einer Stelle a_i einen reellen Zweig. Es sei dies umgekehrt der Fall. Dann kann in $K(\xi)$ sicher -1 nicht Summe von Quadraten sein, denn sonst könnte man in der Umgebung unserer Stelle einen solchen Punkt finden, in dem die nötigen Spezialisierungen alle sinnvoll bleiben und hätte so -1 in R als Quadratsumme dargestellt, was nicht geht. Wir sehen also:

Satz 10: *Die Realität des Körpers $K(\xi)$ bedeutet, daß die algebraische Funktion ξ in einer genügend kleinen Umgebung einer passenden Stelle a einen reellen Zweig besitzt, daß also ξ eine im gewöhnlichen Sinn reelle algebraische Funktion ist.*

Welche Elemente $\alpha = \varphi(\xi, x)$ aus $K(\xi)$ sind nun in diesem Körper total positiv? Man beachte nur diejenigen Stellen, an denen $F(t, x) = 0$ lauter endliche Wurzeln hat und der Nenner von $\varphi(\xi, x)$ nicht verschwindet. Die auszuschließenden Stellen liegen dann auf algebraischen Mannigfaltigkeiten niedrigerer Dimension als n. Wenn nun $\varphi(\xi, x)$ total positiv, also Summe von Quadraten ist, so muß es an jeder Stelle, an der keiner der auftretenden Nenner verschwindet, für jeden etwa vorhandenen reellen Wert von ξ positiv ausfallen. Ist dies umgekehrt der Fall, so muß $\varphi(\xi, x)$ total positiv sein. Nehmen wir nämlich an, es gäbe eine Ordnung von $K(\xi)$, in der $\varphi(\xi, x)$ negativ ausfällt.

Dann bilde man den reellen Körper $K\left(\xi, \sqrt{-\varphi(\xi, x)}\right) = K(\eta)$. Es sei etwa

$$\xi = f(\eta, x), \qquad \sqrt{-\varphi(\xi, x)} = \psi(\eta, x) \text{ und } \Phi(t, x) = 0$$

die Gleichung für η. Dann ist $F(f(\eta, x), x) = 0$, also

$$F(f(t, x), x) = \Phi(t, x)\; G(t, x).$$

Ebenso

$$-\varphi(f(t, x), x) - (\psi(t, x))^2 = \Phi(t, x)\; H(t, x).$$

Man spezialisiere nun so, daß $\Phi(t, a) = 0$ eine reelle Wurzel $\bar{\eta}$ hat und die beiden Identitäten sinnvoll bleiben. Dies geht in einer genügend kleinen Umgebung einer Stelle. Unsere Formeln ergeben, wenn $\bar{\xi} = f(\bar{\eta}, a)$ gesetzt wird:

$$F(\bar{\xi}, a) = 0; \; -\varphi(\bar{\xi}, a) = (\psi(\bar{\eta}, a))^2.$$

Trägt man also noch dafür Sorge, daß $\psi(\bar{\eta}, a) \neq 0$ ist, was man wie beim Beweis von Hilfssatz 2 erreichen kann, so sieht man, daß $F(t, a) = 0$ eine reelle Wurzel $\bar{\xi}$ hat, für die $\varphi(\bar{\xi}, a) < 0$ ist, und zwar in einer ganzen Umgebung. Dies widerspricht unserer Voraussetzung. Man findet also:

Satz 11: *Im Körper $K(\xi)$ ist ein Element $\alpha = \varphi(\xi, x)$ total positiv, also Quadratsumme, wenn es an jeder Stelle a_i für jeden dort vorhandenen reellen Zweig von ξ stets $\geqq 0$ ausfällt. Ausnahmen sind auf Mannigfaltigkeiten niedrigerer Dimension statthaft.*

Hamburg, Mathematisches Seminar, Juni 1926.

Eine Kennzeichnung der reell abgeschlossenen Körper.

Von EMIL ARTIN und OTTO SCHREIER in Hamburg.

Im folgenden soll unsere Untersuchung „Algebraische Konstruktion reeller Körper“[1]) in einem Punkt ergänzt werden, der dort noch unerledigt geblieben war. Wir erinnern zunächst an die zugrunde liegenden Definitionen:

Ein Körper heißt „reell“, wenn in ihm -1 *nicht als Quadratsumme darstellbar ist.*

Ein Körper P *heißt „reell abgeschlossen“, wenn zwar* P *reell, aber keine (eigentliche) algebraische Erweiterung von* P *reell ist.*

Unser Ziel ist nun der Nachweis des Satzes:

Die reell abgeschlossenen Körper sind identisch mit den Körpern, die durch endliche Erweiterung algebraisch abgeschlossen werden können, ohne selbst algebraisch abgeschlossen zu sein.

Der eine Teil dieser Kennzeichnung, daß nämlich die reell abgeschlossenen Körper durch endliche Erweiterung algebraisch abgeschlossen werden können, ist in A. K., Satz 3, enthalten. Die Umkehrung ist für algebraische Zahlkörper in R. Z. bewiesen, für beliebige Körper der Charakteristik Null unter Berufung auf die Schlußweise von R. Z. in A. K., Satz 4. Für Körper der Charakteristik p jedoch sind neue Überlegungen nötig. Wir beweisen daher in 1. und 2. einige Sätze über zyklische Erweiterungen p-ten und p^2-ten Grades von Körpern der Charakteristik p. Auf Grund dieser Sätze, die vielleicht auch an sich von Interesse sind, gelingt es dann, in 3. unsere Behauptung allgemein zu beweisen. Um der größeren Übersichtlichkeit willen haben wir auch den Teil des Beweises, der fast ohne Änderung aus R. Z. entnommen werden könnte, nochmals vollständig dargestellt.

1. Es sei K ein Körper der Charakteristik p. Bekanntlich können dann die Wurzeln zyklischer Gleichungen p-ten Grades nicht durch Radikale dargestellt werden. Zum Studium der zyklischen Erweiterungen[2]) p-ten Grades von K müssen wir daher nach einem Ersatz der reinen Gleichungen suchen. Es ergibt sich, daß die Gleichungen

$$x^p - x - a = 0, \tag{1}$$

---

[1]) Hamb. Abh., Bd. 5 (1926), S. 85—99, im weiteren als A. K. zitiert. Man vergleiche hierzu ferner: E. Artin, Kennzeichnung des Körpers der reellen algebraischen Zahlen, Hamb. Abh., Bd. 3 (1924), S. 319—323, im weiteren als R. Z. zitiert.

[2]) Eine Erweiterung bezeichnen wir als zyklisch, wenn sie von erster Art und Galoissch mit zyklischer Galoisscher Gruppe ist.

die wir als „normierte“ Gleichungen bezeichnen wollen, dazu geeignet sind. Es gilt nämlich

Satz 1. *Eine normierte Gleichung in K ist entweder zyklisch oder sie besitzt nur rationale Wurzeln. Jede zyklische Erweiterung p-ten Grades von K kann durch die Wurzel einer normierten Gleichung erzeugt werden.*

Sei ϱ eine Wurzel von (1). Dann sind $\varrho+1, \varrho+2, \cdots, \varrho+p-1$ die übrigen. Daher sind alle irreduziblen Faktoren des Polynoms x^p-x-a vom gleichen Grad. Ist also ϱ nicht rational, so ist (1) irreduzibel und ϱ erzeugt eine Erweiterung p-ten Grades von K, die ersichtlich Galoissch, also zyklisch ist.

Sei umgekehrt $\bar{K}$ eine zyklische Erweiterung p-ten Grades von K, etwa $\bar{K}=K(\alpha)$, und σ eine Erzeugende der Galoisschen Gruppe von $\bar{K}$ in bezug auf K ($\sigma^p=1$). Wir setzen in üblicher Weise $\sigma^i(\alpha)=\alpha_i$, wobei der Index i nur mod p in Frage kommt. Nun wählen wir einen Exponenten k $(0 \leqq k < p)$, so daß

$$s=\sum_{i \bmod p} \alpha_i^k \neq 0$$

ausfällt. Sicher ist dies möglich, da ja andernfalls in der Vandermondeschen Determinante

$$|\alpha_i^k| \qquad (i, k=0, 1, \cdots, p-1)$$

alle Zeilensummen verschwänden, also zwei unter den α_i übereinstimmen müßten, was nicht geht. Nunmehr sei

$$\xi=-\frac{1}{s} \sum_{i \bmod p} i\, \alpha_i^k .$$

Dann ist

$$\sigma(\xi)=-\frac{1}{s} \sum_{i \bmod p} i\, \alpha_{i+1}^k=-\frac{1}{s}\Big(\sum_{i \bmod p}(i+1)\, \alpha_{i+1}^k-s\Big)=\xi+1 .$$

Demnach liegt ξ nicht in K, erzeugt also $\bar{K}$. Dagegen liegt $\xi^p-\xi$ in K, denn $\sigma(\xi^p-\xi)=(\xi+1)^p-(\xi+1)=\xi^p-\xi$; folglich genügt ξ einer normierten Gleichung in K. Damit ist Satz 1 bewiesen.

Wir wollen alle Erzeugenden ϱ von $\bar{K}$ bestimmen, die in K normierten Gleichungen genügen. Offenbar ist für ein solches ϱ die Bedingung

$$\sigma(\varrho)=\varrho+k \qquad (k=1, 2, \cdots, p-1) \tag{2}$$

notwendig und hinreichend. Aus (2) folgt aber $\sigma(\varrho-k \xi)=\varrho+k-k(\xi+1)$ $=\varrho-k \xi$, also gehört $\varrho-k \xi$ zu K. Da dieser Schluß auch umgekehrt werden kann, so erkennen wir die Richtigkeit von

Satz 2. *Ist ξ Wurzel einer irreduziblen normierten Gleichung in K, so ist durch $k \xi+b$ ($k=1, 2, \cdots, p-1$; b in K) die Gesamtheit der* *primitiven Elemente von $K(\xi)$ gegeben, die gleichfalls normierten Gleichungen in K genügen.*

2. Wir wenden uns jetzt den zyklischen Erweiterungen p^2-ten Grades von K zu. Sei $K(\eta)$ zyklisch vom Grade p^2 über K und $K(\xi)$ die (einzige) in $K(\eta)$ enthaltene (zyklische) Erweiterung p-ten Grades von K. $K(\eta)$ ist dann zyklisch vom Grade p über $K(\xi)$. Nach Satz 1 dürfen wir annehmen, daß ξ Wurzel einer normierten Gleichung in K, η aber Wurzel einer normierten Gleichung in $K(\xi)$ ist, etwa

$$\xi^p - \xi - a = 0, \tag{3}$$

$$\eta^p - \eta - \varphi(\xi) = 0. \tag{4}$$

Dabei bedeutet $\varphi(\xi)$ ein Polynom höchstens $(p-1)$-ten Grades mit Koeffizienten aus K. σ sei eine Erzeugende der GALOISschen Gruppe von $K(\eta)$ in bezug auf K. ($\sigma^{p^2} = 1$.) Die GALOISsche Gruppe von $K(\xi)$ in bezug auf K ist dann durch $1, \sigma, \sigma^2, \cdots, \sigma^{p-1}$ repräsentiert. Wir dürfen annehmen, daß $\sigma(\xi) = \xi + 1$ ist. Also genügt $\sigma(\eta)$ in $K(\xi)$ der normierten Gleichung

$$\sigma(\eta)^p - \sigma(\eta) - \varphi(\xi+1) = 0.$$

Nach Satz 2 ist demnach $\sigma(\eta) = k\eta + \psi(\xi)$, wobei k eine der Zahlen $1, 2, \cdots, p-1$ und $\psi(\xi)$ ein Polynom höchstens $(p-1)$-ten Grades mit Koeffizienten aus K bedeutet. Durch Iteration finden wir

$$\sigma^\nu(\eta) = k^\nu \eta + k^{\nu-1}\psi(\xi) + k^{\nu-2}\psi(\xi+1) + \cdots + \psi(\xi+\nu-1) \qquad (\nu = 1, 2, \cdots). \tag{5}$$

Nun genügt $\sigma^p(\eta)$ der Gleichung (4). Also ist $\sigma^p(\eta) = \eta + h$, wo h eine der Zahlen $1, 2, \cdots, p-1$ ist; vergleichen wir dies mit (5) für $\nu = p$, so erhalten wir, weil ja η nicht zu $k(\xi)$ gehört: $k^p = 1$, also $k = 1$. Überdies gilt noch

$$\psi(\xi) + \psi(\xi+1) + \cdots + \psi(\xi+p-1) = h. \tag{6}$$

Die linke Seite von (6) berechnet sich leicht zu $-c$, wenn c der Koeffizient von ξ^{p-1} in $\psi(\xi)$ ist. Man entwickle dazu $\psi(\xi+k)$ nach Potenzen von k und beachte, daß $\sum_{k=0}^{p-1} k^\nu = 0$ für $\nu = 0, 1, \cdots, p-2$, und $= -1$ für $\nu = p-1$. Es ist demnach $c = -h$. Ersetzen wir noch η durch $-\dfrac{\eta}{h}$, so haben wir folgendes erreicht: es ist $\sigma(\eta) = \eta + \xi^{p-1} + \psi_1(\xi)$, wo ψ_1 von höchstens $(p-2)$-tem Grad ist, und $\sigma^p(\eta) = \eta - 1$. Um ψ_1 noch weiter zu normieren, benötigen wir den

Hilfssatz: Ist $p(x) = bx^n + \cdots$ ein Polynom n-ten Grades in $K (n \leqq p-2)$, so gibt es in K stets ein Polynom $f(x)$ vom

$(n+1)$-ten Grad, das identisch der Differenzengleichung $f(x+1)-f(x)=p(x)$ genügt. $f(x)$ ist bis auf eine additive Konstante bestimmt und der höchste Koeffizient von $f(x)$ ist $b:(n+1)$.

Für Polynome 0-ten Grades ist die Behauptung offenbar richtig. Wir nehmen an, sie sei für Polynome von niedrigerem als n-ten Grad bewiesen ($n \leqq p-2$) und $p(x)=bx^n+p_1(x)$ ein Polynom n-ten Grades mit dem höchsten Koeffizienten b. Setzen wir

$$f(x)=\frac{b}{n+1}x^{n+1}+f_1(x),$$

so erhalten wir für $f_1(x)$ die Differenzengleichung

$$f_1(x+1)-f_1(x)=p_1(x)+b\left(x^n-\frac{(x+1)^{n+1}-x^{n+1}}{n+1}\right),$$

der nach Annahme durch ein Polynom höchstens n-ten Grades genügt werden kann. Da der Zusatz über die Eindeutigkeit von $f(x)$ unmittelbar einleuchtet, ist der Hilfssatz damit bewiesen.

Wir setzen $\eta'=\eta+f(\xi)$ und wollen das Polynom f von höchstens $(p-1)$-tem Grad so bestimmen, daß $\sigma(\eta')$ eine möglichst einfache Form annimmt. Es ist

$$\sigma(\eta')=\sigma(\eta)+f(\xi+1)=\eta'+\xi^{p-1}+(f(\xi+1)-f(\xi)+\psi_1(\xi)).$$

Nach unserem Hilfssatz können wir $f(\xi)$ so bestimmen, daß der Ausdruck in der Klammer verschwindet. Schreiben wir wieder η statt η', so sehen wir: η läßt sich so wählen, daß $\sigma(\eta)=\eta+\xi^{p-1}$; wird η so gewählt, so haben wir nach (3) und (4):

$$\begin{aligned}\varphi(\xi+1)&=\sigma(\eta^p-\eta)=(\eta+\xi^{p-1})^p-(\eta+\xi^{p-1})=\\&=\eta^p+\xi^{p(p-1)}-\eta-\xi^{p-1}=\varphi(\xi)+(\xi+a)^{p-1}-\xi^{p-1}.\end{aligned}$$

Also genügt $\varphi(x)$ identisch der Differenzengleichung

$$\varphi(x+1)-\varphi(x)=(x+a)^{p-1}-x^{p-1}. \tag{7}$$

Damit haben wir eine vollständige Übersicht über die denkbaren zyklischen Erweiterungen p^2-ten Grades von K gewonnen, die den Körper $K(\xi)$ enthalten.

Wir kehren jetzt unsere Betrachtung um und wollen beweisen, daß wir dann immer zu einer zyklischen Erweiterung p^2-ten Grades von K kommen. Es sei also $K(\xi)$ ein gegebener zyklischer Körper p-ten Grades über K und ξ Wurzel der Gleichung

$$x^p-x-a=0. \tag{8}$$

Dann bestimmen wir ein Polynom $\varphi(x)$ von $(p-1)$-tem Grad aus (7); dies ist nach unserem Hilfssatz möglich, und zwar erhält x^{p-1} in $\varphi(x)$ den Koeffizienten a. Nunmehr behaupten wir: Die Gleichung

$$F(y) = \prod_{k=0}^{p-1} (y^p - y - \varphi(\xi + k)) = 0$$

ist in K irreduzibel und ihre Wurzeln erzeugen einen zyklischen Körper p^2-ten Grades über K, der $K(\xi)$ enthält. Den Beweis führen wir in mehreren Schritten.

α) $F(y)$ ist als symmetrische Funktion der Wurzeln von (8) rational. Weiter ist wegen der Irreduzibilität von (8) sicher $a \neq 0$, also $\varphi(\xi)$ nicht rational und folglich $K(\varphi(\xi)) = K(\xi)$. Daraus folgt weiter, daß die Faktoren von $F(y)$ keine Wurzel gemein haben; da aber jeder einzelne nach 1. doppelwurzelfrei ist, so hat auch $F(y)$ keine Doppelwurzel.

β) Sei η eine Wurzel von $y^p - y - \varphi(\xi) = 0$. $\varphi(\xi)$ liegt dann in $K(\eta)$, nach α) ist also $K(\xi)$ in $K(\eta)$ enthalten. η aber liegt nicht in $K(\xi)$. Wäre nämlich $\eta = b_0 \xi^{p-1} + b_1 \xi^{p-2} + \cdots$, wo die b_i zu K gehören, so hätten wir unter Verwendung von $\xi^p = \xi + a$:

$$\begin{aligned} \eta^p - \eta = b_0^p (\xi + a)^{p-1} + b_1 (\xi + a)^{p-2} + \cdots \\ - b_0 \xi^{p-1} - b_1 \xi^{p-2} - \cdots = \varphi(\xi), \end{aligned}$$

woraus durch Vergleichung der Koeffizienten von ξ^{p-1} folgte:

$$b_0^p - b_0 - a = 0.$$

Das hieße aber, daß (8) reduzibel wäre. Also war die Annahme falsch und $K(\eta)$ ist nach Satz 1 zyklisch vom Grade p über $K(\xi)$, $F(y)$ demnach irreduzibel.

γ) Ist η_k eine Nullstelle von $y^p - y - \varphi(\xi + k)$, so sind die übrigen Nullstellen dieses Polynoms durch $\eta_k + h$ gegeben ($h = 1, 2, \cdots, p-1$) und $\eta_{k+1} = \eta_k + (\xi + k)^{p-1}$ ist eine Nullstelle von $y^p - y - \varphi(\xi + k + 1)$, denn

$$\begin{aligned} &(\eta_k + (\xi + k)^{p-1})^p - (\eta_k + (\xi + k)^{p-1}) = \\ &= \eta_k^p - \eta_k + (\xi + k)^{p(p-1)} - (\xi + k)^{p-1} = \\ &= \varphi(\xi + k) + (\xi + k + a)^{p-1} - (\xi + k)^{p-1} = \quad \text{(nach (8))} \\ &= \varphi(\xi + k) + (\varphi(\xi + k + 1) - \varphi(\xi + k)) \quad \text{(nach (7))}. \end{aligned}$$

Durch wiederholte Anwendung dieses Schlusses erkennen wir, daß alle Wurzeln von $F(y)$ rational durch η und ξ ausgedrückt werden können, nach β) also auch durch η allein: $K(\eta)$ ist GALOISsch vom Grade p^2 über K.

δ) Nach γ) ist $\eta + \xi^{p-1}$ Wurzel von $F(y)$. Es sei σ die Substitution der GALOISschen Gruppe, die η in $\eta + \xi^{p-1}$ überführt: $\sigma(\eta) = \eta + \xi^{p-1}$. Dann ist $\sigma(\varphi(\xi)) = \sigma(\eta^p - \eta) = \varphi(\xi+1)$, also nach α) auch $\sigma(\xi) = \xi+1$. Nun ergibt sich

$$\sigma^\nu(\eta) = \eta + \xi^{p-1} + (\xi+1)^{p-1} + \cdots + (\xi+\nu-1)^{p-1} \quad (\nu = 1, 2, \cdots)$$

und insbesondere

$$\sigma^p(\eta) = \eta + \xi^{p-1} + (\xi+1)^{p-1} + \cdots + (\xi+p-1)^{p-1} = \eta - 1.$$

Demnach ist $\sigma^p \neq 1$, die GALOISsche Gruppe von $K(\eta)$ in bezug auf K ist also zyklisch. W. z. b. w.

Unsere Überlegungen führen daher zu

Satz 3. *Ist $K(\xi)$ eine zyklische Erweiterung p-ten Grades von K und ξ Wurzel der Gleichung* (8), *so besitzt K auch zyklische Oberkörper p^2-ten Grades, die $K(\xi)$ umfassen. Man erhält alle und nur diese Körper durch Adjunktion einer Nullstelle von $y^p - y - \varphi(\xi)$ zu K, wobei $\varphi(x)$ auf alle Weisen aus* (7) *zu bestimmen ist.*

3. Nach diesen Vorbereitungen sind wir imstande, die eingangs aufgestellte Behauptung zu erhärten:

Satz 4. *Es sei Ω ein algebraisch abgeschlossener Körper — irgendwelcher Charakteristik — und P ein echter Unterkörper von Ω, in bezug auf den Ω endlich ist; dann ist P reell abgeschlossen und $\Omega = P(i)$, wo i eine Nullstelle von x^2+1 bedeutet.*

Bemerken wir zunächst, daß P ein vollkommener Körper ist! Denn wäre etwa p die Charakteristik von P und das Element a von P nicht p-te Potenz in P, so wäre $P(\sqrt[p^r]{a})$ ein Körper p^r-ten Grades über P, also besäße P algebraische Erweiterungen beliebig hohen Grades, während doch Ω endlich in bezug auf P sein sollte.

Daher ist Ω eine GALOISsche Erweiterung von P. q sei ein Primfaktor des Grades von Ω über P. Dann besitzt die GALOISsche Gruppe von Ω eine Untergruppe $\mathfrak{Q}$ der Ordnung q. K sei der zu $\mathfrak{Q}$ gehörige Körper. Ω ist zyklisch vom Grade q über K. Nach Satz 3 kann also q nicht die Charakteristik von K sein; sonst besäße ja Ω einen Oberkörper q-ten Grades.

In K zerfällt jedes Polynom in Faktoren q-ten und 1. Grades. Die q-ten Einheitswurzeln genügen einer Gleichung $(q-1)$-ten Grades, liegen also in K. Daher erhalten wir Ω aus K durch Adjunktion der q-ten Wurzel aus einem geeigneten Element von K, etwa $\Omega = K(\sqrt[q]{a})$. Betrachten wir nun das Polynom $f(x) = x^{q^2} - a$. $f(x)$ besitzt sicher einen — reduziblen oder irreduziblen — Faktor $g(x)$ vom q-ten Grade in K. Das von x freie Glied von $g(x)$ hat die Form $\varepsilon\sqrt[q]{a}$, wo ε eine

q^2-te Einheitswurzel ist. Also gehört $\varepsilon\sqrt[q]{a}$ zu K. Daher ist $\Omega = K(\sqrt[q]{a}) = K(\varepsilon)$ und ε ist als primitive q^2-te Einheitswurzel erkannt.

Nun sei R der in K enthaltene Primkörper und ν die größte natürliche Zahl, für die alle q^ν-ten Einheitswurzeln in $R(\varepsilon)$ liegen[3]. Ist sodann ζ eine primitive $q^{\nu+1}$-te Einheitswurzel, so ist ζ Nullstelle eines in K irreduziblen Polynoms $h(x)$ vom Grade q. Die Koeffizienten von $h(x)$ liegen im Durchschnitt D von K mit $R(\zeta)$. Da $h(x)$ in D erst recht irreduzibel ist, so ist $R(\zeta)$ vom Grade q in bezug auf D. Andererseits ist $\zeta^q = \vartheta$ als q^ν-te Einheitswurzel in $R(\varepsilon)$ enthalten; da aber die Wurzeln der Gleichung $x^q = \vartheta$ durchwegs primitive $q^{\nu+1}$-te Einheitswurzeln sind, ist $R(\zeta)$ auch in bezug auf $R(\varepsilon)$ vom Grad q. Nun liegt ε nicht in K, erst recht nicht in D, also ist $D \neq R(\varepsilon)$. $R(\zeta)$ ist demnach vom Grade q in bezug auf zwei verschiedene Unterkörper; folglich kann $R(\zeta)$ nicht zyklisch in bezug auf R sein. Diese Bedingung ist nur dann erfüllt, wenn die Charakteristik Null und $q = 2$ ist.[4]

Wir wissen also bereits: 1. Ω hat die Charakteristik Null. 2. Ein echter Unterkörper von Ω, in bezug auf den Ω endlich ist, kann die 4. Einheitswurzel i nicht enthalten. Da Ω endlich in bezug auf $P(i)$ ist, so folgt demnach $\Omega = P(i)$.

Es bleibt zu zeigen, daß P reell ist. Seien a, b irgendwelche Elemente $\neq 0$ aus P. Wir bilden das Polynom $f(x) = (x^2 - a)^2 + b^2$. Die Nullstellen von $f(x)$ sind $\pm\sqrt{a \pm bi}$, also nicht in P enthalten. $f(x)$ zerfällt daher in P in quadratische Faktoren. Für die von x freien Glieder kommen nur die Ausdrücke $\pm\sqrt{a^2 + b^2}$ oder $\pm(a \pm bi)$ in Frage. $\pm(a \pm bi)$ aber liegt nicht in P, also sind $\pm\sqrt{a^2 + b^2}$ die von x freien Glieder, d. h. $a^2 + b^2 = c^2$, wo c zu P gehört. Durch vollständige Induktion erkennen wir, daß in P jede Summe von Quadraten selbst wieder Quadrat ist. -1 ist nicht Quadrat einer Zahl aus P, also auch nicht Quadratsumme: P ist in der Tat reell. Da die einzige algebraische Erweiterung von P, nämlich Ω, i enthält, ist P reell abgeschlossen.

---

[3]) Im Fall der Charakteristik Null ist $\nu = 2$; im Fall der Charakteristik p bestimmt ν sich so: f sei der Exponent, zu dem $p \bmod q^2$ gehört; dann ist q^ν die höchste Potenz von q, die in $p^f - 1$ aufgeht.

[4]) Hat R die Charakteristik p, so ist jede endliche Erweiterung zyklisch. Ist aber R der Körper der rationalen Zahlen, so ist die Gruppe von $R(\zeta)$ isomorph mit der multiplikativen Restgruppe mod q^3, also zyklisch für $q \neq 2$.

Hamburg, Mathematisches Seminar, im Januar 1927.

Die Erhaltung der Kettensätze der Idealtheorie bei beliebigen endlichen Körpererweiterungen.

Von

Emil Artin und **Bartel L. van der Waerden** in Hamburg.

Vorgelegt von R. Courant in der Sitzung vom 30. Juli 1926.

§ 1. Einleitung.

Die Kettensätze, die die Grundlage der Idealtheorie in Ringbereichen bilden, waren für ganze algebraische Funktionen von einer oder mehreren Veränderlichen bis jetzt nur bewiesen für den speziellen Fall, daß der Funktionenkörper eine Erweiterung erster Art des Körpers der rationalen Funktionen darstellt. Für Erweiterungen zweiter Art blieb die Erhaltung der im Polynombereich gültigen Kettensätze unbewiesen.

Nachdem der zweite von uns einen Beweis für den Fall eines vollkommenen Koeffizientenkörpers aufgestellt hatte, gelang es uns einen viel kürzeren und zugleich viel allgemeineren Beweis zu finden, der immer dann gilt, wenn der zugrunde gelegte Koeffizientenkörper K einer gewissen Endlichkeitsbedingung genügt, die in allen wichtigen Fällen wirklich erfüllt ist, nämlich die Bedingung, das der Wurzelkörper $\mathsf{P}^{\frac{1}{p}}$ (wo p die Charakteristik ist) eine endliche Erweiterung von K darstellt. Es ergibt sich, daß unter der genannten Bedingung die Kettensätze in genau demselben Umfang gelten wie bei Erweiterungen erster Art. Sie ergeben sich nämlich wieder wie dort aus der Existenz einer endlichen Modulbasis (das Analogon zur Basis $\omega_1, \ldots, \omega_n$ der ganzen algebraischen Zahlen eines Körpers).

Wie die Theorie im Fall einer Erweiterung erster Art verläuft, wird als bekannt vorausgesetzt; wir verweisen auf die Arbeit von E. Noether[1]). Wir werden für die zu betrachtenden

1) E. Noether, Abstrakter Aufbau der Idealtheorie in algebraischen Zahl- und Funktionenkörpern, Math. Ann., 96 (1926), S. 26.

Ringe ein dem Noether'schen analoges Axiomensystem aufstellen, das die Kettensätze enthält, und das Erhaltenbleiben dieser Axiome bei beliebigen endlichen Erweiterungen des Quotientenkörpers nachweisen. Zu den fünf Noether'schen Axiomen tritt noch ein Axiom 6, das die Endlichkeit des Wurzelrings ausdrückt. Da die Axiome in Polynombereichen erfüllt sind, falls der Koeffizientenkörper der obigen Endlichkeitsbedingung genügt, so folgen damit die Kettensätze für ganze algebraische Funktionen, sowie für Funktionalbereiche.

Wie E. Noether in einer anschließenden Note zeigen wird, läßt sich aus dem hier bewiesenen Teilerkettensatz für ganze algebraische Funktionen der Endlichkeitssatz für Invarianten von endlichen Gruppen linearer Substitutionen in Körpern der Charakteristik p beweisen.

§ 2. Bekannte Hilfssätze[1]).

Sei P ein Körper von Primzahlcharakteristik p (d. h. ein Körper wo immer $p\alpha = 0$, wenn α ein Körperelement ist). Ein Element α von P hat in jedem Erweiterungskörper höchstens eine p-te Wurzel, denn wenn β eine solche ist, so ist

$$x^p - \alpha = (x-\beta)^p.$$

Der Körper, der durch Adjunktion der p-ten Wurzeln aller Elemente von P entsteht, heißt $\mathsf{P}^{\frac{1}{p}}$. Es ist

$$\alpha^{\frac{1}{p}} + \beta^{\frac{1}{p}} = (\alpha+\beta)^{\frac{1}{p}}$$

und ebenso

$$\alpha^{\frac{1}{p}} \cdot \beta^{\frac{1}{p}} = (\alpha\beta)^{\frac{1}{p}}.$$

Ordnet man also dem Element α das Element $\alpha^{\frac{1}{p}}$ zu, so sind P und $\mathsf{P}^{\frac{1}{p}}$ isomorph aufeinander bezogen; $\mathsf{P} \cong \mathsf{P}^{\frac{1}{p}}$.

Ist $\mathsf{P}^{\frac{1}{p}} = \mathsf{P}$, so heißt P vollkommen. Alle endlichen Körper sind vollkommen; auch alle algebraisch-abgeschlossenen Körper.

Ist R ein Ring ohne Nullteiler, so kann man aus R immer

1) Vgl. E. Steinitz, Algebraische Theorie der Körper, J. f. Math., 137 (1916), S. 167—309.

den Quotientenkörper P bilden. Hat dieser die Charakteristik p, so sagen wir auch von R, daß er die Charakteristik p hat. In $P^{\frac{1}{p}}$ liegt der Ring $R^{\frac{1}{p}}$, der besteht aus den p-ten Wurzeln der Elemente von R. Wie vorhin schließt man: $R^{\frac{1}{p}} \cong R$.

$R^{\frac{1}{p^e}}$ wird definiert durch Induktion:

$$R^{\frac{1}{p^e}} = \left(R^{\frac{1}{p^{e-1}}}\right)^{\frac{1}{p}}.$$

Es ist

$$R^{\frac{1}{p^e}} \cong R.$$

Ein Erweiterungskörper Γ eines Körpers P heißt von erster Art, wenn jedes Element von Γ einer Gleichung in P genügt, deren linke Seite in einem geeigneten Erweiterungskörper in lauter verschiedene Linearfaktoren zerfällt. Jede andere algebraische Erweiterung heißt von zweiter Art, und läßt sich erzeugen aus einer Erweiterung erster Art durch Adjunktion von lauter p^e-ten Wurzeln. Die höchste der dabei auftretenden Zahlen e, falls sie beschränkt sind, heißt der Exponent der Erweiterung.

Ein Ring S heißt endlich in Bezug auf einen Unterring R (oder heißt endlicher R-Modul), wenn er eine endliche Modulbasis $x_1, \ldots, x_n$ besitzt, sodaß jedes Element sich linear durch die x_i und ihre Vielfachen $r_i x_i$ (r_i Element von R) ausdrücken läßt. Ist T endlich in Bezug auf S, und S endlich in Bezug auf R, so ist T endlich in Bezug auf R. Ist umgekehrt T endlich in Bezug auf R, so ist T endlich in Bezug auf jeden Zwischenring S.

Wenn für die Ideale in R der Teilerkettensatz gilt (d. h. wenn jede Kette von Idealen $\mathfrak{a}_1, \mathfrak{a}_2, \ldots$, wo $\mathfrak{a}_{\nu+1}$, echter Teiler $\mathfrak{a}_\nu$, im endlichen abbricht), und wenn S endlich in Bezug auf R ist, so gilt auch für die R-Moduln in S der Teilerkettensatz. Gilt umgekehrt für R-Moduln in S der Teilerkettensatz, so ist S endlich in Bezug auf R.

§ 3. Die Kettensätze und ihre Übertragung.

Wir betrachten solche Ringbereiche R, welche die folgenden Axiome erfüllen, oder sie alle bis auf Axiom 2 erfüllen.

1) Teilerkettensatz,

2) Vielfachenkettensatz für die Teiler eines festen vom Nullideal verschiedenen Ideals,

3) Existenz des Einheitselements,

4) Ring ohne Nullteiler,

5) ganz abgeschlossen im Quotientenkörper,

6) R hat die Charakteristik p, und der Wurzelring $R^{\frac{1}{p}}$ ist endlich in Bezug auf R.

Erläuterung. Bekanntlich sind 1), 3), 4), 5) erfüllt für Polynomringe $\mathsf{K}[x_1, \ldots, x_n]$, wo K ein Körper ist. Erfüllt außerdem K die Bedingung 6), so erfüllt der Polynomring R auch die Bedingung 6), denn die Charakteristik von R ist gleich der von K, und aus einer Basis für $\mathsf{K}^{\frac{1}{p}}$ erhält man eine Basis für $R^{\frac{1}{p}}$, indem man die endlichvielen Potenzprodukte

$$x_1^{\frac{\alpha_1}{p}} x_2^{\frac{\alpha_2}{p}} \ldots x_n^{\frac{\alpha_n}{p}} \qquad (0 \leqq \alpha_i < p)$$

hinzunimmt.

Diese Eigenschaft von K ist insbesondere dann erfüllt, wenn K vollkommen ist, oder wenn K aus einem vollkommenen Körper durch Adjunktion endlichvieler (transzendenter oder algebraischer) Größen entsteht.

Polynomringe einer Variabeln und rationale Funktionalbereiche erfüllen außerdem Axiom 2).

Folgerung aus 6). Jeder Wurzelring $R^{\frac{1}{p^e}}$ ist endlich in Bezug auf R. Das läßt sich durch Induktion leicht zeigen: wegen der Isomorphie von R und $R^{\frac{1}{p^{e-1}}}$ ist $R^{\frac{1}{p^e}}$ endlich in Bezug auf $R^{\frac{1}{p^{e-1}}}$.

Satz. Hat R die Eigenschaften 1), 3), 4), 5), 6), und ist P sein Quotientenkörper, Σ eine endliche Erweiterung von P, und S der Ring der in Bezug auf R ganzen Größen in Σ, so gelten die Eigenschaften 1), 3), 4), 5), 6) auch für S. Hat R außerdem die Eigenschaft 2), so gilt 2) auch für S.

Beweis. Die Eigenschaften 3) und 4) übertragen sich ohne weiteres auf S, während 5) nach Definitionen gilt. Die Eigenschaften 1), 6), und event. 2) sind ohne Mühe zu beweisen, wenn erst bewiesen ist, daß S ein endlicher R-Modul ist. Das zeigt man wie folgt.

Sei Γ die größte Erweiterung erster Art, die in Σ enthalten ist. Sei e der Exponent von Σ. Dann liegt Σ zwischen Γ und $\Gamma^{\frac{1}{p^e}}$.

Ist C der Ring der ganzen Größen in Γ, so ist $C^{\frac{1}{p^e}}$ der Ring der ganzen Größen in $\Gamma^{\frac{1}{p^e}}$ denn ein Element von $\Gamma^{\frac{1}{p^e}}$ ist dann und nur dann ganz, wenn seine p^e-te Potenz es ist. Der Ring S liegt somit zwischen C und $C^{\frac{1}{p^e}}$.

C ist endlich in Bezug auf R, da es sich beim Übergang von C auf R um Erweiterung erster Art handelte. Wegen der Isomorphie ist somit auch $C^{\frac{1}{p^e}}$ endlich in Bezug auf $R^{\frac{1}{p^e}}$. Dieser ist aber nach Voraussetzung endlich in Bezug auf R, also ist $C^{\frac{1}{p^e}}$ endlich in Bezug auf R. Daraus und aus dem Teilerkettensatz für Ideale in R folgt der Teilerkettensatz für R-Moduln in $C^{\frac{1}{p^e}}$, also erst recht für R-Moduln in S. Also ist S ein endlicher R-Modul, was wir zeigen wollten.

Der Teilerkettensatz für R-Moduln in S ergibt insbesondere den Teilerkettensatz für Ideale in S, womit Axiom 1) bewiesen ist.

Axiom 6) folgt so: $S^{\frac{1}{p}}$ ist endlich in Bezug auf $R^{\frac{1}{p}}$ (Isomorphie), und $R^{\frac{1}{p}}$ ist endlich in Bezug auf R, also ist $S^{\frac{1}{p}}$ endlich in Bezug auf R, also sicher endlich in Bezug auf S.

Weiter folgt Axiom 2), falls es für R erfüllt ist, für S in der gleichen Weise wie in der N o e t h e r'schen Arbeit, sobald man einen R-Modul M konstruiert hat, der S umfaßt, gleichen Rang hat, und eine Modulbasis aus linear-unabhängigen Elementen besitzt. Diesen konstruiert man so: Σ hat als P-Modul eine Basis $\sigma_1, \ldots, \sigma_n$ aus linear-unabhängigen Elementen; drückt man die Basiselemente des R-Moduls S durch $\sigma_1, \ldots \sigma_n$ linear aus, so sind die Koeffizienten Elemente von P, also Quotienten von Elementen von R; ist h das Produkt aller dabei auftretenden Nenner, so erzeugen $\frac{\sigma_1}{h}, \cdots, \frac{\sigma_n}{h}$ den gesuchten R-Modul M.

B e m e r k u n g. Aus der Endlichkeit von S in Bezug auf R folgen, wie in der N o e t h e r'schen Arbeit, noch die Kettensätze für Ordnungen in S, d. h. für Ringe zwischen R und S. Axiom 5) gilt für diese Ringe natürlich im allgemeinen nicht.

Über einen Satz von Herrn J. H. Maclagan Wedderburn.

Von EMIL ARTIN in Hamburg.

Für den schönen Satz von Herrn WEDDERBURN[1]), der aussagt, daß ein aus endlich vielen Elementen bestehendes System hyperkomplexer Zahlen ohne Nullteiler ein Körper ist, und also in Galoisfeldern das kommutative Gesetz der Multiplikation eine Folge der übrigen Rechenregeln ist, existieren meines Wissens bisher drei Beweise. Zwei von ihnen stammen von Herrn WEDDERBURN selbst, der dritte von Herrn DICKSON[2]). Alle diese Beweise stützen sich auf Teilbarkeitseigenschaften gewisser Zahlen. Der Nachweis dieser Teilbarkeitseigenschaften selbst ist aber außerordentlich mühsam, so daß man diese Beweise, die überdies noch gewisse Ausnahmefälle gesondert behandeln müssen, kaum als leicht zugänglich bezeichnen kann. Ein weiterer Beweis von Herrn WEDDERBURN, der jene Teilbarkeitseigenschaften vermeidet, ist leider nicht stichhaltig. Die große Wichtigkeit dieses Satzes für die Arithmetik hyperkomplexer Zahlen hat kürzlich Herr SPEISER[3]) gezeigt.

In dieser Note soll deshalb ein einfacherer Beweis gegeben werden, wobei Kenntnisse aus der Theorie der hyperkomplexen Zahlen nicht vorausgesetzt werden sollen. Nur einfache Tatsachen aus der Theorie der Galoisfelder werden benutzt. Wie ich glaube, beansprucht übrigens auch der im ersten Teil bewiesene Satz ein selbständiges Interesse.

1.

Ein System $\mathfrak{S}$ von Elementen wollen wir einen Schiefkörper[4]) nennen, wenn es zwei Operationen zwischen den Elementen von $\mathfrak{S}$ gibt, die „Addition“ und die „Multiplikation“. Beide Operationen seien assoziativ und beiderseitig distributiv, d. h.:

$$a(b+c) = ab+ac; \qquad (b+c)a = ba+ca.$$

Bezüglich der Addition sollen die Elemente von $\mathfrak{S}$ eine Abelsche Gruppe bilden. Wird die Einheit in dieser Gruppe mit 0 bezeichnet, so sollen endlich die von 0 verschiedenen Elemente von $\mathfrak{S}$ auch bezüglich der Multiplikation eine (nicht notwendig kommutative) Gruppe ergeben, deren Einheit mit 1 bezeichnet werde.

---

[1]) J. H. MACLAGAN WEDDERBURN, A theorem on finite algebras. Transactions of the American Mathematical Society, Bd. 6, S. 349.

[2]) DICKSON, On finite algebras. Göttinger Nachrichten, 1905, S. 379.

[3]) A. SPEISER, Allgemeine Zahlentheorie. Vierteljahrsschrift der Naturforschenden Gesellschaft in Zürich, Bd. 71 (1926).

[4]) Diesen Namen hat Herr B. L. VAN DER WAERDEN vorgeschlagen.

Sollte in $\mathfrak{S}$ überdies das kommutative Gesetz der Multiplikation gelten, so liegt ersichtlich ein Körper vor.

Gilt für zwei Elemente von $\mathfrak{S}$ die Gleichung $ab = ba$, so sagen wir, a sei mit b vertauschbar.

Nunmehr stellt man mühelos fest, daß die Menge $\mathfrak{Z}$ aller Elemente, die mit jedem Element von $\mathfrak{S}$ vertauschbar sind, einen Körper bilden, der das Zentrum von $\mathfrak{S}$ genannt werde.

Es sei jetzt t eine Unbestimmte. Wir betrachten den Bereich aller Polynome von t mit Koeffizienten aus unserem Schiefkörper $\mathfrak{S}$:

$$(1) \qquad f(t) = a_n t^n + a_{n-1} t^{n-1} + \cdots + a_0.$$

Das Rechnen mit Polynomen werde nun in naheliegender Weise erklärt: man betrachte die Unbestimmte t als mit allen Elementen von $\mathfrak{S}$ vertauschbar und definiere Summe und Produkt von Polynomen wie gewöhnlich. Beim Produkt hat man nur auf die Reihenfolge der Faktoren zu achten. Ist also

$$(2) \qquad g(t) = b_m t^m + b_{m-1} t^{m-1} + \cdots + b_0,$$

so sei:

$$f(t)\,g(t) = a_n b_m t^{n+m} + (a_{n-1} b_m + a_n b_{m-1})\, t^{n+m-1} + \cdots + a_0 b_0.$$

Sind nun $f(t) \neq 0$ und $g(t) \neq 0$ zwei feste Polynome, so suche man unter allen Polynomen der Form

$$(3) \qquad r(t) = f(t) - g(t) \cdot q(t) = c_k t^k + c_{k-1} t^{k-1} + \cdots + c_0$$

ein Polynom möglichst niedrigen Grades. Dabei bedeute $q(t)$ ein beliebig wählbares Polynom. Wir behaupten $k < m$. Wäre nämlich $k \geqq m$, so hätte das Polynom

$$r_1(t) = r(t) - g(t) \cdot b_m^{-1} c_k t^{k-m}$$

wieder die Form (3), aber kleineren Grad als $r(t)$. Damit ist aber ein Divisionsalgorithmus begründet. Ist $r(t) = 0$, so heiße $g(t)$ ein linker Teiler von $f(t)$. Analog wird ein rechtsseitiger Divisionsalgorithmus und der Begriff des rechtsseitigen Teilers erklärt.

Wir wollen jetzt Rechtsideale unseres Polynombereichs betrachten. Eine Menge von Funktionen bildet ein Rechtsideal, wenn mit zwei Polynomen auch ihre Differenz und mit $f(t)$ auch jedes Polynom $f(t) \cdot q(t)$ zur Menge gehört.

Es sei $|\mathfrak{a})$ ein nicht aus 0 allein bestehendes Rechtsideal[5]) und $g(t) \neq 0$ eine der Funktionen aus $|\mathfrak{a})$ mit möglichst niedrigem Grade. Sollte der Koeffizient der höchsten Potenz von t von 1 verschieden, etwa $= a$ sein, so wähle man $g(t)\,a^{-1}$ an Stelle von $g(t)$. Das so

[5]) Die Klammer bei $|\mathfrak{a})$ bezeichnet die Seite, auf der Multiplikation erlaubt ist, während der Strich die Verbotsseite kennzeichnet.

gefundene $g(t)$ ist als Funktion niedrigsten Grades mit höchstem Koeffizienten 1 eindeutig bestimmt, da die Differenz zweier solcher Funktionen wieder zu $\mathfrak{a})$ gehört und dabei sicher niedrigeren Grad hat. Eine beliebige Funktion $f(t)$ aus $\mathfrak{a})$ werde nun gemäß (3) durch $g(t)$ dividiert. Wie (3) zeigt, gehört dann $r(t)$ auch zu $\mathfrak{a})$. Da es kleineren Grad hat als $g(t)$, so muß $r(t) = 0$ sein. Wir erkennen also, daß $\mathfrak{a})$ aus allen Polynomen der Form $g(t) \cdot q(t)$ besteht und somit als Hauptideal erkannt ist.

Liegen alle Koeffizienten einer Funktion $F(t)$ in $\mathfrak{Z}$, so ist ersichtlich jedes Polynom mit $F(t)$ vertauschbar. Wir sagen dann, $F(t)$ sei ein Polynom aus $\mathfrak{Z}$. Ist umgekehrt $F(t)$ mit jedem Polynom vertauschbar, so folgt aus $aF(t) = F(t)a$, wo a eine beliebige Konstante aus $\mathfrak{S}$ bedeuten kann, daß $F(t)$ ein Polynom aus $\mathfrak{Z}$ ist.

Zwei Polynome $f(t)$ und $g(t)$ sind endlich sicher dann miteinander vertauschbar, wenn ihr Produkt $f(t) \cdot g(t) = F(t)$ ein Polynom des Zentrums ist: denn $f(t) \cdot (g(t) \cdot f(t)) = (f(t) \cdot g(t)) \cdot f(t) = f(t) \cdot (f(t)\, g(t))$. Da es im Polynombereich keine Nullteiler gibt, folgt unmittelbar die Behauptung.

Wir beweisen nun zwei Hilfssätze:

Hilfssatz 1: *Ist $h(t)$ eine nicht konstante Funktion, und hat $g(t) \neq 0$ die Eigenschaft, daß für jedes $a \neq 0$ aus $\mathfrak{S}$ die Funktion $h(t)$ ein linker Teiler von $a g(t) a^{-1}$ ist, so gibt es eine nicht konstante Funktion $F(t)$ des Zentrums, die ein Teiler von $g(t)$ ist.*

Beweis: Man erkennt mühelos, daß die Menge aller Funktionen mit der gleichen Eigenschaft wie $g(t)$ ein Rechtsideal bildet. Es sei $F(t)$ die Funktion niedrigsten Grades unseres Ideals mit höchstem Koeffizienten 1. Nach Definition dieses Ideals gehört bei beliebigem $a \neq 0$ aus $\mathfrak{S}$ auch $aF(t)a^{-1}$ zum Ideal. Da auch sie den höchsten Koeffizienten 1 hat, und $F(t)$ im Ideal eindeutig bestimmt ist, muß somit gelten: $F(t) = aF(t)a^{-1}$ oder $F(t)a = aF(t)$. Da aber a beliebig ist, erkennt man, daß $F(t)$ zum Zentrum gehört. Als Funktion des Ideals ist $g(t)$ teilbar durch $F(t)$. Ferner kann $F(t)$ nicht konstant sein, da es teilbar ist durch die nicht konstante Funktion $h(t)$.

Hilfssatz 2: *Ist die Funktion ersten Grades $t - \xi$ linker Teiler des Produkts $f(t)\, g(t)$, nicht aber von $f(t)$, so gibt es ein $a \neq 0$ aus $\mathfrak{S}$ von der Art, daß $a g(t) a^{-1}$ den linken Teiler $t - \xi$ hat*[6]).

Beweis: Entsprechend dem Divisionsalgorithmus setze man

$$f(t) = (t - \xi)\, q(t) + a,$$

wo a konstant und $\neq 0$ ist, da $f(t)$ nicht durch $t - \xi$ linksseitig teilba ist. Aus

$$f(t)\, g(t)\, a^{-1} = (t - \xi)\, q(t)\, g(t)\, a^{-1} + a\, g(t)\, a^{-1}$$

und der Voraussetzung folgt, daß $a g(t) a^{-1}$ den linken Teiler $t - \xi$ hat.

[6]) Vgl. L. E. Dickson, Algebras and their arithmetics. Chicago 1923, S. 230, Lemma.

Nun sind wir in der Lage, das Ziel dieses Abschnitts zu beweisen:

Satz 1: *Die Funktion $F(t)$ aus $\mathfrak{Z}$ sei in $\mathfrak{Z}$ irreduzibel, d. h. nicht zerlegbar in zwei Faktoren positiven Grades mit Koeffizienten aus dem Zentrum. Ist dann $F(t)$ teilbar durch jeden der beiden Linearfaktoren $(t-\xi)$ und $(t-\eta)$, so gibt es ein $c \neq 0$ aus $\mathfrak{S}$ von der Art, daß $\eta = c\xi c^{-1}$.*

Beweis: Es ist $F(t) = g(t) \cdot (t-\xi)$. Wäre bei beliebigem $b \neq 0$ aus $\mathfrak{S}$ stets $b g(t) b^{-1}$ linksseitig durch $t-\eta$ teilbar, so wäre nach Hilfssatz 1 die Funktion $g(t)$ teilbar durch eine nicht konstante Funktion $H(t)$ aus $\mathfrak{Z}$, die also höchstens den Grad von $g(t)$ hat. Dies zöge die Teilbarkeit von $F(t)$ durch $H(t)$ nach sich und widerspräche der Irreduzibilität von $F(t)$ in $\mathfrak{Z}$. Sei also b so bestimmt, daß $b g(t) b^{-1}$ nicht den linken Teiler $t-\eta$ hat. Da $F(t)$ zu $\mathfrak{Z}$ gehört, ist $bF(t)b^{-1} = F(t) = b g(t) b^{-1} \cdot (t - b\xi b^{-1})$. Nunmehr treffen aber die Voraussetzungen von Hilfssatz 2 für unser Produkt zu. Also gibt es ein $a \neq 0$ aus $\mathfrak{S}$, so daß $a(t-b\xi b^{-1})a^{-1} = t - ab\xi b^{-1}a^{-1}$ teilbar ist durch $t-\eta$. Dies besagt aber $\eta = (ab)\xi(ab)^{-1}$.

2.

Es sei nunmehr $\mathfrak{S}$ ein Schiefkörper mit endlich vielen Elementen. Ihre Anzahl sei N. Wir zeigen:

Satz von Wedderburn: *Jeder endliche Schiefkörper ist ein Körper, also ein Galoisfeld.*

Beweis: 1. Ist $N = 2$, so besteht $\mathfrak{S}$ nur aus den Elementen 0 und 1, und unser Satz ist bewiesen. Wir verwenden also vollständige Induktion und nehmen an, er sei für Schiefkörper von weniger als N Elementen bewiesen.

2. Sei also $\mathfrak{S}$ ein Schiefkörper von N Elementen und verschieden von seinem Zentrum $\mathfrak{Z}$. Aus dieser Annahme soll ein Widerspruch hergeleitet werden.

$\mathfrak{Z}$ ist ein Körper, also ein Galoisfeld. Die Anzahl der Elemente von $\mathfrak{Z}$ sei q.

Man konstruiere nun einen möglichst umfassenden Schiefkörper $\mathfrak{S}_0$, der $\mathfrak{Z}$ enthält, aber nicht alle Elemente von $\mathfrak{S}$. Da $\mathfrak{S}$ nur endlich viele Elemente enthält und $\mathfrak{S} \neq \mathfrak{Z}$ ist, so gibt es solche umfassendsten Schiefkörper (wie wir gleich sehen werden, mehrere).

Ist a ein beliebiges Element aus $\mathfrak{S}$, so kann man es sogar so einrichten, daß $\mathfrak{S}_0$ das eine vorgegebene Element a enthält. Adjungieren wir nämlich a zum Zentrum, so entsteht ein Bereich $\mathfrak{Z}(a)$, der sicher kommutativ ist. Denn a ist mit jedem Element von $\mathfrak{Z}$ und mit sich selbst vertauschbar. Da aber $\mathfrak{S}$ kein Körper sein sollte, so ist $\mathfrak{Z}(a)$ sicher von $\mathfrak{S}$ verschieden und kann nunmehr zu einem maximalen Bereich $\mathfrak{S}_0$ ergänzt werden. Daraus folgt, daß man mehrere solche maximale Bereiche herstellen kann, je nachdem, von welchem Element a man ausgeht. Adjungiert man zu einem maximalen Bereich $\mathfrak{S}_0$ ein beliebiges, nicht in $\mathfrak{S}_0$ enthaltenes Element b, so erhält man $\mathfrak{S}$, da es außer $\mathfrak{S}$ keinen $\mathfrak{S}_0$ umfassenden Schiefkörper gibt.

Nun besteht aber doch $\mathfrak{S}_0$ aus weniger als N Elementen, ist also nach Induktionsvoraussetzung ein Galoisfeld. Dieses hat $\mathfrak{Z}$ als Teilfeld. Nach bekannten Sätzen über Galoisfelder gibt es also ein Element ξ aus $\mathfrak{S}_0$ von der Art, daß $\mathfrak{S}_0 = \mathfrak{Z}(\xi)$ ist. Das Element ξ genügt in $\mathfrak{Z}$ einer gewissen, in $\mathfrak{Z}$ irreduziblen Gleichung, etwa vom r-ten Grad. Bekanntlich enthält dann $\mathfrak{S}_0$ genau q^r Elemente. Es sei $F(t) = 0$ diese Gleichung. Dann gilt in $\mathfrak{Z}(\xi)$ folgende Zerlegung:

$$(5)\qquad F(t) = (t-\xi)(t-\xi^q)\cdots(t-\xi^{q^{r-1}}),$$

und es ist $\xi^{q^r} = \xi$, dagegen $\xi^{q^\nu} \neq \xi^{q^\mu}$ für $\mu \not\equiv \nu \pmod r$.

Demnach sind $t-\xi$ und $t-\xi^q$ Linearfaktoren von $F(t)$. Wegen Satz 1 gibt es also ein Element $\eta \neq 0$ aus $\mathfrak{S}$ von der Art, daß $\eta\xi\eta^{-1} = \xi^q$. Daraus folgt:

$$(6)\qquad \eta^\nu \xi = \xi^{q^\nu}\cdot\eta^\nu.$$

Für $\nu = r$ ergibt sich, daß η^r vertauschbar ist mit ξ. Da es als Potenz von η auch mit η vertauschbar ist, so ist es mit jedem Element des Schiefkörpers $\mathfrak{S}_0(\eta)$ vertauschbar. Da η nicht vertauschbar ist mit ξ, so ist η nicht in $\mathfrak{S}_0$ enthalten, also $\mathfrak{S}_0(\eta) = \mathfrak{S}$. Also ist η^r mit jedem Element von $\mathfrak{S}$ vertauschbar und gehört zu $\mathfrak{Z}$. Es gilt also

$$(7)\qquad \eta^r = a,$$

wo a ein Element von $\mathfrak{Z}$ ist.

Wir fragen nun, ob es eine Gleichung der Form

$$(8)\qquad \eta^s = \varphi_{s-1}(\xi)\eta^{s-1} + \varphi_{s-2}(\xi)\eta^{s-2} + \cdots + \varphi_0(\xi)$$

geben kann, worin $s < r$ ist und $\varphi_\nu(\xi)$ ein Element aus $\mathfrak{Z}(\xi)$ bedeutet. Man setze (8) ein in:

$$\eta^s\xi - \xi^{q^s}\eta^s = 0$$

und findet wegen (6):

$$(9)\qquad \begin{aligned}\varphi_{s-1}(\xi)\cdot(\xi^{q^{s-1}} - \xi^{q^s})\eta^{s-1} + \varphi_{s-2}(\xi)(\xi^{q^{s-2}} - \xi^{q^s})\eta^{s-2}\\ + \cdots + \varphi_0(\xi)(\xi - \xi^{q^s}) = 0.\end{aligned}$$

Würden hierin nicht alle Koeffizienten von η^ν verschwinden, so erhielte man daraus leicht eine Gleichung derselben Form wie (8) mit noch kleinerem s. Nehmen wir also an, daß in (8) die Zahl s schon möglichst klein ist, so folgt das Verschwinden aller Koeffizienten von (9). Wegen $s < r$ ist aber nun $\xi^{q^{s-\nu}} - \xi^{q^s} \neq 0$, so daß $\varphi_\nu(\xi) = 0$ die Folge ist. Dies führt wegen (8) auf $\eta^s = 0$, also, da es keine Nullteiler gibt, auf $\eta = 0$, entgegen der Konstruktion.

Diese Betrachtung lehrt uns, daß die r^2 Elemente

$$\xi^\nu \eta^\mu \qquad (0 \leqq \nu < r,\ 0 \leqq \mu < r)$$

linear unabhängig in bezug auf $\mathfrak{Z}$ sind. Man erhält also q^{r^2} verschiedene Elemente der Form

$$\sum_{\nu=0}^{r-1} \sum_{\mu=0}^{r-1} a_{\nu\mu} \xi^\nu \eta^\mu, \tag{10}$$

wenn die $a_{\nu\mu}$ je die q Elemente von $\mathfrak{Z}$ durchlaufen. Die Rechenregeln (6) und (7), sowie die Gleichung r-ten Grades $F(\xi) = 0$ zeigen, daß das Produkt und selbstverständlich auch die Summe zweier Elemente der Form (10) wieder die Form (10) haben. Da es in $\mathfrak{S}$ keine Nullteiler gibt, so genügt dies, um dieses System von Elementen als Schiefkörper zu erkennen. Er enthält $\mathfrak{Z}$, ξ und η, ist also $\mathfrak{S}$ selbst, wie bereits festgestellt wurde. Somit besteht $\mathfrak{S}$ aus q^{r^2} Elementen. $\mathfrak{S}_0$ bestand aus q^r Elementen. Nun war aber doch $\mathfrak{S}_0$ ein beliebiger maximaler Bereich in $\mathfrak{S}$. Da q^{r^2}, die Anzahl der Elemente von $\mathfrak{S}$, eine invariante Bedeutung hat, hat auch r eine invariante Bedeutung, und wir erkennen, daß jeder maximale Bereich $\mathfrak{S}_0$ dieselbe Anzahl q^r von Elementen hat. Es sei $\mathfrak{S}_1$ ein anderer maximaler Bereich. Da er gleich viel Elemente wie $\mathfrak{S}_0$ hat, und da beide Bereiche Galoisfelder sind, so sind sie nach einem bekannten Satz isomorph. Man kann somit annehmen, daß $\mathfrak{S}_1$ aus $\mathfrak{Z}$ durch Adjunktion eines Elements ξ_1 entsteht, das derselben Gleichung $F(t) = 0$ in $\mathfrak{Z}$ wie ξ genügt. Dann aber ist $t - \xi_1$ auch Linearfaktor von $F(t)$, und wegen Satz 1 gibt es ein ζ aus $\mathfrak{S}$ von der Art, daß $\xi_1 = \zeta\xi\zeta^{-1}$. Also ist auch $\mathfrak{S}_1 = \zeta\mathfrak{S}_0\zeta^{-1}$. Lassen wir aus den maximalen Bereichen das Element 0 weg, so bleiben Untergruppen $\mathfrak{g}_\nu$ der Multiplikationsgruppe $\mathfrak{G}$ von $\mathfrak{S}$ übrig. Wie eben festgestellt, bilden sie konjugierte Untergruppen von $\mathfrak{G}$.

Nun ist aber ein Widerspruch leicht herstellbar. Einerseits nämlich sahen wir schon, daß jedes Element von $\mathfrak{S}$ in einem der maximalen Bereiche, also in einer der konjugierten Untergruppen liegt (falls es $\neq 0$ ist). Die Vereinigungsmenge der Untergruppen müßte also $\mathfrak{G}$ erschöpfen, wobei man noch beachte, daß $\mathfrak{g} \neq \mathfrak{G}$ ist, da aus $\mathfrak{g} = \mathfrak{G}$ sicher $\mathfrak{S}_0 = \mathfrak{S}$ folgt, entgegen der Konstruktion von $\mathfrak{S}_0$. Andrerseits aber gibt es höchstens so viele verschiedene konjugierte Untergruppen von $\mathfrak{G}$, als der Index von $\mathfrak{g}$ in bezug auf $\mathfrak{G}$ beträgt. Da $\mathfrak{G}$ aus endlich vielen Elementen besteht, könnte die Vereinigungsmenge nur dann die ganze Gruppe erschöpfen, wenn sie alle kein Element gemein haben. Sie haben aber sicher alle das Einheitselement gemein. Damit sind wir am Ziel.

Hamburg, Mathematisches Seminar, Januar 1927.

Zur Theorie der hyperkomplexen Zahlen.

Von EMIL ARTIN in Hamburg.

Die bisherigen Definitionen der hyperkomplexen Zahlen leiden an dem Nachteil, daß gewisse Zahlsysteme, für die die ganze Theorie gültig bleibt, nicht unter die Definition fallen. So bildet zwar der Restklassenbereich nach einer Primzahl ein hyperkomplexes Zahlsystem, die Restklassen nach einer Primzahlpotenz fallen aber nicht darunter.

Eine Erweiterung der Definition, die auch noch diese Fälle umfaßt, ist nun in der Tat möglich. Eine zentrale Stellung nehmen dabei die Kettensätze über Ideale ein, deren Fruchtbarkeit für Fragen der Algebra zuerst von Fräulein E. NOETHER erkannt worden ist.

Die folgende Darstellung setzt eine gewisse Vertrautheit mit der gewöhnlichen Theorie der hyperkomplexen Zahlen voraus, da die Beweise nur bis zu der Stelle ausgeführt werden, von der an sie wie üblich laufen. Für diese restlichen Teile verweise ich auf die Literatur[1]).

Es möge noch bemerkt werden, daß alle Beweise ungeändert gültig bleiben, wenn man die Definitionen von Modul und Ideal noch durch die weitere Forderung einengt, daß sie R-Moduln in bezug auf einen beliebigen, mit ihnen kommutativ verbundenen Ring R sein sollen.

Im zweiten Teil werden auch noch Eindeutigkeitssätze bewiesen, die meines Wissens bisher nicht beachtet worden sind. Die übrigen Sätze dieses Teils stammen von Herrn WEDDERBURN, Satz 12 von DICKSON[1]).

1.

Unter einem assoziativen Ring $\mathfrak{S}$ verstehen wir ein System von Elementen, zwischen denen eine kommutative, assoziative und eindeutig umkehrbare Addition, sowie eine assoziative und beiderseits distributive Multiplikation erklärt ist.

Eine Teilmenge $\mathfrak{M}$ von $\mathfrak{S}$ heiße nun ein Modul, wenn mit zwei Elementen x und y auch $x-y$ zu $\mathfrak{M}$ gehört. In der üblichen Weise werden nun aus zwei Moduln $\mathfrak{M}_1$ und $\mathfrak{M}_2$ zwei neue Moduln $\mathfrak{M}_1+\mathfrak{M}_2$ und $\mathfrak{M}_1\mathfrak{M}_2$ abgeleitet, und zwar besteht, wenn man mit x_1 irgend ein Element aus $\mathfrak{M}_1$, mit x_2 irgend ein Element aus $\mathfrak{M}_2$ bezeichnet, $\mathfrak{M}_1+\mathfrak{M}_2$

[1]) Vgl. etwa J. H. MACLAGAN WEDDERBURN, On hypercomplex numbers. Proceedings of the London Mathematical Society, Bd. 6, S. 77—118. L. E. DICKSON Algebras and their Arithmetics. Chicago 1923.

aus allen Elementen der Form $x_1 + x_2$, $\mathfrak{M}_1 \mathfrak{M}_2$ aus allen Elementen der Form $\sum x_1 x_2$.

Ist x ein festes Element von $\mathfrak{S}$, y irgend ein Element des Moduls $\mathfrak{M}$, so bilden die Elemente der Form xy einen neuen Modul, der mit $x\mathfrak{M}$ bezeichnet wird.

Das Zeichen $\mathfrak{M}_1 \leqq \mathfrak{M}_2$ mag bedeuten, daß $\mathfrak{M}_1$ im mengentheoretischen Sinn Teilmenge von $\mathfrak{M}_2$ ist. Ist $\mathfrak{M}_1$ sogar echte Teilmenge von $\mathfrak{M}_2$, so schreiben wir $\mathfrak{M}_1 < \mathfrak{M}_2$.

Ein Modul $\mathfrak{M}$ heißt nilpotent, wenn es eine ganze Zahl n gibt, so daß $\mathfrak{M}^n = 0$ ist, das heißt, wenn der Modul $\mathfrak{M}^n$ nur aus dem Element 0 besteht. Analog heißt ein Element x aus $\mathfrak{S}$ nilpotent, wenn bei passendem n gilt $x^n = 0$.

Ein von 0 verschiedenes Element e von $\mathfrak{S}$, für das $e^2 = e$ gilt, heißt idempotent.

Unter einem Rechtsideal $\mathfrak{a}$ in $\mathfrak{S}$ verstehen wir einen Modul, für den $\mathfrak{a}\mathfrak{S} \leqq \mathfrak{a}$ gilt. Analog wird der Begriff Linksideal erklärt. Ist $\mathfrak{a}$ sowohl Rechtsideal in $\mathfrak{S}$ als auch Linksideal in $\mathfrak{S}$, so nennen wir $\mathfrak{a}$ Ideal in $\mathfrak{S}$. Im allgemeinen wird kein Mißverständnis entstehen, wenn die Zusätze „in $\mathfrak{S}$“ fortgelassen werden, wenn man also $\mathfrak{a}$ Rechtsideal schlechthin nennt. Summe und Produkt von Rechtsidealen ist wieder Rechtsideal.

Wir setzen nunmehr von unserem Ring $\mathfrak{S}$ voraus, daß in ihm der sogenannte Doppelkettensatz für Rechtsideale gilt, also die beiden folgenden Postulate:

1. *Der „Teilerkettensatz“ für Rechtsideale: Ist $\mathfrak{a}_i$ eine Folge von Rechtsidealen und $\mathfrak{a}_1 \leqq \mathfrak{a}_2 \leqq \mathfrak{a}_3 \cdots$, so gilt von einer gewissen Stelle ab das Gleichheitszeichen.*
2. *Der „Vielfachenkettensatz“ für Rechtsideale: Ist wieder $\mathfrak{a}_i$ eine Folge von Rechtsidealen und gilt $\mathfrak{a}_1 \geqq \mathfrak{a}_2 \geqq \mathfrak{a}_3 \cdots$, so gilt auch hier von einer gewissen Stelle ab das Gleichheitszeichen.*

Für Linksideale setzen wir die Gültigkeit dieser Postulate nicht voraus.

Unmittelbar kann man diesen Postulaten folgendes entnehmen:

Satz 1: *Ist $\mathfrak{a}_i$ irgend eine endliche oder unendliche Menge von Rechtsidealen, so gibt es in der Menge mindestens ein „umfassendstes“ Rechtsideal $\mathfrak{a}_k$, d. h. ein solches, welches von keinem weiteren Rechtsideal der Menge umfaßt wird. Ebenso gibt es mindestens ein „kleinstes“ Rechtsideal $\mathfrak{a}_l$, welches kein weiteres Rechtsideal unserer Menge umfaßt.*

Wendet man diesen Satz an auf die Menge aller Summen von je endlich vielen der Ideale $\mathfrak{a}_i$, so erhält man:

Satz 2: *Ist $\mathfrak{a}_i$ irgend eine Menge von Rechtsidealen, so gibt es endlich viele unter ihnen: $\mathfrak{a}_1, \mathfrak{a}_2, \cdots, \mathfrak{a}_n$, deren Summe jedes weitere Rechtsideal der Menge umfaßt.*

Unabhängig vom Doppelkettensatz gilt:

Satz 3: *Sind* $\mathfrak{a}_1$ *und* $\mathfrak{a}_2$ *nilpotente Rechtsideale (Linksideale), so ist* $\mathfrak{a}_1 + \mathfrak{a}_2$ *nilpotent.*

Beweis: Sei $\mathfrak{a}_1^n = \mathfrak{a}_2^m = 0$. Man untersuche $(\mathfrak{a}_1 + \mathfrak{a}_2)^{n+m}$. Ausgerechnet, besteht dieses Rechtsideal aus einer Summe, deren einzelne Glieder Produkte von $n+m$ Faktoren $\mathfrak{a}_1$ oder $\mathfrak{a}_2$ sind. In einem solchen Glied tritt entweder $\mathfrak{a}_1$ mindestens n mal oder aber $\mathfrak{a}_2$ mindestens m mal als Faktor auf. Ist etwa das erstere der Fall, so hat das betreffende Glied die Form $\cdots \mathfrak{a}_1 \cdots \mathfrak{a}_1 \cdots \mathfrak{a}_1 \cdots\cdots \mathfrak{a}_1 \cdots$, wo zwischen den einzelnen $\mathfrak{a}_1$ eventuell Faktoren $\mathfrak{a}_2$ stehen können und $\mathfrak{a}_1$ mindestens n mal vorkommt. Da nun entweder $\mathfrak{a}_1 \mathfrak{S} \leqq \mathfrak{a}_1$ oder aber $\mathfrak{S}\mathfrak{a}_1 \leqq \mathfrak{a}_1$ ist, so folgt auf jeden Fall:

$$\cdots \mathfrak{a}_1 \cdots \mathfrak{a}_1 \cdots \mathfrak{a}_1 \cdots\cdots \mathfrak{a}_1 \leqq \cdots \mathfrak{a}_1 \mathfrak{a}_1 \mathfrak{a}_1 \cdots \mathfrak{a}_1 \cdots = \cdots \mathfrak{a}_1^{n+r} \cdots = 0.$$

Analog verfährt man im zweiten Fall. Also: $(\mathfrak{a}_1 + \mathfrak{a}_2)^{n+m} = 0$.

Satz 4: *Es gibt ein umfassendstes nilpotentes Rechtsideal* $\mathfrak{w}$, *welches jedes nilpotente Rechtsideal als Teilmenge enthält.* $\mathfrak{w}$ *ist Ideal und umfaßt auch jedes nilpotente Linksideal.*

Beweis: Der erste Teil folgt unmittelbar aus Satz 2 und Satz 3. Es sei also $\mathfrak{a}$ nilpotentes Linksideal, etwa $\mathfrak{a}^m = 0$ und $\mathfrak{S}\mathfrak{a} \leqq \mathfrak{a}$. Dann ist $(\mathfrak{a}\mathfrak{S})^{m+1} = \mathfrak{a}(\mathfrak{S}\mathfrak{a})^m \cdot \mathfrak{S} \leqq \mathfrak{a} \cdot \mathfrak{a}^m \cdot \mathfrak{S} = 0$, also $\mathfrak{a}\mathfrak{S}$ nilpotent. $\mathfrak{a}$ und $\mathfrak{a}\mathfrak{S}$ sind nilpotente Linksideale, also auch $\mathfrak{a} + \mathfrak{a}\mathfrak{S}$. Wegen $(\mathfrak{a} + \mathfrak{a}\mathfrak{S})\mathfrak{S} = \mathfrak{a}\mathfrak{S} + \mathfrak{a}\mathfrak{S}^2 \leqq \mathfrak{a}\mathfrak{S} + \mathfrak{a}\mathfrak{S} = \mathfrak{a}\mathfrak{S} \leqq \mathfrak{a} + \mathfrak{a}\mathfrak{S}$ ist aber $\mathfrak{a} + \mathfrak{a}\mathfrak{S}$ Rechtsideal und demnach Teilmenge von $\mathfrak{w}$. Somit $\mathfrak{a} \leqq \mathfrak{w}$. Endlich ist $\mathfrak{w}$ nilpotent und $\mathfrak{w}\mathfrak{S} \leqq \mathfrak{w}$, also ähnlich wie bei $\mathfrak{a}$ ist $\mathfrak{S}\mathfrak{w}$ nilpotent. Als Rechtsideal ist $\mathfrak{S}\mathfrak{w}$ somit (da $\mathfrak{w}$ maximal ist) Teilmenge von $\mathfrak{w}$, so daß $\mathfrak{w}$ als Linksideal und demnach als Ideal erkannt ist.

Ein Element $x \neq 0$ aus $\mathfrak{S}$ heiße nun linker Nullteiler für den Modul $\mathfrak{M}$, wenn es ein Element $y \neq 0$ aus $\mathfrak{M}$ gibt, so daß $xy = 0$ ist.

Satz 5: *Ist* $\mathfrak{a}$ *Rechtsideal und* $x\mathfrak{a} = \mathfrak{a}$, *so ist* x *kein linker Nullteiler für* $\mathfrak{a}$.

Beweis: Aus $x\mathfrak{a} = \mathfrak{a}$ folgt auch $x^n \mathfrak{a} = \mathfrak{a}$. Wäre nun x linker Nullteiler, so gäbe es ein Element $y_1 \neq 0$ aus $\mathfrak{a}$, so daß $xy_1 = 0$ ist. Wegen $x^n \mathfrak{a} = \mathfrak{a}$ kann man dann in $\mathfrak{a}$ ein Element y_{n+1} finden, so daß $x^n y_{n+1} = y_1$ ist. Dann ist $x^n y_{n+1} \neq 0$, dagegen $x^{n+1} y_{n+1} = 0$. Nun bildet die Menge aller Elemente z aus $\mathfrak{a}$, für die $x^n z = 0$ ist, ersichtlich ein Rechtsideal $\mathfrak{c}_n$ in $\mathfrak{S}$, und es ist $\mathfrak{c}_n \leqq \mathfrak{c}_{n+1}$. Da aber y_{n+1} Element von $\mathfrak{c}_{n+1}$, nicht aber von $\mathfrak{c}_n$ ist, gilt sogar $\mathfrak{c}_n < \mathfrak{c}_{n+1}$. Dies widerspricht dem Teilerkettensatz[2]).

Satz 6: *In jedem nicht nilpotenten Rechtsideal* $\mathfrak{a}$ *gibt es mindestens ein idempotentes Element* e.

---

[2]) Den Grundgedanken dieses Beweises verdanke ich Herrn B. L. van der Waerden.

Beweis: Man betrachte die Menge aller nicht nilpotenten Rechtsideale in $\mathfrak{S}$, die $\leqq \mathfrak{a}$ sind. Nach Satz 1 gibt es mindestens ein kleinstes Rechtsideal $\mathfrak{c}$ dieser Art. Dann genügt es, unseren Satz für $\mathfrak{c}$ zu beweisen. Nach Konstruktion ist $\mathfrak{c}$ nicht nilpotent, wohl aber jedes Rechtsideal in $\mathfrak{S}$, welches in $\mathfrak{c}$ enthalten ist.

Da $\mathfrak{c}\mathfrak{S} \leqq \mathfrak{c}$, so auch $\mathfrak{c}^2 \leqq \mathfrak{c}$. Ist also x irgendein Element von $\mathfrak{c}$, so ist $x\mathfrak{c} \leqq \mathfrak{c}$. Da $x\mathfrak{c}$ Rechtsideal aus $\mathfrak{S}$ ist, folgt aus $x\mathfrak{c} < \mathfrak{c}$, daß $x\mathfrak{c}$ nilpotent ist. Dies kann nicht für jedes x aus $\mathfrak{c}$ der Fall sein, da sonst nach Satz 2 und Satz 3 auch die Summe aller $x\mathfrak{c}$, also $\mathfrak{c}^2$ nilpotent wäre, was besagte, daß $\mathfrak{c}$ nilpotent ist. Es gibt also mindestens ein x aus $\mathfrak{c}$, so daß $x\mathfrak{c} = \mathfrak{c}$ ist. Nach Satz 5 ist demnach x kein linker Nullteiler für $\mathfrak{c}$. Es gibt also bei gegebenem y aus $\mathfrak{c}$ stets genau ein z aus $\mathfrak{c}$, für das $xz = y$ ist. Insbesondere gibt es ein e, für das $xe = x$ ist. Wegen $\mathfrak{c} \neq 0$ und $x\mathfrak{c} = \mathfrak{c}$ ist $x \neq 0$, also auch $e \neq 0$. Ferner ist $xe = (xe)e = xe^2$. Aus der eindeutigen Lösbarkeit von $xe = x$ folgt nunmehr $e = e^2$, also die Behauptung.

Wir setzen nunmehr voraus, daß $\mathfrak{S}$ nicht nilpotent ist, daß also für jedes n stets $\mathfrak{S}^n \neq 0$ ist. Da $\mathfrak{S}$ Rechtsideal ist, gibt es nach Satz 6 in $\mathfrak{S}$ mindestens ein idempotentes Element e.

Zu jedem solchen idempotenten Element e von $\mathfrak{S}$ gehört nun in bekannter Weise eine PEIRCEsche Zerlegung von $\mathfrak{S}$:

Es sei $\mathfrak{A}$ die Menge aller Elemente x von $\mathfrak{S}$, für die $xe = 0$ ist, $\mathfrak{B}$ die Menge aller Elemente von $\mathfrak{S}$, für die $ex = 0$ ist, und $\mathfrak{C}$ der Durchschnitt von $\mathfrak{A}$ und $\mathfrak{B}$, also die Menge aller Elemente, für die $ex = xe = 0$ ist.

Da nun identisch für jedes x gilt:

$$x = exe + e(x - xe) + (x - ex)e + (x - ex - xe + exe) \tag{1}$$

und man mühelos (wegen $e^2 = e$) feststellt, daß $x - xe$ zu $\mathfrak{A}$, $x - ex$ zu $\mathfrak{B}$ und die letzte Klammer zu $\mathfrak{C}$ gehört, so folgt:

$$\mathfrak{S} = e\mathfrak{S}e + e\mathfrak{A} + \mathfrak{B}e + \mathfrak{C}. \tag{2}$$

Man überlegt außerdem leicht, daß die in (1) gegebene Zerfällung von x in die der Formel (2) entsprechenden vier Komponenten die einzige ist. Aus der Definition von $\mathfrak{A}$ und $\mathfrak{B}$ geht noch hervor, daß $\mathfrak{A}$ Linksideal und $\mathfrak{B}$ Rechtsideal in $\mathfrak{S}$ ist. Da ferner jedes Element von $e\mathfrak{S}e$ die Form $y = exe$ hat, folgt $ey = ye = y$, so daß e die Haupteinheit im Ring $e\mathfrak{S}e$ ist. Die Definition zeigt noch, daß $\mathfrak{C}$ ein Ring ist.

Alles Weitere beruht nun auf dem Nachweis von:

Satz 7: *In den Ringen $e\mathfrak{S}e$ und $\mathfrak{C}$ gilt der Doppelkettensatz für Rechtsideale in diesen Ringen.*

Wir werden nämlich jedem Rechtsideal im Ring $e\mathfrak{S}e$ in eindeutiger Weise ein Rechtsideal in $\mathfrak{S}$ zuordnen, und zwar derart, daß verschiedenen Rechtsidealen in $e\mathfrak{S}e$ auch verschiedene Rechtsideale in $\mathfrak{S}$ entsprechen und daß zwei Rechtsidealen $\mathfrak{a}_1$ und $\mathfrak{a}_2$ in $e\mathfrak{S}e$, für die $\mathfrak{a}_1 < \mathfrak{a}_2$ gilt, auch wieder Rechtsideale in $\mathfrak{S}$ entsprechen, die der gleichen Ungleichung genügen. Da dann jede Kette von Rechtsidealen in $e\mathfrak{S}e$ auf eine analoge Kette von Rechtsidealen in $\mathfrak{S}$ führt, wird unser Satz bewiesen sein. Genau dasselbe wird vom Ring $\mathfrak{C}$ gezeigt. Die Zuordnung aber wird so gewonnen:

1. Sei $\mathfrak{a}$ Rechtsideal in $e\mathfrak{S}e$, also: $\mathfrak{a} \leqq e\mathfrak{S}e$ und $\mathfrak{a} \cdot e\mathfrak{S}e \leqq \mathfrak{a}$. Da e Haupteinheit in $e\mathfrak{S}e$ ist, folgt $\mathfrak{a}e = \mathfrak{a}$, also $\mathfrak{a}\mathfrak{B} = \mathfrak{a} \cdot e\mathfrak{B} = 0$ und $\mathfrak{a}\mathfrak{C} = \mathfrak{a}e\mathfrak{C} = 0$. Somit nach (2): $\mathfrak{a}\mathfrak{S} = \mathfrak{a} \cdot e\mathfrak{S}e + \mathfrak{a} \cdot e\mathfrak{A}$ $= \mathfrak{a} \cdot e\mathfrak{S}e + \mathfrak{a}\mathfrak{A}$. Also $\bar{\mathfrak{a}} = \mathfrak{a} + \mathfrak{a}\mathfrak{S} = \mathfrak{a} + \mathfrak{a}\mathfrak{A}$. $\bar{\mathfrak{a}}$ ist Rechtsideal in $\mathfrak{S}$, denn $\bar{\mathfrak{a}}\mathfrak{S} = \mathfrak{a}\mathfrak{S} \leqq \bar{\mathfrak{a}}$. Ferner ist $\bar{\mathfrak{a}}e = \mathfrak{a}e + \mathfrak{a}\mathfrak{A}e = \mathfrak{a}$, so daß $\mathfrak{a}$ durch ein bestimmtes Verfahren aus $\bar{\mathfrak{a}}$ zurückgewonnen werden kann. Damit ist alles gezeigt.
2. Sei $\mathfrak{c}$ Rechtsideal in $\mathfrak{C}$, also $\mathfrak{c} \leqq \mathfrak{C}$, $\mathfrak{c}\mathfrak{C} \leqq \mathfrak{c}$. Dann ist $\mathfrak{c}e = e\mathfrak{c} = 0$, also $\mathfrak{c}\mathfrak{S} = \mathfrak{c}\mathfrak{B}e + \mathfrak{c}\mathfrak{C}$ und demnach $\bar{\mathfrak{c}} = \mathfrak{c} + \mathfrak{c}\mathfrak{S} = \mathfrak{c}\mathfrak{B}e + \mathfrak{c}$. Wieder ist $\bar{\mathfrak{c}}$ Rechtsideal in $\mathfrak{S}$ und $\mathfrak{c}$ die Menge aller Elemente x aus $\bar{\mathfrak{c}}$, für die $xe = 0$ ist.

Ein Ring $\mathfrak{S} \neq 0$ ohne nilpotentes Ideal (außer dem 0-Ideal) heißt halbeinfach. Wegen Satz 4 enthält $\mathfrak{S}$ dann auch keine nilpotenten Rechtsideale und Linksideale.

S a t z 8: *Ist $\mathfrak{S}$ halbeinfach und e idempotent, so sind die beiden Ringe $e\mathfrak{S}e$ und $\mathfrak{C}$ halbeinfach ($\mathfrak{C}$ nur dann, wenn $\mathfrak{C} \neq 0$ ist).*

Beweis: 1. Sei $\mathfrak{a}$ Rechtsideal in $e\mathfrak{S}e$ und $\mathfrak{a}^n = 0$. Sei ferner $\bar{\mathfrak{a}} = \mathfrak{a} + \mathfrak{a}\mathfrak{S} = \mathfrak{a} + \mathfrak{a}\mathfrak{A} = e\mathfrak{a} + e\mathfrak{a}\mathfrak{A}$ das im Beweis von Satz 7 zugeordnete Rechtsideal in $\mathfrak{S}$. Da $\mathfrak{A}e = 0$ ist, erhält man $\bar{\mathfrak{a}}^n = (e\mathfrak{a} + e\mathfrak{a}\mathfrak{A})^n$ $= \mathfrak{a}^n + \mathfrak{a}^{n-1}\mathfrak{a}\mathfrak{A} = 0$. Da aber $\mathfrak{S}$ halbeinfach ist, folgt $\bar{\mathfrak{a}} = 0$ und wegen $\mathfrak{a} \leqq \bar{\mathfrak{a}}$ auch $\mathfrak{a} = 0$.

2. $\mathfrak{c}$ sei Rechtsideal in $\mathfrak{C}$, $\mathfrak{c}^n = 0$ und wie vorhin $\bar{\mathfrak{c}} = \mathfrak{c} + \mathfrak{c}\mathfrak{S}$ $= \mathfrak{c}\mathfrak{B}e + \mathfrak{c}$. Da $e\mathfrak{c} = 0$ ist, folgt $\bar{\mathfrak{c}}^n = \mathfrak{c}^n + \mathfrak{c}^{n-1}\mathfrak{c}\mathfrak{B}e = 0$. Also wieder $\bar{\mathfrak{c}} = 0$ und somit $\mathfrak{c} = 0$.

S a t z 9: *Ist $\mathfrak{a} \neq 0$ Ideal im halbeinfachen System $\mathfrak{S}$, so besitzt $\mathfrak{a}$ (als Ring aufgefaßt) eine Haupteinheit. Es gibt also ein Element e aus $\mathfrak{a}$ von der Art, daß für jedes x aus $\mathfrak{a}$ gilt $ex = xe = x$. Überdies ist dann $\mathfrak{a} = e\mathfrak{S}$.*

Beweis: Da $\mathfrak{S}$ halbeinfach ist, ist $\mathfrak{a}$ nicht nilpotent. Nach Satz 6 enthält also $\mathfrak{a}$ mindestens ein idempotentes Element e. Für jedes solche e ist $e\mathfrak{a}$ Rechtsideal. Nach Satz 1 können wir uns e so gewählt denken, daß das Rechtsideal $e\mathfrak{a}$ von keinem weiteren Rechtsideal dieser Form umfaßt wird. Es sei nun (2) die zu diesem e gehörige PEIRCEsche Zerlegung von $\mathfrak{S}$ und $\mathfrak{a}_1, \mathfrak{a}_2, \mathfrak{a}_3, \mathfrak{a}_4$ die Durchschnitte von $\mathfrak{a}$ mit $e\mathfrak{S}e$, $\mathfrak{A}$, $\mathfrak{B}$, $\mathfrak{C}$. Ist x Element von $\mathfrak{a}$, so zeigt (1), da $\mathfrak{a}$ Ideal ist, daß die vier Komponenten von x auch zu $\mathfrak{a}$ gehören, so daß man die Zerfällung

$$\mathfrak{a} = \mathfrak{a}_1 + e\mathfrak{a}_2 + \mathfrak{a}_3 e + \mathfrak{a}_4 \tag{3}$$

erhält. Darin ist $\mathfrak{a}_2$ Linksideal, $\mathfrak{a}_3$ Rechtsideal in $\mathfrak{S}$, während $e\mathfrak{a}_1 = \mathfrak{a}_1 e = \mathfrak{a}_1$ und $\mathfrak{a}_2 e = e\mathfrak{a}_3 = e\mathfrak{a}_4 = \mathfrak{a}_4 e = 0$ ist.

Nun ist $\mathfrak{a}_4 \leqq \mathfrak{C}$. Da $\mathfrak{C}$ ein Ring ist, folgt $\mathfrak{a}_4\mathfrak{C} \leqq \mathfrak{C}$. Da aber $\mathfrak{a}$ Ideal und $\mathfrak{a}_4 \leqq \mathfrak{a}$ ist, muß $\mathfrak{a}_4\mathfrak{C} \leqq \mathfrak{a}$ sein. $\mathfrak{a}_4\mathfrak{C}$ liegt also in $\mathfrak{a}$ und $\mathfrak{C}$, so daß $\mathfrak{a}_4\mathfrak{C} \leqq \mathfrak{a}_4$, $\mathfrak{a}_4$ also Rechtsideal in $\mathfrak{C}$ ist.

$\mathfrak{a}_4$ muß nilpotent sein. Anderenfalls gäbe es nämlich in $\mathfrak{a}_4$ nach Satz 7 und Satz 6 ein idempotentes Element e'. Als Element von $\mathfrak{a}_4$ hätte e' die Eigenschaft, daß $ee' = e'e = 0$ ist. Also wäre auch $e_1 = e + e'$ idempotent und $e_1 e = ee_1 = e$, $e'e_1 = e_1 e' = e'$. Da e und e' zu $\mathfrak{a}$ gehören, gehörte auch e_1 zu $\mathfrak{a}$, und man hätte $e\mathfrak{a} = e_1 e\mathfrak{a} \leqq e_1\mathfrak{a}$. Aus der Maximaleigenschaft von e folgte also $e\mathfrak{a} = e_1\mathfrak{a}$. Da $e_1 e' = e'$ in $e_1\mathfrak{a}$ liegt, gibt es ein z, so daß $ez = e'$ ist. Dann aber ist $e' = e' \cdot e' = e' \cdot ez = 0$ entgegen Voraussetzung.

$\mathfrak{a}_4$ ist demnach nilpotentes Rechtsideal in $\mathfrak{C}$, nach Satz 8 also $\mathfrak{a}_4 = 0$. Wegen $e\mathfrak{a}_3\mathfrak{a}_2 = \mathfrak{a}_3\mathfrak{a}_2 e = 0$ ist $\mathfrak{a}_3\mathfrak{a}_2 \leqq \mathfrak{C}$. Da auch $\mathfrak{a}_3\mathfrak{a}_2 \leqq \mathfrak{a}$, so muß $\mathfrak{a}_3\mathfrak{a}_2 \leqq \mathfrak{a}_4 = 0$ sein. Nun folgt $(\mathfrak{a}_2\mathfrak{a}_3)^2 = \mathfrak{a}_2\mathfrak{a}_3\mathfrak{a}_2\mathfrak{a}_3 = 0$. Als nilpotentes Ideal in $\mathfrak{S}$ muß also $\mathfrak{a}_2\mathfrak{a}_3 = 0$ sein. Aus (3) ergibt sich nun wegen $\mathfrak{a}_1 = e\mathfrak{a}_1 = \mathfrak{a}_1 e$, daß $\mathfrak{a}_2\mathfrak{a} = 0$, $\mathfrak{a}\mathfrak{a}_3 = 0$ ist. Da nun $\mathfrak{a}_2 \leqq \mathfrak{a}$ und $\mathfrak{a}_3 \leqq \mathfrak{a}$, so ist erst recht $\mathfrak{a}_2^2 = \mathfrak{a}_2\mathfrak{a}_2 \leqq \mathfrak{a}_2\mathfrak{a} = 0$ und $\mathfrak{a}_3\mathfrak{a}_3 \leqq \mathfrak{a}\mathfrak{a}_3 = 0$. Als nilpotentes Linksideal bzw. Rechtsideal muß also $\mathfrak{a}_2 = \mathfrak{a}_3 = 0$ sein, was zusammen mit $\mathfrak{a}_4 = 0$, $\mathfrak{a} = \mathfrak{a}_1$ ergibt. Wegen $\mathfrak{a}_1 \leqq e\mathfrak{S}e$ ist alles bewiesen, da $e\mathfrak{S}e$ die Haupteinheit e besitzt. Wegen $e \leqq \mathfrak{a}$ und der Idealeigenschaft von $\mathfrak{a}$ ist dann noch $e\mathfrak{S} \leqq \mathfrak{a}$; andrerseits ist $\mathfrak{a} = e\mathfrak{a} \leqq e\mathfrak{S}$, so daß $\mathfrak{a} = e\mathfrak{S} = \mathfrak{S}e$ sein muß.

In der üblichen Weise folgt nun die Zerlegung von $\mathfrak{S}$ in eine direkte Summe einfacher Systeme. Dabei heißt ein System $\mathfrak{S}$ einfach, wenn es in $\mathfrak{S}$ außer dem 0-Ideal und $\mathfrak{S}$ selbst keine Ideale gibt. Da der Beweis sich nunmehr wörtlich übertragen läßt, können wir ihn übergehen.

2.

Wir gehen nun zur Betrachtung primärer Ringe mit Haupteinheit über und definieren:

1. *Ein Ring $\mathfrak{S}$ mit Haupteinheit heißt primär, wenn jedes von $\mathfrak{S}$ verschiedene Ideal nilpotent ist.*
2. *Ein Ring $\mathfrak{S}$ mit Haupteinheit heißt vollständig primär, wenn jedes von $\mathfrak{S}$ verschiedene Rechtsideal nilpotent ist.*

Man zeigt leicht:

Satz 10. *Ein Ring $\mathfrak{S}$ mit Haupteinheit e ist dann und nur dann vollständig primär, wenn es in $\mathfrak{S}$ außer e kein idempotentes Element gibt.*

Beweis: 1. Ist $e' \neq 0$ aus $\mathfrak{S}$ idempotent, so liegt im Rechtsideal $e'\mathfrak{S}$ das idempotente Element $e' = e'e$, es ist also $e'\mathfrak{S}$ nicht nilpotent. Dies zieht $e'\mathfrak{S} = \mathfrak{S}$ nach sich. Da e in $\mathfrak{S}$ liegt, gibt es ein z, so daß $e'z = e$ ist. Dann aber ist $e'e = e'^2 z = e'z = e$. Andererseits, da e die Haupteinheit ist, ist $e'e = e'$. Also ist $e' = e$.

2. Es enthalte $\mathfrak{S}$ nur das idempotente Element e; $\mathfrak{a}$ sei Rechtsideal in $\mathfrak{S}$. Wenn $\mathfrak{a}$ nicht nilpotent ist, enthält $\mathfrak{a}$ ein idempotentes Element, also e. Da $\mathfrak{a}$ Rechtsideal ist, liegt mit e auch $e\mathfrak{S}$ in $\mathfrak{a}$. Da aber e die Haupteinheit von $\mathfrak{S}$ ist, folgt $\mathfrak{a} = \mathfrak{S}$, womit $\mathfrak{S}$ als vollständig primär erkannt ist.

Den Zusatz „mit Haupteinheit" wollen wir nun immer weglassen.

Nun sei $\mathfrak{S}$ ein primärer Ring und e seine Haupteinheit. Wir wählen ein idempotentes Element e_1 von der Art, daß das Rechtsideal $e_1\mathfrak{S}$ kein weiteres Rechtsideal in $\mathfrak{S}$ der gleichen Form enthält. Dann gibt es in $e_1\mathfrak{S}e_1$ außer e_1 kein idempotentes Element. Denn ist e_2 idempotent aus $e_1\mathfrak{S}e_1$, so ist etwa $e_2 = e_1 z e_1$ also $e_1 e_2 = e_2 = e_2 e_1$. Somit $e_2\mathfrak{S} \leqq e_1 e_2 \mathfrak{S} \leqq e_1\mathfrak{S}$. Wegen der Minimaleigenschaft von e_1 ist dann $e_2\mathfrak{S} = e_1\mathfrak{S}$, also etwa $e_1 = e_2 y$, woraus $e_2 e_1 = e_1$ folgt. Demnach ist $e_2 e_1 = e_2 = e_1$. Der Ring $e_1\mathfrak{S}e_1$ ist somit vollständig primär. Ein idempotentes Element e_1, für das $e_1\mathfrak{S}e_1$ vollständig primär ist, wollen wir nun primitiv nennen. Die Existenz solcher primitiver idempotenter Elemente wurde dann eben gezeigt.

Es seien nun e_1, e_2, e_3 drei primitive idempotente Elemente von $\mathfrak{S}$. Wir setzen $\mathfrak{S}_{ik} = e_i\mathfrak{S}e_k$ und bezeichnen mit x_{ik} irgendein Element von $\mathfrak{S}_{ik}$. Nun ist $\mathfrak{S}e_i\mathfrak{S}$ ein Ideal in $\mathfrak{S}$, welches ein idempotentes Element $e_i e_i e_i = e_i$ enthält, also nicht nilpotent sein kann. Da $\mathfrak{S}$ primär ist, muß $\mathfrak{S}e_i\mathfrak{S} = \mathfrak{S}$ sein. Daraus folgt:

$$\mathfrak{S}_{ik}\mathfrak{S}_{kl} = e_i\mathfrak{S}e_k\mathfrak{S}e_l = e_i\mathfrak{S}e_l = \mathfrak{S}_{il}. \tag{4}$$

Nun ist $x_{ik}\mathfrak{S}_{ki} \leqq \mathfrak{S}_{ik}\mathfrak{S}_{ki} = \mathfrak{S}_{ii}$ und $x_{ik}\mathfrak{S}_{ki}\cdot\mathfrak{S}_{ii} = x_{ik}\mathfrak{S}_{ki}$. Also ist $x_{ik}\mathfrak{S}_{ki}$ Rechtsideal in $\mathfrak{S}_{ii}$. Wenn $x_{ik}\mathfrak{S}_{ki} < \mathfrak{S}_{ii}$ ist, muß also, da $\mathfrak{S}_{ii}$ vollständig primär ist, $x_{ik}\mathfrak{S}_{ki}$ nilpotent sein. Dies kann nicht für jedes x_{ik} der Fall sein, da sonst nach Satz 2 und 3 auch die Summe aller $x_{ik}\mathfrak{S}_{ki}$ nilpotent wäre; diese Summe ist aber $\mathfrak{S}_{ik}\mathfrak{S}_{ki} = \mathfrak{S}_{ii}$. Also gibt es sicher ein x_{ik} aus $\mathfrak{S}_{ik}$, für das $x_{ik}\mathfrak{S}_{ki} = \mathfrak{S}_{ii}$ ist. Ein solches Element von $\mathfrak{S}_{ik}$ wollen wir regulär nennen. Dann ist $x_{ik}\mathfrak{S}_{kr} = x_{ik}\mathfrak{S}_{ki}\mathfrak{S}_{ir} = \mathfrak{S}_{ii}\mathfrak{S}_{ir} = \mathfrak{S}_{ir}$. Zu vorgegebenem x_{ir} aus $\mathfrak{S}_{ir}$ läßt sich also bei regulärem x_{ik} stets ein x_{kr} bestimmen, so daß $x_{ik}x_{kr} = x_{ir}$ ist. Endlich zeigen wir:

Ist x_{kr} regulär und $x_{ik} \neq 0$, so ist $x_{ik}\, x_{kr} \neq 0$. Aus $x_{ik}\, x_{kr} = 0$ folgte nämlich nach Multiplikation mit $\mathfrak{S}_{rk}$, daß $x_{ik}\, \mathfrak{S}_{kk} = 0$, insbesondere also $x_{ik} \cdot e_k = x_{ik} = 0$ ist.

Es sei nun e_1 primitives idempotentes Element. Dann ist $e' = e - e_1$ auch idempotent und $e' e_1 = e_1 e' = 0$. Im Ring $e'\mathfrak{S}e'$ suche man nun ein idempotentes Element e_2 von der Art, daß das Rechtsideal $e_2\mathfrak{S}$ möglichst klein ist. Dann ist auch e_2 primitiv und $e_1 e_2 = e_2 e_1 = 0$. Denn läge in $e_2\mathfrak{S}e_2$ noch ein idempotentes Element e_2', so hätte man, da $e_2\mathfrak{S}e_2 = e' e_2\mathfrak{S}e_2 e' \leq e'\mathfrak{S}e'$ ist, zufolge der Minimalforderung wieder $e_2'\mathfrak{S} = e_2\mathfrak{S}$, was wie vorhin auf einen Widerspruch führt. Nun setze man $e'' = e - e_1 - e_2$. Sollte $e'' \neq 0$ sein, so suche man in $e''\mathfrak{S}e''$ ein primitives idempotentes Element. Da die Rechtsideale $e\mathfrak{S}, e'\mathfrak{S}, e''\mathfrak{S} \cdots$ immer kleiner werden, muß der Prozeß abbrechen. Man erhalte etwa n primitive idempotente Elemente e_i. Sie annullieren sich gegenseitig und es ist

$$(5) \qquad e = e_1 + e_2 + \cdots + e_n; \qquad e_i e_k = \delta_{ik} e_k,$$

wo $\delta_{ii} = 1$, $\delta_{ik} = 0$ für $i \neq k$ ist.

Man setze wieder $e_i \mathfrak{S} e_k = \mathfrak{S}_{ik}$ und wähle für $i \neq 1$ aus $\mathfrak{S}_{i1}$ ein reguläres Element e_{i1}. Ferner setze man $e_{ii} = e_i$. Nun bestimme man e_{1i} aus $\mathfrak{S}_{1i}$ so, daß $e_{i1}\, e_{1i} = e_{ii}$ ist. Das Element $e_{1i}\, e_{i1}$ ist $\neq 0$, da e_{i1} regulär ist. Ferner ist $(e_{1i}\, e_{i1})^2 = e_{1i} \cdot e_{i1}\, e_{1i} \cdot e_{i1} = e_{1i}\, e_i\, e_{i1} = e_{1i}\, e_{i1}$, also ist $e_{1i}\, e_{i1}$ idempotent aus $\mathfrak{S}_{11}$. Da in $\mathfrak{S}_{11}$ nur das idempotente Element e_1 liegt, ist $e_{1i}\, e_{i1} = e_1$. Nun setze man $e_{ik} = e_{i1}\, e_{1k}$. Dann ist $e_{ik}\, e_{kr} = e_{i1}\, e_{1k}\, e_{k1}\, e_{1r} = e_{i1}\, e_1\, e_{1r} = e_{i1}\, e_{1r} = e_{ir}$. Insbesondere ist also $e_{ik}\, e_{ki} = e_{ii}$, also $e_{ik} \neq 0$. Ist aber $k \neq r$, so folgt aus $e_{ik} = e_{ik} \cdot e_k$, daß $e_{ik}\, e_{rs} = e_{ik}\, e_k\, e_{rs} = 0$ ist, denn es ist $e_k\, e_r = 0$. Demnach gelten die Formeln:

$$(6) \qquad e_{ik}\, e_{rs} = \delta_{kr}\, e_{is}.$$

Gelten nun für ein System e_{ik}' von m^2 Elementen die Formeln $e_{ik}'\, e_{rs}' = \delta_{kr}\, e_{is}'$, ist $e_{ii}' = e_i'$ primitiv und die Haupteinheit $e = e_1' + e_2' + \cdots + e_m'$, so sei etwa $n \leq m$. Man wähle aus $e_1 \mathfrak{S} e_1'$ irgend ein reguläres Element a. Da $e_1 \mathfrak{S} e_1' \cdot e_1' \mathfrak{S} e_1 = e_1 \mathfrak{S} e_1$ ist, kann b aus $e_1' \mathfrak{S} e_1$ so bestimmt werden, daß $ab = e_1$ ist. Dann ist $e_1 a = a e_1' = a$ und $e_1' b = b e_1 = b$; ferner ist $(ba)^2 = baba = b e_1 a = ba \neq 0$, da a regulär ist. Also ist ba idempotentes Element aus $e_1' \mathfrak{S} e_1'$. Da e_1' primitiv ist, folgt $ba = e_1'$.

Man setze nun $x = \sum_{\nu=1}^{n} e_{\nu 1}\, a e_{1\nu}'$; $y = \sum_{\nu=1}^{n} e_{\nu 1}'\, b e_{1\nu}$ und findet:

$$xy = \sum_{\nu=1}^{n} e_{\nu 1}\, a e_{1\nu}'\, e_{\nu 1}'\, b e_{1\nu} = \sum_{\nu=1}^{n} e_{\nu 1}\, a e_1'\, b e_{1\nu}$$
$$= \sum_{\nu=1}^{n} e_{\nu 1}\, a b\, e_{1\nu} = \sum_{\nu=1}^{n} e_{\nu\nu} = e.$$

Also ist $x\mathfrak{S} = x\mathfrak{S}\cdot\mathfrak{S} \geqq xy\mathfrak{S} = \mathfrak{S}$ und demnach $x\mathfrak{S} = \mathfrak{S}$. Es ist also x kein linker Nullteiler in $\mathfrak{S}$. Aus $xy\cdot x = ex = x = xe$ folgt jetzt $x(yx - e) = 0$, also $yx = e$. Daraus erhält man:

$$e = yx = \sum_{\nu=1}^{n} e'_{\nu 1}\, b\, e_{1\nu}\, e_{\nu 1}\, a\, e'_{1\nu} = \sum_{\nu=1}^{n} e'_{\nu\nu}.$$

Da ursprünglich $e = \sum_{\nu=1}^{m} e'_{\nu\nu}$ war, folgt jetzt vermöge $e'_i e'_k = \delta_{ik} e'_k$, daß $m = n$ sein muß. Ganz analog geht man im Falle $m \leqq n$ vor; man findet wieder $m = n$, so daß n eine Invariante von $\mathfrak{S}$ ist. Nun zeigt sich, daß ($y = x^{-1}$ gesetzt):

$$x^{-1} e_{ik}\, x = \sum_{\nu=1}^{n} e'_{\nu 1}\, b\, e_{1\nu}\cdot e_{ik}\cdot \sum_{\mu=1}^{n} e_{\mu 1}\, a\, e'_{1\mu} = e'_{i1}\, b\, e_{1i}\cdot e_{ik}\cdot e_{k1}\, a\, e'_{1k}$$

ist, woraus man $x^{-1} e_{ik}\, x = e'_{ik}$ errechnet. Dies zeigt uns, daß man aus den Matrizeneinheiten e_{ik} jedes andere System mit denselben Eigenschaften durch einen inneren Automorphismus von $\mathfrak{S}$ erhält. Man hat damit einen Überblick über alle möglichen Systeme e_{ik} gewonnen.

Legt man nun der weiteren Betrachtung ein festes System von e_{ik} zugrunde, so lassen sich die weiteren Schlüsse wörtlich übertragen. Bedeutet Ξ den Ring der mit jedem e_{ik} vertauschbaren Elemente von $\mathfrak{S}$, so findet man, daß Ξ isomorph ist mit $\mathfrak{S}_{11}$. Damit ist Ξ als vollständig primär erkannt. Ferner ist $\mathfrak{S}$ das direkte Produkt von Ξ mit dem System der e_{ik}. Legt man nun an Stelle von e_{ik} die Matrizeneinheiten $x^{-1} e_{ik}\, x$ zugrunde, so tritt an Stelle von Ξ das isomorphe System $x^{-1}\,\Xi\, x$.

Wir haben also:

Satz 11. *Ein primärer Ring $\mathfrak{S}$ mit Haupteinheit ist direktes Produkt eines vollständig primären Ringes Ξ mit einem System von Matrizeneinheiten. Zwei verschiedene Zerlegungen lassen sich durch einen inneren Automorphismus von $\mathfrak{S}$ in einander überführen. Insbesondere ist also $\mathfrak{S}$ isomorph mit dem System aller Matrizen eines gewissen Grades n, deren Elemente die Elemente eines vollständig primären Rings durchlaufen. Der Grad der Matrizen sowie die Struktur des vollständig primären Rings hängen nur von $\mathfrak{S}$ ab, sind also Invarianten von $\mathfrak{S}$.*

Ist umgekehrt Ξ ein vollständig primärer Ring, ξ_{ik} irgendwelche Elemente von Ξ und e_{ik} ein System von n^2 Matrizeneinheiten, so bildet das System $\mathfrak{S}$ aller Elemente der Form $x = \sum_{i=1}^{n}\sum_{k=1}^{n} \xi_{ik}\, e_{ik}$ einen primären Ring, wenn die Elemente von Ξ mit jedem e_{ik} vertauschbar sind und sonst keine lineare Relation zwischen den Elementen ξ und den e_{ik} besteht. Man findet nämlich leicht, daß ein Ideal $\mathfrak{a}$ in $\mathfrak{S}$ aus allen Elementen

$x = \sum\sum \xi_{ik} e_{ik}$ besteht, wo die ξ_{ik} alle Elemente eines Ideals $\mathfrak{x}$ in Ξ durchlaufen.

Geht man zum Restklassenring modulo $\mathfrak{a}$ über, so folgt aus dieser Überlegung noch, daß die Zerfällung dieses Ringes $\bar{\mathfrak{S}}$ mit Hilfe des gleichen Matrizensystems e_{ik} erfolgen kann (falls $\mathfrak{a} \neq \mathfrak{S}$ ist).

Von diesem Satz gilt auch noch die Umkehrung:

Satz 12: *Es sei $\mathfrak{S}$ primär, $\mathfrak{a} \neq \mathfrak{S}$ nilpotentes Ideal und $\bar{\mathfrak{S}}$ der (ebenfalls primäre) Restklassenring modulo $\mathfrak{a}$. Bedeuten die E_{ik} ein System von Matrizeneinheiten zur Zerfällung von $\bar{\mathfrak{S}}$, so kann man in $\mathfrak{S}$ ein Matrizensystem e_{ik} finden, welches zur Zerfällung von $\mathfrak{S}$ verwendet werden kann, und wo e_{ik} in der Restklasse E_{ik} liegt.*

Beweis: Es sei e'_{ik} irgend ein zur Zerfällung von $\mathfrak{S}$ verwendbares Matrizensystem, E'_{ik} die Restklassen von e'_{ik}. Vermöge unserer früheren Überlegung über die Struktur der Ideale kann E'_{ik} zur Zerfällung von $\bar{\mathfrak{S}}$ verwendet werden. Nach Satz 11 gibt es also eine Restklasse X, so daß $E_{ik} = X E'_{ik} X^{-1}$ ist. Nun wähle man in X ein Element x und in X^{-1} ein Element y. Dann ist $xy \equiv e \pmod{\mathfrak{a}}$, also $xy = e + a$, wo a zu $\mathfrak{a}$ gehört, also nilpotent ist. Demzufolge bricht die unendliche Reihe $e - a + a^2 - a^3 + \cdots = b$ ab, und es ist $(e+a)\cdot b = e$. Also ist $x(yb) = e$, $yb \equiv y \pmod{\mathfrak{a}}$ und $yb = x^{-1}$ in der Restklasse X^{-1}. Demnach liegen die Matrizeneinheiten $e_{ik} = x e'_{ik} x^{-1}$ in den Restklassen E_{ik}, und alles ist gezeigt.

Von Nutzen sind auch noch folgende leicht beweisbare Tatsachen:

Satz 13: *Das Zentrum des primären Ringes $\mathfrak{S}$ ist das Zentrum des vollständig primären Ringes Ξ.*

Satz 14: *Ist ein vollständig primärer Ring halbeinfach, so besitzt er keine Nullteiler. In einem beliebigen vollständig primären Ring ist auch jedes von $\mathfrak{S}$ verschiedene Linksideal nilpotent.*

Hamburg, Mathematisches Seminar, Januar 1927.

Zur Arithmetik hyperkomplexer Zahlen.

Von EMIL ARTIN in Hamburg.

Vor kurzem hat Herr SPEISER in seiner Arbeit „Allgemeine Zahlentheorie" vor allem die Theorie der zweiseitigen Ideale eines beliebigen maximalen Integritätsbereichs in halbeinfachen Systemen hyperkomplexer Zahlen zum Abschluß gebracht[1]).

Die vorliegende Arbeit über den gleichen Gegenstand soll eine einfachere Begründung der außerordentlich schönen und allgemeinen Sätze dieser Theorie sowie eine Weiterführung und Vertiefung bringen. Was die Vereinfachung betrifft, so gelingt sie durch Verwendung gebrochener Ideale nach dem Vorbild eines Beweises von Herrn KRULL im kommutativen Fall, dessen Kenntnis ich Herrn VAN DER WAERDEN verdanke. Es ist natürlich klar, daß die Durchführung hier, wo das Nichtkommutative entsprechende Modifikationen erfordert, etwas komplizierter als im kommutativen Fall ist. Immerhin ist die Vereinfachung so weitgehend, daß in den ersten beiden Teilen, in denen der Hauptsatz über die Zerlegung der zweiseitigen Ideale bewiesen wird, nur die Kenntnis der einfachsten Eigenschaften halbeinfacher Systeme gebraucht wird.

Vom dritten Teil an aber werden tiefer liegende Sätze aus der Theorie der hyperkomplexen Zahlen herangezogen, aber doch nur Sätze, die auch Herr SPEISER im wesentlichen verwendet. Bezüglich der in diesen Teilen verwendeten Bezeichnungsweise und Sätze vergleiche man die vorstehende Arbeit sowie die dort zitierte Literatur über hyperkomplexe Zahlen[2]).

Im vierten Teil wird gezeigt, daß einer der Hauptsätze von HURWITZ über Quaternionenkörper[3]) einer Verallgemeinerung auf beliebige halbeinfache Systeme fähig ist.

In den beiden nächsten Abschnitten, in denen übrigens die Ergebnisse des vierten Teils nicht verwendet werden, gehen wir zum Studium einseitiger Ideale über. Nach Einführung des inversen Ideals wird schließlich die Endlichkeit der Anzahl der Idealklassen in jeder maximalen Ordnung gezeigt.

---

[1]) A. SPEISER, Allgemeine Zahlentheorie. Vierteljahrsschrift der Naturforschenden Gesellschaft in Zürich, LXXI (1926).

[2]) Insbesondere: L. E. DICKSON, Algebras and their Arithmetics. Chicago 1923. (Zitiert als Dickson.)

[3]) A. HURWITZ, Vorlesungen über die Zahlentheorie der Quaternionen. Berlin (J. Springer) 1919, S. 41.

Die entscheidende Wendung in der Theorie der einseitigen Ideale aber ging von Herrn BRANDT aus[4]). BRANDT tat in Quaternionenkörpern den überaus fruchtbaren Schritt, das Studium der Ideale eines speziellen Integritätsbereichs aufzugeben und gleichzeitig alle maximalen Integritätsbereiche heranzuziehen. Der Darstellung und Übertragung einiger seiner Ergebnisse auf beliebige Systeme ist der letzte Abschnitt gewidmet.

Es sei noch gestattet, auf ein Versehen von Herrn SPEISER hinzuweisen. Die Teiler seiner Diskriminante sind keineswegs immer durch das Quadrat eines Primideals teilbar, wie die einfachsten Gegenbeispiele, etwa Matrizenringe, zeigen. In dieser Diskriminante stecken noch außerwesentliche Teiler. Ich hoffe, bei anderer Gelegenheit auf eine zweckmäßigere Definition der Diskriminante zurückzukommen.

1.

Es sei $\mathfrak{S}$ ein System hyperkomplexer Zahlen über dem Körper der rationalen Zahlen. Die Elemente $\varepsilon_1, \varepsilon_2 \cdots \varepsilon_n$ mögen eine Basis von $\mathfrak{S}$ bilden, so daß also jedes Element α von $\mathfrak{S}$ auf genau eine Weise in der Form:

$$\alpha = x_1 \varepsilon_1 + x_2 \varepsilon_2 + \cdots + x_n \varepsilon_n \tag{1}$$

mit rationalen x_i geschrieben werden kann. Die Multiplikationsformeln mögen lauten:

$$\varepsilon_i \varepsilon_k = \sum_{\nu=1}^{n} c_{ik}^{\nu} \varepsilon_\nu . \tag{2}$$

In der Theorie der hyperkomplexen Zahlen ordnet man nun jedem Element α eine bestimmte Matrix $S(\alpha)$ zu:

$$S(\alpha) = (s_{ik}(\alpha)); \qquad s_{ik}(\alpha) = \sum_{\nu=1}^{n} c_{i\nu}^{k} x_\nu . \tag{3}$$

Da nun leicht zu sehen ist, daß das System der Basiszahlen $\varepsilon_1, \varepsilon_2 \cdots \varepsilon_n$ bei Rechtsmultiplikation mit α gerade die Substitution $S(\alpha)$ erfährt, so folgt daraus:

$$S(\alpha\beta) = S(\alpha) \cdot S(\beta); \qquad S(\alpha + \beta) = S(\alpha) + S(\beta). \tag{4}$$

Ferner ist, wenn es in $\mathfrak{S}$ eine Haupteinheit gibt, $S(\alpha) = S(\beta)$ dann und nur dann, wenn $\alpha = \beta$ ist. Das System $\mathfrak{S}$ ist also isomorph mit dem System der Matrizen $S(\alpha)$. Bedeutet nun E die Einheitsmatrix und ist

$$F_\alpha(t) = |tE - S(\alpha)| \tag{5}$$

---

[4]) H. BRANDT, Zur Zahlentheorie der Quaternionen. Verhandlungen der Schweizer Naturforschenden Gesellschaft, Freiburg 1926, S. 155—156.

die charakteristische Gleichung der Matrix $S(\alpha)$, so befriedigt nach einem bekannten Satz von CAYLEY die Matrix $S(\alpha)$ unsere Gleichung $F_\alpha(t)$. Wegen der Isomorphie von $\mathfrak{S}$ mit dem System der $S(\alpha)$, genügt also α auch dieser Gleichung, so daß:

$$F_\alpha(\alpha) = 0 \tag{6}$$

folgt.

Aus der Definition von $S(\alpha)$ als lineare Substitution geht noch hervor, daß die Matrix $S(\alpha)$ bei Wahl anderer Basiselemente für $\mathfrak{S}$ in eine Transformierte übergeht. Dabei bleibt aber die charakteristische Gleichung erhalten, so daß die Unabhängigkeit von $F_\alpha(t)$ von der Wahl der Basiselemente folgt. Insbesondere zeigt sich die Invarianz der Spur der Matrix $S(\alpha)$, die wir die Spur des Elements α nennen und mit $s(\alpha)$ bezeichnen. Es ist:

$$s(\alpha) = \sum_{\nu=1}^{n} \sum_{\mu=1}^{n} c^{\mu}_{\mu\nu}\, x_\nu. \tag{7}$$

Als bekannt müssen wir nun voraussetzen, daß die notwendige und hinreichende Bedingung dafür, daß das System $\mathfrak{S}$ halbeinfach ist, die folgende ist: Es ist die Determinante

$$|s(\varepsilon_i \varepsilon_k)| \neq 0\text{[5]}. \tag{8}$$

Eine Teilmenge I von $\mathfrak{S}$ heiße nun eine Ordnung[6]) von $\mathfrak{S}$, wenn I folgenden Bedingungen genügt:

1. Mit zwei Elementen gehören auch Summe, Differenz und Produkt dieser Elemente zu I.
2. Ist α irgendein Element von $\mathfrak{S}$, so gibt es eine ganze rationale Zahl $M \neq 0$ von der Art, daß $M\alpha$ zu I gehört.
3. I ist endlich. Es soll also endlich viele Elemente $\alpha_1, \alpha_2 \cdots \alpha_r$ aus I geben, so daß sich jedes weitere Element von I darstellen läßt in der Form

$$\alpha = y_1\alpha_1 + y_2\alpha_2 + \cdots + y_r\alpha_r, \quad \text{mit ganzen rationalen } y_i. \tag{9}$$

Wir zeigen nun, daß die 3. Bedingung gleichwertig ist mit:

3a. Stellt man die Elemente von I dar in der Form (1), so ist der Nennervorrat der dabei auftretenden x_ν beschränkt.

---

[5]) Vgl. etwa DICKSON § 66.

[6]) Es erscheint zweckmäßig, den Namen Integritätsbereich zu vermeiden, da in der Algebra unter Integritätsbereich ein kommutativer Ring ohne Nullteiler verstanden wird. Aus diesem Grunde glaubte ich, das in der Theorie der algebraischen Zahlen übliche Wort Ordnung wählen zu müssen.

Ist nämlich 3. erfüllt, so genügt es, die in der Darstellung der α_i auftretenden Nenner zu kennen. Der Generalnenner aller so erhaltenen Brüche kann dann wegen 3. sicher als Nenner in (1) bei einem beliebigen α aus I genommen werden.

Ist aber 3a. erfüllt (was also sicher aus 3. folgt), so sei M der Generalnenner aller x_i bei Darstellung aller α aus I. Dann ist I Teilmenge des Bereichs aller Elemente von $\mathfrak{S}$ der Form

$$\alpha = \frac{z_1 \varepsilon_1 + z_2 \varepsilon_2 + \cdots + z_n \varepsilon_n}{M},$$

wo die z_i irgendwelche ganze rationale Zahlen bedeuten. Beachtet man also noch 1. und 2., so folgt wie in algebraischen Zahlkörpern, daß I sogar eine Minimalbasis besitzt, daß es also n linear unabhängige Elemente $\omega_1, \omega_2, \cdots, \omega_n$ aus I gibt, so daß jedes Element α von I darstellbar ist in der Form

$$(10) \qquad \alpha = x_1 \omega_1 + x_2 \omega_2 + \cdots + x_n \omega_n.$$

mit ganzen rationalen x_i. Wir haben also:

Satz 1: *Jede Ordnung von $\mathfrak{S}$ besitzt eine Minimalbasis.*

Nun gibt es in jedem System $\mathfrak{S}$ sicher Ordnungen. Wenn nämlich M der Generalnenner der c_{ik}^{ν} in (2) ist, so haben die Elemente $M\varepsilon_i$ Multiplikationsformeln mit ganzen rationalen Zusammensetzungskonstanten. Man kann also gleich voraussetzen, daß alle c_{ik}^{ν} ganz rational sind. Dann aber bilden die Elemente der Form (1) mit ganzen rationalen x_ν sicher eine Ordnung.

Es sei I irgendeine Ordnung von $\mathfrak{S}$. Da die Minimalbasis von I sicher als Basis von $\mathfrak{S}$ genommen werden kann, können wir gleich voraussetzen, daß die ε_i eine Minimalbasis von I bilden. Dann gehören also zu I diejenigen Elemente der Form (1), bei denen alle x_ν ganz sind. Insbesondere sind also in (2) die c_{ik}^{ν} ganz rational.

Von nun an soll das System $\mathfrak{S}$ als halbeinfach vorausgesetzt werden. Dann gilt (8). Man findet:

$$(11) \qquad D = |s(\varepsilon_i \varepsilon_k)| = \left| \sum_{\nu,\mu} c_{ik}^{\nu} c_{\mu\nu}^{\mu} \right| \neq 0,$$

so daß D ganz rational ist.

Sind $\alpha_i = \sum_{\nu=1}^{n} a_{i\nu} \varepsilon_\nu$ $(i = 1, 2, \cdots, n)$ n Elemente aus I (also die a_{ik} ganz rational), so findet man leicht, da $s(\alpha + \beta) = s(\alpha) + s(\beta)$ ist:

$$s(\alpha_i \alpha_k) = \sum_{\nu=1}^{n} \sum_{\mu=1}^{n} a_{i\nu} a_{k\mu} s(\varepsilon_\nu \varepsilon_\mu),$$

woraus

(12) $$|s(\alpha_i\,\alpha_k)| = |a_{ik}|^2 \cdot D$$

zu folgern ist. Der Ausdruck (12) heißt Diskriminante des Systems der Zahlen $\alpha_1, \alpha_2, \cdots, \alpha_n$.

Nun ist offenbar $|a_{ik}| = \pm 1$ die notwendige und hinreichende Bedingung dafür, daß die Elemente $\alpha_1, \alpha_2, \cdots \alpha_n$ eine Minimalbasis von I sind. (12) zeigt uns also, daß D nicht von der Wahl der Minimalbasis abhängt, also eine Invariante von I ist. Wir nennen sie die Diskriminante der Ordnung.

Ist nun $|a_{ik}|$, absolut genommen, größer als 1, so sind die α_i keine Minimalbasis von I. Ist also I' eine echte Teilordnung von I, und $\alpha_1, \alpha_2, \cdots \alpha_n$ eine Minimalbasis von I', so lehrt (12), daß die Diskriminante von I' ein echtes Vielfaches der Diskriminante D ist. Daraus folgt, daß die Diskriminante einer Ordnung I_0, die I umfaßt und von I verschieden ist, ein echter Teiler von D sein muß.

Diese letzte Bemerkung ermöglicht nun, Maximalordnungen zu konstruieren. Es sei nämlich I_0 eine I umfassende Ordnung mit möglichst kleinem Absolutbetrag der Diskriminante. Dann kann I_0 von keiner weiteren von I_0 verschiedenen Ordnung umfaßt werden, da eine solche auf eine noch kleinere Diskriminante führen würde.

Nennen wir also eine Ordnung von $\mathfrak{S}$ Maximalordnung, wenn sie in keine umfassendere Ordnung von $\mathfrak{S}$ eingebettet werden kann, so ist damit gezeigt:

Satz 2: *Jede Ordnung I von $\mathfrak{S}$ kann in eine Maximalordnung I_0 von $\mathfrak{S}$ eingebettet werden.*

Wir setzen nunmehr voraus, daß I bereits eine Maximalordnung ist, deren Minimalbasis $\varepsilon_1, \varepsilon_2, \cdots, \varepsilon_n$ genannt werde.

Jedes Element von I läßt sich dann in der Form (1) darstellen mit ganzen rationalen x_ν. Da auch die c_{ik}^{ν} ganz rational sind, folgt aus (3), daß die $s_{ik}(\alpha)$ ganze rationale Zahlen sind. Wegen (5) besitzt also $F_\alpha(t)$ ganze rationale Koeffizienten und der Koeffizient von t^n ist 1. (6) zeigt nun:

Satz 3: *Jedes Element α von I genügt einer Gleichung mit ganzen rationalen Koeffizienten, deren höchster 1 ist.*

Von diesem Satz gilt im allgemeinen nicht die Umkehrung.

Verstehen wir aber unter dem Zentrum $\mathfrak{Z}$ von $\mathfrak{S}$ die Menge aller Elemente von $\mathfrak{S}$, die mit jedem Element vertauschbar sind, so gilt wenigstens:

Satz 4: *Ein Element α von $\mathfrak{Z}$ gehört dann und nur dann zu I, wenn es einer ganzzahligen Gleichung mit 1 als höchstem Koeffizienten genügt.*

Beweis: Wegen Satz 3 genügt es zu zeigen, daß jedes Element α von $\mathfrak{Z}$, das einer Gleichung der Form

$$\alpha^r + a_{r-1}\,\alpha^{r-1} + \cdots + a_0 = 0 \tag{13}$$

genügt (mit ganzen rationalen a_ν), zu I gehört. Man betrachte nämlich den Bereich I_0, der aus den Elementen

$$\varepsilon_1, \varepsilon_2, \ldots, \varepsilon_n, \quad \alpha\varepsilon_1, \alpha\varepsilon_2, \ldots, \alpha\varepsilon_n, \quad \ldots$$
$$\ldots, \alpha^{r-1}\varepsilon_1, \ldots, \alpha^{r-1}\varepsilon_n, \quad \alpha, \alpha^2, \ldots, \alpha^{r-1}$$

durch lineare Kombination mit ganzen rationalen Koeffizienten entsteht. Da α mit jedem Element vertauschbar ist und man vermöge (13) höhere Potenzen von α durch die niedrigeren ausdrücken kann, da endlich die ε_ν zu I_0 gehören, so ist I_0 eine Ordnung, die I umfaßt. Da I maximal ist, muß $I = I_0$ sein, also α zu I gehören.

Unmittelbar folgt aus Satz 4:

Satz 5: *In I liegt jedes idempotente (d. h. der Gleichung $x^2 = x$ genügende) Element des Zentrums, insbesondere also die Haupteinheit von $\mathfrak{S}$, die wir mit* 1 *bezeichnen wollen. Eine rationale Zahl gehört dann und nur dann zu I, wenn sie ganz rational ist.*

Satz 6: *Die in I gelegenen Zentrumselemente bilden eine Maximalordnung des Zentrums.*

Ist $\mathfrak{S}$ ein kommutatives System, so gibt es wegen Satz 4 nur eine Maximalordnung in $\mathfrak{S}$, den Bereich der ganzen algebraischen Elemente von $\mathfrak{S}$.

Ist dagegen $\mathfrak{S}$ nicht kommutativ, so kann man unschwer unendlich viele Maximalordnungen gewinnen. Im allgemeinen sind sie nicht einmal miteinander isomorph.

Der weiteren Betrachtung werde irgendeine feste Maximalordnung zugrunde gelegt. Die zu I gehörigen Elemente wollen wir ganze, die übrigen Elemente von $\mathfrak{S}$ gebrochene Zahlen nennen.

2.

Die ganze nunmehr auseinander zu setzende Idealtheorie stützt sich in wesentlichen Punkten auf den Begriff des gebrochenen Ideals.

Eine Menge $|\mathfrak{a})$ von Elementen aus $\mathfrak{S}$ heißt Rechtsideal, wenn sie den folgenden Bedingungen genügt:

1. Mit zwei Elementen gehört auch ihre Differenz zu $|\mathfrak{a})$.
2. Gehört α zu $|\mathfrak{a})$ und ist λ irgendein Element von I, so gehört auch $\alpha\lambda$ zu $|\mathfrak{a})$.
3. Es gibt eine feste ganze rationale Zahl $M \neq 0$, so daß jedes αM ganz ist (wenn α zu $|\mathfrak{a})$ gehört).

Endlich sollen nicht beliebige Rechtsideale studiert werden, sondern nur diejenigen, bei denen auch noch folgende Bedingung erfüllt ist:

4. Es gibt eine ganze rationale Zahl $A \neq 0$, die zu $|\mathfrak{a})$ gehört.

Produkt und größter gemeinsamer Teiler zweier Rechtsideale sollen nun in der gewöhnlichen Weise erklärt werden:

Sind $|\mathfrak{a})$ und $|\mathfrak{b})$ die beiden Rechtsideale und ist α irgendein Element von $|\mathfrak{a})$, β irgendein Element von $|\mathfrak{b})$, so besteht der größte gemeinsame Teiler aus allen Elementen der Form $\alpha + \beta$. Wir bezeichnen ihn mit $|\mathfrak{a}, \mathfrak{b})$.

Das Produkt bestehe aus allen Elementen der Form $\sum \alpha\beta$. Es werde $|\mathfrak{a}) \cdot |\mathfrak{b})$ genannt. Hier hat man auf die Reihenfolge der Faktoren zu achten.

Daß diese Mengen den ersten drei Bedingungen genügen, leuchtet ein. Um auch noch 4. als erfüllt nachzuweisen, sei $A \neq 0$ eine ganze rationale Zahl, die zu $|\mathfrak{a})$ gehört, und $B \neq 0$ eine ganze rationale Zahl, die zu $|\mathfrak{b})$ gehört. Dann liegt AB in beiden Mengen.

Besteht ein Rechtsideal $|\mathfrak{a})$ nur aus ganzen Zahlen, so heißt $|\mathfrak{a})$ ein *ganzes* Rechtsideal.

Ist $|\mathfrak{a})$ ein beliebiges Rechtsideal und M die ganze rationale Zahl der Bedingung 2., so ist $M \cdot |\mathfrak{a})$ ein ganzes Rechtsideal.

Man sieht mühelos ein, daß bei ganzen Rechtsidealen $|\mathfrak{a})$ die Bedingung 4. gleichwertig ist mit der anderen, daß die ganzen Zahlen modulo $|\mathfrak{a})$ nur in *endlich viele Restklassen zerfallen*.

Ist nämlich $|\mathfrak{a})$ ein ganzes Rechtsideal und $A \neq 0$ ganz rational aus $|\mathfrak{a})$, so gehören die Elemente $A\varepsilon_\nu$ zu $|\mathfrak{a})$. Folglich gibt es in I höchstens $|A|^n$ Restklassen. Genügt umgekehrt die aus ganzen Elementen bestehende Menge $|\mathfrak{a})$ den ersten drei Bedingungen und zerfällt I nur in endlich viele Restklassen, so müssen insbesondere zwei ganze rationale Zahlen einander kongruent sein, ihre Differenz muß also zu $|\mathfrak{a})$ gehören.

Aus den Bedingungen für Rechtsideale folgt sofort, daß jedes ganze Rechtsideal eine Ordnung von $\mathfrak{S}$ ist. Aus Satz 1 folgt demnach, daß jedes ganze Rechtsideal eine *Minimalbasis* besitzt. Da ein beliebiges Rechtsideal nach Multiplikation mit einer ganzen rationalen Zahl M in ein ganzes Rechtsideal übergeht, so folgt ein gleiches für *beliebige* Rechtsideale. Ist $\alpha_1, \cdots, \alpha_n$ diese Minimalbasis und $\alpha_i = \sum_{\nu=1}^{n} a_{i\nu}\, \varepsilon_\nu$, so ist der Absolutbetrag der Determinante $|a_{ik}|$ nicht von der speziellen Wahl der Minimalbasis abhängig und wird die Norm des Rechtsideals $|\mathfrak{a})$ genannt: $N|\mathfrak{a})$. Bei ganzen Rechtsidealen zeigt man in der üblichen Weise, daß $N|\mathfrak{a})$ die Anzahl der Restklassen modulo $|\mathfrak{a})$ angibt.

Die Tatsache, daß der Absolutbetrag der Determinante $|a_{ik}|$ die Anzahl der Restklassen bedeutet, ist aber nicht an die Bedingung geknüpft, daß $\alpha_1, \alpha_2, \cdots, \alpha_n$ Minimalbasis eines Rechtsideals $|\mathfrak{a})$ ist. Es genügt schon, daß diese Zahlen die Minimalbasis eines n-gliedrigen Moduls in I bilden. Davon wird später einmal Gebrauch gemacht werden.

Daß für den analog zu erklärenden Begriff des Linksideals $(\mathfrak{a}$ ähnliche Gesetze bestehen, ist selbstverständlich.

Wir werden aber hie und da auch Produkte von Linksidealen und Rechtsidealen betrachten. Ist $|\mathfrak{a})$ Rechtsideal, $(\mathfrak{b}|$ Linksideal, so ist $(\mathfrak{b}|\cdot|\mathfrak{a})$ sowohl Rechts- als auch Linksideal. Dagegen ist die Zahlenmenge $|\mathfrak{a})\cdot(\mathfrak{b}|$ im allgemeinen weder Rechtsideal noch Linksideal, sondern nur Modul. Auch solche Bildungen werden wir gelegentlich verwenden.

Ein Rechtsideal, welches gleichzeitig Linksideal ist, wollen wir ein Ideal nennen und mit $\mathfrak{a}$ bezeichnen. Mit α gehört dann auch jedes $\alpha\lambda$ und $\lambda\alpha$ bei ganzem λ zu $\mathfrak{a}$. Produkt und größter gemeinsamer Teiler von Idealen ist wieder ein Ideal. Mitunter heben wir die Idealeigenschaft noch durch den Zusatz „zweiseitig" hervor.

Ist α kein Nullteiler, so bildet die Menge aller Elemente $\alpha\lambda$ ein Rechtsideal, das wir mit $|\alpha)$ bezeichnen und Rechtshauptideal nennen. Daß $|\alpha)$ auch der vierten Bedingung genügt, erkennt man so: Sei $M \neq 0$ eine ganze rationale Zahl, so daß $\alpha^{-1}M$ ganz ist. Dann gehört mit α auch $\alpha\cdot\alpha^{-1}M = M$ zu $|\alpha)$. Genau so wird der Begriff des Linkshauptideals $(\alpha|$ definiert. Unter einem Hauptideal (α) aber verstehen wir ein Rechtshauptideal $|\alpha)$, das gleichzeitig Linksideal ist. Wir sehen, daß sich zur Bildung von Hauptidealen (α) nur solche Zahlen eignen, bei denen es zu jedem ganzen λ ein ganzes μ gibt, so daß $\lambda\alpha = \alpha\mu$ ist. Dies tun zum Beispiel die Elemente des Zentrums.

Ist $|\mathfrak{a})$ Rechtsideal und β ein Nichtnullteiler, so bildet die Menge aller Elemente der Form $\beta\alpha$ wieder ein Rechtsideal, wenn α alle Zahlen aus $|\mathfrak{a})$ durchläuft. Wir bezeichnen es mit $\beta\,\mathfrak{a})$ und haben es wohl zu unterscheiden von $\beta)\cdot|\mathfrak{a})$ und $(\beta|\cdot|\mathfrak{a})$.

Sind $|\mathfrak{a})$ und $|\mathfrak{b})$ ganze Rechtsideale und wird das Ideal $\mathfrak{b})$ im mengentheoretischen Sinne von $|\mathfrak{a})$ umfaßt, so heißt $\mathfrak{a})$ ein Teiler von $\mathfrak{b})$; in Zeichen: $|\mathfrak{b}) \equiv 0 \pmod{|\mathfrak{a})}$. Die vierte Bedingung für Rechtsideale ist bei einem Teiler immer automatisch erfüllt.

Nun sei $\mathfrak{a}$ ein ganzes Ideal. Die Restklassen von I modulo $\mathfrak{a}$ bilden ersichtlich wieder einen Ring. Ist $|\mathfrak{C})$ ein Rechtsideal in diesem Ring, so betrachte man die Vereinigungsmenge aller Elemente, die in den Restklassen liegen, die zu $|\mathfrak{C})$ gehören. Man erhält so sicher ein Rechtsideal $|\mathfrak{c})$ in I, welches $\mathfrak{a}$ umfaßt, da zu $|\mathfrak{C})$ die Nullrestklasse gehört. Geht man umgekehrt aus von einem Rechtsideal $|\mathfrak{c})$, welches $\mathfrak{a}$ umfaßt, so gehört also mit jedem Element aus I gleich seine ganze Restklasse modulo $\mathfrak{a}$ zu $|\mathfrak{c})$ und die Restklassen, aus denen $|\mathfrak{c})$ besteht, bilden ein Rechtsideal im Restklassenring. Man sieht also, daß eine eineindeutige Beziehung zwischen den Teilern von $\mathfrak{a}$ und den Idealen im Restklassenring herstellbar ist. Da nun im Restklassenring nur endlich viele Elemente, also auch nur endlich viele Ideale liegen, hat man:

Satz 7: *Ein Ideal $\mathfrak{a}$ besitzt nur endlich viele Rechtsidealteiler.*

Wir definieren nun, wie in der allgemeinen Idealtheorie üblich:

Ein ganzes Ideal $\mathfrak{p}$ heißt Primideal, wenn aus einer Beziehung $\mathfrak{a}\mathfrak{b} \equiv 0 \pmod{\mathfrak{p}}$ folgt, daß $\mathfrak{p}$ ein Teiler eines der Ideale $\mathfrak{a}$ und $\mathfrak{b}$ ist; überdies soll $\mathfrak{p} \neq I$ sein.

Nun ist zu zeigen:

Satz 8: *Ein ganzes Ideal $\mathfrak{p} \neq I$ ist dann und nur dann Primideal, wenn $\mathfrak{p}$ außer I und sich selbst kein weiteres Ideal als Teiler besitzt. (Ein Primideal darf aber sehr wohl Rechtsideale als Teiler haben.)*

Beweis: 1. $\mathfrak{p}$ habe außer sich selbst und I keinen Teiler. Es sei $\mathfrak{a}\mathfrak{b} \equiv 0 \pmod{\mathfrak{p}}$, wo $\mathfrak{a}$ und $\mathfrak{b}$ ganze Ideale sind. Aus $\mathfrak{a} \not\equiv 0 \pmod{\mathfrak{p}}$ soll nun $\mathfrak{b} \equiv 0 \pmod{\mathfrak{p}}$ gefolgert werden. Man bilde den größten gemeinsamen Teiler $(\mathfrak{a}, \mathfrak{p})$. Da nun $\mathfrak{a} \not\equiv 0 \pmod{\mathfrak{p}}$ ist, ist $(\mathfrak{a}, \mathfrak{p})$ von $\mathfrak{p}$ verschieden, also $(\mathfrak{a}, \mathfrak{p}) = I$. Folglich gibt es ein Element α aus $\mathfrak{a}$ und ein Element π aus $\mathfrak{p}$, so daß $\alpha + \pi = 1$ ist. Sei β Element von $\mathfrak{b}$. Dann ist $\alpha\beta + \pi\beta = \beta$. Da nun $\alpha\beta$ zu $\mathfrak{a}\mathfrak{b}$, also zu $\mathfrak{p}$ gehört und ebenso $\pi\beta$ Element von $\mathfrak{p}$ ist, muß β zu $\mathfrak{p}$ gehören. Also $\mathfrak{b} \equiv 0 \pmod{\mathfrak{p}}$.

2. Es sei $\mathfrak{p}$ Primideal. Wir betrachten den Restklassenring modulo $\mathfrak{p}$. Es sei $\mathfrak{N}$ das maximale nilpotente Ideal im Restklassenring, etwa $\mathfrak{N}^{k-1} \neq 0$, $\mathfrak{N}^k = 0$. Aus $\mathfrak{N}^{k-1} \cdot \mathfrak{N} = 0$ folgt nun, da $\mathfrak{p}$ Primideal ist, daß $\mathfrak{N} = 0$ sein muß. Der Restklassenring modulo $\mathfrak{p}$ ist also halbeinfach. Wäre er nicht einfach, so wäre er direkte Summe von zwei Ringen, deren Elemente sich gegenseitig annullieren. Sind $\mathfrak{A}$ und $\mathfrak{B}$ diese Ringe, so sind $\mathfrak{A}$ und $\mathfrak{B}$ Ideale $\neq 0$, für die $\mathfrak{A}\mathfrak{B} = 0$ ist. Das widerspricht der Definition des Primideals, so daß der Restklassenring einfach ist. In einem einfachen Ring gibt es außer dem 0-Ideal (dem $\mathfrak{p}$ entspricht) und dem ganzen Ring (dem I entspricht) keine Ideale. Also besitzt $\mathfrak{p}$ außer I und sich selbst keinen Idealteiler.

Wir definieren nun vorübergehend:

Ein Primideal $\mathfrak{p}$ heißt regulär, wenn es eine gebrochene Zahl μ gibt, so daß $\mu\mathfrak{p}$ ganz ist. (D. h., daß für jedes π aus $\mathfrak{p}$ die Zahl $\mu\pi$ ganz ist.)

Wir werden bald zeigen, daß jedes Primideal regulär ist.

Sei nun $\mathfrak{p}$ ein reguläres Primideal. Ob es ein solches gibt, bleibe dahingestellt. Wir betrachten die Menge $\mathfrak{a}$ aller Elemente μ von $\mathfrak{S}$, für die $\mu\mathfrak{p}$ ganz wird. Nach Definition des regulären Primideals besteht $\mathfrak{a}$ nicht nur aus ganzen Zahlen. Wenn $\mu\mathfrak{p}$ ganz ist und λ irgendein Element von I ist, so ist $\lambda\mu\mathfrak{p}$ ganz, aber auch $\mu\lambda\mathfrak{p} = \mu \cdot \lambda\mathfrak{p}$. Denn $\lambda\mathfrak{p}$ enthält nur Elemente aus $\mathfrak{p}$. Mit zwei Elementen gehört auch ihre Summe zu $\mathfrak{a}$. Ist M eine ganze rationale Zahl aus $\mathfrak{p}$, μ irgendein

Element von $\mathfrak{a}$, so ist μM ganz. Endlich gehört 1 zu $\mathfrak{a}$. also ist I Teilmenge von $\mathfrak{a}$. Es ist demnach $\mathfrak{a}$ ein gebrochenes Ideal. Wir bilden das Produkt $\mathfrak{a}\mathfrak{p}$. Nach Definition von $\mathfrak{a}$ besteht $\mathfrak{a}\mathfrak{p}$ nur aus ganzen Zahlen, ist also ein ganzes Ideal. Da 1 in $\mathfrak{a}$ liegt, umfaßt $\mathfrak{a}\mathfrak{p}$ das Ideal $\mathfrak{p}$, ist also ein Teiler von $\mathfrak{p}$. Nach Satz 8 kann also $\mathfrak{a}\mathfrak{p}$ nur (1) oder $\mathfrak{p}$ sein. Wäre $\mathfrak{a}\mathfrak{p} = \mathfrak{p}$, so hätte man $\mathfrak{a}\cdot\mathfrak{a}\mathfrak{p} = \mathfrak{a}\mathfrak{p} = \mathfrak{p}$, so daß $\mathfrak{a}^2$ auch aus Elementen bestünde, die, mit $\mathfrak{p}$ multipliziert, ganz werden. Die Elemente von $\mathfrak{a}^2$ würden also zu $\mathfrak{a}$ gehören. Dann aber wäre $\mathfrak{a}$ eine Ordnung, in der I vorkommt. Da I Maximalordnung ist, müßte also $\mathfrak{a} = I = (1)$ sein, was der Annahme widerspricht, daß es in $\mathfrak{a}$ gebrochene Zahlen gibt.

Folglich ist $\mathfrak{a}\mathfrak{p} = (1)$. Daraus folgt $\mathfrak{p}\mathfrak{a}\mathfrak{p} = \mathfrak{p}$ und $\mathfrak{p}\mathfrak{a}\cdot\mathfrak{p}\mathfrak{a} = \mathfrak{p}\mathfrak{a}$. Man bilde nun $\mathfrak{a}_0 = (1, \mathfrak{p}\mathfrak{a})$ und findet $\mathfrak{a}_0\cdot\mathfrak{a}_0 = (1, \mathfrak{p}\mathfrak{a}, \mathfrak{p}\mathfrak{a}, \mathfrak{p}\mathfrak{a}) = \mathfrak{a}_0$. Also ist auch $\mathfrak{a}_0$ eine I umfassende Ordnung, also $\mathfrak{a}_0 = I$. Es ist also $\mathfrak{p}\mathfrak{a}$ ganz. Ist demnach μ die gebrochene Zahl, für die $\mu\mathfrak{p}$ ganz ist, so ist auch $\mathfrak{p}\mu$ ganz. Nennt man also die Menge aller Elemente μ von $\mathfrak{S}$, für die $\mathfrak{p}\mu$ ganz ist, $\mathfrak{a}'$, so läßt sich genau so $\mathfrak{p}\mathfrak{a}' = (1)$ beweisen. Aus $\mathfrak{p}\mathfrak{a}\mathfrak{p} = \mathfrak{p}$ folgt nun nach Rechtsmultiplikation mit $\mathfrak{a}'$, daß $\mathfrak{p}\mathfrak{a} = (1)$ ist, und aus $\mathfrak{p}\mathfrak{a} = \mathfrak{p}\mathfrak{a}'$ ergibt endlich die Linksmultiplikation mit $\mathfrak{a}$, daß $\mathfrak{a} = \mathfrak{a}'$ ist. Das Ideal $\mathfrak{a}$ bezeichnen wir deshalb mit $\frac{1}{\mathfrak{p}}$, und es gilt: $\frac{1}{\mathfrak{p}}\cdot\mathfrak{p} = \mathfrak{p}\cdot\frac{1}{\mathfrak{p}} = (1)$. Wir zeigen nun:

Satz 9: *Sind $\mathfrak{p}_1$ und $\mathfrak{p}_2$ zwei Primideale und ist eines von ihnen regulär, so ist $\mathfrak{p}_1\mathfrak{p}_2 = \mathfrak{p}_2\mathfrak{p}_1$.*

Beweis: Sei etwa $\mathfrak{p}_1$ regulär. Es ist $\mathfrak{p}_2\mathfrak{p}_1 \equiv 0 \pmod{\mathfrak{p}_1}$, so daß $\frac{1}{\mathfrak{p}_1}\cdot\mathfrak{p}_2\mathfrak{p}_1 = \mathfrak{a}$ ein ganzes Ideal ist. Nach Linksmultiplikation mit $\mathfrak{p}_1$ erhält man wegen $\mathfrak{p}_1\cdot\frac{1}{\mathfrak{p}_1} = (1)$, daß $\mathfrak{p}_2\mathfrak{p}_1 = \mathfrak{p}_1\mathfrak{a}$ ist. Nun ist $\mathfrak{p}_2\mathfrak{p}_1 \equiv 0 \pmod{\mathfrak{p}_2}$, also $\mathfrak{p}_1\mathfrak{a} \equiv 0 \pmod{\mathfrak{p}_2}$. Da für $\mathfrak{p}_2 = \mathfrak{p}_1$ die Vertauschbarkeit selbstverständlich ist, kann $\mathfrak{p}_1 \neq \mathfrak{p}_2$ angenommen werden. Dann ist $\mathfrak{p}_1 \not\equiv 0 \pmod{\mathfrak{p}_2}$, so daß $\mathfrak{a} \equiv 0 \pmod{\mathfrak{p}_2}$ sein muß. Daraus folgt aber, daß $\mathfrak{p}_2\mathfrak{p}_1 = \mathfrak{p}_1\mathfrak{a}$ teilbar ist durch $\mathfrak{p}_1\mathfrak{p}_2$. Ebenso ist $\mathfrak{p}_1\mathfrak{p}_2\cdot\frac{1}{\mathfrak{p}_1} = \mathfrak{a}'$ ein ganzes Ideal, also $\mathfrak{p}_1\mathfrak{p}_2 = \mathfrak{a}'\mathfrak{p}_1$. Aus $\mathfrak{a}'\mathfrak{p}_1 \equiv 0 \pmod{\mathfrak{p}_2}$ folgt $\mathfrak{a}' \equiv 0 \pmod{\mathfrak{p}_2}$, so daß auch $\mathfrak{p}_1\mathfrak{p}_2$ durch $\mathfrak{p}_2\mathfrak{p}_1$ teilbar ist. Dies zieht $\mathfrak{p}_1\mathfrak{p}_2 = \mathfrak{p}_2\mathfrak{p}_1$ nach sich.

Um nun jedes Primideal als regulär nachzuweisen, zeigen wir erst zwei Hilfssätze:

Hilfssatz 1: *Ist das ganze Ideal $\mathfrak{a} \neq 1$ kein Primideal, so gibt es zwei echte Teiler $\mathfrak{a}_1$ und $\mathfrak{a}_2$ von $\mathfrak{a}$, so daß $\mathfrak{a}_1\mathfrak{a}_2 \equiv 0 \pmod{\mathfrak{a}}$ ist.*

Beweis: Nach Definition des Primideals gibt es zwei ganze Ideale $\mathfrak{b}, \mathfrak{c}$, so daß $\mathfrak{b}\mathfrak{c} \equiv 0 \pmod{\mathfrak{a}}$ und $\mathfrak{b} \not\equiv 0 \pmod{\mathfrak{a}}$ $\mathfrak{c} \not\equiv 0 \pmod{\mathfrak{a}}$ ist. Man setze $\mathfrak{a}_1 = (\mathfrak{a}, \mathfrak{b})$, $\mathfrak{a}_2 = (\mathfrak{a}, \mathfrak{c})$. Dann sind $\mathfrak{a}_1$ und $\mathfrak{a}_2$ echte Teiler von $\mathfrak{a}$, und es ist $\mathfrak{a}_1 \mathfrak{a}_2 = (\mathfrak{a}^2, \mathfrak{b}\mathfrak{a}, \mathfrak{a}\mathfrak{c}, \mathfrak{b}\mathfrak{c})$ durch $\mathfrak{a}$ teilbar.

Hilfssatz 2: *Ist $\mathfrak{a}$ irgendein Ideal $\neq (1)$, so gibt es endlich viele Primideale $\mathfrak{p}_1, \mathfrak{p}_2 \cdots \mathfrak{p}_r$, unter denen auch gleiche vorkommen können, so daß $\mathfrak{p}_1 \mathfrak{p}_2 \cdots \mathfrak{p}_r \equiv 0 \pmod{\mathfrak{a}}$ ist.*

Beweis: Wenn $\mathfrak{a}$ Primideal ist, ist der Satz trivial. Er sei bewiesen für alle Ideale mit weniger Teilern als $\mathfrak{a}$. Ist dann $\mathfrak{a}$ kein Primideal, so gibt es zwei echte Teiler $\mathfrak{a}_1$ und $\mathfrak{a}_2$ von $\mathfrak{a}$, für die $\mathfrak{a}_1 \mathfrak{a}_2 \equiv 0 \pmod{\mathfrak{a}}$ ist. Da $\mathfrak{a}_1$ und $\mathfrak{a}_2$ weniger Teiler besitzen, folgt die Behauptung.

Satz 10: *Jedes Primideal $\mathfrak{p}$ ist regulär.*

Beweis: Sei $M \neq 0$ eine ganze rationale Zahl aus $\mathfrak{p}$. Dann gibt es endlich viele Primideale $\mathfrak{p}_1, \mathfrak{p}_2 \cdots \mathfrak{p}_r$, so daß $\mathfrak{p}_1 \mathfrak{p}_2 \cdots \mathfrak{p}_r \equiv 0 \pmod{(M)}$ ist. Wir denken uns die Anzahl r so klein wie möglich gewählt. Da $M \equiv 0 \pmod{\mathfrak{p}}$ ist, folgt, daß $\mathfrak{p}_1 \mathfrak{p}_2 \cdots \mathfrak{p}_r$ teilbar ist durch $\mathfrak{p}$. Also muß einer der Faktoren, etwa $\mathfrak{p}_i$, teilbar sein durch $\mathfrak{p}$. Da $\mathfrak{p}_i$ Primideal ist, folgt $\mathfrak{p}_i = \mathfrak{p}$. Es kommt also $\mathfrak{p}$ vor unter den Primidealen $\mathfrak{p}_1, \mathfrak{p}_2, \cdots, \mathfrak{p}_r$.

Durchläuft nun α alle Zahlen aus $\mathfrak{p}_1 \mathfrak{p}_2 \cdots \mathfrak{p}_{r-1}$ (dieses Ideal werde $= (1)$ gesetzt, wenn $r = 1$ sein sollte), so kann nicht stets $\alpha \equiv 0 \pmod{M}$ sein, da sonst schon das kürzere Produkt $\mathfrak{p}_1 \mathfrak{p}_2 \cdots \mathfrak{p}_{r-1}$ durch M teilbar wäre. Sei α Zahl aus $\mathfrak{p}_1 \cdots \mathfrak{p}_{r-1}$ und $\alpha \not\equiv 0 \pmod{M}$. Wir setzen $\mu = \frac{\alpha}{M}$. Ist π irgendeine Zahl aus $\mathfrak{p}_r$, so ist $\alpha\pi$ Zahl aus $\mathfrak{p}_1 \mathfrak{p}_2 \cdots \mathfrak{p}_r$, also durch M teilbar. $\frac{\alpha}{M}$ ist nicht ganz, wohl aber $\frac{\alpha\pi}{M} = \frac{\alpha}{M} \cdot \pi$. Es ist also $\mathfrak{p}_r$ regulär. Wegen Satz 9 ist also $\mathfrak{p}_r \mathfrak{p}_1 \mathfrak{p}_2 \cdots \mathfrak{p}_{r-1} \equiv 0 \pmod{M}$, so daß nach dem gleichen Schluß $\mathfrak{p}_{r-1}$ regulär ist. So fahren wir fort(und erkennen, daß alle $\mathfrak{p}_\nu$ regulär sind, also auch $\mathfrak{p} = \mathfrak{p}_i$.

Ist nun $\mathfrak{p}$ irgendein Primideal, so folgt aus $\mathfrak{p}^r = \mathfrak{p}^s$ (etwa $r \leq s$ nach Multiplikation mit $\left(\frac{1}{\mathfrak{p}}\right)^r$, daß $(1) = \mathfrak{p}^{s-r}$, also $s = r$ ist. Alle Potenzen von $\mathfrak{p}$ sind also voneinander verschieden.

Es sei jetzt $\mathfrak{a}$ irgendein ganzes Ideal, $\mathfrak{p}_1$ ein Primteiler von $\mathfrak{a}$. Dann ist $\frac{1}{\mathfrak{p}_1}\mathfrak{a} = \mathfrak{a}_1$ ein ganzes Ideal. Wäre $\mathfrak{a}_1 = \mathfrak{a}$, so folgte nach Linksmultiplikation mit $\mathfrak{p}_1$, daß $\mathfrak{p}_1 \mathfrak{a} = \mathfrak{a}$, also $\mathfrak{p}_1 \cdot \mathfrak{p}_1 \cdots \mathfrak{p}_1 \mathfrak{a} = \mathfrak{a}$ ist. Dann wäre $\mathfrak{a}$ durch jede Potenz von $\mathfrak{p}_1$ teilbar, hätte also unendlich viele Teiler. Also ist $\mathfrak{a}_1$ (welches ja $\mathfrak{a}$ umfaßt) echter Teiler von $\mathfrak{a}$ und $\mathfrak{a} = \mathfrak{p}_1 \mathfrak{a}_1$. Ist $\mathfrak{a}_1$ noch $\neq (1)$, so hat $\mathfrak{a}_1$ einen Primteiler $\mathfrak{p}_2$, und man hat analog $\mathfrak{a}_1 = \mathfrak{p}_2 \mathfrak{a}_2$, wo $\mathfrak{a}_2$ ein echter Teiler von $\mathfrak{a}_1$ ist. Da $\mathfrak{a}$ nur endlich viele Teiler besitzt, ist schließlich $\mathfrak{a} = \mathfrak{p}_1 \mathfrak{p}_2 \cdots \mathfrak{p}_s$. Aus Satz 9 und Satz 10 folgt nun:

Satz 11: *Das Rechnen mit Idealen ist kommutativ. Jedes ganze*

Ideal ist auf eine und nur eine Weise darstellbar als Produkt von Primidealen (bis auf die Reihenfolge).

Beweis: Es genügt, den Teil über die Eindeutigkeit zu beweisen. Sei also

$$\mathfrak{p}_1 \mathfrak{p}_2 \cdots \mathfrak{p}_s = \mathfrak{q}_1 \mathfrak{q}_2 \cdots \mathfrak{q}_r,$$

wo die $\mathfrak{p}_i$ und $\mathfrak{q}_i$ Primideale sind. Die rechte Seite ist teilbar durch $\mathfrak{p}_1$, also muß es ein Faktor, etwa $\mathfrak{q}_1$ sein. Dann ist $\mathfrak{q}_1 = \mathfrak{p}_1$, und nach Multiplikation mit $\frac{1}{\mathfrak{p}_1}$ folgt $\mathfrak{p}_2 \cdots \mathfrak{p}_s = \mathfrak{q}_2 \cdots \mathfrak{q}_r$. Nun führt vollständige Induktion zum Ziel.

Wir zeigen noch, daß Satz 11 nur in Maximalordnungen gilt:

Satz 12: *Ist I eine Ordnung mit Einheitselement, in der das Rechnen mit Idealen kommutativ ist und in der sich jedes ganze, von I verschiedene Ideal eindeutig als ein Produkt von unzerlegbaren Idealen (die auch $\neq (1)$ sind) darstellen läßt, so ist I eine Maximalordnung.*

Beweis: Sind nämlich $\mathfrak{a}$ und $\mathfrak{c}$ gebrochene oder ganze Ideale und $A \neq 0$ bez. $C \neq 0$ ganze rationale Zahlen, für die $A\mathfrak{a}$ bez. $C\mathfrak{c}$ ganze Ideale sind, so folgt aus $\mathfrak{a}\mathfrak{c} = \mathfrak{a}$, daß $A\mathfrak{a} \cdot C\mathfrak{c} = A\mathfrak{a} \cdot C$ ist, also $A\mathfrak{a} \cdot C\mathfrak{c} = A\mathfrak{a} \cdot (C)$. Aus der Eindeutigkeit der Zerlegung folgt jetzt $C\mathfrak{c} = (C)$, also $\mathfrak{c} = (1)$.

Sei jetzt I_0 eine I enthaltende Maximalordnung. Dann ist I_0 Ideal aus I und $I_0 \cdot I_0 = I_0$ (da I_0 das Einheitselement enthält). Also ist $I_0 = I$, womit I als maximal erkannt ist.

3.

Nun sei $\mathfrak{p}$ Primideal. Wir betrachten den Ring $R_{\mathfrak{p}^m}$ der Restklassen modulo $\mathfrak{p}^m$. Den Teilern von $\mathfrak{p}^m$ sind die Ideale in $R_{\mathfrak{p}^m}$ zugeordnet. Bezeichnet man also das dem Ideal $\mathfrak{p}$ in $R_{\mathfrak{p}^m}$ entsprechende Ideal mit $\bar{\mathfrak{p}}$, so sind $\bar{\mathfrak{p}}, \bar{\mathfrak{p}}^2, \cdots, \bar{\mathfrak{p}}^{m-1}$ die sämtlichen Ideale aus $R_{\mathfrak{p}^m}$, und es ist $\bar{\mathfrak{p}}^m = 0$, also $R_{\mathfrak{p}^m}$ primär. Nach einem Satz von Herrn WEDDERBURN ist demnach $R_{\mathfrak{p}^m}$ das direkte Produkt eines Systems e_{ik} von Matrizeneinheiten mit einem vollständig primären Ring Ξ. Dabei heißt ein Ring Ξ vollständig primär, wenn jedes von Ξ verschiedene Rechtsideal aus Ξ nilpotent ist (vgl. die vorangehende Arbeit).

Das Ideal $\bar{\mathfrak{p}}^\nu$ besteht dann aus allen Elementen der Form $\sum_{i,k} \xi_{ik} e_{ik}$, wo die ξ_{ik} alle Elemente eines Ideals $\mathfrak{P}_\nu$ aus Ξ durchlaufen. Da $\bar{\mathfrak{p}}^\nu$ eine ν-te Potenz ist, ist auch $\mathfrak{P}_\nu = \mathfrak{P}_1^\nu = \mathfrak{P}^\nu$. Jedes Ideal aus Ξ gibt aber auch umgekehrt Anlaß zu einem Ideal in $R_{\mathfrak{p}^m}$, so daß $\mathfrak{P}, \mathfrak{P}^2, \mathfrak{P}^3, \cdots, \mathfrak{P}^{m-1}$ alle Ideale aus Ξ (abgesehen von Ξ und $0 = \mathfrak{P}^m$) sind. $\mathfrak{P}$ ist somit das maximale nilpotente Ideal in Ξ und umfaßt somit auch alle nilpotenten Rechtsideale in Ξ. Da Ξ vollständig primär ist, folgt jetzt, daß die Restklassen von Ξ modulo $\mathfrak{P}$ ein System ohne Rechtsideal, also ein System ohne Nullteiler bilden.

Sei nun $|\mathfrak{A})$ ein von $\mathfrak{P}^{m-1}$ umfaßtes Rechtsideal in Ξ. Dann bildet die Menge $|\overline{\mathfrak{a}})$ aller Elemente der Form $\sum a_{ik} e_{ik}$, wo a_{ik} alle Elemente von $|\mathfrak{A})$ durchläuft, ein Rechtsideal in $R_{\mathfrak{p}^m}$. $|\overline{\mathfrak{a}})$ wird von $\overline{\mathfrak{p}}^{m-1}$ umfaßt. Ihm entspricht also ein Rechtsideal $|\mathfrak{a})$ in I, das mengentheoretisch zwischen $\mathfrak{p}^m$ und $\mathfrak{p}^{m-1}$ liegt. Folglich ist $|\mathfrak{a})\cdot\left(\frac{1}{\mathfrak{p}}\right)^{m-1} = |\mathfrak{c})$ ein ganzes, $\mathfrak{p}$ umfassendes Rechtsideal und, wie Rechtsmultiplikation mit $\mathfrak{p}^{m-1}$ zeigt, $|\mathfrak{a}) = |\mathfrak{c})\cdot\mathfrak{p}^{m-1}$.

Gehen wir nun wieder zu $R_{\mathfrak{p}^m}$ über! Dort entspricht dem Ideal $|\mathfrak{c})$ ein Teiler $|\overline{\mathfrak{c}})$ von $\overline{\mathfrak{p}}$, und es ist $|\overline{\mathfrak{a}}) = |\overline{\mathfrak{c}})\cdot\overline{\mathfrak{p}}^{m-1}$. Entweder ist nun $|\overline{\mathfrak{c}}) = \overline{\mathfrak{p}}$, also $|\overline{\mathfrak{a}}) = \overline{\mathfrak{p}}^m = 0$, was auf $|\mathfrak{A}) = 0$ führt; oder es gibt ein Element $\sum_{i,k} c'_{ik} e_{ik}$ in $|\overline{\mathfrak{c}})$, das nicht durch $\overline{\mathfrak{p}}$ teilbar ist, bei dem also etwa c'_{rs} nicht in $\mathfrak{P}$ liegt. Da die Restklassen von Ξ nach $\mathfrak{P}$ keine Nullteiler besitzen, ist die Kongruenz $c'_{rs}\,\xi \equiv 1 \pmod{\mathfrak{P}}$ lösbar. Dann liegt auch $\sum_{i,k} c'_{ik} e_{ik}\cdot\xi = \sum_{i,k} c_{ik} e_{ik}$ in $|\overline{\mathfrak{c}})$, und es ist $c_{rs} \equiv 1 \pmod{\mathfrak{P}}$.

Wegen $|\overline{\mathfrak{a}}) = |\overline{\mathfrak{c}})\,\overline{\mathfrak{p}}^{m-1}$, gehört nun bei beliebigem π aus $\mathfrak{P}^{m-1}$ stets $\sum_{i,k} c_{ik}\,\pi\cdot e_{ik}$ zu $|\overline{\mathfrak{a}})$. Erinnern wir uns daran, wie $|\overline{\mathfrak{a}})$ aus $|\mathfrak{A})$ entstanden war, so erkennen wir, daß $c_{rs}\,\pi$ zu $|\mathfrak{A})$ gehört. Bis auf eine in $\mathfrak{P}$ liegende Zahl ist nun c_{rs} gleich 1. Da π zu $\mathfrak{P}^{m-1}$ gehört und $\mathfrak{P}^m = 0$ ist, folgt $c_{rs}\,\pi = \pi$, womit $|\mathfrak{A}) = \mathfrak{P}^{m-1}$ gezeigt ist.

Sei jetzt $|\mathfrak{A})$ ein beliebiges Rechtsideal im vollständig primären Ring Ξ. Wenn $|\mathfrak{A}) \neq 0$ ist, enthält $|\mathfrak{A})$ ein Element $a_i \neq 0$, das etwa in $\mathfrak{P}^i$, nicht aber in $\mathfrak{P}^{i+1}$ liege. Wäre $a_i\,\mathfrak{P}^{m-1-i} = 0$, so wäre auch $a_i\,\overline{\mathfrak{p}}^{m-1-i} = 0$, woraus $a_i\,\mathfrak{p}^{m-1-i} \equiv 0 \pmod{\mathfrak{p}^m}$ folgte. Dann aber wäre $a_i\,\mathfrak{p}^{m-1-i}\cdot\frac{1}{\mathfrak{p}^m} = a_i\cdot\frac{1}{\mathfrak{p}^{i+1}}$ ein ganzes Rechtsideal, woraus wieder rückwärts $a_i \equiv 0 \pmod{\mathfrak{p}^{i+1}}$, also auch $a_i \equiv 0 \pmod{\mathfrak{P}^{i+1}}$ zu erschließen wäre. Es ist somit $a_i\,\mathfrak{P}^{m-1-i} \neq 0$, so daß $|\mathfrak{A})$ von 0 verschiedene Elemente aus $\mathfrak{P}^{m-1}$ enthält. Dies zeigt, daß $|\mathfrak{A})$ ganz $\mathfrak{P}^{m-1}$ enthält. Betrachtet man nun $|\mathfrak{A})$ modulo $\mathfrak{P}^{m-1}$, so ergibt die gleiche Überlegung, daß entweder $|\mathfrak{A}) \equiv 0 \pmod{\mathfrak{P}^{m-1}}$ ist oder $|\mathfrak{A})$ ganz $\mathfrak{P}^{m-2}$ enthält. Auf diese Weise fortfahrend, gelangt man zu dem Ergebnis, daß es in Ξ nur zweiseitige Ideale gibt.

Ist demnach π ein Element von $\mathfrak{P}$, das nicht in $\mathfrak{P}^2$ liegt, so ist $\mathfrak{P}^i$ gleich dem von π^i in Ξ erzeugten Rechtsideal. Daraus folgt nun, daß in $R_{\mathfrak{p}^m}$ das Ideal $\overline{\mathfrak{p}}^i$ Hauptideal ist, und zwar $\overline{\mathfrak{p}}^i = |\pi^i) = (\pi^i|$.

Nun sollen Rechtsideale in $R_{\mathfrak{p}^m}$ betrachtet werden. Ist $|\overline{\mathfrak{a}})$ ein solches, so erhält man alle Elemente von $|\overline{\mathfrak{a}})\,\overline{\mathfrak{p}}$, indem man jedes Element von $|\overline{\mathfrak{a}})$ mit π rechtsseitig multipliziert. Setzen wir von $|\overline{\mathfrak{a}})$ voraus, daß es $\bar{\mathfrak{p}}^{m-1}$ umfaßt, so gehört umgekehrt $\beta\pi$ nur dann zu $|\bar{\mathfrak{a}})\bar{\mathfrak{p}}$, hat also nur dann die Form $\beta\pi = \alpha\pi$ (wo α zu $|\bar{\mathfrak{a}})$ gehört), wenn $\beta - \alpha$ zu $\bar{\mathfrak{p}}^{m-1}$, also zu $|\bar{\mathfrak{a}})$ und demnach auch β zu $|\bar{\mathfrak{a}})$ gehört. Durchläuft nun ξ ein volles Repräsentantensystem modulo $\bar{\mathfrak{p}}$, η ein solches modulo $|\bar{\mathfrak{a}})$, so sind alle $N|\bar{\mathfrak{a}})\cdot N\bar{\mathfrak{p}}$ Elemente der Form $\xi + \eta\pi$ einander inkongruent modulo $|\bar{\mathfrak{a}})\bar{\mathfrak{p}}$. Denn ist $\xi + \eta\pi \equiv \xi' + \eta'\pi \pmod{|\bar{\mathfrak{a}})\bar{\mathfrak{p}}}$, so gilt diese Kongruenz zunächst modulo $\bar{\mathfrak{p}}$, so daß $\xi = \xi'$ sein muß. Aus $(\eta - \eta')\pi \equiv 0 \pmod{|\bar{\mathfrak{a}})\bar{\mathfrak{p}}}$ aber folgt nach dem Gesagten, daß $\eta \equiv \eta' \pmod{|\bar{\mathfrak{a}})}$, also $\eta = \eta'$ ist. Ist andererseits λ irgendein Element von $R_{\mathfrak{p}^m}$ und λ dem Repräsentanten ξ modulo $\bar{\mathfrak{p}}$ kongruent, so gehört $\lambda - \xi$ zu $\bar{\mathfrak{p}}$, hat also die Form $\lambda - \xi = \varrho\pi$. Ist nun $\varrho \equiv \eta \pmod{|\bar{\mathfrak{a}})}$, so ist $\lambda \equiv \xi + \eta\pi \pmod{|\bar{\mathfrak{a}})\bar{\mathfrak{p}}}$.

Daraus ergibt sich folgendes Resultat: Ist das Rechtsideal $|\mathfrak{a})$ Teiler irgendeiner Potenz $\mathfrak{p}^{m-1}$, so gilt: $N(|\mathfrak{a})\mathfrak{p}) = N|\mathfrak{a})\cdot N\mathfrak{p}$.

Sei nun $|\mathfrak{a})$ ein beliebiges ganzes Rechtsideal, welches Teiler des zweiseitigen Ideals $\mathfrak{c}$ ist. Daß es ein solches $\mathfrak{c}$ überhaupt gibt, folgt daraus, daß man $\mathfrak{c} = (M)$ wählen kann, wenn M eine ganze rationale Zahl von $|\mathfrak{a})$ ist. Nun sei $\mathfrak{c} = \mathfrak{p}^m\cdot\mathfrak{d}$ und $\mathfrak{p}^m$ teilerfremd zu $\mathfrak{d}$. Dann ist $(\mathfrak{p}^m, \mathfrak{d}) = 1$, so daß es eine Zahl e_1 aus $\mathfrak{d}$ und eine Zahl e_2 aus $\mathfrak{p}^m$ gibt, so daß $e_1 + e_2 = 1$ ist. Wir setzen jetzt $|\mathfrak{a}_1) = |\mathfrak{a}, \mathfrak{p}^m)$, $|\mathfrak{a}_2) = |\mathfrak{a}, \mathfrak{d})$ und lassen ξ ein volles Restsystem modulo $|\mathfrak{a}_1)$, η ein volles Restsystem modulo $|\mathfrak{a}_2)$ durchlaufen. Dann durchläuft $\xi e_1 + \eta e_2$ ein volles Restsystem modulo $|\mathfrak{a})$. Einerseits folgt nämlich aus $\xi e_1 + \eta e_2 \equiv \xi' e_1 + \eta' e_2 \pmod{|\mathfrak{a})}$, daß diese Kongruenz auch modulo $|\mathfrak{a}_1)$ und $|\mathfrak{a}_2)$ gilt, also $\xi e_1 \equiv \xi' e_1 \pmod{|\mathfrak{a}_1)}$; wegen $e_1 = 1 - e_2 \equiv 1 \pmod{\mathfrak{p}^m}$ ist dann $\xi \equiv \xi' \pmod{|\mathfrak{a}_1)}$, so daß $\xi = \xi'$ sein muß. Ähnlich wird $\eta = \eta'$ gezeigt. Andererseits gilt für jedes ganze λ: $\lambda = \lambda e_1 + \lambda e_2$; ist also $\lambda \equiv \xi \pmod{|\mathfrak{a}_1)}$ und $\lambda \equiv \eta \pmod{|\mathfrak{a}_2)}$, so folgt, daß $\lambda e_1 \equiv \xi e_1 \pmod{|\mathfrak{a})}$ und $\lambda e_2 \equiv \eta e_2 \pmod{|\mathfrak{a})}$, also auch $\lambda \equiv \xi e_1 + \eta e_2 \pmod{|\mathfrak{a})}$ sein muß. Demnach ist $N|\mathfrak{a}) = N|\mathfrak{a}_1)\, N|\mathfrak{a}_2)$. In der Wahl von $\mathfrak{c}$ hat man noch Freiheiten. Betrachtet man $|\mathfrak{a}, \mathfrak{p})$, $|\mathfrak{a}, \mathfrak{p}^2)$, $|\mathfrak{a}, \mathfrak{p}^3)$, $\cdots$, so ist jedes Ideal Teiler des folgenden und Teiler von $|\mathfrak{a})$. Man wähle nun m so groß, daß $|\mathfrak{a}, \mathfrak{p}^{m-1}) = |\mathfrak{a}, \mathfrak{p}^m)$ ist und $|\mathfrak{a})\mathfrak{p}$ auch noch Teiler von $\mathfrak{c}$ ist. Die Norm von $|\mathfrak{a})\mathfrak{p}$ bestimmt sich in ähnlicher Weise. Man hat $|\mathfrak{a}_1') = |\mathfrak{a}\mathfrak{p}, \mathfrak{p}^m) = |\mathfrak{a}, \mathfrak{p}^{m-1})\mathfrak{p} = |\mathfrak{a}_1)\mathfrak{p}$ und $|\mathfrak{a}_2') = |\mathfrak{a}\mathfrak{p}, \mathfrak{d})$ zu setzen. Da aber $\mathfrak{p}$ teilerfremd zu $\mathfrak{d}$ ist, liegt $|\mathfrak{a})$ in $|\mathfrak{a}_2')$, so daß: $|\mathfrak{a}_2') = |\mathfrak{a}, \mathfrak{a}\mathfrak{p}, \mathfrak{d}) = |\mathfrak{a}, \mathfrak{d}) = |\mathfrak{a}_2)$ sein muß. Aus $N(|\mathfrak{a})\mathfrak{p}) = N(|\mathfrak{a}_1)\mathfrak{p})\cdot N|\mathfrak{a}_2)$ folgt, vermöge der bereits bewiesenen Gleichung $N(|\mathfrak{a}_1)\mathfrak{p}) = N|\mathfrak{a}_1)\, N\mathfrak{p}$, daß nunmehr allgemein $N(|\mathfrak{a})\mathfrak{p}) = N|\mathfrak{a})\cdot N\mathfrak{p}$ sein muß.

Ist jetzt $\mathfrak{b}$ irgendein zweiseitiges Ideal, so folgt durch wiederholte Anwendung des eben gewonnenen Satzes, unter Verwendung der Primidealzerlegung von $\mathfrak{b}$, daß $N(|\mathfrak{a})\cdot\mathfrak{b}) = N|\mathfrak{a})\cdot N\mathfrak{b}$ ist.

Ist endlich $|\mathfrak{a})$ ein gebrochenes Rechtsideal und M eine ganze rationale Zahl von der Art, daß $M|\mathfrak{a})$ ganz ist, so bildet $M\alpha_1, M\alpha_2, \cdots, M\alpha_n$ eine Minimalbasis von $M|\mathfrak{a})$, wenn $\alpha_1, \alpha_2, \cdots, \alpha_n$ eine solche von $|\mathfrak{a})$ ist. Dies zieht $N(M|\mathfrak{a})) = M^n N|\mathfrak{a})$ nach sich. Ist $\mathfrak{b}$ ein gebrochenes Ideal und $M_1\mathfrak{b}$ ganz, so ist $N(M_1\mathfrak{b}) = M_1^n \cdot N\mathfrak{b}$. Wegen $N(M|\mathfrak{a})M_1\mathfrak{b}) = M^n M_1^n N(|\mathfrak{a})\mathfrak{b})$ und $N(M|\mathfrak{a}) \cdot M_1\mathfrak{b}) = N(M|\mathfrak{a})) \cdot N(M_1\mathfrak{b}) = M^n \cdot M_1^n N|\mathfrak{a}) \cdot N\mathfrak{b}$ folgt endlich:

Satz 13: *Ist* $|\mathfrak{a})$ *ein beliebiges Rechtsideal,* $\mathfrak{b}$ *ein Ideal, so gilt* $N(|\mathfrak{a})\cdot\mathfrak{b}) = N|\mathfrak{a})\cdot N\mathfrak{b}$. *Analog gilt für ein Linksideal* $(\mathfrak{a}|$, *daß* $N(\mathfrak{b}(\mathfrak{a}|) = N\mathfrak{b}\cdot N(\mathfrak{a}|$ *ist.*

Modulo $\mathfrak{p}^m$ *ist die Potenz* $\mathfrak{p}^i$ *eines Primideals* $\mathfrak{p}$ *ein Hauptideal.*

Aus diesen Tatsachen ergibt sich auch noch die von SPEISER aufgefundene Struktur des Restklassenrings $R_{\mathfrak{p}^m}$ (vgl. Speiser S. 36, Satz 21).

4.

Die Zerlegungsgesetze der Ideale sollen nun einer genaueren Untersuchung unterzogen werden. Es seien $e_1, e_2, \cdots, e_r$ die unzerlegbaren idempotenten Zahlen des Zentrums ($e_i e_k = 0$ für $i \neq k$, $e_i^2 = e_i$). Dann ist

$$\mathfrak{S} = e_1\mathfrak{S} + e_2\mathfrak{S} + \cdots + e_r\mathfrak{S}$$

die Zerlegung von $\mathfrak{S}$ als direkte Summe einfacher Systeme, der wegen Satz 5 die Zerlegung

$$I = e_1 I + e_2 I + \cdots + e_r I$$

der Ordnung I zur Seite zu stellen ist. Die Ordnung $e_\nu I$ von $e_\nu\mathfrak{S}$ ist maximal in $e_\nu\mathfrak{S}$, da eine Erweiterung von $e_\nu I$ zu einer Erweiterung von I führen würde.

Da nun ein Rechtsideal in I in seine Komponenten aus $e_\nu I$ zerfällt und man in einfachster Weise von der Arithmetik einfacher Systeme auf die von I zurückkommt, reduziert sich das Problem auf die Untersuchung einfacher Systeme. Deshalb soll in diesem Abschnitt $\mathfrak{S}$ als ein einfaches System vorausgesetzt werden. Sein Zentrum $\mathfrak{Z}$ besitzt dann außer 1 kein idempotentes Element und enthält demzufolge keine Nullteiler. $\mathfrak{Z}$ ist damit als algebraischer Zahlkörper erkannt, und man kann wegen Satz 6 die Zahlentheorie des Zentrums als bekannt voraussetzen.

Sei nun $\mathfrak{A}$ ein Ideal im Zentrum $\mathfrak{Z}$, $\overline{\mathfrak{A}}$ das von $\mathfrak{A}$ erzeugte Ideal in I. Wird etwa in $\mathfrak{Z}$ das Ideal $\mathfrak{A}$ von den Zentrumselementen $\alpha_1, \alpha_2, \cdots, \alpha_r$ erzeugt, so besteht $\overline{\mathfrak{A}}$ aus allen Elementen der Form $\alpha_1\lambda_1 + \alpha_2\lambda_2 + \cdots + \alpha_r\lambda_r$, wo die λ_i beliebige Elemente von I durchlaufen. Welche Elemente von $\mathfrak{Z}$ gehören zu $\overline{\mathfrak{A}}$? Sei etwa α aus $\mathfrak{Z}$ darstellbar in der Form

$$\alpha = \alpha_1 \lambda_1 + \alpha_2 \lambda_2 + \cdots + \alpha_r \lambda_r$$

und $\mathfrak{B}$ ein Ideal des Zentrums von der Art, daß $\mathfrak{A}\mathfrak{B} = (\beta)$ Hauptideal in $\mathfrak{Z}$ wird. Gilt nun in $\mathfrak{Z}$ etwa $\mathfrak{B} = (\beta_1, \beta_2, \cdots, \beta_s)$, so folgt $\alpha \beta_i = \alpha_1 \beta_i \lambda_1 + \alpha_2 \beta_i \lambda_2 + \cdots + \alpha_r \beta_i \lambda_r$. Da alle $\alpha_k \beta_i$ durch (β) teilbar sind, erhält man jedes $\alpha \beta_i$ durch Multiplikation von β mit einer ganzen Zahl aus I; dieser Multiplikator liegt in $\mathfrak{Z}$, da $\alpha \beta_i$ und β in $\mathfrak{Z}$ liegen. Es ist also $\alpha \cdot \mathfrak{B}$ teilbar durch $(\beta) = \mathfrak{A}\mathfrak{B}$, woraus die Teilbarkeit von α durch $\mathfrak{A}$ folgt. Da nunmehr der Durchschnitt von $\overline{\mathfrak{A}}$ mit $\mathfrak{Z}$ als $\mathfrak{A}$ erkannt ist, kann keine Verwechslung entstehen, wenn man bei $\overline{\mathfrak{A}}$ den Querstrich wegläßt, das Erzeugnis von $\mathfrak{A}$ in I also auch mit $\mathfrak{A}$ bezeichnet.

Es entsteht nun die Frage, wie ein Ideal $\mathfrak{P}$ des Zentrums, das in $\mathfrak{Z}$ Primideal ist, in I weiter zerfällt.

Zu dem Zweck fassen wir nun $\mathfrak{S}$ auf als hyperkomplexe Erweiterung des algebraischen Zahlkörpers $\mathfrak{Z}$ und ändern in diesem Abschnitt die im ersten Teil verwendete Bezeichnung sinngemäß ab: $\varepsilon_1, \varepsilon_2, \cdots, \varepsilon_n$ mögen also n Elemente von $\mathfrak{S}$ bedeuten, die in bezug auf $\mathfrak{Z}$ linear unabhängig sind und $\mathfrak{S}$ erzeugen. Die x_i und c_{ik}^{ν} sind dann Elemente von $\mathfrak{Z}$. Jedes Element α der Form (1) genügt der Gleichung (6), und zwar auch dann, wenn die x_i Unbestimmte bedeuten. Sind in (1) die x_i irgendwelche Unbestimmte, so soll α die „allgemeine Zahl" von $\mathfrak{S}$ heißen. Der Funktion $F_\alpha(t)$ stellen wir nun noch zur Seite die Funktion $\varphi_\alpha(t)$ von möglichst niedrigem Grad in t, so daß $\varphi_\alpha(\alpha) = 0$ ist. $\varphi_\alpha(t)$ hat natürlich noch rationale Funktionen der Unbestimmten x_i als Koeffizienten.

$\varphi_\alpha(t)$ kann man mühelos als Teiler von $F_\alpha(t)$ erkennen, so daß man voraussetzen darf, daß der Koeffizient der höchsten Potenz von t in $\varphi_\alpha(t)$ den Wert 1 hat, daß die übrigen aber ganze rationale Funktionen der x_i mit Koeffizienten aus $\mathfrak{Z}$ sind. Der Grad r von $\varphi_\alpha(t)$ heißt der Rang des Systems $\mathfrak{S}$ und ist ersichtlich eine Invariante von $\mathfrak{S}$. Die Tatsache, daß $\varphi_\alpha(t)$ die Gleichung niedrigsten Grades für α ist, bedeutet, daß die Potenzen $1, \alpha, \alpha^2 \cdots \alpha^{r-1}$ linear unabhängig im Bereich der Polynome der x_i mit Koeffizienten aus $\mathfrak{Z}$ sind. Drückt man die Potenzen α^i durch die ε_ν aus: $\alpha^i = \sum_{\nu=1}^{n} \varphi_{i\nu}(x)\, \varepsilon_\nu$, so ist diese lineare Unabhängigkeit gleichwertig damit, daß nicht alle r-reihigen Determinanten der Matrix $(\varphi_{ik}(x))$ verschwinden.

Nimmt man nun an Stelle von $\mathfrak{Z}$ eine algebraische Erweiterung von $\mathfrak{Z}$ als Grundkörper für die ε_i (wobei diese als linear unabhängig zu gelten haben), so ist natürlich noch immer $\varphi_\alpha(\alpha) = 0$ und andererseits auch die Determinantenbedingung für die lineare Unabhängigkeit von $1, \alpha, \cdots, \alpha^{r-1}$ unberührt geblieben. Der Rang r ist also der gleiche. Bekanntlich kann nun die algebraische Erweiterung $\overline{\mathfrak{Z}}$ von $\mathfrak{Z}$ so gewählt werden, daß das zugehörige System $\overline{\mathfrak{S}}$ isomorph ist mit der Menge aller Matrizen eines gewissen Grades m und Elementen aus $\overline{\mathfrak{Z}}$[7]). Ersichtlich gibt es dann in $\overline{\mathfrak{S}}$ genau m^2 linear unabhängige Elemente, und aus der Irreduzibilität der charakteristischen Gleichung einer „allgemeinen Matrix" folgt außerdem, daß der Rang von $\overline{\mathfrak{S}}$ genau m ist. Demzufolge gilt auch für $\mathfrak{S}$, daß $n = m^2$ und $r = m$ ist.

Sei jetzt $\mathfrak{P}$ das zu untersuchende Primideal des Zentrums und π eine ganze Zahl von $\mathfrak{Z}$, die durch $\mathfrak{P}$, aber nicht durch $\mathfrak{P}^2$ teilbar ist.

Wir bilden die Menge $\overline{I}$ aller Elemente von $\mathfrak{S}$, die nach Multiplikation mit einer jeweils geeignet gewählten ganzen und zu $\mathfrak{P}$ primen Zahl des Zentrums, Elemente aus I ergeben. Ohne Schwierigkeit erkennt man, daß mit zwei Elementen auch Summe und Produkt zu $\overline{I}$ gehören. Selbstverständlich gehört I selbst zu $\overline{I}$. Ist für den Augenblick $\eta_1, \eta_2, \cdots$ eine (im gewöhnlichen Sinn) Minimalbasis von I und stellt man η_i durch die ε_i mit Koeffizienten aus $\mathfrak{Z}$ dar, so treten bei diesen Koeffizienten gewisse Nenner auf. Da man nur endlich viele η_i zu untersuchen hat, kommt man mit einem festen Nenner bei den η_i, also auch bei jeder Zahl von I aus. Geht nun in diesem Nenner genau die Potenz $\mathfrak{P}^k$ auf, so sieht man, daß man jede Zahl aus $\overline{I}$ darstellen kann in der Form:

$$\alpha = \frac{\alpha_1 \varepsilon_1 + \alpha_2 \varepsilon_2 + \cdots + \alpha_n \varepsilon_n}{\pi^k},$$

wo die Zentrumselemente α_i zu $\overline{I}$ gehören. Man benenne den Durchschnitt von $\mathfrak{Z}$ und $\overline{I}$ mit $\overline{\mathfrak{Z}}$; aus der Definition von $\overline{I}$ folgt, daß auch jedes Element von $\overline{I}$ in dieser Form darstellbar ist. Nun betrachte man alle Elemente von $\overline{I}$ der Form $\overline{\varepsilon}_s = \dfrac{\alpha_1 \varepsilon_1 + \alpha_2 \varepsilon_2 + \cdots + \alpha_s \varepsilon_s}{\pi^k}$. Die dabei auftretenden Elemente α_s können, da sie zu $\overline{\mathfrak{Z}}$ gehören, das Ideal $\mathfrak{P}$ nur im Zähler enthalten. Man wähle $\overline{\varepsilon}_s$ jetzt so, daß α_s eine möglichst kleine Potenz von $\mathfrak{P}$ im Zähler enthält. Ist dann $\dfrac{\beta_1 \varepsilon_1 + \cdots + \beta_s \varepsilon_s}{\pi^k} = \lambda$ irgendein Element von $\overline{I}$, so gehört $\dfrac{\beta_s}{\alpha_s} = \gamma$ zu $\overline{\mathfrak{Z}}$, so daß $\lambda - \gamma \overline{\varepsilon}_s$ wieder zu $\overline{I}$ gehört und die Form $\dfrac{\gamma_1 \varepsilon_1 + \cdots + \gamma_{s-1} \varepsilon_{s-1}}{\pi^k}$ hat. Somit bilden die Elemente $\overline{\varepsilon}_1, \overline{\varepsilon}_2, \cdots, \overline{\varepsilon}_n$ eine Minimalbasis von $\overline{I}$ in dem Sinn, daß jedes Element von $\overline{I}$ darstellbar ist in der Form $\alpha = \gamma_1 \overline{\varepsilon}_1 + \gamma_2 \overline{\varepsilon}_2 + \cdots + \gamma_n \overline{\varepsilon}_n$, wo die γ_ν zu $\overline{\mathfrak{Z}}$ gehören, und daß umgekehrt jedes Element von dieser Form zu $\overline{I}$ gehört. Wir dürfen also gleich voraussetzen, daß die ε_ν eine Minimalbasis von $\overline{I}$ sind. Dann

[7]) Vgl. etwa DICKSON § 76 und S. 226—228.

gehören auch die c^{ν}_{ik}, also auch die Koeffizienten von $F_\alpha(t)$ zu $\overline{\mathfrak{Z}}$. Als Teiler von $F_\alpha(t)$ hat also auch $\varphi_\alpha(t)$ nur Koeffizienten, die zu $\overline{\mathfrak{Z}}$ gehören.

Modulo $\mathfrak{P}$ ist $\overline{I}$ gleichwertig mit I. Ist in der Tat α ein Element von $\overline{I}$, ϱ ganz aus $\mathfrak{Z}$ und prim zu $\mathfrak{P}$, so daß $\varrho\alpha$ in I liegt, so bestimme man die ganze Zahl $\overline{\varrho}$ aus $\mathfrak{Z}$ in der Art, daß $\overline{\varrho}\cdot\varrho \equiv 1 \pmod{\mathfrak{P}}$ wird. Das Element $\alpha - \overline{\varrho}\varrho\alpha$ hat dann lauter durch $\mathfrak{P}$ teilbare Koeffizienten, wenn es durch die Minimalbasis ε_ν dargestellt wird. Also ist $\alpha \equiv \overline{\varrho}\varrho\alpha \pmod{\mathfrak{P}}$ und α einer ganzen Zahl kongruent. Es kann eine lineare Beziehung modulo $\mathfrak{P}$ zwischen den ε_ν, etwa $\sum_{\nu=1}^{n} \gamma_\nu \varepsilon_\nu \equiv 0 \pmod{\mathfrak{P}}$ $\left(\text{wo } \sum_{\nu=1}^{n} \gamma_\nu\varepsilon_\nu \text{ zu } I \text{ gehört}\right)$, nur bestehen, wenn alle $\gamma_\nu \equiv 0 \pmod{\mathfrak{P}}$ sind. Denn $\frac{1}{\pi}\cdot\sum_{\nu=1}^{n}\gamma_\nu\varepsilon_\nu$ ist dann jedenfalls Zahl aus $\overline{I}$, demnach gehören die $\frac{\gamma_\nu}{\pi} = \delta_\nu$ zu $\overline{I}$, so daß $\gamma_\nu \equiv 0 \pmod{\mathfrak{P}}$ wird.

Da die Koeffizienten von $\varphi_\alpha(t)$ einen zu $\mathfrak{P}$ primen Nenner haben, ist erst recht $\varphi_\alpha(\alpha) \equiv 0 \pmod{\mathfrak{P}}$, der Rang des Restklassenrings also höchstens m. Daß die Anzahl der linear unabhängigen Elemente $\pmod{\mathfrak{P}}$ genau m^2 ist, wurde auch schon festgestellt.

Nun soll angenommen werden, daß $\mathfrak{P}$ in I in lauter verschiedene Primideale zerfällt. Dann ist der Restklassenring halbeinfach, also direkte Summe von etwa s einfachen Ringen R_i. Jeder Ring R_i besteht nur aus endlich vielen Elementen, ist also nach zwei bekannten Sätzen von Wedderburn isomorph mit der Menge aller Matrizen eines gewissen Grades m_i mit Elementen aus einem Galoisfeld. Dieses Feld ist eine gewisse algebraische Erweiterung etwa vom Grade k_i des Restklassenkörpers von $\mathfrak{Z}$ modulo $\mathfrak{P}$.

In bezug auf diesen Restklassenkörper ist nun die Anzahl der linear unabhängigen Elemente des Restklassenrings einerseits m^2, andererseits $k_1 m_1^2 + k_2 m_2^2 + \cdots + k_s m_s^2$. Der Rang des Restklassenrings aber ergibt sich zu $k_1 m_1 + k_2 m_2 + \cdots + k_s m_s$. Man beachte, daß es hier von wesentlicher Bedeutung ist, daß bei Definition des Ranges die x_i Unbestimmte und nicht „Variable" waren. Vorhin wurde festgestellt, daß der Rang unseres Restklassenrings höchstens m war. Also ist $m \geqq k_1 m_1 + \cdots + k_s m_s$. Mit $m^2 = k_1 m_1^2 + \cdots + k_s m_s^2$ ist dies aber nur verträglich, wenn $s = 1$, $k_1 = 1$ ist. Folglich ist der Restklassenring modulo $\mathfrak{P}$ ein Matrizensystem vom Grad m und mit Elementen aus dem Restklassenkörper. $\mathfrak{P}$ bleibt also in I Primideal.

Bilden wir für ein solches Primideal $\mathfrak{P}$ noch den Restklassenring modulo $\mathfrak{P}^k$. Bezeichnen wir Normenbildung in $\mathfrak{Z}$ mit $N_{\mathfrak{Z}}$, in I mit N, so ist $N\mathfrak{P}^k = (N_{\mathfrak{Z}}\mathfrak{P}^k)^{m^2}$. Dies folgt sofort aus dem soeben Festgestellten. Der primäre Restklassenring ist nun das direkte Produkt eines Systems von m^2 Matrizeneinheiten mit einem vollständig primären Ring, bestehend aus $N_{\mathfrak{Z}}(\mathfrak{P}^k)$ Elementen. Das Zentrum des primären Rings besteht nun einerseits mindestens aus den $N_{\mathfrak{Z}}(\mathfrak{P}^k)$ Restklassen des Zentrums modulo $\mathfrak{P}^k$. Andererseits ist es bekanntlich das Zentrum des vollständig primären Rings. Die Anzahlvergleichung ergibt nunmehr, daß der vollständig primäre Ring einfach der Ring der Restklassen des Zentrums modulo $\mathfrak{P}^k$ ist. Damit ist die folgende Verallgemeinerung eines Satzes von HURWITZ über den Quaternionenkörper gefunden:

Satz 14: *Ein Primideal des Zentrums, welches nicht durch das Quadrat eines Primideals von I teilbar ist, ist selbst Primideal in I. Gibt es in I m^2 linear unabhängige Elemente in bezug auf $\mathfrak{Z}$, so ist der Restklassenring von I modulo einer Potenz $\mathfrak{P}^k$ eines solchen Primideals isomorph mit dem Ring aller Matrizen m-ten Grades, deren Elemente die Restklassen des Zentrums modulo $\mathfrak{P}^k$ durchlaufen.*

Man kann nun noch weiter zeigen, daß dieser Fall in der Regel eintritt, und auch noch genau bestimmen, wann die Voraussetzung von Satz 14 zutrifft. Wir begnügen uns aber hier damit, daß es jedenfalls nur endlich viele Ausnahmen geben kann. Geht nämlich $\mathfrak{P}$ nicht auf in der Diskriminante D von I, so ist der Restklassenring modulo $\mathfrak{P}$ unmittelbar als halbeinfach erkannt. Leider gilt von dieser Tatsache nicht die Umkehrung, die Teiler von D brauchen noch nicht durch das Quadrat eines Primideals teilbar zu sein. Erst eine neue Definition der Diskriminante liefert hier das gewünschte scharfe Kriterium.

5.

Wir kehren nun zu einem beliebigen halbeinfachen System zurück und versuchen, den Begriff des inversen Ideals auf beliebige Rechtsideale auszudehnen. Ist $\mathfrak{a} = \mathfrak{p}_1^{\nu_1}\mathfrak{p}_2^{\nu_2}\cdots\mathfrak{p}_r^{\nu_r}$ ein zweiseitiges Ideal und seine Primidealzerlegung (wobei die ν_i auch negativ sein können), so bilde man die Menge aller λ aus $\mathfrak{S}$, für die $\lambda\mathfrak{a}$ ganz ist. Daß diese Menge ein zweiseitiges Ideal bildet, ist sofort zu sehen; wir nennen es $\mathfrak{a}^{-1}$. Setzt man $\mathfrak{b} = \mathfrak{p}_1^{-\nu_1}\mathfrak{p}_2^{-\nu_2}\cdots\mathfrak{p}_r^{-\nu_r}$, so ist $\mathfrak{b}\mathfrak{a} = (1)$, so daß $\mathfrak{b}$ Teilmenge von $\mathfrak{a}^{-1}$ ist. Da nach Definition von $\mathfrak{a}^{-1}$ das zweiseitige Ideal $\mathfrak{a}^{-1}\cdot\mathfrak{a}$ ganz sein muß und $\mathfrak{b}\mathfrak{a} = (1)$ umfaßt, ist $\mathfrak{a}^{-1}\mathfrak{a} = (1)$. Daraus folgt aber $\mathfrak{a}^{-1} = \mathfrak{b}$. Analog ist $\mathfrak{a}^{-1}$ gleichzeitig die Menge aller λ, für die $\mathfrak{a}\lambda$ ganz ist.

Sei jetzt $|\mathfrak{a})$ ein beliebiges ganzes oder gebrochenes Rechtsideal. *Unter $(\mathfrak{a}^{-1}|$ verstehen wir dann die Menge aller Elemente λ aus $\mathfrak{S}$, für die $\lambda|\mathfrak{a})$ ganz ist. Ähnlich erklären wir das Inverse $|\mathfrak{b}^{-1})$ eines Linksideals $(\mathfrak{b}|$ als Menge aller λ, für die $(\mathfrak{b}|\lambda$ ganz ist.* Man erkennt sofort, daß in der Tat $(\mathfrak{a}^{-1}|$ Linksideal und $|\mathfrak{b}^{-1})$ Rechtsideal ist.

$\mathfrak{c}$ sei jetzt zweiseitig und $|\mathfrak{a})$ Rechtsideal. Wir bilden das Rechtsideal $|\mathfrak{b}) = |\mathfrak{a})\mathfrak{c}$ und wollen $(\mathfrak{b}^{-1}| = \mathfrak{c}^{-1}\cdot(\mathfrak{a}^{-1}|$ beweisen. Zunächst ist nach Definition von $(\mathfrak{a}^{-1}|$ das Ideal $(\mathfrak{a}^{-1}|\cdot|\mathfrak{a})$ ganz, so daß $(\mathfrak{a}^{-1}|\cdot|\mathfrak{a})\mathfrak{c}$ Teilmenge von $\mathfrak{c}$ ist. Daraus folgt, daß $\mathfrak{c}^{-1}(\mathfrak{a}^{-1}|\cdot|\mathfrak{a})\mathfrak{c}$ Teilmenge von $\mathfrak{c}^{-1}\mathfrak{c} = (1)$ ist, so daß jedenfalls $\mathfrak{c}^{-1}(\mathfrak{a}^{-1}|$ Teilmenge von $(\mathfrak{b}^{-1}|$ ist. Beachtet man nun, daß aus $|\mathfrak{b}) = |\mathfrak{a})\mathfrak{c}$ nach Rechtsmultiplikation mit $\mathfrak{c}^{-1}$ folgt: $|\mathfrak{b})\mathfrak{c}^{-1} = |\mathfrak{a})$, so zeigt die gleiche Schlußweise, daß $\mathfrak{c}(\mathfrak{b}^{-1}|$ Teilmenge von $(\mathfrak{a}^{-1}|$, also $\mathfrak{c}^{-1}\cdot\mathfrak{c}(\mathfrak{b}^{-1}| = (1)(\mathfrak{b}^{-1}| = (\mathfrak{b}^{-1}|$ Teilmenge von $\mathfrak{c}^{-1}(\mathfrak{a}^{-1}|$ ist. Damit ist $(\mathfrak{b}^{-1}| = \mathfrak{c}^{-1}(\mathfrak{a}^{-1}|$ gezeigt.

Mit irgendeinem Rechtsideal $|\mathfrak{a})$ bilden wir das zweiseitige Ideal $(1)\cdot|\mathfrak{a}) = I\cdot|\mathfrak{a}) = \mathfrak{c}$. Dann ist $|\mathfrak{a})$ Teilmenge von $\mathfrak{c}$, so daß das Rechtsideal $|\mathfrak{d}) = |\mathfrak{a})\cdot\mathfrak{c}^{-1}$ ganz ist. $|\mathfrak{d})$ hat die Eigenschaft, daß $(1)\cdot|\mathfrak{d}) = (1)\cdot|\mathfrak{a})\cdot\mathfrak{c}^{-1} = \mathfrak{c}\cdot\mathfrak{c}^{-1} = (1)$ ist. Da nun $|\mathfrak{d})$ ganz ist, gehört (1) zu $(\mathfrak{d}^{-1}|$. Folglich ist $(\mathfrak{d}^{-1}|\cdot|\mathfrak{d})$ umfassender als (1) und, da $(\mathfrak{d}^{-1}|\cdot|\mathfrak{d})$ ganz ist, $(\mathfrak{d}^{-1}|\cdot|\mathfrak{d}) = (1)$. Wegen $|\mathfrak{d})\cdot\mathfrak{c} = |\mathfrak{a})$ und $(\mathfrak{a}^{-1}| = \mathfrak{c}^{-1}(\mathfrak{d}^{-1}|$ folgt endlich allgemein: $(\mathfrak{a}^{-1}|\cdot|\mathfrak{a}) = \mathfrak{c}^{-1}(\mathfrak{d}^{-1}|\cdot|\mathfrak{d})\cdot\mathfrak{c} = \mathfrak{c}^{-1}(1)\mathfrak{c} = \mathfrak{c}^{-1}\mathfrak{c} = (1)$.

Um die noch fehlenden Eigenschaften des inversen Ideals zu finden, stellen wir den Zusammenhang mit einer anderen aus der Theorie der algebraischen Zahlkörper bekannten Bildung her. Wir erinnern an die im ersten Teil durch (7) gegebene Definition der Spur $s(\alpha)$ einer Zahl α. Da $s(\alpha)$ die Spur der Matrix (3) ist und die Spur des Produkts zweier Matrizen nicht von der Reihenfolge der Faktoren abhängt, so folgt aus (4), daß $s(\alpha\beta) = s(\beta\alpha)$ ist. Außerdem ist die Spur eine lineare Funktion der x_i, so daß $s(\alpha+\beta) = s(\alpha)+s(\beta)$ ist.

Einem Rechtsideal $|\mathfrak{a})$ ordnen wir nun die Menge $(\mathfrak{a}'|$ aller Elemente λ aus $\mathfrak{S}$ zu, für die $s(\alpha\lambda) = s(\lambda\alpha)$ ganz rational ausfällt, wie auch α aus $|\mathfrak{a})$ gewählt wird. Ist μ Element von I, so gehört auch jedes $\alpha\mu$ zu $|\mathfrak{a})$, so daß $s(\alpha\mu\lambda)$ auch immer ganz rational ist; mit λ gehört demnach auch $\mu\lambda$ zu $(\mathfrak{a}'|$. Die gleich zu zeigende Endlichkeit lehrt dann, daß in der Tat $(\mathfrak{a}'|$ Linksideal ist. Genau so wird einem Linksideal $(\mathfrak{b}|$ ein „komplementäres Rechtsideal" $|\mathfrak{b}')$ zugeordnet.

Es genügt offenbar, die Forderung, daß $s(\alpha\lambda)$ ganz rational sein soll, für eine Minimalbasis $\alpha_1, \alpha_2, \cdots, \alpha_n$ von $|\mathfrak{a})$ zu stellen. Es sei $\alpha_i = \sum\limits_{\nu=1}^{n} a_{i\nu}\varepsilon_\nu$. Wir zeigen, daß man genau ein λ finden kann, für das $s(\alpha_i\lambda)$ vorgegebene ganz rationale Werte l_i hat. Setzen wir nämlich $\lambda = \sum\limits_{\mu=1}^{n} x_\mu\varepsilon_\mu$, so ergeben sich die Gleichungen: $\sum\limits_{\mu=1}^{n}\left(\sum\limits_{\nu=1}^{n} a_{i\nu}s(\varepsilon_\nu\varepsilon_\mu)\right)x_\mu = l_i$.

Ist nun (A_{ik}) die zur Matrix $\left(\sum\limits_{\nu=1}^{n} a_{i\nu}s(\varepsilon_\nu\varepsilon_k)\right)$ inverse Matrix, so lautet die Lösung dieser Gleichungen: $x_i = \sum\limits_{\nu=1}^{n} A_{i\nu}l_\nu$. Für λ ergibt sich jetzt der Wert: $\lambda = \sum_{\nu=1}^{n} \left(\sum_{\mu=1}^{n} A_{\mu\nu}\, \varepsilon_\mu \right) \cdot l_\nu$. Offenbar bilden also die n Zahlen $\sum_{\mu=1}^{n} A_{\mu\nu}\, \varepsilon_\mu$ eine Minimalbasis für $(\mathfrak{a}'|$. Die Norm dieses Ideals ist daher die Determinante der Matrix (A_{ik}), also das Inverse der Determinante $\left| \sum_{\nu=1}^{n} a_{i\nu}\, s(\varepsilon_\nu\, \varepsilon_k) \right| = |a_{ik}| \cdot |s(\varepsilon_i\, \varepsilon_k)|$. Wegen (11) ist also $N(\mathfrak{a}'| = \frac{1}{D \cdot N|\mathfrak{a})}$. Durchläuft α alle Elemente von $|\mathfrak{a})$, λ alle Elemente von $(\mathfrak{a}'|$, so fällt $s(\alpha\lambda)$ immer ganz rational aus. Bildet man nun das zu $(\mathfrak{a}'|$ komplementäre Ideal $|\mathfrak{b})$, so ist $|\mathfrak{a})$ Teilmenge von $|\mathfrak{b})$. Nun ist aber $N|\mathfrak{b}) = \frac{1}{D \cdot N(\mathfrak{a}'|} = N|\mathfrak{a})$; also ist $|\mathfrak{b}) = |\mathfrak{a})$. Das zu $(\mathfrak{a}'|$ komplementäre Ideal ist daher unser Ausgangsideal $|\mathfrak{a})$.

Für ein zweiseitiges Ideal fällt auch das komplementäre zweiseitig aus. Insbesondere ist das zu (1) komplementäre Ideal, das wir $\mathfrak{d}^{-1}$ nennen, zweiseitig. Seine Elemente δ sind dadurch gekennzeichnet, daß für jedes λ aus $(1) = I$ stets $s(\delta\lambda)$ ganz rational ausfällt. Da die Zahl 1 diese Eigenschaft hat, umfaßt $\mathfrak{d}^{-1}$ das Ideal (1), so daß $\mathfrak{d}$ (das Inverse von $\mathfrak{d}^{-1}$) ganz ist. Das zu $\mathfrak{d}^{-1}$ komplementäre Ideal ist wieder (1); eine Zahl λ hat also dann und nur dann die Eigenschaft, daß für jedes δ aus $\mathfrak{d}^{-1}$ stets $s(\lambda\delta)$ ganz ist, wenn λ selbst ganz ist. Überdies ist $N(\mathfrak{d}^{-1}) = \frac{1}{D}$.

Nun wollen wir das zu $|\mathfrak{a})\mathfrak{d}^{-1}$ komplementäre Ideal bilden. Seine Elemente λ sind dadurch gekennzeichnet, daß $s(\lambda\alpha \cdot \delta)$ ganz ist, wie auch δ aus $\mathfrak{d}^{-1}$ und α aus $|\mathfrak{a})$ gewählt ist. Nach dem vorhin Gesagten ist dies gleichwertig mit der Forderung, daß jedes $\lambda\alpha$ ganz ist, λ also zu $(\mathfrak{a}^{-1}|$ gehört. Nachdem nun $(\mathfrak{a}^{-1}|$ als das zu $|\mathfrak{a})\mathfrak{d}^{-1}$ komplementäre Ideal erkannt ist, findet man das zu $|\mathfrak{a}) = |\mathfrak{a})\mathfrak{d} \cdot \mathfrak{d}^{-1}$ komplementäre Ideal, indem man das Inverse von $|\mathfrak{a})\mathfrak{d}$ bildet. Es ist also $(\mathfrak{a}'| = \mathfrak{d}^{-1}(\mathfrak{a}^{-1}|$. Analog zeigt man, daß das zu $\mathfrak{d}^{-1}(\mathfrak{b}|$ komplementäre Ideal $|\mathfrak{b}^{-1})$ ist und daß $|\mathfrak{b}') = |\mathfrak{b}^{-1})\mathfrak{d}^{-1}$ ist.

Um nun das Inverse von $(\mathfrak{a}^{-1}|$ zu bilden, kann man nach dem soeben Festgestellten auch das komplementäre Ideal zu $\mathfrak{d}^{-1}(\mathfrak{a}^{-1}|$ aufsuchen. Da aber $\mathfrak{d}^{-1}(\mathfrak{a}^{-1}| = (\mathfrak{a}'|$ ist, ergibt sich $|\mathfrak{a})$.

Auch die Norm von $(\mathfrak{a}^{-1}|$ ist rasch bestimmt. Einerseits wissen wir, daß $N(\mathfrak{a}'| = \frac{1}{DN|\mathfrak{a})}$ ist; andererseits ist wegen $(\mathfrak{a}'| = \mathfrak{d}^{-1}(\mathfrak{a}^{-1}|$ aber $N(\mathfrak{a}'| = N(\mathfrak{d}^{-1}) \cdot N(\mathfrak{a}^{-1}| = \frac{1}{D} \cdot N(\mathfrak{a}^{-1}|$; also ist $N(\mathfrak{a}^{-1}| = \frac{1}{N|\mathfrak{a})}$.

Fassen wir unsere Ergebnisse zusammen:

Satz 15: *Das zum Rechtsideal* $|\mathfrak{a})$ *gehörige komplementäre Linksideal ist* $\mathfrak{d}^{-1}(\mathfrak{a}^{-1}|$, *das zum Linksideal* $(\mathfrak{b}|$ *gehörige,* $|\mathfrak{b}^{-1})\mathfrak{d}^{-1}$. *Dabei ist* $\mathfrak{d}^{-1}$ *das*

20

zu (1) komplementäre Ideal. $\mathfrak{d}$ *ist ein ganzes Ideal mit der Norm D. Es heißt die Differente von I.*

Satz 16: *Das Inverse des Linksideals* $(\mathfrak{a}^{-1}|$ *ist wieder* $|\mathfrak{a})$. *Die Norm von* $(\mathfrak{a}^{-1}|$ *hat den Wert* $\frac{1}{N|\mathfrak{a})}$, *und es ist* $(\mathfrak{a}^{-1}|\cdot|\mathfrak{a}) = (1) = I$.

6.

Nun soll der Begriff der Idealklasse in I erklärt werden. Es stellt sich heraus, daß am zweckmäßigsten der folgende Äquivalenzbegriff zugrunde gelegt wird, der eine leichte Modifikation einer von SPEISER vorgeschlagenen Definition ist:

Zwei Rechtsideale $|\mathfrak{a})$ *und* $|\mathfrak{b})$ *heißen äquivalent, wenn es in* $\mathfrak{S}$ *ein Element* α *gibt, das kein Nullteiler in* $\mathfrak{S}$ *ist und für das*

$$\alpha\,|\mathfrak{a}) = |\mathfrak{b})$$

gilt.

Man stellt mühelos fest, daß diese Definition transitiv und reflexiv ist, somit eine geeignete Definition für eine Klassenbildung ist. Die mit (1) äquivalenten Rechtsideale sind einfach alle Rechtshauptideale $|\alpha)$.

Es soll noch die Norm der beiden Hauptideale $(\alpha|$ und $|\alpha)$ untersucht werden. Da $(\alpha|$ die Minimalbasis $\varepsilon_1\alpha, \varepsilon_2\alpha, \cdots, \varepsilon_n\alpha$ besitzt, ist nach dem im ersten Abschnitt Gesagten die Norm von $(\alpha|$ der Absolutbetrag der Determinante von $S(\alpha)$, wobei die Matrix $S(\alpha)$ durch (3) definiert ist.

Für $|\alpha)$ ist $\alpha\varepsilon_1, \alpha\varepsilon_2, \cdots, \alpha\varepsilon_n$ eine Minimalbasis, woraus man mühelos die Norm von $|\alpha)$ als den Absolutbetrag der Determinante $T(\alpha)$ erkennt, wobei

$$(19) \qquad T(\alpha) = (t_{ik}(\alpha)); \qquad t_{ik}(\alpha) = \sum_{\nu=1}^{n} c_{\nu i}^{k}\, x_\nu$$

ist.

In halbeinfachen Systemen sind nun die Determinanten von $S(\alpha)$ und $T(\alpha)$ einander gleich. Wir definieren deshalb:

Unter der Norm der Zahl α verstehen wir die Determinante der Matrix $S(\alpha)$. Es ist dann:

$$N|\alpha) = N(\alpha| = |N\alpha|.$$

Nun können die Idealnormen einer Klasse bestimmt werden. Ist $\alpha_1, \alpha_2, \cdots, \alpha_n$ eine Minimalbasis von $|\mathfrak{a})$, $\alpha_i = \sum_{\nu=1}^{n} a_{i\nu}\,\varepsilon_\nu$ und $\alpha = \sum_{\nu=1}^{n} x_\nu\,\varepsilon_\nu$, so ist $\alpha\alpha_1, \alpha\alpha_2, \cdots, \alpha\alpha_n$ eine Minimalbasis von $\alpha\,|\mathfrak{a})$, und es ist

$$\alpha\alpha_i = \sum_{\nu,\mu,k} a_{i\nu}\, c_{\mu\nu}^{k}\, x_\mu\, \varepsilon_k,$$

so daß:

$$N(\alpha|\mathfrak{a})) = \left\| \sum_{\nu,\mu} a_{i\nu}\, c^k_{\mu\nu}\, x_\mu \right\| = \left\| a_{ik} \right\| \cdot \left\| \sum_{\mu} c^k_{\mu i}\, x_\mu \right\| = |N\alpha| \cdot N|\mathfrak{a})$$

ist.

Das Ziel dieses Abschnitts ist, die Endlichkeit der Anzahl der Idealklassen zu zeigen. Wir beweisen zunächst:

Hilfssatz 3: *In jedem ganzen Rechtsideal* $|\mathfrak{a})$ *gibt es eine von* 0 *verschiedene Zahl* $\alpha = x_1 \varepsilon_1 + x_2 \varepsilon_2 + \cdots + x_n \varepsilon_n$ *von der Art, daß* $|x_i| \leqq \sqrt[n]{N|\mathfrak{a})}$ *ist.*

Beweis: Im n-dimensionalen Raum mit den Cartesischen Koordinaten x_ν ist jedem Element von I ein Punkt des würfelförmigen Gitters der Kantenlänge 1 zugeordnet. Die Zahlen des Ideals $|\mathfrak{a})$ bilden ein Teilgitter, dessen Grundmasche das Volumen $N|\mathfrak{a})$ besitzt. Die Menge aller Punkte des Raums mit $|x_\nu| \leqq \sqrt[n]{N|\mathfrak{a})}$ bildet einen Würfel mit einem Volumen von $2^n N|\mathfrak{a})$. Nach einem bekannten Satz von Minkowski über konvexe Körper gibt es also einen vom Ursprung verschiedenen Punkt des Idealgitters, der dem Würfel angehört.

Wir werden unser Ziel leicht erreichen können, wenn es gelingt zu zeigen:

Satz 17: *Es gibt eine reelle positive, nur von I abhängige Zahl C von der Art, daß es in jedem Rechtsideal* $|\mathfrak{a})$ *einen Nichtnullteiler* α *gibt, so daß*

$$|N\alpha| \leqq C \cdot N|\mathfrak{a}).$$

Zunächst ist klar, daß es genügt Satz 17 für ganze Ideale zu beweisen, da jedes gebrochene Ideal nach Multiplikation mit einer ganzen rationalen Zahl ganz wird und dabei die Normen von Zahlen und Idealen mit M^n multipliziert werden. Beim Beweis verwenden wir eine Reihe von weiteren Hilfssätzen:

Hilfssatz 4: *Satz 17 ist richtig in Systemen* $\mathfrak{S}$ *ohne Nullteiler.*

Beweis: Die Norm der Zahl $\alpha = x_1 \varepsilon_1 + x_2 \varepsilon_2 + \cdots + x_n \varepsilon_n$ ist eine ganze rationale homogene Funktion der n Variablen x_ν. Es sei C das Maximum des Absolutbetrages dieser Funktion für $|x_i| \leqq 1$. Da sie homogen vom n-ten Grade ist, ist also $h^n \cdot C$ ihr Maximum im Bereich $|x_i| \leqq h$. Nun wähle man im Ideal $|\mathfrak{a})$ nach Hilfssatz 3 die Zahl $\alpha \neq 0$ so, daß $|x_i| \leqq \sqrt[n]{N|\mathfrak{a})}$ ist. Dann ist $|N\alpha| \leqq C \cdot N|\mathfrak{a})$ und α kein Nullteiler, da es ja keine Nullteiler gibt.

Hilfssatz 5: *Sind I und* I_0 *zwei Maximalordnungen von* $\mathfrak{S}$ *und ist Satz 17 richtig für* I_0, *so ist er auch richtig für I.*

Beweis: Sei $\varepsilon_1, \varepsilon_2, \cdots, \varepsilon_n$ eine Minimalbasis für I, $\eta_1, \eta_2, \cdots, \eta_n$ eine solche für I_0. Die ganze rationale Zahl M sei so gewählt, daß

$M\eta_1, M\eta_2, \cdots, M\eta_n$ zu I gehören. Nun sei $|\mathfrak{a})$ Rechtsideal in I. Man bilde $|\mathfrak{b}) = M|\mathfrak{a}) I_0 = |\mathfrak{a}) \cdot M I_0$. $|\mathfrak{b})$ ist ersichtlich Rechtsideal in I_0. Da MI_0 ganz zu I gehört, ist $|\mathfrak{b})$ eine Teilmenge von $|\mathfrak{a})$. Da aber in I_0 die 1 vorkommt, umfaßt $|\mathfrak{b})$ sicher die Menge $M|\mathfrak{a})$. In I ist $|\mathfrak{b})$ kein Rechtsideal, sondern nur Modul. Die Anzahl der Restklassen von I nach dem Modul $|\mathfrak{b})$ ist höchstens die nach der Teilmenge $M|\mathfrak{a})$, also höchstens $M^n \cdot N|\mathfrak{a})$. Ist also $\beta_1, \beta_2, \cdots, \beta_n$ eine Minimalbasis für $|\mathfrak{b})$, so folgt aus (12), daß die Diskriminante des Systems β_i höchstens den Absolutbetrag $(M^n N|\mathfrak{a}))^2 |D|$ hat, wo D die Diskriminante von I ist. Wieder wegen (12) ist andererseits diese Diskriminante gleich $(N|\mathfrak{b}))^2 |D_0|$, wo $N|\mathfrak{b})$ die Norm des Rechtsideals $|\mathfrak{b})$ in I_0 und D_0 die Diskriminante von I_0 ist. Also ist $N|\mathfrak{b}) \leqq M^n \cdot N|\mathfrak{a}) \cdot \sqrt{\frac{|D|}{|D_0|}}$.

Da in I_0 Satz 17 richtig ist, gibt es in $|\mathfrak{b})$ einen Nichtnullteiler β, für den gilt:

$$|N\beta| \leqq C \cdot M^n \cdot \sqrt{\frac{|D|}{|D_0|}} \cdot N|\mathfrak{a}).$$

β gehört zu $|\mathfrak{b})$, also sicher zu $|\mathfrak{a})$, und $C \cdot M^n \cdot \sqrt{\frac{|D|}{|D_0|}}$ hängt nicht von $|\mathfrak{a})$ ab. Damit sind wir fertig.

Hilfssatz 6: *Ist $\mathfrak{S}$ ein einfaches System, so ist Satz 17 richtig für eine passend gewählte Maximalordnung, nach Hilfssatz 5 also für jede Maximalordnung von $\mathfrak{S}$.*

Beweis: $\mathfrak{S}$ ist das direkte Produkt eines Systems e_{ik} von q^2 Matrizeneinheiten mit einem System $\mathfrak{S}_0$ ohne Nullteiler. Es sei I_0 irgendeine Maximalordnung von $\mathfrak{S}_0$, und C_0 sei die in Satz 17 vorkommende Konstante für I_0.

Unter I verstehen wir die Menge aller Elemente der Form $\sum_{i,k} a_{ik} e_{ik}$, wobei a_{ik} beliebig der Ordnung I_0 entnommen ist. Daß I Maximalordnung von $\mathfrak{S}$ ist, kann man leicht zeigen (vgl. etwa DICKSON § 97).

Nun sei $|\mathfrak{a})$ ein ganzes Rechtsideal in I. Gehört $\alpha = \sum_{i,k} e_{ik} a_{ik}$ zu $|\mathfrak{a})$, so ist auch $\alpha \cdot e_{rs} = \sum_i e_{is} a_{ir}$ Element von $|\mathfrak{a})$. Denkt man sich α in Matrizenform geschrieben, so ist $\alpha \cdot e_{rs}$ eine Matrix, in der alle Elemente bis auf die der s-ten Spalte 0 sind; in der s-ten Spalte aber kommen die Elemente der r-ten Spalte von α vor. Diese Überlegung lehrt, daß es nur auf die Menge der Spalten ankommt, die bei den Elementen von $|\mathfrak{a})$ auftreten. Außerdem hat man noch — dann wird die Idealeigenschaft von $|\mathfrak{a})$ voll ausgenutzt sein — die Rechtsmultiplikation mit irgendeinem Element von I_0 zu gestatten. Die Menge der Spalten von $|\mathfrak{a})$ hat also die Eigenschaft, daß mit zwei Spalten auch ihre Summe zur Menge gehört und daß man eine Spalte mit einem beliebigen Element aus I_0 von rechts her multiplizieren darf. Man betrachte nun die Teilmenge derjenigen Spalten, deren erste $l-1$ Elemente verschwinden und in diesen Spalten das l-te Element. Diese Zahlen bilden ein Rechtsideal $|\mathfrak{a}_l)$ in I_0. Es möge nun $\xi^{(l)}$ ein volles Repräsentantensystem der Restklassen von $|\mathfrak{a}_l)$ in I_0 durchlaufen. Dann durchläuft $\sum\limits_{i,k} \xi_k^{(i)} e_{ik}$ ersichtlich ein volles Repräsentantensystem modulo $|\mathfrak{a})$ in I. Man reduziere nämlich zunächst die erste Zeile eines beliebigen Elements von I modulo $|\mathfrak{a}_1)$; dann die zweite Zeile modulo $|\mathfrak{a}_2)$ usw. Bedeutet also N_0 die Norm in I_0, so ist:

$$N|\mathfrak{a}) = (N_0|\mathfrak{a}_1)\, N_0|\mathfrak{a}_2) \cdots N_0|\mathfrak{a}_q))^q. \tag{20}$$

Nun bestimme man in $|\mathfrak{a}_l)$ einen Nichtnullteiler α_l, für den gilt: $|N_0\alpha_l| \leqq C_0 \cdot N_0|\mathfrak{a}_l)$. S_l sei eine Spalte von $|\mathfrak{a})$, deren erste $(l-1)$ Elemente verschwinden, und deren l-tes Element α_l ist. Unter α verstehe man dasjenige Element aus $|\mathfrak{a})$, dessen erste Spalte S_1, dessen zweite $S_2, \cdots$ ist. Betrachtet man das Hauptideal $|\alpha)$, so sind $|\alpha_1), |\alpha_2), \cdots, |\alpha_q)$ gerade die Rechtsideale in I_0, die den Bildungen $|\mathfrak{a}_1), |\mathfrak{a}_2), \cdots, |\mathfrak{a}_q)$ entsprechen. Daraus folgt:

$$|N\alpha| = (|N_0\alpha_1| \cdot |N_0\alpha_2| \cdots |N_0\alpha_q|)^q. \tag{21}$$

Wegen $|N_0\alpha_i| \leqq C_0 N_0|\mathfrak{a}_i)$ und (20) folgt nun endlich

$$|N\alpha| \leqq C_0^{q^2} \cdot N|\mathfrak{a}),$$

womit wir am Ziel sind, da α wegen (21) kein Nullteiler ist.

Der restliche Teil des Beweises von Satz 17, der Übergang von einfachen Systemen zu beliebigen halbeinfachen, macht keine Schwierigkeit mehr und kann dem Leser überlassen bleiben. Man hat nur zu beachten, daß sowohl das System $\mathfrak{S}$ als auch die Maximalordnung I direkte Summe wird.

Nun folgt sofort:

Satz 18: *Die Anzahl der Idealklassen ist endlich.*

Beweis: Es sei $\mathfrak{K}$ eine Klasse von Rechtsidealen und $|\mathfrak{a})$ ein Rechtsideal aus $\mathfrak{K}$. Dann gibt es im Linksideal $(\mathfrak{a}^{-1}|$ einen Nichtnullteiler α, für den $|N\alpha| \leqq C \cdot N(\mathfrak{a}^{-1}|$ ist, wo C eine nur von I abhängige Konstante bedeutet. Setzt man $|\mathfrak{b}) = \alpha|\mathfrak{a})$, so gehört auch $|\mathfrak{b})$ zu $\mathfrak{K}$, und es ist $|\mathfrak{b})$ nach Definition von $(\mathfrak{a}^{-1}|$ ganz. Ferner ist nach Satz 16:

$$N|\mathfrak{b}) = |N\alpha| \cdot N|\mathfrak{a}) \leqq \frac{C}{N|\mathfrak{a})} \cdot N|\mathfrak{a}) = C.$$

In jeder Idealklasse gibt es also ein ganzes Ideal mit einer Norm kleiner als C. Da es nur endlich viele ganze Ideale fester Norm gibt, ist Satz 18 bewiesen.

7.

Es sollen nun noch einige Ergebnisse von BRANDT auf beliebige Systeme übertragen werden. Die dabei gewonnenen Einsichten geben überhaupt erst einen genaueren Einblick in den Bau einseitiger Ideale. Wir wollen in diesem Abschnitt die Klammer und den Strich bei einem einseitigen Ideal $|\mathfrak{a})$ weglassen (also kurz $\mathfrak{a}$ schreiben), da sie sich gleich als unwesentlich herausstellen werden.

Sei also $\mathfrak{a}$ ein Rechtsideal der Maximalordnung I und $\mathfrak{a}^{-1}$ das zu $\mathfrak{a}$ inverse Linksideal in I. Dann ist $\mathfrak{a}^{-1}\mathfrak{a} = I$ und $\mathfrak{a}$ das zu $\mathfrak{a}^{-1}$ inverse Ideal. Wir betrachten nun die Menge I' aller ganzen oder gebrochenen Elemente λ von $\mathfrak{S}$, für die $\lambda\mathfrak{a}$ von $\mathfrak{a}$ umfaßt wird. Man findet:

1. Mit zwei Elementen gehört auch Summe, Differenz und Produkt dieser Elemente zu I'.

2. Gehört λ zu I', so ist λA Element von $\mathfrak{a}$, wenn $A \neq 0$ ganz rational aus $\mathfrak{a}$ gewählt ist. $A \cdot I'$ wird also von $\mathfrak{a}$ umfaßt. Da $\mathfrak{a}$ endlich ist, ist auch AI' also I' endlich.

3. Es ist $\mathfrak{a}\mathfrak{a}^{-1} \cdot \mathfrak{a} = \mathfrak{a} \cdot \mathfrak{a}^{-1}\mathfrak{a} = \mathfrak{a}I = \mathfrak{a}$, so daß $\mathfrak{a}\mathfrak{a}^{-1}$ zu I' gehört. Insbesondere gehört also $A\mathfrak{a}^{-1}$ zu I', so daß in I' sicher n linear unabhängige Elemente liegen.

4. 1 gehört zu I', so daß $I'\mathfrak{a}$ sicher $\mathfrak{a}$ umfaßt. Da andrerseits nach Definition von I' die Menge $I'\mathfrak{a}$ von $\mathfrak{a}$ umfaßt wird, ist $I'\mathfrak{a} = \mathfrak{a}$.

Damit ist I' als Ordnung erkannt. Wir behaupten, daß I' sogar Maximalordnung von $\mathfrak{S}$ ist. Sei nämlich I'' eine I' umfassende Ordnung. Wir setzen $I_0 = \mathfrak{a}^{-1}I''\mathfrak{a}$. Da I'' umfassender als I' ist, umfaßt auch I_0 den Bereich $\mathfrak{a}^{-1}I'\mathfrak{a} = \mathfrak{a}^{-1}\mathfrak{a} = I$. Ferner ist $I_0 I_0 = \mathfrak{a}^{-1}I''\mathfrak{a}\mathfrak{a}^{-1}I''\mathfrak{a}$. Es ist $\mathfrak{a}\mathfrak{a}^{-1}$ Teilmenge von I', also auch von I'', so daß $I_0 I_0$ Teilmenge von $\mathfrak{a}^{-1}I''I''I''\mathfrak{a} = \mathfrak{a}^{-1}I''\mathfrak{a} = I_0$ ist. Überdies ist I_0 endlich, also Ordnung. Da I maximal ist, muß $I_0 = I$ sein. Damit ist $\mathfrak{a}^{-1} \cdot I''\mathfrak{a} = I$ gezeigt. Die Elemente μ von $I''\mathfrak{a}$ haben also die Eigenschaft, daß $\mathfrak{a}^{-1}\mu$ ganz ist, gehören demnach zu $\mathfrak{a}$. Nach Definition von I' ist also I'' Teilmenge von I'. Daraus folgt aber $I'' = I'$ und wir sind zu Ende.

Aus $\mathfrak{a}^{-1}I'\mathfrak{a} = I$ folgt auch (nach Definition von $\mathfrak{a}^{-1}$), daß $\mathfrak{a}^{-1}I'$ zu $\mathfrak{a}^{-1}$ gehört. Da andrerseits 1 zu I' gehört, ist $\mathfrak{a}^{-1}I' = \mathfrak{a}^{-1}$. Setzt man also $\mathfrak{c} = \mathfrak{a} \cdot \mathfrak{a}^{-1}$, so ist $I'\mathfrak{c} = \mathfrak{c}I' = \mathfrak{c}$, also $\mathfrak{c}$ ein zweiseitiges Ideal der Maximalordnung I', das der Gleichung $\mathfrak{c}^2 = \mathfrak{a}\mathfrak{a}^{-1}\mathfrak{a}\mathfrak{a}^{-1} = \mathfrak{a}I\mathfrak{a}^{-1} = \mathfrak{a}\mathfrak{a}^{-1} = \mathfrak{c}$ genügt. Wegen der eindeutigen Zerlegbarkeit zweiseitiger Ideale in I' folgt nun $\mathfrak{c} = I'$, so daß $\mathfrak{a}\mathfrak{a}^{-1} = I'$ bewiesen ist.

Wir sehen also, daß unser Rechtsideal $\mathfrak{a}$ in einer eindeutig bestimmten anderen Maximalordnung I' Linksideal ist. Bilden wir das Inverse $\mathfrak{b}$ des Linksideals $\mathfrak{a}$ in I', so ist $\mathfrak{a}\mathfrak{b} = I'$. Multiplizieren wir von links mit $\mathfrak{a}^{-1}$, so folgt $I\mathfrak{b} = \mathfrak{a}^{-1}I' = \mathfrak{a}^{-1}$. Da 1 zu I gehört, ist $\mathfrak{b}$ Teilmenge von $\mathfrak{a}^{-1}$. Wegen $\mathfrak{a} \cdot \mathfrak{a}_{-1} = I'$ ist aber nach Definition von $\mathfrak{b}$ auch $\mathfrak{a}^{-1}$ Teilmenge von $\mathfrak{b}$, so daß $\mathfrak{b} = \mathfrak{a}^{-1}$ ist. Damit ist erkannt, daß die Bildung des Inversen in beiden Maximalordnungen zum gleichen Resultat führt.

Bedeutet D die Diskriminante von I, so ist (vgl. (12)) die Diskriminante einer Minimalbasis von $\mathfrak{a}$ gleich $(N\mathfrak{a})^2 \cdot D$. Wegen Satz 16 hat die Diskriminante einer Minimalbasis von $\mathfrak{a}^{-1}$ den Wert $(N\mathfrak{a})^{-2} \cdot D$, so daß $(N\mathfrak{a})^4$ als Quotient der Diskriminante einer Minimalbasis von $\mathfrak{a}$ durch die einer Minimalbasis von $\mathfrak{a}^{-1}$ zu erklären ist. Hierin ist alles unabhängig von I, so daß auch in I' das Ideal $\mathfrak{a}$ die gleiche Norm erhält. Nachdem nun $N\mathfrak{a}$ als invariant erkannt ist und die Diskriminante einer Minimalbasis von $\mathfrak{a}$ den Wert $(N\mathfrak{a})^2 \cdot D$ besitzt, ist auch D als Invariante erkannt.

Man wird nun umgekehrt fragen, ob zu zwei vorgelegten Maximalordnungen I und I' stets ein Ideal existiert, das Rechtsideal in I und Linksideal in I' ist. Als solches Ideal ist sofort das Produkt $\mathfrak{a} = I' \cdot I$ erkannt. Wünscht man ein ganzes Ideal zu haben, so kann man $\mathfrak{a}$ durch Multiplikation mit einer geeigneten ganzen rationalen Zahl M in ein solches verwandeln.

Endlich ist auch der Begriff „ganz" invariant. Ist nämlich $\mathfrak{a}$ ganzes Rechtsideal in I, so ist $\mathfrak{a} \cdot \mathfrak{a}$ Teilmenge von $\mathfrak{a}$, so daß nach Definition von I' auch $\mathfrak{a}$ zu I' gehört. Fassen wir unsere Ergebnisse zusammen:

Satz 19: *Jedes Rechtsideal $\mathfrak{a}$ aus I ist in einer eindeutig bestimmten Maximalordnung I' Linksideal, und zu vorgegebener Maximalordnung I' gibt es stets ein Rechtsideal $\mathfrak{a}$ aus I, das Linksideal in I' ist. Man findet I' aus $\mathfrak{a}$, indem man $I' = \mathfrak{a} \cdot \mathfrak{a}^{-1}$ bildet. Diese Formel kann übrigens durch die vielleicht suggestivere, praktisch aber unwesentliche Formel $I' = \mathfrak{a} I \mathfrak{a}^{-1}$ ersetzt werden. Die Begriffe inverses Ideal, Norm sowie das Prädikat ganz sind unabhängig davon, ob man $\mathfrak{a}$ als Rechtsideal in I oder als Linksideal in I' betrachtet. Endlich sind die Diskriminanten aller Maximalordnungen des Systems $\mathfrak{S}$ einander gleich.*

Man sieht also, wie man aus einer Maximalordnung alle anderen bestimmen kann. Es liegt nun nahe, die verschiedenen Maximalordnungen in Typen einzuteilen, gemäß folgender Definition:

Zwei Maximalordnungen I_1 und I_2 sollen zum gleichen Typus gehören, wenn es einen Nichtnullteiler α in $\mathfrak{S}$ gibt, so daß $I_2 = \alpha I_1 \alpha^{-1}$ ist.

Ersichtlich ist diese Definition transitiv und reflexiv; ferner sind Maximalordnungen vom gleichen Typus isomorph und gehen sogar durch einen inneren Automorphismus von $\mathfrak{S}$ auseinander hervor. Man kann sogar zeigen, daß im Falle eines einfachen Systems Maximalordnungen verschiedener Typen nicht isomorph sind, doch soll dies bei einer anderen Gelegenheit ausgeführt werden.

Man wird nun fragen, welche Rechtsideale $\mathfrak{a}$ in I durch die Bildung $\mathfrak{a}\mathfrak{a}^{-1}$ zu gleichen Typen führen.

Es sei also $I_1 = \mathfrak{a}\mathfrak{a}^{-1}$, $I_2 = \mathfrak{b}\cdot\mathfrak{b}^{-1}$, wobei $\mathfrak{a}$ und $\mathfrak{b}$ Rechtsideale in I sind, so daß $\mathfrak{a}^{-1}\mathfrak{a} = \mathfrak{b}^{-1}\mathfrak{b} = I$ ist. Ferner sei α ein Nichtnullteiler und $I_2 = \alpha I_1 \alpha^{-1}$. Aus $\mathfrak{b}\mathfrak{b}^{-1} = \alpha\mathfrak{a}\mathfrak{a}^{-1}\alpha^{-1}$ folgt nach Rechtsmultiplikation mit $\mathfrak{b}$, daß

$$\mathfrak{b} = \alpha\cdot\mathfrak{a}\cdot\mathfrak{a}^{-1}\alpha^{-1}\mathfrak{b},$$

also $\mathfrak{b} = \alpha\mathfrak{a}\cdot\mathfrak{c}$ ist, wo $\mathfrak{c} = \mathfrak{a}^{-1}\alpha^{-1}\mathfrak{b}$ gesetzt wurde. $\mathfrak{b}$ ist Rechtsideal, $\mathfrak{a}^{-1}$ Linksideal, also $\mathfrak{c}$ zweiseitiges Ideal in I.

Ist umgekehrt $\mathfrak{b} = \alpha\mathfrak{a}\mathfrak{c}$, wo $\mathfrak{c}$ ein zweiseitiges Ideal in I ist, und setzt man $I_1 = \mathfrak{a}\mathfrak{a}^{-1}$, so gilt:

$$\alpha I_1 \alpha^{-1}\cdot\mathfrak{b} = \alpha I_1 \mathfrak{a}\mathfrak{c} = \alpha\mathfrak{a}\mathfrak{c} = \mathfrak{b}.$$

Somit ist $\mathfrak{b}$ Linksideal in $\alpha I_1 \alpha^{-1} = I_2$, und $\mathfrak{a}$ und $\mathfrak{b}$ führen zum gleichen Typus. Wir haben also:

Satz 20: *Die Anzahl der verschiedenen Typen von Maximalordnungen ist gleich der Anzahl der Idealklassen von Rechtsidealen einer beliebigen Maximalordnung I, falls folgende Äquivalenzdefinition zugrunde gelegt wird:*

Zwei Rechtsideale $\mathfrak{a}$ und $\mathfrak{b}$ von I heißen äquivalent, wenn es einen Nichtnullteiler α und ein zweiseitiges Ideal $\mathfrak{c}$ aus I gibt, so daß $\mathfrak{b} = \alpha\mathfrak{a}\mathfrak{c}$ ist.

Da zwei im früheren Sinn äquivalente Rechtsideale es auch sicher im neuen Sinn sind (man wähle $\mathfrak{c} = I$), so folgt aus Satz 18:

Satz 21: *Es gibt nur endlich viele Typen von Maximalordnungen in einem vorgegebenen System $\mathfrak{S}$.*

Nach dem Vorgang von Brandt wird man nun die Einschränkung auf eine Maximalordnung aufgeben und die Gesamtheit aller Mengen $\mathfrak{a}$ betrachten, die Rechtsideale in irgendeiner Maximalordnung sind. Nach Satz 19 sind dann auch alle Linksideale einer Maximalordnung in diesem System enthalten.

In dieser Erweiterung führt nun Brandt einen überaus zweckmäßigen Klassenbegriff ein:

Zwei Ideale $\mathfrak{a}$ und $\mathfrak{b}$ heißen äquivalent, wenn es in $\mathfrak{S}$ zwei Nichtnullteiler α und β gibt, so daß

$$\mathfrak{b} = \alpha\mathfrak{a}\beta$$

ist. Wenn $\mathfrak{a}$ in I_1 Rechtsideal und in I_2 Linksideal ist, ist $\mathfrak{b}$ in $\beta^{-1} I_1 \beta$ Rechtsideal und in $\alpha I_2 \alpha^{-1}$ Linksideal.

Es seien nun $I_1, I_2, \cdots, I_k$ Repräsentanten der endlich vielen Typen von Maximalordnungen. Ist $\mathfrak{K}$ eine BRANDTsche Klasse und $\mathfrak{a}$ ein Ideal aus $\mathfrak{K}$, das etwa in $\beta I_\nu \beta^{-1}$ Rechtsideal ist, so ist $\mathfrak{a}\beta$ ein Ideal, das in I_ν Rechtsideal ist. Sind nun $\mathfrak{a}_1^{(\nu)}, \mathfrak{a}_2^{(\nu)}, \cdots, \mathfrak{a}_{h_\nu}^{(\nu)}$ Repräsentanten der Klassen von Rechtsidealen aus I_ν im Sinne der Äquivalenzdefinition des vorigen Abschnitts, so kann α so gewählt werden, daß $\alpha\mathfrak{a}\beta$ eines unserer Ideale $\mathfrak{a}_i^{(\nu)}$ wird. Damit ist gezeigt:

Satz 22: *Die Anzahl der Idealklassen im BRANDTschen Sinn ist endlich.*

Hamburg, Mathematisches Seminar, Februar 1927.

ON THE SUM OF TWO SETS OF INTEGERS

By Emil Artin and Peter Scherk

(Received January 30, 1943)

In his beautiful paper: "A proof of the fundamental theorem on the density of sums of sets of positive integers"[1] Mr. Mann succeeded in proving the (α, β)-hypothesis and a generalization of it that had been conjectured for more than ten years. We found that his method can be simplified considerably and even yields some stronger results.

Let A, B respectively be sets of nonnegative integers a, b. Let $C = A + B$ be the set of all integers of the form $a + b$. Let $A(x)$, $B(x)$, $C(x)$ denote the number of positive integers of the sets $\leqq x$.[2] Mr. Mann proved the following theorem:

If $0 \subset A$ *and* $0 \subset B$, *and if* $C(n) < n$, *then*

$$\frac{C(n)}{n} \geqq \operatorname*{Min}_{\substack{x=1,\cdots,n \\ x \text{ not in } C}} \frac{A(x) + B(x)}{x}. \tag{1}$$

It seems to us remarkable that it is possible to prove a certain identity from which Mr. Mann's inequality can be deduced as an immediate consequence. The theorem in question is the following:

Theorem I. *Let* $n \not\subset C$. *Then*

$$C(n) - C(n - m) = A(m - 1) + B(m - 1) + Z_m \tag{2}$$

for a suitable $m \not\subset C$, $0 < m \leqq n$, *where* Z_m *denotes the number of decompositions of* m *of a certain type.*

Throughout the following proof, small letters always denote numbers between 0 and n, and capital letters stand for sets of such numbers; n is supposed to be not in C. We construct now several sequences of sets denoted by B_ν, B_ν^*, C_ν, and C_ν^*.

Let $C_0 = C_0^* = C$, $B_0 = B_0^* = B$. Let e_1 be the smallest number of B_0^* for which there are two numbers c_1, c_1' not in C_0^* such that

$$c_1 + c_1' - n = a + e_1. \tag{3}$$

With this e_1, we now form C_1 as the set of solutions c_1, c_1' of (3). The corresponding numbers

$$e_1 + n - c_1 = c_1' - a,$$

form the set B_1. Such a number e_1 need not exist; in this case, our construction stops at C_0. C_1 exists if and only if there are elements in C_0^* that have the form $f + f' - n$, where $f, f' \not\subset C_0^*$. The sets C_1^* and B_1^* shall be the union of C_0^* and C_1 respectively of B_0^* and B_1.

[1] Annals of Math. 43(1942), pp. 523–527.

[2] Thus, 0 is never counted.

LEMMA 1. $A + B_1^* = C_1^*$.[3]

PROOF: The elements of B_1 can be written in the form $c_1' - a$. So, $A + B_1 \supset C_1$. Since $A + B_0 = C = C_0$, we have $A + B_1^* \supset C_1^*$. So, we have to show that every number $a + b_1 = a + (e_1 + n - c_1)$ belongs to C_1^*, provided it is less than n. In proving this, we may assume that this number does not lie in C_0^*. Calling it c_1', it turns out to be a solution of (3) and, hence, to belong to C_1.

LEMMA 2. $n \not\subset C_1^*$.

It is sufficient to prove $n \not\subset C_1$. Suppose $n = c_1$ in (3) then $c_1' = a + e_1$; from $e_1 \subset B_0^*$ would follow $c_1' \subset C_0^*$.

LEMMA 3. *B_1 and B_0^* are disjoint.*

For if $e_1 + n - c_1 = c_1' - a \subset B_0^*$, c_1' would be of the form $a + b \subset C_0^*$.

Starting from B_1^* and C_1^*, we construct in the same way B_2^*, C_2^*, B_3^*, C_3^*, and so on. This is possible, because B_1^*, C_1^* satisfy still the same conditions as B_0^* and C_0^*, namely Lemma 1 and 2. This process stops, say, at C_h^*. Thus, no number of C_h^* has the form $f + f' - n$, where $f, f' \not\subset C_h^*$. The corresponding numbers e shall be called $e_2, e_3, \cdots, e_h$. Thus, $e_\nu \subset B_{\nu-1}^*$; $n \not\subset C_h^*$, and any two sets B_ν are disjoint.

LEMMA 4. *The numbers e_ν increase monotonically.*[4]

It suffices to show that $e_2 > e_1$. If $e_2 \subset B_0^*$, this follows from the minimum definition of e_1. If $e_2 \subset B_1$, then $e_2 = e_1 + (n - c_1) > e_1$, on account of Lemma 2.

We define $m \leqq n$ as the smallest positive number not in C_h^*.

LEMMA 5. *There are no numbers $c_1 \subset C_1$ with $n - m < c_1 \leqq n - m + e_1$.*

PROOF. Let $c_1 \subset C_1$, $n - m < c_1$. We wish to show $n - m + e_1 < c_1$. This contention is equivalent to $m + c_1 - n > e_1$. Obviously, $0 < m + c_1 - n < m$, hence $m + c_1 - n \subset C_h^*$, say $m + c_1 - n \subset C_\nu$; therefore, because of $C_\nu \subset A + B_\nu : m + c_1 - n = a + b_\nu \geqq b_\nu$.

If $\nu > 0$, then $b_\nu = e_\nu + (n - c_\nu'') > e_\nu \geqq e_1$. If $\nu = 0$, we obtain $m + c_1 - n = a + b$; $c_1' = m$ and c_1 are a solution of (3) with b instead of e_1. Since e_1 was chosen minimal, and since $m \not\subset C_1$, we obtain $b > e_1$.

There are $C_1(n) - C_1(n - m)$ numbers c_1 in the interval $n - m < c_1 < n$. According to Lemma 5, they even satisfy $n - m + e_1 < c_1$ or $e_1 + n - c_1 < m$. These are, according to the definition of B_1, precisely the numbers of B_1 below m. Their number is equal to $B_1(m - 1)$. Thus, we obtain for any $\nu \geqq 1$

$$C_\nu(n) - C_\nu(n - m) = B_\nu(m - 1). \tag{4}$$

LEMMA 6. *All the numbers s in the interval $n - m < s < n$ belong to C_h^*.*

They satisfy, indeed, $0 < s + m - n < m$, so that $s + m - n \subset C_h^*$. If s would not belong to C_h^*, we could construct C_{h+1}^*, for m is also not in C_h^*.

Since $n \not\subset C_h^*$, we obtain from Lemma 6

$$C_h^*(n) - C_h^*(n - m) = m - 1. \tag{5}$$

[3] The sum-sign means: C_1^* is the set of all numbers $a + b_1^*$, where $a \subset A$ and $b_1^* \subset B_1$.

[4] We owe this lemma to a written communication of Professor Alfred Brauer.

There are $m - 1$ decompositions of m into positive summands: $m = x + y$. Among them, there are $A(m - 1)$ with $x \subset A$ and $B_h^*(m - 1)$ with $y \subset B_h^*$. Since $m \not\subset A + B_h^*$, these $A(m - 1) + B_h^*(m - 1)$ decompositions are different from each other. If Z_m denotes the number of decompositions $m = x + y$, where $x \not\subset A$ and $y \not\subset B_h^*$, then

$$m - 1 = A(m - 1) + B_h^*(m - 1) + Z_m .$$

According to Lemma 3, the sets B_ν are disjoint, hence

$$B_h^*(m - 1) = \sum_0^h B_\nu(m - 1)$$

and

$$m - 1 = A(m - 1) + \sum_0^h B_\nu(m - 1) + Z_m . \tag{6}$$

On the other hand, the C_ν are disjoint by construction. So, (5) may be written in the form

$$m - 1 = \sum_0^h (C_\nu(n) - C_\nu (n - m)),$$

or using (4) for $\nu = 1, \cdots, h$

$$m - 1 = C(n) - C(n - m) + \sum_1^h B_\nu(m - 1). \tag{7}$$

By comparing the right sides of (6) and (7), we obtain (2).

As a consequence of Theorem I, we obtain

THEOREM II. *If $C(n) < n$, then*

$$C(n) - C(n - m) \geqq A(m - 1) + B(m - 1) \tag{8}$$

for a suitable $m \not\subset C$ with $0 < m \leqq n$.

Obviously, (2) implies (8) for $n \not\subset C$. If (8) holds for $n - 1$, and if $n \subset C$, then we choose the same m for n as for $n - 1$; the right term of (8) remains unchanged, when we replace $n - 1$ by n, while the left term is not decreased.

If $0 \subset A$, $0 \subset B$, then $m \not\subset B$ and $m \not\subset A$; for if $m \subset A$, we would have $m = 0 + m \subset C$. So, in this case, (8) implies

$$C(n) - C(n - m) \geqq A(m) + B(m). \tag{9}$$

Iterating this formula, we can obtain the following inequality

$$C(n) \geqq \min_{\substack{n_0 + \sum m_i = n \\ m_i \text{ not in } C}} (n_0 + \sum (A(m_i) + B(m_i))). \tag{10}$$

Mr. Mann's estimate (1) is an immediate consequence of either (9) or (10).

For

$$n_0 \geqq n_0 \operatorname*{Min}_{\substack{x=1,\cdots,n \\ x \text{ not in } C}} \left(1, \frac{A(x) + B(x)}{x}\right),$$

$$A(m_i) + B(m_i) = m_i \frac{A(m_i) + B(m_i)}{m_i} \geqq m_i \operatorname*{Min}_{\substack{x=1,\cdots,n \\ x \text{ not in } C}} \left(1, \frac{A(x) + B(x)}{x}\right);$$

hence, on account of

$$n_0 + \sum m_i = n,$$

$$C(n) \geqq n \cdot \operatorname*{Min}_{\substack{x=1,\cdots,n \\ x \text{ not in } C}} \left(1, \frac{A(x) + B(x)}{x}\right). \tag{11}$$

Since $C(n) < n$ by assumption,

$$\operatorname*{Min}_{\substack{x=1,\cdots,n \\ x \text{ not in } C}} \left(1, \frac{A(x) + B(x)}{x}\right) = \operatorname*{Min}_{\substack{x=1,\cdots,n \\ x \text{ not in } C}} \frac{A(x) + B(x)}{x},$$

and (1) follows from (11).

Another consequence of (10) is the (α, β)-theorem: Let

$$\alpha > 0, \qquad \beta > 0, \qquad \alpha + \beta < 1; \qquad A(x) \geqq \alpha x, \\ B(x) \geqq \beta x \quad \text{for } x = 1, 2, \cdots, n. \tag{12}$$

Then

$$C(n) \geqq (\alpha + \beta)n.$$

This is clear if $C(n) = n$. But if $C(n) < n$, then (10) yields, on account of $n_0 \geqq (\alpha + \beta)n_0$,

$$C(n) \geqq \operatorname*{Min}_{\substack{n_0+\sum m_i = n \\ m_i \text{ not in } C}} ((\alpha + \beta)n_0 + \sum (\alpha m_i + \beta m_i))$$

$$= \operatorname*{Min}_{\substack{n_0+\sum m_i = n \\ m_i \text{ not in } C}} (\alpha + \beta)(n_0 + \sum m_i) = (\alpha + \beta)n.$$

Obviously, (12) can be replaced by the weaker assumption

$$0 < \gamma < 1, \qquad A(x) + B(x) \geqq \gamma x \quad \text{for} \quad x = 1, \cdots, n.$$

Let $0 \subset A$, $0 \not\subset B$. Then C consists of all numbers of the form b and $b + a$, where a $\subset A$, $b \subset B$, and both positive. For such sets, Mr. A. S. Besicovitch has proved[5]: If $A(x) \geqq \alpha(x + 1)$, $B(x) \geqq \beta x$ for $x = 1, \cdots, n$, and if $C(n) < n$, then $C(n) \geqq (\alpha + \beta)n$.

[5] *A. S. Besicovitch*: *On the density of the sum of two sets of integers*, Journal London Math. Soc., vol. 10 (1935), pp. 246–248. Mr. Besicovitch's method yields the stronger result: If $A(x) \geqq \alpha(x + 1)$ for $x = 1, \cdots, n$ and if $C(n) < n$, then $C(n) \geqq B(n) + \alpha n$.

Since, in this case, (8) goes over into

$$C(n) - C(n - m) \geqq A(m - 1) + B(m),$$

Mr. Besicovitch's estimate is a consequence of Theorem II. In this case, Theorem II implies inequalities that are analogous to those discussed above.

INDIANA UNIVERSITY

THE THEORY OF SIMPLE RINGS.*

By EMIL ARTIN and GEORGE WHAPLES.

Introduction. In this paper we discuss the theory of simple associative rings; for such rings we prove structure theorems which are generalizations of the well known theorems concerning commutators, automorphisms, etc. of simple algebras.[1] We use a new method—namely, the study of the transformations which the functions

$$\sigma(x) = \sum_{\nu=1}^{n} a_\nu x b_\nu$$

produce on the elements of the ring. The reader will be able, if he wishes, to extract from our discussion proofs of the structure theorems for algebras which are shorter than those usually given. For his convenience, we have occasionally inserted known proofs, in order to make the theory complete.

1. Vector spaces over rings. If R is a ring, we call a set V of elements an R-vector space if its elements form an abelian group under addition and if R is an operator domain on this abelian group, satisfying the usual axioms—namely the distributive law and the condition that multiplication in the ring is the same as combination of operators. Usually R operates on the left side, and in that case the product of operators corresponds to the function-theoretic product $(\sigma\tau(x) = \sigma(\tau(x)))$; but occasionally we write the operators on the other side, and then this is not true. In the following, we shall usually assume that no non-zero vector is annihilated by every element of R. The only spaces we shall consider will be R-subspaces.

A space is said to satisfy the *minimal condition* if any set of R-subspaces contains a smallest one. This is equivalent to the descending chain condition; that is, to the condition that every descending chain of subspaces must be finite. The minimal condition on spaces is occasionally easy to verify by the following:

THEOREM 1. *If V is the sum (not necessarily direct sum) of the subspaces V_1 and V_2, both of which satisfy the minimal condition, then V satisfies the minimal condition.*

* Received January 26, 1942.

[1] For these theorems, and for complete references, see M. Deuring, *Algebren*, Ergebnisse der Mathematik, vol. 4, no. 1, Berlin, 1935, or A. A. Albert, *Structure of Algebras*, New York, 1939.

Proof. Let W be any subspace of V, W_2 the intersection of W and V_2, and W_1 the set of all elements v_1 which appear in any possible equation $w = v_1 + v_2$. (These elements will be called the V_1-components of W.) Then both W_1 and W_2 are subspaces of V. Let W' be a subspace of W. We contend:

LEMMA. *If W' contains W_2, and if all of W_1 occurs among the V_1-components of W', then $W' = W$.*

Proof. Let $w = v_1 + v_2$ be any element of W. Then v_1 lies in W_1, so that there is an element w' with the same V_1-component: $w' = v_1 + v'_2$. Since $w - w' = v_2 - v'_2$ and belongs to W, it belongs to W_2. Therefore $w - w'$ belongs to W' and so w itself belongs to W'.

Now suppose we have a set of subspaces W of $V_1 + V_2$. Consider first all those of our set for which the corresponding subset W_2 of V_2 is minimal, and, among these, one for which W_1 is minimal. There obviously cannot be a smaller W in our set.

A space V is said to be irreducible if $RV \neq 0$ and if V contains no proper subspaces other than 0.

LEMMA. *If the R-space V is the sum of r irreducible subspaces V_1, V_2, $\cdots V_r$, and if $x_1, x_2, \cdots x_s$ are any $s > r$ vectors of V, then one of them can be written as a linear combination of the others, with coefficients in R.*

Proof. The lemma is evident for $r = 0$, because that means that V is the null-space. Assume that it is true for $r - 1$ and use induction. Let

$$\begin{aligned} x_1 &= x_{11} + x_{12} + \cdots + x_{1r} \\ x_2 &= x_{21} + x_{22} + \cdots + x_{2r} \\ &\cdot \quad \cdot \quad \cdot \\ x_s &= x_{s1} + x_{s2} + \cdots + x_{sr} \end{aligned}$$

be a splitting of our vectors according to the covering $V = V_1 + V_2 + \cdots + V_r$. If the first term of each of these sums is 0, then $x_1, x_2, \cdots x_s$ are contained in the subspace $V_2 + V_3 + \cdots + V_r$, and the lemma follows from our assumption. Otherwise we can assume $x_{11} \neq 0$. Then Rx_{11} is a non-zero subspace of V_1 and so it follows that $Rx_{11} = V_1$. We can, therefore, find elements $a_2, a_3, \cdots a_s$ in R, such that $a_i x_{11} = x_{i1}$. The new elements

$$y_2 = x_2 - a_2 x_1; \qquad y_3 = x_3 - a_3 x_1; \cdots; \qquad y_s = x_s - a_s x_1$$

are then obviously contained in the subspace $V_2 + V_3 + \cdots + V_s$. Since their number $s - 1 > r - 1$, one of them, say y_s, can be expressed in terms of the others. From this expression, we easily get an expression for x_s in terms of $x_1, x_2, \cdots x_{s-1}$.

A sum $V = V_1 + V_2 + \cdots + V_n$ is said to be direct whenever every element of V is uniquely expressible as a sum of elements of the V_i, or, what is the same thing, whenever $v_1 + v_2 + \cdots + v_n = 0$ implies that each $v_i = 0$. In case our sum is not direct and V_n is irreducible, there is obviously only this alternative: the sum of the spaces V_n and $(V_1 + V_2 + \cdots + V_{n-1})$ is direct, or else V_n has a vector in common with the sum of the others; then V_n, since it is irreducible, is included in this sum, and $V = V_1 + V_2 + \cdots + V_{n-1}$. Should all the V_i be irreducible, we should therefore get a direct sum by removing as many terms as possible from our expression $V = V_1 + V_2 + \cdots + V_n$; the sum which remains will be direct.

The following assumption gives a useful class of special R-spaces: Let every vector of V be contained in a finite sum of irreducible subspaces. We shall call such spaces *regular.*

If V is a regular space and contains a direct sum $V_1 + V_2 + \cdots + V_r$ of irreducible subspaces, we have the following alternative: either V is equal to that sum, or there is a vector of V not contained in it. Since the space is regular, there must, then, be an irreducible space V_{r+1} not contained in our previous sum; then $V_1 + V_2 + \cdots + V_{r+1}$ is direct. Should this process never come to an end by leading to the full space, we should obtain an infinite sequence $V_1, V_2, V_3, \cdots$ of irreducible subspaces with a direct sum. The following descending chain

$$\begin{aligned} W_1 &= V_1 + V_2 + V_3 + \cdots \\ W_2 &= \phantom{V_1 + {}} V_2 + V_3 + \cdots \\ W_3 &= \phantom{V_1 + V_2 + {}} V_3 + \cdots \\ &\cdot \qquad \cdot \qquad \cdot \end{aligned}$$

shows that in such a case the minimal condition cannot be fulfilled. A regular space with minimal condition is consequently the direct sum of a finite number of irreducible spaces. Conversely, the direct sum of a finite number of irreducible spaces is, by Theorem 1, a space with minimal condition. The number r of components in such a direct splitting is obviously an invariant, for if V is the direct sum of $W_1, W_2, \cdots W_s$, it follows from our lemma that s cannot be larger than r; if it were, we could select vectors different from 0 in $W_1, W_2, \cdots W_s$ such that one of them is expressible in terms of the others, contradicting the directness of the sum.

If V and W are two R-spaces, a homomorphism of V to W is a mapping of each vector of V onto some vector of W, which is a homomorphism for the group operation and is connected with R by the assumption that if $\sigma(v) = w$, then $\sigma(rv) = rw$, for all r in R. The set of all images of V need not fill out the whole space W, but it is always a subspace. Should this subspace be all of W, then we may say that W is the homomorphic image of V. On the other hand, many vectors of V might be mapped onto 0 of W. The set of all these forms a subspace of V; should this subspace be 0, and should W be the homomorphic image of V, then the mapping is really a one to one correspondence and the two spaces are said to be isomorphic.

We now readily see that in case V and W are irreducible, we have only this alternative: either all of V is mapped onto 0, or the mapping is an isomorphism. Let $V = V_1 + V_2 + \cdots V_r$ be a direct splitting of V into irreducible subspaces, and let W be a subspace of V. The following procedure will give us a homomorphic mapping of W onto V_1: split any element w according to the direct sum into components, and map w onto its V_1-component v_1. If we, furthermore, assume W to be irreducible, we see that if V_1 and W are not isomorphic, our homomorphic mapping must map W onto 0, and consequently the V_1-component of any element of W is 0. So in this case W is already contained in the direct sum of those among $V_1, V_2, \cdots V_r$ which are isomorphic to W. This suggests a grouping of the components V_i in such a way that isomorphic V_i are united. Should $V_1 + V_2 + \cdots + V_s$ be the space generated by such a group, then we see that it contains all irreducible subspaces W of V which are isomorphic to V_1, and no others. We can, therefore, describe this space in a way not related to any special splitting, by saying that it is the sum of all subspaces isomorphic to V_1. That its multiplicity s is invariant follows from our previous discussion.

Every ring R can always be considered as an R-space, by defining the operator product of the operator a and the vector x (where of course both of them are in R) as the ordinary product ax. A subspace, under this concept of R as left R-space, is then a left ideal. R can also be considered as right R-space; the subspaces of R are then right ideals. Since it is very useful to study these spaces, it is clear that we shall have to make some finiteness assumption about R: we usually assume, therefore, that R satisfies the minimal condition for left ideals, or, what is the same thing, that R is a left R-space with minimal condition.

2. Simple rings. A simple ring is a ring R containing no two sided ideal other than itself and 0, and such that $R^2 \neq 0$. A vector space over a simple ring is either annihilated by the whole ring, or it is not annihilated by any element other than 0; for the annihilators of an R-space V form a two sided ideal, since $aV = 0$ implies both $RaV = 0$ and $aRV = a(RV) \subset aV = 0$. This shows that a non-zero left ideal $\mathfrak{l}$ of a simple ring has no left annihilator other than 0; for since the set of annihilators of $\mathfrak{l}$ is a two sided ideal, the only other possibility is that $\mathfrak{l}$ is annihilated by the whole ring R. But then

R is annihilated on the right by $\mathfrak{l}$, and then, for the same reason, the set of right annihilators of R would be R itself, contradicting $R^2 \neq 0$. The same reasoning applies to right ideals.

Now assume that R contains minimal left ideals (ideals containing no subideal other than 0). Let V be an irreducible space and $\mathfrak{l}$ a minimal left ideal. Since $\mathfrak{l}V \neq 0$, we can find a vector x_0 such that $\mathfrak{l}x_0 = V$. If we map the element λ of $\mathfrak{l}$ onto λx_0, we obviously get a homomorphism; since both spaces are irreducible, it is an isomorphism. Hence all irreducible spaces are isomorphic, and the isomorphism with any minimal left ideal can be produced by the process described. Let us especially identify V with $\mathfrak{l}$. x_0 is then an element of $\mathfrak{l}$ such that $\lambda \rightarrow \lambda x_0$ is a one to one correspondence of $\mathfrak{l}$ onto itself. Since x_0 must appear among the images, there is an element e of $\mathfrak{l}$ such that $ex_0 = x_0$. Hence $ex_0 = e^2x_0 \neq 0$, and the fact that it is a one to one correspondence shows that $e^2 = e \neq 0$. If $\mathfrak{l}$ is a minimal left ideal, then $\mathfrak{l}a$ is a homomorphic image of $\mathfrak{l}$, and hence is either 0 or isomorphic to $\mathfrak{l}$. Let us now consider the sum of all minimal left ideals; [2] from the preceding sentence, it follows that this sum is a two-sided ideal and consequently is the whole ring R.

We can now prove a theorem concerning the existence of a unit element.

THEOREM 2. *If R is simple and contains minimal ideals, it contains a unit element if and only if it satisfies the minimal condition for left ideals.*

Proof. R is the sum of its minimal left ideals. Suppose it contains a unit element. Then this element 1 can be expressed as the sum $\lambda_1 + \lambda_2 + \cdots \lambda_r$ of a finite number of components, each of which is contained in a minimal ideal. The sum $R\lambda_1 + R\lambda_2 + \cdots + R\lambda_r$ therefore contains $R \cdot 1 = R$, and each $R\lambda_i$ is a minimal ideal. So R is covered by a finite number of irreducible spaces and hence satisfies the minimal condition.

To show the other part of the theorem, we first prove a more general statement:

LEMMA. *If R is a simple ring with left minimal condition and $\mathfrak{l}$ is any left ideal, then there is an idempotent e in $\mathfrak{l}$ such that $\mathfrak{l} = Re$.*

Proof. Since every ideal contains a minimal ideal, it also contains some idempotent. Among all the idempotents of $\mathfrak{l}$ select one, e_1, such that the set of elements of $\mathfrak{l}$ annihilated by e_1 from the right is as small as possible. (This set always forms a left ideal $\mathfrak{m}$.) We contend that $\mathfrak{m} = 0$. If $\mathfrak{m}$ were

[2] A sum of an infinite number of sets is defined to be the set of all finite sums of elements of the components.

not 0, it would contain some idempotent e_2 different from 0; then $e_2e_1 = 0$. Put $e = e_1 - e_1e_2 + e_2$; then $ee_1 = e_1$, $ee_2 = e_2$ and so $ee = ee_1 - ee_1e_2 + ee_2 = e$. Now $xe = 0$ implies $xee_1 = xe_1 = 0$, so that e can never annihilate more than e_1. But e really annihilates less than e_1, because $e_2e = e_2$, whereas $e_2e_1 = 0$.

Thus $\mathfrak{l}$ contains an idempotent which annihilates no non-zero element from the right; let e be such an element. If x is any element of $\mathfrak{l}$, $x - xe$ is also in $\mathfrak{l}$ and is annihilated from the right by e; hence $x = xe$. We see that e acts as a right unit for all elements of $\mathfrak{l}$. If we apply the lemma to the case $\mathfrak{l} = R$, we get the existence of a right unit e in R. The solutions of the equation $ex = 0$ would form a right ideal $\mathfrak{r}$. Now $\mathfrak{r} \cdot \mathfrak{r} = (\mathfrak{r}e)\mathfrak{r} = \mathfrak{r}(e\mathfrak{r}) = 0$; since a right ideal is annihilated from the right only by 0, $\mathfrak{r} = 0$. But $x - ex$ is annihilated by e from the left; hence $x = ex$.

COROLLARY. *A simple ring with minimal condition for left ideals satisfies the minimal condition for right ideals. In fact, if Re is a minimal left ideal, eR is a minimal right ideal.*

This corollary will follow from Theorem 2 as soon as we have proved the following

LEMMA. *In any simple ring R, an ideal of the form Re (e idempotent) is minimal if and only if eRe is a quasi-field.*

Proof. Let R be a simple ring and Re a minimal ideal. For any non-zero element a of eRe, we know that $Ra \neq 0$, since R contains e and $ea = a$. So $Ra = Re$; this implies $eRa = eRe$ and, since $ea = a$, $eRea = eRe$. Hence the ring eRe has a unit element, and a left inverse of any non-zero element.

If, conversely, a is any non-zero element of Re, the set eRa is a left ideal in eRe, since $eRe \cdot eRa \subset eRa$. If, therefore, eRe is a quasi-field, eRa can be only 0 or eRe. In the first case the left ideal Ra would be annihilated by e on the left; this can happen in a simple ring only if Ra is 0. In the other case, we conclude that $ReRa = ReRe$. Since $ReR = R$, this gives us $Ra = Re$; Re is minimal.

Thus if R is simple with minimal condition for left ideals, R contains a minimal right ideal and has a unit element; hence, by Theorem 2, (applied to right ideals instead of left ideals) R has the minimal condition for right ideals.

THEOREM 3. *If $\mathfrak{l} = Re$ is a minimal ideal, then its R-homomorphisms are exactly the set of transformations obtained by multiplying $\mathfrak{l}$ on the right by elements of eRe; hence, if these homomorphisms are written as right operators, they form a ring isomorphic to eRe.*

Proof. $\mathfrak{l} \cdot eRe = Re \cdot eRe = Re$, so that multiplication of $\mathfrak{l}$ by any element of eRe gives a homomorphic mapping of $\mathfrak{l}$ on itself. If, conversely, a is the image of e under any homomorphic mapping, the image of xe will be xa. Setting x equal to e, we get $ea = a$; since a is in $\mathfrak{l}$, we have also $a = ae$. Hence $a = eae \in eRe$.

THEOREM 4. *To every simple ring R, with minimal condition, we can find a quasi-field k and a right space of finite dimension over that quasi-field, such that R is isomorphic to the set of all k-linear transformations of that space, if we write them on the left side. The space will be any minimal left ideal and the field the set of all R-homorphisms of that left ideal.*

Conversely, the set of all k-linear transformations of any right space of finite dimension over a quasi-field k is a simple ring R with minimal condition; the space is irreducible, and therefore isomorphic to any minimal left ideal of R; and the field is isomorphic to the set of R-homomorphisms of the space.

Thus the structure of k and the dimension of the space are uniquely determined by R.[3]

Proof. We split R into a direct sum of minimal right ideals: $R = \mathfrak{r}_1 + \mathfrak{r}_2 + \cdots + \mathfrak{r}_n$. If

$$1 = e_1 + e_2 + \cdots + e_n \tag{1}$$

is the corresponding splitting of the unit element 1, we multiply (1) by e_i from the right and compare the result with the obvious splitting of e_i into components: $e_i = 0 + \cdots + 0 + e_i + 0 + \cdots + 0$. This shows that e_i is idempotent and that $e_i e_k = 0$ if $i \neq k$. Multiplying (1) from the right by R shows that none of the e_i can be 0, or else we could split R into fewer right ideals.

We now take $\mathfrak{l} = Re_1$ as our left ideal, and let $k = e_1 R e_1$. e_i cannot annihilate $\mathfrak{l}$ from the left, because a left ideal has no left annihilator. Select $\alpha_i \neq 0$ out of $e_i \mathfrak{l}$. Then $\alpha_i e_1 R e_1 = \alpha_i R e_1$; but $\alpha_i R$ is part of $e_i R$ and not 0, so that $\alpha_i k = e_i R e_1 = e_i \mathfrak{l}$. Hence $\alpha_1 k + \alpha_2 + \cdots + \alpha_n k = e_1 \mathfrak{l} + e_2 \mathfrak{l} + \cdots + e_n \mathfrak{l} \supset \mathfrak{l}$ and is therefore equal to $\mathfrak{l}$.

If we multiply $\alpha_1, \alpha_2, \cdots \alpha_n$ on the left side by xe_i, α_k is taken into 0 if $k \neq i$, and α_i is taken into $x\alpha_i$. Since $R\alpha_i = \mathfrak{l}$, we see that α_i can be transformed into an arbitrary element of $\mathfrak{l}$ while the other α_k are taken into 0. This shows that the α_i are linearly independent over k and that we can find an element $x \in R$ which takes the n vectors α_i into arbitrarily given images in $\mathfrak{l}$.

---

[3] This theorem was first proved (for simple algebras) by J. H. M. Wedderburn: "On hypercomplex numbers," *Proceedings of the London Mathematical Society*, vol. 6 (1908), pp. 77-118.

To prove the second half of the theorem, let V be a right k-space of dimension n, and R the ring of all k-homomorphisms of V. Let $\mathfrak{a}$ be a two sided ideal of R and $a \neq 0$ an element of $\mathfrak{a}$. Select any n independent vectors $A_1, A_2, \cdots A_n$ of V. a cannot take all these vectors into 0; assume that it maps A_1 onto $B \neq 0$. Let σ be a transformation mapping A_i onto A_1 and all the other A_j onto 0; then $a\sigma$ will map A_i onto B and all the other basis vectors onto 0. Let τ be a transformation mapping B onto C; $\tau a\sigma$ will map A_i onto an arbitrary vector C and all the other A_j onto 0. But $\tau a \sigma$ also belongs to $\mathfrak{a}$; it follows that $\mathfrak{a} = R$.

That V is irreducible over R is clear, since every vector different from 0 can be mapped onto any other vector. It remains to be shown that if we consider V as R-space only, then the field k consists of all R-homomorphisms. Let A be a fixed vector different from 0 and let B be its image under a given R-homomorphism of V. If B were linearly independent of A, with respect to k, we could find an element σ of R such that $\sigma(A) = A$ and $\sigma(B) = 0$. Our homomorphism mapped A onto B, so it should map $\sigma(A)$ onto $\sigma(B)$, i. e. A onto 0, contrary to assumption. Consequently, A is taken into $A\kappa$. If C is any other vector, we can find a σ such that $\sigma(A) = C$; then $\sigma(A\kappa) = C\kappa$. Our homomorphism takes A into $A\kappa$, and therefore takes $\sigma(A)$ into $\sigma(A\kappa)$; hence it takes any vector C into $C\kappa$, with the same κ.

Any space over a simple ring with minimal condition is regular. Indeed, any vector x is contained in Rx and therefore in $\mathfrak{l}_1 x + \mathfrak{l}_2 x + \cdots + \mathfrak{l}_n x$, where the $\mathfrak{l}_i$ are minimal ideals. But every $\mathfrak{l}_i x$ is either 0 or irreducible.

If two spaces with minimal condition over a simple ring R with minimal condition split into the same number of irreducible components, they are isomorphic. The isomorphism consists, indeed, in mapping each irreducible component of V onto one of the irreducible components of V', and then extending that mapping to a mapping of V on V' by addition. If we have a slightly more general situation, namely, two rings R and R', that are isomorphic under the mapping $r \leftrightarrow r'$, and an R-space V and an R'-space V', which both split into the same number of irreducible components, we can do something similar: we first consider V' as an R-space, by defining the multiplication of V' by an element r of R to have the same effect as the multiplication by the image r' of r in R'. Hence there is a function σ mapping V onto V' in such a manner that for any vector v, and any element r of R, we have $\sigma(rv) = r\sigma(v)$. The multiplication of v by r is the original one; since $\sigma(v)$ is in V' the multiplication by r means really the multiplication by r'. We consequently have

THEOREM 5. *If R and R' are two simple, isomorphic rings which contain* *minimal ideals, and V and V' are spaces over R and R', respectively, splitting into the same number of irreducible components, we can find a mapping function $\sigma(v)$ of V onto V', which is a one to one correspondence and satisfies the identity $\sigma(rv) = r'\sigma(v)$ (where r' is the image of r under our isomorphism).*

COROLLARY. *Under the same conditions as before, except for the equality of the number of irreducible components of the two spaces with minimal condition, it is possible to map one of the spaces, say V, onto a part of the other, by a one to one correspondence $\sigma(v)$ such that the same equation holds.*

Proof. Should V' have more components than V, we can find a subspace of V' having the same number.

3. Direct products. We give a definition of direct product of two spaces over a quasi-field k.

If k is a quasi-field and A a right, B a left k-space (such that the unit of k acts as unit on A and B), we consider the set of all finite formal sums:

$$\sum_{\nu} A_\nu B_\nu \tag{1}$$

with $A_\nu \varepsilon A$, $B_\nu \varepsilon B$. We allow at first no simplification whatever besides the commutative law of addition, and are neither allowed to cancel two terms nor to drop a term with a factor 0. Two such sums are added in the obvious way. These sums do not form an additive group, because we have neither a zero element nor a negative. The associative and commutative laws are obvious.

Such a sum shall be called a nullform if and only if there is a substitution

$$B_i = \sum_{\mu} \beta_{i\mu} B'_\mu \tag{2}$$

for the B_i by some other vectors B'_i of $B(\beta_{i\mu} \varepsilon k)$ such that we get 0 as coefficient of each B'_i if we formally substitute (2) in (1) and collect all the coefficients of B'_i—that is, if for all i:

$$\sum_{\nu} A_\nu \beta_{\nu i} = 0. \tag{3}$$

The set of all nullforms shall be denoted by N_B. If (1) is a nullform such that (2) and (3) hold, we select any linearly independent vectors A'_i, such that every A_i can be expressed by them:

$$A_i = \sum A'_\mu \alpha_{\mu i}. \tag{4}$$

Substituting this in (3), we have $\sum_{\mu,\nu} A'_\mu \alpha_{\mu\nu} \beta_{\nu i} = 0$. Since the A'_i are linearly independent, we get:

$$\sum \alpha_{k\nu} \beta_{\nu i} = 0 \tag{5}$$

for all k and i. Multiplying (5) from the right by B'_i and taking the sum over i, we see that because of (2):

$$\sum \alpha_{k\nu} B_\nu = 0. \tag{6}$$

But (6) means that (4) substituted in (1) leads to a coefficient 0 of A'_i if we collect terms. This shows the symmetry of our definition of nullforms; namely, $N_B \subset N_A$ (where N_A stands for the nullforms defined by A-substitution.) Consequently, $N_A = N_B$, so that we denote this set merely by N. Furthermore, we have shown that the question whether or not (1) is a null form can be decided by expressing the A_i in terms of *any* set of linearly independent A'_i. Since our definition of N is now known to be symmetric with regard to the A's and B's, we have:

LEMMA. *The decision whether* (1) *is a nullform can be reached by expressing the B_i in terms of any set of linearly independent vectors B'_i*: (1) *is a nullform if and only if* (3) *holds.*

It is fairly obvious how to prove that the sum of two nullforms is a nullform, and that $\Sigma(-A_\nu)B_\nu$ is in N if (1) is in N. But we need also:

LEMMA. *If $\Sigma A_\nu B_\nu + \Sigma \bar{A}_\nu \bar{B}_\nu \in N$ and $\Sigma \bar{A}_\nu \bar{B}_\nu \in N$, then $\Sigma A_\nu B_\nu \in N$.*

Express both the B_ν and the $\bar{B}_\nu$ in terms of a set of linearly independent B'_ν. These expressions are uniquely determined: $B_i = \Sigma \beta_{i\nu} B'_\nu$, $\bar{B}_i = \Sigma \bar{\beta}_{i\nu} B'_\nu$. Since $\Sigma \bar{A}_\nu \bar{B}_\nu \in N$, we have $\Sigma \bar{A}_\nu \bar{\beta}_{\nu i} = 0$. From this and the first of our assumptions, we deduce $\Sigma A_\nu B_\nu \in N$.

Finally, we remark that $AB + (-A)B$ is always in N. Indeed, both the B-vectors can be expressed by one alone, namely B. The coefficient of this B after collecting is $A - A = 0$.

If X stands for a sum (1), we agree to let $-X$ stand for $\Sigma(-A_\nu)B_\nu$.

We now introduce a congruence:

$$X \equiv Y \pmod{N}$$

means that $X + (-Y) \in N$. Reflexiveness and symmetry are fairly obvious. We concentrate on transitivity. Let

$$X + (-Y) \in N; \qquad Y + (-Z) \in N.$$

Then

$$X + (-Z) + Y + (-Y) \in N.$$

Since $Y + (-Y) \in N$, we deduce $X + (-Z) \in N$ from the second of our lemmas.

If $X \equiv Y \pmod{N}$ and $Z \equiv W \pmod{N}$, we have $X + Z \equiv Y + W \pmod{N}$. In the sense of congruence, our forms are now a group with every element of N as zero element and $-X$ as negative of X. The rules

$$A(B + B') \equiv AB + AB' \pmod{N}$$
$$(A + A')B \equiv AB + A'B \pmod{N}$$
$$A(\alpha B) \equiv (A\alpha)B \qquad \pmod{N}$$

show that in the sense of congruence any formal change is allowed with the vectors A and B.

We now substitute $=$ for $\equiv$ and call this abelian group $A \times_k B$, the direct product of the spaces A and B relative to k.

If A and B are rings as well as k-spaces, and k is a field operating on both sides of A and B, we define the product of the elements $\sum_{\nu} a_\nu b_\nu$ and $\sum_{\mu} a'_\mu b'_\mu$ to be $\sum_{\nu,\mu} (a_\nu a'_\mu)(b_\nu b'_\mu)$. To show that this defines a ring, it suffices to show that this multiplication is well defined relative to equality in $A \times_k B$. To show this, we need only prove that if $\Sigma a_\nu b_\nu$ is a nullform, then $\Sigma(aa_\nu)(bb_\nu)$ is a nullform. But if the substitution $b_i = \Sigma\beta_{i\mu}b'_\mu$ makes the first sum obviously 0, the substitution $(bb_i) = \Sigma\beta_{i\mu}(bb'_\mu)$ makes the second obviously 0. So $A \times_k B$ is a ring. Clearly $A \times_k B$ is isomorphic to $B \times_k A$; we shall allow the order of the factors of the terms of (1) to be changed and say that $A \times_k B = B \times_k A$: the direct product is commutative. It is also easy to verify that $A \times_k (B \times_k C) = (A \times_k B) \times_k C$: direct product is associative. If A and B are of finite degree over k, then the degree of $A \times_k B$, over k, is the product of the degrees of A and of B, since if $a_1 \cdots a_n$ and $b_1 \cdots b_m$ are linearly independent bases for A and for B, the elements $a_i b_j$ are a linearly independent basis for $A \times_k B$.

If B has a unit element 1_B, the elements $a1_B$ of $A \times_k B$ form a subring isomorphic to A. Indeed, $a1_B = 0$ if and only if $a = 0$, since 1_B is linearly independent. The properties for addition and multiplication are obvious. We identify this subring with A itself. Should A have a unit element, we can in a similar way identify B with the subring of elements $1_A b$. Since $(a1_B)(1_A b) = ab$, we see furthermore that in that sense $A \times_k B$ is really the product of A and B.

If R is a simple ring, we call any function $l(x)$ of the form $\Sigma a_\nu x a'_\nu$, where x is a variable in R, an analytic linear function. If l and l' are two analytic linear functions, their iteration $l(l'(x))$ is obviously again analytic. The main theorem about analytic linear functions in a simple ring is the following:

THEOREM 6. *If R is a simple ring with unit element, and centrum k, and if $a_1, a_2, \cdots a_r$ are linearly independent with respect to k, we can find an analytic linear function mapping these elements on arbitrarily chosen elements $b_1, b_2, \cdots b_r$.*

Proof. It obviously suffices to prove the theorem in case one of the b_i is 1 and the others 0. If $r = 1$, the possible values $l(a_1)$ form the two sided ideal Ra_1R, which is R because R is simple: this proves our theorem for $r = 1$. Let it be true for $r - 1$ and assume that we have found, for each $i = 1 \cdots r - 1$, an analytic linear function $l_i(x)$ that maps a_i into 1 and all the others (except possibly a_r) into 0. We try to find an $l(x)$ which maps a_r into 1 and all the other a_i into 0. This is easily done as soon as any $l_i(a_r)$ is an element outside the centrum k; indeed, if c is not commutative with $l_i(a_r)$, the linear function $\lambda(x) = l_i(x)c - cl_i(x)$ will map $a_1, a_2, \cdots a_{r-1}$ into 0 and a_r into a non-zero element b. If $\mu(x)$ is a linear function mapping b into 1, we can take $\mu(\lambda(x))$ as our desired function $l(x)$.

We therefore assume that $l_i(a_r) = \kappa_i \varepsilon k$ for $i = 1 \cdots r - 1$. We now put $\lambda(x) = a_1 l_1(x) + a_2 l_2(x) + \cdots + a_{r-1} l_{r-1}(x) - x$. Obviously $\lambda(a_i) = 0$ for $i = 1, \cdots, r - 1$. $\lambda(a_r)$ cannot be 0 for else $0 = a_1\kappa_1 + a_2\kappa_2 \cdots + a_{r-1}\kappa_{r-1} - a_r$, contradicting the linear independence of the a_i with respect to k. If $\mu(x)$ maps $\lambda(a_r)$ into 1, the function $l(x) = \mu(\lambda(x))$ is the solution.

THEOREM 7. *If A is a simple ring with unit element and centrum k, and B is any ring with unit element, containing k in its centrum, then every two sided ideal of $A \times_k B$ is of the form $A \times_k \mathfrak{b}$, where $\mathfrak{b}$ is a two sided ideal of B.*

Proof. Let $\mathfrak{A}$ be any ideal of $A \times_k B$, and $\mathfrak{b}$ the intersection of $\mathfrak{A}$ with B. It is clear that $A \times_k \mathfrak{b}$ is part of $\mathfrak{A}$. Let, conversely, $\xi = \Sigma a_\nu b_\nu$ be an element of $\mathfrak{A}$. We can assume that all the a_ν are linearly independent with respect to k, since we could otherwise simplify the expression for ξ. If $l_i(x)$ is an analytic linear function with coefficients in A, mapping a_i onto 1 and all other a's onto 0, we find that $l_i(\xi) = b_i$. Since $l_i(\xi)$ belongs, with ξ, to the two sided ideal $\mathfrak{A}$, every b_i belongs to b, and hence $\mathfrak{A} = A \times_k \mathfrak{b}$.

COROLLARY. *If A and B are simple, with unit element, and the centrum k of A is contained in the centrum of B, then $A \times_k B$ is simple.*

With the help of the preceding theorem we can, in many cases, determine the intertwining relations of two subrings A and B of a bigger ring R.

THEOREM 8. *Let A and B be two subrings of any ring R, with the following properties:*

A and B both have the same unit element (which need not be unit element for R).

A is simple, and its centrum k is included in the centrum of B.

Every element of B is commutative with every element of A.

Then the subring $A \cdot B$ of R has the structure $A \times_k B$. This means that there are no intertwining relations between A and B other than the most trivial ones.

Proof. We construct two new rings $\bar{A}$ and $\bar{B}$, isomorphic to A and B, and having only the image $\bar{k}$ of k as common elements. We form the product $\bar{A} \times_{\bar{k}} \bar{B}$ and contend that the following mapping onto $A \cdot B$ is an isomorphism: let $\Sigma \bar{a}_\nu \bar{b}_\nu$ correspond to $\Sigma a_\nu b_\nu$. We have first to prove that the mapping is uniquely determined, but if $\Sigma \bar{a}_\nu \bar{b}_\nu = 0$, there is a transformation in the $\bar{b}_\iota$ that makes this obvious. The corresponding transformation in $\Sigma a_\nu b_\nu$ will show that this element is also 0, because the computation involves only the distributive and associative laws. That the mapping is a homomorphism under addition and multiplication is also obvious. It remains to be seen that it is a one to one correspondence. The set $\mathfrak{A}$ of all elements of $\bar{A} \times_{\bar{k}} \bar{B}$ that are mapped onto 0 forms a two sided ideal. According to our theorem, this ideal has the structure $\bar{A} \times_{\bar{k}} \bar{\mathfrak{b}}$, where $\bar{\mathfrak{b}}$ consists of those elements $\bar{b}$ of $\bar{B}$ which are mapped onto 0. Consequently $\bar{\mathfrak{b}} = 0$, and therefore $\mathfrak{A} = 0$.

This allows us to determine the structure of the set of all analytic linear functions of R, from another point of view. These functions form themselves a ring (with iteration used as multiplication). This ring, L, contains two subrings: First, the functions $l_a(x) = ax$. The set of all these functions is clearly isomorphic to R as soon as R contains a unit element, and we can, without misunderstanding, identify this subring with R itself. Second, the functions $l_a{}^*(x) = xa$. The set of all these functions is not isomorphic to R, because

$$l_a{}^*(l_b{}^*(x)) = xba = l_{ba}{}^*(x).$$

But the mapping of R onto the $l_a{}^*$ is an anti-isomorphism, interchanging the order in a product. This new ring will be called R^*; its structure is of course known if the structure of R is known. If R is simple, with unit element, R^* has the same properties. l_a and $l_b{}^*$ are commutative, since $l_a l_b{}^*(x)) = axb = l_b{}^*(l_a(x))$. If, finally, κ is in the centrum of R, $l_\kappa(x) = l_\kappa{}^*(x)$. This shows that the two rings satisfy all conditions of the preceding theorem, and therefore $R \times_k R^*$ is contained in L. Since, on the other hand, every element of L can be obtained from the special functions R and R^* by iteration and addition, we have $L = R \times_k R^*$. This shows that L is again simple.

As for the minimal condition in direct products, we prove:

THEOREM 9. *If A and B have unit elements included in the field k, the minimal condition in a ring $A \times {}_kB$ is satisfied if it is true for A and B is of finite degree over k.*

Proof. The minimal condition means that $A \times {}_kB$, considered as left space over $A \times {}_kB$, satisfies the minimal condition for subspaces. Now each $A \times {}_kB$-space is certainly an A-space. If, therefore, we prove the minimal condition for $A \times {}_kB$, considered as A-space, then our theorem follows. Let $w_1, w_2, \cdots w_n$ be a basis of B with respect to k. Then $A \times {}_kB = Aw_1 + Aw_2 + \cdots + Aw_n$. Each of the spaces Aw_i is isomorphic to A, so the minimal condition for $A \times {}_kB$ follows by use of Theorem 1.

Coming back to the linear functions $L = R \times {}_kR^*$ of a simple ring with centrum k, we can prove:

THEOREM 10. *The minimal condition for left ideals of L is satisfied if and only if R is of finite degree over k.*

It suffices to prove the second half. Let, therefore, R not be of finite degree over k, and $w_1, w_2, w_3, \cdots$ an infinite sequence of linearly independent elements (with respect to k).

Let $\mathfrak{l}_i$ stand for the set of all analytic linear functions $l_i(x)$ that map $w_1, w_2, \cdots w_i$ onto 0. Clearly $\mathfrak{l}_i \supset \mathfrak{l}_{i+1}$, and differs from it, because $\mathfrak{l}_i$ contains a linear function that maps $w_1, \cdots w_i$ onto 0 and w_{i+1} onto 1. Since these are left ideals, we have proved the theorem.

If R is of finite dimension over k, the structure of L is completely determined by Theorem 6:

THEOREM 11. *If R is simple, and of finite degree over its centrum k, then $L = R \times {}_kR^*$ consists of all linear transformations of the space R, with respect to k.*

Proof. Since every analytic linear transformation satisfies the conditions $l(x + y) = l(x) + l(y)$ and $l(\kappa x) = \kappa l(x)$, for every element κ of the centrum, L is part of the set of all linear transformations. If, on the other hand, $w_1, w_2, \cdots w_n$ are a linearly independent basis for B, with respect to k, we can find a function $l(x)$, mapping $w_1, w_2, \cdots w_n$ on arbitrarily selected images. But any linear transformation with respect to k is uniquely determined by the images of the w_i.

Another way to state the previous theorem is this:

If R is simple and of finite degree n over k, the ring $R \times {}_kR^*$ is isomorphic to the ring of all matrices of degree n over k.

4. Commutators of subrings. If R is a ring with minimal condition, and we want to study a subring of L that also satisfies the minimal condition, it seems natural to restrict one of the two factors of $L = R \times {}_k R^*$, by replacing it by a simple subring A of finite dimension over k. Such a ring A is called a simple algebra. We shall therefore study the subring $S = R \times {}_k A^*$. It again satisfies the minimal condition, and consists of the linear functions

$$l(x) = \Sigma r_\nu x a_\nu, \tag{1}$$

with $r_\nu \varepsilon R$ and $a_\nu \varepsilon A$. We might now consider R as a left S-space, in the sense that l is applied onto x, as left operator, by computing $l(x)$.

Since S contains the linear functions denoted by R, every S-space is also a left R-space; since R satisfies the minimal condition over R, the same is true when R is considered as space over S. Assume now that we have in R a second algebra A', isomorphic to A, under an isomorphism $a \leftrightarrow a'$ that leaves every element of k fixed. The set $S' = R \times {}_k A'^*$ is then isomorphic to S under an isomorphism that maps the function (1) onto $l'(x) = \Sigma r_\nu x a'_\nu$. We remark that the special function $l(x) = xa$ is mapped onto the function xa'. Let us now make use of the corollary to Theorem 5. R appears as space to the two isomorphic rings S and S', and we may therefore assume that a function $\sigma(x)$ can be found, which maps, by a one to one correspondence, R onto some part of itself, and satisfies, for every $l \varepsilon S$, the equation

$$\sigma(l(x)) = l'(\sigma(x)). \tag{2}$$

We first specialize to $l(x) = rx$ and get $\sigma(rx) = r\sigma(x)$. Putting $x = 1$, and writing c for $\sigma(1)$, we have $\sigma(r) = rc$. Since r can be any element of R, we have $\sigma(x) = xc$. This mapping is a one to one correspondence between R and the images, so that $xc = 0$ implies $x = 0$. c being no right divisor of 0, it has an inverse.[4] Specializing now in (2) to $l(x) = xa$, we get $xac = xca'$. Putting $x = 1$, we find:

$$a' = c^{-1}ac.$$

This gives us the following:

THEOREM 12. *Let R be a simple ring with minimal condition and A and A' two simple subalgebras of R containing the centrum k of R. Any isomorphism of A to A', that leaves every element of the centrum k fixed, can be extended to an inner automorphism of R.*

[4] The left ideals Rc^ν form a descending chain; hence, for some n, $Rc^{n+1} = Rc^n$. In the set on the right we have c^n and therefore, for some x, $xc^{n+1} = c^n$; since c is no divisor of zero, $xc = 1$.

COROLLARY. *If R is an algebra, every automorphism of R that leaves the centrum fixed is inner.*

Proof. Select $A = A' = R$.

In order to study the way in which a simple subring is embedded in a larger ring, we need to define the degree of a ring, not only over a subfield, but over a simple subring. To do this, we commence with the:

LEMMA. *Let S be a simple subring, with minimal condition, of any ring R, and let R and S have the same unit element. If $\mathfrak{l}_1$ and $\mathfrak{l}_2$ are two minimal ideals of S, then any isomorphism of $\mathfrak{l}_1$ onto $\mathfrak{l}_2$, considered as S-spaces, can be extended to an isomorphism of $R\mathfrak{l}_1$ to $R\mathfrak{l}_2$, considered as R-spaces.*

Proof. If e_1 and e_2 are idempotents of $\mathfrak{l}_1$ and $\mathfrak{l}_2$, let c_2 be the image of e_1 under the mapping of $\mathfrak{l}_1$ onto $\mathfrak{l}_2$. Then $x = xe_1$ of $\mathfrak{l}_1$ is mapped onto xc_2 of $\mathfrak{l}_2$. If we multiply, therefore, the set $Re_1 = RSe_1 = R\mathfrak{l}_1$ from the right by c_2, this mapping is an R-homomorphism and an extension of our mapping of $\mathfrak{l}_1$ onto $\mathfrak{l}_2$. The set of images is $Rc_2 = RSc_2 = R\mathfrak{l}_2$.

Let now c_1 be the image of e_2 under the inverse of our isomorphism, so that $x \in \mathfrak{l}_2$ is hereby mapped onto xc_1. Then $c_2c_1 = e_1$. If now $xe_1c_2 = 0$, we would have $xe_1c_2c_1 = xe_1 = 0$. Our mapping is therefore an isomorphism.

Now let $S = \mathfrak{l}_1 + \mathfrak{l}_2 + \cdots + \mathfrak{l}_r$ be a splitting in minimal left ideals and $1 = \Sigma e_\nu$ be the corresponding splitting in orthogonal idempotents. We easily deduce $R = Re_1 + Re_2 + \cdots + Re_r$. This is a direct sum, since $x_1e_1 + x_2e_2 + \cdots + x_re_r = 0$ shows after right multiplication by e_i that $x_ie_i = 0$. We now consider R as a left S-space. Each of the components Re_i is then also a left S-space, and they are isomorphic, since they are even isomorphic if considered as R-spaces. Therefore we can break each of them into an equal number of irreducible S-spaces. This will lead, after regrouping, to a splitting of R into a finite or infinite sum of left S-spaces, each of which is a direct sum of precisely r components, and is thus isomorphic to S itself. An S-subspace of R that is isomorphic to S has the following structure: let w be the image of 1 if we map S onto the subspace. x of S is then mapped onto xw of the subspace, and since the mapping is an isomorphism, $xw = 0$ with x in S implies $x = 0$. Doing this with each of our spaces, we see that there exist elements w_i, such that $R = \Sigma Sw_i$. Any finite number of w_i is linearly independent with respect to S, in the sense that a linear combination of them, with coefficients in S, is 0 if and only if all coefficients (not merely all terms) of the sum are 0. The number of irreducible S-components of the S-space R is r times as large as the number of w_i; therefore the number of w_i is invariant; we shall call it the left degree of R over S and shall denote it by $(R : S)$. Now in precisely the same way as in case of fields, we can prove that $(R:S_1) = (R:S)(S:S_1)$, if S_1 is a simple subring of S.

If R is a ring and S a subset of R, we denote by R^S the set of all elements of R which are commutative with every element of S. If S is still a subset of R, and T another ring with unit element, we have $(R \times {}_kT)^S = R^S \times {}_kT$. For the right side is certainly contained in the left. Let $\Sigma r_\nu t_\nu$ be any element of the left side, with linearly independent t_ν. If s is any element of S, then $\Sigma(sr_\nu - r_\nu s)t_\nu = 0$. Since the t_ν are linearly independent, we see that every r_ν is in R^S. Similarly, if $S \subset R$ and $U \subset T$, and S and T are rings containing k, $(R \times {}_kT)^{S \times_k U} = R^S \times {}_kT^U$. R^R is of course the centrum of R.

Now let R be a ring and T be an algebra, both with centrum k. Then $(R \times {}_kT)^{R \times_k T} = k \times {}_kk = k$, so that k is also the centrum of $R \times {}_kT$. Assume now that R and T are simple rings with minimal condition, that each contains a simple algebra containing k, and that these two algebras are isomorphic under a correspondence leaving the elements of k invariant. We shall denote both these algebras, though different, by the same letter A, since it will be clear from the formulas which is meant. The simple ring with minimal condition $R \times {}_kT$ now contains the algebra A in two ways; consequently there is an inner automorphism of $R \times {}_kT$ that will map one onto the other. Computing $(R \times {}_kT)^A$ for both algebras A, we get the two sets $R^A \times {}_kT$ and $R \times {}_kT^A$. These are, therefore, isomorphic under the same inner automorphism. Computing further

$$(R \times {}_kT)^{(R^A \times_k T)} \text{ and } (R \times {}_kT)^{(R \times_k T^A)}$$

we get the two sets $R^{(R^A)}$ and $T^{(T^A)}$, which are therefore isomorphic under the same isomorphism.

Should we be able to prove that R^A is simple, we could compute the degree of $R \times {}_kT$ over $R^A \times {}_kT$; since an inner automorphism of $R \times {}_kT$ maps $R^A \times {}_kT$ onto $R \times {}_kT^A$, the degree of $R \times {}_kT$ over $R^A \times {}_kT$ should be the same as the degree of $R \times {}_kT$ over $R \times {}_kT^A$. The reader can easily deduce the equality $(R:R^A) = (T:T^A)$. The proof for the simplicity will be given soon.

If we only know that our algebra A is contained in R, we have to construct a T. Assume that the degree $(A:k)$ is n. Consider A as a k-space, and denote by M the set of all linear transformations of A over k; that is, the algebra of $n \times n$ matrices over k. The degree $(M:k)$ will be n^2. M contains a subalgebra isomorphic to A, namely the set of all linear transformations of A that are obtained by multiplying A from the left by an element of A. Calling this ring of linear transformations also A, we now ask for M^A, i. e. for the linear transformations σ that satisfy the condition $\sigma(ax) = a\sigma(x)$, for all a

and x in A. Putting $x=1$, denoting $\sigma(1)$ by c, and writing x instead of a, we see: $\sigma(x)=xc$. It follows easily that the set of these linear transformations is isomorphic to A^*, so that we have $M^A=A^*$. (We did not assume that the centrum of A is k; the centrum might be larger, so that M would possibly not be equal to $A \times {}_k A^*$.)

Substituting M for T in our previous result, we can prove:

THEOREM 13. *If R is simple with minimal condition, and A is a simple subalgebra of R containing the centrum k of R, and if also $(A:k)=n$ and M is the set of all linear transformations of A over k, we have:*

1) *$R^A \times {}_k M$ and $R \times {}_k A^*$ are isomorphic under an inner automorphism of $R \times {}_k M$.*
2) *R^A is simple.*
3) *$R^{(R^A)}=A$.*
4) *$(R:R^A)=n$.*

Proof. The first statement is clear. Since A^* is simple, $R \times {}_k A^*$ is simple. This proves that $R^A \times {}_k M$, and consequently R^A, is simple. As for the third statement, $R^{(R^A)}$ is mapped by our inner automorphism onto $M^{(M^A)}=M^{A^*}$, which is the A contained in M. Since we know that our isomorphism maps precisely the A of R onto the A of M, we get our statement. The fourth statement follows from the fact that $(M:A^*)=n$. (For $(R:R^A)$ $=(R \times {}_k M : R^A \times {}_k M)=(R \times {}_k M : R \times {}_k A^*)=(M:A^*)$). This follows in turn from $(M:k)=n^2$ and $(A^*:k)=n$.

There is one very general theorem concerning simple subalgebras of rings, that holds for any ring R whose centrum contains the centrum k of A and whose unit element is contained in k. The proof of this theorem depends on the following:

LEMMA. *Assume that an analytic linear function $l(x)=\Sigma a_\nu x a'_\nu$, with coefficients in A, is 0 for all $x \,\varepsilon\, A$. Then $l(x)$ is 0 for all $x \,\varepsilon\, R$.*

Proof. Since we can express the a'_ν by linearly independent elements of A and collect terms, we can from the beginning assume that the a'_ν are linearly independent. The necessary operation for collecting is the interchange of x with an element of the centrum k of A; this can be done, according to our assumption, for all $x \,\varepsilon\, R$.

We contend that now all the a_ν are 0. To show this, we consider $l(x)$ for values of A only. The linear functions of A form a ring isomorphic to $A \times {}_k A^*$, and under this isomorphism our linear function will correspond to

$\Sigma a_\nu a'^*_\nu$. Since $l(x)=0$ for all $x \varepsilon A$, we have $\Sigma a_\nu a'^*_\nu = 0$, and the linear independence of the a' shows that all the a_ν are 0. But this means that $l(x)=0$ for every x in R.

Our first aim is to compute R^A; we contend that this can be done in the following way:

THEOREM 14. *Let $l(x)$ be any analytic linear function with coefficients in A which is not identically zero and which maps every element of A onto an element of k. The values $l(x)$, for all x in R, will then range precisely over R^A.*

Proof. If a is any element of A, $l(x)a - al(x)$ is a linear function with coefficients in A that is 0 for every $x \varepsilon A$. According to our lemma, it is 0 for every x in R. Since a is arbitrary, this proves that $l(x) \varepsilon R^A$.

To prove that we get every element of R^A, take any element a such that $l(a) = \kappa \neq 0$. Since we can replace a by $\kappa^{-1}a$, we can assume that $l(a)=1$. If z is any element of R^A, we get $l(za) = zl(a) = z$, because we can interchange z with every coefficient.

THEOREM 15. *Under the same assumptions as before, we have $R = R^A \times_k A$.*

Proof. Let $a_1, a_2, \cdots a_n$ be a k-basis for A. Let $l_i(x)$ be the analytic linear function with coefficients in A that takes a_i into 1 and all the other a's into 0. The linear function $l(x) = a_1l_1(x) + a_2l_2(x) + \cdots + a_nl_n(x) - x$ is 0 for $x = a_1, a_2, \cdots a_n$, and therefore for every x in A. This proves that for every x in R we have $x = a_1l_1(x) + a_2l_2(x) + \cdots + a_nl_n(x)$. Since the values of $l_i(x)$ range through R^A, we see that $R = A \cdot R^A$. That the dot can be replaced by the cross follows from Theorem 8.

COROLLARY. *If A is a simple algebra with unit element e and centrum k, contained in a ring R (for which we make no assumption), then $eR^k = A \times_k eR^A$.*

Proof. Consider first the ring $(eRe)^k$. Obviously the centrum of this ring contains k. e is unit element for this ring, and the previous lemma can be applied. But $((eRe)^k)^A = (eRe)^A = eR^A$.

THEOREM 16. *Let R be simple with chain condition, and let k be its centrum and T a subring containing k. Then if $R = w_1T + w_2T + \cdots w_nT$, R^T is an algebra A, and $(A:k) \leq n$.*

Furthermore, these two statements are equivalent:

1) *T is the commutator of a simple subalgebra of R.*
2) *T is simple, $(R:T)$ is finite, and all homomorphisms of R into itself, considering R as right T-space, are analytic.*

Proof. Let T be any subring of R such that $R = w_1T + w_2T + \cdots + w_nT$. Consider the set S of all homomorphisms of R, considered as right T-space. This ring S contains as subring the analytic transformations among them. Let $\sigma(x) = \Sigma r_\nu x r'_\nu$, and assume the r_ν linearly independent with respect to k. Since, for every $t \in T$, $\sigma(xt) - \sigma(x)t = 0$, we get the equations $tr'_\nu - r'_\nu t = 0$, so that all r'_ν belong to $A = R^T$. This subring is therefore to be denoted by $R \times {}_kA^*$. It contains as further subring the left multiplications of x by elements of R, and this ring of transformations we have always denoted by R. Since the degree $(A:k) = (R \times {}_kA^*:R)$, our inequality will be proved if we estimate the degree $(S:R)$. Every homomorphism $\sigma(x)$ of S will map $w_1, w_2, \cdots w_n$ onto certain elements $a_1, a_2, \cdots a_n$ of R. If these elements are known and $x = w_1t_1 + w_2t_2 + \cdots + w_nt_n$, then its image will be $a_1t_1 + a_2t_2 + \cdots + a_nt_n$. Let us denote $\sigma(x)$ by the n-dimensional vector $(a_1, a_2, \cdots a_n)$. We are interested in the behavior of S, considered as left R-space, where R means here the transformations $\rho(x) = rx$. Iterating our previous σ with that transformation would lead to $(ra_1, ra_2, \cdots ra_n)$. This shows that S is isomorphic to a certain part of the set of all n-dimensional vectors over R. The statement concerning the degrees can also be interpreted as a statement about the number of irreducible components: the degree has only to be multiplied by the number of irreducible components R has. This makes it clear that $(S:R) \leq n$. (From previous work, we know that this degree exists). Hence $(A:k) \leq n$. It is furthermore clear that $(S:R) = n$ if and only if S fills out the whole of our space of n-vectors. This means that there are linear transformations mapping the w_i onto arbitrary images. But then the w_i have to be linearly independent, because $w_1t_1 + w_2t_2 + \cdots + w_nt_n = 0$ would yield $t_i = 0$ if we applied the homomorphism mapping w_i onto 1 and the others onto 0. If, conversely, the w_i are linearly independent, and we map $w_1t_1 + w_2t_2 + \cdots + w_nt_n$ onto $a_1t_1 + a_2t_2 + \cdots + a_nt_n$, this clearly gives an element of S.

If A is a simple subalgebra of R and T is taken as R^A, we may apply Theorem 13. Hence the w_i can be taken as linearly independent and $n = (R:R^A) = (A:k) = (S:R)$. Since $(R \times {}_kA^*:R) = n$ and $R \times {}_kA^* \subset S$, we get $R \times {}_kA^* = S$, which means that all our homomorphisms are analytic.

Conversely, if T is simple, we can take the w's linearly independent. If we assume that all our homomorphisms are analytic, so that $S = R \times_k A^*$, we get first $n = (R \times_k A^* : R) = (A : k)$. We next get that S is simple, because it consists of all homomorphisms of the n-dimensional T-space R, and is therefore isomorphic to the set of all $n \times n$ matrices with elements in T, or $T \times_k M_n$. So $R \times_k A^*$ is simple, which implies that A is simple. Since R^A must be of degree n under R, and certainly contains T, we find that $T = R^A$, which finishes the proof.

COROLLARY. *If A is a simple subalgebra of R containing the centrum k of R, (R simple with minimal condition) and $\sigma(x)$ is a homomorphism of R satisfying the equations $\sigma(xt) = \sigma(x)t$ and $\sigma(tx) = t\sigma(x)$, for all elements t of $T = R^A$, then any expression of $\sigma(x)$ with linearly independent coefficients has the form $\Sigma a_\nu x a'_\nu$, where the a_ν as well as the a'_ν are in A.*

This is proved by the method used in the first part of the proof of the preceding theorem.

THEOREM 17. *Under the same assumptions as in the preceding corollary, every automorphism of R that leaves every element of $T = R^A$ fixed consists of a transformation by an element of A.*

Proof. Since $\sigma(xt) = \sigma(x)\sigma(t) = \sigma(x)t$ and $\sigma(tx) = t\sigma(x)$, our corollary gives $\sigma(x) = \Sigma a_\nu x a'_\nu$. We can assume that the a_ν and the a'_ν are linearly independent with respect to k. Let $l(x) = \Sigma b_\mu x b'_\mu$ be an analytic linear function of A which takes a_1 into 1 and the other a_i into 0. Compute $\sum_\mu b_\mu \sigma(b'_\mu x)$. On the one hand, it is $\{\sum_\mu b_\mu \sigma(b'_\mu)\}\sigma(x)$, and therefore is of the form $a\sigma(x)$. On the other hand, it is $\sum_{\nu,\mu} b_\mu a_\nu b'_\mu x a'_\nu = \sum_\nu l(a_\nu) x a'_\nu = x a'_1$. Here a'_1 is not 0 because it is one of a set of linearly independent elements. We therefore get $a\sigma(x) = x a'_1$. Let $\lambda(x) = \sum c_\nu x c'_\nu$ be such that $\lambda(a'_1) = 1$. Compute $\sum a\sigma(x c_\nu) c'_\nu$. On one hand, it has the form $a\sigma(x) b$; on the other hand, it is $\sum x c_\nu a'_1 c'_\nu = x$. Hence $a\sigma(x) b = x$. Putting $x = 1$, we see that $b = a^{-1}$, and hence $\sigma(x) = a^{-1} x a$. That a belongs to A follows from the corollary.

INDIANA UNIVERSITY,
INSTITUTE FOR ADVANCED STUDY.

THE FREE PRODUCT OF GROUPS.*

By Emil Artin.

The traditional way of introducing the free product of groups consists in defining carefully the product of elements and proving the associative law. We shall use here, on the contrary, a method where the associative law is obvious and all the difficulties arise from the discussion of equality.

Let Σ be a set of groups Γ. Without loss of generality, we assume these groups to be disjoint. The elements of all these groups will be denoted by small letters $a, b, c, \cdots$ whereas the capitals $A, B, \cdots$ stand for symbolic products

$$A = a_1 a_2 \cdots a_n. \tag{1}$$

The elements a_i may or may not belong to the same Γ. The number n of terms is called the length of A. Two such products are equal if and only if they consist of the same factors in precisely the same order; in other words, no simplification is allowed in (1), not even if two adjoining elements belong to the same Γ or if one of the factors is a unit. Multiplication AB is defined in the obvious way by writing first the factors of A and then those of B. The associative law is therefore trivial. It is convenient to introduce also the "empty" product E which acts as unit element. Nevertheless we do not get a group since $A \neq E$ does not have an inverse element. In spite of this we use as pure notation A^{-1} for the product $a_n^{-1} a_{n-1}^{-1} \cdots a_1^{-1}$.

It might happen that all the a_i in (1) are from the same group Γ and that the product $a_1 a_2 \cdots a_n$ computed in Γ has the value 1. We then call A an elementary expression.

Let us now define a certain set Δ of formal products. It contains those products that we want later to equate to E and is defined by induction:

1) E is in Δ.

2) If A has a positive length it belongs to Δ if and only if it can be written in the form

$$A = A_0 a_1 A_1 a_2 \cdots A_{n-1} a_n A_n \tag{2}$$

* Received May 10, 1946.

where all A_i are elements of Δ (and have smaller length, of course) and where the a_i are such that $a_1 a_2 \cdots a_n$ is an elementary expression.

We prove now a few lemmas about our set Δ.

1) $A \varepsilon \Delta$ implies $A^{-1} \varepsilon \Delta$; $A \varepsilon \Delta$ and $B \varepsilon \Delta$ implies $AB \varepsilon \Delta$. Proof by induction. Both parts are true for $A = E$. Let A be of the form (2). Every A_i is shorter than A so that the theorem may be assumed for A_i. This proves directly the first half. For the second half we can assume $A_n B \varepsilon \Delta$. Now AB has again the form (2) with $A_n B$ instead of A_n.

2) If $A \varepsilon \Delta$ and $A \neq E$ we can always assume that A is of the form (2) with $A_0 = E$ (or also with $A_n = E$ if we prefer). Proof by induction. Assume A of form (2) and denote by B the whole product (2) but without A_0. Then $B \varepsilon \Delta$ and $A = A_0 B$. If $A_0 = E$ we have nothing to prove; at any rate A_0 is shorter than A so that we may assume $A_0 = b_1 B_1 b_2 B_2 \cdots B_n$. Now $A = b_1 B_1 b_2 B_2 \cdots b_n (B_n B)$.

3) If the first and the last term of an $A \varepsilon \Delta$ belong to the same Γ, we can even assume in (2) that $A_0 = A_n = E$.

Proof. We can assume $A_0 = E$; now $A_n \varepsilon \Delta$ so that we can write A_n in the form

$$A_n = B_0 b_1 B_1 b_2 \cdots b_m.$$

This leads to

$$A = a_1 A_1 a_2 A_2 \cdots a_n B_0 b_1 B_1 b_2 \cdots B_{m-1} b_m.$$

Since $a_1 a_2 \cdots a_n b_1 \cdots b_m$ is elementary, A is of the required form.

4) aAa^{-1} and A belong to Δ or do not at the same time. *Proof.* a) Let $A \varepsilon \Delta$. aa^{-1} is elementary so $aAa^{-1} \varepsilon \Delta$. b) Let $aAa^{-1} \varepsilon \Delta$. According to a previous lemma it is of the form

$$aAa^{-1} = aA_1 a_2 A_2 \cdots a_{n-1} A_{n-1} a^{-1}$$

so that we have

$$A = A_1 a_2 A_2 \cdots a_{n-1} A_{n-1} \text{ and } a_2 a_3 \cdots a_{n-1} \text{ is elementary.}$$

Repeated application proves:

5) BAB^{-1} and A belong to Δ or do not at the same time.

6) $AB \,\varepsilon\, \Delta$ implies $BA \,\varepsilon\, \Delta$. *Proof.* $AB \,\varepsilon\, \Delta$ implies $AB \cdot AA^{-1} \,\varepsilon\, \Delta$ since $AA^{-1} = AEA^{-1}$ belongs to Δ. From 5) we get now $BA \,\varepsilon\, \Delta$.

DEFINITION. A and B are called congruent, $A \equiv B$, if and only if $AB^{-1} \,\varepsilon\, \Delta$ ($B^{-1}A \,\varepsilon\, \Delta$ would mean the same).

We see at once:

a) $A \equiv A$ since $AA^{-1} \,\varepsilon\, \Delta$.

b) $A \equiv B$ implies $B \equiv A$. Indeed $AB^{-1} \,\varepsilon\, \Delta$ implies $BA^{-1} \,\varepsilon\, \Delta$.

c) $A \equiv B$ and $B \equiv C$ implies $A \equiv C$, because $AB^{-1} \,\varepsilon\, \Delta$ and $BC^{-1} \,\varepsilon\, \Delta$ imply $BC^{-1}AB^{-1} \,\varepsilon\, \Delta$ and therefore $C^{-1}A \,\varepsilon\, \Delta$.

d) $A \equiv B$ and $C \equiv D$ imply $AC \equiv BD$. Indeed $B^{-1}A \,\varepsilon\, \Delta$ and $CD^{-1} \,\varepsilon\, \Delta$ imply $B^{-1}ACD^{-1} \,\varepsilon\, \Delta$ and therefore $ACD^{-1}B^{-1} \,\varepsilon\, \Delta$.

e) $AA^{-1} \equiv E$.

THEOREM 1. *Our formal products form a group if we use the congruence instead of equality. The elements of Δ are precisely those congruent to E.*

Let us now consider the elements $A = a$ of length 1. Two of them are congruent, $a \equiv b$, if and only if ab^{-1} is in Δ. Either ab^{-1} has to be elementary, which means $a = b$, or both factors have to be in Δ and therefore to be the unit elements of their group. Our congruence equates, therefore, only the unit elements among our elements a. We therefore denote from now on all unit elements by 1. Let next a and b belong to the same group Γ and let c be their product in Γ. The formal product ab is then congruent to c because abc^{-1} is elementary.

Our group contains, therefore, each of the groups Γ as a subgroup, and different Γ's have only the unit in common.

In the sense of congruence we are now in the position to simplify a symbolic product A by uniting two adjoining factors as soon as they belong to the same group and by dropping every unit element. Since these operations reduce the length of A we finally arrive either at E or at an expression where no factor is 1 and no two adjoining terms are of the same group. We call such an expression normal.

THEOREM 2. *Every A is congruent to a normal form.*

LEMMA. *A normal form $A = a_1 a_2 \cdots a_n$ of length > 0 cannot be $\equiv 1$.*

Proof by induction. Assume it true for shorter expressions. If we write A in the form (2) all the A_i are shorter than A and also normal (as parts of A). So they must be E and only $A = a_1 a_2 \cdots a_n$ remains and has to be elementary. But that is impossible.

If we ask now when two normal expression can be congruent, $a_1 a_2 \cdots a_n \equiv b_1 b_2 \cdots b_m$, we have to consider whether $a_1 a_2 \cdots a_n b_m^{-1} b_{m-1}^{-1} \cdots b_1^{-1}$ can be $\equiv 1$. Since this product must never become a normal expression before being reduced to E we easily deduce:

THEOREM 3. *Two normal expressions are congruent if and only if they are identical.*

PRINCETON UNIVERSITY,
PRINCETON, N. J.

Linear Mappings and the Existence of a Normal Basis

One of the principal tools used in deriving the main results of Galois theory is the following theorem[1]:

Theorem 1. Let G be a multiplicative group, K a commutative field and $\lambda_1(x), \lambda_2(x), \ldots. \lambda_n(x)$ n different homomorphic mappings of G into non-zero elements of K (that means $\lambda_i(xy) = \lambda_i(x)\lambda_i(y)$ for all x and y of G). Then they are linearly independent in K.

There exists another theorem concerning homomorphic mappings of an additive group into K from which, among other things, a simple proof for the existence of a normal basis can be derived.

We first explain our notations. Let $x_1, x_2, \ldots. x_n$ be n variables in K. The vector with these components shall be denoted by X. The equality $F(X) = H(X)$ between two polynomials in these variables shall mean here that they take on the same value for all special values of X in K. If we mean that they have the same coefficients, then we talk of a formal equality.

Such a polynomial $F(X)$ shall be called linear if for all X and Y in K the equation $F(X + Y) = F(X) + F(Y)$ holds.

Let now G be an additive group and $\lambda_1(x), \lambda_2(x), \ldots. \lambda_n(x)$ homomorphic mappings of G into K, hence:

$$\lambda_i(x + y) = \lambda_i(x) + \lambda_i(y) \qquad \text{for } x, y \text{ in } G.$$

The vector with the components $\lambda_i(x)$ shall be denoted by $\Lambda(x)$.

We call our mappings algebraically dependent if a polynomial $F(X)$ can be found that is not zero for all X in K such that

$$F(\Lambda(x)) = 0 \qquad \text{for all } x \text{ in } G.$$

[1] For a proof see "Galois Theory," Notre Dame mathematical lectures Number 2, page 34, theorem 12.

Should the polynomial $F(X)$ be also linear (in the sense explained before) then the $\lambda_i(x)$ are said to be linearly dependent.

Theorem 2. If the $\lambda_i(x)$ are algebraically dependent then they are linearly dependent.

Proof: Let $F(X)$ be the polynomial of smallest possible total degree in the x_i that is not zero for all X in K such that $F(\Lambda(x)) = 0$ for all x in G. Assume that $F(X)$ is not linear. Put

$$H(X, Y) = F(X + Y) - F(X) - F(Y).$$

$H(X, Y)$ is a polynomial in the x_i and the y_i with the following properties:

(1) Since $F(X)$ is not linear, there is a special pair X_0, Y_0 in K such that $H(X_0, Y_0) \neq 0$.

(2) $H(\Lambda(x), \Lambda(y)) = F(\Lambda(x + y)) - F(\Lambda(x)) - F(\Lambda(y)) = 0$ for all x and y in G.

(3) The total degree in the x_i (so not counting the y_i) is lower than that of $F(X)$ and the same is true for the total degree in the y_i alone.

We have to distinguish two cases:

(a) $H(X, \Lambda(y)) = 0$ for all X in K and all y in G. Put $P(Y) = H(X_0, Y)$. Then $P(Y_0) \neq 0$ and $P(\Lambda(y)) = 0$ for all y in G. The total degree in Y being lower, this is a contradiction.

(b) There is an X_1 in K, and a y_1 in G, such that $H(X_1, \Lambda(y_1)) \neq 0$. Put $P(X) = H(X, \Lambda(y_1))$. Then $P(X_1) \neq 0$ but $P(\Lambda(x)) = 0$ for all x in G. For the same reason, that is again a contradiction.

This proves our theorem.

Let now $F(X)$ be linear. Denote by X_i the vector with the i-th component x_i and all other components 0. Linearity of $F(X)$ shows:

$$F(X) = F(X_1) + F(X_2) + \cdots + F(X_n)$$

so that our polynomial is the sum of n polynomials, the i-th being a polynomial in x_i alone.

It remains to determine which polynomials $f(x)$ of a single variable x are linear. Let $q \leq \infty$ be the number of elements of K. If q is finite then $x^q = x$ for all x in K. Since only the values that $f(x)$ takes on matter, we may (without loss of generality) assume that the degree of $f(x)$ is less than q (trivial if $q = \infty$). The formal expression

$$f(x + y) - f(x) - f(y) \tag{1}$$

vanishes for all x and y in K. Assume that it does not vanish formally and let $g(y)$ be a non-zero coefficient of a certain power of x (after collecting all terms with that power). Since $g(y)$ is of lower degree than q, a y_0 in K can be found, such that $g(y_0) \neq 0$. Substituting $y = y_0$ in (1), a polynomial in x is obtained that has not all coefficients 0, is of lower degree than q, and vanishes for all x in K. This being impossible we conclude that (1) vanishes formally.

Let $a_r x^r$ be a term in $f(x)$ with a non-zero coefficient. The contributions it furnishes to the formal expression (1) are the only ones that have a total degree r in x and y. So these contributions must vanish separately whence:

$$(2) \qquad (x + y)^r - x^r - y^r = 0 \quad \text{formally.}$$

If the characteristic of K is 0, then $r = 1$ as the term rx^{r-1} shows. If the characteristic is $p > 0$, put $r = p^k s$ with an s prime to p. (2) becomes

$$(x^{p^k} + y^{p^k})^s - x^{p^k s} - y^{p^k s} = 0 \quad \text{(formally)}$$

and we see again that $s = 1$ or $r = p^k$. So we obtain:

Theorem 3. If the $\lambda_i(x)$ are algebraically dependent we have:

(a) For characteristic 0 the $\lambda_i(x)$ are linearly dependent in the ordinary sense of the word.

(b) For characteristic $p > 0$, a non-trivial relation of the form

$$\sum_{i=1}^{n} \sum_{p^k = q} a_{ik}(\lambda_i(x))^{p^k} = 0$$

must hold for all x in G.

Let us now consider the special case where our group G is the field K itself and where the $\lambda_i(x)$ form a finite group of automorphisms of K. Can they be algebraically dependent? Since they are also multiplicative homomorphisms of K into itself, a combination of theorems 1 and 3 shows that this is impossible for characteristic 0. For characteristic $p > 0$ we would obtain an equality:

$$(\lambda_i(x))^{p^r} = (\lambda_k(x))^{p^s}$$

with, say, $p^r \leq p^s < q$. Since extraction of a p-th root (if possible) is unique that would imply:

$$(3) \qquad \lambda_j(x) = x^{p^{s-r}} \qquad \text{where} \qquad \lambda_j = \lambda_k^{-1}\lambda_i.$$

Iterating the left side of (3) n times leads to the identity, since our group of automorphisms is of order n. So

$$x = x^{p^{n(s-r)}} \qquad \text{for all } x \text{ in } K.$$

In case our field has an infinite number of elements, this is only possible for $r = s$. (3) gives $\lambda_j =$ identity or $\lambda_k = \lambda_i$. Hence:

Theorem 4. If K is an infinite field and the λ_i a finite group of automorphisms, then they are algebraically independent.

Associate now with each of our automorphisms λ a variable u_λ. Let λ be used as index for the rows and μ as index for the columns of a determinant and consider the determinant

$$u_{\lambda\mu^{-1}}$$

where the product $\lambda\mu^{-1}$ is to be computed in the group. This determinant is not zero for all values of the variables, as the choice $u_1 = 1$, all other $u_\lambda = 0$ shows. Therefore the determinant will not be zero for all values of x if we substitute $u_\lambda = \lambda(x)$. So there is an x_0 in K such that the determinant $|\lambda\mu^{-1}(x_0)| = 0$. This is the statement needed for the proof of the theorem concerning the existence of a normal basis.[2]

As another immediate consequence we mention:

Theorem 5. Same assumptions as in theorem 4. The automorphisms are multiplicatively independent. That means no non-trivial identity of the form

$$\prod_{i=1}^{n} (\lambda_i(x))^{m_i} = 1 \quad (m_i \gtreqless 0, \text{ integers})$$

can hold for all $x \neq 0$ of K.

Proof: Bring the terms with a negative m_i to the other side and multiply by one $\lambda_i(x)$. The resulting identity would hold for $x = 0$ also and contradict theorem 4.

[2] See "Galois Theory," page 66.

Remarques concernant la théorie de Galois

Depuis ma jeunesse mathématique, j'ai été sous l'influence d'un charme, celui de la théorie classique de GALOIS. Ce charme m'a forcé d'y revenir toujours et d'essayer de trouver des routes nouvelles pour les démonstrations de ces théorèmes fondamentaux. Permettez-moi d'esquisser en quelques mots les résultats de la dernière attaque de cette maladie. Puisque cela n'aura pas trop d'intérêt pour la plupart des mathématiciens, je serai très bref, d'autant plus que les démonstrations sont évidentes pour la plupart des lemmes et théorèmes.

Si l'on veut obtenir les résultats de la théorie classique en même temps que les résultats concernant les cas d'inséparabilité, il me semble que la méthode suivante est très commode.

Soit E/F une extension finie et σ un isomorphisme de F dans un corps Ω. On appellera prolongement de σ un isomorphisme $\bar{\sigma}$ de E dans une extension $\bar{\Omega}$ de Ω qui coïncide avec σ sur F. On voit aisément qu'il y a toujours au moins un prolongement. (Notation $\bar{\sigma}/\sigma$.)

Un corps Ω est appelé corps absorbant de E par σ si tout prolongement de σ applique E dans Ω.

Le nombre de prolongements dans un corps absorbant de E par σ est appelé l'index [E/F] de E/F et ne dépend que de E/F.

On prouve aisément que

$$[E/F] = [E/E'][E'/F],$$

où E′ est un corps intermédiaire ($F \subset E' \subset E$).

Du théorème de l'indépendance linéaire des prolongements, on déduit que l'index d'une extension est inférieur ou égal à son degré

$$[E/F] \leq (E/F).$$

Je ne crois pas qu'il soit nécessaire de vous donner plus de détails. La définition de la séparabilité est

$$[E/F] = (E/F),$$

celle de l'inséparabilité complète

$$[E/F] = 1.$$

Une extension est dite automorphe si E est corps absorbant de lui-même par l'identité de F. Elle est dite normale si elle est automorphe et séparable.

On prouve que [E/F] est un diviseur de (E/F) et on peut obtenir aisément tous les résultats bien connus de la théorie.

Pour obtenir les théorèmes complémentaires de la théorie, on doit étudier un peu les polynômes à plusieurs variables si on les considère comme des fonctions dans un corps $\overline{F} \subset \Omega$. Soit $q \leq \infty$ le nombre d'éléments de F. On connaît le théorème suivant:

Si $f(x_1, \cdots, x_n)$ est un polynôme à coefficients dans Ω et si l'on considère f comme une fonction des x_i qui peuvent prendre des valeurs arbitraires dans $\overline{F}$, on peut remplacer f, sans changer sa valeur, par un autre polynôme qui a un degré inférieur à q par rapport à chacune des variables x_i: Un tel polynôme sera dit réduit, et, si f est réduit, ses coefficients sont univoquement déterminés par les valeurs de f sur $\overline{F}$.

Soient maintenant E/F une extension finie quelconque, σ un isomorphisme de F dans un corps absorbant de E par σ, et $\sigma_1 \ldots, \sigma_m$ les prolongements de σ ($m = [E/F]$).

Soient $\omega_1, \ldots, \omega_n$ ($n = [E/F]$) une base de E/F et $\xi = Y_1\omega + \cdots + Y_n\omega_n$ l'élément générique de E.

Posons $\sigma(Y_i) = X_i$. On a

$$\sigma_i(\xi) = X_1\sigma_i(\omega_1) + \cdots + X_n\sigma_i(\omega_n) \quad X_i \in \overline{F} = \sigma F \subset \Omega. \tag{1}$$

Appelons une fonction $\Phi(\xi)$, à valeurs dans Ω, semi-analytique si on peut l'exprimer sous la forme d'un polynôme en $X_1 \ldots, X_n$ à coefficients dans Ω. Appelons-la analytique si on peut l'exprimer sous la forme d'un polynôme en $\sigma_1(\xi), \ldots, \sigma_m(\xi)$ à coefficients dans Ω.

Dans le cas séparable, la transformation 1 est inversible, donc toute fonction semi-analytique est analytique.

Si $q = \infty$, on peut démontrer que les coefficients du polynôme en $\sigma_1(\xi)$ qui exprime la fonction $\Phi(\xi)$ sont univoquement déterminés. C'est évident si E/F est séparable. Si E/F est inséparable, on remplace E par le corps séparable maximum E′, et on obtient le même résultat.

Si q est fini, chaque $\sigma_i(\xi)^q$ est aussi un prolongement de σ et il s'ensuit qu'on peut remplacer le polynôme exprimant $\Phi(\xi)$ par un polynôme tel que son degré par rapport à chaque $\sigma_i(\xi)$ soit inférieur à q. Nous appellerons ce polynôme la forme réduite de $\Phi(\xi)$. En ce cas, $n = m$ et l'on peut exprimer $\Phi(\xi)$ soit sous la forme d'un polynôme réduit en $\sigma_1(\xi), \ldots, \sigma_n(\xi)$, soit sous la forme d'un polynôme réduit en $X_1, \ldots, X_n$. Le nombre de coefficients dans les deux polynômes est le même : (q^n). L'ensemble des fonctions considérées constitue un espace vectoriel de dimension q^n et il s'ensuit que les coefficients sont déterminés d'une manière unique.

Soit E/F séparable ($n = m$), et considérons la fonction analytique

$$\Phi(\xi) = (\sigma_1(\xi) - \sigma_2(\xi))(\sigma_1(\xi) - \sigma_3(\xi)) \cdots (\sigma_1(\xi) - \sigma_n(\xi)).$$

Dans le cas $q < \infty$, on doit appliquer le procédé de réduction pour obtenir la forme réduite. Tous les termes ont d'abord le degré total $n - 1$. Si l'on doit réduire un terme, son degré total devient inférieur à $n - 1$. Donc le terme $\sigma_2(\xi), \dots \sigma_n(\xi)$, ne disparaîtra pas après la réduction de $\Phi(\xi)$.

Il s'ensuit que $\Phi(\xi)$ n'est pas zéro. Donc il y a toujours un élément α dans E tel que $\sigma_1(\alpha)$ diffère des autres images $\sigma_2(\alpha) \dots, \sigma_n(\alpha)$. C'est évidemment le théorème de l'élément primitif.

Il est aisé de prouver la caractérisation suivante des fonctions analytiques.

$\Phi(\xi)$ est analytique si et seulement si $\Phi(\xi)$ est semi-analytique, et si: $[\Phi(\xi)]^\delta = g(\xi^\delta)$, où $g(\xi)$ est une autre fonction semi-analytique, où δ est égal au défaut de l'extension

$$\delta = (E/F)/[E/F].$$

De ce critère on peut déduire un caractérisation de la norme : c'est un homomorphisme multiplicatif exprimable par une fonction semi-analytique de degré n.

A Note on Finite Ring Extensions

Emil ARTIN and John T. TATE

Let $R \subset S$ be two commutative rings. We shall say that S is a modul finite extension of R if a finite number of elements $\omega_1, \omega_2, \cdots \omega_n$ of S can be found such that

$$S = R\omega_1 + R\omega_2 + \cdots + R\omega_n.$$

This modul finite extension has to be distinguished from what we shall call a ring finite extension

$$S = R[\xi_1, \xi_2, \cdots \xi_n],$$

in which every element of S can be written as polynomial in the generators $\xi_1, \xi_2, \cdots \xi_n$ with coefficients in R. If we call S' the ring of all polynomials in the indeterminates $x_1, x_2, \cdots x_n$ with coefficients in R then S is a homomorphic image of S' and the following well known lemma is immediate:

Lemma 1. If R is a Noetherian ring[1)] with unit element and $S = R[\xi_1, \xi_2, \cdots \xi_n]$ a ring finite extension of R then S is Noetherian.

Lemma 2. Let R be a Noetherian ring with unit element and $S = R\omega_1 + R\omega_2 + \cdots + R\omega_n$ a modul finite extension of R. Then any intermediate ring T: $R \subset T \subset S$ is also a modul finite extension of R.

The proof is simple and also well known. We consider S as an R-space. The R-subspaces of S—and T is one of them—satisfy the ascending chain condition. T is therefore a modul finite extension of R.

The main result of our note is:

Theorem 1. Let R be a Noetherian ring with unit element, $S = R[\xi_1, \xi_2, \cdots \xi_n]$ a ring finite extension and T an intermediate ring such that S is a modul finite extension of T: $S = T\omega_1 + T\omega_2 + \cdots + T\omega_m$. Then T is a ring finite extension of R.

Proof: There exist expressions of the form:

$$(1) \qquad \xi_i = \sum_{\nu=1}^{m} a_{i\nu}\omega_\nu; \quad i = 1, 2, \cdots n; \qquad a_{i\nu} \in T$$

1) i.e. a ring with ascending chain condition for ideals,

(2) $$\omega_i\omega_j=\sum_{\nu=1}^{m} b_{ij\nu}\omega_\nu\,;\quad i,\, j=1,\,2,\,\cdots m\,;\quad b_{ij\nu}\in T.$$

Let T_0 be the ring finite extension of R generated by the $a_{i\nu}$ and the $b_{ij\nu}$. Lemma 1 shows that T_0 is Noetherian. Trivially $T_0\subset T\subset S$.

An element of S is a polynomial in the ξ_i with coefficients in R. Substituting (1) and making repeated use of (2) shows that

$$S=T_0\omega_1+T_0\omega_2+\cdots+T_0\omega_m,$$

so that S is a modul finite extension of T_0. Because of lemma 2 our ring T is also a modul finite extension of T_0, say by elements $\alpha_1, \alpha_2, \cdots \alpha_p$ of T. Therefore T is a ring finite extension of R by the elements $a_{i\nu}$, $b_{ij\nu}$ and α_ν.

As an application we prove the following theorem of Zariski.[2)]

Theorem 2. Let k be a field and assume that the ring finite extension $E=k[\xi_1, \xi_2, \cdots \xi_n]$ is a field. Then E/k is algebraic and consequently modul finite.

Proof: Suppose E/k is transcendental. Let $\xi_1, \xi_2, \cdots \xi_r$ be algebraically independent, all other ξ_ν algebraically dependent on $\xi_1, \xi_2, \cdots \xi_r$. Call F the field $k(\xi_1, \xi_2, \cdots \xi_r)$ of all rational functions of $\xi_1, \xi_2, \cdots \xi_r$. Then $k\subset F\subset E$ and E is a modul finite extension of F (being a finite algebraic extension of F). Because of theorem 1 F would be a ring finite extension $k[\eta_1, \eta_2, \cdots \eta_m]$ of k. Each η_i is a rational function of $\xi_1, \xi_2, \cdots \xi_r$. Let M be the set of all denominators of the η_i. In the polynomial domain $k[\xi_1, \xi_2, \cdots \xi_r]$ there are infinitely many irreducible polynomials. (One can make a uniform proof for all fields k which is similar to Euclid's proof for the existence of infinitely many primes.) Let f be irreducible and assume f divides none of the polynomials of M. The element $\frac{1}{f}$ of F could not be a polynomial in $\eta_1, \eta_2, \cdots \eta_m$. This is a contradiction.

Zariski uses theorem 2 for a short proof of Hilbert's Nullstellensatz. He concludes as follows:

Let $\mathfrak{a}\neq\mathfrak{o}$ be an ideal in the domain of polynomials $\mathfrak{o}=k[x_1, x_2, \cdots x_n]$ in indeterminates x_ν. Let $\mathfrak{p}\supset\mathfrak{a}$ be a maximal ideal above $\mathfrak{a}$. Then $\mathfrak{o}/\mathfrak{p}$ is a field on one hand and a ring finite extension of k by the residue

2) Oscar Zariski, A new proof of Hilbert's Nullstellensatz. Bull. Amer. Math. Soc. **53** (1947).

classes $\mu_1, \mu_2, \cdots \mu_n$ of $x_1, x_2, \cdots x_n$ on the other. Therefore each μ_i is algebraic over k. If $f(x_1, x_2, \cdots x_n) \epsilon \mathfrak{p}$ then $f(\mu_1, \mu_2, \cdots \mu_n)=0$. Therefore $\mathfrak{p}$ has an algebraic zero and a fortioii $\mathfrak{a}$.

If consequently $\mathfrak{a}$ is an ideal without algebraic zeros then $\mathfrak{a}=\mathfrak{o}$. The full Nullstellensatz is an easy consequence of this statement.[3)]

Now let R be a Noetherian integral domain with unit element 1 and quotient field F.

Theorem 3. R has a ring finite extension $S=R[\xi_1, \xi_2, \cdots, \xi_n]$ which is a field, if and only if F is itself a ring finite extension of R. If this is the case the fields of type S are simply all modul finite extension fields of F.

Proof: If S is a field, then $R \subset F \subset S$ and $S=F[\xi_1, \xi_2, \cdots \xi_n]$. According to theorem 2 S is a modul finite extension of F. From theorem 1 it follows that F is s ring finite extension of R. Conversely, if F is a ring finite extension, then any modul finite extension of F is obviously a ring finite extension of R.

Our next theorem gives necessary and sufficient conditions for F to be a ring finite extension of R.

Theorem 4. The following four statements about R are equivalent:

(A) F is a ring finite extension of R.

(B) There exists an element $a \neq 0$ of R which is contained in all prime ideals of R.

(C) There are only a finite number of minimal prime ideals of R.

(D) There are only a finite number of prime ideals in R, and every one of them is maximal.

(By ideal we always mean a "proper" ideal, different from $\{0\}$ and R.)

Proof:

(A)$\to$(B): Let $F=R[\eta_1, \eta_2, \cdots, \eta_n]$. Let $a \epsilon R$ be a common denominator of the η_i. Then for any element $f=f(\eta_1, \eta_2, \cdots, \eta_n) \epsilon F$ we have $a^\nu f \epsilon R$ for some ν. Given any prime ideal $\mathfrak{p}$ of R, let $b \neq 0$ be an element of $\mathfrak{p}$. Then we have $a^\nu \frac{1}{b} \epsilon R$; hence $a^\nu \epsilon\, bR \subset \mathfrak{p}$ and therefore $a \epsilon \mathfrak{p}$.

(B)$\to$(C): Let $aR=\mathfrak{q}_1 \cap \mathfrak{q}_2 \cap \cdots \cap \mathfrak{q}_r$, each $\mathfrak{q}_i$ primary belonging to $\mathfrak{p}_i$. For a sufficiently high m we have $\mathfrak{p}_i^m \subset \mathfrak{q}_i$ for all i. Let $\mathfrak{p}$ be any prime ideal. Then

3) See for instance: van der Waerden, Moderne Algebra, vol. 2 (1931), p. 11.

$$\mathfrak{p}_1^m\mathfrak{p}_2^m\cdots\mathfrak{p}_r^m\subset\mathfrak{q}_1\mathfrak{q}_2\cdots\mathfrak{q}_r\subset\mathfrak{q}_1\cap\mathfrak{q}_2\cap\cdots\cap\mathfrak{q}_r=aR\subset\mathfrak{p},$$

and therefore $\mathfrak{p}_i\subset\mathfrak{p}$ for some i. It follows that the minimal primes must be among the primes $\mathfrak{p}_1, \mathfrak{p}_2, \cdots, \mathfrak{p}_r$.

(C)→(D) : We shall use the fact that any element $c\in R$ which is not a unit is contained in some minimal prime. This follows directly from a theorem of Krull[4] which states that any prime ideal which is minimal among the primes containing a principal ideal cR is minimal in R.

Let $\mathfrak{p}_1, \mathfrak{p}_2, \cdots, \mathfrak{p}_s$ be the minimal primes of R. For each i, there exists an element $a_i\notin\mathfrak{p}_i$ such that $a_i\in\mathfrak{p}_j$ for $j\neq i$. Otherwise we would have $\mathfrak{p}_i\supset\cap_{j\neq i}\mathfrak{p}_j\supset\Pi_{j\neq i}\mathfrak{p}_j$, and therefore $\mathfrak{p}_i\supset\mathfrak{p}_j$ for some $j\neq i$, contradicting the minimality of $\mathfrak{p}_i$. Take now any element $b\notin\mathfrak{p}_1$. The element

$$b'=b+\sum_{i;\,b\in\mathfrak{p}_i} a_i\equiv b \pmod{\mathfrak{p}_1}$$

is clearly contained in none of the minimal primes $\mathfrak{p}_i$ and is therefore a unit. It follows that $\mathfrak{p}_1$, and similarly any $\mathfrak{p}_i$, is maximal.

(D)→(C) : Trivially.

(C)→(B) : Take an $a\neq 0$ in the product of the minimal primes.

(B)→(A) : Take $b\neq 0$ in R. Write $bR=\mathfrak{q}_1\cap\mathfrak{q}_2\cap\cdots\cap\mathfrak{q}_r$, each $\mathfrak{q}_i$ primary belonging to $\mathfrak{p}_i$. From $a\in\mathfrak{p}_i$ we conclude some power of a is in all the $\mathfrak{q}_i$, therefore in bR: $a^m=bc$. Then $\dfrac{1}{b}=\dfrac{c}{a^m}$ shows that $F=R\left[\dfrac{1}{a}\right]$.

The question whether a field $E\supset R$ can be imbedded in a ring finite extension $S=R[\xi_1, \xi_2, \cdots, \xi_n]$ of R can be answered immediately. Let $\mathfrak{p}$ be a maximal ideal of S. The residue class field $S/\mathfrak{p}$ still contains E and $S/\mathfrak{p}=R[\eta_1, \eta_2, \cdots, \eta_n]$ where η_i is the residue class of ξ_i. According to theorem 3 R has to satisfy the condition stated in this theorem and $S/\mathfrak{p}$ is a modul finite extension of F. Therefore E is a modul finite extension of F.

Princeton University.

---

4) W. Krull, Dimensionstheorie in Stellenringen, Journal für die reine und angewandte Mathematik, vol. 179, p. 221 (1938).

The Orders of the Linear Groups

By EMIL ARTIN

Denote by $N(q, n)$ the order of the projective unimodular group of a vector space of dimension n over a field with q elements. For a long time one knew of three cases where different values of q and n give the same $N(q, n)$ and of six cases where $N(q, n) = \frac{1}{2} m!$, the order of the alternating group in m letters. In all but two instances this equality is due to an isomorphism between the corresponding groups, the exceptions being $N(4, 3) = N(2, 4)$ and $N(4, 3) = \frac{1}{2} 8!$.

To the best of my knowledge it has never been ascertained that these nine cases are the only ones for which equality of group orders occurs. We shall show this in the present paper. In this way we obtain of course again the well-known result that most of our groups are nonisomorphic. The same method can be used for all other classical groups[1], but we shall restrict ourselves here to the unimodular and the alternating groups.

In the first paragraph we shall assemble well-known statements concerning cyclotomic polynomials. This paragraph is merely added for the convenience of the reader.

In the next two sections we shall then discuss the problem of equalities between the group orders.

1. *Prime Divisors of Cyclotomic Polynomials*

Let $\Phi_n(x)$ be the n-th cyclotomic polynomial, $\Phi_n(x, y) = y^{\varphi(n)} \Phi_n(x/y)$ the corresponding homogeneous form. Let a, b be integers which are relatively prime and satisfy the inequality $|a| \geq |b| + 1 \geq 2$. Let the letter p always stand for primes and assume p divides $a^n - b^n$ for some n; then p divides neither a nor b and the assumption is equivalent to $(a/b)^n \equiv 1 \pmod{p}$. Let f be the precise exponent of a/b modulo p, i.e. the minimal possible value for n. Then $p \mid a^n - b^n$ if and only if $f \mid n$. We also ask whether $p \mid \Phi_n(a, b)$; if this is the case then certainly $p \mid a^n - b^n$ hence $f \mid n$ but the converse is not true.

Denote by ord m the exponent of the highest power of p which divides m. Since $f \mid p - 1$ we have ord $f = 0$.

Let $n = fp^i m$ where $p \nmid m$ and put $r = fp^i$.

1) Suppose $m > 1$. Then $p \mid a^r - b^r$ since $f \mid r$ and

$$\frac{a^n - b^n}{a^r - b^r} = \frac{((a^r - b^r) + b^r)^m - b^{rm}}{a^r - b^r} = (a^r - b^r)^{m-1} + \cdots + mb^{r(m-1)}$$

[1]See E. Artin, *The orders of the classical simple groups*, to appear in Communications on Pure and Applied Mathematics, Vol. VIII, No. 4, 1955.

which shows that $p \nmid (a^n - b^n)/(a^r - b^r)$. But

$$\Phi_n(a, b) \left| \frac{a^n - b^n}{a^r - b^r}. \right.$$

Hence $\text{ord}\,(a^n - b^n) = \text{ord}\,(a^r - b^r)$ and $\text{ord}\,\Phi_n(a, b) = 0$.

2) This leaves $n = fp^i$ with $i \geq 1$. Suppose p is odd. Put $r = fp^{i-1}$ (hence $p \mid a^r - b^r$) and we have again

$$\frac{a^n - b^n}{a^r - b^r} = (a^r - b^r)^{p-1} + \cdots + \binom{p}{2}(a^r - b^r)b^{r(p-2)} + pb^{r(p-1)}.$$

Since $p \geq 3$ we obtain

$$\text{ord}\,\frac{a^n - b^n}{a^r - b^r} = 1, \qquad \text{ord}\,(a^n - b^n) = \text{ord}\,(a^r - b^r) + 1$$

and therefore

$$\text{ord}\,(a^n - b^n) = \text{ord}\,(a^f - b^f) + i.$$

We have

$$\frac{a^n - b^n}{a^r - b^r} = \prod_{\substack{d \mid n \\ d \nmid r}} \Phi_d(a, b)$$

and $d = fp^i$ is the only case for which $f \mid d$, hence $\text{ord}\,\Phi_d(a, b)$ could possibly be $\neq 0$. Therefore $\text{ord}\,\Phi_n(a, b) = 1$.

3) If p is odd and $f \mid n$ then the previous cases show

$$\text{ord}\,(a^n - b^n) = \text{ord}\,(a^f - b^f) + \text{ord}\,n.$$

4) If $p = 2$, then $f = 1$ and we still have to look at $n = 2^i$. For $i = 1$, $\Phi_2(a, b) = a + b$ and one can in general not say more than that $\text{ord}\,\Phi_2(a, b) > 0$. Nevertheless either $\Phi_1(a, b) = a - b$ or $\Phi_2(a, b)$ will have ord $= 1$ and the other one a higher value of ord. If $i \geq 2$, then $\Phi_n(a, b) = a^{2^{i-1}} + b^{2^{i-1}} \equiv 2 \pmod 4$ and we obtain again $\text{ord}\,\Phi_n(a, b) = 1$.

LEMMA 1. *Let f be the exponent of a/b modulo p. Then we have the following rules:*

1) *If p is odd:*

$$\text{ord}\,\Phi_f(a, b) > 0; \qquad \text{ord}\,\Phi_{fp^i}(a, b) = 1$$

if $i \geq 1$ and in all other cases $\text{ord}\,\Phi_n(a, b) = 0$.

If $f \nmid n$, then $\text{ord}\,(a^n - b^n) = 0$; *otherwise* $\text{ord}\,(a^n - b^n) = \text{ord}\,(a^f - b^f) + \text{ord}\,n$.

2) $p = 2, f = 1$.

a) *If* $\Phi_1(a, b) = a - b \equiv 0 \pmod 4$, *then* $\text{ord}\,\Phi_{2^i}(a, b) = 1$ for $i \geq 1$.

b) *If* $\Phi_2(a, b) = a + b \equiv 0 \pmod 4$, *then* $\text{ord}\,\Phi_{2^i}(a, b) = 1$ *for* $i = 0, 2, 3, \cdots$

In all other cases $\text{ord}\,\Phi_n(a, b) = 0$.

We deduce for $n > 2$ the following special fact: If $p \mid \Phi_n(a, b)$ and also some $\Phi_i(a, b)$ for $i < n$, then $p \mid n$ and $\operatorname{ord}_p \Phi_n(a, b) = 1$. Suppose now that *every* prime dividing $\Phi_n(a, b)$ has this property. Then obviously

$$| \Phi_n(a, b) | \leq \prod_{p \mid n} p.$$

We are going to show that this inequality is not true in most cases. It would follow that $\Phi_n(a, b)$ must be divisible by some prime that does not divide any $\Phi_i(a, b)$ for $i < n$.

To find an estimate for $| \Phi_n(a, b) |$ we let a, b range over all pairs of *complex* numbers which satisfy the inequality

$$| a | \geq | b | + 1 \geq 2,$$

and denote by $L(n)$ the greatest lower bound of $| \Phi_n(a, b) |$.

LEMMA 2. *For* $n \neq 1, 2, 3, 6$ *we have* $L(n) > \prod_{p \mid n} p$.

Proof: We have the trivial estimates

$$| \Phi_n(a, b) | \geq (| a | - | b |)^{\varphi(n)}$$

and

$$\begin{aligned} | a^p | - | b^p | &= ((| a | - | b |) + | b |)^p - | b |^p \\ &\geq (| a | - | b |)^p + p(| a | - | b |)^{p-1} | b | \geq 1 + p. \end{aligned}$$

If $p \mid n$, then $\Phi_{np}(a, b) = \Phi_n(a^p, b^p)$ and consequently

$$L(np) \geq L(n) \quad \text{if} \quad p \mid n \tag{1}$$

and

$$L(np) \geq (1 + p)^{\varphi(n)} \quad \text{if} \quad p \nmid n. \tag{2}$$

From (2) we obtain the special cases

$$L(4) \geq 3, \qquad L(9) \geq 16, \qquad L(12) \geq 9, \qquad L(18) \geq 16. \tag{3}$$

We have

$$| \Phi_p(a, b) | = \left| \frac{a^p - b^p}{a - b} \right| \geq \frac{| a |^p - | b |^p}{| a | + | b |}.$$

We are going to show that the right-hand side is $> 2p$ for $p \geq 5$. To this effect we must prove:

If $x \geq y + 1 \geq 2$, then $x^p - 2px - (y^p + 2py) > 0$. We can obviously replace y by the greatest consistent value so that we may assume $x = y + 1$. Now we have merely to show that $(y + 1)^p - y^p > 4py + 2p$ if $y \geq 1$. Since $p \geq 5$ we have on the left side the terms:

$$py^{p-1} \geq p, \quad p\frac{p-1}{2}y^{p-2} \geq 2py, \quad p\frac{p-1}{2}y^2 \geq 2py, \quad py \geq p \text{ and } 1,$$

which proves the statement, and from $|\Phi_{2p}(a, b)| = |\Phi_p(a, -b)|$ we now obtain

(4) $$L(p) > 2p \quad \text{and} \quad L(2p) > 2p \quad \text{if} \quad p \geq 5.$$

If $p \nmid n$, then

$$|\Phi_{np}(a, b)| = \prod_{\substack{\epsilon^p = 1 \\ \epsilon \neq 1}} |\Phi_n(a, \epsilon b)|$$

hence

(5) $$L(np) \geq (L(n))^{p-1} \quad \text{if} \quad p \nmid n.$$

Notice that the function $x^{\nu-2} - y$ is monotonically increasing in each of the variables if $x \geq 3$ and $y \geq 3$ and that it is 0 for $x = 3$, $y = 3$. Hence $x^{\nu-2} \geq y$, $x^{\nu-1} \geq xy$ if $x \geq 3$, $y \geq 3$.

Therefore

(6) $$L(np) \geq pL(n) \quad \text{if} \quad p \nmid n, \quad p \geq 3, \quad \text{and} \quad L(n) \geq 3.$$

Equations (1) and (6) show: if the lemma is true for n and if $L(n) \geq 3$, then it is true for np unless n is odd and $p = 2$. Considering (3) and (4) as initial cases we see that the lemma is true for $n \neq 1, 2, 3, 6$.

Restrict now a, b again to integer values and consider

$$\Phi_3(a, b) = a^2 + ab + b^2 = \tfrac{3}{4}a^2 + (\tfrac{1}{2}a + b)^2 \geq 27/4 > 6 \quad \text{if} \quad |a| \geq 3.$$

If $a = 2$ only $b = -1$ and if $a = -2$ only $b = 1$ are exceptions to the lemma. $\Phi_6(a, b) = \Phi_3(a, -b)$ shows that for $n = 6$ only $a = 2$, $b = 1$ and $a = -2$, $b = -1$ are the exceptions.

COROLLARY 1. *If $n > 2$ and a, b are relatively prime integers satisfying $|a| \geq |b| + 1 \geq 2$ then there is always a prime p which divides $a^n - b^n$ but no $a^i - b^i$ with $i < n$ unless either $n = 3$, $a = \pm 2$, $b = \mp 1$ or $n = 6$, $a = \pm 2$, $b = \pm 1$.*

COROLLARY 2. *If $a > 1$ is an integer and $n > 2$ then there is always a prime p which divides $a^n - 1$ but no $a^i - 1$ with $i < n$ unless $n = 6$ and $a = 2$.*

2. *The Projective Unimodular Groups*

Let p be a prime, $q = p^r$, $n \geq 2$ and d the greatest common divisor of n and $q - 1$. Then

$$N = (1/d)q^{n(n-1)/2}(q^n - 1)(q^{n-1} - 1) \cdots (q^2 - 1)$$

is the order of the projective unimodular group of dimension n in a field with q elements.

Let another such group be described by p_1, $q_1 = p_1^{r_1}$ and d_1. We ask whether there are nontrivial cases where

(7) $$(1/d_1)q_1^{n_1(n_1-1)/2}(q_1^{n_1} - 1) \cdots (q_1^2 - 1) = (1/d)q^{n(n-1)/2}(q^n - 1) \cdots (q^2 - 1) = N.$$

Three cases are known:

a) $q_1 = 4, n_1 = 2$ and $q = 5, n = 2$ with $N = 60$,
b) $q_1 = 2, n_1 = 3$ and $q = 7, n = 2$ with $N = 168$,
c) $q_1 = 2, n_1 = 4$ and $q = 4, n = 3$ with $N = 20160$.

We shall show that there are no other cases.

1) $p_1 = p$. Since d_1 and d are prime to p we get

$$r_1 n_1(n_1 - 1) = rn(n - 1). \tag{8}$$

Suppose first $r_1 n_1 = rn$. Then $r_1 n_1^2 = rn^2$ hence $n_1 = n$, $r_1 = r$, which is of course the trivial case.

Otherwise we may assume $r_1 n_1 > rn \geq 2$. Unless $r_1 n_1 = 6$ and $p = 2$ there is a prime $p_2 \mid q_1^{n_1} - 1 = p^{n_1 r_1} - 1$ which divides no $p^i - 1$ for $i < r_1 n_1$. This p_2 does not divide $q_1 - 1$ so that $p_2 \nmid d_1$. It divides the left side of (7) but not the right side so that this is impossible. We are therefore left with $r_1 n_1 = 6$, $p = 2$ and $rn < 6$. (8) shows $n_1 - 1 < n - 1$ hence $2 \leq n_1 < n \leq rn \leq 5$.

If $n = 3$ then $r = 1$ and from (8), $n_1 = 2$, $r_1 = 3$. The left side of (7) is 504, the right side 168.

If $n = 5$ then $r = 1$, but the right side of (8) is not divisible by 6.

This leaves $n = 4$, $r = 1$ hence from (8), $n_1 = 3$, $r_1 = 2$ which is the exceptional case *c*).

If $p_1 \neq p$ we distinguish several cases:

2) Assume $n = 2$. Then

$$\begin{aligned} N &= (1/d_1)q_1^{n_1(n_1-1)/2}(q_1^{n_1} - 1) \cdots (q_1^2 - 1) \\ &= (1/d)q(q^2 - 1) = (1/d)(q - 1)(q + 1). \end{aligned} \tag{9}$$

For $q \leq 13$ we find that $(1/d)(q(q^2 - 1))$ is never divisible by the sixth power of a prime so that $n_1 \leq 3$. If $n_1 = 3$ we obtain for $q_1 = 2$ the value $N = 168$ which gives $q = 7$ and is case *b*) of our exceptions. For $n_1 = 3$, $q_1 \geq 3$ we have $N \geq \frac{1}{3} 3^3 (3^3 - 1) (3^2 - 1) = 1872$ whereas the largest value for $q \leq 13$ is 1092.

If we assume therefore $n_1 \geq 3$ we may also assume $q \geq 16$. Obviously

$$N < q_1^{n_1(n_1-1)/2 + n_1 + (n_1 - 1) + \cdots + 2} = q_1^{n_1^2 - 1},$$

an estimate which will also be used in the later cases. (9) shows

$$\frac{1}{2} q^3\left(1 - \frac{1}{q}\right)\left(1 + \frac{1}{q}\right) < q_1^{n_1^2 - 1}. \tag{10}$$

Since d_1 is prime to p_1, the term $q_1^{n_1(n_1-1)/2}$ must divide $q - 1$ or $q + 1$ if p_1 is odd. If $p_1 = 2$ then p is odd, $d = 2$ and the same conclusion holds. At any rate

$$q_1^{n_1(n_1-1)/2} \leq q + 1.$$

If we raise this to the power $2(n_1 + 1)/n_1 \leq 8/3$ (we assume $n_1 \geq 3$) we get

$$q_1^{n_1^2-1} \leq (q + 1)^{8/3}$$

hence from (10)

$$\frac{1}{2}\, q^3\left(1 - \frac{1}{q}\right)\left(1 + \frac{1}{q}\right) < q^{8/3}\left(1 + \frac{1}{q}\right)^{8/3},$$

$$q^{1/3} < 2\,\frac{\left(1 + \dfrac{1}{q}\right)^{5/3}}{1 - \dfrac{1}{q}} \leq 2\,\frac{\left(1 + \dfrac{1}{16}\right)^{5/3}}{1 - \dfrac{1}{16}} = \frac{2\cdot 17^{5/3}}{15\cdot 16^{2/3}}$$

since $q \geq 16$. Hence

$$q < 17^5/32\cdot 15^3 < 14,$$

showing the impossibility.

If $n_1 = 2$ then

$$(1/d_1)q_1(q_1 + 1)(q_1 - 1) = (1/d)q(q + 1)(q - 1).$$

If both q and q_1 are odd then $d = d_1 = 2$ and we get $q = q_1$ from the monotonic behavior of both sides. Otherwise assume q_1 odd, $d_1 = 2$ and q even, $d = 1$. Then

$$q_1(q_1 + 1)(q_1 - 1) = 2q(q + 1)(q - 1).$$

Therefore $q < q_1$. The factor q_1 divides either $q + 1$ or $q - 1$. If q_1 is equal to one of the terms then it can only be $q + 1$ and we get

$$(q + 1)(q + 2)q = 2q(q + 1)(q - 1),$$

$$q + 2 = 2q - 2, \qquad q = 4, \qquad q_1 = 5,$$

which is exceptional case *a*).

If q_1 is a proper divisor of one of the terms then $q_1 \leq (q + 1)/2$ hence $q < q_1 < (q + 1)/2$ showing $q < 1$ which is impossible.

3) Assume $n_1 \geq 3$, $n = 3$. Then

$$\begin{aligned} N &= (1/d_1)q_1^{n_1(n_1-1)/2}(q_1^{n_1} - 1)\cdots(q_1^2 - 1) \\ &= (1/d)q^3(q^3 - 1)(q^2 - 1) = (1/d)q^3(q^2 + q + 1)(q + 1)(q - 1)^2. \end{aligned} \tag{11}$$

Thus we get the inequality

$$\frac{1}{3}\, q^8\left(1 + \frac{1}{q} + \frac{1}{q^2}\right)\left(1 + \frac{1}{q}\right)\left(1 - \frac{1}{q}\right)^2 \leq N \leq q_1^{n_1^2-1}$$

and just the more

$$\frac{1}{3}\, q^8\left(1 - \frac{1}{q}\right)^2 < q_1^{n_1^2-1}. \tag{12}$$

We first look at the lowest cases for q:

$$q = 2, \quad d = 1, \quad N = 2^3\cdot 7\cdot 3,$$
$$q = 3, \quad d = 1, \quad N = 2^4\cdot 3^3\cdot 13,$$
$$q = 4, \quad d = 3, \quad N = 2^6\cdot 3^2\cdot 5\cdot 7,$$
$$q = 5, \quad d = 1, \quad N = 2^5\cdot 3\cdot 5^3\cdot 31.$$

$p_1^{rn_1(n_1-1)/2}$ must be the precise contribution of p_1 to N so the exponent of p_1 must be divisible by $n_1(n_1 - 1)/2 = 3, 6, \cdots$. In each of these cases we get $p_1 = p$ whereas we assumed $p_1 \neq p$.

Therefore $q \geq 7$.

Let f be the exponent of q modulo p_1. Since $q_1^{n_1(n_1-1)/2}$ divides the right side of (11) we have $f \leq 3$ and Lemma 1 gives the following information:

$f = 3$, $q_1^{n_1(n_1-1)/2}$ divides $q^2 + q + 1$ and is therefore $\leq q^2 + q + 1$,
$f = 2$, it divides $q + 1$,
$f = 1$, $p_1 \neq 2, 3$, it divides $(q - 1)^2$,
$f = 1$, $p_1 = 3$, it divides $3(q - 1)^2$,
$f = 1$, $p_1 = 2$, it divides either $2(q - 1)^2$ or $4(q + 1)$.

The case $3(q - 1)^2$ dominates all others in size. Indeed

$$4(q + 1) \leq 3(q - 1)^2 \quad \text{and} \quad q^2 + q + 1 \leq 3(q - 1)^2 \quad \text{if} \quad q \geq 7.$$

Therefore $q^{n_1(n_1-1)/2} \leq 3(q - 1)^2$. We raise this to the power $2\cdot(n_1 + 1)/n_1 \leq 8/3$ (we have $n_1 \geq 3$) and obtain

$$q_1^{n_1^2-1} \leq 3^{8/3}(q - 1)^{16/3}$$

and from (12)

$$\frac{1}{3}\, q^8\left(1 - \frac{1}{q}\right)^2 < 3^{8/3}q^{16/3}\cdot\left(1 - \frac{1}{q}\right)^{16/3}$$

$$q^{8/3} < 3^{11/3}\left(1 - \frac{1}{q}\right)^{10/3} < 3^{11/3}$$

hence

$$q < 3^{11/8} < 3^{12/8} = 3^{3/2} = \sqrt{27} < 6.$$

This is a contradiction since $q \geq 7$.

4) Assume $\min(n_1, n) \geq 4$ and say p_1 odd. N is precisely divisible by $p_1^{r_1 n_1(n_1-1)/2}$ and this number must therefore certainly divide $(q^n - 1)\,(q^{n-1} - 1)\cdots(q^2 - 1)\,(q - 1)$.

Let f be the exponent of q modulo p_1. Lemma 1 shows that only the terms $q^{fi} - 1$ with $i \leq [n/f]$ give a contribution to the ord based on the prime p_1, and that

$$\operatorname{ord}(q^{fi} - 1) = \operatorname{ord}(q^f - 1) + \operatorname{ord} i.$$

One part of the total contribution of our terms is therefore

$$\left[\frac{n}{f}\right] \text{ord}\,(q^f - 1) < \frac{n}{f}\frac{\log q^f}{\log p_1} = \frac{\log q^n}{\log p_1}.$$

The other part of the total contribution is the same as that to $[n/f]!$ and is therefore

$$\left[\frac{n}{fp_1}\right] + \left[\frac{n}{fp_1^2}\right] + \cdots < \frac{n}{fp_1} + \frac{n}{fp_1^2} + \cdots = \frac{n}{f(p_1 - 1)} \leq \frac{n}{p_1 - 1}.$$

Then the power of p_1 which divides $(q^n - 1)(q^{n-1} - 1) \cdots (q - 1)$ is smaller than

$$p_1^{\log q^n/\log p_1} \cdot p_1^{n/(p_1-1)} \leq q^n \cdot 3^{n/2}.$$

Here we used that $p_1 \geq 3$ and that the function $x^{1/(x-1)}$ is decreasing for $x > 1$. Indeed $\log x/(x - 1)$ has the derivative $1/x(x - 1) - \log x/(x - 1)^2$ so that one must show $(x - 1)/x - \log x < 0$ for $x > 1$. But this function is 0 for $x = 1$ and has a negative derivative for $x > 1$.

Thus $q_1^{n_1(n_1-1)/2} < q^n \cdot 3^{n/2}$. Raise it to the power $2\cdot(n_1 + 1)/n_1 \leq 5/2$ to obtain $q_1^{n_1^2-1} < q^{5n/2} \cdot 3^{5n/4}$. Since $3^5 < 4^4$ we have

$$N < q_1^{n_1^2-1} < q^{5n/2} \cdot 4^n. \tag{13}$$

By induction on m one proves: if $0 \leq x_i \leq 1$ then

$$\prod_{i=1}^{m} (1 - x_i) \geq 1 - \sum_{i=1}^{m} x_i .$$

Consequently

$$N = \frac{1}{d}\, q^{n^2-1}\left(1 - \frac{1}{q^2}\right)\left(1 - \frac{1}{q^3}\right) \cdots \left(1 - \frac{1}{q^n}\right) > \frac{1}{d}\, q^{n^2-1}\left(1 - \sum_{i=2}^{\infty} \frac{1}{q^i}\right).$$

From (13) we deduce

$$\frac{1}{d}\, q^{n^2-1}\left(1 - \frac{1}{q(q - 1)}\right) < q^{5n/2}4^n,$$

$$q^{n^2} < \frac{d}{1 - \dfrac{1}{q(q - 1)}}\, q^{5n/2+1}4^n,$$

$$q^n < 4\left(\frac{d}{1 - \dfrac{1}{q(q - 1)}}\right)^{1/n} q^{5/2+1/n}.$$

Since $n \geq 4$ we may replace n on the right side by 4:

$$q^n < 4\left(\frac{d}{1 - \dfrac{1}{q(q - 1)}}\right)^{1/4} q^{3-1/4}. \tag{14}$$

a) If $q \geq 5$ use

$$d < q, \qquad \frac{1}{1 - \dfrac{1}{q(q-1)}} \leq \frac{1}{1 - \dfrac{1}{20}} < \frac{1}{1 - \dfrac{1}{5}} = \frac{5}{4},$$

$$q^n < 4 \cdot \left(\frac{5}{4}\right)^{1/4} q^3 = \sqrt[4]{320}\, q^3 < 5q^3 \leq q^4,$$

hence $n < 4$ contradicting our assumption.

b) If $q = 4$ use

$$d \leq 3, \qquad \frac{1}{1 - \dfrac{1}{q(q-1)}} = \frac{1}{1 - \dfrac{1}{12}} < \frac{1}{1 - \dfrac{1}{4}} = \frac{4}{3},$$

$$4^n = q^n < 4 \cdot 4^{1/4} \cdot 4^{3-1/4} = 4^4$$

and again $n < 4$.

c) If $q = 3$ then $p_1 \geq 5$ since p_1 is odd $\neq p$. Interchange the role of q and q_1 which gives the case $q \geq 5$.

d) If $q = 2$, $d = 1$,

$$\frac{d}{1 - \dfrac{1}{q(q-1)}} = 2$$

and

$$2^n < 4 \cdot 2^{1/4} 2^{3-1/4} = 32$$

hence $n < 5$ or $n = 4$. But then

$$N = 2^6 \cdot (2^4 - 1)(2^3 - 1)(2^2 - 1) = 2^6 \cdot 3^2 \cdot 5 \cdot 7$$

and no odd p_1 is possible for $n_1 \geq 4$.

3. *Comparison with Alternating Groups*

Six cases are known in which the order of the projective unimodular group is $\frac{1}{2}\, m!$, the order of the alternating group:

a)	$q = 3,$	$n = 2,$	$N = \frac{1}{2}4!,$
b)	$q = 4,$	$n = 2,$	$N = \frac{1}{2}5!,$
c)	$q = 5,$	$n = 2,$	$N = \frac{1}{2}5!,$
d)	$q = 9,$	$n = 2,$	$N = \frac{1}{2}6!,$
e)	$q = 4,$	$n = 3,$	$N = \frac{1}{2}8!,$
f)	$q = 2,$	$n = 4,$	$N = \frac{1}{2}8!.$

We shall show that they are the only ones. Let $N = \frac{1}{2}\, m!.\ p^{rn(n-1)/2}$ is the precise power of p dividing N hence

(15) $$r\,\frac{n(n-1)}{2} = \left[\frac{m}{p}\right] + \left[\frac{m}{p^2}\right] + \cdots \qquad \text{if } p \text{ is odd,}$$

(16) $$1 + r\,\frac{n(n-1)}{2} = \left[\frac{m}{2}\right] + \left[\frac{m}{2^2}\right] + \cdots \qquad \text{if } p = 2.$$

The right sides of (15) and (16) are $< (m/p) + (m/p^2) + \cdots = m/(p-1)$ hence

$$r\,\frac{n(n-1)}{2} < \frac{m}{p-1};$$

thus

$$q^{n(n-1)/2} < p^{m/(p-1)}.$$

Raise this inequality to the power $2(n+1)/n \leq 3$ to get ($\frac{1}{2}\, m! = N < q^{n^2-1}$):

(17) $$\tfrac{1}{2} m! < p^{3m/(p-1)}.$$

It is easy to see that $m^m e^{-m} < \frac{1}{2}\, m!$. This is true for $m = 1$ and the inequality for $m+1$ is obtained from that for m by multiplying with $(m+1)^{m+1} m^{-m} e^{-1} < m+1$, which is true, since $(1 + 1/m)^m < e$. Now (17) gives

$$m^m e^{-m} < p^{3m/(p-1)}$$

hence (extracting the m-th root)

(18) $$m < e \cdot p^{3/(p-1)}.$$

1) Suppose $p \geq 7$. Then ($x^{1/(x-1)}$ is decreasing) $m < e\,\sqrt{7}$, giving $m \leq 7$. Since $p \leq m$ this gives $m = p = 7$. Now from (15) $r\,n(n-1)/2 = 1$ or $r = 1$, $n = 2$, $N = 168$ which is $\neq \frac{1}{2}\, 7!$.

2) If $p = 5$ then $m < e \cdot 5^{3/4}$ from (18), hence $m \leq 9$. From (15): $r\,n(n-1)/2 = 1$, $r = 1$, $n = 2$, the exceptional case *c*).

3) If $p = 3$ then $m < e \cdot 3^{3/2}$ hence $m \leq 14$. Now $rn(n-1)/2 \leq 5$. The precise powers of 3 dividing $\frac{1}{2}\, m!$ are 1, 2, 4, 5. This makes $n \geq 3$ impossible. Hence $n = 2$, $r = 1, 2, 4, 5$ and $N = \frac{1}{2} \cdot 3^r(3^{2r} - 1) = \frac{1}{2} \cdot 3^r\,(3^r + 1)\,(3^r - 1)$. The fact that $3^4 + 1$ and $3^5 + 1$ are divisible by 41 respectively 61 and $\frac{1}{2}\, m!$ is not, leaves only $r = 1, 2$, the exceptional cases *a*) and *d*).

4) If $p = 2$ then $m < e \cdot 2^3$, $m \leq 21$. Now from (16): $1 + r\,n(n-1)/2 \leq 18$, $r\,n(n-1)/2 \leq 17$ showing $n \leq 6$, $d \leq 6$. If $n \geq 5$ then $q^5 - 1$ is one of the factors of N. It is divisible by $2^5 - 1 = 31$ but $\frac{1}{2}\, m!$ is not for $m \leq 21$. Hence $n \leq 4$.

If we had $m \geq 11$ then one of the factors $q^s - 1 = 2^{rs} - 1$ would have to be divisible by 11. But 2 is a primitive root mod 11 so that rs is divisible by

10. This makes the factor again divisible by $2^5 - 1 = 31$ and $\frac{1}{2}\, m!$ is not. Therefore $m \leq 10$.

The precise powers of 2 dividing $m!$ for $m \leq 10$ are 1, 3, 4, 7, 8 ($= 1 + r\, n(n-1)/2$). Consequently $r\, n(n-1)/2 = 2, 3, 6, 7$. $m \leq 5$ corresponds to $r\, n(n-1)/2 = 2$ giving $n = 2$, $r = 2$, the exceptional case b). For $m \geq 6$ we have $r\, n(n-1)/2 = 3, 6, 7$. Some term $2^{rs} - 1$ must be divisible by 5, hence $4|rs$. Since $n \leq 4$ we have therefore either $n = 4$, $r = 1$, the exceptional case f), or r even, $r\, n(n-1)/2 = 6$ and $n < 4$. $n = 2$, $r = 6$ gives a factor $2^{12} - 1$ divisible by $2^6 + 1$ hence by 13 (and $\frac{1}{2}\, m!$ is not) and $r = 2$, $n = 3$ is the exceptional case e).

Received January 31, 1955.

The Orders of the Classical Simple Groups

By EMIL ARTIN

We shall extend here the result of the previous paper "The Orders of the Linear Groups" [1] to all finite classical groups. The notion of classical groups is taken in such a wide sense as to embrace all finite simple groups which are known up to now.

The situation is the following: in his book "Linear Groups" L. Dickson [3] studied the finite simple groups known up to 1901, gave proofs of their simplicity and investigated isomorphisms among them. In the last chapter he summarizes his results and gives a list of the numerical group orders below a billion. In two subsequent papers he adds another system of simple groups, the analogues of the exceptional Lie group E_2 with 14 parameters. These investigations were taken up again by J. Dieudonné [4, 5] who greatly improved on Dickson's methods, simplified and extended his proofs and finally brought order into the discussion of the orthogonal groups where confusion was supreme. No new simple finite group was found until quite recently C. Chevalley succeeded in defining the analogues of the remaining exceptional Lie groups E_m and in proving their simplicity. I am greatly indebted to him for communicating to me the formulas for the orders of these new simple groups. In short we mean by classical the systems of alternating, linear, unitary, symplectic and orthogonal groups, the E_m and—for good measure—the 5 Mathieu groups.

In [5] Dieudonné proved that there is no isomorphism between the groups studied by Dickson in his book but the ones listed there. The proof is quite involved and complicated.

Aside from the isomorphisms there are also mere coincidences of group orders. They are described as cases 14) and 15) in the first section of this paper where we give again a survey of the known finite simple groups, their isomorphisms and their orders. Such coincidences are of course highly interesting since they give us examples of non isomorphic simple groups with the same order.

We shall prove now that there are no other coincidences between the orders of these groups. This provides us of course with another—and I believe simpler—proof of the result of Dieudonné mentioned above if it can be shown that the coincidences 14) and 15) are not due to an isomorphism. This is easy enough to show for the two groups of order 20160 and it should not be too hard to find a proof for case 15) which is shorter than the one already given by Dickson or the one by Dieudonné.

One of the difficulties was of course to find an arrangement where one does not have to consider something like 200 separate cases with many gruesome details. The reasons why this can be done is to be found in Theorem 1 and in the first table of the last section. Very few special orders have to be computed. They are collected in the second section of this paper.

The proof is furthermore arranged in such a way that any future system of simple groups can be worked into our scheme with a negligible amount of work provided the formula for the group order is of the same general nature.

We shall quote [1] only for references to its first section containing lemmas on cyclotomic polynomials.

The following remark may have a slight theoretical interest:

The lemma at the end of the first section suggests that it may be useful to study general simple groups of order N which contain a Sylow subgroup of an order greater than $N^{1/3}$ or some similar stronger lower bound.

1. *Survey of the Known Finite Simple Groups*

The best known type of simple groups is the alternating group of m letters which shall be denoted by A_m .

Next we describe four types of groups which we shall call in this paper (to avoid long and cumbersome names) linear, unitary, symplectic and orthogonal:

Let $q = p^r$ be a power of a prime p. In the linear symplectic and orthogonal cases, V will be a vector space of dimension $m \geq 2$ over the field F_q with q elements, in the unitary case a vectorspace of dimension $m \geq 2$ over the quadratic extension field F_{q^2} of F_q .

Let f be a non degenerate form of V which is hermitian in the unitary case (conjugation means the automorphism of order 2 of F_{q^2}), skew symmetric bilinear in the symplectic case (which restricts the dimension m to even numbers only) and quadratic in the orthogonal case (here we shall restrict ourselves to $m \geq 3$).

We consider now either the group of all unimodular linear transformations of V (linear case) or the group of all unimodular linear transformations of V which keep f invariant. In the orthogonal case we still go over to the commutator subgroup except when q is even *and* m odd (an uninteresting case as we are going to see).

With each of these groups we form the factor group modulo the center; this is the final step. In the unitary and symplectic case the group does not depend on the special form f we selected so that these groups are sufficiently described by the symbols $U_m(q)$ and $S_m(q)$. For the linear case we choose the designation $L_m(q)$.

If the dimension m is odd, then the orthogonal group does not depend on the choice of f either, so that it is sufficiently described by the symbol $O_m(q)$.

If however the dimension $m = 2n$ is even, we obtain two types of orthogonal groups. They can be described by a sign $\epsilon = \pm 1$ where $\epsilon = +1$ if the dimension of the maximal isotropic subspaces of V is n, and -1 if this dimension is $n - 1$. Another way of describing ϵ is the following:

If q is odd let D be the discriminant of f. Then

$$\epsilon = \begin{cases} +1 \text{ if } (-1)^n D \text{ is a square in } F_q \\ -1 \text{ if } (-1)^n D \text{ is not a square in } F_q . \end{cases}$$

If q is even then $\epsilon = +1$ if $f \sim \sum_{i=1}^{n} x_{2i-1} x_{2i}$ and $\epsilon = -1$ if $f \sim x_1^2 + x_2^2 + \sum_{i=1}^{n} x_{2i-1} x_{2i}$.

The two groups may now be denoted by $O_{2n}(\epsilon, q)$.

The analogues of the exceptional Lie groups of ranks $m = 2, 4, 6, 7, 8$ shall be denoted by $E_m(q)$ (the number of parameters is respectively 14, 52, 78, 133, 248). The groups $E_2(q)$ have been studied by L. Dickson, the other $E_m(q)$ by C. Chevalley in a forthcoming paper [2].

Finally one has to mention the 5 special groups of Cole, Mathieu and Miller which are described as certain permutation groups of a high degree of transitivity but of a comparatively low order. Their orders are:

$$\begin{aligned} 7920 &= 2^4 \cdot 3^2 \cdot 5 \cdot 11 \\ 95040 &= 2^6 \cdot 3^3 \cdot 5 \cdot 11 \\ 443520 &= 2^7 \cdot 3^2 \cdot 5 \cdot 7 \cdot 11 \\ 10200960 &= 2^7 \cdot 3^2 \cdot 5 \cdot 7 \cdot 11 \cdot 23 \\ 244823040 &= 2^{10} \cdot 3^3 \cdot 5 \cdot 7 \cdot 11 \cdot 23. \end{aligned}$$

For obvious reasons we shall say the groups $L_n(q)$, $U_n(q)$, $S_{2n}(q)$, $O_{2n}(\epsilon, q)$ and $E_m(q)$ are of Lie-type and we shall call p the characteristic of the group. (The groups $O_{2n+1}(q)$ are omitted for a reason that will be apparent in a moment.)

The following isomorphisms have been found among our groups:

1) $L_2(q) \simeq U_2(q) \simeq S_2(q) \simeq O_3(q)$,

2) $O_5(q) \simeq S_4(q)$,

3) $O_4(+1, q) \simeq L_2(q) \times L_2(q)$,

4) $O_4(-1, q) \simeq L_2(q^2)$,

5) $O_6(+1, q) \simeq L_4(q)$,

6) $O_6(-1, q) \simeq U_4(q)$,

7) If q is even: $O_{2n+1}(q) \simeq S_{2n}(q)$,

8) $L_2(3) \simeq A_4$; order $N = 12$,

9) $L_2(4) \simeq L_2(5) \simeq A_5$; $N = 60$,

10) $L_2(7) \simeq L_3(2)$; $N = 168$,

11) $L_2(9) \simeq A_6$; $N = 360$;

12) $L_4(2) \simeq A_8$; $N = 20160$,

13) $U_4(2) \simeq S_4(3)$; $N = 25920$.

This group is also isomorphic to the group of 27 lines on a cubic surface.[1]

The following coincidences of orders have been found:

14) $L_3(4)$ has order 20160 but is *not* isomorphic to the two groups of case 12).

15) If q is odd and $2n \geq 6$ then the two groups $S_{2n}(q)$ and $O_{2n+1}(q)$ have the same order but are not isomorphic.

All our groups are simple with the following exceptions:

a) $L_2(2) \simeq U_2(2) \simeq S_2(2) \simeq O_3(2) \simeq$ symmetric group of 3 letters.
b) $L_2(3) \simeq U_2(3) \simeq S_2(3) \simeq O_3(3) \simeq A_4$.
c) $U_3(2)$, a solvable group of order 72.
d) $S_4(2) \simeq$ symmetric group of 6 letters ($N = 720$) $\simeq O_5(2)$.
e) $O_4(1, q)$ as case 3) shows.
f) $E_2(2)$ which has a subgroup of index 2. This subgroup is isomorphic to the simple group $U_3(3)$.

If we hunt for further coincidences between the orders of our groups we may forget about the uninteresting case $O_4(+1, q)$ (see case 3)). The isomorphisms show that we can eliminate all orthogonal groups of dimension ≤ 6 and the unitary and symplectic groups of dimension 2. 7) and 15) show that the orthogonal groups of odd dimension can also be omitted.

We give now a list of the formulas for the group order N in the remaining cases (the formulas are also correct in the cases we have eliminated) in terms of q and m; notice that the denominator d in our formulas is always prime to p, that it divides $q^2 - 1$ as a matter of fact. We also need estimates for N:

1) A_m

$$m^m e^{-m} < N = \tfrac{1}{2} m!,$$

2) $L_n(q)$ for $n \geq 2$; $d = (n, q - 1)$

$$N = \frac{1}{d} q^{n(n-1)/2} \prod_{i=2}^{n} (q^i - 1) < q^{n^2-1},$$

3) $U_n(q)$ for $n \geq 3$; $d = (n, q + 1)$

$$N = \frac{1}{d} q^{n(n-1)/2} \prod_{i=2}^{n} (q^i - (-1)^i) < q^{n^2-1},$$

4) $S_{2n}(q)$ for $n \geq 2$; $d = (2, q - 1)$

$$N = \frac{1}{d} q^{n^2} \prod_{i=1}^{n} (q^{2i} - 1) < q^{n(2n+1)},$$

[1]For the sake of completeness let us mention that another group which arises from algebraic geometry and which has been studied extensively in the last century is the group of the 28 double tangents of a curve of degree 4. This group is isomorphic to $S_6(2)$.

5) $O_{2n}(\epsilon, q)$ for $n \geq 4$; $d = (4, q^n - \epsilon)$

$$N = \frac{1}{d} q^{n(n-1)}(q^n - \epsilon) \prod_{i=1}^{n-1} (q^{2i} - 1) < q^{n(2n-1)},$$

6) $E_2(q)$

$$N = q^6(q^6 - 1)(q^2 - 1) < q^{14},$$

7) $E_4(q)$

$$N = q^{24}(q^{12} - 1)(q^8 - 1)(q^6 - 1)(q^2 - 1) < q^{52},$$

8) $E_6(q)$; $d = (3, q - 1)$

$$N = \frac{1}{d} q^{36}(q^{12} - 1)(q^9 - 1)(q^8 - 1)(q^6 - 1)(q^5 - 1)(q^2 - 1) < q^{78},$$

9) $E_7(q)$; $d = (2, q - 1)$

$$N = \frac{1}{d} q^{63}(q^{18} - 1)(q^{14} - 1)(q^{12} - 1) \cdot(q^{10} - 1)(q^8 - 1)(q^6 - 1)(q^2 - 1) < q^{133},$$

10) $E_8(q)$

$$N = q^{120}(q^{30} - 1)(q^{24} - 1)(q^{20} - 1)(q^{18} - 1) \cdot(q^{14} - 1)(q^{12} - 1)(q^8 - 1)(q^2 - 1) < q^{248}.$$

The upper bounds for N are obvious in all cases but 3) and 5) with $\epsilon = -1$. In case 3) we unite a term $q^i + 1$ with the preceding $q^{i-1} - 1$ to obtain $q^{2i-1} - q^i + q^{i-1} - 1 < q^{2i-1} = q^i \cdot q^{i-1}$. In case 5) with $\epsilon = -1$ we have $(q^n + 1)(q^2 - 1) = q^{n+2} - q^n + q^2 - 1 < q^{n+2} = q^n \cdot q^2$.

Consider now a group of Lie type:

The highest power of q which divides N shall be called the q-contribution. Suppose now that M is an upper bound for this q-contribution. In order to obtain an upper bound for N itself we have to raise the q-contribution to the following powers (compare the q-contributions to the upper estimates for N in our formulas):

$2(n + 1)/n$ in the cases 2) and 3); $(2n + 1)/n$ in case 4); $(2n - 1)/(n - 1)$ in case 5); $7/3$ in case 6); $13/6$ in case 7); $39/18$ in case 8); $19/9$ in case 9); $31/15$ in case 10).

Notice that all these numbers are ≤ 3. If we can omit the groups $L_2(q)$ they are even $\leq 8/3$ and if $L_2(q)$, $L_3(q)$, $U_3(q)$ can be omitted then they are $\leq 5/2$. Thus we have:

LEMMA. *If M is an upper bound for the q-contribution to the order N then we have $N \leq M^3$, $N \leq M^{8/3}$, $N \leq M^{5/2}$ depending on whether the lowest dimensions of $L_n(q)$ and $U_n(q)$ have to be considered or not.*

2. *Table of Special Group Orders*

TABLE 1

$L_n(q)$

	n	q	N
	2	3	$2^2\cdot 3$
a)	2	4	$2^2\cdot 3\cdot 5$
a)	2	5	$2^2\cdot 3\cdot 5$
b)	2	7	$2^3\cdot 3\cdot 7$
	2	8	$2^3\cdot 3^2\cdot 7$
	2	9	$2^3\cdot 3^2\cdot 5$
	2	11	$2^2\cdot 3\cdot 5\cdot 11$
b)	3	2	$2^3\cdot 3\cdot 7$
	3	3	$2^4\cdot 3^3\cdot 13$
c)	3	4	$2^6\cdot 3^2\cdot 5\cdot 7$
	3	8	$2^9\cdot 3^2\cdot 7^2\cdot 73$
c)	4	2	$2^6\cdot 3^2\cdot 5\cdot 7$
	4	3	$2^7\cdot 3^6\cdot 5\cdot 13$
	4	4	$2^{12}\cdot 3^4\cdot 5^2\cdot 7\cdot 17$
	4	5	$2^7\cdot 3^2\cdot 5^6\cdot 13\cdot 31$
	5	2	$2^{10}\cdot 3^2\cdot 5\cdot 7\cdot 31$

$U_n(q)$

	n	q	N
*	3	2	$2^3\cdot 3^2$
*	3	3	$2^5\cdot 3^3\cdot 7$
	3	4	$2^6\cdot 3\cdot 5^2\cdot 13$
	3	8	$2^9\cdot 3^4\cdot 7\cdot 19$
d)*	4	2	$2^6\cdot 3^4\cdot 5$
	4	3	$2^7\cdot 3^6\cdot 5\cdot 7$
	4	4	$2^{12}\cdot 3^2\cdot 5^3\cdot 13\cdot 17$
	4	5	$2^7\cdot 3^4\cdot 5^6\cdot 7\cdot 13$
	5	2	$2^{10}\cdot 3^5\cdot 5\cdot 11$

$S_{2n}(q)$

	n	q	N
	2	2	$2^4\cdot 3^2\cdot 5$
d)	2	3	$2^6\cdot 3^4\cdot 5$
	3	2	$2^9\cdot 3^4\cdot 5\cdot 7$

$E_2(q)$

q	N
2	$2^6\cdot 3^3\cdot 7$
3	$2^6\cdot 3^6\cdot 7\cdot 13$

Our theorems will be reduced to a finite number of cases. These cases are collected in Table 1. It is economical to make in advance two simple tests:

The first one consists in comparing the contribution of the characteristic p of the group to N with the other prime powers dividing N. This test need only be performed for the groups $\neq L_2(q)$. In all cases but those marked by * the contribution of p is largest. In the exceptions it is second largest.

The second test consists in scanning the table for coincidences of N. Four such coincidences occur and they are marked in the table by a, b, c, d. They are among the known ones.

We may also test whether the 5 Mathieu groups lead to coincidences of orders. These orders are certainly not of the form $\frac{1}{2}\,m!$ since they are divisible by 11 but not by 5^2. If they have the same order as some $L_2(q)$ then $q = 2^4$, 2^6, 2^7, 2^{10}, 3^2, 3^3, 5, 7, 11, 23. But the orders of these groups are divisible by $2^4 + 1 = 17$, $2^6 + 1 = 5\cdot 13$, $2^7 - 1 = 127$, $2^{10} - 1 = (2^5 - 1)\ (2^5 + 1) = 31\cdot 33$, $L_2(9)$, $L_2(5)$, $L_2(7)$, $L_2(11)$ are in the table, $3^3 - 1 = 2\cdot 13$ and $\frac{1}{2}\,23(23-1)\cdot(23+1)$ is not divisible by 5.

In order to find a conceivable $L_n(q)$ or $U_n(q)$ with $n \geq 3$ one looks whether one of the exponents in the five group orders is divisible by $n(n-1)/2 = 3$, $6, \cdots$. The quotient determines r for $q = p^r$. One sees that $n = 3$ with $q = 4, 3$, $n = 4$ with $q = 2$ and $n = 5$ with $q = 2$ are conceivable. These group orders are in our table and may be compared with the Mathieu groups. For $S_{2n}(q)$ one tests divisibility by $n^2 = 4, 9, \cdots$ and finds only $S_4(2)$ in the table. Finally $E_2(2)$ is conceivable. The other groups give nothing. The outcome of this test is of course that no coincidences occur.

3. *Order Coincidences Between a Group of Lie Type and A_m*

Let the group of Lie type be described by its symbol and $q = p^r$. The p-contribution to $m!$ has an exponent

$$\left[\frac{m}{p}\right] + \left[\frac{m}{p^2}\right] + \cdots < \frac{m}{p} + \frac{m}{p^2} + \cdots = \frac{m}{p-1}.$$

The q-contribution to N is therefore $< p^{m/(p-1)}$. Our lemma shows: $N < p^{3m/(p-1)}$ for $L_2(q)$ and $N < p^{8m/3(p-1)}$ in all other cases.

Replacing $N = \frac{1}{2}\,m!$ by the lower bound $m^m e^{-m}$ and extracting the m-th root we find:

$m < e\cdot p^{3/p-1}$ for $L_2(q)$, $m < e\cdot p^{8/3(p-1)}$ in all other cases.

We distinguish several cases:

1) $p \geq 5$. Then $m \leq e\cdot 5^{3/4}$ showing $m \leq 9$. We have used the fact that $x^{1/x-1}$ is monotonically decreasing. Since $p \mid \frac{1}{2}\,m!$ we can have only $p = 5, 7$. Since $\frac{1}{2}\,m!$ is divisible only by the first power of 5 respectively 7 we see that only $L_2(5)$ and $L_2(7)$ are possible. $L_2(7)$ has an order divisible by 7 but not by 5 so that we are left with $L_2(5)$, which is the isomorphism of case 9).

2) $p = 3$, $m \leq e\cdot 3^{3/2}$, $m \leq 14$. The precise powers of 3 dividing $\frac{1}{2}\,m!$ for

$m \leq 14$ have exponents 1, 2, 4, 5. They should be divisible by either $n(n-1)/2 = 1, 3, 6, \cdots$ or by $n^2 = 4, 9, \cdots$ (the other groups give nothing). We see that only $L_2(3^r)$ with $r = 1, 2, 4, 5$ and $S_4(3)$ are conceivable. $S_4(3)$ should correspond to $m = 9, 10, 11$ but its order is not divisible by 7. The orders of $L_2(3^4)$ and $L_2(3^5)$ are divisible by $3^4 + 1$ respectively $3^5 + 1$ hence by 41 respectively 61 and $\frac{1}{2}m!$ is not. The remaining groups $L_2(3)$ and $L_2(3^2)$ come from the isomorphisms 8) and 11).

3) $p = 2$. For $L_2(q)$ we obtain $m \leq e \cdot 2^3$ or $m \leq 21$. This bound can immediately be reduced to $m \leq 10$. For, otherwise the order of $L_2(2^r)$ which is $2^r(2^r + 1)(2^r - 1)$ should be divisible by 11. This would entail that $5 \mid r$. But then the order would be divisible by $2^5 - 1 = 31$ and $\frac{1}{2}m!$ is not if $m \leq 21$. 2^r is the precise 2-contribution to $\frac{1}{2}m!$ whence $r = 2, 3, 6, 7$. $2^6 + 1$ and $2^7 - 1$ are divisible by 13 respectively 127 and $\frac{1}{2}m!$ is not. We are therefore left with $r = 2, 3$. For $r = 3$ the order is divisible by 7 but not by 5 and $r = 2$ is the isomorphism 9).

If the group is not $L_2(q)$ we get the better bound $m < e \cdot 2^{8/3}$ or $m \leq 17$. The precise powers of 2 dividing $\frac{1}{2}m!$ are

	2	3	6	7	9	10	14	respectively for
$m =$	4,5	6,7	8,9	10,11	12,13	14,15	16,17.	

If we look again for divisibilities by $n(n-1)/2 = 3, 6, 10, \cdots, n^2 = 4, 9, \cdots, n(n-1) = 12, \cdots$ and by 6 we are left with

$L_3(2), U_3(2)$	for	$m = 6, 7$
$L_3(4), U_3(4), L_4(2), U_4(2), E_2(2)$	for	$m = 8, 9$
$L_3(8), U_3(8), S_6(2)$	for	$m = 12, 13$
$L_5(2), U_5(2)$	for	$m = 14, 15.$

$L_3(2)$, $U_3(2)$, $U_3(8)$, $L_3(8)$, $E_2(2)$ have orders not divisible by 5, $U_3(4)$, $U_4(2)$, $U_5(2)$ have orders not divisible by 7, $L_5(2)$, $S_6(2)$ have orders not divisible by 11.

This leaves only $L_4(2)$ and $L_3(4)$, the coincidences 12) and 14).[2]

4. *The Characteristic of a Group of Lie Type*

This section is devoted to the proof of the following theorem:

THEOREM 1. *If N is the order of a group of Lie type then its characteristic p is the prime whose contribution to N is the numerically largest prime power dividing*

[2]What we have shown here amounts to the statement that $N = \frac{1}{2}m!$ is not divisible by a prime power $> N^{1/3}$ if $m \geq 22$. If one goes to the trouble of checking all the remaining cases $m \leq 21$ one sees that the limit can be lowered to $m \geq 11$ and that $m = 7$ is also such a case. The only groups whose order is divisible by a prime power $> N^{1/3}$ are therefore those which are isomorphic to a group of Lie type, the two alternating groups A_9 and A_{10} and finally the second, third and fifth Mathieu group.

N except in the following cases:

a) $L_2(p)$ *if* $p = 2^s - 1$ *is a Mersenne prime,*

b) $L_2(2^r)$ *if* $p_1 = 2^r + 1$ *is a Fermat prime,*

c) $L_2(8)$, $U_3(2)$, $U_3(3)$ *and* $U_4(2)$.

In these exceptional cases the p-contribution to N will be the second largest prime power dividing N.

Assume a prime p_1 divides an expression of the form

$$\Pi = (a^n - 1)(a^{n-1} - 1) \cdots (a - 1)$$

and let $P_1 = p_1^{\text{ord }\Pi}$ be the highest power of p_1 which divides Π. We wish to find the upper estimate for P_1. The first section of [1] shows the following facts:

If f is the exponent of a modulo p_1 then the terms $a^{if} - 1$ with $0 \le i \le [n/f]$ are the only ones which give a contribution to ord Π and we have

$$\text{ord } (a^{if} - 1) = \text{ord } (a^f - 1) + \text{ord } i \qquad \text{if} \qquad p_1 \text{ is odd.}$$

If $p_1 = 2$ then a is odd, $f = 1$ and in

$$a^i - 1 = \prod_{d \mid i} \Phi_d(a)$$

we get a contribution to ord $(a^i - 1)$ only from the terms $\Phi_{2^\nu}(a)$ with $0 \le \nu \le$ ord i. Consequently ord $(a^i - 1) \le \max$ (ord $(a - 1)$, ord $(a + 1)$) + ord i.

The terms ord i add up to ord $([n/f]!)$ hence to

$$\left[\frac{n}{fp_1}\right] + \left[\frac{n}{fp_1^2}\right] + \cdots < \frac{n}{fp_1} + \frac{n}{fp_1^2} + \cdots = \frac{n}{f(p_1 - 1)} \le \frac{n}{p_1 - 1}.$$

These terms contribute to the estimate for P_1 the factor

$$p_1^{n/(p_1-1)} = (p_1^{1/(p_1-1)})^n.$$

Since this factor decreases with increasing p_1 we can replace it by $3^{n/2}$ if we are sure that p_1 is odd and by 2^n if p_1 may be equal to 2.

For the number a we shall use the values $\pm\, q$ and q^2.

If $a = \pm\, q$ we write

$$\text{ord } (a^f - 1) \le \frac{\log (q^f + 1)}{\log p_1} \le \frac{\log (q + 1)^f}{\log p_1} = f \frac{\log (q + 1)}{\log p_1}$$

and the same estimate holds for max (ord $(a - 1)$, ord $(a + 1)$) with $p_1 = 2$, $f = 1$.

If $a = q^2$ and if p_1 is odd then p_1 divides only one of the factors of $a^f - 1 = (q^f - 1)\,(q^f + 1)$ and we are led to still the same estimate. The total contribution of these terms to ord Π is at most

$$\left[\frac{n}{f}\right] \cdot f \frac{\log (q + 1)}{\log p_1} \le \frac{\log (q + 1)^n}{\log p_1}.$$

The contribution to P_1 is at most a factor $(q + 1)^n$. We have therefore thus far:

(1) $P_1 \leq 3^{n/2}(q + 1)^n$ if q is even, $a = \pm q$ or $a = q^2$,

(2) $P_1 \leq 2^n(q + 1)^n$ if q is odd, $a = \pm q$.

The remaining case is $a = q^2$, q odd and $p_1 = 2$. Then ord $(q^2 + 1) = 1$ and ord $(q^2 - 1) =$ ord $(q - 1) +$ ord $(q + 1)$. One of the two last summands is 1 and the other at most $\log (q + 1)/\log 2$. The contribution which the terms max (ord $(a - 1)$, ord $(a + 1)$) give to ord Π is at most

$$n\left(1 + \frac{\log (q + 1)}{\log 2}\right) = n + \frac{\log (q + 1)^n}{\log 2}$$

and this contributes the factor $2^n(q + 1)^n$ to the estimate of P_1. Together with the 2^n from ord i we get

(3) $P_1 \leq 4^n(q + 1)^n$ if q is odd and $a = q^2$.

Suppose now that we have a group of Lie type where the p-contribution (it is the same as the q-contribution) to N is not the largest prime power. Then there exists a prime $p_1 \neq p$ such that the p_1-contribution P_1 to N is larger than the q-contribution Q. We make now the following choices for a:

for $L_n(q)$ choose $a = q$;
for $U_n(q)$ choose $a = -q$;
for $S_{2n}(q)$ and $O_{2n}(q)$ choose $a = q^2$;
for $E_2(q)$ and $E_4(q)$ choose $a = q^2$ and $n = 3$ respectively $n = 6$;
for $E_m(q)$ with $m = 6, 7, 8$ choose $a = q$ and $n = 12, 18, 30$.

One glance at the formulas for N shows us that P_1 must indeed divide the corresponding Π. Under our assumption Q will therefore be less than the estimates (1), (2), (3) we have obtained for P_1. We now write down these estimates in the various cases using for Q the q-contribution we get from the formulas for N. In each case we still extract the n-th root. We obtain

1) $L_n(q)$, $U_n(q)$ for $n \geq 4$ (the cases $n = 2, 3$ are treated later):

$q^{(n-1)/2} \leq \sqrt{3}\,(q + 1)$ if q is even, $q^{(n-1)/2} \leq 2(q + 1)$ if q is odd.

2) $S_{2n}(q)$, $n \geq 2$:

$$q^n \leq \sqrt{3}\,(q + 1) \quad \text{respectively} \quad q^n \leq 4(q + 1).$$

3) $O_{2n}(\epsilon, q)$, $n \geq 4$:

$$q^{n-1} \leq \sqrt{3}\,(q + 1) \quad \text{respectively} \quad q^{n-1} \leq 4(q + 1).$$

4) $E_m(q)$ for $m = 2, 4, 6, 7, 8$:

$$q^2, q^4, q^3, q^{7/2}, q^4 \leq \sqrt{3}\,(q + 1) \quad \text{respectively} \quad \leq 4(q + 1).$$

If one divides any of these inequalities by q it appears in a form which shows the following fact: should the inequality be false for some q and n then it is also false for a larger q or a larger n. It is therefore enough to test special values.

Case 1) is false for $q = 2, n = 6; q = 3, n = 5; q = 4, n = 5; q = 7, 8, n = 4$. One has therefore to test the groups $L_4(q)$, $U_4(q)$ for $q = 2, 3, 4, 5$, the groups $L_5(q)$, $U_5(q)$ only for $q = 2$. All these groups have been tested in Table 1.

2) is false for $q = 2, 3, n = 3$ and for $q = 4, 5, n = 2$. The groups $S_4(2)$ and $S_4(3)$ are in the table.

3) is already false for $q = 2, 3$ and $n = 4$.

4) is false for $m = 4, 6, 7, 8$ and $q = 2, 3$, and for $m = 2$ only $E_2(2)$ and $E_2(3)$ (which are in the table) are conceivable.

Thus far we found only $U_4(2)$ to be an exception.

In the cases $L_3(q)$, $U_3(q)$ we try to obtain better estimates. P_1 has to divide $(q^3 \mp 1)\,(q^2 - 1)$. If we allow a negative q then we can treat both cases together:

$$(q^3 - 1)(q^2 - 1) = (q^2 + q + 1)(q + 1)(q - 1)^2.$$

Let again f be the exponent of q modulo p_1.

If $f = 3$ or $f = 2$ then P_1 divides $(q^2 + q + 1)$ respectively $(q + 1)$. If $f = 1$ and $p_1 \neq 3, 2$ then P_1 divides $(q - 1)^2$. If $f = 1$, $p_1 = 3, 2$ then P_1 divides either $3(q - 1)^2$ or $2(q - 1)^2$ or $4(q + 1)$.

If we assume $|\,q\,| \geq 4$ then $3(q - 1)^2$ is larger in absolute value than all the other possibilities. Going back to the distinction between $L_3(q)$ and $U_3(q)$ we see that $P_1 \leq 3(q - 1)^2 < 3q^2 < q^3$ for $L_3(q)$ and $P_1 \leq 3(q + 1)^2$ for $U_3(q)$. But $Q = q^3$, hence $q^3 < P_1$ is impossible for $L_3(q)$ if $q \geq 4$ and $q^3 < 3(q + 1)^2$ is false for $q = 5$. The remaining cases $L_3(q)$ with $q = 2, 3$ and $U_3(q)$ with $q = 2, 3, 4$ have been treated in Table 1. $U_3(2)$, $U_3(3)$ are the exceptions.

Finally we have to discuss $L_2(q)$ whose order is

$$\frac{1}{d}\, q(q + 1)(q - 1), \qquad\qquad d = (2, q - 1).$$

The prime power P_1 has to divide one of the factors $q + 1$ or $q - 1$. This is also true if $p_1 = 2$ since q is then odd, $d = 2$ and one of the terms $(q + 1)/2$ or $(q - 1)/2$ will be odd. If we are to have $q < P_1$ then by necessity $P_1 = q + 1$.

If $\quad P_1 = p_1^s \quad$ then $\quad p_1^s = p^r + 1.$

a) p odd, then $p_1 = 2$, $2^s = p^r + 1$. If r were even then p^r would be a square and $p^r + 1$ not divisible by 4; then $s = 1$, $p^r = 1$ — a contradiction. If the odd r were > 1 then

$$\frac{p^r + 1}{p + 1} = \frac{((p + 1) - 1)^r + 1}{p + 1} = \cdots - \binom{r}{2}(p + 1) + r$$

would be odd, > 1 and divide $p^r + 1 = 2^s$. Hence $r = 1$, $p = q = 2^s - 1$, a Mersenne prime.

b) $p = 2$, then p_1 odd and $2^r = p_1^s - 1$. If $s > 2$ then $p_1^s - 1$ would be divisble by a prime which does not divide $p_1 - 1$ (first section of [1] — an impossibility.

If $s = 2$: $$2^{r-2} = \frac{p_1 - 1}{2} \cdot \frac{p_1 + 1}{2};$$

the two factors are relatively prime hence $(p_1 - 1)/2 = 1$, $p_1 = 3$, $r = 3$. This is the exception $L_2(8)$ where 8 is only second highest prime power factor of N.

If $s = 1$: $p_1 = 2^r + 1$, a Fermat prime.

5. *Order Coincidences Between Groups of Lie Type with Different Characteristics*

Obviously one of the groups has to be one of the exceptions to Theorem 1, the other must have a characteristic p_1 which gives the largest contribution P_1 to the group order. We distinguish the cases:

1) $L_2(p)$, $p = 2^s - 1$ a Mersenne prime hence s a prime, $p_1 = 2$, $P_1 = 2^s$, $N = (2^s - 1)2^s\,(2^{s-1} - 1)$.

The possibility that the other group is $L_2(2^s)$ is ruled out by its order $2^s(2^s - 1)\,(2^s + 1)$. One has therefore to test the exponent s of P_1 for divisibilities by numbers of the form $n_1\,(n_1 - 1)/2 = 3, 6, \cdots$ or $n_1^2 = 4, 9, \cdots$ or $n_1\,(n_1 - 1)$ or finally 6, 24, 36, 63, 120. Since s is a prime and only $n_1\,(n_1 - 1)/2$ can be a prime for $n_1 = 3$ we see that $s = 3$, $p = 7$, $n_1 = 3$. $L_2(7)$ must be compared to $L_3(2)$ and $U_3(2)$. This leads to case 10) of our list of isomorphisms.

2) $L_2(2^r)$, $p_1 = 2^r + 1$ a Fermat prime. Since p_1 divides N only to the first power we see that only $L_2(p_1)$ is conceivable. Equality of the orders means

$$2^r(2^r - 1)(2^r + 1) = \tfrac{1}{2}(2^r + 1)(2^r + 2)2^r,$$
$$2(2^r - 1) = 2^r + 2$$

hence $2^r = 4$, $p_1 = 5$, the case 9) of our isomorphisms.

3) $L_2(8)$ with $P_1 = 3^2$, $U_3(2)$ with $P_1 = 3^2$, $U_3(3)$ with $P_1 = 2^5$ and $U_4(2)$ with $P_1 = 3^4$.

The possibility of $L_2(P_1)$ for the other group is ruled out since the order of $L_2(9)$ is divisible by 5, those of $L_2(2^5)$, $L_2(3^4)$ by $2^5 - 1 = 31$ respectively $3^4 + 1 = 2 \cdot 41$.

Testing again the exponents of the P_1 for divisibilities we see that only $U_4(2)$ and $S_4(3)$ have to be compared. This is isomorphism 13) of our list.

THEOREM 2: *The only order coincidences between groups of Lie type with different characteristics are the cases* 9), 10), 13) *of our list of isomorphisms.*

This means of course that the group order N determines the characteristic p of a group of Lie type except for the cases 9), 10), 13) of our list of isomorphisms.

6. *Groups of Lie Type with Given Order and Given Characteristic*

In this section we want to prove a statement which amounts to the following contention:

THEOREM 3: *Assume the order N of a group of Lie type and its characteristic p are given. Then we can deduce completely the type of group from which N comes with the single exception of the two groups of order 20160 and $p = 2$.*

We first remark that if N is the order of $L_2(p)$, the prime p divides N exactly to the first power and this happens in no other case. We may suppose therefore that in $L_2(p^r)$ we always have $r \geq 2$.

Next we replace in the formulas for N each term $p^i \pm 1$ by its factorization into cyclotomic polynomials:

$$p^i - 1 = \prod_{s \mid i} \Phi_s(p); \qquad p^i + 1 = \prod_{\substack{s \mid 2i \\ s \nmid i}} \Phi_s(p).$$

We obtain a certain product of terms $\Phi_s(p)$. We shall denote by α and β the highest respectively second highest s that occurs; multiplicities are disregarded. In each case we shall make sure that the denominator d does not affect the terms $\Phi_\alpha(p)$, $\Phi_\beta(p)$:

1) $L_n(p^r)$.

a) $n = 2, \qquad r \geq 2; \qquad d = (2, p^r - 1) = (2, p - 1);$

$$N = p^r(p^r + 1)\cdot\frac{p^r - 1}{p - 1}\cdot\frac{p - 1}{d}.$$

We see that $\alpha = 2r$, $\beta = r$ since the next lower s coming from $p^r + 1$ is $\leq \frac{2}{3} r < r$.

b) $n \geq 3; \qquad d = (n, p^r - 1);$

$$N = p^{r[n(n-1)/2]}\cdot\frac{p^{nr} - 1}{p^r - 1}\cdot(p^{(n-1)r} - 1) \cdots \frac{p^r - 1}{d}.$$

$\alpha = nr$, $\beta = (n - 1)r$ since the next s from $p^{nr} - 1$ is $\leq nr/2 < (n - 1)r$.

We notice that these two cases can be united to: $n \geq 2$, but $r \geq 2$ for $n = 2$, $\alpha = nr$, $\beta = (n - 1)r$.

2) $U_n(p^r), \qquad n \geq 3, \qquad d = (n, p^r + 1).$

a) $n = 3; \qquad N = p^{3r}\cdot\frac{p^{3r} + 1}{p^r + 1}\cdot(p^{2r} - 1)\cdot\frac{p^r + 1}{d}.$

$\alpha = 6r$, $\beta = 2r$ since the next s from $p^{3r} + 1$ is $\leq 2r$.

b) n odd ≥ 5;

$$N = p^{r[n(n-1)/2]}(p^{nr} + 1)(p^{(n-1)r} - 1)(p^{(n-2)r} + 1) \cdots \frac{p^{2r} - 1}{d}.$$

$\alpha = 2nr, \beta = 2(n-2)r$. Indeed, the next s from $p^{nr}+1$ is $\leq 2nr/3 < 2(n-2)r$ and $(n-1)r < 2(n-2)r$. We can unite: n odd ≥ 3, $\alpha = 2nr$, $\beta = 2(n-2)r$.

$$\text{c) } n = 4, \qquad N = p^{6r}(p^{4r}-1)(p^{3r}+1)\frac{p^{2r}-1}{d}.$$

$\alpha = 6r, \beta = 4r$ since the next s from $p^{3r}+1$ is $\leq 2r < 4r$.

d) n even ≥ 6;

$$N = p^{r[n(n-1)/2]}(p^{nr}-1)(p^{(n-1)r}+1)$$
$$\cdot(p^{(n-2)r}-1)(p^{(n-3)r}+1)\cdots\frac{p^{2r}-1}{d}.$$

$\alpha = 2(n-1)r, \beta = 2(n-3)r$. Indeed apart from the inequalities tested in $b)$ one has to show $nr \leq 2(n-3)r$ which is true. We can *not* unite any more cases.

3) $S_{2n}(p^r)$, $\quad n \geq 2, \quad d = (2, p^r-1) = (2, p-1)$;

$$N = p^{rn^2}\frac{p^{2nr}-1}{p-1}\cdot(p^{2(n-1)r}-1)\cdots\frac{p-1}{d}.$$

$\alpha = 2nr, \beta = 2(n-1)r \qquad$ since $\qquad nr \leq 2(n-1)r$.

4) $O_{2n}(+1, p^r)$, $\quad n \geq 4, \quad d = (4, p^{rn}-1), \quad d \mid p^{2r}-1$;

$$N = p^{rn(n-1)}(p^{nr}-1)(p^{2(n-1)r}-1)(p^{2(n-2)r}-1)\cdots\frac{p^{2r}-1}{d}.$$

$\alpha = 2(n-1)r, \quad \beta = 2(n-2)r \quad$ since $\quad nr \leq 2(n-2)r$.

5) $O_{2n}(-1, p^r)$, $\quad n \geq 4, \quad d = (4, p^{rn}+1), \quad d \mid p^{2r}-1$;

$$N = p^{rn(n-1)}(p^{nr}+1)(p^{2(n-1)r}-1)\cdots\frac{p^{2r}-1}{d}.$$

$\alpha = 2nr, \quad \beta = 2(n-1)r \quad$ since $\quad \dfrac{2nr}{3} < 2(n-1)r$.

Denote by l the exponent of the p-contribution to N. In Table 2 we give the values of l, α, β and of some combinations of l, α, β. These values are given also for the $E_m(p^r)$ for which one has no difficulty determining them.

Suppose now for a moment that we do not only know N and p but also α and β. l is then known from N and we can determine the values of the last three columns of this table. Remembering the inequalities for n in each case we would be left in doubt about the row of the table to which the group belongs in only 4 cases:

1) $L_3(p^{2r})$ and $U_4(p^r)$. But equality of the orders would mean:

$$\frac{1}{d}p^{6r}(p^{6r}-1)(p^{4r}-1) = \frac{1}{d_1}p^{6r}(p^{4r}-1)(p^{3r}+1)(p^{2r}-1)$$

with $d = (3, p^{2r} - 1)$, $d_1 = (4, p^r + 1)$. Putting $x = p^r$ we have

$$x^3 - 1 = \frac{d}{d_1}(x^2 - 1).$$

For $x = 2, d = 3, d_1 = 1$ and $x = 3, d = 1, d_1 = 4$ this is false and for $x \geq 4$ we have $x^3 - 1 > 4(x^2 - 1) \geq d(x^2 - 1)/d_1$.

TABLE 2

Type of Group	l	α	β	$\alpha - \beta$	$\frac{l}{\alpha}$	$\frac{\alpha}{\alpha - \beta} - 2\frac{l}{\alpha}$
$L_n(p^r), n \geq 2$, $r \geq 2$ if $n = 2$	$r\frac{n(n-1)}{2}$	nr	$(n-1)r$	r	$\frac{n-1}{2}$	1
$U_n(p^r)$, n odd ≥ 3	$r\frac{n(n-1)}{2}$	$2nr$	$2(n-2)r$	$4r$	$\frac{n-1}{4}$	$\frac{1}{2}$
$U_4(p^r)$	$6r$	$6r$	$4r$	$2r$	1	1
$U_n(p^r)$, n even ≥ 6	$r\frac{n(n-1)}{2}$	$2(n-1)r$	$2(n-3)r$	$4r$	$\frac{n}{4}$	$-\frac{1}{2}$
$S_{2n}(p^r), n \geq 2$	rn^2	$2nr$	$2(n-1)r$	$2r$	$\frac{n}{2}$	0
$O_{2n}(+1, p^r), n \geq 4$	$rn(n-1)$	$2(n-1)r$	$2(n-2)r$	$2r$	$\frac{n}{2}$	-1
$O_{2n}(-1, p^r), n \geq 4$	$rn(n-1)$	$2nr$	$2(n-1)r$	$2r$	$\frac{n-1}{2}$	1
$E_2(p^r)$	$6r$	$6r$	$3r$	$3r$	1	0
$E_4(p^r)$	$24r$	$12r$	$8r$	$4r$	2	-1
$E_6(p^r)$	$36r$	$12r$	$9r$	$3r$	3	-2
$E_7(p^r)$	$63r$	$18r$	$14r$	$4r$	$\frac{7}{2}$	$-\frac{5}{2}$
$E_8(p^r)$	$120r$	$30r$	$24r$	$6r$	4	-3

2) $L_n(p^{2r})$ and $O_{2n}(-1, p^r)$, $n \geq 4$. Equality would mean

$$\frac{1}{d} p^{rn(n-1)}(p^{2rn} - 1)(p^{2r(n-1)} - 1) \cdots (p^{4r} - 1)$$

$$= \frac{1}{d_1} p^{rn(n-1)}(p^{rn} + 1)(p^{2r(n-1)} - 1)(p^{2r(n-2)} - 1) \cdots (p^{4r} - 1)(p^{2r} - 1)$$

where $d = (n, p^{2r} - 1)$ and $d_1 = (4, p^{rn} + 1)$. Then

$$\frac{1}{d}(p^{rn} - 1) = \frac{1}{d_1}(p^{2r} - 1).$$

But

$$\frac{d}{d_1}(p^{2r} - 1) \leq \frac{p^{2r} - 1}{1}(p^{2r} - 1) = p^{4r} - 2p^{2r} + 1 < p^{4r} - 1 \leq p^{nr} - 1.$$

3) $S_4(p^{3r})$ and $E_2(p^{2r})$. Equality would mean

$$\frac{1}{d} p^{12r}(p^{12r} - 1)(p^{6r} - 1) = p^{12r}(p^{12r} - 1)(p^{4r} - 1)$$

with $d = (2, p - 1)$. For $x = p^{2r}$,

$$\frac{1}{d}(x^3 - 1) = x^2 - 1.$$

But $x^2 - 1 < \frac{1}{2}(x^3 - 1)$ for $x \geq 2$.

4) $O_8(+1, p^{2r})$ and $E_4(p^r)$. Then

$$\frac{1}{d} p^{24r}(p^{8r} - 1)(p^{12r} - 1)(p^{8r} - 1)(p^{4r} - 1)$$

$$= p^{24r}(p^{12r} - 1)(p^{8r} - 1)(p^{6r} - 1)(p^{2r} - 1)$$

with $d = (4, p^{8r} - 1)$. For $x = p^{2r} \geq 4$,

$$(x^4 - 1)(x + 1) = d(x^3 - 1).$$

But

$$(x^4 - 1)(x + 1) > (x^4 - 1)4 > 4(x^3 - 1) \geq d(x^3 - 1).$$

We do therefore know in which row of the previous table we are; $\alpha - \beta$ and l/α give us the values of r and n and our group is completely determined by N, p, α, β. We also observe from our table that $\beta \geq 2$ in all cases.

A prime $p_1 \neq p$ which divides N will divide either $\Phi_\alpha(p)$ or $\Phi_\beta(p)$ or some $\Phi_s(p)$ with $s < \beta$.

Suppose now that p is odd. If $\beta > 2$ then the first section of [1] shows that there are primes dividing $\Phi_\alpha(p)$ but no $\Phi_s(p)$ with $s < \alpha$, and also primes dividing $\Phi_\beta(p)$ but no $\Phi_s(p)$ with $s < \beta$. p will have exponent α modulo the first kind of primes, exponent β modulo the second kind and an exponent $< \beta$

for all the rest of the primes $p_1 \neq p$ which divide N. The values of α and β are then obtainable from N and p alone. If $\beta \leq 2$ then $\beta = 2$ and consequently $\alpha > 2$. Again there will be primes for which the exponent of p is α and all the others will lead to exponents 1 or 2. The values of α and $\beta = 2$ are determined by N and p also in this case. This shows that the group is completely described by N and p alone.

If $p = 2$, the discussion is more complicated. If $\beta > 6$ then we will call the group of the first class; we have again primes $p_1 \neq 2$ dividing N for which 2 has exponent α, others for which 2 has exponent β and for the rest it will have exponent $< \beta$. The values of α and β are determined by N and 2 alone. If $\alpha > 6$ but $\beta \leq 6$ we will call the group of the second class and there are primes for which the exponent of 2 is α and for all others it will be ≤ 6. If $\alpha \leq 6$ we call the group of third class and all primes will lead to an exponent ≤ 6. This discussion shows first of all that N with $p = 2$ determines the class of the group. If it is the first class then α and β are known and the group is completely determined. If it is the second class then only l and α can be found from N and 2. If it is the third class we can give only l.

We give now a list of all groups belonging to the second and third class:

TABLE 3

Class II	l	α
$L_2(2^4)$	4	8
$L_2(2^5)$	5	10
$L_2(2^6)$	6	12
$L_3(2^3)$	9	9
$L_4(2^2)$	12	8
$L_7(2)$	21	7
$U_3(2^2)$	6	12
$U_3(2^3)$	9	18

Class II	l	α
$U_5(2)$	10	10
$U_6(2)$	15	10
$S_4(2^2)$	8	8
$S_4(2^3)$	12	12
$S_8(2)$	16	8
$O_{10}(+1, 2)$	20	8
$O_8(-1, 2)$	12	8
$E_2(2^2)$	12	12

Class III	l
$L_2(2^2)$	2
$L_2(2^3)$	3
$L_3(2)$	3
$L_3(2^2)$	6
$L_4(2)$	6
$L_5(2)$	10
$L_6(2)$	15

Class III	l
$U_3(2)$	3
$U_4(2)$	6
$S_4(2)$	4
$S_6(2)$	9
$O_8(+1, 2)$	12
$E_2(2)$	6

In the second class we have to investigate 3 cases:

1) $L_2(2^6)$ and $U_3(2^2)$ with orders:
$2^6(2^6 + 1)(2^6 - 1)$ and $2^6(2^6 + 1)(2^4 - 1)$, obviously unequal.

2) $L_4(2^2)$ and $O_8(-1, 2)$ which is but a special case of $L_n(p^{2r})$ and $O_{2n}(-1, p^r)$ investigated earlier.

3) $S_4(2^3)$ and $E_2(2^2)$ also a special case of $S_4(p^{3^r})$ and $E_2(p^{2^r})$ and their orders are unequal.
In the third class one has to compare the orders of

4) $L_2(2^3)$, $L_3(2)$, $U_3(2)$,

5) $L_3(2^2)$, $L_4(2)$, $U_4(2)$, $E_2(2)$.

But all these groups belong to Table 1 and have been tested there. Only $L_3(2^2)$ and $L_4(2)$ turn out to have the same order.

Bibliography

[1] E. Artin, *The orders of the linear groups*, Comm. Pure Appl. Math., Vol. 8, No. 3, 1955.
[2] C. Chevalley, *Sur certains groupes finis*, Tôhoku Math. J. (to appear).
[3] L. E. Dickson, *Linear groups*, Teubner, Leipsig, 1901.
[4] J. Dieudonné, *Sur les groupes classiques*, Actualités Sci. Ind., No. 1040, Hermann, Paris, 1948.
[5] J. Dieudonné, *On the automorphisms of the classical groups*, Mem. Amer. Math. Soc., No. 2, 1951.
[6] B. L. van der Waerden, *Gruppen von linearen Transformationen*, Ergebnisse Math., Vol. 4, No. 2, 1935.

Received April 1, 1955.

Theorie der Zöpfe.

Von EMIL ARTIN in Hamburg.

§ 1. Einleitung.

Die vorliegenden Untersuchungen sind als ein Ansatz zu einem Wege gedacht, dem Studium der Knoten und Verkettungen näher zu kommen. Es handelt sich um eine Kennzeichnung einfacherer topologischer Gebilde, der Zöpfe. Dabei ist unter einem Zopf im wesentlichen ein Geflecht aus Fäden zu verstehen, wie schon der Name sagt. Die Zöpfe geben Anlaß zu einer Gruppe, da man aus zwei von ihnen durch „Aneinanderhängen" einen dritten komponieren kann. Die Konstitution dieser Gruppe ist einfach genug, um mit einem finiten Verfahren die Entscheidung zu ermöglichen, ob zwei vorgelegte Zöpfe sich ineinander deformieren lassen oder nicht. Schließt man einen Zopf, verknüpft man also Anfang und Ende, so entsteht eine Verkettung. Umgekehrt läßt sich auch jede Verkettung in diese Gestalt bringen. Von hier aus bis zum Knotenproblem ist aber noch ein weiter Weg. Immerhin gestatten bereits die gewonnenen Resultate, Aussagen über die Verkettungen, vor allem über ihre Fundamentalgruppe, zu machen.

Mein besonderer Dank gilt Herrn O. SCHREIER, der mich bei der Abfassung dieser Arbeit tatkräftig unterstützt hat, insbesondere auch bei den langwierigen Rechnungen, mit denen wir zunächst durchzukommen hofften. Seine Hilfe kam mir besonders beim Beweis von Satz 9 zustatten.

§ 2. Komposition und Gruppenerzeugende.

Unter einem Zopf Z von n^{ter} Ordnung verstehen wir folgendes topologisches Gebilde:

Im Raum sei ein Rechteck mit Gegenseiten g_1, g_2 bzw. h_1, h_2 (der „Rahmen" von Z) vorgelegt. Auf jeder der beiden Seiten g_1 und g_2 seien n Punkte $A_1\, A_2 \cdots A_n$ bzw. $B_1\, B_2 \cdots B_n$ gegeben, wobei der Sinn der Numerierung von h_1 nach h_2 laufe. Jedem Punkte A_i sei eineindeutig ein Punkt B_{r_i} zugeordnet, mit dem er durch eine doppelpunktfreie Raumkurve μ_i verbunden ist, die keine andere Kurve μ_k schneidet. Die Kurve μ_i erhalte noch die Orientierung von A_i nach B_{r_i}. Zwei solche Zöpfe heißen äquivalent oder kürzer gleich, wenn sie sich ineinander ohne Selbstdurchdringung deformieren lassen. Bei dieser Deformation betrachte man auch die Verlängerungen von g_1 und g_2

als undurchdringlich. Man beachte die beiden Orientierungen, die im Zopfe liegen. Die erste betrifft die Numerierung der Punkte A_i, die zweite den Sinn der Kurve μ_i. Bei der Deformation hat man auf diese Orientierungen Rücksicht zu nehmen.

Diese Definition werde nun eingeengt durch die weitere Forderung: Nach passender Deformation von Z sollen die Projektionen der Kurven μ_i auf die Ebene des Rahmens ganz im Innern des Rechtecks laufen, sich nur in endlich vielen Punkten schneiden und mit einer zu g_1 parallelen Geraden nur einen Punkt gemein haben. Da man dreifache Punkte durch leichte Abänderung in Doppelpunkte auflösen kann, wollen wir auch noch annehmen, daß bei der Projektion nur einfache Schnittpunkte auftreten. Schematisch wird sich dann ein Zopf durch eine Zeichnung repräsentieren lassen, wie sie in Fig. 2 zur Darstellung gebracht ist. In Fig. 1 ist als Beispiel ein Geflecht gezeichnet, das wir nicht als Zopf betrachten werden. Im weiteren Verlauf denken wir uns die Zöpfe gleich in einer solchen „Normalgestalt" gegeben.

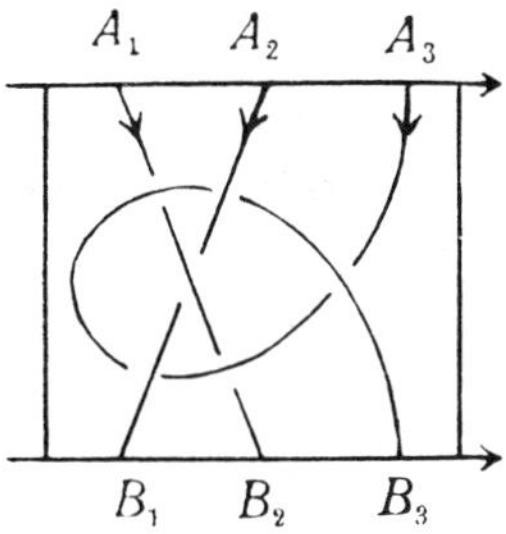

Fig. 1.

Aus zwei Zöpfen Z_1 und Z_2 von n^{ter} Ordnung kann durch Komposition ein dritter gebildet werden, indem man durch Deformation der Normalgestalten die beiden Rechtecke in einer Ebene so aneinanderlegt, daß die Seite g_2 von Z_1 an g_1' von Z_2 anstößt, die Punkte B_i von Z_1 mit den Punkten A_i' von Z_2 zusammenfallen und h_1', h_2' in die Verlängerungen von h_1 und h_2 fallen. Sodann lösche man die Gerade $g_2 = g_1'$. Das Resultat ist ein neuer Zopf, den wir mit $Z_1 Z_2$ bezeichnen. Der Zopf $Z_1 Z_2$ wird also kurz gesagt durch Aneinanderhängen der beiden Zöpfe Z_1 und Z_2 erhalten. In Fig. 2 ist dies andeutungsweise wiedergegeben. Man achte dabei wieder auf die Orientierungen. Wir erwähnen noch ausdrücklich, obwohl dies schon

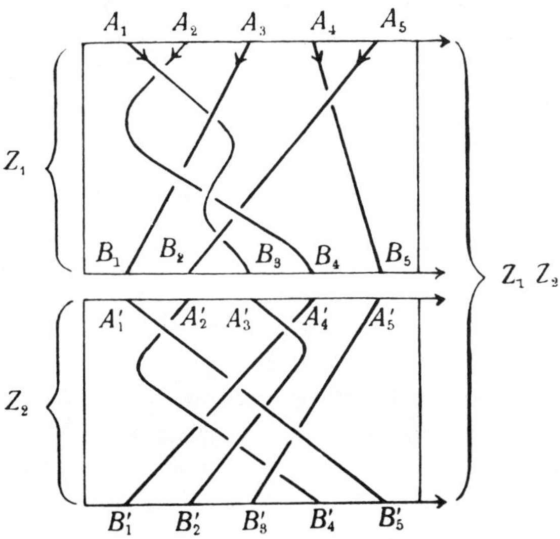

Fig. 2.

aus den Definitionen hervorgeht, daß bei diesem Prozess der i^{te} Faden von Z_1 nicht notwendig mit dem i^{ten} Faden von Z_2 zu verknüpfen ist. Ist vielmehr μ_i die Verbindung von A_i und B_{r_i}, so hat man ja B_{r_i} mit dem Punkt A'_{r_i} von Z_2 zusammenfallen zu lassen, so daß μ_i mit dem Faden μ'_{r_i} von Z_2 verknüpft wird. In Fig. 2 ist z. B. der erste Faden von Z_1 mit dem dritten Faden von Z_2 verbunden.

Das assoziative Gesetz

$$Z_1(Z_2 Z_3) = (Z_1 Z_2) Z_3 \tag{1}$$

für unsere Komposition leuchtet unmittelbar ein. Denn offenbar erscheint derselbe Zopf, wenn man an Z_1 den bereits verknüpften $Z_2 Z_3$ anhängt oder aber an Z_1 den Zopf Z_2 und an das Kompositionsresultat Z_3. Dagegen ist im allgemeinen die Reihenfolge von Z_1 und Z_2 wesentlich, d. h. es gilt nicht das kommutative Gesetz.

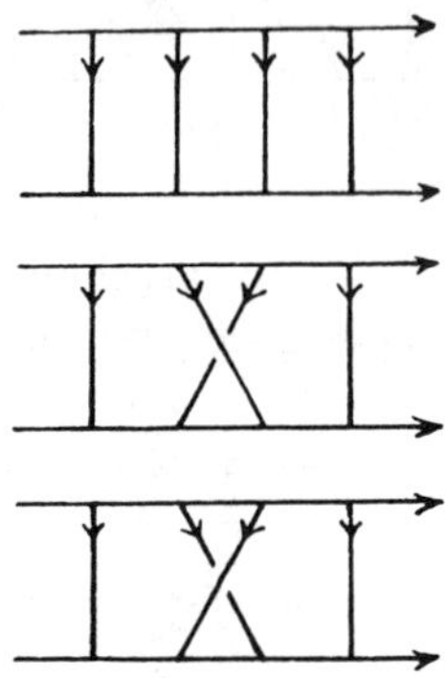

Fig. 3.

Die einfachsten Typen von Zöpfen n^{ter} Ordnung sind in Fig. 3 dargestellt. Wir haben:

1. Den Zopf E, bei dem der Punkt A_i mit B_i verbunden ist und die Fäden μ_i miteinander nicht verschlungen sind. (Bei passender Deformation schneiden sich dann die Projektionen unserer Kurven nicht.) Ersichtlich gilt, wenn Z ein beliebiger Zopf ist:

$$ZE = EZ = Z. \tag{2}$$

Unser Zopf E spielt also die Rolle der Einheit und werde deshalb auch einfach mit 1 bezeichnet.

2. Der Zopf σ_i, bei dem A_i mit B_{i+1} und A_{i+1} mit B_i verbunden ist, wobei der i^{te} Faden einmal *über* dem $(i+1)^{\text{ten}}$ Faden läuft, die übrigen Fäden aber wie bei E laufen. (Also unverschlungen von A_r nach B_r.)

3. Der Zopf σ_i^{-1}, bei dem derselbe Sachverhalt wie bei σ_i vorliegt, nur daß der i^{te} Faden einmal *unter* dem $(i+1)^{\text{ten}}$ läuft.

Komponiert man den Zopf σ_i mit σ_i^{-1}, so kann man den i^{ten} Faden vom $(i+1)^{\text{ten}}$ herunterheben, erhält also den Zopf E. Ebenso wenn σ_i^{-1} mit σ_i komponiert wird. Es gilt also:

$$\sigma_i \cdot \sigma_i^{-1} = \sigma_i^{-1} \cdot \sigma_i = 1. \tag{3}$$

Aus diesem Grunde wurde der dritte Typus σ_i^{-1} genannt.

Nunmehr kann man leicht einsehen, daß jeder Zopf durch passende Komposition der Elementarzöpfe $\sigma_1^{\pm 1}, \sigma_2^{\pm 1} \cdots \sigma_{n-1}^{\pm 1}$ erhalten werden kann, da man ihn nach leichten Deformationen in solche Schichten zerlegen kann, so daß in jeder einzelnen Schicht nur eine Überkreuzung liegt. Die in Fig. 2 vorkommenden Zöpfe gestatten zum Beispiel die Darstellung:

$$Z_1 = \sigma_1 \sigma_4^{-1} \sigma_2^{-1} \sigma_1 \sigma_2^{-1} \sigma_3 \sigma_2^{-1}; \qquad Z_2 = \sigma_1 \sigma_3 \sigma_2^{-1} \sigma_1 \sigma_3 \sigma_2^{-1} \sigma_4 \sigma_3^{-1}.$$

Dies hat aber zur Folge, daß es zu jedem Zopf Z einen inversen Z^{-1} gibt, für den gilt:

$$ZZ^{-1} = Z^{-1} Z = 1. \tag{4}$$

So ist z. B.: $Z_1^{-1} = \sigma_2 \sigma_3^{-1} \sigma_2 \sigma_1^{-1} \sigma_2 \sigma_4 \sigma_1^{-1}$. Die geometrische Bedeutung von Z^{-1} ist auch unmittelbar zu erkennen. Man erhält ihn nämlich, wenn man die Projektion von Z an der Geraden g_2 spiegelt, die Orientierung der Kurven aber im Spiegelbild einfach fortsetzt.

Somit bilden die Zöpfe n^{ter} Ordnung eine Gruppe $\mathfrak{Z}_n$ mit den $(n-1)$ Erzeugenden $\sigma_1, \sigma_2 \cdots \sigma_{n-1}$.

Als Beispiel eines einfachen Zopfes 3. Ordnung führen wir noch den allgemein bekannten Damenzopf an. Er hat die Formel:

$$Z = (\sigma_1 \sigma_2^{-1})^k.$$

Auch die Flechtart:

$$Z = (\sigma_1 \sigma_3 \sigma_2^{-1})^k$$

bei der vier Fäden verwendet werden, findet häufig Anwendung.

§ 3. Definierende Relationen.

Die Darstellung eines Zopfes Z mit Hilfe der σ_i ist natürlich nicht eindeutig, da zwischen den σ_i noch gewisse Relationen bestehen werden, die von den erlaubten Deformationen von Z herrühren. Es wird sich nun zunächst darum handeln, die definierenden Relationen unserer Gruppe zu bestimmen, die Deformationen also zu arithmetisieren. Man überlegt sich nun leicht, daß eine Deformation von Z aus einer Normalgestalt in eine andere stets auch in der Normalgestalt ausgeführt werden kann, so daß es nur auf ein Umordnen der Fäden ankommt.

Dieses Umordnen der Fäden soll nun in einzelne Schritte zerlegt werden. Statt mehrere Fäden zugleich umzuordnen, kann man sukzessiv die einzelnen Fäden über oder unter die anderen wegziehen. Dabei wird man allerdings mehrmals zum gleichen Faden zurückkehren müssen, nachdem man inzwischen die anderen Fäden passend umgelegt hat. Jedenfalls besteht aber ein einzelner Schritt darin, daß ein gewisser Faden allein deformiert wird und die anderen fest bleiben.

Dieser einzelne Schritt kann nun weiter in noch einfachere zerlegt werden. Verfolgen wir nämlich die Fadendeformation, so wird unser Faden in gewissen Augenblicken benachbarte Fäden überschreiten oder unterschreiten, ferner werden sich die Überkreuzungen, an denen unser Faden beteiligt ist, verschieben. Geschieht dies an mehreren Stellen zugleich, so kann man dies wieder hintereinander ausführen. Denken wir uns nun an einer Stelle den i^{ten} Faden über den $(i+1)^{\text{ten}}$ gelegt, so wird knapp nach der Überschreitung an dieser Stelle des Zopfes der Teil $\sigma_i \cdot \sigma_i^{-1}$ eingeschoben erscheinen. Dies gibt uns also keine Relation. Ebenso bedeutet die umgekehrte Operation nur das Weglassen eines Teils $\sigma_i\, \sigma_i^{-1}$.

Es bleibt also noch das „Verschieben" zu betrachten. Es handle sich etwa um σ_i. Solange man mit σ_i nicht eine Überkreuzung passiert, an der der $(i+1)^{\text{te}}$ Faden beteiligt ist, kann im Ausdruck für Z höchstens die Veränderung eintreten, daß σ_i, das vor dem Verschieben einem Gliede σ_k folgte, nunmehr diesem vorangeht. Dabei muß $k \neq i \pm 1$ sein, da der i^{te} und $(i+1)^{\text{te}}$ Faden in dem betrachteten Zopfteil nur an der Überkreuzung σ_i beteiligt sind. (Vgl. Fig. 4.) Diese Umordnung gibt also die Relation:

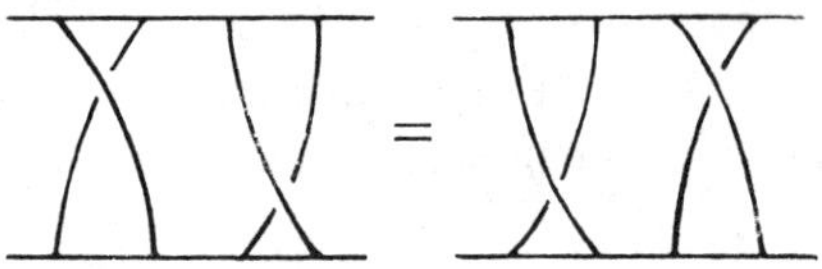

Fig. 4.

(5) $$\sigma_i\, \sigma_k = \sigma_k\, \sigma_i .$$

Wenn man aber beim „Verschieben" von σ_i (etwa nach „oben") eine Überkreuzung passiert, an der der $(i+1)^{\text{te}}$ Faden beteiligt ist, also $\sigma_i^{\pm1}$, so entnehmen wir Fig. 5, 6, in denen natürlich nur das betroffene Segment unseres Zopfes gezeichnet ist:

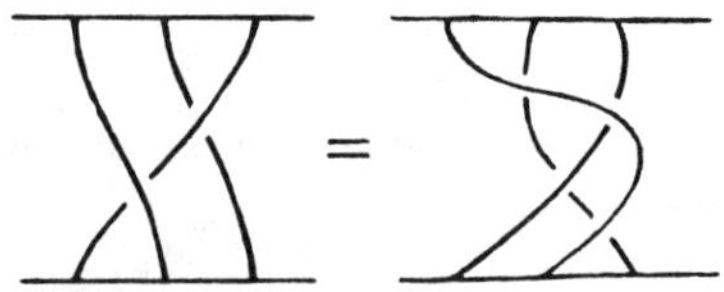

Fig. 5.

$$\sigma_{i+1}^{\pm1}\, \sigma_i = \sigma_i^{\mp1}\, \sigma_{i+1}\, \sigma_i^{\pm1}\, \sigma_{i+1}^{\pm1} .$$

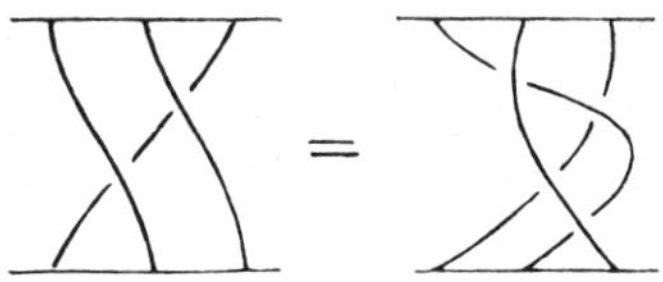

Fig. 6.

Dies gibt in beiden Fällen die Relation:

(6) $$\sigma_i\, \sigma_{i+1}\, \sigma_i = \sigma_{i+1}\, \sigma_i\, \sigma_{i+1} .$$

Die vollkommene Symmetrie von (6) weist schon darauf hin, daß man nichts Neues erhält, wenn man etwa σ_i nach „unten" verschiebt oder wenn man den i^{ten} Faden über den $(i-1)^{\text{ten}}$ zieht. Man kann sich davon mühelos explizit überzeugen. Ebenso führt auch das Verschieben von σ_i^{-1} nur auf (5) und (6).

4*

Das Umordnen der Fäden läuft somit nur auf wiederholte Anwendung der Relationen (5) und (6) hinaus, so daß diese ein System definierender Relationen für unsere Gruppe sind. Wie haben also:

Satz 1. *Die Gruppe $\mathfrak{Z}_n$ der Zöpfe n^{ter} Ordnung läßt sich aus den* $(n-1)$ *Erzeugenden* $\sigma_1, \sigma_2, \cdots \sigma_{n-1}$ *aufbauen, zwischen denen die Relationen bestehen:*

$$(7) \qquad \sigma_i \rightleftarrows \sigma_k, \qquad k \neq i-1,\ i+1$$

$$(8) \qquad \sigma_i\,\sigma_{i+1}\,\sigma_i = \sigma_{i+1}\,\sigma_i\,\sigma_{i+1}, \qquad i = 1, 2, \cdots n-2.$$

Dabei bedeutet nach J. Nielsen[1]) das Zeichen $\rightleftarrows$ die *Vertauschbarkeit* von σ_i und σ_k.

Für $n = 3$ hat man z. B. die beiden Erzeugenden σ_1 and σ_2 sowie die eine Relation

$$(9) \qquad \sigma_1\,\sigma_2\,\sigma_1 = \sigma_2\,\sigma_1\,\sigma_2.$$

Man erkennt übrigens, daß die Gruppe $\mathfrak{Z}_3$ isomorph ist mit der Fundamentalgruppe der Kleeblattschlinge.

§ 4. Zusammenhang mit der Permutationsgruppe von n Ziffern.

Wir bemerken zunächst, daß sich die Gruppe $\mathfrak{Z}_n$ immer durch zwei Erzeugende darstellen läßt. Wir setzen nämlich:

$$(10) \qquad a = \sigma_1\,\sigma_2\,\sigma_3 \cdots \sigma_{n-1}$$

$$(11) \qquad \sigma = \sigma_1.$$

Dann hat man wegen (7):

$$a\,\sigma_i = \sigma_1\,\sigma_2 \cdots \sigma_{i-1}\,\sigma_i\,\sigma_{i+1}\cdot\sigma_i\cdot\sigma_{i+2}\,\sigma_{i+3}\cdots\sigma_{n-1}.$$

Wendet man (8) an, so wird:

$$a\,\sigma_i = \sigma_1 \cdots \sigma_{i-1}\cdot\sigma_{i+1}\,\sigma_i\,\sigma_{i+1}\cdot\sigma_{i+2}\cdots\sigma_{n-1},$$

also wegen (7):

$$a\,\sigma_i = \sigma_{i+1}\cdot\sigma_1\cdots\sigma_{i-1}\cdot\sigma_i\,\sigma_{i+1}\cdots\sigma_{n-1} = \sigma_{i+1}\cdot a$$

oder:

$$(12) \qquad \sigma_{i+1} = a\,\sigma_i\,a^{-1}.$$

Durch wiederholte Anwendung erschließt man daraus:

$$(13) \qquad \sigma_i = a^{i-1}\,\sigma\,a^{-(i-1)}.$$

---

[1]) J. Nielsen, Die Isomorphismengruppe der freien Gruppen. Mathematische Annalen, Bd. 91, S. 169.

Damit sind aber die σ_i durch die beiden Elemente a und σ ausgedrückt. Wir wollen noch die Relationen auf a und σ umrechnen. Dazu gehen wir so vor. Die Gruppe $\mathfrak{Z}_n$ kann man sich auch erzeugt denken durch die $n+1$ Erzeugenden σ_i, a und σ mit den Relationen (7), (8), (10), (11), (13). Dann ist (12) eine Folge von (13). Wendet man nun (12) wiederholt an auf die Relation (9), so erhält man die allgemeine Relation (8). Man benötigt (8) also nur für $i = 1$. Aber auch dies ist überflüssig. Nach (7) ist nämlich σ_1 vertauschbar mit dem Produkt $\sigma_3 \sigma_4 \cdots \sigma_{n-1}$, wegen (10) also mit $\sigma_2^{-1} \sigma_1^{-1} a$. Dies gibt:

$$\sigma_1 \cdot \sigma_2^{-1} \sigma_1^{-1} a = \sigma_2^{-1} \sigma_1^{-1} a \cdot \sigma_1.$$

Nun ist nach (12): $a \sigma_1 = \sigma_2 a$. Trägt man dies ein, so wird:

$$\sigma_1 \sigma_2^{-1} \sigma_1^{-1} = \sigma_2^{-1} \sigma_1^{-1} \sigma_2.$$

Dies erkennt man aber nach leichter Umrechnung als Relation (8) für $i = 1$ wieder.

Aber auch (7) benötigt man wegen (12) nur für $i = 1$. Trägt man in ihr (13) ein, so erhält man nach leichter Änderung der Bezeichnung:

$$\sigma \rightleftarrows a^i \sigma a^{-i} \quad \text{für} \quad 2 \leqq i \leqq n-2 \tag{14}$$

(für $n = 3$ keine Relation).

Umgekehrt liefert (14) und (13) die Relation (7). Es bleiben also noch die Relationen (10), (11), (13), (14). Man trage nun (13) ein in (10) und erhält:

$$a = \sigma a \sigma a \cdots a \sigma a^{-(n-2)} = a^{-1} (a \sigma)^{n-1} \cdot a^{-(n-2)}.$$

Dies gibt die Relation:

$$a^n = (a \sigma)^{n-1}. \tag{15}$$

Aus (15) und (13) ergibt sich umgekehrt (10), so daß man der Gruppe $\mathfrak{Z}_n$ auch die Relationen (11), (13), (14), (15) zugrunde legen kann. In ihnen haben aber (11) und (13) nur den Charakter von Benennungen, so daß man sie weglassen kann. Dann aber bleiben nur die beiden Erzeugenden a und σ mit den Relationen (14) und (15) übrig.

Die Elemente a und $a \sigma$ erzeugen auch die ganze Gruppe. Nach (15) ist a^n Potenz von jeder dieser Erzeugenden. Somit ist a^n mit ihnen, also auch mit jedem Element der Gruppe vertauschbar. Dies folgt allein aus (15). Nun ist leicht zu sehen, daß man die Hälfte der Relationen (14) weglassen kann. Aus (14) folgt nämlich nach Transformation mit a^{-i}:

$$a^{-i} \sigma a^i \rightleftarrows \sigma$$

also:

$$\sigma \rightleftarrows a^{-i}\sigma a^{i} = a^{n}\cdot a^{-i}\sigma a^{i}\cdot a^{-n}$$

oder

$$\sigma \rightleftarrows a^{(n-i)}\sigma a^{-(n-i)}$$

Wir haben also:

Satz 2. *Die Gruppe $\mathfrak{Z}_n$ besitzt die zwei Erzeugenden a und σ mit den definierenden Relationen:*

$$a^{n} = (a\sigma)^{n-1} \tag{16}$$

$$\sigma \rightleftarrows a^{i}\sigma a^{-i} \quad \text{für} \quad 2 \leqq i \leqq \frac{n}{2}. \tag{17}$$

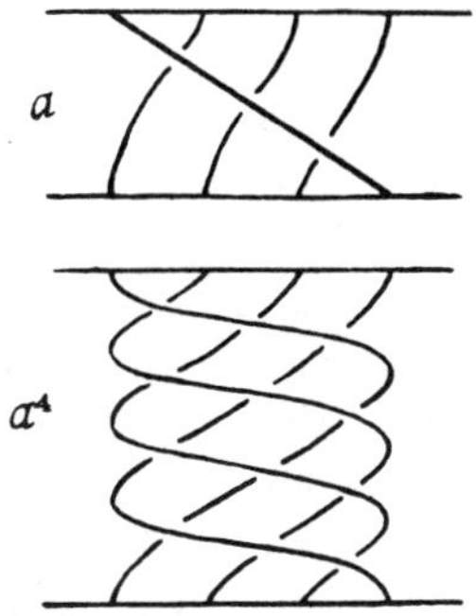

Fig. 7.

In Fig. 7 sind die beiden Zöpfe a und a^n für $n = 4$ gezeichnet. Wir erkennen, daß a^n aus dem Zopf E durch eine volle Torsion aller Fäden erhalten wird, und sehen nunmehr auch anschaulich ein, daß a^n mit jedem Zopf vertauschbar ist.

Nehmen wir nun zu unseren Relationen (16), (17) noch die weitere, in unserer Gruppe $\mathfrak{Z}_n$ natürlich *nicht* erfüllte Relation:

$$\sigma^{2} = 1 \tag{18}$$

hinzu. Was für eine Gruppe ergibt dies? Aus (13) folgt dann auch $\sigma_i^2 = 1$ oder $\sigma_i = \sigma_i^{-1}$. Dies bedeutet geometrisch, daß es bei einer Überkreuzung nicht darauf ankommt, welcher Faden oben läuft, daß also bei den Deformationen eines Zopfes auch Durchdringungen der Fäden zugelassen werden. Wenn aber das der Fall ist, so kommt es aber offenbar nur noch darauf an, mit welchem Punkte B_{r_i} ein Punkt A_i verbunden ist, da man, falls Durchdringung erlaubt ist, jede Verschlingung der Fäden in jede andere deformieren kann. Es kommt also nur auf die Permutation $\begin{pmatrix} 1 & 2 & 3 & \cdots & n \\ r_1 & r_2 & r_3 & \cdots & r_n \end{pmatrix}$ an. Komponiert man zwei Zöpfe, so komponieren sich die zugehörigen Permutationen. Die gesuchte Gruppe stellt sich also als die Permutationsgruppe $\mathfrak{S}_n$ von n Ziffern heraus. Wir haben also:

Satz 3. *Die symmetrische Gruppe $\mathfrak{S}_n$ der Permutationen von n Ziffern besitzt zwei Erzeugende a und σ mit den definierenden Relationen* (16), (17), (18).

Offenbar ist σ die Transposition (1, 2) und a der n-gliedrige Zyklus $(n, n-1, \cdots, 2, 1)$. Literaturangaben über das Relationensystem der symmetrischen Gruppe findet man in der schon zitierten Arbeit von J. NIELSEN[1]). Es werde noch hervorgehoben, daß bei NIELSEN die weitere, nach dem Bewiesenen überflüssige Relation $a^n = 1$ gefordert wird. Sie muß Folgerelation von (16), (17), (18) sein, was man auch durch direktes Rechnen, wenn auch etwas umständlich, bestätigen kann.

Der gruppentheoretische Zusammenhang zwischen $\mathfrak{Z}_n$ und $\mathfrak{S}_n$ ist der, daß $\mathfrak{S}_n$ die Faktorgruppe des vom Element σ^2 erzeugten Normalteilers $\mathfrak{P}_n$ in bezug auf $\mathfrak{Z}_n$ ist. Die geometrische Bedeutung von $\mathfrak{P}_n$ ist die, daß $\mathfrak{P}_n$ die Gruppe aller Zöpfe mit identischer Permutation bezeichnet.

§ 5. Der geschlossene Zopf.

Wir betrachten im Raum irgendeine Gerade h, die „Achse". Ferner sei ein Zopf Z vorgelegt. Wir schlingen Z, ohne ihn zu tordieren, um die Achse h, so daß die Geraden g_1 und g_2 zusammenfallen und der Punkt A_i auf B_i zu liegen kommt. Nun löschen wir den „Rahmen". Das entstehende topologische Gebilde, bei dem also das Ende von μ_i mit dem Anfang von μ_{r_i} verknüpft ist, nennen wir den zu Z gehörigen geschlossenen Zopf.

Als erlaubte Abänderung betrachten wir dabei jede Deformation der Fäden, bei der die Achse h nicht überschritten wird. Dabei darf die Deformation auch an den früher festzuhaltenden Punkten A_i ausgeführt werden, die jetzt gleichberechtigt mit allen anderen Punkten sind. Da somit die in den Punkten A_i ursprünglich bestehende Orientierung ihre Bedeutung verliert, liegt in einem geschlossenen Zopf nur noch die eine Orientierung, die die Fäden erhalten haben, also der Umlaufsinn um die Achse h. In Fig. 8 ist ein Beispiel eines geschlossenen Zopfes für $n = 3$ gezeichnet. Er gehört zum Zopf:

$$Z = \sigma_1 \sigma_2^{-1} \sigma_1 \sigma_2^{-1}.$$

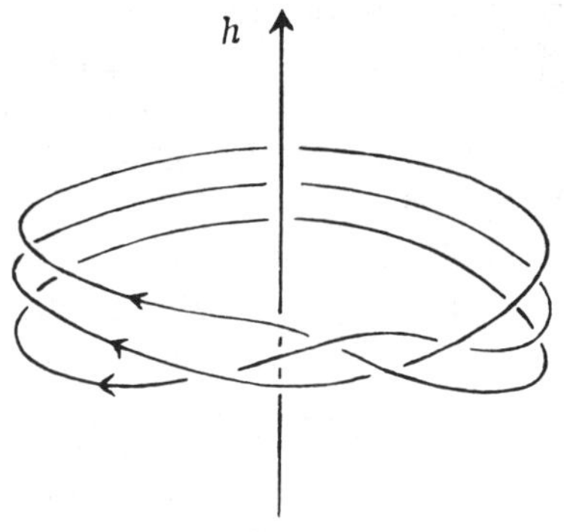

Fig. 8.

Welche Zöpfe Z' geben den gleichen geschlossenen Zopf wie Z? Zu den früher besprochenen Abänderungen kommt noch hinzu, daß man jetzt auch an der Verknüpfungsstelle abändern darf. Man kann dort also das Glied $X^{-1} \cdot X$ einschieben. Dies führt aber auf den Zopf $Z' = XZX^{-1}$. Außerdem hat man noch die Relationen von $\mathfrak{Z}_n$ anzuwenden. Schneidet man den geschlossenen Zopf an einer anderen Stelle auf, etwa von der Art, daß erst nach dem Zopfteil Y die alte Verknüpfungsstelle kommt, so führt dies auf einen Zopf $Z'' = YZY^{-1}$, da ja hinten der Teil Y wieder fehlen muß. Dies sind aber jetzt alle neu hinzukommenden zulässigen Abänderungen, so daß wir haben:

Satz 4. *Die notwendige und hinreichende Bedingung dafür, daß zwei Zöpfe Z und Z' denselben geschlossenen Zopf erzeugen, ist die Existenz eines Zopfes X, so daß*

$$Z' = XZX^{-1} \tag{19}$$

ist, daß also Z in Z' transformierbar ist.

Zu jedem geschlossenen Zopf gehört also eine ganze Klasse äquivalenter Elemente aus $\mathfrak{Z}_n$ und umgekehrt.

Löscht man bei einem geschlossenen Zopf auch noch die Achse h, so geht er in eine Verkettung einer gewissen Anzahl geschlossener orientierter Kurven bzw. in einen Knoten über. In unserer Fig. 8 liegt eine einzige Kurve, also ein Knoten vor (übrigens die Doppelschlinge).

Man überlegt sich leicht, wie man aus dem Ausdruck für Z erkennt, in wieviel Kurven der geschlossene Zopf zerfällt. Zu jedem Z gehört nämlich eine gewisse Permutation π, die man erhält, wenn man in Z das Element σ_i durch die Transposition $(i, i+1)$ ersetzt. Man zerlege nun π in Zyklen. Die Anzahl dieser Zyklen ist dann die Anzahl der Kurven, in die der zugehörige geschlossene Zopf zerfällt.

Hier setzt nun der Zusammenhang mit beliebigen Verkettungen und Knoten ein. Es gilt nämlich

Satz 5. *Jede beliebige Verkettung (oder Knoten) läßt sich bei beliebiger Orientierung der Komponenten als geschlossener Zopf darstellen (natürlich nicht eindeutig).*

Herrn H. Kneser verdanke ich die Mitteilung, daß für diesen Satz bisher schon zwei Beweise vorliegen. Der eine stammt von H. Brunn[2]), der andere von J. W. Alexander[3]). Ich unterdrücke daher hier meinen ursprünglichen Beweis und verweise etwa auf die Alexandersche Arbeit. Der dortige Beweis läßt an Einfachheit und Durchsichtigkeit nichts zu wünschen übrig. Es sei nur noch gestattet darauf hinzuweisen, daß sich aus diesem Satz unmittelbar eine Vermutung von H. Weith[4]) bestätigen läßt, nach der jede Verkettung nach passender Deformation eine wendepunktfreie Projektion besitzt.

Es mögen noch als Beispiele einige einfache Knoten und Verkettungen als geschlossener Zopf dargestellt werden:

1. Verkettung auf dem Torus mit n-Längsumläufen und r-Querumläufen: Ordnung des Zopfes Z ist dann n und $Z = a^r$, wo a durch (10) erklärt ist.

---

[2]) H. Brunn, Über verknotete Curven. Verh. Math.-Kongr. Zürich 1897, S. 256.

[3]) J. W. Alexander: A Lemma on Systems of Knotted Curves. Proc. Nat. Ac. U. S. A., vol. 9, S. 93.

[4]) Vgl. Enzyklopädieartikel M. Dehn III AB 3. Seite 209.

Für die beiden Kleeblattschlingen hat man insbesondere $Z = \sigma_1^3$ bzw. $Z = \sigma_1^{-3}$ bei $n = 2$.

2. Doppelschlinge: Zopf 3. Ordnung $Z = (\sigma_1 \sigma_2^{-1})^2$.

3. Verkettung zweier Kreise mit verschwindendem Verschlingungsintegral (vgl. Enzyklopädieartikel III AB 3, Fig. 21) $n = 3$ und etwa: $Z = \sigma_1^2 \sigma_2^{-1} \sigma_1 \sigma_2^{-1}$.

4. Verkettung dreier Kreise, bei denen je zwei unverkettet sind: $n = 3$ und $Z = (\sigma_1 \sigma_2^{-1})^3$.

Die Umformung eines Knotens in einen geschlossenen Zopf macht übrigens auch bei komplizierten Gebilden keine Schwierigkeiten, wenn man die zum Beweis von Satz 5 benutzte Methode verwendet. Ohne Anlehnung an diese Methode, also durch reines Probieren, ist sie ein empfehlenswertes Geduldspiel.

Will man nun auf diesem Wege dem Studium der Knoten und Verkettungen näherkommen, so hat man zunächst zwei Probleme zu lösen:

1. Wann sind zwei Zöpfe Z und Z' einander gleich? Es wird also nach einem finiten Verfahren gesucht, das gestattet zu entscheiden, ob zwei Elemente Z und Z' unserer Gruppe, die in σ-Darstellung gegeben seien, auf Grund der definierenden Relationen ineinander überführbar sind. Nach DEHN nennt man diese Frage das *Wortproblem* für die Gruppe $\mathfrak{Z}_n$.

2. Wann sind zwei geschlossene Zöpfe einander gleich, wann sind also zwei Elemente Z und Z' ineinander transformierbar? Dies ist das *Transformationsproblem* unserer Gruppe $\mathfrak{Z}_n$.

Wenn diese Probleme gelöst sind, kann man an die Frage herantreten, wie die verschiedenen Arten eine Verkettung als geschlossenen Zopf darzustellen miteinander zusammenhängen. Ich glaube, daß es möglich sein wird, auf diese Frage eine befriedigende Antwort zu geben.

Im folgenden beschäftigen wir uns hauptsächlich mit der ersten Frage. Ihre Lösung wird uns gelingen, sobald wir den Zusammenhang mit den üblichen Begriffen der Topologie, vor allem mit der Fundamentalgruppe einer Verkettung hergestellt haben.

§ 6. Die Fundamentalgruppe.

Wir betrachten einen Zopf Z und den zugehörigen geschlossenen Zopf. Die dazugehörige Verkettung besitzt eine Fundamentalgruppe (im üblichen Sinne), zu deren Bestimmung wir uns nun wenden.

Wir wählen also im Raum einen festen Punkt P und betrachten die von P ausgehenden geschlossenen orientierten Wege. Dabei wird ein Weg die Identität genannt, wenn er sich auf den Punkt P zusammenziehen läßt, ohne die Verkettung zu überschreiten; dabei wird allerdings

Selbstdurchdringung des Weges zugelassen. Allgemein heißen zwei Wege gleich, wenn sie sich, ohne die Verkettung zu schneiden, ineinander deformieren lassen. Unter der Fundamentalgruppe der Verkettung versteht man dann bekanntlich die Gruppe dieser Wege, wobei Komposition ein sukzessives Durchlaufen der Einzelwege bedeutet.

Sei nun

$$Z = \sigma_i^{\pm 1}\, \sigma_{i'}^{\pm 1}\, \sigma_{i''}^{\pm 1} \cdots \sigma_{i^{(r-1)}}^{\pm 1}.$$

Wir denken uns gemäß dieser Darstellung den geschlossenen Zopf wirklich in Schichten zerlegt, deren erste aus σ_i, deren zweite aus $\sigma_{i'}$ usw. besteht. Fassen wir nun im ersten Abschnitt die Fäden knapp vor σ_i ins Auge und nennen einen Umlauf um den ν^{ten} Faden t_ν. Dabei soll man, wenn man sich etwa wie in unserer Figur den Punkt P links vom Zopf gelegen denkt, vom Punkte P aus über die Fäden von 1 bis $\nu - 1$ weglaufen, den ν^{ten} Faden von unten her umkreisen und wieder über die vorangegangenen Fäden zum Punkt P zurückkehren. Die analogen Umläufe um die Fäden der zweiten Schicht knapp vor $\sigma_{i'}$ nennen wir $t'_1, t'_2, \cdots t'_n$. Dasselbe machen wir in jeder der Schichten. Die letzten Umläufe, die eingeführt werden, knapp von $\sigma_{i^{(r-1)}}$, heißen $t_\nu^{(r-1)}$. Geht man noch eine Schicht weiter, so kommt man, da der Zopf geschlossen ist zur ersten, also zu den Umläufen $t_1\, t_2 \cdots t_n$ zurück, denen wir deshalb auch den Namen $t_1^{(r)}, t_2^{(r)} \cdots t_n^{(r)}$ geben.

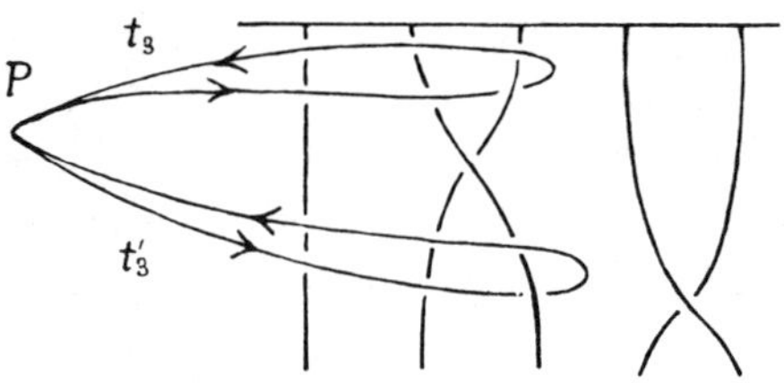

Fig. 9.

Die Erzeugenden der Fundamentalgruppe und die definierenden Relationen findet man nun wohl am einfachsten mit Hilfe einer Methode, die Herr WIRTINGER in seinen Vorlesungen entwickelt hat und deren Kenntnis ich Herrn SCHREIER verdanke.

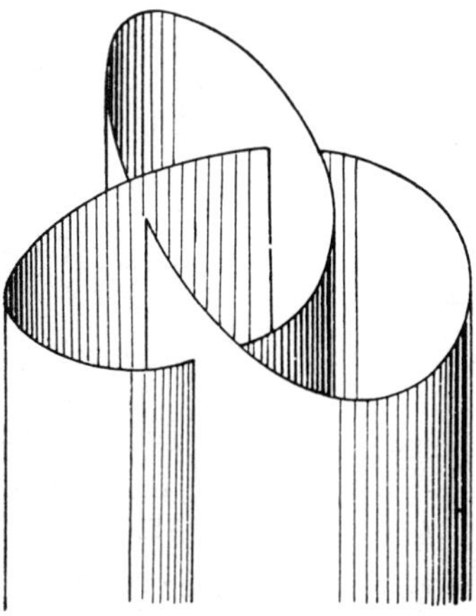

Fig. 10.

Man denke sich zunächst den Zopf so gelegt, daß seine Projektion auf die Zeichenebene schematisch unsere Zerlegung in Schichten wiedergibt. Nunmehr lege man durch jeden Punkt des Zopfes eine Gerade, die auf der Zeichenebene senkrecht steht und betrachte die „untere“ Hälfte dieser

Geraden. Diese Halbstrahlen erfüllen einen Zylinder, der vom geschlossenen Zopf berandet wird. Unsere Fig. 10 zeigt ihn für den Fall der Kleeblattschlinge in Seitenansicht. Die Verlängerungen der Selbstdurchdringungskanten des Zylinders laufen dann durch einen Überkreuzungspunkt des Zopfes.

Ein beliebiger Weg um unseren geschlossenen Zopf wird nun den Zylinder in gewissen Punkten durchdringen. Da nun der längs des Zylinders aufgeschnittene Raum einfach zusammenhängt, ist der Weg umgekehrt durch Angabe der Durchdringungspunkte, ihrer Reihenfolge und der Richtung der einzelnen Durchdringung bis auf Deformationen, die den Zylinder nicht treffen, eindeutig bestimmt. Bei Komposition zweier Wege sind ferner die Durchdringungspunkte der Komponenten hintereinander zu setzen.

Die Selbstdurchdringungskanten zerlegen den Zylinder in einzelne Wandteile, die ihrerseits frei von Durchdringungskanten sind (dabei hat man allerdings die Selbstdurchdringungskanten auf den Zylinder bis zum äußersten Rand zu verlängern). Da man auf einer solchen Wand den Durchdringungspunkt bei einfachster Deformation des Weges beliebig verschieben kann, kommt es also für die Fundamentalgruppe nur darauf an, welche Wände durchsetzt werden. Aus dem bisher Gesagten geht hervor, daß man einen beliebigen Weg stets aus solchen Elementarwegen komponieren kann, die jeweils nur eine Wand in einem bestimmten Sinn durchsetzen.

Das tun nun unsere vorhin eingeführten Umläufe; andererseits gibt es auch zu jeder Wand einen Umlauf, der gerade sie durchsetzt. Die $t_\nu^{(s)}$ sind also Erzeugende der Fundamentalgruppe. Dabei wollen wir aber gleich hervorheben, daß die Durchsetzungen einer Wand mitunter verschiedene Namen haben. Zum Beispiel durchsetzen die Umläufe t_ν und t'_ν genau dieselbe Wand, wenn dieser Teil des Zylinders an der Überkreuzung σ_i nicht beteiligt ist, wenn also $\nu \neq i, i+1$ ist. Dies führt bereits auf die Relation:

$$(20) \qquad t_\nu = t'_\nu. \qquad \nu \neq i,\ i+1.$$

Analoge Relationen gelten natürlich zwischen t'_ν und t''_ν.

Um nun die Relationen der Fundamentalgruppe zu bestimmen, hat man zu beachten, daß ein Weg einer beliebigen Deformation unterworfen werden darf, sofern nur unser Zopf nicht überschritten wird. Eine solche Deformation läßt sich immer auf den Zusatz kleiner Kreise zurückführen, die den Zopf nicht umschlingen. Wir finden also die Relationen, wenn wir die Bedingung dafür aufstellen, daß ein solcher kleiner Kreis stets die Identität ist. Dabei kommt es natürlich nur auf die Wände an, die dieser Kreis durchsetzt. Durchsetzt er nur eine Wand, so liefert dies nichts Neues, da dies nur auf das bereits berücksichtigte Verschieben eines Durchdringungspunktes auf einer Wand hinausläuft. Es bleiben dann noch zwei Möglichkeiten. (Siehe Fig. 11.)

1. Der kleine Weg umkreist eine Selbstdurchdringungskante, etwa die von $\sigma_i^{\pm 1}$ herrührende. Dies führt auf:

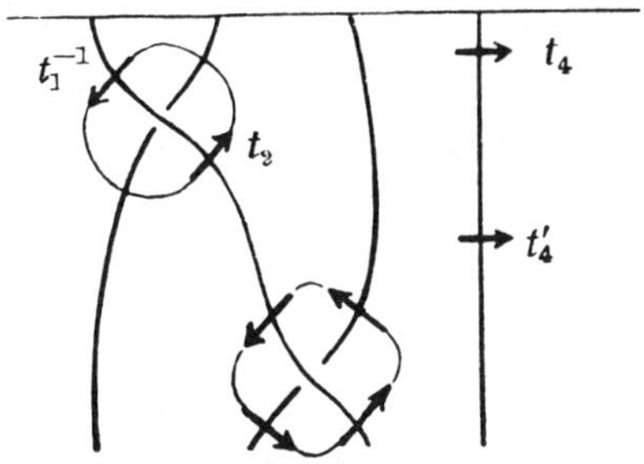

Fig. 11.

$$t_i\, t_{i+1}\, t'^{-1}_{i+1}\, t'^{-1}_i = 1$$

oder

$$t_i\, t_{i+1} = t'_i\, t'_{i+1}. \tag{21}$$

2. Der kleine Weg umkreist die Verlängerung einer Selbstdurchdringungskante, etwa die bei $\sigma_i^{\pm 1}$. Hier muß man unterscheiden. Für $Z = \sigma_i^{+1} \cdots$ erhält man:

$$t_i = t'_{i+1}, \tag{22}$$

für $Z = \sigma_i^{-1} \cdots$ aber wird

$$t_{i+1} = t'_i. \tag{23}$$

Daraus findet man insgesamt:

$$t_\nu = t'_\nu \text{ für } \nu \neq i,\ i+1$$

$$Z = \sigma_i \cdots \begin{cases} t_i = t'_{i+1} \\ t_{i+1} = t'^{-1}_{i+1}\, t'_i\, t'_{i+1} \end{cases} \quad \text{bzw. } Z = \sigma_i^{-1} \cdots \begin{cases} t_i = t'_i\, t'_{i+1}\, t'^{-1}_i \\ t_{i+1} = t'_i \end{cases}. \tag{24}$$

Analoge Relationen natürlich zwischen t'_ν und t''_ν usw. Dies sind dann die gesuchten Relationen der Fundamentalgruppe. Dabei beachte man nur, daß bei den zum Segment von $\sigma^{\pm 1}_{i^{(r-1)}}$ gehörigen Relationen rechts $t^{(r)}_\nu = t_\nu$ ist.

Die Relationen (24) lassen sich nach t'_ν auflösen, wie ja schon aus der Symmetrie der ursprünglichen Relationen hervorgeht. Daraus folgert man, daß schon die Umläufe $t_1, t_2, \cdots t_n$ Erzeugende der Fundamentalgruppe sind, da man ja die übrigen Umläufe $t'_\nu, t''_\nu \cdots$ durch sie ausdrücken kann.

Um nun die Relationen in diesen Erzeugenden allein zu haben, hat man aus (24) und den analog gebauten Gleichungen die überflüssigen Größen zu eliminieren. Dies geschieht so. Man setze in (24) für die t'_ν ihre Ausdrücke durch die t''_ν ein (es sind dies die im zweiten Segment aufzustellenden Relationen, die genau wie (24) aussehen). Dadurch ist t'_ν eliminiert und t_ν durch die t''_ν ausgedrückt. Die t''_ν drücke man durch die t'''_ν aus und fahre so fort. Hat man schließlich die $t^{(r-1)}_\nu$ durch die $t^{(r)}_\nu$

ausgedrückt, so beachte man $t_\nu^{(r)} = t_\nu$ und erhält so die gewünschten Relationen zwischen den t_ν allein.

Um diese Rechnung bequemer ausführen zu können, betrachte man (24) als Substitution, in der man dann die Akzente weglassen kann. Man ordne also dem Element σ_i die Substitution

$$\overline{\sigma}_i = \begin{pmatrix} t_\nu & t_i & t_{i+1} \\ t_\nu & t_{i+1} & t_{i+1}^{-1}\, t_i\, t_{i+1} \end{pmatrix}$$

zu, wobei $\nu \neq i, i+1$ ist. Ebenso dem Element σ_i^{-1} die Substitution:

$$\overline{\sigma}_i^{-1} = \begin{pmatrix} t_\nu & t_i & t_{i+1} \\ t_\nu & t_i\, t_{i+1}\, t_i^{-1} & t_i \end{pmatrix}.$$

Bezüglich dieser Schreibweise bemerken wir, daß eine leichte Rechnung die Substitutionen $\overline{\sigma}_i$ und $\overline{\sigma}_i^{-1}$ wirklich als inverse nachweist.

Der Prozeß, in (24) t'_ν durch die t''_ν auszudrücken, läuft nun auf Komposition der Substitutionen $\overline{\sigma}_i^{\pm 1}$ und $\overline{\sigma}_{i'}^{\pm 1}$ hinaus. Um das Endresultat zu erhalten, hat man die Substitution

$$\overline{\sigma}_i^{\pm 1}\, \overline{\sigma}_{i'}^{\pm 1} \cdots \overline{\sigma}_{i^{(r-1)}}^{\pm 1}$$

auszurechnen. Wir wollen sie mit $\overline{Z}$ bezeichnen. Es sei nun $\overline{Z} = \begin{pmatrix} t_\nu \\ T_\nu \end{pmatrix}$ wo T_ν ein Potenzprodukt der t_ν ist. Dann lauten die gesuchten Relationen der Fundamentalgruppe: $t_\nu = T_\nu$ $(\nu = 1, 2, \cdots n)$.

Satz 6. *Um die Fundamentalgruppe der zu einem geschlossenen Zopf Z gehörigen Verkettung zu erhalten, ersetze man im Ausdruck für Z die Elemente σ_i bzw. σ_i^{-1} durch die Substitutionen:*

(25) $$\overline{\sigma}_i = \begin{pmatrix} t_\nu & t_i & t_{i+1} \\ t_\nu & t_{i+1} & t_{i+1}^{-1}\, t_i\, t_{i+1} \end{pmatrix} \quad (\text{wo } \nu \neq i, i+1).$$

(26) $$\overline{\sigma}_i^{-1} = \begin{pmatrix} t_\nu & t_i & t_{i+1} \\ t_\nu & t_i\, t_{i+1}\, t_i^{-1} & t_i \end{pmatrix}.$$

Das Resultat, nach Komposition aller Substitutionen, ist eine gewisse Substitution $\overline{Z}$ etwa:

(27) $$\overline{Z} = \begin{pmatrix} t_\nu \\ T_\nu \end{pmatrix} \qquad \nu = 1, 2, 3, \cdots n,$$

wo die T_ν Potenzprodukte der t_ν sind. Die Relationen der Fundamentalgruppe lauten dann:

(28) $$t_\nu = T_\nu \qquad \nu = 1, 2, 3, \cdots n.$$

Wir haben noch, einer späteren Anwendung willen, die geometrische Bedeutung der Relationen (28) zu erläutern, wenn wir die t_ν in der ursprünglichen Weise als Umläufe deuten.

Was zunächst (24) betrifft, so gibt dies an, wie sich die Umläufe t_ν durch die t'_ν ausdrücken, wenn man sie aus dem ersten Segment des Zopfes in das zweite verschiebt. Unsere Relationen (24) hätten auch auf diese Weise gewonnen werden können und man überzeugt sich leicht an der Hand einer Skizze, daß man sie so in der Tat erhält. Der daraufhin angewendete Prozeß der Elimination besagt nun einfach, daß ein Umlauf t_ν vom ersten Zopfsegment ins zweite verschoben wird, von dort ins dritte usw., bis man schließlich wieder im ersten Segment ankommt. Aus t_ν ist dann eine Verschlingung T_ν mit den ursprünglichen Fadenteilen geworden, so daß sich T_ν direkt durch die t_ν als Potenzprodukt ausdrücken läßt, ohne das erste Segment weiter zu verlassen. Die Relation $t_\nu = T_\nu$ besagt also, daß t_ν, nachdem es einmal um den ganzen Zopf herumgeführt wird, die Form T_ν angenommen hat.

Es sei noch erwähnt, daß bei der Komposition der $\overline{\sigma_i}$ zwischen den t_i keinerlei Relationen vorausgesetzt werden dürfen, daß sie also als freie Veränderliche zu betrachten sind.

§ 7. Das Wortproblem.

Nunmehr lassen wir für den Augenblick die Beziehung unserer Substitutionen zur Fundamentalgruppe beiseite und betrachten sie an sich.

Hängt die Substitution $\overline{Z}$ ab von der Art und Weise, wie Z durch die σ_i ausgedrückt ist?

Dies ist nicht der Fall. Denn man rechnet mühelos nach, daß die *Substitutionen* $\overline{\sigma_i}$ auch die Relationen

$$(29) \qquad \begin{aligned} &\overline{\sigma_i} \rightleftarrows \overline{\sigma_k}\,, \qquad k \neq i \pm 1 \\ &\overline{\sigma_i}\,\overline{\sigma_{i+1}}\,\overline{\sigma_i} = \overline{\sigma_{i+1}}\,\overline{\sigma_i}\,\overline{\sigma_{i+1}} \end{aligned}$$

identisch in den t_ν erfüllen. Ferner wurde schon bemerkt, daß $\overline{\sigma_i}$ und $\overline{\sigma_i}^{-1}$ wirklich inverse Substitutionen sind.

Eine Anwendung der Relationen (7), (8) auf Z bewirkt also keinerlei Veränderung in der Substitution $\overline{Z}$, da ja die $\overline{\sigma_i}$ die gleichen Relationen erfüllen. $\overline{Z}$ ist also eindeutig durch Z bestimmt.

Aus der Definition von $\overline{Z}$ folgt ferner direkt:

$$(30) \qquad \overline{Z_1 Z_2} = \overline{Z_1}\,\overline{Z_2}\,; \qquad \overline{Z^{-1}} = \overline{Z}^{-1}.$$

Die Substitutionen $\bar{Z}$ bilden also eine mit $\mathfrak{Z}_n$ isomorphe Gruppe $\bar{\mathfrak{Z}}_n$. Man wird nun schon vermuten, daß dies ein einstufiger Isomorphismus ist, daß also auch aus

$$\bar{Z}_1 = \bar{Z}_2 \quad \text{folgt} \quad Z_1 = Z_2.$$

Wegen (30) ist dies gleichwertig mit $\overline{Z_1 Z_2^{-1}} = 1$ und $Z_1 Z_2^{-1} = 1$. Es genügt also nachzuweisen, daß aus

$$\bar{Z} = 1 \quad \text{folgt} \quad Z = 1.$$

Dieser Nachweis gelingt nun in der Tat. Denn nach der geometrischen Bedeutung von $\bar{Z}$ besagt $\bar{Z} = 1$, daß der Umlauf t_ν in sich selbst übergeht, wenn man ihn einmal um den ganzen Zopf herumführt. Wir denken uns nun den Umlauf t_ν von folgender Beschaffenheit.

Der Punkt P werde zunächst in Richtung der Achse des geschlossenen Zopfes ins Unendliche verlegt. Von P aus gehe man längs einer Kurve $\mathfrak{C}$ (die natürlich der ursprünglichen Bedeutung von t_ν entspricht) bis knapp an den ν^{ten} Faden, umkreise ihn längs eines kleinen Kreises und laufe längs $\mathfrak{C}$ wieder zurück nach P. Verschiebt man nun den Umlauf t_ν einmal den ganzen Zopf entlang, so beschreibt die Kurve $\mathfrak{C}$ eine Fläche F, die den Zopf an keiner Stelle trifft, da man ja von $\mathfrak{C}$ dasselbe voraussetzt. Beachten wir nun, daß t_ν, wenn es einmal herumgekommen ist, sich identisch in t_ν überführen läßt (ohne etwa wieder rückwärts zu laufen, denn dies war ja die geometrische Bedeutung von T_ν). Die Fläche F wird dann geschlossen. Man kann es nun auch noch so einrichten, daß die Fläche F auch die Achse des Zopfes nie durchsetzt, da sich ja die wesentlichen Deformationen weit entfernt von der Achse abspielen.

Der kleine Kreis aber beschreibt einen Torus, der auf der Berandung der Fläche F aufsitzt und im Innern einen Faden enthält. Dieser Faden ist somit schon nach einem Umlauf geschlossen, also ein Kreis. Man lasse diesen Faden nun auf die Wandung des Torus gleiten, von hier auf die Fläche F und dann diese Fläche entlang ins Unendliche. Bei dieser Deformation des Fadens trifft er nie die übrigen Zopfteile, da ja weder Torus noch Fläche F die Zopfteile schneidet. Aus demselben Grund trifft er nie die Achse. Dieser Kreis ist somit mit dem Rest des Zopfes unverkettet. Da der ν^{te} Faden beliebig war, läßt sich also der geschlossene Zopf Z in n unverkettete Kreise um die Achse deformieren. Wegen Satz 4 gibt es also ein X von der Art, daß

$$X Z X^{-1} = 1$$

ist. Dies besagt aber $Z = 1$, womit alles gezeigt ist.

Satz 7. *Die den Zöpfen Z zugeordneten Substitutionen $\bar{Z}$ sind ihnen eineindeutig zugeordnet, sie bilden also eine mit $\mathfrak{Z}_n$ einstufig isomorphe Gruppe.*

Nun ist es ein leichtes, das Wortproblem unserer Gruppe $\mathfrak{Z}_n$ zu lösen. Darunter verstehen wir, wie schon erwähnt, die Angabe eines finiten Verfahrens die Identität zweier Elemente Z_1 und Z_2, die in ihrer Darstellung durch die σ_i gegeben seien, zu entscheiden. Sie sind eben dann und nur dann gleich, wenn die zugehörigen Substitutionen $\bar{Z}_1$ und $\bar{Z}_2$ identisch übereinstimmen. Dies ist aber unmittelbar zu entscheiden. Wir erhalten also:

Satz 8. *Um die Identität zweier Zöpfe Z_1 und Z_2 zu entscheiden, bilde man nach der Vorschrift von Satz 6 die zugehörigen Substitutionen $\bar{Z}_1$ und $\bar{Z}_2$. Man sehe nun nach, ob $\bar{Z}_1 = \bar{Z}_2$ ist oder nicht.*

Durch dieses Verfahren ist die Fundamentalgruppe der zugehörigen geschlossenen Zöpfe gleich mitbestimmt. Wenden wir es auf einfache Beispiele an, so erhalten wir in der Tat nach leichten Umformungen die Relationen.

§ 8. Algebraische Kennzeichnung der Fundamentalgruppe einer Verkettung.

Die aufgestellten Substitutionen $\bar{Z} = \begin{pmatrix} t_i \\ T_i \end{pmatrix}$ bilden eine Gruppe. Eine naheliegende Frage ist es nun, wodurch sich die Potenzprodukte T_i algebraisch kennzeichnen lassen. Für den Fall der Gruppenerzeugenden (25) erkennen wir, daß t_ν übergeht in eine gewisse Transformierte eines anderen t_μ. Dasselbe muß also auch bei den T_i gelten, sie haben also die Form

$$T_i = Q_i^{-1} t_{r_i} Q_i. \tag{31}$$

Dabei ist Q_i ein gewisses Potenzprodukt und $\begin{pmatrix} i \\ r_i \end{pmatrix}$ die zu Z gehörige Permutation. Man kann annehmen, daß (31) die unverkürzbare Form von T_i ist.

Die Gruppenerzeugenden (25) führen ferner das Produkt $t_1 t_2 \cdots t_n$ in sich über. Auch dies muß allgemein gelten, es ist also identisch:

$$T_1 T_2 \cdots T_n = t_1 t_2 \cdots t_n. \tag{32}$$

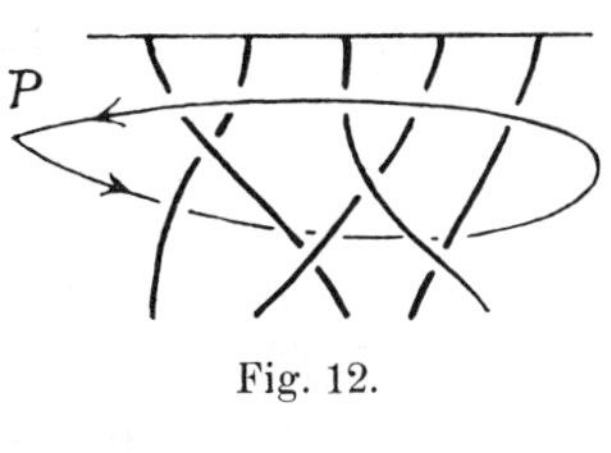

Fig. 12.

Die Bedingung (32) ist anschaulich einleuchtend. Denn die rechte Seite ist, wie man sich leicht überlegt, ein Umlauf um alle Fäden unseres Zopfes zugleich und wird somit beim Herumschieben nicht verändert. Siehe Fig. 12.

Die Bedingungen (31) und (32) reichen aber bereits hin. Potenzprodukte T_i, die sie befriedigen, liefern in $\bar{Z} = \begin{pmatrix} t_i \\ T_i \end{pmatrix}$ auch umgekehrt eine zu einem Zopf gehörige Substitution.

Zum Beweise gehen wir ähnlich vor wie Nielsen bei der Isomorphismengruppe der freien Gruppe. Die T_i mögen also in unverkürzbarer Form die Gestalt (31) haben und identisch (32) befriedigen.

Wir behaupten nun zunächst: Es gibt ein ν von der Art, daß entweder Q_ν in (32) den rechts davon stehenden Teil $Q_{\nu+1}^{-1}\, t_{r_{\nu+1}}$ verzehrt (daß sich dieser Teil also gegen einen Teil von Q_ν hebt) oder aber $Q_{\nu+1}^{-1}$ den links davon stehenden Teil $t_{r_\nu}\, Q_\nu$. Ein solches ν kann es nur dann nicht geben, wenn identisch gilt $T_\nu = t_\nu$ ($\nu = 1, 2, \cdots n$), ein Fall, der sofort zu übersehen ist, da dann die identische Substitution vorliegt, der zugehörige Zopf also die Einheit ist.

Damit nämlich (32) zutrifft, müssen sich auf der linken Seite Kürzungen vornehmen lassen. Dabei kann es zunächst geschehen, daß es ein Glied T_i gibt, das von seinen Nachbarn T_{i-1} und T_{i+1} zur Gänze verzehrt wird. Betrachten wir zunächst diesen Fall. Dann verschwindet beim Kürzen in

$$Q_{i-1}^{-1}\, t_{r_{i-1}}\, Q_{i-1} \cdot Q_i^{-1}\, t_{r_i}\, Q_i \cdot Q_{i+1}^{-1}\, t_{r_{i+1}}\, Q_{i+1}$$

der mittlere Teil vollständig. Beobachten wir nun, wogegen sich t_{r_i} weghebt. Da kommen zunächst die Terme $t_{r_{i-1}}$ und $t_{r_{i+1}}$ ihres Exponenten wegen schon nicht in Betracht.

Kürzt sich nun t_{r_i} gegen ein Glied aus Q_{i-1}^{-1}, so verzehrt vor dieser Kürzung der Term Q_i^{-1} sicher die Glieder $t_{r_{i-1}}\, Q_{i-1}$ und wir sind fertig. Kürzt sich t_{r_i} gegen Q_{i-1}, so muß vorher Q_{i-1} sicher auch noch Q_i^{-1}, im ganzen also $Q_i^{-1}\, t_{r_i}$, verzehren und wir sind wieder zu Ende. Kürzt sich t_{r_i} aber nach rechts gegen Q_{i+1}^{-1}, so muß Q_{i+1}^{-1} die Glieder $t_{r_i}\, Q_i$ verzehren, kürzt es sich gegen Q_{i+1}, so muß wieder das Glied Q_i die Terme $Q_{i+1}^{-1}\, t_{r_{i+1}}$ verschluckt haben. In jedem Falle ist also ein solches ν gefunden.

Der andere Fall wäre der, daß keines der Glieder T_i von seinen beiden Nachbarn völlig verzehrt wird. Nehmen wir dann in (32) diese Kürzungen vor, so bleibt von jedem Teil T_i ein Überrest R_i stehen, der gegen seine Nachbarn keine Kürzung mehr zuläßt und durch sein Vorhandensein auch Kürzungen entfernterer T_ν ausschließt. Die linke Seite geht dann in den unverkürzbaren Ausdruck $R_1\, R_2 \cdots R_n$ über, der gleich $t_1\, t_2 \cdots t_n$ sein soll. Dies geht nur, wenn $R_i = t_i$ ist. Beim Kürzen bleibt also von T_i genau t_i stehen. Nun schließen wir so weiter:

Von T_1 bleibt t_1 stehen. Da links von T_1 überhaupt nichts steht, muß also T_1 mit diesem Glied t_1 beginnen. Hierbei treten wieder zwei Fälle auf.

1. $Q_1 \neq 1$. Dann hat Q_1^{-1} die Form $Q_1^{-1} = t_1 \bar{Q}_1^{-1}$, also $T_1 = t_1 \bar{Q}_1^{-1} t_{r_i} Q_1$. Der Teil $\bar{Q}_1^{-1} t_{r_1} Q_1$ muß sich nun gegen $T_2 = Q_2^{-1} t_{r_2} Q_2$ wegheben, da ja jetzt Kürzungen nur zwischen Nachbarn eintreten und von T_1 nur t_1 stehen bleibt. Dabei wird sich t_{r_1} wieder entweder gegen Q_2^{-1} kürzen oder gegen Q_2. Im ersten Fall muß Q_2^{-1} das Produkt $t_{r_i} Q_1$ verzehren, im zweiten Fall aber wird Q_1 die Glieder $Q_2^{-1} t_{r_2}$ verschlucken müssen. Wieder sind wir zu Ende.

2. $Q_1 = 1$. Dann ist $T_1 = t_{r_1}$. Da aber in dem jetzt betrachteten Fall T_1 mit t_1 beginnen soll, muß also $T_1 = t_1$ sein. Dann kann man aber in (32) auf beiden Seiten das Glied $t_1 = T_1$ heben und erhält die analoge Gleichung

$$T_2 T_3 \cdots T_n = t_2 t_3 \cdots t_n.$$

An ihr kann man bei T_2 die Schlußweise wiederholen. Wir erkennen also in der Tat, daß ein solches ν nur im trivialen Fall $T_\nu = t_\nu$ $(\nu = 1, 2 \cdots n)$ nicht existieren kann.

Die Summe der Absolutbeträge aller im Ausdruck von T_i vorkommenden Potenzexponenten wollen wir nun in Anlehnung an Nielsen[1]) die Länge des Gliedes T_i nennen. Die Summe der Längen aller T_i heiße die Länge des T_i-Systems. Aus (31) geht nun hervor, daß jedes T_i mindestens die Länge 1 hat, ein T_i-System also mindestens die Länge n. Bei einem T_i-System dieser Minimallänge n müssen nun die einzelnen T_i die Länge 1 haben. Nach (31) ist also $T_i = t_{r_i}$. Wegen (32) muß aber genauer gelten $T_i = t_i$. Dies führt auf die identische Substitution.

Für ein T_i-System der Länge n ist also unsere Behauptung, daß (31) und (32) die Substitutionen kennzeichnen, richtig. Wir können also vollständige Induktion anwenden und annehmen (wenn T_i vorgelegt ist), daß unsere Behauptung für alle kleineren Längen bereits bewiesen ist.

Nun bestimmen wir auf Grund des vorhin Bewiesenen die Zahl ν. Dabei treten zwei Fälle ein.

1. Q_ν verzehrt $Q_{\nu+1}^{-1} t_{r_{\nu+1}}$, so daß man setzen kann: $Q_\nu = \bar{Q}_\nu t_{r_{\nu+1}}^{-1} Q_{\nu+1}$ (und zwar in unverkürzbarer Form). Man setze nun:

$$\begin{aligned} T'_\mu &= T_\mu \qquad \text{für} \qquad \mu \neq \nu,\ \nu+1, \\ T'_\nu &= T_{\nu+1} \qquad \text{und} \\ T'_{\nu+1} &= T_{\nu+1}^{-1} T_\nu T_{\nu+1} = Q_{\nu+1}^{-1} \bar{Q}_\nu^{-1} t_{r_\nu} \bar{Q}_\nu Q_{\nu+1}. \end{aligned} \tag{33}$$

Die T'_ν haben wieder die Form (31) und es gilt:

$$T'_1 T'_2 \cdots T'_n = T_1 T_2 \cdots T_n = t_1 t_2 \cdots t_n,$$

so daß sie auch die Bedingung (32) befriedigen.

Für $\mu \neq \nu, \nu+1$ hat nun T'_μ dieselbe Länge wie T_μ. Der Term T'_ν hat die gleiche Länge wie $T_{\nu+1}$, $T'_{\nu+1}$ aber hat eine kleinere Länge wie T_ν, da in $Q'_{\nu+1} = \overline{Q}_\nu\, Q_{\nu+1}$ mindestens das Glied $t_{r_{\nu+1}}^{-1}$ aus Q_ν in Fortfall gekommen ist (vielleicht mehr, da ja diese Form von $Q'_{\nu+1}$ nicht notwendig unverkürzbar ist). Das System der T'_i hat somit eine kleinere Länge wie das System der T_i. Unsere Behauptung trifft also für die T'_i zu, $\begin{pmatrix} t_i \\ T'_i \end{pmatrix}$ ist also eine unserer Substitutionen, die mit $\overline{S}$ bezeichnet werden möge.

Nun berechne man $\overline{\sigma}_\nu^{-1} \cdot \overline{S}$. Es ist

$$\overline{\sigma}_\nu^{-1} = \begin{pmatrix} t_\mu & t_\nu & t_{\nu+1} \\ t_\mu & t_\nu\, t_{\nu+1}\, t_\nu^{-1} & t_\nu \end{pmatrix} \qquad \text{für} \qquad \mu \neq \nu,\ \nu+1.$$

Also:

$$\overline{\sigma}_\nu^{-1} \cdot \overline{S} = \begin{pmatrix} t_\mu & t_\nu & t_{\nu+1} \\ T'_\mu & T'_\nu\, T'_{\nu+1}\, T'^{-1}_\nu & T'_\nu \end{pmatrix}.$$

Aus (33) folgt aber:

$$T'_\mu = T_\mu \qquad \text{für} \qquad \mu \neq \nu,\ \nu+1$$

und

$$T'_\nu\, T'_{\nu+1}\, T'^{-1}_\nu = T_\nu; \qquad T'_\nu = T_{\nu+1}.$$

Es ist also

$$\overline{\sigma}_\nu^{-1} \cdot \overline{S} = \begin{pmatrix} t_i \\ T_i \end{pmatrix}$$

womit auch $\begin{pmatrix} t_i \\ T_i \end{pmatrix}$ als Substitution erkannt ist.

2. $Q_{\nu+1}^{-1}$ verzehrt nach links $t_{r_\nu}\, Q_\nu$, so daß $Q_{\nu+1}$ die Form $Q_{\nu+1} = \overline{Q}_{\nu+1}\, t_{r_\nu}\, Q_\nu$ hat. Man setze wieder

$$\begin{aligned} T'_\mu &= T_\mu \qquad \text{für} \qquad \mu \neq \nu,\ \nu+1, \\ T'_\nu &= T_\nu\, T_{\nu+1}\, T_\nu^{-1} = Q_\nu^{-1}\, \overline{Q}_{\nu+1}^{-1}\, t_{r_{\nu+1}}\, \overline{Q}_{\nu+1}\, Q_\nu \qquad (34) \\ T'_{\nu+1} &= T_\nu. \end{aligned}$$

Wieder haben die T'_ν die Form (31) und wieder erfüllen sie (32). Da sie, genau wie vorhin, eine kürzere Gesamtlänge haben, ist $\begin{pmatrix} t_i \\ T'_i \end{pmatrix}$ eine unserer Substitutionen, etwa $\overline{S}$. Man errechnet nun:

$$\overline{\sigma}_\nu \cdot \overline{S} = \begin{pmatrix} t_\mu & t_\nu & t_{\nu+1} \\ T'_\mu & T'_{\nu+1} & T'^{-1}_{\nu+1}\, T'_\nu\, T'_{\nu+1} \end{pmatrix} = \begin{pmatrix} t_i \\ T_i \end{pmatrix}.$$

Auch in diesem letzten Fall ist unser Satz als richtig erkannt.

Wir haben also:

Satz 9. *Die notwendige und hinreichende Bedingung dafür, daß der Ausdruck* $\begin{pmatrix} t_i \\ T_i \end{pmatrix}$ *eine unserer Substitutionen ist, besteht darin, daß die Potenzprodukte* T_i *die Form* (31) *haben und identisch die Gleichung* (32) *befriedigen.*

Dieser Satz scheint mir schon deshalb bemerkenswert, weil ja unsere Substitutionen spezielle Isomorphismen der freien Gruppe sind, die Gleichungen

$$X_i = T_i(t_r)$$

sich also nach den t_r auflösen lassen müssen. Dies wird in Satz 9 nicht gefordert, folgt also auch aus (31) und (32).

Kombinieren wir nun dieses Resultat mit den Sätzen 5 und 6, so folgt:

Satz 10. *Die Relationen der Fundamentalgruppe einer beliebigen Verkettung lassen sich stets auf die Form bringen:*

$$t_i = T_i \qquad (i = 1, 2, \cdots n). \tag{35}$$

Dabei bedeuten T_i *Potenzprodukte der Form:*

$$T_i = Q_i^{-1} t_{r_i} Q_i \tag{36}$$

und erfüllen identisch die Gleichung:

$$T_1 T_2 \cdots T_n = t_1 t_2 \cdots t_n. \tag{37}$$

Umgekehrt ist jede Gruppe mit den Relationen (35) *Fundamentalgruppe einer Verkettung, wenn nur die Bedingungen* (36) *und* (37) *erfüllt sind.*

Die Fundamentalgruppen von Verkettungen sind damit in einem gewissen Sinn algebraisch gekennzeichnet.

§ 9. Die Fälle $n = 2$ und $n = 3$.

Die niedersten Fälle $n = 2$ und $n = 3$ lassen eine gesonderte Behandlung zu, da diese Gruppen besonders einfach sind.

Die Zöpfe 2ter Ordnung liefern eine triviale Gruppe. Man hat dann eine Erzeugende $\sigma_1 = \sigma$ und keine Relation. Es liegt also eine unendliche zyklische Gruppe vor.

Sowohl die gewöhnlichen Zöpfe als auch die geschlossenen haben dann nur die eine Darstellung $Z = \sigma^\nu$.

Was nun die zugehörigen Verkettungen betrifft, so sind zunächst die beiden Ausnahmefälle $Z = \sigma$ und $Z = \sigma^{-1}$ zu betrachten. Man erkennt leicht, daß dies Kreise sind. Im Falle $\nu = \pm 2$ sind die beiden Zöpfe $Z_1 = \sigma^2$ und $Z_2 = \sigma^{-2}$ die einfachste Verkettung zweier Kreise. Sie lassen sich ineinander überführen, wenn man die Orientierung der einen Komponente ändert, sind dagegen verschieden, wenn man die Orientierung festhält.

Alle übrigen Fälle liefern nach M. DEHN[5]) (da sie auf dem Torus liegen) verschiedene Knoten und Verkettungen, und zwar ist $Z = \sigma^\nu$ für gerades ν eine Verkettung zweier Kreise, für ungerades ν ein Knoten. Die beiden Fälle $\nu = \pm 3$ liefern die Kleeblattschlingen. Was die Fundamentalgruppe betrifft, so findet man leicht für $\nu = 2k$:

$$\bar{\sigma}^{2k} = \begin{pmatrix} t_1 & t_2 \\ (t_1\, t_2)^{-k}\, t_1\, (t_1\, t_2)^k & (t_1\, t_2)^{-k}\, t_2\, (t_1\, t_2)^k \end{pmatrix}.$$

Führt man die neuen Erzeugenden $t = t_1$ und $\alpha = t_1\, t_2$ ein, so liefert dies die Relation:

$$t \rightleftarrows \alpha^k,$$

die sehr leicht zu behandeln ist und auf eine übersichtliche Gruppe führt.

Ebenso gibt $\nu = 2k + 1$:

$$\bar{\sigma}^{2k+1} = \begin{pmatrix} t_1 & t_2 \\ (t_1\, t_2)^{-k}\, t_2\, (t_1\, t_2)^k & (t_1\, t_2)^{-(k+1)}\, t_1\, (t_1\, t_2)^{k+1} \end{pmatrix}.$$

So findet man die eine Relation:

$$t_1 = (t_1\, t_2)^{-k}\, t_2\, (t_1\, t_2)^k,$$

da die andere eine Folge von dieser ist (Gleichung (37)). Man nehme als neue Erzeugende: $\alpha = t_1\, t_2$, $\beta = (t_1\, t_2)^k\, t_1$. Das gibt aufgelöst: $t_1 = \alpha^{-k}\beta$, $t_2 = \beta^{-1}\alpha^{k+1}$. Setzt man dies ein in unsere Relation, so geht sie über in:

$$\alpha^{-k}\beta = \alpha^{-k}\beta^{-1}\alpha^{2k+1}.$$

Dies aber gibt nach leichter Umrechnung:

$$\alpha^{2k+1} = \beta^2.$$

Diese Gruppe hat wieder eine leicht zu übersehende Bauart. Damit sind die wesentlichen Fragen für $n = 2$ beantwortet. Wir wenden uns nun zum Falle $n = 3$.

[5]) M. DEHN, Die beiden Kleeblattschlingen. Math. Ann., Bd. 75, S. 402.

Hier führen wir an Stelle der in Satz 2 verwendeten Erzeugenden σ die Erzeugende $b = a\sigma$ ein. Der Zusammenhang mit σ_1 und σ_2 ist dann gegeben durch die Formeln

$$(38) \qquad a = \sigma_1 \sigma_2; \qquad b = a\sigma = \sigma_1 \sigma_2 \sigma_1,$$

$$(39) \qquad \sigma_1 = a^{-1} b; \qquad \sigma_2 = b a^{-1} \quad \text{(wegen (12))}.$$

Zwischen a und b besteht die eine Relation

$$(40) \qquad a^3 = b^2 \quad \text{(siehe (16))}.$$

Diese Gruppe wurde ausführlich von DEHN[5]) und SCHREIER[6]) behandelt. Insbesondere die Untersuchungen von SCHREIER gewähren genauen Einblick in die Struktur der Gruppe. Das Element $c = a^3 = b^2$ ist, wie wir schon in § 4 sahen, mit jedem Element vertauschbar. Es läßt sich somit jedes Element Z auf die Form bringen:

$$(50) \qquad Z = a^{\pm 1} b \cdot a^{\pm 1} b \cdot \cdots a^{\pm 1} b \cdot c^k.$$

Darin kann das erste Glied $a^{\pm 1}$ oder das letzte Glied b fehlen. Diese Darstellung ist nach SCHREIER eindeutig, so daß für $n = 3$ eine neue Lösung des Wortproblems vorliegt.

Aber auch das Transformationsproblem läßt, wie mich Herr SCHREIER aufmerksam machte, dieselbe Behandlung zu. Zwei Zöpfe Z_1 und Z_2 sind ineinander transformierbar, wenn sie sich durch zyklische Vertauschung ihrer Erzeugenden ineinander überführen lassen.

Insbesondere läßt sich jeder geschlossene Zopf in die Form (50) setzen, wo diesmal die Anfangs- und Endglieder nicht fehlen dürfen, es sei denn, Z habe eine der Formen c^k, $a^{\pm 1} c^k$ oder $b c^k$. Die einzigen wesentlichen Abänderungen, die man noch mit dem geschlossenen Zopf vornehmen kann, sind die zyklischen Vertauschungen der einzelnen Faktoren $a^{\pm 1} b$.

Es möge nun noch untersucht werden, wann ein geschlossener Zopf „amphicheiral" ist, d. h. wann er äquivalent ist mit jenem Zopf, der aus ihm entsteht, indem man alle Überkreuzungen in die inversen verwandelt.

Man hat also im Ausdruck von Z die Erzeugenden σ_1 und σ_2 durch σ_1^{-1} und σ_2^{-1} zu ersetzen. Dabei geht a über in $\sigma_1^{-1}\sigma_2^{-1} = b^{-1} a^2 b^{-1} = b^{-1} a^{-1} b$ und b in $\sigma_1^{-1}\sigma_2^{-1}\sigma_1^{-1} = b^{-1} a^{-1} b \cdot b^{-1} a = b^{-1} = b^{-1} b^{-1} b$.

---

[6]) O. SCHREIER, Über die Gruppen $A^a B^b = 1$. Hamburger Abhandlungen Bd. 3, S. 167.

Man hat also a und b durch a^{-1} und b^{-1} zu ersetzen und sodann den Zopf mit b zu transformieren. Da es sich aber um einen geschlossenen Zopf handelt, kann man sich diese letzte Operation ersparen. Es genügt also, a und b durch a^{-1} und b^{-1} zu ersetzen. Dabei geht $c = a^3$ in c^{-1} über. Hat man also:

$$Z = a^{\nu_1} b\, a^{\nu_2} b \cdots a^{\nu_r} b \cdot c^k,$$

wo $\nu_i = \pm 1$ ist, so geht Z über in

$$Z' = a^{-\nu_1} b^{-1} a^{-\nu_2} b^{-1} \cdots a^{-\nu_r} b^{-1} \cdot c^{-k}.$$

Dies formt man leicht um in:

$$Z' = a^{-\nu_1} b\, a^{-\nu_2} b \cdots a^{-\nu_r} b \cdot c^{-(k+r)}.$$

Soll also Z sich in Z' transformieren lassen, so muß zunächst gelten: $2k = -r$. Man hat also $r = 2s$, $k = -s$:

$$Z = a^{\nu_1} b\, a^{\nu_2} b \cdots a^{\nu_{2s}} b \cdot c^{-s},$$
$$Z' = a^{-\nu_1} b\, a^{-\nu_2} b \cdots a^{-\nu_{2s}} b \cdot c^{-s}.$$

Die Zahlenfolge $\nu_1, \nu_2, \cdots \nu_{2s}$ muß also durch zyklische Vertauschung übergehen in $-\nu_1, -\nu_2, \cdots -\nu_{2s}$. Man überlegt sich nun leicht, daß sich Z auf die Form bringen läßt:

$$Z = (a^{\nu_1} b\, a^{\nu_2} b \cdots a^{\nu_m} b \cdot a^{-\nu_1} b\, a^{-\nu_2} b \cdots a^{-\nu_m} b)^k \cdot c^{-mk},$$

wobei $k > 0$ und $\nu_i = \pm 1$ ist. Die Doppelschlinge zum Beispiel wird nach leichter Umformung:

$$Z = (a\, b\, a^{-1} b)^2 \cdot c^{-2}.$$

Ein mit Z verwandter Zopf ist auch der, den man durch Umkehr der Orientierung aus Z erhält. In der σ-Darstellung hat man zunächst Z von rückwärts zu lesen, und überdies σ_1 und σ_2 zu vertauschen. Dabei geht a über in sich, b aber in $\sigma_2 \sigma_1 \sigma_2 = \sigma_1 \sigma_2 \sigma_1$, also auch in sich. In der Darstellung durch a und b hat man Z also einfach von hinten zu lesen. Ist also:

$$Z = a^{\nu_1} b\, a^{\nu_2} b \cdots a^{\nu_r} b \cdot c^k,$$

so wird

$$Z'' = a^{\nu_r} b\, a^{\nu_{r-1}} b \cdots a^{\nu_1} b \cdot c^k.$$

Einen Zopf, bei dem Z in Z'' transformierbar ist, wird man zweckmäßig einen *symmetrischen* Zopf nennen. Die notwendige und hinreichende Bedingung dafür ist, daß die Zahlenfolge $\nu_1, \nu_2 \cdots \nu_r$ durch zyklische Vertauschung übergeht in die Folge $\nu_r \nu_{r-1} \cdots \nu_1$. Man überlegt sich leicht, daß sich dann durch passende Transformation Z auf eine der Formen ($\nu_i = \pm 1$)

$$Z = a^{\nu_1} b\, a^{\nu_2} b \cdots a^{\nu_{m-1}} b\, a^{\nu_m} b\, a^{\nu_{m-1}} b \cdots a^{\nu_1} b \cdot c^k,$$

$$Z = a^{\nu_1} b\, a^{\nu_2} b \cdots a^{\nu_{m-1}} b\, a^{\nu_m} b\, a^{\nu_{m-1}} b \cdots a^{\nu_2} b \cdot c^k,$$

$$Z = a^{\nu_1} b\, a^{\nu_2} b \cdots a^{\nu_m} b \cdot a^{\nu_m} b\, a^{\nu_{m-1}} b \cdots a^{\nu_1} b \cdot c^k$$

bringen lassen muß. Die Doppelschlinge liefert wieder ein Beispiel eines symmetrischen geschlossenen Zopfes, und zwar von der zweiten Form.

Endlich können die beiden besprochenen Abänderungen zusammengesetzt werden. Dabei geht einfach Z über in Z^{-1}. Entsteht so wieder derselbe Zopf, ist also Z in Z^{-1} transformierbar, so wird man Z etwa *ambig* nennen. Dann muß die Zahlenfolge $\nu_1, \nu_2, \cdots \nu_r$ durch zyklische Vertauschung übergehen in $-\nu_r, -\nu_{r-1}, \cdots -\nu_1$ und wieder $r = 2s$; $k = -s$ sein. Man findet leicht, daß die ambigen Zöpfe die Gestalt haben:

$$Z = a^{\nu_1} b\, a^{\nu_2} b \cdots a^{\nu_s} b \cdot a^{-\nu_s} b \cdots a^{-\nu_2} b\, a^{-\nu_1} b \cdot c^{-s}.$$

Hamburg, Mathematisches Seminar, Januar 1925.

Zur Isotopie zweidimensionaler Flächen im R_4.

Von EMIL ARTIN in Hamburg.

Über die Isotopie zweidimensionaler Flächen im R_4 liegen bisher kaum Untersuchungen vor. Analog zur Begriffsbildung bei Kurven kann man etwa eine Kugelfläche K im R_4 verknotet nennen, wenn sie sich nicht ohne Selbstdurchdringung in eine gewöhnliche, in einem R_3 gelegene Kugelfläche K_0 deformieren läßt, oder genauer, wenn es keine die Indikatrix erhaltende Abbildung des R_4 auf sich selbst gibt, die K in K_0 überführt. Eine ähnliche Definition kann bei beliebigem Geschlecht aufgestellt werden, wenn als unverknoteter Normaltyp die mit Henkeln versehene Kugel im R_3 zugrunde gelegt wird. Dabei wird man sich zunächst auf kombinatorische Verknotungen beschränken und diejenigen Fälle ausschließen, die durch singuläre Eigenschaften des Randes zustande kommen. Man wird also von der Fläche K noch überdies fordern, daß sie mit einer Polyederfläche isotop ist, wozu noch die weitere Einschränkung kommt, daß bei der Polyederfläche in jedem Eckpunkt genau drei Kanten zusammenstoßen. Auf die Bedeutung dieser letzten Bedingung soll am Schluß dieser Arbeit noch eingegangen werden. Da nun häufig die Existenz verknoteter Flächen bezweifelt wird, ist es vielleicht angebracht, auf einige einfache Beispiele hinzuweisen.

Es seien x_1, x_2, x_3, x_4 cartesische Koordinaten des R_4. Wir betrachten den R_3 mit der Gleichung $x_4 = 0$ und in ihm den Halbraum $x_3 \geqq 0$. Er werde $\bar{R}_3$ genannt. Seine Begrenzung E ist die Ebene $x_3 = x_4 = 0$.

Im $\bar{R}_3$ sei nun eine abgeschlossene Menge M vorgelegt, die $\bar{R}_3$ nicht zerlegt und die nicht jeden Punkt von E enthält.

Lassen wir nun den Halbraum $\bar{R}_3$ um E rotieren. Unter dieser Rotation verstehen wir natürlich diejenigen Bewegungen des R_4, die jeden Punkt von E fest lassen. Diese Bewegungen bilden eine eingliedrige Gruppe:

$$\bar{x}_1 = x_1, \qquad \bar{x}_2 = x_2$$
$$\bar{x}_3 = x_3 \cos t - x_4 \sin t, \qquad \bar{x}_4 = x_3 \sin t + x_4 \cos t.$$

Bei dieser Rotation beschreibt die Menge M eine Menge $\mathfrak{M}$ des R_4. Wir wollen nun die Fundamentalgruppe der Menge $\mathfrak{M}$ in bezug auf den R_4 bestimmen, das heißt die Gruppe derjenigen von einem festen Punkt P ausgehenden, geschlossenen Wege im R_4, welche $\mathfrak{M}$ nicht treffen, wobei Wege als gleich betrachtet werden, die ineinander deformierbar sind. Den Punkt P denken wir uns im $\overline{R}_3$ gelegen.

Ist nun Q irgendein Punkt des R_4, so können wir ihn durch eine Drehung um E in den $\overline{R}_3$ schaffen. Der dort gelegene Punkt $\overline{Q}$ heiße die Spur von Q. Liegt Q nicht auf $\mathfrak{M}$, so liegt auch $\overline{Q}$ nicht auf $\mathfrak{M}$ und Q trifft auch bei der Drehung nach $\overline{Q}$ keinen Punkt von $\mathfrak{M}$. Ist nun s ein geschlossener Weg im R_4, so bilden die Spurpunkte von s einen geschlossenen Weg $\overline{s}$ im $\overline{R}_3$. Wir behaupten nun, daß $\overline{s} = s$ ist. Man kann nämlich s in endlich viele Stücke zerlegen, so daß das einzelne Stück E nicht umkreist. Durch Rotation schaffen wir nun jedes einzelne Stück nach $\overline{R}_3$. Bei den Zerschneidungspunkten von s entstehen bei diesen Drehungen, da sie ja für jedes einzelne Stück verschieden sind, Kreise um E, deren Spuren Punkte sind. Jeder solche Kreis läßt sich aber auf einen Punkt zusammenziehen. Man führe nämlich die Spur des Kreises nach einem der Punkte von E, die nicht zu $\mathfrak{M}$ gehören. Dabei schrumpft der Kreis auf diesen Punkt zusammen. Damit ist aber $s = \overline{s}$ gezeigt.

Läßt sich nun im R_4 der Weg s in den Weg t deformieren, ohne daß $\mathfrak{M}$ bei dieser Deformation getroffen wird, so führt dies unmittelbar auf eine Deformation von $\overline{s}$ in $\overline{t}$, die ganz im $\overline{R}_3$ verläuft und die Menge M nicht trifft. Daraus folgt aber:

Die Fundamentalgruppe von $\mathfrak{M}$ im R_4 ist isomorph, ja sogar gleich der Fundamentalgruppe von M im $\overline{R}_3$. Man beachte aber: von M im $\overline{R}_3$ nicht etwa von M im R_3.

Wählt man nun als Menge M einen im $\overline{R}_3$ gelegenen Knoten, der E nicht trifft, so erhält man als Menge $\mathfrak{M}$ eine Fläche, und zwar einen Torus. Die Fundamentalgruppe dieses Torus ist dann einfach die Fundamentalgruppe des Ausgangsknotens. Nach M. DEHN[1]) ist somit $\mathfrak{M}$ sicher verknotet, da die Fundamentalgruppe einer unverknoteten Fläche zyklisch ist. Verkettungen im $\overline{R}_3$ liefern endlich Beispiele für verkettete Tori im R_4.

Aber auch verknotete Kugelflächen sind leicht zu erhalten. Man nehme im $\overline{R}_3$ einen Knoten, der mit E genau eine Strecke gemein hat. Aus diesem Knoten lasse man diese Strecke, abgesehen von ihren Endpunkten A und B, weg. Läßt man nun diese Menge M rotieren, so ist $\mathfrak{M}$ eine Kugel und ihre Fundamentalgruppe ist die des verknoteten Halbkreises im $\overline{R}_3$. Diese letztere Fundamentalgruppe ist aber einfach die Gruppe des Ausgangsknotens. Die Ebene E spielt nämlich für die Gruppe im $\overline{R}_3$ dieselbe Rolle wie die Strecke zwischen A und B im R_3. Damit sind wieder unendlich viele Typen verknoteter Kugeln im R_4 gegeben.

---

[1]) M. DEHN, Über die Topologie des dreidimensionalen Raumes. Math. Ann. Bd. 69, § 4.

Nicht ganz so einfach ist der Fall von Verkettungen. Eine Kugel und einen Torus kann man noch genau so verketten. Bei zwei verketteten Kugeln aber ist die Betrachtung dadurch erschwert, daß jetzt E nicht mehr gleichbedeutend mit den weggelassenen Strecken ist. Man erhält auch Verkettungen von zwei Kugeln nur dann, wenn wenigstens eine der Kugeln selbst verknotet ist. Eine Verkettung zweier unverknoteter Kugeln ist auf diese Art überhaupt nicht zu erhalten.

Es sei noch bemerkt, daß alle auf diese Art erhaltenen Flächen amphicheiral sind, d. h. sich in ihr Spiegelbild deformieren lassen.

Für höheres Geschlecht erhält man mühelos Beispiele durch Aufbau aus unseren einfachen Typen. Endlich lassen sich die Konstruktionen leicht auf beliebig viele Dimensionen verallgemeinern.

Es werde nun noch kurz auf die eingangs erwähnte Nebenbedingung für die Polyederflächen eingegangen. Stoßen nämlich in einem Eckpunkt mehr als drei Kanten zusammen, so kann es sein, daß dieser Eckpunkt eine merkwürdige kombinatorische Singularität besitzt. Legt man nämlich um ihn eine kleine Hyperkugel, so schneidet diese aus unserer Fläche eine Kurve aus, die möglicherweise auf der Hyperkugel verknotet ist. Einen solchen singulären Punkt kann man so konstruieren:

Man nehme im R_3 einen Knoten und verbinde jeden Punkt dieses Knotens mit dem Punkt $x_1 = x_2 = x_3 = 0$, $x_4 = 1$ durch eine geradlinige Strecke. Die Spitze des so bestimmten Kegels ist offenbar ein singulärer Punkt der gewünschten Art. Verbindet man noch jeden Punkt des Knotens mit $x_1 = x_2 = x_3 = 0$, $x_4 = -1$, so erhält man eine verknotete Kugelfläche, die aber zwei singuläre Punkte aufweist und zwar sind es Punkte mit Singularitäten kombinatorischen Charakters Unsere Bedingung für die Polyederflächen kann man also durch die unmittelbar verständliche Einschränkung kennzeichnen, daß sie im kleinen unverknotet sein sollen. Die Möglichkeit einer solchen kombinatorischen Singularität hat wohl zum erstenmal Herr WIRTINGER bemerkt, der nachwies, daß bei der Diskriminantenfläche $p^3 + q^2 = 0$ der kubischen Gleichung $x^3 + 3px + 2q = 0$ im R_4 der Punkt $p = q = 0$ eine Singularität der betrachteten Art aufweist; der Knoten ist in diesem Falle die Kleeblattschlinge.

Es sei noch bemerkt, daß der Knoten für unsere Singularität die einzige wesentliche Invariante ist. Um das einzusehen, konstruieren wir wieder über einem Knoten K im R_3 einen Kegel mit der Spitze im Punkte $S(0, 0, 0, 1)$. Nehmen wir nun an, daß es eine Deformation des R_4 gibt, die diesen Kegel überführt in einen Kegel über einem anderen Knoten, so kann zunächst angenommen werden, daß S bei dieser Deformation festbleibt.

Betrachten wir nun die Kurve K bei dieser Deformation. Es sei ε

die Minimaldistanz von S, die K im Laufe der Deformation annimmt. Legen wir nun um S eine feste Hyperkugel mit einem Radius $< \varepsilon$, so schneidet diese aus dem Kegel eine Kurve heraus, die bei der Deformation des R_4 deformiert wird, und zwar ohne Selbstdurchdringung. Nach unserer Deformation liegt also auf unserer Hyperkugel ein Knoten, der mit K isotop ist. Es muß somit der Endkegel über einem mit K isotopen Knoten errichtet worden sein.

Ohne Verwendung von Deformationen kann man wenigstens schnell einsehen, daß die Fundamentalgruppe des Knotens K eine Invariante der Singularität ist. Durch ähnliche Überlegungen wie vorhin kann nämlich gezeigt werden, daß diese Fundamentalgruppe im R_4 die Bedeutung der Fundamentalgruppe im kleinen für unseren singulären Punkt hat. Der Begriff der Fundamentalgruppe im kleinen ist dabei in naheliegender Weise festzusetzen. Wege und Wegdeformationen dürfen nur in einer kleinen Umgebung von S verlaufen.

Hamburg, Mathematisches Seminar, August 1925.

THEORY OF BRAIDS

By E. Artin

(Received May 20, 1946)

A theory of braids leading to a classification was given in my paper "Theorie der Zöpfe" in vol. 4 of the Hamburger Abhandlungen (quoted as Z). Most of the proofs are entirely intuitive. That of the main theorem in §7 is not even convincing. It is possible to correct the proofs. The difficulties that one encounters if one tries to do so come from the fact that projection of the braid, which is an excellent tool for intuitive investigations, is a very clumsy one for rigorous proofs. This has lead me to abandon projections altogether. We shall use the more powerful tool of braid coordinates and obtain thereby farther reaching results of greater generality.

A few words about the initial definitions. The fact that we assume of a braid string that it ends in a straight line is of course unimportant. It could be replaced by limit assumptions or introduction of infinite points. The present definition was selected because it makes some of the discussions easier and may be replaced any time by another one. I also wish to stress the fact that the definition of s-isotopy is of a provisional character only and is replaced later (Definition 3) by a general notion of isotopy.

More than half of the paper is of a geometric nature. In this part we develop some results that may escape an intuitive investigation (Theorem 7 to 10).

We do not prove (as has been done in Z) that the relations (18) (19) are defining relations for the braid group. We refer the reader to a paper by F. Bohnenblust[1] where a proof of this fact and of many of our results is given by purely group theoretical methods.

Later the proofs become more algebraic. With the developed tools we are able to give a unique normal form for every braid[2] (Theorem 17, fig. 4 and remark following Theorem 18). In Theorem 19 we determine the center of the braid group and finally we give a characterisation of braids of braids.

I would like to mention in this introduction a few of the more important of the unsolved problems:

1) Assume that two braids can be deformed into each other by a deformation of the most general nature including self intersection of each string but avoiding intersection of two different strings. Are they isotopic? One would be inclined to doubt it. Theorem 8 solves, however, a special case of this problem.

2) In Definition 3, we introduce a notion of isotopy that is already very general. What conditions must be put on a many to many mapping so that the result of Theorem 9 still holds?

[1] F. Bohnenblust, The algebraical braid group, Ann. Math., vol. 48, (1947), pp. 127–136.

[2] The freedom of the group of k-pure braids has been proved with other methods in: W. Fröhlich, *Über ein spezielles Transformationsproblem bei einer besonderen Klasse von Zöpfen*, Monatshefte für Math. und Physik, vol. 44 (1936), p. 225.

3) Determine all automorphisms of the braid group.

4) With what braids is a given braid commutative?

5) Decide for any two given braids whether they can be transformed into each other by an inner automorphism of the group. Concerning applications of braid theory this is by far the most important problem.

The last three of our questions seem to require an extensive study of the automorphisms of free groups.

We shall have to consider numerous functions of several variables. All of them are meant to be continuous in all the variables involved so that the statement of continuity is always omitted. Only more stringent conditions shall be mentioned.

Let x, y, z be the Cartesian coordinates of a 3-space. By a braid string we mean a curve that has precisely one point of intersection with each plane $z = a$ so that z may be used as parameter. Denoting by X the two dimensional vector (x, y) we may therefore describe the string by a vector function $X = X(z)$. In addition to that we assume the existence of two constants a, b such that $X(z)$ assumes a constant value X^- for all $z \leqq a$ and a constant value X^+ for all $z \geqq b$. X^- and X^+ are called the ends of the string.

By an n-braid we mean a set of n strings $X_i(z)$ $(i = 1, 2, \cdots n)$ without intersections (hence $X_i(z) \neq X_k(z)$ for $i \neq k$) where the numbering of the strings is considered unessential.

Two n-braids $X_i(z)$ and $Y_i(z)$ are called strongly isotopic (s-isotopic) if n vector functions $X_i(z, t)$ can be found with the following properties: They are defined for all z and for all t of a certain interval $c \leqq t \leqq d$, give an n-braid for each special t and are $X_i(z)$ for $t = c$, $Y_i(z)$ for $t = d$. They are constant in z and t if z is large enough and also constant if $-z$ is large enough. We remark at once that the ends remain fixed.

THEOREM 1. *s-isotopy is reflexive, symmetric and transitive.*

This allows us to unite s-isotopic braids into one class. We also obtain without difficulty:

THEOREM 2. *Let $g(z, t)$ be a numerical function defined for all z and all t of a certain t-interval. Assume that it tends with z to ∞ uniformly in t (the sign is unimportant). If $X_i(z)$ is a braid then the new braids $X_i(g(z, t))$ for different values of t are all s-isotopic. (They need not be s-isotopic to $X_i(z)$ itself.)*

COROLLARY 1. *If the numerical function $g(z)$ satisfies $\lim_{z=+\infty} g(z) = +\infty$ and $\lim_{z=-\infty} g(z) = -\infty$, then the braids $X_i(z)$ and $X_i(g(z))$ are s-isotopic.*

PROOF: Put $g(z, t) = (1 - t)\, z + t\, g(z)$ for $0 \leqq t \leqq 1$.

COROLLARY 2. *$X_i(z)$ is s-isotopic to any z-translation $X_i(z + t)$.*

COROLLARY 3. *The braids $X_i(\,|\,z\,|\, + t)$ are s-isotopic among themselves for different values of t. For large positive values of t all braid strings are constant $=$ X_i^+. For large negative values of t the part of the braid above the xy-plane looks like a z-translation of $X_i(z)$, the part below this plane like its reflection on the xy-plane.*

We mention a few theorems of which little use shall be made in this paper, but that are useful if braids are to be studied by means of their projection on the yz-plane from the positive x-direction. By lexicographical arrangement of vectors we mean, as usual, their arrangement according to the size of their y-coordinate and, in case the y-coordinates are equal, according to their x-coordinate.

Two braids are said to have the same z-pattern of projection if the lexicographical arrangement of the vectors $X_i(z)$ is for each value of z the same as that of the vectors $Y_i(z)$.

LEMMA. *Two braids with the same z-pattern of projection are s-isotopic.*

PROOF: Put $X_i(z, t) = (1 - t)X_i(z) + t\, Y_i(z)$ for $0 \leqq t \leqq 1$. Assume we could find values z, t and $i \neq k$ such that $X_i(z, t) = X_k(z, t)$. This means that $(1 - t)(X_i(z) - X_k(z)) + t(Y_i(z) - Y_k(z)) = 0$. Let $X_i(z) - X_k(z) = (a, b)$ and $Y_i(z) - Y_k(z) = (a', b')$. The y-coordinate of our equation shows that b and b' can not have the same sign hence $b = b' = 0$. Now the x-coordinate of the equation leads to $a = a' = 0$. But then $X_i(z)$ would not be a braid.

Two braids $X_i(z)$ and $Y_i(z)$ are said to have the same pattern of projection if a monotonically increasing function $g(z)$ with infinite limits exists such that $X_i(z)$ and $Y_i(g(z))$ have the same z-pattern of projection.

THEOREM 3. *Two braids with the same pattern of projection are s-isotopic.*

PROOF: Use the lemma and Corollary 1 of Theorem 2.

THEOREM 4. *Let d be less than half the minimal distance between two of the strings of $X_i(z)$. Let $Y_i(z)$ be a braid with the same ends as $X_i(z)$ and assume that equally numbered strings of the two braids have at each z level a distance less than d. Then the braids are s-isotopic.*

The proof is done with the same device as in the lemma and is trivial.

DEFINITION: Two braids $X_i(z)$ and $Y_i(z)$ are called composable if:

1) They have the same number of strings.

2) After a suitable change in the numbering of the strings we have $Y_i^+ = X_i^-$. So the upper ends of $Y_i(z)$ must fit the lower ends of $X_i(z)$.

If (after a suitable translation) we join these ends we obtain a new braid which is said to be composed of $X_i(z)$ and $Y_i(z)$ (in this order). The formal definition would be:

Select an a and a b such that $X_i(z + a)$ is constant for negative z and $Y_i(z + b)$ is constant for positive z. Put $Z_i(z) = X_i(z + a)$ for positive z and $= Y_i(z + b)$ for negative z. This braid and any translation of it is called the composed braid. We still have a great freedom in the selection of a, b and the translation. All these braids are however s-isotopic.

If we replace both braids by others that are s-isotopic to them we obtain braids that are s-isotopic to $Z_i(z)$. The proof follows from the fact that after suitable selection of a and b the necessary deformation can be carried out independently in both sections of the composed braid. This leads to:

DEFINITION 1. Two classes of braids A and B are called *composable* if the braids in these classes are composable. The resulting braids form a class denoted by AB. It is to be remarked that if A is composable with B then B may not be composable with A. And even if the classes are composable from both sides then the commutative law may not hold. But the associative law does. If A and B as well as AB and C are composable then B and C as well as A and BC are composable and we have $A(BC) = (AB)C$.

THEOREM 5. *The classes of n-braids form a groupoid under our composition.*

PROOF: The postulates that we must verify are:

1) The kind of associative law we just have mentioned.

2) The existence of two classes U and U' for each given class A (dependent on A) such that $AU = U'A = A$. U is obviously the class containing a constant braid with the same lower ends as A and U' the similar class connected with the upper ends of A.

3) The existence of a class A^{-1} such that $A^{-1}A = U$ and $AA^{-1} = U'$. Corollary 3 shows that the reflection of a braid on the x, y plane gives such a class.

4) If A and B are given classes there exists a class C such that AC as well as CB can be formed. This just means to construct an example of a braid with given ends.

If U is one of the unit classes call G_U the set of all A that have U as left as well as right unit. They form a group. If V is another unit and C a class such that $UC = CV = C$ then $G_V = C^{-1}G_UC$ and the transformation thus indicated is an isomorphism. The knowledge of one of these groups reveals the structure of all and as a matter of fact the structure of the whole groupoid. The braids in such a group are those whose upper ends are only a permutation of the lower ends.

Next we prove that s-isotopy can be extended to the whole space:

THEOREM 6. *Let $X_i(z, t)$ be the n functions describing an s-isotopy. Then we can find a function $F(X, z, t)$ defined for all X and z and all necessary t, whose value is a vector, and that has the following properties:*

1) *For any fixed z it is a deformation of the plane. That means that it is a one to one correspondence of the plane if t also is fixed and it is identity for $t = a$ if that is the beginning of the t-interval.*

2) *Should for any special value of z the original functions $X_i(z, t)$ be independent of t, then $F(X, z, t) = X$ for that z and all X and t.*

3) *If a point (X, z) of the 3-space has a sufficiently large distance from the origin then $F(X, z, t) = X$ for all t.*

4) *$F(X_i(z, a), z, t) = X_i(z, t)$. So the deformation of the space moves the braid-strings precisely as the s-isotopy does.*

PROOF: 1) Select an $r > 0$ such that $| X_i(z, t) - X_k(z, t) | < 3r$ for all $i \neq k$ and all z and t. We first construct an auxiliary function $G(X, P_\nu, Q_\nu)$ of X and $2n$ points P_ν, Q_ν ($\nu = 1, 2, \cdots n$) of the plane. The points P_ν are restricted by the condition that their mutual distance shall always be greater than $3r$, the points Q_ν by the condition that Q_i lies in the interior of a circle C_i of radius r around P_i. The value of G shall be X if X is outside of all the circles or on the periphery of one. For $X = P_i$ the value shall be Q_i. If X is in the interior of C_i but different from P_i draw a radius through X and call R its intersection with C_i. Define the functionvalue as that point on the straight line segment

$R\ Q_i$ that bisects it in the same ratio as X bisects $R\ P_i$. Our function is continuous in all the variables, is a one to one correspondence of the plane for fixed P_ν and Q_ν and reduces to identity if $P_\nu = Q_\nu$ for all ν.

2) Divide the t interval into a finite number of parts $t_i \leqq t \leqq t_{i+1}$ such that the variation of every $X_i(z, t)$ in that interval is less than r for fixed z.

In $a = t_0 \leqq t \leqq t_1$ we define $F(X, z, t) = G(X, X_\nu(z, a), X_\nu(z, t))$. It has all the necessary properties. Assume that we succeeded to define $F(X, z, t)$ for all t of $t_0 \leqq t \leqq t_m$ and to check on the required properties. For $t_m \leqq t \leqq t_{m+1}$ we define:

$$F(X, z, t) = G(F(X, z, t_m), X_\nu(z, t_m), X_\nu(z, t)).$$

For $t = t_m$, we get the old value so it is a continuous continuation. The properties 1, 2, 3 follow immediately. For $X = X_i(z, a)$ we get $F(X, z, t_m) = X_i(z, t_m)$ hence $F(X, z, t) = X_i(z, t)$.

The extension of an s-isotopy to the whole space is not the only use of Theorem 6. We also use it to introduce new coordinates for the points of the space called braid coordinates. They are much more flexible in dealing with braids and the principal tool in the proofs of most of the following theorems.

Let $X_i(z)$ be a given braid, constant for $z \leqq a$ and for $z \geqq b$. Consider the braids $X_i(z + t)$ for $0 \leqq t \leqq b - a$. They are all isotopic and let $F(X, z, t)$ be the extension of this isotopy to the whole space. Then we have:

$$F(X_i(z), z, t) = X_i(z + t), \qquad 0 \leqq t \leqq b - a. \tag{1}$$

With each point (x, z) of the space we associate now a 2 dimensional vector $Y = Y(X, z)$ in the following way:

For $z \leqq a$ let $Y = X$.

For $a \leqq z \leqq b$ let Y be the unique solution of $F(Y, a, z - a) = X$. For $z = a$ we have $F(X, a, 0) = X$, therefore $X = Y$ again.

For $z \geqq b$ put $Y(X, z) = Y(X, b)$.

If z is fixed then the mapping $Y = Y(X, z)$ is a one to one correspondence of the plane that is certainly identity, outside a large circle whose radius does not depend on z. It is identity for all X if $z \leqq a$. For $z \geqq b$ it is in general not identity but at least is the same mapping for all $z \geqq b$.

$F(X_i(a), a, z - a) = X_i(a + (z - a)) = X_i(z)$ if $a \leqq z \leqq b$ because of (1). This shows that the Y for the point $(X_i(z), z)$ of the ith string is $X_i(a) = X_{\bar{i}}$. The same is true for $z \leqq a$ and for $z \geqq b$ for trivial reasons.

We associate now with the point (X, z) the corresponding combination $\{Y, z\}$ and call it the braid coordinates of that point. They equal the ordinary coordinates for all $z \leqq a$ and also for all large $|X|$. All points on the ith string have the simple braid coordinates $\{X_{\bar{i}}, z\}$.

Another way to look upon the braid coordinates is this: Interpret them as ordinary coordinates of a point of a 3-space. Then our 3-space is mapped by a one to one correspondence onto this new one and the braid strings are mapped onto vertical lines with the same lower ends.

Let now u be any real number. The mapping $\{Y, z\} \to \{Y, z + u\}$ in our old space is a one to one correspondence that has all the essential features of a translation and shall therefore be called translation by u along the braid. Each single string remains fixed as a whole. For large $|X|$ and also if $|z|$ is large in comparison to $|u|$ it is an ordinary translation. For the other points the z-coordinate does at least behave in the ordinary way.

We can of course also find the inverse function $X = H(Y, z)$ that describes the passage from Y back to X. Let now $X(z)$ be any other braidstring (it may intersect the strings of our braid). Apply to it a translation by u along our braid. The braid coordinates of $(X(z), z)$ are $\{Y, z\}$ where $Y = Y(X(z), z)$. The translation moves it into $\{Y, z + u\}$. The ordinary coordinates are $(X', z + u)$ where $X' = H(Y(X(z), z), z + u)$. Looking at the new string as a whole, we may replace z by $z - u$ and obtain the new braidstring

$$X(z, u) = H(Y(X(z - u), z - u), z)$$

such that $(X(z, u), z)$ are the points of the new braidstring. Letting now the u change, we see that we have before us an s-isotopic change where the points move only in horizontal planes. Should the original string not intersect the braidstrings, then its translation does not either and the braid formed out of the old braid by adding our new string undergoes an s-isotopy under translation.

We use this in the following way: Let $X_i(z)$ be an n-braid and replace its nth string by any other string $X'_n(z)$ with the same ends. The new string may intersect $X_n(z)$ but shall not intersect the other strings of our braid. This gives a new n-braid and we apply now to our old braid a translation by a large u along our new braid. What happens? The $n - 1$ first strings remain fixed. If u is sufficiently large then a very low portion of the nth string will now be in the main part of the braid. In that very low portion the string $X_n(z) = X'_n(z)$. The string $X'_n(z)$ does not change under our translation. This shows that in the main portion of our braid $X_n(z)$ has moved into the position $X'_n(z)$. This is of course compensated by the fact that the nth string is now entangled in the other strings above the main portion of the braid. But above the main section of the braid, the first $n - 1$ strings are very simple, namely parallel lines. Remember finally that we have shown in the preceding paragraph that the translation can also be considered as a horizontal motion, as an s-isotopy.

THEOREM 7. *It is possible to apply to a braid an s-isotopy moving one string only whereby this string may be brought into any other position provided this is compensated by a motion of the string above the main section of the braid where the* $n - 1$ *other strings are parallel.*

This suggests the definition:

DEFINITION 2. A braid with the same upper and lower ends is called *i-pure,* if all but the ith string are constant. A class is called i-pure if it contains an i-pure representative.

We see: if B and B' are braids or classes of braids having $n - 1$ strings in common then $B = AB'$ where A is i-pure.

Another useful notion connected with braid coordinates is that of projection along the braid. Consider the plane $z = z_0$. The mapping $\{Y, z\} \to \{Y, z_0\}$ is this projection. It carries the braidstrings into their intersection with the plane and a point not on the braid into a point different from these intersections.

Let now R_B be the complementary set to B in the 3-space. We introduce the usual notion of homotopy of paths in R_B. Two paths $a = \{Y(t), z(t)\}$, $b = \{Y'(t), z'(t)\}$, $0 \leqq t \leqq 1$ are called homotopic in $R_B : a \sim_B b$ if a function of two variables t and s (interval 0, 1) $\{Y(t, s), z(t, s)\}$ can be found, that is constant for $t = 0$ and $t = 1$, gives the first path for $s = 0$ and the second for $s = 1$. All points of the deformation have to belong to R_B which means simply that the function Y avoids the values X_i^-.

The composition of homotopy classes is introduced in the usual way and leads to a groupoid. If we select a point P in R_B and consider the homotopy classes of those paths that have beginning as well as endpoint at P, we obtain the Poincaré group of R_B. Let z_0 be the z coordinate of P and $a = \{Y(t), z(t)\}$ any element of this group. The projection $a' = \{Y(t), z_0\}$ is homotopic to a as the function $\{Y(t), z_0 + s(z(t) - z_0)\}$ shows. If two paths in this plane are B-homotropic, say by the function $\{Y(t, s), z(t, s)\}$, then the function $\{Y(t, s), z_0\}$ shows that the paths are already homotopic in the plane. The Poincaré group is therefore the same as that of a plane punctured in the n points $X_i(z_0)$. So it is a free group with n generators.

We must now carefully describe the generators we want to use. The plane will be either in the region of z where the braidstrings assume the constant values X_i^- and shall then be called a lower plane or in the region of the X_i^+ when we call it an upper plane. Take an upper plane and draw in it a ray that does not meet any of the upper or lower ends. We intend to take the point P on that ray sufficiently far away. Each of the points X_i^+ shall be connected with the beginning point Q of the ray by a broken line without self intersection such that two of the lines and also the ray have only the endpoint Q in common. By l_i we denote the connection thus established between the beginning point X_i^+ and the point P on the ray. By $l_i(\epsilon)$ we mean the same path but starting with the parameter value ϵ. An orientation of the plane is selected. By $c_i(\epsilon)$ we mean a curve with the winding number 1 around X_i^+ starting and ending at the beginning point of $l_i(\epsilon)$ that stays within a small neighborhood of X_i^+. It is well known that the paths (for small ϵ)

$$t_i = l_i(\epsilon)^{-1} c_i(\epsilon) l_i(\epsilon) \tag{2}$$

are free generators of the Poincaré group of the punctured plane. This pattern of paths is then transferred to all other upper planes by projection (in the ordinary sense) including the point P. We use the same names for the paths in all the upper planes.

In a lower plane we first transfer the ray, the orientation and the point P to it by ordinary projection. Since we now have to take care of the lower ends, new paths are selected denoted by l'_i, $l'_i(\epsilon)$, $c'_i(\epsilon)$. The corresponding generators shall be called t'_i.

What we intend to do with this setup is roughly this: If two braids are s-isotopic they must by necessity have the same ends. It therefore suffices to consider braids with given ends. For all these braids we use the same pattern of paths in the lower and upper planes. If B is a given braid then we project by braid projection the generators t'_i into the upper plane. We obtain paths $\bar{t}_i$ that are now generators in the upper plane. Therefore they can be expressed in terms of the t_i. It turns out that these expressions are a complete set of invariants for the isotopy classes.

As a first indication that the study of the homotopy classes must give a solution of our problem let us consider the following special case:

Let C be an $(n - 1)$-braid. Form two n-braids by inserting in C an nth string in two ways but both time with the same ends. Select a z_0 such that the two strings are equal for $z \leqq z_0$ and call P_0 the point on the nth strings at that z_0-level. In a similar fashion select z_1 and P_1 for the upper end. Consider now the two pieces of the nth strings between P_0 and P_1. If they are homotopic relative to C we may call the two n^{th} strings C-homotopic. Then the following rather surprising theorem holds:

THEOREM 8. *Let B and B' be obtained from C by insertion of an nth string with given ends. If the two strings are C-homotopic then B and B' are s-isotopic. Every homotopy class can be realized by a braid. The converse is also true but will be proved later.*

PROOF: 1) We use braid coordinates of C and express the two inserted strings in terms of these coordinates: $Y_n(z)$, $Y'_n(z)$. The fact that they do not intersect the strings of C means just that the functions avoid the values X_i^-. By assumption there exists a function $\{Y(t, s), z(t, s)\}$ defined in $z_0 \leqq t \leqq z_1$, $0 \leqq s \leqq 1$ describing the homotopy of the strings. So $Y(t, s)$ will avoid the values X_i^-, have fixed beginning and end points for all s and will be $Y_n(t)$ for $s = 0$ and $Y'_n(t)$ for $s = 1$. The method consists now in forgetting about the function $z(t, s)$ altogether and to define a function $Y_n(z, s)$ as equal to $Y(z, s)$ for $z_0 \leqq z \leqq z_1$ and equal to X_i^- for all other z. The function avoids X_i^- and reduces to the given strings for $s = 0$ and $s = 1$. So it gives the required s-isotopy.

2) If $\{Y(t), z(t)\}$ is any curve defined in $z_0 \leqq z \leqq z_1$ that avoids the strings of C and joins P_0 and P_1, put as before $Y_n(z) = Y(z)$ in that interval and $= X_n^-$ for all other z. The function $\{Y(t), s \cdot z(t) + (1 - s)t\}$ shows that this n^{th} string is homotopic to the given curve.

REMARK. The s-isotopy of Theorem 8 moves the nth string only.

Let us now return to our upper plane. Join one of the points X_i^+ to P by a curve h that avoids the braid with exception of its beginning point. Define $h(\epsilon)$ as before and let $d(\epsilon)$ be a curve analogous to $c_i(\epsilon)$. Consider the element $t = h(\epsilon)^{-1}d(\epsilon)\, h(\epsilon)$. If we join the beginning point of $l_i(\epsilon)$ to that of $h(\epsilon)$ by a path e that stays in a small neighborhood of X_i^+ then $e^{-1}c_i(\epsilon)e$ is homotopic to

$d(\epsilon)$. The path $S' = l_i(\epsilon)^{-1}e\,h(\epsilon)$ is a certain element of the group and may be expressed in terms of the t_ν. The element

$$S'^{-1}t_iS' = h(\epsilon)^{-1}e^{-1}l_i(\epsilon)l_i(\epsilon)^{-1}c_i(\epsilon)l_i(\epsilon)l_i(\epsilon)^{-1}e\,h\,(\epsilon)$$

is homotopic to t. Assume now that a similar expression $t = S^{-1}t_iS$ is known from some other source and may even not be in a reduced form. We first perform the possible cancellations in S only; a further simplification of the expression $S^{-1}t_iS$ is then possible only if S begins with a power of t_i. Then S^{-1} ends with the reciprocal of that power and we see that this term may indeed be dropped. This shows that S is uniquely determined but for a power of t_i and we have therefore $S' = t_i^rS$ or

$$l_i(\epsilon)^{-1}e\,h(\epsilon) = t_i^rS. \tag{3}$$

Let us now reinsert in our plane the one point X_i^+ and consider homotopies in that new plane, punctured in $n - 1$ points only. This homotopy shall be denoted by $\sim_i$. It amounts to put $t_i = 1$ in all previous expressions. The resulting element shall still be denoted by S. We obtain:

$$l_i(\epsilon)^{-1}e\,h(\epsilon) \sim_i S.$$

The path $l_il_i(\epsilon)^{-1}e\,h(\epsilon)h^{-1}$ is i-homotopic to a closed curve starting at X_i^+ and remaining in a small neighborhood of that point. It is therefore i-homotopic to this point X_i^+. This proves the formula

$$l_i^{-1}h \sim_i S. \tag{4}$$

Let now B be a braid with the given ends. If we apply braid projection to a generator t_i' of a lower plane onto an upper plane and assume that the point P has been selected sufficiently far out, then the image $\bar{t}_i$ will be an element of the Poincaré group for P. If l_i is the projection of l_i' we obtain equations of the form:

$$\bar{t}_i = S_i^{-1}t_iS_i \tag{5}$$

$$l_i(\epsilon)^{-1}e_i\overline{l_i(\epsilon)} \sim t_i^rS_i \tag{6}$$

$$l_i^{-1}l_i \sim_i S_i. \tag{7}$$

It is to be remarked that the properties of the braid coordinates show that the form of the equation (5) does not depend on the precise location of the upper and the lower plane. It is also clear that it does not depend on ϵ provided it is only small enough. The position of P plays also no role in it provided that it is far enough out. The equations (6) and (7) change of course their meaning and the exponent r may depend on ϵ and e_i.

We may look upon this process in yet another way. Call g the straight line segment that connects P with its projection in the lower plane and put $\tau_i = gt_i'g^{-1}$. They are elements of the Poincaré group for P and as a matter of fact a set of generators. If we subject them to braid projection they will go over again into the $\bar{t}_i$. But being elements with the same beginning and end point τ_i is, as we have seen before, homotopic to $\bar{t}_i$. So equation (5) becomes

$$\tau_i \sim S_1^{-1} t_i S_i . \tag{8}$$

We are now ready for a generalized notion of isotopy:

DEFINITION 3. A braid is called *isotopic to another braid* if the space can be mapped into itself in such a way that points on the first braid but no other points of the space are mapped onto points of the second braid. In addition to this we assume that the mapping is identity outside of a certain sphere. Inside that sphere the mapping must of course be continuous but need not be one to one.

Consider now two isotopic braids B and C. Locate the lower and the upper plane outside the sphere and select P so that g is also outside this sphere. The two elements τ_i and its B-projection $\bar{t}_i$ are B-homotopic. The surface connecting the two paths does not meet B. Its image under our mapping will therefore avoid C. This shows that the images of our paths are C-homotopic. But our paths remain fixed. So τ_i and $\bar{t}_i$ are C-homotopic. τ_i on the other hand is C-homotopic to its C-projection. This C-projection is therefore C-homotopic to $\bar{t}_i$ and this proves:

THEOREM 9. *If B is isotopic to C then the exexpressions in formula* (5) *are the same for B and C.*

The i-homotopy of formula (7) may be interpreted as homotopy with respect to the braid resulting from a cancellation of the ith string. Denote by Σ_i the piece of the ith string that starts at the upper plane and ends at the lower plane. The path $l_1^{-1}\, \Sigma_i l_i' g^{-1}$ is a closed path starting at P and as such i-homotopic to its projection onto the upper plane. But this projection is obviously the left side of (7). Computing Σ_i out of the resulting homotopy we get:

$$\Sigma_i \sim_i l_i S_i g l_i'^{-1} \tag{9}$$

and this shows that S_i determines the homotopy class of the ith string.

(9) Interprets the ith string but it would not completely explain S_i since it is only an i-homotopy. Let Σ_i' be any path connecting the beginning points of $l_i(\epsilon)$ and $l_i'(\epsilon)$ that stays in the immediate vicinity of the nth string without intersecting it. Its projection is then a curve that may be used as e_i. Now the projection of $l_i(\epsilon)^{-1}\Sigma_i' l_i'(\epsilon) g$ is the left side of (6):

$$t_i^r S_i \sim l_i(\epsilon)^{-1} \Sigma_i' l_i'(\epsilon) g \tag{10}$$

which provides the full geometric meaning of S_i. The converse of Theorem 8 is:

THEOREM 10. *Let B and C be two braids with the same ends and with the same first $n - 1$ strings. Assume either that B and C are s-isotopic or that they are isotopic or that the expressions* (5) *are the same for both braids. Then the nth strings are n-homotopic and there exists an s-isotopy moving the nth string only.*

PROOF: If they are s-isotopic then they are isotopic because of Theorem 6. If they are isotopic then the expressions (5) are the same because of Theorem 9.

If (5) is the same even for $i = n$ only then the nth strings are n-homotopic because of formula (9). The remark to Theorem 8 shows the rest of the contention.

THEOREM 11. *If two braids have the same ends and if the expressions* (5) *are the same for both braids then they are s-isotopic.*

PROOF: For $n = 1$ our theorem is trivial since the two strings are 1-homotopic. Let it be proved for braids with $n - 1$ strings. If B and C are two n-braids for which the assumption holds, let B' and C' be the braids resulting from cancellation of the nth string. The expressions (5) for B' and C' are obtained by putting $t_n = 1$. So (5) is also the same for B' and C'. Therefore B' and C' are s-isotopic. Extend the s-isotopy to the whole space and apply this mapping to the braid B. It carries B into an s-isotopic braid D having again the same expressions (5). D and C have now the first $n - 1$ strings in common so that Theorem 10 shows that they are s-isotopic. This completes the proof.

THEOREM 12. *Isotopy and s-isotopy imply each other.*

The proof follows from Theorems 6, 9 and 11.

THEOREM 13. *The expressions* (5) *do not depend on the special braid-coordinates used. They depend even only on the class and give together with the ends a full system of invariants of the class that determines the class completely.*

The proof is now obvious. It is to be remarked, however, that the expressions depend on the selection of generators t_i and t_i'. We must now develop methods that allow the actual computations of these invariants and reveal the structure of our groupoid.

To do so we have first to change our notation slightly. Select in a plane n points X_i, a ray and paths l_i. Up to this point the numbering was considered unessential. Now we get a natural arrangement of our points by starting with our ray and going around Q in the positive sense of rotation (in a neighborhood of Q). The first path that we meet shall be called l_1, the next l_2 and so on. The points X_i are now numbered precisely as the paths leading to them. The very same pattern is now used for the upper planes as well as for the lower ones. The points X_i are now used as lower and upper ends of braids. We restrict ourselves to the investigation of braids whose lower ends are a subset of the X_i and whose upper ends are another subset. These subsets may or may not be the whole set, no restriction being put upon them. If B is such a braid and X_i, X_j the lower respectively upper end of one of its strings we write:

$$j = B(i).$$

Thus B maps a certain subset of the numbers $1, 2, \cdots n$ onto another subset. The numbering of the generators t_i and t_i' so far was connected with the numbering of the string. Now we change that and attach to them the subscript of the point around which they run. We also drop the accent on the t_i' and write uniformly t_i for all the generators in the different planes. This leads to the following situation:

We have a group F before us with the n free generators t_i. For the Poincaré group of a braid with the reference point in an upper or a lower plane, not all the generators are used; the Poincaré group of such a plane is therefore considered a subgroup of F generated by a subset of the t_i. Braid projection of a lower unto an upper plane will provide us with an isomorphic mapping of the group in the lower plane onto the group in the upper one. If T is an element of the group in the lower plane then its image under braid projection shall be denoted by $B(T)$. In this new notation (5) takes on the form:

$$B(t_i) = S_j^{-1} t_j S_j \quad \text{where} \quad j = B(i), \tag{11}$$

and where the numbering of all generators has been changed according to our new convention. (11) alone already gives us the isomorphic mapping and in this form contains also the information about the upper and lower ends of the strings of the braid. In case all the points are used for the lower ends, it will be an automorphism of F. Otherwise it maps a subgroup of F onto another subgroup.

Let A and B be two composable braids and form the composed braid in such a way that in AB the part B corresponds to negative, the part A to positive z. Returning for a moment to the interpretation of our projection in terms of the generators τ_i which allow to express projection in terms of homotopies we see:

$$AB(T) = A(B(T)).$$

We project namely a lower plane of AB first onto the plane $z = 0$ and the result onto an upper plane. Making use of the fact that (11) completely determines the class we see:

THEOREM 14. *The groupoid of braid classes whose lower and upper ends are subsets of the X_i is isomorphic to the groupoid of mappings in F indicated by* (11).

Consequently we express the braid class B in form of a substitution

$$B = \begin{pmatrix} t_i \\ S_j^{-1} t_j S_i \end{pmatrix} \tag{12}$$

where t_i runs of course only through certain of the generators. It is convenient to consider also more general substitutions

$$B = \begin{pmatrix} t_i \\ T_i \end{pmatrix}$$

in the free group F where certain t_i are mapped onto power products regardless of whether the substitution is derived from a braid or not. If the substitution is derived from a braid class then we say briefly that it is a braid. Also in this general case we denote by $B(T)$ the result of applying the substitution B onto the power product T.

The braid substitutions have one special property that we must derive. Draw a huge circle in a lower plane starting at the reference point of the Poincaré group and running around the braid. It is well known from the theory of the homotopies in a punctured plane that this element of the Poincaré group is homotopic to the product of the generators t_i (of course only those that we need for our braid) taken in the natural arrangement of the subscripts according to their size. Braid projection onto an upper plane carries the circle into a similar circle starting at P. This proves:

THEOREM 15. *If B is a braid then*

$$B\left(\prod t_i\right) = \prod t_j \tag{13}$$

both products taken in the natural arrangement of their subscripts.

Select a subscript $i < n$ and put $X_\nu(z) = X_\nu = \text{const}$ for $\nu \neq i, i + 1$. We connect now X_i and X_{i+1} by a broken line starting at X_i and running then parallel to l_i until it comes near the ray; then it runs parallel to l_{i+1} until it comes close to X_{i+1} with which it is then connected. If $X(t)$ $(0 \leqq t \leqq 1)$ is the parametric representation of this line we put

$$X_i(z) = \begin{cases} X_i & \text{for } z \leqq 0 \\ X(z) & \text{for } 0 \leqq z \leqq 1 \\ X_{i+1} & \text{for } z \geqq 1. \end{cases}$$

Then we draw a similar parallel curve between X_{i+1} and X_i running farther out and not intersecting the previous one but at the ends. The string $X_{i+1}(z)$ is explained in a similar fashion than $X_i(z)$ but it has X_{i+1} as lower and X_i as upper end. That this braid carries t_ν into itself if $\nu \neq i, i + 1$ is seen by using ordinary projection which shows that τ_ν is homotopic to t_ν. t_i is mapped into a transform of t_{i+1}. To find the transformer we go back to (10). As parallel curve we use one that will under ordinary projection become the parts of $l_i(\epsilon)$ and $l_{i+1}(\epsilon)$ up to the ray. Consider now the right side of (10). Instead of l_i we have to write l_{i+1} in our new notation. The path projects by ordinary projection still into a homotopic path. But this homotopic path is now obviously 1. So t_i is carried into t_{i+1}. The image of t_{i+1} can now be found by a simpler method, namely, by Theorem 15. Since the product of the t_i must remain fixed we find by a simple computation that t_{i+1} is mapped into $t_{i+1}^{-1}t_it_{i+1}$. The class of this particular braid shall be called σ_i and the corresponding substitution is:

$$\sigma_i = \begin{pmatrix} t_i, & t_{i+1} \\ t_{i+1}, & t_{i+1}^{-1}\,t_i\,t_{i+1} \end{pmatrix} \tag{14}$$

with the understanding that the generators that are not mentioned are left unchanged. For σ_i^{-1} we have to compute the inverse substitution and an easy computation gives:

$$\sigma_i^{-1} = \begin{pmatrix} t_i, & t_{i+1} \\ t_i\,t_{i+1}\,t_i^{-1}, & t_i \end{pmatrix}. \tag{15}$$

To check whether a given braid is σ_i it suffices, however, to check the following properties: dropping the ith and $i + 1^{\text{st}}$ string we must obtain a unit. In it the $i + 1^{\text{st}}$ string must correspond to the unit homotopy. After reinserting it the ith string must have unit homotopy (always using the simpler formula (9) rather then (10)). According to our theory these checks already determine the class.

From now on the nature of our proofs will be mostly algebraic.

Consider a rather general substitution B that maps each generator t_i onto a transform $Q_i^{-1}t_kQ_i = T_i$ (in reduced form) of some generator t_k. When is B a braid? The answer is given by the condition of Theorem 15, namely that

$$T_1T_2 \cdots T_n = t_1t_2 \cdots t_n . \tag{16}$$

The necessity is obvious. To prove the sufficiency we assume each Q_i written as a product of terms t_ν^ϵ, $\epsilon = \pm 1$. The number of terms shall be called the length of Q_i and the sum of all these lengths the length of B. If the length of B is 0 then (16) can hold only if each $T_i = t_i$ or $B = 1$ which is the unit braid. So we may assume our contention proved for all braids with smaller length than B. (16) can hold only if some cancellations take place on the left side. Since each T_i is already reduced these cancellations must take place between adjacent factors of the left side. Two cases are conceivable:

1) In a cancellation between two neighbors the middle terms are never affected. Carrying them out in (16) there will be a residue R_i left from each T_i and this residue must contain the middle term of T_i. We obtain:

$$R_1R_2 \cdots R_n = t_1t_2 \cdots t_n$$

and no further cancellation is possible. This proves $R_i = t_i =$ middle term. The terms on the left side of the middle term of T_1 never could be cancelled at all since no factor is on their left. So $Q_1 = 1$. Now there is no further chance for Q_2^{-1} to be cancelled, so it must be 1 too. This shows $T_i = t_i$ so that this case is settled.

2) Or else there are two neighbors T_i and $T_{i+1} = Q_{i+1}^{-1}t_sQ_{i+1}$ such that one or both of the middle terms are reached in a cancellation. They cannot be affected at the same time since their positive exponent prevents it. Now two alternatives are forced upon us:

a) t_k is affected first. Consider the product $T_iT_{i+1}T_i^{-1}$. Because of the special form of the T_r a cancellation is now possible on both sides of T_{i+1}. Carry it out, term by term, on both sides until the middle term of T_i and T_i^{-1} is reached and stop the cancellation at that point even if it is possible to go on. More than half of T_i and T_i^{-1} will have been absorbed, the middle term of T_{i+1} will not yet be reached and T_{i+1} will have lost as many factors as the other two. A few remnants from these factors will remain but they will be shorter than the loss. It is of course very easy to write this down formally. What is important is, that the length of this product is shorter than that of T_{i+1}. Consider now the substitution $B\sigma_i^{-1}$. We find:

$$B\sigma_i^{-1} = \begin{pmatrix} t_\nu, & t_i, & t_{i+1} \\ T_\nu, & T_iT_{i+1}T_i^{-1}, & T_i \end{pmatrix} \qquad \nu \neq i, i+1.$$

The product of the second line is $T_1T_2 \cdots T_n = t_1t_2 \cdots t_n$. It has still the general form of B but is shorter. So this substitution A is a braid. Since $B = A\,\sigma_i$, we see that B is a braid.

b) t_s is affected first. Then we find that $T_{i+1}^{-1}T_iT_{i+1}$ is shorter than T_i so that

$$B\sigma_i = \begin{pmatrix} t_\nu, & t_i, & t_{i+1} \\ T_\nu, & T_{i+1}, & T_{i+1}^{-1}T_iT_{i+1} \end{pmatrix} \qquad \nu \neq i, i+1$$

is a braid. This proves that $B = A\sigma_i^{-1}$ is a braid.

Our proof also shows that B can be expressed as a powerproduct of the σ_i.

The proof would also have worked if the subscripts i ran through a subset of all indices only. No condition need be put on the t_k and Q_i. (15) has to be replaced by the condition that B leaves $\prod t_i$ (in the natural order) invariant. The braids σ_i have of course to be replaced by the corresponding braids for this subset of ends.

The most general case would be finally this. A subset of the t_i and mappings of the previous kind are given. B carries $\prod t_i$ into $\prod t_j$ where the t_j form another subset also in the natural order. To reduce this case to the previous one let B_1 be a braid having the X_i as lower ends and the X_j as upper ones. The substitution $B\,B_1^{-1}$ maps $\prod t_j$ onto itself and is therefore a braid. So B is a braid. Let (i) and (j) be subsets of the indices both equal in number. Our result shows that

$$B_{(i)(j)} = \begin{pmatrix} t_i \\ t_j \end{pmatrix} \text{ is a braid.} \quad (i, j \text{ natural arrangement}). \tag{17}$$

Our results may be expressed in the theorem:

THEOREM 16. *A substitution is a braid if, and only if, it has the general form of a transformation and if it satisfies the condition of Theorem* 15. *The full group of n-braids has the σ_i as generators. A general braid can be expressed as a product of a braid of the form* (17) *followed by generators like the σ_i but concerning the lower ends of the braid only.*

A simple computation of substitutions shows that the following relations hold between the σ_i:

$$\sigma_i\sigma_k = \sigma_k\sigma_i \qquad \text{if } |i - k| \geqq 2 \tag{18}$$

$$\sigma_i\sigma_{i+1}\sigma_i = \sigma_{i+1}\sigma_i\sigma_{i+1}. \tag{19}$$

In Z. I have shown that these relations form a full set of defining relations for the group. The method is geometric and can easily be made rigorous by means of the tools developed in this paper. However a more interesting proof shall be given in a paper by F. Bohnenblust which is essentially algebraic and leads deeper into the theory of the group. I shall therefore omit a proof here especially since no use shall be made of this fact in this paper. All we shall use is that these relations hold.

A simple operation is that of removing a string. What does it mean for the substitution? Let A be the braid and remove the string with X_r as lower and

X_m as upper end. That means that we have to cancel the column referring to the image of t_r. In addition to that we have to substitute everywhere in the second row $t_m = 1$ since that describes the shrinkage in the homotopy generators.

The inverse problem in a somewhat simplified form would be:

Given a braid in the form (12), assume r does not occur among the i and m not among the j. Form a new braid A by inserting one string with X_r and X_m as respective lower and upper ends. The simplification will consist in the special position which the new string is in, we shall namely get $A(t_r) = t_m$. To do it, enlarge the meaning of B by prescribing of a new substitution C that it shall have the same effect on the t_i as B and map t_r onto t_m. This substitution will in general not be a braid since the condition concerning the product will be violated. Define two new substitutions α and β by their effect on the t_i respectively t_j and t_r and t_r resp t_m:

$$\alpha(t_i) = \begin{cases} t_i & \text{if} \quad i < r \\ t_r^{-1} t_i t_r & \text{if} \quad i > r, \end{cases} \qquad \alpha(t_r) = t_r;$$

(20)

$$\beta(t_j) = \begin{cases} t_j & \text{if} \quad j < m \\ t_m t_j t_m^{-1} & \text{if} \quad j > m \end{cases}, \qquad \beta(t_m) = t_m.$$

Then $A = \beta C \alpha$ is the desired braid. We first prove that it is a braid by showing that A carries the product

$$\prod_{i<r} t_i \cdot t_r \cdot \prod_{i>r} t_i \quad \text{into} \quad \prod_{j<m} t_j \cdot t_m \cdot \prod_{j>m} t_j .$$

Indeed α carries it into

$$\prod_{i<r} t_i \cdot t_r \cdot t_r^{-1} \prod_{i>r} t_i \cdot t_r = \prod t_i \cdot t_r$$

C transforms it into

$$\prod t_j \cdot t_m = \prod_{j<m} t_j \cdot \prod_{j>m} t_j \cdot t_m$$

and β into

$$\prod_{j<m} t_j \cdot t_m \prod_{j>m} t_j \cdot t_m^{-1} \cdot t_m = \prod_{j<m} t_j \cdot t_m \cdot \prod_{j>m} t_j .$$

It is seen immediately that cancellation of the rth string leads back to B. So A is the desired braid. Obviously $A(t_r) = t_m$.

We may now combine both operations. If A is a braid, we may first cancel the rth string and then reinsert it with the same ends so that it maps t_r onto t_m. The new braid shall be denoted by $A^{(r)}$. Theorem 7 shows that A may be obtained from $A^{(r)}$ by multiplying it from the left by a uniquely determined m-pure braid (m and not r-pure because of our change of notation). That $A^{(r)}$ is uniquely determined by A follows from Theorem 8 since $A^{(r)}(t_r) = t_m$ describes the homotopy class of the rth string. We may write:

$$A = U_m A^{(r)}, \quad U_m \ m\text{-pure}.$$

We know how to compute $A^{(r)}$ from A and shall see a little later how U_m can be computed.

The elements S_j in their dependency on the braid shall be denoted by $S_j(A)$. In order to have well defined elements before us, we must still make an agreement about the arbitrary power of t_j that still may be added as a left factor. We choose it in such a way that the sum of the exponents of t_j in S_j is 0.

Let now A and B be two composable braids. B maps t_i into $S_j(B)^{-1}t_jS_j(B)$. A maps this into $A(S_j(B))^{-1}\cdot S_k(A)^{-1}\cdot t_k\cdot S_k(A)\cdot A(S_j(B))$, where $k = A(j)$. Since the transformer is determined to within a power of t_k we get to within such a power

$$S_k(AB) = S_k(A)A(S_j(B)), \qquad k = A(j). \tag{21}$$

On the left side and in the first factor on the right the sum is 0; in $S_j(B)$ the sum of the exponents of t_j is 0. A maps it into a power product where the sum of the exponents of t_k is 0. So (21) is correct as it stands.

A rather elementary invariant can be derived from (21). Calling $H_j(A)$ the sum of all exponents in $S_j(A)$ we obtain:

$$H_k(AB) = H_k(A) + H_j(B) \qquad k = A(j). \tag{22}$$

Defining now the "twining number" $T(A)$ as the sum of all $H_k(A)$ we get:

$$T(AB) = T(A) + T(B). \tag{23}$$

Since $T(\sigma_i^\epsilon) = \epsilon$ for $\epsilon = \pm 1$ this invariant can in case of the full group of n-braids also be explained as the sum of all exponents of the σ_i in any expression of A by the σ_i. This allows us to determine the factor commutator group without making use of the fact that the system of relations (18), (19) is complete. Making all σ_i commutative (19) gives the equality of all the σ_i. In the factor commutator group a braid A shrinks therefore to $\sigma_1^{T(A)}$. So this group is infinite cyclic and $T(A)$ gives the position of A in it.

The homology class of a string is obtained from $S_j(A)$ by the substitution of $t_j = 1$. The result may be denoted by $\bar{S}_j(A)$. In order to obtain a formula similar to (21) we must see what effect that substitution has on the second term on the right of (21). A maps t_j onto a transform of t_k. After substituting $t_k = 1$ all terms coming from t_j will disappear. Hence we may substitute $t_j = 1$ in $S_j(B)$. In addition to that, we must also substitute $t_k = 1$ in the result wherever it appears from the rest of the substitution. The same effect is achieved if the braid A is replaced by one where the jth string has been dropped. Let us denote this braid by A_{-j}. Then we have:

$$\bar{S}_k(AB) = \bar{S}_k(A)\cdot A_{-j}(\bar{S}_j(B)), \qquad k = A(j). \tag{24}$$

Consider the special case that A is k-pure. Then $k = j$, A_{-j} a unit. Hence:

$$\bar{S}_k(AB) = \bar{S}_k(A)\cdot\bar{S}_k(B);\ \text{if } A \text{ is } k\text{-pure}. \tag{25}$$

A still more special case is obtained when both A and B are k-pure. Theorem 8 tells that the homotopy class of the kth string together with the ends determines any k-pure braid completely. It also shows that every homotopy class is possible. (25) means therefore that $\bar{S}_k(A)$ gives an isomorphic mapping of the group of k-pure braids with given ends onto the free group of the generators t_i with $i \neq k$. If we denote by A_{ik} the k-pure braid that is mapped onto t_i then the A_{ik} are the generators of our group and the mapping $\bar{S}_k(A)$ means just a replacement of each A_{ik} by t_i. These braids satisfy $A_{ik} = A_{ki}$. We prove this by giving at the same time the full substitution of A_{ik}^{ϵ} for $i < k$ and ϵ any integer.

$$
(26) \qquad A_{ik}^{\epsilon} = A_{ki}^{\epsilon} = \begin{pmatrix} t_r, & t_i, & t_r, & t_k \\ t_r, & t_i C_{ik}, & C_{ik}^{-1} t_r C_{ik}, & C_{ik}^{-1} t_k \\ r < i \text{ or } > k, & & i \leqq r \leqq k, & \end{pmatrix}
$$

$$
C_{ik} = (t_i^{-1} t_k^{-1})^{\epsilon} \cdot (t_i t_k)^{\epsilon}.
$$

Writing out the critical terms we see that all are transformations of generators. The product property holds so they are braids. $\bar{S}_i(A_{ik}^{\epsilon}) = t_k^{\epsilon}$, $\bar{S}_k(A_{ik}^{\epsilon}) = t_i^{\epsilon}$ and the braid reduces to a unit if we drop either the ith or the kth string. This proves all our contentions.

It is convenient to introduce also the inverse mapping F_k to $\bar{S}_k$. It maps t_i onto A_{ik}. Let it also have a meaning for t_k whose image shall be 1.

Let A be a braid and assume $k = A(j)$. We can write $A = U \cdot A^{(j)}$ where U is k-pure. Making use of (25) we obtain $\bar{S}_k(A) = \bar{S}_k(U)\bar{S}_k(A^{(j)}) = \bar{S}_k(U)$ since $A^{(j)}$ maps by definition t_j onto t_k, whence $\bar{S}_k(A^{(j)}) = 1$. Now applying F_k gives $U = F_k(\bar{S}_k(A))$ or:

$$
(27) \qquad A = F_k(\bar{S}_k(A)) \cdot A^{(j)}, \qquad A(j) = k.
$$

This is the algebraic form of Theorem 7.

(27) also solves the general question: given a braid B; insert a new string with the given homotopy class $\bar{S}_k(A)$. We have learned to form a braid with the homotopy class 1, it is the braid $A^{(j)}$. If we substitute this and the given $\bar{S}_k(A)$ in (27) we obtain A expressed by the A_{ik} and $A^{(j)}$. Use now (26).

Another application of (24) is this: let A be j-pure and assume of B that $B(t_j) = t_k$ hence $B^{-1}(t_k) = t_j$. Then $\bar{S}_k(B) = \bar{S}_j(B^{-1}) = 1$. This leads to $\bar{S}_k(BAB^{-1}) = B_{-j}(\bar{S}_j(A))$. BAB^{-1} is k-pure so we can apply F_k. This leads to:

$$
BAB^{-1} = F_k(B_{-j}(\bar{S}_j(A))).
$$

To get a still more general formula let B be now any braid. We first replace in the previous formula B by $B^{(j)}$. On the right side $B_{-j}^{(j)}$ appears. It is followed by the mapping F_k which anyhow maps t_k onto 1. So this braid may be replaced by B itself. Use now (27) on B. We obtain

$$
(28) \qquad BAB^{-1} = F_k(\bar{S}_k(B)) \cdot F_k(B(\bar{S}_j(A))) \cdot (F_k(\bar{S}_k(B)))^{-1}, \quad B(j) = k.
$$

B is here completely general so that we have before us the general transformation formula for a j-pure braid A. If A is given as a power product of the A_{ij} then $\bar{S}_j$ is a very trivial mapping and so is F_k. The right side is directly expressed as a power product of the A_{ik}. It is a very powerful formula that allows us to write down transformation formulas whose direct computation would be very painful.

As an application let $A = A_{ij}$ and $B = \sigma_r$. We give only the result of the computation which is now very easy:

$$(29)\qquad \sigma_r A_{ij} \sigma_r^{-1}$$

$$= \begin{cases} A_{ij} & \text{if } r \neq i-1, i, j-1, j \\ A_{i+1,j} & \text{if } r = i \\ A_{j,j-1} A_{i,j-1} A_{j,j-1}^{-1} & \text{if } r = j-1 \end{cases} \Big\} \text{ but } i \neq j-1; \qquad A_{j,j-1} \text{ for } i = j-1$$

$$\begin{cases} A_{ij}^{-1} A_{i-1,j} A_{ij} & \text{if } r = i-1 \\ A_{i,j+1} & \text{if } r = j \end{cases} \Big\} \text{ but } i \neq j+1; \qquad A_{j,j+1} \text{ for } i = j+1.$$

It is to be remarked that the symmetry $A_{ij} = A_{ji}$ gives other expressions for the same transforms. We note the very special cases $r = i, j$. Since a very simple computation gives $A_{i,i+1} = \sigma_i^2$ we obtain for $i < j$ the following explicit expressions of the A_{ij} in terms of the generators σ_r:

$$(30 \qquad \begin{aligned} A_{ij} &= \sigma_i^{-1} \sigma_{i+1}^{-1} \cdots \sigma_{j-2}^{-1} \sigma_{j-1}^{2} \sigma_{j-2} \cdots \sigma_i \\ &= \sigma_{j-1} \sigma_{j-2} \cdots \sigma_{i+1} \sigma_i^{2} \sigma_{i+1}^{-1} \cdots \sigma_{j-2}^{-1} \sigma_{j-1}^{-1}. \end{aligned}$$

As a second application we study the structure of the group I of n-braids with identity permutation. We fist prove:

Lemma: *If A is an element of I that maps t_i onto itself for $i \leqq j$ then the S_k for $k > j$ do not depend on these t_i.*

Proof: Dropping in the substitution A the first j columns will give a substitution that still satisfies the product condition, so it is an $(n - j)$-braid. This proves the lemma.

Now we use (27) for $j = k = 1$. On $A^{(1)}$ we use it for $k = 2$ and so on. Making use each time of the lemma we obtain a unique expression of A:

Theorem 17. *The A_{ik} are generators of the group I. Every element can be expressed uniquely in the form:*

$$(31)\qquad A = U_1 U_2 \cdots U_{n-1}$$

where each U_j is a uniquely determined power product of the A_{ij} using only those with $i > j$. (Of course $A_{ij} = A_{ji}$).

The simple geometric meaning of this normal form shall be given later when we interpret our results in terms of projection.

What are the defining relations between these generators? Obviously those that permit the change of an arbitrary power product of them into the normal form. We must therefore find rules for interchanging factors of U_j with factors of U_i. For this purpose we derive all transformation rules for the expression $A_{rs}^{\epsilon}A_{ik}A_{rs}^{-\epsilon}$ ($\epsilon = \pm 1$). We use (28) with i instead of k for $B = A_{rs}^{\epsilon}$, $A = A_{ik}$. A simple computation yields:

THEOREM 18. *The braid* $A_{rs}^{\epsilon}A_{ik}A_{rs}^{-\epsilon}$ ($\epsilon = \pm 1$) *is i-pure. The following rules give its expression as i-pure braid:*

1) *If* $i = r$ *or* s *then it has already the desired form. Since the i-pure braids form a free group no other expression can be expected.*

2) *If all indices are different and if the pairs* r, s *and* i, k *do not separate each other we simply get* A_{ik}.

In all other cases we change, if necessary, first the names r, s *in such a way that the arrangement* i, r, s *as compared with the natural arrangement of these three numbers is a permutation with the same sign as* ϵ.

3) *If* $k = r$ *we get:* $A_{is}^{-\epsilon}A_{ir}A_{is}^{\epsilon}$.

4) *If* $k = s$ *we obtain:*

$$A_{is}^{-\epsilon}A_{ir}^{-\epsilon}\cdot A_{is}\cdot A_{ir}^{\epsilon}A_{is}^{\epsilon}.$$

5) *If finally the subscripts are all different and if the pairs* r, s *and* i, k *separate each other the result is:*

$$A_{is}^{-\epsilon}A_{ir}^{-\epsilon}A_{is}^{\epsilon}A_{ir}^{\epsilon}\cdot A_{ik}\cdot A_{ir}^{-\epsilon}A_{is}^{-\epsilon}A_{ir}^{\epsilon}A_{is}^{\epsilon}.$$

As defining relations the ones where i is the smallest index of all are sufficient. It also suffices to have only $\epsilon = +1$ since $\epsilon = -1$ is just only the inverse automorphism.

For braids whose permutation is not identity, a normal form is also easily obtained. Select to each of the $n!$ permutations π a braid B_π with this permutation. Any braid can then be written as a product like that in Theorem 17 followed by a B_π. This form is again unique.

The operation $A^{(j)}$ obviously satisfies:

$$(AB)^{(j)} = A^{(k)}B^{(j)}, \qquad k = B(j). \tag{32}$$

For the group I, it is therefore a homomorphic mapping and it suffices to know the result for the generators A_{ik}. $A_{ik}^{(r)} = 1$ for $r = i$ or k since A_{ik} is i- and k-pure. It is A_{ik} if $r < i$ or $> k$ as the substitution shows. If r is between i and k we apply (27) and Theorem 18. The result is:

$$A_{ik}^{(r)} = \begin{cases} 1 & \text{for} \quad r = i \text{ or } r = k \\ A_{ik} & \text{if} \quad r \text{ not between } i \text{ and } k \\ A_{ir}A_{ik}A_{ir}^{-1} = A_{kr}^{-1}A_{ki}A_{kr} & \text{if} \quad i < r < k. \end{cases} \tag{33}$$

We return now to the general group of n-braids. Let A be a braid that leaves t_j fixed if either $j < i$ or $j > k$. For the same reason as that in the previous lemma, we find that A maps $t_i, t_{i+1} \cdots t_k$ onto expressions depending on these variables alone. A can therefore be expressed in terms of the generators σ_i,

$\sigma_{i+1}, \cdots \sigma_{k-1}$. These braids form a subgroup denoted by G_{ik}. They behave as if they were braids of $k - i + 1$ strings (from i to k) only.

Put $c_{ik} = t_i t_{i+1} \cdots t_k$ and consider the following substitution C_{ik}:

$$C_{ik} = \begin{pmatrix} t_r & t_s \\ t_r & c_{ik}^{-1} t_s c_{ik} \\ r < i \text{ or } > k & i \leqq s \leqq k \end{pmatrix}. \tag{34}$$

It is a braid of G_{ik} since the product property holds. It is obviously commutative with any element of G_{ik} hence in the center of this group. If we drop the kth string in C_{ik} and $C_{i,k-1}$ or the ith in C_{ik} and $C_{i+1,k}$ we always obtain identical braids. $C_{i,k-1}$ leaves t_k and $C_{i+1,k}$ leaves t_i fixed. Hence:

$$C_{ik}^{(k)} = C_{i,k-1}, \qquad C_{ik}^{(i)} = C_{i+1,k} \qquad (C_{ii} \text{ means } 1). \tag{35}$$

Formula (27) gives:

$$C_{ik} = A_{ik}A_{i+1,k} \cdots A_{k-1,k}C_{i,k-1} = A_{i,i+1}A_{i,i+2} \cdots A_{ik}C_{i+1,k}. \tag{36}$$

This gives us the explicit expressions by the A_{ik}.

C_{ik} is closely related to a braid D_{ik} of G_{ik} which maps $t_i, t_{i+1} \cdots t_{k-1}$ onto t_{i+1}, $t_{i+2}, \cdots t_k$ but t_k onto $c_{ik}^{-1} t_1 c_{ik}$. We see that

$$C_{ik} = (D_{ik})^{k-i+1}. \tag{37}$$

The product $\sigma_i\sigma_{i+1} \cdots \sigma_{k-1}$ has the same effect on $t_i, t_{i+1}, \cdots t_{k-1}$ as D_{ik}. Because of the product property this suffices to establish equality. Hence:

$$C_{ik} = (\sigma_i\sigma_{i+1} \cdots \sigma_{k-1})^{k-i+1}. \tag{38}$$

THEOREM 19. *If $n = 2$ all braids are commutative. If $n \geqq 3$ let k be one of the numbers $\leqq n$. If B is commutative with every k-pure braid, then B is a power of $C_{1,n}$. This also determines of course the centers of the whole group, of I, G_{ik} and $I_{ik} = I \cap G_{ik}$.*

PROOF: If A is r-pure and $B(r) = s$, then BAB^{-1} is s-pure. Put $A = A_{ik}$. It is pure only for i and k. Since $BA_{ik}B^{-1} = A_{ik}$ we see that B can at most interchange i and k. If $n \geqq 3$ then i may be replaced by another index which shows that k remains fixed. Consequently i remains fixed too so B has identity as permutation.

We now make use of (28) where $j = k$. The braid B in the middle term on the right side came originally from B_{-k} which we introduce again. For A we take any k-pure braid so that the left side is A again. If we then apply the operation $\bar{S}_k$ to both sides we get:

$$\bar{S}_k(A) = \bar{S}_k(B) \cdot B_{-k}(\bar{S}_k(A)) \cdot (\bar{S}_k(B))^{-1}.$$

In this formula $\bar{S}_k(A)$ may be any power product T of the t_i with $i \neq k$. This shows:

$$B_{-k}(T) = d^{-1}Td, \text{ where } d = \bar{S}_k(B).$$

For $T = T_0 = \prod_{i \neq k} t_i$ we have on the other hand $B_{-k}(T_0) = T_0$. So T_0 is commutative with d. Since T_0 occurs in a generator system of the free group d is a power of T_0 say T_0^r. B_{-k} transforms all T with T_0^r. The same transformation is produced by $(C_{1,n})_{-k}^r$; B_{-k} is therefore this braid. Put now $C = B\, C_{1,n}^{-r}$. We find $C_{-k} = 1$ so C is k-pure. But C is still commutative with all k-pure braids. They form a free group with at least 2 generators whence $C = 1$ or $B = C_{1,n}^r$. This proves the contention.

For our next question we need a certain result about automorphisms of free groups. Let F be a free group with the generators t_i. Divide the subscripts into two classes p and q and in some other way into the classes g and h. We assume that there are at least two t_q and two t_h. Let x be a power product of the t_h that appears among a generator system of F and y a similar power product of the t_q. Since we assumed that there are at least two t_h, x will not be commutative with every t_h. Define now the automorphisms C and D by:

$$(39)\quad C(t_g) = t_g, \quad C(t_h) = x^{-a} t_h x^a; \quad D(t_p) = t_p, \quad D(t_q) = y^{-b} t_q y^b,$$

where a and b are positive integers. We ask for all automorphisms A that satisfy:

$$(40)\qquad D\,A = A\,C.$$

C leaves all t_g as well as x invariant. Their image T under A will satisfy (because of (40)):

$$(41)\qquad D(T) = T.$$

The power products $T = A(t_h)$ give $D(T) = AC(t_h) = A(x^{-a} t_h x^a)$ hence:

$$(42)\qquad D(T) = z^{-a} T\, z^a \text{ where } z = A(x).$$

The equations (42) (41) exhaust (40) and only the condition that A is an automorphism will have to be taken care of.

Denote by the letter P any power product of the t_p alone, by Q one of the t_q and by R one of the t_p and y. Any T can be written in the form:

$$(43)\qquad T = P_1 Q_1 P_2 Q_2 \cdots$$

where P_1 may be absent. Then:

$$(44)\qquad D(T) = P_1 y^{-b} Q_1 y^b P_2 \cdots$$

Assume T satisfies (41). Each Q_i must be commutative with y^b. But y occurs in a generator system of F so Q_i is a power of y. Hence T is an R. We get

$$(45)\qquad A(t_g) = R_g, \qquad A(x) = z = R_0.$$

This takes care of (41). Assume now that T satisfies (42). We get:

$$(46)\qquad P_1 y^{-b} Q_1 y^b P_2 y^{-b} Q_2 \cdots = z^{-a} P_1 Q_1 P_2 Q_2 \cdots z^a.$$

If every Q is a power of y then T is an R and $D(T) = T$ must be commutative with z^a. But z is the image of a generator so is itself a generator. So T is a power of z. Since one t_h at least will not be commutative with x, its image T will not be commutative with z. So this case does not always happen.

Assume now that Q_i is the first of the Q in (46) that is not a power of y. Then the whole segments on the left of this factor in (46) must be equal since z on the right side is also an R. We obtain: (the earlier Q are powers of y)

$$P_1Q_1P_2 \cdots P_i y^{-b} = z^{-a}P_1Q_1 \cdots P_i \qquad \text{or}$$

$$z^a = R^{-1}y^bR.$$

Since y and z are generators this is only possible if $a = b$. $R^{-1}yR$ is also a generator and we get:

$$z = R^{-1}yR. \tag{47}$$

With this R put now $T = R^{-1}T_0R$. Because of $D(R) = R$ (42) gives:

$$D(T_0) = y^{-b}T_0y^b. \tag{48}$$

Writing now T_0 in the form (43) we get:

$$P_1y^{-b}Q_1y^bP_2 \cdots = y^{-b}P_1Q_1P_2 \cdots y^b.$$

The right side shows that P_1 must be absent. But also the presence of P_2 leads to a contradiction. T_0 is therefore a Q. Our results so far are:

$$A(t_g) = R_g,\ a = b,\quad A(x) = R^{-1}yR,\quad A(t_h) = R^{-1}Q_hR. \tag{49}$$

A maps the group generated by the t_g and x into the group of the t_p and y. A^{-1} satisfies $A^{-1}D^{-1} = C^{-1}A^{-1}$ where the roles of g and p are interchanged. It maps therefore the group of the t_p and y into the group of the t_g and x. The mappings are therefore one to one and this shows that the number of subscripts g is the same as that of the subscripts p.

We go now back to the braids and ask what automorphisms satisfy:

$$C^a_{ik}A = AC^a_{rs}, \qquad a > 0. \tag{50}$$

Our conditions are satisfied. The p are $< i$ or $> k$, the q satisfy $i \leqq q \leqq k$, the g are $< r$ or $> s$, the h satisfying $r \leqq h \leqq s$. $x = c_{rs}$ and $y = c_{ik}$ are generators. We must have $k - i = s - r$.

Assume a little more about the automorphism A namely that it maps each t_j onto a transform of another. Then:

$$A(t_g) = R_p^{-1}t_pR_p,\quad A(t_h) = R^{-1}Q_q^{-1}t_qQ_qR,\quad A(c_{rs}) = R^{-1}c_{ik}R \tag{51}$$

where each Q_q is a power product of the t_q, R_p and R power products of the t_p and of c_{ik}.

Split A into two substitutions:

$$B(t_g) = R_p^{-1}t_pR_p,\qquad B(t_{r+j}) = R^{-1}t_{i+j}R,\qquad 0 \leqq j \leqq k - i = s - r. \tag{52}$$

$$E(t_p) = t_p,\quad E(t_{i+j}) = Q_q^{-1}t_qQ_q \text{ where } r + j \text{ corresponds to } q. \tag{53}$$

A maps c_{rs} on one hand onto $R^{-1}c_{ik}R$; computed directly onto $\prod R^{-1}Q_q^{-1}t_qQ_qR$ whence $\prod Q_q^{-1}t_qQ_q = c_{ik}$. Now we see that E leaves c_{ik} fixed and therefore

$$A = E\,B. \tag{54}$$

We see at the same time that E is always a braid. The condition that A be an automorphism is therefore that B is one and that E is a braid. Should A be also a braid then B is one and conversely.

In case A is a braid the geometric significance of (52), (53) and (54) is obvious. B behaves as if the ith up to k^{th} string were just only one strand (only the product of the t_h and of the t_q plays a role). A is obtained by weaving the pattern E into the ith up to the kth string, then, considering this partial braid as one string only, interweaving it with the other strings according to pattern B.

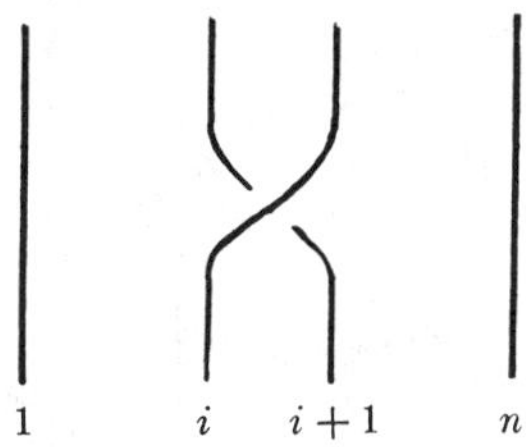

FIGURE 1

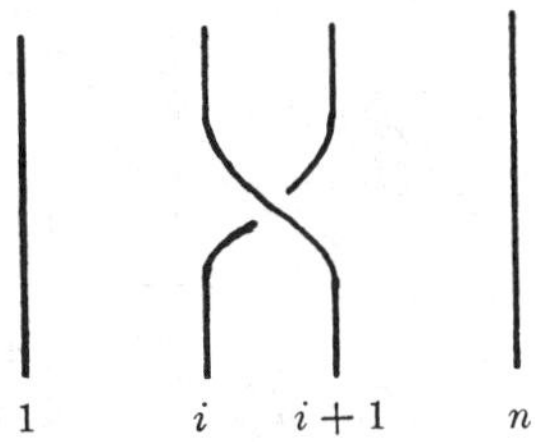

FIGURE 2

The question whether a given braid A can be considered as braid of braids amounts to checking relations of the type (50). It suffices of course to consider $a = 1$. Since we can decide whether or not they hold, this question is decided too.

THEOREM 20. *The number n is a group invariant of the group of braids with n strings.*

PROOF: Theorem 19 shows that $C_{1,n}$ is a generator of the center and therefore together with its reciprocal characterized by an inner property of the group. The number $T(C_{1,n}) = n(n-1)$ is therefore also an invariant since it gives the position in the factor commutator group.

The structure of the group does not depend on the position of the ends. We may therefore put the ends in the special points with the coordinates $x = 0$, $y = i$, $(i = 1, 2, \cdots n)$. As ray for the Poincaré group we may select $x = 1$,

$y \leqq 0$ and as paths l_i the straight line segments form the beginning point of the ray to the ends. It is advisable to use as orientation of the plane the nega-

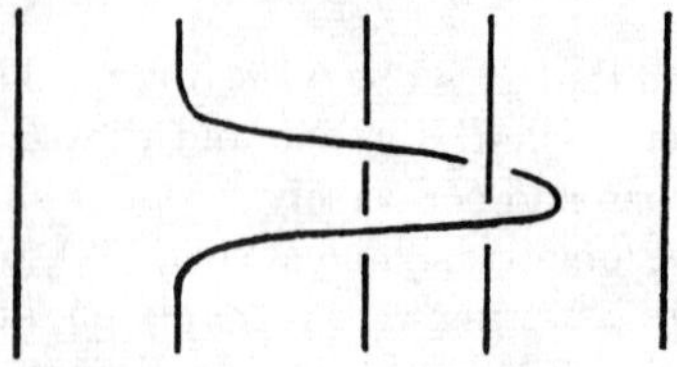

FIGURE 3

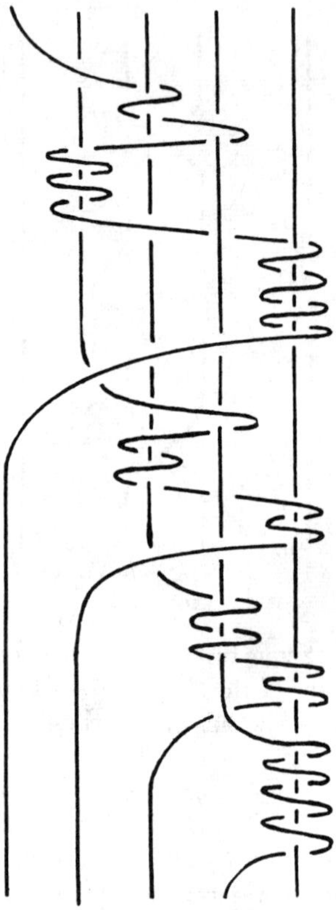

FIGURE 4

tive one, so the sense of rotation from the positive y-axis to the positive x-axis. This fixes all the necessary data and we are now in a position to interpret our results in the projection from the positive x-direction onto the yz-plane.

Theorem 4 shows us that any braid is isotopic to another one whose strings are broken lines. It leaves us so much freedom that we can assume in addition that the projection is free from any triple points and that no two double points occur at the same z-level.

Figures 1 and 2 show the generators σ_i and σ_i^{-1} in their projection. Corollary 3 to Theorem 2 shows indeed that they are reciprocal. The braid in Fig. 1 maps t_ν obviously onto itself if $\nu \neq i, i + 1$. It maps t_i onto t_{i+1} and, because of the product property, that is sufficient to establish its identity. Theorem 3 teaches how to read off from the projection of a braid its expression in terms of the generators σ_i.

Formula (38) shows that C_{ik} is simply the full twist of all the strings from the ith to the kth and that gives the geometric meaning of Theorem 19.

Formula (30) gives now the projection of the generator A_{ij}. It is indicated in Fig. 3.

The geometric meaning of the normal form of Theorem 17 and that mentioned after Theorem 18 is now also clear. Every braid is isotopic to another one whose pattern of projection is especially simple and is indicated in Fig. 4 for a special case. This pattern is unique. The braid in Fig. 4 has the expression:

$$A = A_{13}^{2}A_{14}^{-1}A_{12}^{-3}A_{14}A_{15}^{4}\cdot A_{24}^{-1}A_{23}^{2}A_{24}A_{25}^{-2}\cdot A_{34}^{3}A_{35}^{-2}\cdot A_{34}^{-1}\cdot A_{45}^{-4}.$$

Although it has been proved that every braid can be deformed into a similar normal form the writer is convinced that any attempt to carry this out on a living person would only lead to violent protests and discrimination against mathematics. He would therefore discourage such an experiment.

INDIANA UNIVERSITY

BRAIDS AND PERMUTATIONS

By E. Artin

(Received June 3, 1946)

One of the problems, mentioned in my paper "Theory of braids" (Ann. of Math. (1947), vol. 48 quoted as B), is the determination of all automorphisms of the braid group. It seems to be quite difficult. Before one can attack it, one has obviously first to get the permutations out of the way. This part of the problem shall be solved in the present paper. We shall determine all representations of the group of n-braids by transitive permutation groups of n letters and prove, that in all cases the "natural" representation is determined by intrinsic properties of the abstract group. It is clear from the beginning that the well known outer automorphism of the symmetric group for $n = 6$ will require separate treatment. However it turns out that $n = 4$ also brings in difficulties which are even more troublesome.

The problem has also some interest for permutations since it goes beyond a mere investigation of the automorphisms of the symmetric group. It is not very surprising that the proof uses the existence of a prime between $n/2$ and $n - 2$ for $n \geqq 7$ but it would be preferable if a proof could be found that does not make use of this fact.

Let G be a transitive permutation group of n digits with the generators σ_1, $\sigma_2, \cdots, \sigma_{n-1}$. Assume that they satisfy:

(1) $$\sigma_i\sigma_{i+1}\sigma_i = \sigma_{i+1}\sigma_i\sigma_{i+1}$$

(2) $$\sigma_i\sigma_k = \sigma_k\sigma_i \qquad \text{for } |i - k| \geqq 2.$$

No other relation is assumed to be known. We derive a few formal consequences of the relations and put for $i < k$:

(3) $$D_{ik} = \sigma_i\sigma_{i+1} \cdots \sigma_{k-1} \text{ and } D = D_{1n}.$$

If $i \leqq r \leqq k - 2$ and we form $D_{ik}\cdot\sigma_r$ we can carry the term σ_r through many factors to the left until we hit σ_{r+1}. Making now use of (1) for the next three factors we can take out the factor σ_{r+1} completely to the left and obtain:

(4) $$D_{ik}\cdot\sigma_r = \sigma_{r+1}\cdot D_{ik} \text{ for } i \leqq r \leqq k - 2$$

therefore:

(5) $$\sigma_{i+r} = D_{ik}^r\sigma_i D_{ik}^{-r} \text{ for } 0 \leqq r \leqq k - i - 1.$$

Substituting (5) in (3) for each factor on the right side results after a simple computation in the relation:

(6) $$D_{ik}^{k-i+1} = (\sigma_i D_{ik})^{k-i}.$$

(5) shows that σ_i and D_{ik} are generators of the subgroup G_{ik} generated by

$\sigma_i, \sigma_{i+1}, \cdots, \sigma_{k-1}$. So D_{ik} and $\sigma_i D_{ik}$ are also generators for this subgroup. The left side of (6) is a power of both these generators and, therefore in the center of G_{ik}, especially commutative with σ_i. Special cases are:

$$\sigma_i = D^{i-1}\sigma_1 D^{-(i-1)} \tag{7}$$

$$\sigma_{i+1} = D\sigma_i D^{-1}. \tag{8}$$

D and σ_1 are generators of the whole group. We finally remark:

$$\sigma_r D_{ik} = D_{ik}\sigma_r \text{ for } r > k \text{ or } r < i - 1. \tag{9}$$

LEMMA 1. *If one σ_i is commutative with σ_{i+1} then G is cyclic and σ_1 an n-cycle. We exclude this case from now on.*

PROOF: (1) shows $\sigma_i = \sigma_{i+1}$ and (8) commutativity of D and σ_i. Transformation with $D^{\pm 1}$ shows equality of all σ_k. Use transitivity of G.

LEMMA 2. *For $n \neq 4$ the σ_i are different.*

PROOF: The statement is trivial for $n = 2$ or 3. Let therefore $n \geqq 5$. Assume $\sigma_1 = \sigma_r$ and $r > 1$ (by transformation with D^{-1} we can reduce the general case to this). If $r \leqq n - 2$ transformation of both sides with D gives $\sigma_2 = \sigma_{r+1}$. Because of (2) σ_{r+1} would be commutative with σ_1, as would σ_1 and σ_2 and this is impossible. If $r = n - 1$ and $n - 1 \geqq 4$, σ_2 and $\sigma_{n-1} = \sigma_1$ would be commutative. We shall see later that the case $n = 4$ is a real exception.

LEMMA 3. *The period of D_{ik} is a multiple of $k - i + 1$ if $n \neq 4$ and $k - i + 1 \geqq 3$.*

PROOF: D_{ik}^{k-i+1} is commutative with σ_i. Let D_{ik}^s be the first power that is commutative with σ_i. s is then a divisor of $k - i + 1$. Since $k - i + 1 \geqq 3$ the case $s = k - i$ is excluded. If $s \leqq k - i - 1$ we could make use of (5) for $r = s$ and get $\sigma_{i+s} = \sigma_i$ contradicting Lemma 2. Hence $s = k - i + 1$ and any power that is commutative with σ_i must have a multiple of $k - i + 1$ as exponent. If $D_{ik}^r = 1$ this power is commutative with σ_i and this proves the lemma.

LEMMA 4. *Let A be a permutation whose cycle decomposition contains an r-cycle $C = (1, 2, \cdots, r)$ but no other r-cycle. If B is commutative with A then B permutes the digits $1, 2, \cdots, r$ like a power C^k of C.*

PROOF: $A = BAB^{-1} = (B(1), B(2), \cdots, B(r)) \cdots$. Since A contains only one r-cycle we get $(1, 2, \cdots, r) = (B(1), B(2), \cdots, B(r))$. Thus if $B(1) = k$ then $B(2) = k + 1, \cdots$. But C^k has the same effect on $1, 2, \cdots, r$.

LEMMA 5. *σ_1 can not have a cycle decomposition containing an r-cycle of length $> n/2$ if $n > 4$. If it has an r-cycle of length $n/2$ then the remaining digits must be distributed in cycles of equal length.*

PROOF: Let σ_1 have such an r-cycle in its decomposition and assume in case $r = n/2$ that the remaining digits are not broken up into cycles of equal length.

This r-cycle C is then the only r-cycle in the decomposition of σ_1. For $i \geqq 3$ the element σ_i is commutative with σ_1. According to Lemma 4 a certain power C^k will appear in the cycle decomposition of σ_i. If k is not prime to r, then C^k is a product of cycles of equal length. σ_i is a transform of σ_1 so that it has a similar decomposition. In that case, the remaining digits would have to form an r-cycle of σ_i. We notice that this could happen only for $r = n/2$, but would contradict the form of cycle decomposition that we assumed of σ_1. Therefore, k is prime to r and C^k the r-cycle of σ_i. This situation appears in σ_3 and σ_4. D transforms σ_3 into σ_4 so it must permute the digitsof C among themselves. σ_1 leaves these digits fixed and since D and σ_1 are generators of the whole group every permutation permutes the digits of C among themselves. Since the whole group is transitive this is only possible if C and therefore σ_1 is an n-cycle. In this case σ_3 and σ_4 are powers of C and therefore commutative. This contradicts Lemma 1.

LEMMA 6. *If $n \neq 4$, 6 then σ_i is a transposition. For $n = 6$ it is either a transposition or a product of three transpositions without a common digit. For $n = 4$ it is a cycle.*

PROOF: If $n = 2, 3, 4$ it follows from Lemma 1. For $n = 6$, D must have a period divisible by 6 and is therefore odd. So σ_1 is odd. Use Lemma 5.

If $n = 5$ or $n \geqq 7$ there is a prime p satisfying $n/2 < p \leqq n - 2$. $D_{3,p+2}$, $D_{4,p+3}$, $\cdots$, $D_{n-p+1,n}$ have a period divisible by p. Their cycle decomposition must therefore (p prime $> n/2$) contain a unique p-cycle. Because of (9) σ_1 is commutative with each of these elements. σ_1 therefore permutes the elements of each of these cycles C like a power C^k of C. C^k is either a p-cycle again (and that is excluded by the previous lemma) or identity since p is a prime. σ_1 therefore leaves the digits of all of these p-cycles fixed.

Call S_r the set of all the digits of all the p-cycles of $D_{3,p+2}$, $D_{4,p+3}$, $D_{5,p+4}$, $\cdots$, $D_{r,p+r-1}$. Assume for a certain r that $S_r = S_{r+1}$. Then the digits of S_r would be permuted among themselves by D. Indeed those of the cycle in $D_{i,p+i-1}$ are transformed because of (8) into those of $D_{i+1,p+i}$ which are in S_r for $3 \leqq i < r$, and in $S_{r+1} = S_r$ for $i = r$. σ_1 leaves the digits of S_r even fixed. D and σ_1 are generators so the whole group permutes the digits of S_r. As before, this is only possible if S_r consists of all digits. But then σ_1 would be identity. Therefore S_{r+1} contains at least one digit more than S_r. S_3 contains p digits, S_{n-p+1} at least $n - p + 1 - 3 = n - p - 2$ digits more. So σ_1 leaves $n - 2$ digits fixed and this proves the lemma.

THEOREM 1. *After a suitable relettering of the digits we have either of the following possibilities: (G symmetric group in case* 1–4).

1) $\sigma_i = (i, i + 1)$, *possible for any n.*
2) $\sigma_1 = (1, 2)(3, 4)(5, 6)$, $D = (1, 2, 3)(4, 5)$ *for* $n = 6$.
3) $\sigma_1 = (1, 2, 3, 4)$, $D = (1, 2)$ *for* $n = 4$. $\sigma_3 = \sigma_1$.
4) $\sigma_1 = (1, 3, 2, 4)$, $D = (1, 2, 3, 4)$ *for* $n = 4$. $\sigma_3 = \sigma_1^{-1}$.
5) $\sigma_1 = (1, 2, 3)$, $D = (1, 2)(3, 4)$ *for* $n = 4$. *G alternating group.*

PROOF: If σ_1 is a transposition say (1, 2) then σ_2 is not commutative with it so it must have one digit in common with σ_1. Say $\sigma_2 = (2, 3)$. σ_3 must have one digit in common with σ_2 but none with σ_1 so $\sigma_3 = (3, 4)$. This gives the first case.

If $n = 6$, D has a period divisible by 6, so we have two cases:

a) $D = (1, 2, 3, 4, 5, 6)$. Assume $\sigma_1 = (a, b)(c, d)(e, f)$. Then $\sigma_1 = \sigma_3\sigma_1\sigma_3^{-1} = (\sigma_3(a), \sigma_3(b))(\sigma_3(c), \sigma_3(c))(\sigma_3(e), \sigma_3(f))$ so σ_3 must permute the three pairs of σ_1. It is of period 2 and leaves therefore one of the pairs fixed. So σ_3 has one of the pairs in common with σ_1. $D^2 = (1, 3, 5)(2, 4, 6)$ transforms σ_1 into σ_3. It never leaves any pairs of digits fixed so it must transform one of the pairs of σ_1 say (a, b) into another say (c, d). a and b can not come from the same 3-cycle of D^2. So $c = a + 2$, $d = b + 2$. The third pair must be $a + 4$ and $b + 4$ (all mod 6) since no other digits remain. But now D^2 is obviously commutative with σ_1 so $\sigma_1 = \sigma_3$ and this is impossible. So we know that σ_1 must be a transposition.

b) $D = (1, 2, 3)(4, 5)$, $\sigma_1 = (a, b)(c, d)(e, f)$. As before σ_3 has a pair say (e, f) in common with σ_1; $D^2 = (1, 3, 2)$; the 3-cycle never carries a pair taken from its three digits into a completely new pair. It also would be impossible that $e = 1, 2, 3$ and f not. If $(e, f) = (4, 5)$ then σ_2 would have a pair in common with σ_1 and be commutative with it. The only case left after a relettering is $(e, f) = (5, 6)$. The digits 1, 2, 3 may still be cyclically relettered without affecting the form we have reached. The remaining possibilities for σ_1 are $(1, 2)(3, 4)(5, 6)$ or $(1, 3)(2, 4)(5, 6)$ or $(1, 4)(2, 3)(5, 6)$. They are equivalent under such a relettering.

Let $n = 4$ and σ_1 not be a transposition. D is at the same time even or odd with σ_1. D^4, but not D, is commutative with σ_1 so the period of D is 2 or 4. If it is 2, then $\sigma_1 = \sigma_3$; if it is 4, then σ_1 and D are 4-cycles. The freedom left in the lettering leads after a simple discussion to the enumerated cases.

We now change our attitude and consider the σ_i as the generators of the group of n-braids. According to Theorem 20 of B the number n is an intrinsic invariant of our group. The natural permutation of a braid, giving the permutation of the ends of the strings, is a homomorphic representation of the group by permutations of n digits whereby the group is mapped onto the full symmetric group. The question arises whether it is the only one, apart from inner automorphisms, which amount only to a relettering of the digits. Theorem 1 shows that this is the case with exception of $n = 4$ and 6. For these exceptional cases we have additional representations and must now decide whether the natural representation can be singled out by an intrinsic property of the group. This is indeed the case the property being, that the natural representation can be enlarged to a monomial representation of a certain kind and the others can not.

In B we have associated with each braid A n elements $S_k(A)$ of the free group with n generators t_i that satisfy:

$$S_k(AB) = S_k(A)\cdot A(S_j(B)),\ k = A(j). \tag{10}$$

The generator t_k appears in the kth elements $S_k(A)$ in such a way that the sum of the exponents of that t_k is zero. A replaces each generator t_r by a transform of t_s where $s = A(r)$.

If we make all the generators t_i commutative, then the equation (10) still holds but the effect that A has on a power product is much simpler, namely, a permutation of the generators. In $S_k(A)$ the generator t_k does not appear any more.

Let now $x_1, x_2, \cdots, x_n$ be n new symbols and consider the free Abelian group generated by the $2n$ elements x_i and t_i. A shall act on the t_i by simply permuting them according to the natural permutation of A; the same shall happen to the x_j, but in addition to that, the image x_k shall be multiplied by $S_k(A)$. So we have the "monomial" substitution:

$$A(x_j) = x_k \cdot S_k(A), \; k = A(j). \tag{11}$$

That this is a representation of our group follows from: $B(x_r) = x_j S_j(B)$, $j = B(r)$. Let $k = A(j) = AB(r)$. Then $A(B(x_r)) = A(x_j) \cdot A(S_j(B)) = x_k S_k(A) \cdot A(S_j(B)) = x_k S_k(AB) = AB(x_r)$.

For the generators A_{ik} of the group I of braids with identity permutation we have (formula (20) of B) before making the t_r commutative:

$$S_r(A_{ik}) = 1 \text{ for } r < i \text{ or } > k, \; S_r(A_{ik}) = t_i^{-1} t_k^{-1} t_i t_k \text{ if } i < r < k,$$
$$S_i(A_{ik}) = t_k, \; S_k(A_{ik}) = t_k^{-1} t_i t_k .$$

(For the last formula one has to remember the agreement about the power of t_k in $S_k(A_{ik})$.)

If we now make the t_j commutative this simplifies to:

$$S_r(A_{ik}) = 1 \text{ for } r \neq i, k, \; S_i(A_{ik}) = t_k, \; S_k(A_{ik}) = t_i .$$

The monomial substitution for A_{ik} therefore leaves all generators fixed but x_i and x_k. x_i is multiplied by t_k and x_k by t_i.

If two braids have the same permutation, then we obtain from one of them the other by multiplying it successively by $A_{ik}^{\pm 1}$. This proves:

THEOREM 2. *If we write* $A(x_j) = x_k \cdot \prod_{r \neq k} t_r^{a_{kr}}$ *then the difference* $a_{kr} - a_{rk}$ *depends only on the permutation of* A.

Let now $A \to \bar{A}$ be an automorphism of the braid group. Base the permutation and the monomial substitution on the $\bar{\sigma}_i$ rather than on the original σ_i. Could it be that in this fashion the original σ_i become one of our exceptional permutations?

$C = D^n$ is according to Theorem 19 of B the generator of the center of the group. Hence $C = \bar{C}^{\pm 1} = \bar{C}^{\epsilon}$. Formula (34) of B shows that

$$S_k(\bar{C}) = t_k^{-1} t_1 t_2 \cdots t_n$$

and the permutation identity. So D^n has identity permutation and

$$S_k(D^n) = t_k^{-\epsilon} t_1^{\epsilon} t_2^{\epsilon} \cdots t_n^{\epsilon}, \; \epsilon = \pm 1. \tag{12}$$

Assume that the digit k appears in the permutation of D in a cycle of length r.

Then $n = rs$. Put $A = D^r$, $A(x_k) = x_k T$ where T is a power product of the t_i. We obtain

$$A^s(x_k) = x_k \cdot T \cdot A(T) \cdot A^2(T) \cdots A^{s-1}(T)$$

whence

$$T \cdot A(T) \cdot A^2(T) \cdots A^{s-1}(T) = t_k^{-\epsilon} t_1^{\epsilon} t_2^{\epsilon} \cdots t_n^{\epsilon}. \tag{13}$$

The effect that A has on a power product of the t_i is merely a permutation of the generators. So it preserves the sum of all the exponents of that power product. If m is the sum for T then ms is the sum of all exponents on the left side of (13). On the right side of (13) the sum is $\pm(n - 1)$. So s divides $n - 1$ as well as n whence $s = 1$ or $r = n$. This shows that D is an n-cycle and eliminates at once the cases 2 and 3 of Theorem 1.

Assume now $n = 4$, $\sigma_1 = (1, 3, 2, 4)$, $D = (1, 2, 3, 4)$.

$$\bar{\sigma}_i = \begin{pmatrix} x_r, & x_i, & x_{i+1} \\ x_r, & x_{i+1}, & x_i t_{i+1} \end{pmatrix}, \qquad \bar{\sigma}_i^{-1} = \begin{pmatrix} x_r, & x_i, & x_{i+1} \\ x_r, & x_{i+1} t_i^{-1}, & x_i \end{pmatrix}, \qquad r \neq i, i+1$$

$$\bar{D} = \begin{pmatrix} x_1, & x_2, & x_3, & x_4 \\ x_2, & x_3, & x_4, & x_1 t_2 t_3 t_4 \end{pmatrix}, \qquad \bar{D}^2 = \begin{pmatrix} x_1, & x_2, & \cdots \\ x_3, & x_4, & \cdots \end{pmatrix},$$

$$\bar{\sigma}_2 \bar{D} \bar{\sigma}_2^{-1} = \begin{pmatrix} x_3, & x_4 & \cdots \\ x_2 t_3, & x_1 t_2 t_3 t_4 \end{pmatrix}$$

D^2 and $\bar{D}^2$ have both the permutation $(1, 3)(2, 4)$. In $\bar{D}^2$ we find $a_{34} - a_{43} = 0$. According to Theorem 2 the same is true for D^2.

σ_1 and $\bar{\sigma}_2 \bar{D} \bar{\sigma}_2^{-1}$ have both the permutation $(1,3,2,4)$ and we conclude in the same way that $a_{12} - a_{21} = 1$ for σ_1. Hence:

$$\begin{aligned} \sigma_1(x_3) &= x_2 t_1^s \cdots;\ \sigma_1(x_4) = x_1 t_2^{s+1} \cdots \\ D^2(x_1) &= x_3 t_4^r \cdots;\ D^2(x_2) = x_4 t_3^r \cdots \end{aligned} \tag{14}$$

where no other terms shall be needed. (14) gives:

$$\begin{aligned} \sigma_1 D^2(x_1) &= x_2 t_1^{r+s} \cdots;\ \sigma_1 D^2(x_2) = x_1 t_2^{r+s+1} \cdots \\ \sigma_1 D^2 \sigma_1 D^2(x_1) &= x_1 t_2^{2(r+s)+1} \cdots. \end{aligned} \tag{15}$$

Assume we find ($D^2\sigma_1$ has the permutation $(3, 4)$) that $D^2\sigma_1(x_1) = x_1 t_2^m \cdots$ with some m; then $(D^2\sigma_1)^2(x_1) = x_1 t_2^{2m} \cdots$.

A comparison with (15) shows that $\sigma_1 D^2 \sigma_1 D^2 \neq D^2 \sigma_1 D^2 \sigma_1$. But both sides are $\sigma_1 \sigma_3 D^4$ which is a contradiction (one has to remember that D^4 is in the center). This eliminates case 4) of Theorem 1. Case 5) is no difficulty since the group is the alternating group. So we have proved:

THEOREM 3. *The natural representation of the braid group by permutations is, apart from the lettering which amounts only to an inner automorphism, an intrinsic property of the abstract group. Therefore the subgroup I of all braids with identity permutation is a characteristic subgroup.*

A few words may be said about the cyclic case mentioned in Lemma 1. All the σ_i then get the same permutation, namely an n-cycle. This representation belongs obviously to the characteristic subgroup of all braids A that satisfy $T(A) \equiv 0 \pmod{n}$, so of all braids that are n^{th} powers in the factor commutator group.

If $n \neq 4, 6$ there are no other representations but these two. We get another one for $n = 6$ from the outer automorphism of the symmetric group, but this automorphism has no extension to an automorphism of the braid group. For $n = 4$ we have three more representations enumerated in Theorem 1.

INDIANA UNIVERSITY

SOME WILD CELLS AND SPHERES IN THREE-DIMENSIONAL SPACE

BY RALPH H. FOX AND EMIL ARTIN

(Received April 1, 1948)

A curved polyhedron[1] in spherical n-dimensional space S^n will be said to be *tamely imbedded* if there is a homeomorphism of S^n on itself which transforms the imbedded polyhedron into a Euclidean polyhedron[1]; if no such homeomorphism exists we shall say that the polyhedron is *wildly imbedded.* It is a corollary of classical results in plane topology that every curved polyhedron in 2-dimensional space is tamely imbedded. On the other hand it was shown by Antoine[2] that there are wild imbeddings in 3-dimensional space. A well-known example of this is the Alexander "horned sphere".[3]

In all the known examples the wildness of the imbedding hinges on consideration of the fundamental group of the complement. We present here a series of examples, some of which may be regarded as simplifications of classical examples and some of which are such that their wildness can not be deduced from the fundamental group of the complement.

Our basic examples are wild arcs. For them the projection method of knot theory is available, and this allows descriptions of greater precision than had previously been possible.

1. Simple arcs

To describe our examples we begin with a right circular cylinder C, mark on one base A_- three collinear points r_-, s_-, t_-, and on the other base A_+ three collinear points r_+, s_+, t_+. We construct in C three non-intersecting oriented simple polygonal arcs, K_- joining s_- to r_-, K_0 joining t_- to s_+, and K_+ joining r_+ to t_+. These three arcs, which are to have only their end-points in common with the boundary C of C, are to be arranged as indicated in figure 1. Denote the union of K_-, K_0 and K_+ by K.

Divide the ellipsoid of revolution whose equation is $x^2 + 4y^2 + 4z^2 \leqq 4$ into an infinite number of sections by the family of parallel planes $x = \pm(2 - 2^{1-m})$, $m = 0, 1, \cdots$. For each positive integer n denote by D_n the section $2 - 2^{2-n} \leqq x \leqq 2 - 2^{1-n}$, and for each non-positive integer n denote by D_n the section $-2 + 2^{-n} \leqq x \leqq -2 + 2^{1-n}$. The observer is to be so situated that the ellipsoid appears as in figure 2, with D_n to the left of D_{n+1}. Denote by p and q the vertices $(-2, 0, 0)$ and $(2, 0, 0)$ respectively.

[1] By a Euclidean polyhedron we mean a subset of S^n which is the union of a finite collection of convex cells. By a curved polyhedron we mean any subset of S^n which is homeomorphic to a Euclidean polyhedron. Cf. P. ALEXANDROFF and H. HOPF, Topologie, Berlin (1935) Chapter III.

[2] L. ANTOINE, C.R., Acad. Sci. Paris 171 (1920), p. 661 and Journ. Math. pures appl. (8) 4 (1921), pp. 221–325.

[3] J. W. ALEXANDER, Proc., Nat. acad. sci. 10 (1924) pp. 8–10.

For each integer n choose an orientation-preserving[4] homeomorphism f_n of C upon D_n in such a way that

(i) the base A_- is mapped upon the left face of D_n, the base A_+ upon the right face;

(ii) the three points $f_n(r_+)$, $f_n(s_+)$ $f_n(t_+)$ lie, in ascending order, on a vertical line through the x-axis and coincide with the three points $f_{n+1}(r_-)$, $f_{n+1}(s_-)$, $f_{n+1}(t_-)$ respectively;

(iii) $f_n(K)$ has a regular normed projection in the xz-plane similar to the one indicated in figure 3.

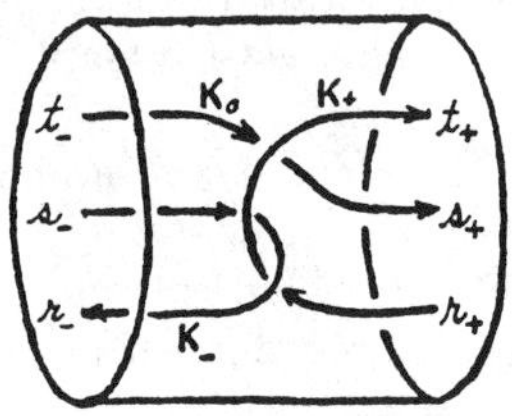

FIG. 1

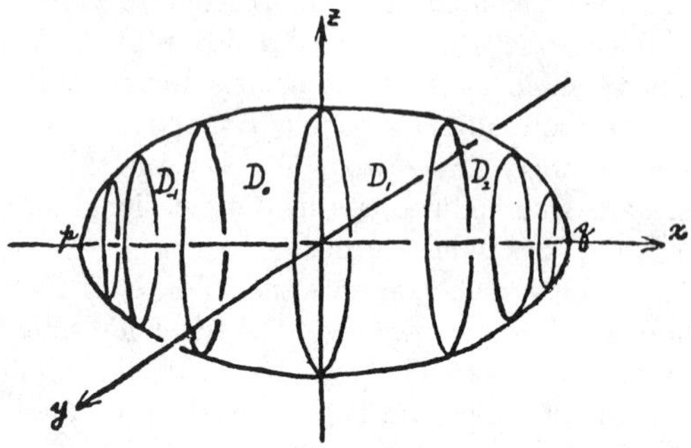

FIG. 2

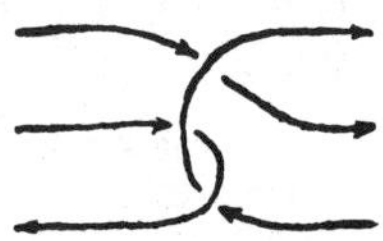

FIG. 3

We shall also have occasion to refer to an orientation-reversing homeomorphism g_n of C upon D_n which has the following properties:

(i) A_- is mapped upon the right face $f_n(A_+)$ of D_n and A_+ upon the left face $f_n(A_-)$;

(ii) $g_n(r_+) = f_n(r_-)$, $g_n(s_+) = f_n(s_-)$, $g_n(t_+) = f_n(t_-)$;

(iii) $g_n(K)$ has a regular normed projection in the xz-plane similar to the mirror image of figure 3.

EXAMPLE 1.1. *A simple arc in 3-space whose complement is not simply connected.*[5]

The simple arc X to be considered is the set $p \cup \bigcup_{n=-\infty}^{\infty} f_n(K) \cup q$. Its projection in the xz-plane is shown in figure 4.

[4] C and D_n are supposed to be oriented similarly in figures 1 and 2.

[5] An example of this sort is implicit in Alexander, ibid., p. 12.

The fundamental group $\pi(S - X)$ of the complement of X is[6] the direct limit of the direct homomorphism sequence

$$G_1 \to G_2 \to G_3 \to \cdots,$$

where G_m denotes the fundamental group of the complement of $X \cup \overline{\bigcup_{|n| \geqq m} D_n}$, and $G_m \to G_{m+1}$ denotes the injection homomorphism. Each group G_m is thus the group of a certain knotted graph. Hence, using a standard method of calculation,[7] a set of generators and defining relations for G_m may be written down explicitly. We find that G_m is generated by elements a_n, b_n, c_n

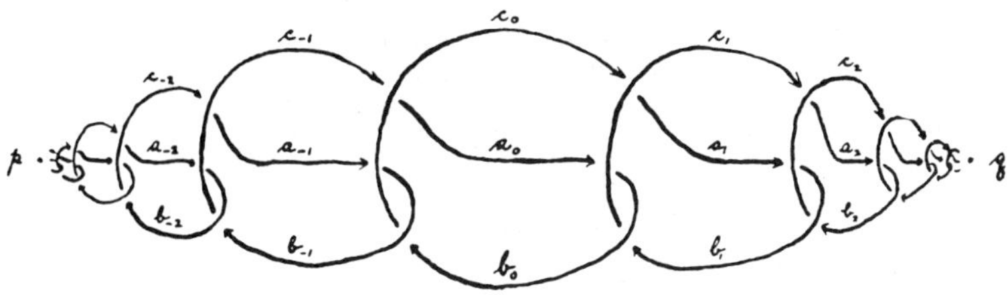

FIG. 4

$(-m \leqq n < m)$ indicated in the usual way in figure 4, and that a set of defining relations is the following:

$$b_{-m} a_{-m}^{-1} c_{-m}^{-1} = 1, \qquad \text{(relation about the "vertex" } \overline{\textstyle\bigcup_{n \leqq -m} D_n}\text{)},$$

$$c_{m-1} a_{m-1} b_{m-1}^{-1} = 1, \qquad \text{(relation about the "vertex" } \overline{\textstyle\bigcup_{n \geqq m} D_n}\text{)},$$

$$a_{n+1} = c_{n+1}^{-1} c_n c_{n+1},$$

$$b_n = c_{n+1}^{-1} a_n c_{n+1},$$

$$c_{n+1} = b_n^{-1} b_{n+1} b_n, \qquad (-m \leqq n < m - 1).$$

The injection homomorphism $G_m \to G_{m+1}$ maps each generator a_n, b_n, c_n of G_m into the same-named generator of G_{m+1}. Hence[8] $\pi(S - X)$ is generated by

[6] Direct limit is defined for example in N. STEENROD, Am. Jour. of Math. 58 (1936), p. 669. We are making use of the following easily proved theorem: Let $M_1 \subset M_2 \subset \cdots$, suppose that M_m is open in $\bigcup_{n=1}^{\infty} M_n$ and choose a base point in M_1. Then *$\pi(M)$ is the limit group of the direct homomorphism sequence $\pi(M_1) \to \pi(M_2) \to \cdots$, where the homomorphism $\pi(M_m) \to \pi(M_{m+1})$ is the injection.*

[7] See, for example, K. REIDEMEISTER, Knotentheorie, Berlin (1932), Chapter III, §3, and J. H. C. WHITEHEAD, Fund. Math. 32 (1939), p. 151 and p. 156. Our convention is such that an element g is represented by a path linking the segment marked g in such a way that it penetrates the plane of projection from above on the left-hand side of the (oriented) segment.

[8] *If $G_1 \xrightarrow{\phi_1} G_2 \xrightarrow{\phi_2} \cdots$ is a direct homomorphism sequence and if G_m is generated by elements $x_{m1}, \cdots, x_{m\lambda_m}$ subject to defining relations $R_{m1}(x_{m1}, \cdots, x_{m\lambda_m}) = 1, \cdots, R_{m\mu_m}(x_{m1}, \cdots, x_{m\lambda_m}) = 1$, then the limit group G is generated by all the elements x_{mj} $(m = 1, 2, \cdots; i = 1, \cdots, \lambda_m)$ subject to the defining relations $R_{mi} = 1$ $(m = 1, 2, \cdots; i = 1, \cdots, \mu_m)$ and $x_{mj} = \phi_m(x_{mj})$ $(m = 1, 2, \cdots; j = 1, \cdots, \lambda_m)$.*

elements a_n, b_n, c_n $(-\infty < n < \infty)$, represented by loops which represent the same-named elements of G_m, and a set of defining relations is the following:

$$(1_n)\qquad \begin{aligned} c_n a_n b_n^{-1} &= 1, \\ a_{n+1} &= c_{n+1}^{-1} c_n c_{n+1}, \\ b_n &= c_{n+1}^{-1} a_n c_{n+1}, \\ c_{n+1} &= b_n^{-1} b_{n+1} b_n . \end{aligned} \qquad (-\infty < n < \infty)$$

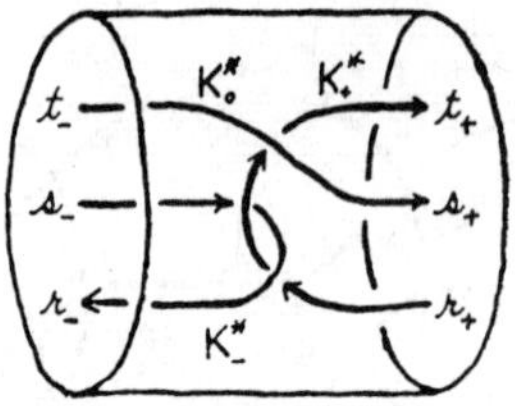

FIG. 5

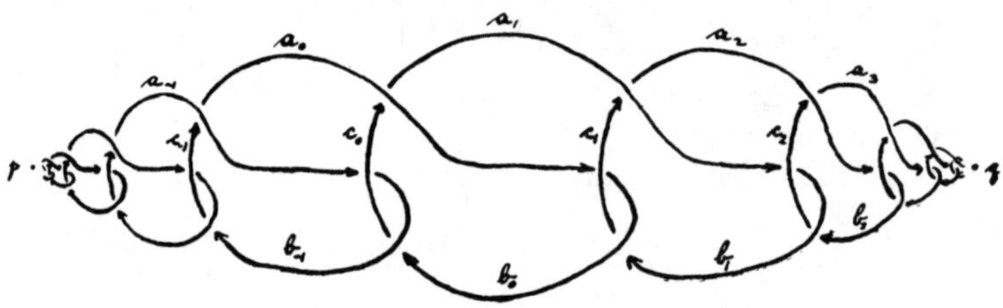

FIG. 6

Upon eliminating a_n and b_n we obtain the single set of relations

$$(2_n)\qquad c_{n-1}c_nc_{n+1} = c_nc_{n+1}c_{n-1}c_n \qquad (-\infty < n < \infty)$$

in the generating set $\cdots, c_{-1}, c_0, c_1, \cdots$. This group is non-trivial because it has the representation

$$\begin{aligned} c_n &\to (1\ 2\ 3\ 4\ 5) \quad \text{for } n \text{ odd} \\ &\to (1\ 4\ 2\ 3\ 5) \quad \text{for } n \text{ even} \end{aligned}$$

into the permutation group on five letters.

EXAMPLE 1.1* *Another simple arc whose complement is not simply connected.* A modification of the previous example is obtained by replacing the three arcs K_-, K_0, K_+ by three arcs K_-^*, K_0^*, K_+^* situated in C as shown in figure 5. Proceeding as before, we construct the simple arc $X^* = p \cup \bigcup_{n=-\infty}^{\infty} f_n(K^*) \cup q$, where $K^* = K_-^* \cup K_0^* \cup K_+^*$. Its projection in the xz-plane is shown in figure 6.[9]

[9] This is just the chain stitch of knitting extended indefinitely in both directions. The later examples based on 1.1 could just as well have been based on 1.1*.

The group $\pi(S - X^*)$ is generated by the elements a_n, b_n, c_n $(-\infty < n < \infty)$ indicated in figure 6. A set of defining relations is

$$(1_n^*) \qquad \begin{aligned} a_{n+1}a_nb_n^{-1} &= 1, \\ b_n &= c_{n+1}^{-1}a_nc_{n+1}, \\ c_{n+1} &= b_n^{-1}b_{n+1}b_n, \\ a_{n+2} &= a_{n+1}c_{n+1}a_{n+1}^{-1}. \end{aligned} \qquad (-\infty < n < \infty)$$

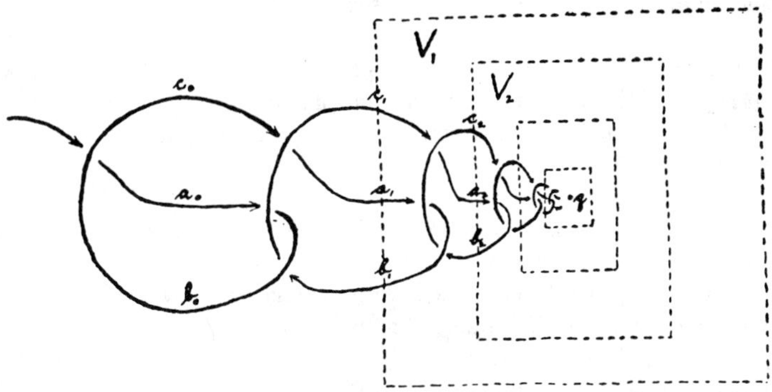

FIG. 7

Elimination of b_n and c_n leads to the single set of relation,

$$(2_n^*) \qquad a_na_{n+1}^2a_{n+2} = a_{n+1}a_{n+2}a_{n+1}^{-1}a_na_{n+1} \qquad (-\infty < n < \infty)$$

in the generating set $\cdots, a_{-1}, a_0, a_1, \cdots$. This group is non-trivial because it has the representation

$$\begin{aligned} a_n &\to (1\ 2\ 3\ 4\ 5) \quad \text{for } n \equiv 0 \pmod 3 \\ &\to (1\ 2\ 5\ 3\ 4) \quad \text{for } n \equiv 1 \pmod 3 \\ &\to (1\ 2\ 4\ 5\ 3) \quad \text{for } n \equiv 2 \pmod 3 \end{aligned}$$

into the permutation group on five letters.

In these two examples the wildness of the imbedding is a consequence of the non-triviality of the fundamental group of the complement. In fact the complement of a tame arc is necessarily an open 3-cell. However, even if the complement of a wild arc is simply connected it need not be an open 3-cell. The next two examples show that such a simply-connected complement of a wild arc may or may not be an open 3-cell.

EXAMPLE 1.2. *A simple arc in 3-space whose imbedding is wild even though its complement is an open 3-cell.*

This simple arc, which will be denoted by Y, is the set $f_0(K_0) \cup f_0(K_+) \cup \bigcup_{n=1}^{\infty} f_n(K) \cup q$. Its projection in the xz-plane is shown in figure 7.

To show that its exterior is an open 3-cell we construct in C non-intersecting closed tubular neighborhoods U_- of K_-, U_0 of K_0, and U_+ of K_+ in such a way that $U_- \cap \dot{C} = S_- \cup R_-$, $U_0 \cap \dot{C} = T_- \cup S_+$, $U_+ \cap \dot{C} = R_+ \cup T_+$, where R_-, S_-, T_-, R_+, S_+, T_+ are closed 2-cells on $A_- \cup A_+$ containing respectively the points r_-, s_-, t_-, r_+, s_+, t_+ in their interiors. Denote $U_- \cup U_0 \cup U_+$ by U. We may suppose that $f_n(R_+) = f_{n+1}(R_-) = g_n(R_-), f_n(S_+) = f_{n+1}(S_-) = g_n(S_-), f_n(T_+) = f_{n+1}(T_-) = g_n(T_-)$.

It is easy to see that $\bigcup_{n=-1}^{\infty} f_n(U) \cup q$ is a 3-cell and that there is a homeomorphism φ of $\bigcup_{n=-1}^{\infty} f_n(U) \cup q$ upon the 3-cell $x^2 + y^2 + z^2 \leqq 1$ which transforms q into the point $(1, 0, 0)$ and Y into the segment $0 \leqq x \leqq 1, y = z = 0$. Now the 3-cell $x^2 + y^2 + z^2 \leqq 1$ can be mapped continuously upon itself in such a way that the points of the boundary remain fixed, the segment $\varphi(Y)$ is mapped into the point $\rho(q)$, and the mapping is a homeomorphism over $\{x^2 + y^2 + z^2 \leqq 1\} - \varphi(Y)$. Therefore 3-space can be mapped continuously upon itself in such a way that the points on the boundary and in the exterior of $\bigcup_{n=-1}^{\infty} f_n(U) \cup q$ remain fixed, the mapping is a homeomorphism over the exterior of Y, and Y itself is mapped into q. Thus the exterior of Y is mapped homeomorphically upon the exterior of q, and this is an open 3-cell.

To show that Y is wildly imbedded we first develop a necessary condition for an imbedding of an arc to be tame. The prototype of a tamely imbedded arc is the segment $L = \{0 \leqq x \leqq 1, y = z = 0\}$. Let $\{V_n\}$ be a sequence of closed neighborhoods of the end-point $o = (0, 0, 0)$ of L such that $V_1 \supset V_2 \supset \cdots$ and $\bigcap_{n=1}^{\infty} V_n = o$. Choose in succession a positive number ϵ such that the 3-cell $C_\epsilon: x^2 + y^2 + z^2 \leqq \epsilon$ is a subset of V_1 and an index N such that V_N is a subset of C_ϵ. Also choose a point in $V_N - L$ to serve as the base point for the three fundamental groups $\pi(V_N - L)$, $\pi(C_\epsilon - L)$, $\pi(V_1 - L)$. Since the injection of $\pi(V_N - L)$ into $\pi(V_1 - L)$ is compounded of the injection of $\pi(V_N - L)$ into $\pi(C_\epsilon - L)$ and the injection of $\pi(C_\epsilon - L)$ into $\pi(V_1 - L)$ and since $\pi(C_\epsilon - L)$ is trivial it follows that the injection of $\pi(V_N - L)$ into $\pi(V_1 - L)$ is trivial. Thus we have the following theorem:

If o is an end-point of a tamely imbedded arc L and $\{V_n\}$ is any sequence of closed neighborhoods of o such that $V_1 \supset V_2 \supset \cdots$ and $\bigcap_{n=1}^{\infty} V_n = o$ then there must exist an index N such that the injection $\pi(V_N - L) \to \pi(V_1 - L)$ is trivial.

Let $\{V_n\}$ be a sequence of closed neighborhoods of the end-point q of the simple arc Y such that $V_1 \supset V_2 \supset \cdots$ and $\bigcap_{n=1}^{\infty} V_n = q$. Let us choose V_n in such a way that V_n is convex and intersects the ellipsoid $x^2 + 4y^2 + 4z^2 \leqq 4$ in the set $\bigcup_{n=1}^{\infty} f_n(C) \cup q$. The group $\pi(V_N - Y)$ is generated by the elements c_N, c_{N+1}, $\cdots$ indicated in figure 7 subject to the defining relations (2_n), $N \leqq n < \infty$. The base point for $\pi(V_N - Y)$ is to be chosen in $V_N - Y$ in the same general position with respect to Y as the original observer. Any element $c_n (n \geqq N)$ of $\pi(V_N - Y)$ is mapped by injection into the element c_n of $\pi(V_1 - Y)$. Hence if this injection were trivial the element c_n of $\pi(V_1 - Y)$ would be trivial. However, the group $\pi(V_1 - Y)$ has the representation

$$\begin{aligned} c_n &\to (1\ 2\ 3\ 4\ 5) \quad \text{for } n \text{ odd} \\ &\to (1\ 4\ 2\ 3\ 5) \quad \text{for } n \text{ even} \end{aligned}$$

into the permutation group on five letters, in which no element c_n is represented by the identity permutation. Therefore, according to the criterion developed above, the simple arc Y is wildly imbedded.

We conjecture that every sufficiently small neighborhood of q which is homeomorphic to a 3-cell is such that its boundary 2-sphere has an intersection with Y which consists of at least three components. A further conjecture is that the intersection of the complement of Y with any sufficiently small neighborhood of q has a non-trivial 1-dimensional homology group.

We note however that Y is the intersection of a monotone decreasing sequence of tamely imbedded 3-cell neighborhoods of Y. Clearly every tamely imbedded arc has this property; however the simple arc X of 1.1 obviously does not.

EXAMPLE 1.3. *A simple arc in 3-space whose complement is simply connected but is not an open 3-cell.*[10]

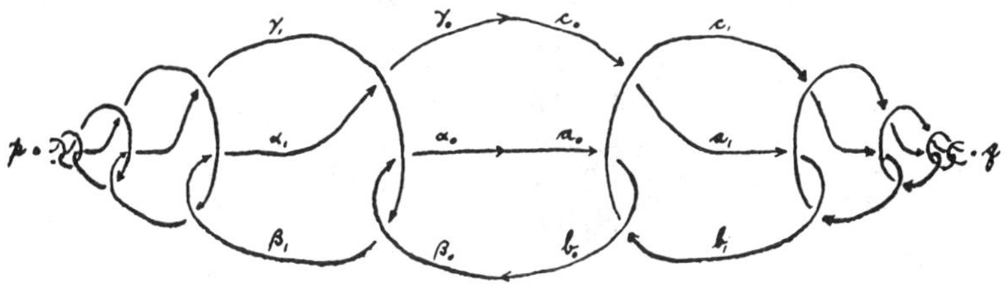

FIG. 8

The simple arc Z now to be considered is the set

$$p \cup \bigcup_{n=-\infty}^{-1} g_n(K) \cup g_0(K_+) \cup g_0(K_0) \cup f_1(K_0) \cup f_1(K_+) \cup \bigcup_{n=2}^{\infty} f_n(K) \cup q.$$

The set $g_0(K_-) \cup f_1(K_-)$ is a simple closed polygonal curve W disjoint to Z. Thus $p \cup \bigcup_{n=-\infty}^{0} g_n(K) \cup \bigcup_{n=1}^{\infty} f_n(K) \cup q$ consists of the simple arc Z and the simple closed curve W. The projection of Z and W in the xz-plane is shown in figure 8.

That Z is wildly imbedded is clear from the previous examples. Although it is clear geometrically that the complement of Z is simply connected, this fact will be given a precise proof below. To show that the complement of Z is not an open 3-cell we shall require an analysis of the fundamental group $\pi(S - W \cup Z)$ of the complement of $W \cup Z$. This group is generated by the elements a_n, b_n, c_n, $(n \geqq 0)$ and elements α_n, β_n, $\gamma_n (n \geqq 0)$ which are represented by loops which are symmetric with respect to the plane $x = 0$ to loops representative of a_n, b_n, c_n. A set of defining relations, read from figure 8 is the following:

$$\begin{aligned} c_n a_n b_n^{-1} &= 1, & \gamma_n \alpha_n \beta_n^{-1} &= 1, \\ a_{n+1} &= c_{n+1}^{-1} c_n c_{n+1}, & \alpha_{n+1} &= \gamma_{n+1}^{-1} \gamma_n \gamma_{n+1}, \end{aligned} \qquad (n \geqq 0)$$

---

[10] A closed subset of S^3 whose complement is simply connected but is not an open 3-cell was constructed by M. H. A. NEWMAN and J. H. C. WHITEHEAD, Quart. Journal of Math. 8 (1937), p. 14. In their example the closed set is rather pathological (it is not even locally connected).

$$b_n = c_{n+1}^{-1} a_n c_{n+1}, \qquad \beta_n = \gamma_{n+1}^{-1} \alpha_n \gamma_{n+1},$$
$$c_{n+1} = b_n^{-1} b_{n+1} b_n, \qquad \gamma_{n+1} = \beta_n^{-1} \beta_{n+1} \beta_n,$$
$$a_0 = \alpha_0, \qquad b_0 = \beta_0, \qquad c_0 = \gamma_0.$$

Elimination of a_n, $\alpha_n (n \geqq 1)$ and b_n, $\beta_n (n \geqq 0)$ leads to the set of defining relations

$$\begin{aligned} c_{n-1} c_n c_{n+1} &= c_n c_{n+1} c_{n-1} c_n, \\ \gamma_{n-1} \gamma_n \gamma_{n+1} &= \gamma_n \gamma_{n+1} \gamma_{n-1} \gamma_n, \end{aligned} \qquad (n \geqq 1)$$

(3),
$$a_0 c_1 = c_1 c_0 a_0, \qquad \alpha_0 \gamma_1 = \gamma_1 \gamma_0 \alpha_0,$$
$$a_0 = \alpha_0, \qquad c_0 = \gamma_0,$$

in the generating set $a_0, \alpha_0, c_0, \gamma_0, c_1, \gamma_1, \cdots$. This group has the representation

$$c_n \to (1\,2\,3\,4\,5) \quad \text{for } n \text{ odd}$$
$$(1\,4\,2\,3\,5) \quad \text{for } n \text{ even}$$

$$\gamma_n \to (1\,2\,3\,4\,5) \quad \text{for } n \text{ odd}$$
$$(1\,4\,2\,3\,5) \quad \text{for } n \text{ even}$$

$$a_0 \to (2\,3)(4\,5)$$
$$\alpha_0 \to (2\,3)(4\,5)$$

in the permutation group on five letters. From (3) we see that the commutator quotient group of $\pi(S - W \cup Z)$ is the abelian group generated by $a_0, \alpha_0, c_0, \gamma_0, c_1, \gamma_1, \cdots$ subject to the relations $a_0 = \alpha_0$, $c_n = 1$, $\gamma_n = 1 (n \geqq 0)$. Since we have represented c_n non-trivially in the permutation group on five letters it follows that $\pi(S - W \cup Z)$ is a non-abelian group.

We note that the simple connectivity of the complement of Z can now be proved precisely. In fact the fundamental group of the complement of Z is obtained from $\pi(S - W \cup Z)$ by adjoining the relation $a_0 = 1$. It follows from (3) that, as a consequence of this adjunction, $a_0 = \alpha_0 = 1$ and $c_n = \gamma_n = 1 (n \geqq 0)$. Thus $\pi(S - Z)$ is a trivial group.

We now prove that the complement of Z is not an open 3-cell.

Any compact subset of an open 3-cell is contained in a closed 3-cell whose complement is simply connected. Hence we need only prove that

W is contained in no 3-cell subset J of $S - Z$ whose complement in $S - Z$ is simply connected.

Suppose then that we had such a 3-cell J. Choose the base point for fundamental groups in the complement of $J \cup Z$ and so close to the point $f_1(t_-)$ (cf. Fig. 1) that there is a loop in $S - J \cup Z$ which represents the element $c_0 = \gamma_0$ of $\pi(S - W \cup Z)$. Since $S - J \cup Z$ is simply connected this loop can be shrunk to the base point in the complement of $J \cup Z$ and hence in the complement of $W \cup Z$. This is impossible as we have seen that the element c_0 of $\pi(S - W \cup Z)$

is not trivial. Since no such 3-cell J can be found $S - Z$ cannot be an open 3-cell.

We may clarify the structure of the open 3-dimensional manifold $S - Z$ by noting that any point in the complement of Z is contained in the interior of a 3-cell disjoint to Z whose complement in $S - Z$ is simply connected. Hence the remarkable property of W, proved above, may be restated as follows:

There is a simple closed curve W in the open 3-dimensional manifold $S - Z$ which is such that no homeomorphism of $S - Z$ upon itself can transform W into a sufficiently small neighborhood of any point.

It seems to us that the existence or non-existence of a *closed* simply connected 3-dimensional manifold with this property would be a decisive point for the settling of the Poincaré conjecture.

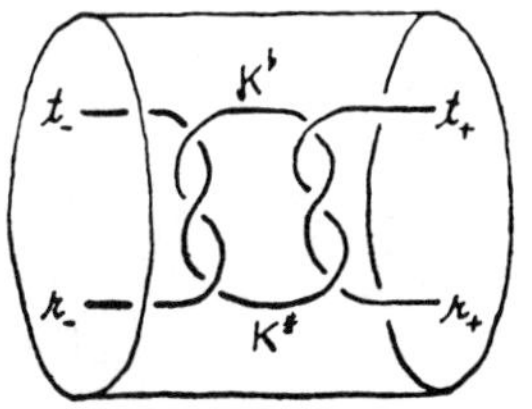

FIG. 9

Since $S - Z$ is an open subset of S it is locally connected in dimensions 1, 2 and 3 and hence is an absolute neighborhood retract. Since $S - Z$ is furthermore simply connected and acyclic in dimensions 1, 2 and 3 it follows that $S - Z$ is contractible.[11]

Another way to prove that $S - Z$ is not an open 3-cell is to prove that the hyperspace Σ of the decomposition of S into the closed set Z and the individual points of $S - Z$ is not a 3-sphere. This can be made to follow from the non-abelian character of $\pi(S - W \cup Z)$.

EXAMPLE 1.4. *A wildly imbedded arc which is the union of two tamely imbedded arcs.*[12]

Denote by K^* and $K^\flat$ two arcs situated in C as shown in figure 9, joining t_- to t_+ and r_+ to r_- respectively. The two arcs $H^* = \bigcup_{n=1}^{\infty} f_n(K^*) \cup q$ and $H^\flat = \bigcup_{n=1}^{\infty} f_n(K^\flat) \cup q$ intersect in their common end-point q. Their union is the simple arc $H^\natural = H^* \cup H^\flat$. The projection of these three arcs on the xz-plane is shown in figure 10. From the fact that this projection of the arc H^*

[11] A proof of this theorem will be found in the forthcoming book Topology of Deformations by W. HUREWICZ and J. DUGUNDJI.

[12] An example which is virtually equivalent to 1.4 is furnished by a simple arc in which an infinite sequence of knots have been tied in such a way that they converge to a mid-point of the arc (cf. SEIFERT and THRELFALL, Lehrbuch der Topologie, p. 224, fig. 113). R. L. WILDER has considered such an example a number of times in lectures and has used it (Trans., Am. Math. Soc. 32 (1930), p. 634 footnote‡) to disprove several conjectures of R. L. MOORE (Bull., Am. Math. Soc. 29 (1923), p. 302). It is easy to show that the arc would be tame if the sequence of knots converged to an end-point instead of a mid-point.

has no double points it follows easily that it is tamely imbedded. Similarly the simple arc $H^\flat$ is seen to be tamely imbedded.

The point q is an interior point of the arc H. Proceeding as in 1.2 it is easy to prove the following theorem:

If o is an interior point of a tamely imbedded arc L and $\{V_n\}$ is any sequence of closed neighborhoods of o such that $V_1 \supset V_2 \supset \cdots$ and $\bigcap_{n=1}^{\infty} V_n = o$ then there must exist an index N such that the injection $\pi(V_N - L) \to \pi(V_1 - L)$ has an abelian image group.

As before choose $\{V_n\}$, a sequence of closed neighborhoods of q to satisfy $V_1 \supset V_2 \supset \cdots$ and $\bigcap_{n=1}^{\infty} V_n = q$ and such that V_n is convex and intersects the ellipsoid $x^2 + 4y^2 + 4z^2 \leqq 4$ in the set $\bigcup_{n=1}^{\infty} f_n(C) \cup q$. The group $\pi(V_N - H^\natural)$

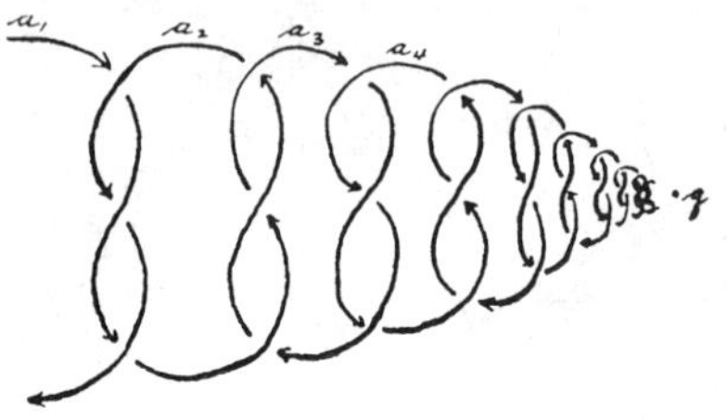

FIG. 10

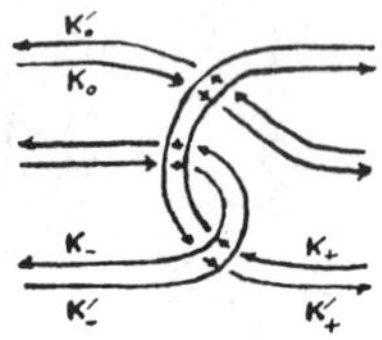

FIG. 11

is generated by the elements $a_{2N-1}, a_{2N}, \cdots$ indicated in figure 10 with the defining relations

$$(4_N) \qquad a_n a_{n+1} a_n = a_{n+1} a_n a_{n+1} \qquad (2N - 1 \leqq n < \infty).$$

Any element a_n of $\pi(V_N - H^\natural)$ is mapped by injection into the element a_n of $\pi(V_1 - H^\natural)$. Hence if the image of this injection were abelian the elements $a_{2N-1}, a_{2N}, \cdots$ would commute in $\pi(V_1 - H^\natural)$. But it would then follow from (4_1) that $a_{2N-1} = a_{2N} = \cdots$. This is not possible because the group $\pi(V_1 - H^\natural)$ has the representation

$$\begin{aligned} a_n &\to (1\ 2) \quad \text{for } n \text{ odd} \\ &\to (1\ 3) \quad \text{for } n \text{ even} \end{aligned}$$

into the permutation group on three letters. Thus the simple arc $H^\natural$ must be wildly imbedded.

2. Simple Closed Curves.

The two wildly imbedded simple closed curves considered in this section have a certain significance in connection with the (still unproved) Dehn's lemma.

EXAMPLE 2.1. *A simple closed curve which bounds a 2-cell although the fundamental group of its complement is non-abelian.*[13]

[13] An example of this sort was constructed by ALEXANDER, loc. cit., p. 12.

Construct in the cylinder C three arcs K'_-, K'_0, K'_+ on the boundaries of U'_-, U'_0, U'_+ respectively, and parallel to and oppositely oriented to the three arcs K_-, K_0, and K_+ respectively. We may suppose that the end-points, r'_- and s'_- of K'_-, s'_+ and t'_- of K'_0, and t'_+ and r'_+ of K'_+, are so placed that $f_n(r'_+) = f_{n+1}(r'_-) = g_n(r'_-), f_n(s'_+) = f_{n+1}(s'_-) = g_n(s'_-), f_n(t'_+) = f_{n+1}(t'_-) = g_n(t'_-)$ and the projection of $K \cup K'$, where $K' = K'_- \cup K'_0 \cup K'_+$, is as shown in figure 11. Clearly $X \cup X'$, where $X' = p \cup \bigcup_{n=-\infty}^{\infty} f_n(K') \cup q$, is a simple closed curve. It is equally clear that $X \cup X'$ is the boundary of a 2-cell in $p \cup \bigcup_{n=-\infty}^{\infty} f_n(U) \cup q$. The fundamental group of the complement of $X \cup X'$ maps homomorphically by injection onto the fundamental group of the complement of X and is therefore non-abelian.

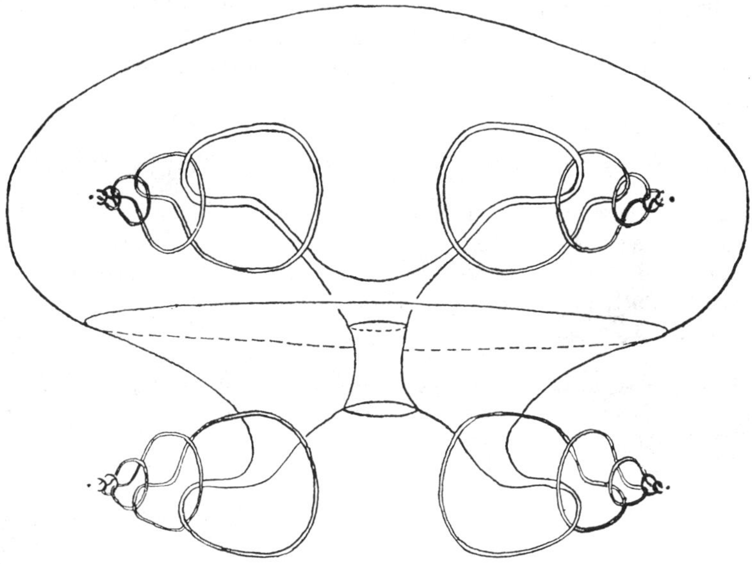

FIG. 12

EXAMPLE 2.2. *A simple closed curve whose imbedding is wild even though it bounds a 2-cell and the fundamental group of its complement is infinite cyclic.*

The simple closed curve to be considered is obtained from the arc

$$f_0(K_0) \cup f_0(K_+) \cup \bigcup_{n=1}^{\infty} f_n(K) \cup q \cup \bigcup_{n=1}^{\infty} f_n(K') \cup f_0(K'_+) \cup f_0(K'_0)$$

by joining the two end-points $f_0(t'_-)$ and $f_0(t_-)$ by a segment on $f_0(A_-)$. It is clearly wildly imbedded and the boundary of a 2-cell. It is easy to calculate the fundamental group of its complement and check that it is infinite cyclic.

A simple closed curve 2.3 with the same properties may be obtained by applying the same process to example 1.3. We do not know whether the complementary domain of either 2.2 or 2.3 is an open tubular manifold.

3. 2-spheres.

EXAMPLE 3.1. *A 2-sphere whose exterior is not simply connected.*[14]

Such a 2-sphere is the boundary X^0 of the 3-cell $p \cup \bigcup_{n=-\infty}^{\infty} f_n(U) \cup q$. It would be very simple to obtain from this a 2-sphere with both interior and exterior non-simply connected (cf. below).

EXAMPLE 3.2. *A 2-sphere which is wildly imbedded even though both complementary domains are open 3-cells.*

Such a 2-sphere is the boundary Y^0 of the 3-cell

$$f_0(U_0) \cup f_0(U_+) \cup \bigcup_{n=1}^{\infty} f_n(U) \cup q.$$

The proofs in 1.2 apply with a few mild changes in the wording. This example shows that *the 3-sphere S may be decomposed into a closed 3-cell and a complementary open 3-cell in several essentially distinct ways.*

EXAMPLE 3.3. *A 2-sphere whose exterior though simply connected is not an open 3-cell.*

For this example we choose Z^0, the boundary of the 3-cell

$$p \cup \bigcup_{n=-\infty}^{-1} g_n(U) \cup g_0(U_+ \cup U_0) \cup f_1(U_0 \cup U_+) \cup \bigcup_{n=2}^{\infty} f_n(U) \cup q.$$

Its exterior is homeomorphic to the complement of Z. From this example it is easy to construct a 2-sphere both of whose complementary domains are simply connected (and hence contractible) open manifolds not homeomorphic to an open 3-cell. Such a one is shown in figure 12.

PRINCETON UNIVERSITY

[14] Such a 2-sphere was constructed by ALEXANDER, loc. cit., p. 11 and pp. 8–10. Our example, which is a much simpler one, has only two singular points while the Alexander examples have an infinity of singular points.

THE THEORY OF BRAIDS

By EMIL ARTIN

Princeton University

THE theory of braids shows the interplay of two disciplines of pure mathematics—topology, used in the definition of braids, and the theory of groups, used in their treatment.

The fundamentals of the theory can be understood without too much technical knowledge. It originated from a much older problem in pure mathematics—the classification of knots. Much progress has been achieved in this field; but all the progress seems only to emphasize the extreme difficulty of the problem. Today we are still very far from a complete solution. In view of this fact it is advisable to study objects that are in some fashion similar to knots, yet simple enough so as to make a complete classification possible. Braids are such objects.

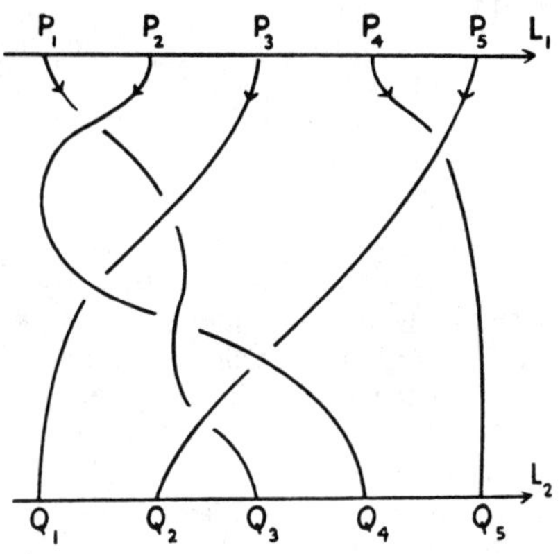

FIGURE 1

In order to develop the theory of braids we first explain what we call a *weaving pattern* of order n (n being an ordinary integral number which is taken to be 5 in Figure 1).

Let L_1 and L_2 be two parallel straight lines in space with given orientation in the same sense (indicated by arrows). If P is a point on L_1, Q a point on L_2, we shall sometimes join P and Q by a curve c. In our drawings we can only indicate the projection of c onto the plane containing L_1 and L_2, since c itself may be a winding curve in space.

The curves c that we shall use will be restricted in their nature by the following condition. If R is a point on the projection of c that moves from P to Q, then its distance from the line L_1 shall always increase. (Therefore a curve moving down a little, then up, and finally down again would be ruled out.) In order to have at our disposal a short name for such curves, let us call them normal curves. We orient them (by arrows) in the sense from P to Q.

Select n points on L_1. Moving along L_1 in the direction indicated by the arrow we shall call the first of the given n points P_1, the next P_2, and the last P_n. In the same way denote by $Q_1, Q_2, \ldots Q_n$, n points on the line L_2. Now we connect each point P_i with one of the points Q_j by a normal curve c_i (c_1 begins at P_1 and ends at some Q_j, which may or

Based on material presented in the Sigma Xi National Lectureships, 1949.

may not be Q_1). We only observe the following condition: no two of the curves c_i intersect in space. Consequently no two of the curves c_i end at the same point Q_j.

If we want to indicate this in a drawing, we have to overcome the difficulty that, although the curves do not meet in space, their projections may cross over each other. To indicate that at a certain crossing the curve c_i is below another one, we interrupt its projection slightly (this is the well-known way to indicate such occurrences in technical drawings).

The whole system of straight lines and curves shall be called a weaving pattern.

In order to explain the notion of a braid we start with a given weaving pattern and think of the lines L_1 and L_2 as being made of rigid material, whereas the curves c_i are considered as arbitrarily stretchable, contractible, and flexible. The points P_i and Q_j may also move on their lines provided their ordering is always preserved.

We subject the whole weaving pattern to an arbitrary deformation in space restricted by the following conditions:

(1) L_1 and L_2 stay parallel during the deformation (but otherwise they can be moved freely in space; their distance may change).

(2) No two of the curves c_i intersect each other during the deformation (this means that the material is "impenetrable").

(3) The curves stay normal during the deformation (but otherwise they may be stretched or contracted as the situation demands).

After such a deformation we obtain a weaving pattern that may look quite different from the one we started with. A quite tame-looking pattern may indeed (after the deformation) become hopelessly entangled.

By a braid we mean a weaving pattern together with the permission to deform it according to the previous rules. If we present a weaving pattern, it describes a braid. But infinitely many patterns will describe the same braid, namely all those that can be obtained from the given one by a deformation. The order n of the pattern shall be called the *order of the braid.*

We now have the following fundamental problem. Given two weaving patterns, is it possible to decide whether or not they describe the same braid? In other words, is it possible to decide whether or not a pattern can be deformed into a given other one?

Up to now we have considered braids of all orders n. From now on we assume n to be an arbitrary but fixed integer and restrict ourselves, without saying it explicitly, to braids of that order n.

Let now A and B be two braids. We first explain what we mean by the product AB of A and B. We select definite patterns for A and B. Call L_1, L_2, P_i, Q_i, c_i the lines, points, and curves respectively of A, and L'_1, L'_2, P'_i, Q'_i, c'_i those of B.

We deform B until the plane through L'_1 and L'_2 coincides with the plane through L_1 and L_2, and until the line L_2 coincides (including orientation) with the line L'_1, being careful to have L_1 and L'_2 on different sides of L_2. Finally we deform B until the points Q_i coincide with the points P'_i. This being achieved, we erase the line L_2, obtaining a new composed weaving pattern which shall stand as pattern for the braid AB.

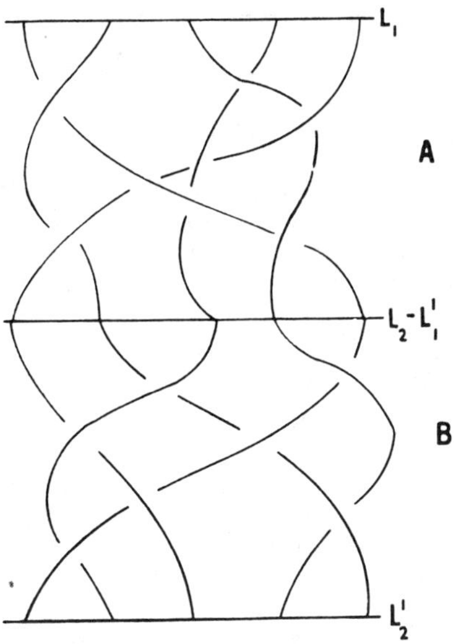

FIGURE 2

Intuitively speaking, this means: AB is obtained by tying the beginning of B to the end of A. Figure 2 explains the process. The reason for calling the result of this process a product lies in the fact that the process has some similarity to the ordinary multiplication of numbers. We first show:

$$(AB)C = A(BC)$$

the so-called associative law of multiplication.

What does $(AB)C$ mean? It means: form first AB and compose this with C. So tie B to A and to the result tie C. What, on the other hand, does $A(BC)$ mean? It asks us first to form BC, that is to tie C to B. The result shall be tied to A. Obviously we obtain the same pattern as $(AB)C$.

But this similarity does not go too far. For instance, the law $AB = BA$ is false in general. Very simple examples already show this. It may hold only accidentally for very special braids. In computations one must, therefore, be careful about the order of terms in a product.

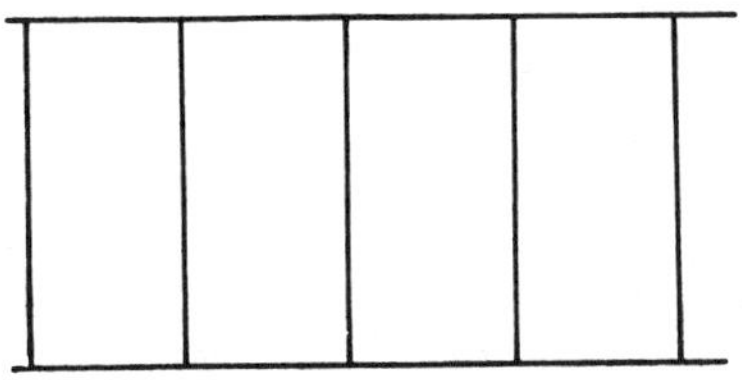

FIGURE 3

Let us denote by I the braid indicated in Figure 3. In its pattern the curves c_i are simply straight lines joining P_i and Q_i without crossings. If we tie I to any braid A, it is almost immediately seen that the resulting braid AI can be changed back to A; indeed the line L_2 is simply replaced by a somewhat lower line. Therefore $A\mathrm{I} = A$ for any braid A; similarly we see $\mathrm{I}A = A$ for any A.

Our braid I has therefore a strong resemblance to the number 1 (since $1.a = a.1$ for any number a). This explains the choice of the name I (roman one).

What does the equation $A = \mathrm{I}$ mean? If A is originally given by some complicated pattern, then $A = \mathrm{I}$ means that by some deformation this pattern can be changed into the pattern of Figure 3. We may say intuitively: $A = \mathrm{I}$ means that A can be combed.

Figure 4 shows the braid A of Figure 1, and tied to it its exact reflexion on the line L_2 which we call A^{-1}. The reader can convince himself that the combined braid AA^{-1} can be disentangled if he starts removing crossings from the middle outwards. In the same way he can see that $A^{-1}A$ can be combed.

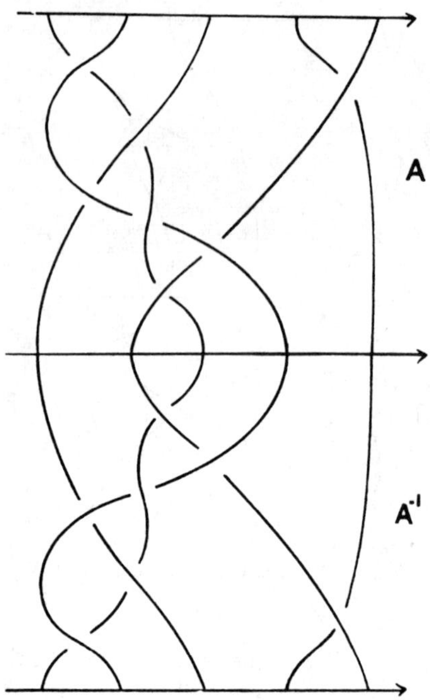

FIGURE 4

There exists therefore to any braid A another braid A^{-1} (its reflexion) such that

$$AA^{-1} = A^{-1}A = \mathrm{I}$$

The symbol A^{-1} is chosen because of an analogy with elementary algebra where a^{-1} stands for the number $\frac{1}{a}$ so that $aa^{-1} = a^{-1}a = 1$ for any non-zero number a.

Reviewing we may say: the braids form a system of objects in which a multiplication is defined. Three properties hold for this multiplication:

(1) The associative law $(AB)C = A(BC)$ is satisfied.

(2) There is a braid called I such that $A\mathrm{I} = \mathrm{I}A = A$ holds for any braid A.

(3) To any braid A another braid A^{-1} can be found such that $AA^{-1} = A^{-1}A = \mathrm{I}$.

If in these three statements we were to replace the word "braid" by the phrase "object of the system," we should obtain the exact definition of what in higher algebra one calls a "group." A group is simply a system of arbitrary objects, together with some kind of multiplication such that our three properties hold. We may say therefore: the system of all braids of order n is a group.

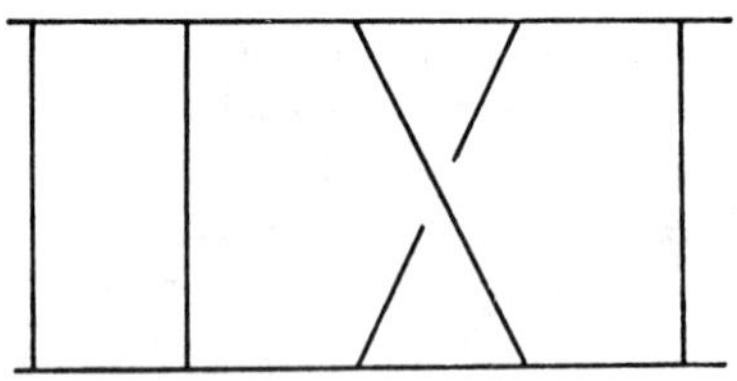

FIGURE 5

The theory of groups has been developed extensively, and its methods may be applied to our problem. Let us look at the special braid indicated in Figure 5. Here the curve c_i goes once over the curve c_{i+1}, whereas all other curves are straight lines connecting P_j and Q_j. We shall call this braid σ_i and obtain in this fashion n–1 braids $\sigma_1, \sigma_2, \ldots \sigma_{n-1}$. ($\sigma_n$ does not exist since it would involve an $n+1$-st curve). The braid where c_i goes *under* c_{i+1} needs no new name. It is the reflexion of σ_i and may therefore be denoted by σ_i^{-1}.

Consider now the pattern of any braid A, for example the braid in Figure 1. In its projection two crossings may occur at exactly the same height. But it is evident that a slight deformation of braid A will produce a pattern where this does not happen.

We cut up our pattern into small horizontal sections, such that only one crossing occurs in each section. Our braid A is obtained from all these sections by tying them together again. Each of these sections is obviously either a braid σ_i or a braid σ_i^{-1} depending on the nature of the crossings. Consequently we can express A as the product of terms each of which is either a σ_i or a σ_i^{-1}.

The braid in Figure 1, for example, is given by:

$$A = \sigma_1^{-1}\, \sigma_4^{-1}\, \sigma_2^{-1}\, \sigma_1\, \sigma_2^{-1}\, \sigma_3\, \sigma_2^{-1}$$

If every element in a group can be expressed as product of some elements σ_i and their inverses, we say that the σ_i are generators of the group. We may therefore state: the $n-1$ elements σ_i are generators of the braid group.

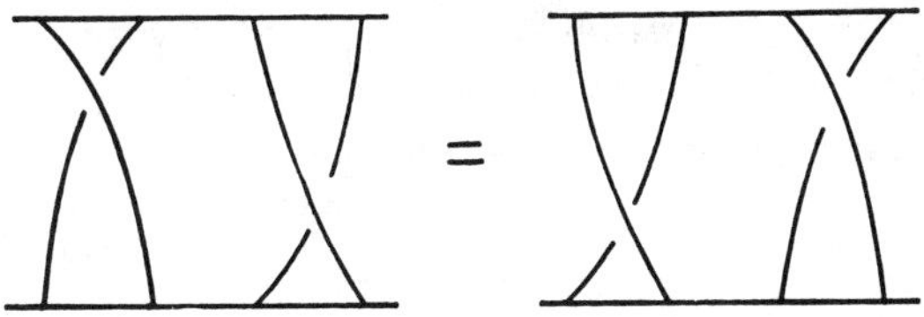

FIGURE 6

We are now in a position to describe any weaving pattern. As an example let us look at the braids in a girl's hair. A close look reveals that such a braid can be described by:

$$A = \sigma_1\, \sigma_2^{-1}\, \sigma_1\, \sigma_2^{-1} \ldots \sigma_1\, \sigma_2^{-1} = (\sigma_1\, \sigma_2^{-1})^k$$

where k is the number of times the elementary weaving pattern is repeated.

Figure 6 shows the equality $\sigma_1\, \sigma_3 = \sigma_3\, \sigma_1$. A similar figure would show $\sigma_i\, \sigma_j = \sigma_j\, \sigma_i$ if j is $i+2$ or more. That $\sigma_1\, \sigma_2$ is different from $\sigma_2\, \sigma_1$ can be seen by a simple sketch; in $\sigma_1\, \sigma_2$ the curve c_1 runs from P_1 to Q_3, whereas in $\sigma_2\, \sigma_1$ it runs from P_1 to Q_2.

But $\sigma_i\, \sigma_{i+1}\, \sigma_i = \sigma_{i+1}\, \sigma_i\, \sigma_{i+1}$. Figure 7 shows it for $i = 1$; the reader readily deforms the two patterns into each other.

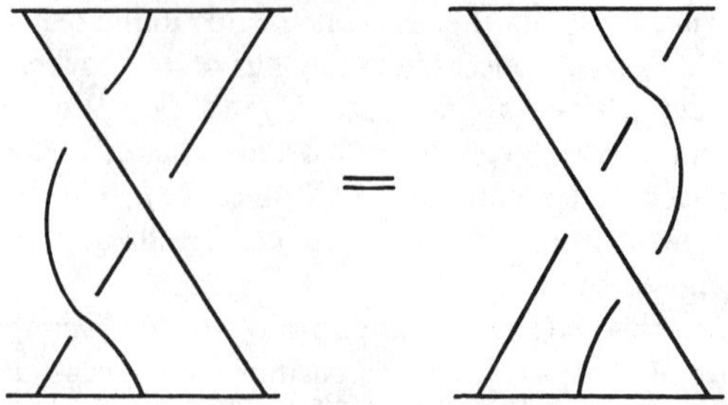

FIGURE 7

We have seen that the group has $n-1$ generators. Actually we can get away with only two: namely σ_1 and the braid

$$a = \sigma_1 \sigma_2 \ldots \sigma_{n-1} \text{ (product)}$$

Let us prove the statement for $n = 5$. We have

$$a \sigma_1 = \sigma_1 \sigma_2 \sigma_3 \sigma_4 \cdot \sigma_1$$

But $\sigma_4 \sigma_1 = \sigma_1 \sigma_4$; therefore $a \sigma_1 = \sigma_1 \sigma_2 \sigma_3 \sigma_1 \sigma_4$.
Now $\sigma_3 \sigma_1 = \sigma_1 \sigma_3$; hence $a \sigma_1 = \sigma_1 \sigma_2 \sigma_1 \cdot \sigma_3 \sigma_4$.
From $\sigma_1 \sigma_2 \sigma_1 = \sigma_2 \sigma_1 \sigma_2$, we obtain $a \sigma_1 = \sigma_2 \sigma_1 \sigma_2 \sigma_3 \sigma_4$.
Therefore $a \sigma_1 = \sigma_2 a$ or $a \sigma_1 a^{-1} = \sigma_2 a a^{-1} = \sigma_2 \cdot I = \sigma_2$.
Hence

$$\sigma_2 = a \sigma_1 a^{-1}.$$

Similarly:

$$a \sigma_2 = \sigma_1 \sigma_2 \sigma_3 \sigma_4 \cdot \sigma_2 = \sigma_1 \cdot \sigma_2 \sigma_3 \sigma_2 \cdot \sigma_4 = \sigma_1 \cdot \sigma_3 \sigma_2 \sigma_3 \cdot \sigma_4 = \sigma_3 \cdot \sigma_1 \sigma_2 \sigma_3 \sigma_4 = \sigma_3 a$$

It follows that $a \sigma_2 a^{-1} = \sigma_3$, or $\sigma_3 = a \sigma_2 a^{-1}$.
Substituting our result for σ_2 we obtain

$$\sigma_3 = a a \sigma_1 a^{-1} a^{-1} = a^2 \sigma_1 a^{-2}.$$

Finally:

$$a \sigma_3 = \sigma_1 \sigma_2 \sigma_3 \sigma_4 \sigma_3 = \sigma_1 \sigma_2 \sigma_4 \sigma_3 \sigma_4 = \sigma_4 \sigma_1 \sigma_2 \sigma_3 \sigma_4 = \sigma_4 a$$

Consequently $a \sigma_3 a^{-1} = \sigma_4$. Substituting for σ_3:

$$\sigma_4 = a \sigma_3 a^{-1} = a a^2 \sigma_1 a^{-2} a^{-1} = a^3 \sigma_1 a^{-3}.$$

In one formula:

$$\sigma_i = a^{i-1} \sigma_1 a^{-(i-1)}.$$

Each σ_i can be expressed by a and σ_1 and therefore any braid A can be expressed by a and σ_1.

In the following we shall not make use of this result.

The formulas:

(1) $$\sigma_i \sigma_j = \sigma_j \sigma_i, \text{ if } j \text{ is at least } i+2$$

(2) $$\sigma_i \sigma_{i+1} \sigma_i = \sigma_{i+1} \sigma_i \sigma_{i+1}$$

have the following significance:

Suppose two braids A and B given by patterns. Each pattern may be used to express A and B respectively as a product of terms σ_i or σ_i^{-1}.

If $A = B$, it must in some fashion be possible to change from the expression A to the expression B. It can be shown that this can always be done by a repeated use of either formulas (1) or (2), or of simple algebraic consequences of these formulas. It is this fact one refers to if one says: the braid group has the defining relations (1) and (2). The proof is too long to be reproduced here.

We proceed now to our fundamental problem. Let us first consider a braid A in which the curves c_i connect P_i with Q_i (the Q_i with exactly the same subscript).

Suppose we remove the curve c_1. A certain braid A_1 of order $n-1$ remains. Now we reinsert a curve d_1 between P_1 and Q_1 that is not entangled at all with the other strings (this means that its projection exhibits no crossings at all). This new braid of order n we call B.

Denote now the braid AB^{-1} by C. This braid C has a peculiar property. If the first string of C is removed, then the braid that remains from the A-part of C is A_1, and A_1^{-1} is the part that remains from B^{-1}. (According to our construction, A and B differ only by their first strings.) Therefore removing the first string from C leaves $A_1 A_1^{-1} = I$ —a braid that can be combed. To be sure, C itself cannot necessarily be combed until the first string has been removed.

Suppose now that this combing operation with the last $n-1$ strings of C is performed by force in spite of the presence of the first string. Since the first string is stretchable up to any amount, it may be taken along during this combing operation. At the end the first string will be entangled in a terrible fashion, but the result will look somewhat like Figure 8. A pattern of this type is called 1-pure.

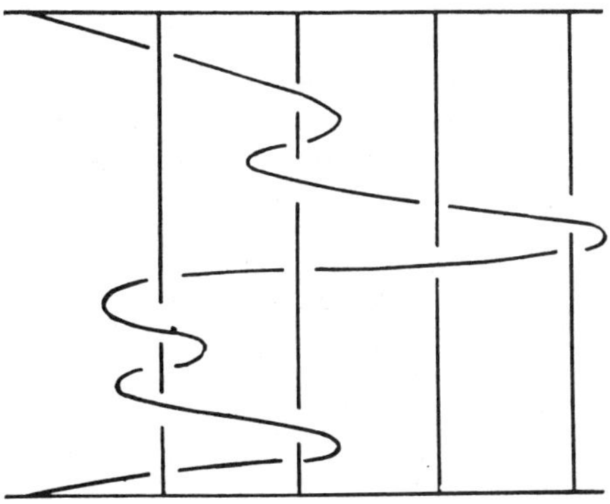

FIGURE 8

Now $AB^{-1} = C$; $AB^{-1}B = CB$; therefore $A = CB$. So A is a product of a 1-pure braid C and another braid B which is obtained from a braid of order $n-1$ by inserting a first string not meeting the others in a projection. The second string of B can be treated in the same way, and so on.

The final result is:

$$A = C_1 C_2 \ldots C_{n-1}$$

where C_i is a braid of the following kind: all strings but the i-th are vertical straight lines, and the i-th is only involved with strings of a higher number. Of course this means that for every braid A a pattern of this special kind can be found.

The solution of our fundamental problem consists in the assertion that a pattern of this type describes the braid uniquely; i.e., that in order to test whether $A = B$ for two braids whose curves c_i connect P_i with Q_i one has only to bring A and B into this form and to see whether exactly the same pattern results. The proof for this fact is very involved and cannot be included here. Nor shall we describe the translation of our geometric procedure into group theoretical language.

It is clear that this procedure contains the solution of the full problem to decide whether $A = B$ for any two braids A and B given by weaving patterns. First $A = B$ means the same as $AB^{-1} = \mathrm{I}$. The braid I connects P_i with Q_i. Should AB^{-1} not do this, then certainly A is not equal to B. In case AB^{-1} connects each P_i with Q_i, the previous method makes it possible to decide whether $AB^{-1} = \mathrm{I}$ or not.

Finally let us mention an unsolved problem of the theory of braids. If we wind a braid once around an axis, close it by identifying P_i and Q_i, and remove the lines L_1 and L_2, we obtain what we call a closed braid. Again we allow all those deformations in the course of which the curves do not cross the axis, nor each other.

The problem of classification of closed braids, at least, can be translated into a group theoretical problem. Let A and B be two open braids. The corresponding closed braids are equal if, and only if, an open braid X can be found such that

$$B = XAX^{-1}$$

A solution to this problem has not yet been found. Since in some ways closed braids resemble knots, such a solution could be applied to the problem of knots. It would also have many applications in pure mathematics.

REFERENCES

1. Artin, E. Theory of braids. *Annals of Mathematics 48*, 1947.
2. Artin, E. Braids and permutations. *Annals of Mathematics 49*, 1948.
3. Bohnenblust, F. The algebraic braid group. *Annals of Mathematics 48*, 1947.
4. Chow, W. L. On the algebraic braid group. *Annals of Mathematics 49*, 1948.

Ein mechanisches System mit quasiergodischen Bahnen.

Von EMIL ARTIN in Hamburg

Es sei gestattet, auf ein einfaches mechanisches System von zwei Freiheitsgraden mit quasiergodischen Bahnen hinzuweisen, zu dem der Verfasser in einem Briefwechsel mit Herrn G. HERGLOTZ gekommen ist.

Wir wollen nämlich eine Fläche konstruieren, deren geodätische Linien „fast alle" quasiergodisch sind, also jedem Punkt beliebig nahe kommen, und zwar in jedem vorgeschriebenen Richtungsintervall.

Wir betrachten die obere Halbebene $y > 0$ der komplexen Variablen $z = x + iy$ und führen in ihr die POINCARÉsche Metrik ein mit dem Linienelement

$$ds = \frac{d\sigma}{y}, \tag{1}$$

wo $d\sigma = |dz|$ das gewöhnliche euklidische Linienelement bedeutet. Die so eingeführte Metrik besitzt zwei bekannte einfache Eigenschaften.[1])

1. Sie ist invariant gegenüber allen linearen Substitutionen $z_1 = \frac{az+b}{cz+d}$ mit reellen Koeffizienten und positiver Determinante: $ad - bc > 0$. Sie ist auch invariant gegenüber der Spiegelung $z_1 = -\bar{z}$, wo $\bar{z}$ die zu z konjugiert komplexe Zahl bedeutet.

2. Die geodätischen Linien sind alle Halbkreise der oberen Halbebene, die auf der reellen Achse senkrecht aufsitzen.

Aus 1. geht die Homogeneität unserer Metrik hervor. Die Rechnung führt auf das Krümmungsmaß $K = -1$.

Nunmehr identifizieren wir alle Punkte der Halbebene, die durch eine Substitution mit ganzen Koeffizienten und der Determinante 1 zusammenhängen; wir betrachten also zwei Punkte z_1 und z_2 als „gleich", wenn:

$$z_1 = \frac{az_2 + b}{cz_2 + d} \tag{2}$$

gilt, mit ganzen rationalen a, b, c, d die der Bedingung $ad - bc = 1$ genügen.

---

[1]) Siehe etwa W. BLASCHKE, Differentialgeometrie I, § 62.

Der Fundamentalbereich dieser Transformationsgruppe ist die bekannte „Modulfigur", bestehend aus den Punkten zwischen den Geraden $x = -\frac{1}{2}$ und $x = +\frac{1}{2}$, welche außerhalb des Einheitskreises liegen. In diesem „Dreieck" liegt dann von den als „gleich" zu bezeichnenden Punkten immer genau ein Repräsentant (nur bei den Randpunkten des Dreiecks sind auch noch zwei einander gegenüberliegende Punkte gleich). Die Randpunkte der Figur sind in einfach zu übersehender Weise einander zugeordnet. Wir erhalten so eine abstrakte Fläche, die wir uns

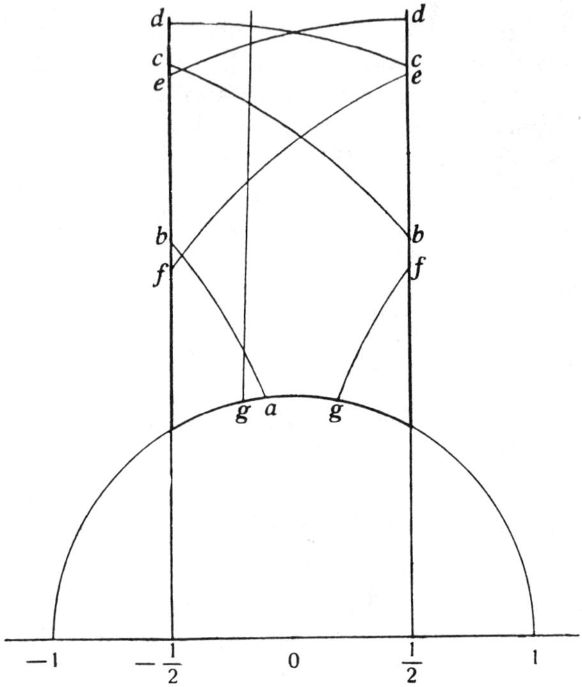

durch „zusammenkleben" aus der Modulfigur entstanden denken können. Wegen der Homogeneität der POINCARÉschen Metrik ist die Metrik unserer Fläche regulär, bis auf die Eckpunkte der Modulfigur. Auf die physikalische Realisierbarkeit wollen wir später zu sprechen kommen.

Um eine geodätische Linie, die zunächst als Orthogonalkreis K gegeben ist, auf unserer Fläche zu verfolgen, müssen wir alle mit K „identischen" Kreise aufsuchen, d. h. alle Kreise, die aus K durch lineare ganzzahlige und unimodulare Substitutionen entstehen. Es genügt dabei, die „Repräsentanten" dieser Kreise zu betrachten, d. h. diejenigen Kreisstücke, die in der Modulfigur liegen. In der nebenstehenden Abbildung ist eine geodätische Linie in der Modulfigur verfolgt.

Durch einen Punkt geht mit vorgeschriebener Richtung genau eine geodätische Linie. Die Quasiergodizität würde also besagen, daß es unter den mit K „identischen“ Kreisen solche gibt, die einem beliebig vorgegebenem Kreis C beliebig nahe kommen.

Beachten wir nun, daß ein Orthogonalkreis durch seine Fußpunkte ξ, η auf der reellen Achse festgelegt ist, daß durch unsere reellen Transformationen ξ, η in die Fußpunkte des transformierten Kreises übergehen und daß endlich zwei Kreise „nahe aneinander“ liegen, wenn ihre Fußpunkte benachbart sind, so ergibt sich folgender Sachverhalt:

Die Fußpunkte ξ, η von K gehen durch die Transformation

$$(3) \qquad \xi' = \frac{a\xi + b}{c\xi + d}; \qquad \eta' = \frac{a\eta + b}{c\eta + d}$$

über in die Fußpunkte des transformierten Kreises. Wir werden zweckmäßig eine ξ, η Ebene einführen. Dann entspricht jedem Punkte der ξ, η Ebene ein Kreis in der z-Ebene, dessen Fußpunkte die Koordinaten des Kreises sind, während umgekehrt jedem Kreis der z-Ebene zwei Punkte der ξ, η Ebene zugeordnet sind, da ja noch eine Willkür in der Bezeichnung der Fußpunkte mit ξ und η vorliegt.

Durch unsere Transformationen geht der Punkt ξ, η über in den Punkt mit den simultan transformierten Koordinaten ξ', η' (oder η', ξ'). Die durch alle solchen Transformationen erhaltenen Punkte müssen nun jedem Punkt beliebig nahe kommen, damit in der z-Ebene die transformierten Kreise jedem Kreis beliebig nahe kommen. Dies besagt aber, daß die aus ξ, η entstehenden Punkte die Ebene überall dicht bedecken müssen.

Eine leichte Überlegung zeigt nun, daß dazu die überall dichte Bedeckung des Teilgebiets

$$(4) \qquad 1 < \xi, \qquad -1 < \eta < 0$$

notwendig und hinreichend ist.

Die Notwendigkeit leuchtet ein. Ist diese Bedingung aber erfüllt, so wenden wir auf alle erhaltenen Punkte die Transformationen

$$(5) \qquad \xi' = \xi + n, \qquad \eta' = \eta + n$$

mit irgendeinem ganzen n an und erkennen, daß auch die Gebiete $n < \xi$, $n - 1 < \eta < n$ überall dicht bedeckt sind. Fixiert man nun die Willkür der Fußpunktsbezeichnung durch die Forderung $\eta < \xi$ und beachtet, daß man ja nur die überall dichte Bedeckung jenes Gebiets zu fordern braucht, das aus Kreisen besteht, die die Modulfigur wirklich schneiden, so zeigt die einfach zu findende Begrenzung dieses Gebiets, daß es bereits von den bisher ermittelten Gebieten bedeckt wird.

Insbesondere dürfen wir von unserem Ausgangskreis annehmen, daß er dem Gebiete $\xi > 1$; $-1 < \eta < 0$ angehört.

Wir entwickeln nun ξ und $-\eta$ in einen Kettenbruch

$$(6) \qquad \xi = a_0 + \cfrac{1}{a_1 + \cfrac{1}{a_2 + \cdots}} \quad ; \qquad -\eta = \cfrac{1}{a_{-1} + \cfrac{1}{a_{-2} + \cdots}}$$

und setzen für irgendein ganzes n

$$(7) \quad \xi_n = a_n + \cfrac{1}{a_{n+1} + \cfrac{1}{a_{n+2} + \cdots}} \quad ; \qquad -\eta_n = \cfrac{1}{a_{n-1} + \cfrac{1}{a_{n-2} + \cdots}}$$

Aus der Theorie der Kettenbrüche ergeben sich nun leicht die Formeln

$$(8) \qquad \xi = \frac{P_n \xi_n + P_{n-1}}{Q_n \xi_n + Q_{n-1}}, \qquad \eta = \frac{P_n \eta_n + P_{n-1}}{Q_n \eta_n + Q_{n-1}},$$

worin P_n, Q_n ganze Zahlen sind, die den bekannten Rekursionsformeln und der Gleichung

$$(9) \qquad P_n Q_{n-1} - Q_n P_{n-1} = (-1)^n$$

genügen. Wesentlich ist hier nur, daß bei ξ und η dieselben Zahlen P_n und Q_n auftreten.

Wegen (9) sind die Punkte (ξ_n, η_n) für gerades n äquivalente Punkte zu (ξ, η), die übrigens wegen (7) unserem Gebiet angehören. Dazu kommen noch, wegen der Willkür in der Fußpunktsbezeichnung, die Punkte $\left(-\frac{1}{\eta_n}, -\frac{1}{\xi_n}\right)$ ebenfalls für gerades n.

Aus MINKOWSKIschen Resultaten[2]) folgt überdies, daß dies alle mit (ξ, η) äquivalenten Punkte sind, die unserem Gebiet angehören.

Damit nun diese Punkte überall dicht liegen ist erforderlich, daß die Kettenbruchentwicklungen bei passender Wahl von n mit irgendeiner vorgegebenen beliebig weit übereinstimmen. Dies besagt aber folgendes:

Sind zwei Folgen $b_1, b_2 \cdots b_m$; $c_0, c_1 \cdots c_m$ vorgelegt, so muß sich ein gerader Index n angeben lassen, so daß die Folge a_{n-m}, a_{n-m+1}

---

[2]) Siehe etwa H. MINKOWSKI, Geometrie der Zahlen, S. 147.

$\cdots a_{n-1} a_n a_{n+1} \cdots a_{n+m}$ entweder mit $b_m b_{m-1} \cdots b_1 c_0 c_1 \cdots c_m$ oder der umgekehrten Folge zusammenfällt.

Wir wollen nun eine Folge $a_\nu a_{\nu+1} \cdots a_\mu$ einen Ausschnitt aus unserer a-Kette nennen. Dann sieht man leicht ein, daß sich in unserer a-Kette jede nur denkbare endliche Folge $d_1 d_2 \cdots d_r$ von positiven ganzen Zahlen vorfinden muß.

Daß diese Bedingung erfüllt sein muß, erkennt man nämlich, wenn man $c_i = b_i$ wählt. Sie genügt aber auch. Ist sie nämlich erfüllt, so suche man in der a-Kette einen Ausschnitt. der mit der Folge $b_m b_{m-1} \cdots b_1 c_0 c_1 \cdots c_m b_m b_{m-1} \cdots b_1 c_0 c_1 \cdots c_m$ zusammenfällt. Das eine auftretende c_0 hat dann sicher in der a-Kette einen geraden Index.

Fassen wir das Bewiesene kurz zusammen:

Zu unserer geodätischen Linie gehört eine a-Kette:

$$\cdots a_{-2}, \quad a_{-1}, \quad a_0, \quad a_1, \quad a_2 \cdots.$$

Die wesentlichen Orthogonalkreise gewinnt man durch die Formel (7). Alle übrigen Kreise, die die Modulfigur schneiden, gehen aus ihnen (in der z-Ebene) durch Verschiebung um ganze Zahlen hervor.

Damit nun unsere geodätische Linie quasiergodisch ist, ist notwendig und hinreichend, daß in der zugehörigen a-Kette jede nur denkbare endliche Folge positiver ganzer Zahlen als Ausschnitt vorkommt.

Daß es nun solche a-Ketten wirklich gibt ist leicht zu sehen. Die Gitterpunkte des „positiven" Oktanten des n-dimensionalen Raums sind abzählbar. Denken wir uns nun diese Folgen für alle Dimensionen hingeschrieben, so können wir nach dem Diagonalverfahren aus all diesen Folgen eine einzige Folge bilden. Schreiben wir nun an Stelle der Punkte ihre Koordinaten in fester Ordnung hintereinander, so erhält man eine Folge $a_0, a_1, a_2, \ldots$ positiver Zahlen mit der gewünschten Eigenschaft. Die Zahlen $a_{-1}, a_{-2} \cdots$ kann man noch beliebig wählen.

Daraus geht schon hervor, daß die „quasiergodischen Ketten" die Mächtigkeit des Kontinuums haben. Noch mehr! Nach Resultaten von Herrn Celestyn Burstin[3]) haben fast alle Zahlen ξ eine „quasiergodische" Kettenbruchentwicklung. Von den durch einen Punkt der Fläche gehenden geodätischen Linien sind also fast alle quasiergodisch.

Wir erhalten übrigens auch Einblick in die verschiedenen anderen Bahntypen. Wir begnügen uns, Beispiele aufzustellen.

1. Zu periodischen Ketten gehören periodische Bahnen und umgekehrt.

2. Wird die Kette schließlich nach rechts periodisch und ebenso schließlich nach links periodisch, so liegt eine doppelt asymptotische

[3]) Celestyn Burstin, Über eine spezielle Klasse reeller periodischer Funktionen; Monatshefte für Mathematik **26**, S. 229.

Bahn vor. Die Bahn „löst" sich von einer periodischer Bahn ab, um sich schließlich einer zweiten (gleichen oder verschiedenen) periodischen Bahn zu nähern.

3. Unsere Kette ist zwar nicht quasiergodisch, aber „quasiperiodisch", d. h. jeder einmal vorkommende Ausschnitt kommt, ohne daß Periodizität vorliegt, unendlich oft vor. Eine solche Kette erhält man zum Beispiel, wenn man von einer quasiergodischen Kette ausgeht und in ihr jede Zahl um eins vermehrt. Die zugehörige Bahn approximiert sich dann selbst ohne quasiergodisch zu sein. D. h. jeder einmal angenommene Zustand wiederholt sich unendlich oft beliebig genau.

4. Ein Fall, bei dem 3. nicht eintritt, liegt etwa in der Kette vor, die man aus der in 3. konstruierten Kette erhält, indem man an einer Stelle eine Eins dazwischenschiebt. Hier kehrt ein einmal angenommener Zustand nie mehr wieder, die Bahn nähert sich aber immer mehr dem Bahntypus 3.

Es möge noch einiges über die physikalische Realisierbarkeit gesagt sein. Man erhält einen ohne weiteres realisierbaren Fall, wenn man außer den durch Modultransformationen identifizierten Punkten noch die durch die Spiegelung $z_1 = -\bar{z}_2$ ineinander überführbaren Punkte als „gleich" ansieht. Der Fundamentalbereich ist dann die halbe Modulfigur, etwa der zwischen $x = 0$ und $x = \frac{1}{2}$ gelegene Teil. Die geodätischen Linien aber sind dann einfach die an den Rändern reflektierten Kreise. Da wir noch mehr Punkte als „gleich" ansehen, bleiben unsere bisherigen Überlegungen erst recht gültig, es sind also auch hier fast alle geodätischen Linien quasiergodisch.

Nun betrachte man die Rotationsfläche der Traktrix (Zuglinie) eines Fadens der Länge eins. Bekanntlich hat auch sie das Krümmungsmaß $K = -1$, so daß sich unsere Halbebene teilweise auf diese Fläche abwickeln läßt. Man rechnet nun leicht nach, daß zu diesem Teil sicher unsere halbe Modulfigur genommen werden kann, daß sie also auf der Rotationsfläche der Traktrix „Platz hat". Damit haben wir aber die physikalische Realisierung. Man zeichne zunächst auf der Rotationsfläche der Traktrix ein mit dem halben Moduldreieck kongruentes Dreieck. Unser mechanisches System läßt sich dann als die kräftefreie Bewegung eines Massenpunktes in diesem Dreieck interpretieren (der Punkt sei gezwungen auf der Fläche zu bleiben), der von den Dreiecksseiten elastisch reflektiert wird.

Hamburg, Mathematisches Seminar, im März 1924.

Coordinates in Affine Geometry

Emil Artin

We consider two classes of objects called *points* (denoted by P, Q, R, . . .) and *lines* (denoted by l, m, n, . . .). A relation between points and lines, written "*a point is on a line*" is assumed. If P is on l, we shall also say, l *is on* P. Two lines m and n are called *parallel,* written m || n, if either there exists no point which is on both m and n, or if m and n are identical. All the objects are said to be contained in a plane.

We now make the following assumptions:

Axiom I. *Any two distinct points P and Q are on one and only one line, called the join of P and Q and denoted by P + Q.*
Axiom *II. For each line l and point P, there is exactly one line on P parallel to l.*

Axiom III. *There are three points not on a line.*

If l || m and m || n, then l || n. The reader may readily verify this as a consequence of Axiom II. From the transitivity of parallelism, we have the notion of a pencil of parallel lines.

Any pencil of parallel lines contains as many lines as a line outside the pencil contains points since these points are exactly the intersections with the lines of the pencil. Consequently, two different pencils contain the same number of lines if there is a line not contained in the two pencils. The existence of such a line can be deduced from Axiom III. It now follows that any two lines contain the same number of points and that this number is at least two. The total number of points in the plane is therefore at least 4 (namely, two on each line of a pencil).

Definition 1. A mapping σ which associates with every point P a point $P'=\sigma(P)$ of the same plane is called a *dilatation,* if, for any two points P, Q and their images P′, Q′ we can find two parallel lines l and l′ so that l contains P,Q and l′ contains P′, Q′. A dilatation need not be a 1 — 1 correspondence. If it is, we shall call it *non-singular.*

THEOREM 1. A dilatation is completely determined by the images of two distinct points, P and Q. Should the images P′ and Q′ be the same point, then σ maps the whole plane onto P′. In case $P'\neq Q'$, the dilatation σ is non-singular.

Let R be any point not collinear with P and Q. Then the lines P+R and Q+R are not parallel. We can find a line containing P′ and R′, and a line containing Q' and R'. Their uniquely determined intersection (they are not parallel) is therefore the point R'. To get the images of the remaining points on $P+Q$ we replace Q by one of the points R we just considered. This proves the first part of Theorem 1.

Let now $P'=Q'$. By the uniqueness established above and the fact that $\sigma(x)=P'$ is a dilatation, the second part follows.

Finally, let $P'\neq Q'$. From the previous parts of the theorem it follows that any two distinct points have two distinct images. It remains only to show that any given point R' is actually the image of some point R. This is shown by a proof similar to that of the first part, but in the opposite order, that is, by considering lines through P and Q parallel to $P'+R'$, and to $Q'+R'$, respectively.

Unless otherwise specified, a dilatation is from now on always supposed non singular.

Theorem 1 has the following simple

Corollary. If a dilatation has two fixed points, it is the identity which we shall denote by 1. In other words, a dilatation $\neq 1$ *has either one fixed point or none.*

Definition 2. A dilatation without fixed point, or the identity, is called a translation.

Definition 3. For a given dilatation σ, any line containing a point P and its image P' is called a *trace* of P. Should $P\neq P'$, then there is only one trace through P and we call it *the* trace of P.

THEOREM 2. *Let l be a trace (containing P and P'). If Q is on l, then Q' is also on l.*

Let $Q\neq P$. A line l' parallel to $P+Q=l$ must contain P' and Q'. Since P' is on l, we have $l'=l$.

Corollary 1. If P is a fixed point, each trace must go through P unless σ is the identity.

Let Q be $\neq P$. Then $Q'\neq Q$. The line $P+Q$ is a trace (containing P and P'). Therefore Q' is on $P+Q$.

Corollary 2. Any intersection of traces is a fixed point.

The image of the point of intersection has to be on both traces. If $\sigma\neq 1$, the traces either go through the fixed point of σ (if σ is not a translation) or they are all parallel.

We see at once: if l is trace of the two dilatations σ_1 and σ_2, then it is also trace of $\sigma_1\sigma_2$ and of σ_1^{-1}. Should, therefore, all the traces of σ_1 coincide with all the traces of σ_2, then the same is true for $\sigma_1\sigma_2$ unless $\sigma_1\sigma_2=1$, in which case every line is a trace.

THEOREM 3. The translations form a group.

Obviously the inverse of a translation τ is also a translation.

Let τ_1 and τ_2 be two translations. If there is a point P such that, $\tau_1\tau_2(P)=P$, then $\tau_1\tau_2$ is the identity. For set $\tau_2(P)=P'$. Then $\tau_1(P')=P$. Consequently, τ_1 and τ_2 have the same traces, viz., a pencil of parallel lines which consists also of traces for $\tau_1\tau_2$. But since P is fixed point we have $\tau_1\tau_2=1$.

THEOREM 4. A translation is determined by the image of one point.

From $\tau(P)=\tau'(P)$ we deduce $\tau^{-1}\tau'(P)=P$. Since $\tau^{-1}\tau'$ is a translation with a fixed point, P, it is the identity.

THEOREM 5. If τ_1 and τ_2 are translations with different traces, then $\tau_1\tau_2=\tau_2\tau_1$.

Let P be any point, l_1 the τ_1-trace, l_2 the τ_2-trace of P. $\tau_1(P)$ is on l_1, $\tau_2(P)$ on l_2. τ_2 carries P and $\tau_1(P)$ into $\tau_2(P)$ and $\tau_2\tau_1(P)$ on a line parallel to l_1. On the other hand, $\tau_1(P)$ is on a τ_2 trace with $\tau_2\tau_1(P)$. We therefore get $\tau_2\tau_1(P)$ by drawing a τ_2-trace through $\tau_1(P)$ and a τ_1-trace through $\tau_2(P)$. The intersection is $\tau_2\tau_1(P)$. The symmetry of the construction proves the theorem.

THEOREM 6. Should there be two translations with different traces, then the whole group of translations is commutative.

Let τ_1 and τ_2 be two translations with different traces. In view of Theorem 5 we have only to show that the commutative law holds for two translations $\tau_3\tau_4$ with the same trace. At least one of the translations τ_1 and τ_2, say τ_1, differs in its traces from τ_3 and τ_4. Then $\tau_1\tau_3$ cannot have the same traces as τ_3, otherwise $\tau_1\tau_3\cdot\tau_3^{-1}=\tau_1$ would also have the same. We therefore have from Theorem 5:

$$\tau_4\cdot\tau_1\tau_3=\tau_1\tau_3\cdot\tau_4, \text{ and } \tau_4\tau_1=\tau_1\tau_4, \text{ therefore}$$
$$\tau_1\tau_4\tau_3=\tau_1\tau_3\tau_4. \text{ Consequently, } \tau_4\tau_3=\tau_3\tau_4.$$

Remark. It is an open problem to construct an affine geometry with a non-commutative group of translations. Obviously, all the translations would have to have the same pencil of traces.

THEOREM 6. For any dilatation σ and translation τ, the dilatation $\sigma\tau\sigma^{-1}$ is a translation.

To prove this we show that $\sigma\tau\sigma^{-1}$ is either the identity or has no fixed point: If $\sigma\tau\sigma^{-1}(P)=P$ for some point P, then $\tau\sigma^{-1}(P)=\sigma^{-1}(P)$. Hence τ has a fixed point, namely $\sigma^{-1}(P)$, and thus is the identity, and $\sigma\tau\sigma^{-1}$ is the identity.

We now introduce another postulate:

AXIOM *IVa. For any two given points P and Q, there exists a translation for which $P'=Q$.*

Clearly, there is only one translation with this property. We denote it by τ_{PQ}. Obviously, we have $\tau_{QR}\,\tau_{PQ}=\tau_{PR}$. By virtue of Axiom IVa, it follows from Axiom III that there exist translations in two directions. Thus, on account of Theorem 6, the group of all translations is commutative.

Now suppose there is associated with each translation τ a translation denoted by τ^α. such that the following conditions are satisfied:

1. $(\tau_1\tau_2)^\alpha=\tau_1{}^\alpha\tau_2{}^\alpha$,
2. The traces of τ appear among the traces of τ^α.

We shall call such an association τ^α a *homomorphism.*

As examples, we consider the association of the identity 1 with each translation τ. We write $\tau^0=1$. By τ^1 we denote the association of τ with τ, thus $\tau^1=\tau$. By τ^{-1} we mean the association of the inverse translation of τ with each τ. This is an example of a homomorphism since τ^{-1} has the same traces as τ has.

For each α we have $1^\alpha=1$, for $1^\alpha\,1^\alpha=1^\alpha$, and multiplying this equality by $(1^\alpha)^{-1}$, we get $1^\alpha=1$.

We have $\tau^\alpha\,(\tau^{-1})^\alpha=1^\alpha=1$. Thus $(\tau^{-1})^\alpha=(\tau^\alpha)^{-1}$. By definition this translation will be called $\tau^{-\alpha}$.

For each non-singular dilatation σ, the association of $\sigma\tau\sigma^{-1}$ with τ is an example of a homomorphism, for $\sigma\tau_1\tau_2\sigma^{-1}=\sigma\tau_1\sigma^{-1}\sigma\tau_2\sigma^{-1}$ and $\sigma\tau\sigma^{-1}$ has the same traces as τ. For if $\tau(P)=Q$, then $\sigma\tau\sigma^{-1}(\sigma(P))=\sigma\tau(P)=\sigma(Q)$. Thus the trace of $\sigma(P)$ under $\sigma\tau\sigma^{-1}$ is the line $\sigma(P)+\sigma(Q)$ which is parallel to $P+Q$. This shows that $\sigma\tau\sigma^{-1}$ has the same traces as τ.

THEOREM 8. The only homomorphisms are τ^0 and $\sigma\tau\sigma^{-1}$ for non-singular dilatations σ, i.e., $\tau^\alpha=1$ or $\tau^\alpha=\sigma\tau\sigma^{-1}$ for some σ.

Let τ^α be a given homomorphism and P a given point. We define $\sigma(Q)=\tau_{PQ}{}^\alpha(P)$ and shall prove that σ is a dilatation. P is selected arbitrarily, but considered fixed so that σ only depends on Q. We have

$$\tau_{QR}{}^\alpha\;\tau_{PQ}{}^\alpha=\tau_{PR}{}^\alpha. \qquad (*)$$

Now $\tau_{PR}{}^\alpha(P)=\sigma(R)$ and

$$\tau_{QR}{}^\alpha\;\tau_{PQ}{}^\alpha\;(P)=\tau_{QR}{}^\alpha\;(\sigma(Q))=\sigma(R). \qquad (**)$$

Thus the traces of $\tau_{QR}{}^\alpha$ are all parallel to $\sigma(Q)+\sigma(R)$, unless $\tau_{QR}{}^\alpha$ is the identity. On the other hand, $\tau_{QR}{}^\alpha$ has the same traces as τ_{QR}, so that its traces are parallel to $Q+R$. Consequently, $\sigma(Q)+\sigma(R)\parallel Q+R$, unless $\tau_{QR}{}^\alpha$ is the identity, in which case we get $\sigma(Q)=\sigma(R)$, and can therefore also find a line through $\sigma(Q)$ and $\sigma(R)\parallel Q+R$. At any rate, σ is a dilatation.

$\sigma(P)=\tau_{PP}{}^{\alpha}(P)=1(P)=P$. If $\sigma(Q)$ is constant, then $\tau_{PQ}{}^{\alpha}(P)=P$ and thus $\tau_{PQ}{}^{\alpha}=1$. If $\sigma(Q)$ is not constant, then by applying σ^{-1} to the equality (**), we get $\sigma^{-1}\tau_{QR}{}^{\alpha}\ \sigma(Q)=R$. Since $\sigma^{-1}\tau_{QR}{}^{\alpha}\ \sigma$ is a translation transforming Q into R, we have $\sigma^{-1}\tau_{QR}{}^{\alpha}\sigma=\tau_{QR}$. Hence, $\tau_{QR}{}^{\alpha}=\sigma\tau_{QR}\sigma^{-1}$ and $\tau^{\alpha}=\sigma\tau\sigma^{-1}$. This completes the proof of Theorem 8.

Now we define operations on the exponents. We set $\tau^{\alpha+\beta}=\tau^{\alpha}\tau^{\beta}$ and $\tau^{\alpha\beta}=(\tau^{\beta})^{\alpha}$.

THEOREM 9. Under the above definition of addition and multiplication, the α's form a field (that may be non-commutative).

1. $\tau^{\alpha+\beta}$ is a homomorphism, for

$$(\tau_1\tau_2)^{\alpha+\beta}=(\tau_1\tau_2)^{\alpha}\ (\tau_1\tau_2)^{\beta}=\tau_1{}^{\alpha}\tau_2{}^{\alpha}\tau_1{}^{\beta}\tau_2{}^{\beta}=\tau_1{}^{\alpha+\beta}\tau_2{}^{\alpha+\beta}$$

on account of the commutativity of translations. $\tau^{\alpha+\beta}$ has the same traces as τ, since τ^{α} and τ^{β} have. It is obvious that $\tau^{\alpha\beta}$ is a homomorphism.

2. The associative laws for addition and multiplication obviously hold, and so does the commutative law for addition.

3. The homomorphism 0 plays the rôle of the 0 element of the field. For $\tau^{\alpha}\tau^{0}=\tau^{\alpha}=\tau^{\alpha+0}$ since $\tau^{0}=1$. The homomorphism $\tau^{-\alpha}$ is the negative of the transformation τ^{α}, since $\tau^{\alpha}\tau^{-\alpha}=\tau^{\alpha+(-\alpha)}=\tau^{\alpha}(\tau^{\alpha})^{-1}$. The transformation τ^{1} is the unit element of the field for $(\tau^{\alpha})^{1}=\tau^{1\alpha}=\tau^{\alpha}$ and $(\tau^{1})^{\alpha}=\tau^{\alpha 1}=\tau^{\alpha}$.

4. The distributive law $(\alpha+\beta)\gamma=\alpha\gamma+\beta\gamma$ holds. For $\tau^{(\alpha+\beta)\gamma}=(\tau^{\gamma})^{\alpha+\beta}=(\tau^{\gamma})^{\alpha}(\tau^{\gamma})^{\beta}=\tau^{\alpha\gamma}\tau^{\beta\gamma}=\tau^{\alpha\gamma+\beta\gamma}$. In the same way we see that $\gamma(\alpha+\beta)=\gamma\alpha+\gamma\beta$. For $\tau^{\gamma(\alpha+\beta)}=(\tau^{\alpha+\beta})^{\gamma}=(\tau^{\alpha}\tau^{\beta})^{\gamma}=(\tau^{\alpha})^{\gamma}(\tau^{\beta})^{\gamma}=\tau^{\gamma\alpha+\gamma\beta}$.

5. If $\alpha\neq 0$, then there is a reciprocal of α. If $\alpha\neq 0$, there exists exactly one dilatation σ such that $\tau^{\alpha}=\sigma\tau\sigma^{-1}$. The homomorphism $\tau^{\beta}=\sigma^{-1}\tau\sigma$ is clearly such that $(\tau^{\beta})^{\alpha}=\tau^{\alpha\beta}=\tau^{1}$.

THEOREM 10. If $\tau^{\alpha}=1$ for a particular τ and α, then either $\tau=1$ or $\alpha=0$.

If $\alpha\neq 0$, there exists α^{-1}. Applying it to $\tau^{\alpha}=1$ we get $\tau=1$.

Now we introduce the following further postulate*:

AXIOM *IVb. Given two translations τ_1 and τ_2 both different from 1, with the same traces, then there exists a transformation such that $\tau_1{}^{\alpha}=\tau_2$. (Should $\tau_2=1$, the equation holds with $\alpha=0$.)*

THEOREM 11. If τ_1 and τ_2 are two translations both different from 1 and with different traces, then every translation can be uniquely expressed as powerproduct $\tau=\tau^{\alpha}{}_1\tau^{\beta}{}_2$.

---

* This axiom is essentially equivalent to the assumption of Desargues Theorem.

Let P be any point and $\tau(P)=P'$. Let Q be the intersection of a τ_2-trace through P with a τ_1-trace through P′. Then

$$\tau=\tau_{PP'}=\tau_{QP'}\tau_{PQ}.$$

But τ_{PQ} is a translation with the same traces as τ_2 and therefore a power τ_2^{β}; $\tau_{QP'}$ has the traces of τ_1 and is therefore a power τ_1^{α}.

Assume finally $\tau_1^{\alpha}\tau_2^{\beta}=\tau_1^{\gamma}\tau_2^{\sigma}$ or $\tau_1^{\alpha-\gamma}=\tau_2^{\sigma-\beta}$. On the left side we have a translation with τ_1-traces on the right one with τ_2-traces. Consequently, both are the identity. But that means $\alpha=\gamma$ and $\sigma=\beta$.

We are now going to introduce coordinates.

We select the point O as "center" and two translations $\tau_1\neq 1$, $\tau_2\neq 1$ with different traces.

If P is any point we express τ_{OP} in the form $\tau_1^{\zeta}\tau_2^{\eta}$ and call the pair of field elements (ζ, η) the coordinates of P. Obviously, P is determined by these coordinates since $P=\tau_1^{\zeta}\tau_2^{\eta}(O)$. The point O has the coordinates. $(0, 0)$.

To derive the parametric equation of a given straight line, we describe that line by one of its points $P=(\alpha,\beta)$ and by any translation $\tau=\tau_1^{\gamma}\tau_2^{\sigma}\neq 1$ that has that line as trace. What are the coordinates of any point Q of that line? We have:

$$\tau_{OQ}=\tau_{PQ}\tau_{OP}$$

But since $P=(\alpha, \beta)$ we have $\tau_{OP}=\tau_1^{\alpha}\tau_2^{\beta}$; τ_{PQ} has the same trace as τ and is therefore some power τ^{λ} of τ. So we have $\tau_{OP}=\tau_1^{\alpha}\tau_2^{\beta}(\tau_1^{\gamma}\tau_2^{\sigma})^{\lambda}=\tau_1^{\alpha+\lambda\gamma}\tau_2^{\beta+\lambda\sigma}$. The λ can be any value since τ^{λ} will always have the same trace as τ and therefore appears as τ_{PQ} for some point Q. We get all the points of our line by the parametric expression

$$(\alpha+\lambda\gamma,\beta+\lambda\sigma) \qquad (***)$$

if λ runs through all the elements of the field.

Clearly (α, β) can be any pair of elements since they are the coordinates of the point P. The pair (γ, σ) is only restricted by $\tau_1^{\gamma}\tau_2^{\sigma}\neq 1$ which means that not both γ and σ are $=0$. This shows that under this condition (***) represents a straight line.

Eliminating λ from

$$\zeta=\alpha+\lambda\gamma,\ \eta=\beta+\lambda\sigma$$

we get an equation of the form

$$\zeta\alpha_1+\eta\beta_1+\gamma_1=0$$

where not both α_1 and β_1 are $=0$.‡

‡ Use of homomorphisms to define coordinates is also made by Dehn in M. Pasch und M. Dehn "Vorlesungen über Neuere Geometrie" (Springer). The coordinates are introduced there in a different way, viz., by means of Desargues' theorem, which in the present paper is introduced at a later stage.

ON THE INDEPENDENCE OF LINE INTEGRALS ON THE PATH

BY EMIL ARTIN

DEPARTMENT OF MATHEMATICS, INDIANA UNIVERSITY

Communicated September 2, 1941

The investigations of Menger[1] and Fubini[2] have renewed the interest in the question of the independence of the line integral on the path. I shall offer here a necessary and sufficient condition that is purely local and contains the classic conditions for Cauchy's theorem as well as those for Green's formula. For the sake of simplicity we restrict ourselves to two variables, x, y.

A differential dA shall be any function of the four variables x, y, dx, dy, and the $\int_C dA$ along a curve C shall be defined the obvious way (if it exists). We shall assume that the integral changes the sign if we invert the direction of the curve C. (It would be easy to give conditions for that, too.)

Definition.—The differential dA is called regular at a point P if for any sequence Δ_n of similar triangles with areas a_n of limit 0 we have

$$\lim_{n=\infty} \frac{1}{a_n} \int_{\Delta_n} dA = 0$$

No uniformity in the limit as to the shape of the triangles is requested.

THEOREM 1. *In a simply connected domain we have* $\int_C dA = 0$ *for any triangle of the domain if and only if dA is regular at every point of the domain.*

Proof.—The condition is obviously necessary. For sufficiency we follow the well-known proof of Cauchy's theorem. A sequence Δ_n of triangles similar to Δ is constructed, each half the size of the preceding and contained in it, so that

$$\left| \int_\Delta dA \right| \leqslant 4^n \left| \int_{\Delta_n} dA \right|.$$

Let a be the area of Δ and therefore $a/4^n$ the area of Δ_n. If P is the common point of all Δ_n we have for sufficiently large n that $\left| \int_{\Delta_n} dA \right| \leqslant \frac{a}{4^n} \epsilon$.

This proves the theorem.

It contains as special case:

THEOREM 2. *Let* $P(x, y)$ *and* $Q(x, y)$ *have differentials in the sense of Stolz at the point* x_0, y_0 *and in addition to that* $\partial P/\partial y = \partial Q/\partial x$ *at* x_0, y_0. *Then* $Pdx + Qdy$ *is regular at* x_0, y_0.

Proof.—Our assumptions lead to an approximation of P and Q by linear functions such that the coefficient of y in P equals that of x in Q. In a sufficiently close neighborhood of x_0, y_0 the error will be less than $\epsilon \cdot \delta$ where $\epsilon > 0$ is given in advance and δ is the distance of x, y and x_0, y_0. The integral along Δ_n over the linear function yields zero, the integral over the error is of magnitude $\epsilon \cdot a_n$.

THEOREM 3. *If* $\partial P/\partial y$ *and* $\partial Q/\partial x$ *exist in a certain neighborhood of* x_0, y_0, *are continuous at that point and equal in* x_0, y_0, *then our differential is again regular.*

Proof.—This time we approximate $P(x, y) = P(x, y_0) + (y - y_0) \times (\partial P/\partial y)(x, y_1)$ by a function of the form $\varphi(x) + a(y - y_0)$ where $\varphi(x)$ depends on x alone and a is a constant, and $Q(x, y)$ by $\psi(y) + a(x - x_0)$. The error is of the same order of magnitude as before. Since $\int_{\Delta_n} \varphi(x)dx = \int_{\Delta_n} \psi(y)dy = 0$ and $\int y\, dx + x\, dy = 0$ we have again to consider merely the error term.

[1] Menger, Karl, "On Cauchy's Integral Theorem in the Real Plane," *Proc. Nat. Acad. Sci.*, **25**, 621–625 (1939).

[2] Fubini, Guido, "On Cauchy's Integral Theorem and on the Law of the Mean for Non-derivable Functions," *Ibid.*, **26**, 199–204 (1940).

On the Theory of Complex Functions

The following pages are intended to exhibit some of the advantages obtained by a more extensive use of topological methods and notions in courses on complex variables. These methods simplify the proofs and are more flexible in their application.

We shall need as preparation the following simple properties of closed and open sets:

1) The complementary set $\overline{D}$ of an open set D is closed.

2) A continuous image of a closed and bounded set is itself closed and bounded.

3) A function that is continuous on a closed and bounded set is uniformly continuous on that set.

4) By distance of two sets S_1 and S_2 we mean the greatest lower bound ρ of the distances between any point z_1 of S_1 and any point z_2 of S_2. If S_1 and S_2 are closed and one of them is bounded we can find a special pair of points z_1 and z_2 with precisely the distance ρ. It follows that if in addition the two sets are disjoint, we have $\rho > 0$.

The proofs are so well known that we omit them here.

By arc we mean a continuous image $z(t)$ of the interval $0 \leq t \leq 1$. It is a closed and bounded set. We consider it as oriented by the orientation of the interval. Now let ζ be a point not on the arc A. We first try to find a *continuous* function $\varphi(t)$ whose value is one of the possible values of the argument of $z(t) - \zeta$. Such a $\varphi(t)$ is easily constructed if our arc is contained in a circle that does not contain ζ because it is then possible to define the argument of $z - \zeta$ as a continuous function of z in the whole circle. All we have to do, therefore, in the general case is to subdivide our arc into a finite number of parts of the previous kind. To do so, let $\rho > 0$ be the distance of ζ and A; because of the uniform continuity of $z(t)$ we can find a subdivision of A into a finite number of parts such that each part is contained in a circle of diameter ρ.

Let us assume our point ζ is not fixed but moves on a closed set S whose distance from A is $\rho > 0$. Any subdivision of A with this ρ will then work for all the points ζ at once.

The so-constructed $\varphi(t)$ is uniquely determined but for a multiple of 2π. This follows easily from the meaning of $\varphi(t)$ and its continuity.

What we really want to construct is the uniquely determined value $\varphi(1) - \varphi(0) = V(A, \zeta)$. We call it the *variation of argument* of A with respect to ζ. It is easy to show that it depends continuously on ζ and that it satisfies the equation $V(A, \zeta) = V(B, \zeta) + V(C, \zeta)$ if the arc A is subdivided into the two arcs B and C.

Returning to our closed set S and any subdivision of A into parts of diameter $< \rho$, let us connect each two consecutive endpoints of these parts by a straight line segment. We obtain thus an inscribed polygon A' that is also disjoint from S. Each of the line segments has the same variation of argument with respect to any ζ of S as the corresponding part of A. This proves $V(A', \zeta) = V(A, \zeta)$ for all ζ of S.

Theorem 1. Let S be a closed set disjoint from the arc A. If A' is an inscribed polygon that belongs to a sufficiently fine subdivision of A then $V(A', \zeta) = V(A, \zeta)$ for all ζ of S.

It is convenient to use not only arcs but also chains of arcs as paths of integration. By a chain C we mean a formal sum $\sum A_\nu$ of a finite number of arcs A_ν, each arc being oriented. One and the same arc can enter in this sum repeatedly and with either of its orientations. If ζ is not on C we generalize the variation of argument $V(C, \zeta)$ to chains by the definition

$$V(C, \zeta) = \sum_{\nu} V(A_\nu, \zeta).$$

Obviously this definition is additive in C.

If we disregard multiples of 2π then $V(C, \zeta) \equiv \sum_{\nu} (\alpha_\nu - \beta_\nu) (\text{mod } 2\pi)$ where α_ν and β_ν are the arguments of the vectors from ζ to the endpoint and to the beginning point of A_ν. We remark, however, that it is just this neglected multiple of 2π that we wanted to define by the previous discussion.

A chain C is called closed if each point is beginning point of just as many of the arcs A_ν as it is endpoint. $V(C, \zeta)$ is then a multiple of 2π; therefore we frequently use the *winding number* $W(C, \zeta) = \dfrac{1}{2\pi} V(C, \zeta)$ instead of $V(C, \zeta)$. Its value is an integer; being continuous in ζ it is constant on any connected and open set D that is disjoint from the arcs of C.

If all the arcs A_ν of a chain $C = \sum A_\nu$ are rectifiable and if $f(z)$ is integrable on each A_ν we may introduce the integral of $f(z)$ on the chain C by the definition:

$$\int_C f(z)\, dz = \sum_{\nu} \int_{A_\nu} f(z)\, dz.$$

We are now in a position to state and to prove the most general form of the theorem of Cauchy:

Theorem 2. Let $f(z)$ be analytic in the open set D, and let C be a closed chain in D that satisfies the following condition:

The winding number $W(C, \zeta) = 0$ for every ζ of the complementary set $\overline{D}$ of D.

Then
$$\int_C f(z)\, dz = 0.$$

Proof: (A) Let C be a triangle. $W(C, \zeta) = \pm 1$ if ζ is in the interior of the triangle. Our assumption about C means, therefore, that the triangle C and its interior belong to D. The proof in this case is well known and need not be repeated since the reader can find it in most of the books on complex variables.

(B) Let C be a polygonal closed chain where each A_ν is a segment of a straight line L_ν. We assume that all the straight lines L_ν have been drawn. Each of them decomposes the plane into two convex sets, namely, two halfplanes. The intersection of a finite number of convex sets is either empty or itself convex. It thus follows that our straight lines L_ν decompose the plane into a finite number of convex sets each of them bounded by segments of the L_ν. Each convex set is either bounded and therefore an ordinary convex polygon, or else extends to infinity. In case it is bounded we select one of its vertices and draw all the diagonals from it. In this way we obtain a decomposition of the plane into triangles and into convex sets extending to infinity.

$W(C, \zeta)$ is constant in the interior of each of these parts of the plane. A point ζ_0 at the boundary of such a part either belongs to C, so that $W(C, \zeta_0)$ is undefined, or else leads to a value of $W(C, \zeta_0)$ equal to that in the interior because of the continuity of $W(C, \zeta)$.

Now let ζ be very large. Then $W(C, \zeta)$ is very small and consequently 0. This shows that $W(C, \zeta) = 0$ in each part that extends to infinity.

Next consider a triangle Δ with $W(C, \zeta) \neq 0$ for the interior of Δ. Since $W(C, \zeta) = 0$ for all ζ of $\overline{D}$, all the points of the interior of Δ belong to D. Those on the boundary of Δ also belong to D because they are either on C which is in D, or else again $W(C, \zeta)$ is $\neq 0$ for them. Thus, for such a triangle we get
$$\int_\Delta f(z)\, dz = 0.$$

Now let $\Delta_1, \Delta_2, \ldots, \Delta_n$ be all the triangles for which $W(C, \zeta) = w_i \neq 0$ if ζ is in Δ_i where $W(C, \zeta) = 0$ if ζ is in any other triangle. We assume Δ_i oriented in such a way that $W(\Delta_i, \zeta) = +1$ in the interior of Δ_i. Consider the new chain:
$$C' = C - w_1\Delta_1 - w_2\Delta_2 \cdots - w_n\Delta_n.$$

We contend: $W(C', \zeta) = 0$ for any ζ not on C'. Indeed,

a) If ζ is on the boundary of one of the parts but not on C' we can shift it a little so that it falls in the interior of a part.

b) If ζ is in Δ_i then $W(C, \zeta) = w_i$, $W(\Delta_i, \zeta) = 1$, $W(\Delta_k, \zeta) = 0$ for $k \neq i$. Hence, $W(C', \zeta) = W(C, \zeta) - w_i W(\Delta_i, \zeta) = 0$.

c) If ζ is in any other part then $W(C, \zeta) = 0$, $W(\Delta_j, \zeta) = 0$, so $W(C', \zeta) = 0$.

Now $\int_{C'} f(z)\,dz = \int_C f(z)\,dz - \sum_\nu w_\nu \int_{\Delta_\nu} f(z)\,dz = \int_C f(z)\,dz$ since $\int_{\Delta_\nu} f(z)\,dz = 0$. This reduces the proof to the case of the chain C'. We first break up each arc of C' into largest line segments Λ such that the interior of each Λ does not contain any vertex of C'. Assume now that C' contains Λ r times in one and s times in opposite orientation so that we have $C' = r\Lambda - s\Lambda + E$ where E is a chain that does not contain Λ any more. Then $0 = V(C', \zeta) = (r - s)V(\Lambda, \zeta) + V(E, \zeta)$ or $V(E, \zeta) = (s - r)V(\Lambda, \zeta)$ for all ζ not on C'. $V(E, \zeta)$ is defined and continuous even on Λ but $V(\Lambda, \zeta)$ is close to π on one side of Λ and close to $-\pi$ on the other. Hence, $r = s$. Therefore, C' contains each line segment equally often in both orientations, a fact that makes $\int_{C'} f(z)\,dz = 0$ obvious.

(C) In the general case we inscribe a sufficiently fine polygon A'_ν in each arc A_ν and replace $C = \sum A_\nu$ by $C' = \sum A'_\nu$. According to Theorem 1 we have $W(C', \zeta) = W(C, \zeta) = 0$ for all ζ of $\overline{D}$ if only the subdivision of each arc was fine enough. Then $\int_{C'} f(z)\,dz = 0$. If we could only show that for all sufficiently fine C' we have:

$$\left| \int_C f(z)\,dz - \int_{C'} f(z)\,dz \right| \leq \epsilon$$

our theorem would be proved. It obviously suffices to show the following lemma:

Let $f(z)$ be continuous in the open set D containing an arc A. If $\epsilon > 0$ is given we shall have for all sufficiently fine inscribed polygons A' the inequality:

$$\left| \int_A f(z)\,dz - \int_{A'} f(z)\,dz \right| \leq \epsilon.$$

Though the proof is well known, it may be inserted here for the convenience of the reader.

Let $z_0, z_1, \ldots, z_n$ be the vertices of the inscribed polygon A' and call $g(z, A')$ the following discontinuous function on A': $g(z, A)$ has on the line segment from $z_{\nu-1}$ to z_ν (excluding $z_{\nu-1}$) the constant value $f(z_\nu)$. Then

$$\int_{A'} g(z, A')\,dz = \sum_{\nu=1}^{n} \int_{z_{\nu-1}}^{z_\nu} f(z_\nu)\,dz = \sum_{\nu=1}^{n} (z_\nu - z_{\nu-1}) f(z_\nu)$$

is obviously a Riemann-sum for the integral $\int_A f(z)\,dz$ and is therefore close to $\int_A f(z)\,dz$ for all sufficiently fine polygons A'. If we prove on the other hand that $\int_{A'} g(z, A')\,dz$ also comes close to $\int_{A'} f(z)\,dz$ we have all that is needed.

Since the length of A' is bounded by the length of A, it suffices to show:

$$\operatorname*{Max}_{z \text{ on } A'} |f(z) - g(z, A')| \leq \epsilon \quad \text{or} \quad \operatorname*{Max}_{\substack{z \text{ on } \nu\text{-th} \\ \text{segment}}} |f(z) - f(z_\nu)| \leq \epsilon$$

provided A' is sufficiently fine.

To prove this we merely have to imbed our arc A into a closed set B that is part of D and that on the other hand contains any sufficiently fine polygon A'. The function $f(z)$ would indeed be uniformly continuous on B and the subdivision of A is found immediately.

Obviously, the set B of all points that have a distance $\leq \frac{1}{2}\rho$ from A where ρ is the distance of A and $\overline{D}$, has all the required properties.

A chain C that satisfies the conditions of our theorem shall be called homologous 0 in the open set D. If D is part of the open set D' and if C is homologous 0 in D' it need not be homologous 0 in D; we would still have to investigate whether $W(C, \zeta) = 0$ for all points of D' that are not in D. The following special case will prove important:

Assume that D can be obtained from D' by omitting the finite number of points $z_1, z_2, \ldots, z_n$ of D'. Assume that C is homologous 0 in D'. We have then to compute $W(C, z_i) = w_i$. Only if the w_i turn out to be 0 will C be homologous 0 in D. Now suppose that the w_i are not necessarily 0. We construct around each point z_i a circle C_i of so small a radius ρ that its interior with exception of z_i belongs to D. The new chain

$$C' = C - w_1C_1 - w_2C_2 - \cdots - w_nC_n$$

is then homologous 0 in D and hence $\int_{C'} f(z)\,dz = 0$ or

$$\int_C f(z)\,dz = \sum_{\nu=1}^{n} w_\nu \int_{C_\nu} f(z)\,dz. \tag{1}$$

As an example, put $f(z) = \dfrac{1}{z}\cdot$ D' is then the whole plane and $z_1 = 0$. ρ may be taken as 1. We get from (1)

$$\int_C \frac{dz}{z} = W(C, 0) \cdot \int_{C_1} \frac{dz}{z}$$

where C_1 is the unit circle. The integral on C_1 may be computed by a Riemann-sum: $\sum\limits_{\nu=1}^{n} (z_\nu - z_{\nu-1}) \dfrac{1}{\xi_\nu}$, using as intermediate point ξ_ν the point on the unit circle halfway between $z_{\nu-1}$ and z_ν. The geometric significance of the points shows $(z_\nu - z_{\nu-1}) \dfrac{1}{\xi_\nu} = i|z_\nu - z_{\nu-1}|$ so that our Riemann-sum is $i \cdot 1$ where 1 is the length of the inscribed polygon. The integral on C_1 is therefore $2\pi i$ and we obtain:

$$\int_C \frac{dz}{z} = 2\pi i W(C, 0).$$

We now use the following definition:

Definition. If $f(z)$ is analytic in a certain neighborhood of the point z_0, with possible exception of z_0 itself, but if $f(z)$ remains bounded in that neighborhood, we call z_0 an R-point of $f(z)$.

Let us now assume that all the points z_ν in (1) are R-points of $f(z)$ and that M_i is the bound for $f(z)$ in the neighborhood of z_i. For small values of ρ we obtain the estimate

$$\left| \int_{C_i} f(z)\, dz \right| \leq 2\pi\rho M_i. \tag{2}$$

Now ρ can be taken as small as we like in (2). This shows that $\int_C f(z)\, dz = 0$, yielding the following generalization of Theorem 2.

Theorem 3. Let D be an open set and assume $f(z)$ analytic in D with exception of a finite number of R-points. Assume the closed chain C homologous 0 in D. Then $\int_C f(z)\, dz = 0$.

We next prove the integral formula of Cauchy:

Theorem 4. Make the same assumptions about $f(z)$, D and C as in the previous theorem. If z is a point not on C, where $f(z)$ is analytic, then

$$2\pi i W(C, z) f(z) = \int_C \frac{f(t)\, dt}{t - z}.$$

For a fixed z, consider the following function of t:

$$g(t) = \frac{f(t) - f(z)}{t - z}.$$

$g(t)$ is analytic in D with exception of the R-points of $f(t)$ which are also R-points of $g(t)$, and with exception of $t = z$. Since $g(t)$ approaches the limit $f'(z)$ as t approaches z, the function $g(t)$ has z as an R-point.

This shows:

$$\int_C g(t)\,dt = 0$$

or

$$\int_C \frac{f(t)}{t-z}\,dt = \int \frac{f(z)}{t-z}\,dt = f(z)\int \frac{dt}{t-z} = 2\pi i W(C, z) f(z).$$

The proof of the following lemma is well known:

Lemma. Let C be any closed or open chain and let $\varphi(t)$ be a function defined and continuous on C. The function

$$F(z) = \int_C \frac{\varphi(t)}{(t-z)^n}\,dt$$

is then defined for all z not on C and has the derivative:

$$F'(z) = \int_C \frac{n\varphi(t)}{(t-z)^{n+1}}\,dt.$$

Proof:

$$\frac{F(z+h)-F(z)}{h} - \int_C \frac{n\varphi(t)}{(t-z)^{n+1}}\,dt$$

$$= \int_C \frac{(t-z)^{n+1} - (t-z)(t-z-h)^n - nh(t-z-h)^n}{h\cdot(t-z-h)^n(t-z)^{n+1}}\,\varphi(t)\,dt.$$

If we expand the polynomial in the numerator and collect the terms free from h and those of the first power of h, we see that they cancel. Therefore, the numerator has the form $h^2 \cdot P(t, z, h)$ where P is a polynomial in the three variables. Our integral is therefore:

$$h\int_C \frac{P(t, z, h)}{(t-z-h)^n(t-z)^{n+1}}\,dt.$$

There is now no difficulty in getting from it an estimate of the form $|h|\cdot M$ where M is a certain bound. This proves the lemma.

Now suppose z_0 to be an R-point of $f(z)$ and take C as a small circle around z_0. We find then for all points in the interior of C and $\neq z_0$:

$$f(z) = \frac{1}{2\pi i}\int_C \frac{f(t)}{t-z}\,dt.$$

According to our lemma, the right side of this formula is a function that is analytic also for $z = z_0$ so that we get:

Theorem 5. If z_0 is an R-point of $f(z)$ we can complete the definition of $f(z)$ at z_0 in such a fashion that the completed function is analytic at z_0. Or, an R-point is a removable singularity of $f(z)$.

This theorem makes superfluous the mentioning of R-points in the preceding theorems.

Another application of our lemma is the fact that an analytic function has an infinity of derivatives, and also the generalized formulas of Cauchy:

$$2\pi i W(C, z) f^{(n)}(z) = n! \int_C \frac{f(t)}{(t - z)^{n+1}}\, dt.$$

We turn now to a discussion of the zeros of a function.

If $f(z)$ is analytic at z_0 and $f(z_0) = 0$, then z_0 is called a zero of $f(z)$. The quotient $\varphi(z) = \dfrac{f(z)}{z - z_0} = \dfrac{f(z) - f(z_0)}{z - z_0}$ is analytic in D except at $z = z_0$. Since $\lim\limits_{z \to z_0} \varphi(z) = f'(z_0)$ the point z_0 is an R-point of $\varphi(z)$. This shows:

Theorem 6. If z_0 is a zero of $f(z)$ we can find a function $\varphi(z)$ analytic in D (especially at z_0 itself) such that $f(z) = (z - z_0)\varphi(z)$. In other words, $f(z)$ is "divisible" by $z - z_0$.

We must now decide whether an analytic function can be divisible by an arbitrarily high power of $z - z_0$, that is, if we can find for every n a function $\varphi_n(z)$ analytic in D such that

$$f(z) = (z - z_0)^n \varphi_n(z).$$

Such a point might be called a zero of infinite order.

In this case we draw a circle $|z - z_0| \leq r$ that belongs completely to D and call its periphery C. Then

$$\varphi_n(z) = \frac{1}{2\pi i} \int_C \frac{\varphi_n(t)}{t - z}\, dt$$

for any point z in the interior of C. This leads to

$$f(z) = \frac{(z - z_0)^n}{2\pi i} \int_C \frac{f(t)\, dt}{(t - z)(t - z_0)^n}$$

and to the estimate

$$|f(z)| \leq \left(\frac{|z - z_0|}{r}\right)^n \frac{Mr}{\delta} \qquad \text{for} \qquad |z - z_0| < r$$

where $M = \operatorname{Max} |f(z)|$ on C and $\delta =$ distance of z and C. If we keep z fixed we get $f(z) = 0$ for $n \to \infty$. Hence $f(z) = 0$ in any circle around z_0 that belongs completely to D and obviously any z in such a circle is now also a zero of infinite order. Indeed if z_1 is within this circle and if we define

$$\psi_n(z) = \begin{cases} 0 \text{ in our circle} \\ \dfrac{f(z)}{(z - z_1)^n} \text{ outside} \end{cases}$$

then $\psi_n(z)$ is analytic in D and $f(z) = (z - z_1)^n \psi_n(z)$. Call z_2 any point in D that can be connected with z_0 by an arc A in D. Let ρ be the distance of A and $\overline{D}$ and subdivide A into arcs of diameter $\leq \frac{\rho}{2}\cdot$ Then any point on the first part is a zero of infinite order; therefore, any point on the second part, and so on. Consequently, $f(z_2) = 0$.

This is now the point where the usual restriction of analytic functions becomes understandable. We assume that D is not only an open set but is also connected. Then we find

Theorem 7. The only analytic function with a zero of infinite order is the constant 0.

If we exclude this exceptional case of the constant 0 there will always be a maximal n such that $f(z) = (z - z_0)^n \varphi_n(z)$ and $\varphi_n(z)$ analytic at z_0. Then $\varphi_n(z_0) \neq 0$ or else $\varphi_n(z)$ in turn would be divisible by $z - z_0$ and we could therefore increase our n. Because of its continuity $\varphi_n(z)$ is $\neq 0$ not only at z_0 but also in a certain neighborhood of it. Within this neighborhood $f(z) = (z - z_0)^n \varphi_n(z)$ vanishes only at z_0. The point z_0 is called a zero of order n and we have

Theorem 8. Every zero of $f(z)$ is isolated and of finite order unless $f(z)$ is identically 0.

This is the well known theorem about the uniqueness of analytic continuation.

We derive finally the classification of isolated singularities by Riemann and Weierstrass.

z_0 is called an isolated singularity of $f(z)$ if the function is analytic in a certain neighborhood of z_0 with exception of z_0 itself.

Now assume the existence of a complex number a and of a certain neighborhood of z_0 such that $f(z)$ does not come arbitrarily close to a in that neighborhood, in other words, that $|f(z) - a| \geq \eta$ for a certain $\eta > 0$.

The function $\varphi(z) = \dfrac{1}{f(z) - a}$ is then regular in this neighborhood except for z_0 itself. Since $|\varphi(z)| \leq \dfrac{1}{\eta}$ the point z_0 is an R-point of $\varphi(z)$, and

$\varphi(z)$ may be considered analytic at z_0. Now:

$$f(z) = a + \frac{1}{\varphi(z)} \quad \text{and} \quad \frac{1}{f(z)} = \frac{\varphi(z)}{a\varphi(z) + 1} = \psi(z).$$

In case $\varphi(z_0) \neq 0$ the first formula shows that $f(z)$ can be defined at z_0 in such a way that it is analytic there.

Should $\varphi(z_0) = 0$, then $\psi(z)$ is analytic at z_0 and $\psi(z_0) = 0$. Assume $\psi(z) = (z - z_0)^n \chi(z)$ with $\chi(z_0) \neq 0$ and we get:

$$f(z) = (z - z_0)^{-n} \cdot \Phi(z)$$

with an analytic $\Phi(z)$ and $\Phi(z_0) \neq 0$. This is the case of a pole of order n.

Excluding the case of a regular $f(z)$ and the case of a pole, z_0 is an essential singularity. $f(z)$ must then come arbitrarily close to any complex number a in any neighborhood of z_0.

A proof of the Krein-Milman Theorem*

Let **V** be a vector space over the reals of finite or infinite dimension. The intersection, a homomorphic image and the inverse of a homomorphic image of convex sets is convex.

Definition 1: A convex subset K' of a convex set K is called a face of K if the following is true: $x \in K'$; $y_1, y_2 \in K$; $x = ty_1 + (1 - t)y_2$ with $0 < t < 1$ (note the inequality) implies that $y_1, y_2 \in K'$.

Examples: The empty set and K itself are faces of K.

Definition 2: If the empty set and K itself are the only faces of K we call K ultimate.

Examples: **V**, a linear subspace of **V**, a point of **V**.

Definition 3: An ultimate face of **V** that is a point is called an extremal point of K.

Lemma 1: Any intersection of faces of K is a face of K.

Proof: Let $K' = \bigcap_\alpha K_\alpha$, each K_α a face of K. Suppose $x \in K'$, $y_1, y_2 \in K$ $x = ty_1 + (1 - t)y_2$, $0 < t < 1$. Since $x \in K_\alpha$ we have $y_1, y_2 \in K_\alpha$ so $y_1, y_2 \in K'$.

Lemma 2: If K_1 is a face of K and K_2 a face of K_1, then K_2 is a face of K.

Proof: $x \in K_2$, $y_1, y_2 \in K$, $x = ty_1 + (1 - t)y_2$, $0 < t < 1$ implies, since $x \in K$, that $y_1, y_2 \in K_1$. Now $x \in K_2$ implies $y_1, y_2 \in K_2$.

Lemma 3: Let ϕ be a homomorphic map of V into some space $\bar{V}$, $\bar{K}$ the image of K, $\bar{K}'$ a face of $\bar{K}$. Then $K' = \phi^{-1}(\bar{K}') \cap K$ is a face of K and is certainly $\neq K$ if $\bar{K}' \neq \bar{K}$.

Proof: The convexity of K' follows from the initial remarks. Let $x \in K'$, $y_1, y_2 \in K$, $x = ty_1 + (1 - t)y_2$, $0 < t < 1$. Then $\phi(x) = t \cdot \phi(y_1) + (1 - t)\phi(y_2)$ and $\phi(x) \in \bar{K}'$, $\phi(y_1)$, $\phi(y_2) \in \bar{K}$. Hence $\phi(y_1)$, $\phi(y_2) = \bar{K}'$ or $y_1, y_2 \in \phi^{-1}(\bar{K}')$. Since y_1, y_2 are in K we get $y_1, y_2 \in K'$.

---

*) A letter from Artin to M. Zorn, *Picayune Sentinel*, University of Indiana (1950).

The Krein-Milman Theorem

We do not formulate it in the dual, but in the space V. Let $\hat{V}$ be any linear space of functionals (maps into real numbers) of V ($\hat{V}$ need not be the dual) such that for any $x \neq 0$ there is a $\varphi \in \hat{V}$ with $\varphi(x) \neq 0$; so $\hat{V}$ is big enough to distinguish the vectors of $\mathbf{V}$. In $\mathbf{V}$ we introduce the weak topology induced by $\hat{V}$: A neighborhood of 0 in $\mathbf{V}$ is described by an $\epsilon > 0$ and a finite number $\varphi_1, \varphi_2, \ldots, \varphi_n$ of elements of $\hat{V}$ and consists of all x such that $|\varphi_\nu(x)| < \epsilon$, $\nu = 1, 2, \ldots, n$.

Let $\mathfrak{F}$ be the family of *convex* and *compact* subsets of $\mathbf{V}$. It satisfies the "finite intersection property": If each $K_\alpha \in \mathfrak{F}$ and a finite number of K_α has a non empty intersection then $\bigcap_\alpha K_\alpha$ is non empty and an element of $\mathfrak{F}$.

The word face is from now on used only for compact faces (so $\in \mathfrak{F}$).

Let K be a non empty element of $\mathfrak{F}$. Consider the set of all *non empty* faces of K (K itself is in this set). We order them partially by inclusion property and look in the descending direction.

The unmentionable lemma shows: On every non empty face of K there is at least one non empty ultimate face of K.

Each $\varphi \in \hat{V}$ gives a continuous map of V into the real line and $\varphi(K)$ is compact on the real line, hence $-\varphi(K)$ is convex—a closed and bounded interval. If a is real, $\varphi^{-1}(a)$ is a closed and convex set of V, so $\varphi^{-1}(a) \cap K$ is in $\mathfrak{F}$. If a is an endpoint of $\varphi(K)$, then a is a face of $\varphi(K)$ (the only case where we really use the inequality $0 < t < 1$), hence (Lemma 3) $\varphi^{-1}(a) \cap K$ is a face of K; suppose K is ultimate and non empty, then $\varphi^{-1}(a) \cap K = K$ hence $\varphi(K) = a$. So $\varphi(K)$ is a point for all $\varphi \in \hat{V}$. Since $\hat{V}$ distinguishes all points of V it follows that K is a point. This shows:

Lemma 4. On every non empty face of K there are extremal points of K. Next we show:

Lemma 5. Let $K \in \mathfrak{F}$ and $x_0 \notin K$. There exists a $\varphi \in \hat{V}$ such that $\varphi(x_0)$ is *not* in the interval $\varphi(K)$.

Proof: Since K is closed, there is a neighborhood of x_0, described by ϵ, $\varphi_1, \varphi_2, \ldots, \varphi_n$ and consisting of all x such that $|\varphi_\nu(x) - \varphi_\nu(x_0)| < \epsilon$, $\nu = 1, 2, \ldots, n$ which is *not* in K.

Let R_n be an n-space of n-vectors $(\xi_1, \xi_2, \ldots, \xi_n)$ and map $\mathbf{V}$ into R_n by $\phi(x) = (\varphi_1(x), \varphi_2(x), \ldots, \varphi_n(x))$. $\phi(K)$ is convex and compact in R_n, call it $\bar{K}$. A point of $\bar{K}$ has the form $(\varphi_1(x), \ldots, \varphi_n(x))$ with $x \in K$, so that for at least one ν we must have $|\varphi_\nu(x) - \varphi_\nu(x_0)| \geq \epsilon$. This shows that the neighborhood $|\xi_\nu - \varphi_\nu(x_0)| < \epsilon$, $\nu = 1, \ldots, n$ of $\phi(x_0)$ in R_n is not in $\bar{K}$.

Let now $c_1\xi_1 + c_2\xi_2 + \cdots + c_n\xi_n = b$ be the equation of a hyperplane in R_n that separates $\bar{K}$ and $\phi(x_0)$; (this finite dimensional fact is easily proved by putting a metric on the R_n, finding a point $y_0 \in \bar{K}$ closest to x_0

and constructing a perpendicular plane). Put

$$\varphi(x) = c_1\varphi_1(x) + c_2\varphi_2(x)$$

Then $\varphi \in \hat{V}$ and $\varphi(K)$ is an interval not containing $\varphi(x_0)$.

Theorem. Let S be the set of extremal points of K and K^* the smallest element of $\mathfrak{F}$ that contains S. Then $K = K^*$.

Proof: $K^* \subset K$ is trivial. Assume $x_0 \in K$ but $x_0 \notin K^*$. Let φ be in $\hat{V}$ such that $\varphi(x_0)$ is not in $\varphi(K^*)$. $\varphi(K)$ is then larger than $\varphi(K^*)$. Let c be an endpoint of $\varphi(K)$ not in $\varphi(K^*)$. $\varphi^{-1}(c) \cap K$ is a face of K that has no point in common with K^*. On this face there is according to Lemma 4 an element of S. This contradicts $S \subset K^*$. Hence $K = K^*$.

THE INFLUENCE OF J. H. M. WEDDERBURN ON THE DEVELOPMENT OF MODERN ALGEBRA

It is obvious that the title of this paper is presumptuous. Nobody can give in a short article a really exhaustive account of the influence of Wedderburn on the development of modern algebra. It is too big an undertaking and would require years of preparation. In order to present at least a modest account of this influence it is necessary to restrict oneself rather severely. To this effect we shall discuss only the two most celebrated articles of Wedderburn and try to see them in the light of the subsequent development of algebra. But even this would be too great a task. If we would have to mention all the consequences and applications of his theorems we could easily fill a whole volume. Consequently we shall discuss only the attempts the mathematicians made to come to a gradual understanding of the *meaning* of his theorems and be satisfied just to mention a few applications.

For the understanding of the significance that Wedderburn's paper *On hypercomplex numbers* (Proc. London Math. Soc. (2) vol. 6, p. 77) had for the development of modern algebra, it is imperative to look at the ideas his predecessors had on the subject.

The most striking fact is the difference in attitude between American and European authors. From the very beginning the abstract point of view is dominant in American publications whereas for European mathematicians a system of hypercomplex numbers was by nature an extension of either the real or the complex field. While the Europeans obtained very advanced results in the classification of their special cases with methods that were not well adapted to generalization, the Americans achieved an abstract formulation of the problem, developed a very suitable terminology, and discovered the germs of the modern methods.

On the American side one has first of all to consider the very early paper by B. Peirce, *Linear associative algebras* (1870, published in Amer. J. Math. vol. 4 after his death). In it he states explicitly that mathematics should be an *abstract* logical scheme, the absence of a special interpretation of its symbols making it more useful in that the same logical scheme will in general reflect many diverse physical situations. Although it is true that he was actually able to introduce and treat only the general linear associative algebra over the complex field, yet he clearly had in mind much more, and it is his attitude which leads to the modern postulational method. In his treatment of algebras he gives a rational proof of the existence of an idempotent and employs the well known Peirce decomposition of an algebra relative to an idempotent. His results were put in a more readable form by H. E. Hawkes, *On hypercomplex number systems* (Trans. Amer. Math. Soc. vol. 3 (1902)). A correct definition of an associative algebra over an arbitrary field seems to be given for the first time by L. E. Dickson, *Definitions of a linear associative algebra by independent postulates* (Trans. Amer. Math. Soc. vol. 4 (1903)).

At that time several European mathematicians, Molien, Cartan, and Frobenius, had already arrived (always for the special cases of the real or complex field) at many of the results of the modern theory. The notions radical, semisimple, simple had been found and the decomposition of a semisimple algebra into simple components proved. Cartan derived the structure of the simple algebras but apparently without recognizing the possibility of stating the result in the very simple form Wedderburn discovered. It has to be borne in mind that all these authors had the complex field at their disposal and were therefore never hestitant to use roots of algebraic equations. This fact made a direct generalization of their results to arbitrary fields very difficult.

Wedderburn succeeded in a synthesis of these two lines of investigation. He extended the proof of all the structural theorems found by the European mathematicians for the special cases of the real and complex field to the case of an arbitrary field. By the effective use of a calculus of complexes (analogous to that which had been used in the treatment of finite groups) combined with the Peirce decomposition relative to an idempotent, he was able to prove his theorems within the given field and in a simpler way. He was the first to find the real significance and meaning of the structure of a simple algebra. We mean by this the gem of the whole paper, his celebrated:

"THEOREM 22—*Any simple algebra can be expressed as the direct product of a primitive algebra and a simple matric algebra.*"

In his terminology primitive algebra means the same thing as what we now call division algebra.

This extraordinary result has excited the fantasy of every algebraist and still does so in our day. Very great efforts have been directed toward a deeper understanding of its meaning.

In the first period following his discovery the work consisted mainly in a polishing up of his proofs. But the fundamental ideas of all these later proofs are already contained in his memoir.

In the meantime a great change in the attitude of the algebraists had taken place. The European school had discovered the great advantage of the abstract point of view which had been emphasized so early in the American school. The algebraists began to analyze Wedderburn's methods and tried to find an even more abstract background.

The essential point in the definition of an algebra is that it is a vector space of finite dimension over a field. This fact allows us to conclude that ascending and descending chains of subalgebras will terminate. After the great success that Emmy Noether had in her ideal theory in rings with ascending chain condition, it seemed reasonable to expect that in rings where the ascending and the descending chain condition holds for left ideals one should obtain results similar to those of Wedderburn. As one of the papers written from this point of view we mention E. Artin, *Zur Theorie der hyperkomplexen Zahlen* (Abh. Math. Sem. Hamburgischen Univ. vol. 5 (1926)). In 1939 C. Hopkins showed (*Rings with minimal condition for left ideals*, Ann. of Math. vol. 40) that the descending chain condition suffices.

Independently of Wedderburn's paper, the representation theory of groups had been developed under the leadership of Frobenius, Burnside, and I. Schur. These mathematicians had been very well aware of the connection with algebras, a connection given by the notion of a group ring. But little use was made of the theory of algebras.

It was Emmy Noether who made the decisive step. It consisted in replacing the notion of a matrix by the notion for which the matrix stood in the first place, namely, a linear transformation of a vector space.

Emmy Noether introduced the notion of a representation space—a vector space upon which the elements of the algebra operate as linear transformations, the composition of the linear transformations reflecting the multiplication in the algebra. By doing so she enables us to use our geometric intuition. Her point of view stresses the essential fact about a simple algebra, namely, that it has only one type of irreducible space and that it is faithfully represented by its operation on this space. Wedderburn's statement that the simple algebra is a total matrix algebra over a quasifield is now more understandable. It simply means that all transformations of this space which are linear with respect to a certain quasifield are produced by the algebra. This treatment of algebras may be found in van der Waerden's *Moderne Algebra*.

Recently it has been discovered that this last described treatment of simple algebras is capable of generalization to a far wider class of rings.

One considers a ring R and an additive group V with R as left operator domain—V playing the role of the representation space and called R-space for short. Chevalley and Jacobson proved a direct generalization of Wedderburn's theorem if two simple axioms are satisfied: That the ring R is faithfully represented by its action on V and that V is irreducible (this means that 0 and V are the only R-subspaces of V). In these terms the proof is essentially simple and geometrical, no idempotents being required, and no finiteness assumption on R.

In homage to J. H. M. Wedderburn we present in fuller detail this modern proof of his theorem.

Let R be a ring, V an R-space satisfying the two axioms stated above.[1] We shall show that V is naturally a vector space over a certain quasifield D and that practically all D-linear transformations of V are produced by elements of R.

To construct the quasifield is easy. Let D be the set of all homomorphisms of V into itself. D is a ring from first principles. Since the kernel of a nonzero element of D is an R-subspace of V which is different from V, this kernel is zero, and the element is an isomorphism. Since the image of V under this isomorphism is an R-subspace of V which is not zero, it is all of V, and we have an isomorphism of V onto V. Such a map has an inverse and we see that D is a quasifield. We have obtained in a natural, invariant manner the quasifield which Wedderburn obtained only in a noninvariant way as subring of R.

We denote the typical element of D by d and write these elements on the right of V so that our space V becomes now a right vector space over the quasifield D.

If W is a D-subspace of V, then the set of all elements of R which annihilate W is a left ideal of R which we shall call $W^{\#}$. If L is a left ideal of R, then the set of all elements of V annihilated by L is a D-subspace of V which we shall denote by $L^{\flat}$.

We can now state and prove the fundamental lemma:

$$(L \cap (\xi \cdot D)^{\#})^{\flat} = L^{\flat} + \xi \cdot D \tag{1}$$

for any left ideal L of R and any element ξ of V.

Proof. The right-hand side is trivially contained in the left. If $L\xi = 0$, the equation becomes $L^{\flat} = L^{\flat}$. It remains only to prove that the left-hand side is contained in the right under the assumption that $L\xi \neq 0$. Since $L\xi$ is a subspace of V, and V is irreducible, $L\xi = V$: every element of V can be expressed in the form $l\xi$ where $l \in V$. Let η be an

[1] I follow a presentation given by Mr. J. T. Tate.

element of the left side of (1). It is annihilated by $L \cap (\xi D)^{\#}$, hence by every $l \in L$ which is in $(\xi \cdot D)^{\#}$. η is consequently annihilated by every $l \in L$ for which $l\xi = 0$. Let now ζ be any element of V; if we write it in the form $\zeta = l\xi$ and map it onto the element $l\eta$ of V we have before us a well defined map. If indeed $\zeta = l\xi = l\xi_1$ then $(l - l_1)\xi = 0$ hence $(l - l_1)\eta = 0$ or $l\eta = l_1\eta$. That this map $l\xi \to l\eta$ is a homomorphism of V into V follows from the fact that L is a left ideal; as such it is a certain element d of D and satisfies $(l\xi)d = l\eta$ for all $l \in L$. The element $\eta - \xi d$ is therefore annihilated by L and is consequently an element of $L^{\flat}$. This shows

$$\eta \in L^{\flat} + \xi \cdot D,$$

which is what we were trying to prove. It is of course the construction of the element d which is the heart of this method.

Let W be any D-subspace of V. If we substitute $L = W^{\#}$ in (1), the left side becomes

$$(W^{\flat} \cap (\xi D)^{\#})^{\flat}.$$

Since obviously $(A + B)^{\#} = A^{\#} \cap B^{\#}$ for any two D-subspaces $\boldsymbol{A}$ and B of V we obtain from (1)

$$(W + \xi D)^{\#\flat} = W^{\#\flat} + \xi D. \tag{2}$$

This we can use to argue in the following manner.

(3) If $W = W^{\#\flat}$ *then* $(W + \xi D) = (W + \xi D)^{\#\flat}$.

Combining a repeated application of (3) with

$$0^{\#\flat} = 0 \tag{4}$$

we obtain the

THEOREM.

$$W_0^{\#\flat} = W_0 \tag{5}$$

for any finite-dimensional $W_0 = \xi_1 D + \xi_2 D + \cdots + \xi_r D$.

The only gap in the argument was the proof of (4): $0^{\#\flat} =$ (trivially) $R^{\flat} =$ an R-subspace of V (which is not all of V) $= 0$, again using the irreducibility of V.

Now let $\xi_1, \xi_2, \cdots, \xi_r$ be a finite number of elements of V, linearly independent over the quasifield D. Let $W = \xi_1 D + \cdots + \xi_{r-1} D$. Since $\xi_r \notin W = W^{\#\flat}$ it follows that $W^{\#} \cdot \xi_r \neq 0$. Therefore, as usual, by the irreducibility of V we have $W^{\#} \cdot \xi_r = V$. Consequently there exists an element of $W^{\#}$ which annihilates $\xi_1, \xi_2, \cdots, \xi_{r-1}$ and sends ξ_r into any element of V. Combining such elements together we find an element of R which sends the vectors ξ_i independently into any set of r elements of V. Viewing the ξ_i as a basis for a finite-dimensional D subspace W_0 of V we see that any given D-linear map of W_0 into V can be produced by an element of the ring R. This is what we meant by the statement that "practically all" D-linear maps of V were produced by elements of R.

To specialize this result we must add the axiom that R satisfies the descending chain condition on left ideals (this is obviously true if R is Wedderburn's simple algebra). An ascending chain $W_1 \subset W_2 \subset \cdots$ of finite-dimensional D-subspaces of V leads to a descending chain $W_1^{\#} \supset W_2^{\#} \cdots$ of left ideals of R because of the statement $W^{\#\flat} = W$. Therefore V must satisfy the ascending chain condition on finite-dimensional D-subspaces. This is possible only if V itself is finite-dimensional over D. In this case our previous result shows that *every* D-linear map of V is produced by an element of R, and we have therefore obtained Wedderburn's theorem in geometric form.

As we have stated at the beginning it is not our intention to discuss the many applications Wedderburn's theorem has found, for instance, the investigations on division algebras by Wedderburn, Dickson, and others. They lead finally to a complete description of all simple algebras over an algebraic number-field by A. Albert, R. Brauer, H. Hasse, and Emmy Noether, or the theory of modular representations of algebras and groups by R. Brauer.

Let us now consider the theorem of Wedderburn concerning finite fields (*A theorem on finite algebras*, Trans. Amer. Math. Soc. vol. 6 (1905)) and its influence on the development of modern algebra. One sees immediately that the characteristic of such a field K is a prime $p > 0$ and that the number of elements of K is a power p^r of p.

In 1903 E. H. Moore had determined all commutative fields of this type. The result was that to a given number p^r of elements there exists (apart from isomorphisms) only one field, namely, the Galois field of degree r and characteristic p. The proof for this fact was simplified considerably by Steinitz. It is his proof one finds in modern books on algebra.

In 1905 Wedderburn found the complete answer to our question in a paper entitled *A theorem on finite algebras*, where he proves that every field with a finite number of elements is automatically commutative (under multiplication) and therefore a Galois field.

Wedderburn introduces the center C of K and also the normalizer N_α of any element α of K. It is obvious that C and N_α are subfields and that $C \subset N_\alpha$ for each α. Denoting by q the number of elements of

C we find q^{n_α} resp. q^n for the number of elements in N_α resp. K where n_α and n are the degrees of N_α resp. K over C. Since K is an extension of N_α, the degree n_α divides n.

Wedderburn then considers the multiplicative group of K of order q^n-1. He divides it into classes of conjugate elements and obtains an identity of the form:

$$q^n - 1 = (q - 1) + \sum_{n_\alpha | n, n_\alpha < n} \frac{q^n - 1}{q^{n_\alpha} - 1} \tag{6}$$

where he unites the classes with only one element in the term $q-1$ and where the sum runs over certain divisors n_α of n, the same divisors possibly several times.

In §4 of his paper he shows the impossibility of (6) for $n>1$, making use of divisibility properties of numbers of the form a^n-b^n which are hard to establish. In §5 he gives another arrangement of this proof, again making use of these divisibility properties. A third proof by Dickson is based on similar ideas.

This result of Wedderburn has fascinated most algebraists to a very high degree and several attempts were made to simplify the proofs. Artin (Abh. Math. Sem. Hamburgischen Univ. vol. 5) gave a proof that did not make use of (6) and the divisibility properties but the proof is somewhat lengthy.

The first really simple proof of our theorem was given by E. Witt, *Über die Kommutativität endlicher Schiefkörper* in 1931 (Abh. Math. Sem. Hamburgischen Univ. vol. 8). Witt starts from (6) and makes the following simple remark:

If $\phi_n(x)$ is the nth cyclotomic polynomial, then each term in the sum on the right of (6) and also q^n-1 are obviously divisible by $\phi_n(q)$. Consequently $\phi_n(q) \mid q-1$. Since $\phi_n(q) = \prod (q-\epsilon)$ where ϵ runs through the primitive nth roots of unity, we have $\phi_n(q) > q-1$ if $n>1$, and this shows the impossibility of $n>1$.

In 1933 a paper by C. C. Tsen, *Divisionalgebren über Funktionenkörpern* (Nachr. Ges. Wiss. Göttingen (1933)) shed a new light on the whole question. Tsen did not investigate finite fields, but he worked with algebraic fields F of transcendency degree 1 with an algebraically closed field of constants. He proved that there does not exist any non-commutative extension field of finite degree. The method of his proof yielded really a much stronger theorem, namely:

If $N(x_1, x_2, \cdots, x_n)=0$ is an algebraic equation in F without constant term and if the total degree d is smaller than the number n of unknowns x_i, there exists a nontrivial solution in F.

If one knows this theorem for a given field F then F cannot have any noncommutative extension field E of finite degree. To see this let $\xi = x_1\omega_1 + \cdots + x_n\omega_n$ be the generic element of E ($\omega_1, \cdots$ a basis) and let $N(x_1, x_2, \cdots, x_n)$ be the reduced norm in E/F. N is a homogeneous form of $x_1, x_2, \cdots, x_n$ of a degree d which is less than n if E is noncommutative. The theorem would give the existence of a $\xi \neq 0$ whose norm is 0, which is a contradiction.

It occurred immediately to the mathematicians that possibly a Galois' field F would have the same property, so that Wedderburn's theorem would appear as a consequence of a much more general theorem on Galois fields.

In 1935 C. Chevalley (*Demonstration d'une hypothèse de M. Artin*, Abh. Math. Sem. Hamburgischen Univ. vol. 11) proved this conjecture.

Wedderburn's theorem is therefore the special case of a more general Diophantine property of fields and thus has opened an entirely new line of research.

EMIL ARTIN

Éléments de mathématique. By N. Bourbaki. Book II, *Algebra.* Chaps. I–VII. (Actualités Scientifiques et Industrielles, nos. 934, 1032, 1044, 1102, 1179.) Paris, Hermann, 1942, 1947, 1948, 1950, 1952.

Our time is witnessing the creation of a monumental work: an exposition of the whole of present day mathematics. Moreover this exposition is done in such a way that the common bond between the various branches of mathematics becomes clearly visible, that the framework which supports the whole structure is not apt to become obsolete in a very short time, and that it can easily absorb new ideas. Bourbaki achieves this aim by trying to present each concept in the greatest possible generality and abstraction. The terminology and notations are carefully planned and are being accepted by an increasing number of mathematicians. Upon completion of the work a standard encyclopedia will be at our disposal. The volume on *Topologie générale* which is complete is already being used enthusiastically, especially by the younger generation. A comparison with the "Encyclopädie der mathematischen Wissenschaften" should not be made. The aim was different; proofs were omitted and each article was written by a different author.

I hope that this work will continue in the same spirit and with the same vigor. I would suggest an English translation.

The volumes on algebra that have appeared show the same general features as the rest of Bourbaki. Numerous exercises, many of them of highest interest, are found at the end of each paragraph. From time to time excellent historical notes explain the development of the ideas. It is inevitable that much of the material is of standard nature. In the following more detailed discussion I intend to underline mainly the novel ideas that appear in the work.

A few general remarks must precede this discussion. We all believe that mathematics is an art. The author of a book, the lecturer in a classroom tries to convey the structural beauty of mathematics to his readers, to his listeners. In this attempt he must always fail. Mathematics is logical to be sure; each conclusion is drawn from previously derived statements. Yet the whole of it, the real piece of art, is not linear; worse than that its perception should be instantaneous. We all have experienced on some rare occasions the feeling of elation in realizing that we have enabled our listeners to see at a moment's glance the whole architecture and all its ramifications. How can this be achieved? Clinging stubbornly to the logical sequence inhibits the visualization of the whole, and yet this logical structure must predominate or chaos would result. Bourbaki is quite aware of this dilemma. The fact that his work is subdivided into books, the fact that exercises are given which utilize more advanced parts of the theory show this awareness. However I feel that in some instances the subdivision into books is not enough. This inadequacy is strongly felt in the course of Chapter V as we shall see later.

Chapter I acquaints us with the fundamental concepts of abstract algebra: groups, rings, fields, vector spaces. To avoid repetitions the notions of an internal and of an external composition in a set are introduced. The internal composition is patterned after the addition or multiplication in a ring, the external one after the multiplication of a vector by a scalar or the product of an operator of a group with an element of the group. In this very general setup Bourbaki discusses topics like the associative and commutative laws, the question of the existence of a neutral element (0 element in case of addition) and that of a symmetric element (the negative in case of addition). Symmetrization is the abstract counterpart to the introduction of the negative integers.

Bourbaki calls a set together with several internal or external compositions an algebraic structure. The notion of a quotient structure generalizes that of factor group or residue class ring. Finally laws like the distributive (in the case of several compositions) are discussed.

These general concepts are now applied to groups, rings and fields. The discussion of groups, which includes the usual elementary notions and theorems, culminates in the Jordan-Hölder theorem and is followed by a detailed study of transformation (permutation) groups. It seems to be Bourbaki's intention not to discuss some finer points of the theory of finite groups. I would deplore this since some of the topics like p-groups and Sylow groups might easily find their place in some later volume and are of great importance for algebraic number theory.

The discussion of rings, ideals and fields leads to the usual elementary theorems. As a deeper property of fields (which solves a classical problem of projective geometry) a future edition might include the following beautiful theorem of Hua.

Let σ be an additive map of one field (not necessarily commutative) into another which satisfies $\sigma(a^{-1})=(\sigma(a))^{-1}$ for all $a\neq 0$ and $\sigma(1)=1$. Then σ is either an isomorphism or an anti-isomorphism into this field. By the way, the connection with Hua's work follows from the following amusing noncommutative identity:

$$a - (a^{-1} + (b^{-1} - a)^{-1})^{-1} = aba$$

which shows $\sigma(aba) = \sigma(a)\sigma(b)\sigma(a)$.

Chapter II deals with linear algebra. As could be expected, Bourbaki puts the geometric concepts in the foreground. He begins with the definition of a module over a ring (not necessarily commutative), that of submodules, factor modules, free modules, bases, linear maps and their properties. The usual notion of dimension (supplemented by the notion of codimension) for vector spaces over a field is introduced. The main properties are derived from the exchange theorem. Then follows a paragraph discussing the dual of a module and the adjoint (transposée) of a map.

A most delightful part is §5 and I wish to call it to the attention of the algebraists. By means of the novel notion of a primordial element of a subspace with respect to a given basis of the whole space, the theory of linear equations with coefficients in a subfield is quickly developed and yields powerful results.

The computational aspect is not neglected; §6 gives a complete discussion of matrices. The chapter ends with a preliminary study of algebras. The algebra arising from a semigroup (monoïde) prepares the way for the definitions of group rings, polynomials, and power series.

One of the basic ideas of Chapter III is expressed by the following theorem: Given a finite number of modules E_i over a commutative ring A. An A-module M (unique up to isomorphisms) can be constructed which has two properties: (1) There exists a canonical map ϕ of the cartesian product of the E_i into M, and the image generates M. (2) Every multilinear map of the E_i into any A-module N is of the form $g\phi$, where g maps M linearly into N. The module M is called the tensor product of the E_i. This idea is used again later to define the exterior pth power of a module E by means of multilinear alternating maps of E. The existence is proved by taking a suitable factor module of the pth tensor power of E.

The abstract idea underlying these constructions is taken up in an appendix on "universal maps."

After a deviation to tensor products of algebras a tensor of a module E (which is partly contravariant and partly covariant) is defined to be any element of a tensor product whose factors are either E or its dual. The foundation of tensor algebra, the exterior powers which we mentioned before, and the Grassmann algebra follow.

The definition of a determinant has been deferred up to this moment. The reason is clear: Let E be an A-module known to have n basis elements and ϕ a linear map of E into E. One wishes to define the determinant of the map ϕ without explicit reference to the basis. Let F be the nth exterior power of E. Then F is one-dimensional and ϕ induces on F a map whose "stretching factor" is the desired determinant. The usual rules for determinants can be quickly derived. The last paragraph is devoted to duality in the Grassmann algebra.

One may ask whether Chapter II or III should not be enlarged so as to contain the algebraic parts of homology and cohomology theory. It is becoming increasingly clear that this theory represents a very basic universal mechanisn of mathematics with applications in many fields. The use of diagrams of mappings would also enhance clarity.

Chapter IV centers around polynomials, power series, and general derivations. The question of unique factorization is deferred to later chapters.

Chapter V entitled *Commutative fields* includes Galois theory. The form of the existence proof of an algebraic closure has obviously arisen from the desire to avoid any finite existence theorems. It seems to me too complicated. With a simple argument on polynomial identities (without previous existence theorems) one can prove that an extension exists in which every polynomial of the ground field has at least one root. Repeating this construction denumerably many times one obtains an algebraic closure. Degree of transcendency is based on the exchange theorem.

The best part of the chapter is the thorough discussion of separability in general extension fields, and its relation to the important notion of linear disjointness and to the derivations. But I was greatly amused to see that one has to quote 3 propositions, 2 corollaries, and one theorem in order to prove that an extension is separable if and only if every finitely generated subextension can be separably generated. I think that new editions should improve on this situation.

The proofs of Galois theory proper are quite efficient. Yet a heavy price has to be paid for the fact that one is not permitted to use number theory or the notion of the dual of a finite abelian group (which can be obtained without any arithmetic or roots of unity). One of the results is the amusing footnote on page 168. To be more serious, almost no example over the rational field can be given, since it is next to impossible to show the irreducibility of a polynomial without some arithmetic. Because of this the irreducibility of the cyclotomic equation has to be deferred.

Another beautiful application of Galois theory has to be omitted for a similar reason. Let k be a field which contains the nth roots of unity and E an abelian extension field of exponent n. There exists a canonical description of the dual of the Galois group in terms of the ground field. Bourbaki has to restrict himself to the cyclic case, and obscure the main fact of the natural duality. One can scarcely believe that this compromise came from the pen of Bourbaki.

But these are questions of taste and the reader receives compensations by other extremely interesting examples as for instance those on pages 176 and 177.

The chapter ends with appendices on symmetric functions and on infinite Galois theory.

Chapter VI is entitled *Ordered groups and ordered fields*. But one has to understand that Bourbaki's ordered groups are usually called partially ordered groups in contrast to his totally ordered groups. After some preliminary investigations the first paragraph is dedicated to the study of lattice ordered groups and their arithmetic. It culminates in Theorem 2 describing the necessary and sufficient condition for uniqueness of factorization into "primes." This theorem is to be used later on groups of ideals and will yield the usual uniqueness statements.

§2 is devoted to (totally) ordered fields and the main theorems are derived by means of the very elegant method of Serre.

The essential content of Chapter VII (in classical terminology) is the basis theorem of abelian groups. A few pages suffice to derive the elementary arithmetic in principal ideal rings, especially in ordinary integers and polynomial rings of one variable over a field (making use of the results of the previous chapter). The remaining part of the chapter is clear. Bourbaki investigates modules over a principal ideal ring, proves the "basis theorem" for finitely generated modules and introduces the elementary divisors. The theory is finally applied to the classical elementary divisor theory and yields the classification of the endomorphisms of a vector space.

In concluding I wish again to emphasize the complete success of the work. The presentation is abstract, mercilessly abstract. But the reader who can overcome the initial difficulties will be richly rewarded for his efforts by deeper insights and fuller understanding.

E. Artin

CONTENTS AND METHODS OF AN ALGEBRA COURSE

By EMIL ARTIN

THE planning of a year's course for graduate students giving an introduction to abstract algebra will depend on many details which one cannot consider at our conference since they will depend on local conditions. The preparation of the students will have to be taken into account, their general ability, the completeness of the library and other things will play a role.

I am therefore looking at my address merely as a kind of report on personal experiences with such courses in the United States and in Germany. In the case of an algebra course we are in the happy position that we barely will have to quarrel about the axiomatic approach. If you drop the axiomatic method the whole course loses its sense and will become extremely clumsy. Opponents of this method frequently point out difficulties for the student. In my opinion they are nonexistent. I have had very poorly prepared students ; it suffices in such a case to make a few concessions at the beginning and to go a little slower. If the student is not only poorly prepared but also poorly gifted, he should be discouraged from studying mathematics.

A point that I wish to mention is the question of text books. I am opposed to them, probably because of my European background. In my lectures I merely give a few reference books which the student may consult. I find it hateful to give a course where I have to plough my way through chapter after chapter of a given book. The liveliness of the lecture, which is meant to give an impetus to the students, would suffer tremendously. I have never used a text, not even in calculus courses in the United States. As a compromise I write much more on the blackboard than is customary, so that a student who takes down these notes can reconstruct at home all the details of the lecture without difficulty. One has tried for many years to improve the calculus courses. The main obstacle in the eyes of many teachers has always been the lack of suitable text books.

Before we discuss in detail the subject matter of such a course allow me one more remark. By now algebra has also become a tool to be used in other branches of mathematics. The algebraist should therefore have in mind the needs in other fields such as topology, analysis and algebraic geometry. The planning of the course will therefore depend again on local conditions of the university.

If you glance at the topics I am going to list you will see that they cannot possibly be taught in the time at our disposal. On the other hand one should not devote more time to a general algebra course since the fantastic growth of mathematics makes it imperative that the student devotes his time also to other subjects of mathematics. The lecturer will therefore have to make a choice among the topics and to compromise in many cases. One way out is to change the content each time the course is given, another to relegate some topics to seminars. Let us now look at the details. Since the fundamentals are of prime importance I shall devote more space to them than to the later parts.

(1) I usually start the course with a review of elementary set theory, giving the symbols for union, intersection, inclusion, cartesian product and similar things. The notion of an equivalence relation R in a set S leads to the quotient space S/R of the equivalence classes of S with respect to R. The notion of a map $f\colon S \to T$ of a set S into a set T is introduced, together with such notions as ontoness of the map, one to one correspondence and inverse image of a subset of T. For the later discussion of homomorphisms it is convenient to discuss already on the set theoretical level the canonical decomposition of f into three maps:

$$S \to S/R \to f(S) \to T.$$

The notions of a partial, respectively total ordering of a set belong to this section. As a transfinite axiom one will need Zorn's lemma. Because of lack of time I only mention its equivalence with the axiom of choice.

(2) In preparation for the usual topics of algebra one may study in general compositions of elements of sets. Given three sets A, B, C a composition would be a map of the cartesian product $A \times B$ into the set C and be denoted either by a neutral symbol as $a \vee b = c$ or by addition $a + b = c$ or multiplication $ab = c$. Examples of " natural " compositions are easy to give. Frequently $A = B = C$ in which case the composition is called internal. If $B = C$ it is called external and A may also be called an operator domain of B. One may now discuss the associative law and its simplest consequences, in particular for a composition of a finite number of elements. The meaning of a neutral element (zero element or unit element) follows. If two compositions are given one can discuss the distributive laws.

(3) Next comes the notion of a group. It is convenient also to introduce the term semigroup, if the composition satisfies only the associative law. The decomposition of a group into cosets with respect to a subgroup is the first important theorem.

In order to save time later on it is advisable to introduce the concept of a group with operators and to keep the operator domain fixed for all the groups to be considered.

It is time to study homomorphisms $f\colon G \to H$ between two groups with the same operator domain, and the notion of the kernel of f. As an example of a homomorphism we have the canonical map $G \to G/U$ onto the factor group with respect to a normal subgroup U. Finally one proves the fundamental theorems for homomorphisms.

For an immediate application one can now define rings and modules over a ring and study homomorphisms between these objects.

(4) Specializing rings one obtains the notion of a field F (not necessarily commutative) and that of a vector space over F.

At this point we must deviate into a general discussion :

In most countries it is by now customary to give the undergraduate course on analytic geometry in the spirit of the book by

Schreier and Sperner. This method has such tremendous advantages over the old-fashioned way that I shall assume here that the students have had a course that is at least mildly in this vein. The students will therefore be already acquainted with vectors, matrices and determinants. Nevertheless a review of linear algebra should be given and the main theorems on linear equations be derived again (without determinants). This may be supplemented by other notions of linear algebra, as that of the dual of a space and the study of the endomorphisms of a space.

(5) Ideals in a commutative ring R. One would begin with the residue class ring $R/\mathfrak{a}$ of R modulo an ideal $\mathfrak{a}$ and the canonical map $R \to R/\mathfrak{a}$ with all its properties. This gives the interconnection of the ideals of $R/\mathfrak{a}$ and those of R. The most important concept is that of a prime ideal and it is necessary to prove corresponding existence theorems. This may be done most efficiently as follows : If M is a non-empty multiplicative semigroup contained in R and $\mathfrak{a}$ an ideal disjoint from M one can prove by Zorn's lemma the existence of an ideal $\mathfrak{p} \supset \mathfrak{a}$ which is still disjoint from M and maximal with respect to this property. It is easy to see that $\mathfrak{p}$ is a prime ideal. This theorem has several consequences. If one defines the radical of $\mathfrak{a}$ as the set of all $\alpha \in R$ such that some power $\alpha^i \in \mathfrak{a}$ one sees easily that this radical is also the intersection of all prime ideals which contain $\mathfrak{a}$. Should R have a unit element one may take M to consist only of this element and one sees that any ideal $\mathfrak{a} \neq R$ is contained in a maximal ideal. For an ideal $\mathfrak{a}$ to be maximal it is necessary and sufficient that $R/\mathfrak{a}$ be a field.

As an exercise for the students they should prove that the set of all primes above $\mathfrak{a}$ satisfies the condition of Zorn's lemma if one orders the prime ideals by inclusion but in the descending direction. One obtains now the minimal prime ideals above $\mathfrak{a}$.

These theorems have found important applications in all branches of mathematics.

It is clear what is meant by the ideal generated by a subset S of R and how the elements of this ideal can be expressed in terms of S.

(6) Construction of new algebraic structures.

(a) The quotient field of an integral domain. As an exercise to this construction the student may work out for himself the following generalization :

Let R be a commutative ring, S a non-empty multiplicative semigroup contained in R. It is desired to construct a new ring R_S consisting of formal quotients $\frac{a}{s}$ where $a \in R$, $s \in S$ with the following equivalence relation : $\frac{a_1}{s_1} \sim \frac{a_2}{s_2}$ shall mean the existence of an $s_3 \in S$ such that $s_3(s_2a_1 - s_1a_2) = 0$. Defining addition and multiplication in the obvious way one obtains a ring R_S. The ring R may be mapped homomorphically (not any longer isomorphically) into R_S by $a \to \frac{as}{s}$.

(b) The construction of the ring of polynomials with coefficients in a given ring R may be generalized by considering a semigroup S disjoint from R. By $R[S]$ one understands naively all formal sums $\sum_s a_s s$ with $a_s \in R$ and $a_s = 0$ for almost all s. Addition and multiplication are defined in the obvious way. This is a good opportunity to show the students how this is changed into a rigorous construction. Since the a_s describe the element, it is also given by a map $f : S \to R$ such that $f(s) = 0$ for almost all s ; the idea being that $f(s) = a_s$. Now one defines $f + g$ and fg in such a way that they agree with the result in the naive terminology. The student should verify the ring axioms for $R[S]$.

Special cases of this construction are the group ring if S is a group and the ring of polynomials in several variables for a suitable semigroup S. By an easy change of this setup one obtains also the ring of formal power series.

The fact that one can substitute special values for the variables in a polynomial identity leads to the following generalization :

Any homomorphism $S \to R'$ of S into an extension ring R' of R induces a homomorphism of $R[S]$ into R'.

(c) Solution of sets of equations. Let F be a given commutative field, $F[X]$ the polynomial ring in several (possibly infinitely many) variables X_i which we abbreviate by the symbol X. Let S be a subset of $F[X]$ and $\mathfrak{a}$ the ideal of $F[X]$ generated by S. Does there exist an extension field E of F such that the polynomials of S have a common zero x in E? Any such zero is also a zero of $\mathfrak{a}$ and conversely. Should $\mathfrak{a} = F[X]$ then $1 \in \mathfrak{a}$ and a common zero does not exist. If $\mathfrak{a} \neq F[X]$ let $\mathfrak{p}$ be a maximal ideal containing $\mathfrak{a}$. The field $E = F[X]/\mathfrak{p}$ will contain an isomorphic replica F' of F. Replacing F' in E by F, the canonical image of X in E gives a common zero of $\mathfrak{p}$ hence of $\mathfrak{a}$. The necessary and sufficient condition for the existence of such an extension field E is therefore the following : There should *not* be an identity

$$1 = \Sigma\, G(X)\, H(X) \tag{1}$$

with $G(X) \in F[X]$ and $H(X) \in S$.

(d) Construction of an algebraically closed extension field K of F. Let f range over all non-constant polynomials in one variable with coefficients in F, but use for each f another variable X_f. The totality of all X_f is abbreviated by X. Let S consist of all $f(X_f)$. By a simple division argument and consideration of the degrees, one sees that an identity (1) does not exist for this S. Thus there exists an extension field F_1 in which each f has a zero. Replacing F by F_1 one finds a field F_2 in which each polynomial of F_1 has a zero. Thus we obtain a sequence

$$F \subset F_1 \subset F_2 \subset \ldots$$

The union K of all the F_i is obviously algebraically closed. At this stage one cannot yet prove that one can find an algebraic extension of this type.

(e) As a preparation for topology or for homological algebra one could discuss multilinear maps and the tensor product of modules.

(7) By a principal ideal ring R one means an integral domain with a unit element such that every ideal of R is principal. The aim is to prove that every prime is maximal and that R is a ring with unique factorization into primes. Examples like the ring of integers, that of Gauss integers and the ring of polynomials in one variable over a field are obvious. As a preparation for many other fields of mathematics one may discuss the main theorem on abelian groups, generalized to R-modules.

(8) Let R be an integral domain with unique factorization and quotient field F. The ring $R[X]$ of polynomials in one variable with coefficients in R has again this property. The factorization of a polynomial in $R[X]$ is closely connected with the factorization in $F[X]$. Although one is usually pressed for time one should not omit this section for obvious reasons : One obtains the unique factorization of polynomials in several variables and one is in a position to give examples of irreducible polynomials (Eisenstein).

(9) Extensions of commutative fields. To this section belong the notions of degree of an extension, of algebraic and transcendental extensions and that of the degree of transcendency. One should also prove that any finite multiplicative subgroup of a field is cyclic. After defining the characteristic of a field one may discuss the behaviour of the roots of unity. Many theorems of elementary number theory can now be obtained.

The topics which we have covered up to now have given to the student a solid foundation so that he should be able to go into more special theories. I shall not be as detailed in the following sections, since it is clear in most cases how one would proceed.

(10) Galois theory. One of the key theorems is the following : Let $\sigma : F \to F'$ be an isomorphism of a field F onto a field F', $f(x)$ an irreducible polynomial in F, $f'(x)$ its image under σ. Let α be a root of $f(x)$, α' one of $f'(x)$, in some extension field of F respectively F' ; then one can extend σ to an isomorphism of $F(\alpha)$ onto $F'(\alpha')$ which maps α onto α'. This theorem together with the fact that different isomorphisms of one field into another are linearly independent gives an easy access to the proof of the main theorems

of Galois theory. After having proved these theorems for separable extensions a brief discussion of inseparable extensions should not be omitted, since these extensions are needed in algebraic geometry.

(11) The elements of valuation theory. The equivalence of the notions place, valuation ring and valuation (into some ordered group) would be the first topic of this section. Then one proves the extension theorem which states that any homomorphism (not trivial) of a subring of a field into some other field is induced by a place. As an immediate application one can define the integral closure of a ring in an extension field and derive its main properties. Further applications can be given if one decides to bring in some algebraic geometry.

I shall only mention other topics which I have discussed in various courses of this type.

They are group theory, the theory of algebras, Noetherian rings and modules, homological algebra and algebraic geometry. In my most recent courses I always concentrated on algebraic geometry due to the rapid development of this field. The choice of a particular topic is of course a question of personal taste and of the particular needs of the department of mathematics.

I have not touched the question of a suitable bibliography. If need be, we could work out such a bibliography at this conference.

In closing allow me a few words on the pedagogical side of the course. We all know that the best planned course can be ruined by a poor presentation. It is my experience that nothing can be done about it. The first seminar talk of a student has always revealed to me his future teaching abilities. I have often tried to improve this by talking to the student and explaining to him his mistakes. I have had little or no success whatsoever. On the other hand we know that with very good students notoriously poor teachers have had frequently remarkable success. I am therefore of the opinion that we may safely leave aside any consideration of this problem.

University of Hamburg

Die Bedeutung Hilberts für die moderne Mathematik*

"Das ist kein Beweis, das ist Theologie" soll der Mathematiker Gordan ausgerufen haben, als er Hilberts genialen Beweis der Endlichkeit des Systems der Invarianten kennen lernte. Ich möchte versuchen, Ihnen auseinanderzusetzen, worum es sich bei diesem Hilbertschen Theorem handelt, dem Theorem, das seinen Ruhm begründete. Zunächst erinnern wir uns daran, was man unter einem Polynom mehrerer Veränderlicher, etwa x und y, versteht. Es sind Ausdrücke, wie wir sie aus unserer Schulzeit kennen, zum Beispiel $3x^3y - 5xy^2 + 4x^5$, bei deren Bildung nur Addition, Subtraktion und Multiplikation verwendet werden. Naturgemäß treten solche Ausdrücke in den verschiedensten Teilen der Mathematik auf. Beschreibt man etwa die Lage eines Punktes der Ebene durch seine Koordinaten x und y, so berechnet sich das Quadrat des Abstandes dieses Punktes vom Koordinatenursprung durch das Polynom $x^2 + y^2$. Ersetzt man nun das ursprüngliche Koordinatensystem durch ein dagegen verdrehtes, so ändern sich die Koordinaten unseres Punktes. Die neuen Koordinaten werden Werte haben, die sich durch die alten ausdrücken lassen, etwa $\frac{3}{5}x - \frac{4}{5}y$ anstelle von x und $\frac{4}{5}x + \frac{3}{5}y$ anstelle von y. Berechnet man nun im neuen Koordinatensystem das Abstandsquadrat unseres Punktes, so müssen die neuen Koordinaten quadriert und addiert werden. Offenbar kann man sich die Rechnung sparen, man wird eben das alte Abstandsquadrat erhalten. Das Polynom $x^2 + y^2$ ist also, wie man sagt, invariant gegenüber der Ersetzung von x durch $\frac{3}{5}x - \frac{4}{5}y$ und von y durch $\frac{4}{5}x + \frac{3}{5}y$, eine solche Ersetzung wird eine Transformation der Variablen genannt. Nicht jedes Polynom hat diese Eigenschaft, die meisten Polynome sind keine Invarianten gegenüber diesen Transformationen. Es ist naheliegend, nach allen Invarianten zu fragen und man kann ziemlich leicht zeigen, daß $x^2 + y^2$ im Wesentlichen die einzige Invariante für diese Transformationen ist, daß sich nämlich jede andere durch diese eine Invariante ausdrücken läßt wie etwa $4(x^2 + y^2)^4 - 2(x^2 + y^2)$.

In der Geometrie kommen außer Drehungen noch andere Transformationen vor. Jedesmal stellt man dieselbe Frage:

Gegeben sei ein System gewisser Transformationen, man spricht von einer Transformationsgruppe. Gesucht wird das System aller Invarianten,

---

*) Address given for Hilbert's 100th birthday, 1962.

und es soll gezeigt werden, daß endlich viele von ihnen ausreichen, jede weitere Invariante auszudrücken.

Vor Hilbert bemühte man sich, diese Endlichkeit durch tatsächliche Berechnung der Invarianten zu zeigen. Bei vielen Variablen und einer komplizierten Transformationsgruppe ist dies eine nahezu undurchführbare Aufgabe. Und so findet man denn in der Literatur jener Zeit Arbeiten, die angefüllt sind mit Formeln, die sich über mehrere Seiten erstrecken, und nur noch vergleichbar sind mit den Formeln, die die Bewegung des Mondes wiedergeben.

In dieser mathematischen Atmosphäre ist Hilbert aufgewachsen. Aber schon in seinen frühen Arbeiten verschmähte er es, den angedeuteten dornenvollen Weg zu gehen. Es muß ihm ziemlich bald klar geworden sein, daß ihm nur eine gedankliche Durchdringung des Problems weiterhelfen konnte.

Und so überraschte er denn auch die mathematische Welt im Jahre 1890 mit einem Beweis der Endlichkeit des Invariantensystems für die wichtigsten Transformationsgruppen. Dabei stützt er sich auf einen Satz, den er bereits zwei Jahre vorher gefunden hatte und der Folgendes besagte:

Es sei eine beliebige Menge M von Polynomen gegeben (bei der Anwendung, die Hilbert im Sinne hatte, besteht M aus den Invarianten). Dann gibt es endlich viele Polynome $f_1, f_2, \ldots, f_n$ aus der Menge M so daß sich jedes weitere Polynom f von M in der folgenden Form schreiben läßt:

$$f = g_1 f + g_2 f_2 + \cdots + g_n f_n.$$

Dabei sind die g_i gewisse Polynome.

Man beginnt zu verstehen, warum Gordan diesen Beweis Theologie nannte. Wenn M die Menge der uns noch unbekannten Invarianten ist, so weiß man a priori, daß es unter diesen ebenso unbekannte Invarianten $f_1, f_2, \ldots, f_n$ geben muß, die der eben angeführten Bedingung genügen. Gestützt allein auf diese Tatsache führt Hilbert seinen Beweis zu Ende.

Hilbert selbst war sich über die Tragweite des zum Beweis benötigten Hilfssatzes klar. Sie geht weit über den Rahmen der Invariantentheorie hinaus und führt in das Gebiet der algebraischen Geometrie. Dort ist er der grundlegende Satz, der bis zum heutigen Tage bei jeder Untersuchung in der algebraischen Geometrie benötigt wird. Hilbert stellte auch noch weitere schöne Theoreme dieses Gebietes auf. Er bewies den nach ihm benannten Nullstellensatz und führte die nach ihm benannte Abzählungsfunktion in die algebraische Geometrie ein. Sie spielt auch heute noch bei allen tieferen Untersuchungen eine hervorragende Rolle.

Seit dem Jahre 1893 beschäftigte sich Hilbert mit der algebraischen Zahlentheorie. Wiederum will ich versuchen zu erklären, worum es sich dabei handelt.

Die sogenannte elementare Zahlentheorie (sie ist keineswegs immer elementar) wurde in ihrer heutigen Gestalt von Gauß begründet. Sie beschäftigt sich mit den mathematischen Eigenschaften der gewöhnlichen ganzen Zahlen. Einige dieser Eigenschaften sind uns noch von der Schule her bekannt. Der Satz, daß eine Zahl genau dann durch 3 teilbar ist, wenn ihre Quersumme es ist, der Begriff der Primzahl und anderes mehr. Die Sätze der Zahlentheorie haben von jeher einen großen Reiz auf die Mathematiker ausgeübt. Schon Euklid hatte bewiesen, daß es unendlich viele Primzahlen gibt. Da haben wir den Satz, daß sich jede ganze Zahl auf genau eine Art als Produkt von Primzahlen schreiben läßt, den Satz, daß jede ganze Zahl eine Summe von vier Quadratzahlen ist wie etwa $30 = 16 + 9 + 4 + 1$, daß eine Primzahl, die bei einer Division durch 4 den Rest 1 läßt, bereits Summe von 2 Quadratzahlen ist und vieles mehr.

Euler und Gauß haben bereits die Zahlentheorie auf höhere Bereiche ausgedehnt, Gauß auf alle Zahlen der Form $a + b\sqrt{-1}$, wo a und b gewöhnliche ganze Zahlen sind.

Einer Ausdehnung auf beliebige Zahlbereiche ähnlicher Art steht aber der Umstand im Wege, daß sich dann nicht mehr die Eindeutigkeit der Zerlegung in Primfaktoren zeigen läßt.—So sind z.B. $6 = 2 \cdot 3 = (1 + \sqrt{-5})(1 - \sqrt{-5})$ zwei wesentlich verschiedene Zerlegungen der Zahl 6 in Primfaktoren.

Diese Schwierigkeit wurde von Kummer, Kronecker und Dedekind durch die Einführung des Idealbegriffs überwunden. Dabei zerfällt etwa 6 in vier ideale Faktoren, die durch paarweise Zusammenfassung die beiden angeführten "realen" Zerlegungen ergeben.

Dies ist also der Gegenstand der algebraischen Zahlentheorie. Die dabei untersuchten Zahlbereiche heissen die ganzen Zahlen von Zahlkörpern. Nun waren die Untersuchungen Kummers äusserst kompliziert und daher der Mehrzahl der Mathematiker unzugänglich. Die Darstellung Dedekinds ist heute für uns zwar sehr leicht lesbar und elegant, war aber für die damalige Zeit zu modern. So wurde denn der im Jahre 1897 im Jahresbericht der Deutschen Mathematikervereinigung erschienene Zahlbericht Hilberts von allen Mathematikern mit großer Freude begrüßt. Hilbert stellt in ihm alle bis zur damaligen Zeit bekannten Ergebnisse zusammenfassend dar und machte durch große Vereinfachungen die Ergebnisse Kummers einem größeren Leserkreis zugänglich. Auch heute noch zieht jeder Zahlentheoretiker neben den neueren Lehrbüchern dieses grundlegende Werk zu Rate.

Wenn wir uns die beiden Beispiele vor Augen halten, die Zahlen $a + b\sqrt{-1}$ von Gauß und die Zahlen der Form $a + b\sqrt{-5}$, so sehen wir, daß sie aus dem Bereich der gewöhnlichen Zahlen durch Hinzunahme je einer Quadratwurzel entstehen.

Verallgemeinert man diese Beobachtung, so kann man zu folgendem Standpunkt gelangen: es sei K ein Zahlkörper, dessen Gesetze man vollständig beherrscht. Es entstehe der Körper E durch Erweiterung aus dem Körper K, also durch Hinzunahme neuer Zahlen. Man beschreibe die in E geltenden Gesetze und zwar nach Möglichkeit unter alleiniger Benutzung von Aussagen über den Grundkörper K.

Hilbert hat bereits den Zahlbericht so angelegt, daß in ihm dieser Gesichtspunkt im Vordergrund steht.

In seinen weiteren Arbeiten bis zum Jahre 1903 verfolgt er dieses Programm für die wichtigsten Erweiterungskörper E, die sogenannten abelschen Erweiterungen von K. Er entwirft eine großartige Theorie und gibt bereits Methoden an, mit denen man dieses Programm auch wirklich durchführen kann.

Ohne technisch und der Allgemeinheit unverständlich zu werden, kann ich in diesem Rahmen nicht näher auf dieses monumentale Projekt eingehen. Es sei mir nur noch erlaubt hinzuzufügen, daß die nachfolgende Entwicklung alle Vermutungen Hilberts mit den von ihm entwickelten Methoden bestätigt hat. Für allgemeinere wie abelsche Erweiterungskörper hat man auch heute nur wenige Ergebnisse.

Viele Sätze des Zahlberichts haben zu ganzen Theorien Anlaß gegeben. Da findet sich zum Beispiel der Satz, der lediglich die Nummer 90 trägt. Die Weiterentwicklung der darin enthaltenen Idee führte zur homologischen Algebra, einem blühenden Zweig unserer Wissenschaft, der heute in der Topologie und in der algebraischen Geometrie eine große Rolle spielt.

Auf dem Pariser Mathematiker Kongreß im Jahre 1900 legte Hilbert den Mathematikern 20 Probleme vor. Es ist sehr leicht, in der Mathematik, insbesondere in der Zahlentheorie, eine Unzahl von Problemen aufzustellen, die dem jeweiligen Stand der Mathematik unzugänglich sind, und es ist dies auch oft getan worden. Wir brauchen nur an das Fermatsche Problem zu denken oder an das der Primzahlzwillinge. Sehr schwierig aber ist es, solche Probleme auszuwählen, die der zukünftigen Entwicklung der Mathematik angepaßt sind, einerseits äußerst schwierig erscheinen, aber bei gedanklicher Durchdringung der Aufgabe sich doch als lösbar erweisen. Die Hilbertschen Probleme sind von dieser Art, und die Mehrzahl der Aufgaben ist inzwischen gelöst worden. Viele von ihnen haben befruchtend auf die Weiterentwicklung der Mathematik eingewirkt und tun dies auch heute noch. Als Beispiel sollen zwei dieser Probleme erwähnt werden, das erste und das letzte unter denjenigen, die eine Lösung gefunden haben.

Wir alle erinnern uns an ein beliebtes Geduldspiel: Gegeben ist eine Reihe von polygonal begrenzten Pappstücken. Man soll aus diesen Stücken eine Figur, etwa den Buchstaben H oder einen Stern zusammensetzen. Es ist in diesem Zusammenhang nicht schwer, das folgende allgemeine Resultat zu beweisen:

Gegeben seien zwei flächengleiche Polygone. Dann kann man eines von ihnen so in polygonale Stücke zerlegen, daß sich aus diesen Stücken auch das zweite Polygon zusammensetzen läßt. Man kann also etwa ein Quadrat so zerschneiden und wieder zusammensetzen, daß daraus ein regelmässiges Fünfeck entsteht. Gestützt auf diese Tatsache hat Hilbert in seinen Grundlagen der Geometrie eine axiomatische Begründung der Lehre vom Flächeninhalt gegeben.

Hilbert fragte nun, ob es eine ähnliche Behandlung der Theorie des Rauminhalts geben könne, ob man also aus polyedralen Stücken eines Polyeders jedes andere gegebene volumgleiche Polyeder zusammensetzen könne. Er vermutete die Unmöglichkeit dieser Aufgabe.

Wenige Jahre nach der Stellung dieses Problems zeigte Dehn, daß dies in der Tat unmöglich ist und gab zwei volumgleiche Tetraeder an, die man nicht durch Zerschneiden in einander überführen kann.

Das letzte unter den gelösten Problemen führt uns zurück an den Anfang unserer Betrachtung. Wir hatten erwähnt, daß sich der Hilbert-Beweis für die Endlichkeit des Invariantensystems nur auf die wichtigsten unter den Transformationsgruppen bezog. Hilbert vermutete nun, daß es eine noch abstraktere Behandlung dieser Aufgabe geben könne und daß sich mit dieser Methode dann die Endlichkeit des Invariantensystems für beliebige Transformationsgruppen ergeben würde.

Dieses Problem hat lange allen Anstrengungen getrotzt, obzwar die Endlichkeit des Invariantensystems für viele weitere Gruppen gezeigt wurde, insbesondere für alle sogenannten klassischen Gruppen.

Nach vielen Vorarbeiten amerikanischer Mathematiker ist es dann vor einigen Jahren dem Japaner Nagata gelungen, eine Transformationsgruppe anzugeben, deren Invariantensystem nicht endlich ist. Damit wurde natürlich auch die ursprüngliche Hilbertsche Methode gerechtfertigt und als der naturgemäße Weg nachgewiesen.

Wir heutigen Mathematiker treffen auf den Namen Hilbert auf Schritt und Tritt, seine Ideen leben weiter unter uns, seine Arbeitsmethoden sind uns ein leuchtendes Vorbild, und es ist uns allen klar, daß sein Name nie vergessen wird.

Zur Problemlage der Mathematik*

Vergleicht man den heutigen Zustand der Mathematik mit dem zu Beginn unseres Jahrhunderts, so ist man erstaunt über die grosse Wandlung, die sich vollzogen hat. In allen Gebieten dominiert die axiomatische Methode und die Abstraktion. Ein geschichtlicher Überblick mag uns Verständnis dieser Veränderungen bringen. Dabei will ich mich ganz auf die reine Mathematik beschränken, die mannigfachen Gebiete der angewandten Mathematik also beiseite lassen.

Bei der axiomatischen Methode denkt man zunächst an Euklid und sein wohlbekanntes System von Postulaten. In der Tat ist es ja auch heute noch vorbildlich im Aufbau und trotz einiger Lücken eine der grossartigsten Leistungen des menschlichen Geistes. Man versteht jedoch heute etwas vollständig Verschiedenes unter der axiomatischen Methode als die Griechen. Für sie waren die Axiome Aussagen über die Wirklichkeit und nur sozusagen ein Mindestmass an Voraussetzungen, aus denen alle geometrischen Sätze hergeleitet werden können. Die Begriffe Punkt, Gerade, Strecke und Winkel waren reale Objekte. In einem abstrakten Aufbau der Geometrie aber sind und bleiben sie unerklärte Dinge und nur die Relationen zwischen ihnen—übrigens ebenso unerklärt—werden durch die Axiome beschrieben.

Wir wollen dies am Beispiel der projektiven Geometrie, die im 19. Jahrhundert zu grosser Blüte gelangte, erläutern. Grundbegriffe sind Punkt und Gerade, die einzige Relation, die Inzidenz eines Punktes und einer Geraden, soll anschaulich bedeuten, daß der Punkt auf der Geraden liegt. Eines der projektiven Axiome lautet nun: Zu je zwei verschiedenen Geraden gibt es genau einen Punkt, der mit beiden Geraden inzidiert (gemeint ist der Schnittpunkt). Denken wir uns nun einen Ausländer, der infolge eines sprachlichen Mißverständnisses die beiden Begriffe Punkt und Gerade verwechselt hat. Für ihn liest sich unser Axiom jetzt so: Zu je zwei verschiedenen Punkten gibt es genau eine Gerade, die mit beiden Punkten inzidiert. Dies aber ist ein anderes Axiom der projektiven Geometrie, die Existenz der Verbindungsgeraden, und unser Ausländer wird seine Verwechslung gar nicht bemerken. Alle übrigen Axiome haben die gleiche Eigenschaft, richtig zu bleiben, wenn diese Vertauschung vorgenommen wird. Unser Ausländer wird also nie seinen Irrtum bemerken.

*) Lecture broadcast from RIAS (radio station in the U.S. sector of West Berlin).

Es folgt nunmehr, dass auch jeder Lehrsatz der projektiven Geometrie richtig bleibt, wenn man in ihm die Worte Punkt und Gerade vertauscht. Es ist dies das Dualitätsprinzip der projektiven Geometrie. Hat man nun von vornherein den abstrakten Standpunkt eingenommen, so sieht man, daß hier nur zwei verschiedene inhaltliche Deutungen der Worte Punkt und Gerade vorliegen.

Wie wir soeben gesehen haben, wurden die Grundlagen zur heutigen Abstraktion bereits im vorigen Jahrhundert geschaffen. Einige der klassischen Fragestellungen wie Lobatschewskis nichteuklidische Geometrie sind ohne eine solche Einstellung überhaupt unverständlich. Jede neue Abstraktion hatte übrigens verzweifelt um Anerkennung zu ringen. Viele Mathematiker der älteren Generation haben zu allen Zeiten ein großes Mißtrauen gegen neue Begriffe gezeigt. So wurde um die Mitte des vorigen Jahrhunderts der Begriff des n-dimensionalen Vektorraumes aufgestellt. Es sollte aber doch recht lange dauern, bis er sich allgemeines Bürgerrecht unter den Mathematikern erworben hatte und noch viel länger, nämlich bis in unsere Tage, ehe er auch in Vorlesungen auf den Universitäten zu einer Selbstverständlichkeit geworden war.

Am klarsten wurde der axiomatische und abstrakte Standpunkt um die Jahrhundertwende in Hilberts Grundlagen der Geometrie vertreten. Dieses Buch wurde wegweisend für alle nachfolgenden Forschungen über dieses Gebiet.

Eine weitere abstrakt axiomatische Schöpfung des vorigen Jahrhunderts ist die Gruppentheorie. An ihrer Entwicklung kann man deutlich die begrifflichen Schwierigkeiten erkennen, mit denen die damaligen Mathematiker zu kämpfen hatten. In den Anfängen handelte es sich nur um Gruppen von Permutationen. Als dann um 1880 der Begriff der abstrakten Gruppe aufgestellt wurde, glaubte man, die Existenz einer durch die Gruppentafel vorgelegten Gruppe noch zusätzlich beweisen zu müssen, indem man sie als Permutationsgruppe realisierte.

Auch das fundamentale Werkzeug des heutigen Mathematikers, mit dem er unendliche Prozesse beherrscht, die allgemeine Mengenlehre, ist eine Schöpfung des vorigen Jahrhunderts und war zuerst vielen Anfeindungen ausgesetzt.

Bevor wir uns unserem Jahrhundert zuwenden, sollten wir uns noch etwas genauer mit dem Wesen der Abstraktion im allgemeinen beschäftigen, und zwar in der Form, wie sie heutzutage in den Arbeiten der Mathematiker benutzt wird.

Bei einer mathematischen Theorie wird gewöhnlich angenommen, daß eine oder mehrere Mengen gegeben sind. In der Algebra etwa ein Körper oder ein Ring, in der Topologie ein sogenannter topologischer Raum. Neben jeder Menge treten auch ausgezeichnete Teilmengen dieser Menge auf, wie etwa die Ideale eines Ringes oder die Umgebungen eines Punktes eines topologischen Raumes. Ausserdem sind Verknüpfungen vorgegeben wie etwa die Addition oder die Multiplikation in der Algebra. Die Objekte oder die Teilmengen müssen nun gewissen Gesetzen unterliegen, welche die Axiome der betreffenden Disziplin genannt werden.

Über die genauere Natur der eingehenden Begriffe wird keine Aussage gemacht. So kann also etwa ein mit dem Namen Punkt versehenes Objekt bei der Anwendung der Theorie auf einen konkreten Fall etwas völlig Verschiedenes bedeuten. Dies ist nicht etwa ein Nachteil, sondern ein gar nicht zu überschätzender Vorteil der Theorie, da ja ihre Anwendungsmöglichkeit dadurch erhöht wird. In der Tat findet man in älteren Darstellungen einer Disziplin häufig einen und denselben Beweisgedanken hundert mal mit kleinen Varianten wiederholt. Eine solche Wiederholung erübrigt sich in modernen Lehrbüchern, und es wird dadurch ein vereinfachter und strafferer Aufbau ermöglicht. Um nur ein Beispiel zu erwähnen: Algebraische Gleichungen und algebraische Kongruenzen modulo einer Primzahl können gemeinsam behandelt werden.

Als ein unentbehrliches Hilfsmittel im weiteren Ausbau aller Theorien hat sich der Begriff der Abbildung erwiesen. Sind zwei Mengen A und B gegeben, so versteht man unter einer Abbildung von A in B eine Vorschrift f, die jedem Element α der Menge A ein Element β der Menge B, das sogenannte Bild von α, zuordnet. Man benutzt hierfür die Schreibweise $\beta = f(\alpha)$, verwendet also dieselbe Notation wie beim Begriff Funktion. In der Tat besteht auch gar kein Unterschied zwischen den Begriffen Funktion und Abbildung. Der Name Abbildung wurde aus rein psychologischen Gründen gewählt.

Sind nun zwei Mengen gegeben, die beide den Axiomen einer gewissen Theorie genügen, so kann es sein, daß es eine Abbildung der einen Menge auf die andere gibt, bei der erstens jedes β von B das Bild von genau einem α von A ist und bei der zweitens alle Relationen erhalten bleiben. In einem solchen Fall ist dann die Menge B sozusagen ein getreues Abbild der Menge A. Man sagt dann, daß die Menge B der Menge A isomorph ist und nennt die Abbildung f einen Isomorphismus. Ein meist unerreichbares aber erstrebenswertes Ziel jeder abstrakten Theorie wird es sein, eine Übersicht über die verschiedenen nicht isomorphen Realisierungen der Theorie zu geben.

Es kann auch vorkommen, dass eine Menge mit sich selbst in mehrfacher Weise isomorph ist. Man nennt diese Selbstabbildungen dann Automorphismen. Sie decken offenbar die inneren Symmetrien einer Theorie auf.

Ausser den Isomorphismen spielen noch weitere Abbildungen eine Rolle, bei denen die Bedingungen, die an Isomorphismen gestellt werden, abgeschwächt sind. Sie erhalten Namen wie Homomorphismus und ähnliche.

Bei längerer Beschäftigung mit einer solchen Theorie beobachtet man nun, dass die anfangs recht abstrakten Dinge in unserer Vorstellung mehr und mehr Leben annehmen; daß man sich in ihnen zuhause fühlt, ja daß sie einem sogar greifbar vor Augen stehen, so daß von Abstraktion im gefürchteten Sinne des Wortes nicht mehr die Rede sein kann.

Die Axiomatisierung der Algebra wurde mit der bekannten Arbeit von Steinitz eingeleitet. Durch sie wurden die großen algebraischen Errungenschaften des vorigen Jahrhunderts überhaupt erst auf eine gesunde Grundlage gestellt. Bis dahin verstand man unter einem Körper nur das, was man heute einen Zahlkörper nennt, also eine Teilmenge der komplexen Zahlen. Die genaue Formulierung und ein einwandfreier Beweis des berühmten Satzes von Abel über die Unlösbarkeit der Gleichungen 5-ten Grades setzt aber in Wahrheit den allgemeinen Körperbegriff voraus. Es war Emmy Noether, die die Steinitzschen Ideen weiter entwickelte und unter deren Führung schließlich der ganze Bestand der klassischen Algebra sowie der algebraischen Zahlentheorie axiomatisiert wurde.

Ein wenig später wurde ein neuer mathematischer Begriff geschaffen, der des topologischen Raumes. Man findet ihn erstmalig in seiner modernen Fassung in Hausdorffs Mengenlehre. In der Folgezeit wurde, insbesondere von russischen und polnischen Mathematikern eine grossartige Theorie geschaffen, die wohl erst in allerjüngster Zeit zu einem vorläufigen Abschluß gebracht wurde. Der internationale Charakter unserer Wissenschaft wird am schönsten verdeutlicht durch den Schlußstein des Gebäudes, der von Amerikanern, Japanern und Russen in gemeinsamer Arbeit gelegt wurde. Ich meine die Sätze von A. H. Stone, von Nagata und von Smirnow über die Metrisierbarkeit topologischer Räume. Die allgemeine Topologie bringt eine ausserordentliche Klarheit in die Grundlagen der Analysis, die im vorigen Jahrhundert geschaffen wurden. Heute sollte jeder Student entweder in den Anfangssemestern, spätestens aber im vierten Semester, wenigstens mit den Elementen der Theorie vertraut gemacht werden. Begriffe wie Kompaktheit und Zusammenhang topologischer Räume, Sätze wie die von Tychonoff über Produkträume sind dem heutigen Mathematiker einfach unentbehrlich.

Große Fortschritte in einem anderen Zweig der Topologie, der algebraischen Topologie, wurden seit den zwanziger Jahren gemacht. Damals gelang der erste strenge Beweis für die Invarianz der Homologiegruppen. Auch hier kam es schliesslich zu einer mehr oder weniger axiomatischen Beschreibung dieser Gruppen und damit auch zu einfachen Zugängen zur Theorie. Dabei stellte sich überraschender Weise heraus, daß grosse Teile rein algebraischer Natur waren und dass man sie zweckmässigerweise aus dem geometrischen Zusammenhang herauszulösen hatte. Dies führte zu einem gänzlich neuen Zweig der Algebra, der sogenannten homologischen Algebra. Auf ihre Anwendung in anderen Gebieten der Mathematik wollen wir noch zurückkommen.

Am längsten dauerte die Modernisierung der Funktionalanalysis, weil da die nötigen Hilfsdisziplinen und Hilfsbegriffe erst geschaffen werden mußten. Den Anfang machte der von Hilbert stammende Begriff des Hilbertraumes, der so erfolgreich in der Theorie der Integralgleichungen und in der modernen Quantentheorie angewendet wurde und eine Verallgemeinerung eines euklidischen Vektorraumes auf unendlich viele Dimensionen darstellt. Ziemlich bald wurde es klar, dass allgemeinere Vektorräume zum weiteren Ausbau der Theorie nötig waren. Sie wurden vom polnischen Mathematiker Banach eingeführt, der auch die grundlegenden Eigenschaften dieser Räume entdeckte. Zu einer stürmischen Entwicklung kam es aber erst, als man alle übrigen Disziplinen der Mathematik, insbesondere Algebra und die allgemeine Topologie heranzog. Es würde zu weit führen, die einzelnen Etappen dieser Entwicklung aufzuzählen, und ich möchte mich nur auf einige Stichworte beschränken. Die Theorie der topologischen Gruppen, insbesondere das Dualitätsprinzip von Pontrjagin bei lokal kompakten Abelschen Gruppen, das Haarsche Maß und die harmonische Analyse, einer Verallgemeinerung der Resultate über Fouriersche Reihen auf lokal kompakte Abelsche Gruppen. Die Theorie der normierten Ringe von Gelfand. Der Begriff des lokal konvexen topologischen Vektorraums und seiner Eigenschaften wie zum Beispiel der Satz von Krein und Milman.

Der Umstand, daß bei der Funktionalanalysis andere Zweige der Mathematik herangezogen wurden, ist nicht vereinzelt. Ein anderer Fall dieser Art ereignete sich im Gebiet der algebraischen Zahlentheorie. Die Beweise der Klassenkörpertheorie gewannen an Verständlichkeit, als man entdeckte, daß sie sich in wohlbekannte Schlußweisen der homologischen Algebra übersetzen lassen. Dies führte zu der Frage, ob man die Kohomologiegruppen einer beliebigen normalen Erweiterung eines Zahlkörpers bestimmen könne. Es war dies in der Tat möglich und erlaubte eine Antwort auf alte, beinahe klassische Fragestellungen zu geben. Mit den üblichen Methoden hätte man diese Antwort nicht finden können. Auch die allgemeine gemeine Topologie, insbesondere die Theorie der topologischen Gruppen, spielte dabei eine wichtige Rolle.

Etwas Ähnliches ereignete sich auf dem Gebiet der algebraischen Geometrie. Diese Disziplin war ursprünglich hauptsächlich in Italien begründet worden und hatte sich dort zu hoher Blüte entfaltet. Zahlentheoretische Probleme aus dem Gebiet der diophantischen Gleichungen zeigten, daß eine abstrakte Fundierung, auch für Körper beliebiger Charakteristik, unbedingt erforderlich war. Die abstrakte Algebra zeigte den Weg dazu. Aber eine der Hauptfragen, die einer Verallgemeinerung des Riemann-Rochschen Satzes auf mehr Dimensionen, ließ sich mit diesen

Methoden allein nicht beantworten. Erst als man die in der algebraischen Topologie entwickelte Theorie der Garben — ein Verdienst französischer Mathematiker — zuhilfe nahm, ergab sich eine befriedigende Antwort. Seither ist die algebraische Geometrie noch in stürmischer Entwicklung begriffen, und wir können viele schöne Resultate von ihr in der Zukunft erwarten.

Die Theorie der Garben hat auch in der Theorie analytischer Funktionen mehrerer Variablen äußerst befruchtend gewirkt.

Der hier gegebene Überblick ist keineswegs erschöpfend, aber er genügt, um uns ein Bild vom gegenwärtigen Stand der Mathematik zu machen. Dabei muß es uns aufgefallen sein, daß die ehemals so scharfen Trennungslinien der verschiedenen Gebiete der Mathematik, Geometrie, Algebra und Analysis erheblich verwischt sind. Das geometrische Denken durchdringt alle anderen Gebiete. Algebra ist Hilfswissenschaft in Analysis und Geometrie. Man hat das Gefühl einer großen Vereinheitlichung unserer Wissenschaft.

Andererseits ist es wohl klar, daß diese große Veränderung im Aufbau auch zu weitgehenden Veränderungen im mathematischen Stil geführt hat. Am auffälligsten ist das Zurücktreten des rein Rechnerischen, das Verschwinden übertrieben langer Formeln. Der heutige Mathematiker zieht begriffliche, anschauliche Beweise den rein rechnerischen vor. Dabei darf man aber nicht etwa denken, daß die rechnerische Fähigkeit zurückgegangen wäre. Im Notfalle — aber auch nur im Notfalle — wird auch der heutige Mathematiker auf eine Rechnung zurückgreifen und sie mindestens mit dem gleichen Geschick wie Mathematiker des 19. Jahrhunderts handhaben. Er wird allerdings nicht bei der Rechnung stehenbleiben, sondern versuchen, sie wenn möglich wieder zu eliminieren.

Wegen des großen Stoffes, der auf kleinem Raume bewältigt werden muß, sind die heutigen Lehrbücher nicht mehr in dem behäbigen Stil des vorigen Jahrhunderts geschrieben, und ein Leser muß heute schon angestrengt mitarbeiten, um in ein Gebiet einzudringen. Die Grundlagen der meisten Gebiete, von denen die Rede war, findet man in meisterhafter Darstellung in den Büchern von Bourbaki.

Die Schattenseiten der jetzigen Lage rühren von dem Anschwellen der Literatur her. Die Anzahl der jährlichen Publikationen ist so stark angewachsen, daß es keinem Mathematiker mehr möglich ist, auch nur die in seinem Spezialgebiet erscheinenden Arbeiten genau zu studieren, geschweige denn die in Nachbargebieten. Dazu kommt noch, daß es infolge der enormen Überlastung der Zeitschriften sehr lange dauert, bis eine mathematische Arbeit im Druck erscheint. Viele Mathematiker haben als Ausweg zu Vervielfältigungen von Seminarausarbeitungen gegriffen. Es kommt vor, daß einzelne — mitunter sogar wichtige — Ergebnisse überhaupt nicht zur Publikation gelangen, sondern nur mündlich auf Konferenzen verbreitet werden. Diesen unangenehmen Auswirkungen der Überschwemmung der Literatur wird einigermaßen entgegengearbeitet durch die Referatzeitschriften. Ich muß gestehen, daß ich ohne diese Zeitschriften überhaupt nicht imstande wäre, auf dem Laufenden zu bleiben.

Werfen wir nun einen Blick auf die Folgerungen, die sich aus diesem Tatbestand für die erzieherischen Aufgaben ergeben. Wenn wir in Deutschland für ausreichenden Nachwuchs auf Schule, Hochschule und für die Industrie sorgen wollen, so müssen offenbar Bedingungen geschaffen werden, die es Studenten ermöglichen, sich während eines nicht übertrieben langen Studiums sowohl eine einigermaßen abgerundete mathematische Allgemeinbildung zu erwerben als auch in mindestens einem Spezialgebiet so weit vorzudringen, daß sie an eine selbständige wissenschaftliche Arbeit herangehen können.

Wenn wir uns daraufhin die höhere Schule ansehen, so fällt uns eine bedenkliche Veränderung beim humanistischen Gymnasium auf. Der offenbar hohe Wert der humanistischen Bildung hat dazu geführt, daß die Tendenz besteht, sowohl Mathematik als auch jegliche Naturwissenschaft aus dem Lehrplan für das letzte Jahr des humanistischen Gymnasiums zu eliminieren. In einigen Ländern der Bundesrepublik ist das bereits der Fall. Diese Vernachlässigung der Mathematik im letzten Schuljahr kann sich nur katastrophal auf unseren Nachwuchs auswirken. Es handelt sich nicht so sehr um etwa versäumten Stoff — das kann auf der Universität spielend nachgeholt werden — als vielmehr um Vergessen des bereits Gelernten, um ein Ausderübungkommen, das in diesem Alter besonders bedenklich ist. Wenn daraufhin eingewendet wird, daß einem naturwissenschaftlich oder mathematisch Begabten die Wahl einer anderen Schulart offensteht, so ist hier zu entgegnen, daß die Wahl der Schulgattung in einem Alter vorgenommen wird, in dem über mathematische Begabung nur in den seltensten Fällen eine Voraussage zu machen ist. Meine eigene Vorliebe zur Mathematik zeigte sich z.B. erst im 16. Lebensjahr, während vorher von irgendeiner Anlage dazu überhaupt nicht die Rede sein konnte. Auf den weiteren Einwand, daß nur ein kleinerer Teil der Schüler Mathematik studieren wird, ist zu erwidern, daß Mathematik heute ein unentbehrliches Hilfsmittel in vielen Gebieten der Wissenschaft und des praktischen Lebens geworden ist. Ein weiterer bedauerlicher Umstand ist die Unkenntnis moderner Sprachen. Gewiss, es wird Englisch gelehrt, aber nur in den ersten Jahren, dann wird es völlig aufgegeben. Französisch wird nur in wenigen Ländern gelehrt. Es ist aber heute unerläßlich, wissenschaftliche Arbeiten in diesen Sprachen mit nicht allzu großer Mühe lesen zu können. Es wäre sehr zu begrüßen, wenn auf irgendeine Weise dafür Sorge getragen würde, daß das Erlernte wenigstens nicht mehr vergessen wird.

Auch die amerikanischen Universitäten haben die Notwendigkeit moderner Sprachen eingesehen. Jeder Doktorand muß dort seine Fähigkeit nachweisen, deutsche und französische Arbeiten lesen zu können.

Auch für die deutschen Universitäten entstehen viele Probleme. Da ist zunächst die Frage des Lehrplans. Da sich der Stoff so enorm vermehrt hat, die zur Verfügung stehende Zeit aber kaum, ist man vor die Wahl gestellt, entweder die Ausbildung sehr bald auf ein engeres Spezialgebiet zu beschränken oder aber die Vorlesungen von unnötigem Ballast zu befreien. Eine zu enge Spezialausbildung wäre aufs äußerste zu bedauern, da ja gerade die Wechselwirkung der verschiedenen Zweige der Mathematik so befruchtend auf die Forschung gewirkt hat. Es bleibt also nur der zweite Weg offen, und dieser wird ja wohl auch bereits begangen, obwohl da noch viel zu tun ist. In meiner Jugend verschwendete man viel Zeit mit allen möglichen Integrationsmethoden ohne jeden Wert; ein Semester und mehr ging verloren mit expliziten Lösungsmethoden sehr spezieller Differentialgleichungen, von denen die wenigsten je in den Anwendungen vorkommen. In der analytischen Geometrie wurde schön brav im ersten Semester die Ebene, im zweiten der Raum behandelt. All das ist inzwischen anders geworden, aber viel muß noch für die späteren Vorlesungen getan werden. Insbesondere muß die allgemeine Topologie so früh wie möglich an die Hörer herangetragen werden. Der Einwand, daß die moderne Mathematik für die Studenten zu schwierig sei, ist nicht stichhaltig. Er wurde zu allen Zeiten von der älteren Generation gemacht und hat sich immer als gegenstandslos erwiesen. Als seinerzeit zuerst in Hamburg die alte Methode, analytische Geometrie zu lehren, aufgegeben wurde, konnte man aller Orten die ernsthaftesten Zweifel über die Durchführbarkeit hören. Heute hat sich diese Methode im Inland und im Ausland durchgesetzt. Erfahrungsgemäß haben auch Anfänger keine größeren Schwierigkeiten mit der Abstraktion als mit dem früher gebotenen Stoff. Ihre Schwierigkeiten rühren vielmehr von dem abrupten Übergang von Schulmathematik zur Universitätsmathematik her, von dem notwendigerweise schnelleren Tempo und der großen Zahl von Begriffen und Beweisen, auf die plötzlich ein ganz anderes Gewicht gelegt wird als auf der Schule.

Diese Änderungen im Lehrplan sind hier in Deutschland nicht die Hauptschwierigkeit. Sie werden sich von selbst aufdrängen, nur könnten die Hochschullehrer diesen Prozess noch beschleunigen. Ein viel ernsteres Problem sind die Anforderungen, die an die Studenten von seiten der Nebenfächer gestellt werden. Um gleich zum Extrem dieser Lage überzugehen, möchte ich nur bemerken, daß es auf amerikanischen Universitäten Nebenfächer beim Doktorexamen überhaupt nicht gibt. Bei uns werden meistens zwei Nebenfächer verlangt. Bedenkt man nun, daß die der Mathematik am nächsten stehenden naturwissenschaftlichen Fächer genau so stark angewachsen sind wie die Mathematik und äußerst ausgedehnte Praktika erfordern, so wird es verständlich, daß die so belasteten Studenten sich oft mehrere Semester lang ausschließlich mit ihren Nebenfächern beschäftigen müssen und für ihr Hauptfach überhaupt keine Zeit mehr haben. Auf die Dauer wird es wohl unvermeidlich sein, spezielle Zweige der Mathematik, und zwar nicht nur die angewandte Mathematik, als Nebenfach zuzulassen. Dies war bereits vor dreißig Jahren an einzelnen Universitäten möglich, wurde aber immer wieder unterbunden. Sieht man sich ferner die Prüfungsordnungen für Vordiplom und Diplom an, so sieht man auch dort die enorme Überlastung.

Wie wird sich nun unsere Wissenschaft weiter entwickeln? Es ist sehr schwer, wenn nicht unmöglich, so etwas vorauszusagen. Probleme gibt es in Hülle und Fülle, viele von ihnen sind klassisch und haben allen Anstrengungen von Seiten der Mathematiker widerstanden. Manche von ihnen haben überraschende Lösungen gefunden, aber dafür sind neue Fragestellungen aufgetaucht, und das ist ja gut so. Eine Aufgabe der kommenden Generation ist jedoch klar. Unser bisheriges Wissen noch straffer zu organisieren und zu vereinheitlichen, die Spreu von dem Weizen zu sondern, damit jedem wieder ein Überblick über unsere Wissenschaft ermöglicht wird. Dies ist ja auch bislang schon eine Aufgabe für jede Mathematikergeneration gewesen. Jedenfalls blüht unsere Wissenschaft, und wir brauchen uns über ihr Gedeihen keine Sorgen zu machen.